原子能工业

（第3版）

连培生　罗　琦　等◎编著

中国原子能出版社

图书在版编目（CIP）数据

原子能工业 / 连培生，罗琦等编著. -- 3 版. -- 北京 ：中国原子能出版社，2024. 9. -- ISBN 978-7-5221-3306-5

Ⅰ. TL

中国国家版本馆 CIP 数据核字第 2024JB5632 号

原子能工业（第 3 版）

出版发行	中国原子能出版社（北京市海淀区阜成路 43 号　100048）
总 策 划	尹卫平
责任编辑	王　朋　张书玉　胡晓彤　刘东鹏　白皎玮
装帧设计	邢　锐
责任校对	冯莲凤
责任印制	赵　明
印　　刷	北京华联印刷有限公司
经　　销	全国新华书店
开　　本	787 mm×1092 mm　1/16
印　　张	48.375
字　　数	1052 千字
版　　次	2024 年 9 月第 3 版　2024 年 9 月第 1 次印刷
书　　号	ISBN 978-7-5221-3306-5　　定　价　**120.00 元**

网址：**http://www.aep.com.cn**　　E-mail：**atomep123@126.com**

发行电话：**010-68452845**

《原子能工业》(第3版)

修订委员会

主　任：罗　琦

副主任：尹卫平　罗清平

委　员：(按姓氏笔画排序)

王国宝　王黎明　叶国安　邢　继　吕　征　刘　永
刘森林　苏学斌　杜　进　李　景　李子颖　张东辉
张生栋　陈东风　罗　英　罗志福　赵守智　胡石林
柯国土　焦拥军

顾问组：叶奇蓁　张焕乔　于俊崇　彭先觉　孙玉发　曾路生
赵　军　赵成昆　王毅韧　郭承站　黄国俊　邱建刚
郑健超

修订工作组

组　员：(按姓氏笔画排序)

王国宝　王黎明　卢春田　叶国安　邢　继　吕　征
吕　钢　刘　永　刘水清　刘承敏　刘森林　齐占顺
汤　搏　苏学斌　杜　进　李　景　李子颖　杨光宇
宋　岳　张东辉　张生栋　张劲松　陈东风　罗　英
罗志福　赵守智　胡石林　柯国土　焦拥军

修订委员会办公室

主　任：尹卫平

副主任：王振清　郝朝斌

成　员：王文盛　王　朋

编辑出版工作组

组　长：王　朋

副组长：李静晶

成　员：刘　岩　张书玉　胡晓彤　刘东鹏　白皎玮　张　琳
哈　琳　赵　艳　王　为　胡　静　黄厚坤　孙凤春
赵　明　邢　锐

第3版序言

从1955年1月党中央决策建立中国核工业以来，我国先后爆炸了第一颗原子弹、氢弹，成功研制了核潜艇，建成了少数国家才有的完整核科技工业体系，核能和平利用已走在世界前列，为我国国防建设和经济发展做出了重要贡献，奠定了我国核大国地位。核工业也成为我国“两弹一星”精神的发源地。

核工业是高科技战略产业，从铀矿勘探、开采，到核电核动力、核燃料元件制造，再到乏燃料后处理，形成了一条完整的产业链条，其学科相互交叉、专业繁多且复杂。为此，我国著名核科技专家连培生先生编著的《原子能工业》，是一部系统、全面、科学研究核工业基本理论和发展实践的权威著作，自面世以来，一直是各个时期核工业人的手边书、工具书、参考书，具有极高的学术价值和实践价值，获得了从业者的高度认可、充分肯定和一致好评。

该书再版后的20余年时间里，世界核工业取得了新突破，核能和平利用取得了新进展，核能助力实现“碳达峰碳中和”目标、造福人类社会已成为国际共识。党的十八大以来，党中央高度重视核工业，大力推动核工业发展。我国核工业在核科技创新、核电厂建设、核燃料生产、核装备制造、核技术应用等方面都取得了瞩目的成绩，进入了新的高质量发展阶段。在连培生先生家属的鼎力支持下，中国原子能出版社组织行业内专家开展了《原子能工业》第三次修订工作，补充了新的发展动态、新的核科技知识，希望给读者提供最新参考。

今年正值中华人民共和国成立75周年，又恰逢中国第一颗原子弹成功爆炸60周年，《原子能工业》修订再版意义重大。让我们发扬老一辈核工业人的光荣传统，在“强核报国、创新奉献”的新时代核工业精神激励下，只争朝夕、勤勉笃行，在建设中国特色社会主义的伟大征程中铸就核工业新的辉煌！

中国核工业集团有限公司党组书记、董事长

2024年5月

第 2 版序言

这是一本阐述原子能工业的科学技术基础知识的书。

在 20 世纪的各项发明创造中，原子能的发现和应用具有划时代的重大意义。这种崭新能源的出现恰好发生在传统的化石燃料资源日趋枯竭和人们逐渐加深认识到伴随化石燃料使用的环境恶化问题难以克服的年代。尽管原子能最初用于制造毁灭性的核武器，它为全人类造福的积极作用是不容置疑、不可忽视的。

由于毛泽东主席和周恩来总理的远见卓识，新中国成立甫六年就决定要自力更生地发展原子能和建立原子能工业。在当时核大国执行核垄断和核讹诈政策的威胁下，不得不把发展核武器放在首位。但正如我国政府在历次声明中所指出："中国发展核武器，是为了打破核大国的核垄断，要消灭核武器"，"中国政府将一如既往，尽一切努力，争取通过国际协商，促进全面禁止和彻底销毁核武器的崇高目标的实现"。事实上，我国在 20 世纪 60 年代研制成功原子弹、氢弹，70 年代初建成核动力潜艇后，立即转向原子能和平利用的开发研究，于 90 年代初率先在东南沿海建成我国第一座核电厂，结束了中国大陆没有核电的历史。同时，放射性同位素及核辐射在科研、医疗和国民经济各领域中的应用有很大的发展，效果显著。

伴随我国经济腾飞，对能源需求日益增长。中国虽然地大物博，但按人口平均拥有的常规能源，却不及世界人均量的二分之一，且煤炭与水力资源分布极不平衡。我国经济发达的沿海地区，电力短缺，交通紧张，环境污染严重，已成为制约沿海地区经济发展的三大制约因素。核电是一种安全、经济、清洁、可持续发展的能源。在我国，特别是经济发达地区，发展核电是解决能源问题的最佳选择，是历史发展的必然。这也是《原子能工业》于 1978 年出版后在今天又修订再版的目的。本书初版在宣传和普及原子能有关知识，在促进行业内各专业间的经验交流，在向行业外各界人士介绍原子能工业全貌等方面，起了一定作用，受到欢迎和好评。其后二十多年来，核科学技术有了很大的发展，世界上核电发展迅速，成为能源结构中的重要组成部分。另一方面，三哩岛和切尔诺贝利事故引起人们对核电厂安全性的担心；一部分工业发达国家因经济增长和能源需求变缓及政治原因，声称停止发展核电；媒体的负面报道更引起人们的困惑。作者在本书初版的基础上作了全面修订，补充了最新的科学技术内容，介绍了原子能在 21 世纪的发展趋势，论述了我国核电以明确的全国长远规划为指导进一步国产化及加强现代化管理的必要性与措施。此外，还就核电的安全性与经济性、防止核武器扩散和核废物处置等方面的一些误解，从科学技术角度予以澄清，以促进共识。

由于本书涉及专业面广，论述精湛，适宜于各界人士和广大公众阅读。希望本书的再版能有助于普及和提高我国公众对原子能利用的认识，早日使和平利用原子能为促进我国国民经济的发展发挥其应有的作用。

中国核工业集团公司总经理

李定凡

2001 年 2 月

第 3 版编著者的话

《原子能工业》自 1967 年投入使用以来，历经 50 余年，已经成为核工业人广泛认可的一本经典图书。本书自 2002 年第 2 版出版以来，已过去 20 余年，在这期间核能事业迅猛发展，也经历了惨痛的安全事故。2011 年发生在日本福岛核电厂的事故对全球核能行业产生了严重而深远的影响。2020 年，中国向世界宣示了“2030 年前实现碳达峰”“2060 年前实现碳中和”的国家目标，对核能发展提出了更高要求。本次修订再版对原书内容进行了更新迭代，以期展现核能科学的相关科学原理、技术路线、产业概貌以及未来发展方向。

2020 年，时任中核战略规划研究总院（以下简称总院）院长尹卫平等同志调研《原子能工业》使用情况，综合核工业发展整体态势，对图书适用性进行研判，提出修订再版《原子能工业》的动议。2021—2022 年，总院支持中国原子能出版社启动该书的修订再版工作，在尹卫平、罗清平等多位同志的支持下，推动了该书的修订再版工作。经过多方联系，出版社与连培生先生的家属就修订再版《原子能工业》达成一致意见。2023 年，在中国核工业集团有限公司科技质量与信息化部的支持下，出版社邀请我牵头，组织全行业各领域的专家组成修订再版委员会，全面开展《原子能工业》的修订再版工作。

本书的修订是在总体坚持第 2 版结构体系的基础上，保留原书特点，对各章内容进行了更新。本次修订新添了第 20 章“核安全”。修订工作委员会于 2023 年 6 月成立，在行业专家的支持下，广泛调研走访，根据读者、专家的意见建议，经过反复修改，对各章进行了更新和完善。在修订过程中，得到了中国核工业集团有限公司领导特别是科技质量与信息化部和科技委的大力支持。业内专家给予了很多帮助，其中第 1 章由柯国土、罗志福、杨光宇、张伟国、刘永、陈东风、周一东、甄建霄、刘锋、白冠天修订；第 2 章由陈东风、郭浩、王洪亮，刘永、李强、曹启祥、唐益武、曲伸、陈鑫修订；第 3 章由柯国土、金华晋、张伟国、石磊、杨历军、李义国、刘水清、张劲松、周一东、孙志勇、甄建霄、陈晓亮、杨勇、吴明宇修订；第 4 章由张东辉、王松平、代智文修订；第 5 章由邢继、范黎、王平、郭治鹏、蒋慧黠、田齐伟、李文安、姚红、郑平辉修订；第 6 章由邢继、范黎、王平、郭治鹏、白凯、任志远、苏宽、王彩香、高瑞发修订；第 7 章由刘承敏、罗英、李美福、郑洪涛、顾益宇、杨灵均、余红星、何晓强，赵守智、罗志福修订；第 8 章由李景、宋岳修订；第 9 章由王黎明、刘成业、邱志恒、段长城、姜磊、袁奎训修订；第 10 章由胡石林、阮皓、邵少雄修订；第 11 章由王国宝、刘承敏、罗英、杜华、赖建永、邱天、邓强、苏先顺、吴杨、刘向红、邝临源、张东辉、李永、赵江斌、刘洋、柯国土、卢春田、杨勇修订；第 12 章由苏学斌、蔡煜琦、李伟才、崔玉峰修订；第 13 章由焦拥军、齐占顺、郑美银、杨光宇、张坤、崔振波修订；第 14 章由吕钢、张震修订；第 15 章由叶国安、张虎修订；第 16 章由张生栋、鲜亮、李玉松、韩一丹修订；第 17 章由张生栋、李玉松、刘刈、陈燕、聂鹏、李睿之修订；第 18 章由罗志福、杜进修订；第 19 章由刘森林、汪传高、张燕齐修订；第 20 章由汤搏撰写。在此向参与修订工作的学者、专家表示衷心的感谢。感谢中国原子能出版社一直以来对本书的大力支持和对本次修订工作的积极推动。

《原子能工业》凝聚了我国几代核工业专家的心血，承载了无数核工业人多年美好记忆。期待本书能与时俱进，持续为我国核能事业的发展贡献力量。

罗　琦

2024 年 2 月

第 2 版编著者的话

自本书初版出版以来，科学技术的进步使原子能工业迅猛发展，本书的内容需作相应的补充和修改。同时，1979 年发生在美国三哩岛和 1986 年发生在苏联切尔诺贝利的两次核电厂事故，引起人们对核电厂安全性的深切顾虑，当今世界对核电作为可持续发展的能源，争议颇多。有必要进一步探讨和客观地阐明核能对人类社会发展的重大意义。因此，希望本书修订版不仅能满足直接或间接从事原子能工业的读者的需要，而且能向非本专业而关注原子能的各界人士阐明原子能科学的原理、供选择的技术路线以及我国发展原子能工业的必要性，并澄清一些误解。需要说明，本书着重介绍原子能工业本身，对于核基础科研、处于研究开发阶段尚未实现工业应用的新概念和新装置（如受控核聚变装置等）以及放射性同位素和核辐射在各领域的广泛应用等方面内容未作详细介绍。

本书修订版的第 8、12、16 章是在初版的第六章（吕永新撰写）、第八章（刘锡丞、朱志祥和张镛撰写）、第十三章（邵刚撰写）基础上略作修改而成的，著者谨向上列作者表示感谢，同时感谢初版责任编辑高绣雯同志曾付出的辛勤劳动。著者特别感谢张永兴同志重新撰写了辐射防护一章。在编写修订版过程中，著者受到中国核工业集团公司及前中国核工业总公司领导特别是公司核电部、科技部和科技委的大力支持和许多同志的热心鼓励和帮助，包括提供最新的资料，提出修改意见，或审读部分稿件。在此谨向朱家骆、林诚格、董柏年、沈文权、张书田、张禄庆、孙光弟、左湖、马载琦、金继光、傅满昌、汪志馨、胡传文、董茵、陈殿华、石永康、苏著亭、李文谈、侯凤旺、贺正祥、谷才伟、姚乃兴、王传英、严叔衡、伍庆昌、刘振河、邵向业、陈叔平、郑福裕、施建忠、曹关平、温鸿钧以及其他未一一列出姓名的学者、专家表示衷心的感谢。感谢原子能出版社有关同志为本书初版和修订版的积极推动及付出的辛勤劳动。还要感谢妻子孟英同志对这项工作的持续关注和支持。

如发现本书内任何错误或不当之处，敬请读者批评指正。

连培生
2001 年 9 月

目 录

第 1 章 绪论……1

1.1 原子能在历史发展中的地位……1
1.2 原子能的发现和发展……6
1.2.1 核能发电……7
1.2.2 核能非电力应用……16
1.3 核能的来源……20
1.4 原子核分裂及裂变能的应用……23
1.4.1 核反应堆……24
1.4.2 原子弹……27
1.5 原子核聚合及聚变能的应用……27
1.5.1 氢弹……28
1.5.2 核爆炸的工程应用……28
1.5.3 受控热核反应……29
1.6 放射性……30
1.6.1 放射性衰变和核辐射……30
1.6.2 天然放射性……30
1.6.3 辐射的风险……30
1.7 放射性同位素和辐射的应用……31
1.7.1 利用辐射的易探测性能——示踪技术……32
1.7.2 利用辐射的穿透性能——透视和自动控制……34
1.7.3 利用辐射的生物效应——治癌、灭菌、杀虫、培育动植物新品种……35
1.7.4 利用辐射的化学效应——辐射化工……37
1.7.5 利用辐射的能量——放射性同位素能源……39
1.8 核燃料生产……40
1.9 原子能工业的范围和特点……42

第 2 章　核反应堆和核燃料循环 …… 46
2.1　反应堆内的核反应 …… 46
2.2　核裂变反应 …… 48
2.2.1　裂变过程 …… 48
2.2.2　裂变中子 …… 49
2.2.3　裂变产物 …… 50
2.2.4　裂变释放的能量 …… 51
2.3　自持链式反应 …… 52
2.3.1　临界质量与临界安全 …… 52
2.3.2　中子的慢化过程与辐射俘获 …… 55
2.3.3　热中子非均匀反应堆系统的中子平衡 …… 57
2.4　裂变反应堆的控制 …… 61
2.4.1　后备反应性 …… 61
2.4.2　反应性的控制方法 …… 62
2.4.3　中子数的增长过程 …… 64
2.4.4　反应性的变化 …… 65
2.5　裂变反应堆的保护和保护系统 …… 68
2.6　裂变反应堆的热工限度 …… 72
2.6.1　热功率密度的空间分布 …… 72
2.6.2　燃料熔化 …… 75
2.6.3　燃料棒包壳烧毁 …… 75
2.6.4　流动不稳定性 …… 77
2.7　裂变反应堆中核燃料的转换和增殖 …… 77
2.7.1　核燃料的消耗 …… 77
2.7.2　核燃料的转换 …… 78
2.7.3　核燃料的增殖 …… 81
2.8　裂变反应堆的类别和构成 …… 84
2.8.1　反应堆的类别 …… 84
2.8.2　反应堆的构成 …… 87
2.8.3　对反应堆各部分材料的要求 …… 88
2.9　裂变反应堆的核燃料循环 …… 93
2.9.1　铀-钚循环和钍-铀循环 …… 93
2.9.2　铀-钚循环的三种不同方式 …… 94
2.9.3　钚的利用 …… 98

2.9.4 钍的利用 …………………………………………………… 100
2.9.5 反应堆的初装料和换料需要量 ………………………… 103
2.9.6 燃料循环的总投料量 ………………………………… 104
2.10 核聚变反应 ……………………………………………… 105
2.10.1 核聚变能源 ………………………………………… 105
2.10.2 聚变反应与劳森判据 ……………………………… 106
2.10.3 实现聚变反应的途径 ……………………………… 106
2.10.4 托卡马克装置 ……………………………………… 107
2.11 托卡马克聚变反应堆 …………………………………… 108
2.11.1 堆芯等离子体物理 ………………………………… 108
2.11.2 关键工程问题 ……………………………………… 109
2.12 聚变反应堆堆芯部件 …………………………………… 109
2.12.1 磁体 ………………………………………………… 109
2.12.2 真空室 ……………………………………………… 110
2.12.3 偏滤器 ……………………………………………… 110
2.12.4 产氚包层 …………………………………………… 110
2.12.5 冷屏与杜瓦 ………………………………………… 111
2.13 聚变反应堆关键支撑系统 ……………………………… 111
2.13.1 加热与电流驱动系统 ……………………………… 111
2.13.2 测量（诊断）与控制系统 ………………………… 112
2.13.3 真空系统 …………………………………………… 112
2.13.4 低温系统 …………………………………………… 112
2.13.5 遥操系统 …………………………………………… 113
2.14 聚变反应堆能量提取与发电系统 ……………………… 113
2.14.1 一回路 ……………………………………………… 113
2.14.2 二回路 ……………………………………………… 113
2.15 聚变反应堆燃料循环系统 ……………………………… 114
2.15.1 聚变堆氚内循环和外循环系统 …………………… 114
2.15.2 氚安全与氚测量 …………………………………… 115
2.16 聚变反应堆的安全与环境 ……………………………… 115
2.16.1 核聚变安全的主要特点 …………………………… 115
2.16.2 聚变反应堆的源项与分布 ………………………… 116
2.17 聚变反应堆材料 ………………………………………… 117
2.17.1 磁体材料 …………………………………………… 117
2.17.2 面向等离子体材料 ………………………………… 117

2.17.3 氚增殖材料与中子倍增材料……118
2.17.4 结构材料……118
2.17.5 阻氚涂层……118

第3章 研究试验反应堆……120

3.1 研究试验堆在原子能发展中的地位和作用……120
3.2 研究试验堆的类型和特点……121
3.3 零功率堆……125
3.4 游泳池式研究试验堆……127
3.5 池罐式研究试验堆……129
3.6 重水型研究试验堆……130
3.7 高通量工程试验堆……131
3.8 均匀型研究试验堆……132
3.9 微型中子源反应堆……134
3.10 快中子材料试验堆及快中子实验堆……135
3.11 各种热中子堆型的实验堆……137

第4章 生产堆……141

4.1 生产堆的用途……141
4.2 生产堆的特点……141
4.3 石墨生产堆……142
4.4 重水生产堆……145

第5章 核电厂的发展……148

5.1 世界上核电厂的现状……148
5.2 核电厂的安全性……152
5.3 核电厂的可靠性……158
5.4 核电厂的经济性……161
5.5 核电厂的环境影响与可持续发展……165
5.6 压水堆核电厂……167
5.6.1 堆芯……171
5.6.2 控制棒组件及其他控制手段……173
5.6.3 反应堆压力容器……174
5.6.4 堆芯冷却系统……175

5.6.5　安全壳 …… 179
5.7　沸水堆核电厂 …… 181
5.8　重水堆核电厂 …… 187
5.9　高温气冷堆核电厂 …… 196
5.10　快中子增殖堆核电厂 …… 200
5.10.1　钠冷快堆 …… 202
5.10.2　铅冷快堆 …… 208
5.11　动力反应堆的研究与开发 …… 209
5.12　未来核电厂的技术发展趋势 …… 211
5.12.1　先进压水堆 …… 211
5.12.2　四代堆 …… 212
5.12.3　小堆 …… 214
5.12.4　核能多用途利用和与其他能源形式匹配 …… 214
5.12.5　数字化与智能化 …… 216

第 6 章　核电厂的建设和运行 …… 217

6.1　建设项目实施前需要解决的问题 …… 217
6.2　核电厂厂址选择 …… 217
6.2.1　核电厂厂址选择基本原则 …… 217
6.2.2　核电厂址比选方法 …… 220
6.3　项目管理 …… 221
6.4　质量保证制度 …… 225
6.5　核电厂建设的自主化 …… 227
6.5.1　工程设计和项目管理的自主化 …… 227
6.5.2　设备国产化 …… 228
6.5.3　土建、安装和调试的自主化 …… 229
6.6　燃料管理 …… 229
6.6.1　压水堆燃料管理 …… 230
6.6.2　沸水堆燃料管理 …… 231
6.7　核电厂事故的防止 …… 232
6.7.1　纵深防御 …… 232
6.7.2　国际核事件分级 …… 236
6.8　核安全文化 …… 237

第 7 章　海洋和空间核能装置 ……239

7.1　潜艇核动力装置 ……239
7.2　水面船舰核动力装置 ……246
7.3　空间核能装置 ……247
7.3.1　空间核电源 ……247
7.3.2　空间核推进 ……258

第 8 章　核武器 ……269

8.1　核武器的类型和构造原理 ……269
8.1.1　原子弹 ……269
8.1.2　氢弹 ……271
8.1.3　核爆炸驱动定向能武器 ……274
8.1.4　战略核武器和战术核武器 ……274
8.2　核武器发展水平 ……275
8.2.1　比威力 ……275
8.2.2　核装料利用率 ……276
8.2.3　干净化程度 ……276
8.2.4　突防能力 ……276
8.2.5　可靠性 ……276
8.2.6　安全性 ……276
8.2.7　生存能力 ……277
8.3　核武器的毁伤破坏因素 ……277
8.3.1　冲击波 ……277
8.3.2　光辐射 ……277
8.3.3　早期核辐射 ……278
8.3.4　核电磁脉冲 ……278
8.3.5　放射性沾染 ……279
8.4　核武器试验 ……279
8.4.1　空中核试验 ……280
8.4.2　地面核试验 ……280
8.4.3　地下核试验 ……280
8.4.4　水面及水下核试验 ……281
8.4.5　高空核试验 ……281
8.4.6　全面禁止核试验 ……281

8.5　国际核不扩散机制……282
8.5.1　不扩散核武器条约……282
8.5.2　IAEA 保障监督体系……282
8.5.3　中国在核不扩散问题上的立场主张……283

第 9 章　富集铀的生产（重同位素分离）……285

9.1　生产富集铀的必要性和重要性……285
9.2　生产富集铀的几种主要方法及其比较……287
9.2.1　气体扩散法……288
9.2.2　气体离心法……291
9.2.3　喷嘴法……293
9.3　级联装置……294
9.4　铀同位素分离厂的基本特点……296
9.4.1　工作介质六氟化铀……296
9.4.2　高度的密封性、耐腐蚀性和清洁度要求……296
9.4.3　运行的安全性与可靠性……297
9.5　六氟化铀的生产和还原……297
9.5.1　六氟化铀的生产……298
9.5.2　六氟化铀的还原……300
9.6　铀同位素分离的激光法……300

第 10 章　重水、氚、锂-6、硼-10 的生产（轻同位素分离）……304

10.1　生产重水的几种主要方法及其比较……304
10.1.1　精馏法……305
10.1.2　电解法……308
10.1.3　化学交换法……308
10.1.4　几种生产重水方法的比较……311
10.2　重水厂的基本特点……312
10.3　降质重水的再富集……313
10.4　氚的生产……314
10.4.1　氚的来源……314
10.4.2　氚的生产工艺……315
10.4.3　重水产氚工艺……318
10.5　锂-6 的生产……319
10.5.1　锂的冶炼……320

10.5.2 锂同位素分离 …… 320
10.5.3 金属 ^{6}Li 的制备 …… 323
10.5.4 氘化 ^{6}Li 的制备 …… 323
10.6 硼-10的生产 …… 324

第11章 典型核设备、仪器和特殊材料 …… 325

11.1 反应堆压力容器 …… 325
11.2 反应堆冷却剂泵 …… 330
11.3 蒸汽发生器 …… 337
11.4 反应堆冷却剂回路管道和阀门 …… 343
11.5 反应堆控制棒驱动机构 …… 349
11.5.1 磁力提升式驱动机构 …… 349
11.5.2 直线电机式驱动机构 …… 350
11.5.3 电动机式驱动机构 …… 351
11.6 反应堆装卸燃料设备 …… 351
11.6.1 不停堆换料机 …… 351
11.6.2 钠冷快堆装卸燃料设备 …… 354
11.7 饱和蒸汽汽轮机 …… 354
11.8 粒子加速器 …… 358
11.8.1 粒子加速器特点 …… 358
11.8.2 粒子加速器工业应用 …… 359
11.9 热室设备 …… 360
11.9.1 屏蔽观察窗 …… 361
11.9.2 机械手 …… 362
11.10 辐射探测仪器 …… 362
11.10.1 地质探矿仪器 …… 366
11.10.2 反应堆控制仪器 …… 367
11.10.3 防护监测仪器 …… 369
11.11 石墨 …… 371
11.12 锆合金管 …… 373

第12章 铀矿勘查、开采和加工 …… 376

12.1 铀矿勘查 …… 376
12.1.1 铀矿地质 …… 376
12.1.2 铀矿勘查 …… 380

12.2 铀矿的开采 …… 388
12.2.1 地下开采 …… 388
12.2.2 地浸开采 …… 389
12.2.3 露天开采 …… 390
12.3 铀矿的加工 …… 390
12.3.1 矿石准备 …… 390
12.3.2 铀的浸出 …… 391
12.3.3 铀的提取 …… 393
12.3.4 产品的沉淀 …… 395
12.3.5 水冶工艺流程和污染防治 …… 396
12.4 铀的纯化 …… 397
12.5 钍矿石加工和金属钍的生产 …… 398
第 13 章 燃料元（组）件的设计和制造 …… 400
13.1 对燃料元（组）件的要求 …… 400
13.2 燃料元（组）件的基本结构 …… 402
13.2.1 生产堆的燃料元件 …… 403
13.2.2 轻水堆的燃料组件 …… 403
13.2.3 重水堆的燃料棒束 …… 409
13.2.4 高温气冷堆的燃料元件 …… 410
13.2.5 液态金属冷却快中子堆的燃料组件 …… 413
13.2.6 研究试验堆的燃料元件 …… 416
13.3 核燃料物态的选择 …… 419
13.3.1 燃料芯体的物理化学状态和辐照性能 …… 419
13.3.2 金属铀和铀合金 …… 421
13.3.3 氧化铀 …… 422
13.3.4 碳化铀和氮化铀 …… 424
13.3.5 钚及其化合物 …… 425
13.3.6 铀钚混合陶瓷燃料 …… 426
13.3.7 钍铀混合陶瓷燃料 …… 427
13.3.8 弥散体燃料 …… 427
13.4 包壳材料的选择 …… 429
13.4.1 铝合金 …… 429
13.4.2 锆合金 …… 430
13.4.3 镁合金 …… 433

13.4.4 不锈钢和镍基合金 …… 433
13.4.5 高温气冷堆燃料元件的石墨基体材料 …… 435
13.4.6 新型包壳材料 …… 435
13.5 燃料元（组）件的设计、研究和试验 …… 437
13.5.1 燃料元（组）件的设计 …… 438
13.5.2 燃料元（组）件的性能试验 …… 442
13.5.3 试验技术和设备 …… 445
13.6 燃料元（组）件制造工艺概述 …… 450
13.6.1 化工转化 …… 450
13.6.2 芯体制备 …… 450
13.6.3 组装 …… 451
13.6.4 结合层 …… 451
13.6.5 增材制造 …… 452
13.7 金属铀燃料元件的制造工艺 …… 452
13.7.1 金属铀的制备 …… 452
13.7.2 金属铀的加工成形 …… 455
13.7.3 金属铀燃料元件的组装和检验 …… 456
13.8 陶瓷型燃料元（组）件的制造工艺 …… 458
13.8.1 燃料芯块的制备 …… 458
13.8.2 包壳管的准备 …… 463
13.8.3 燃料棒的组装 …… 464
13.8.4 燃料组件的组装和质量检验 …… 465
13.9 弥散型燃料元件的制造工艺 …… 467
13.9.1 研究试验堆燃料元件的制造工艺 …… 467
13.9.2 高温气冷堆燃料元件的制造工艺 …… 468
13.10 快中子堆燃料元（组）件的制造工艺 …… 470
13.11 燃料元（组）件的质量保证和质量控制 …… 471
13.11.1 质量体系的建设与运行 …… 472
13.11.2 质量管理体系的运转 …… 472
13.11.3 制造过程中的质量控制 …… 473

第14章 核燃料的运输 …… 474

14.1 放射性物品运输的一般问题 …… 474
14.2 未辐照核燃料的运输 …… 476
14.3 辐照过燃料组件的运输 …… 476

第 15 章 乏燃料后处理 …… 481

15.1 乏燃料处理的意义 …… 481
15.2 后处理的重要性和对后处理的要求 …… 483
15.3 辐照过燃料元（组）件的“冷却” …… 486
15.4 辐照过燃料元（组）件的首端处理 …… 489
15.5 化学分离 …… 491
15.5.1 溶剂萃取法 …… 491
15.5.2 氟化挥发法 …… 497
15.5.3 高温冶金法 …… 498
15.5.4 熔盐电解精炼法 …… 499
15.5.5 电化学氧化物沉积法 …… 501
15.6 裂变产物和锕系元素的回收利用 …… 501
15.6.1 从溶解尾气中提取氪 …… 502
15.6.2 高放废液中裂变产物的提取 …… 503
15.6.3 高放废液中次锕系元素镅锔的提取 …… 504
15.7 后处理厂的特点和规模 …… 504
15.7.1 放射性强 …… 504
15.7.2 毒性大 …… 506
15.7.3 临界事故的危险 …… 507
15.7.4 可靠性、密封性和维修条件要求高 …… 508
15.7.5 加强废物管理，严格控制废气、废液的排放 …… 509
15.7.6 后处理厂的规模 …… 510
15.8 后处理厂的主要设备 …… 511
15.8.1 剪切机 …… 511
15.8.2 溶解器（浸取槽）和调料槽 …… 512
15.8.3 萃取器 …… 514
15.9 钍基燃料的后处理 …… 518

第 16 章 放射性废物的处理和处置 …… 520

16.1 放射性废物处理的必要性和重要性 …… 520
16.1.1 放射性废物处理的必要性 …… 520
16.1.2 放射性废物处理的重要性 …… 521
16.2 放射性废物的来源和分类 …… 521
16.2.1 放射性废物的来源 …… 521

16.2.2 放射性废物的分类 …… 522
16.3 放射性废物的特点 …… 524
16.3.1 放射性废物的核素组成 …… 524
16.3.2 放射性废物的核素衰变 …… 525
16.3.3 放射性毒性 …… 526
16.3.4 放射性核素的释热 …… 527
16.4 放射性废物最小化原则 …… 527
16.5 放射性废气/气载废物的处理 …… 528
16.5.1 放射性废气/气载废物净化排放方式 …… 529
16.5.2 放射性废气/气载废物的净化处理技术 …… 529
16.6 放射性废液的处理 …… 531
16.6.1 极低放废液的稀释排放 …… 531
16.6.2 低放废液的净化浓缩处理 …… 532
16.6.3 中放废液的固化技术 …… 535
16.6.4 高放废液固化处理 …… 540
16.7 放射性有机废物的处理 …… 548
16.7.1 放射性有机废物的来源 …… 548
16.7.2 放射性有机废物处理技术 …… 549
16.8 放射性固体废物的整备处理 …… 553
16.8.1 中低放废性固体废物的压缩 …… 553
16.8.2 中低放固体废物的焚烧 …… 556
16.8.3 中低放金属废物的熔炼 …… 558
16.8.4 中放固体废物的水泥固定 …… 558
16.8.5 中低放固体废物的包装 …… 559
16.9 放射性废物的贮存或暂存 …… 560
16.9.1 放射性废液贮存 …… 560
16.9.2 中低放固体废物的贮存 …… 563
16.9.3 α污染废物的贮存 …… 567
16.10 放射性废物的运输 …… 567
16.10.1 放射性废物的公路运输 …… 567
16.10.2 放射性废物公海铁联运 …… 569
16.11 放射性废物处置 …… 570
16.11.1 极低放废物填埋 …… 570
16.11.2 低放固体废物近地表处置 …… 571
16.11.3 中放固体废物中等深度处置 …… 572

16.11.4 高放废物深地质处置 …… 573
16.12 高放废物的核嬗变处理 …… 574
16.13 放射性废物处置场（库）址的选择和安全评价 …… 576
16.14 放射性废源的处理处置 …… 580

第 17 章 核设施退役 …… 584

17.1 退役策略 …… 585
17.2 退役终态 …… 586
17.3 退役计划 …… 586
17.4 退役方案 …… 589
17.5 退役的工艺 …… 590
17.5.1 源项调查 …… 590
17.5.2 去污技术 …… 594
17.5.3 切割 …… 597
17.5.4 设施拆除 …… 600
17.5.5 核设施场址治理修复 …… 600
17.6 退役过程的放射性废物管理 …… 601
17.6.1 退役过程的放射性废物特点 …… 601
17.6.2 退役过程产生的废物量 …… 601
17.6.3 退役过程废物处理处置 …… 602
17.7 退役过程的辐射防护 …… 603
17.7.1 退役过程辐射场特点 …… 603
17.7.2 退役场所辐射防护分区及管理 …… 603
17.7.3 退役过程的辐射防护措施 …… 604
17.7.4 辐射防护管理目标值的建立 …… 605
17.7.5 退役过程的辐射防护效果评价 …… 605

第 18 章 放射性同位素及其制品的生产 …… 607

18.1 对放射性同位素的要求 …… 607
18.2 放射性同位素的来源 …… 608
18.3 用反应堆生产放射性同位素 …… 610
18.3.1 产品的质量 …… 611
18.3.2 靶件的制备 …… 614
18.3.3 辐照用反应堆 …… 615
18.4 用加速器生产放射性同位素 …… 617

18.5 放射性同位素的化学处理…… 618
18.5.1 化学分离 …… 619
18.5.2 同位素发生器的制备 …… 619
18.6 放射性标记化合物的制备…… 621
18.7 同位素放射源的制备…… 622
18.7.1 α放射源 …… 623
18.7.2 β放射源 …… 623
18.7.3 γ放射源 …… 624
18.7.4 中子源 …… 624
18.7.5 放射性同位素能源 …… 625
18.7.6 强放射源 …… 626
18.8 放射性药物的制备…… 628
18.8.1 放射性药物的特点及特殊要求 …… 629
18.8.2 放射性药物制备 …… 629
18.8.3 放射性药物的质量检验 …… 630
18.9 放射性同位素产品的质量检验…… 631
18.9.1 放射化学制剂的质量检验 …… 631
18.9.2 放射源的质量检验 …… 632

第19章 辐射防护…… 634

19.1 概述…… 634
19.2 原子能工业中的照射和防护问题…… 635
19.3 辐射防护中使用的量…… 638
19.3.1 辐射场的描述及基本剂量量 …… 638
19.3.2 辅助剂量量 …… 642
19.3.3 运行实用量 …… 643
19.4 辐射防护体系…… 644
19.4.1 辐射的生物效应及其分类 …… 645
19.4.2 照射情况的类型 …… 649
19.4.3 照射的分类、原则和防护水平简介 …… 651
19.4.4 辐射防护的社会判断或政策判断 …… 654
19.4.5 ICRP 当前推荐的防护水平与以往比较…… 654
19.5 外照射的监测…… 657

19.5.1 辐射监测的分类 …… 657
19.5.2 场所监测 …… 657
19.5.3 环境监测 …… 659
19.5.4 外照射个人剂量监测 …… 659
19.6 外照射的防护 …… 660
19.6.1 距离、时间和屏蔽 …… 660
19.6.2 对γ射线的屏蔽 …… 661
19.6.3 X射线装置的屏蔽 …… 662
19.6.4 外照射防护屏的设计 …… 662
19.6.5 对β发射体的防护 …… 663
19.6.6 对中子的屏蔽 …… 663
19.6.7 反应堆装置的屏蔽 …… 665
19.6.8 船用动力堆屏蔽的特殊性 …… 666
19.7 内照射的监测、评价与防护 …… 666
19.7.1 个人内照射监测的目的 …… 666
19.7.2 个人内照射监测的必要条件 …… 667
19.7.3 个人内照射监测的类型 …… 668
19.7.4 个人内照射监测的方法 …… 669
19.7.5 个人内照射监测的实施 …… 669
19.7.6 体内放射性活度测量的评价 …… 671
19.7.7 内照射的防护 …… 673
19.8 辐射工作人员的健康管理和居民的辐射安全 …… 674
19.9 我国现行电离辐射防护与辐射源安全基本标准简介 …… 676

第20章 核安全 …… 680

20.1 概述 …… 680
20.2 确定论核安全方法 …… 681
20.2.1 纵深防御概念 …… 681
20.2.2 三项基本安全功能 …… 682
20.2.3 设计基准工况 …… 683
20.2.4 保守假设和分析方法 …… 685
20.2.5 验收准则 …… 685
20.2.6 关于确定论核安全方法的评述 …… 686

20.3 概率论核安全方法…… 687
20.3.1 概率论核安全方法概述 …… 687
20.3.2 关于概率论核安全方法的评述 …… 692
20.4 后期核安全理念的发展…… 694
20.4.1 后期美国核安全理念的主要发展 …… 694
20.4.2 后期欧洲核安全理念的主要发展 …… 696
20.4.3 后期国际原子能机构核安全理念的发展 …… 698

附录…… 700

附录 1 希腊字母表…… 700
附录 2 单位制及换算因子…… 701
附录 3 元素周期表…… 704
附录 4 常用基本物理常数…… 705
附录 5 有关的放射性同位素表…… 707
附录 6 一些核素的热中子截面表（中子能量为 0.025 eV）……711
附录 7 中英文名词对照…… 712
附录 8 简明核素图…… 745

第1章 绪 论

1.1 原子能在历史发展中的地位

几千年来人类一直在为扩大能源、提高自己驾驭自然界的能力而奋斗。在掌握原子能以前，人类利用的几乎一切能源，从畜力到水力和风力，从木柴到煤炭、石油和天然气，归根结底，都来自太阳的辐射①，来源于太阳上持续不断地进行的原子核反应。然而以前在地球上的畜牧业、农业、工业和交通运输种种活动中的能量转换和传输，只涉及分子或原子的重新组合，不涉及原子核内部结构的变化。人类到20世纪初才逐渐认识原子核。人为地促使原子核内部结构发生变化，释放出其中蕴藏的巨大能量，加以利用，是20世纪40年代才实现的，这就是原子能工业的开端。原子能确切地应称为原子核能（或核能），一般两名称并用，在本书中原子能与核能是同义的。

原子核结构的阐明和核能的开发利用是人类征服自然过程中的重大突破。2000年美国工程技术界评出了20世纪对人类社会影响最大的20项工程技术成就，其中“核技术”位列第19。评委会认为：20世纪40年代用核能永远地改变了战争的形式，提供了新的发电能源，提高了医疗诊断技术。虽然核技术激起人们的抗议和论战，但与之相关的发展仍是20世纪最重要的技术成就之一。[1]

核能使先前无用的铀和钍成为宝贵的能量资源，对人类社会的可持续发展有深远的影响。它的到来恰好在一些国家面临化石燃料尤其是石油供应的严重困难、同时开始认识到使用这些燃料所引起的全球环境影响的年代。化石燃料是由千百万年前动植物的遗体生成，用掉就不能再生；它们又是有机化学工业的宝贵原料，烧掉何等可惜。

自20世纪50年代核能开始用于商用发电之后，仅用了20多年时间，到20世纪70年代核电技术已在工业发达国家臻于成熟。根据国际原子能机构动力反应堆信息系统（PRIS）报告，截至2023年12月31日，世界31个国家在运核电机组415台，装机容量373 735 MW，核发电占比约10%。[2]尽管核能发展史上经历了三次严重的核事故，即1979年三哩岛核事故（美国），1986年切尔诺贝利核事故（苏联），2011年福

① 地球上空气的流动和水的循环是地球吸收了太阳辐射能的结果。植物体内碳氢化合物等有机物质的化学能，是由太阳辐射能通过叶绿素的光合作用转变而成的。动物吃进植物性食物，又将它进一步转变成动物体内的化学能。整个生物界不断地将太阳辐射能固定在生成的有机物质中。煤、石油和天然气等有机燃料又称化石燃料，则是千百万年乃至几亿年前埋在地层下的太阳能的储存库。

岛核事故（日本）。这三次核事故增加了人们对核电安全性的担心，并一度带来了反核趋势，有人甚至提出取消核能，对世界核电的发展产生了一定的冲击。然而，核事故更多地促使核电界认识到核安全的重要性，审慎反思事故原因。不仅更加重视核电站的安全设计，通过技术创新、持续改进安全设计，使得核电技术从 20 世纪七八十年代的二代核电技术，到 20 世纪末升级为二代改进型（俗称二代加）核电技术，再到 21 世纪初进一步升级到三代核电技术，更加重视核电站的运营管理，通过成立世界核电运营者协会（WANO），并倡导核安全文化、良好实践推广、事故经验反馈、同行评估等切实有效的措施，进一步提升核电站的安全性和可靠性。核事故，以及经济、政治和社会等因素使得核电发展在曲折中前进，更好服务人类。

就全球范围来说，能源是人类文明进步的基础和动力，攸关国计民生和国家安全，关系人类生存和发展，对于促进经济社会发展、增进人民福祉至关重要。特别是对于发展中国家，要提高人民的生活水平，除了国内外的和平环境以外，教育、卫生、农业的发展与工业化的实现，均有赖于足够的能源供给，尤其是电力供应。

从煤炭时代进入油气时代，全球能源消费的重心一直处在西方发达国家。然而进入本世纪后，发展中国家能源消费需求明显提高，并超过了发达国家能源消费量。数据显示[3-4]，2018 年发展中国家能源消费量达 81.95 亿 t 标准煤，占全球消费总量的 59%，增量贡献更超过 80%，而驱动这一增长的关键因素源于能源消费重心向亚太地区的转移。由于新兴经济体和发展中国家的快速工业化和城市化进程，它们对能源的需求迅速增长。这些国家包括中国、印度、巴西等，它们成为全球能源消费的重要增长引擎。

根据《BP 世界能源统计年鉴（2022 版）》数据[5]，全球绝大部分国家能源消费呈增长态势。中国能源消费量为 157.65 EJ（$1\ \mathrm{EJ}=10^{18}\ \mathrm{J}$），同比增长 7.1%，占全球能源总消费量的 26.5%，能源消费量排名第一。美国、印度、俄罗斯、日本、加拿大、德国、韩国、巴西和伊朗相继进入能源消费量前十。

据国际能源署预测，到 2050 年，发展中国家能源消费比重将达到 80%，增量贡献率达 96.5%，亚太地区将稳居全球第一大能源消费区域。21 世纪的能源问题主要须解决发展中国家的能源需求。解决这一问题的办法只能是节能与开发各种可利用的能源并举，核能是其中不可缺少的一部分。

烧煤的技术比较简单，煤价相对低廉；石油的使用比较方便、灵活。《2023 世界能源年鉴》显示[6]，2022 年全球能源消费总量达到 16.31 亿 t 油当量（tons oil equivalent，toe），同比增长 2%。其中，石油占 31.8%、天然气占 24%、煤炭占 26.8%，三种化石能源合计 82.6%，可见传统化石能源依然主导全球能源结构。而我国目前能源结构同样以化石能源为主。其中，煤炭是我国主要能源，占比约为 60%。其次是石油和天然气，占比分别为 20%和 6%左右。可再生能源和核能在我国能源结构中所占比重较小，占比分别 9.5%和 4.5%左右。

工业革命以来，化石能源大量使用，有力促进了人类社会繁荣，但也带来了资源匮乏、气候变化、环境污染等突出问题，严重威胁人类可持续发展。

首先，须看到地球上化石燃料的储量有限，不足以支持人类、社会及经济可持续发展的需要。

根据《中国能源发展现状 2023》[7]，截至 2022 年底，全球煤炭、石油和天然气的储采比为 139.2、53.5 和 48.8，而且化石能源的地理分布很不均匀，如我国化石能源储采比均低于全球水平，分别为 36.7、18.2、43.3。虽然上述数据不是一成不变，随着探测技术和开采技术的进步，以及可燃冰、页岩油/气、深海/地油等新的化石能源的发现，探明的储量和产量均会发生变化。但是地球中化石能源是自然界经过亿万年形成的，总有一天会消耗殆尽。

而铀钍资源虽然也是不可再生资源，但相对来说资源丰富，而且分布比较广泛。且不谈低品位铀及海水和花岗岩中所含的微量铀和钍，已探明的铀储量，便足以供给当今采用一次通过燃料循环方式的轻水堆数十年之需，经过加强勘探可望延伸至 300 年左右。在实现核燃料增殖的条件下，其可用能量将扩大 60 多倍，大大超过全世界可用的煤炭、石油和天然气储量之总和。待将来实现了受控热核反应，海水中的氘成为可用的燃料，1 t 海水就相当于 250 t 煤，则能量资源更是可供人类发展几百万年之需。

原子能的优越性还在于能量密度高。1 g 铀-235 完全燃耗释放的能量相当于 2.7 t 标准煤。一座 1 000 MW 核电厂每年仅需装入 25 t 低富集度的核燃料，燃料所需库存空间很小，便于缺乏燃料资源的国家为应付供应中断的风险而储备够用好多年的燃料。另外，化石燃料远距离运输的费用也是影响发电成本的重要因素。

由于核燃料用量小，需要处理和处置的废物也少。一座 1 000 MW 核电厂每年卸出的乏燃料经后处理后，仅形成数个立方米的高放射性废物，较易实现“与世隔离”的封闭处置。不像火电厂的废物数量很大，只能采用稀释扩散方式排往大气或浅埋地下，其中单是煤灰中的重金属如砷、镉、铅、钒、汞等就有 400 t/（GW•a）。而且它们的化学毒性永存，不像放射性废物的放射性毒性随着时间的推移而衰减（见 16.3.3 节）。

截至 2023 年底，核电厂的安全性已为约 20 000 堆•年的运行经验所证明。世界上有核电国家的多年统计资料表明，尽管核电厂的具体经济特性与各国的工业技术条件和经济环境有关，但核电厂与燃煤电厂的相对经济特性是普遍的，即核电厂的比投资高于燃煤电厂，核燃料成本显著地低于燃煤成本。一般而言，在全寿期平准化贴现发电成本的比较中，当核电厂的核燃料成本低于燃煤电厂燃料成本的金额足以补偿两者的投资成本差额而有余时，核电厂的经济性优于燃煤电厂。燃煤电厂的燃料成本随着运输距离的延长而增高；而核燃料成本基本上不受运输距离的影响，因此，在远离煤矿地区的核电厂竞争力更强。

其次，人类持续过度依赖化石燃料所引起的环境、健康的代价，日益引起人们的关注，进入 21 世纪后，减少碳排放以应对气候变化已成为全球的共识。

自从人类社会进入工业化时代以来，以二氧化碳为主的温室气体排放量迅速增加，温室气体浓度升高强化了大气层阻挡热量逃逸的能力，形成更强的温室效应，从而产生了温室气体排放与气候变化之间的紧密联系。几十年来，科学家和政治家长期努力寻找合适的气候治理目标。目前国际社会广泛接受的气候治理目标是2015年《巴黎协定》提出的一个长期气温目标："把全球平均气温升幅控制在工业化前水平以上2 ℃之内，并努力将气温升幅限制在工业化前水平以上1.5 ℃之内"。

《巴黎协定》签署后，气候科学、减排技术、气候治理的快速发展，又催生出了碳中和/净零排放目标。2019年，英国正式立法要在2050年实现温室气体净零排放，欧盟也随后出台相关的气候法律，2020年9月，中国在联合国大会一般性辩论上向全世界宣布2060年的碳中和目标，随后日本、韩国也很快跟进宣布碳中和目标。2021年美国也正式宣布国家净零排放目标。图1-1给出了有"双碳"目标的国家数目[8]。

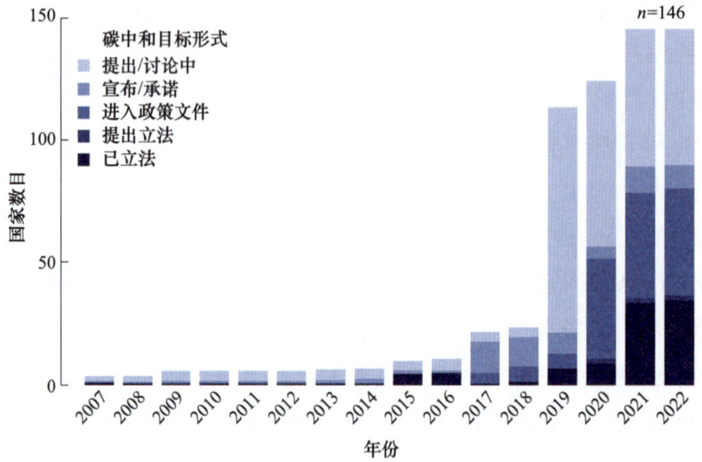

图1-1　2007—2022年有碳中和/净零排放目标的国家数目变化

有关数据表明，由于各国政府及相关组织所做的承诺及各种努力，温室气体排放虽然未达到峰值，但其增速明显放缓。图1-2给出了1750—2019年全球年度二氧化碳排放量与地表平均温度①。2019年，二氧化碳排放量达到364.4亿吨，全球地表平均温度与二氧化碳排放量呈现出相同的变化态势，在2019年达到了10.13 ℃，与1750年相比升高了2.82 ℃。

世界气象组织（WMO）发布数据显示，2023年全球年平均温度较工业化前水平高出1.45 ℃，成为有记录以来最热一年，较上一个高温纪录年（2016年）高出约0.16 ℃。与此同时，全球碳排放量仍在增长。2023年，全球碳排放总量将达到409亿吨，大气中的二氧化碳浓度也再次突破纪录，上升至419.3 ppm。实现1.5 ℃目标的碳预算窗口进一步收窄。

① 数据来源于Our World in Data，Climate Watch。

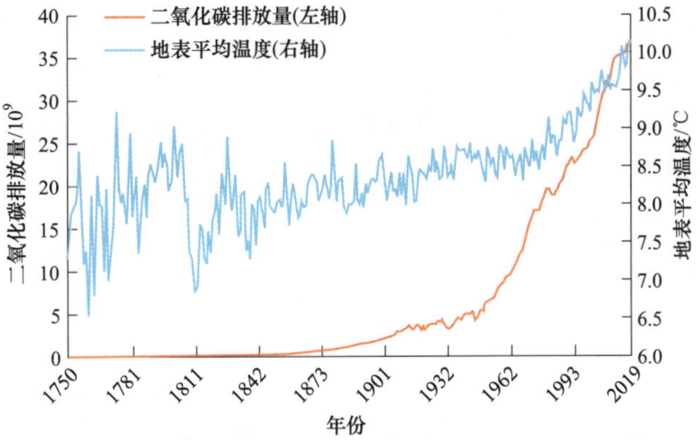

图 1-2　1750—2019 年全球年度二氧化碳排放量与地表平均温度

2021 年 5 月，国际能源署（IEA）发布全球首份《全球能源行业实现 2050 净零排放路线图》报告[9]，指出能源行业产生了当前全球约 3/4 的温室气体，推动能源低碳转型是应对气候变化的关键措施。同时在报告《核电与保障能源转型》（*Nuclear Power and Secure Energy Transitions*）[10]中明确，核电为缓解全球二氧化碳排放增长做出了重大贡献。核电使全球每年排放量减少 1.5 吉吨（Gt，1 Gt=10^9 t），天然气需求减少 1 800 亿 m^3。在 1971—2020 年间，核电使全球二氧化碳减排约 66 Gt。若无核电，在此期间，发电产生的总排放量将增加近 20%，与能源有关的总排放量将增加 6%。核电是当今仅次于水电的第二大低排放电源，约占全球发电量的 10%，同时，核能具有可调度性和增长潜力，有助于能源安全和电网稳定，可促进新能源规模化应用。在确保安全的前提下，核能的灵活和稳定部署，还有助于区域供热、海水淡化、工业生产和氢气制取等领域减排，从而利于实现电力系统安全和多元化。图 1-3 给出了 2020 年全球各类低排放能源的发电量①。

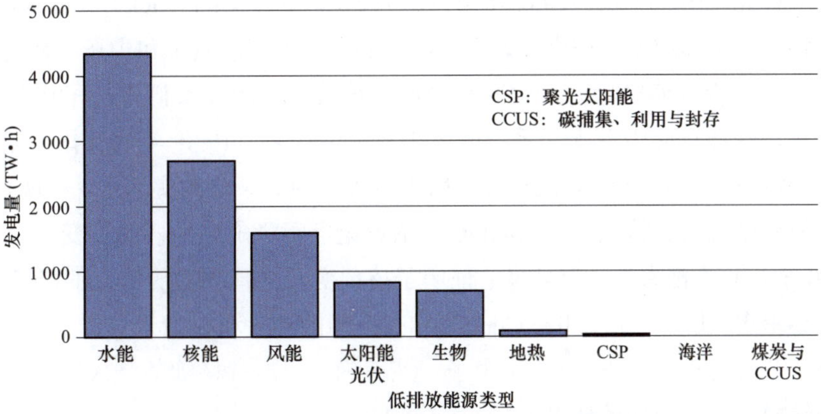

图 1-3　2020 年全球各类低排放能源的发电量

① 信息来源国际核能署（2021），《2021 世界能源展望》。

而且核电对全球净零排放不可或缺。2023 年底在阿联酋迪拜举行的第 28 届联合国气候变化大会（COP28）上发布发展核能的联合宣言。包括美国、法国、英国、加拿大、日本等 22 个国家共同发起《三倍核能宣言》(*Declaration to Triple Nuclear Energy*)。拟到 2050 年实现全球核能装机容量较 2020 年增加 2 倍的目标。这也是联合国气候大会历史进程中，首次发布发展核能的联合宣言。该宣言承认核能在到 2050 年实现全球温室气体净零排放和保持 1.5 ℃目标方面的关键作用。[11]

我国是全球最大的发展中国家，也是最大的碳排放国家，长期以来能源结构以化石能源为主，这种能源消费结构决定了我国“双碳”目标的实现从根本上还是要靠能源低碳化转型。中国社会科学院 2023 年 11 月发布的《能源蓝皮书：中国能源发展前沿报告（2023)》[12]，报告表示，核电运行稳定可靠、换料周期长，可大规模替代化石能源作为基荷电源，是新增非化石能源中最具竞争力的能源品种，是我国实现碳达峰、碳中和目标的必然选择。

但需注意到核武器与核电厂是截然不同的两码事。在对核材料实施有效的监督与控制之下（如同迄今的情况所表明），扩大利用原子能不会导致核武器扩散。

1.2 原子能的发现和发展

人类原先不知有原子能。19 世纪末，欧洲资本主义工业的迅速扩张大大促进了科学技术的发展。1896 年法国的贝可勒尔（H. Becquerrel）发现某些物质能自发地放射出某种看不见的射线，定名为放射性。后来证明，射线是从原子核中放出的带电粒子或光子流。为了研究原子核结构，1919 年英国的卢瑟福（E. Rutherford）用天然放射性元素放出的高速的带电粒子轰击原子核，实现了人为的核反应，使得一种元素的原子核转变为另一种元素的原子核。1932 年英国的查德威克（J. Chadwick）在核反应实验中，发现了一种不带电的粒子——中子，从而建立了原子核是由质子和中子组成的学说。中子与原子核之间没有静电斥力，很容易同原子核发生作用。人们用中子代替带电粒子轰击原子核，在核反应中得出一系列的人工放射性核素。1938 年底德国的哈恩（Otto Hahn）和斯特拉斯曼（F. Strassmann）在用中子轰击铀原子核的实验中，发现异常现象，经在瑞典的奥地利人迈特纳（L. Meitner）从理论上阐释确定为核的裂变。接着，世界上有近 10 个实验室都来做这种实验，证明了核裂变及其释放出的巨大的能量。1939 年春法国的约里奥－居里（F. Joliot Curie）和在美国的意大利人费米（E. Fermi）先后证明，铀核在分裂过程中放出 2～3 个中子，从而确定了自行持续的链式反应的可能性。人们立即转向原子能应用的研究。

但不幸的是，原子能的最初应用是作为大规模杀伤性武器。

1939 年秋第二次世界大战爆发，美、英、德等国在极其保密的情况下开展原子能军事应用的研究——研制原子弹。美国借一批杰出的外国移民核科学家之助，于 1942

年 12 月 2 日在芝加哥大学校园里建成了世界上第一座核反应堆，实现了自持裂变链式反应。随后在汉福特（Hanford）地区建成三座石墨水冷生产堆，提供了最初的原子弹所需的钚。同时用电磁分离法生产出高富集铀。1945 年制成了三颗原子弹，将一颗用于核爆炸试验，随后不顾一些核科学家的坚决反对（他们主张仅在无居民地带显示威力），将另外两颗分别投落在日本的广岛和长崎，造成了 20 万人伤亡。这两颗原子弹直接结束了第二次世界大战，为世界带来了持久的和平，但也为原子能的和平应用蒙上了阴影。

第二次世界大战结束后，美国力图垄断核武器，加紧建立新的核燃料工厂，大量制造、连续试验和不断改进原子弹，同时研制热核武器，于 1952 年试验氢弹装置成功。在这期间，苏联、英国和法国相继赶上，建立了本国的原子能工业，分别于 1949 年、1952 年和 1960 年爆炸了自己的原子弹，后来爆炸了氢弹。

新中国成立后，美国频频向中国发出核威胁。中国被迫参与抗美援朝期间，美国多个政客也宣称要对中国使用核武器。在此形势下，于 1955 年，党中央审时度势，高瞻远瞩，作出了发展我国原子能事业的战略决策，并首先从铀矿地质勘探和核科学研究两方面着手。1958 年，毛泽东主席指出："搞一点原子弹、氢弹，我看有十年功夫完全可能。"中国人民在中国共产党的领导下，坚持"独立自主，自力更生"的方针，克服美国和苏联的层层阻挠和封锁，在经济和科学技术十分落后的条件下，很快建立起自己的原子能工业，分别于 1964 年和 1967 年成功地进行了原子弹和氢弹试验。

然而，原子能应用的主要方面乃是从可控制的链式反应中长期持续地获得能量。这在技术上与释放能量于一瞬间的核弹有完全不同的困难。1942 年建成的世界上第一座核反应堆以及随后的几座产钚堆虽然实现了受控裂变链式反应，却不能从反应堆中取得有用的能量。要把原子核释放出来的巨大能量变为有用的动力，还要解决许多工程技术问题。即使认识到主要技术问题之所在，其解决往往需要克服很多难关和花费很长时间。如工业原型装置的建立需要大量投资，新材料的研制需要反复试验，经济性的验证需要实际经验。对于每一种新堆型，为了验证其技术可实现性与经济合理性，一般需要经过实验堆、原型堆和商用示范堆等发展阶段。后进国家除了经济与技术落后，工业基础薄弱外，还受到发达国家对核材料、核设备和核技术实行封锁的限制。

1.2.1 核能发电

核能发电是利用核反应堆中核反应所释放出的热能进行发电的方式。现在，可工业应用的受控聚变反应尚未实现。所以，一般指核裂变反应堆。核能发电与火力发电极其相似，只是以核反应堆及蒸汽发生器来代替火力发电的锅炉，以核裂变能代替化石燃料的化学能。

裂变动力反应堆已得到广泛应用，截至 2022 年 12 月 31 日，35 个国家的 642 座反应堆共 492.9 GW（电）的装机容量[2]。就全世界而言，70 多年来的核能发展过程经历了实验示范、高速推广、滞缓发展及重新复苏四个阶段。

（1）实验示范阶段（1946—1965年）

核能动力的最初应用仍在军事方面。美国在第二次世界大战后，立即集中力量研究和发展可远程（10 000 km以上）飞行中途无需添加燃料的核动力轰炸机，以及无需氧气可一次于深水之下潜航数月的核潜艇。前者以失败告终。后者取得了完全成功，于1955年建成世界上第一艘核潜艇。当时，科技界对核能发电，特别是快中子增殖堆的开发，均抱乐观态度。美国政府遂投资建造各种有希望作发电用堆型的实验装置和原型装置。可以说，几乎所有可能的组合方式都试验过了（压水堆、沸水堆、石墨钠冷堆、有机慢化堆、重水均匀堆、熔盐堆、高温气冷堆、快中子增殖堆、热中子增殖堆①等）。1957年年底，美国首先在核潜艇压水堆和常规蒸汽技术的基础上建成了60 MW希平港（Shippingport）原型压水堆核电厂，然后又于1960年在实验性沸水堆的基础上建成了200 MW德累斯顿（Dresden）原型沸水堆核电厂，这两种轻水堆型的实用优势比较明显，成为核电日后发展的主线。在此期间，苏联于1954年建成了第一座5 MW奥布宁斯克（Obninsk）实验性石墨沸水堆核电厂，1959年建成基于压水堆的核动力破冰船和核潜艇，1964年建成了100 MW别洛雅尔斯克一号（Beloyarsky-1）原型石墨沸水堆核电厂和265 MW新沃罗涅什一号（Novovoronezh-1）原型压水堆核电厂，石墨沸水堆和压水堆这两种堆型成为苏联核电发展的主线。

当时尚不能生产富集铀的国家，只能选择天然铀堆型的路线。英国于1956—1959年在军用产钚堆基础上建成了产钚发电两用的4×45 MW考德霍尔（Calder Ha11）原型天然铀石墨气冷堆核电厂，以后成批地建造和改进这种堆型；法国在产钚堆基础上于1962年建成单一发电的60 MW希农（Chinon-A1）天然铀石墨气冷堆，以后每18个月建成一座，逐一改进，直到1972年建成540 MW布热一号（Bugey-1）；加拿大于1962年建成25 MW NPD实验性天然铀重水堆核电厂，1967年建成200 MW道格拉斯角（Douglas Point）原型重水堆核电厂，为当今坎杜（CANDU）型核电厂的发展奠定了基础。与此同时，西德、瑞典、捷克斯洛伐克等国都建造过不同设计的天然铀重水堆。

为了充分利用铀钍资源和彻底解决核燃料资源问题，各国投入了大量人力、物力去开发核燃料增殖堆，也研究过多种堆型，最后认为最有发展前途的是快中子堆。在20世纪50年代便开始建造实验性装置：美国于1951年建成200 kW的一号实验增殖堆（EBR-1），1964年建成20 MW的二号实验增殖堆（EBR-2）；英国于1962年建成14 MW的唐累（Dounreay）实验快堆（DFR）；法国于1966年建成热功率为20 MW的狂想曲（Rapsodie）实验快堆；苏联于1959年建成5 MW的BR-5实验快堆，1969年建成12 MW的BOR-60实验快堆。

这是一个“百花齐放”、各种堆型互相竞争的时期。国际上把上述实验性和原型核电机组称为第一代核电机组。第一代核电技术多为早期原型机，使用天然铀燃料和石

① 各种堆型的说明见5.6～5.10节。

墨慢化剂。设计上比较粗糙，结构松散，尽管机组发电容量不大，一般在30万千瓦之内，但体积较大。且在设计中没有系统、规范、科学的安全标准作为指导和准则，存在许多安全隐患。它的意义在于，具有研究探索的试验原型堆性质，证明了核能发电的技术可行性。

作为一种实验性的技术，第一代核电厂种类繁多，而且成本十分高昂甚至可以达到火电厂的10倍之多。

（2）高速推广阶段（1966—1980年）

20世纪五六十年代，世界石油供应充足，油价低廉且不断下降，促使美国、欧洲和日本的经济飞速发展，一次能源和电力消费量的年增长率达到6%～7%，即每十年翻一番，石油在发达国家一次能源消费量中所占份额从30%猛增到60%左右。例如法国的石油份额在1955年仅占26%，到1973年竟达到69%。各国工业界一方面担心石油供应会跟不上需求，另一方面随着核电技术的发展，核电显示出优越的经济性，1967年美国宣布牡蛎湾（Oyster Creek）核电厂造价仅140美元/kW，引起大批订货。欧洲一些人士提出：大规模采用核能是西欧摆脱过分依赖中东石油的唯一出路。在普遍看好核电的形势下，美、苏、日和西欧各国制定了庞大的核电规划。

美国于1966—1973年签约建造功率为500～1 100 MW压水堆或沸水堆核电厂合计约170 GW。1973年的第一次石油危机，石油价格在一夕之间猛涨到四倍，引发了美国第二个核电厂订货高潮，1973—1974年共订货67 GW，约占核电加火电订货总容量的50%。在美国核电装机总量超过6 000万kW，占到了全球的1/3。

大批国内订货给美国核电厂供应商带来扩大生产能力和改进技术、降低成本的良机。富集铀轻水堆的经济性已远超过天然铀石墨堆。美国西屋电气公司（Westinghouse Electric Co.）和通用电气公司（General Electric Co.，GE）趁机大规模地向西欧和亚洲出口轻水堆设备和技术，同时美国政府承诺向订货国家供应富集铀。在此浪潮冲击下，法国、瑞典、日本、西德等国先后放弃了原先的天然铀路线，转向富集铀轻水堆。法国和日本借助于引进的美国技术，逐步建立起本国的轻水堆核电工业体系。西德和瑞典则独立地开发了各自的轻水堆技术，建立起核电工业体系，并开始向外国出口。

在这里，法国的经验特别引人注目。法国并无石油资源，石油消费全靠进口。为了摆脱对外国石油的依赖，始终坚持发展核电的路线不变。1973年受到石油危机的冲击后，法国决定以核电厂代替火电厂和采取大规模建造单一堆型的压水堆核电厂与成批制造标准化设备的政策，从1974年起每年建造6座，到1983年共建造34座900 MW及20座1 300 MW压水堆装置，在较短时间实现了核电取代石油的规划（1973年核电占1.8%，石油占69%；1990年核电占32.4%，石油占42.5%）。时至今日，法国已成为欧盟最大的核电生产国，跻身全球三大核电国家之列，核发电占比高达70%。法国核电的发展不仅确保了法国电价的稳定性，还提高了能源自主性，减少了能源进口依赖，使法国成为欧洲温室气体排放量最低的国家之一。

日本也将便于储备多年所需燃料的核电称作“准国产能源”。在石油危机后也加快了发展核电的步伐，同时引进美国的压水堆和沸水堆技术，分别循序渐进地走过300—600—900—1 200 MW 和 500—800—1 100 MW 的发展阶段，终于实现完全自主的设计和建造，并且达到相当高的质量与安全水平。日本核能发电量在短短十年内就经历了超过 11 倍的快速增长。

西欧各国在选择轻水堆路线的同时，注重解决富集铀的自主供应问题。在 20 世纪 70 年代，法国联合意大利、比利时、西班牙等国兴建了欧洲扩散厂（Eurodif），英国、德国和荷兰合资的铀富集公司（Urenco）兴建了离心机工厂，从而结束了美国三十多年来对富集铀的垄断。

苏联除了在国内成批建造 1 000 MW 石墨沸水堆以及 440 MW 和 1 000 MW 压水堆核电厂，还把 440 MW 压水堆核电厂附带富集铀燃料出口到东欧各国、古巴和芬兰。

同时，快中子增殖堆继续发展。英国于 1975 年建成 254 MW 的原型快堆（PFR）；法国于 1973 年建成 250 MW 的凤凰（Phenix）原型快堆，1986 年建成 1 200 MW 的超凤凰（Superphenix）示范快堆；苏联于 1973 年建成 150 MW 的发电与海水淡化两用的 BN-350 原型快堆，1980 年建成 560 MW 的 BN-600 示范快堆；西德于 1979 年在改装一座热中子堆的基础上建成 20 MW 的 KNK-2 实验快堆，但 1985 年完工的 SNR-300 原型快堆在反核压力下被拆除；日本于 1983 年建成热功率为 100 MW 的常阳（JOYO）实验快堆，1985 年开始建造 260 MW 的文殊（MONJU）原型快堆；美国于 1980 年建成热功率为 400 MW 的 FFTF 快中子通量材料试验堆，1973 年拟建的 375 MW 克林奇河（Clinch River）原型快堆因政府的防止核扩散政策和公众反核而于 1983 年被取消。

一些发展中国家通过从发达国家购入核电厂，同时引进技术，来发展本国的核电工业。考虑到富集铀供应的障碍，印度、巴基斯坦、阿根廷、罗马尼亚等国相继采用加拿大坎杜型天然铀重水堆，印度建立了本国的小型重水堆核电和核燃料工业体系。

20 世纪 70 代，因石油涨价引发的能源危机促进了核电的快速发展，到 1980 年底，全世界约 300 座核电装置的总装机容量达到 180 GW，从 1966 年到 1980 年的装机容量年增长率达到 26%。

该时期发展的核电机组称为第二代核电机组。二代核电技术是较为成熟的商业化反应堆，使用浓缩铀燃料，以水作为冷却剂和慢化剂，其堆芯熔化概率和大规模放射性物质释放概率分别为每堆年 10^{-4} 和 10^{-5} 量级。反应堆寿命约为 40 年。它的意义在于证明了核电发电技术可行性，以及其可与火电、水电竞争的经济性。在第一代核技术的基础上，第二代核电技术实现了商业化、标准化，单机组的功率水平达到百万千瓦级。

经历了第一代核电厂的百花齐放，只有少数几种类型的核电厂，在激烈的市场竞争中脱颖而出，比如结构简单、造价低廉的沸水堆核电厂，结构复杂但更安全可靠的压水堆核电厂，还有重水堆、石墨气冷堆、石墨沸水堆等。它们共同构成了现代核电厂的大家族。

（3）滞缓发展阶段（1981—2000 年）

1973 年和 1979 年世界上发生了两次石油危机。波斯湾原油价格从 1969 年的每桶 1.8 美元上涨到 1974—1975 年的每桶 10～12 美元和 1982 年的每桶 3 美元以上。受此影响，所有能源的价格均大大上涨，各国经济发展速度迅速减缓，同时采取大规模的节能措施，使得电力需求大幅度下降（发达国家的年增长率降至 1%～2%）。在电力需求不足时，造价高的核电厂的呆滞损失比火电厂大得多，因此，停建和取消首先考虑核电厂。1983 年以前美国有 108 座核电装置共计 110 GW 和半数的火电厂订货被取消合同，若干在建的核电厂和火电厂被推迟或停止建设。原先预计石油价格会不断升高，不料从 20 世纪 80 年代中期起石油和煤产量过剩，价格持续低落，使核电逐渐失去经济竞争力。因此，第一次石油危机虽曾暂时刺激了核电的发展，两次石油危机的长远影响却使核电深受挫折。

核电本身则原先对其经济性过于乐观，低估了一下子放大至五倍规模的困难，早期建设的原型和示范性核电厂逐渐暴露出各种各样的技术问题需要解决。美国 20 世纪 60 年代建设的 200 MW 左右的原型核电厂，4～5 年便建成一座，到 70 年代末，商用核电厂的建造时间加倍还不止；单位造价上涨到 1 000～3 000 美元/kW，涨幅 500%～900%。除了技术不成熟、电力公司对复杂项目的管理缺乏经验、供货延误和劳资纠纷等原因以外，还有反核运动①引起的有关核电厂安全性与辐射危害的种种质疑、争论和抗议，以及安全审批要求的一再修改和加码，造成工期大大延长，投资风险大大升高，使投资者对核电厂丧失信心。1979 年以后美国再没有新的核电厂订货。

1979 年 3 月美国发生了三哩岛（Three Mile Island-2，TMI）核电厂事故，虽未造成人员伤亡，却对世界核电发展产生了深远影响。三哩岛事故后，美国核安全监管委员会（USNRC）加强了对核电厂的安全管理，不但严格控制新许可证的发放，而且对原有核电厂的设备和规程提出许多修改要求。1986 年 4 月，苏联又发生了切尔诺贝利（Chernoby1-4）核电厂事故，造成严重的人员伤亡、大面积环境污染和人员迁移，格外加重了人们的担心。接连发生的两次事故给核电厂打上了危险的标签，强烈的“恐核”“反核”情绪，让核电一度陷入了举步维艰的境地。

早在 1990 年出版的《核能选项》（*The Nuclear Energy Option*）一书中[13]，核物理学家科恩（Bernard Cohen）就给出了论断：“20 世纪 80—90 年代，大多数西方国家停止建设核电厂的原因并不完全是害怕出现事故、核泄漏或者放射性废物的扩散，更主

---

① 20 世纪 60 年代末起源于美国的反核运动包含多种不同的复杂背景，例如反对越南战争的运动、主张返回自然的运动等。但主要是公众不放心核电厂的安全性和对环境的污染。

要的是因为监管导致成本出现了不可逆的攀升”。

两次核事故的发生不仅直接导致了世界核电的滞缓发展，而且人们开始重新评估核电的安全性和经济性。为保证核电厂的安全，世界各国采取了增加更多安全设施、更严格审批制度等措施，以确保核电厂的安全可靠。这一时期建成的核电机组被称为二代加核电技术。

虽然 20 世纪 80—90 年代在北美和西欧，经济因素和政治因素造成核电滞缓发展，但这是西方发达国家特有的现象。在经济欠发达的印度、韩国等国，仍继续大规模地建造新的核电厂。这一点从图 1-4①可以看出。在三哩岛核事故后，全球核电机组数量增长速度并未放缓，直到切尔诺贝利核事故后，才明显降低。[14]

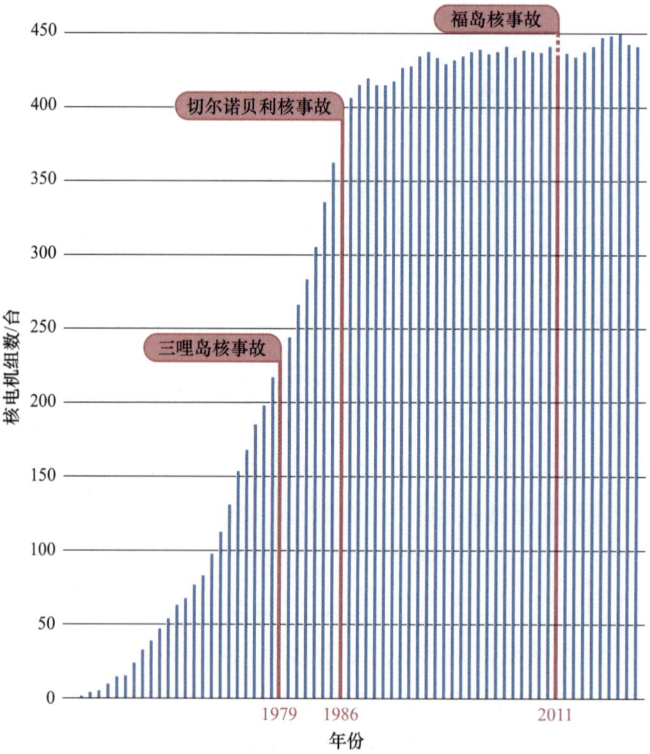

图 1-4　1954—2022 年全球核电机组数量

在全球核电滞缓发展阶段，俄罗斯的核电发展引人关注和深思。切尔诺贝利事故后，虽然苏联政府停止了和切尔诺贝利核电站同样设计的其他 9 台石墨慢化轻水堆（RBMK-1000）的建设，并立即改进设计，消除了 RBMK-1000 堆型的安全缺陷，但核电的建设和发展并未就此停止。20 世纪 90 年代中期，就有 5 台核电机组投产发电。到了 90 年代末期，随着核电机组出口伊朗、中国和印度，俄罗斯核电发展逐渐复苏。2000—2011 年，陆续有 4 台核电机组相继并网，俄罗斯核电再现出勃勃生机

① 数据来源于国际原子能机构，均只包括当年运行的机组。

和活力。[15]

20 世纪 70 年代以后，中国核工业顺应历史潮流，由以军为主开始转向为国民经济建设服务。在原子弹、氢弹相继爆炸成功和 1971 年建成第一艘核动力潜艇之后，立即转入核电厂的研究和设计。1970 年 2 月初，周恩来总理听取上海市工作汇报时指出："从长远来看，要解决上海和华东地区用电问题，要靠核电。" 2 月 8 日，中国首座核电厂的自主设计工作正式启动。由于经济力量和技术基础的不足，初期进展缓慢，研究团队用时十余年，先后开展了 380 项科研试验项目，为其奠定了安全、科学、坚实的基础。1982 年 11 月 2 日，首座核电厂定点在浙江省秦山。9 年后，秦山 30 万千瓦核电厂首次并网成功。中国大陆填补了和平利用核能领域的空白，成为世界上第 7 个能够自行设计和建造核电厂的国家。

此后，中国核电斩关夺隘，一路向前。

1994 年，中国大陆第二座核电厂——2 × 900 MW 压水堆商用核电厂（引进法国技术）在广东大亚湾先后投入商业运行；1995 年 12 月，秦山核电二期工程拉开建设帷幕，至 2002 年，我国自行设计建造的 4 台 60 万千瓦压水堆核电机组陆续投入商业运行；此后，中国逐渐掌握了核电技术，并开始自主研发和建设百万千瓦级压水堆核电厂。正因为秦山核电厂是完全自主设计建造的，从头到尾走完了核电厂建设的全过程，所以后来我国有能力在 1992 年向巴基斯坦出口同样设计的核电厂并顺利地建成投产，它的核燃料组件全由中国提供，设备中由中国生产供应的比例接近 80%。

（4）重新复苏阶段（2001 年至今）

21 世纪以来，随着世界经济的复苏，以及越来越严重的能源、环境危机，促使核电作为清洁能源的优势又重新显现，结合技术发展，核电的安全可靠性进一步提高，核电的发展开始进入复苏期，世界各国均制定了积极的核电发展规划。

美国、欧洲、日本等开发了安全性更好、故障率更低、功率更大、寿命更长的先进轻水堆核电厂。1979 年三哩岛、1986 年切尔诺贝利核电厂事故发生后，20 世纪 90 年代始，美国和欧洲先后出台《先进轻水堆用户要求文件》（URD 文件）和《欧洲用户对轻水堆核电厂的要求》（EUR 文件）。国际上通常把满足这两份文件之一的核电机组称为第三代核电机组。

相较二代核电技术，三代核电厂是具有更高安全性、更高功率的新一代先进核电厂。其堆芯熔化概率和大规模放射性物质释放概率分别为 10^{-7}（堆•年）$^{-1}$ 和 10^{-8}（堆•年）$^{-1}$ 量级。反应堆寿命约 60 年。

三代核电厂的主要堆型有先进沸水堆（advanced boiling water reactor，ABWR）、非能动先进压水堆（advanced passive PWR，AP1000）、欧洲压水堆（evolutionary power reactor，EPR）等。第三代核电技术最显著的特征是高安全性。美国政府认为核电界共同研究开发的第三代核电技术的不足是：未考虑防止核扩散的要求，经济性不够理想。

为了强化防止核扩散的要求和进一步改善经济性，提出要研究开发第四代核电厂。

第四代核电技术概念由1999年6月美国克林顿政府的能源部首先提出，并得到中国、英国和日本等多个国家的支持。2000年5月，由美国能源部发起、美国阿贡实验室组织的全世界约100名专家进行了研讨，提出了第四代核电厂14项基本要求。关于经济性的有3条：要有竞争力的发电成本，其上网电价为$0.03/kW•h；可接受的投资风险，比投资小于$1 000/kW；建造时间（从浇注第一罐混凝土至反应堆启动试验）少于3年。关于核安全和辐射安全的有5条：非常低的堆芯破损概率；任何可信初因事故都经验证，不会发生严重堆芯损坏；不需要场外应急；人因容错性能高；尽可能小的辐射照射。关于核废物有3条：要有完整的解决方案；解决方案被公众接受；废物量要最小。关于防核扩散的有3条：对武器扩散分子的吸引力小；内在的和外部的防止核扩散能力强；对防止核扩散要经过评估。

第四代核能系统是有重大革命的新一代核电技术，必须在可持续性、安全性和可靠性以及经济性方面具有挑战性，而且引出了核能可持续发展的重大问题，即核燃料循环和核资源问题。第四代核电堆型代表有钠冷快堆、超高温气冷堆、铅冷快堆、气冷快堆、熔盐堆和超临界水堆等。

正当各国在落实雄心勃勃的核电规划时，2011年3月，日本福岛第一核电站1~4机组发生了人类历史上最严重的核事故。福岛核事故严重影响了全球各国核电发展策略，再一次导致全球核电发展放缓。

福岛核事故首先使日本核电发展策略发生急剧性逆转。截至2011年3月11日，日本共有54座核电站反应堆，核电占全国发电量的30%。福岛事故发生后，日本关闭了全部核电站，一度出现没有核能发电的情况，直至2017年才开始审评并重启了原来的5座反应堆。根据IAEA的动力反应堆信息系统（PRIS），截至2024年6月31日，有10座通过新安全标准而获得重启，其中2023年发电量为56 070 GW•h，另外有25座进入永久停闭，宣布退役。

福岛核事故也对全球核电发展的信心又一次造成了巨大冲击，德国、瑞士等极少数国家提出了“去核电”政策，绝大部分国家对核电持更加谨慎保守的态度，调整了相应的核电规划，放缓了发展核电的脚步。全球各国对于核电站安全的关注度达到了前所未有的高度，各国纷纷开始重新评估核电的安全性和风险，提高核电安全标准，加强对核电站安全监管和技术改进，提高自身的安全意识和运营水平，防止此类事故再一次发生，确保在各种极端条件下都能确保核安全。

福岛核事故后，IAEA和其他相关组织加强了对核电设施的安全检查和监管，以确保全球范围内的核电设施都能达到国际安全标准。IAEA提出核电厂在设计、建造、运行、维护和退役过程中应遵循更高的安全标准，这包括加强对核设施的物理保护、提高应急响应能力、确保人员培训和安全意识等方面。同时，IAEA呼吁全球各国共同努力，加强合作，确保核能安全、可持续发展。

总之，福岛核事故对世界核电的影响是深远的，它提高了全球对核电安全的重视，但更重要的是促进了核电技术的进步和安全标准的提升。

进入 21 世纪，中国核电进入快速发展的阶段。随着对核电的需求不断增加，中国加速了核电厂的建设速度。在 21 世纪初期，中国启动了一系列大规模核电项目，以满足快速增长的电力需求。国家开始推动核电技术的国产化，增加了本土化的核电设备制造和运营能力。

2011 年，福岛核事故发生后，中国政府立即对核设施开展全面详细的安全检查，要求加强安全管理，对有安全隐患的核设施提出短、中、长期改进要求。同时加强了对核电安全的重视，审查了核电项目的规划和建设，加强了监管和安全措施。尽管核电发展受到了一定影响，但中国仍坚持核电作为清洁能源的战略方向。[16]

2015 年，中国发布了“十三五”能源规划，明确提出了发展核电的目标。根据规划，到 2020 年，我国核电装机容量达到 5 800 万 kW，在建容量达到 3 000 万 kW 以上，将成为全球最大的核电市场。同时，中国还积极推进第三代核电技术的研发和应用，代表性的核电技术如“华龙一号”、CAP1400 技术。2021 年 1 月，我国自主三代核电技术“华龙一号”全球首堆——福清 5 号核电机组投入商业运行。

在四代核电技术研发和实践方面，中国走在了世界前列，如高温气冷堆示范工程取得重大进展。

截至 2023 年 12 月 31 日，我国大陆运行核电机组共 55 台（不含台湾地区），装机容量为 57 031.34 MW（额定装机容量），位居世界第三。在建核电机组 24 台，装机容量约 2 780 万 kW；在运在建核电机组合计 79 台，位居世界第二。

核电同其他新技术一样，需要经历一个不断反馈经验和完善化的过程，而且这个过程至今尚未完毕，这一点从上面核电的发展历程就可以证实。从最开始的第一代核电技术到今天的第四代核电技术，直至今后可能的第五代、第六代核电技术。但值得注意的是，核电技术在常规工业的基础上发展，仅经过 20 多年的时间，到 20 世纪 70 年代已在工业发达国家臻于成熟。1990 年全世界核电装机容量已达到 325.9 GW，占电力总装机容量 11.7%，核发电量占总发电量 17%（见表 1-1）。当然，一方面由于天然气发电和可再生能源发电（风电、太阳能发电）等大规模部署对核电发展产生了挤压，另一方面由于早期（20 世纪六七十年代）建成的核电机组到寿期退出，从 1990 年后，核电装机容量的增速就有所减缓，2011 年日本福岛核事故更是破坏了公众对核电的信心，全球核电反应堆的净装机容量和发电量大幅减少，直到 2018 年才恢复至 2011 年水平（发电 2 563 TW•h，$1\ TW\cdot h = 10^9\ kW\cdot h$），如图 1-5 所示①。

① 数据来源 IAEA 动力堆信息系统（PRIS）。

表 1-1　世界核电容量增长情况[2]

年份	核电当年装机容量/GW	核电前十年年增长/%	电力当年总装机容量/GW	电力前十年年增长/%	核电容量占电力总容量份额/%[a]
1950	—	—	137	—	0
1960	1.2	—	543	14.8	0.2
1970	16.5	30	1 150	7.8	1.4
1980	135.0	23.4	2 080	6.1	6.5
1990	325.9	9.2	2 795	3.0	11.7
2000	351.3	0.7	3 245	1.5	10.8
2010	372	0.6	4 899	4.6	7.6
2020	392.4	0.5	7 790	5.2	5.03

* 核发电量占总发电量的份额大于核电容量所占份额，2000 年核发电量份额为 16%，2010 年核发电量份额为 15%，2020 年核发电量份额为 10.1%。

图 1-5　全球核电反应堆净装机容量趋势

尽管核能还存在一些缺点，包括安全问题（三次重大核事故）、高放废物处理难题、较高的建设成本以及较长的项目周期等。然而，经过 80 多年的技术积累和发展，核电技术已经取得了显著进步。大约 20 000 堆•年的核电反应堆运行实践表明，核能是高效、清洁、安全和经济的能源，而且是迄今为止能规模化替代化石能源的稳定能源。也正因为如此，《全球能源行业实现 2050 净零排放路线图》《三倍核能宣言》等报告中均将核能视为低碳清洁转型的重要选项。这一点，从各国的核电建设规划中也可以得到印证。根据 IAEA 的动力堆信息系统（PRIS）数据，截至 2023 年 12 月 31 日，全球有 60 座反应堆机组在建，总装机容量 62 637 GW，涉及 15 个国家。其中：中国在建机组 26 台，装机容量 27 301 MW；印度在建机组 7 台，装机容量 5 398 MW；俄罗斯在建机组 4 台，装机容量 3 850 MW。

1.2.2　核能非电力应用

除了发电，可以利用核能的应用还很多，核能的其他应用统称为核能非电力应用。在核能非电力应用中，核能供热（尤其热电联供）最为普遍。

核能供热指直接利用核反应堆产生的热能。为避免反应堆及一回路中可能存在的放射性危及用热用户，常设隔离回路并设计高于一回路的压力，通过热交换器将反应堆产生的热能带出用于供热。这些热量可用于供热或制冷，或者用作海水淡化、制氢、合成燃料及工业过程供热（玻璃和水泥制造、金属生产、采油）等。与锅炉燃烧原理不同，反应堆的核裂变反应可以在任何温度下发生。因此，核能应用的早期主要集中在发电上，而没有关注较低品位（相对电能而言）的供热上。

现有核电厂运行温度高达 300 ℃，只有不到 40%反应堆产生的热量转化为电能，剩余的热量通常释放到环境中。如果将这些剩余热量用于区域供热，可提高热效率，从而实现节能减排。

全世界共有约 60 座反应堆（约 15%）热电联供，堆型包括压水堆、重水堆、石墨水冷堆、快堆等，主要分布于寒冷的东欧（采用集中区域供热）。核能供热的安全性与可靠性已经得到充分验证，至今积累了超过 1 500 堆•年的应用经验，未发生与核安全相关的事件和事故。当然在已实现的核能热电联供实践中，绝大部分采用从中压缸抽汽（抽气量一般不超过 15%）用于区域供热。

早在 20 世纪 60 年代，瑞典原型核动力反应堆 Agesta 作为世界上第一个民用核能供热的核电厂，主要用于供热，也用于发电，商运十年后因经济竞争力不足关闭。该堆为压力管式重水堆，设计热功率 80 MW，电功率 12 MW，供热 130/70 ℃。

世界首座浮动核电厂“罗蒙诺索夫院士”号（Akademik Lomonosov）于 2020 年 5 月投入商业运营，为俄罗斯在西伯利亚北部的堪察加半岛威尔尤欣斯基镇（Vilyuchinsk）供热。装配了两座 KLT-40 型核反应堆，最高可供 20 万人使用的 70 MW 电力或 300 MW 热力，以及每天 24 万吨淡水。除了为小镇提供稳定的清洁电力和饮用水之外，“罗蒙诺索夫院士”号还将为海上石油平台供应电力。

2021 年 11 月，山东海阳核电为海阳新老城区全面采用核能供热，使海阳成为全国首座零碳供暖城市。合计供暖面积 1 250 万 m^2，可满足约 40 万人口的冬季清洁取暖需求。

2021 年 12 月，我国南方地区首个核能供热项目——浙江海盐核能供热示范工程在浙江海盐正式投运，供暖面积达 46 万 m^2，可满足近 4 000 户居民的清洁取暖需求。

2022 年 11 月，辽宁红沿河核电厂核能供暖示范项目正式投运供热。该项目位于大连瓦房店市红沿河镇，是东北地区首个核能供暖项目，惠及当地近 2 万名居民。

除了核电厂热电联产外，还有一种专用的核能供热反应堆。考虑到区域供热仅需要低温热（不超过 200 ℃），反应堆可在较低温度较低压力条件下工作，这样可简化反应堆结构与系统，从而提高安全性并可大大降低造价。这样的反应堆可以建在城镇附近，以减少输电损耗。实际上，从 20 世纪 70 年代开始，苏联、加拿大、德国、法国、瑞士、中国等就开始研发供热专用的核能系统，研发的堆型包括压力壳式（AST500、KWU200、NHR200 等）、池内壳式（THERMOS、SECURE、GEYSER、LDR-50）及池式（SES、POOL、DHR、RUTA 等），详见图 1-6。

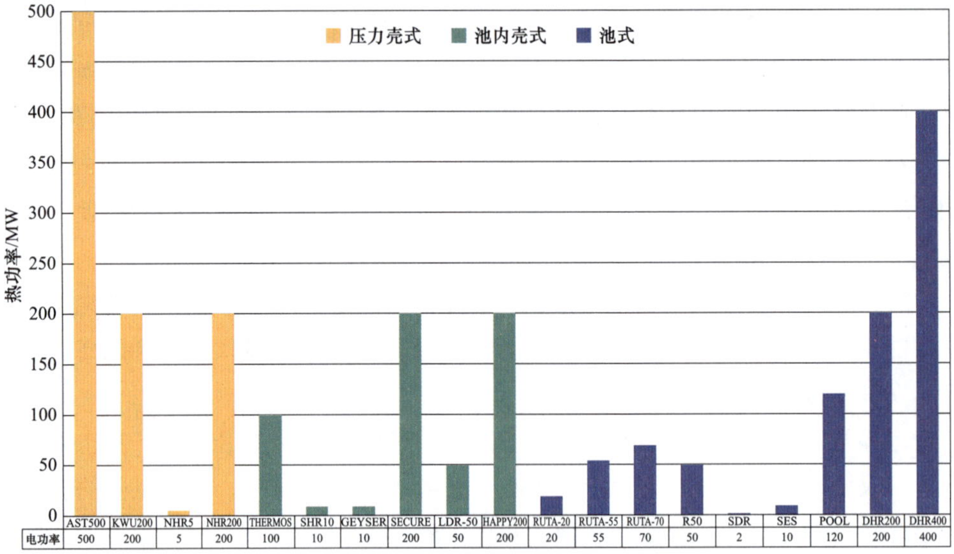

图 1-6　世界各国开发的专用供热小堆

当然非常遗憾的是上述开发的各种专用供热堆中，至今没有一个建成并实现商运，只有我国在清华大学于 1984 年建成一座热功率为 5 MW 的低温供热原型堆，仅运行了两个供暖季。究其原因可能有多种，但最主要的可能就是经济性。专用供热堆一般单堆功率较小，还可能仅运行在供暖季，其供热价格与烧化石燃料的供热锅炉及热电厂相比难有竞争力。

尽管核能保持着一定比例的非电力应用（如城镇供暖、海水淡化等）[17]，但经济性一直面临着如廉价的天然气等化石能源，以及经济性不断提升的风能、太阳能等可再生能源的强大冲击。

国际形势的不断变化使未来能源和环境充满了不确定性，包括核能技术在内的未来能源系统，将进一步向更加可靠、环保、有弹性的综合能源系统发展。在此情景下，各国政府纷纷发起倡议，为更广泛采用核能铺平道路。美国于 2016 年发起了 H2@Scale 倡议（美国综合能源战略），旨在实现低成本可持续的大规模氢气生产、运输、储存和利用，包括利用核能进行氢生产的前景。而加拿大核实验室正计划启动清洁能源示范、创新和研究园区，作为利用小型模块堆（SMR，Small Modular Reactor）的热电联产应用试验场。在 250～550 ℃温度范围内，欧洲供热市场容量超过 100 GW，核能有机会供应这个市场。波兰目前 100%依赖化石燃料进行热生产，但该国的发展战略中已包括核能供热部署。日本于 2021 年 7 月重启了高温工程试验堆，其产生的热量可用于发电、海水淡化和热化学制氢。中国于 2021 年 12 月建成山东石岛湾高温气冷堆核电厂示范工程并首次并网发电。该反应堆的设计旨在支持发电、热电联产、化工工艺热、海水淡化及氢生产等。

面对气候危机、能源危机，以及先进核能技术提升需求，国际组织根据其性质和成员国诉求等因素提出了不同的先进核能发展理念与发展行动[18]。

2018 年，IAEA 有针对性地成立了小型模块式反应堆（SMR）专项技术工作组（TWG-SMR）。为助推 SMR 在全球安全可靠部署，IAEA 于 2022 年面向成员国发起《核协调与标准化倡议》(Nuclear Harmonisation and Standardisation Initiative，NHSI)，旨在建立一个涵盖全球核能监管机构、核能企业、技术持有者以及相关国际组织的交流平台，在 SMR 行业标准和监管要求方面开展广泛讨论，凝聚共识，形成通用的业界规范和统一的监管方法。

2021 年，经济合作组织核能署（OECD/NEA）发布《SMR：挑战与机遇》报告。报告详述了 SMR 技术经济特征、牌照颁发和监管事宜、法律框架、政策指引等核工业及能源投资领域所关注的话题。与 IAEA 全方位关注 SMR 开发略有不同，OECD/NEA 更侧重发展 SMR 技术以外的市场推广、应用场景以及经济效益等问题。

2021 年，第四代国际核能论坛（GIF）也成立了核热非电力应用任务组，负责核能非电力应用领域的研究拓展，并将在重新定义未来能源混合中的核能作用方面发挥关键作用。GIF 核热非电力应用任务组提出了复杂能源供应矩阵解决方案。图 1-7 显示了 GIF 框架下核能驱动的未来综合能源系统，该系统可以利用热、电和加工中间介质（如氢气）来支持工业能源需求。图 1-8 通过简化的 6×3×6 矩阵说明了第四代核能技术的潜在应用领域。矩阵对应了 3 种功率等级、6 种第四代核能技术和 6 种非电力应用场景。

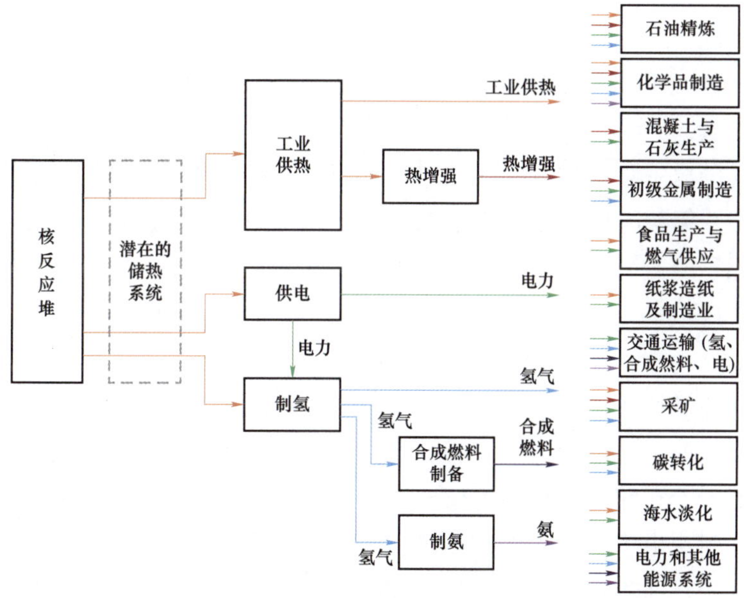

图 1-7　GIF 框架下先进核反应堆与核能产品的应用路径图

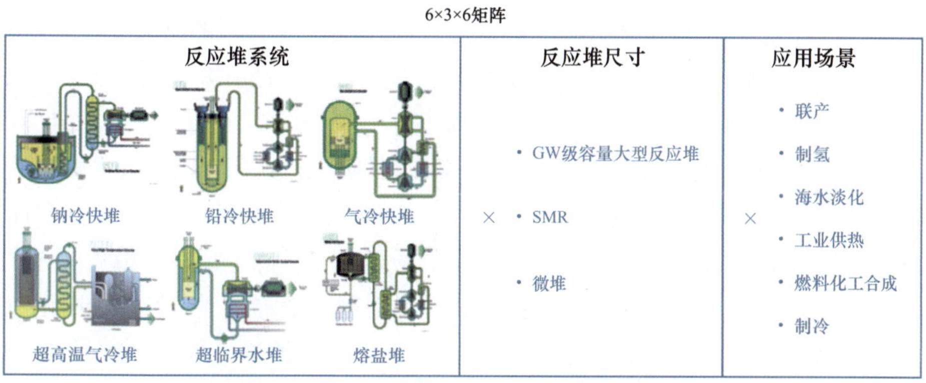

图 1-8　第四代反应堆系统矩阵、反应堆功率等级和应用场景

核能非电力应用还包括放射性同位素生产及核辐射的应用。核辐射和放射性同位素的应用已在各个经济、环境保护和医疗领域，产生巨大效果，并已成为各项科学研究不可缺少的工具，详见本章1.7节。

1.3　核能的来源

原子由带正电的原子核与环绕它旋转的若干外围电子所组成。在正常的中性原子中，外围电子数正好等于该元素在元素周期表中的原子序数，它决定了该元素的化学性质及大部分物理性质。原子核由 N 个中子 $+Z$ 个质子 $=A$ 个核子所构成。质子和中子统称核子。质子带正电，每个质子所带的电量同一个电子的电量 e 相等，符号相反。中子不带电，中子的质量同质子的质量很相近，分别为电子质量的1 839倍和1 837倍。原子核中的质子数必然等于原子序数，因为在中性原子中，原子核所带的正电荷 $Z\cdot e$ 应与全部外围电子所带的负电荷 $Z\cdot e$ 互相抵消。

原子的质量几乎全部集中于原子核中，核子数又称为质量数，它是同该原子的原子量相近的整数。

具有相同的质子数 Z 和不同的中子数的原子，称为同位素。同一元素的几种同位素，用化学方法无法区分，但利用质谱仪，可测出它们的质量不同。我们用 ${}^{A}_{Z}\mathrm{X}$ 这样的符号来表示原子序数为 Z 和质量数为 A 的某种同位素，X是元素的化学符号。由于每一元素的原子序数是一定的，角码 Z 常可略去。具有一定的原子序数 Z 和质量数 A 的某种原子，又称为核素。

最轻的氢原子核 ${}^{1}_{1}\mathrm{H}$ 仅有一个质子。它的同位素重氢（又称为氘）的原子核 ${}^{2}_{1}\mathrm{H}$（或D）由一个质子和一个中子构成。同位素超重氢（又称为氚）的原子核 ${}^{3}_{1}\mathrm{H}$（或T）含有一个质子和两个中子。氚核是不稳定的，也就是说，它是一种放射性同位素。氚原子核不断地放射出电子，同时转变（衰变）为另一种原子核（氦核），它每过12.3年自发地衰变掉一半，即半衰期为12.3年。一般来说，仅当中子与质子的数目之比值（N:Z）在一定范围内时，原子核才稳定。该比值对于轻原子核接近于1，且随着原子序数的增加而逐渐加大，对于最重的稳定核达到大约1.5。凡质子或中子过多的原子核，皆不稳定，即带有放射性。例如，氧天然存在有3种稳定同位素，它们是由8个质子同8、9或10个中子构成的 ${}^{16}\mathrm{O}$、${}^{17}\mathrm{O}$ 和 ${}^{18}\mathrm{O}$，而人为地造成含有6、7或11个中子的 ${}^{14}\mathrm{O}$、${}^{15}\mathrm{O}$ 和 ${}^{19}\mathrm{O}$，都是不稳定同位素。它们经过放射性衰变，不断以射线的形式放出多余的能量而转变成其他的稳定核。在已知的大约2 700种核素中，有300多种是稳定的，其余都是放射性的。

原子序数 $Z>83$ 的元素，由于核内质子的数目太多，静电斥力的影响太大，没有稳定的同位素。铀的常见同位素 ${}^{235}_{92}\mathrm{U}$ 和 ${}^{238}_{92}\mathrm{U}$，也都是不稳定的。它们都不断地衰变，只不过衰变率很低，半衰期分别为7亿年和45亿年，同地球的年龄约46亿年相比，不算很短，所以地球上还能见到其存在。比铀更重的元素（超铀元素），一般来说，没有这样长寿命的同位素，因此在地球上没有天然的存在①。

化学反应中释放的能量，主要起源于将原子保持在分子中的力，这种力仅同原子的外围电子结构相关。当两个以上原子组合成分子时，各原子的电子云会发生变形，把合拢在一起的所有原子核笼罩在内。由于化合物的分子的能量总是低于它所包含的各原子的能量之和，所以外围电子重新组合的过程会放出能量，称为化学结合能。与此类似，原子能起源于将核子保持在原子核中的很强的作用力，叫做核力，它能克服质子之间的静电斥力，把各核子凝聚在一起。关于核力的性质尚未完全搞清楚，这是原子核物理学要解决的问题。当质子和中子组合成原子核时，像在化学反应中一样，也会放出能量，称为核结合能。原子核的能量总是低于它所有质子和中子的能量之和。按照爱因斯坦（Einstein）的能量 E 与质量 m 相互联系的规律：

$$E = mc^2$$

式中：E 以 J 计；m 以 kg 计；c 是真空中的光速，约为 3×10^8 m/s。由于原子核的质量总是小于它所有质子和中子的质量之和，我们可从质量亏损算出核结合能。核力比原子核同外围电子的相互作用力大得多，核反应中释放的能量，就参与反应的同等质量的物质而言，要比化学反应中释放的化学能高几百万倍。例如 1 kg 煤燃烧释放的能量约为 8 kW•h，而 1 kg 铀-235 裂变消耗释放的能量达到 19 500 000 kW•h。

各种原子核结合的紧密程度是不一样的。我们之所以有可能利用核能，就是因为一些原子核结合得比其他原子核更紧密些。原子核结合的紧密程度，用结合能除以核子数 A 得出的核子平均结合能来表示。如图 1-9 所示，中等质量的原子核结合得最紧，平均结合能最高，较重的和较轻的原子核的平均结合能都略低。如果一个重核，例如质量数为 235 的铀原子核分裂为两部分，那么生成的两个较轻核的结合能之和就会大于原来铀核的结合能。将前后平均结合能之差乘以两个较轻核的核子总数，即得出裂变过程释放的能量。另外，两个轻核合成一个较重核的聚合过程，由于核子在这个较重核中，结合得更紧了，也会释放出能量来。如图 1-9 中的小图所示，氘核、氚核和 ^{4}He 核的平均结合能分别约为 1.1 MeV、2.8 MeV 和 7.1 MeV，由氘核与氚核聚合成为一个氦-4 核的聚变过程，将释放出 $4 \times 7.1 - (2 \times 1.1 + 3 \times 2.8) \approx 17.6$（MeV）的能量。综上，有两种释放原子核能的方法——核裂变与核聚变。

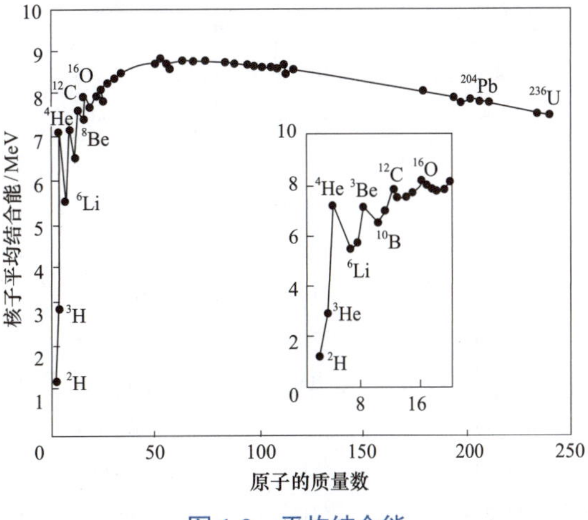

图 1-9 平均结合能

① 例外情况有 $^{244}_{94}$Pu，它的半衰期为 0.83 亿年，在地球上尚有微量存在。

重核的裂变一般要靠中子来激发。就是说，当吸收一个中子所获得的结合能连同该中子的动能足以打破原来的核内平衡时，重核才会分裂。在这里，各种核素的情况有所不同：铀-235 核（其质子数 Z 为偶数，中子数 N 为奇数）吸收动能不大的慢中子便很容易分裂；而对于 Z 和 N 均为偶数的铀-238 核，仅当中子的能量大于一定的阈值时，才能引起核裂变，这是因为铀-238 核裂变所需能量超过了一个中子的结合能，须靠中子动能来补足。

重核的不稳定性又表现在自发裂变的倾向。例如铀-235 和铀-238 核，除通常的放射性衰变外，偶尔也会自发地分裂为两个较轻核，同时放出 2～3 个中子，但这种机会要比放射性衰变小得多。铀-238 每一百万次衰变才有一次自发裂变，铀-235 每 2.6 亿次衰变才有一次自发裂变。1 kg 铀-238 每分钟有 420 个核自发地分裂，1 kg 铀-235 每分钟只有 18 个核自发地分裂。自发裂变不能形成持续进行的链式反应而大量地释放能量，有时可起中子源的作用。

放射性核素如镭原子核，不断通过内部重新组合而自发地衰变为较稳定的核。这种放射性衰变过程也释放出一定的能量，但不能形成链式反应，故不能成为重要的能源（见 1.7.4 节）。

表 1-2 给出了某些粒子和核素的质量、质量亏损和结合能的数据。表中能量单位取 MeV（兆电子伏特），$1\ \text{MeV}=10^6\ \text{eV}=1.602\times10^{-13}\ \text{J}$；质量单位取 u（原子质量单位），$1\ \text{u}=1.660\ 54\times10^{-24}\ \text{g}$，即碳-12 的原子质量的 1/12。前述能量与质量关系 $E=mc^2$ 可换算成：

$$E=931.48\ m$$

式中：E 的单位为 MeV，m 的单位为 u。

表 1-2　几种粒子和核素的质量、质量亏损和结合能

名称	符号	质量/u	质量亏损/u	结合能/MeV	核子平均结合能/MeV
质子	^1_1H；p	1.007 276	—	—	—
中子	^1_0n；n	1.008 665	—	—	—
电子	$^0_{-1}\text{e}$；β^-	0.000 549	—	—	—
氘	^2_1H；D	2.014 102	0.002 38	2.2	1.1
氚	^3_1H；T	3.016 050	0.009 105	8.5	2.8
氦-3	^3_2He	3.016 030	0.008 285	7.7	2.6
氦-4	^4_2He	4.002 603	0.030 377	28.3	7.1
锂-6	^6_3Li	6.015 124	0.034 346	32.0	5.3
锂-7	^7_3Li	7.016 004	0.042 131	39.2	5.6
铀-235	$^{235}_{92}\text{U}$	235.043 943	1.915 052	1 783.9	7.59
铀-238	$^{238}_{92}\text{U}$	238.050 819	1.934 171	1 801.7	7.59
氙-132	$^{132}_{54}\text{Xe}$	131.904 161	1.194 259	1 112.5	8.4
锶-89	$^{89}_{38}\text{Sr}$	88.907 442	0.831 823	774.8	8.7

表 1-3 列举出几种核反应释放的能量数值，并与化学反应作比较。

表 1-3 几种核反应释放的能量举例

核反应	释放的能量
铀核裂变的若干方式之一 ${}^{235}_{92}U + {}^{1}_{0}n \rightarrow {}^{95}_{42}Mo + {}^{139}_{57}La + 2{}^{1}_{0}n + 7{}^{0}_{-1}e$	约 200 MeV
太阳中的氢核聚变反应 $4{}^{1}_{1}H \rightarrow {}^{4}_{2}He + 2{}^{0}_{+1}e$	24.7 MeV
氢弹中的氘氚聚变反应 ${}^{2}_{1}H + {}^{3}_{1}H \rightarrow {}^{4}_{2}He + {}^{1}_{0}n$	17.6 MeV
镭核的衰变 ${}^{226}_{88}Ra \rightarrow {}^{222}_{86}Rn + {}^{4}_{2}He$	4.8 MeV
钴-60 的β衰变 ${}^{60}_{27}Co \rightarrow {}^{60}_{28}Ni + {}^{0}_{-1}e$	2.8 MeV
（附）碳原子的燃烧化学反应 $C + O_2 \rightarrow CO_2$	4.1 eV

1.4 原子核分裂及裂变能的应用

用中子轰击铀原子核，能使后者分裂成两块具有中等质量数的裂变碎片，同时释放出大量的能量和 2～3 个快中子（速率约 20 000 km/s）。这些中子，在适当的条件下（见第 2 章），会被其他铀核吸收，再引起裂变。如此连续进行下去，就会形成自持的链式反应，使越来越多的铀核参与裂变反应，释放出具有实用意义的原子能。

天然铀中占 99.28%的同位素铀-238 是不易分裂的，它仅在快中子作用下有一定的裂变可能性（见 1.3 节）。天然铀在中子轰击下发生裂变的主要成分是丰度只有 0.71%的同位素铀-235（称为易裂变核素），不论快中子或慢中子都能使它分裂，而且慢中子引起裂变的概率（即可能性）特别大。另外，在同原子核碰撞过程中减慢下来的中子碰到铀-238 核，虽不能引起裂变，却很容易被它俘获，造成中子的损失而不利于链式反应的维持。因此，光使用天然铀较难实现裂变链式反应。一种解决办法是提高同位素铀-235 的含量，成为富集铀；另一种解决办法是使裂变时产生的快中子迅速变慢（称为慢化），成为速度约为 2 200 m/s 的慢中子，这时它引起铀-235 核裂变的概率已大大超过被铀-238 核俘获的概率，链式反应便有可能自行持续下去。但慢化耗费时间，原子弹要求在最短时间内发生最大量的核裂变，必须采用前一种解决办法。采用后一种办法时，可把天然铀做成块状，按一定的排列方式，布置在能有效地降低中子速度的慢化剂中，形成可以维持和控制链式反应的装置。这样的布置叫做“栅格”。这种栅格装置就叫做“反应堆”，它因最初的链式反应装置是用石墨砖作为慢化剂堆砌成而得名（英文曾称 pile）。此后对于采用水或重水作为慢化剂，甚至不用慢化剂的装置，中文仍沿用“反应堆”这个名称。实际上，目前英文名称为“reactor”，意思是核反应器，也有称核反应炉的。

1.4.1 核反应堆

核反应堆是大量进行核裂变的场所。在裂变过程中，产生大量的中子、γ与β射线、放射性裂变产物和热能。多数的核反应堆只利用其中一种产品。

（1）发电

电力是现代生活的物质基础，是衡量生活水平和工业化程度的重要标志。在原子能对经济发展的贡献中，以利用反应堆的热能来发电最为重要。核电厂相比常规火电厂的主要优点是：① 能量密度高，燃料费用低廉，使核电具有经济竞争力。1 kg 铀-235 或钚-239 提供的能量在理论上相当于约 2 300 t 标准煤，在现阶段的实际应用中，1 kg 天然铀可代替 20～40 t 煤，因而大大节省燃料的费用。在每 kW•h 的发电成本中，核电的燃料费仅占 1/4 不到，煤电的燃料费占 40%～60%，气电的燃料费占 60%～75%，因此核电的经济性不像火电那样易受燃料价格（波动）的影响。② 因数量小而不受燃料运输或贮存的限制。对于一些靠外部供应化石燃料的国家如日本等，核燃料的易于贮存有助于避免或缓解燃料供应危机。③ 环境污染较轻。核电厂日常运行的放射性废气与废液的排放量很小，且处于严密的监督与控制之下，周围居民由此受到的辐射剂量小于来自天然本底的 1%，而大量释放出放射性物质的严重事故发生的概率极低。全世界近 20 000 堆•年的运行历史中，只发生过两起引起厂外重大放射性物质释放的核电厂事故，一是切尔诺贝利事故，该电厂所用的石墨沸水堆仅在苏联境内建设过，二是福岛核事故，该电厂为沸水堆。核电厂不向外排放 CO、SO_2、NO_x 等有害气体和固体尘粒，也不排放 CO_2 等温室气体，后者涉及全球气候变暖问题，已成为当今国际关注的重点。④ 替换出的有机燃料，可更加合理地利用。煤、石油和天然气是塑料、制药、染料、合成氨、合成纤维、合成橡胶等有机化学工业的宝贵原料，在自然界中的储量有限，目前还没有其他物质能够代替。

（2）推进动力

将反应堆的热能转变为机械能，可用作推进动力。运输工具用核动力推进的主要好处是续航能力强，目前已成功地应用于核潜艇、核航空母舰和核破冰船。对于核潜艇，由于核动力不需要氧气，使核潜艇能长期潜在水下航行，成为名副其实的潜水艇和隐蔽在水下的移动式导弹发射基地，有很高的军事价值。现在美、俄、英、法、中、印六个核武器国均拥有核潜艇。对于核动力航母，由于核动力航母可以长期连续高速运转，不需要像常规动力航母那样频繁添加燃料，因此作战半径和持续作战能力不受限，作战效率高，作战能力强，是一种高效的战略力量。迄今只有美国、俄罗斯和法国拥有核动力航母。

（3）供热

利用反应堆产生的能量直接供热，有十分广阔的市场，目前远未充分开发。核能低温供热（<200 ℃）的主要用户是居民用热水暖气、海水淡化、造纸、制糖、水产业等；中温供热（200～500 ℃）主要供应纺织工业等；高温供热（>500 ℃）的可能用户有石油开采与炼制、煤的气化与液化、化工、冶金、制氢等。核能供热的优点类似于核能发电，即① 燃料运输量小；② 在一定条件下供热成本相对较低；③ 对环境污染小。世界上苏联、加拿大、瑞典和中国都为寒冷地区设计或建造过低温供热反应堆[19]。德国、日本和中国进行了高温供热的研究。热电联供的经济性优于单一供热。苏联建在里海海滨舍甫琴柯（Shevchenko）今哈萨克斯坦境内的 BN-350 快中子堆核电厂除了为日产 12 万吨淡水的海水淡化装置提供低温蒸汽外，还发电 135 MW；建在西伯利亚边远地区比里宾诺（Bilibino）的 4×12 MW 发电供热两用装置，虽然容量小，却解决了柴油难以运到当地的困难。印度自 20 世纪 70 年代以来一直从事海水淡化研究，2002 年在 kalpakkam 马德拉斯核电厂旁边建成了一个混合核能海水淡化示范厂。该厂包括 1 800 m^3/d 容量的反渗透（RO）装置、4 500 m^3/d 多级闪蒸（MSF）工厂和驳船式反渗透装置。作为使用混合 MSF-RO 技术规模最大的核能海水淡化厂将消耗 4 MW 电力。日本有 10 个海水淡化设施，产能约 1.4×10^4 m^3/d 饮用水，与用于发电的压水堆相连。韩国也有与压水堆核电厂相连的多效蒸发技术（MED）工厂。核能海水淡化在中东、北非以及中国缺乏天然淡水资源的沿海城市，有很广泛的应用的前景。

（4）中子源

反应堆是极强的中子源，它产生的中子数量比用其他方法要多得多，而且代价低廉，使反应堆成为开展利用中子进行基础与应用研究工作的一种重要工具。可能研究的范围包括原子核物理、放射化学、凝聚态物理、材料科学、生物学、生命科学、反应堆物理和反应堆工程。特别是装有辐照回路的高通量工程试验堆，用来研究组成反应堆的各种燃料、材料、元件等在中子辐照下的结构与性能的变化，更是发展新堆型必不可少的工具。高通量工程试验堆在反应堆工程中的地位，好比航空工程中的风洞。

反应堆作为中子源的一个重要用途是生产放射性同位素。在工农业、医学和科研中有着上千种用途的一百多种放射性同位素，如磷-32、碘-131、碘-125、钼-99、锡-112、铱-192、钴-60、钋-210、金-198 等，都是在反应堆的中子照射下生产出来的。只有反应堆的大量中子，能够大量地生产放射性同位素。

利用反应堆的热中子辐照单晶硅，通过 ^{30}Si（n, γ）^{31}Si→^{31}P 核反应，可实现单晶硅的掺杂，得到中子嬗变掺杂硅（neutron transmutation doping，NTD 硅），它比用冶金扩散法生产的产品均匀性好，已广泛用于半导体工业。NTD 工艺还可用于 Ge、GaAs、InSb 等半导体材料的生产，并可用于 SiC、GaN 等第三代半导体材料的生产。

利用反应堆的超热中子辐照无机宝石、有机宝石（珍珠、琥珀），通过位移碰撞（弹性碰撞、非弹性碰撞）、电离激发的方式产生晶格缺陷，形成离子缺陷色心和电荷缺陷色心，从而改变宝石的光学性能（即宝石的颜色或色调）。中子不带电，能量高，穿透力最强，可以穿透宝石，使得中子辐照改色具有颜色整体性及稳定性好、成品率高、辐照时间短等诸多优点，成为辐照改色最常用的方法。中子辐照改色已广泛用于钻石、托帕石（黄玉）、烟晶、摩根石、锆石、绿柱石、珍珠等，也有用于人造钻石。

中子被铀-238 俘获，会生成地球上不存在的超铀元素钚，即钚-239 放射性同位素，其半衰期为 24 100 年。它像铀-235 一样容易吸收任何能量的中子而发生裂变，属易裂变核素，是重要的核燃料。专为生产核燃料而建造的反应堆叫作生产堆。天然铀石墨（或重水）慢化反应堆就是很好的产钚堆，通过化学方法实现铀钚分离，这比用物理方法分离同位素铀-235 要容易和廉价得多。低富集铀动力反应堆每年也能提供一定数量的钚。在增殖反应堆中，生成的核燃料量超过所消耗的。

重要的聚变材料氚是用中子照射锂-6 生产出来的。重水堆富余中子多，是很好的产氚堆。

研究试验堆提供的热中子（通过冷中子源、烫中子源装置产生冷中子、烫中子）常被用来进行中子散射、中子活化分析和中子照相。这类研究试验堆称为高通量束流研究堆，也常被称为大中子科学平台，为政府、工业界、学术界及国防领域开展基础性、前瞻性及支撑性研究提供支持。

研究试验堆提供的热中子或超热中子还被用来硼中子俘获治疗（Boron Neutron Capture Therapy，BNCT）①、钆中子俘获治疗（Gadolinium Neutron Capture Therapy，GdNCT）和锂中子俘获治疗（Lithium Neutron Capture Therapy，LiNCT）。

研究试验堆提供的中子被用来辐照生产微孔膜。通过中子束流使铀-235 裂变，裂变产生的碎片穿透有机高分子薄膜，在裂变碎片经过的路径上留下一条狭窄的辐照损伤通道，即可得到不同孔密度和孔径的微孔膜，称之为核孔膜。核孔膜是所有膜材中唯一具备筛分机理的滤膜，因其孔型规则、孔径与孔长均一、孔形及分布可控、表面光滑、光学透明、耐热性强、化学性能稳定、机械强度高、柔润性好、可反复使用、无二次污染、可大规模快速生产等诸多优势，使其成为液体、气体净化乃至同位素分离最为理想的、其他滤膜所不可替代的精密过滤材料，广泛应用于生物、化学、医疗、制药、环保、食品、电子及分析检测领域。由于可实现极小的孔径，在基础研究方面具有潜在优势，如等离子体基元、水的纳米结构、离子迁移等。

（5）γ 射线源

利用反应堆中的 γ 射线，可进行辐射化学的研究，以及改善塑料性能、促进某些化学反应等辐射化工方面的应用。缺点是堆内 γ 射线的能量不单一，又伴随有中子会使物质活化，产生感生放射性。在这些方面不如采用钴源、射线机或电子加速器作为 γ 辐射源。

（6）裂变产物

在反应堆中产生的裂变产物，是原子能工业中强放射性废物的来源，其处理相当

① 利用核素硼-10 俘获中子发生核反应释放高能短射程射线杀伤癌细胞的二元靶向放射治疗技术。目前国际上先进的癌症治疗手段。改造与建成 BNCT 专用孔道的研究试验堆总数已达 30 座，目前在役可用于 BNCT 的反应堆只有美国 MITR、日本 KURR、德国 FRMII、荷兰 HFR、阿根廷 RA6、中国的 IHNI-1 和 THOR（台湾地区）。

复杂。但将裂变产物加以综合利用，可分离出多种有用的放射性同位素，作为辐射源或放射性同位素能源。有些广泛应用的放射性同位素如锶-90、钇-90、锝-99、铯-137、钷-147 等，全部来自裂变产物。

（7）反应堆性能研究

有不少反应堆是作为研究对象而设计建造的。例如，为研究堆芯组成和栅格物理特性的零功率堆，为发展新堆型而建造的实验堆和原型堆，核潜艇、核飞机、核火箭的地面模式堆，专门的培训用堆等。利用这些模型，可对各种设计方案进行比较，研究某种堆型的物理、热工、控制和运行性能，考验材料和元件，检验设备仪表的安全性与可靠性，以及培训运行维修人员。

1.4.2 原子弹

原子弹同核反应堆相同之处，在于同是利用重核裂变链式反应中释放出来的巨大能量。但是，在反应堆内，能量的释放是缓慢、受控和长期延续的，而在原子弹中则是瞬间和不受控制的。原子弹爆炸时，在小于百万分之一秒的时间内，释放出巨大的能量，使爆炸中心的温度立即上升到上千万摄氏度，压力上升到几十亿大气压，把一切物质化为等离子体，形成一团火球。高温高压以及各种核反应产生的中子、γ 射线和裂变碎片形成冲击波、光热辐射、贯穿辐射、放射性污染和电磁脉冲等杀伤破坏因素。用高度富集的铀-235（富集度达到 93.5%以上）或钚-239 作装料，一般原子弹的爆炸威力相当于 2 万 t 梯恩梯[①]炸药的爆炸力，加强型原子弹最大可做到约 50 万 t 梯恩梯当量。

1.5 原子核聚合及聚变能的应用

前文已阐明，很轻的原子核聚合时，也能释放出大量的能量，但由于参与聚变反应的原子核之间的静电斥力，仅当原子核具有足够的动能时，才能克服其间的静电斥力而互相接近，发生核反应。粒子加速器能赋予一些轻原子核以所需的高速，但这样加速的粒子束往往一亿个粒子中只有一两个能打中靶核，获得的能量远低于消耗的能量，不能使聚合反应持续进行下去。另一途径是使原子核处在非常高的温度（例如几千万摄氏度以上），这时有相当多的核具有足够的动能以实现聚合反应，反应中释放出的热量又足以导致温度的升高，使反应加速进行，造成自持的聚变反应。由于是在高温下进行的，这样的聚变反应通常又称为热核反应，它是太阳和其他星球的能量来源。在太阳内，每秒钟有六亿吨氢聚合成氦。

由于原子核之间的静电斥力同它们所带电荷的乘积成正比，所以原子核的原子序

① 梯恩梯即普通的 2,4,6-三硝基甲苯（trinitrotoluene，TNT）炸药。原子弹的爆炸威力用相当于多少梯恩梯炸药的爆炸力来衡量，称为梯恩梯当量。1 吨梯恩梯当量约为 4 190 MJ。

数越小，聚合所需的动能（即温度）就越低。一些最轻的原子核如氢、氘、氚、氦、锂，最容易用来释放聚变能。氦-4 核的两个质子和两个中子，结合得特别紧，即氦-4 核的结合能比它附近（在元素周期表中）的一些轻核要大得多（见图 1-9 和表 1-2），所以最后合成氦-4 的聚变反应，概率既大，释放的能量也多。其中氘氚反应是最容易实现的一种热核反应：

$$ {}_{1}^{2}\mathrm{H} + {}_{1}^{3}\mathrm{H} \rightarrow {}_{2}^{4}\mathrm{He} + {}_{0}^{1}\mathrm{n} $$

氘氚反应释放的能量，就同等的质量来说，约为铀核裂变反应的四倍。

1.5.1 氢弹

地球上人为的聚变反应最初是在热核武器爆炸中实现的。利用裂变原子弹爆炸时产生的高温，可以点燃氘氚聚变反应，释放出巨大的能量。氘和氚都是氢的同位素，故把这种武器称作氢弹。由于热核燃料装量没有临界质量（见第 2 章）的限制，氢弹可以做得很大。一般氢弹的爆炸威力可从 60 万 t 到 300 万 t 梯恩梯当量。20 世纪 60 年代美国和苏联研制过威力为 1 000～2 000 万 t 梯恩梯当量的大型氢弹。1961 年苏联试验了一个 5 800 万 t 梯恩梯当量的热核装置，这是威力最大的一次核爆炸。实际上，氢弹的破坏半径同当量的立方根成正比，梯恩梯当量增大一千倍时，冲击波破坏半径仅增大十倍。氢弹必须做到重量轻、体积小才便于飞机或导弹的运载。因此，后来均以比威力即单位质量的爆炸威力作为衡量氢弹技术水平的一个重要标志，而向小型化发展。中子弹便是一种以高能中子为主要杀伤因素、相对减弱冲击波和光热辐射效应的小型氢弹，其梯恩梯当量约为 1 000 t。

1.5.2 核爆炸的工程应用

在 20 世纪 60 年代初，美国和苏联对于利用核爆炸进行大规模挖掘工程的可行性，做过一些研究和试验，提出过开凿运河、建筑港口的方案。据报道，核炸药会比化学炸药便宜，并且爆炸力越大越便宜。相当于 200 万 t 梯恩梯当量的热核炸药，成本仅为化学炸药的 1/1 700，同时可使工程进度大大加快。但应用核炸药时，存在放射性污染问题。为了减少污染，希望利用核聚变，可是引爆还得靠裂变“雷管”。这个问题尚未获得妥善解决。其实地下深处核爆炸后的放射性物质，大部分将永久地包含在洞穴底部固化的玻璃质熔渣内。

核爆炸的可能应用有：（1）开凿运河、山口、海港、水库和其他巨大规模的土石方工程；（2）破碎地下含油、气岩层以提高油、气产量，或利用核爆炸形成的地下洞穴，从油页岩中就地直接炼油；（3）开发难以开采的地下矿藏和在地下就地冶炼；（4）建设地下高压贮气库、水库或废物库；（5）开发地热资源；（6）生产超钚元素[①]；（7）科学

① 例如，铀-238 连续俘获 19 个中子后，经过 8 次 β 衰变而转化成超钚元素镄（${}_{100}^{257}\mathrm{Fm}$）。

研究，如地质结构的研究，或将爆炸产生的强中子流引出进行中子物理学研究等。

1.5.3 受控热核反应

实现受控热核反应，使人类掌握聚变能，是目前科学上的一个重大课题。如前所述，轻核的聚变必须在高温下才能有效地进行，温度越高，反应的概率越大。对于最容易实现聚合的氘氚反应，也需要一亿 K 以上的离子温度，此时燃料（氘氚混合物）已被离解为物质第四态——由电子和离子组成的等离子体。为了让等离子体的离子发生聚合反应，必须把它约束在特定的空间内，加热离子使其温度足够高，离子通过相互碰撞发生聚变反应，并在发生聚变反应后其产物以及未消耗的燃料等离子体仍然保持约束状态，从而实现自持的聚变反应。太阳上的聚变反应是靠它的强引力场保持住大部分燃料不至于飞散，地球上可用的约束方法有磁约束和惯性约束两种。开发聚变能的难度很大，除了要达到“点火”所需的密度、温度和能量约束时间诸条件外①，工程上也还面临诸多的挑战。国际热核聚变实验堆（International Thermonuclear Experimental Reactor，ITER）是国际合作的托卡马克大科学装置，用来验证聚变堆“稳态运行”的物理和工程技术，探索和验证实现“高效自持燃烧”条件下未来聚变示范电站（DEMO）的科学和工程可行性。它由中国、欧盟、印度、日本、韩国、俄罗斯和美国七方共同建造，选址法国南部的卡达拉奇（Cadarache）。按照设计，它将在 500 s 的时间产生 500 MW 的聚变功率输出，功率的增益达 10。ITER 聚变产物 α 粒子的加热功率占总加热功率的 67%，ITER 装置将成为研究燃烧等离子体物理问题的重要设施。中国是 ITER 的成员，除按照其要求承担相关关键部件的设计加工任务外，还开展测试包层模块（TBM）研制以及利用 ITER 实现产氚的相关研究。此外，中国核工业集团有限公司作为牵头方的联合体，承担 ITER 安装的重要任务。中国核工业集团公司核工业西南物理研究院和中国科学院合肥物质科学研究院等离子体物理研究所是我国从事聚变能源研发的两家科研机构，分别运行着我国最大的托卡马克中国环流三号（HL-3）和全超导托卡马克 EAST，在磁约束聚变能源研发方面取得了诸多创新成果。

氘氚聚变能源的优点是：（1）资源几乎无限，氘氚聚变反应所使用的氘可以从海水中提取，1 L 海水所含的氘发生完全发生聚变反应所释放出来的能量相当于 300 L 汽油的能量，而氚可以通过聚变反应产生的中子与锂（^{6}Li）增殖产生；（2）固有安全性好，不会发生像裂变反应堆可能发生瞬发超临界或燃料熔化等事故；（3）放射性废物少，几乎没有长寿命放射性核素，较易处置；（4）如同裂变堆，它也不会造成大气污染，不排放温室气体。

---

① 劳森（Lawson）判据用“聚变三乘积”描述，即对于氘和氚各占一半的等离子体，当等离子体温度 T_i 大于 10 keV（一亿摄氏度）时，实现聚变点火（ignition）的条件是 $n\times\tau_E\times T_i\geqslant 3\times10^{21}\ m^{-3}\cdot s\cdot keV$，其中 n 为等离子体密度（m^{-3}），τ_E 为能量约束时间（s）。这里的“点火”即等离子体的自持燃烧，其聚变的功率增益为无穷大。

1.6　放射性

1.6.1　放射性衰变和核辐射

放射性核素的原子核是不稳定的，它们每时每刻以辐射的形式释放出多余的能量，而转变（衰变）成较稳定的其他原子核。后者可能仍不稳定，有的不稳定核要经过一系列衰变（衰变链）才最终达到稳定状态。每一次衰变后的子体原子核的能量总是低于其母体核的能量，就是说后者的结合能较大，两者的差别表现于辐射的能量。

每一种放射性核素有它自己独特的衰变模式，包括特征的衰变率（半衰期），辐射类别和辐射能量。这些特征都是一定的，并且不受外界条件的影响，无论高温、低温、高压、真空、电磁场或化学变化，都不能改变它们。辐射的主要种类是：α 粒子（即 ${}_{2}^{4}He$ 核）、β 粒子（即电子 ${}_{-1}^{0}e$ ）和 γ 射线（高频电磁辐射）。它们以及其他由核反应产生的辐射，如正电子（ ${}_{+1}^{0}e$ ）、X 射线、中子等，都具有很高能量，在穿过物质时，能直接或间接地使物质的外围电子脱离原子，形成成串的离子对，故称之为致电离辐射，以区别于光、热、微波、雷达、无线电波等低能辐射。在本书中，辐射同致电离辐射是同义的。辐射不能被看见或感知，但可用很简单的仪器探测出来。

每种放射性核素的半衰期，指任何时候的当前原子核数目衰减掉一半所需的时间，各不相同，从 10^9 s 到 10^{-9} s 都有。一般来说，有的放射性核素在短时间内放出大量辐射（半衰期短的），有的长期持续地放出较少量的辐射（半衰期长的）。放射性活度（旧称放射性强度）即衰变率的计量单位是贝可（Becquerel，Bq），1 Bq = 1 次衰变/s。旧的习用单位是居里（Curie，Ci），1 Ci = 3.7×10^{10} Bq。

1.6.2　天然放射性

人类一直生活在放射性环境中，受到来自外层空间的宇宙射线以及存在于岩石、土壤中的放射性物质的照射。天然存在的放射性核素随着空气、水和食物被吸入或摄入动植物和人体，使动植物和人体也成为微弱的辐射源。以上这些来源的辐射，统称为天然本底辐射。天然本底辐射随地区的不同可有几十倍的差异。

核武器试验沉降物产生的辐射，虽属于人为的，也在全球或局部范围增加了本底辐射。

1.6.3　辐射的风险

辐射的生物效应主要归因于电离和电子激发导致构成细胞的各类分子（例如蛋白质和核酸）的破坏（参见 19.3、19.6.1 节）。细胞的某些损害可以自行修复，严重受损的细胞或可通过健康细胞的有丝分裂去替换。但如果一个器官的损害范围过大，器官也许就不可能修复了。因此，过量的辐射照射会伤害人体组织，引起癌症或后代的遗传变异。辐射对人体组织的伤害程度，首先取决于所吸收的辐射能量和能量沉积的密度，用剂量当量表示，同时与时间剂量率有关。剂量当量的单位是希（sievert，Sv），旧的习用单位是雷姆（rem），$1\ \text{rem} = 10^{-2}\ \text{Sv}$。国际放射防护委员会（ICRP）于 1990 年建议的除天然本底辐射（这是无法避免的）以外的公众照射剂量限值是 1 mSv。现在全世界公众从天然本底辐射接受的剂量平均值为 2.42 mSv/（人•年），具体数值各地不一，如香港由于建筑材料放出氡气的影响较大等原因，本底剂量平均值为 3.28 mSv/（人•年），在欧洲（奥地利、芬兰、瑞典、法、英、西班牙）的高本底地区，该值可超过 10 mSv/（人•年），在巴西、印度、中国一些富含独居石区域，甚至高达 120 mSv/（人•年），均未发现有任何不良后果。在天然本底之外，人们还从各种人为来源接受辐射，这些附加的剂量，主要来自医疗照射，在发达国家可达到 0.3 mSv/（人•年）以上；而与此相对照，例如核电份额占总发电量 29%的英国的全国居民，由于核电厂及其燃料循环而接受的辐射附加剂量平均不过 0.001 mSv/（人•年），其中受到剂量超过 0.01 mSv/年的人数极少。实际上，由核电工业带来的辐射附加剂量，远低于天然本底辐射剂量的地区间差别，它从未造成可予证明的任何危害（事故除外）。表 1-4 概略表示广大公众从天然本底和人为来源接受的辐射剂量。

表 1-4　公众从天然本底和人为来源中接受的辐射剂量①

项目	全球平均值/［mSv/（人•年）］
天然本底	2.42
其中：宇宙射线	0.39
岩石、土壤的 γ 射线	0.46
空气中放射性核素（氡气子体）	1.3
人体内放射性核素	0.27
人为来源	0.207
其中：医疗辐射	0.19
大气层核武器试验沉降物	0.005
切尔诺贝利核电厂事故	0.002
其他如燃煤、看电视、乘飞机等	<0.01
（由于核电厂及核燃料循环）	（0.000 2）
合计	2.627

1.7　放射性同位素和辐射的应用

过量的辐射照射，会伤害人体。但如果对放射性同位素放出的辐射（以及加速器

① 作为比较，一次 X 射线胸部透视约有 0.05 mSv 的剂量，2 h 高空飞行约增加 0.005 mSv 的剂量，后者相当于常住在核电厂周围全年所接受剂量。

产生的电子束）加以合理利用，能够对经济建设、医疗、环境保护和科学研究起到很大促进作用。在目前已知的约 2 000 种放射性同位素中，除了五十几种天然放射性同位素以外，其余都是用反应堆或加速器人工制成的。表 1-5 列出了使用量（按件数或放射性活度计）最大的几种放射性同位素示例。

表 1-5　使用量最大的几种放射性同位素示例

名称	符号	半衰期	辐射类别	生产方式及核反应式
氚	^{3}H，T	12.3 a	β	中子辐照，^{6}Li（n, α）^{3}H，或由裂变产物中提取
碳-14	^{14}C	5 730 a	β	中子辐照，^{14}N（n, p）^{14}C
氟-18	^{18}F	9.083 a	$β^{+}$	加速器辐照，^{18}O（p, n）^{18}F
磷-32	^{32}P	14.3 d	β	中子辐照，^{32}S（n, p）^{32}p
钴-60	^{60}Co	5.27 d	β, γ	中子辐照，^{59}Co（n, γ）^{60}Co
锶-89	^{89}Sr	50.5 d	β	中子辐照，^{88}Sr（n, γ）^{89}Sr
锶-90	^{90}Sr	28.0 a	β	由裂变产物中提取
钇-90	^{90}Y	64 h	β	中子辐照，^{89}Y（n, γ）^{90}Y
锝-99m	$^{99}Tc^{m}$ *	6 h	γ	中子辐照，^{98}Mo（n, γ）$^{99}Mo \rightarrow ^{99}Tc^{m}$；或由裂变产物中提取 ^{99}Mo
碘-125	^{125}I	59.4 d	β	中子辐照，^{124}Xe（n, γ）$^{125}Xe \rightarrow ^{125}I$
碘-131	^{131}I	8.05 d	β，γ	中子辐照，^{130}Te（n, γ）$^{131}Te \rightarrow ^{131}I$；或由裂变产物中提取
铯-137	^{137}Cs	30.0 a	β，γ	由裂变产物中提取
镅-241	^{241}Am	458 a	α	中子辐照，^{240}Pu（n, γ）$^{241}Pu \rightarrow ^{241}Am$
钚-238	^{238}Pu	87.7 a	α	中子辐照，^{237}Np（n, γ）$^{238}Np \rightarrow ^{238}Pu$
锎-252	^{252}Cf	2.65 a	SF，α	中子辐照，^{241}Am 多次中子俘获

* 在核素后面加写 m 表示同质异能素（isomer），它虽然具有相同的质量数和质子数，但能量状态比原核素高。

1.7.1　利用辐射的易探测性能——示踪技术

放射性同位素与稳定同位素的化学性质完全相同，但它放出的特征辐射，不但便于探测，并且使它区别于附近的任何其他放射性核素，极易识别。只要在所研究的对象元素中加入微量（少至一千亿分之一）放射性同位素，即“贴上标记”，就足以使我们很容易跟踪所研究对象参与各种各样复杂的物理、化学、生物、生理过程中的行为和变化。这种同位素示踪方法，已成为科学研究、临床诊断、环境保护和工农业生产中一种极其有用的工具。它已有数千种用途，而且应用范围还在不断扩大。下面只能略举，例如：用锝-99 m（$^{99}Tc^{m}$）诊断脑瘤，用碘-131 测量肝肾功能和脂肪代谢，用氚、碳-14、氮-15 和磷-32 等跟踪土壤和植物中营养物的迁移，研究土壤改良和优化施肥技术；用氮-15 研究采用具有固氮能力的树木、牧草和生物肥料来提高土壤肥力和作物产量；用镭-226 和氡-222 研究海水水位上涨原因，以便管理好海洋环境和沿海含水地带；用碳的放射性同位素和稳定同位素研究全球气候变暖原因，以及氮、硫等污染物沉降对环境的影响；用同位素研究鸟和昆虫（包括害虫及其寄生物与天敌）的迁移规律，诊断畜禽疾病，研究空气、地表水、土壤和海洋的污染情况及污染物（包括一些重金属和其他痕量元素）分布与迁移模式，等等。

工业中放射性同位素示踪剂应用的例子有：水利工程中用溴-82 或锝-99 m 测定大河川的流量；用适当的标记化合物研究水体中泥沙的转移和沉积情况；研究和寻找新的地下水资源；研究地下蓄水层的水补给途径；用金-198 和氚化水测定水坝坝基渗漏区和渗漏路线；海港工程中用钪-46 和金-198 研究底沙运动情况以便拟订疏浚方案，设计航道；石油工业中用溴-82 或锑-124 测定输油管道或地下井的泄漏部位；石油化学工业中用钴-60 测定炼油厂管道堵塞部位；化学工业中用汞-197 盘存电解槽中的汞量；冶金工业中用钙-45 研究和改善钢中夹杂盛钢桶衬里腐蚀产物的情况；机械工业中用铁-59 测定汽缸磨损程度；电力工业中用钠-24 进行核电厂蒸汽发生器的夹带试验；等等。

放射性测井是通过在钻孔中进行放射性测量，达到放射性找矿、确定矿层厚度和矿石品位的目的。其中单测井孔周围岩石 γ 射线强度的，称 γ 测井，由于从岩石散射回来的射线强度与岩石的密度相关，测井常用于煤、石油或高密度金属矿的勘探，含油、含气或含水岩层的探测等。能谱测井是测量井孔周围岩石射线不同能谱段强度沿钻孔的分布，从而确定岩层中的铀、钍、钾、煤含量。中子－中子测井则是利用放入钻孔中的中子源（如镅－铍中子源、锎中子源、氘氚中子管）放出快中子被岩层慢化，经扩散被吸收，通过测量中子源附近的中子分布来研究岩层的慢化性质（即含氢量）或吸收性质，以确定岩层孔隙度、煤的水含量、区分油水层、研究岩层结构、确定矿层厚度和一些特殊元素的含量等。中子－中子测井可用于煤、石油、天然气、特种金属矿或地下水的勘探。令射线荧光分析仪探头通过钻孔全长，可取得周围岩石元素的详细分析数据。

利用辐射的易探测性能发展出来各种高灵敏度的核分析技术，应用范围异常广泛。

中子活化分析是用中子源产生的中子流照射未知成分样品，生成放射性同位素，检测其衰变模式（见 1.6.1 节）和活度，便可测定样品中存在的元素及其含量。少至 10^{-6}～10^{-15} g/L 的痕量元素也能被测出，对若干种元素来说，它比化学分析和光谱分析灵敏得多。以反应堆为中子源的热中子（n, γ）反应活化分析，对多种元素都具有很高灵敏度，能同时测定 60～80 个元素。我国专门用于活化分析的微型中子源反应堆，已销售到国内外，取得良好效益。快中子活化分析是利用中子发生器、加速器或放射性同位素（如锎-252）所产生快中子的（n, p）、（n, α）、（n, 2 n）反应进行活化，比较简便，且适用于热中子活化不易分析的某些轻核。中子活化分析的应用范围包括地质、地球和宇宙化学、高纯物质、生命科学、环境科学、临床医学、刑事侦破、考古学，以及工业、农业等许多领域。应用的例子有：测量半导体所含痕量杂质及掺杂水平，测量钢、钛、铍、钠中的痕量氧，测量饮食中有营养价值的痕量元素（碘、铁、铜、锌、硒等）摄入量，测量食品中的有毒元素含量等；在药品、食品、水泥、铝合金等中掺入易活化元素作为防伪标签；在犯罪调查中，从犯罪现场的某些试样取得联系到犯罪人的证据，或根据头发的活化分析找到罪犯，因为头发中的元素组成是因人而异的。中国原子能科学研究院基于中国先进研究堆等对嫦娥 5 号带回的月壤样品进行了中子活化分析，月壤样品成分的精准分析研究对于人类认识月球演化以及月球探测与资源开发利用具有十分重要的意义。

用自发放射快中子的同位素锎-252（需用的锎-252 不过几微克），做成可携式的快中子活化分析装置，对于地质勘探、石油测井、煤铁矿石筛选等野外操作，特别便利。

X 射线荧光分析法是用辐射激发样品中的各种元素，使之发出各自的特征 X 射线（X 荧光），通过对 X 荧光的能量（或波长）和强度的测量，可作出原子序数＞13 的各种元素及其含量的定性和定量分析，含量从 10^{-6} 到 90%以上。放射性同位素 X 射线荧光分析仪能快速、非破坏性地分析地质、矿物、合金、石油、建筑材料、生物和污染物等样品，广泛应用于地质勘探、采矿、冶金、环保、考古等领域中。

放射免疫分析（radio-immuno-assay，RIA）技术是在从生物体抽出的体液中加入用 γ 放射性同位素 ^{125}I、^{131}I 标记的抗原，在适当条件下进行免疫反应，再用放射性测量方法测定生物体内任何痕量（10^{-9} g 至 10^{-12} g/L 级）的生物活性物质（激素、酶、维生素、营养物、药物、病毒抗原、肿瘤抗原）。这种方法的特异性强，灵敏度和精密度高，操作简便。且受检者不接触射线，在临床医学上用于早期诊断甲状腺病、糖尿病、肝病、心血管病、艾滋病（即获得性免疫缺乏综合征）、不育症及癌症等。也广泛应用于医学和生物学研究中。

1.7.2 利用辐射的穿透性能——透视和自动控制

利用辐射的穿透能力，以 γ 射线源或中子源同核探测器制成灵敏、准确而可靠的厚度计、密度计、液位计、料位计、料量计、灰分计、水分计、特定元素含量计等，在许多工业部门中，作为连续生产的自动检验和自动控制的手段，可大大提高产品质量和生产率。

利用辐射使空气电离的作用制成的火灾报警器，灵敏度高，其推广应用大大减少了火灾损失。

利用辐射透过物体时，因物体各部分的密度不同而使射线的衰减程度不同，可对物体的内部缺陷或结构进行无损检验和研究。分为 X 射线探伤、γ 射线探伤和加速器高能射线探伤等三种。用射线照相进行钢铁制件的无损探伤，由于放射性同位素源的轻巧和便于移动，常比使用笨重的高电压射线机灵活方便，成本低廉，在工业部门中得到广泛的应用。随着钢铁制件厚度的增大，常规的 X 射线机和钴源不能满足要求，高能电子加速器产生的轫致 X 射线穿透力强，成为射线探伤的有力工具，有不少压力容器制造厂配备了 8 MeV 的电子直线加速器，以缩短厚钢板和焊缝的探伤时间。电子直线加速器应用于港口海关的集装箱货物在线检查，以截获走私及危险物品，也有显著的经济和社会效益。

中子照相是另一种很有用的技术。γ 射线和 X 射线照相仅适用于致密物质如金属、骨骼等的显示。对于低密度物质如水、有机材料、火药和人体组织等，用中子照相更为清晰。

1.7.3 利用辐射的生物效应——治癌、灭菌、杀虫、培育动植物新品种

利用辐射破坏癌细胞的作用，可以治疗各种癌症，效果卓著，统称为放射治疗。射线束包括放射性同位素产生的 α、β、γ 射线和各类 X 射线治疗机或加速器产生的 X 射线、电子线、质子束、中子束及其他粒子束或反应堆产生的中子束等。放射治疗在肿瘤治疗中的作用和地位日益突出，已成为治疗恶性肿瘤的主要手段之一。

第一种方法是远距离射线束照射治癌（teleterapy）。以 X 射线治疗机或加速器产生的 X 射线用得最早，最为普遍，俗称 X 刀；以放射性同位素钴-60 用得最多，有多种钴治疗机可用，称为 γ 刀；将碳离子加速到光速的 70%左右，利用形成的碳离子束进行照射的一种放射线疗法，俗称重离子刀。重离子刀在细胞杀伤性方面表现优异，尤其适于体内深部的肿瘤，以日本为中心全世界范围内都在开展相关的基础研究和临床试验。将氢原子通过加速器加速到高能（50～250 MeV），照射肿瘤细胞的放射疗法，俗称质子刀。由于质子治疗具有穿透性能强、剂量分布好、局部剂量高、旁散射少、半影小等特征，尤其对于治疗有重要组织器官包绕的肿瘤，显示出较大的优越性。质子治疗的适应症比较广泛。由于质子治疗系统是目前世界上最先进，也是最昂贵的超大型尖端医疗设备，建立质子治疗中心投资巨大，技术要求极高，目前只有美国、日本等少数发达国家才能够建造。中国原子能科学研究院已研发成功 230 MeV 回旋加速器，正在建设质子治疗中心。还有一种就是利用反应堆或加速器产生中子束照射已注射药物（通常是硼药）的肿瘤组织，产生 α 射线从而杀死肿瘤细胞。该疗法称为 BNCT，俗称中子刀（见 1.4.1 节）。由于反应堆很难建在医院内，加之加速器技术的飞速发展，基于加速器的中子刀（AB-BNCT）将是今后发展的重点，AB-BNCT 已在日本实现商业应用，我国近几年也取得了重大突破[20]。

另一种方法是把放射性同位素封闭在细针或细粒中，埋入体内癌瘤近处，或敷贴在病灶表面，进行近距离照射治癌（brachytherapy），常用的放射性同位素有镭-226、铯-137、铱-192、锶-90（对于皮肤和眼睛癌瘤）等。近来开发将微型密封辐射源植入心血管中，以防止架桥或扩张手术后的冠状动脉重新堵塞，已取得一定疗效。

第三种方法是把放射性同位素制成药物内服进行治疗（radiopharmaceutical therapy），常用的放射性同位素有碘-131（甲状腺癌）、碘-125（癌症）、锶-89（骨转移癌）、钐-153

（骨转移癌）、镥-177（前列腺癌）等。

用钴-60 产生的 γ 射线源进行辐照，作为对一次性医疗用品（如注射器、针头、输液器、解剖刀、纱布、绷带）灭菌消毒的手段，具有常温操作、灭菌彻底、能耗极低的优点，尤其适用于羊肠线、外科手套、塑料导管、生物制品等不耐热物质的消毒。发达国家近一半的医疗用品采用辐照消毒，并推广用于妇女卫生用品、纸巾、食品包装材料等。

用钴-60（或铯-137）源或电子加速器进行杀灭害虫、细菌和微生物，或抑制发芽变质，有利于食品的防腐、保藏和保鲜。已施用于谷物、蔬菜、水果、干果、水产品、畜禽肉制品等，挽回了大量农作物损失（在有的地方挽回损失达 25%～50%），防止了疾病传播，延长了易腐食物的保存期，带来了巨大的经济效益。但对于辐照引起食品的微小化学变化，包括改变蛋白质、脂肪和维生素，产生致癌化合物如苯等（其实其他处理方法如烘、烤、腌制、低温等也会引起同样变化），存在一些争议[①]。现有 42 个国家（包括中国）接受食品辐照处理，并制定了相应的卫生标准和管理规程。我国 1997 年颁布了辐照豆谷类、新鲜水果蔬菜类、干果果脯类、冷冻包装畜禽肉类、熟畜禽肉类、香辛料类六项卫生标准。有数十个国家允许一些药物采用辐照灭菌。我国中草药与中成药的辐照灭菌，已制定国家标准《中药辐照灭菌技术规范》（GB/T 22469—2008），并取得了重要进展，如 2021 年 9 月中国原子能科学研究院等在高原藏药辐照灭菌技术（采用高能电子束）方面取得重要突破。辐射灭菌防霉亦可用于商品养护及档案、文物的保存等用途。

关于消灭虫害，用钴-60 辐照技术使人工饲养的大量（以百万只乃至亿只计）雄性昆虫不育，在适当季节放出到虫灾地区，同雌性交配，可以达到彻底消灭虫害的目的。昆虫不育技术（sterile insect technique，SIT）的消灭对象可以是：螺旋锥蝇、果蝇、小菜蛾、稻螟虫、玉米螟、棉铃虫、蚊子等，已在美国、墨西哥、智利、坦桑尼亚、利比亚等地取得成功，使数以百万计的牲畜免于致病死亡，人民免于饥荒，粮棉作物、蔬菜和水果不用杀虫剂而生长茂盛，社会和经济效益巨大。我国贵州省在一个柑橘园对柑橘大实蝇进行辐射不育试验，使柑橘年产量增加 10%。国际原子能机构（IAEA）正在大力推广昆虫不育技术。

很大剂量的辐射具有杀灭细胞的能力，中等剂量的辐射能消毒、使昆虫不育，小剂量的辐射则会打乱基因，引起物种的遗传变异。用辐射诱发突变的方法，可以培育出具有所需要品质的农作物新品种，如抗病虫害、抗倒伏、耐干旱、早熟、优质、高产的玉米、水稻、小麦、棉花、大豆、高粱、油菜等，实现大面积增产（增产率可达 50%～100%）。我国辐射培育的作物新品种已有 373 个，约占世界的四分之一；最大年

---

① 1999 年联合国粮农组织（FAO）/国际原子能机构（IAEA）/世界卫生组织（WHO）发表的联合公报明确指出，在当前技术可达到的任何剂量下，辐照食品不存在毒性问题，也无特殊的营养学或微生物学问题。

种植面积 1.3 亿亩，每年增产粮、棉、油 300 万～400 万 t，经济效益达三十多亿元，十分可观。

1.7.4 利用辐射的化学效应——辐射化工

物质的分子和原子在辐射的电离和激发作用下，会生成许多短寿命的中间活性粒子，如激发分子、离子、自由基、电子等，它们的相互作用导致物质的化学变化。辐射化工就是利用辐射引发有机高分子的聚合或交联等反应，生产新的高分子材料（如合成乳胶、泡沫塑料）或产品（如热收缩电缆附件、热收缩套管），或改善高分子材料的绝缘、耐热、耐腐蚀、阻燃等性能（如电线、电缆的聚乙烯覆盖层、塑料热水管及配件），质量优越，而且不使用催化剂，常温操作，反应速度快，反应过程容易控制，节能、无残毒、少污染，有很高的推广价值。其中发展很快的热收缩材料的特点是：辐照过的聚乙烯材料在受热后会“记忆”起其未扩张时的原来形态而重新收缩回原样，它将紧紧包在物体外表面上，起良好的绝缘、防潮、密封、保护与接触的作用。

辐射引发单体（monomer）分子形成自由基、离子等活性中心，进而生成聚合物（polymer）的过程，称为聚合反应。辐射引发聚合物分子彼此之间搭桥产生交联链，最后形成三维网状结构的过程，称为交联反应。辐射引发两种或两种以上的单体，合成为单体混合体系（共聚物，copolymer）的过程，称为共聚合反应。辐射交联过程导致聚合物分子量增大，性能发生变化（如黏度、机械强度和热稳定性提高，断裂伸长率下降）。辐射交联适用于电线电缆绝缘材料的改性，热收缩薄膜（管）的制备，聚乙烯泡沫塑料的生产，丝绸和宝石改性等。辐射聚合还可用于一般化学方法不能实现聚合的单体（如二氧化碳）。辐射共聚合可用以生产热稳定性良好的耐腐蚀共聚物橡胶。

辐射固化是一种辐射交联过程。用电子束照射引致涂布在基材上的无溶剂活性液体（如各种涂料、油墨、黏合剂及助剂）转变为固体的涂层辐射固化过程，可在室温下进行，1～2 s 即可完成，效率高，省能源，无有机溶剂挥发，无废物排放，有利于环保。它首先应用于汽车塑料外壳涂层的固化，涂层质量好，色泽亮丽，不易老化。近年来把这种工艺推广到电子器件、印制线路板、光纤、光盘、磁带等产品的表面涂层固化。利用辐射固化方法制造的复合材料，最早成功的是木塑复合材料，其硬度高（比原木材高 2～4 倍）、耐磨性好、吸湿性小、尺寸稳定，加工后表面光滑，可保持木材的天然纹理和色泽，防火消烟性能好，制成品易维护，并可利用松木、杨木等木材代替优质木材，以节省资源。其他如玻璃纤维（或碳纤维）复合材料，金属/聚合物复合材料和水泥/聚合物复合材料，均有广阔的应用前景。用辐射硫化工艺生产的天然乳胶和橡胶产品，因胶料中不加硫化剂，质地透明，无杂质，耐老化，特别适于作医疗制品。

辐射接枝是在一种聚合物上接枝各种单体，后者在侧枝上聚合，这样形成的辐射接枝共聚物（radiation graft copolymer）兼有两种聚合物的优良性能，可用来制备具有特种功能的薄膜，如不同类型的离子交换膜，各类纽扣电池的隔膜等。

上述各种辐射化工过程可用钴-60源放出的γ射线或电子加速器产生的电子束来实现，各有其适用的范围。γ射线的穿透深度大，钴源较易操作维修；电子束的穿透深度小，仅相当于钴源γ射线的百分之一，但辐照剂量率约比钴源高4～5个数量级，15 kW的电子束相当于活度10万居里的钴源，故辐照时间短。大体上，钴源适用于大体积、形状不规则、要求累计剂量较低的对象；电子加速器适用于厚度较薄、形状规则、要求快速生产和累计剂量较高的对象。低能（0.15～0.5 MV）电子加速器具有自屏蔽，体积小，便于安装在任何工作场所或现有生产线上，适宜于精细加工，但限用于薄表面层如细线、薄膜的辐照，纸张、木板、塑料、金属的表面涂层固化，印刷油墨的固化，层压黏合剂的固化等；中能（0.5～5 MV）电子加速器需外设厚混凝土屏蔽墙，可用于高分子材料的辐射交联，橡胶的辐射硫化，聚乙烯泡沫塑料的生产，高强度热收缩管、板的制备，散装聚合物的辐射改性等。5～10 MV电子加速器属于高能，多用于医疗用品消毒和食品保藏等用途。

利用γ射线或者高能电子束对污染物进行辐照处理，可应用于废水、废气、固废等处理方面，可以广泛应用在印染、化工、制药等领域，与传统化学、生物等处理方法相比，辐照技术占地面积小，使用方便，不产生污泥等二次污染，且能处理有毒、有害、难降解的污染物，称为环保用辐照技术。与γ射线相比，电子束穿透能力较弱，但能量利用率高，其装置是电子加速器，易于启停，关停后不再产生射线，经其处理过的水无放射性，具有处理效率更高、安全性更好的优点，电子束辐照技术被IAEA列为21世纪和平利用原子能的主要研究方向。随着环保要求提高，工业废弃物处理率提升，且采用传统处理方法，重污染物处理效果难以达到要求，环保用辐照技术因此受到普遍青睐。在废气处理方面，电子束可促进生成强氧化性活性粒子，与废气中的硫氧化物、氮氧化物等进行反应，再添加氨可制备得到硫酸铵、硝酸铵等肥料，达到脱硫脱硝目的，既清除了污染环境的废物，又变废为宝得到副产品肥料。在废水处理方面，电子束让污水的水分子分解成强氧化物质与各类有机污染物发生作用，可加快有机污染物氧化分解速度，实现消毒灭菌，净化污水，整体指标稳定达标排放，并析出重金属离子再利用等目标。在固废处理方面，电子束可对危险固废进行无害化处理，可将污泥中的锰、锌以及氮、磷、钾等元素提取再利用。近年来我国环保用辐照技术应用取得重要进展，如2017年我国首个电子束辐照技术处理工业废水示范工程[21]、全球最大的电子束处理工业废水项目[22]（7台电子加速器）、我国首个电子束辐照处理医疗废水示范装置[23]、中国首个电子束处理化工园区废水示范工程[20]相继投入运行，全国首个电子束处理城市污水示范工程[24]启动建设。

通过中子辐照使单晶硅掺杂磷以改善性能，已如前述［见1.4.1节之（4）］。用加速器将磷或硼等杂质离子强行注入半导体材料或金属材料表层（离子注入掺杂，ion implantation doping），也可进行材料改性。

1.7.5 利用辐射的能量——放射性同位素能源

放射性同位素衰变时放出的能量虽小，但能制成无人管理的可靠能源，用在宇宙飞船、人造卫星、灯塔、航标、极地气象站等孤立站点，功率可从几毫瓦到上百瓦，使用寿期从数月到几十年不等。放射性同位素能源可转化成热源、电源和光源，其中电源应用最为广泛。放射性同位素能源的显著特点是衰变时放出的能量大小、速度，不受外界环境中的温度、化学反应、压力、电磁场的影响，因此，放射性同位素能源以抗干扰性强和工作准确可靠而著称。放射性同位素是同位素能源中的心脏部分，作为能源应用需满足以下条件：半衰期长（以保证长寿命）、功率密度高、放射性危险性低、容易加工、经济和易于屏蔽等。通常应用的主要有氚（半衰期为 12.43 a）、锶-90（半衰期为 28 a）、钚-238（半衰期为 89.6 a）、钋-210（半衰期为 138.4 d）、镍-63（半衰期为 100.1 a）钷-147（半衰期为 2.62 a）、钴-60（半衰期为 5.27 a）等适当半衰期的同位素。

同位素电池的应用很广。首先在航天领域得到广泛应用，如卫星、飞船、火星探测器等。空间应用中最为合适的是衰变中放出 α 粒子的放射性同位素，如钚-238 和钋-210，它们的外照射剂量低，所需屏蔽重量小，可以大大节省发射费用。目前美国在空间飞行器上均使用了钚-238。从 20 世纪中叶起，美国先后在近 50 个空间飞行器、巡视器和外星探测车中使用了同位素温差发电器作为电源。其中，1969 年 7 月 21 日登陆月球的美国阿波罗 11 号飞船安装了两颗放射性同位素热源装置 ALRH（Apolo Lunar RI Heater）（热功率 15 W，寿命 1 年）；美国“旅行者 1 号”行星探测器现在是离地球最远（飞行近 200 亿 km），也是第一个离开太阳系的人造飞行器。美国 2021 年登陆火星的毅力号探测器使用了一台多任务同位素温差电源 MMRTG（multi-mission radioisotope thermoelectric generator），重 45 kg，电功率为 100 W，设计寿命 14 a。我国的嫦娥 3 号、4 号也搭载了钚-238 同位素热源和电源。

其次是生物医学领域。在心脏起搏器、助听器等医疗器械领域有重要应用价值。例如在心脏起搏器中，目前常用的锂–碘电池由于容易受到电磁波的干扰从而给使用者带来不便，且寿命在 5 年左右。而医用同位素电池不易受到电磁干扰，使用寿命长在 15 年左右。世界上已经有部分心脏病患者植入钚-238、氚等同位素电池驱动的心脏起搏器，使病人免于经常动手术更换电池，使他们重获新生。

再次是通信领域。常采用锶-90 作为放射源，因为它经济易得。锶-90 本身就是裂变产物之一，可以从乏燃料中提取，仅全世界核电厂每年产生的核废料中就有 5 000 kg 锶-90，用它发电其实是对核电厂废料中的放射性同位素的再利用。在深海里，太阳能电池根本派不上用场，燃料电池和其他化学电池的使用寿命又太短，所以只得用核电池。例如，现在已用核电池作海底潜艇导航信标，能保证航标每隔几秒钟闪光一次，几十年内可以不换电池。人们还将核电池用作水下监听器的电源，用来监听敌方潜水艇的活动。还有的将核电池用作海底电缆的中继站电源，它既能耐五六千米深海的高压，安全可靠地工作，又少花费成本，令人十分称心。锶-90同位素电池，能为各种特殊、恶劣环境条件下的自动观察站或信号站、极地等提供能源。氚光源用于军事领域作为夜间指示箭或者作为照明弹的引信。

最后是电子领域。随着物联网技术的快速发展，为保证集成电路和传感器、低功耗器件等微机电系统能够正常散热且不影响无线通信信号，就使要求这些电子器件及系统模块的供能装置具有微型化、长寿命、稳定性好的特点。镍-63、氚等同位素电池相较于普通化学电池更能满足这种要求。同位素电池还可为智能手表、智能手机及可穿戴设备等提供持久耐用的能源解决方案。

另外，氚光源作为一种新型的发光元件，具有高亮度、高可靠性和低功耗等优势，在汽车、医疗、安防甚至室内照明领域有广泛的应用前景，欧美发达国家及日本均投入大量资源开展应用研究。

1.8 核燃料生产

发展原子能的基础，就目前来说，是裂变核燃料（通常直称为核燃料）的生产，核燃料是原子能工业的“粮食”。广义的核燃料包括裂变燃料和转换原料。转换原料本身虽不易分裂，却能在中子辐照后转变为裂变燃料，以补充裂变燃料的消耗。

实际可用的裂变燃料有三种易裂变核素：铀-235、钚-239和铀-233；转换原料有两种可转换核素：铀-238和钍-232。成为矿床存在于自然界中的天然铀是铀-235和铀-238的混合物（还有极少量的铀-234可忽略不计）。天然钍是单一的钍-232。钚-239和铀-233在自然界中不存在，须以铀-238和钍-232为原料在反应堆中人工地制造出来。所以，可供人类初始利用的裂变燃料只有铀-235。钚-239和铀-233的生成，开始还要靠铀-235裂变所提供的中子。迄今，热中子堆内最常用的裂变燃料是易裂变核素铀-235。钍的利用目前世界上尚处在小规模试验阶段。

最基本的核燃料是天然铀。它所含的易裂变核素虽然很少（^{235}U含量为0.71%），但在一定的条件下，已足以维持链式反应。世界上第一批反应堆，均使用最容易获得的天然铀为燃料。由于天然铀反应堆体积大，装料多，以及其他技术、经济因素的限制，目前大部分动力和研究试验用反应堆，均采用低富集铀燃料。原子弹的装料、核潜艇反应堆和快中子堆、高通量研究试验堆的燃料，需要使用高富集铀或钚。

为了满足核不扩散的要求，20世纪80年代后，新建高通量研究试验堆一般采用低浓铀（low enrichment uranium，LEU)燃料，在役使用高浓铀的研究试验堆也在实施RERTR计划①（降低研究堆、试验堆铀浓度计划，reduced enrichment for research and test

① 1978年，美国能源部启动RERTR计划（降低研究堆、试验堆铀浓度计划，Reduced Enrichment for Research and Test Reactors），其目的在于用低浓度铀取代目前使用的高浓度铀燃料。由于许多国家受到美国核政策的制约，所以RERTR计划成为了国际性研究计划，得到了IAEA的支持和赞助。

reactors），逐渐进行低浓化改造。生产裂变钼-99 的高浓铀（high enrichment uranium，HEU）靶件也在 RERTR 计划内。

进入 21 世纪后，以模块化小堆（SMR）为代表的各种先进反应堆技术日趋成熟。为减少堆芯体积、延长换料周期和提升经济性，这些先进反应堆通常采用高丰度低浓铀燃料（high-assay low-enriched uranium，HALEU）①。

初期的富集铀是在消耗大量电能的气体扩散式同位素分离工厂中生产出来的，用天然铀为原料。目前的富集铀通常采用气体离心法得到，气体离心法将 UF_6 气体送进中心层，随后送入其他级，由于达到同样富集度所需级数较少，使得耗能大幅下降。事实上，在当今的富集铀生产过程中，气体离心法已逐步取代了气体扩散法。激光分离技术近年来备受关注，其中包括原子蒸气激光同位素分离和分子激光同位素分离等方法。

在燃料的化学形态方面，最常见的是 UO_2 燃料，压水堆、沸水堆、压力管式重水堆均使用 UO_2 燃料。铀钚混合氧化物燃料（MOX）常用于快堆，也可用于轻水堆。金属铀及铀合金燃料常用于石墨水冷堆。三元结构各向同性（TRISO）燃料常用于高温气冷堆。研究试验堆采用燃料的形式多种多样，现代高通量研究试验堆最常用的是铀钼合金燃料和硅化铀（U_3Si_2）弥散燃料。

福岛核事故后，核科技工作者提出了耐事故燃料（accident tolerant fuel，ATF），致力于满足下一代核电燃料高安全、长寿期和高燃耗的发展需求，其研发方向涉及耐事故燃料芯体和耐事故包壳材料。

图 1-10 给出了核电厂核燃料（3%富集度）生产流程。从图中可以看到，核燃料生产由许多环节组成，包括铀矿山建设前的地质勘探，铀矿石的开采和加工，铀氟化转化，铀-235 的富集浓缩，燃料元（组）件的制造，堆内的辐照，卸出乏燃料元（组）件的中间储存（"冷却"）、运输和化工后处理，以及放射性废物处置。

后处理化工厂和铀同位素分离工厂都是大规模的企业，技术复杂，投资巨大，又属于防止核扩散的敏感技术。废物处置是公众关心的热点。在制定需用大量核燃料的核电规划时，必须周密妥善地安排好核燃料循环的诸环节，以及自主化与国产化的目标和步骤，以便顺利地实现规划，取得预期的经济效果。

由图 1-10 还可以看出，反应堆烧过卸出的乏燃料中的铀和钚可以分离出来并返回反应堆，作为燃料循环使用，形成核燃料的循环。核燃料循环对于提高核燃料利用率、核燃料增殖、放射性废物最小化等有非常重要的意义。世界上绝大多数国家采用核燃料循环的方针，也有少数国家如美国对乏燃料不进行后处理，而直接包装或经切割后包装，送到处置库长久贮存起来。这种没有封闭的核燃料循环称作一次通过。核燃料循环有两个体系，一是铀－钚燃料循环，二是钍－铀燃料循环。

① 高丰度低浓铀是指铀-235 丰度大于 5%且小于 20%的浓缩铀。

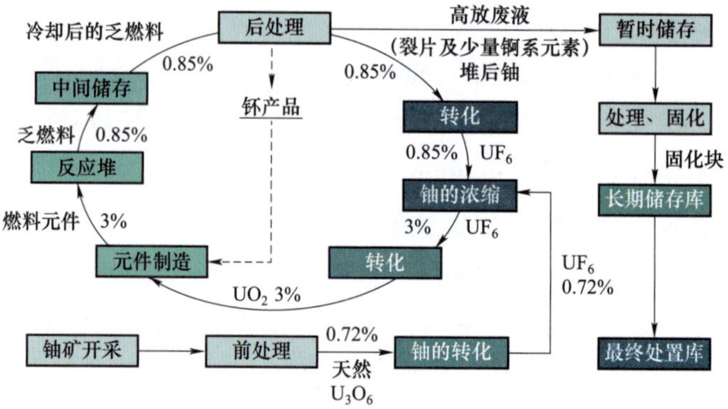

图 1-10　核电厂核燃料（3%富集度）生产流程

铀–钚燃料循环是当前已在工业规模上实现了的燃料循环体系，主要有两种循环方式：① 热中子堆中再循环。使用过的燃料元件经后处理回收其中未用完的铀和新产生的钚，返回重新制造元（组）件，循环使用。② 快中子增殖堆中再循环。快中子增殖堆燃料由钚和贫化铀构成。使用过后，经后处理回收其中铀和钚，返回循环使用。在这种反应堆中由铀-238 吸收中子生成的钚比裂变消耗掉的钚还要多，因此，可以实现核燃料（钚）的增殖。从最大限度利用铀资源的角度看，应发展快中子增殖堆。这也是第四代反应堆推荐的 6 种候选堆型中有 4 种为快中子堆的原因。

而钍–铀燃料循环则还处于研究和试验中，距工业规模生产尚有较大距离。钍–铀燃料循环指在热中子堆中把钍-232 转化为另外一种核燃料铀-233，通过后处理把铀-233 分离出来返回堆中循环使用。适于采用这种核燃料循环的堆型是高温气冷堆，其科研开发工作现已接近商业化阶段。在钍基熔盐堆、重水堆甚至轻水堆中，也可采用这种燃料循环方式，但尚处科研开发阶段。

1.9　原子能工业的范围和特点

处在目前发展阶段的原子能工业，大体上包括八个部分：核燃料工业；核武器工业；反应堆工业；核电工业；核技术应用；放射性废物处理和处置；辐射防护工业；专用设备仪器和特殊材料工业。由于处在迅速发展过程中，各部分均包含大量的研究开发工作，从材料、部件到设备远未达到标准化、规范化，存在很多非标情况。

（1）核燃料工业，从事核燃料循环（见图 1-10）除反应堆以外各环节所有设施（工厂）的设计、建造、调试、生产、维修和退役，其主要产品是反应堆燃料和核武器装料。

（2）核武器工业，从事核武器的设计、制造、试验、维修和退役。

（3）反应堆工业，从事各种反应堆装置的设计、建造、调试、运行、维修和退役。

（4）核电工业，从事核电厂的设计、建造、调试、运行、维修和退役。

（5）核技术应用，主要包括放射性同位素的生产，工业、农业和医用等方面的辐射源（包括中子源）制备，含放射性同位素的设备、仪器及装置的制造，放射性同位素能源装置（包括热源、电源、光源）的制备，以及辐照装置（如钴源房、辐照加速器、辐射加工车间等）的设计、建造、调试和使用。

（6）放射性废物处理和处置，包括来源于核设施、核医学诊断和治疗、铀矿开采和冶炼等过程放射性废气、废液及固废的处理和处置设施的设计、建造、调试、运行、维修和退役。

（7）辐射防护工业，包括辐射防护技术（安全规程、屏蔽设计、人身剂量监测、环境剂量监测等）及装备。

（8）原子能专用设备仪器，包括反应堆主回路与核辅助系统的容器、泵、管道、阀门、蒸汽发生器、热交换器，堆内构件，控制棒及其驱动机构，核安全级电气、仪表设备及数字化仪控系统 DCS，装卸料机，核安全级贯穿件（机械和电气），饱和蒸汽汽轮机，带电粒子加速器，辐射探测仪器，放射性物质操作设备（如机械手、屏蔽玻璃窗、热室、运输容器等），同位素分离设备，乏燃料后处理化工设备，放射性废物处理设备，辐射防护仪器仪表等。特殊材料包括堆用石墨、重水、铍和氧化铍、锆合金、特殊铝合金、镁合金、特种合金钢、特殊不锈钢、特种镍基合金、硼-10、锂-6、氚等。

此外，原子能工业应为核基础研究基地和尚未进入实用阶段的实验研究基地提供专门研制的装备，如各种高能粒子加速器、研究试验堆、新型动力堆的实验堆和原型堆、受控热核聚变实验装置、激光分离同位素装置、各种中间（原型）工厂等。

原子能工业的特点如下：

（1）原子能工业区分其他工业一个最显著的特点就是须关注其核与辐射安全性，要求所有有关人员应始终关注核与辐射安全，不放过任何机会，在设计、制造、建造、运行、退役和监督管理的全过程每一环节，均要建立并维持一套有效的防护措施，将风险降低到合理可实现的最低水平，防止伤害人体和污染环境。各国都由国家颁布专门的法律法规（如我国的核与辐射安全法规，HAF），建立专门的管理机构（如我国的核安全局），要求从建设到投运直至退役的所有活动要置于国家的监管之下，要经过一系列的审查与许可。

（2）原子能工业是 20 世纪新兴的高科技产业，现在还处在迅速发展的过程中，要求特别重视科学研究和技术开发工作，包括基础研究，以期改进现有工艺和开辟新的利用原子能的途径。

（3）原子能工业具有很大的综合性和高度的学科交叉融合特点。它是在原有工业和科学技术的基础上发展起来的。因此，必须最大限度地利用已有的经验和成就，其范围包括常规的地质勘探、采矿、冶金、化工、电力、机械和电机制造、建筑、电子和精密仪表、环境保护等产业部门和物理、化学、生物学、地质学、气象学、电子学、半导体、计算和信息技术、自动控制、人工智能、材料科学、传热学、流体力学、结构力学、医学、生理学、心理学、经济管理等学科领域。另一方面，由于原子能工业对专用与通用的材料和设备以及建筑安装作业均有一定的特殊要求，如高纯度、高精度、耐腐蚀、耐辐照、清洁度、密封性以及严格的质量标准和检验规范等，往往能促使常规技术和工业更快地发展。一些国家如加拿大、西班牙、韩国以及我国的一些企业，由于参加原子能的发展而获益良多。

（4）原子能工业产业链长，而且产业链中的各个环节之间有非常密切的关系，任何一个环节跟不上，都会影响整体的发展，是典型的链式工业。这一点既适用于整个行业，也适用于某一个项目，如一座核电厂或核设施的建设。因此要求全面规划，紧密配合，互相督促，责任分明。

（5）原子能工业需要较大的初期投资和较长的开发周期。即使从外国引进技术，也需要投入很大的人力物力，坚持不懈地进行消化吸收，才能实现国产化和自主化。因此需要立足于长远效益，谨慎地制定长期发展规划，同时还要重视当期的经济激励政策。

（6）新兴的原子能工业，对不少其他行业的专家和管理干部以及公众来说比较陌生。他们易受西方反核运动和传媒的影响，而产生种种疑虑甚至误解。因此，应当以客观、正确、及时的报道，以及充分的科学普及阐述，争取尽量广泛的理解和支持。

参考文献

［1］［美］美国国家工程院. 20世纪最伟大的工程技术成就［M］. 常平，白玉良. 广州：暨南大学出版社，2002.

［2］IAEA power reactor information system(PRIS)［EB/OL］.［2024-6-1］. https://pris.iaea.org/PRIS/home.aspx.

［3］张习文.维护世界能源安全任重道远［EB/OL］. 北京：时事报告，https:// mp.weixin.qq.com/s?__biz=MjM5MTA2MjMwNA==&mid=2653258717&idx=1&sn=d337c27eccb6c3b410f2196b1245cc9c&chksm=bd6a63928a1dea84a3e66e307136443967c5043b33d050c7c3fb682fbe2e2304967655daa1c6&scene=27，2023-02-16.

［4］黄晓勇. 世界能源蓝皮书：世界能源发展报告（2018）［M］. 北京：社会科学文献出版社，2018.

［5］英荷壳牌石油公司. bp世界能源统计年鉴（2022年版）［J］. 伦敦：赫瑞瓦特大学能源经济研究与政策中心，2022-06-28.

［6］毕马威中国.《世界能源统计年鉴 2023》中文编译版［Z］. 北京：第六届中国国际进口博览会，2023-11-23.

［7］能研智库. 中国能源发展现状2023［J］. https://www.docin.com/p-4680107184.html，2024-06-01.

［8］刘尚炜. 气候治理目标50年：一场政治和科学的角力［Z］. 北京：知识分子，2023-

05-05.

［9］ International Energy Agency.Net Zero by 2050, A Roadmap for the Global Energy Sector［Z］. https://www.iea.org，2021-05-18.

［10］ International Energy Agency.Nuclear Power and Secure Energy Transitions：From today’s challenges to tomorrow’s clean energy systems［Z］. https://www.iea.org，2022-08-02.

［11］ 王轶辰. 气候变化大会释放能源转型新信号［N］. 北京：经济日报，2023-12-14.

［12］ 史丹. 中国能源发展前沿报告（2023）：中国能源高质量发展［M］. 北京：社会科学文献出版社，2023.

［13］ Cohen B.L.. The Nuclear Energy Option: An Alternative for the 90’s［M］. Plenum Pr，September 1990.

［14］ 知乎. 跌宕起伏八十年：核能［EB/OL］. https://zhuanlan.zhihu.com/p/533652241，2022-07-11.

［15］ 王廷奎. 切尔诺贝利事故之后俄罗斯核电的绝地复活［EB/OL］. 北极星核电网：https://news.bjx.com.cn/html/20180207/879481.shtml，2018-02-07.

［16］ 孙钰. “后福岛时期”全球核电变局及监管对策［J］. 环境影响评价，2014（3）：4.DOI: CNKI: SUN: SXHS. 0.2014-03-015.

［17］ 王建强，戴志敏，徐洪杰.核能综合利用研究现状与展望［J］. 北京：中国科学院院刊，2019-09-10.

［18］ 核能行业协会.工作研究：国际组织在先进核能领域的作用与启示［EB/OL］. https://www.china-nea.cn/site/content/44348.html，2023-11-14.

［19］ Solomykov Aleksandr，赵金玲. 俄罗斯核能供热技术发展与现状分析［J］. 区域供热，2019（5）：126-132.

［20］ BNCT 科普. 全球在研 BNCT 临床研究汇总［EB/OL］. https://baijiahao.baidu.com/s?id=1769727975824042511，2023-06-23.

［21］ 安全管理网：废水治理. 电子束辐照技术在废水处理中的基本应用［EB/OL］. https://www.safehoo.com/Env/Tech/water/202009/5611266.shtml，2020-09-09.

［22］ 中新网山东. 中国首个电子束辐照处理医疗污水示范项目投产［EB/OL］. https://www.360kuai.com/pc/9e3422e0371890c68?cota=3&kuai_so=1&tj_url=so_vip&sign=360_57c3bbd1&refer_scene=so_1，2020-11-19.

［23］ 王雅洁.国内首个电子束辐照处理医疗污水示范项目投产［N］. 北京：经济观察报，2020-11-19.

［24］ 化工仪器网：行业百态. 电子束处理城镇污水示范项目落户成都：循序推进污水治理工程［EB/OL］. https://www.sensorexpert.com.cn/article/69178.html，2022-06-17.

第 2 章　核反应堆和核燃料循环

核反应堆是指为了利用核反应产生的能量、中子、核素等建设的核反应装置，包括核裂变反应堆和核聚变反应堆。由于核聚变反应堆尚处在研究设计阶段，目前核反应堆一般通常就是指核裂变反应堆（简称反应堆或堆）。

由于核反应会形成多种核素、产生中子、释放大量的能量，因此具有多种用途。既能用于生产放射性同位素，也能用于开展核物理、化学和材料科学等领域的科学研究，还能用于核能发电、核能供热以及为国防领域提供强大的动力。核反应堆运行过程中，核燃料中的裂变同位素不断消耗，同时可转换材料（如钍-232、铀-238等），俘获中子后又转换为易裂变同位素。这样通过反应堆就实现了核燃料的转换，甚至增殖。堆内用过的乏燃料经过后处理，提取没有使用完和新转换生成的核燃料，重新加工成燃料进入反应堆使用，构成闭合燃料循环体系，可以大大提高核燃料的利用率。

2.1　反应堆内的核反应

中子是电中性的，容易同原子核发生核反应。核反应的类型，随不同的核素而异，而且与入射中子的能量有很大关系。发生某种核反应的概率（即可能性），用反应截面σ来度量，单位是靶（barn, b），$1\ \text{b}=10^{-24}\ \text{cm}^2$。中子诱发的核反应有散射、俘获、裂变等。散射（n, n）反应是指，中子与原子核碰撞后，仅使中子运动的方向和速度改变，中子未被靶核所吸收，微观散射截面用σ_s表示。俘获和裂变均属于吸收。如果靶原子核吸收中子后并不分裂，而以γ射线的形式将激发态的过剩能量释放出来，这种核反应叫做辐射俘获（n, γ）反应，其微观截面用σ_γ表示。如果靶原子核吸收中子后发生分裂，形成裂变产物，这种核反应叫做裂变（n, f）反应，其微观截面用σ_f表示。吸收截面$\sigma_a=\sigma_f+\sigma_\gamma$。

在空间某一点上，中子与介质原子核发生某种核反应的反应率R，既同该点的中子数密度及中子速度v有关，又同该点的原子核数密度N及该种核反应的截面σ有关。R可作：

$$R=nvN\sigma\ [\text{次数}/(\text{cm}^3\cdot\text{s})]$$

式中：中子数密度n的单位是cm^{-3}，中子运动速度v的单位是cm/s，原子核数密度N的单位是cm^{-3}，核反应截面σ的单位是cm^2。通常把空间某点的中子数密度和中子平均速度的乘积称为该点的中子注量率（neutron fluence rate，单位为$\text{cm}^{-2}\cdot\text{s}^{-1}$），用符号$\phi$表示。$\phi=nv$

（过去习惯称之为中子通量密度，neutron flux density，简称中子通量①，neutron flux。本书采用中子注量率，但对一些专有名称，如高通量工程试验堆，仍采用通量一词）。中子注量率（或中子通量密度）可看作 1 cm^3 体积内所有的中子每秒飞过距离之总和，它是反应堆物理中一个非常重要的参数，它的大小和分布反映出堆内功率密度的水平和分布。

前面已经说明（见 1.3 节），任何能量的中子都能引起易裂变核素的裂变，但是裂变截面随中子能量的变化很大。以铀-235 为例，见图 2-1，在中子能量＞0.1 MeV 的高能区，σ_f 只有 1～2 b；而在中子能量＜0.1 eV 的热能区，σ_f 可达到四五百靶以上。热中子一词来源于把中子视同一种与周围介质分子处于热平衡状态的气体，但通常是指能量＜0.1 eV 的慢中子，而在核数据库中则专指能量为 0.025 eV、速度等于 2 200 m/s（相当于室温 20 ℃）的慢中子。铀-235 的热中子裂变截面特别大，这是世界上优先发展热中子反应堆的物理基础。在热中子反应堆中，裂变反应基本上都发生在中子慢化下来后的热能区。

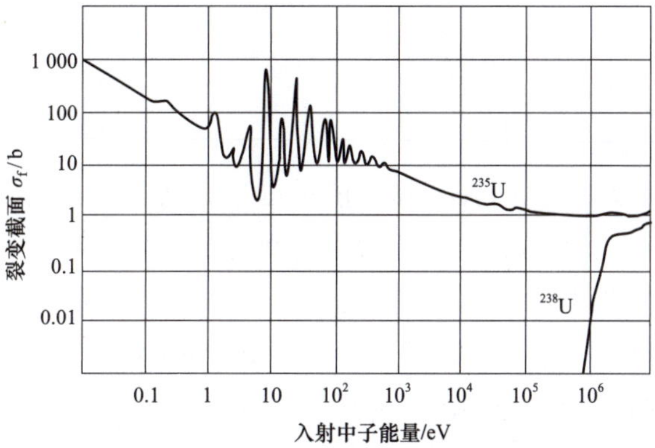

图 2-1　铀同位素的裂变截面随中子能量变化的情况[2]

对于铀-238 来说，只有动能高于约 1 MeV 的快中子能使其发生裂变反应。当铀-238 核碰上较低能量的中子时，不会发生裂变，而是发生辐射俘获。在大约 5～200 eV 的中能区内，辐射俘获截面会达到正常值的几百倍，称为共振俘获（或共振吸收）。它减少了用于引发铀-235 裂变的中子数目，在反应堆物理计算中具有重要意义。铀-238 核的辐射俘获产物铀-239 经过两次 β 衰变后生成易裂变核素钚-239，如下式所示：

$$ {}^{238}_{92}\mathrm{U} + {}^{1}_{0}\mathrm{n} \longrightarrow {}^{239}_{92}\mathrm{U} + \gamma $$

$$ {}^{239}_{92}\mathrm{U} \xrightarrow[23.5\ \mathrm{min}]{\beta^-} {}^{239}_{93}\mathrm{Np} \xrightarrow[2.35\ \mathrm{d}]{\beta^-} {}^{239}_{94}\mathrm{Pu} $$

与上面类似，如果堆内装有钍，钍-232 的辐射俘获产物钍-233 经过两次 β 衰变会生成易裂变核素铀-233，如下式所示：

$$ {}^{232}_{90}\mathrm{Th} + {}^{1}_{0}\mathrm{n} \longrightarrow {}^{233}_{90}\mathrm{Th} + \gamma $$

① 实际上它不具有每秒通过单位面积的中子数即“通量”的意义。中子注量率的定义见国家标准 GB 3102.10—1993。

$$^{233}_{90}Th \xrightarrow[22.4\ min]{\beta^-} {}^{233}_{91}Pa \xrightarrow[27.4\ d]{\beta^-} {}^{233}_{92}U$$

上面两种核反应作为核燃料增殖的基础，对于充分利用铀、钍资源是非常重要的。

反应堆内其他材料吸收中子后，除了发生辐射俘获反应外，有的还会释放出质子 p 或 α 粒子。例如，氧-16 的 ^{16}O（n, p）^{16}N 反应是水中放射性的主要来源；硼-10 的 ^{10}B（n, α）^{7}Li 反应是它被广泛用作热中子堆控制材料的基础。辐射俘获反应的产物往往具有放射性（即靶核被活化），这给设备维修、三废处理、人员防护等带来不少问题。辐射俘获反应可用下列通式表示：

$$^{A}X + {}^{1}n \longrightarrow [{}^{A+1}X]^{*} \longrightarrow {}^{A+1}X + \gamma$$

这里，*号表示靶核处于激发态，它通过放射出 γ 射线而返回到基态（内能最低的稳定态）。

2.2 核裂变反应

2.2.1 裂变过程

铀-235 原子核吸收一个中子后，由于能量过剩，使复合核处于激发态而发生振荡。振荡的结果有两种：（1）复合核由椭球形回复到球形，然后通过放出 γ 射线（瞬发 γ 射线）把过剩的能量释放出去（辐射俘获反应）；（2）复合核的激发能足够大而进入如图 2-2（c）所示的哑铃形态，然后进一步分裂成为两个独立的原子核，称为裂变碎片或初级裂变产物，如图 2-2（d）所示。

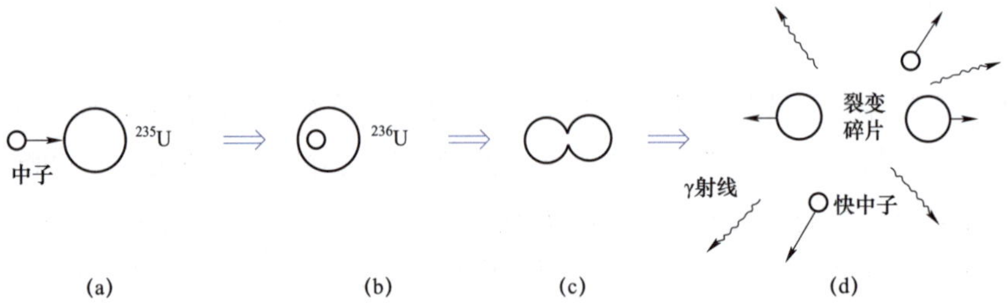

图 2-2　裂变过程[1]

由于静电斥力，两块碎片将向相反方向飞开。同时，过程中还放出几个中子和一些 γ 射线。裂变反应式可写成如下的通用形式：

$$^{235}_{92}U + {}^{1}_{0}n \longrightarrow {}^{A_1}_{Z_1}F_1 + {}^{A_2}_{Z_2}F_2 + \nu {}^{1}_{0}n + E$$

式中：ν 代表每次裂变放出的中子数，其数值在一定的入射中子能量下，随裂变方式而不同；E 为能量。每次裂变的方式各异，其生成的碎片核素也不相同，但都存在：$Z_1 + Z_2 = 92$；$A_1 + A_2 + \nu = 236$ 的关系。通常我们只关心 ν 的平均值。

如上所述，铀-235 核吸收中子后并不是每次都发生裂变的，通常用 α 表示其辐射俘获截面（概率）与裂变截面（概率）之比：

$$\alpha=\frac{\sigma_\gamma}{\sigma_f}$$

ν（平均值）和 α 的大小与易裂变核素的种类及入射中子的能量有关。

2.2.2　裂变中子

铀-235 核裂变过程中放出的中子，99%以上都是在 10^{-14} s 的裂变瞬间释放出来的，这样的中子叫做瞬发中子，它们的能量分布在 0.05～10 MeV 范围内，平均能量约为 2 MeV，相当于 20 000 km/s 的速度，是快中子。另有 0.65%的中子是随着裂变碎片的逐步衰变而放射出来的，在裂变瞬间后将持续几分钟之久，叫做缓发中子，它们的能量分布在 250～560 keV 范围内，低于瞬发中子的能量。关于缓发中子对反应堆控制的重要影响，将在后面 2.4.3 节中讨论。

由于复合核的分裂方式有多种，每次分裂释放出中子的数目可从 1 个到 7 个。对于大量的核裂变反应，在一定的入射中子能量下，某种易裂变核素每次裂变的中子产额，即产生的平均中子数 ν（包括瞬发与缓发中子）却是一定的。对于热中子引起铀-235 裂变的情况，$\nu=2.42$。

鉴于存在着吸收而不发生裂变的可能性，我们把易裂变核素每吸收一个中子所产生的次级中子数称为 η，则

$$\eta=\nu\sigma_f/(\sigma_f+\sigma_\gamma)=\nu/(1+\alpha)$$

对于热中子被铀-235 吸收的情况，$\eta=2.07$。

表 2-1 列出了三种易裂变核素的一些核常数。

表 2-1　三种易裂变核素的一些核常数

核常数名称	^{233}U	^{235}U	^{239}Pu
对于热中子（能量为 0.025 eV）			
每次裂变的中子产额 ν	2.49	2.42	2.87
裂变截面 σ_f/b	531	582	743
辐射俘获截面 σ_γ/b	47.7	98.6	269
俘获裂变比 α	0.09	0.169	0.362
每次吸收的中子产额 η	2.28	2.07	2.11
对于快中子（能量为 2 MeV）			
每次裂变的中子产额 ν	2.68	2.65	3.18
裂变截面 σ_f/b	1.93	1.28	1.95
辐射俘获截面 σ_γ/b	0.04	0.06	0.04
俘获裂变比 α	0.02	0.05	0.02
每次吸收的中子产额 η	2.63	2.52	3.12

2.2.3 裂变产物

铀-235 的热中子裂变方式在 40 种以上，生成的初级裂变产物（裂变碎片）在 80 种以上，其质量数 A 的范围从 72（相当于 $Z=30$ 的锌）到 161（相当于 $Z=65$ 的铽）。表 2-2 列举了几种由热中子引起铀-235 裂变生成的初级裂变产物。下式表示其一种裂变方式，

$$^{235}_{92}U + ^{1}_{0}n = ^{140}_{55}Cs + ^{93}_{37}Rb + 3^{1}_{0}n + E$$

表 2-2　初级裂变产物举例（^{235}U 吸收热中子引起的裂变）

元素名称	核素	原子序数 Z	质量数 A	半衰期
氢 Hydrogen	^{3}H	1	3	12.26 a
氪 Krypton	^{85}Kr	36	85	10.7 a
锶 Strontium	^{90}Sr	38	90	28 a
钇 Yttrium	^{91}Y	39	91	59 d
锆 Zirconium	^{95}Zr	40	95	65 d
钌 Ruthenium	^{103}Ru	44	103	39.5 d
	^{106}Ru	44	106	368 d
碲 Tellurium	^{127}Te	52	127	9.4 h
	$^{127}Te^{m}$	52	127	105 d
碘 Iodine	^{131}I	53	131	8.05 d
氙 Xenon	^{133}Xe	54	133	5.27 d
铯 Cesium	^{137}Cs	55	137	30 a
铈 Cerium	^{144}Ce	58	144	285 d
钷 Promethium	^{147}Pm	61	147	2.65 a
钐 Samarium	^{151}Sm	62	151	87 a

裂变碎片具有很大动能，最大的测得值达到 98 MeV，但由于它们的质量和电荷也很大，所以在介质中的射程很短，例如在 UO_2 中约为 0.014 mm，这对于防止它们从燃料元件中逸出是很有利的。

由于裂变碎片含中子偏多，其中子/质子比（N:Z）远超过稳定性范围，所以它们几乎全部呈 β 放射性，其衰变产物通常也呈 β 放射性，一般情况每一碎片要经过 4～5 级 β 衰变后才能形成一种稳定核素。例如：

$$^{90}_{36}Kr \xrightarrow[33\,s]{\beta} ^{90}_{37}Rb \xrightarrow[2.91\,min]{\beta} ^{90}_{38}Sr \xrightarrow[28.0\,a]{\beta} ^{90}_{39}Y \xrightarrow[64.5\,h]{\beta} ^{90}_{40}Zr \text{（稳定）}$$

因此，在裂变产物中存在着 300 多种放射性同位素和稳定同位素。大部分裂变产物除了放出 β 粒子外，还放出 γ 射线（属于缓发）。少数具有足够激发能的裂变碎片如溴-87（半衰期为 55 s）和碘-137（半衰期为 23 s）等，在 β 衰变过程中还放出中子，这便是前文 2.2.2 节中所说的缓发中子。

裂变产物中的某些核素如氙-135 和钐-149 具有相当大的热中子吸收截面，它们将消耗堆内很多的中子，称为核毒物。核毒物会影响反应堆停堆后的重新启动和引起功率分布的空间振荡。

有些裂变产物有较长的半衰期和很强的放射性，给乏燃料的贮存、运输、处理和最终处置带来一系列特殊的困难和问题，在发展核能中必须认真对待和妥善解决。

2.2.4　裂变释放的能量

如果把裂变产物衰变过程放出的能量包括在内，每次铀-235 核裂变释放的总能量大约是 200 MeV，其分布如表 2-3 所示。

表 2-3　铀-235 核裂变释放的能量

能量形式	能量/MeV
裂变碎片的动能	168
裂变中子的动能	5
瞬发 γ 射线	7
裂变产物放出的缓发 γ 射线	7
裂变产物放出的缓发 β 粒子	8
可利用的能量	195
不可利用的中微子能量	12
裂变释放的总能量	207

中微子不带电，质量又很小，它几乎不与堆内任何物质发生作用，因此，这部分能量是不可利用的。除此以外，占可利用能量 86%的裂变碎片动能，在核燃料内就转变为热能；裂变中子大部分在堆内被各种材料减速，将其动能转变为热能；β射线、γ射线也基本上都被堆内材料所吸收而转变为热能。除了裂变直接释放的能量以外，裂变中子被堆内各种材料吸收而发生辐射俘获反应，所放出的γ射线能量，有 3～12 MeV，这部分没有列在表 2-3 中，其绝大部分也在堆内转化为热能。所以每次裂变提供的可利用能量为 198～207 MeV，近似的可按 200 MeV 计算。现在让我们进行单位换算：200 MeV = 200 MeV ×（1.602×10^{-19} MJ/MeV）= 3.204×10^{-17} MJ。为得到 1 MW•d = 86 400 MJ 的热能，需要 86 400/（3.204×10^{-17}）= 2.7×10^{21} 次裂变。由于有一部分铀-235 消耗于辐射俘获，所以每兆瓦热功率每天实际燃耗的铀-235 核数量应为 $2.7\times10^{21}\times(1+\alpha)=2.7\times10^{21}\times1.169=3.15\times10^{21}$ 个，这相当于 $3.15\times10^{21}\times235/(6.023\times10^{23})=1.23$ g ^{235}U［235 g 相当于阿伏加德罗常数（$N_A=6.023\times10^{23}$）个铀-235 原子］其中的 1.05 g ^{235}U 发生了裂变。对于钚-239，每产生 1 MW•d 的热能需燃耗 1.45 g ^{239}Pu，其中的 1.07 g ^{239}Pu 发生裂变。对于铀-233，每产生 1 MW•d 的热能需燃耗 1.13 g ^{233}U，其中的 1.04 g ^{233}U 发生裂变。在一座电功率为 1 000 MW 即热功率为 3 000 MW 的典型反应堆中，铀-235 的消耗率为 3.69 kg/d（对钚-239 为 4.35 kg/d，对铀-233 为 3.39 kg/d），如

果换用煤，将需要约 9 000 t/d 标准煤。

2.3 自持链式反应

2.3.1 临界质量与临界安全

中子是实现裂变链式反应的媒介（见 1.4 节）。在由核燃料、慢化剂、冷却剂、结构材料和控制棒等构成的组合系统即核反应堆中，要使裂变链式反应能持续进行下去，就必须保持中子的平衡，即中子数目的不变，至少不随时间的延长而减少。中子在一个具体的反应堆系统中，总是经历着产生、运动和消亡的过程。中子不仅会被系统中的各种原子核所吸收而消失，也会泄漏出系统，造成中子数目的减少。只有被铀核吸收并引起了裂变的中子，在它本身消亡的同时，能产生新的一代中子（见图 2-3）。我们把系统中某一代中子数对于上一代中子数之比，称为中子增殖因数 k。$k=1$ 时，中子数目保持不变，链式反应得以持续进行，在每秒钟内发生恒定的裂变数，每次裂变释放出 200 MeV 的能量，意味着功率在一定的水平上维持不变；$k>1$ 时，中子数目越来越多，意味着功率不断增长；$k<1$ 时，中子数目逐代下降，链式反应不能维持，功率将逐渐降低，直到实际上等于零的停堆状态。

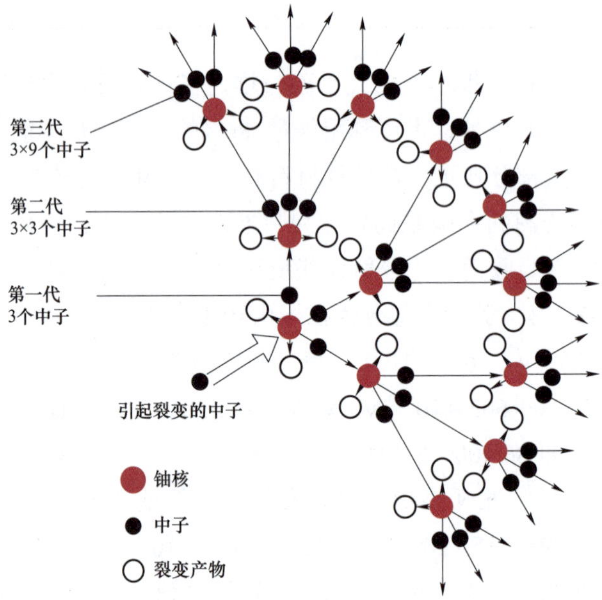

图 2-3　链式反应示意图

虽然每次铀-235 核裂变，平均都会产生 2.42 个中子，但不是所有的中子都有机会再遇上铀-235 核，而且即使跟铀-235 核发生碰撞，也不是每次碰撞都引起核裂变，有 α

（1+α）=14%的中子被俘获而损失，使可用的中子减少为 2.07 个（见表 2-1）；系统中还有铀-238 和慢化剂等其他材料，中子被其他核素吸收的可能性也是很大的。因此，实现 $k=1$ 的自持链式反应，并不那么容易，而是需要一定的条件。事实上，系统中各种可能的核反应互相竞争，发生哪种核反应的机会取决于该核反应截面的大小。在 2.1 节中已介绍过截面 σ，是某种核素的一个原子核与一个中子发生某种核反应概率的度量，可称为微观截面。常把 $\sigma\times N$ 的乘积，作为单位体积内某种核素的所有原子核与中子发生某种核反应概率的度量，叫做宏观截面 Σ，其单位为 cm^{-1}。此处 $N=\rho N_A/A$（原子数/cm^3），ρ 是该核素的质量密度（g/cm^3）；N_A 是阿伏加德罗常数 $=6.023\times10^{23}$（mol^{-1}），A 是该核素的质量数。则在中子注量率 ϕ 的作用下，各种核反应（散射、俘获或裂变）的反应率密度 R 可写成：

$$R=\Sigma\phi\ [次数/(cm^3\cdot s)]$$

上述 2.07 个中子，减去需有至少一个中子再被一个铀-235 核所吸收发生裂变以维持链式反应，剩下容许泄漏或被其他材料吸收而损失的中子数只有 1.07 个，裕量是不大的。

先看泄漏的影响。设想一个由纯铀-235 构成的球形系统。图 2-4 表示从 100 个裂变中子出发的中子平衡：约 50 个中子从系统表面泄漏出去损失掉了；另 50 个中子全部被铀-235 所吸收，其中约 10 个不引起裂变，而生成铀-236；只有 40 个中子引起裂变，再生出 100 个中子来，使中子增殖因数 $k=1$。假如泄漏出去的中子数多于 50，譬如说 60 个，那么只能有 30 多个中子引起裂变，链式反应不能维持。反之，假如添加一些铀-235，把球做得大些，使漏出的中子减少一些，则将有较多的中子留在系统内引起裂变。这样，下一代的中子就会多于 100 个，如此逐代递增，造成发散（$k>1$）的链式反应，使中子数目和功率水平不断增长上去。

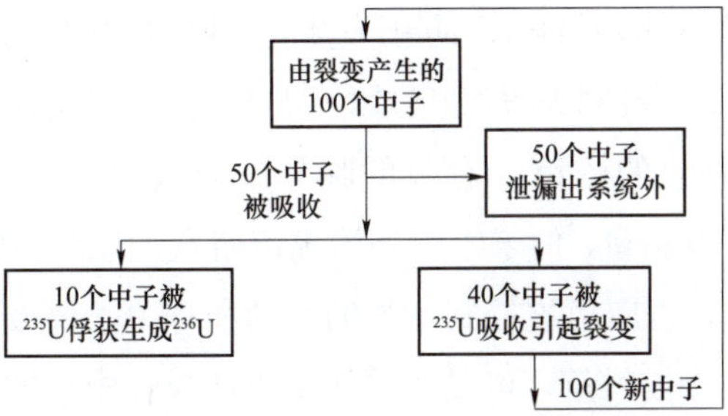

图 2-4　仅含有易裂变核素的球形裸堆①的中子平衡示意图

可以看到，为实现自持的链式反应，存在着一个核燃料的最低限。为达到 $k=1$ 所

① 裸堆是指系统外面未设置反射层以阻挡中子的泄漏。

需的最小的核燃料质量，叫做临界质量。相应的系统尺寸叫做临界尺寸。增加核燃料的质量（即系统的尺寸）总是有利于维持链式反应。这是因为泄漏出去的中子数目同系统的表面积即系统尺寸的二次方成正比，而产生的中子数目则同系统的体积即系统尺寸的三次方成正比。当系统的尺寸（如直径）增大时，体积将比表面积增长得快，而使相对的中子泄漏减少。

临界质量或临界尺寸同系统的物质组成有关。有些系统由于非裂变吸收太严重，即使把尺寸放大到无限大，也不能达到临界状态，纯天然铀便属于这种情况。对于我们的纯铀-235 球形裸堆，临界质量大约等于 50 kg ^{235}U，球的临界直径大约等于 16.8 cm。如果在 ^{235}U 堆芯外面，围上很厚的 ^{238}U 反射层，可使临界质量下降到大约 16 kg ^{235}U，堆芯临界直径下降到大约 12 cm。以上均假定铀-235 极其纯净。如含有吸收中子的杂质，必然要求较大的临界质量。如杂质太多，甚至不能维持链式反应。

临界质量或临界尺寸又同系统的几何形状有关。扁平或细高的形状，都会使表面积对于体积之比增大而增加中子的相对泄漏。一个圆柱形系统，当直径或高度小于一定数值时，即使把另一尺寸放大到无限大，也不能达到临界状态。对于一定的体积，以球形的表面积与体积之比最小，因此球形系统具有最小的临界质量。在工程上为了构造的方便，常把反应堆做成圆柱形而使其高度大致等于直径。

上面说明，为了实现自持的裂变链式反应，反应堆必须维持临界状态（$k=1$）。然而在非反应堆的场合，例如裂变燃料的生产、加工、处理、贮存、运输过程，却需采取各种措施，防止易裂变物质因浓度、质量、几何形状、周围物质等条件的结合，意外地达到或超过临界状态，以致释放出大量的射线，造成严重的放射性污染甚至人员伤亡事故。截至目前，世界上发生过 20 余起超临界事故，死亡十余人。最近的一次发生在日本东海村核燃料加工厂，因严重违反操作规程而引起，死亡 2 人。因此，在操作超过一定数量的易裂变物质时，必须十分注意临界安全。

对于单体（一个孤立的系统），防止发生超临界事故的办法有三种：（1）限制易裂变物质的质量；（2）限制系统的尺寸，即造成足够多的中子泄漏；（3）对于液体系统，限制易裂变物质的浓度。有关的临界安全数据见表 2-4。表中数据已给计算和实验的不确定度留有裕量，但未给意外情况留裕量，因此，在实际制定工艺规程时，还必须留出一定的裕量，以应对被控制参数的波动和有关限值被意外超过的情况。为了提高产品数量或加大一次投料量，可以在系统中添加吸收中子的核毒物，如镉棒、镉衬里、含硼的拉西环、硼酸溶液等，或使用吸收中子的设备如硼不锈钢容器等。不过，这些只能作为增加安全裕度的辅助方法，不能单靠它们来保证临界安全。在 15.7.3 节将阐述核燃料后处理厂中采用的防止发生临界事故的具体方法。

表 2-4　临界安全基本数据

单参数次临界限值*	^{233}U	^{235}U	^{239}Pu
带无限厚水反射层的均匀水溶液系统			
易裂变核素质量/kg	0.55	0.76	0.48
无限长圆柱直径/cm	11.2	13.7	15.4
无限大平板厚度/cm	3.0	4.4	5.5
溶液体积/L	3.3	5.5	7.3
易裂变核素浓度/（g/L）	10.8	11.6	7.3
铀-235 的富集度/（%质量）		0.93	
带无限厚水反射层的金属单体			
易裂变核素质量/kg	6.7	20.1	5.0
无限长圆柱直径/cm	4.6	7.3	4.4
无限大平板厚度/cm	0.54	1.3	0.65
铀-235 的富集度/%		5.0	

* 只要某一个被控制参数不逾越规定的限值，系统就肯定是次临界的。

数据来源：GB 15146.1—2008。

对于多体（几个含有裂变物质的单元，彼此不完全隔离），除严格遵守上述控制外，还需考虑下列一些因素：（1）每个单元的反应性；（2）单元相互之间的距离与屏蔽；（3）系统中单元的数目与排列形式。在正常生产条件下，各单元都设计成相互隔离的。一般仅在贮存和运输裂变物质的情况下，才需要考虑多体系统问题。

2.3.2　中子的慢化过程与辐射俘获

上面考虑了纯铀-235 系统的中子平衡。由裂变产生的中子，能量很高，从 50 keV～10 MeV 都有，平均为 2 MeV（见 2.2.2 节），在纯铀-235 系统中，它们不会减慢多少。这个系统中的裂变完全由快中子引起，因此是一个理想的快中子堆系统。在实际的反应堆中，快中子必然会同其他物质例如结构材料的原子核相碰撞而慢化或被吸收。从表 2-1、图 2-1 和图 2-5 可见，铀-235 的热中子裂变截面远大于快中子裂变截面，也远大于铀-238 和其他材料的热中子俘获截面。把速度为 20 000 km/s 的裂变中子慢化为 2 200 m/s 的热中子，是一种很有效地减小临界质量的方法，并使天然铀或低富集铀成为可用的核燃料。作为慢化剂的材料既要有效地慢化中子，又要尽量少吸收中子。质量越轻的原子核，每次碰撞能使中子降低速度越多。在好的慢化剂中，只要为数不多的几次碰撞，就能使中子越过铀-238 的共振能区（见 2.1 节）而变为慢中子。此外，慢化剂须是液态或固态，气态因密度太小而不适用。表 2-5 列出了几种常用慢化剂的慢化性能。慢化比是慢化能力对于吸收截面的比值，可作为慢化剂好坏的量度。重水的吸收截面特别小，是最好的慢化剂。采用重水慢化剂的热中子堆系统具有最小的临界质量（对于一个由纯铀-235 和重水组成的均匀系统，临界质量可小到 0.58 kg ^{235}U）。但在选择慢化剂时，不能单一地考虑这一点。仅就物理方面来讲，例如慢化长度对于燃料块布置在慢化介质中的间距，便是一个决定因素。慢化长度越短，堆可做得越小。从这方面看，轻水（即普通水）比重水或石墨都优越。然而轻水的吸收截面较大，轻水同天然铀不能组成临界系统，轻水反应堆非采用低富集铀不可。石墨的慢化性能也是比较好的，但它的慢化能力小，慢化长度长，因而石墨反应堆一般具有庞大的体积。从工程角度选择慢化剂，还要考虑材料的辐照稳定性和价格因素等。目前动力堆中最常用的慢化剂轻水，价格低廉而又最容易得到，它的应用已在常规工业中积累了丰富的经验。

表 2-5　常用慢化剂的慢化性能

材料名称	密度/（g/cm³）	热中子吸收截面/b	从 2 MeV 降到 0.025 eV 所需碰撞次数	慢化比*	慢化长度/cm
轻水（H_2O）	1.00	0.66	19	58	5.6
重水（D_2O）	1.1	0.001	35	21 000	11
铍（Be）	1.84	0.010	86	130	9.2
石墨（C）	1.62	0.004	114	200	18.7
（附）铀			2 172		

* 慢化比是考虑了慢化所需碰撞次数、中子散射截面和吸收截面的一个慢化剂综合评价指标。

采用重水或石墨作慢化剂，可以同天然铀组成能维持链式反应的系统。由于中子在从高能区慢化到热能区的过程中，要经过共振能区。在这 5～1 000 eV 能区的许多共振峰附近，铀-238 俘获中子的截面特别大（见图 2-5）。因此，必须把天然铀燃料做成块状（通常做成铀棒），排列在慢化剂中，而不是均匀弥散。这样做的好处是使得只有铀块表面薄层中的铀-238 核有俘获铀块附近已慢化到共振能量的中子的机会。由于共振吸收的截面大，表层的铀-238 核把这些中子俘获殆尽。进入铀块内部的中能中子，原来不具有共振能量，它们同重铀核相碰撞，能量不会损失多少，速度减不下来，多数还会离开铀核，重新进入慢化剂。而在慢化剂中再同轻原子核相碰撞，就可能越过几个共振峰，很快地慢化为热中子。这仿佛是铀块内部的大量铀核被表层的铀核所屏蔽，而避免了与共振中子相遇。对于同样的慢化剂与铀的比例，铀块直径越大，被屏蔽而不参与共振俘获的铀量相对地就越多。就是说，中子在慢化过程中被俘获的概率变小，有更多的快中子逃脱共振俘获而慢化为热中子，参与裂变反应。这种布置方式，叫做非均匀系统。它比同样组成和大小的均匀系统，具有大得多的中子增殖因数 k。

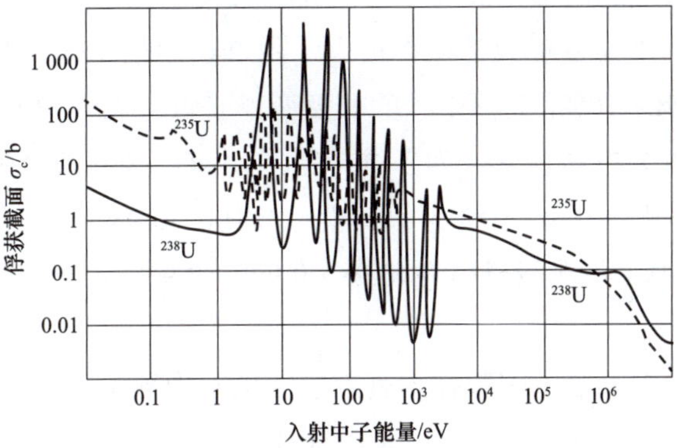

图 2-5 铀同位素的俘获截面随中子能量变化的情况

2.3.3 热中子非均匀反应堆系统的中子平衡

图 2-6 表示以石墨或重水作慢化剂的一个天然铀非均匀球形裸堆系统的中子平衡。仍从 100 个裂变中子出发。其中 10 个快中子在慢化过程中被 ^{238}U 共振俘获，2 个快中子在慢化过程中泄漏损失。其余 88 个快中子慢化为热中子后，13 个被慢化剂、冷却剂、结构材料等所吸收，2 个泄漏损失，还有 73 个热中子终于被天然铀所吸收。在这 73 个热中子中，由于 ^{238}U 和 ^{235}U 的非裂变吸收，只有 40 个中子引起 ^{235}U 的裂变，产生 97 个快中子。其中 2 个快中子引起 ^{238}U 的裂变，产生 5 个快中子，补足 100 个裂变中子，使 $k=1$。

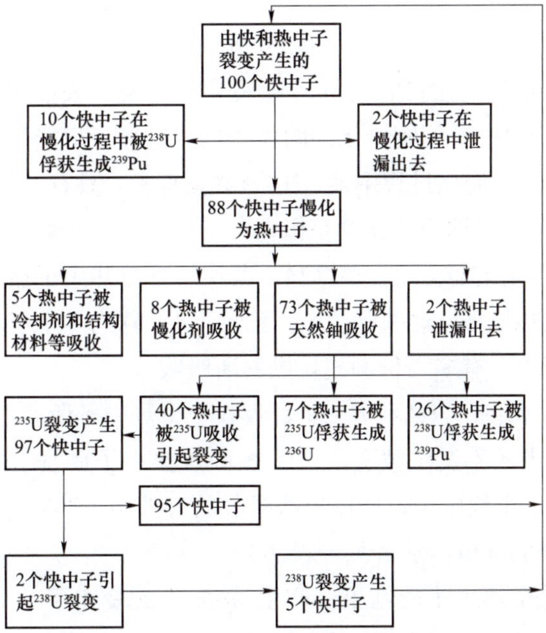

图 2-6 含有核燃料（天然铀）慢化剂、冷却剂、结构材料等的非均匀球形裸堆的中子平衡示意图

现在再来看看系统的内部组成与中子泄漏的关系。在上述系统中，由于铀-238 占天然铀的 99%以上，非裂变吸收的概率很大［图 2-6 中铀-238 对慢化中子的非裂变俘获为（10/100）×100%=10%，对热中子的非裂变俘获竟有（26/73）×100%=36%之多］，有较多的中子没有机会参与裂变。为了维持链式反应，必须减少中子的泄漏损失。在图 2-6 的例中，慢化中子的不泄漏概率为 98/100=0.98，热中子的不泄漏概率为 86/88=0.977，总的中子不泄漏概率为 0.98×0.977=0.957（比较图 2-4 中的不泄漏概率=0.50）。

可把有限系统的中子增殖因数称为有效中子增殖因数 k_{eff}，写成下式：

$$k_{eff}=k_{\infty}Y$$

式中：Y 为中子不泄漏概率，k_{∞}是假设 $Y=1$ 即系统为无限大时（此时的泄漏等于零）的中子增殖因数值，称为无限介质中子增殖因数。它完全取决于系统内部的组成和布置，也就是中子被核燃料和其他材料吸收的相对份额，而与系统的几何形状及尺寸无关。对于一个有限大小的系统，Y 恒小于 1，因此 k_{∞}必须大于 1 才能维持链式反应。显然 k_{∞}大于 1 越多，容许泄漏出去的中子越多，反应堆也就可以做得越小。在天然铀石墨均匀系统中借助于改变慢化剂对核燃料的比例，可得到 k_{∞}的最佳值为 0.84，这当然不能实现链式反应；采用非均匀布置，可把 k_{∞}提高到 1.08 左右，裕量仍然很小。为了实现链式反应，需要把 Y 保持在 1/1.08=0.926 以上。因此，天然铀石墨裸堆的临界尺寸一般均在 5.5 m 以上。

对于热中子反应堆，常把 k_{∞}写成四个因子的乘积，以简化计算和便于分析，称为四因子公式：

$$k_{\infty}=pf\eta\varepsilon$$

设想一个无泄漏系统，让我们从 n 个裂变中子出发，来描述一代中子从产生到消亡的全过程。这 n 个快中子因同慢化剂的原子核相碰撞，把能量传给后者而迅速慢化下来，其中一部分中子在慢化过程中被 ^{238}U 核共振俘获，只有 np 个快中子成功地慢化至热能，p 恒小于 1，称为逃脱共振俘获概率。

np 个热中子并不是全部会遇上核燃料，其中一部分热中子被其他材料吸收损失，只有 npf 个热中子成功地被核燃料吸收，f 恒小于 1，称为热中子利用因数，它表示在所有被吸收的热中子中，有多大份额被核燃料所吸收。

令 η 代表核燃料（包括 ^{235}U 和 ^{238}U）每吸收一个热中子所产生的平均裂变中子数。由于 ^{238}U 核吸收热中子不发生裂变，^{235}U 核吸收热中子后发生裂变的概率也只有约 86%，每次裂变产生 ν 个快中子，所以每次吸收的有效中子产额 η 远小于 ν（注意天然铀的 η 远小于纯 ^{235}U 的 η 值，后者见于表 2-1）。

核燃料吸收 npf 个热中子的结果，产生 $npf\eta$ 个裂变中子。其中具有足够高能量（约＞1 MeV）的一小部分中子会引起 ^{238}U 核的裂变，使裂变中子数增加到 $npf\eta\varepsilon$ 个，ε 略大于 1，它是所有的裂变中子数对于仅由热中子引起的裂变中子数之比，称为快中子裂变因数。现在已回到我们的出发点，$npf\eta\varepsilon$ 就是下一代的裂变中子数，它对于上一代的裂变中子数 n 之比，就是无限介质中子增殖因数 k_∞：

$$k_\infty = npf\eta\varepsilon/n = pf\eta\varepsilon$$

注意：η 和 ε 取决于核燃料的特性，对于天然铀，$\eta=1.32$，对于 $\phi 2.8$ cm 的天然铀棒，$\varepsilon=1.03$，这些数值基本上不能改变。p 和 f 取决于慢化剂与核燃料的比例以及堆芯内的物质组成和几何布置，这些是设计上可以改变的。在图 2-6 的例中，$p=88/98=0.9$；$f=73/86=0.85$；$\eta=97/73=1.32$；$\varepsilon=100/97=1.03$；$k_\infty=pf\eta\varepsilon=1.044$；$k_{eff}=k_\infty Y=1.044\times 0.957=1.000$。

上述四因子公式曾广泛用于早期的反应堆物理计算，它对于大型天然铀非均匀热中子反应堆，尚能较精确地给出无限介质中子增殖因数 k_∞。在这种反应堆中，中子得到充分的热化，发生在中子的高能区、中能区和热能区的主要核反应划分得比较明显。但它毕竟是对物理过程的一种近似的、简化的描述。对于慢化剂与燃料之比大大减小、有许多裂变是由能量略高于热能的超热中子引起的轻水反应堆，就更不适用了。在实际的反应堆系统中，存在着 0.001 eV～10 MeV 各种能量的中子，它们的空间分布很复杂，各按不同的概率与核燃料、慢化剂、反射层等发生各种核反应，因此，临界条件的计算十分复杂。比较精确的方法是把系统内的中子按能量高低划分为若干个离散的“能群”，求解分群的中子扩散方程或中子输运方程。近年来随着电子计算机和计算技术的发展，普遍采用少群（2～4 群）扩散理论，对轻水堆的中子能谱、中子注量率分布、中子泄漏率和临界条件等进行数值计算，得到比较满意的结果。在快中子堆中，虽非有意的慢化，不可避免地引入的冷却剂、结构材料和可转换核素都会使快中子减速，而使其能量分布在宽广范围内。用于快中子堆计算的中子能量分群可多达 20～30 群。无论如何，由于各种计算方法都是某种程度的近似以及所用核常数的不准确，误差是不可避免的，需要通过临界实验进行验证。

设计阶段的临界实验是在专门建造的临界装置（又称零功率堆）上进行，用以验证理论模型、计算方法、基本核数据和计算结果。临界装置灵活可变，其栅格的组成和几何布置均可改变，便于研究各种栅格的中子增殖特性和有关参数，及探索优化的途径。

在天然铀反应堆中，为了保证 $k_\infty>1$，并尽可能大一些，必须尽量避免引进吸收中子的杂质。例如，水的热中子吸收截面比重水或石墨都大得多，只要掺入微量的水分，会影响重水或石墨的慢化性能。一般要求重水具有很高的同位素纯度（>99.7%），并采取一切措施防止它接触水分，包括湿空气在内。对堆用石墨也须防止它吸收空气中的水分。

在 k_∞ 接近于 1 的反应堆中，略微提高铀的富集度对增加中子增殖因数极为有效。例如，将天然铀改为含 1% ^{235}U 的低富集铀，可使 η 值提高 12%，在其他因素不变的条件下，k_∞ 也将提高 12%。中子不泄漏概率 Y 即允许减小约 11%。因此，富集铀反应堆的尺寸要比天然铀反应堆小很多。英国早期的石墨气冷堆（Magnox 型）核电厂，使用天然铀燃料，后来在改进气冷堆（AGR 型）中改用 2.2%低富集铀燃料，堆芯直径便由

17.4 m 下降至 9.1 m。

在一个有限大小的反应堆内，由于中子的往外泄漏以及不均匀吸收，各处的中子数密度和中子注量率是不一样的。因此，各处的裂变率密度也不一样：

$$R_f = \Sigma_f \phi = \Sigma_f nv \ [\text{次数}/(\text{cm}^3 \cdot \text{s})]$$

中子注量率在反应堆中心最大，在边界处接近零。中子注量率的最大值与其平均值之比，叫做注量率分布不均匀系数，它在无控制棒的裸堆中约等于 3.3～3.9。与此相应的裂变率即功率的空间分布，同反应堆的热工计算和安全分析有十分密切的关系。

前面谈到纯铀-235 系统用反射层阻挡中子的泄漏，可以大大减小临界尺寸。一般的热中子堆在堆芯外面围上一层反射层，也可以使临界尺寸减小很多。反射层能减少 80%～90%的中子泄漏，使临界质量降为裸堆的 20%～50%。但包括反射层厚度在内的反应堆全尺寸会增大。热中子堆常用的反射层材料有石墨、水、重水、铍和氧化铍。好的慢化剂材料即是好的反射层材料。反射层的另一重要作用是使局部中子注量率的分布趋于平坦，不均匀系数降低。对反应堆功率起限制作用的热流密度分布和温度分布因而比较均匀，允许反应堆发出更大的总功率。一般带反射层的反应堆的注量率分布不均匀系数约等于 2.4～2.8（假设没有其他展平中子注量率的措施）。图 2-7 表示带反射层的反应堆的热中子径向注量率分布，并与裸堆相比较。由于反射层的设置而使临界尺寸比裸堆减小的差值，称为反射层节省，其值在石墨堆中可达 0.5 m，在轻水堆中约为 0.06 m。

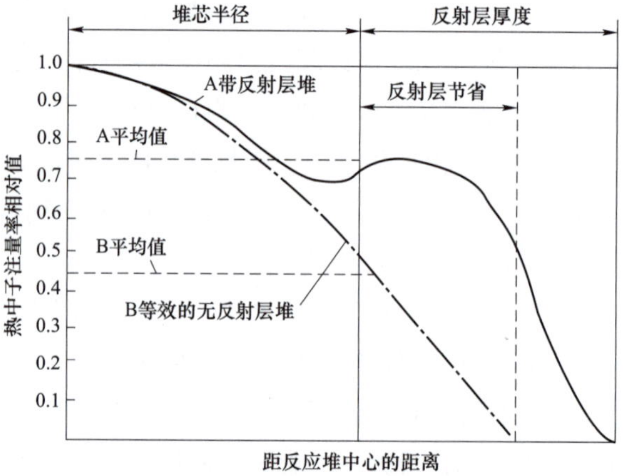

图 2-7　带反射层和无反射层的反应堆内热中子径向注量率分布

设反应堆堆芯的平均热中子注量率为 ϕ_{avg}（$\text{cm}^{-2}\cdot\text{s}^{-1}$），堆芯体积为 V（cm^3），则反应堆总热功率 P 为（参见 2.2.4 节）：

$$P = 3.204 \times 10^{-17} \Sigma_f \phi_{avg} V$$

式中：$\Sigma_f = N_5 \sigma_f$，N_5 为单位体积内铀-235 的核数，等于 $\rho_5 N_A/235$，ρ_5 为单位体积内的铀-235 密度（g/cm^3），$N_A = 6.023 \times 10^{23}\ \text{mol}^{-1}$，$P$ 的单位为 MW。

可见总热功率与堆内平均热中子注量率成正比。目前的动力堆的平均热中子注量率约为 $10^{13}\ \text{cm}^{-2}\cdot\text{s}^{-1}$。

综上所述，为了实现自持的裂变链式反应，需要采取各种措施以克服那些会造成中子损失的不利因素，使尽可能多的中子参与裂变反应：

（1）对于占天然铀 99.28%的 ^{238}U 的非裂变吸收——克服的办法是把天然铀中的 ^{235}U 富集成为纯净的或高度富集的裂变燃料；或者采用慢化剂，将裂变中子慢化为热中子，使 ^{235}U 发生裂变的概率压倒 ^{238}U 俘获中子的概率，在这里，采用非均匀系统以增大中子逃脱共振俘获概率，成为一个重要因素；第三种办法是兼用富集和慢化，这是目前大多数堆型采取的途径。

（2）对于慢化剂、冷却剂、结构材料等物质对中子的吸收——克服的办法是选择吸收截面小的材料，并尽量提纯以除去其中吸收中子的杂质。有时不得不采用吸收截面大的材料，例如不锈钢的耐高温腐蚀性能好，可是吸收截面为 2.5 b，比锆（0.18 b）和铝（0.23 b）大得多，那么为了维持链式反应，需提高 ^{235}U 的富集度来补偿中子的损失。

（3）对于中子的泄漏——中子泄漏概率决定于表面积与体积之比。只要一个系统的内在的 $k_\infty>1$，总能把系统做得足够大，以保持足够数量的中子在系统内维持链式反应。通常均设置反射层以减少中子泄漏和减小临界体积。

2.4　裂变反应堆的控制

2.4.1　后备反应性

为了启动反应堆和把功率提高到需要的水平，须使 $k_{eff}>1$，当功率达到规定水平时，再调节并保持到 $k_{eff}=1$。停堆时须使 $k_{eff}<1$。在设计反应堆时必须考虑到这种调节 k_{eff} 值的可能性，不能把反应堆做得正好等于临界大小。为简便起见，今后有效中子增殖因数 k_{eff} 的下标“eff”将省去不写。我们用反应性 ρ 表示系统偏离临界状态的程度，定义如下：

$$\rho\equiv(k-1)/k$$

ρ 是无量纲数，通常以 $\%\Delta k/k$ 或 pcm（$1\ \text{pcm}=10^{-5}=0.001\%\Delta k/k$）表示。$\rho>0$ 标志着反应堆处于超临界状态，$\rho<0$ 则为次临界状态。

在 $k\approx1$ 的临界状态附近，$\rho\approx k-1=\Delta k$。我们把反应堆中没有控制材料（控制棒、化学补偿毒物、可燃毒物）时正的 Δk 称为中子增殖因数裕量或后备反应性。后备反应性不仅为调节功率所必需，而且反应堆带功率运行时的温度效应（见 2.4.4 节）要求它在冷态下比在热态下具有更多的后备反应性。此外，在反应堆运行周期内，由于核燃料的燃耗和积累起来的裂变产物对中子的吸收与日俱增，中子增殖因数会逐渐下降，要使反应堆带功率持续运行相当长的时间，例如动力堆要保持 12～18 个月的运行周期，以减少换料停堆频度，提高经济效益，必须在装料时给反应堆留有足够的后备反应性，即多装一些核燃料。各种反应堆新装料时的最大后备反应性为 0.002～0.3，装料量从略大于临界质量直到临界质量的好多倍。表 2-6 和表 2-7 表示几种核电厂反应堆的装料量和冷、净堆芯的最大后备反应性示例。

表 2-6　几种动力反应堆的最大后备反应性和装料量

项目	轻水堆	重水堆	石墨气冷堆	高温气冷堆	快中子堆
电功率/MW	900	600	600	300	600
核燃料（铀富集度）	～3%	天然铀	天然铀	93%	25%Pu
最大后备反应性	0.25～0.3	0.1	0.08	0.12	0.05
核燃料装载量/tU	75～130	约 85	600	0.3 tU + Th	1.6 tPu + U
堆芯直径/m	3～4.5	6.3	17	5.6	2

表 2-7　各种堆型的反应性控制量分配情况

反应性控制方法	压水堆	沸水堆	重水堆	高温气冷堆	快中子堆
冷、净堆芯（20 ℃）后备反应性	0.29	0.25	0.075	0.128	0.050
运行温度下	0.22		0.065		0.037
平衡氙毒下	0.18		0.035	0.073	
总控制当量Δρ	0.32	0.29	0.125	0.210	0.074
控制棒	0.07	0.17	0.035	0.16	0.074
可燃毒物	0.08	0.12	0.09	0.10	
化学补偿	0.17				
停堆裕量（冷、净堆）	0.03	0.04	0.05	0.082	0.024

2.4.2　反应性的控制方法

如上节所述，在起动或停闭反应堆时都需要改变反应性。事实上，在正常的稳态工况运行时，反应性随介质的温度、密度和堆内吸收中子的毒物数量而经常变化，为保持有效中子增殖因数 $k=1$，必须不断地调整反应性。通常用强吸收热中子的材料如镉（Cd，$\sigma_a=2\,450$ b）、硼（天然 B，$\sigma_a=759$ b；或富集 ^{10}B，$\sigma_a=4\,000$ b）或铪（Hf，$\sigma_a=102$ b），制成控制棒，插入堆芯，通过改变它的插入深度以改变四因子公式中的热中子利用因数 f，来实现 k 的调整。定期换料的动力堆为补偿长期燃耗，在每一个运行周期之始，装有相当多的富余燃料，这部分易裂变核素所提供的后备反应性也要靠控制系统予以吸纳，即把起补偿作用的控制棒插入堆芯，随着运行周期中燃料的燃耗和裂变产物的积累使后备反应性逐渐减小，再把补偿棒逐渐抽出堆外，直到完全抽出。这时反应堆已达到运行周期之末，非换装新料不能继续运行。

因此，反应性控制的任务是：（1）控制后备反应性以满足反应堆长期运行的需要；（2）通过控制毒物适当的空间分布和最佳的提棒程序，使反应堆在整个运行周期内保持较平坦的功率密度分布，避免出现显著的中子流量率畸变；（3）正常运行时调节反应性使之适应负荷的变化；（4）事故情况下能迅速地停闭反应堆并保持适当的停堆深度，以确保安全。总的被控制的反应性应等于所需后备反应性与停堆裕量之和。表 2-7 表示各种堆型的反应性控制量分配情况。

采用控制棒不是唯一的控制方法。将可溶性的中子吸收剂（通常采用硼酸）加入水中，成为含硼酸的水，可通过改变硼浓度，实现部分反应性的吸纳或释放，称为化学补偿控制。第三种方法是将固体可燃毒物，如硼或钆（Gd）的化合物，或做成细管、细棒，插入到燃料组件中，或与燃料掺混在一起装入燃料棒，均按一定方式布置在堆芯内。随着燃料燃耗的加深，可燃毒物的原子核数目因吸收中子而逐渐减少，就相当于把原先吸纳的反应性逐渐释放出来。我们希望可燃毒物到运行周期末完全耗尽，无残留毒物的伴生吸收带来燃耗损失。在这方面，Gd 的吸收截面比 ^{10}B 大十倍，燃耗速度快，Gd 明显优于含在硼硅酸盐玻璃中的 B_2O_3。

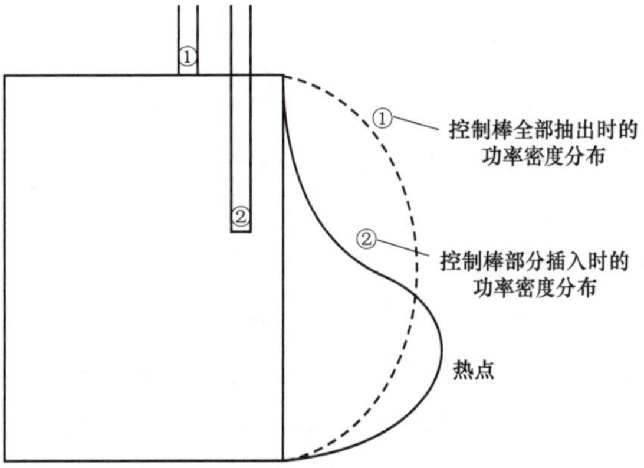

图 2-8　控制棒部分插入时引起的轴向功率密度分布畸变

通过插入和抽出控制棒来进行控制，最为简便易行。它具有作用速度快、灵活机动和安全可靠的优点。一般小型反应堆或初始后备反应性不大的石墨反应堆或重水反应堆，单用控制棒控制已经足够。控制棒的主要缺点在于它强烈吸收中子而导致堆内中子注量率分布(即功率密度分布)的畸变，特别是部分插入时引起的轴向中子流量率分布畸变更为显著（见图 2-8），同时，移动控制棒对中子流量率分布的扰动也比较大。改进的办法是减小棒径，增加棒数，分散布置。轻水反应堆的初始后备反应性很大，如果单用控制棒，势必棒数很多，造成密集栅格中布置及压力容器顶盖上开孔的巨大难题，因此现代压水堆要用化学补偿吸收剂和固体可燃毒物来代替大部分控制棒，只设少数低价值控制棒作细调节之用。化学补偿控制虽然不能快速调节反应性，但有毒物分布均匀、不会引起中子流量率分布畸变的优点，适宜用来补偿中毒、燃耗等缓慢的反应性变化。采用吸收截面大的可燃毒物钆（σ_a=49 000 b）可把水中含硼量降低到为保持慢化剂负温度系数所允许的限度以下（见 2.4.4 节）。可燃毒物除了吸纳较大的初始后备反应性、加深燃耗、延长运行周期的作用以外，还有展平堆内中子注量率分布（包括轴向的中子流量率分布）的良好效果。沸水堆的冷却剂不能加入化学毒物，往往采用燃料掺钆的方法来吸纳一部分后备反应性，但控制棒数目仍较多，这些控制棒需布置在压力容器底部从下往上插入堆芯。不过沸水堆的功率调节，在 75%～100%额定功率范围内，主要靠流量控制来改变堆内的汽泡含量，并可实现 1%/s 的快速调节。

为了在事故情况下快速停堆，设置有专门的安全棒。它具有超过最大后备反应性的吸收中子能力，经常置于堆芯以外，发生事故时靠重力或其他外力（沸水堆是用高压水）在 1～2 s（沸水堆约需 6 s）的时间内自动快速插入堆芯，将链式反应熄灭，以免造成损害或危险。功率保护电路系统通常设定在反应堆功率超过设计值 10%～20%

时使安全棒动作，实行停堆保护。

2.4.3 中子数的增长过程

当中子增殖因数 $k>1$ 时，中子一代比一代增多，中子数和裂变率将按指数规律上升。令 n_0 为初始中子数，$\Delta k=k-1$ 为某一代中子的增长比率，l 为系统内每一代中子的平均寿命（秒），则 t 秒后系统内的中子数将达到：

$$n=n_0\mathrm{e}^{(\Delta k/l)t}$$ ①

我们令 $l/\Delta k=T$，T 称作反应堆周期，它是中子数或堆功率增加到 e（～2.718）倍所需的时间（秒），则上式可写成：

$$n=n_0\mathrm{e}^{t/T}$$

每代中子寿命包括核裂变时间、快中子慢化时间和热中子被吸收前在系统内扩散的时间。核裂变可以认为是瞬时的。在一个热中子裂变系统内（见图 2-6），慢化时间只有 0.000 01～0.000 1 s，而扩散时间约需 0.000 1～0.001 s，后者占支配地位，所以每代中子寿命约等于热中子扩散的时间 0.001 s。在一个纯铀-235 的快中子裂变系统内（见图 2-4），每代中子寿命可达到 10^{-8} s 的极短数值。即使在一个热中子裂变系统内，中子也会每秒再生一千代。只要 k 略大于 1。譬如说等于 1.005，相当于周期 $T=0.2$ s，就会使中子数增长的速率等于 150 倍。反应性微小的变化，会造成堆功率如此迅猛的上升，这不是长而且重的控制棒的迟缓动作所能应对得了的。幸好事实不是这样简单。

在铀-235 核裂变时，并不是所有的下一代中子同时释放。有 0.65%的少许中子平均延迟约 13 s 才释放出来，称为缓发中子（见 2.2.2 节）。只要把 k 限制在 1.006 5 以下，光靠瞬发中子就不足以使 k 达到 1。在这种情况下缓发中子起着决定作用，它把每代中子平均寿命从 0.001 s 延长到大约 0.1 s（相当于 13×0.006 5）。这样一来，上例的热中子裂变系统的功率上升速率，就不是 150 倍每秒，而是 5%/s（$\mathrm{e}^{0.05}\approx1.05$）；反应堆周期 T 不是 0.2 s，而是 20 s，这就完全可控了。对于快中子裂变系统，缓发中子同样起迟缓作用。通常把缓发中子在全部裂变中子中所占份额，用符号 β 代表。如表 2-8 所示，反应性 $\rho\geqslant\beta$ 标志着反应堆处于瞬发临界（prompt critical）状态。

表 2-8　热中子裂变系统中缓发中子的特性及其对每代中子平均寿命的影响

项目	^{233}U	^{235}U	^{239}Pu
缓发中子份额 β	0.002 7	0.006 5	0.002 1
缓发中子平均寿命/s	17.9	12.7	14.7
不包括缓发中子的每代中子平均寿命/s	10^{-4}～10^{-3}	10^{-4}～10^{-3}	10^{-4}～10^{-3}
包括缓发中子的每代中子平均寿命/s	0.048	0.083	0.031

注意，如果中子增殖因数 $k\geqslant1+\beta$，缓发中子便失去控制作用，每代中子寿命变得

① 本式可从 m 代中子数 $n_m=n_0(1+\Delta k)^m$ 推导而来，注意 $m=t/l$。

相对地极短，堆功率会急剧上升而无法控制。这种 $\rho \geqslant \beta$ 的瞬发超临界（prompt supercritical）状态，在运行中必须绝对防止。有许多研究试验堆把最大后备反应性做得 $<\beta$，即限制 $\Delta k \leqslant 0.005$，以排除瞬发临界的可能性。动力堆则应注意使调节棒所吸纳的后备反应性 $<\beta$，以确保反应堆在整根棒提出的情况下也不会达到瞬发临界。

然而，应当说明，一个瞬发超临界的反应堆，仍大不同于原子弹。以为反应堆会像原子弹那样爆炸，是错误的概念。因为在没有外力约束的情况下，当功率上升、产生大量热能时，热膨胀和机械解体会使核燃料迅速分散，系统会很快落到次临界（$k<1$）的状态。所以，绝不会发生接近于核爆炸甚至化学炸药爆炸那样的事件，但可能发生一回路的蒸汽爆炸和大面积的放射性污染。迄今最严重的核电厂事故之一——1986 年苏联切尔诺贝利核电厂事故过程证明了这一点。

2.4.4　反应性的变化

反应堆运行过程中，燃料的燃耗、超铀核素和裂变产物的积累、堆芯温度和冷却剂密度的变化，以及控制棒位置的改变等，均使反应性不断地发生变化。其中温度和密度变化引起反应性变化的过程比较迅速而显著。反应性相对于某一个物理参数的变化率称为该参数的反应性系数，如反应性温度系数、反应性气泡系数等。从安全与控制的角度，以燃料温度系数、慢化剂温度系数和冷却剂气泡系数特别重要。

（1）与温度相关的反应性变化——反应堆在运行过程中，堆芯的温度会不断发生变化。例如压水堆从冷态到热态，堆芯温度上升 200～300 ℃。当反应堆功率改变时，堆芯温度也会发生变化。这意味着堆芯各种原子核和中子的热运动速度的改变，以及单位体积内原子核数目的增减，从而导致各种核反应率和中子泄漏率的变化。反应性 ρ 和中子增殖因数 k 会因之而增大或减小。通常把温度变化 1 ℃所引起的反应性变化，称为反应性温度系数 α_t。它的数值是正还是负，对于反应堆运行的稳定性和安全性影响重大。譬如说，设 α_t 为正值，当稳定运行的反应堆的温度由于某种原因偶有升高时，引入的正反应性，即 $k=1^+$，将使堆内中子注量率提高，功率上升，温度随之升高；而这又会导致 k 值的增大，从而使功率更快地上升，温度连续升高，如此恶性循环会使功率和温度无限地增长上去，造成严重后果。反之，在负的反应性温度系数 $\alpha_t<0$ 情况下，温度的偶然升高会引入负反应性即 $k=1^-$，使功率和温度降低，趋向于恢复原来状态。就是说，负温度系数使反应堆对于温度扰动具有自稳定性。当发生事故使反应堆功率骤增时，负温度系数的绝对值越大，瞬变过程中抵达的功率峰值就越低。负温度系数是保证反应堆安全运行的一个重要因素。

影响反应性温度系数的因素很多，不仅各反应堆有不同的温度系数，就是同一座堆，随着运行温度、反应堆工况、控制棒群位置、裂变产物积累和燃料燃耗深度等情况的变化，温度系数也会变化。温度系数的计算很复杂，不易算准。概括地说，在使用液体慢化剂（例如水）的反应堆中，慢化剂温度系数起主要作用。温度升高将使水显著膨胀，密度减小，这一方面使水的吸收中子的作用减弱，另一方面也使水的慢化和反射中子的作用减弱，导致中子能谱硬化（平均能量朝高的方向转移），中子未慢化到热能前被共振俘获和泄漏的概率增大，总的效应是 $\alpha_t<0$。轻水堆慢化剂的相当大的负温度系数十分有利于运行的稳定性和安全性。

然而，轻水堆慢化剂的负温度系数在功率变化时不能立即起作用，因为燃料芯块内产生的热量，通过燃料元件包壳传递到慢化剂，需要一段时间。燃料的温度系数，即燃料温度变化 1 ℃所引起的反应性变化，才是瞬即起作用的因素。在燃料温度升高时，铀原子核的热运动会变得明显，铀-238 的俘获共振峰和铀-235 的裂变共振峰都会展宽，而使相应的核反应加强，称为多普勒效应（Doppler effect）。在天然铀或低富集铀反应堆中，铀-238 俘获增强占主导地位，所以快速响应的燃料温度系数（多普勒系数）总是负的。这对于反应堆的安全稳定运行和避免功率振荡有十分重要的作用。一般压水堆和沸水堆的燃料温度系数约为 $-4\times10^{-5}\sim-1\times10^{-5}$ ℃$^{-1}$，慢化剂温度系数约为 $-50\times10^{-5}\sim-8\times10^{-5}$ ℃$^{-1}$。

再看含硼水的温度系数。升温膨胀将使单位体积水中的 ^{10}B 核数目减少，核毒物的吸收中子作用减弱，有时甚至使反应性温度系数变为正值，视慢化剂的吸收作用与慢化作用何者为主而定。由此，为了确保慢化剂温度系数始终为负值，必须对水中的硼浓度加以限制。目前压水堆一般把硼浓度限制于 1 300 ppm（1 ppm = 10^{-6}）以下。

使用水作为慢化剂和冷却剂的反应堆，还需要考虑沸腾（包括局部沸腾）对反应性的影响。通常把空泡体积份额每变化 1%所引起的反应性变化称为反应性空泡系数。沸水堆在堆芯内产生汽泡。汽泡占慢化剂体积份额的加大，会使慢化作用减弱、中子泄漏率大大增加和中子增殖因数 k 显著减小。因此沸水堆具有相当大的负汽泡系数。如遇堆功率意外上升，例如启动事故，堆内发生不正常的沸腾，汽泡增多使反应性减小，功率随后会自动下降，而不至于造成严重事故。这是沸水堆内在的安全性与自稳定性。

以上所述，都是就以水为慢化剂的反应堆而言。在以水为冷却剂的石墨或重水慢化天然铀反应堆中，水的吸收作用相对地较大，在某些条件下会产生正温度系数；如果因管道破裂而失水，会引入危险的正反应性；即使单根工艺管的局部沸腾，也会引起由局部功率升高而蔓延到全堆的严重事故。在燃料采用低富集铀情况下，总的反应性温度系数或空泡系数是正还是负，要看铀-235 富集度和堆芯内其他核素的吸收强度而定。例如苏联 RBMK-1000 型石墨慢化沸水冷却反应堆，即发生切尔诺贝利核事故的那种堆，采用了 2%富集铀，在装新料后堆内插入有许多补偿棒时，尚具有相当大的负空泡系数；随着燃耗加深，补偿棒陆续提出，空泡系数逐渐由负值变为正值；到燃耗末期，反应性空泡系数竟达到很大的正值，以至一旦发生沸腾或失水，便等于投入大大超过瞬发临界所需的正反应性（$\rho=+5\beta$）。切尔诺贝利核事故告诫我们：反应堆的设计必须保证整个运行周期的负温度系数（或负空泡系数），千万不可存侥幸心理。

在负温度系数（或负空泡系数）很大的情况下，要考虑温度下降的相反效应。例如不慎将冷水引入运行中的堆芯，或由于一回路流量加大或二回路蒸汽量增大（例如蒸汽管道破裂时）而使水温降低，相当于引入一个正的反应性，就有可能使功率骤增，造成“冷水事故”。这是负温度效应不利的一面。

为了实用方便，有时采用反应性功率系数来代替温度系数，其定义为功率每变化1%所引起的反应性变化。这是一个综合参数，涉及与运行功率水平有关的燃料与慢化剂温度、空泡份额、随功率变化的中毒效应等因素。通常要求反应性功率系数在一切运行工况下具有负值。

（2）与裂变产生的核毒物相关的反应性变化——在核反应堆运行过程中，裂变产物逐渐积累。有些裂变产物具有很大的热中子吸收截面，因而使中子增殖因数降低。这种由于裂变产物吸收中子所引起的反应性亏损，称为裂变产物中毒。实际上，除了氙-135和钐-149 以外，其他裂变产物的中毒效应相当小。

设反应堆开堆后便按额定功率稳定运行，各种裂变产物毒物核的密度将从零开始逐渐增加，经过一定时间后达到一个稳定不变的饱和值，称为平衡核密度。相应的反应性亏损称为平衡中毒。

氙-135 的热中子吸收截面约为 3.4×10^6 b，在热中子注量率 $\phi=1\times10^{13}$ $cm^{-2}\cdot s^{-1}$条件下的平衡中毒为 $\Delta\rho_{Xe}=-0.031$，在 $\phi=1\times10^{14}$ $cm^{-2}\cdot s^{-1}$条件下$\Delta\rho_{Xe}=-0.046$。由于氙-135 核主要是由其先驱核裂变产物碘-135 的衰变而产生，因吸收中子和自身衰变而消失，它的很大的吸收截面和衰变率使它的核密度通常在反应堆投入运行后不久（约47 h）便达到饱和值，其中毒效应亦相应地从零增长到平衡值。

钐-149 的热中子吸收截面也很大（但此氙-135 小得多），约为 5×10^4 b。钐-149 是一种稳定核素，其平衡中毒效应与中子注量率无关，约为 $\Delta\rho_{Sm}=-0.012$，比氙毒小很多。它达到平衡核密度一般需要几十天的长时间。

在平衡氙中毒（稳定功率）工况下运行时，氙-135 核继续由碘-135 核的衰变产生，同时吸收中子和自身衰变两条途径消失，在动力堆的较高中子注量率作用下，吸收中子是氙-135 消失的主要途径。如果这时停堆，中子注量率降至零，氙-135 只通过自身衰变一条途径消失，同时堆内存在的碘-135 仍继续衰变成为氙-135，其生成氙-135的速率在一段时间内大于氙-135 的衰变率，因而在一段时间内氙-135 的核数密度将增加至一个可能远大于平衡中毒的最大值，然后回落。相应地，反应性 ρ 会减小至一最小值，然后回升。通常把这一现象称为“碘坑”，因为它是由于停堆后碘-135 继续衰变为氙-135 而引起的。碘坑深度即停堆后反应性最大下降值，与停堆前的热中子注量率密切相关，注量率越高，碘坑深度就越大。图 2-9 表示不同热中子注量率水平下，停堆后氙毒引起的反应性亏损 $\Delta\rho$ 随时间的变化曲线。从图中看出，若 $\phi<1\times10^{13}$ $cm^{-2}\cdot s^{-1}$，停堆后$\Delta\rho$ 颇微小；若 $\phi>1\times10^{14}$ $cm^{-2}\cdot s^{-1}$，则停堆后 $\Delta\rho$ 会很显著，须靠停堆前有足够的后备反应性予以补偿，才不至于影响再开堆。出现最大氙-135核数密度的时间，对于满功率运行的反应堆，大约在停堆后 11 h。

堆内氙-135 的核数密度既然同中子通量密度密切关联，当功率（即中子注量率）变化时，氙毒效应也会随着增大或减小。在大型反应堆中，局部区域中子注量率的变化会引起局部区域氙毒的变化和局部区域 k 的变化，反过来，后者的变化又引起前者的变化，两者之间的交互作用有可能使堆内氙毒和中子注量率分布产生空间振荡现象。但这种氙振荡的周期比较长（10～30 h），只要在设计和运行中重视，不难以控制棒的适当配置和动作予以克服。

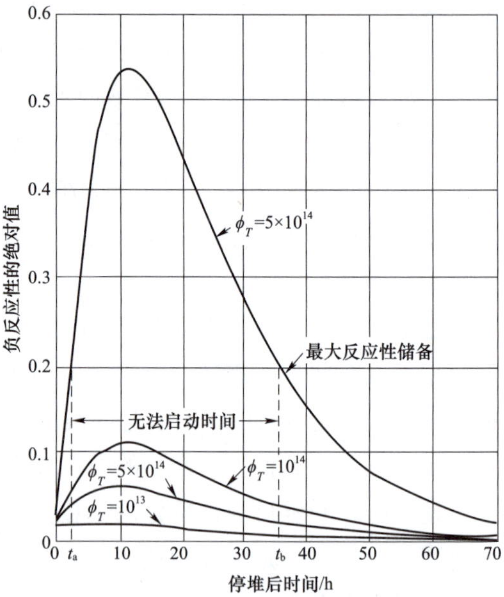

图 2-9　停堆前不同的热中子注量率水平对停堆后氙毒增长（碘坑）的影响

钐毒也有停堆后钐-149 核数密度增长的问题，但它的最大中毒效应比较小（$\Delta\rho=-0.027$），仅相当于平衡钐中毒的两倍，比最大氙毒要小得多，所以不是一个重要问题。

其他许多裂变产物及由于铀-235 和铀-238 俘获中子产生的超铀核素（如 ^{236}U、^{237}U、^{240}Pu、^{242}Pu 等）的核数密度和中毒效应，基本上是随着运行时间而缓慢增长的，在燃料的整个燃耗期间积累的数值不大。

（3）与燃料燃耗相关的反应性变化——前已阐述，反应堆的新堆芯，或刚换过料的堆芯，具有相当大的初始后备反应性，要用控制棒和化学补偿毒物，或再加上可燃毒物，加以吸纳。该初始后备反应性，除了为补偿：① 从冷态到热态和提升功率的温度效应；② 裂变产物的平衡中毒；③ 碘坑中毒等反应性亏损，且为功率调节、中子注量率展平和安全停堆留有裕量以外，其余的后备反应性就是为了补偿燃料的燃耗和长寿命核毒物的积累。在反应堆运行过程中，随着毒物核数密度的增加和燃料核数密度的减小，需要将补偿用控制棒不断上提或减少堆内的可控毒物，以释放出所需的后备反应性，使反应堆保持 $k=1$ 的临界状态并在满功率下运行，直到运行寿期末这部分后备反应性完全释放出来为止。

2.5　裂变反应堆的保护和保护系统

核裂变过程中生成的大量裂变产物是反应堆潜在的主要危险所在。裂变产物包含 250 多种放射性核素，具有很强的放射性。一座 1 000 MW 的反应堆运行一些时间，譬如说三个月以后，堆内积累的裂变产物的放射性总量，在停堆后 30 min 测量，约为 3×10^{20} Bq，相当于 8 000 t 镭。联系到苏联曾经采取的核事故后居民避迁标准为地面污染 1.48×10^{6} Bq/m^2，上述放射性总量会给人惊恐的印象。然而，在现代的固体燃料反应堆中，占放射性总量 98%以上的裂变产物被保持在陶瓷燃料芯体中，只要芯体不熔化，就不会释放出来。其余 1%～2%的裂变产物（主要是芯体表层的少量惰性气体和挥发性物质，如氪、氙、碘、铯等）扩散于燃料芯体与包壳之间的间隙中，被包壳严密地封闭起来。为防止气态裂变产物逸入环境，一般设有三道纵深防御的实体屏障：（1）燃料棒包壳；（2）一回路容器和管道；（3）安全壳或密封的厂房。可能使这三道屏障失效的因素有：由过高功率或缺乏冷却所引起的温升，可能导致燃料的烧毁、熔化甚至气化；过高的功率也可能导致系统压力升高逾限及管道和容器的破裂；飞出的爆破碎片可能击穿安全壳；大量内能的突然释放使安全壳内压力骤增（冲击波）可能导致安全壳的破坏。因此，绝对不能让功率（即燃料裂变率，整体的或局部的）超过由冷却能力所限定的设计限值。

应当指出，反应堆与其他动力装置不同，它的功率并无内在的限制。只要保持 $k>1$，功率就会无限地增长上去（其实，满功率时的控制棒位置与零功率时基本相同，都是保持 $k=1$，只是为了补偿温度效应而有一些差别）。容许的设计极限全取决于具体的传热条件和材料性能。如果功率骤增，热量来不及传出去，使堆内温度升高超过了容许限度，便会造成燃料熔化和三道屏障的破坏，使放射性物质逸散到环境中。瞬发超临界事故就具有这样的危险。设计中保证整个运行周期内的负反应性温度系数，可以防止发生瞬发超临界，至少减轻事故的后果。

反应堆的功率同中子注量率成正比。借助于中子探测仪表，可对堆功率进行监测，并为功率调节和超功率保护提供信息。虽然用热工测量的方法，也能从反应堆冷却剂的温升和流量得出功率，但热工测量对堆功率变化的响应太慢，而且在低功率时无法测准，一般都通过响应速度快、测量范围宽的中子注量率测量来监测反应堆的功率。

新堆起动时中子注量率很低，只有几至几十 $cm^{-2}\cdot s^{-1}$，在这个范围内，没有适用的监测手段。这时如不慎投入过大的反应性，造成瞬发临界的条件，会在操作员来得及采取措施以前，达到危险的功率水平，称为起动事故。因此，在新堆启动前和反应堆停堆后，一般必须放进外加的中子源，把中子注量率提高到仪表可测的水平，使启动过程（特别是在临界附近）的中子注量率变化始终处于仪表的严密监测之下。启动过程必须掌握的重要参数包括中子注量率水平和反应堆周期（见 2.4.3 节），后者代表中子注量率的变化速率，尤为重要。它可通过仪表的对数与微分运算电路从中子注量率测量得出。如果由于操作失误或控制系统失灵，造成控制棒太快或连续抽出，使反应堆周期短于 1～2 s，反应堆有可能在几秒钟内接近或达到瞬发临界，而中子注量率仍在很低的水平。因此，通常限制临界附近的反应堆周期不得短于 10～30 s，并设置短周期保护电路。当反应堆周期短于整定值时便触发事故停堆信号，令安全棒快速插入堆芯，将反应堆停闭。此外，在设计中也可对控制棒的抽出速度加以限制，使反应性增加率不超过约 0.000 s^{-1} 的数值。

从反应堆安全的角度看，除限制功率的增长外，保证反应堆的冷却极为重要。由于断电、主冷却剂泵故障、管道破裂或阀门操作错误而引起的失去冷却剂事故即失水事故（loss of coolant accident，LOCA），是反应堆可能发生的最严重事故之一。这对于运行中的堆和停止运行的堆，都具有重要意义。反应堆停闭后由于裂变产物的γ衰变以及缓发中子的作用，功率并不立刻下降到零（严格地说，它永远不会达到零）。一般来说，停堆约一分钟后，缓发中子继续引起裂变的发热量贡献就可忽略不计，长时间运行后的反应堆停堆后的剩余功率 P 主要来自裂变产物的衰变热，可粗略地按下式计算：

$$P = 0.07P_0t^{-0.2}$$

式中：P_0 为停堆前长期稳定运行的功率，t 为停堆后的时间（s）。一座 1 000 MW 电功率相当于 3 000 MW 热功率的反应堆，停堆后的剩余热功率略如表 2-9 和图 2-10 所示。

表 2-9　1 000 MW 电功率反应堆停堆后的剩余热功率

停堆后时间	(P/P_0) /%	P/MW
1 min	3.6	108
30 min	1.6	48
1 h	1.36	41
1 d	0.72	22
30 d	0.36	11
180 d	0.25	7.6

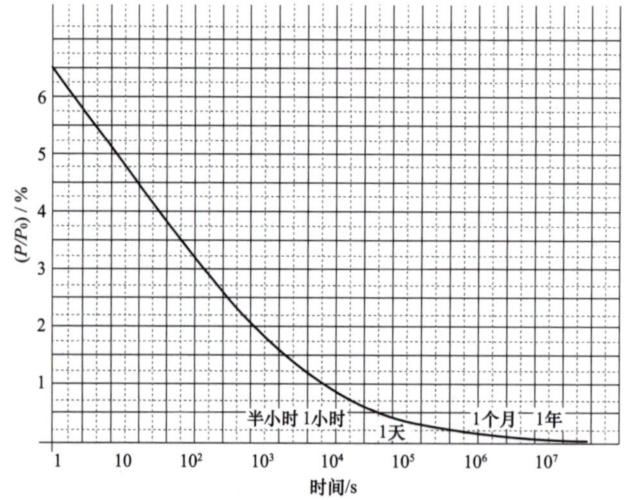

图 2-10　剩余功率随停堆后时间的变化

可见由裂变产物衰变产生的剩余功率相当可观而且持久，停堆后几小时尚有额定功率的 1%，即 30 MW 热功率，这是外力所不能改变的。如果不把这热量及时排除出去，同样会发生极其严重的堆芯熔化和裂变产物逸散的事故。余热排出问题在由于冷却系统故障而作事故停堆处理时变得特别突出。为此，在核电厂中设置有多种可靠的余热排出途径。

概括而言，反应堆保护系统的功能，一是防止堆芯烧毁，二是在堆芯万一烧毁的情况下减轻事故后果。具体有下列 7 项功能。

（1）限制反应堆功率水平；

（2）降低堆内冷却剂压力；

（3）保持堆内冷却剂装量；

（4）排出堆芯余热；

（5）隔离安全壳；

（6）保持安全壳完整性；

（7）限制放射性外逸。

反应堆保护系统包括停堆系统和专设安全设施，后者是为在假想的重大事故下保证三道屏障完整性和防止放射性物质逸出而设置的。它包括：

（1）应急堆芯冷却系统；

（2）安全壳喷淋系统；

（3）主蒸汽和给水隔离系统；

（4）安全壳隔离系统；

（5）氢气复合系统；

（6）应急给水系统；

（7）重要厂用水系统；

（8）应急电源。

在安全相关的温度、压力、流量或水位超过规定限值时，有关的专设安全设施即由停堆系统触发，起动执行其安全功能。但首先和立刻起作用的是停堆系统的各类控制棒。一般压水堆的事故停堆信号有：

（1）短周期保护（防止瞬发超临界）；

（2）反应堆超功率保护（防止燃料熔化）；

（3）反应堆功率增长过速保护（防止控制棒弹出等事件导致燃料烧毁）；

（4）反应堆进、出口水温过高保护（防止发生偏离泡核沸腾使燃料烧毁）；

（5）一回路冷却剂压力过低保护（防止失水事故和压力边界完整性破坏）；

（6）一回路冷却剂流量过低及断流保护（防止失流事故后燃料烧毁）；

（7）稳压器压力过高保护（防止一回路超压破坏）；

（8）稳压器压力过低保护（防止系统汽化和保持烧毁比）；

（9）稳压器水位过高保护（防止一回路超压和发生水锤）；

（10）二回路蒸汽流量过高保护（防止一回路过冷引入正反应性）；

（11）蒸汽发生器水位过低保护（防止失去二回路排热能力）；

（12）汽轮发电机组甩负荷保护（防止一回路热瞬变使温度和压力急剧升高）。

停堆系统中的一个重要问题是控制棒插入时间的滞后。当实际功率水平达到事故停堆整定值时，由于保护系统需经历中子注量率测量、放大、发出控制信号直到最后控制棒开始动作诸环节，有一个时间滞后 t_1；而控制棒从开始动作到插至堆底，又需要一段时间 t_2。因此，在快速停堆时，堆功率会上升至一个最高点然后下降，这个功率峰值的高低决定于原来的功率上升速度（反应堆周期）及控制棒插入的滞后（t_1+t_2）。据计算，假设保护整定值定在120%额定功率，停堆前的反应堆周期 $T=0.1$ s，$t_1=0.04$ s，$t_2=1.5$ s，则快速停堆后的功率峰值可达到280%额定功率。如果 $t_1=0$，功率峰值将降到160%额定功率。可见减少时滞 t_1 和 t_2 的重要性。为增大落棒速度，可设置弹簧落棒机构。1995年2月大亚湾核电厂1号反应堆在控制棒落棒试验中发现，落棒时间（t_2）超过设计规定值 0.47 s，经更换控制棒及其导向管的结构和材料（供应商负责），予以解决，为此花费了 4 个月时间是完全必要的。沸水堆不同于压水堆，其事故停堆是借助于专设的高压水力驱动机构将全部控制棒由下往上快速插入堆芯来实现的。

在反应堆保护系统出故障，或发生危及反应堆安全的外来事件（如地震、飞机坠落、人为破坏）时，可从控制室手动触发快速停堆。

2.6 裂变反应堆的热工限度

2.6.1 热功率密度的空间分布

迄今的讨论主要是就整个反应堆而言。其实，安全和热工方面的限制，更着重于局部。反应堆潜在危险的特殊性在于，不允许任何一处的燃料元件因过热而烧毁，导致裂变产物的逸出。热中子反应堆内热功率密度的分布同热中子注量率的分布是一致的（见前文2.3.3节），现以均匀裸堆为例来看热中子注量率的分布情况。

取一座半径为 R、高度为 H 的圆柱形反应堆，假设核燃料和慢化剂均匀分布在整个堆芯内，燃料富集度是一样的，堆芯内没有控制棒，堆芯外面没有反射层。又假设堆芯内只有单一能量的热中子，则由单群扩散方程（为简化起见假设边界处的中子注量率等于零）可以得出高程 h_1 断面上的径向中子注量率分布为：

$$\phi_{r,h_1}=\phi_{r=0,h_1}J_0\cdot(2.405\ r/R)$$

式中：$\phi_{r=0,h_1}$ 为断面中心 $r=0$ 处的最大中子注量率值，J_0 为零阶贝塞尔函数，其数值可从数学函数表中查出。可以算出，断面上径向最大注量率与平均注量率的比值适中，$\phi_{r,\max}/\phi_{r,\mathrm{avg}}=2.32$。

同样可以得出半径 r_1 处沿高程 z（以高度中点为原点）的中子注量率分布为：

$$\phi_{z,r_1}=\phi_{z=0,r_1}\cos\ (\pi z/H)$$

式中：$\phi_{z=0,r_1}$ 为 $z=0$ 处沿高程的最大中子注量率值。可以算出，沿高程最大注量率与平均注量率的比值是 $\phi_{z,\max}/\phi_{z,\mathrm{avg}}=1.57$。全堆的最大中子注量率与平均中子注量率的比值是 $\phi_{\max}/\phi_{\mathrm{avg}}=2.32\times1.57=3.64$。

在有反射层的情况下，至少要用双群（快中子群和热中子群）扩散方程来计算中子注量率的分布，才不至于过分粗糙。图2-11大略表示其计算结果。可看到，在堆芯与反射层交界处热中子通量密度明显升高，并在反射层内形成一个高峰，这是因为从堆芯逸出的快中子在反射层中被慢化成为热中子，而这些热中子在反射层内不会被吸收掉多少，在它们被散射回堆芯或泄漏掉以前，就在反射层内积累起来。反射层内热中子注量率的升高有利于堆芯内热中子注量率的展平。图中曲线 2 显示用双群扩散方程计算的带反射层反应堆的中子注量率分布，也可看出堆芯近边界处热中子注量率升高的现象，这是因为从堆芯逸出至反射层的热中子大部分被散射回堆芯的缘故。

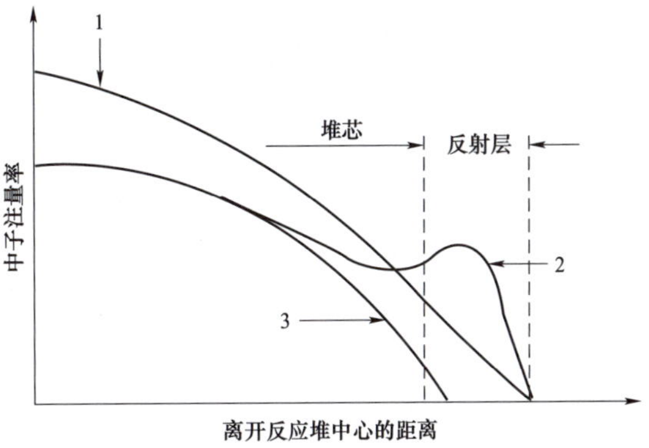

图 2-11　带反射层和无反射层的均匀热中子反应堆的快、热中子注量率分布

1—带反射层的快中子注量率 ϕ_F（双群计算）；
2—带反射层的热中子注量率 ϕ_T（双群计算）；
3—无反射层的热中子注量率（单群计算）

以上是堆内热中子注量率分布的十分粗略的情况。实际上，现行轻水堆都是按燃料富集度分区装载的；核燃料和慢化剂并非均匀分布在堆芯内；并且有控制棒强吸收体插入其间，引起局部中子注量率的畸变；燃料棒之间的水隙和控制棒抽出后形成的水隙起慢化中子的作用，也使局部地点的热中子注量率增高。因此，堆内的热中子注量率分布和功率密度分布，要借助于复杂的计算机程序算出，才能作为热工设计的依据。

现列举常用以表示功率密度及其不均匀程度的指标如下：

（1）平均燃料比功率——堆内装载的单位质量核燃料所发出的热功率（kW/kgU）。令 ϕ_{avg} 为堆芯的平均热中子注量率 $cm^{-2}\cdot s^{-1}$；σ_f 为铀-235 的平均微观裂变截面（b）；c_5 代表铀-235 的富集度。平均燃料比功率 P_m 应满足：

$$P_m = 8.21 \times 10^{-14} c_5 \sigma_f \phi_{avg}$$

这个公式可从 2.3.3 节的总热功率 P 公式导出，P_m 单位为 kW/kgU。堆芯平均燃料比功率是一项重要指标。现代压水堆的比功率为 30～40 kW/kg 核燃料，就是说，一座 3 000 MW 热功率的核电厂压水堆需装入低富集铀 75～100 t。

（2）平均功率密度——整个堆芯平均每升体积所发出的热功率（kW/L）。平均功率密度 P_v 应满足下式：

$$P_v = P/V = 8.21 \times 10^{-14} \rho_5 \sigma_f \phi_{avg}$$

式中：V 为堆芯体积（L），ρ_5 为单位体积中的铀-235 质量（kg/L），P_v 的单位为 kW/L。现代压水堆的平均功率密度为 85～115 kW/L；沸水堆的平均功率密度为 40～55 kW/L。

（3）平均线功率——整个堆芯平均的单位燃料棒长度所发出的热功率 q'_{avg}（W/cm）。目前压水堆的平均线功率为 160～210 W/cm；沸水堆的平均线功率为 170～220 W/cm。

（4）平均表面热流密度——整个堆芯平均每秒从单位面积燃料棒表面传过的热量 q''_{avg}（kW/m^2）。现代压水堆的平均表面热流密度在 600 kW/m^2 左右；沸水堆的平均表面热流密度在 500 kW/m^2 左右。

上述燃料比功率、堆芯功率密度、线功率、表面热流密度的平均值均为各相应最大值与热功率密度分布不均匀系数的倒数的乘积。这些最大值则受到燃料和包壳最大容许温度的限制。

（5）热通道因子和热点因子——通常用热通道因子和热点因子来表述堆内各处热工状态的不均匀性。热通道是指堆内热功率比较大、冷却条件比较差因而冷却剂焓升 Δh 最高的一个冷却通道。热点是指局部释热率比较大、冷却条件比较差因而燃料棒表面温度最高的某一点。在一般情况下，热点位于热通道中。可以用热通道因子或热点因子代表一些热工参数（指释热率、燃料棒内导热温差、燃料棒壁面附面层温差、燃料棒表面热流密度、冷却剂通道焓升或温升）的不均匀性。例如表面热流密度的热点因子 F_q 等于热点的最大热流密度 q''_{max} 与堆芯平均热流密度 q''_{avg} 之比。在径向和轴向的热流密度分布可分离的条件下，热流密度热点因子可写成热流密度径向因子（相当于焓升热通道因子）和热流密度轴向因子的乘积，即：

$$F_q = F_{\Delta h} \times F_{z,q}$$

在理想情况下，没有冷却条件和其他工程条件的差别时，堆内热流密度分布与释热率即中子流量率的分布是一致的。对于均匀裸堆来说，就有：

$$F_{\Delta h} = F_r = \phi_{r,max} / \phi_{r,avg} = 2.32$$

$$F_{z,q} = \phi_{z,max} / \phi_{z,avg} = 1.57$$

$$F_q = \phi_{max} / \phi_{avg} = 3.64$$

实际反应堆的热通道因子和热点因子远低于均匀裸堆。如取符合实际的中子流量率分布，可能得到压水堆的焓升热通道因子 $F_{\Delta h} \approx 1.6$，热流密度轴向因子 $F_{z,q} \approx 1.5$，热流密度热点因子 $F_q \approx 2.4$。考虑到工程实际中的各种偏差，还须将它们乘以适当的工程因子。制造中的偏差，如 UO_2 燃料芯块的密度、直径、铀富集度、芯块在包壳管内同心度的偏差，燃料棒的包壳厚度、棒径、节距的偏差，燃料棒的微弯曲等，实际上是不可避免的，且其不确定性符合统计学规律。通常将影响热流密度和通道内冷却剂流量的这些偏差用统计学方法处理，求出各自的标准偏差值，然后综合成为一个统计性工程因子，或再同非统计性的因子如各通道流量的不均匀分配、可能由局部沸腾引起的流量重新分配、通道之间的冷却剂交混（这是一个有利的效应）等，结合成为一个焓升热通道工程因子或热流密度热点工程因子，以便计算最终的热通道因子或热点因子。在良好的质量控制下，这些工程因子的数值应不大于 1.03～1.05。那么，最终的焓升热通道因子 $F_{\Delta h} \approx 1.7$，热流密度热点因子 $F_q \approx 2.6$。

最大热流密度 q''_{max} 的设计值受燃料棒允许工作温度的限制。F_q 值越小，平均热流密度 q''_{avg} 就越大。在同样大小的堆芯传热面积下的总热功率就可以提得越高。或者不提高总功率而降低 q''_{max}，使之接近 q''_{avg} 值，则燃料元件离开烧毁的裕度变大，反应堆更加安全。总之，在反应堆热工设计中应力求降低热通道因子 $F_{\Delta h}$ 和热点因子 F_q。

降低 F_q 值可从三方面入手：（1）展平堆芯功率密度（中子流量率）的分布，包括采用反射层；采用细直径、分散布置的棒束型控制棒，加上化学毒物和可燃毒物补偿（见 2.4.2 节）；合理的控制棒抽出和插入程序；分区装载不同富集度的核燃料等；（2）改善冷却条件，包括调整冷却剂的径向流量分配（通过改变各通道入口处节流孔的直径），使之与径向功率分布相一致；在燃料组件定位格架上设置搅混装置，使冷却效果均匀和改善等；（3）加强燃料组件制造中的质量保证和质量控制，尽量减小各项偏差。

2.6.2　燃料熔化

现在普遍采用的陶瓷型燃料 UO_2 的熔点虽然高，但由于其热导率低，燃料芯块的中心和表面之间存在很大的温差。当燃料芯块中的线释热率 q'（线功率）增加时，芯块温度上升，原来保持在燃料晶格中的裂变气体会释放出来，进入芯块与包壳间的间隙，这不但使燃料棒的内压力升高，而且由于裂变气体的热导率远低于充填间隙的氦气的热导率，使传热恶化，芯块温度更加升高。当线功率超过一定限度时，中心温度超过 UO_2 的熔点，燃料开始熔化。熔融燃料的体积进一步膨胀，挤压并使包壳变形或破裂，有可能造成放射性物质泄漏的事故。

因此，现代压水堆的设计均规定，在一定的超功率运行工况下（例如 120%额定功率），燃料芯块的最大中心温度不得超过燃料的熔点。未经辐照的 UO_2 的熔点约为 2 800 ℃。考虑到辐照会使熔点降低，大约每 10 000 MW·d/tU 的燃耗降低 32 ℃，在计算芯块最大中心温度时常将限值定为 2 590 ℃。同时，规定最大线功率①不得超过 690 W/cm 的限值。为了增加安全裕量，今后的压水堆趋向于进一步降低平均和最大线功率，例如把后者降到 450 W/cm 的水平，使芯块最高温度在反应堆超功率工况下也不会超过约 2 000 ℃。

2.6.3　燃料棒包壳烧毁

燃料棒包壳是防止放射性裂变产物泄漏和进入环境的第一道屏障。燃料芯块内产生的热量，要通过燃料棒包壳壁面与冷却剂之间的对流放热，传给冷却剂再带出堆外。现代压水堆冷却通道内的传热是一种单相对流放热与两相沸腾放热的结合，而以欠热沸腾放热为主。试看一个热通道内的传热过程：低于饱和温度的水（过冷水）以很高的流速由下往上流过燃料棒包壳表面，同时水流因接受热量而不断升温，至通道出口处达到最高温度（一般仍比工作压力下的饱和温度低 20 ℃左右，以保证流动稳定性）。在通道进口段水流的温度 T_c 较低，包壳壁面温度 T_W 只稍高于 T_c，但低于水的饱和温度，因而不会有汽泡生成，此段传热是纯单相对流放热，传热系数比较低。随着水温的升高和热流密度 q'' 的增大，包壳壁温上升到超过水的饱和温度（图 2-12 中的 B 点）。这

① 线功率［密度］的计算公式为 $q' = 4\pi\int_{t_1}^{t_0}\lambda \mathrm{d}t$，式中 λ 为热导率，t_1、t_0 分别为芯块外缘和中心的温度。在水冷堆的情况下，由于二氧化铀陶瓷燃料的热导率很低，约为 0.02 W/（cm·℃），使芯块中心熔化的线功率约为 800 W/cm，它与芯块的直径大小无关。

时壁面上的水开始过热，并在壁面的一些汽化核心（可以是表面吸附的气泡或凹凸不平处）生成若干孤立的小汽泡，其体积逐渐扩大，然后被水的湍流冲离壁面进入主水流，立即冷凝回液态而消失，接着补充到壁面上的水又生成新的小汽泡。汽泡的运动造成液体的强烈交混，加以汽化带走大量热量，使得这种“泡核沸腾”的传热系数特别大。随着壁温过热度的增加，壁面上生成和跃离的汽泡密度不断上升，又使得热传系数急剧增大，由壁面传给水流的热流密度也迅速增加，如图 2-12 中 *B*-*C* 段陡峭的斜率所示。泡核沸腾对于加强堆内传热，减小燃料棒与冷却剂之间的温差（$T_w - T_c$），提高核电厂的热效率及降低发电成本，都是十分有利的。因此，现代压水堆设计允许堆内发生局部沸腾（欠热泡核沸腾），甚至允许少量通道发生整体沸腾（饱和泡核沸腾），只是限制含汽量以免引起流动不稳定。

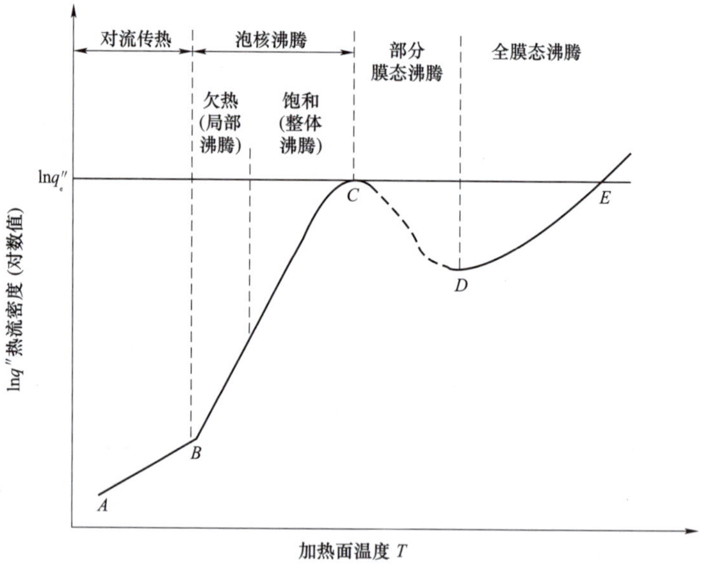

图 2-12　冷却通道中热流密度与加热面温度的关系

然而，如果在热流密度达到 *C* 点的最大值时，再增加热流密度，则由于加热壁面上的汽泡密集度过高，小汽泡汇合成大汽泡，甚至会在局部壁面上连成一片片的汽膜，把液体和壁面隔离开，在那些为汽膜所覆盖的壁面上，便会出现“膜态沸腾”。在这种沸腾工况下，汽膜的热阻相当大，传热能力变得很低，使得壁面温度 T_w 明显升高。在壁面完全被汽膜覆盖的情况下，壁温将由 *C* 点急剧上升至 *E* 点，造成包壳表面过热或烧毁。这种工况称为偏离泡核沸腾（departure from nucleate boiling，DNB）工况，*C* 点的热流密度称为偏离泡核沸腾热流密度 q''_{DNB}，或称临界热流密度（critical heat flux，CHF）q''_{crit} 或烧毁热流密度（burnout heat flux）。*C* 点是从泡核沸腾向膜态沸腾过渡的转折点。工作于 *C* 点附近是很危险的，因为只要热流密度稍有增加，局部包壳壁面和燃料温度就会急剧升高，甚至造成该处燃料局部熔化、包壳破坏或烧毁和裂变产物漏入冷却剂。

一般压水堆在功率超过额定值后，若继续升高，首先发生燃料棒包壳烧毁，而此时燃料芯块的最高温度尚未达到熔化温度，因此，偏离泡核沸腾成为设计者格外重视的问题。

影响热流密度的主要因素有冷却剂质量流速、含汽量或过冷度、热焓、压力、通道的形状和尺寸等。热工设计中要用相当准确的经验公式计算每一冷却通道各个轴向位置的临界热流密度及偏离泡核沸腾比或烧毁比［指该处临界热流密度对于实际热流密度（设计值）之比，DNBR］，经过统计处理，求出在最大超功率下具有给定置信度（例如 95%的置信度下 95%的概率不会发生偏离泡核沸腾）的最小 DNB 比（minimum DNB ratio，MDNBR）。为安全起见，现代压水堆设计的一项基本要求是在规定的 120%超功率工况下，若采用 W-3 经验公式计算。最小烧毁比应大于 1.3。需要注意，最小烧毁比出现的位置往往偏离热通道中心的热流密度最大点，而移向通道出口方向，大约在轴向高度 60%～70%的地方。

一般来说，需要对于运行周期内的每个时刻，每个不同的控制棒组位置等状态，确定相应的最小烧毁比。所以，计算的工作量很大。

最小烧毁比和燃料芯块最高中心温度低于熔点的安全裕度这两个因子，是保证反应堆安全性并影响到经济性的最重要约束条件。

通常还要计算正常工况和严重事故工况下的长时间包壳最高温度，取其限值为 1 204 ℃（2 200 ℉）。

沸水堆的情况是冷却剂含汽量较高并且处于饱和状态。常见的流动形式是液相沿包壳表面流动，而含有大量液体雾滴的汽相则在通道中央流动。随着表面热流密度的增大和液膜蒸发的加快，液膜越来越薄，最后由于液膜的耗尽而在加热表面出现干斑，从而导致壁温突然升高，这种现象称为干涸（dry out）。但与欠热系统的偏离泡核沸腾相比，它的升温幅度较小，而且比较缓慢。在干涸以前可能发生偏离泡核沸腾。沸水堆计算偏离泡核沸腾的临界热流密度也是应用基于大量实验的经验公式。其设计限制条件通常是，在 120%超功率下，若采用特定的经验公式计算，则最小临界热流密度比（minimum CHF ratio，MCHFR）必须大于 1.2。

2.6.4　流动不稳定性

不均匀混合的两相流体在沸腾工况下受到微小干扰（例如空泡份额或压降的变化、液相突然沸腾）时可能出现流量的漂移或振荡。这种流动不稳定状态可能：（1）使反应堆和一回路的设备产生机械振动；（2）引起反应堆动态特性的急剧变化，给反应堆控制带来困难；（3）引起堆内局部传热特性的变化，使临界热流密度大幅度下降。因此，在设计中须采取设置节流孔板等措施防止不稳定状态的产生。

2.7　裂变反应堆中核燃料的转换和增殖

2.7.1　核燃料的消耗

前已阐述，一座 1 MW 热功率的反应堆每运行 1 日要消耗 1.23 g ^{235}U，其中的 1.05 g

消耗于裂变，0.18 g 俘获中子而转变为 ^{236}U（见 2.2.4 节）。表达反应堆燃料消耗程度的度量方式，除了以消耗掉的易裂变核素的质量对于装载入堆的易裂变核素（或核燃料）的原始质量之百分比 b（%）来表示以外，对动力反应堆通常以装入堆内的单位质量核燃料所释放的能量作为燃耗深度 B 的量度，以 MW·d/kgU 或 MW·d/tU 计。对于 ^{235}U，若富集度为ε，则有 $b=1.23\times10^{-1}B/\varepsilon$ 或 $b=1.23\times10^{-4}B/\varepsilon$，视所用的单位而定。从反应堆卸出核燃料所达到的燃耗深度称为卸料燃耗深度，它直接关系到核电厂的经济性，当然是越大越好。理论上，从后备反应性的角度，可多装入一些核燃料或提高其中的 ^{235}U 富集度来达到加深燃耗的目的，实际上却受到燃料元件材料性能（辐照引起的尺寸、结构、强度和韧性变化、裂变气体释放、芯块包壳相互作用、耐腐蚀和抗氢脆的能力）的限制。目前压水堆已实现的成批组件平均卸料燃耗为 33 000～45 000 MW·d/tU，相应的组件最大卸料燃耗为 42 000～55 000 MW·d/tU，单棒最大燃耗为 46 000～60 000 MW·d/tU，芯块最大燃耗为 58 000～75 000 MW·d/tU。

2.7.2 核燃料的转换

在以铀-235 为裂变燃料的天然铀或低富集铀反应堆中，存在着大量的铀-238。铀-238 核俘获中子后，经过两次β衰变，生成新的裂变燃料钚-239（见 2.1 节）。这些核反应在上述反应堆的正常运行中是自然且必然发生的。钚-239 在自然界中不存在，它具有α和γ放射性，半衰期是 241 000 年。同铀-235 一样，钚-239 是优质的裂变燃料。虽然它每吸收一个热中子产生的次级中子数 η 跟铀-235 差不多，但它的热中子裂变截面大大超过铀-235（见表 2-10），使它能对裂变链式反应起较大的作用。堆内生成的钚-239 同铀仍混合在一起，需通过核燃料后处理过程予以分离，由于钚和铀是不同元素，故可用化学方法分离，比较易行，这成为防止核扩散的一个要害。生成钚-239 所需的中子（至少在最初）均来自铀-235 的裂变。新的裂变燃料钚-239 的产生是以原装入堆的裂变燃料铀-235 的消耗为代价的，故把这种过程称为核燃料的转换，把铀-238 称为转换原料，把每消耗一个易裂变核（如铀-235）所生成的易裂变核（此处为钚-239）的数目，称为转换比 C。当 $C\geqslant1$ 时则称为增殖比。

实际上，在天然铀和低富集铀反应堆中，^{239}Pu 无需经过分离就自动参加堆内的裂变链式反应，有一部分 ^{239}Pu 俘获中子转变为 ^{240}Pu。在天然铀反应堆内，因初始转换比较高（$C\approx0.8$），于燃耗初期由于 ^{239}Pu 的积累，反应性会增大，至燃耗达到一定深度（对于天然铀石墨气冷堆大约是 800 MW·d/tU）后才受到 ^{240}Pu 和裂变产物积累的影响而开始回落。同时，^{239}Pu 的裂变和俘获反应是与 ^{238}U 竞争吸收中子，会使转换比随燃耗而下降，但一般而言，较高的初始转换比意味着整个运行周期内有较高的转换效率。我们希望得到高的转换比，因为易裂变钚量的增长会更多地补偿 ^{235}U 燃耗所引起的后备反应性损失，而加大燃耗深度。

^{240}Pu 跟 ^{238}U 一样，只有快中子能使它裂变，但它俘获一个能量较低的中子会生成

比 ^{239}Pu 更为优良的裂变燃料 ^{241}Pu（见表 2-10）。^{241}Pu 的一部分又会再俘获中子生成不易裂变的同位素 ^{242}Pu。这样，堆内的钚主要包含质量数为 239～242 的四种钚同位素。可把堆内存在的铀、钚核素划分成三类：

（1）易裂变核素——^{235}U、^{239}Pu、^{241}Pu；

（2）可转换核素——^{238}U、^{240}Pu；

（3）只会俘获中子的毒物——^{236}U、^{242}Pu 等。

表 2-10 一些铀、钚、镅同位素的核常数

核常数名称	^{235}U	^{236}U	^{238}U	^{239}Pu	^{240}Pu	^{241}Pu	^{242}Pu	^{241}Am
对于热中子（能量为 0.025 eV）								
裂变中子数 ν	2.42		0	2.87		2.93		
裂变截面 σ_f/b	582		0	743	0.03	1 009	＜0.2	3
俘获截面 σ_c/b	98.6	5	3	269	290	368	19	832
俘获裂变比 α	0.169			0.362		0.365		
次级中子产额 η	2.07		0	2.11		2.145		
对于典型快中子堆中的快中子（单群核常数）								
裂变中子数 ν	2.5		2.0	3.02		3.09		3.1
裂变截面 σ_f/b	2.0	0.1	0.05	1.9	0.4	2.6	0.3	0.4
俘获截面 σ_c/b	0.4	0.5	0.3	0.4	0.5	0.5	0.3	1.8
俘获裂变比 α	0.2	5	6	0.21	1.25	0.19	1	4.5
次级中子产额 η	2.1		0.3	2.5		2.6		

各种核素的生成和消失相当复杂。图 2-13 所示为铀－钚循环中主要核素的生成和转变过程。为了清楚醒目，图中略去了某些次要的核素和核反应。现以 ^{238}U 为例来研究。它有三种可能的核反应途径：（1）天然放射性，以半衰期为 4.5×10^9 a 的 α 衰变成为 ^{234}Th，接着经过一系列的 β 和 α 衰变，最终成为稳定核素 ^{206}Pb；（2）俘获中子的（n，2 n）反应使 ^{238}U 转变成为 ^{237}U，^{237}U 以半衰期为 6.75 d 的 β 衰变成为 ^{237}Np，^{237}Np

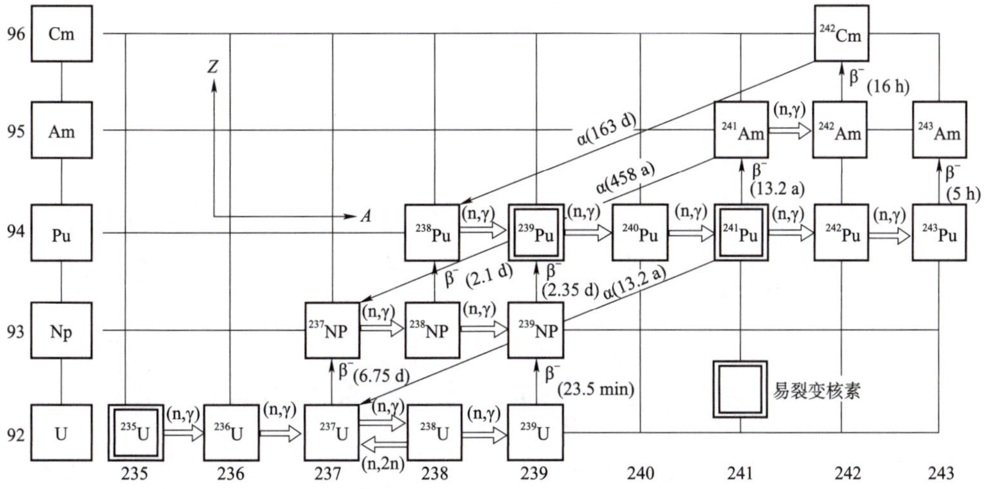

图 2-13 堆内核素的生成和消失（铀－钚循环）

的α衰变半衰期长达 2.2×10^6 a，在堆内它多半会俘获一个中子而转变成为 ^{238}Np，^{238}Np 或以半衰期为 2.1 d 的β衰变成为 ^{238}Pu，或再俘获一个中子而转变成为 ^{239}Np，然后 ^{239}Np 经过半衰期为 2.35 d 的β衰变成为 ^{239}Pu；（3）具有最大概率的过程是 ^{238}U 俘获中子后经过两次β衰变生成 ^{239}Pu 的核燃料转换过程。

^{239}Pu 在堆内的消失也有三种可能的途径：（1）天然放射性，以半衰期为 2.4×10^4 a 的α衰变成为 ^{235}U；（2）经过（n, 2 n）反应转变成为 ^{238}Pu；（3）俘获中子生成 ^{240}Pu，以及随后的 ^{241}Pu、^{242}Pu 和 ^{243}Pu。^{240}Pu 和 ^{242}Pu 具有α放射性，会衰变成为 ^{236}U 和 ^{238}U；^{241}Pu 和 ^{243}Pu 具有β放射性，只要它们尚未吸收中子，就会衰变成为 ^{241}Am 和 ^{243}Am。

^{241}Am 具有很强的γ和 X 放射性，它会以 458 a 的半衰期α衰变，或俘获中子生成 ^{242}Am；后者会以 16 h 的半衰期β衰变成为 ^{242}Cm，然后再发生一系列的衰变和俘获反应。

在堆内生成各种钚同位素的速率，取决于转换比 C。钚的同位素组成，则与中子能谱有关，因为 ^{239}Pu 和 ^{240}Pu 在超热能区（0.3 eV 和 1 eV 附近）的极高共振吸收峰对生成较重同位素的核反应率有很大影响。因此，不论是钚的总产量或是其同位素组成，均因堆型而异，见表 2-11 及表 2-12。总的说来，两者都是燃耗的函数。燃耗越深，燃料中的钚就越多，其中较重同位素的占比也越大（见表 2-11 及图 2-14～图 2-16），但单位能量的产钚量有所下降。钚的各种同位素不能用化学方法互相分离，为了获得较纯净的 ^{239}Pu（如军用钚），必须在相当浅的燃耗下将燃料元件从堆内卸出。

表 2-11　热中子堆乏燃料中的钚的同位素组成

堆型	燃耗深度/（MW•d/tU）	^{239}Pu/%	^{240}Pu/%	^{241}Pu/%	^{242}Pu/%	钚总含量/（kg/tU）	其中易裂变钚/（kg/tU）
天然铀石墨堆	3 000	80.0	16.9	2.7	0.3	2.0	1.65
天然铀重水堆	7 500	66.6	26.6	5.3	1.5	3.8	2.7
沸水堆	27 500	59.8	23.7	10.6	3.3	8.6	6.1
压水堆	33 000	56.2	23.6	13.8	4.9	8.8	6.2

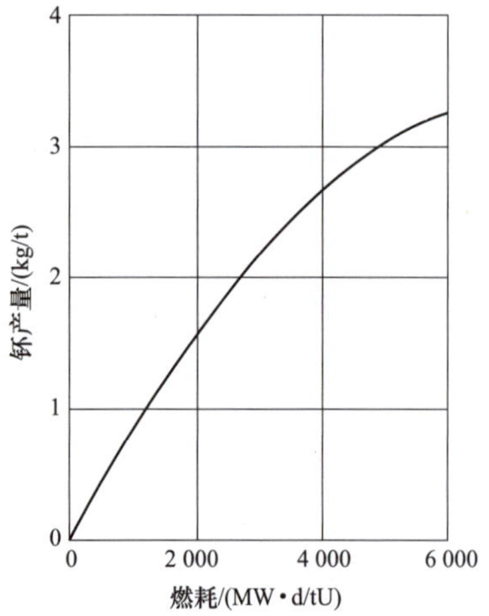

图 2-14　天然铀石墨堆中的钚产量同燃耗的关系

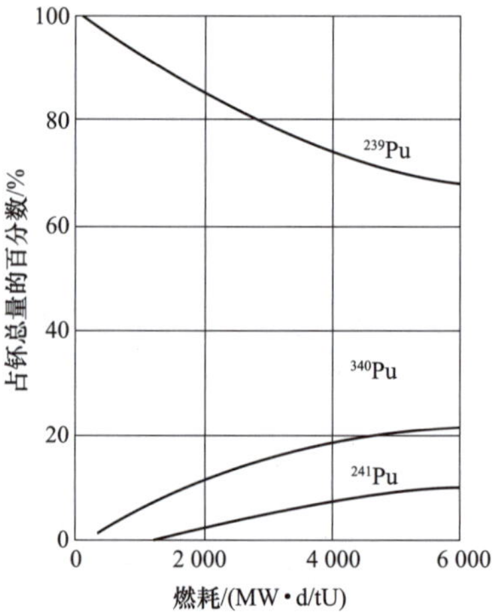

图 2-15　天然铀石墨堆中产生的钚的同位素组成同燃耗的关系

表 2-12　几种堆型的钚年产量（等效钚-239）　kg/（MW•a）

压水堆	沸水堆	重水堆	天然铀石墨堆	高温气冷堆	钠冷快堆
180～220	200～250	500～600	600～800	150	200～260

另一种核燃料转换是以天然钍为转换原料，生成新的裂变燃料铀-233。天然钍是单一的同位素钍-232，它俘获中子后，经过两次β衰变，生成易裂变的铀-233（见 2.1 节）。铀-233 在自然界中也不存在，它具有α和γ放射性，半衰期是 16 万 a。

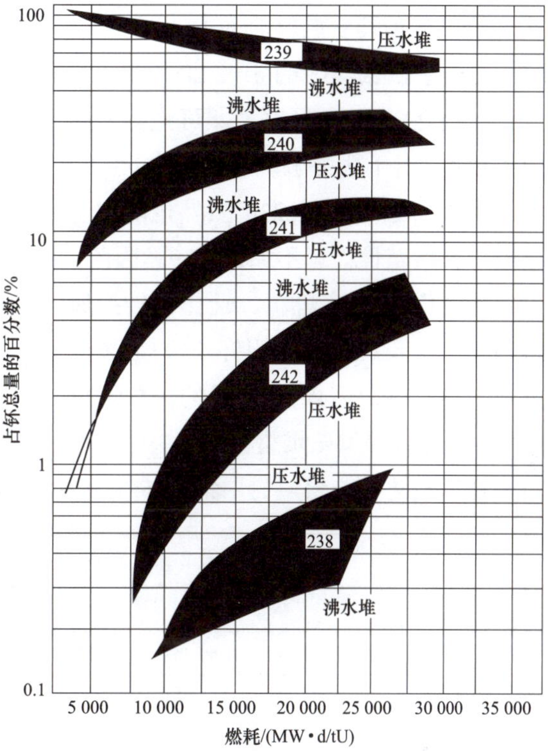

图 2-16　轻水堆中产生的钚的同位素组成同燃耗的关系

2.7.3　核燃料的增殖

首先让我们看一看 C 大于或小于 1 的意义。$C\geqslant 1$ 的情况很清楚，只要供给廉价易得的增殖原料，就可以源源不断地产生越来越多的裂变燃料，以供给新建的核电厂投产之用。在这种情况下，天然铀中的铀-238 理论上可全部转变成钚-239，比单烧铀-235 扩大裂变能量资源一百倍以上，实际上考虑到核燃料循环中的物料损失，也有六七十倍之多。假如 $C<1$，则初始的核燃料量 I_0 消耗掉以后，从转换原料只能产生 I_0C 的新燃料量，$I_0C<I_0$。这 I_0C 燃料量的消耗，又可换取 I_0C^2 的新燃料量，依此类推。最后，经无数次循环，理论上转换原料被利用的总量 S 将等于下列级数之和：

$$S=I_0C+I_0C^2+I_0C^3+\cdots=\frac{I_0C}{1-C}$$

被利用的转换原料对于初始投料之比是 $S/I_0=C/(1-C)$。设 $C=0.9$，这比值就等于 9 倍。虽然距离天然铀中 $^{238}U/^{235}U$ 的 140 倍尚远，仍算是一个不小的数字。注意此乃理论数字，假设了在循环回收过程中无任何物料损失。

实现核燃料增殖（$C\geqslant 1$）的困难很多。令 η 代表每消耗一个易裂变核所能提供的次级中子数，则 $\eta-1$ 是容许泄漏或被易裂变核素以外的其他材料（包括转换原料）吸收的中子数（参见 2.3.1 节）。$\eta-1$ 乃是 C 值的理论上限，因为总不可能使这些中子全部被转换原料所吸收，还有慢化剂、冷却剂、结构材料和控制棒都会吸收一部分中子，积累起来的裂变产物也会吸收一部分中子，这些以及不可避免的中子泄漏，就是使转

换比 $C<\eta-1$ 的因素。以铀-235 为裂变燃料的热中子反应堆的 $\eta-1$ 只有 1.07（见表 2-1），不可能实现 $C\geqslant 1$，现代天然铀反应堆的 $C\approx 0.8$，低富集铀反应堆的 $C\approx 0.6$［在图 2-6 中，$C=(10+26)\div(40+7)=0.77$］。

η 值随中子能量而变。图 2-17 和表 2-13 给出各种裂变燃料的 η（或 $\eta-1$）值。对于热中子，铀-233 的 $\eta=2.28$ 为最大。也只有铀-233 的 η 足够大，可能实现热中子增殖。对于快中子，钚-239 的 $\eta\approx 2.9$ 为最大，铀-233 和铀-235 虽然也能实现增殖，其增殖性能远不如钚-239。因此，采用铀-233 为裂变燃料、钍作为转换原料的热中子反应堆和采用钚-239 为裂变燃料、铀-238 作为转换原料的快中子反应堆，是最好的增殖堆型。有些快中子增殖堆初期缺乏钚装料，先用铀-235 来启动，属于过渡性质，最终都要换成钚燃料。

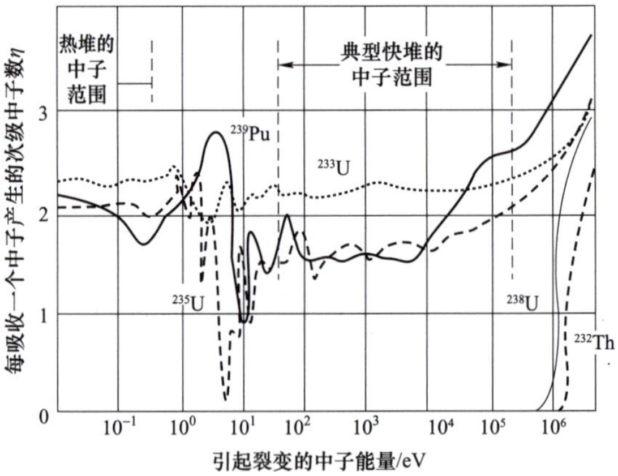

图 2-17　各种核燃料的 η 值随中子能量而变化的情况

表 2-13　各种裂变燃料的（$\eta-1$）值

裂变燃料	中子能量					
	热能	1～3 000 eV	3～100 keV	0.1～0.4 MeV	0.4～1 MeV	1～2 MeV
^{233}U	1.28	≈1.0	1.12	1.29	1.43	1.54
^{235}U	1.07	≈0.5	0.71	1.04	1.23	1.40
^{239}Pu	1.11	≈0.7	1.04	1.58	1.84	1.98

以上的计算尚未考虑转换原料的快中子裂变效应。铀-238 和钍-232 在能量高于约 1 MeV 阈值的快中子轰击下，都会发生裂变，使次级中子数增大 ε 倍（见 2.3.3 节的四因子公式）。此效应在 ^{233}U-^{232}Th 快中子系统中比较微弱，约为 1.02，而在 ^{239}Pu-^{238}U 快中子系统中特别显著，可达到 1.2。因此，最大可实现的增殖比应写成：

$$C_{max}=\eta\varepsilon-1$$

令泄漏和伴生吸收损失的中子数为 L，则实际可得到的增殖比为：

$$C=\eta\varepsilon-1-L$$

为了实现增殖，快中子增殖堆不应含有使中子慢化的物质，因为如图 2-17 所示，在能量大于 100 keV 时，η 随中子能量增大而明显增大。用碳化物燃料（裂变燃料 ^{239}PuC 和转换原料 ^{238}UC 都只含有一个轻的原子 C）比用氧化物燃料（裂变燃料 $^{239}PO_2$ 和转换原料 $^{238}UO_2$ 都含有两个轻的原子 O）的慢化作用小，用氦气冷却剂比用液态钠的慢化作用小，两者均导致较硬的中子能谱，而有利于提高增殖比。

快中子引起各种材料的伴生吸收损失远小于热中子。在热中子增殖堆和转换堆中，应特别注意选用吸收截面小的材料以减少中子俘获损失。在这一点上，高温气冷堆和熔盐堆采用石墨作为慢化剂和结构材料是有利的。热中子增殖堆（熔盐堆）通过不断清除裂变产物和钍铀转换的中间产物 ^{233}Pa（半衰期 27.4 d）以减少其吸收中子的作用。这两种堆型都能有效地将 ^{232}Th 转换为 ^{233}U，熔盐堆有可能实现增殖。图 2-18 和图 2-19 分别表示快中子增殖堆和熔盐堆的典型的中子平衡。

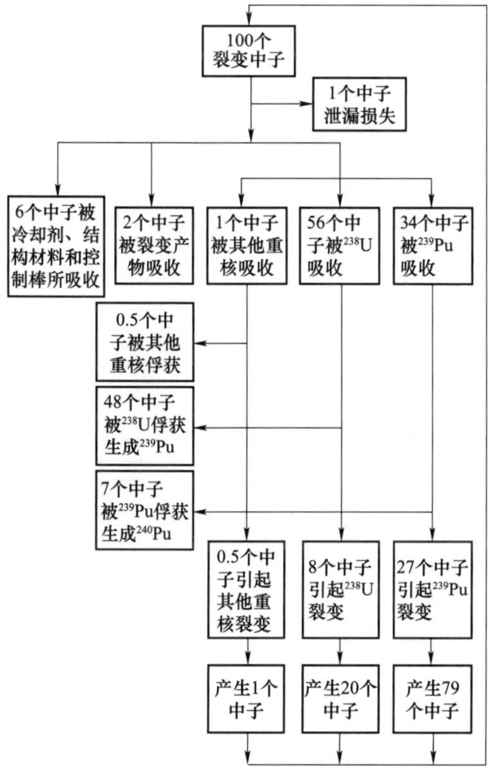

图 2-18 快中子增殖堆的中子平衡示例

注：$\eta=\frac{79}{34}=2.32,\varepsilon=\frac{100}{79}=1.27,L=\frac{100-34-48}{34}=0.53,$

$C_{max}=\eta\varepsilon-1=1.94,C=\eta\varepsilon-1-L=1.41$

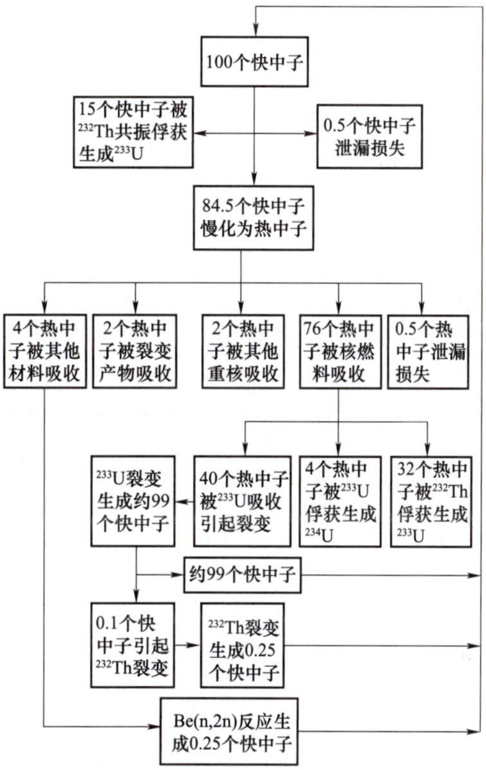

图 2-19 熔盐堆的中子平衡示例

注：$\eta=\frac{99}{44}=2.25,\varepsilon=\frac{100}{99}=1.01,L=\frac{9}{44}=0.2,$

$C_{max}=\eta\varepsilon-1=1.27,C=\eta\varepsilon-1-L=1.07$

在一座增殖堆中生成的裂变燃料，除了补充自身的燃料消耗外，还有富余量可以供给另一座新建的堆，使得一个由增殖堆核电厂组成的电力系统的装机容量不断扩大，以满足日益增长的能量需求。通常把增殖的裂变燃料余量 $C-1$ 称为增殖增益 G。把增殖堆生产出足以起动另一座同样反应堆的投料量所需时间定义为燃料倍增时间 T_D。应注意这个投料量不仅包括新堆的初装料量，而且包括燃料循环（燃料组件制造，卸出组件的冷却、运输和后处理等）各环节的周转量。令新堆需要的燃料循环总投料量为 M（kg）$_{正}$，设增殖堆每天消耗裂变燃料 F（kg）$_{正}$，则倍增时间 T_D（d）等于：

$$T_D = M/(F \cdot G)$$

式中：$F=2.7\times10^{21}\cdot(1+\alpha)\cdot239\cdot P/(6.023\times10^{23}\cdot1\,000\cdot\varepsilon)=1.07P(1+\alpha)/1\,000\cdot\varepsilon$（kg），$P$ 为反应堆热功率（MW），α 为裂变燃料的俘获裂变比，ε 为转换原料的快中子裂变因数（见 2.2.4 节）。

令 x 代表燃料循环总投料量对于堆内投料量之比，用 P_m 表示反应堆的比功率（kW/kg 裂变燃料），则 $M=1\,000P\cdot x/P_m$（kg）。代入上式，取 $\alpha=0.05$，$\varepsilon=1.2$，并将天数换算成为年数，按 1 a=365·LF 计算，LF 是核电厂的负荷因子，可得到近似的计算式如下：

$$T_D\text{（a）}\approx3\,000x/(P_m\cdot G\cdot \mathrm{LF})$$

可见，对燃料倍增时间起决定作用的三个同等重要参数是：增殖增益 G、比功率 P_m 和表征堆外周转料量因数 x。x 也略等于燃料循环总时间对于燃料在堆内停留时间之比 =（$T_{堆内}+T_{堆外}$）/$T_{堆内}$，估计为 1.5～2.0。现在估计大型快中子增殖堆的燃料倍增时间可望达到 12～25 年，见表 2-14 和表 2-15，将来实际数值可能有较大出入。为了缩短燃料倍增时间，除了提高增殖比和比功率外，减少燃料在堆外滞留时间，也是很重要的。因此，对于发展不需要很长冷却时间的后处理工艺，应予以重视。

表 2-14　不同堆型增殖堆燃料倍增时间的估计

堆型	增殖比 C	增殖增益 $G=C-1$	比功率*P_m/（kW/kg）	堆外周转量因数 x	燃料倍增时间** T_D/a
快中子堆	1.2～1.4	0.2～0.4	900～1 200	1.5	15～20
熔盐堆	1.06	0.06	2 000	1.0	～26

* 指热功率；

** 负荷因子 LF 按 80%计。

表 2-15　不同燃料钠冷快堆燃料倍增时间的估计

燃料	氧化物燃料			碳化物燃料		
	增殖比 C	增殖增益 G	燃料倍增时间 T_D/a	增殖比 C	增殖增益 G	燃料倍增时间 T_D/a
U-Pu	1.277	0.277	16	1.42	0.42	9
Th-^{233}U	1.041	0.041	112	1.044	0.044	91

2.8　裂变反应堆的类别和构成

2.8.1　反应堆的类别

关于反应堆的用途，前文已叙述（见 1.4.1 节）。反应堆可从多种不同角度分类，如表 2-16 所示。

表 2-16　反应堆的分类

分类角度	名称和特征
A. 用途	A.1 动力堆，用于发电、供热和作为推进动力 A.2 生产堆，生产裂变燃料 ^{239}Pu 和（或）^{3}H A.3 研究试验堆 A.4 特殊用途堆
B. 中子能量	B.1 热中子堆，其中裂变反应主要由热中子（能量小于 0.1 eV）引起 B.2 中能中子堆，其中裂变反应主要由超热中子（能量为 1 eV～10 keV）引起 B.3 快中子堆，其中裂变反应主要由快中子（能量超过 0.1 MeV）引起
C. 核燃料布置（限于热中子堆和中能中子堆）	C.1 均匀堆，其中核燃料同慢化剂均匀混合（如铀化合物溶解或悬浮在慢化剂中，形成溶液、悬浮液或浆液；铀与聚乙烯或氢化锆弥散混合等） C.2 非均匀堆，其中固体或液体核燃料（如熔盐）同慢化剂不相混合
D. 核燃料	D.1 天然铀（限于热中子堆） D.2 低富集铀，或铀钚混合氧化物 MOX D.3 高富集铀，或钚-239 D.4 钚-239＋转换原料铀-238（铀－钚循环） D.5 铀-233＋转换原料钍-232（钍－铀循环）
E. 慢化剂	E.1 石墨 E.2 重水 E.3 轻水或含氢物质（轻水堆包括压水堆和沸水堆） E.4 铍或氧化铍
F. 冷却剂	F.1 气体（空气、CO_2、He、水蒸气等） F.2 液体（水，重水，有机溶液等） F.3 液态金属（钠，钠钾合金，铅，铅铋合金等）
G. 核燃料转换性能	G.1 燃烧堆（无明显的核燃料转换） G.2 转换堆（有显著的核燃料转换，但转换比小于 1） G.3 增殖堆（核燃料转换比大于 1）
H. 新堆型开发阶段	H.1 实验堆 H.2 原型堆 H.3 商业示范（验证）堆
I. 结构形式	I.1 重水堆有压力容器式与压力管式之分 I.2 钠冷快堆有池式与回路式之分 I.3 高温气冷堆有球床式与柱床式之分 I.4 轻水型研究试验堆有游泳池式、水罐式与池内罐式之分
J. 空间位置（除作为推进动力）	J.1 陆上固定式 J.2 陆上可移动或可拆装式 J.3 海上浮动式 J.4 海底或空间

按表 2-16 中的特征，可有几百种不同的组合方式，但只有几十种是可实现的。经过几十年的研究与开发，迄今获得成功的或仍在继续发展的堆型不过十几种。发电用动力堆已集中于压水堆、沸水堆、压力管式重水堆（CANDU）、高温气冷堆、快中子增殖堆等少数几种具有经济竞争力或潜力的堆型。关于动力堆、生产堆和研究试验堆实际应用的细节，将在以后章节中分别叙述。鉴于各种堆型最基本的区别在于中子能量，现概略地叙述按中子能量区分的反应堆型的特点如下：

（1）热中子堆——裂变反应主要由能量小于约 0.1 eV 的热中子引起。

热中子堆的主要优点是：

① 由于热中子引起裂变的概率特别大，可以使用天然铀为燃料（最小临界质量约为 2 200 kg）；

② 如果使用富集铀为燃料，临界质量相当小（在纯铀-235 的情况下，最小临界质量只有 580 g）；

③ 较易控制和比较安全可靠；

④ 设计的自由度较大，对慢化剂、冷却剂以及核燃料的选择余地都比较大，技术难关较少。

热中子堆的主要缺点是：

① 一般不能增殖；

② 主要利用核燃料中的易裂变组分铀-235，并且由于慢化剂和其他材料对热中子的伴生吸收显著，使得燃料转换比及铀-238 的利用率很低。

（2）快中子堆——裂变反应主要由能量大于约 0.1 MeV 的快中子引起。

快中子堆的主要优点是：

① 没有慢化剂对中子的伴生吸收，冷却剂、结构材料和裂变产物对快中子的吸收也非常小，使得中子损失少；

② 能增殖裂变燃料；

③ 能比热中子堆更有效地利用从热中子堆中产生的工业钚，以及从销毁核武器中卸出的军用钚；

④ 能有效地把高放射性废物中的长寿命锕系核素和裂变产物裂变或嬗变成为短寿命核素。

快中子堆的主要缺点是：

① 必须使用高富集铀或钚作为裂变燃料；

② 临界质量大，所以初装料量大；

③ 堆芯体积小，热流密度高，须克服较大的传热困难；

④ 冷却剂采用不会使中子慢化的液态钠，它的化学性质活泼，感生放射性强，使得系统和设备复杂，增加了技术难度，铅冷或氦冷快堆有良好的发展前景，但有待开发；

⑤ 控制问题比较复杂。

（3）中能中子堆——裂变反应主要由能量为 1 eV～10 keV 的中能中子引起。在用铀-233 为裂变燃料的情况下，有可能在欠慢化的轻水堆中达到 1.01～1.02 的微小增殖比，实现以钍代铀。

2.8.2　反应堆的构成

现行各种反应堆中的核燃料同冷却剂，还有慢化剂（对于热中子堆），都是非均匀混合的。通常把核燃料装在密封包壳内，称为燃料棒（燃料元件①，fuel element，FE），再组装成便于装卸操作的单元，称为燃料组件（fuel assembly，FA）。也有将燃料元件直接作为装卸操作单元的。燃料元（组）件是反应堆堆芯的主体，要求在堆内长期可靠而高效地工作。现代动力堆广泛采用耐高温、耐辐照、耐腐蚀的二氧化铀（UO_2）陶瓷燃料芯体装在细长的锆合金或不锈钢薄壁包壳管内，组合成棒束型燃料组件。关于燃料元（组）件结构的细节，将在后面第 13 章中详述。燃料元（组）件按一定的几何形式（栅格）排列在慢化剂中。冷却剂以很高的流速在燃料元件表面流过，带走裂变热量。

因此，一般地说，反应堆本体的主要构成部分应包括：

（1）核燃料，包括裂变燃料和转换原料；

（2）燃料元（组）件的非燃料构件，包括用来保护燃料免受腐蚀和防止放射性裂变产物逸出的燃料棒包壳管，以及为固定燃料棒、控制棒和燃料组件位置并保证传热所需热工水力条件的定位格架、控制棒导向管、中子注量率测量管和上、下管座等构件；

（3）慢化剂（快中子堆中没有这一部分）；

（4）冷却剂，其循环系统称为一回路（或主回路），反应堆的工程特征主要取决于这一部分；

（5）为减少中子泄漏的反射层，或利用漏出中子进行核燃料转换的外围再生区；

（6）控制棒组件及其驱动机构，其他相关组件有可燃毒物组件、中子源组件、阻力塞组件等；

（7）压力容器及堆内构件；

（8）中子注量率和其他参量的测量仪器；

（9）热屏蔽和辐射屏蔽。

反射层以内是进行裂变链式反应的空间，叫做堆芯或活性区。

---

① 在本书中燃料元件是指组成燃料组件的结构上不可拆开的最小含燃料单元，如燃料棒、燃料球、燃料片组等，以区别于可拆开的燃料组件。

2.8.3 对反应堆各部分材料的要求

由于反应堆内的温度和功率密度很高，温度梯度很大，又存在着强烈的中子辐射场，会造成辐照损伤，因而对反应堆各部分材料提出十分苛刻的要求。特别是由于中子吸收截面的限制，不得不采用许多在常规工业上尚不熟悉的特殊材料，或对使用的材料提出更高的纯度要求，致使材料的选择和制备成为反应堆建造中最关键、最困难的问题之一。有些反应堆型就因材料问题而使进度推迟，需花费大量人力物力作长期的试验研究以求得解决；也有不少从其他方面看都堪称理想的堆型（如有机冷却堆、液态金属冷却堆、熔盐增殖堆等），只因未找到适用的材料（例如存在辐照分解问题或材料腐蚀问题）而不能在工程上实现。

（1）固体核燃料的主要要求是：

① 具有良好的辐照稳定性，能经受深燃耗而保持尺寸与形状的改变在可接受的范围内，并保持适当的热物理性能（如热导率）和力学性能（如强度、韧性等）不发生很大变化；

② 具有良好的热物理性能，即熔点要高，热导率要高，热膨胀系数要小，使反应堆能达到高的比功率和功率密度；

③ 具有良好的力学性能；

④ 具有良好的化学稳定性，同包壳和冷却剂相容，特别是不会与冷却剂发生化学反应，以免在包壳破损后产生不良后果；

⑤ 易于加工，制造成本低；

⑥ 后处理成本低。

没有一种材料满足所有上述要求，在实际选材时总是要作适度折中。目前广泛应用的核燃料有天然铀、低富集铀和高富集铀，钚的应用也早已开始；按核燃料的物理化学形态可分为金属型（包括合金）、陶瓷型（氧化物、碳化物、氮化物等）和弥散体型（金属陶瓷等）三类。

（2）包壳材料、燃料组件构件和其他堆内构件材料的主要要求是：

① 具有良好的核性能，用在热中子堆中的材料特别强调热中子吸收截面要小（在快中子堆中可放宽）；吸收中子后的感生放射性弱（没有强 γ 放射性或半衰期短，参看表 2-17），为此需严格控制其中的钴、铜等元素含量，以减轻设备维修的困难；

② 具有良好的力学性能，如常温及高温下的抗拉强度、冲击韧性、断裂应力，以及高温蠕变率等；

③ 具有对于核燃料、冷却剂以及在燃耗过程中积累起来的裂变产物的化学稳定性，快中子堆要求强耐受液态钠腐蚀性能；

④ 具有良好的耐中子辐照性能，辐照损伤小，辐照引起的力学性能变化（如脆化效应）小，辐照肿胀率低；

⑤ 热导率高，热膨胀系数小，熔点高；

⑥ 容易加工成型，焊接性能好，成本低廉。

在金属元素中只有铝、铍、镁和锆具有很小的热中子吸收截面（依次等于 0.24 b、0.01 b、0.069 b 和 0.185 b）及较高的熔点。其中高纯铝和铝合金已广泛用作低温水冷生产堆和研究试验堆的燃料元件包壳材料，但由于蠕变强度低，耐高温腐蚀性差，而未能用于动力堆。铍的力学性能很差，又具有剧毒，不能用作结构材料。镁合金现仅用作石墨气冷堆的燃料元件包壳材料。纯锆（含杂质铪＜0.01%）具有很小的热中子吸收截面和良好的力学性能与耐高温水腐蚀性能，几种锆合金（锆-2、锆-4、锆－铌）的耐腐蚀性能与力学性能优于纯锆，加工性能和焊接性能（在惰性气体保护下）也非常好，目前已广泛用作水冷动力堆的燃料棒包壳材料和燃料组件结构材料。

表 2-17　堆芯结构材料及其合金元素（或杂质）的中子吸收截面和感生放射性

名称	热中子吸收截面/b	感生放射性同位素	最硬 γ 射线的能量/MeV	半衰期
铍	0.010	^{10}Be	无 γ 放射性	
石墨	0.004	^{14}C	无 γ 放射性	
镁	0.069	^{27}Mg	1	9.4 min
铝	0.24	^{28}Al	1.8	2.3 min
钛	5.8	^{51}Ti	0.9	72 d
钒	5	^{52}V	1.5	3.9 min
铬	3.1	^{51}Cr	0.3	28 d
锰	13.2	^{56}Mn	2.1	2.6 h
铁	2.6	^{59}Fe	1.3	45 d
钴	38	^{60}Co	1.3	5.3 a
镍	4.6	^{65}Ni	1.5	2.6 h
铜	3.8	^{64}Cu	1.35	12.8 h
锌	1.1	^{65}Zn	1.1	245 d
锆	0.185	^{95}Zr	0.75	65 d
铌	1.2	^{94}Nb	0.4	2×10^4 a
钼	2.7	^{99}Mo	0.8	2.8 d
钽	21	^{182}Ta	1.1	115 d
钨	19	^{187}W	0.8	24 h
不锈钢*	≈3	^{59}Fe，^{60}Co，^{65}Ni 等		

* 堆用不锈钢中钴含量，严格限制在 0.02%～0.005%。

不锈钢具有良好的耐腐蚀性能和很高的强度，但由于其主要成分的热中子吸收截面相当大，现只在钠冷快中子堆中用作燃料包壳材料和组件结构材料。不锈钢在热中子堆和快中子堆中均广泛用作堆内构件的材料。不同型号不锈钢的性能有所差异，应按运行环境和应力条件慎重选择。不锈钢应力腐蚀对溶有氧的水中氯离子特别敏感，因此在水冷堆中应严格控制水中的氯离子和所用材料的氯成分，并保持水的氧含量于很低水平（$<0.14\times10^{-6}$）。镍基合金如因科镍（Inconel）-600、因科镍-690、因科洛（Incoloy）-800 等具有比不锈钢更优良的耐腐蚀性能与耐高温性能，在含氯离子的高温

水中具有良好的抗应力腐蚀开裂（stress corrosion cracking，SCC）能力，适宜用作堆内构件材料。

纯石墨的中子吸收截面很小（$\sigma_a=0.004$ b），但须清除掉所含硼、镉等强吸收中子的杂质；石墨具有高的热导率，很小的热膨胀系数，其强度随温度而增加。高密度、高强度石墨用于高温气冷堆作为燃料元件基体和堆芯结构材料。

（3）压力容器材料——压力容器是防止放射性物质外逸的第二道屏障，它的完整性对反应堆的安全性极为重要，因此对其材料的要求特别严格：

① 具有良好的常温与高温力学性能（抗拉强度、冲击韧性、疲劳和断裂性能）；

② 具有良好的加工和焊接性能；

③ 具有良好的抗中子辐照脆化性能。

现世界上普遍采用 Mn-Mo-Ni 系的高强度低合金钢，并严格控制材料中杂质 Cu（≤0.10%）、P（建议≤0.012%）、S（建议≤0.015%）、Ni 元素的含量，以减轻受中子辐照后的脆化程度。对于低合金钢耐高温腐蚀性差的缺点，一般采取在钢材接触高温水（有时含硼酸）的表面堆焊不锈钢衬里的方法，予以克服。

（4）慢化剂和反射层材料（见 2.3.2 节）的主要要求是：

① 相对原子质量数低，热中子吸收截面小，散射截面大（常用慢化剂的慢化性能见于表 2-5，表中慢化比是相对原子质量数、吸收截面和散射截面的综合度量）；

② 原子数密度高，即单位体积内的原子数目多；

③ 与冷却剂相容；

④ 具有良好的热稳定性和辐照稳定性；

⑤ 具有良好的传热性能；

⑥ 对固体慢化剂要求力学强度高；

⑦ 容易制造，成本低廉。

实际可用的慢化剂只有水、重水（以上为液体）、石墨、铍、氧化铍、氢化锆（以上为固体）和碳氢化合物（可为液体或固体）这几种。

（5）冷却剂的主要要求是：

① 具有良好的热物理性能，包括比热大、密度高、热导率大、熔点低、沸点高、蒸气压力低等，以便从较小的传热面积带走较大的热量；

② 热中子吸收截面小，感生放射性弱，最好无放射性，以省去或减轻一回路设备的屏蔽；

③ 密度高，黏度低，使循环泵消耗的功率小；

④ 具有良好的热稳定性和辐照稳定性；

⑤ 同核燃料和结构材料相容，没有强腐蚀性；

⑥ 没有化学毒性和着火的危险性；

⑦ 对快中子堆的冷却剂要求是不慢化中子；

⑧ 价廉和容易获得。

可用的液体冷却剂有水、重水、碳氢化合物、液态金属（锂-7、钠、钾、铋、铅、汞等）和氟化物（熔盐）等，可用的气体冷却剂有空气、氦、氦氙、二氧化碳和水蒸气等。

水是应用最广泛的冷却剂，在轻水堆中同时作为慢化剂和冷却剂，它的传热系数高，价格便宜，所需泵送功率仅为气体冷却剂（设其压力为 1 MPa）的 1/10。水的主要缺点是中子吸收截面大，沸点低。为了使高温水保持液态，一回路设备包括反应堆本体须在高压下运行。此外，水在高温下的腐蚀作用相当强，为了减轻腐蚀和减少水的辐射分解，必须采用去离子和除氧的高纯水，并不断地加以净化，以保持水质。即便如此，同高温水相接触的设备和部件须用耐腐蚀的高强度材料制造，适用的材料有某些牌号的不锈钢、锆合金、因科镍、蒙乃尔合金等。在较低温度下可以用铝合金。水的感生放射性主要是由于腐蚀产物和溶解的杂质被中子激活，生成半衰期较长的放射性核素（如 ^{24}Na）；至于氧核在快中子照射下生成的 ^{16}N 和 ^{17}N，虽然放射出高能 γ 射线和快中子，其半衰期相应地只有 7.1 s 和 4.1 s，很快便衰变掉，不会造成大的危害或不便。重水的各项性能，除了吸收中子的截面很小这一点外，均与轻水相同。重水慢化堆采用重水冷却剂的好处是可以避免轻水失水引起的正反应性事故并减少核燃料装载量，但重水的价格昂贵。

液态金属钠具有良好的传热性能，它在高温常压下保持液态，是很好的冷却剂。但由于它的腐蚀作用[①]和热中子吸收截面大（$\sigma_a = 0.53$ b），主要用在快中子堆中。快中子堆不能使用原子质量数低的物质作为冷却剂以免慢化中子（锂-7 是个例外，因为它的散射截面很小）。如果采用铅基材料（铅、铅铋或铅锂合金等）作为反应堆冷却剂，可设计成较硬的中子能谱，利用更多富余中子实现核废料嬗变和核燃料增殖等多种功能，中子经济性优良，同时具有高热导率、低熔点、高沸点等特性，热工特性优良，化学稳定性高，安全性好，但 Fe、Cr 和 Ni 等钢材料会溶解于铅或铅铋合金中，使得反应堆的结构材料和机械泵叶片遭受严重的腐蚀。铅铋合金经过中子辐照，会产生 ^{210}Po。^{210}Po 是一种剧毒物质，具有挥发性和放射性，半衰期 138 天，极大地增加了铅基反应堆的运行和维修难度。

气体冷却剂吸收中子少，化学活性小，完全没有或仅有很弱的放射性，又没有相态变化，因此气体冷却反应堆具有较高的安全性。气体冷却剂的主要缺点是密度和热导率均低，传热性能差，需要很高的泵送功率。补救的方法是采用高压，这又带来一系列的技术问题。

关于采用不同冷却剂的反应堆的工程特征，将在以后的章节中加以叙述。

（6）控制材料的主要要求是：

① 吸收中子的能力强；

② 熔点高和具有适当的力学强度；

---

① 净化的不含氧的钠对不锈钢和镍基合金在 600 ℃以下不腐蚀。

③ 同冷却剂的相容性好；

④ 具有良好的热稳定性和辐照稳定性，不会由于高温或吸收中子和γ射线而引起尺寸变化、强度减低或严重的腐蚀；

⑤ 具有良好的热导率；

⑥ 易于制造，成本低廉。

现在广泛采用硼、镉、铪等元素作为控制材料。特别是硼，其可能应用的形态有碳化硼 B_4C（粉末或烧结块）、硼钢及硼不锈钢（合金含硼量不允许超过 2%）、硼及其化合物在金属（铝、锆合金、不锈钢等）中的弥散体以及含硼溶液（如硼酸溶液）。天然硼含有两种同位素，吸收中子主要靠含量约占 20%的同位素硼-10。因此有时用同位素分离方法将硼-10 富集后使用。由于硼-10 的（n, α）反应产生锂和氦气，含硼材料在深燃耗下的辐照损伤比其他控制材料严重。硼对超热中子也有很强的吸收能力，故特别适用于超热中子占有相当大比重的轻水堆。图 2-20 表示硼和镉的吸收截面随中子能量变化的情况。

镉的熔点低，耐腐蚀性差，只能用于低温堆中，并且须加包壳（铝或不锈钢制）。镉对超热中子的吸收截面很小。现代压水堆采用银铟镉合金（含 15%铟和 5%镉）作为控制材料，其控制性能、力学性能、耐腐蚀性能和耐辐照性能都很好，而且容易加工。铪是生产纯锆的副产品，热中子吸收截面不很大（$\sigma_a = 105$ b），但吸收超热中子的能力很强，而且俘获中子后次第生成的六种稳定核素也均具有很大的吸收截面，因此有效使用的时间很长。铪是适用于轻水堆的优良控制材料之一，主要缺点是价格昂贵。

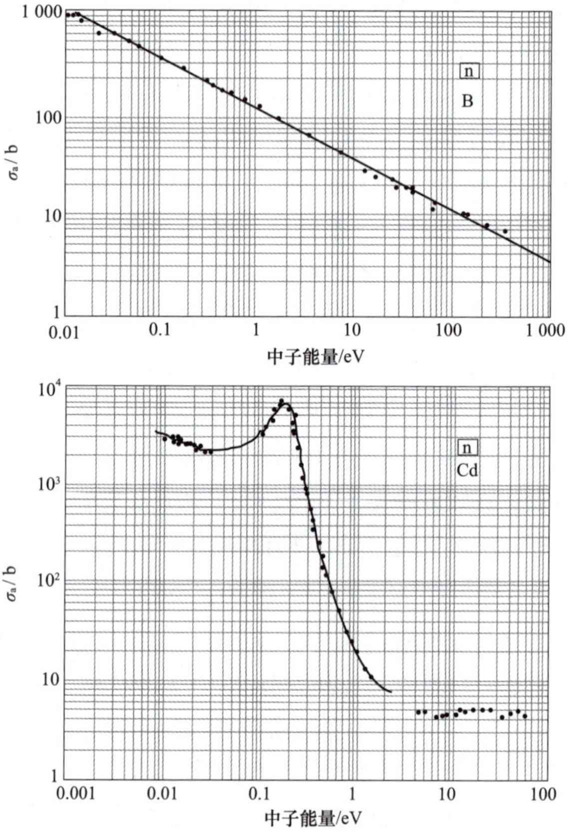

图 2-20　硼和镉的中子吸收截面随中子能量变化的情况

（7）屏蔽材料——反应堆的屏蔽结构，针对快、热中子和高能γ射线，通常由若干种不同功能的屏蔽材料组合构成。要先用较重元素材料将高能中子慢化使其能量降至 1 MeV 左右，再用轻元素材料将中能中子慢化，然后用俘获慢中子而不产生高能γ射线的材料将慢化下来的中子加以吸收。因此，屏蔽材料应具有以下特性：

① 密度大，能有效地吸收一次和二次γ射线，并能通过非弹性散射将快中子慢化下来；

② 含有足够多的氢元素，能有效地将非弹性散射阈值以下的中子慢化为热中子；

③ 有足够的力学强度、机械稳定性、热稳定性和化学稳定性；

④ 价格低廉，容易加工和制造。

常用的屏蔽材料有铁、水、混凝土（包括含有结晶水或硼的重金属骨料混凝土）。也可选用铅、石墨、硼钢、有机材料或含硼塑料等，详见 19.11.2～19.11.7 节。

表 2-18 表示几种形式反应堆的构成。

表 2-18　几种通常形式反应堆的构成

堆型	压水堆	沸水堆	重水堆	高温气冷堆	钠冷快中子堆	游泳池堆
燃料	UO_2	UO_2	UO_2	UO_2+ThO_2	PuO_2+UO_2	U-Al 或 U-Mg
富集度	3.3% ^{235}U	2.6% ^{235}U	天然铀	93% ^{235}U	15%Pu/（Pu+U）	10%～20% ^{235}U
包壳材料	锆合金	锆合金	锆合金	石墨	不锈钢	铝
燃料元（组）件型式	棒束	棒束	棒束	石墨球或柱	棒束	片组
慢化剂	水	水	重水	石墨	—	水
冷却剂	水	水	重水	氦气	钠	水
控制棒材料	Hf 或 Ag-In-Cd	B_4C	Cd＋不锈钢	B_4C	$^{10}B_4C$	Cd 或 B_4C
堆内构件材料	不锈钢＋镍基合金	不锈钢＋镍基合金	锆合金＋不锈钢	石墨＋不锈钢	不锈钢＋镍基合金	铝＋不锈钢
工作压力/MPa	15.5	7.0	11.0	约 4	0.9	0.17
反应堆容器材料	低合金钢	低合金钢	不锈钢	合金钢	不锈钢	—

注：表中游泳池堆是研究试验堆，其余是动力堆。

2.9　裂变反应堆的核燃料循环

2.9.1　铀－钚循环和钍－铀循环

反应堆燃料不是一次耗尽的，必须定期地将它从堆内卸出、处理（称为后处理）、再富集、再制成燃料元（组）件、装入堆内循环使用。

燃料循环的存在是由于装在堆内的裂变燃料必须经常保持（或大于）临界质量，否则不可能维持链式反应。为了要在一定的运行周期内发出额定功率，堆内需留有超过临界质量的裂变燃料，使反应堆活性区具有后备反应性。当燃料达到一定的燃耗深度，由于燃料的消耗，以及运行期间产生并积累起来的裂变产物的毒化效应，使后备反应性接近消失时，虽然燃料元（组）件中尚含有相当数量的裂变燃料，也得把它从堆内卸出，换入新燃料。卸出的燃料元（组）件称为乏燃料，其中含有大量的易裂变核素和可转换核素，包括原先装入未燃耗的和运行周期中在堆内转换生成的，均属价值贵重的能量资源。需要经过后处理，将裂变产物分离出去，并回收这些易裂变核素和可转换核素，重新制成可用的燃料元（组）件返回反应堆中复用，以构成燃料循环，如图 2-21 所示。燃料循环的基本结构适用于任何动力反应堆型。

只有增殖堆（$C \geqslant 1$）能实现无需外加裂变燃料、全靠投入转换原料（^{238}U 或 ^{232}Th）以不断产生核能的燃料循环。其中：以 ^{239}Pu 作为裂变燃料、以 ^{238}U 作为转换原料、生成 ^{239}Pu 的燃料循环，称为铀－钚（U-Pu）循环；以 ^{233}U 作为裂变燃料、以 ^{232}Th 作为转换原料、生成 ^{233}U 的燃料循环，称为钍－铀（Th-U）循环。在这里，新生成的裂变燃料同原先装入堆内的属同一种核素。

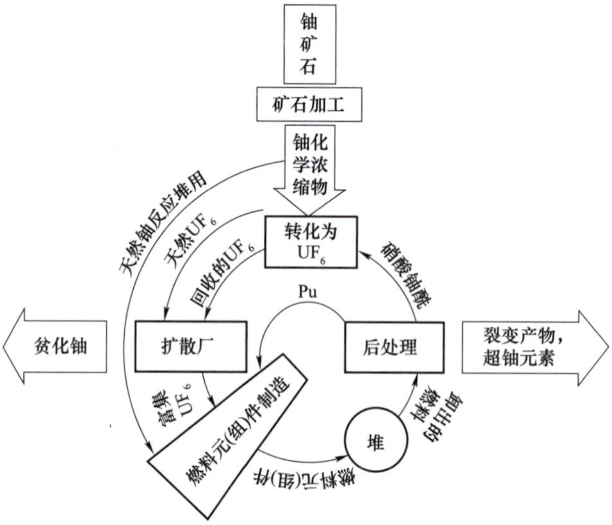

图 2-21　反应堆 U-Pu 燃料循环

由于最初的 ^{239}P 或 ^{233}U 的生成，要靠 ^{235}U 裂变提供的中子（见 2.7.2 节），这两种燃料循环的启动，都离不开 ^{235}U 作为初始的裂变燃料。在这种情况下，再生成的裂变燃料与原先装入堆内的不属同一种核素，转换比（C）也往往小于 1，但相应的工艺过程仍称为铀－钚循环或钍－铀循环。

铀－钚燃料循环的工艺过程包括：（1）铀矿地质勘探；（2）铀矿石开采；（3）铀的提取和精制；（4）铀的化学转化；（5）铀-235 的富集（铀同位素分离）；（6）燃料元（组）件［及转换元（组）件，如果单独有的话］制造；（7）堆内使用（燃耗）；（8）乏燃料中间贮存；（9）乏燃料运输；（10）乏燃料后处理；（11）放射性废物的处理和最终处置。其中，（1）～（6）称为燃料循环前段，（8）～（11）称为燃料循环后段。

铀－钚循环已实现工业规模的生产，钍－铀循环尚处于研究试验阶段。现行压水堆、沸水堆、重水堆和石墨堆均采用铀－钚循环。热中子堆在 $C<1$ 的情况下复用铀和钚，仍可以大大减少对天然铀以及对 ^{235}U 富集能力的需求。后处理工厂则是回收铀、钚资源必不可少的环节。

2.9.2　铀－钚循环的三种不同方式

最初采用闭合燃料循环的意图是在快中子增殖堆中复用钚。在 20 世纪五六十年代，估计世界能源需求增长很快，每十年就要翻一番，形势促使核电加快发展；考虑到铀可能供不应求，各工业发达国家无不大力开发快中子增殖堆和后处理工艺。70 年代石油危机后，能量需求锐减，当时铀价仍在上涨。至 80 年代，石油价格下落，对未来核电增长率的估计数字一再下调，而地质勘探又证实了新增的铀矿储量，于是铀价开始下跌。同时，燃料循环后段费用上涨，快中子增殖堆的进展又不像设想那样顺利。美国出于防止核武器扩散的考虑，首先提出燃料循环的一次通过方式，这种不闭合的循环实不成其为循环，它仅利用 0.5%的铀资源，把乏燃料中尚存的铀-235、钚-239 和铀-238 等统统废弃不用，付诸永久埋存。同这种方式相对的是铀复用方式和铀钚复用方式，两者皆需要后处理。

这三种方式相比较，以现行低富集铀轻水堆而言，乏燃料中尚含有约 0.8%的 ^{235}U，其丰度高于天然铀，如果经后处理加以回收，在反应堆中复用，可节省天然铀 15%～20%。如果再将乏燃料中的钚回收复用，一次循环即可节省天然铀 35%～40%，即把铀资源的利用率从不到 0.6%提高到了 0.8%以上，参见图 2-21 和图 2-22。多次循环复用还会有所增益，但由于轻水堆中的燃料转换比 C 远小于 1，铀资源利用率的增长趋缓，大概总共不会超过 1%。天然铀重水堆的燃料转换比较高，在重水堆中复用钚（重水堆乏燃料中的铀丰度很低，已不值得复用）可把铀资源利用率提高到 1%～2%。

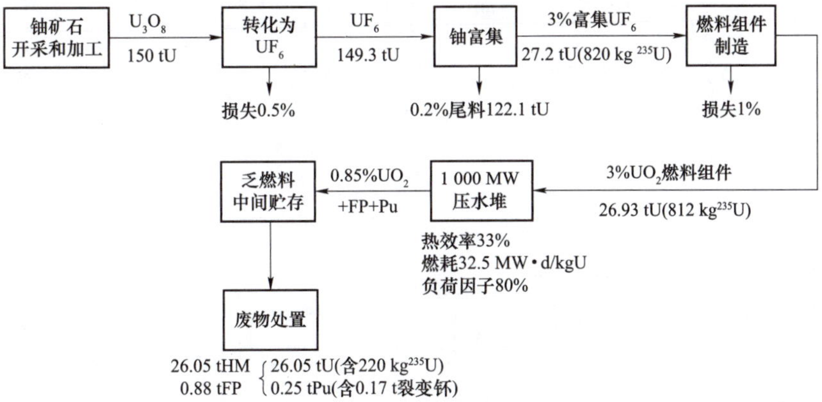

图 2-22　1 000 MW 压水堆的燃料循环（一次通过方式）

1977 年美国倡议不作后处理，并带头关闭后处理厂和停止开发快中子增殖堆。认为世界铀资源足够支持核电发展之需。然而各耗能大国皆不附和。当前仅美国、加拿大、瑞典决定采用开式燃料循环。法、英、俄、日、中国、印度等国坚持发展闭合燃料循环，继续发展快中子增殖堆和后处理工艺。在回收的铀和钚复用于快中子堆以前，拟先用于热中子堆。其余大多数有核电厂的发达国家则未作决定，暂时将乏燃料组件贮存起来，待铀价上涨到一定程度时再进行后处理以回收复用铀和钚，同时也为将来选择后处理或直接最终处置，留有余地。总之，燃料循环方式的选择，取决于各国的政治路线、经济发达程度、长远能源需求和燃料资源等诸多因素，需要全面分析后做出适合国情的决策。

图 2-22～图 2-27 表示几种堆型的典型燃料循环及归一到 1 000 MW 和 80%负荷因

子计算的燃料年流量。实际上影响的因素很多，这些大概数字仅供参考。表2-19的铀资源利用率是按图中数字算出的。

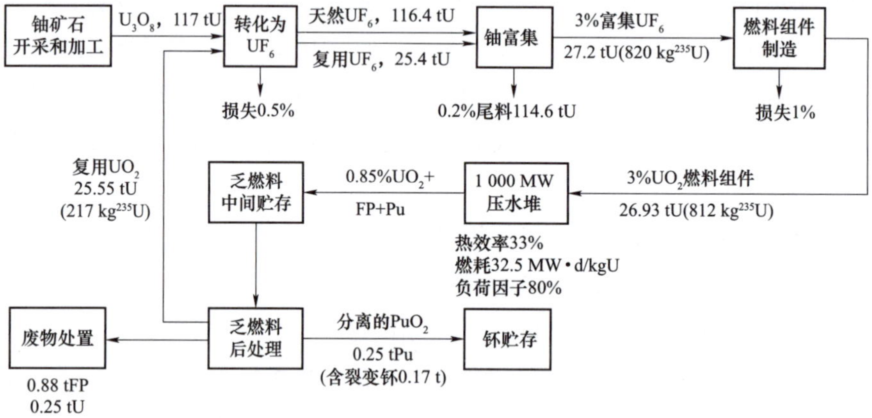

图2-23　1 000 MW压水堆的燃料循环（铀复用方式）

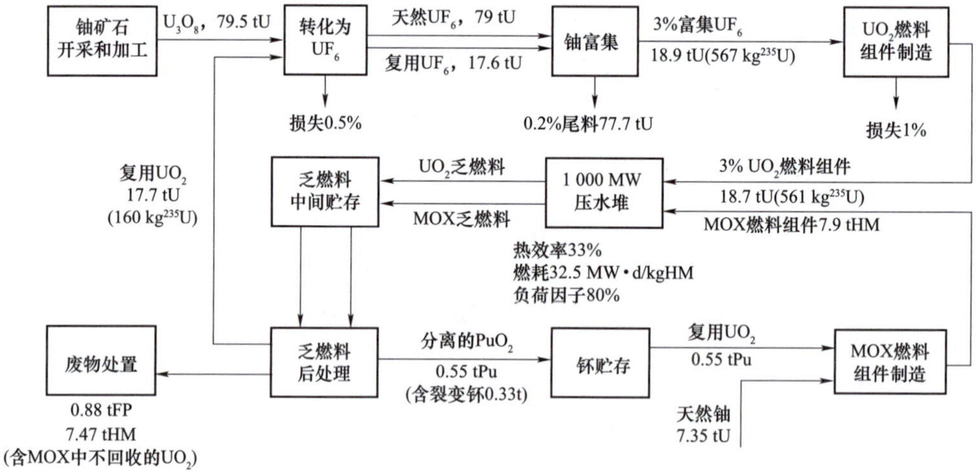

图2-24　1 000 MW压水堆的燃料循环（铀钚复用方式）

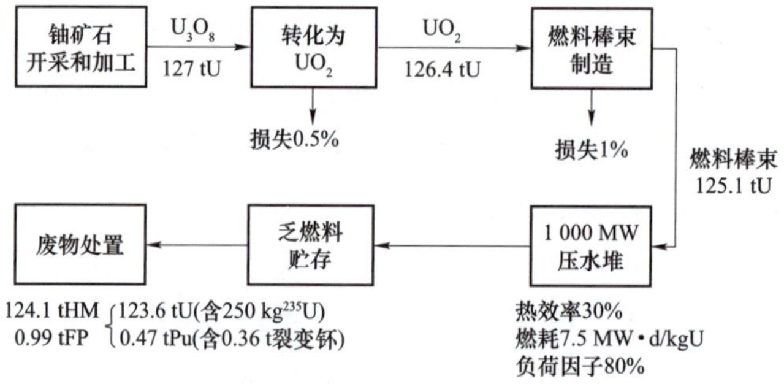

图2-25　1 000 MW重水堆的燃料循环（一次通过方式）

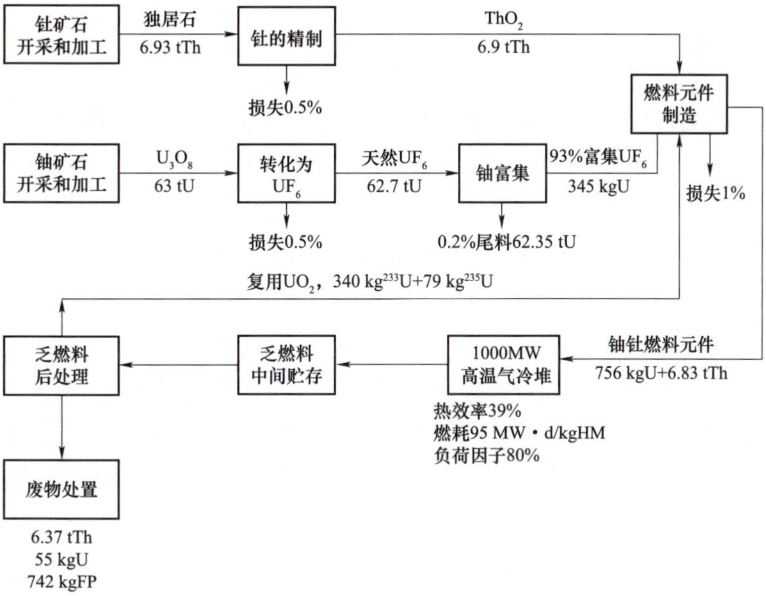

图 2-26　1 000 MW 高温气冷堆的燃料循环

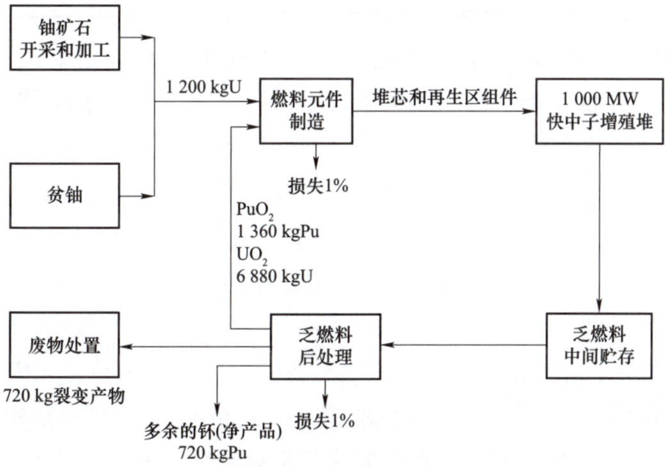

图 2-27　1 000 MW 快中子增殖堆的燃料循环

表 2-19　几种堆型的铀资源利用率

堆型	循环方式	裂变燃料	转换原料	铀资源利用率/%
压水堆	一次通过	^{235}U	^{238}U	0.58
	铀复用	^{235}U	^{238}U	0.75
	铀和钚复用	$^{235}U+^{239}Pu$	^{238}U	0.98
重水堆	一次通过	^{235}U	^{238}U	0.78
高温气冷堆		$^{235}U+^{233}U$	^{232}Th	1.1（有钍参与）
快中子增殖堆		^{239}Pu	^{238}U	30～60

注：沸水堆的铀资源利用率与压水堆大致相同。

2.9.3 钚的利用

在天然铀或低富集铀反应堆内生成的 ^{239}Pu 和 ^{241}Pu，等于裂变燃料的增量。它们增加了燃耗深度，提高了核燃料的利用率。在轻水堆中，运行周期内生成的钚大致有 50%以上发生裂变，所贡献的裂变能量约占总量 1/3。剩余的钚可从乏燃料中回收。大亚湾核电厂压水堆的平均卸料燃耗深度为 33 000 MW•d/tU，相当于约 4%U，已明显超过初装料中的铀-235 含量，就是由于一部分钚的贡献所致。然而，对于铀-235 加上铀-238 的总量来说，铀资源利用率还是很低的。

前已阐明，要充分利用铀资源，需要发展快中子堆以实现核燃料的增殖。为此，须将乏燃料中的钚多次回收复用于快中子堆。从乏燃料中回收的钚，既可以复用于快中子堆，也可以复用于热中子堆。但由于 ^{240}Pu 等核素在超热能区的强烈共振俘获峰，对热中子堆的中子平衡十分不利，而在快中子堆中这些共振俘获的影响很小，钚用于快堆要有利得多。事实上，只有快堆能完全弥补钚在热堆中由于深度辐照而质量下降造成的损失。在热中子堆中，^{239}Pu 和 ^{241}Pu 对反应性的贡献大致相同，可把这两种同位素合称为易裂变钚：$Pu_{易裂变}={}^{239}Pu+{}^{241}Pu$。在快中子堆中，所有的钚同位素，不限于 ^{239}Pu 和 ^{241}Pu，都能裂变，只是对反应性的贡献大小不等，一般均折合成 ^{239}Pu 当量计算：$^{239}Pu_{等效}=1.0{}^{239}Pu+1.5{}^{241}Pu+0.15\,({}^{240}Pu+{}^{242}Pu)$。概括地说，1 kg $Pu_{易裂变}$在快中子堆中能起大于 1.4 kg ^{235}U 的作用；而在热中子堆中仅相当于 0.8～1.2 kg ^{235}U 的作用，视钚的同位素组成以及钚装量的多少和分布而定。例如从轻水堆乏燃料回收的钚，由于燃耗深，含 ^{240}Pu 较多，为了补偿 ^{240}Pu 对 1 eV 中子的强烈共振俘获，必须增大 $Pu_{易裂变}$的装量，而使得 1 kg 的 ^{235}U 要用大约 1.25 kg 的 $Pu_{易裂变}$来代替。1 kg 易裂变钚在快堆中的使用价值至少等于热堆中的 1.4 倍。表 2-20 表示各种钚同位素在法国设计快堆中的使用价值。此外，^{238}U 在快中子堆中对裂变也有 15%以上的贡献，而在热中子堆中只有微小的快中子裂变效应。所以，在一定的条件下，把当前核电厂中产出的钚储存起来，留待将来快中子堆成熟时应用于快堆，最为有利。对于缺乏铀矿资源的国家，在热中子堆中复用铀和钚，只能减少天然铀进口量；只有加快发展快堆，才能最终摆脱对外来铀供应的依赖。在 20 世纪 70 年代，一些国家预见到快堆一旦上马，将需要大量的钚作为初装料，开始建立钚储备。

表 2-20 各种重同位素在轻水堆和快堆中的相对使用价值（相对于 $^{235}U=1.00$）

同位素	在轻水堆中	在凤凰快堆中	在超凤凰快堆中	在超凤凰 2 号中
^{235}U	+1.0	+1.0	+1.0	+1.0
^{238}Pu	−1.25	+0.69	+0.57	+0.55
^{239}Pu	+1.25	+1.41	+1.3	+1.28
^{240}Pu	−0.5	+0.28	+0.18	+1.67
^{241}Pu	+1.6	+1.97	+1.95	+1.95
^{242}Pu	−1.75	+0.12	+0.05	+0.03
^{241}Am	−2.75	−0.32	−0.43	−0.45

然而，自 80 年代以来，由于商用快堆计划的推迟和经后处理分离出来的钚的日益积压，钚非但不缺少，反而多余。钚的贮存又涉及设置屏蔽和采取辐射防护与保安措施等与日俱增的巨大开支。及早利用钚，除了节省储存费用，还有减少裂变燃料的衰变损失和避免过多积累 ^{241}Am（由 ^{241}Pu 衰变而来，半衰期 13.2 年，将来使用钚作燃料前须用化学方法清除之）等好处。将钚用于热中子堆，特别是轻水堆，以减少富集铀需要量，已成为分离钚的目前最佳出路。这可以有不同的利用方式：一种方式是把整个核电系统中产生的钚，集中用于几座专门烧钚的反应堆；另一种方式是各反应堆复用自身产生的钚。其次，在一座反应堆内，既可以把钚平均分配到全部换料燃料棒和组件中去，同时降低换料的铀富集度，这样，全部燃料元（组）件制造设施都需要针对钚的额外辐射危害采取防护措施，花费的代价较高；也可以把铀钚混合氧化物（mixed oxide，MOX）燃料限制用于一部分燃料棒，其他燃料棒仍使用原来富集度的二氧化铀，以尽量降低制造成本。MOX 燃料中的 UO_2 组分既可采用天然铀，也可采用铀同位素分离工厂的尾料贫化铀或经后处理回收的铀来制备。

据一项计算，设压水堆的初装料铀富集度为 2.14%，第一次换料铀富集度为 3%，以后每次换料铀富集度保持 3%不变，但减少 UO_2 料量，增加 MOX 料量，在充分复用自身产生的钚的条件下，MOX 在第二次换料（第一次复用）中可占 18%（这使得换料后的堆内含 MOX 约 6%，MOX 由 4.7%的钚和 95.3%的天然铀组成）；逐次提高，至第六次换料（第五次复用）达到卸出燃料（包括 UO_2 和 MOX）中的钚量同此前掺入 MOX 中的钚量相等的平衡状态，是时 MOX 占换料量约 30%，MOX 占全堆燃料的比例亦达到 30%，MOX 中含钚约 8%。其中易裂变钚的比重则从最初的约 70%逐渐下降到约 57%（钚的降质）。

混合装有 UO_2 和 MOX 燃料的轻水堆的堆内中子注量率与功率密度的分布、中子能谱与控制性能、反应性随燃耗的变化、氙中毒效应、反应性温度系数和空泡系数，以及卸料中重锕系核素如 ^{241}Am、^{243}Am、^{242}Cm、^{244}Cm 的含量等，都与采用单纯低富集铀装料时的情况不同，应深入研究。一般在现行压水堆中限制 MOX 燃料占全堆燃料的比例不超过 30%（在快中子堆中无需限制），如果超过，就须增加控制棒或在燃料组件中加入足够的可燃毒物。对于卸出的 MOX 乏燃料，可按一次通过方式储存起来，也可经过后处理加以回收复用，但钚的质量和使用价值将随着循环次数而下降。影响 MOX 燃料利用经济性的主要因素有：燃料的燃耗、乏燃料中间贮存时间、钚在制造 MOX 燃料元（组）件前的贮存时间、铀的供应形势、MOX 燃料的制造成本等。仅钚的降质就限制其循环复用次数不超过 2～3 次，因此单靠轻水堆不能将钚烧尽，剩余的降质钚只得贮存起来留待日后用于快堆。目前各国暂限于考虑 MOX 在现行轻水堆中的一次利用。虽然 MOX 燃料的制造成本较高，但用钚代替一部分富集铀所节省下来的天然铀和分离功，在当前价格条件下仍可得到相当于换料费用约 3%的节省，且不谈缓解了积压钚（包括军用钚）的压力。比利时、法、德、瑞士、英、日、俄等国已从事制造或试验使用 MOX 燃料。法国 2000 年在 20 座压水堆中由 MOX 燃料发电量已占全部核发电量的 7%。俄罗斯将把 50 t 多余的武器级钚转为压水堆或快中子堆的燃料消费掉，为此将与法、德两国合作建造钚合金转化厂和 MOX 燃料元（组）件制造厂。美国到 2000 年才决定利用基于武器级钚的 MOX 燃料，准备引进法、比两国技术建厂。关于 MOX 燃料元（组）件的制造，见 13.8.1 节和 13.8.4 节。

核电厂中产生的 ^{239}Pu 可用来制造核武器。乏燃料中未分离的钚尚可依仗强放射性作为防止窃取或转移的障碍，经过后处理分离的钚便有核扩散的危险，必须采取严密保障措施，以防不测。从动力堆乏燃料回收的钚，含 ^{240}Pu 量较高（>10%），不适合制造核武器（因 ^{240}Pu 自发裂变的概率高，易导致过早点火），称为工业钚。美国按照 ^{240}Pu 在钚中含量的不同，曾划分出超级钚（3%）、武器级钚（7%）、燃料级钚（7%～19%）和反应堆级钚（>19%）。但用反应堆级钚做不出原子弹（哪怕是粗劣的）之说，得不到证明。因此，钚的利用成为国际上的一个敏感问题。美国坚决反对钚的回收和复用。从人类长期能源发展来看，将有用的资源弃之不顾，绝非明智之举。应继续依靠目前行之有效的 IAEA 国际核保障体制，将核扩散的危险减小至最低程度。同时加强开发具有可靠防扩散特性的新型反应堆及燃料循环工艺，积极地促进核电发展。

2.9.4 钍的利用

理论上预测地壳中的钍含量应为铀的三倍，但据经济合作发展组织的核能机构（OECD/NEA）估计，探明可用的钍资源仅相当于铀的三分之一。在世界上储存有大量贫铀（可用于快堆）的今天，不大可能为钍的工业规模勘探、开采和矿石加工投入大量资金。目前钍的合理保证资源有三分之二集中在印度。

钍本身不是裂变物质，只有在反应堆内经中子辐照转换成铀-233 之后才成为裂变燃料（见图 2-28）。因此，钍的利用不同于天然铀，后者可直接用作核燃料，而钍必须与裂变燃料（^{235}U 或 ^{239}Pu）合用才能实现核燃料的转换。

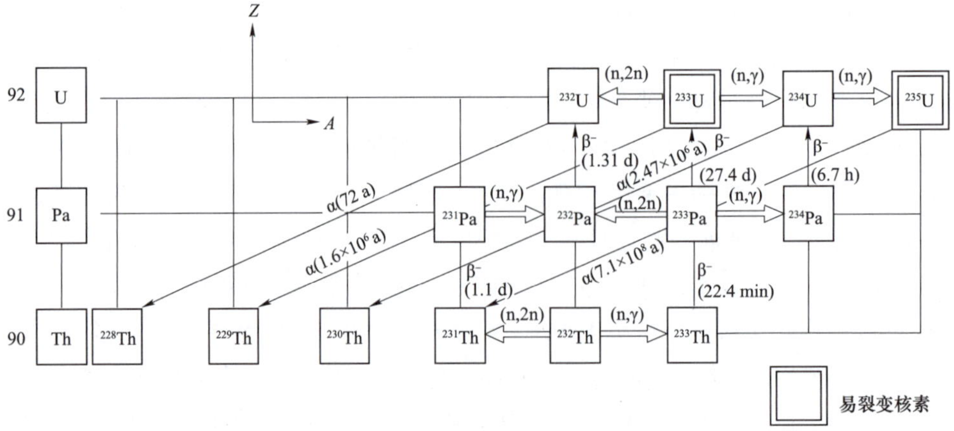

图 2-28 堆内核素的生成和消失（钍－铀循环）

世界上最初对钍的兴趣是出于对铀资源不足的担心。^{233}U 具有对热中子的俘获裂变截面比值 α 特别小、次级中子产额 η 特别高（见表 2-1）的突出优点，这对于堆内中子平衡和裂变燃料利用率都是十分有利的。几乎所有的热中子堆型都研究过采用钍–铀循环，研究得最多的是高温气冷堆，但它不能实现裂变燃料的增殖。其他研究过的堆型有轻水增殖堆和熔盐增殖堆，它们可望实现的燃料增殖比分别是 1.01～1.02 和 1.05～1.07。就增殖性能而言，不论是热中子堆或快中子堆采用钍–铀循环都远比不上快中子堆铀–钚循环。此外，乏燃料中的 ^{233}U 和 ^{232}Th 分别含有少量的 ^{232}U 和 ^{228}Th，它们的衰变链中包含一些强放射性衰变产物，特别是 ^{208}Tl 发出能量高达 2.6 MeV 的 γ 辐射（见图 2-29），给后处理和燃料元（组）件再制造带来很大困难，燃料元（组）件再制造必须在屏蔽墙后面远距离操作，对于燃耗深或经多次循环复用的 ^{233}U 燃料，由于 ^{232}U 含量的增大，屏蔽还得增厚。燃料组件成品的装卸搬运直至吊装入堆也要隔着屏蔽进行。还有其他一些复杂的工艺问题。这些工艺都不成熟。目前由于铀供应充裕和核能增长缓慢，钍–铀循环的开发工作仅在印度和加拿大小规模地进行。美国则主要在一次通过燃料循环方式的基础上，研究轻水堆燃料掺钍以加深燃耗、延长运行周期、减少卸料量、降低核扩散风险的可行方案。

核素	衰变类型	半衰期	γ射线
^{232}U			
↓	α	72 a	低能
^{228}Th			
↓	α	1.9 a	低能
^{224}Ra			
↓	α	3.6 d	0.24 MeV
^{220}Rn			
↓	α	55 s	0.54 MeV
^{216}Po			
↓	α	0.15 s	
^{212}Pb			
↓	β	10.6 h	0.3 MeV
^{212}Bi			
↓	α	60 min	1.6 MeV
^{208}Tl			
↓	β	3 min	2.6 MeV
^{208}Pb		稳定	

图 2-29　^{232}U 的衰变链

钍–铀循环的另一特点是不产生镅、锔等长寿命重锕系核素。所以只要在后处理过程中清除掉铀和镤-233（^{233}Pa），废物的总放射性水平要比铀钚循环低一个数量级以上，这有利于废物处置。

如果由于政治、经济等方面的原因，一段时间内不能实现快中子堆铀–钚循环的工业推广应用，将现行热中子堆从铀–钚循环改为钍–铀循环，由于 ^{233}U 的优越核性能，也会带来节省裂变燃料的一定好处。如表 2-21 所示，不仅裂变燃料 ^{233}U 比 ^{235}U 或 ^{239}Pu 具有小得多的热中子俘获截面，而且转换原料 ^{232}Th 也比 ^{238}U 具有小得多的共振（超热）中子俘获截面，这对于中子能谱较硬、燃料分散度较大的热中子堆（如高温气冷堆）的中子平衡，是特别有利的。高温气冷堆为实现高冷却剂温度和高功率密度，采用了石墨慢化剂和以石墨为基体的弥散型燃料，其紧凑堆芯导致中子欠慢化，正适宜使用 ^{232}Th-^{233}U 燃料作为比较，各种热中子堆型的核燃料利用率可概略地用全寿期天然铀需要量表示（见表 2-22）。在这里，各种反应堆的初装料必然是 ^{235}U，做成天然铀或富集铀形式；此后的定期换料可以用 ^{235}U，也可以用 ^{233}U 或钚，后两者归根到底需利用 ^{235}U 提供的中子从 ^{232}Th 或 ^{238}U 转换生成。因此，都应折算成相当的天然铀需要量。

表 2-21　涉及钍－铀循环的部分核数据（概略数）

核性能		^{232}Th	^{238}U	^{233}U	^{235}U	^{239}Pu
热中子（0.025 eV）	裂变截面/b	0	0	531	582	743
	俘获截面/b	7.6	2.7	47.7	98.6	269
共振中子（共振积分）	裂变截面/b	0	0	764	275	301
	俘获截面/b	85	275	140	144	200

表 2-22　各种堆型 30 年寿期（75%负荷因子）天然铀需要量*　　t/GW

燃料循环方式	压水堆	重水堆	高温气冷堆
低富集铀一次通过	4 700		3 400
天然铀一次通过		4 000	
1.2%低富集铀一次通过		2 800	
高富集铀＋钍一次通过			3 200
铀－钚循环复用	3 000	1 900	
钍-^{233}U 循环复用		1 800	1 800
钍－变性 ^{233}U*循环复用	3 300		2 500

注：铀同位素分离的尾料丰度取 0.2%。

* 变性 ^{233}U 是指掺混了 ^{238}U 的 ^{233}U 燃料。

高温气冷堆最初是按钍－铀循环设计的。以后由于钍后处理工艺未过关，堆功率密度受限制于 ^{233}Pa 的中子俘获损失而不能提高（^{233}Pa 是 ^{232}Th-^{233}U 转换的中间产物，半衰期 27.4 天，中子注量率过高会使 ^{233}Pa 过多地中途变成不需要的 ^{234}U），以及富集铀的供应情况好转等因素，改为采用富集铀燃料一次通过。但在核燃料利用率上仍显著地优于现行轻水堆（见表 2-20）。

谈到核武器扩散问题，认为钍－铀循环可以显著降低核扩散风险，似乎是一种误解。^{233}U 和 ^{239}P 或 ^{235}U 一样，都属易裂变材料，可用来制造核武器。就阻止其转用的强放射性因素来说，^{233}U 也无特殊优越性，只是 γ-放射性较强（见表 2-23）。但只要在后处理过程中清除掉 ^{228}Th 及其衰变子体，则于所含 ^{232}U 衰变产生足量 ^{228}Th 以前的不长时间，物料的 γ 放射性相当低。把 ^{233}U 从 Th 中分离出来的过程与 ^{239}Pu-U 分离同属化学分离过程。有人提出采用掺混了 ^{238}U 的变性钍（实质上是变性 ^{233}U）作为核燃料，利用 ^{233}U 与 ^{238}U 无法用化学方法分离的特点，来防止它被转用于核武器。如要富集 ^{233}U，非借助于同位素分离手段不可。然而变性核燃料经化学后处理可分离出其中的 ^{239}Pu。此外，还可经化学分离过程分离出 ^{233}Pa，由它衰变产生的 ^{233}U，非但不含

^{238}U，而且不含 ^{232}U。仍然存在无需依靠同位素分离、单靠化学分离便可制造核武器的风险。变性燃料循环陡然增加后处理工艺的复杂性，因为所处理的对象既有铀和钍，还有钚。对于用 ^{233}U 代替 ^{239}Pu 作为反应堆辐照后再生燃料以降低核扩散风险的有效性，是有争议和存疑的。

表 2-23 几种易裂变材料的核扩散遏制因素

遏制因素	商用钚	商用 ^{233}U	变性 ^{233}U
临界质量	1	1	很大
α 放射性	30	1	0.1
γ 放射性	中等强度，低能	高强度，高能	中等强度，高能
中子放射性	高强度	低强度	低强度

2.9.5 反应堆的初装料和换料需要量

反应堆的燃料装载量远远超过临界质量。反应堆的装料量同平均比功率成反比。与比功率相关的参数是功率密度（见 2.6.1 节）。平均比功率和平均功率密度越高，反应堆堆芯就可以做得越小，使得外面的压力容器和屏蔽层尺寸也减小，从而降低建造费用。比功率和功率密度主要取决于堆的热工性能。通过（1）对堆内传热过程的准确掌握；（2）降低功率密度分布不均匀系数；（3）减小为不确定因素留出的安全裕量；（4）采取合理的换料方案可以大大提高这两个参数。从 1956 年到 1970 年，压水堆的平均功率密度从 60 kW/L 提高到约 100 kW/L，平均比功率从 20 kW/kgU 提高到约 40 kW/kgU，使每 kW 功率的装料量下降近一半。20 世纪 80 年代以来，将安全性的考虑放到更加突出位置，趋向于多装一些燃料，为功率分布不均匀系数留有较大裕量，以利于实行低中子泄漏换料方案（见 5.11 节）。

燃料富集度取决于堆型和燃耗深度。决定燃耗深度的主要因素是反应性损失和材料的辐照损伤。当燃耗为反应性损失（由于裂变燃料的消耗和裂变产物的积累）所限制时，要延长燃料组件的使用寿期，就得提高装料铀-235 的富集度或钚的份额。

加深燃耗可以降低换料频率，节省燃料元（组）件制造费用和乏燃料后处理费用，降低发电成本，提高核燃料资源利用率和核电厂可用率。因此，无论哪一种堆型的发展，都要在燃料元（组）件的设计、制造、试验、运行及辐照性能研究（包括包壳材料腐蚀、裂变气体释放、芯块辐照肿胀等）等方面下功夫提高燃耗深度。

反应堆的年换料量同燃耗深度成反比：

$$\text{年换料量}=\frac{\text{反应堆热功率（MW）}\times\text{年满功率日数}}{\text{卸料平均燃耗深度（MW}\cdot\text{d / tU）}}$$

采用富集铀燃料时，应考虑到铀同位素分离工厂尾料中所含裂变燃料的损失。一般来说，这种贫化料中的 ^{235}U（丰度为 0.2%～0.3%）不再被回收复用。

表 2-24 列举了几种堆型的初装料和年换料量，并折算出所需的天然铀量。可以看到，在各种热中子堆中，以重水堆的天然铀需要量为最小，天然铀石墨气冷堆的天然铀需要量为最大。高温气冷堆和钠冷快堆极低的燃料需要量是由于转换比（增殖比）高以及生成裂变燃料（^{233}U 和 ^{239}Pu）的复用。

表 2-24　几种动力堆型的燃料需要量

堆型		压水堆（SYS80）	沸水堆（ABWR）	天然铀重水堆	天然铀石墨气冷堆	改进气冷堆	高温气冷堆	钠冷快堆
燃料比热功率/（kW/kgHM）*		32.8	26	24	3.1	14.7	70	145
热效率/%		35	35	30	26	40	40	42
初装料量	铀（HM）/（kg/MW）	87	110	140	1 240	184	1.8(U)+36(Th)	2.4（Pu）+60（U）
	富集度/%	2.14	2.07	0.71	0.71	1.65	93	15%Pu
	天然铀/（kg/MW）**	357	434	140	1 240	618	360	活性区 14 再生区 46
	分离功/（SWU/MW）**	189	225	0	0	279	400	0
燃耗深度/（MW•d/tHM）		45 000	39 000	7 500	4 755	18 000	90 000	80 000
年换料量	铀/［kg/（MW•a）］***	18.5	21.4	130	236	41	0.4	1.2
	富集度/%	3.2	2.6	0.71	0.71	2.22	93	≤0.71
	天然铀/（kg/MW•a）**	118	87	130	236	133	80	0
	分离功/（SWU/MW•a）**	78	64	0	0	93	89	0
燃料组件在堆内停留时间/a		3	4.3	1.7	3.7	5	6	2

* HM 为重金属，指铀、钚、钍；

** 铀同位素分离的尾料丰度取为 0.25%；

***负荷因子取为 80%。

2.9.6　燃料循环的总投料量

表 2-24 所示燃料需要量限于堆内投料，未包括堆外周转占用量。如前所述（见 2.7.3 节），在燃料复用方式下，系统投料需要量应等于系数 x 与堆内投料需要量的乘积。$x=(T_{堆内}+T_{堆外})/T_{堆内}$又决定于燃料在堆外周转的时间，包括在铀同位素分离工厂中的处理时间、在燃料元（组）件制造厂中的加工时间、燃料运抵核电厂后等待入堆的贮存时间、从堆内卸出后放在冷却水池中直到运出厂外的贮存过程、在后处理工厂中的冷却和处理时间、回收铀转化为六氟化铀的处理时间等。其影响因素有后处理工艺、后处理工厂厂址位置、运输条件、等待成批运输和处理的时间、因进度或生产能力不协调而引起的滞留时间等。图 2-30 表示一个理想情况下的快中子增殖堆燃料的堆外周转时间，总共一年左右。如果燃料在堆内停留的时间是 2 年，则 $x=1.5$，意味着起动一座新堆所需总投

料量为堆内投料量的 150%。由于核燃料价值很高，处于堆外周转中的核燃料代表宝贵物资的积压，从经济性着眼，应尽量缩短乏燃料的冷却与后处理及新燃料元（组）件的制造时间，力求消除额外滞留。这对于快中子堆和其他高富集铀反应堆，尤其重要。

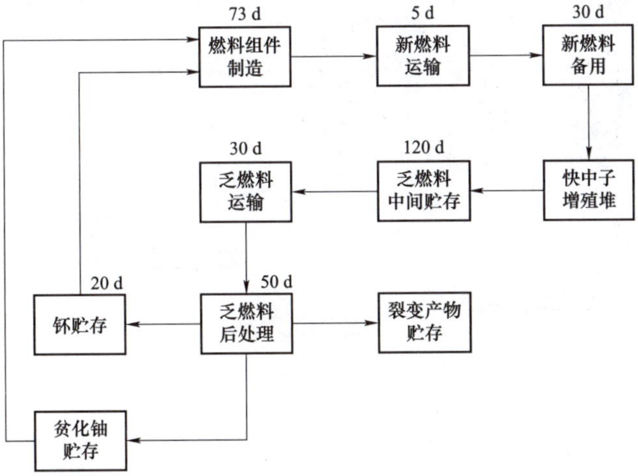

图 2-30　快堆燃料的堆外周转时间

2.10　核聚变反应

2.10.1　核聚变能源

聚变能可以利用的聚变反应主要有以下几种。

$$\mathrm{D+D \longrightarrow T(1.01\ MeV)+p(3.03\ MeV)}$$
$$\mathrm{D+D \longrightarrow {}^3He(0.82\ MeV)+n(2.45\ MeV)}$$
$$\mathrm{D+T \longrightarrow {}^4He(3.52\ MeV)+n(14.06\ MeV)}$$
$$\mathrm{D+{}^3He \longrightarrow {}^4He(3.67\ MeV)+p(14.67\ MeV)}$$
$$\mathrm{p+{}^{11}B \longrightarrow 3{}^4He(8.68\ MeV)}$$

其中，前两个反应具有非常相近的反应截面。

两个原子核要发生聚变反应，须克服它们之间的库仑斥力。以上反应中，氢及其同位素氘（D）、氚（T）带电荷最少，核间的库仑斥力最小；在目前较易达到的能量区内，氘和氚之间的反应截面较其他轻核要大。这些优点使氘和氚成为人类最理想的聚变燃料。

地球上储存有十分丰富的聚变能资源，聚变能电站示意图如图 2-31 所示。每升海水含有 0.03 g 氘，D-D 聚变每升海水可以产生 1.1×10^{10} J 的能量，为 300 多升汽油充分燃烧所提供的能量。对于 D-T 聚变，尽管氚在自然界并不存在，但它可以由中子和锂的反应产生：

$$\mathrm{n+{}^6Li \longrightarrow T+{}^4He+4.79\ MeV}$$
$$\mathrm{n+{}^7Li \longrightarrow n+T+{}^4He-2.47\ MeV}$$

锂在地球上有比较丰富的储量，海水中储藏的潜在锂资源比陆地上还要高上万倍。

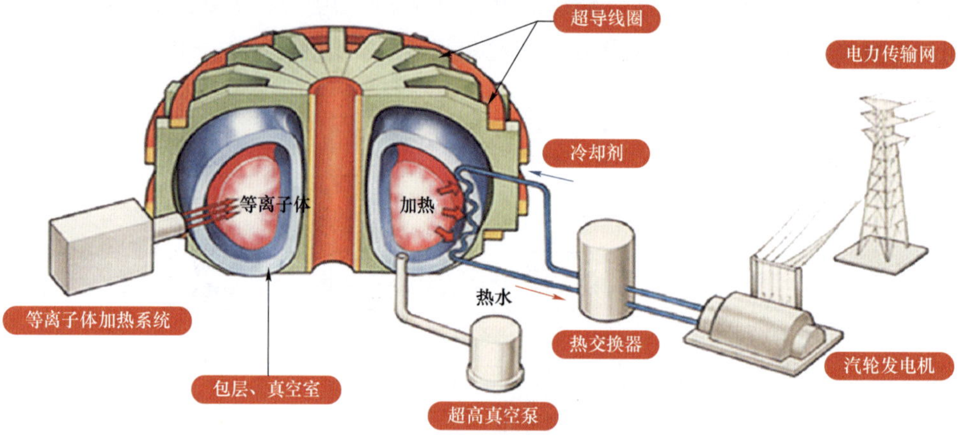

图 2-31　聚变能电站示意图

2.10.2　聚变反应与劳森判据

两个原子核发生聚变反应的前提是彼此之间的距离达到核力发生作用的范围内。由于原子核带正电存在库伦斥力，要克服原子核之间的库仑势垒就要求两个原子核需要有足够高的动能，才能在碰撞时达到核力发生作用的范围，进而发生核聚变反应。原子核动能的标称即离子的温度。

由于产生、加热和维持等离子体需要消耗能量，为了实现聚变能量的净输出，聚变反应释放的聚变能量必须大于消耗的能量，这是聚变作为能源的必要前提。1955 年，英国科学家劳森（J. D. Lawson）研究了聚变等离子体的能量平衡问题，提出了受控核聚变反应的点火条件，被称为劳森判据。劳森判据以三乘积方式描述，即等离子体密度 n、能量约束时间τ_E和离子温度 T_i的乘积。其中τ_E是等离子体内能与等离子体加热功率的比值，当等离子体加热平衡时，等离子体加热功率与等离子体内能的散失功率相等。氘和氚各占一半的等离体，实现聚变点火的条件为$n\tau_E T_i \geqslant 3\times10^{21}\,m^{-3}\cdot s\cdot keV$，且 $T_i > 10\,keV$[1-2]。

2.10.3　实现聚变反应的途径

为维持聚变反应，需要将高温等离子体约束在有限的空间内，但任何实物容器都无法承受上亿度（>10 keV）高温的等离子体。为了克服以上这一问题，一般采用磁约束（magnetic confinement fusion，MCF）和惯性约束（inertial confinement fusion，ICF）两种途径，近年来新提出了磁惯性约束的概念（magneto-inertial confinement, MIF）[3]。

磁约束聚变采用磁场约束聚变原料氘和氚等离子体，并将其加热到聚变反应的温度，使氘氚持续反应放能。目前研究的磁约束聚变的方式主要有托卡马克（tokamak）、仿星器（stellarator）、球形环（ST）、磁镜（magnetic mirrors）、θ 箍缩（θ-pinch）、Z 箍缩（Z-pinch）和反场箍缩等。惯性约束则利用燃料本身的惯性在极短时间内将等离子体压缩形成密度很高的等离子体，从而实现聚变反应。目前惯性约束聚变的主要方式有激光约束、X 射线约束、粒子束约束等。磁约束可实现长时间稳态运行，而惯性约束聚变以脉冲方式运行。磁惯性约束聚变同时具有磁约束聚变和惯性约束聚变的特征，等离子体参数介于两者之间[3]。

2.10.4 托卡马克装置

目前 MCF 途径的托卡马克研究最为广泛，进展最快。托卡马克的概念于 1951 年由苏联学者塔姆和萨哈罗夫提出，由阿奇莫维奇等人发明，其中央是一个环形真空室，真空室外面缠绕的线圈在其内部产生磁场，将等离子体约束在其中，再通过加热系统将等离子体加热，从而实现聚变反应[1]。

1984—2006 年，我国先后研制或引进改造成功了 HL-1、HT-6M、HT-7、HL-1M、HL-2A、SUNIST、J-TEXT 和 EAST 等托卡马克并取得了多项重要成果。其中中国环流器二号 A（HL-2A）在国内首次实现偏滤器位形放电和 H 模放电；全超导的 EAST 装置实现长达 400 s 的 H 模等离子体放电。2020 年，我国自主设计研制的参数最高、规模最大的新一代“人造太阳”中国环流三号 HL-3（原称 HL-2M）首次实现了等离子体放电。HL-3 有能力大大提高聚变三乘积，获得堆芯级等离子体。这些均是我国聚变能研发的基础[4]。

目前，托卡马克研究领域最引人注目的是国际热核聚变实验堆（international thermonuclear experimental reactor，ITER），其主机结构如图 2-32 所示。

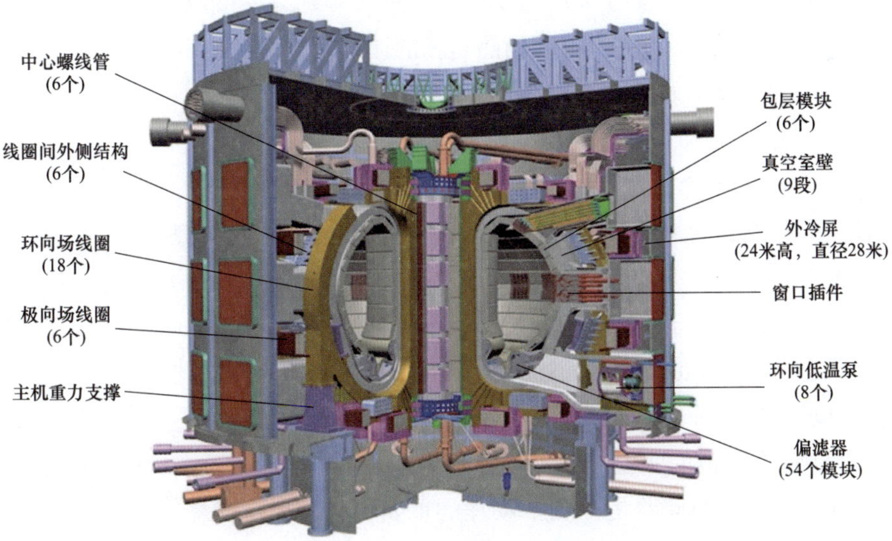

图 2-32 ITER 的主机结构剖视图

ITER 是国际合作建造在法国南部的大型科学研究设施，其成员包括中国、欧盟、印度、日本、韩国、俄罗斯和美国七方。ITER 的科学目标包括以下几项：在 400 s 内利用 5 万 kW 的外部加热产生超过 50 万 kW 的聚变功率（增益 $Q>10$），产生并研究燃烧等离子体，以及研究关键物理问题；在 3 000 s 内产生 30 万 kW 的稳态聚变功率（增益 $Q>5$），验证聚变堆“稳态运行”的物理和工程技术；探索和验证实现“高效自持燃烧”（增益 $Q\sim30$）条件下未来聚变示范电站（DEMO）的科学和工程可行性。ITER 的建设、运行和实验研究将为 DEMO 的设计和建设提供科学和工程技术基础，推进世界聚变能源研发进程[5]。

2.11 托卡马克聚变反应堆

基于托卡马克类型的聚变堆，有望率先实现聚变能应用，作为商用能源而言，未来聚变堆需考虑经济性，这涉及如何有效解决聚变堆物理与工程，优化聚变堆的设计、建造与运行等问题。

2.11.1 堆芯等离子体物理

聚变反应堆堆芯等离子体参数水平决定了聚变堆的整体性能，理解堆芯等离子体物理对于提高燃烧等离子体约束性能、提高聚变堆经济性等至关重要。“堆芯氘氚燃烧等离子体”指的是氘和氚按 1:1 的混合组成、α 粒子加热强于外部加热，达到净功率输出的等离子体。

聚变 α 粒子带 3.5 MeV 的能量，通过碰撞它将动能传递给等离子体，实现等离子体加热。等离子体总的加热功率 P_t 为 α 粒子加热功率 P_α 和外部加热功率 P_{ext} 的和，即 $P_t=P_\alpha+P_{ext}$。α 粒子加热功率占总的加热功率的比值是“燃烧等离子体”的重要衡量参数，当 α 粒子加热等于外部加热功率时，α 粒子的加热占比：

$$f_\alpha=\frac{P_\alpha}{P_\alpha+P_{ext}}=\frac{1}{2}$$

这时托卡马克的功率增益 Q 为 5；当 α 粒子加热功率是外部加热功率的两倍时，$f_\alpha=67\%$，此时 $Q=10$，是 ITER 设计运行的最大值。一般认为，要建造具有商业应用价值的聚变堆，Q 要大于 30，欧洲联合环反应堆（joint european torus，JET）和美国托卡马克聚变试验堆（tokamak fusion test reactor，TFTR）的 D-T 实验中，Q 还低于 1，因此其 α 粒子加热的份额更低。

将非燃烧等离子体的实验结果外推，成为 ITER 的物理基础。ITER 是燃烧等离子体研究设施，α 粒子的问题是 ITER 物理的重要组成，也是燃烧等离子体的核心物理问题，包括同位素效应、α 粒子的约束和输运、α 粒子的磁流体动力学 MHD 不稳定性、α 粒子的自加热、α 粒子的冷却和排除等。由于装置规模增大，部件的电磁载荷和等离子体内能同步增加，不允许等离子体放电的异常终止，防止等离子体破裂也是对等离子体运行和装置工程技术的挑战。由于大规模的聚变反应伴随着中子产生，一方面托卡马克主机的热载荷大幅度增加，尤其是第一壁与偏滤器，需要在兼容等离子体高质量燃烧的同时，攻克杂质、偏滤器位形、等离子体控制等物理和工程技术难关，达到热能排除的目的。

商用聚变堆的等离子体需要自持燃烧，其 Q 更大、f_α更高，α粒子加热功率的占比极大，此时外部加热可控性会大大降低，产生一系列全新等离子体问题，比如大量α粒子存在时可能产生新的等离子体的微观不稳定性，导致α粒子反常的快速损失，因此降低聚变增益。ITER 提供的燃烧等离子体，为科学家认识并掌握反应堆的等离子体物理提供了重要的机会。

2.11.2　关键工程问题

ITER 是实验堆，目前看来成功建设 ITER 已无不可逾越的工程技术障碍。建造 ITER 的工程技术，仍然不足以全面支撑未来聚变能电站，主要宏观的工程技术障碍如下：

（1）集成设计。聚变堆堆芯是大科学工程，包含庞大、复杂、跨学科、顶尖的工业系统。等离子体参数、主机部件、系统及辅助系统的设计不是简单的各个系统做到最优设计的相加，而是这些系统最优的设计并组合出一个最优的设计结果。这对设计技术及部件研制技术均提出了极高的要求。

（2）氚自持。氚是燃料，在自然界非常稀缺，目前主要利用裂变堆生产，价格高昂。而 GW 规模的氘氚聚变堆年消耗氚量达到数十千克。因此必须利用聚变反应产生的中子在包层中生产氚，并通过在线提取处理后及时补充氚的消耗，实现氚的自给自足（称为氚自持），这是商用氘氚聚变堆实现的基本前提之一。

（3）材料。聚变堆材料除了要经受高热负荷外，还要承受 14 MeV 中子的长时间持续轰击，必须保证在极端环境下部件的功能和可靠性，因此需要解决等离子体面对材料、结构材料、功能材料等问题。

另外还有核安全和集成排热等工程技术问题。

2.12　聚变反应堆堆芯部件

聚变反应堆堆芯是构成聚变堆的核心部分，托卡马克装置主机，其部件的设计原则是确保聚变反应堆的使命和目标的实现。因此尽量具有高的等离子体参数运行能力，再依照结构紧凑、运行灵活、位形多变、工程可行的要求，确定聚变反应堆装置结构类型。

2.12.1　磁体

聚变装置磁体系统包括磁体及其馈线系统。环向场磁体由多个磁体环向均匀排布而成，磁体个数越多，其环向场磁体间的间隙就越小，进而可有效减小环向场的纹波。极向场磁体排布往往在装置中呈平面对称分布，受磁体性能及安装工艺限制，超导极向场磁体大都位于环向场磁体空腔外侧。中心螺线管磁体位于装置中心轴位置。误差场和共振磁扰动磁体位于真空室内，面向等离子体部件的后面，用于调节磁场、控制等离子体运行。

2.12.2 真空室

真空室容纳等离子体运行，它包括真空室壳体（vacuum vessel）和真空室内部件，内部件包括包层、偏滤器、诊断、内线圈、孔栏、加热天线等。真空室及其室内部件上沉积的热量通过冷却系统实施冷却。真空室需通过烘烤，去除其自身以及内部件吸附的杂质中性气体。真空室内置低温抽气系统，外设热屏蔽层。真空室的设计、材料选择、制造、组装以及其所提供的超真空环境以及密封性能，都直接影响着等离子体的放电品质。

真空室具有单层和双层两种结构形式，多数采用双层结构，该结构除具有较好电气性能和机械强度外，能保证超高真空。用氚运行时，夹层抽真空，使氚的浸透降到最低程度；为提高真空品质，须对真空室进行烘烤，双层壁之间的夹层可用作热媒流道；等离子体放电运行时，夹层可作为冷媒流道，用以实施真空室冷却。

2.12.3 偏滤器

偏滤器（divertor）位于真空室腔体内且属于面向等离子体部件，它的磁面能够“偏滤”等离子体边缘的杂质和热流，这里的杂质主要包括核聚变反应产物氦以及由于等离子体与器壁相互作用而产生的杂质。这些杂质及其他粒子流仍携带较高能量，偏滤器将这些能量沉积后再通过冷却系统将其排出，实现排热功能。聚变堆的偏滤器排热功能面临巨大挑战，降低偏滤器靶板热负荷仍然是目前亟需攻克的难点和研究的热点问题。目前设计了雪花偏滤器、SUPER-X长腿偏滤器、鱼尾偏滤器、小角度狭长偏滤器等偏滤器位形加大磁面的展宽，扩展偏滤器靶板的打击宽度来降低其峰值热流密度。

2.12.4 产氚包层

聚变堆产氚包层（blanket）位于等离子体和真空室之间，直接面向等离子体，如图2-33所示。

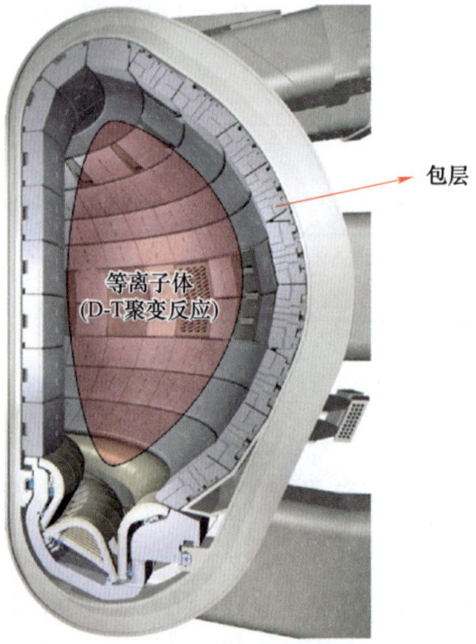

图2-33 聚变堆产氚包层位置示意图

D-T 聚变反应释放的能量中 80%由中子以动能的形式所携带，这些高能中子和产氚包层的各种材料（面向等离子体材料、结构材料、氚增殖剂、中子倍增剂、冷却剂、中子吸收慢化剂等）相互作用，实现中子能量沉积和氚增殖。包层中产生的核热由冷却剂带出，实现能量转换进行发电；氚增殖剂中产生的氚由其他介质带出进行提取，实现氚的增殖。此外，产氚包层还将利用慢化剂和屏蔽材料对 14 MeV 聚变中子进行屏蔽，并与真空室等部件一起实现磁体等关键部件和系统的有效屏蔽，使其所受的辐射照射降低，确保聚变堆能够长时间稳态运行。

基于各自的技术优势和聚变能发展战略，国际上提出了不同的包层概念，部分将在 ITER 上测试，以验证其合理性和可靠性，作为未来聚变堆包层设计的依据。目前发展的主要产氚包层概念可分为两类：固态氚增殖剂包层和液态氚增殖剂包层，结构形式基本相似，正面为 U 形第一壁，内部布置有加强筋板或冷却隔板，后侧为分流腔室、支撑结构等。在固态氚增殖剂包层中，增殖区氚增殖剂与中子倍增剂由冷却隔板间隔排布，或者均匀混合后由冷却隔板隔开，冷却隔板一般需要内置冷却流道；而在液态氚增殖剂包层中，增殖区加强筋板主要起到导流和结构加强作用，当氚增殖剂不作为冷却剂时需要内置冷却流道。

2.12.5　冷屏与杜瓦

冷屏（thermal shield）与杜瓦是保障聚变堆超导磁体稳定运行的必要系统。冷屏用于屏蔽堆芯的核热沉积和外部环境的辐射热量，杜瓦则通过提供真空环境减少超导磁体与其他部件的对流换热，极大降低了低温系统的负荷，提高超导磁体的运行稳定性。冷屏需兼顾主机支撑功能，需考虑重力、电磁力、热应力、气压、地震等载荷，以及与其他部件或系统的接口，如磁体、真空室、馈线、集合管、生物屏蔽层、遥操作等。

聚变堆杜瓦系统为极低温的超导磁体、冷屏等系统及高温的冷却管路提供 10^{-4}～10^{-3} Pa 的真空环境，减少高低温部件与气体之间的对流换热；同时，杜瓦通过支撑部件将施加在真空室、超导磁体、冷屏等系统的巨大惯性力、电磁力与热应力传递到地基和生物屏蔽层，保证装置的安全运行；杜瓦还通过不同规格的窗口为内部系统提供通道，实现加热、送料、控制、诊断、供电、维护等各种功能；最后，杜瓦是聚变堆放射性物质的二级约束部件，在发生泄漏事故时防止其直接释放在环境中。因此，杜瓦系统的结构安全性和密封性对于整个聚变堆的安全服役具有至关重要的意义。

2.13　聚变反应堆关键支撑系统

2.13.1　加热与电流驱动系统[1]

等离子体辅助加热和电流驱动是聚变堆的必需系统，尽管实现“点火”的堆芯等离子体由 α 粒子实施加热，但“点火”前需加热至达到点火条件，此外稳态运行的等离子体需要实现无感电流驱动、MHD 控制、剖面控制等，这些靠加热和电流驱动系统完成。加热和电流驱动主要包括中性束注入和射频波系统两种方式，而射频波等离子体加热和电流驱动系统又分为电子回旋共振加热、离子回旋共振加热和低混杂波加热三种。

中性束注入向等离子体注入高能的中性粒子燃料，能量通常为数十 keV 至 MeV，中性粒子与等离子体发生库仑碰撞，将能量传给等离子体。中性束加热具有加热机制明确、加热效率高、不受等离子体位形影响的优点。注入等离子体的射频波能量的阻尼是波与粒子相互作用的结果，主要有两种方式：粒子在垂直于磁场的方向上绕着磁力线旋转，即拉莫尔运动，当入射频波的电场旋转与粒子的旋转方向和频率一致时，粒子将从射频波得到能量，提升垂直方向的速度，称为回旋共振；在平行与磁场的方向上，当粒子的运动速度与注入射频波的相速度相近时，发生朗道阻尼，射频波把能量沉积在粒子平行分量上。对聚变等离子体注入环向不对称波谱的射频波，能够驱动等离子体电流。

2.13.2 测量（诊断）与控制系统

等离子体的稳态燃烧需要实施控制，控制系统是聚变反应堆的神经中枢，同时承担着协调聚变反应堆各子系统协同工作、保障装置运行安全、实现稳态聚变反应等的核心任务。聚变堆的等离子体放电控制系统需可靠控制聚变反应产生的高能中子与α粒子、具有放射性的氚及其增殖，以达到对聚变点火条件的稳定控制。等离子体放电控制系统包含测量（诊断）、控制器（控制算法）和执行器，执行器包括磁体线圈电源、加热和电流驱动、加料、真空与抽气、冷却等系统。在现有托卡马克实验装置的控制系统已有控制任务的基础上，聚变堆还有两大重要控制任务：一是稳定提高并维持高品质等离子体燃烧；二是实现异常事件的紧急处理，如降低大破裂的危害。

2.13.3 真空系统

聚变堆等离子体的建立、约束及聚变反应均在大型核真空容器中进行，真空系统是聚变反应堆建造和运行中必不可少的关键子系统。真空系统主要由真空抽运、加料、壁处理、真空测量与控制、真空检漏等子系统构成。真空系统的首要任务是通过真空抽气和壁处理，为聚变反应室提供良好的真空环境和壁条件；采用不同的加料方式满足反应堆聚变燃料或杂质粒子注入的需求；真空测量则是对真空度、气体成分等开展实时监测，为聚变堆运行提供条件支撑。

真空系统大部分子系统及组件均集成于真空室上；特别是真空系统需要将所有可能含氚的气体安全输运到氚工厂。

2.13.4 低温系统

聚变堆需要低温系统提供冷媒，冷却超导线圈等系统。聚变堆大型低温系统制冷量大、能耗高、负载多且波动大，在工程设计方面具有很强的挑战性。大制冷量级的氦制冷机的制冷循环主要采用基于修正的克劳特循环，制冷循环的冷却级一般大于 5，由液氮预冷冷却级、汽轮机膨胀冷却级组成；常温到液氦温区采用 7～13 级换热器和 3～5 个汽轮机利用绝热膨胀冷量将主流氦气连续冷却至液氦温区；通过等焓节流阀得到液氦；氦压缩系统一般由 2～4 台螺杆压缩机组成，中压一般为 3～5 bar（1 bar = 10 kPa），高压为 16～22 bar。此外还有一些吸附器、外纯化器，气体控制面板等设备。

2.13.5　遥操系统

由于氘氚聚变会带来较高的辐射水平，因此在聚变堆的整个生命期内，其堆芯部件唯有通过遥控操作机器人系统来实现性能监测和远程维护。聚变堆维护遥控操作系统根据应用范围的不同，分为托卡马克主机维护遥控操作系统、热室遥控操作系统及桶形转运小车等，其中主机维护遥控操作系统又分为真空室内部维护遥控操作系统、杜瓦内部维护遥控操作系统及用于中性束发射装置维护的遥控操作系统等。真空室内部维护遥控操作系统主要用于包层模块、偏滤器、窗口插件等的安装、拆卸、管道切割/焊接及部件转入/转出真空室等。不论何种应用场景，聚变堆维护遥控操作系统均要满足相应的耐辐照要求。

2.14　聚变反应堆能量提取与发电系统

聚变反应堆能量提取与发电系统是一个将高温等离子体中的核聚变能量转换为电能的复杂过程，涉及等离子体产生、约束、能量的释放和转换等多个环节。氘氚等离子体聚变反应所释放出的能量主要以高能中子、α 粒子、热辐射的形式存在。在稳态运行时，高能中子穿过第一壁，在包层和偏滤器中实现能量沉积。为了利用包层和偏滤器中沉积的能量，聚变堆一回路与包层和偏滤器连接，循环的冷却剂把热量带出，通过换热器或蒸汽发生器，把热量传递给二回路的介质用于发电，实现聚变能的提取与转化。

2.14.1　一回路

一回路系统的主要功能包括：（1）在聚变堆核电厂正常运行时将堆内产生的热量载出，并通过蒸汽发生器或换热器传给二回路工质，驱动汽轮机或气体透平发电；（2）在停堆后的第一阶段，经蒸汽发生器或换热器带走包层的余热。系统的压力边界构成防止放射性产物释放到环境中的一道屏障；（3）系统的稳压器或压力控制系统用来控制一回路的压力，维持气体冷却剂冷却能力需要的压力，或防止水冷却剂在包层内发生沸腾，同时对一回路系统实行超压保护。

目前采用氦气或水作为冷却剂的一回路技术作为首选。由于一回路冷却剂中含有一定量的放射性物质（氚、活化腐蚀产物等），目前聚变堆暂不考虑一回路冷却剂直接进入汽轮机或汽轮机发电。

2.14.2　二回路

一回路高温高压的冷却剂把热量从包层或偏滤器传导出来后，需要把热量传递给二回路用于发电。由于一回路、二回路冷却剂被分离开来，这有利于放射性的包容。

其中二回路冷却剂放射性较低，适合发电系统。目前二回路发电系统主要考虑汽轮机发电、氦气轮机发电、超临界二氧化碳气轮机发电三种方式。

2.15 聚变反应堆燃料循环系统

氘-氚聚变反应堆以稀缺的氚为燃料，一个堆芯功率 2 GW 的聚变反应堆，氚的年消耗量将达到数十千克规模，因此任何一个用于能源生产的氘-氚聚变反应堆，都必须实现氚燃料的自给自足——氚自持。聚变堆利用聚变反应产生的高能中子，在堆芯外的产氚包层中与锂、中子倍增材料作用产氚，并通过燃料循环系统实现增殖氚提取，补充堆芯等离子体以及堆芯未燃耗氚的净化循环使用。氚增殖比（TBR）常用于评估聚变堆的氚增殖能力是否具有支持氚燃料消耗的能力，表示平均一个聚变中子在产氚包层中所产生的氚原子数量。为了实现聚变堆燃料氚的自持，需要确保氚增殖比>1。

为实现氘-氚燃烧和氚自持、氚安全的总体目标，典型的聚变堆燃料循环系统整体设计如图 2-34 所示。聚变堆的燃料循环系统按照其功能可以划分为内循环、外循环及氚安全包容三个部分。

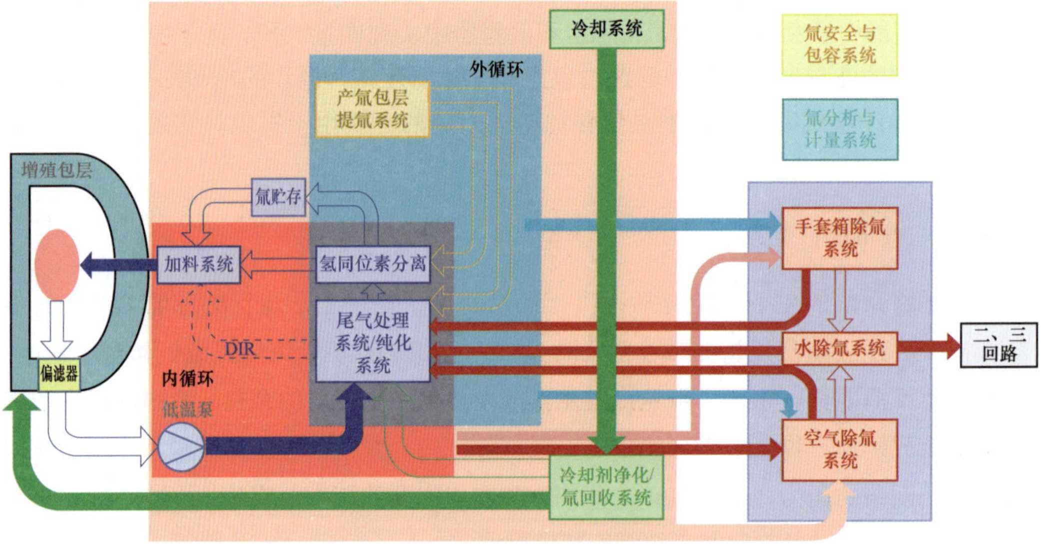

图 2-34 聚变堆燃料循环系统示意图

2.15.1 聚变堆氚内循环和外循环系统

聚变堆燃料循环的内循环是指向堆芯加入燃料，并对未燃烧的氚燃料进行处理、循环利用的循环部分。主要包括托卡马克排出气处理系统、氢同位素分离系统、氘氚气体储存与配送系统等。内循环的循环量主要由氘-氚聚变功率和堆芯氘-氚燃烧效率决定。

聚变堆燃料循环的外循环是指聚变堆在堆芯外的产氚包层中通过聚变中子与锂的核反应生产氚，通过氚提取系统（tritium extraction system，TES）对包层生产的氚进行在线持续提取（利用氢同位素交换的原理，一般采用掺氢的氦吹扫气体将氚从包层中置换、载带出来），经过纯化后输送至氢同位素分离系统将氚、氢分离，补充入内循环部分。

2.15.2　氚安全与氚测量

从氚自持、氚放射性安全、降低放射性废物氚浓度等角度考虑，都要对氚的渗透、滞留和泄漏进行控制，对已经进入其他系统的氚进行尽量的回收，以尽可能降低聚变堆排放到环境中的氚，控制潜在事故时可能的氚释放量。氚安全包容主要子系统包括从冷却系统中回收氚的冷却剂净化系统（coolant purification system，CPS），从水系统中去除氚的水除氚系统（water detritiation system，WDS），手套箱、套管、真空套、建筑及相应的气氛除氚系统和通风除氚系统构成的多级氚包容系统，以及聚变堆热室中的放射性废物氚回收系统等。

氚测量与计量系统将分布于氚循环各子系统中，根据工艺监测和控制、氚安全监测和控制、氚计量和衡算等功能需求，从环境中氚到纯氚，浓度跨越 18 个量级，需要测量气体、液体、固体等不同的状态和各种化学形态下的氚，需要选择不同技术、量程、准确度、灵敏度的在线或离线测量元件和系统。

2.16　聚变反应堆的安全与环境

世界核工业经过 60 余年的发展，已经形成了广泛的共识，那就是核安全是核工业的生命线。聚变堆作为具有固有安全特征的核设施，其设计与研发也需要对核安全进行充分论证，充分证明其作为未来能源选择的安全性与可行性[4,6]。

2.16.1　核聚变安全的主要特点

聚变反应不产生乏燃料，没有大量乏燃料需要贮存、运输和处理的安全风险；聚变堆没有潜在的大量放射性物质释放的风险（不包括聚变–裂变混合堆）；聚变堆停堆后的堆芯余热很小，绝大部分系统和设备不需要考虑余热导出问题；聚变反应没有临界安全问题，不需要反应性控制，没有反应性事故的安全隐患；聚变堆具有很好的被动安全性，停堆简单，余热小，且没有重返临界风险。

虽然聚变堆具有较高的固有安全性，但是聚变堆内同样有放射性物质和高能中子，而且聚变反应温度极高，真空室外的磁体需要在低温条件下实现超导运行，所以需要重视放射性包容、辐射屏蔽和热屏蔽的安全性。同时聚变反应在真空室中被等离子体约束，一旦等离子体破裂会产生很高的热负荷，会对真空室内部件产生较大的热冲击。另外，由于聚变堆部件尺寸大且不规则，需特别关注由中子活化引起的放射性废物处置问题。因此仍需要对聚变堆开展完备的安全设计与安全性评价。

2.16.2 聚变反应堆的源项与分布

聚变反应堆的放射性源项主要包括氚和活化源项。

氚是聚变堆中重要的放射性源项，其主要来源包括燃料系统和包层氚增殖反应。聚变反应堆中产生的活化源项主要包括部件活化产物、活化粉尘、活化腐蚀产物、水活化产物和气体活化产物等，主要来源包括：（1）聚变反应堆各结构部件和系统受到聚变中子辐照；（2）面向等离子体材料被活化并受到侵蚀；（3）金属材料被冷却剂腐蚀并发生活化；（4）冷却剂水被中子活化；（5）托卡马克厂房的气体被中子活化。

图 2-35 给出了聚变反应堆的主要放射性源项分布示例。

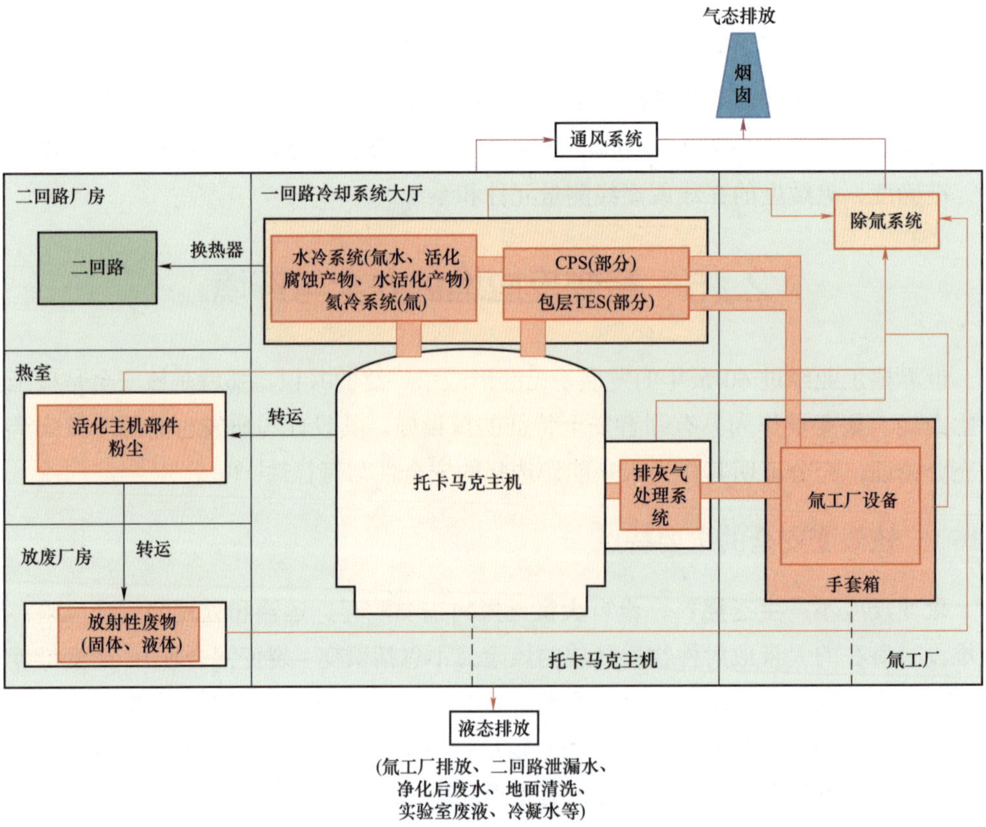

图 2-35 聚变反应堆的主要放射性源项分布

2.17　聚变反应堆材料

聚变反应堆的建造离不开基础材料，也不可或缺特种材料。聚变堆的材料主要包括结构材料、面向等离子体材料、磁体及其材料、中子倍增材料、氚增殖材料、阻氚材料等。

2.17.1　磁体材料

磁约束聚变堆需要稳态的强磁场，确保核聚变能量的增益和聚变功率的提升，因此铜导体不再适合于未来的聚变堆。而超导磁体具有极低的电阻以及较强的载流能力，可以长时间维持较强的磁场，被公认是聚变堆的不二选择。迄今为止，已经发现的超导体有成百上千种，但真正具有实用价值的仅有已经实现商业化生产的NbTi、Nb_3Sn、Nb_3Al、铋锶钙铜氧（BSCCO）系的Bi-2223和Bi-2212、MgB_2及铜氧化合物（往往是稀土及钡的铜氧化合物，简称REBCO，如钇钡铜氧YBCO）涂层导体。NbTi、Nb_3Sn、Nb_3Al一般工作在液氦温区（4.2 K），称为低温超导材料。若超导磁体工作在更高温区则需要采用临界温度 T_c 及临界磁场强度 H_c 更高的超导线材和带材，如 Bi-2223、Bi-2212、YBCO 或者铁基超导体等这些高温超导材料。目前，高温超导体一般用麦克米兰极限来界定，即临界温度超过40 K的超导体。目前突破40 K温度以上的超导系列包括铜氧化物超导体和铁基超导体，而二硼化镁超导体的临界温度在40 K左右。

2.17.2　面向等离子体材料

面向等离子体的材料关系到聚变堆的安全和稳定运行，由于它面向聚变高温等离子体，受到聚变环境的氘、氚、氦、杂质等离子体及中性粒子、中子等的轰击，位于极强的电磁场、中子场、热场中，且具有极大的综合场梯度，承受巨大的电磁力载荷，其服役环境极端复杂而苛刻。

现阶段的聚变装置所用的面向等离子体材料主要包括碳基材料（高纯石墨和碳纤维增强碳基复合材料CFC）、铍和钨。碳和铍与等离子体和真空的相容性较好，但热载荷能力有限，且存在与氚的相容性及存在毒性等问题，很难成为未来聚变堆的面向等离子体材料。ITER原计划在第一壁用铍作为面向等离子体材料，偏滤器选用钨和CFC。从热导和熔点方面考虑，钨作为面向等离子体材料似乎成为最佳的选择，但钨的制备和加工仍然存在较多的问题，如烧结致密化困难、韧脆转变温度高导致其存在较大低温脆性、晶粒易于再结晶引起材料力学性能下降、中子辐照导致硬化/脆化严重、聚变等离子体辐照引起材料表面奇异化等，而且纯钨材料的加工性能也较差。近年来，聚变材料界开展了大量的研究工作以提高纯钨块体材料的性能，逐步形成了合金化、弥散强化、钾泡强化、纤维强化及复合强化等各种钨基材料体系。

2.17.3 氚增殖材料与中子倍增材料

氚增殖材料是解决聚变堆中氚自持问题的关键功能材料之一，其功能是在包层内部实现聚变燃料氚的增殖，一般氚增殖剂为含锂的材料。增殖过程主要通过聚变反应产生的中子与包层内部氚增殖剂材料中的锂发生核反应来实现。从产氚的角度考虑，氚增殖剂材料应具有以下特点：高锂原子密度、高导热性、高辐照稳定性与优良的氚释放和提取性能（氚释放速率大、氚滞留量低，则氚提取容易）。氚增殖剂材料一般分为液态和固态增殖剂两种。目前常见的液态氚增殖剂主要有锂（Li）、锂铅（$Li_{17}Pb$）和氟锂铍（Li_2BeF_4）等，常见的固态氚增殖剂主要有 Li_4SiO_4、Li_2TiO_3、Li_2ZrO_3、$LiAlO_2$ 和 Li_2O 等。

为实现聚变堆燃料氚的自持，聚变堆产氚包层需要确保氚增殖比 TBR＞1。由于托卡马克运行需要，等离子体外表面不可能全部覆盖包层第一壁，聚变中子会部分损失，只有 65%～70%的中子可用以产氚，因此产氚包层需添加中子倍增剂来实现中子倍增。在大多数能够发生（n，2n）反应的非裂变核中，不是中子倍增反应截面不够大就是中子俘获吸收截面太高。因而可作中子倍增材料的主要有铅（Pb）和铍（Be），两者都能够满足产氚包层对中子倍增性能的最低要求。由于铅的熔点（325 ℃）较低，不适合固态产氚包层的工作环境，因此在大多数固态产氚包层设计中都选择铍或铍合金（铍占主要成分）材料作为中子倍增剂材料。

2.17.4 结构材料

聚变堆结构材料通常指包层结构材料，其面临着 14 MeV 的高通量中子辐照。辐照不仅使结构材料本身产生大量空洞、位错等缺陷，同时嬗变产生的 H、He 等元素还会导致材料产生氢/氦泡、氢/氦脆等现象，使材料的力学性能显著下降，影响聚变堆的安全性。为了保证聚变堆安全稳定的运行，结构材料需要满足以下基本要求：（1）活化性低，需要对材料的杂质含量进行严格的控制；（2）抗辐照损伤，即在 14 MeV 的高能中子辐照下也能保持较好的结构稳定性；（3）力学性能稳定，主要是具有优异的高温强度、良好的韧性，抗高温蠕变；（4）较好的抗腐蚀性，能与氚增殖剂、中子倍增剂、冷却剂等材料相容。

目前聚变堆的主要候选结构材料包括低活化铁素体马氏体（RAFM）钢、改良 RAFM 钢、ODS 钢（含机械合金化和非机械合金化类型）、钒合金、碳化硅复合材料等，但以上材料都存在一些局限，导致其无法完全满足未来示范堆或商用堆的要求。因此，从长远来看，聚变堆要想实现真正的商业应用还需要拓展先进结构材料的开发范围。

2.17.5 阻氚涂层

为了减小聚变堆燃料氚的损失，防止增殖的氚渗透进入结构材料或进入环境中，通常需要在结构材料表面制备一层防氚渗透涂层。聚变堆用阻氚涂层涂覆在产氚包层模块结构材料的表面，面临以上所述的严苛工作服役环境，要求在承受高温、高热负荷以及中子辐照等作用下仍然具有优异的结构稳定性和高的氚阻挡渗透性能。鉴于此，国内外研究者与工程技术人员在近几十年来针对不同的涂层材料体系、涂层技术工艺开展了丰富的研究工作，通过一系列指标评定（如氚阻挡系数、耐磨损性、化学稳定性、与基体结合性、涂层表面裂纹和孔洞状态等），经过研究遴选后的阻氚涂层大致包括四种：氧化物涂层（如 Cr_2O_3、Al_2O_3、Y_2O_3、Er_2O_3 等）、硅化物涂层（如 SiC 等）、钛化物涂层（如 TiC 和 TiN 等）及铝化物涂层（如 AlN 等）。

参考文献

[1] Wesson J. Tokamaks [M]. 2nd ed. Oxford: Clarendon Express, 1997.

[2] Lawaon J. D. Some Criteria for a Power Producing Thermonuclear Reactor [J]. Proceedings of the Physical Society, 1957, B70:6.

[3] 杨显俊，李璐璐. 磁惯性约束聚变：通向聚变能源的新途径 [J]. 中国科学：物理学 力学 天文学，2016，46：115202.

[4] 刘永，李强，陈伟. 磁约束核聚变能研究进展、挑战与展望 [J]. 科学通报，2024，69：346.

[5] Bigot B. ITER assembly phase: Progress toward first plasma [J]. Fusion Eng Des, 2021, 164: 112207.

[6] Ambrogio Fasoli. Essay: Overcoming the Obstacles to a Magnetic Fusion Power Plant [J]. Physical Review Letters, 2023, 130:220001.

第3章　研究试验反应堆

3.1　研究试验堆在原子能发展中的地位和作用

研究试验堆与动力堆不同的是它不生产能量，与生产堆不同的是它不生产核材料。研究试验堆的主要用途是获取新知识。它对各种类型反应堆的开发有非常重要的作用。一种新堆型的物理设计方案，需要在零功率堆（临界实验装置）和实验堆上进行研究和优化；为用于新反应堆型而研制的各种新材料、新元件和新组件需要在工程试验堆上进行辐照试验和考验，其作用有如航空工程中的风洞。在20世纪50—60年代核能发展的实验示范阶段，一些先进国家为此专门建造了若干座大功率高通量材料试验堆和工程试验堆[1]，例如美国的MTR（40 MW）、ETR（175 MW）和ATR（250 MW），俄罗斯的RFT（40 MW）、SM-3（100 MW）、MIR-M1（100 MW）和VK-50（200 MW），英国的DIDO（25.5 MW）和PLUTO（25.5 MW），法国的CABRI（25 MW），德国的FR2（44 MW），比利时的BR-2（100 MW），日本的JMTR（50 MW）等。由于新堆型的冷却剂不同于试验堆，特别是热工参数往往相差很远，为了模拟动力堆内的各种参数（温度、压力、流速、冷却剂化学、中子注量率、中子能谱等），需要在试验堆中设置自成独立闭合系统的辐照试验回路，其系统、结构、运行与安全措施甚至比试验堆本身还要复杂，但可以用来研究燃料元件–冷却剂–慢化剂的各种不同组合方案，从而获得大量有用资料，这比为每一种方案建造原型堆节省得多。至于专为开发某一种特定型式动力堆而建造的原型堆和示范堆，则属于具有明确目的的先行项目，一般不包括在研究试验堆范围之内。

研究试验堆以其提供的中子用作研究工具，有着十分广泛的研究范围：[2]

（1）在反应堆物理方面——利用零功率堆或次临界装置，进行各种堆芯组态和栅格特性的研究以及堆物理参数的测量（如中子在含铀介质中扩散、吸收、增殖的规律，慢化材料的慢化性能，实验孔道、控制棒和结构材料对反应性的影响，反射层和屏蔽层的作用，中子能谱，材料核纯度等）；在任何研究试验堆上，还可研究反应堆测量控制设备的性能，进行堆内辐射量的标定，产生特定的中子能谱，测定反应性变化系数、实验孔道中的中子注量率、停堆后的放射性和剩余能量，研究裂变产物积累的影响、辐射在屏蔽中的衰减情况等。

（2）在反应堆工程方面——利用堆内辐照试验回路或辐照装置进行燃料元（组）件性能试验，传热试验，冷却剂化学研究，包壳和结构材料腐蚀试验，元件破损机理研究，芯块尺寸变化和中心温度测量，裂变产物释放率测定，芯块–包壳相互作用（PCI）研究，燃耗对 UO_2 热导率影响的研究，元件破损探测试验，元件寿命试验，屏蔽模拟试验，辐射对各种材料的损伤效应研究等。

（3）在原子核物理方面——研究中子的基本性质，中子与核的相互作用（核反应截面测量），中子共振现象，中子光学，γ 射线、β 射线和中微子的特性，不同能量中子引起的裂变过程等。

（4）在固体物理方面——借助于中子散射技术，可进行各种材料（高强度合金、磁性合金、超导材料、陶瓷材料、金属氢化物、聚合物、晶体材料等）的结构和内部缺陷的研究，以促进新材料的开发和材料性能的改善；研究中子辐照对金属的损伤和硬化、脆化效应，中子辐照对半导体、合金的效应，快中子辐照产生的晶格缺陷等。借助高强度中子束流诱发形成的高强度慢正电子束研究材料表面缺陷及界面。

（5）在化学方面——可研究裂变的化学，堆内产生核素的化学特性，中子俘获反应产物的比放射性活度，中子和 γ 射线对化学性质和化学反应的影响，辐射对聚合物的化学效应，借助于堆内产生的示踪原子来研究化学反应，用示踪原子或中子活化分析（包括瞬发 γ 射线分析）技术进行定量分析，借助于中子散射技术进行分子结构的研究等。

（6）在生物学和医药方面——可研究各种辐射（热中子、快中子、γ 射线）的人体效应及容许剂量，遗传效应及有益的植物变异，借助于中子散射技术研究生物大分子、生物膜、核糖体和病毒的结构，抗癌药物进入细胞的途径和输运过程（靶向供药），肿瘤注入俘获中子物质后对中子的反应，借助于堆内产生的示踪原子进行生物学、生理学和生命科学研究等。

通常，研究试验堆同时可用来生产各种放射性同位素、中子嬗变掺杂单晶硅（NTD 硅）、宝石珍珠辐照改色、核孔膜，以及培训反应堆工程技术人员，施行硼中子俘获治癌（BNCT），提供中子照相、中子活化分析服务等，发挥多样效能。

3.2　研究试验堆的类型和特点

对于研究试验堆绝大多数的用途来说，要求堆内试验空间在任何时刻都有大量的自由中子。中子数密度通常用中子注量率 ϕ 来度量（见 2.1 节）。表 3-1 所示为各种研究工作所需中子注量率水平。

各项研究工作，有些是把研究试验堆本身作为研究对象（如零功率堆、新堆型实验堆），有些是把研究试验堆作为提供辐射源（主要是中子源）的研究工具。其中很重要的一部分工作是为了开发新型反应堆，另外许多工作虽与反应堆技术无关，却对物理、化学、生物、医学及工业技术范围的研究有重要意义。利用研究试验堆进行这些研究工作，比用其他工具有很大的优越性，因为它能持续提供强大的射线流，包括快中子、热中子、γ 射线和慢正电子等，允许同时进行多项试验，操作比较便利，停顿次数较少。

表 3-1　研究试验堆各种研究工作所需中子注量率

用途	所需中子注量率/［中子/（cm^2•s）］
新堆型的研发 临界安全研究 反应堆物理测量技术研究 物理计算程序的验证 基础堆物理性能研究 核反应截面测量 屏蔽研究	10^7～10^{10}（零功率堆）
活化分析 中子衍射和固体物理研究 放射化学研究 辐射的生物效应研究 硼中子俘获治疗 短寿命放射性同位素生产	10^{11}～10^{12}（中低通量研究堆）
燃料元（组）件试验和研究 元件破损机理研究 元件、材料腐蚀试验 辐射的化学效应研究 放射性同位素生产 单晶硅中子掺杂	10^{13}～10^{14}（正常通量研究堆）
燃料元件寿命试验 中子散射和物质结构研究 慢正电子材料表面缺陷和界面研究 中子照相 材料辐照损伤机理研究 超钚元素生产	＞10^{14}（高通量堆）

把以提供中子束流为主来进行物理、化学、生物等方面基础研究的反应堆称作研究堆，把以提供辐照回路和辐照装置为主来进行工程技术试验的高功率反应堆称作试验堆。随着基础研究工作日益需要更高的中子注量率和功率，而高功率堆的充分有效利用必然要顾及多种用途，这种划分的界限变得模糊起来。故在本书中一律称之为研究试验堆。实际上每座研究试验堆在设计时是有不同的目的和重点功能的。

研究试验堆的总趋势是向高中子注量率发展[3~5]，各项研究工作要求越来越高的中子注量率水平。当今拟兴建的研究试验堆，不仅旨在模拟高功率动力堆工况及进行辐照损伤研究的工程试验堆要求10^{14}～10^{15} cm^{-2}•s^{-1}的热中子与快中子注量率，而且一些“通常”研究领域，也趋向于利用＞10^{14} cm^{-2}•s^{-1}的高中子注量率。由 2.6.1 节可知，可把 ^{235}U 比功率写成 $P_m^5=8.21\times10^{-14}\sigma_f\phi_{avg}$，则堆内平均热中子注量率近似地等于$\phi_{avg}=2.1\times10^{10}P/M$。式中比功率 P_m 以 kW/kg ^{235}U 计，平均热中子注量率ϕ_{avg}以 cm^{-2}•s^{-1}计，热功率 P 以 kW 计，^{235}U 装载量 M 以 kg 计。因此，单位功率的热中子注量率水平是与裂变物质装载量成反比。为了获得最大热中子注量率，必须将 P/M（燃料比功率）

做到最大，也就是从每 kg ^{235}U 传出最大热量，这通过采用片组型（平板型、曲板型或渐开线型）铝包壳燃料元件和双面高速水冷却的设计可以实现，而燃料的高度分散和加入大量结构材料，在富集铀条件下，不至于过分降低中子有效增殖因数 k_{eff}，工程试验堆的高热中子注量率就是这样达到的。另外，对材料的辐照损伤研究来说，希望得到尽量高的快中子注量率，即未经碰撞的裂变中子注量率 ϕ_0。由于单位体积产生的裂变中子数（n_0/m^3）与功率密度 P/V 成正比，所以单位功率的快中子注量率水平与堆芯体积成反比。设计得十分紧凑的研究试验堆能产生较高的快、热中子注量率，但可容纳的实验装置较少，这是一个很大的矛盾。为解决该矛盾，20 世纪 80 年代开始采用反中子阱堆芯设计技术[3~5]。这种堆芯采用高铀密度的 U_3Si_2Al 板型燃料，堆芯同样非常紧凑，使得堆芯具有较高的快中子注量率，但能谱硬，高度欠慢化，同时采用重水作反射层，从堆芯区域泄漏出来的快中子在反射层内得到充分慢化，反射层具有较高的热中子注量率。这种反中子阱设计使得中子能谱实现空间分离，而且高热中子注量率区域的空间较大，可容纳较多实验装置。

研究试验堆可按所用的核燃料与慢化剂来分类。最早建造的研究试验堆，由于当时只有天然铀，必须使用中子吸收截面很小的物质作为慢化剂。在石墨与重水二者之中，高纯度石墨的大量生产比重水的生产要简单得多，因此采用了天然铀石墨堆型。石墨堆的燃料装载量（20～30 t 天然铀）和堆芯体积都很大（约 200 m^3）。虽然它能同时安排许多实验，包括一些需要较大空间的实验，而互不干扰，但大量高纯度、尺寸精确的石墨块使堆的造价升高，按单位中子注量率计算的投资也很高。为了提供约 10^{12} $cm^{-2}\cdot s^{-1}$ 的中子注量率需要运行于 6 000～30 000 kW 的高功率水平，对于研究试验堆来说，大量无用的低温热量的排出成为一种负担，造成运行费用高昂。因此，后来建造的研究试验堆改为采用富集铀燃料，这可以大大减少石墨堆的临界质量、裂变燃料装载量和堆芯体积，把每千瓦的热中子注量率从 10^8 $cm^{-2}\cdot s^{-1}$ 提高到 10^9 $cm^{-2}\cdot s^{-1}$ 的水平。

不过，以后发展的富集铀研究试验堆多采用便于操作的水或重水同时作为慢化剂和冷却剂。石墨慢化剂已被淘汰，除非将来转向较高温度的研究试验堆。另一种慢化剂金属铍或氧化铍（BeO）因价格昂贵，限于用作反射层。水是最便宜易得的；它具有最短的慢化长度和最高的慢化效率（见表 2-5），因而能达到最小的临界体积；用水作冷却剂可使设计大大简化；水堆又能保持较高的快/热中子比。缺点是水的强吸收中子限制了热中子注量率的进一步提高；水堆的紧凑性不利于安排多项实验装置。重水的慢化效率仅略逊于水；用作冷却剂，它的传热性能同水一样好，不过为防止泄漏和降质，冷却回路设备的设计、制造和运行要复杂得多；重水基本上不吸收中子，因而允许使用天然铀或富集度很低的铀作为燃料；如果使用高富集铀，则能提供极高的热中子注量率，但在提供高的快中子注量率方面不如轻水堆；重水的最大缺点是价格昂贵，对泄漏损失和被轻水污染很敏感。总之，就高中子注量率、使用的方便、灵活性、安全性与经济性来说，轻水堆和重水堆各有得失，应按拟定的用途慎重比较和选择。

研究试验堆的水冷却剂的温度、压力及其在结构中引起的机械应力均比较低（仅很高中子注量率研究试验堆为了传热而需要适当提高冷却剂的温度和压力），腐蚀较轻使材料选择受限制较少（普遍使用铝合金作结构材料），系统和设备比较简单。只是模拟动力堆参数的堆内辐照试验回路相当复杂。

任何实验装置均使得反应堆的设计复杂化。它引入吸收中子的材料，降低反射层和屏蔽层的功效，使冷却和辐射防护复杂化。一座研究试验堆通常设有多个穿过屏蔽层和反射层直达堆芯边缘或内部的水平束流孔道和数十根垂直辐照管道。石墨热柱可引出较宽的热中子束。水平实验孔道按用途装有准直器、遮断器、屏蔽塞、中子或γ过滤器、中子速度选择器、热/快中子转换器、冷中子源装置、机械式或气动式样品传送器、恒温器等；实验靶件和专门仪器通常放在孔道口，或较远位置，因此需要妥善解决辐射防护问题；除了要为实验仪器及其厚重屏蔽留出充裕面积外，地板须具有能承受每平方米数吨的承载能力。垂直辐照管道常装有样品罐取放装置、样品罐旋转装置、中子探测器、温度探测器、各种特殊辐照装置及其附设系统等。关于辐射防护，详见19.10～19.12节。

研究试验堆通常不用作γ辐射源。因为堆内的辐照空间有限，应尽量用来进行中子辐照。而γ辐照可以利用贮存卸出燃料元件的贮存水池或放射性同位素源来进行［见1.4.1节之（5）］。大功率高通量反应堆的建造成本高昂，一般总是力争提高其利用率，仅在换料时停止使用。

研究试验堆由于热能不加以利用，系统、设备少而简单，工作温度和压力低，功率低又不带外部负荷，其运行比动力堆简单。[5]复杂的一面是：任务多变，燃料装载量、功率高低和运行周期随之多变，开堆停堆次数频繁，并要兼顾各方面需要，在一个运行周期中还要经常取出或放入辐照靶件或实验装置，每一次取放都会引起反应性变化。堆内辐照对象广泛（例如同位素靶件、材料样品、电子器件、动物脏器等），性质各异，大多数靶件吸收中子，表现为一定的负反应性，有些靶件经辐照后会产生放射性、挥发性或爆炸性气体，或对容器有腐蚀作用，影响安全。高温高压辐照试验回路本身的安全涉及试验堆的安全：不仅试验段会引入一定量的正反应性和使堆内中子注量率分布发生较大畸变，试验元件的燃耗也直接影响反应性，而且试验回路水的沸腾汽化或失水会产生较大的正反应性，在试验元件破损、辐照管密封破坏和试验回路泄漏则会严重污染试验堆的堆芯和冷却剂回路乃至周围环境，必须认真对待。另一方面，试验堆功率突然大幅度增加也会使试验元件过热甚至烧毁。因此，除了像动力反应堆一样，需要采取防止试验堆自身超功率、短周期、断流、失水、燃料元件烧毁、剩余热量不能排出等事故的措施以外，须使试验回路同反应堆在保护系统上相联锁，遇到试验回路发生事故或其安全相关参数超过限值时便自动快速停堆。试验堆的运行应考虑试验回路的要求，例如堆功率应限于试验元件允许的功率；堆功率变化应尽可能少，以避免试验元件承受过多的热循环；堆功率变化时应借助于试验回路的流量调节使试验参数的波动尽可能小，等等。

截至 2021 年 6 月，国际原子能机构研究堆数据库显示，全世界有 70 个国家建成投用 818 座各种类型的研究试验堆，其中美国 307 座，俄罗斯 121 座。约 2/3 研究试验堆建于 20 世纪 60—70 年代。1975 年运营研究试验堆数量达到顶峰，共有 373 座，遍布 55 个国家。随着 500 多座研究试验堆逐渐永久停闭或退役，至 2021 年 6 月底共有 223 座运行研究试验堆，而且大多数已有 40 多年的历史。其类别略如表 3-2 所示。其中功率超过 100 MW 的有 9 座，除 3.1 节中提到的 ATR、MIR.M1、SM-3、VK-50 和 BR-2 以外，还有 20 世纪 80 年代建成的中国高通量工程试验堆 HFETR（125 MW）、印度天然铀重水型研究堆 DHRUVA（100 MW），以及 21 世纪建成的俄罗斯池内罐式高通量堆 PIK（100 MW）。至 2023 年 8 月有 24 座研究试验堆在建，其中功率超过 100 MW 的有 4 座，阿根廷的压水堆型工程实验堆 CREAM25（100 MW）、法国的池内罐式工程试验堆 JHR（100 MW）、俄罗斯的快中子工程试验堆 MBIR（150 MW）和美国的多功能快中子试验堆 VTR（300 MW）。

以前的轻水型高通量工程试验堆都采用 90%以上的高富集铀为燃料。出于防止核扩散的考虑，近来研究试验堆的燃料趋向于低富集化，转为采用 20%以下的低富集铀。

表 3-2 世界的研究试验堆类型和数目（截至 2021 年 6 月）[6]

	零功率堆	游泳池式	池罐式	重水型	TRIGA	均匀型	微型	其他*	合计
全世界	48	48	21	10	36	15	11	34	223
中国	3	4	2	1	1**	—	3	2	14
美国	7	7	4	1	18	3	—	10	50
俄罗斯	20	7	2	—	—	5	—	18	52
日本	2	1	1	—	1	—	—	—	5
法国	1	2	—	1	—	—	—	—	4
德国	3	1	1	—	1	4	—	—	10
加拿大	1	1	2	1	—	—	2	—	7
阿根廷	2	2	1	—	—	1	—	—	6
印度	1	1	—	1	—	—	—	2	5
意大利	1	—	—	—	2	—	—	—	5

* 其他包括石墨型、快中子脉冲堆、热中子或快中子发电或供热实验堆、专门的培训用堆等。

** 中国台湾 TRIGA 型研究堆 THOP。

资料来源：IAEA，Nuclear Research Reactors in the World，June 2021 Edition.

3.3 零功率堆

由核燃料、结构材料、反射材料或加上慢化剂组合而成、可实现自持裂变链式反应的实验装置（临界实验装置），由于其功率从几瓦到几十瓦，远低于一般反应堆的水平，故称为零功率堆。在反应堆的发展历史中，零功率堆始终占有一席之地，对推动反应堆物理的发展起到了举足轻重的作用。现在，零功率堆还在新堆型的中子物理特性研究、堆芯中子物理设计验证，临界安全研究，反应堆物理测量技术研究，物理计算程序的验证以及人员培训等方面发挥着重要的作用。

零功率堆是具有足够易裂变材料，无需冷却系统，用以在很低功率水平下以可控方式维持自持裂变反应的装置。零功率堆虽然多种多样，用途各异，但它们有着鲜明的共同特点，可以总结为以下四个方面[5]：

（1）功率很低（一般功率小于堆芯平均中子注量率 $1\times10^{8}\ cm^{-2}\bullet s^{-1}$ 对应的功率水平），没有冷却系统，不涉及余热导出问题，不涉及对结构材料的活化问题；

（2）系统简单，反应性引入方式单一（添加燃料、引出毒物、加入慢化剂等）；

（3）间断实验运行，堆芯装载及栅格结构经常发生变化；

（4）不考虑燃耗问题，燃料可始终认为是“新鲜”燃料。

在这些特点中，多数是对安全有利的，但其需要不断改变堆芯布置或其他影响反应性的条件以适应不同的物理实验，这种堆芯布置的灵活性正是零功率堆安全最不利的因素。零功率堆需设置较为完善的保护系统和停堆系统以防止事故发生；同时，建立严格而周密的零功率堆实验管理制度，培养具有较高的业务水平、安全素养、责任以及制度意识的运行和实验人员，对保障零功率堆的安全也至关重要。

零功率堆按中子能谱来分类，可以分为热中子堆、超热中子堆和快中子堆。

随着计算机技术飞速发展及核数据精度、广度的提高和增加，建设次临界堆及零功率堆的必要性大大降低，除非采用全新的燃料与材料、全新的结构或特殊的运行环境。印度于 2008 年 4 月建成压力壳式零功率堆（critical facility for AHWR and PHWR），为钍基先进堆开展研究。但从 20 世纪末开始，加速器驱动次临界核能系统（ADS）①成为研究热点，国际上相继建成多个铅铋次临界装置[1,5]。白俄罗斯于 2005 年建成 YALINA- Booster，为铅铋 ADS 系统开展研究，比利时核研究中心于 2008 年将一座老的次临界装置 VENUS-F 进行改造并与加速器连接，也开展 ADS 系统相关研究。

为确保核能系统及核燃料循环的安全性，我国非常重视零功率堆开发与实验。先后建成了重水零功率反应堆、氢化锆固态零功率堆、铀溶液零功率堆和微型中子源零功率堆，它们均属于热中子堆；同样位于中国原子能科学研究院的 DF-VI 快中子零功率堆属于快中子堆，于 1970 年建成并首次临界，其最小临界质量约为 40 kg ^{235}U。

在快中子零功率堆中设置一根反应性略大于缓发中子总份额 β 的“脉冲棒”，可实

① 加速器驱动次临界核能系统（accelerator driven sub-critical system，ADS），是利用加速器加速的高能质子与重靶核（如铅）发生散裂反应，一个质子引起的散裂反应可产生几十个中子，用散裂产生的中子作为中子源来驱动次临界反应堆，使次临界反应堆维持链式反应以便得到能量和利用多余的中子增殖核材料和嬗变核废物。

现瞬时（几十微秒）的极高裂变率，以模拟核爆炸中子源。

为研究 ADS 系统，2005 年 7 月在我国建成了快热耦合的次临界堆——启明星Ⅰ号（VENUS-1）[1,5]。它的快区由天然铀元件组成，热区由 3%富集度的低浓铀元件插到聚乙烯慢化剂中组成，源中子来自高压倍加器的（D, T）反应。该装置已被 IAEA 推荐为 ADS 研究的基准实验装置。

为研究创新型核能系统，2016 年 12 月，启明星Ⅱ号[5]建成。启明星Ⅱ号拥有两个堆芯，通过一套仪控系统实现了两个堆芯的集成化控制和数据采集。水堆堆芯侧重于开展热中子能谱环境下的原理性验证实验研究，铅堆堆芯侧重于重金属冷却的快中子反应堆及 ADS 等先进核能系统的中子物理特性实验研究。

2019 年 10 月，我国首座铅铋合金零功率反应堆——启明星Ⅲ号[5]实现首次临界。它将为铅铋快堆设计开发提供技术支撑。

3.4　游泳池式研究试验堆

游泳池式反应堆的堆芯置于一个大水池中，具有高度灵活性，便于开展多种多样的研究工作。堆芯由棒束型或片组型富集铀燃料元件组成，悬挂于架在敞口水池顶部的可移动桥架下面。水既作为慢化剂、反射层和冷却剂，又起主要屏蔽层的作用。堆芯以上有 5～7 m 的水层提供足够的上方屏蔽，而又保持一定的透明度。水池常做成长圆形，故称作“游泳池”。在有些设计中，堆芯可随意移到池内任何地点，水池的一端装有水平孔道或热柱，以便进行物理实验和其他实验，另一端可用来进行工程试验或屏蔽试验等，如要对大件样品进行照射，可把堆芯移至水池中央，受照样品和仪器设备均可置于池水中。

游泳池式反应堆能达到的最高功率与中子注量率水平，决定于冷却方式。采取自然对流冷却的游泳池式反应堆的最高功率约为 100 kW，相当于 $10^{12}\ cm^{-2}\cdot s^{-1}$ 的中子注量率。限制功率的另一因素是，由于 $^{16}O(n,p)^{16}N$ 反应生成的放射性 ^{16}N（半衰期 7.3 s）很快上升到水面，使水面的放射性活度超过容许限值，人员不能接近操作。采用强制循环和热交换器，同时安装挡板使水流改变方向，能把功率提高到大约 1 000 kW 的范围。如果进一步提高功率，燃料元件铝包壳生成的 ^{24}Na 的放射性（半衰期 15 h）会超过容许限值，奥地利的 ASTRA 反应堆采取在水面下保持一个经过离子交换的低放射性的净化水层的措施，把功率提高到 10 000 kW，相当于 $10^{14}\ cm^{-2}\cdot s^{-1}$ 的中子注量率水平。世界上最高有做到 70 000 kW 的，如法国的奥西里（Osiris）反应堆，最大中子注量率为 $2.7\times10^{14}\ cm^{-2}\cdot s^{-1}$。

如前所述，游泳池式反应堆的特点是灵活。用长柄工具通过透明屏蔽水层进行装卸料操作，很容易改变堆芯的布置、大小和形状。同时又很容易接近堆芯，便于将辐照装置装到堆芯中间或旁边的任何位置，或以试验元件替换本堆的燃料元件。在游泳池中安装样品传送管道或试验回路也是很方便的。受照样品易于从上面通过水层装入辐照装置和取出。通过屏蔽水层，可进行直接地观察。大水池具有很高热容量，停堆后靠自然对流便可安全排出余热，这是其他堆型研究试验堆所没有的。

我国于 1964 年建成两座游泳池式研究试验堆。建在中国原子能科学研究院的游泳池式轻水反应堆（SPR IAE），用以进行新堆燃料元（组）件和材料的辐照试验，因此在堆内设有辐照试验回路，同时亦生产放射性同位素及单晶硅中子掺杂。为了尽量提高中子注量率，在堆芯外增加了铍和石墨反射层，设置了由循环泵、热交换器和连接管道组成的强制对流冷却的一回路系统（及相应的二回路系统），其流量为 1 000 m^3/h，使燃料元件表面最大流速达到 3.12 m/s，将热功率从作为原型的苏联 IRT 研究堆的 1 000 kW 提高到 3 500 kW，最大热中子注量率提高到 5.2×10^{13} $cm^{-2} \cdot s^{-1}$，最大快中子注量率约为 2.5×10^{13} $cm^{-2} \cdot s^{-1}$。SPR IAE 堆于 2017 年进行了供热改造，将堆芯出口温度提高到 60 ℃左右，为中国原子能科学研究院的 2 栋办公大楼（约 10 000 m^2）进行了核能供热试验。一个多月的供热试验表明，反应堆具有良好的供热安全性、可靠性及负荷跟随能力，而且对供热房间和周围环境无任何可觉察的放射性影响。基于该技术开发了泳池式低温供热堆型号——燕龙（DHR）[5,7]，燕龙的功率为 200～400 MW，堆芯出口温度约 100 ℃。该堆具有“零”堆熔、“零排放”、易退役、投资少等显著优势，是我国北方集中供热理想的零碳热源。建在清华大学的一座屏蔽试验反应堆（ESR901）具有双堆芯，用来进行新堆的屏蔽试验，同时进行单晶硅中子掺杂和核孔膜生产。最大热功率为 2 800 kW，最大热中子注量率为 1.8×10^{13} $cm^{-2} \cdot s^{-1}$。这两座游泳池式研究试验堆都采用 10%富集度的铀燃料。所用燃料芯块由 UO_2 粉末弥散于镁基体中热压制成，燃料棒直径 10 mm，铝包壳厚度 1.5 mm。由于芯块基体包容裂变气体的能力强，包壳较厚，至今未发生过燃料元件破损事件。

我国还于 1976 年在中国工程物理研究院建成了一座池式研究堆（SPRR-300），额定功率为 3 500 kW，堆芯最大热中子注量率为 6.5×10^{13} $cm^{-2} \cdot s^{-1}$，采用同样的燃料。SPRR-300 主要开展材料辐照试验、同位素生产及中子活化分析等应用。

目前 SPRR-300 已完成退役，ESR901 正准备退役。SPR IAE 正在申请延续运行。

2013 年我国在中国工程物理研究院建成了中国绵阳研究堆（CMRR）[5,7]，功率 20 MW，采用池式堆，轻水冷却，重水和铍反射。采用板状 U_3Si_2-Al 弥散型燃料，最大热中子注量率达到 2.4×10^{14} $cm^{-2} \cdot s^{-1}$。堆芯及反射层设置多条垂直实验孔道和水平束流孔道，可用于放射性同位素生产、单晶硅中子掺杂、黄玉辐照改色，以及中子散射、中子照相等。

目前在役的日本的 JRR-3M（20 MW）、阿根廷的 RA-6（10 MW）、韩国的 HANARO（30 MW）、澳大利亚的 OPAL（20 MW）以及德国的 FRMII（20 MW）均是国际上著名的游泳池式研究试验堆[1]。

3.5　池罐式研究试验堆

游泳池式反应堆具有系统简单、固有安全性高、应用灵活、易接近堆芯等优点，但是受到热工条件的限制，堆芯功率密度受到很大限制，从而限制了可获得的中子注量率水平。要达到更高的功率，必须改用池罐式（tank-in-pool），把在大气压力下运行的开敞式结构改为在较高压力下运行的封闭式结构，以实现较高的工作温度和较大的冷却剂压力及流量，提高燃料换热能力，从而提高反应堆的功率密度。

池罐式研究试验堆由于堆芯放置在一个封闭的堆芯容器中，因此较池式堆，堆芯不易接近，堆芯内难以布置辐照应用孔道，通常采用“反中子阱”设计以解决应用的灵活性问题。

“反中子阱”设计是池罐式研究试验堆常采用的设计理念[3,8~10]，其主要特征是，反应堆堆芯比较紧凑，堆芯中子能谱硬，堆芯高径比较大接近 2（一般反应堆为了节省燃料，高径比约为 1.1），堆芯侧面采用重水、铍或石墨作为反射层。最大热中子注量率位置出现在反射层中，远高于堆芯区域的热中子注量率水平，因此主要辐照试验孔道设置在反射层中而不是堆芯活性区范围内。“反中子阱”型反应堆，也便利于引出中子束流，从而开展中子散射、中子照相等科研和应用。由于反应堆的辐照孔道设置在侧反射层内，与堆芯实现了空间分离，因此开展应用活动对反应堆堆芯的直接影响较小。

高通量的池罐式反中子阱型反应堆，一般采用重水作为反射层，重水慢化距离大于轻水，且中子吸收截面很小，有利于增大反射层的有效空间。重水放置在堆芯侧面的重水箱中，并且需要一套与重水相关的系统包括重水充排、重水冷却、重水净化、氦气系统等，并且与重水研究堆一样需要考虑重水中氚的产生和积累对系统运行和维护的影响。理论上铍和石墨中子慢化和反射特性良好，也可以作为侧反射层材料，但是一般池罐式反中子阱型反应堆追求高中子注量率水平（$>10^{14}\ cm^{-2}\cdot s^{-1}$），反射层的发热问题不可忽视，铍和石墨难以在保证中子慢化和反射特性基本不变的情况下保证冷却，因此大功率反中子阱反应堆都采用重水作反射层。

池罐式反应堆在正常运行时，通常将反应堆主冷却系统与反应堆水池隔离，以保证主冷却剂系统的压力以及冷却能力。停堆情况或事故工况下，采用能动或非能动的手段使主冷却剂系统和反应堆水池联通。从而保留了池式堆热容大，堆芯不裸露的固有安全特点。

美国的 MURR（10 MW）、比利时的 BR-2（50 MW）、荷兰的 HFR（45 MW）、南非的 SAFARI-1（20 MW）及约旦的 TRTR（10 MW）都是典型的池罐式“反中子阱”型反应堆，在国际上都具有相当的影响力。

我国于 2010 年建成了中国先进研究堆（CARR）。CARR 堆额定功率 60 MW，采用池内罐式结构，在直径 5.5 m、深 15 m 的大水池内，安置外径 2.2 m 的重水箱，充满重水，作为反射层，贯穿重水箱中央的内径 0.459 m 的铝合金堆芯容器包容着非常紧凑的堆芯，堆芯由17个标准燃料组件和4个控制棒跟随体燃料组件组成。CARR堆燃料采用铀-235富集度19.75%的低富集铀，以U_3Si_2-A1弥散体芯体和铝包壳做成夹心平板型燃料元件。堆芯用轻水慢化和冷却。由于稠密栅格堆芯的功率密度大，能获得很高的快中子注量率，而轻水的欠慢化作用，则使大量快中子飞出堆芯外，在重水反射层中慢化和形成很高的热中子注量率峰，达到8×10^{14} $cm^{-2}\cdot s^{-1}$，因此，CARR堆属于“反中子阱”型研究堆。在重水箱设置了25个垂直实验孔道，可辐照生产高比活度放射性同位素、锕系元素以及单晶硅中子掺杂；设置了9个水平实验孔道，将不同能谱的中子束引出，以进行热（冷）中子散射、中子照相以及中子深度剖面分析（NDP）等。

3.6 重水型研究试验堆

重水的中子吸收截面很小，慢化比很大，因此，具有极好的中子慢化性能，可以使用天然铀燃料。若干国家初期建造的研究试验堆曾采用天然铀重水堆，其特点是临界质量较大，中子注量率较低，中子能谱较软。

要减小临界质量和获得高中子注量率，必须用富集铀代替天然铀，最好是用高富集铀。由于重水的中子吸收截面比轻水小得多，中子的扩散长度较大，不需要把堆芯压缩得很小；在整个堆芯中，热中子注量率的分布相当均匀，往外降低很平缓，到堆芯以外仍有相当的强度，因此堆内实验空间宽裕，可以布置很多实验孔道；样品位置不要求像在轻水堆中那样精确地固定；容易做到同时辐照两个不同的样品进行比较。但这种反应堆的快中子注量率不高，对材料辐照考验不是很理想。

重水堆的主要优点是单位功率的热中子注量率较高，达到每千瓦约10^{10} $cm^{-2}\cdot s^{-1}$的水平。相对而言，总功率就比较低，燃料消耗比较少，燃料寿命比较长。由于快中子和γ辐射的本底都较低，重水堆对热中子实验是很理想的。但重水很贵，为了避免重水的泄漏或降质，必须把堆芯放在密封容器内，并用高纯的氦气覆盖重水水面，在装卸燃料组件时也要特别小心，操作和检修都比轻水堆复杂得多。此外，重水中的氘经中子辐照生成半衰期长达12.3 a的氚，对人员和环境有危害，须采取防范措施。

1958年6月13日，HWRR堆达到首次临界，标志着我国跨进了原子能时代。HWRR堆是我国第一座反应堆，位于北京市房山区中国原子能科学研究院，是由苏联提供的重水型研究堆，最大热功率为10 MW，最大热中子注量率为1.2×10^{14} $cm^{-2}\cdot s^{-1}$。采用^{235}U富集度2%的低富集金属铀作为核燃料，用重水作为慢化剂和冷却剂，铝合金反应堆容器直径1.4 m，外面围有石墨反射层。堆芯和石墨反射层分别有9个和34个垂直实验孔道。HWRR堆的主要用途是进行中子物理实验，核参数测量，材料、核燃料元（组）件和反应堆部件的辐照试验和其他科学研究，多种放射性同位素生产，以及科学技术人员培训。曾建造高压和低压的试验回路，进行新建生产堆、动力堆和研究试验堆用材料、燃料元（组）件的长期辐照试验。

1979—1982年，中国原子能科学研究院对HWRR堆进行了改建。最核心的是更换堆芯和反应堆容器。把 ^{235}U 富集度从 2%增加至 3%，改用紧密栅格，在堆芯中央留出重水腔形成中子阱，在外围形成重水反射层，这两处均形成较高的热中子注量率峰，设置了大小不同的多个垂直实验孔道。堆芯垂直实验孔道增加到 33 个。反应堆的最大热功率提高到 15 MW，最大热中子注量率提高到 2.8×10^{14} $cm^{-2} \cdot s^{-1}$。由于提高了中子注量率，增加了辐照空间和后备反应性，更便于开展各项研究工作，并实现了放射性同位素的大批量生产，其品种数量达到国产总量的 70%，同时实现了中子嬗变掺杂单晶硅的生产，年生产能力达到 10 t。建成了高温高压试验回路，成功地对我国大陆第一座核电厂——秦山一期核电厂的新燃料组件进行了辐照试验，几年后，又完成了秦山一期核电厂的乏燃料加深燃耗辐照试验。2001 年，又利用该高温高压试验回路完成了我国首次 PWR 燃料元件瞬态试验。

改建前，HWRR 堆使用金属铀、铝包壳的空心圆柱形燃料元件。在中子辐照下，金属铀容易发生相变，引起辐照肿胀变形，与铝包壳产生机械作用，甚至导致铝包壳破损。改建后，改用二氧化铀陶瓷芯块、锆合金包壳的棒束型燃料组件，燃耗达到 10 000～15 000 MW•d/tU，从此再也没有出现过元件破损事件。

2007 年底，HWRR 堆永久停闭。在近 50 年的运行期间，HWRR 堆为我国的国防和经济建设作出了历史性贡献，被称为“功勋反应堆”。

20 世纪 80 年代，中国出口到阿尔及利亚的多功能重水型研究堆（MHWRR）是以改建后的 HWRR 堆为原型设计、建造的，综合考虑了 HWRR 堆多年运行经验、技术改进、改建以及科学技术进步，进行了大量的改进并采用先进的技术，提高了反应堆的先进性和安全性。MHWRR 工程是我国核工业“走出去”的第一个大型核设施，获得 IAEA“南南合作典范”的赞誉。

2004 年 3 月 2 日，德国的 FRM Ⅱ堆达到首次临界。FRM Ⅱ堆采用轻水冷却、重水慢化和反射；采用紧凑型堆芯，只有一组燃料组件，共有 113 片燃料元件，燃料元件采用渐开线型；燃料采用高浓铀弥散型 U_3Si_2-Al，^{235}U 富集度为 93%；只有一根控制棒，插在燃料组件的中心孔中；额定功率 20 MW，最大热中子注量率为 8×10^{14} $cm^{-2} \cdot s^{-1}$。

重水型研究试验堆在 20 世纪的 50—70 年代发挥了重要作用，如美国的 NIST、法国的 ILL High Flux Reactor、加拿大的 NRU、阿根廷的 RA。但随着铀浓缩技术的进步，此后国际上很少建设重水型研究试验堆，更多地将采用重水作为反射层，如韩国的 HANARO、澳大利亚的 OPAL、俄罗斯的 PIK、德国的 FRM Ⅱ、中国的 CARR 和 CMRR 均采用重水作为反射层。

3.7 高通量工程试验堆

为了进行动力堆燃料元（组）件的长期辐照试验和材料的辐照损伤研究，或生产高比活度的放射性同位素，要求尽可能高的热中子注量率和快中子注量率。因此，反

应堆的燃料比功率 P/M 和功率密度 P/V 两者均越高越好（见3.2节）。采用多片组型或多层套管型高富集铀燃料元件和轻水慢化剂，每千克铀可以达到很大的散热面积和很高的比功率。辐照试验可在专设的试验回路中或占用反应堆燃料元件的位置进行。

高通量堆的比功率高，燃料元件的运行周期短，每隔十几天至二十几天便需换一次料。高富集铀费用高昂，应使燃耗尽可能地深，这可通过燃料装载、控制棒抽插程序及换料倒料方案的优化来实现。

中国核动力研究院于1981年建成的高通量工程试验堆（HFETR）的最大热功率为125 MW，最大热中子注量率为 $6.2\times10^{14}\ cm^{-2}\cdot s^{-1}$，最大快中子注量率为 $1.7\times10^{15}\ cm^{-2}\cdot s^{-1}$。堆内可设置 500～2 000 kW 的高温高压辐照试验回路。反应堆用水作为慢化剂和冷却剂，铍作为反射层。燃料采用 90%富集铀的铀铝合金，做成六层薄壁同心套管型铝包壳燃料元件。最小临界质量为1.9 kg ^{235}U，最大堆芯装载量为13 kg ^{235}U。实际装料量随着辐照任务的需要而增减，需要较高的堆功率时可多装入一些燃料元件，需要中低功率时可少装入一些燃料元件，其布置方案也可根据试验回路或其他受照对象的位置灵活改变，并在堆芯外周或燃料元件之间的栅格位置插入铍组件和铝组件，以获得较平坦的中子注量率分布以及试验回路内较高的中子注量率水平。整个堆芯置于不锈钢制的压力容器内，设计压力为2.16 MPa，燃料比功率为9 600 kW/kg ^{235}U，堆芯功率密度高达610 kW/L，用流速为10 m/s的水带出热量。由于每一炉装料量和堆芯布置方案不同，因此在各炉开始运行前均需重新测量堆内的中子注量率分布和刻度控制棒的价值。为此在该工程试验堆近旁设有专用的临界实验装置。燃料元件的设计燃耗为 34% ^{235}U，运行周期为30 d，实际平均卸料燃耗达到45%，已显著高于设计值，并未出现元件破损现象。

现燃料已经采用 19.75%富集铀的六层薄壁同心套管型铝包壳燃料元件，尺寸同原元件，燃料元件的燃耗限制值为55% ^{235}U。

工程试验堆及其配套的辐照后检验热实验室可用来进行全尺寸或缩小尺寸的燃料组件辐照试验，对冷却剂的化学和热工条件、传热机理、燃料包壳腐蚀、燃料芯块的性能变化、燃料元件破损机理等项研究，以及高比活度放射性同位素和锕系元素的生产。

为进一步挖掘燃料的潜力，利用从工程试验堆卸出的燃耗尚不足 40%的乏燃料，在其附近建成一座功率为5 000 kW 的游泳池式研究试验堆 MJTR，最大热中子注量率为 $8\times10^{13}\ cm^{-2}\cdot s^{-1}$，可进行材料辐照改性、单晶硅中子掺杂、放射性同位素生产等工作。

3.8 均匀型研究试验堆

燃料同慢化剂均匀混合的反应堆，具有很大的负温度系数，而且慢化剂的负温度效应是瞬时的。当反应性增加使燃料温度升高时，热量立即传给慢化剂，使之受热膨胀，因此即使突然投入较大的正反应性，反应堆能达到的最大功率和最高温度均自动受到限制，不至于上升到危险的水平。这是均匀堆普遍具有的内在安全性。

早期的水锅炉式（Water Boiler）反应堆是一种水均匀型反应堆（也简称为溶液堆），因水在辐射分解时产生的氢气泡和氧气泡连续上升仿佛水在沸腾而得名，其实液体的温度远在沸点以下。自1944年美国洛斯•阿拉莫斯实验室建成世界上第一座溶液堆LOPO堆以来，到目前为止已建成了70多座研究型溶液堆，先后用于动力堆发电、增殖堆，并开展核物理实验、中子照相、核临界安全、裂变产物提取等方面的研究工作。溶液堆燃料主要采用硫酸铀酰 UO_2SO_4 或硝酸铀酰 $UO_2(NO_3)_2$ 的水溶液，盛放在不锈钢制的容器内，容器内设有普通水冷却螺旋管。反射层为氧化铍或石墨。溶液堆的临界质量约为1 kg ^{235}U，50 kW热功率的中子注量率约为 10^{12} $cm^{-2}•s^{-1}$。溶液堆的优点是：系统简单，造价低廉，产生的气态裂变产物被连续清除，燃料装载量小，无需制造和处理燃料元件，负温度系数大，安全性高。主要缺点和风险是：燃料溶液的腐蚀作用会造成强放射性物质的泄漏；存在燃料以固体形态从溶液中沉淀出来的问题；水的辐射分解会产生爆炸性气体氢气，需要严格控制气相中氢气的浓度，溶液堆的功率受到限制，不适合作为动力堆。因此从20世纪60—80年代，溶液堆的研究处于低潮期。

随着医用同位素在重大疾病的诊断和治疗中的应用不断扩展，寻找方便、快捷、廉价的同位素生产方式使溶液堆重新受到重视。医用同位素一般由非均相反应堆或加速器生产，如生产医用同位素用量最大的 ^{99}Mo 的靶件制备、溶解、分离、靶料回收再利用等流程非常繁琐，费用昂贵。用溶液堆生产 ^{99}Mo 就避免了这些缺点，具有生产快速、高效，^{235}U 利用率高，产生废物量少，总体经济性好等优点。

中国核动力研究设计院正在建设溶液型医用同位素试验堆[11]，预计2026年建成投产。该反应堆的功率为200 kW，使用 ^{235}U 富集度为19.75%的硝酸铀酰水溶液。该反应堆工艺系统主要包括反应堆系统、同位素提取生产系统、运行保障系统。建成后能形成10万Ci ^{99}Mo、2万Ci ^{131}I 的年生产能力。同时，该堆也是开展核物理、放射化学、辐射化学等科学研究的重要平台。

采用固体慢化剂同富集铀的弥散混合物，可以保持水锅炉的安全特性，同时避免腐蚀和辐射分解等问题。固体均匀堆所用的物料：一种是聚乙烯同二氧化铀的弥散混合物；另一种是氢化锆同铀的弥散混合物。前一种堆型的功率限于几十瓦，中子注量率不超过约 3×10^9 $cm^{-2}•s^{-1}$；后一种堆型由于它的安全性和适用性，获得较广泛的应用。迄今世界上已建成60多座这种堆，稳态功率为10～2 000 kW。

铀氢化锆反应堆的外部构造很像游泳池式反应堆：堆芯安置在一敞口水池中。不同的是，水仅部分地起慢化作用，主要慢化剂是铀–氢化锆燃料元件中的氢。铀–氢化锆（$UZrH_{1.6}$）的制造方法很简单，把适当的铀锆合金放在氢气流中加热到约800 ℃充氢即成。所用铀的富集度为20%或90%的 ^{235}U。

铀–氢化锆反应堆的负温度效应很强。在突然投入相当大的后备反应性使功率从几瓦骤增到几百兆瓦以上时，反应堆的负温度效应会使功率在几毫秒内自动降回到正常水平。利用这种优良的动态特性，可以建造所谓的脉冲反应堆。用气动方法把一根控制棒弹出活性区，以投入所需的后备反应性，这样获得的脉冲中子注量率峰值可达 10^{17} $cm^{-2}\cdot s^{-1}$，只是时间短促，中子注量率和燃料元件温度经过一个约 10 ms 的脉冲宽度后将从其峰值迅速下降。脉冲提供的瞬时极高中子注量率，可用于短寿命放射性同位素的生产、肿瘤治疗、中子照相、活化分析、反应堆动态学试验等。由于铀氢化锆脉冲堆的燃料保持裂变产物的能力强，每次运行释放的能量小，池水自然对流便能保证堆芯的排热，这种反应堆特别安全，世界上现有的此类型堆大多建在人口稠密区而无需设置安全壳。

1991 年在中国核动力研究院建成的铀-氢化锆脉冲堆的稳态额定功率为 1 000 kW，相应的快、热中子注量率为 $2.4/1.4\times10^{13}$ $cm^{-2}\cdot s^{-1}$，脉冲中子注量率峰值约为 6×10^{16} $cm^{-2}\cdot s^{-1}$，脉冲功率峰值约为 3 400 000 kW，脉冲宽度约为 9 ms。为确保安全，反应堆设有运行方式联锁，以保证只有在规定的安全前提均已具备的条件下，才能发射脉冲棒。为确保燃料元件的完整性，在燃料芯体内嵌装有热电偶，当温度超过整定值时便发出警告或事故停堆信号。

3.9 微型中子源反应堆

微型中子源反应堆（简称“微堆”）是 20 世纪 80 年代初期发展起来的一种特小型、安全可靠、对环境污染的影响轻微、可以建在大城市的学校、医院和研究中心内的反应堆。它可广泛应用于中子活化分析、短寿命放射性同位素生产以及科学研究、教学与培训等。微堆的系统和设备简单，造价低廉，建造周期短，操作方便，易于管理，因此能创造一定的经济和社会效益，对于经济和科学技术欠发达的国家尤其适用。

1984 年建成于中国原子能科学研究院的中国首座微堆，热功率仅为 27 kW，辐照管道内的热中子注量率为 1×10^{12} $cm^{-2}\cdot s^{-1}$。用 ^{235}U 富集度为 90%的铀－铝合金芯体和铝合金包壳管做成直径为 5.0 mm 的细长燃料棒，按同心圆布置，以构成堆芯。首座微堆堆芯装载 376 根燃料棒，用水作慢化剂和冷却剂，外面围有铍反射层。微堆只有一根中央控制棒，同时用作安全棒、补偿棒和自动调节棒。反应堆的起动、改变功率和停闭的操作都比较简单，有关人员经过适当培训后可获得操纵员资质。

微堆的 ^{235}U 装载量约为 1 kg，最大后备反应性严格控制在 4 mk（即千分之四，0.004）以内，使反应堆在任何情况下不可能达到瞬发临界（见 2.4.3 节）。它的高富集铀堆芯形成的欠慢化性能具有较大的反应性负温度系数和负空泡系数，使反应堆在功率变化时具有良好的自稳定性。反应堆堆芯位于直径 0.6 m、高 5.6 m 的密闭容器内，容器悬挂于深 5.6 m、直径 2.7 m 的大水池内，靠堆容器内水的自然循环冷却堆芯。堆功率增长时，堆容器内水温度上升，自然对流传热加强，同时负温度效应会使堆功率在几秒钟内便自动受到抑制。由于所用铀铝合金燃料具有良好的辐照稳定性，反应堆的线功率低，以及堆芯浸没在大水池中，微堆可排除燃料元件烧毁的可能性。

从欠慢化堆芯中逸出的大量快中子在铍反射层内慢化形成较高的热中子注量率峰。在铍反射层内外设置了 10 个辐照管道，供气动快速输送辐照样品盒（“跑兔”）之用。

由于冷态后备反应性很小，大部分后备反应性将用于补偿温度效应，开堆后不可能持续运行到氙平衡中毒状态，现在的微堆只能在满功率下运行约 2.5 h/d。

微堆运行功率低，总的释放能量不高，积累的裂变产物量也少，微堆寿期为 20 年。

自 1984 年以来，我国已分别在国内外建成了九座微堆，其中国内有深圳大学、山东地质科学研究院及上海分析测试中心，国外有巴基斯坦、伊朗、加纳、叙利亚和尼日利亚。这些微堆都使用高浓铀作为燃料，功率 30 kW。为便于更好地推广微堆，扩大微堆的应用，在高浓铀微堆的基础上，于 2009 年设计建造了具有水平孔道的医院中子照射器（IHNI-1），可用于硼中子俘获治疗；自 2006 年以来，在国际原子能机构的协调下，先后完成了中国原子能科学研究院原型微堆、加纳微堆和尼日利亚微堆的低浓化[7]。这些微堆采用 UO_2 为燃料，Zr-4 合金为包壳，^{235}U 富集度为 12.5%～13.0%，其他微堆的低浓化正在进行。目前，正在为泰国苏兰拉里理工大学设计建造一座功率为 45 kW 的微堆，该堆设有水平和垂直孔道，可以用于物理实验、硼中子俘获治疗等工作，该堆 ^{235}U 富集度为 19.75%，预计 2025 年建成。[12]

3.10　快中子材料试验堆及快中子实验堆

快中子动力堆的燃料元（组）件的工作条件十分苛刻。一般要求包壳壁温接近 700 ℃，总的运行时间约 500 d，在最大快中子注量率为 5×10^{15} $cm^{-2}\cdot s^{-1}$ 下达到约 100 MW•d/kgHM 的燃耗深度，相当于（1～3）$\times10^{23}$ cm^{-2} 的快中子（＞0.1 MeV）注量。在热中子材料试验堆中，即使不能实现全面符合上述条件的辐照试验，仅满足快中子注量要求，然而需要的辐照时间过长（约 5 a），因而有建造专门的硬能谱高通量快中子材料试验堆的需要。大多数发展快堆的国家曾利用已建成的实验快堆和原型快堆来进行燃料试样、包壳材料、单根燃料棒和小组件的大量辐照试验，并为此将堆芯加以改装。美国于 1980 年建成一座专门用来进行燃料和材料辐照试验的快中子试验堆（FFTF），热功率为 400 000 kW，最大快中子注量率为 7.2×10^{15} $cm^{-2}\cdot s^{-1}$，目的是加速辐照试验的进程。该堆安全运行了 12 a，由于美国停止发展快中子增殖堆而在 1992 年关闭。

在建设商用规模的快中子增殖堆核电厂以前，为了技术开发和进行工程与经济验证，一般需要经历“实验快堆—原型快堆—示范快堆”三个阶段。实验快堆主要用来：（1）本身作为工程性实验研究的对象，验证快堆的安全性能，掌握快堆的系统、设备和测量控制手段的运行特性；（2）取得和积累快堆设计、建造与运行的经验；（3）作为快中子辐照装置，进行快堆燃料元（组）件和材料的辐照试验。世界上已建成的实验快堆略如表 3-3 所示。

表 3-3 世界上已建成的实验快堆[1]

国家	地点	堆名	热功率/MW	电功率/MW	建成/改建时间	关闭时间
法国	Cadarache 中心	Rapsodie（狂想曲）	20/40	0	1966/1970	1982.10
日本	大洗工程中心	常阳（Joyo）	50/100	0	1977/1983	
俄罗斯	Obninsk	BR-5/BR-10	5/10	0	1958/1973	
	Melekess	BOR-60	60	12	1969	
英国	Dounreay 中心	DFR	60	14	1959/1964	1977.3
德国	Karlsruhe 中心	KNK-Ⅱ	58	21	1977	1991.8
美国	Argonne 实验室	EBR-Ⅰ	1.2	0.2	1951	1963
	Argonne 实验室	EBR-Ⅱ	62.5	20	1963/1969	1994.10
	Fermi 实验室	EFFBR（Fermi 1）	200	60	1963	1972
	Hanford	FFTF	400	0	1980	1992
印度	Kalpakkam	FBTR	40	13	1985/1993	
中国	中国原子能科学研究院	CEFR	65	20	2010	

研究试验堆的发展与核能、核动力系统的发展往往密不可分，随着以钠冷快堆、铅/铅铋冷快堆、高温气冷堆、熔盐堆等为代表的第四代核能系统的不断发展，以及采用锂冷、气冷、钠钾冷等多种介质的小型化、模块化新型核动力概念的不断提出，对能够承受高温、高辐照损伤、高腐蚀等因素的新型材料的研发需求日益凸显，对具备快中子谱辐照考验能力的研究试验堆提出了新的要求。

2015 年，俄罗斯开工建造新型多用途研究快中子反应堆（MBIR）[13]，为回路式钠冷快堆，热功率 150 MW，最大中子注量率为 5.5×10^{15} $cm^{-2}\cdot s^{-1}$，寿期 50 年，采用 MOX 燃料，具备快中子谱辐照能力，兼顾钠冷、铅铋冷、铅冷、气冷多种辐照考验回路，计划 2027 年完成建设。

2017 年，美国提出 VTR（versatile test reactor）多功能研究堆计划[14]，为池式钠冷快堆，热功率 300 MW，最大快中子注量率超过 4.0×10^{15} $cm^{-2}\cdot s^{-1}$，采用金属燃料，开展包括钠冷、铅铋或铅冷、气冷和熔盐冷多种冷却剂的反应堆技术研发。2022 年美国能源部（DOE）发布了最终环境影响评估报告，确定爱达荷国家实验室场址为首选场址，计划于 2026—2030 年完成建设。

因加速器驱动次临界系统（ADS）在嬗变放射性核废料、有效利用核能资源方面具有的潜在优势，近年来国际上对 ADS 的研究给予了广泛的关注与支持，并从战略高度予以部署和实施。目前国际上加速器驱动次临界系统的研发正在从关键技术攻关逐步转入建设系统集成的研究装置阶段。欧盟 C. Rubbia 领导的顾问组制订和提出了 EUROTRANS 计划，形成 XT-ADS 原理示范装置的先进设计和 EFIT 工业级嬗变装置的概念设计。同时，充分利用现有核设施开展了 MUSE、MEGAPIE 等多项实验研究。比利时核能研究中心实施的 MYRRHA 研究项目计划，开展了热功率为 85 MW 的铅铋冷却 ADS 系统设计。美国制订和实施了研究核废料嬗变方案的 SMART 等计划。费米国家实验室正在计划建设中的 Project-X 也将开展 ADS 相关研究。日本 JAEA 和 KEK 研究机构在其 J-PARC 强流质子加速器上设有专门用于 ADS 研究的 TEF 实验装置，质子束流能量将达到 600 MeV。此外，俄罗斯、韩国和印度等国家也都开展了一系列的 ADS 研究工作。

中国坚持“热堆—快堆—聚变堆”核能三步走的发展战略，并坚持发展快中子增殖堆的路线。早在 1970 年就建立起快中子零功率堆以及钠腐蚀、钠净化和钠热工等回路实验装置，以后陆续建立起多个实验装置，并从意大利引进了大型钠净化装置、堆芯组件试验回路、设备试验回路和组件清洗测量装置，进行了快中子堆物理、钠热工水力、钠工艺及灭火技术、钠水反应、快堆材料及燃料、快堆仪表控制及安全等多方面的研究。我国第一座实验快堆（CEFR）是由中国原子能科学研究院设计建造，热功率为 65 MW，电功率为 20 MW，采用 UO_2 燃料，“钠 – 钠 – 水”三回路设计，一回路为一体化池式结构；堆芯入口温度 360 ℃，出口温度 530 ℃，蒸汽温度 480 ℃，压力 14 MPa；事故余热排出系统采用直接冷却主容器内钠的非能动系统。中国实验快堆 2000 年 5 月开工建设，2010 年 7 月 21 日首次达到临界，2011 年 7 月成功实现并网发电。

我国正在对钠冷快堆、铅铋快堆、锂冷快堆、气冷快堆、铅铋 ADS 系统等领域全方位地进行先进核能、核动力系统的研究、设计与开发。燃料和结构材料的创新是反应堆技术创新的基础，直接决定了新型反应堆能够实现的安全性和经济性上限。上述因素也对我国快中子材料辐照考验能力及燃料辐照考验能力提出了新的要求。2021 年 12 月，中国原子能科学研究院提出了我国新型多功能高通量快中子研究堆解决方案[16]，采用钠冷快堆技术路线，热功率 150～200 MW，中子注量率大于 $5\times10^{15}\ cm^{-2}\cdot s^{-1}$，兼顾钠冷、铅铋冷、锂冷、气冷、熔盐多种辐照考验回路，支撑我国新型材料与燃料研发。

3.11 各种热中子堆型的实验堆

20 世纪 50—70 年代，世界各国探索和建造过各种堆型的实验堆，现在大部分都已关闭，表 3-4 给出了一部分热中子动力堆型的实验堆。

表 3-4　各种热中子动力堆型的实验堆

堆型	堆名	国家	热功率/MW	电功率/MW	建成时间	关闭时间
压水堆	MTS-626	美国	78	—	1963.4	在役
	MTS-635	美国	78	—	1964.12	在役
	S5 G Submarine Prototype	美国	0.09	—	1965.9	1995.5
	27/VM	俄罗斯	70	—	1956.3	1986
	NS Otto Hahn	德国	38	—	1968.8	1979.3
沸水堆	EBWR	美国	100	5	1956.12	1967.6
	VBWR	美国	50	5	1957.10	1963.12
	Kahl	德国	60	15	1961.6	1985.11
	RNG New Generation reactor	法国	120	0	1975.11	1996.1
重水堆	VK-50	俄罗斯	200	供热	1964.12	在役
	NPD	加拿大	96	25	1962.6	1987.8
	MZFR	德国	200	58	1966.3	1984.5
	Agesta	瑞典	80	12＋供热	1964.3	1974.6
重水气冷堆	EL4	法国	242	75	1967.7	1985.7
	Lucens	瑞士	35	9	1968.1	1969.1
重水沸水堆	SGHWR	英国	330	100	1967.12	1990.9
重水有机堆	WR-1	加拿大	60	0	1965.11	1985.5
液体均匀堆	HRE-1	美国	—	0	1953.2	1954.6
	HRE-2	美国	5	0	1958.4	1961.4
熔盐堆	MSRE	美国	7.4	0	1967	1969
轻水增殖堆	Shippingport-2	美国	240	72	1977.9	1982.10
有机慢化堆	Piqua	美国	45.5	12	1963.11	1966.1
石墨钠冷堆	SRE	美国	30	8	1957.7	1964.2
高温气冷堆	Peach Bottom	美国	115	40	1967.6	1974.11
	Dragon	英国	20	0	1966	1976.3
	AVR	德国	46	15	1967.12	1988.12
	HTTR	日本	300	—	1998.10	在役
	HTR-10	中国	10	—	2000.12	在役
空间试验堆	TOPAZ-Ⅱ	俄罗斯	0.135	0.005	1967.1	2003.12
	Kiwi-TNT	美国	937	—	1965.1	1965.1
	SNAP 8 Demon Reactor	美国	0.619	—	1969.1	1969.12

注：本表仅列举具有代表性的实验堆，包括少数带有原型性质者。

近年来，各国在第四代核能系统国际论坛（GIF）框架下开展高温气冷堆燃料与燃料循环、材料、设备、设计集成等技术研究。美国主要依托“下一代核电厂”（NGNP）项目进行相关研究，目标是建成高温气冷堆电/热（或氢）联产厂，用于工业供热和发电，已在燃料元件开发与考验、高温材料开发、制氢技术、反应堆安全技术等方面有长足进展。日本在氦气透平技术、硫碘热化学水解工艺制氢方面具有优势，计划 2030 年左右实现商业化制氢。韩国 2008 年批准了“核能制氢研发演示项目（NHDD）”长期计划，预计 2022 年建造一套核能制氢系统，2026 年完成原型演示。欧盟在 HTR-TN

计划下，在设计方法和工具、燃料、材料、氦系统技术、耦合技术等方面合作开展高温气冷堆的研发。2000 年在我国清华大学核能与新能源技术研究院建成的 HTR-10 高温气冷实验堆，热功率为 10 MW，最大电功率为 2.59 MW，采用我国研制的全陶瓷包覆颗粒球形燃料元件和球床型堆芯结构，用来验证这种类型高温气冷堆的内在安全性，掌握其设计、建造、运行技术，进行燃料元件和材料的辐照试验，及进行高温核能供热、液体合成燃料生产、气体透平联合循环高效率发电和钍铀燃料循环的开发研究。在 HTR-10 的基础上，于 2021 年 12 月山东荣城的高温气冷堆核电厂示范工程首次并网成功发电。

因熔盐堆的主冷却剂是一种熔融态混合盐，它可以在高温下工作（可获得更高的热效率）时保持低蒸气压，从而降低机械应力，提高安全性。近年来关于熔盐堆的研究日渐上升，各国积极开展熔盐堆概念设计。法国设计了 MSFR，俄罗斯设计了 MOSART，日本设计了 Fuji-MSR。2009 年美国提出 900 MW 球床氟盐冷却高温反应堆，2011 年美国能源部启动固态燃料熔盐堆前期研究计划，以 900 MW 球床堆为基准，制定了氟盐冷却高温反应堆的发展战略，开展不同功率反应堆概念设计。2009 年欧盟启动 SUMO 项目，对 MSFR 进行可行性评估，基于反应堆堆芯、后处理设施和废物处置设施的研究提出最佳熔盐快堆系统设计。2011 年欧盟又启动 EVOL 计划，对 MSFR 初始设计及安全方案进行优化。我国也在积极开展钍基熔盐堆技术研究，并提出了钍基熔盐实验堆 TMSR-LF1、TMSR-LF2 的计划。

1989 年在我国清华大学核能与新能源技术研究院建成的热功率 5 MW 低温供热实验堆（NHR-5），将堆芯及主热交换器装入一个压力壳，不设水泵，全靠自然循环流动传出热能，在压力壳外面装有第二层承压安全壳，以保证在压力壳破损的极端事故情况下堆芯不会裸露。反应堆具有较大的反应性负温度系数和良好的负荷跟随能力，安全性好，可用率高（三个供暖季均达到 99%）。运行实践表明，对周围环境无任何可觉察的影响。在 NHR-5 的基础上开发了热功率 200 MW 低温供热堆 NHR200-Ⅱ。

参考文献

[1] IAEA research reactor database [EB/OL]. [2024-6-1]. https://nucleus.iaea.org/rrdb/#/home.

[2] RESEARCH REACTORS：PURPOSE AND FUTURE [R/OL]. [2024-6-1]. https://www.iaea.org/sites/default/files/18/05/research-reactors-purpose-and-future.pdf.

[3] 钟洁，陈伟，杨军，等. 研究性核反应堆的现状、应用和发展 [J]. 2001，30（11）：693-698.

[4] 王昆鹏，张春明，攸国顺，等. 全球研究堆的主要用途及发展趋势 [J]. 核动力工程，2015，35（3）：413-418.

[5] 中国核学会. 2018～2020 核技术应用学科发展报告：研究实验堆 [R]. 北京：中

国科学技术出版社，2021.

［6］Research Reactors(Updated June 2021)［EB/OL］.［2024-6-1］. https://world-nuclear.org/information-library/non-power-nuclear-applications/radioisotopes-research/research-reactors.

［7］中国核能行业协会. 中国核技术应用产业发展报告（2023）［R］. 北京：2023 核技术应用国际产业大会，2023-05-24.

［8］袁履正，柯国土，金华晋，等. 中国先进研究堆（CARR）的设计特点和创新技术［J］. 核动力工程，2006，(5)（S2）：1-5.

［9］柯国土，袁履正，石永康，等. 研究性反应堆：201920184628.X［P］. 2019-11-08.

［10］刘志宏，解衡，石磊，等. 一种重水冷却的高通量堆设计方法：202211334405.X［P］. 2023-06-30.

［11］樊巍. 全球功率最高溶液型医用同位素堆开工，将满足国内数千万人次核医学诊治［N］. 北京：环球时报，2024-01-30.

［12］中国核电网. 泰国微堆建设项目通过源地设备验收具备交付条件［EB/OL］. https://baijiahao.baidu.com/s?id=1752996274220884156&wfr=spider&for=pc,2022-12-23.

［13］中国核电网. 俄罗斯 MBIR：世界最大快中子研究堆将于 2027 年投运［EB/OL］. http://www.spic.com.cn/zhxx/202403/t20240305_323357.html，2024-03-5.

［14］中国核电网. 美国启动试验堆项目［EB/OL］. https://www.cnnpn.cn/article/ 15478.html，2019-04-03.

［15］中国原子能科学研究院. 原子能院完成我国首个高通量研究堆研究方案［EB/OL］. https://www.cnnpn.cn/article/27640.html，2021-12-25.

第4章 生产堆

4.1 生产堆的用途

原子弹的原料主要有两种，一种是铀-235，一种是钚-239。其中，前者通过天然铀的浓缩得到，后者需要通过反应堆生产得到。核燃料生产堆的主要用途是将铀-238 转换成易裂变核素钚-239，作为核武器的装料。在 20 世纪的核武器发展之初，所设计的生产堆一般用天然铀金属元件作为燃料。金属铀的铀原子数密度最高，伴生俘获中子的损失最小，有利于获得较高的燃料转换比。正如前面所述，反应堆的转换比 $C=\eta\varepsilon-1-L$（参见 2.7.2 和 2.7.3 节）。这意味着，天然铀中的铀-235 吸收一个热中子而引起裂变后，会放出 $\eta=2.07$ 个次级中子，经铀-238 的快中子裂变效应增多至 $\eta\varepsilon=2.07\times1.03=2.13$ 个中子，除去为维持链式反应所需的 1 个中子和被慢化剂、冷却剂、结构材料等俘获损失以及泄漏损失的 L 个中子以外，还有 $C\approx0.8$ 个中子可用来将天然铀中的铀-238 转换为钚-239（参见 2.1 节）。所以，生产堆的作用是用烧掉天然铀中的铀-235 来换取钚-239，然后用化学分离方法将钚-239 提取出来①。

尽管每烧掉 1 个铀-235 原子核只能得到约 0.8 个钚-239 原子核，但作为核武器装料来说，0.8 个钚-239 原子核所包含的威力远大于 1 个铀-235 原子核的威力。此外，用化学分离方法提取钚-239 比用同位素分离方法提取铀-235 在技术上更容易实现，在经济上比较合算，所以生产堆成为获取核武器装料的重要途径之一。

在铀-235 的裂变过程中释放出大量的能量，有些生产堆利用这些能量发电作为副产品，以提高经济性。这就是生产、发电两用堆。

除生产军用钚外，利用堆内的多余中子，还可以附带地生产热核材料氚（关于氚的生产参见 10.4.3 节）和其他放射性同位素。

4.2 生产堆的特点

钚的产量与反应堆的裂变功率（即热功率）及运行时间成正比。为了取得更多数量的钚，反应堆的功率必须尽可能大。在同样功率下，转换比越大，产钚量就越高。

---

① 除专门的生产堆外，在动力堆和研究试验堆中，只要有铀-238 存在，都能生成钚-239。据斯德哥尔摩国际和平研究所（SIPRI）研究，印度 1974 年核爆炸装置和 1998 年原子弹试验所用的高品质钚-239 都是由使用天然铀燃料的重水型研究试验堆生产出来的。

设计生产堆时，在保证为反应堆连续运行所需的后备反应性的前提下，应尽量提高转换比 C。设 $C=0.8$，由于每释放出 1 MW•d 能量需消耗 1.23 g 铀-235，因此粗略计算每 1 MW 热功率每日大约生产 $1.23\times0.8\approx1$ g 钚。

在反应堆中，由于钚-239 存在俘获反应，在吸收一个中子后会转变为钚-240。为了取得较纯净的武器级的钚-239，即限制钚-240 的含量（对原子弹装料的要求见第 8 章，钚的分级见 2.9.3 节），生产堆燃料的燃耗深度一般比较浅，通常限制在几百 MW•d/tU，而用于舰船推进或发电为主要目的动力堆燃料追求深燃耗以提高经济性。由于生产堆燃耗浅需要频繁换料，供应和后处理的燃料元件量大，因而必须有较大规模的燃料元件制造厂以及提取钚-239 的后处理工厂与之配套。同时，要求燃料元件的结构和形状尽可能简单，并采用廉价材料，以降低其制造成本。

由于生产堆的主要目的是取得军用钚，而不是获得电能，因此与动力堆不同，生产堆不追求高的冷却剂温度，初期生产堆的热工参数均比较低。低参数反应堆需要科研的项目较少，可以较快地建成投产，这符合早期一些国家急于制成原子弹的战略要求。从中子物理性能来看，慢化剂温度低有利于军用钚的生产，因为钚-239 的超热俘获截面在中子能量 0.3 eV 处有一个很强的共振峰，高温慢化剂会使慢化下来的热中子能谱靠近这个共振峰，因而在同等产量下会比低温慢化剂生成更多的钚-240，对核材料的生产不利。

初期的生产堆中所产生的大量裂变热能，由于热工参数太低，无法加以利用，反而成为负担。为连续地获得钚-239 产品，必须有效地排除这无用的热能，一般将其排入大气或江河湖海等最终热阱中。后来为提高经济性，适当地提高冷却剂的热工参数，将单纯的生产堆发展成为生产、发电两用堆。

传统的生产堆按所用的慢化剂，分为石墨堆和重水堆两种。

4.3 石墨生产堆

石墨生产堆又分为气冷和水冷两种设计。

石墨生产堆的本体是由核级石墨块砌成的立方体或圆柱体，其长、宽、高或直径一般约为 10 m，石墨总重量为 1 200～1 800 t。石墨砌体的中心含有燃料的部分是堆芯，外围不含燃料的部分是反射层。石墨反射层的厚度为 0.6～1 m。在堆芯中按大约 20 cm 的栅格间距，开有 1 000～3 000 个水平孔道（卧式堆）或垂直孔道（立式堆）。孔道中插有可更换的石墨或金属套管，在套管中装入棒状或管状的天然金属铀燃料元件。气体或水冷却剂以一定的流速，流过燃料元件与孔道套管之间的环状间隙，带走裂变反应产生的热量。用含硼（或锂）的控制棒来控制裂变链式反应。在石墨砌体外面有由钢板、水箱和混凝土组成的热屏蔽层和生物屏蔽层。混凝土屏蔽层的厚度为 2～3 m。全堆重量（>30 000 t）由下部的混凝土基础进行支撑。

气冷的好处是气体对中子的慢化和吸收作用都比水小得多，因而对反应性的影响小。但气体的传热性能差，须采用带散热肋片的燃料元件或其他强化传热的措施。

英、法最初的石墨生产堆，为更快拿到钚-239，采用了最简单的空气冷却方式。用送风机把空气送入堆芯，带出热量。这种反应堆没有压力容器，结构简单，建造工期短（约一年半），但功率密度和比功率均比较低。例如法国第一座石墨生产堆 G1 装载石墨达 1 400 t，天然铀达 100 t，堆体庞大，但热功率仅为 36 MW，电功率为 5.75 MW，平均比功率为 0.4 kW/kg，平均功率密度为 0.09 kW/L。由于气体换热能力小，所需要的冷却风量大，送风机消耗的功率大，4 台送风机的电功率竟达 $4\times2.6=10.4$ MW。因为热功率小，产钚量有限，而提高功率密度又受到石墨氧化的限制。因此，后续建造的石墨生产堆改用在高温下才会与石墨发生化学反应的二氧化碳作为冷却剂，并将气体压力提高到 1 MPa 左右。这样，功率密度、比功率和总功率可增大 3～4 倍，送风机功率则大幅降低。将气体温度提高到 340 ℃左右后，可以产生 300 ℃以上的蒸汽，驱动汽轮发电机组发电，足以提供送风机所需的电力，并且有所结余。英、法两国由于化石能源资源少，从一开始就注重发展生产、发电两用堆，并在此基础上开发出了天然铀石墨气冷型核电厂。

用加压二氧化碳冷却的石墨反应堆，需要容积很大（约 3 000 m^3）的压力容器，将堆芯包围在内。英国采用钢压力容器，法国采用预应力混凝土压力容器。不论哪一种，由于尺寸很大，都是一项巨大规模的工程结构，需要解决一系列工艺难题。

天然铀石墨气冷堆中的冷却剂丧失对反应性影响很小，不像在天然铀石墨水冷堆中，水的丧失会引入危险的正反应性而造成功率失控事故（见 2.4.4 节）。出于安全性考虑，早期的天然铀石墨水冷堆必须建在人口稀少地区，这是英、法两国不得不放弃石墨水冷堆的一个主要原因。但水的冷却效率较高，水冷堆的功率密度和总功率容易做到高于气冷堆，英、法于 20 世纪 50 年代建造的石墨气冷生产堆每座的总热功率约为 200 MW，美、苏于同一时期建造的石墨水冷生产堆每座的总热功率达到 600～1 800 MW，产钚量大大增加。同时，水冷却剂循环泵消耗功率较低，在经济上有利得多。

石墨水冷堆的石墨套管中插有铝合金工艺管，将冷却水同石墨慢化剂隔开。于工艺管的内壁设置凸肋以保持工艺管与燃料元件之间的间隙。为了尽量减少堆内水量和增加后备反应性，这间隙一般取得很小（约 2 mm）。水冷堆的铝包壳燃料元件无需外加散热肋片，早期的燃料元件做成简单的棒状，直径约 35 mm，长度 100～200 mm。以后为了提高比功率和使燃料元件的径向燃耗均匀，有改用管状燃料元件的。典型的石墨水冷生产堆结构如图 4-1 所示。

石墨砌体各部分的温度是不均匀的。通过控制石墨套管与工艺管之间的间隙，以及调节各工艺管的水流量，可部分地调整砌体的温度，使其分布较为平坦。石墨温度过高，会使钚产品品质下降（钚-240 比例增大）和引起氧化、热膨胀等问题。石墨温度过低（约 250 ℃以下），则由于中子辐照引起的石墨材料损伤而积聚的潜能不易消散，增加了石墨中潜能失控释放的危险。解决的方法通常是将石墨砌体包在密封钢壳内，充以干燥的氮气或氦气，其作用是传导热量、防止石墨氧化和作为工艺管破损漏水的监测介质。在氦气中加入不同百分比的杂质气体（二氧化碳或氮气），可以改变氦气的导热系数，帮助调整砌体的温度。

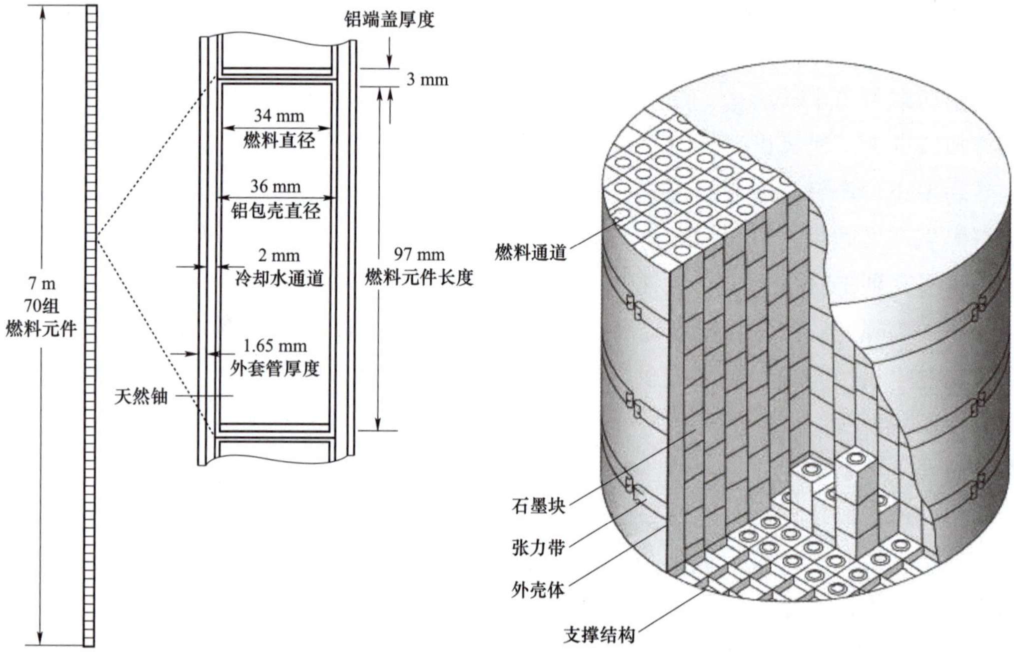

图 4-1　苏联石墨水冷生产堆结构

石墨水冷堆的冷却方式可分为开式和闭式。开式冷却是将河水直流通过堆芯，带出热量，排回河里。这种方式水的温升很小，但耗水量很大。水中所含矿物质和其他杂质，会使燃料元件包壳和工艺管严重腐蚀和结垢，从而影响传热，增加破损率。水中杂质被中子激活，又会使排出水的放射性水平提高。因此，河水在进堆前须经净化处理，投入缓蚀剂和调整酸碱度，将水质严加控制。排出水须在贮存池中滞留几小时，待短寿命放射性同位素充分衰变、放射性水平降低到规定限值以下时，才允许排放。

在闭式冷却的情况下，一回路形成闭合循环。只要热交换器不泄漏，就不会有放射性物质经由二回路排入环境。通常为了减小一、二回路的水流量和热交换器的面积，要适当提高一回路水温。如将水温提高到 150 ℃以上，就能产生低温蒸汽和利用废热发电。这时水须加压，如同压水堆。不同的是，由于加压水是在工艺管中流动，无需额外设置压力容器。

反应堆设有数十根碳化硼控制棒，分布在堆芯各处，其作用包括：（1）维持反应堆的正常运行（自动调节棒）；（2）补偿温度、中毒、燃耗效应和其他反应性变化，展平中子注量率，启动或停闭反应堆（补偿棒）；（3）在事故情况下保证反应堆的安全（安全棒）。此外备有若干根附加吸收棒，在长期停堆的情况下将它们插入堆内，以确保反应堆在解毒、满载、冷态下仍有足够的停堆深度。

天然铀石墨堆的后备反应性很小，停堆后容易掉进“碘坑”[见 2.4.4 节之（2）]。如果不能在停堆后大约 1 h 内提升功率（热启动），就会在较长时间内（长短视后备反应性而定，可能达到 24 h）无法启动，须等到爬出“碘坑”后才能进行比较复杂的冷启动。

反应堆保护系统的联锁电路用于在热中子注量率（即热功率）过高、反应堆中子周期过短、冷却水流量过低等事故情况下，保证使安全棒自动快速插入堆芯，将堆停闭。除了测量全堆中子注量率和热功率水平的仪器以外，设有对每根工艺管的流量、温度、燃料元件破损和工艺管破损的监测系统，以便在出现异常时能迅速查明原因，采取对策。为了确保在全厂断电之类的假想事故下的余热排出以免燃料元件烧毁，设有应急冷却系统和后备的应急电源（柴油发电机组），并在厂房较高位置设有专用的应急水箱，经常存放着可供数小时之用的冷却水。

同石墨气冷堆一样，石墨水冷堆也是在不断地改进。改进的方面有：（1）严格控制和提高燃料元件及工艺管的材料与制造质量，减少故障停堆次数和时间；（2）实行不停堆装卸料和不停堆更换工艺管，增加运行时间；（3）改变换料方案，增加后备反应性，展平中子注量率，在最大单管功率不变的条件下提高总功率；（4）将燃料元件从棒状改为管状以提高比功率。采用更耐腐蚀的合金包壳材料以提高工作温度，向生产、发电两用堆方向发展。美国于 1944—1955 年在汉福德地区连续建成 8 座热功率为 250～1 850 MW 的天然铀石墨水冷生产堆之后，于 1963 年底在同一地区建成 1 座改进的生产、发电两用堆（N 堆），以取代 8 座老堆。N 堆使用 ^{235}U 富集度为 0.95%和 1.25%的金属铀双层管状燃料元件，以生产含 6% ^{240}Pu 的武器级钚及含 12% ^{240}Pu 的燃料级钚，燃耗深度相应地为 1 200 MW•d/tU 和 2 700 MW•d/tU，承压工艺管用锆合金制造，热功率为 4 000 MW，电功率为 850 MW。苏联连续建成 14 座天然铀石墨水冷生产堆，其中 12 个用于生产钚，2 个用于生产氚和其他同位素，热功率为 100～1 200 MW，代号为 A 堆、AV 堆和 AI 堆。苏联的军用钚几乎均产于石墨生产堆。

中国的天然铀石墨水冷堆于 1960 年开始建设，开工后不久，苏联政府便撕毁合作协定，停止供应技术资料和设备材料。中国被迫自行设计、试验和研制各项关键部件，包括金属铀燃料元件、铝合金工艺管、核纯石墨以及不锈钢制的水泵、阀门等非标准设备，编制调试、启动大纲、换料方案和运行规程。经过有关各方大力协同和不懈努力，反应堆于 1966 年底建成投产。又在“文化大革命”的困难条件下，进行了大量整治设备和改进操作的工作，于 1975 年中达到设计的额定生产能力。同时又建成了第二座石墨水冷堆，投入运行，为我国原子弹和氢弹装料提供了质量合格的军用钚。

4.4　重水生产堆

重水的慢化性能好，吸收中子少，反应堆内有较多的剩余中子可用来生产氚。重水生产堆的产氚量要比石墨生产堆大几倍。但为满足大量重水的供应需要建立专门重水生产工厂。重水价格昂贵，阻碍了天然铀重水生产堆的推广应用。为了尽量减少重水的泄漏，对反应堆的密封性要求很高，运行维护也比较复杂。

美国于 1953—1955 年在萨凡纳河区域连续建成 5 座重水生产堆，热功率为 500～800 MW，用轻水直流方式（开式）冷却，采用铝包壳铀铝合金套管状或板状燃料元件。该重水堆结构如图 4-2 所示，其生产武器级钚的主要流程示意图如图 4-3 所示。除了生产武器级钚和超级钚以外，这 5 座重水堆的主要任务是用锂铝合金靶件生产氢弹装料氚，生产 1 g 氚约需相当于 72 g 武器级钚的生产能力。超级钚的 ^{240}Pu 含量小于 3%，可用来同汉福德 N 堆生产的燃料级钚掺合成为武器级钚。同时生产的其他产品有放射性同位素 ^{238}Pu、^{233}U、^{60}Co、^{241}Am、^{242}Cm、^{252}Cf 等。萨凡纳河重水生产堆的装料方案是多种多样的，同心套管式燃料元件和锂靶件可有各种不同的组合方式，燃料除了天然铀外，曾使用低富集铀（约 1%）和高富集铀（60%、75%、93%），靶料用过锂、钴、钍、贫化铀（0.14%、0.20%）、镎、钚、镅、锡等。这种大型天然铀重水生产堆的建造和运行费用高昂，仅早期在美国成批建造。

(a)

(b)

图 4-2　萨凡纳河重水生产堆结构

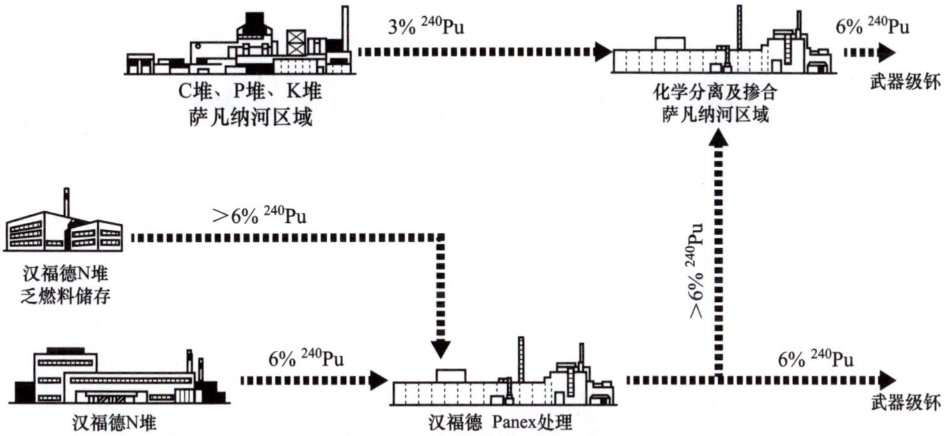

图 4-3 萨凡纳河与汉福德区域武器级钚共同生产流程

第 5 章　核电厂的发展

5.1　世界上核电厂的现状

根据 IAEA 统计，截至 2023 年底，全世界 32 个国家和地区中有 413 座在运核电机组运行，总装机容量（指净电功率）超过 368 GW。2023 年全球核电发展情况见表 5-1、表 5-2。

表 5-1　世界上运行与建设中的核电反应堆（截至 2023 年底，分国别）

国家（地区）	运行中反应堆		建设中反应堆		关停	
	堆数	容量/MW	堆数	容量/MW	堆数	容量/MW
阿根廷	3	1 641	1	25	1	376
亚美尼亚	1	416				
白俄罗斯	2	2 220				
比利时	5	3 928			3	2 024
巴西	2	1 884	1	1 340		
保加利亚	2	2 006		2	4	1 632
加拿大	19	13 624			6	2 143
中国（含台湾省）	57	55 055	23	3 724	4	3 178
捷克	6	3 934				
芬兰	5	4 394				
法国	56	61 370	1	1 630	14	5 549
匈牙利	4	1 916				
印度	19	6 290	8	6 028		
伊朗	1	915	1	974		
日本	12	11 046	2	2 653	27	17 119
韩国	26	25 829	2	2 680	2	1 237
墨西哥	2	1 552				
荷兰	1	482			1	55
巴基斯坦	6	3 262			1	90
罗马尼亚	2	1 300				
俄罗斯	37	27 727	3	2 700	10	3 957
南非	2	1 854				
斯洛伐克	5	2 308	1	440	3	909
斯洛文尼亚	1	688				
西班牙	7	7 123			3	1 067
瑞典	6	6 937			7	4 057

续表

国家（地区）	运行中反应堆		建设中反应堆		关停	
	堆数	容量/MW	堆数	容量/MW	堆数	容量/MW
瑞士	4	2 973			2	379
英国	9	5 883	2	3 260	36	7 755
乌克兰	15	13 107	2	2 070	4	3 515
阿拉伯	3	4 011	1	1 310		
美国	93	95 835	1	1 117	41	19 976
孟加拉国			2	2 160		
埃及			3	3 300		
土耳其			4	4 456		
德国					33	26 235
意大利					4	1 423
哈萨克斯坦					1	52
立陶宛					2	2 370
合计	413	371 510	58	59 867	209	105 095

资料来源：IAEA，PRIS. *The database on nuclear power reactors*。

表 5-2　世界上运行与建设中的核电反应堆（截至 2023 年底，分堆型）

堆型	运行中反应堆		建设中反应堆		关停	
	堆数	容量/MW	堆数	容量/MW	堆数	容量/MW
压水堆	304	290 648	49	53 270	69	48 145
高温气冷堆	1	200	3	1 890	4	679
沸水堆	41	43 071	2	2 653	53	31 655
重水堆	46	24 093			10	2 723
石墨气冷堆	8	4 685			44	10 272
石墨水冷堆	11	7 433			13	8 924
快中子增殖堆	2	1 380	4	2 054	8	1 951
HWGCR*					3	169
HWLWR**					2	398
SGHWR***					1	92
其他					2	87

注：统计数据不包括延寿运行的反应堆。

* HWGCR—重水慢化气冷堆。

** HWLWR—重水慢化沸水堆。

*** SGHWR—蒸汽重水堆。

资料来源：IAEA，PRIS. *The database on nuclear power reactors*。

中国核电事业近年来发展速度较快，由表 5-1 所示，2023 年在运机组 57 台，总装机容量 5 505.5 万 kW。根据中国核能行业协会统计，2023 年我国核能发电量 4 341 亿 kW•h，占全国总发电量 4.7%，等效减少标煤消耗约 1.3 亿 t，减排二氧化碳约 3.5 亿 t。核准在建机组 36 台，总装机容量 4 343 万 kW。

全世界核能提供的电力呈现两次增长态势，第一次增长为 1988—2010 年，呈整体增长趋势，2011 年后有所减少，2012—2019 年，又呈现二次增长（见图 5-1）[1]，2019—2022 年总体呈现相对稳定的发展态势。2022 年世界核电发电量达到 25 450 亿千瓦时。其中，非洲、南美洲、东欧和俄罗斯的核能发电量较为稳定；随着发达国家逐渐关停核反应堆，西欧和中欧的核能发电量自 2005 年后有所下降；亚洲则从 2010 年开始的显著减少，转变为 2012 年的持续快速增长趋势。

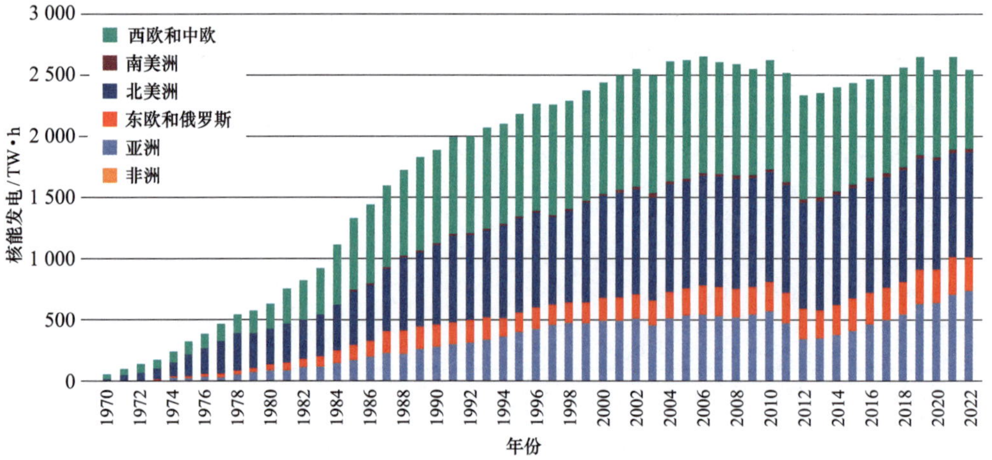

图 5-1　1970—2022 年世界核能发电量

资料来源：世界核协会和国际原子能机构动力堆信息系统。

世界核电厂总的运行业绩良好且呈不断上升的趋势，近 40 年来核电厂的安全性、可靠性大幅提高。据世界核电运营者协会（World Association of Nuclear Operators，WANO）统计，全世界核电反应堆平均可利用率从 1980 年的 62.7%连续上升至 2014 年的 87.45%，同期的非计划自动紧急停堆次数从每 7 000 临界小时 7.3 次连续下降至 0.49 次，厂区人员受到的集体辐射剂量从 4.17 人•Sv/（堆•年）连续下降至 0.40 人•Sv/（堆•年）（见表 5-3）。此外，WANO 还引入了安全系统可靠性、燃料可靠性、化学指标等更多指标来评估世界核电厂运行的安全可靠性，评价指标也在不断完善补充。2022 年，我国 37 台机组核电厂的 WANO 综合指数达到满分，满分机组比例超过美国、俄罗斯、法国、韩国等核电大国，占世界满分机组比例一半以上，核电运行安全总体水平位居国际先进行列。

表 5-3　20 世纪 80 年代以来世界核电反应堆运行业绩

WANO 运行性能指标	1980 年	1990 年	2000 年	2010 年	2014 年
平均可利用率/%	62.7	77.2	85.9	86.3	87.45
非计划自动紧急停堆次数/（次数/7 000 临界小时）	7.3	1.8	0.6	0.51	0.49
集体辐射剂量/［人•Sv/（堆•年）］	4.17	1.74	0.90	0.54（PWR）	0.4（PWR）
工业安全事故发生率/［次数/10^6（人•时）］	10.5	5.20	1.65	0.85	0.63

资料来源：1）*Nuclear Engineering International*，Vol.44，No.538/541，May/August 1999；2）WANO 信息系统 Performance Indicators 报告。

当前主要的堆型仍然是压水堆、沸水堆和重水堆，它们的装机数量总量（见表 5-2）分别占核能总装机数量的 70.3%、14.0%和 10.8%。石墨气冷堆、石墨水冷堆、蒸汽重水堆等堆型已逐步关停不再建造。压水堆、沸水堆、重水堆、快堆和高温气冷堆是当前正在建设发展的主要堆型。此外还有熔盐堆、铅冷快堆等更多堆型正在研发中。

2010 年以来，新建核电反应堆多集中在中国、印度、韩国和土耳其。2023 年我国在建核电机组总量约占世界三分之一（见表 5-1），是最大的核电发展国家。自 1986 年以来，大部分反应堆都在十年内完成建设（见图 5-2），少数耗时较长的项目均为试点电厂、首堆（FOAK）反应堆或在重新启动之前暂停建设的项目。我国三代压水堆核电技术首堆福清 5 号机组仅用 68.7 个月就完成建设，实现了全球三代压水堆首堆工程建设最短工期，有关数据如表 5-4 所示。

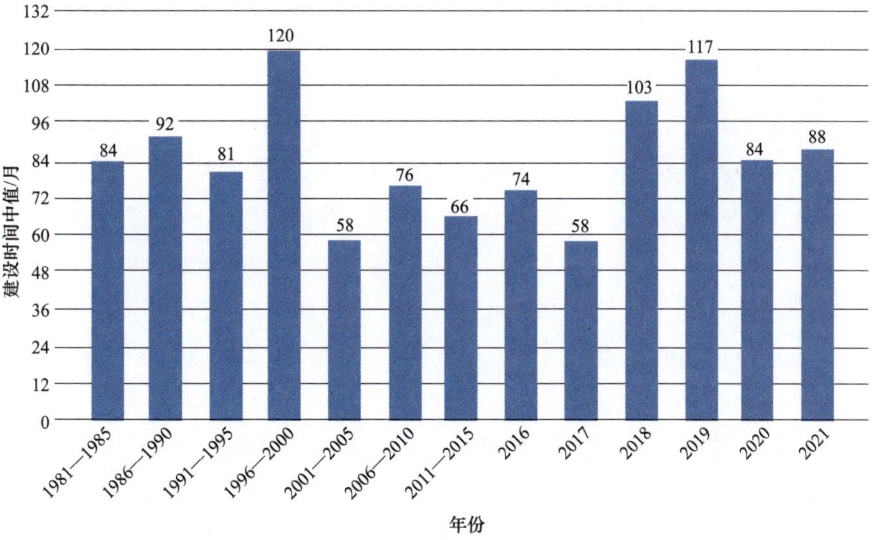

图 5-2　历年来反应堆建设平均时间

资料来源：世界核协会和国际原子能机构动力堆信息系统。

表 5-4　三代核电首堆建造工期

三代核电技术	技术供应方	首堆工期/月
HPR1000	中国	68.7
AP1000	美国	114
EPR	法国、德国	109
VVER-1200	俄罗斯	104

5.2 核电厂的安全性

第二次世界大战期间的核科研成果，既导致具有巨大破坏力的原子弹爆炸，又展现出从反应堆的受控裂变反应中取得可利用的电能的美妙前景。正是这种相互矛盾的联系，使得人们从一开始利用核能就对其安全性极其担心。其实，任何能源均伴随着生命、财产损失的风险，如煤矿瓦斯爆炸、水坝溃决、天然气输送过程中的爆炸和火灾、油船倾覆等。早先人们误以为反应堆会像原子弹那样爆炸，这已被证明是不可能发生的（见 2.4.3 节）。反应堆潜在的危险在于强放射性物质的大量释放，引起严重的辐射伤害和环境污染。早期对这类事故的后果曾有过分保守的估计，例如，1957 年美国原子能委员会的 WASH-740 反应堆安全研究报告提出，一次事故的死亡人数可能达到 3 400 人，曾引起很大震动。但据 1975 年美国核监管委员会（USNRC）的 WASH-1400 反应堆安全研究报告，按当时西方国家设备的失效率估计，这种极端事故的发生概率约为 10^{-9}/（堆•年），小于陨星击中美国领土造成同样死亡人数概率的 1/500。

在反应堆正常运行、各保护系统正常运行的情况下，绝大部分燃料元件包壳保持完整和密封。从少数破损元件气腔中逸出的微量气态裂变产物，成为主回路放射性的主要来源。设计上一般容许轻水反应堆中存在 0.1%的破损燃料棒，（目前实际的燃料棒破损率已下降到 0.01%～0.001%）。为了保持冷却介质纯度和降低放射性水平，主回路配备有冷却剂净化系统（压水堆中的化学和容积控制系统），将冷却剂中的放射性核素加以清除。如果冷却剂的比放射性活度达到规定限值（一般约为 10^{12} Bq/m^3），便需要停堆检查。

核电厂运行、维修过程中，不可避免地会有少量放射性物质从主回路系统中漏出或排出，经处理达标后有控制地排入环境。在正常运行工况下（包括一般的设备故障、误操作等无安全影响的异常事件）排放到环境中的放射性必须严格遵守国家标准，实际排放量一般均远低于规定限值。例如溶解于轻水堆主回路水中的放射性气体，不断由除气系统清除出来，收集在废气贮存罐内，经滞留衰变、除碘和过滤后，再从高烟囱排入大气稀释扩散，年排放量不得超过规定限值。反应堆主回路水中的挥发性和固态裂变产物及活化产物由净化系统的离子交换树脂收集，更换下来的废树脂和过滤器芯子，作为放射性固体废物长期贮存；从回路引漏出或疏排出的废水、设备仪表清洗水、蒸汽发生器排污水、乏燃料贮存水池的排污水、冲洗和洗涤用水等，大部分经过滞留衰变、净化处理后回收复用，小部分经稀释后排入江河湖海，再进一步稀释扩散。我国各运行核电厂严格遵守国家环境保护法规、环境辐射监测标准，以及国家核安全局批准的排放限值，对放射性流出物的排放量进行了严格控制，对各运行核电厂周围的环境辐射进行了有效监测。中国核能行业协会公开发布的信息显示，2022 年我国各运行核电厂放射性流出物排放量均低于国家核安全局批准的限值。

通过严格控制放射性废气和废液的排放，任何厂址的所有核动力向环境释放的放射性物质对公众中任何个人造成的有效剂量，每年低于 0.25 mSv 的剂量约束值，从而不会产生任何健康影响。2022 年历月环境辐射监测数据表明，我国各运行核电基地外围监督性自动监测站测出的环境空气吸收剂量率在当地本底辐射水平正常范围内，未监测到核电机组运行引起的周边数据异常。

因此，核电厂正常运行的安全性是得到保障的。其主要危险来自可能导致大量放射性物质逸出的重大事故。第 2.5 节介绍了为防止燃料元件过度升温和保证纵深防御的实体屏障的完整性而设置的停堆保护系统、各项专设安全设施和附加安全措施。为确保这些设施的有效性及贯彻纵深防御原则，它们的设计需要满足若干专门的设计准则，包括冗余性（同样部件的多重配置）、多样性（同一功能由不同作用原理的系统或设备来实现）、故障安全（部件故障使电厂状态趋于安全）、单一故障（任何单个部件的故障不影响系统的安全功能）、实体分隔（防止火灾、水淹等共因失效）等准则。此外，核电厂的设计应充分利用依靠自然规律的内在安全特性（如反应性负温度系数、非能动安全技术等）；系统的运行参数需要留有足够的安全裕度；部件需要采用经过实践验证的成熟材料和设备；在设计、建造、运行、维修各阶段需要坚持严格的质量保证制度；对运行工况和设备状态需要有可靠的监督、监查，这些都是保证核电厂安全的重要因素。

全世界 60 多年来 500 多座核电反应堆的运行经验表明，核电厂具有很高的安全性。至 2022 年底合计超过 15 000 堆•年的运行历史中，仅国外发生过 3 起堆芯熔化严重事故，其中 2 起存在放射性物质大量失控逸出问题。

1979 年发生于美国三哩岛核电厂压水堆的事故，是由于设备故障和人员误操作，使堆芯冷却条件严重恶化，造成 2 号机组熔化或严重损坏，有 50%的气态裂变产物从燃料中释放出来进入安全壳，其中挥发性裂变产物碘和铯大部分溶解于安全壳内的水中，稀有气体氪和氙则存留在安全壳内的空气中（三哩岛核电厂系统示意图见图 5-3）。但又因人员误操作，造成一部分气态裂变产物经通风系统和烟囱排入大气，进入环境的 ^{133}Xe 约为（1～5）$\times 10^{17}$ Bq（占堆内总量 2%～10%），^{131}I 为 6×10^{11} Bq（占堆内总量 0.000 03%）。由于安全壳的良好屏障作用，事故后大气中 ^{131}I 放射性最大浓度为 1.2 Bq/m^3，仅相当于安全标准的 0.5%；附近居民受到的最大个人剂量不超过 1 mSv；只有 3 名电厂职工受到略超过年规定限值（当时的职业照射规定限值为 50 mSv/a）的个人剂量。事故对公众未造成任何辐射伤害，对环境的影响微不足道。

三哩岛核事故在国际核能界引起很大震动，国际核能界认识到比所考虑的设计基准事故更为严重的事故是可能发生的，因而提出人的因素的重要性。事故的教训导致运行规程、人员培训、主控制室设计的重大改进，以及对应急对策和严重事故分析工作的高度重视。总的效果是提高了核电厂运行的安全性。

1986 年发生于苏联切尔诺贝利核电厂 4 号石墨沸水堆的重大事故，是运行人员违章操作同这种堆型本身的设计缺陷（主要是反应性正空泡系数、控制棒引入正反应性、无安全壳）相结合的结果。与三哩岛核事故不同（见图 5-4），瞬发超临界导致功率剧增、堆芯熔化，熔融的燃料碎粒与冷却剂剧烈化学反应引起蒸汽爆炸和氢气爆炸，石墨燃烧，主回路系统和反应堆厂房被破坏，大量放射性物质逸入大气，爆炸碎片飞落到厂房上面引起多处起火，经消防人员奋勇扑救 4 小时才熄灭。事故后 10 天内陆续逸入环境的放射性总量达 12×10^{18} Bq，其中稀有气体（6～7）$\times10^{18}$ Bq（相当于 100%堆内总量），^{131}I 为 2×10^{18} Bq（约占 60%堆内总量），^{137}Cs 为 9×10^{16} Bq（约占 50%堆内总量），^{134}Cs 为 6×10^{16} Bq（约占 20%堆内总量）。由于大气扩散，整个北半球受到不同程度的气载放射性污染，在核电厂周围沉降最多的现属于白俄罗斯、乌克兰和俄罗斯的 29 200 km^2 地区，^{137}Cs 活度水平超过 185 kBq/m^2。

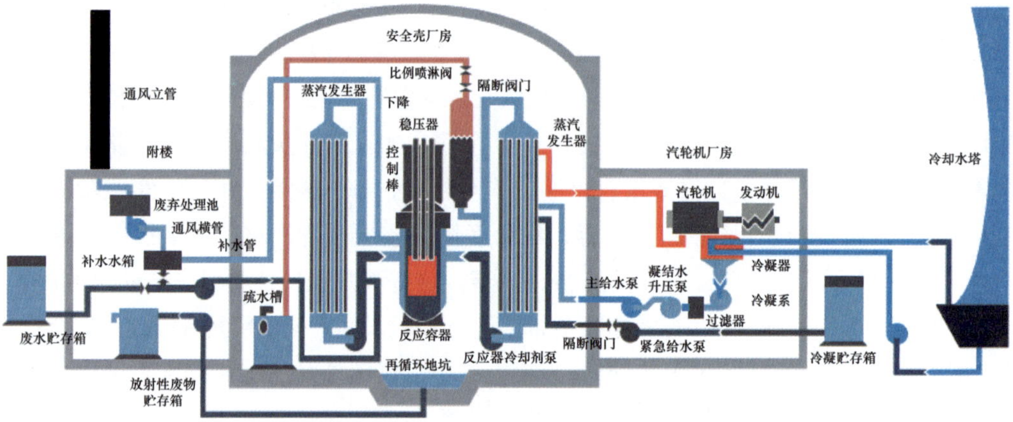

图 5-3　三哩岛核电厂系统示意图

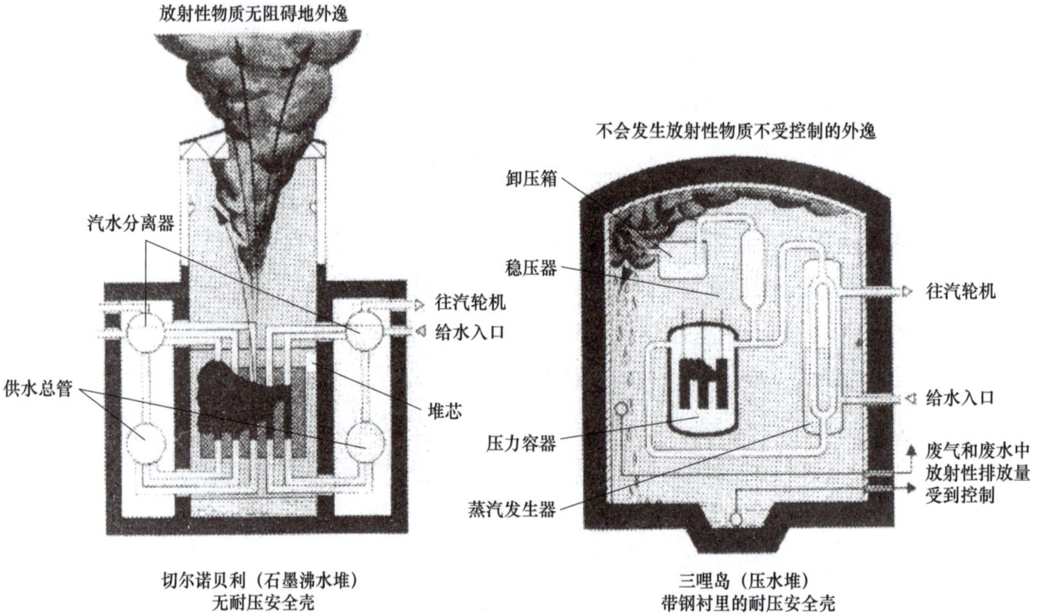

图 5-4　切尔诺贝利核事故与三哩岛核事故的不同情景

切尔诺贝利核事故诚然是一场大灾难，但严重违背纵深防御原则和有关安全设计准则的这种 RBMK 反应堆型（见图 5-5），仅在苏联境内建造和运行（表 5-5 显示 RBMK 型反应堆的结构）。事故后苏联当局针对直接引起事故的物理、控制方面的设计缺陷，对尚在运行的同型核电反应堆进行了纠正和改进，使得同类事故不可能再度发生。由于缺少一个能在任何可能事故下将放射性裂变产物可靠地包容的坚固、密封的安全壳，今后这种石墨沸水堆不会再建造了。各国的分析表明，具有功率自稳定性的轻水堆和重水堆不会发生类似切尔诺贝利那样的核事故，因而无须补充任何安全措施；切尔诺贝利核事故在安全运行方面提供的教训，没有超出三哩岛核事故已经揭示的范围，它进一步确认人为因素的重要性。

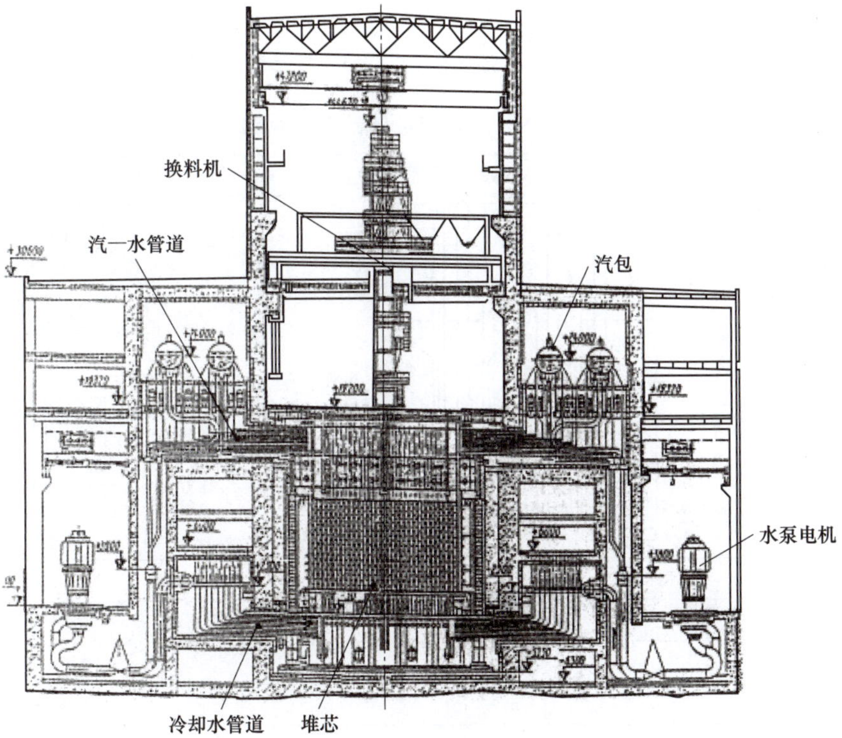

图 5-5　切尔诺贝利 RBMK 型石墨沸水堆结构简图

2011 年 3 月，太平洋地震引发海啸，造成位于日本东北部地区的福岛第一核电厂多机组发生堆芯熔化、氢气爆炸、厂房被毁、大量放射性物质外逸的严重事故。该事故是继美国三哩岛核事故、苏联切尔诺贝利核事故之后，人类利用核能历史上又一次严重的核事故，在国际核与辐射事件分级表（international nuclear events scale，INES）中被评定为 7 级事故。福岛核电厂是早期的沸水堆核电厂，堆内产生的蒸汽直接进入汽轮机发电，一旦堆芯熔融，汽水混合物就将放射性物质带入常规岛系统，从而释放到环境中（福岛核电厂反应堆系统示意图见图 5-6）。

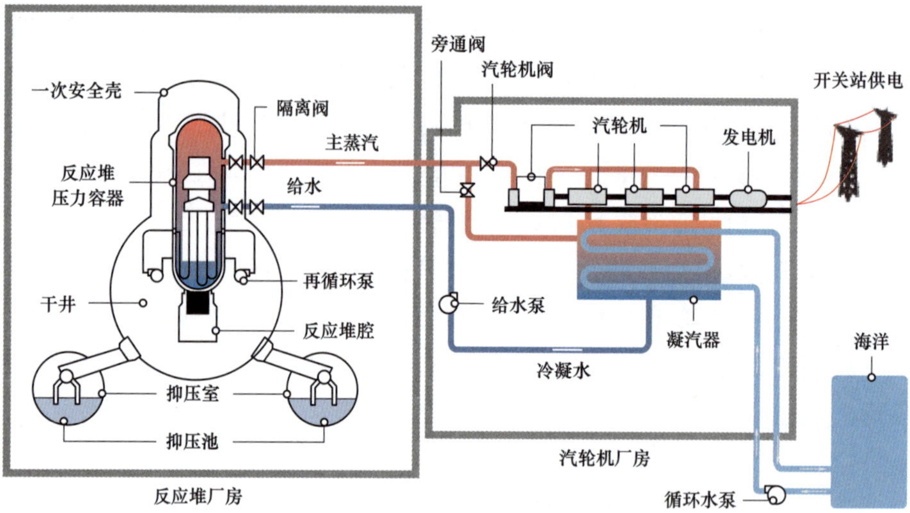

图 5-6　福岛核电厂反应堆系统示意图

表 5-5　RBMK 型反应堆与现行压水堆的不同

项目	RBMK	压水堆
堆芯	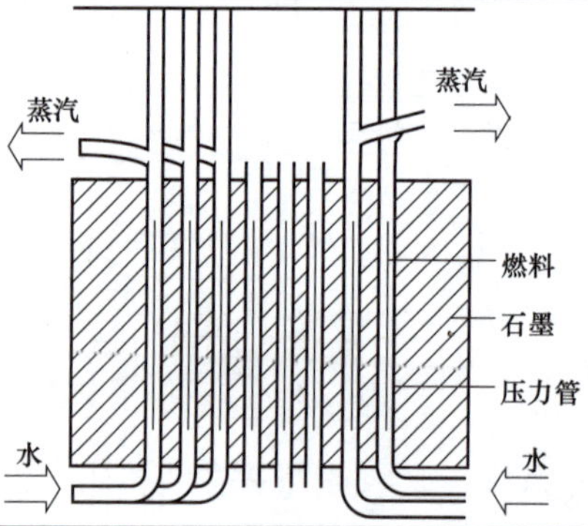	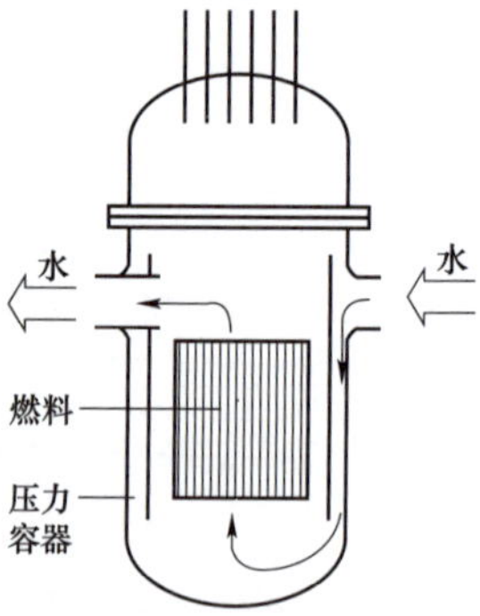
燃料富集度	2.0%	3.4%
慢化剂	石墨	水
冷却剂	沸腾水	欠热水
堆芯尺寸	11.8 m × 7 m	3 m × 3.66 m
燃料形式	UO_2，装在 1 661 根压力管中	UO_2，装在 157 个燃料组件中
反应性系数	燃耗末期的气泡系数为正值，且 ≫ 缓发中子份额 β	温度系数始终保持负值
控制棒	211 根 B_4C	57 根 Ag-In-Cd
控制棒插入时间	18 s	<2 s
控制棒效应	开始插入时引入正反应性	永远引入负反应性
安全壳	部分包容结构，耐压力仅 1.2 kgf/cm^2，相当于 2 根燃料管道破裂由蒸汽引起的增压	能抗御一切设想事故，最大耐压力 5 kgf/cm^2

发生于福岛第一核电厂 1 号、3 号和 4 号机组三台沸水堆的事故由超强地震和超强海啸并发引起，其程度远超过设计基准。3 个在运反应堆机组及乏燃料水池丧失了冷却

功能，发生了堆芯熔化的严重事故[2]。氢气从反应堆压力容器释放出来，导致 1 号、3 号和 4 号机组的反应堆厂房发生了氢气爆炸，放射性核素从核电厂释放到环境中，福岛核事故现场情景如图 5-7 所示。

图 5-7　福岛核事故现场情景

福岛核事故造成向大气释放 ^{131}I 达到（1～5）× 10^{17} Bq，^{137}Cs 达到（6～20）× 10^{15} Bq，这些释放量的平均值大约为切尔诺贝利核事故向大气释放量的 10%和 20%，事故早期释放的稀有气体 ^{133}Xe 达到（6～12）× 10^{18} Bq。2023 年 8 月 24 日，日本福岛第一核电厂正式启动核污水排海。

福岛核事故虽然由自然灾害引起，但也与福岛核电厂采用的早期沸水堆设计特点密不可分。相比于压水堆，沸水堆没有蒸汽发生器这个设备，设计上没有将一回路和二回路隔离，从反应堆流出的带有放射性的冷却剂直接进入汽轮机厂房。沸水堆的一次安全壳自由容积较压水堆安全壳小，而反应堆厂房一般为不承压设计，在安全性上比压水堆相差甚远。福岛核事故后，世界各有关国家对本国核电安全性重新进行了评估，通过检查评估，大部分国家仍维持了继续发展核电的立场与政策，但也对反应堆堆型设计提出了更高的安全要求。

福岛核事故虽然减缓了世界核能发展的速度，但同时也进一步促进了核电安全和管理的进步与发展。福岛核事故后，选址与外部事件预防缓解更加留有足够裕度；机组运行安全状态定期重新评估的重要性凸显；事故后堆芯余热导出系统设计理念有待更新；事故后的应急响应预案需要满足实际需求。相对于三哩岛和切尔诺贝利两起严重核事故，福岛核事故具有新的特征，事故带来的经验教训对当前在运和在建核电厂的设计及管理有借鉴作用。

IAEA 的国际核安全咨询组（INSAG）分析了轻水堆和重水堆的安全水平，认为无论历史记录还是概率安全评价，都表明它们符合 INSAG 对现行在运核电反应堆提出的安全目标：发生堆芯熔化的概率应低于 10^{-4}/（堆•年），发生大量放射性逸出厂区以至需要采取临时应急措施的概率应低于 10^{-5}/（堆•年）。1979 年以前的运行中反应堆发生堆芯熔化的概率（计算值，下同）曾高达 10^{-3}/（堆•年），而在吸取三哩岛核事故教训的基础上作了改进后的现行反应堆中，该概率已下降到低于 10^{-4}/（堆•年）。

INSAG 及国际公认的《先进轻水堆用户要求文件》（URD）、《欧洲用户要求文件》（EUR）等用户要求文件对新设计的第三代核电反应堆的安全目标，要求再提高 10 倍，即堆芯熔化概率值降到低于 10^{-5}/（堆•年），大量放射性释放到环境中的概率降到低于 10^{-6}/（堆•年）。欧洲、俄罗斯和日本最新设计的改良型及新型轻水堆，都能满足 INSAG 的要求，而且这两项概率值趋向继续降低，以保证公众所受核电风险不致因核电厂数目的大量增加而升高。我国先进三代大型压水堆设计要求更高，相比上述用户要求文件再严格一个量级，可认为从设计上已实际消除了大规模放射性释放的可能性。

同其他能源的严重事故风险相比较，轻水堆和重水堆核电厂由于堆芯熔化、放射性大量逸出造成 10～100 人近期死亡的事故概率约为 10^{-7}/（GW•a）。煤电厂由于煤矿瓦斯爆炸、火灾等造成同等人数死亡的事故概率约为 10^{-3}/（GW•a），天然气电厂由于气体管道火灾、爆炸和水电站由于水坝溃决造成同等人数死亡的事故概率均约为 10^{-4}/（GW•a）。按相应概率换算成每 GW•a 可能导致的死亡人数，核电、煤电、气电、水电的相应数字分别为 0.000 1、0.34、0.17、1.41；核电的风险仍远低于常规能源的风险。

总体来看，核电厂的安全性随着核电的发展是逐步迭代和升级的，现在世界核电安全水平已经达到较高水平。在设计、建造、运行、维修各方面都对安全和质量给予足够重视，核电厂发生导致重大伤亡事故的概率，要远低于许多自然或人为的灾害（如地震、飓风等）。然而，要持久地保持核电厂安全，使得较低等级（即概率较高）的事件不会发生，还必须要求全厂人员具有良好的并不断提高的安全文化，认真实施人员的培训、考核与定期再培训制度，严格按照成文规程办事，并重视经验反馈与经验交流，任何时刻都不得稍有懈怠或疏忽。

5.3 核电厂的可靠性

核电厂的可靠性可定义为核电厂保持其正常持续足额发电的能力。核电厂的可靠性与安全性及经济性密切相关。核能发电首先必须满足安全要求，可靠运行是以保证核安全为其必要前提的；同时设备可靠性又是影响核电厂安全性的最重要因素之一。为了提高核电厂的经济性，应力争减少停运的次数和时间，提高核电装置的可利用率和满功率运行时间。当采取任何改进安全性、可靠性或经济性的措施时，必须顾及它对另外两方面的影响，进行综合的代价效益分析。例如，增加安全相关设备的冗余度一般有利于提高安全性和可靠性，同时却带来系统复杂化、投资增加等问题，需作综合权衡。

通常用来表示可靠性的指标有以下 3 项。

（1）能量可利用率（简称可利用率）：在一定的环境条件如冷却水温度下，某一期间可发电量 E_A 对于该期间装置按满功率连续运行应发电量 E_0 的比率（%）。E_A 与 E_0 的关系为：

$$E_A = E_0 - e_1 - e_2$$

式中：E_0 = 装置的额定功率 × 该期间的全部小时数；发电量损失 e_1、e_2 既包括由于停运的损失，也包括由于降低功率运行的损失；e_1 指换料停运、计划内维修停运，以及为设备修理整治或由于厂内人事纠纷而停运或降低功率运行所引起的发电量损失；e_2 指一切非事先计划的厂内因素所引起的发电量损失。

（2）时间可利用率：某一期间可运行发电的小时数对于该期间全部小时数的比率（%）。时间可利用率只考虑停止运行的损失，而不考虑降低功率运行的损失，时间可利用率显然大于能量可利用率。

（3）负荷因子：某一期间的实际发电量 E 对于该期间装置按满功率连续运行应发电量 E_0 的比率（%）。E 与 E_A 及 E_0 的关系为：

$$E = E_A - e_3 = E_0 - e_1 - e_2 - e_3$$

式中：e_3 指由于负荷不足、电网故障、罢工、环境条件变化如进水口水位过低等非厂方能控制的原因所引起的发电量减少或损失。在 $e_3 \neq 0$ 的情况下，负荷因子恒小于可利用率。但对于带基本负荷运行的核电装置，这两种指标非常接近。由于负荷因子数据容易采集，国际上常用它来比较各种堆型或各国核电装置的运行性能。应注意，对于以跟随负荷方式运行的装置，如法国的情况，负荷因子不能完全代表可靠性。

目前，WANO 评价核电机组关键业绩性能的指标有 14 项，其中有关核电装置可靠性的指标包括以下 7 项。

（1）机组能力因子：即某段时间内可发电量占参考发电量的比率，用于监视电厂获得高发电可靠性的进展，该指标可以反映出电厂追求最大发电能力的各种程序以及实践的有效性，显示出电厂中运行和维修的整体成效。

（2）非计划能力损失因子：即某段时间内的非计划性发电损失占参考发电量的比率，用于监视电厂在减少因非计划性的设备故障或其他原因所造成的停机及降功率的时间上的进展，该指标可以反映出电厂在维护系统可用以保证安全发电方面的程序和工作的有效性。

（3）强迫损失率：即某段时间内的非计划强制性发电损失与参考发电量减去计划性发电损失及计划停机后非计划停机延期造成的电能损失后的数值比，用来监督电厂减少运行期间因非计划性设备故障、人因或其他情况所造成的停堆或降功率运行的时间方面的进展，该指标可以反映出电厂在维护系统可用以保证安全发电方面的程序和工作的有效性。

（4）临界 7 000 h 非计划自动停堆次数和临界 7 000 h 非计划停堆次数：该指标用来衡量电厂通过减少需要自动停堆或反应性瞬态来提高电厂安全程度的成效，反映电厂运行的状态或者维修是否良好。

（5）安全系统性能：包括安注系统性能、辅助给水系统性能、应急交流电系统性能。安全系统性能指标用来监视重要安全系统在发生异常事件或者事故时能否实施其功能，反映安全系统设备不可用情况的运行和维修的有效性。

（6）燃料可靠性：该指标是衡量燃料可靠性的重要指标。

（7）化学指标：该指标可以反映电厂化学控制的有效性。

早期的核电装置运行经验表明，影响可利用率的设备故障，大多出在常规（即非核）设备或核辅助设备上。停运维修的时间也主要取决于常规设备的维修工作量。这是过去在设计和制造中“重主轻辅”的结果。因此，为了提高可利用率，需采取四项措施：（1）对常规设备和核辅助设备（如水泵、热交换器、各种容器、阀门、汽轮机等）的采购，给予足够的重视；（2）控制设备制造的质量，严格执行质量保证制度；（3）重视新设备在运行条件下的原型试验；对待现有设备的修改，也要十分慎重，即使修改不大（如单纯的尺寸放大），而且这种设备原来是可靠的；修改后坚持在一切可能的运行与事故工况下做包含该设备在内的全系统试车；（4）设计时考虑到在核电装置全寿期内主要部件有更换的可能，如反应堆内的压力管、主循环泵的密封装置和转子等。

一般来说，为了提高核电装置的可利用率（或负荷因子），必须做到以下三点。

（1）确保各项设备完好可用：设备在使用过程中会因质量低劣而失效，因磨损和老化而降质甚至损坏，从而导致强迫停运，这对核电装置的可利用率影响很大，因此除确保验收和维修的质量外，必须加强运行期间对设备状态的监督，根据征兆和分析，制订出最佳的预防性维修计划。尽量避免等到设备出故障才作改正性维修，那样会引起更大的可利用率损失和经济损失。

（2）缩短换料停运时间：轻水堆必须定期地停堆换料，而大量需在停运状态下进行的设备检查（包括在役检查）、试验（包括安全壳密封试验）、维修、部件更换等工作，尤其耗费时间。停运期间的工作纷繁，又互相交错干扰，停运时间的长短取决于计划安排和组织措施，以及协调和调整。还要考虑到一些修理工作需要根据检查结果才能作出决策，安全监管当局可能提出一些新的修改要求，以及重新投运的许可证可能延迟发放等因素，这些因素会使停运时间延长。在 20 世纪 70 年代，核电反应堆的年度换料停运时间最短的约为 70 d（平均水平为 90 d），相当于时间不可利用率为 20%。到了 20 世纪 90 年代，由于设备、材料的更新，大量的维修和在役检查工作被放到停堆前的运行期间进行，以及采取措施使多项工作能同时进行等因素，成效最好的核反应堆已做到把换料停运时间压缩至 20 d（平均水平为 35 d）。目前，随着新工具、新工艺及自动化水平的不断提高，借助于自动化缩短重新启动时间，再加上提高工作效率、减少工时损失的行政措施（如在辐射控制区内设立卫生间等），成效最好的核反应堆换料停运时间已压缩至 20 d 以内。我国核电机组换料停运时间已从 20 世纪 90 年代初的 56 d 压缩至平均 30 d 左右，实现了可利用率超 90%的目标。

（3）延长运行周期：将二代机组采用的每 12～13 个月换料改进到每 18 个月换料

或每 24 个月换料，是实现上述 90%以上可利用率的一项重要支持因素。根据法国经验，18 个月换料比 12 个月换料可利用率更高，但这涉及提高燃料富集度与燃耗深度，以及安全监管要求、负荷季节变化等外部条件，各国情况不同。

中国核能行业协会统计数据显示，2022 年我国运行核电平均可利用小时数达到 7 547.70 h，机组的平均机组能力因子达到 91.67%，属世界先进水平。

5.4　核电厂的经济性

平准化发电成本（LCOE）是电厂寿命周期内所有成本的现值与总发电量现值的比值，是发电成本的一种度量方式。按照当前国际上通行的做法，LCOE 是不同能源发电形式经济性比较的主要指标。

平准化电价与地域、技术路线和电厂特性（如规模大小、厂址位置等）息息相关，会因这些条件的不同产生显著差异。根据经济合作与发展组织（OECD）2020 年的统计数据显示，核电当前的平准化电价为 50～75 美元每兆瓦时，在各类发电形式中处于相对较低的水平（见图 5-8）。

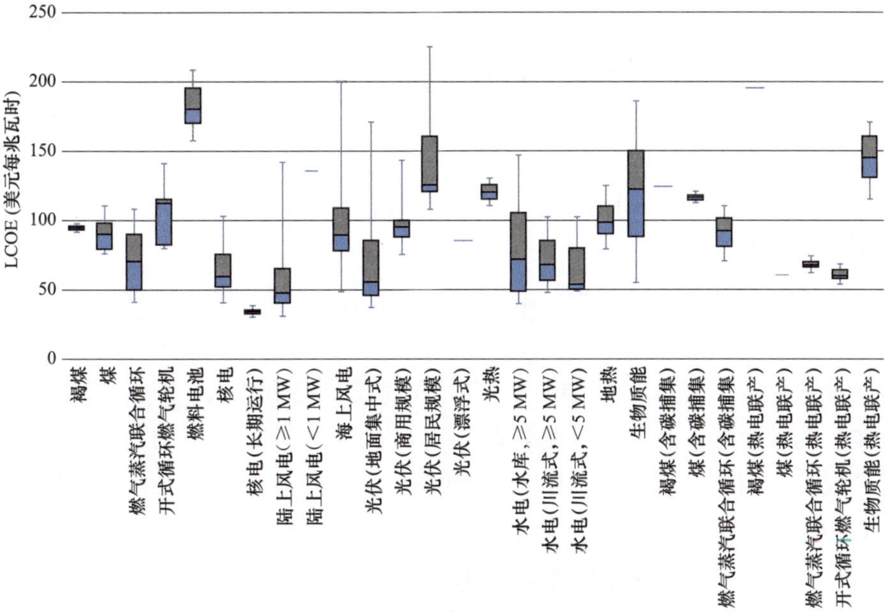

图 5-8　各类发电形式平准化电价（按 7%折现率）

注：深色表示范围的 1/2～3/4 部分，浅色表示范围的 1/4～1/2 部分。

资料来源：*Projected Costs of Generating Electricity*，2020 Edition，OECD/NEA-IEA.

核电厂的平准化电价包含建造、运营和退役所需的成本。建造成本包括隔夜建设成本和建设期发生的利息等财务成本；运营维护成本指核电厂建成投运后维持安全运营所发生的成本和燃料循环成本；退役成本指核电厂生命周期结束后拆除电厂等相关成本（见表 5-6）。

表 5-6　平准化发电成本组成

成本组成	核电厂	燃气轮机联合循环电厂
建造成本	72.0%	18.6%
运营维护成本	16.6%	12.8%
燃料成本	11.3%	68.5%
退役成本	0.1%	0.1%
合计	100%	100%

资料来源：*Unlocking Reductions in the Construction Costs of Nuclear：a Practical Guide for Stakeholders*，2020，OECD/NEA.

新建核电的平准化电价成本主要由建造成本构成，占总成本的 72%左右，主要包含隔夜建造成本和财务成本。隔夜建造成本涵盖核电厂的所有工程费用、预备费等，但不考虑设计施工需要的时间，即假设所有费用都是“隔夜”产生的，不考虑资金的时间价值。财务成本则考虑时间对项目资金的影响，主要由建设期利息组成，因此，财务成本会随着项目的工期增加而增加。财务成本可能占每千瓦总投资成本的 20%以上，特别是对于耗时五年以上且资金成本（折现率）高于 7%的项目。

运营维护成本占总成本的 16.6%左右，其中员工变动、材料和培训需求相关成本可视为可变成本，其余部分视为固定成本。

燃料循环成本占总成本的 11.3%左右，包括燃料开采、浓缩、组件制造的费用，也包括乏燃料后处理的费用。

退役成本占总成本的 0.1%左右，考虑到最新核电设计使用寿命较长，此活动对总体生产成本影响很小。

虽然上述发电成本不包含“外部代价”，即不由电力公司或电力消费者承担的环境与健康损害代价，例如，由于气体排放造成的农产品欠收、由于污染物排放造成的居民额外医疗费用等，实际上核电的很多环境损害代价已内部化，即包含在发电成本以内。核电厂为遵守严格控制放射性排放的国家规定和标准所采取的安全措施，可以说都是为了保护环境。估计核电厂的基建费用有 60%与核安全、辐射防护和环境保护有关，LOCE 中用于环境保护的这一部分已占到 25%～40%；另外，在燃料费中的燃料循环后端的长寿命放射性废物处置费用，约占 LOCE 的 2%～5%，也是为了保护环境。核电厂中、低放射性废物的处理和处置费用则包含在运行维修费内。核电是把环境损害代价内部化程度最高的一种能源。未来化石燃料电厂进一步严格控制大气污染是大势所趋，它必然有利于核电的相对经济性。

我国的核电厂经济分析工作通常不采用 LOCE 作为主要的分析手段，根据国内现行核电厂工程造价类标准规范，核电厂的成本主要包括折旧费、摊销费、财务费用、核燃料费、后处理费、运行维护费、退役基金等。对以上费用科目进行合并归类，可将核电厂的成本分为投资成本、燃料成本和运维成本三大类。对于一个三代核电机组而言，通常投资成本占45%左右，燃料成本占30%左右，运维成本占25%左右。

核电厂建设应采用一个相对成熟、固化的设计，配以完整的供应链，并在一个稳定、可预测的监管框架中尽可能多地批量化建造，这样核电建设成本才能稳步下降。当前，核电厂的经济性优化是各国关注的焦点，主要有以下几个方向。

（1）设计优化

三代反应堆的设计优化主要包括设计简化、标准化、安全部件的重新分级、功率提升等。

在批量化建设阶段，设计方会优先考虑不重要的修改，并寻求简化和翻版设计之间的最佳平衡，以尽可能多地保留以前建设中的良好实践经验。随着后续建造机组数的增多，设计方会逐步开展设计优化。

堆芯大型化有助于提高经济性效益，但随着堆芯逐步大型化，核电厂的系统和结构也越发复杂。因此，设计人员需要追求更大程度的设计简化，限制复杂性对核电成本的负面效应。设计简化主要困难在于要求设计方具备关于系统的完备工程知识，并全面评估设计简化对系统整体和电厂可靠性的影响。

过往建设项目的一些关键经验在今天仍然是适用的，主要包括：

① 简化电厂总体布局，在保障紧凑、可达的前提下减少厂房的数量和大小；

② 尽可能使反应堆系统共用电厂配套设施；

③ 简化部件、系统和结构，简化技术规格书和质保要求；

④ 合理化布置，尽可能采用新技术，减少钢筋、管道和电缆的工程量和复杂性；

⑤ 尽可能减少设备、部件的数量。

应用价值工程的思想也有利于简化设计，以最低的成本满足客户的期望，从而使产品或服务的价值最大化。当价值工程应用于核电设计，评估每个部件的功能，并将其与利益相关方在安全和性能要求方面的期望进行比较，这可能带来设计的重大简化。这些原则也有助于确定优先事项，重新聚焦设计，以降低首堆项目中出现过度设计的风险。

标准化可以应用于核电设计，保持产品多次迭代后的一致性和均衡性。标准化设计的概念并不要求机组完全相同，但至少应该有相同的总体布置、核蒸汽供应系统、部件及相关安全系统、技术规格书。标准化降低了与新建项目相关的间接成本，主要效率是通过最小化重复的前期设计活动，并保持供应链的效率，以促进系列化建设。标准化需要强大的产业组织，供应链的相互作用必须协调，以加快交易，并通过生产更多相同部件来提高制造过程的生产率。规模化生产提高了整体质量，增加了供应链竞争，更可能与供应商签订长期合同。供应商也能够在更优的条件下调动他们的资源。同样，与监管机构的互动交流（如执照申请）也得到加快。一旦一种标准设计获得许可，它根据特定厂址条件稍作调整就可以应用于所有相同的机组，减少监管活动的时间。此外，设计标准化能够积累经验，及早发现设计缺陷，提高整体安全水平。标准化也有助于后续运维效率提升。

在实践中，标准化所寻求的完全一致遇到了一些限制。标准化设计可能需要根据厂址的具体情况进行一些调整，经验表明，这些设计修改限于以下4种情况。

① 厂址地基条件：每个厂址在地质和地震方面都有特定的条件。

② 最终热阱：取决于冷却能力、环境、水化学，以及开放/封闭式冷却回路的选择。

③ 电网条件。

④ 当地的工业环境。

安全部件的重新分级将有可能带来材料采购上的节约。在设计阶段采用更精细的风险指引方法，可以更好地评估核和非核部件之间的界限。某些系统的安全级别降低后便可能引入普通部件。非核级部件可采用的供应商更多，能充分利用市场竞争从而实现节约。同时，普通部件促进了更高层次的核电设计简化和标准化，进一步降低了成本，且由于其在各个行业的广泛应用，其可靠性可能反而更高。

功率提升是指核电厂净电功率的增量，它利用规模经济来降低给定设计的隔夜成本。核电行业在现有反应堆的功率提升方面积累了丰富的经验，这种方法在核电设计的首堆后是有效的。然而，提升功率必须谨慎，这可能会带来大量的安全论证，同时若系统和主设备出现新设计，其经济性必然会大大降低。

（2）创新技术和工艺

引入已经在其他行业取得验证的新技术及可替代的组织方法和工艺，尽可能地保留从以前的电厂建设中学习到的经验，将有利于提升核电项目的经济性。

从制造和建造角度看，先进的混凝土和钢筋解决方案、改进抗震设计、模块化、其他先进施工方法等先进技术和工艺可以提高劳动生产率，并缩短工期，提高原材料利用率。高强度钢筋、超高性能混凝土、自密实混凝土、钢板组合结构等解决方案的使用有利于提高施工效率。采用更精细的模型估算地震反应，降低结构荷载的要求、钢筋需求、混凝土墙体厚度、钢结构连接件的数量及结构构件之间锚固，从而大大节约成本。另外，还可以采用隔震系统等技术。虽然安装这些装置成本较高，但若地面加速度峰值超过0.2g，该项投资带来的经济收益也会增加。

模块化可以最大限度地将施工工作转移到车间工厂，极大提高整体生产力和质量，实现并行施工从而缩短工期。对浇筑混凝土、焊接、钢材切割和检测等关键工序来说，一个更可控的环境也会更方便。然而如果供应链处理模块的能力有限，这将迅速抵消预期的利益，此外还需要更多的前期工作来评估模块的可行性。

从组织和管理角度，核电厂在组织方面涉及大量利益相关方，协调和管理工作困难大、耗时长。可应用系统工程的思维增加设计一次性正确的可能性，避免施工拖期。项目结束时积累的大部分知识资本如经验、尝试，甚至错误、人际交往、工作实践的结果等难以与个人分离的隐性知识，也可以通过知识管理的方法，识别、管理和共享组织的知识，使人们能够集体创造新的知识。除此之外，数字化和智能化可将知识管理技术引入业务流程，提升核电设计、设备制造、采购管理、工程建设、建安调试和电厂运维效率，有效提高核电组织的整体绩效。

（3）监管互动

核电监管目标在于确保核设施的安全合规运行，建立利益相关方和公众的信任。一个高效、独立和透明的核监管机构有利于建立社会信任，从而使核电在社会环境中获得稳定和持久的基础。

监管活动所产生的额外成本是为了减少与核能有关的外部成本、实现社会利益最大化必须付出的代价。经济学理论认为，当保护公众的边际社会成本等于避免潜在危害的边际社会效益时，核电安全的努力就达到了最佳平衡。

5.5　核电厂的环境影响与可持续发展

放射性物质是核电厂向环境排放的主要有害物质，它受到严格的国家安全法规的约束。除此以外，核电厂本身既不排放 SO_2、NO_x 和烟尘，也不排放 CO_2 等温室气体。只要确保安全运行，核电厂的环境影响是极小的。在这种意义上可以说，核电是清洁的能源。

与 SO_2、NO_x 和烟尘排放引起的局部地区环境损害不同，温室气体排放引起的是全球性环境损害。自 20 世纪 80 年代以来，人们非常关注 CO_2、CH_4 等温室气体引起的全球气候变暖问题。它成为多次有关环境的国际会议讨论的主题，如 1988 年的多伦多会议；1991 年的赫尔辛基电力与环境问题高级专家研讨会；1992 年的里约热内卢联合国环境与发展大会（UNCED），会上签订了《气候变化框架公约（FCCC）》；2009 年的哥本哈根联合国气候变化大会，会上签订了《哥本哈根协议》，首次提出了确保在本世纪末全球平均温度的升幅不超过 2 ℃的目标；2015 年巴黎联合国气候变化大会通过的《巴黎协定》将温升目标进一步降低，提出长期内努力控制温升在 1.5 ℃以内。为实现上述目标，要求各工业发达国家采取强有力的综合措施，包括：（1）节能；（2）提高发电装置的热效率；（3）增加使用核能和可再生能源；（4）以天然气替代煤和石油发电。对于我国的可持续发展能源战略，核电也是不可缺少的一个组成部分。

核电是各种能源中温室气体排放量最小的发电方式。联合国政府间气候变化专门委员会（IPCC）的评估报告指出，在考虑铀矿采冶及核电厂退役治理后，核能依然是全生命周期碳排放最小的发电技术之一（见图 5-9）。IAEA《2020 气候变化与核能》报告指出：各国日益认识到核能在气候政策中的潜力，将为核能部署更好地与减排目标相匹配创造机会。中国工程院研究显示，核电链的总温室气体排放约 11.9 g CO_2/（kW•h）（见表 5-7）。温室气体排放受到核电厂寿期和负荷因子影响，如果由 40 a 的设计寿命延寿至 60 a、80 a，将进一步降低。

表 5-7　核电链的总温室气体排放　　g CO_2/（kW•h）

设施	材料	能源	合计	占比
铀矿采冶	0.495	1.83	2.33	19.6%
铀转化和铀浓缩	0.84	0.314	1.15	9.7%
扩散厂退役	0.079	—	0.079	0.7%
燃料元件制造	0.007 87	0.21	0.218	1.8%
核电厂	0.451	1.96	2.41	20.2%
后处理	—	5.29	5.29	44.4%
废物处置	—	0.433	0.433	3.6%
总计	1.87	10.037	11.91	100%

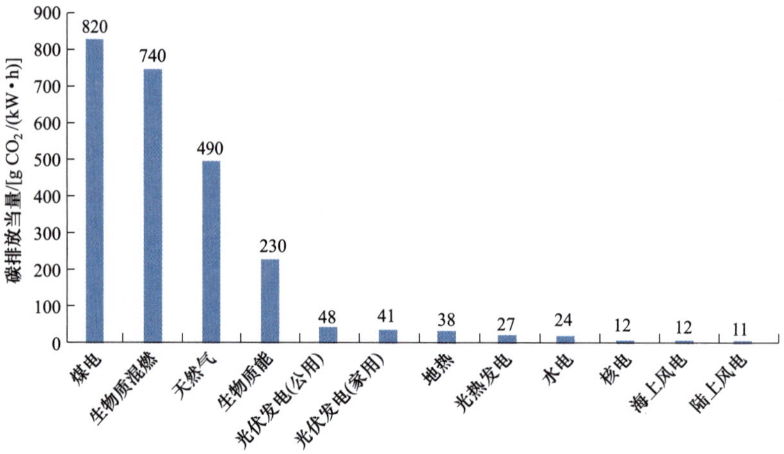

图 5-9　核能相比其他能源全生命周期碳排放当量

资料来源：IPCC 的评估报告。

从图 5-9 中可见到，核电的温室气体排放量甚至小于水电、生物质能，与风电相当。水电站除了水库中腐烂植物分解产生的 CH_4 外，水坝所用大量建筑材料的生产也会造成很大的 CO_2 排放量。风力和太阳能发电的分散性要求使用大量建筑材料，并由于其间歇性所需要的后备电厂导致附加的 CO_2 排放量。生物质能如果不是利用稻草、路边草、锯末等副产物，而需要另行栽培植物，则肥料生产和作物收割均会引起大量的温室气体排放量。

截至 2021 年底，世界上已探明的开采成本低于 130 美元每千克的铀储量约为 614.74 万吨，开采成本低于 80 美元每千克的铀储量约为 200.75 万 t，开采成本低于 40 美元每千克的铀储量为 108.04 万 t，世界铀矿资源总量显著增加，但品位高、开采成本低的铀矿资源较少，占比不足世界总量的 20%。现在地球上还有很大部分地区未经勘探，有望将上述级别储量进一步扩大。而较低品位矿已探明的有摩洛哥的磷酸盐矿含铀（品位 0.01%～0.02%）6.5×10^6 t，美国查塔努加的黑页岩含铀（品位 0.006%）4×10^6 t 至（品位 0.002%～0.005%）2.5×10^9 t，如果利用此等较低品位资源，会使核能产业链的温室气体排放量升高至 50 g CO_2/（kW•h），核电成本增加约 50%。此外，地球上花岗岩平均含铀 3.5 g/t，海水含铀 3.3 mg/t。日本曾估计，用有机离子交换树脂从海水中提取的天然铀价格约为当前市场价格的 15～30 倍，但天然铀费用仅占核电成本的百分之几，到那个时候，如果采取降低铀同位素分离厂尾料丰度的办法来减少天然铀用量，核能产业链的温室气体排放量和核电成本都不会成比例上升。铀资源储备、快堆技术和燃料循环工艺为实现大规模核能发电，减少温室气体排放量提供了良好的基础。

关于核燃料循环后端的长寿命、高放射性废物问题，由于废物体积很小，埋入地壳深处作长期（＞100 000 a）安全可靠的处置，在技术上和经济上是完全可行的（见 16.10 节）。目前主要障碍是处置库选址受到"邻避效应"（not in my back-yard，NIMBY）态度的抵制，有待解决。而快堆能够嬗变长寿命次锕系核素，如 ^{237}Np、Am、Cm 同位素，可以有助于缓解放射性废物问题。就可持续发展而言，其他能源的固体废物处置也引起了日益增长的重视。1992 年里约热内卢 UNCED 大会通过的行动纲领就强调了减少各种废物产生量及准备好妥善的废物处置方案的必要性。IAEA 从 1995 年开始的对各种发电能源（包括整个能源链）废物处置的环境与健康影响的研究工作指出：（1）最大量的固体废物来自燃料和建筑材料所用矿物的开采，尤其是煤矿；（2）不单是核能产业链，其他能源链包括煤炭、石油和天然气的开采，燃料制备，燃烧产物中也产生含有天然存在的放射性物质（naturally occurring radioactive materials，NORM，包括 ^{14}C、^{40}K、^{238}U、^{226}Ra、^{232}Th 等长寿命核素）的废物，如油、气井筒和管壁上的积垢，已达到需要处理的放射性废物的水平①；（3）矿井水量很大，所含 NORM 和微量有毒元素如汞、铬、镉、铅、锌、砷等值得注意。

核能产业链由于产生的废物量相较燃煤电厂小得多，可望对全球清洁电力生产和可持续发展作出最大贡献。

5.6　压水堆核电厂

核电厂的发展历史表明，用普通水（轻水）作为慢化剂和冷却剂的轻水堆（Light Water Reactor，LWR）②是当代最具有竞争力的堆型。这是由于：（1）水具有优越的慢化性能（见 2.3.2 节）和热物理特性（比热容和密度高，黏度低），纯水同堆芯及回路结构材料的化学相容性好，水又是以低廉价格到处可以获得的物质；（2）轻水堆很大的反应性负温度系数提供一定的"内在安全性"；（3）堆芯紧凑因而容易做到最经济；（4）充分利用了常规蒸汽动力装置的水介质工艺技术基础，可大大减少研究开发工作量；（5）UO_2 陶瓷燃料和锆合金包壳材料的成功。水作为慢化剂和冷却剂的主要缺点是：（1）热中

① 其他产生 NORM 的工业活动还有磷、铁、钛等矿石开采，磷酸、肥料、水泥、钢铁、陶瓷等生产。

② 通常所称的轻水堆包括压水堆和沸水堆。

子吸收截面较大，因而不可能使用天然铀作燃料，轻水堆必须使用富集铀；（2）水的蒸汽压力高，使反应堆必须在高压下运行。

压水堆的特点是堆内的水经常保持液态，因此，驱动汽轮发电机组的蒸汽必须在反应堆以外产生，这是借助于蒸汽发生器实现的。来自反应堆的冷却剂即一回路水流过蒸汽发生器传热管的一侧，将热量传给传热管另一侧的二回路水，使后者转变为蒸汽。为了获得较高的热效率，二回路蒸汽及一回路水的温度与压力越高越好，但受到结构材料强度的限制而不得不作折中的选择。现代压水堆核电厂的二回路蒸汽压力约为4.3～7 MPa，蒸汽温度约275～295 ℃，一回路工作压力约为15.5 MPa。全厂热效率约为33%～38%，这意味着有大量废热要排入环境。

压水堆整个堆芯置于厚重的压力容器内（见图5-10和图5-11）。靠反应堆冷却剂泵（主泵）使一回路水在反应堆压力容器与蒸汽发生器之间不断循环流动，将堆芯产生的热能载带出来。反应堆冷却剂系统即一回路通常包含2～4条并联的环路，每条环路由1台蒸汽发生器、1～2台主泵和连接管道构成。由于水的不可压缩性，少许体积变化就会引起很大的压力变化，压力过高或过低都会产生不利的影响。为此需要在其中一条环路上安装1台保持整个一回路压力稳定的稳压器。稳压器是一个耐压罐，罐

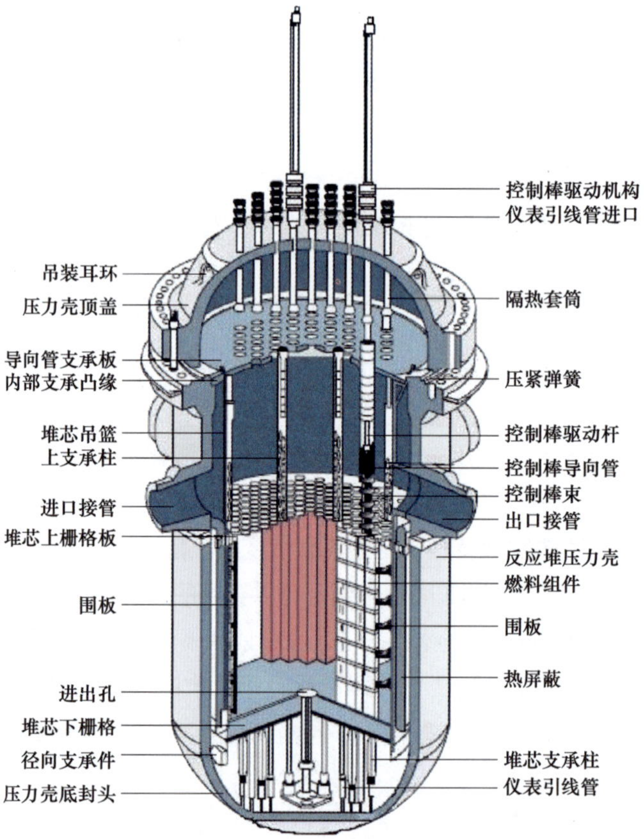

图5-10　压水堆本体纵剖面图

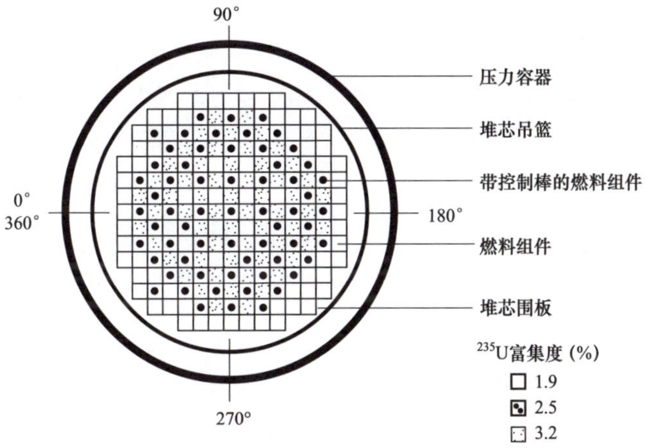

图 5-11 压水堆本体横剖面图

内下半部盛一回路水，上半部为蒸汽空间，罐顶部设置有喷淋管嘴，底部设置有浸入式电加热器。当一回路压力升高时，与喷淋管嘴相连接的喷淋阀会自动开启，一回路冷段的水喷入蒸汽空间，使部分蒸汽凝结，从而抑制压力的上升。当一回路压力降低时，电加热器会自动投入，产生蒸汽，从而抑制压力的下降。图 5-12 为压水堆一回路的主要设备。

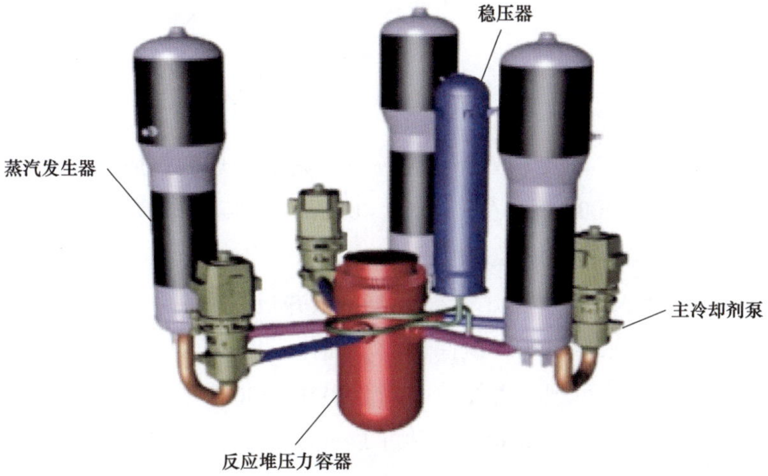

图 5-12 压水堆一回路的主要设备

在蒸汽发生器二回路侧产生的饱和蒸汽，经主蒸汽管道从反应堆厂房输往汽轮发电机厂房，驱动汽轮发电机组发电。由于饱和蒸汽在高压缸内膨胀做功后，排汽湿度已达到容许上限 12%～14%，需要通过汽水分离再热器去湿并升温，成为低压过热蒸汽后，才能引入低压缸继续做功。从低压缸排出的乏汽湿度也会达到 12%～14%的限值。乏汽在凝汽器中将汽化潜热传给三回路的循环冷却水（海水或河湖水）而转变为液态的凝结水。凝结水由凝结水泵升压流过低压加热器逐级升温，送入除氧器（给水罐）除氧，然后由给水泵升压经高压加热器升温后，经主给水管道从汽轮发电机厂房返回反应堆厂房，进入蒸汽发生器重新变为新蒸汽，这样构成循环的二回路（蒸汽-给水回路）。核电厂的二回路和汽轮机组由于新蒸汽为压力不高的饱和蒸汽，其质量流量约为同功率火电装置的170%～190%，体积流量约为同功率火电装置的250%～350%，又需要为去湿和防止超速采取专门措施，所以与火电厂的蒸汽-给水回路及高压过热汽轮机组有很大的不同。图5-13给出了压水堆核电厂工艺流程示意图。

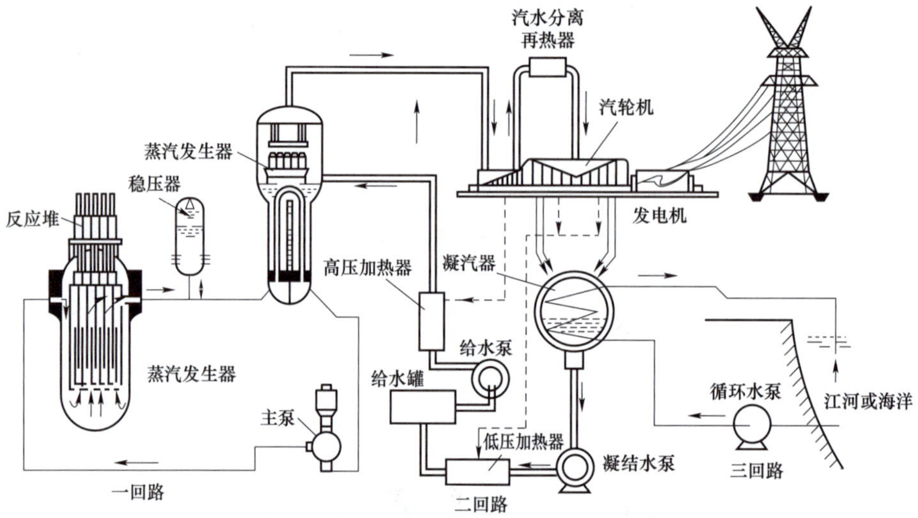

图5-13　压水堆核电厂工艺流程示意图

在压水堆发展过程中，技术上有很大进步。为了从规模效应获得最大经济利益，四十多年间机组功率从200 MW猛增加到1 400 MW，堆芯平均功率密度从70 kW/L升高至超过100 kW/L，燃料棒最大线功率从325 W/cm升高至约500 W/cm，压力容器内径从2.8 m增大至4.5 m，许多新工艺被开发出来并投入使用。例如，为了满足安全监管当局限制线功率的要求，将燃料组件进一步细化，以17×17组件代替15×15组件，则在同样堆芯功率密度下可把最大线功率降至390～430 W/cm；为了节省核燃料，采用锆合金代替不锈钢作燃料棒包壳材料；为了展平功率密度分布，以便在热流密度最大的燃料棒仍不超过热工限度的前提下增加堆芯功率，采用了细分的棒束型控制棒和溶解于冷却剂中的化学毒物；为了不增大压力容器直径而增加功率，把燃料组件长度从3.7 m延长至4.3 m；等等。表5-8给出了不同年代具有代表性的压水堆参数演变情况。

过去一味提高堆芯功率密度的做法，到了20世纪80年代中期以后，发生了明显的变化。人们转向采用较低的功率密度换取设计上的简化和宽容性，用易于运行和便于检修的特点来提高核电厂的安全性、可利用率和经济性。为了实现更多反应堆的灵活应用，许多国家又开始研究小型化反应堆，见5.12节。

表 5-8 不同年代的压水堆参数演变情况

参数	Trino	M310	EPR	AP1000	HPR1000
设计年份	1956	1979	1991	1999	2013
热功率/MW	870	2 905	4 590	3 400	3 180
电功率/MW	270	984	1 660	1 250	约 1 200
热效率/%	31	33.9	36.2	36.8	约 37.6
燃料装载量/tU	34.5	72.4		96	92.3
平均比功率/（kW/kgU）	25.2	40			27.45
平均功率密度/（kW/L）	72.4	109		109.7	101.9
平均线功率/（W/cm）	140	186	163.4	187.6	181.2
最大线功率/（W/cm）	350	419		486.8	417.1
燃料组件	15 × 15	17 × 17	17 × 17	17 × 17	17 × 17
包壳材料	ss304	Zr-4	M5 合金	ZIRLO 合金	N36 合金
换料富集度/（%^{235}U）	4.47	3.2	约 4.95	4.95	4.95
平均燃耗/（MW•d/tU）	30 000	33 000	>48 000	50 000	约 48 000
压力容器内径/m	3.2	3.99	4.87	4.04	4.34
蒸汽发生器管材	ss304	Inconel-690		Inconel-690	NC30Fe

苏联（今俄罗斯）独立发展的 VVER 压水堆在早期 20 世纪 70 年代设计中，VVER-440 未设置专设安全系统和安全壳，后在演变过程中，逐步增设了应急堆芯冷却系统和安全壳。我国田湾核电厂采用的 VVER 技术通过采用锆铌（Zr-1%Nb）合金材料、低泄漏换料方案、改用 Dy_2O_3-TiO_2 或 Hf 代替一部分 B_4C 作为控制棒材料、增高压力容器等多项技术，对电厂设计进行了优化。

压水堆优于沸水堆（后者将在 5.7 节中叙述）的主要特点包括：（1）活化的腐蚀产物和从破损燃料棒逸出的裂变产物均局限在一回路内，不会进入蒸汽—给水回路而污染汽轮机；（2）能借助于调节溶解在冷却剂中的化学毒物（硼酸）的含量来补偿燃耗，大大减少了控制棒的数目；而且在正常运行时把大部分控制棒完全提出堆芯以外，使中子注量率分布比较均匀，可达到较深而均匀的燃耗，对燃料的经济性有利。

下面分述现行压水堆的主要部件。

5.6.1 堆芯

PWR 堆芯由若干正方形（VVER 为正六边形）燃料组件组成，这些组件按正方形（VVER 为正三角形）稠密栅格大致排列成一个圆柱体。用富集度为 2%～4.95%的低富集铀作为燃料。所有燃料组件在机械结构和几何形状上完全一样，以简化装卸料操作和降低燃料组件制造成本。燃料组件采用 14 × 14 至 18 × 18 根棒束（VVER 为 127～331 根棒束），其中除少数插花布置的控制棒导向管外都是燃料棒。棒束外面无组件盒，以减少中子俘获损失和便于相邻组件水流的横向交混。图 5-14 为压水堆堆芯横剖面图，图 5-15 为压水堆燃料组件。

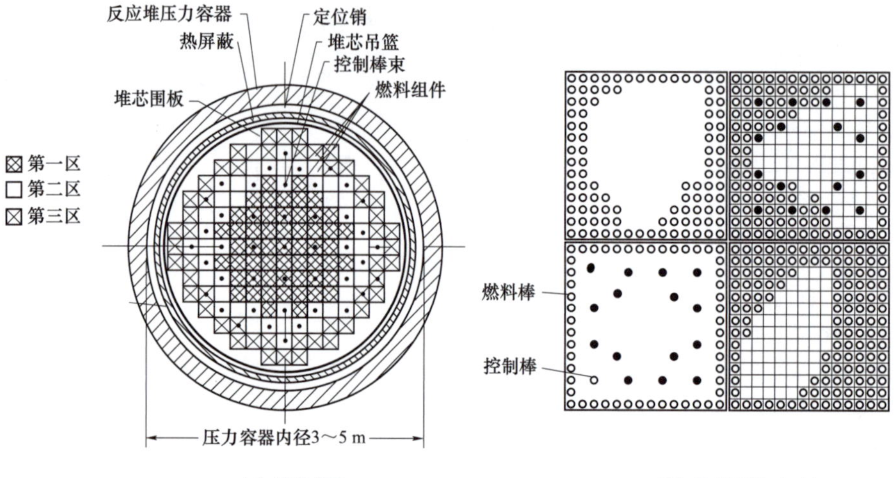

(a) 堆芯布置　　(b) 燃料组件（4个）

图 5-14　压水堆堆芯横剖面图

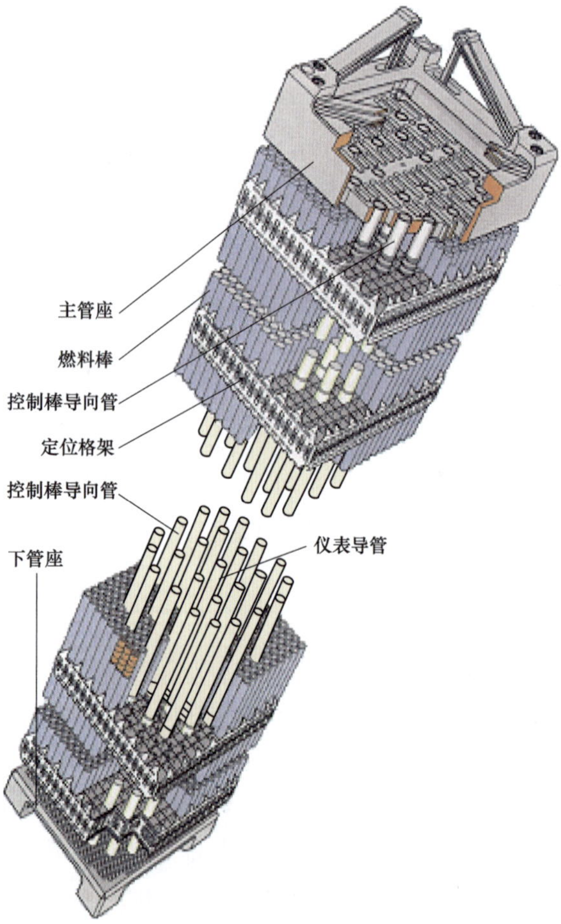

图 5-15　压水堆燃料组件

燃料棒的芯体由烧结的 UO_2 陶瓷芯块叠置而成。烧结 UO_2 的耐腐蚀性、热稳定性和辐照稳定性都好，能保证经济性所要求的＞50 000 MW•d/tU 的单棒最大燃耗深度。燃料棒包壳采用吸收中子少的锆合金以降低燃料富集度。燃料棒全长 2.5～3.8 m，用 6～11 个（VVER 为 13 个）镍基合金或锆合金制的定位格架固定其位置。定位格架沿燃料组件全长按等距离布置，以保持燃料棒间距并防止由于水力振动引起的横向位移。

堆芯一般分为三区，在初始堆芯中装入三种不同富集度的燃料，将最高富集度的燃料置于最外区，较低富集度的两种燃料按一定布置方式装入中区和内区，以尽量展平中子注量率。第一个运行周期由于全部都是新燃料而比后续运行周期具有较大的后备反应性，要用可燃毒物吸纳它，这部分后备反应性在运行期间将随着可燃毒物的消耗逐渐地释放出来。第一个运行周期的长度一般约为 1～1.5 a，以后每 12～18 个月换一次料，将约 1/3 或更多的堆芯乏燃料用新燃料替换，同时将未燃尽的燃料组件做适当的位置倒换以求达到最佳的径向中子注量率分布，倒换方案由燃料管理计算程序制定。通常将新燃料装入最外区，将辐照过燃料移向中心，称为由外向内换料方案。由于辐照过燃料组件的放射性水平极高，所有装卸料操作均在水屏蔽层以下进行。因为换料一般需要停堆 3～4 周，可利用这个时间进行汽轮发电机组及其他设备的检修、压力容器和蒸汽发生器的在役检查等工作。

为了确保燃料元件的安全，在运行中要严格限制核电厂的负荷变化速率（＜每分钟 5%额定功率），用化学与容积控制系统和取样系统对冷却剂水质进行净化，对 pH、氧、氢、氯、氟、硼酸、锂-7 等含量进行控制及监测，并加强对燃料包壳完整性的监督。

关于压水堆（及其他类型反应堆）燃料元（组）件的性能要求、结构型式、堆内行为和辐照效应，详见 13.1 至 13.3 节。

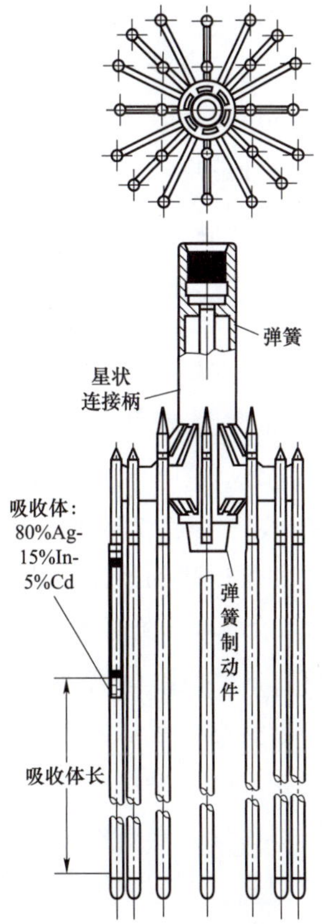

图 5-16　压水堆的棒束型控制棒组件

5.6.2　控制棒组件及其他控制手段

压水堆除由于反应性负温度系数带来的自调节性能以外，还采用控制棒、溶解的化学毒物（硼酸）和可燃毒物来进行功率调节和控制。

用细直径棒束型控制棒组件（见图 5-16）代替粗控制棒是一个很大的改进。它消除了水隙造成的局部中子注量率峰，省掉了控制棒的跟随挤水棒，使压力容器总高度大为降低。控制棒吸收体材料是碳化硼（B_4C）或银铟镉合金（Ag-In-Cd），控制棒的包壳材料用不锈钢或因科镍。控制棒组件的驱动机构都装在压力容器的顶盖上，用电力使控制棒按规定速率在堆芯内提出或插入；如遇事故情况需要紧急停堆时，夹持控制棒组件的电磁离合器的激励电流被切断，所有控制棒便在重力（或加上弹簧）的作用下快速插入堆芯。控制棒通常用来提供改变功率、带负荷时温度变化和汽泡含量变化及停堆所需的短期或快速反应性控制。长期缓慢的反应性变化如氙中毒、燃料燃耗、裂变产物积累、从冷态启动等，用化学补偿予以调节。

压水堆的化学补偿控制是用改变水中硼酸浓度的方法来实现的。这样，在大部分运行时间内，可将控制棒几乎完全提出，减小了局部功率不均匀系数。

压水堆采用的可燃毒物有两类：（1）与燃料分开的离散型可燃毒物，包括装有硼硅酸盐玻璃管（Pyrex）的不锈钢包壳棒，装有氧化铝－碳化硼（Al_2O_3-B_4C）环状芯块的内腔通水的锆合金套管，以及装有碳化硼－锆弥散体的锆合金包壳棒等品种；（2）与燃料结合在一起的一体化可燃毒物，包括涂敷于燃料芯块表面的硼化锆（ZrB_2）涂层，以及 UO_2-Gd_2O_3 或 UO_2-Er_2O_3 弥散体等品种。硼硅酸盐玻璃管已广泛应用于早期压水堆的初始堆芯，如我国的秦山一、二期，大亚湾及岭澳核电厂。硼硅酸盐玻璃管的主要缺点在于不锈钢包壳和运行周期末残留硼吸收中子较多，影响中子经济性，以及其结构形式限制了使用的灵活性，不利于最佳换料方案的实施。UO_2-Gd_2O_3 弥散体和 ZrB_2 涂层工艺，经过多年的开发研究，自 20 世纪 90 年代以来已在国际上大量推广使用。UO_2-Gd_2O_3 弥散体芯块的加工工艺与纯 UO_2 芯块几乎相同，其高温性能、耐腐蚀性能及辐照性能均相似，是一种理想的含可燃毒物的燃料，它不仅适用于首炉燃料，而且能在以后各次换料中发挥优良效果。

5.6.3 反应堆压力容器

压水式反应堆压力容器（见图 5-17）呈圆筒形，尺寸和重量较大，是核电厂中的重型设备。如 1 000 MW 核电厂所用的压力容器总高约 13 m，内径约 4 m，壁厚约 20 cm，重量约 400～500 t。其结构由筒体和可拆卸的顶盖构成，两者用法兰和密封垫环相连接。反应堆压力容器采用锰-钼-镍系列的低合金钢作母材，内壁与冷却剂接触处均堆焊了 3～8 mm 厚的奥氏体不锈钢衬里以减轻腐蚀和防止冷却剂被放射性腐蚀产物过度污染。压力容器内装有堆芯、控制棒组件和堆内构件，靠堆内构件保证燃料组件和控制棒组件的精确定位，承受堆芯的全部重量，以及把静动载荷传到容器法兰上，最终经由外部支承件传给厂房结构。压力容器的冷却剂进口接管和出口接管位于法兰下

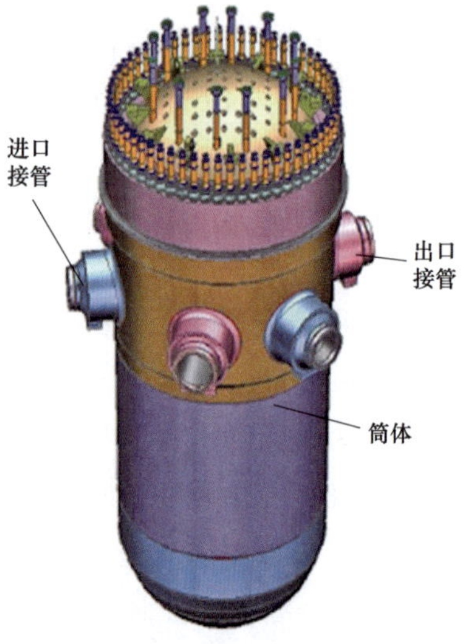

图 5-17　压水堆压力容器图

面，堆芯之上。由进口接管进来的水经过容器壁与堆芯吊篮之间的环形通道往下流入下腔室，然后转向上流，通过堆芯和上腔室，经出口接管流出。

反应堆压力容器作为保证燃料元件冷却的关键设备和防止放射性外逸的第二道屏障，对核安全至关重要。它在高温高压和强辐照、强腐蚀的条件下至少能可靠地工作 60 年。由于强放射性和过大的尺寸和重量，它成为核电厂中不可更换的设备，因此必须限制和监督其受到的快中子辐照损伤。除了设置辐照监督管定期取出母材和焊缝样品作试验，以及定期对压力容器的重要部位进行在役检查外，近年来为减小压力容器接受的快中子注量以延长它的寿命，倾向于采用由内向外的低中子泄漏换料方案。

5.6.4　堆芯冷却系统

压水堆正常的堆芯冷却系统，即一回路（见图 5-12），所用的蒸汽发生器有三种主要类型：（1）产生饱和蒸汽的立式倒置 U 形管束（自然循环）蒸汽发生器（见图 5-18），在其管束上面的空间内装有汽水分离器和蒸汽干燥器，可把出口蒸汽的湿度减小到

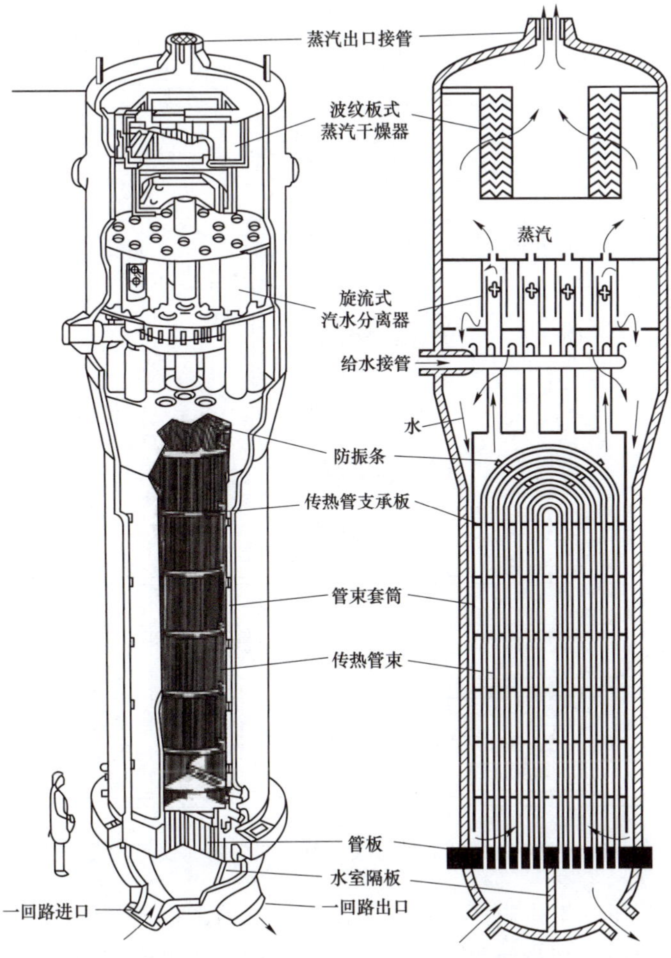

图 5-18　压水堆立式倒 U 形管束蒸汽发生器外观和剖面图

0.25%以下。传热管材料早先采用奥氏体不锈钢，因应力腐蚀严重，现均改用因科镍-690（30Cr60Ni）或因科洛-800（22Cr34NiA1Ti）。（2）产生微过热蒸汽的立式直管束直流型（强迫循环）蒸汽发生器，它不需要装设汽水分离器，可实现最大约 28 ℃的蒸汽过热度，比自然循环蒸汽发生器热效率提高约 3%。但对二回路水质和传热管材的抗腐蚀性能要求较苛刻，又因热容量小，对流量自动控制的要求很高。这种蒸汽发生器现在很少采用。（3）产生饱和蒸汽的卧式 U 形管束（自然循环）蒸汽发生器（见图 5-19），是由苏联单独开发成功的，现用于俄罗斯和东欧各国的 VVER 压水堆，其出口蒸汽的湿度小于 0.2%。主要优点是以立式圆筒形厚壁集流管代替水平管板，使传热管束根部汽水流动通畅，避免了由于淤渣沉积和腐蚀介质浓缩引起的传热管应力腐蚀破裂现象，因此，传热管材料虽一直使用奥氏体不锈钢（0Cr18Ni9Ti），仍保持良好的安全运行记录；主要缺点是体积庞大，重量大，由于铁路运输的限制，单台蒸汽发生器对应的电功率不能超过约 250 MW。

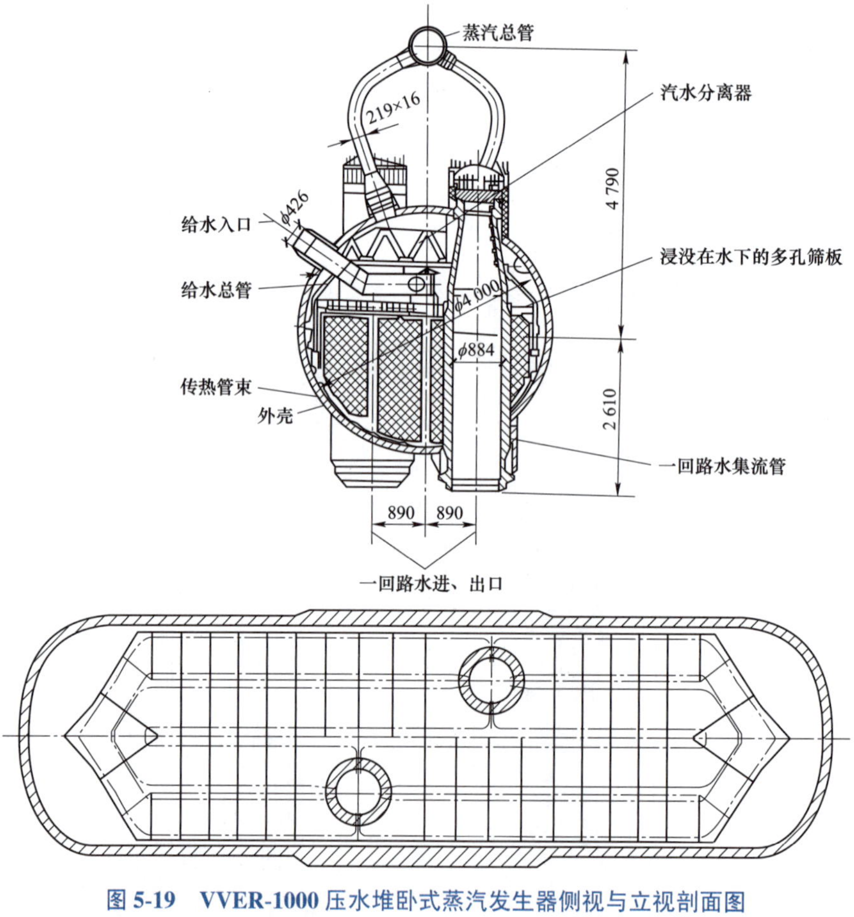

图 5-19　VVER-1000 压水堆卧式蒸汽发生器侧视与立视剖面图

蒸汽发生器是压水堆核电厂中仅次于压力容器的重型设备，其内部几千根薄壁传热管是一回路与二回路的传热界面，也是主系统压力边界的一部分，一有泄漏便影响安全，而工作条件苛刻。运行中须严格控制二回路水质（pH，电导率，氧、氯、游离氢氧根等的含量），进行在线监测和定期取样分析。二回路水中的杂质会产生游离氢氧根，其过量浓集将导致传热管晶间应力腐蚀。对不同的管材要采用不同的二回路水化学处理方法以保证相应的水质。对用海水冷却的核电厂须防止海水漏入二回路，要对凝结水进行全流量或部分流量的净化，连续添加化学药剂并连续排污。蒸汽发生器传热管破裂（Steam Generator Tube Rupture，SGTR）是必须防止的重大事故。对破损的传热管须实施堵管，对管壁明显减薄或有缺陷的传热管须实施预防性堵管。蒸汽发生器传热面积有相当大的设计裕量，少量堵管不会影响核电厂出力。但若堵管数目超过一台蒸汽发生器管子总数的 1%，就可能需要更换蒸汽发生器。

主冷却剂泵（主泵）是保证使水不断流过堆芯带出热量的重要设备（见图 5-20）。主泵停运会引起失流事故（见 2.5 节）。现在普遍使用立式单级轴封式离心水泵，驱动它的电动机功率可达到 6 000 kW。泵壳和叶轮采用不锈钢铸件。装在电动机顶部的高强度飞轮，具有相当大的转动惯量，以便在失去电源后能靠惰转保持堆芯的冷却，直到由应急电源供电的应急堆芯冷却系统起作用为止。一回路放射性水的密封要靠严格控制泄漏率的轴密封装置，它是主泵最关键的部件，可包含液膜密封、接触密封和后备的折流式密封，一般把起主要作用的液膜密封分为三级，各承担一定比例的压降。密封环接触端面要求有很高的光洁度和严格控制形位公差，常用的材料有精制的石墨、碳化钨、碳化硅、氮化硅、氧化铝等。运行时由上充泵提供经超细过滤的轴密封注入水，从中间进入轴密封装置后，分为两股水流，一股向下流入泵体与冷却剂混合，一股向上经过各级密封后引往疏排水箱，这样能保证严密的密封。而对于 AP1000 堆型所

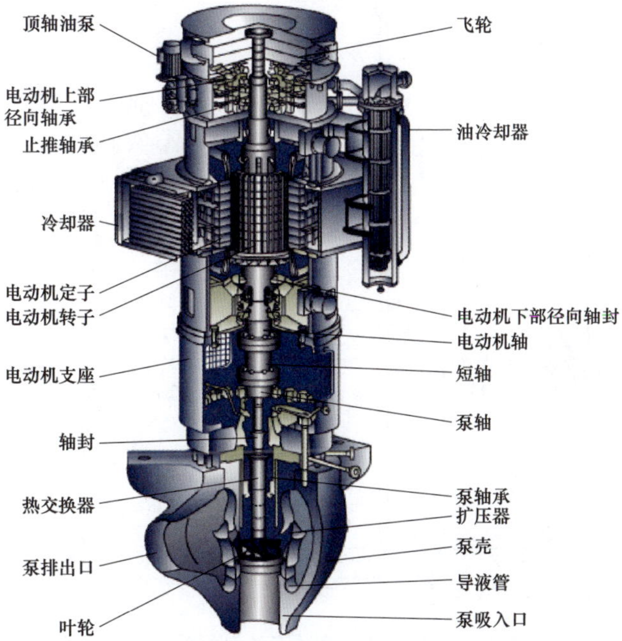

图 5-20　压水堆主冷却剂泵剖面图

采用的屏蔽电机泵，其主要特点为泵机组的所有转动部件和电机均包容在承压容器内。由于没有轴密封部件，不需要轴封水系统，因此AP1000不需要上充泵连续运行，简化了化学和容积控制系统。

稳压器是一个较小的立式圆筒形压力容器。通常用低合金钢锻造而成，内壁堆焊不锈钢。除了稳定一回路压力的作用（见前）以外，稳压器顶部设置的卸压阀和安全阀提供一回路超压保护。当一回路压力过高时，卸压阀或安全阀自动开启，将蒸汽排放到卸压箱。压力降低后阀门即回座。

为了防止因失水事故（见2.5节）造成堆芯损坏，设有应急堆芯冷却系统。它由安全注入罐、高压（或中压）安全注入泵系统和低压安全注入泵系统组成。图5-21为二代压水堆的应急堆芯冷却系统流程原理图。在一回路发生管道破裂致使冷却剂大量流失的紧急情况下，应急堆芯冷却系统必须保证堆芯得到足够的冷却，以避免产生任何燃料损坏，或即使有损坏也限于极其轻微的程度。注入水均含硼，藉以向堆芯引入负反应性，使反应堆不会重返临界并保持安全停堆状态。事故情况下，一回路的破口有大小，压力有高低，可从工作压力15.5 MPa到大气压力。第二代压水堆核电厂通常用小流量的高压安注泵来应对中小破口和一回路压力较高的情况。当发生大破口，大流量的低压安注泵将从换料水箱吸取含硼水注入堆芯，与高压安注泵共同补偿从破口流失的冷却剂，使堆芯处于淹没状态并保持冷却。在三代压水堆的设置中，安注系统将高压安注改为了中压安注，从而避免了在机组正常运行期间由系统误动作对一回路产生瞬态。此外，较低压头的安注泵也可以有效应对蒸汽发生器传热管破裂事故，提高

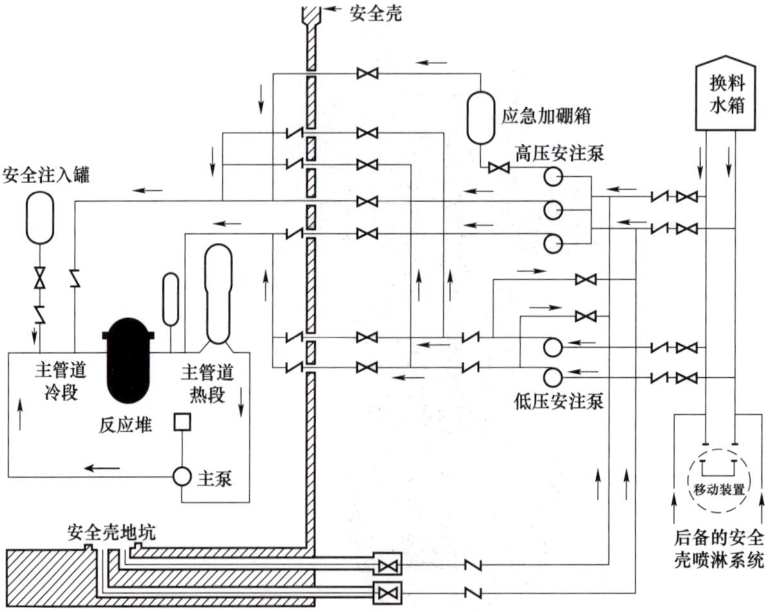

图5-21　二代压水堆应急堆芯冷却系统流程原理图

了设备的可靠性和可用性。图 5-22 为三代压水堆安注系统原理图。三代非能动核电厂由于采用了非能动安全系统的设计，丰富了应急堆芯冷却实现途径。在全厂断电（SBO）工况下，可以通过非能动安注系统，在主回路压力降低到安全注入罐蓄压压力时，在氮气作用下将安全注入罐内的含硼水以非能动的方式注入堆芯，实现冷却。三代核电采用的爆破阀可以在严重事故期间，开启阀门触发阀门内部的爆破单元，产生高压气体推动阀门，实现非能动泄压，最终向反应堆注入冷却水实现堆芯冷却，提升核电厂安全性。

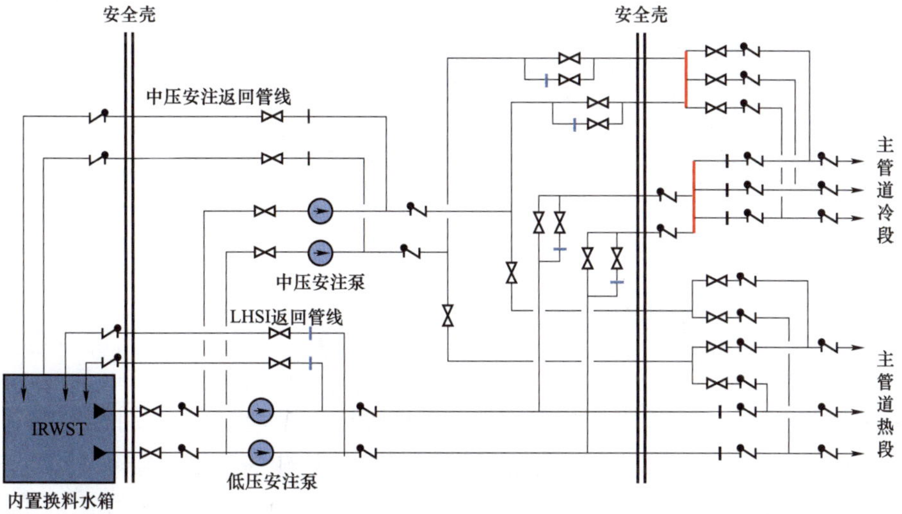

图 5-22 三代压水堆安注系统原理图

5.6.5 安全壳

包容整个一回路的安全壳是防止放射性物质逸入环境的最后一道屏障，它须能经受住失水事故时一回路水全部喷放汽化所产生的最高压力和温度，以及地震、龙卷风、飞机坠落撞击、来自内部和外部的飞射物撞击等各种静态和动态载荷而不丧失其保护功能。图 5-23 为压水堆安全壳的剖面图。

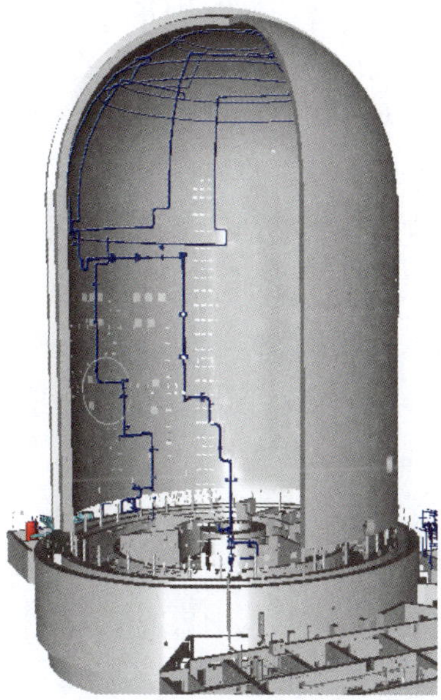

图 5-23 压水堆安全壳剖面图

因为需要靠容积来缓和压力的升高，压水堆安全壳通常做得容积很大，对于 1 000 MW 压水堆，安全壳有单层安全壳和双层安全壳等不同结构形式，安全壳直径为 40～50 m，高度为 60～75 m，用厚约 1～2 m 的钢筋混凝土或预应力钢筋混凝土制成，内表面覆盖了厚约 6 mm 的钢衬里以保证密封性，设计压力为 0.4～0.5 MPa。运行过程中要定期地进行泄漏率试验，在设计压力下每 24 小时的泄漏量不得超过壳内自由容积的 0.1%～0.5%。

安全壳顶部一般设有喷淋系统（见图 5-24），事故时用喷淋水把壳内的蒸汽冷凝，以降低安全壳内的压力和温度。

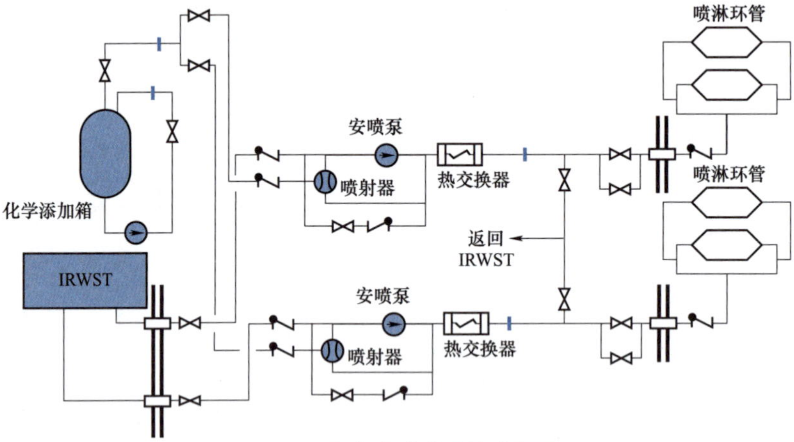

图 5-24　安全壳喷淋系统流程图

同时喷淋水可冲洗掉安全壳空气中的放射性颗粒，在喷淋水中添加 NaOH，可以除去气态裂变产物，从而减少可能释放到环境中的放射性碘的数量。喷淋液最终汇集到安全壳地坑中，添加的化学药物应控制地坑水的 pH 在 8.5～10.5，以保证长期滞留碘和避免安全壳内设备的过度腐蚀。有些安全壳设置冰冷凝系统起辅助冷凝蒸汽的作用，可将安全壳容积缩小。

当出现堆芯熔化的严重事故情况时，必须将放射性物质限制在压力容器内或引导至特定位置，并对其进行有效冷却，避免出现大量放射性释放。为此设置了完善的严重事故应对措施和多样化的热阱，包括能动与非能动结合的堆腔注水冷却系统，在严重事故发生时通过能动或非能动手段实现对堆腔的淹没和持续冷却；非能动安全壳热量导出系统，在设计扩展工况下通过导热水箱以非能动的方式带走安全壳内的热量，实现安全壳长期排热，确保安全壳完整性；一回路快速卸压系统，在严重事故情况下对反应堆冷却剂系统进行快速卸压，防止高压堆熔；氢氧复合系统，以保证由于金属与水反应及水的辐射分解反应产生的氢气平均体积浓度在严重事故下低于爆炸限值的 10%；部分核电厂还设置了堆芯捕集器，在严重事故下收集并冷却堆芯熔融物，防止厂房混凝土底板熔穿。

由于安全壳在保护公众和环境方面的重要作用，近来采用了双层安全壳，内层可以是钢结构或预应力钢筋混凝土结构，用以承受事故压力和保持密封；外层通常为钢筋混凝土结构或钢板混凝土结构，用以承受外来载荷；在两层之间的环形空间内保持一定负压，将从内层安全壳漏出的放射性气体经过滤器净化后由排气烟囱排出，以防止放射性物质逸入环境。

表 5-9　三代压水堆核电厂的主要参数

参数	HPR1000	AP1000	EPR	VVER-1200
反应堆堆芯额定热功率/MW	3 180	3 400	4 590	3 200
机组额定电功率/MW	1 200	1 250	1 750	1 170
热效率/%	37.6	36.8	38.1	36.6
设计寿命/年	60	60	60	60
换料周期/月	18	18	18～24	12～18
堆芯损坏频率/（堆•年）$^{-1}$	＜10^{-6}	＜10^{-6}	～10^{-6}	～10^{-6}
大量放射性物质释放频率/（堆•年）$^{-1}$	＜10^{-7}	＜10^{-7}	＜10^{-7}	＜10^{-7}
极限安全地震/*g*	0.3	0.3	0.25	0.2
职业辐照集体剂量设计目标值/［人•Sv/（堆•年）］	＜0.6	＜0.7	＜0.35（十年平均）	＜1.17
首堆建造周期/月	68.7	113	114	104
安全系统配置	能动＋非能动	非能动	能动	能动

如上所述，安全壳应是一个在任何情况下保持封闭的构筑物。为防止因堆芯熔融物与混凝土作用产生的非凝结气体的积累使安全壳超压破坏及由此带来的放射性后果，一些欧洲国家为安全壳设置一个在上述事故下起作用的专门的过滤排放系统，美国和日本均不主张设置。我国核电厂的普遍做法是设置安全壳过滤排放系统，为极端工况下安全壳长期超压提供最后一道纵深防御的手段。

5.7　沸水堆核电厂

沸水堆和压水堆同属于轻水堆。所不同者，沸水堆在堆芯中产生的蒸汽直接进入汽轮机发电，而无须经过蒸汽发生器，也没有一回路与二回路之分，系统特别简单，流程图见图 5-25。另外，传给冷却剂的热量在压水堆中仅使水温升高（显热），而在沸水堆中主要使水汽化（潜热），因此，对于同样的热功率，通过沸水堆堆芯的冷却剂流量小于压水堆。然而，沸水堆的蒸汽带有放射性，需要将蒸汽给水系统的设备加以屏蔽并把汽轮机大厅划入放射性控制区，增加了检查和维修的困难，并需要采取措施减少放射性气体的逸出和防止凝汽器渗漏。沸水堆由于汽泡的负反应性效应能自动限制功率猝增，具有很大的内在安全性。

基于在热效率与总投资之间的最佳权衡的沸水堆工作压力约为 7 MPa，相当于压水堆的一半。因此，沸水堆压力容器的壁厚小于压水堆。但沸水堆的功率密度低于压水堆，这使得沸水堆所用压力容器的尺寸（1 300 MW 沸水堆压力容器的内径约为 6.5 m，高度 23 m）要比同样功率压水堆的大很多。这两个互相抵消的因素使两种堆型的压力容器的制造成本大致相当，但运输条件会使沸水堆压力容器不得不分成几个大构件运到工地后，在那里拼焊成为整体。表 5-10 列出了一些沸水堆的主要参数。

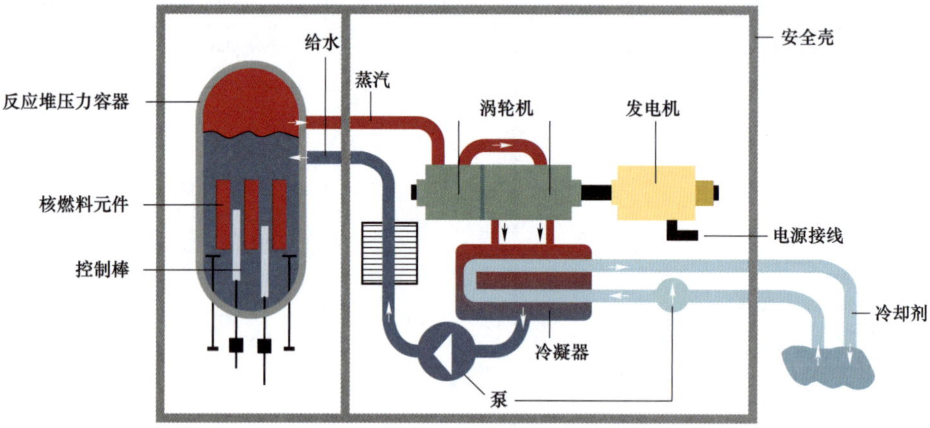

图 5-25 沸水堆工艺流程示意图

表 5-10 不同年代的沸水堆参数演变情况

堆名	Dresden-1（Prototype）	Oyster Creek（BWR-2）	Grand Gulf（BWR-6）	Oskarshamn 3	柏崎 6（ABWR）
设计年份	1955	1963	1972	1976	1985
热功率/MW	700	1 930	3 833	3 300	3 926
电功率/MW	210	650	1 250	1 205	1 356
热效率/%	30	33.7	32.6	36.5	34.5
燃料装载量/tU	57.6	125	144.5	126	150
平均比功率/（kW/kg）	12.2	15.4	26.5	26.2	26.2
平均功率密度/（kW/L）	31.2	40.6	54.1	54.0	50.6
平均线功率/（W/cm）	200	181	195	226	188
最大线功率/（W/cm）	511	476	440	415	440
燃料组件	36 根棒	7 × 7	8 × 8	8 × 8	8 × 8
平衡换料富集度/%	1.5～2.5	3.38	2.81	3.1	3.5
平均卸料燃耗/（MW•d/tU）	24 200	23 000	28 000	32 000	39 500
压力容器内径/m		5.4	6.38	6.4	7.1
冷却剂循环	双回路，4 环路	直接，5 环路	直接，2 环路	直接，0 环路	直接，0 环路
主循环泵	外部循环泵	外部循环泵	内部喷射泵	内部叶轮泵	内部叶轮泵
安全壳	干式球形	干式圆柱形	抑压水池	抑压水池	抑压水池

资料来源：Nuclear Engineering International，World Nuclear Industry Handbook.

沸水堆核电厂的工艺流程可以采用自然循环或强制循环。随着堆芯功率密度增长到大约 25 kW/L 以上，自然循环不能提供足够的冷却剂流量以避免出现膜态沸腾，而必须靠泵来迫使冷却剂循环流动。早期由于对堆内沸腾过程中的水力-中子相关稳定性无把握，曾采用带二次蒸汽发生器的双回路（即直接回路＋间接回路）系统。自 20 世纪 60 年代中期牡蛎湾（Oyster Creek）BWR-2 成功运行以来，沸水堆核电厂均采用完全省去蒸汽发生器的强制循环直接回路。关于驱使冷却剂循环流动的动力，欧洲厂家早就采用装在压力容器内、泵轴穿出容器底部的叶轮泵，实现全内部循环，泵效率高达 65%。美国厂家起初把全部循环泵装在压力容器外，后改为部分内部循环系统，把通过堆芯的 1/3 流量抽出压力容器，用 2 台外部循环泵将其压力提高后，重新注入压力容器内，驱动 18～24 台内部喷射泵以抽吸其余 2/3 的流量，两股水流合并通过扩散器增压而达到所需的压头，其总效率较低，约为 35%。图 5-26 沸水堆本体纵剖面图展示了内部喷射泵的工作原理。利用功率对堆芯流量的敏感性，可借助于流量控制来调节反应堆功率。例如，加大外部循环回路的流量调节阀开度，使内部喷射泵流量增加，堆芯汽泡减少，反应性增大，功率上升，这导致汽泡增多又使得功率回落，直至达到新的平衡；反过来也是一样。这样，仅靠循环流量的改变便可以实现额定功率的 65%～100%之间的功率调节，而且功率变化速率很快（约 1%/s，靠移动控制棒的功率变化速率为 10%/min），十分方便灵活。沸水堆的正常负荷变化就是尽量不用控制棒，全靠流量控制来进行跟随的。1996/1997 年建成的日本柏崎 6 号、7 号 1 350 MW 先进沸水堆（ABWR）已将上述部分内部循环系统改为全内部循环，用 10 台可变转速的电动叶轮泵（见图 5-27）代替喷射泵，取消了外部循环回路，这使得安全壳体积更加减小而内部检查维修空间更加宽敞。

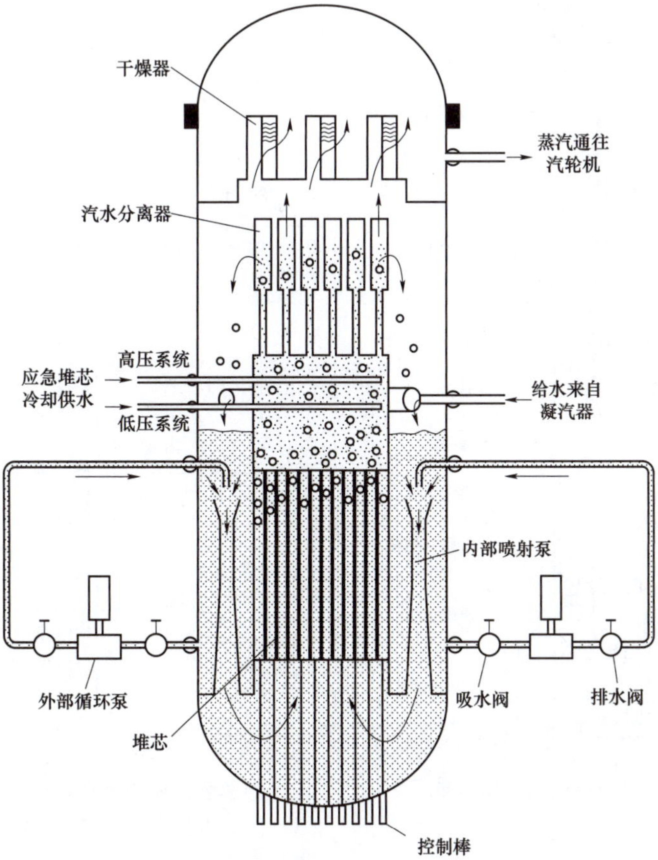

图 5-26　沸水堆本体纵剖面图

由于沸水堆中两相介质的热工性能同压水堆单相介质的差异很大，沸水堆的功率密度远小于压水堆。沸水堆需要使用较粗的燃料棒和直径较大的燃料芯块。同压水堆相似，芯块材质为烧结的 UO_2 陶瓷，包壳材料使用锆合金。由 8×8 或 9×9 根燃料棒束组成燃料组件，外面罩有锆合金制的方形组件盒，以防止冷却剂在棒束之间的横向流动，这在两相介质的情况下会引起振荡现象；组件盒也为控制棒的导引和流量调节器的安置提供了方便。现行沸水堆在燃料组件中配置不同富集度的燃料棒（见图 5-28），并在某些棒中掺入可燃毒物钆，以消除局部功率峰和展平功率密度。在每 4 个燃料组件盒之间插入一根十字形控制棒，它含有若干充填了 B_4C 粉末的密封不锈钢细管，用来改变反应堆功率水平，也是停闭反应堆的主要手段（因冷却剂不含中子毒物），因此控制棒的数目很多（100～200 根，压水堆为 30～60 个控制棒组件）。鉴于堆芯上半部含有大量汽泡，慢化剂密度很小，为提高控制棒效率，把控制棒从压力容器底部往上插入堆芯，这也有利于抑制出现于堆芯下半部的功率尖峰和展平轴向功率分布，同时留出容器上部空间作为安置汽水分离器和蒸汽干燥器之用，并有停堆后控制棒位置不

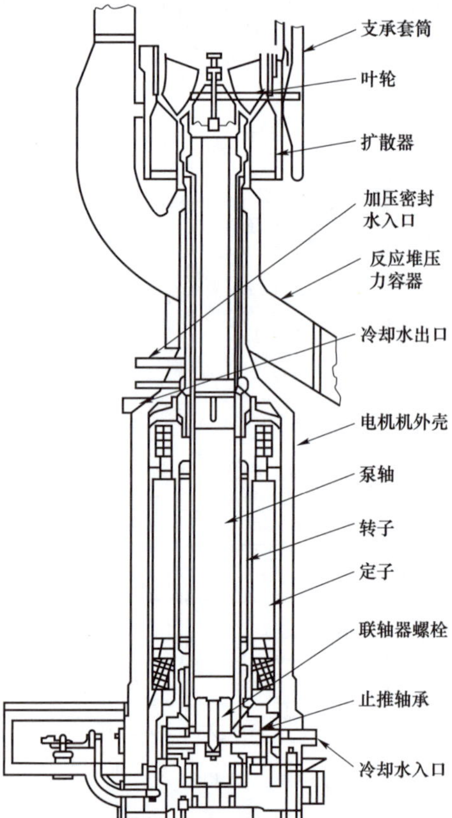

图 5-27　先进沸水堆的内置循环泵

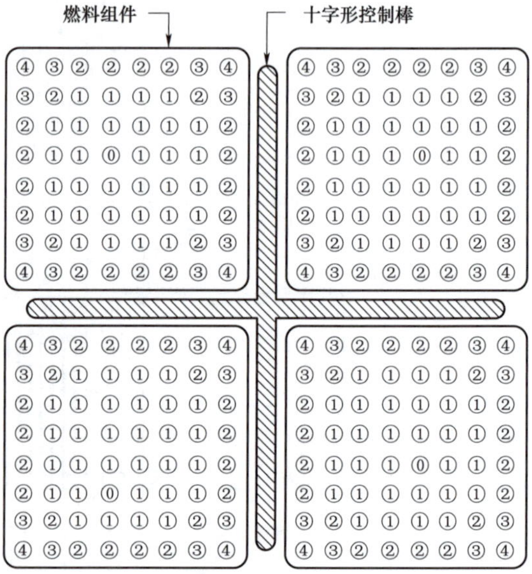

图 5-28　沸水堆燃料组件的一种燃料配置方案（美国 GE 公司）

注：数码 1 至 4 代表依次递减的燃料富集度；数码 0 表示无燃料。

影响换料操作的好处。控制棒驱动机构都装在压力容器底部，先进沸水堆的控制棒驱动机构采用电力和液压两种驱动方式（见图 5-29），正常运行时使用电力驱动使控制棒缓慢插入和抽出，发生事故时使用高液压将所有控制棒同时快速插入堆芯以实现紧急停堆。约 2 m/s 的插入速度是靠充氮的加压水箱实现的，加压水箱中经常保持 16 MPa 的高压力，水箱及连接管道均按多重性要求设置，使每台液压驱动机构与两条加压管道连通，以确保安全和为部分液压系统的检查、维修留有余地。

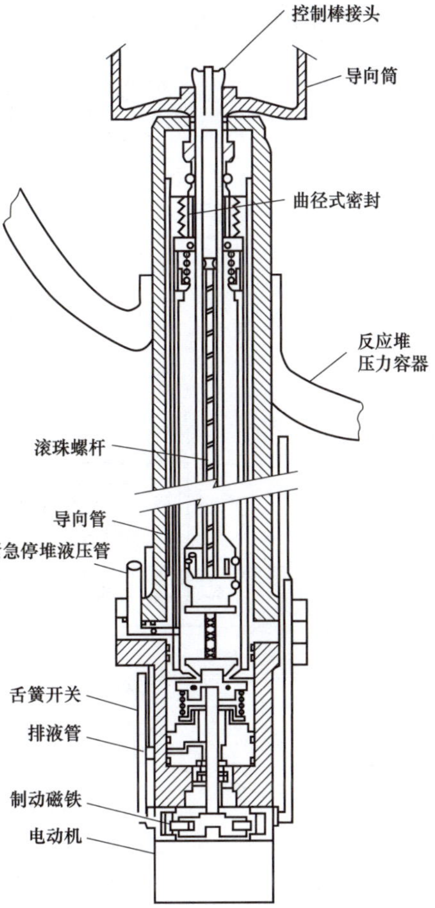

图 5-29　先进沸水堆控制棒驱动机构

沸水堆的安全壳靠蒸汽凝结来降低事故压力，一次安全壳的容积很小（先进沸水堆与先进压水堆的安全壳容积分别为 13 300 m^3 和＞90 000 m^3），它由两个互相隔开的空间组成：压力空间（干井）和凝汽空间（湿井）。压力空间包容反应堆压力容器、控制棒驱动机构、外部循环泵（如果有的话）和连接管道与阀门；凝汽空间除了消压水池（容积 3 000～6 000 m^3）外全是空的。压力空间同凝汽空间靠浸没在水中的大口径凝汽管相连通。当发生失水事故（压力空间中一根管道破裂）时，压力空间内压力升高而形成与凝汽空间的压差，驱使空气蒸汽混合物经由凝汽管流入抑压水池，使蒸汽完全凝结成水，在此过程中安全壳内的最大压力应不超过设计限值（约 0.3 MPa）。抑压水池也是应急堆芯冷却系统的一个水源和凝汽器失效时的后备热阱。一次安全壳可采用承压钢结构或预应力混凝土结构。

包容一次安全壳的密封厂房形成二次安全壳，它是防止放射性气体外逸的另一道屏障和对反应堆辐射的另一道屏蔽（但承压能力较低）。同压水堆一样，沸水堆为失水等事故设置有应急堆芯冷却系统，它包含高压堆芯喷淋系统、自动卸压系统、低压堆芯喷淋系统和低压冷却剂注入系统。应急堆芯冷却系统、快速停堆系统、余热排出系统、应急控制站、反应堆循环泵的密封水系统（先进沸水堆的内置泵采用湿电机型，没有轴密封装置）、新燃料组件贮存间、乏燃料池冷却净化系统、加硼与氢气复合系统、通风装置、装卸料机等重要辅助设施，均布置在一次安全壳与反应堆厂房之间的环廊区域内。反应堆厂房须为抗御地震、飞机坠落冲击等自然灾害和意外事故设防。由于承受的压力较低，厂房结构可采用钢筋混凝土，而不是预应力混凝土，这有利于缩短建造周期。图 5-30 和图 5-31 表示 GE-Ⅰ型和 GE-Ⅲ型沸水堆采用的两种安全壳布置示意图。

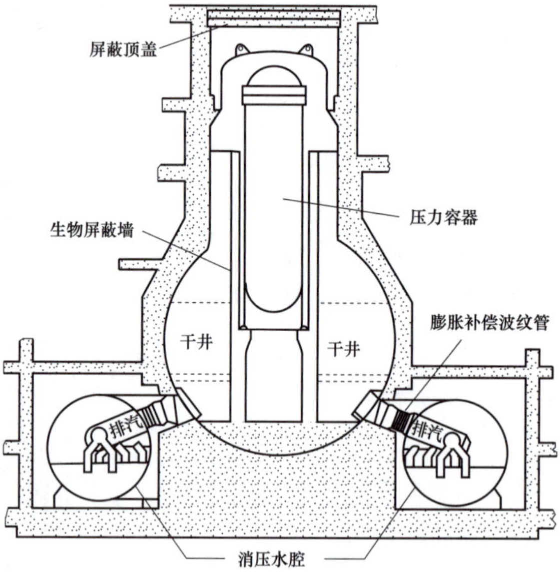

图 5-30　GE-Ⅰ型沸水堆安全壳布置图

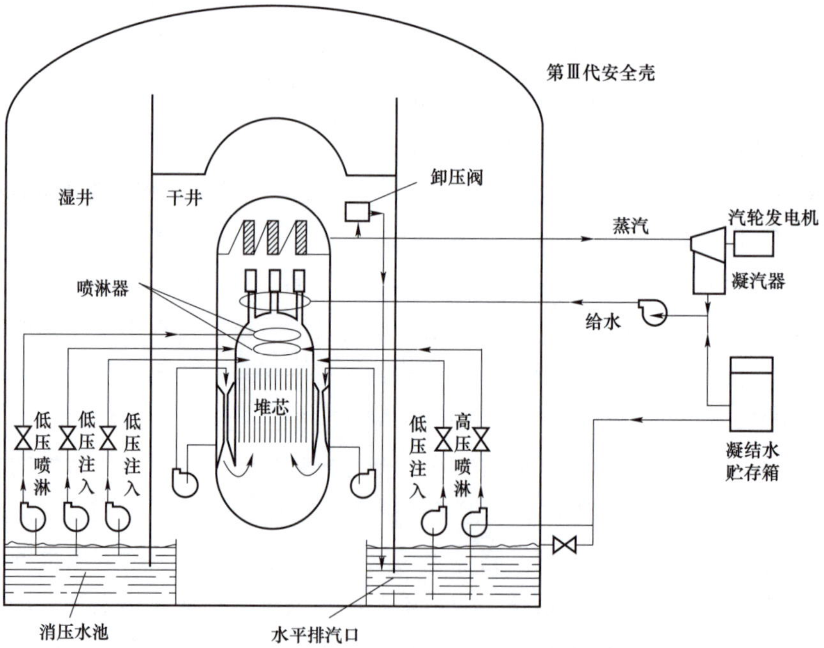

图 5-31　GE-Ⅲ型沸水堆安全壳布置图

我国台湾省现有 2 座压水堆在运行，4 座沸水堆已经停运，计划 2025 年将全部停运。日本柏崎先进沸水堆（ABWR）的主要特点有：保证在失水事故后堆芯始终淹没；堆芯严重损坏概率为 10^{-7}/（堆•年）；由于安全壳体积小和大量采用模块化施工，建造周期缩短至 48 个月；换料和检修停运时间缩短至 55 天以内，可实现较高的负荷因子；数字化仪表控制系统；核电厂寿期 60 年。

5.8　重水堆核电厂

从最初发展核电起，人们就对重水（D_2O）慢化堆型给予很大期望，主要是因为氘（$D = {}^2H$）的热中子吸收截面远小于普通氢（$H = {}^1H$）的热中子吸收截面，以致重水堆可用天然铀作为燃料。这对于一些无意建造昂贵的铀同位素分离工厂如扩散厂，而又不愿仰仗美国或其他国家供应富集铀的国家来讲很有吸引力。但是氘的质量为氢的 2 倍，D_2O 慢化中子不如 H_2O 有效，中子在重水中慢化到热能区，要比在轻水中经历更多次数的碰撞和更长的行程。因此，重水堆的堆芯要比轻水堆大很多，这使得压力容器的制造变得困难。

由于中子在重水慢化剂中的伴生吸收损失最小，重水堆能最有效地利用天然铀，即从每吨天然铀中提取最多的能量。从重水堆卸出的燃料烧得较透，乏燃料的 ${}^{235}U$ 含量接近扩散厂的尾料丰度，这样就不值得进行后处理，可把卸出的乏燃料组件储存起来，等到快中子增殖堆需要时再提取其中的钚，使燃料循环大大简化（见 2.9.2 节）。在各种热中子堆中，重水堆需要的天然铀量最小，若按铀-235 计算，初装料量和年换料量都是最小的。生成的钚一部分在堆内参加裂变而烧掉，其余包含在乏燃料中，重水堆单位能量的净产钚量 kgPu/(MW•a) 高于除天然铀石墨堆以外的其他热中子堆型，约为压水堆的两倍。重水堆对燃料的适应性很强，能使用天然铀、各种富集度的富集铀（包括从轻水堆乏燃料中回收的）、钚（可做成 MOX）或铀-233 及它们的任何组合作为裂变燃料，采用铀钚循环或钍铀循环，并且很容易从一种燃料循环改变为另一种。从长远发展看，用重水堆在钍铀循环上做到核燃料增殖（$C = 1$）或接近增殖（$C \approx 1$），以摆脱对铀-235 的依赖，是很有意义的。只是在天然铀并不十分昂贵的今天，尚不能引起足够的重视。

重水堆按结构型式可分为压力容器式和压力管式两类。压力容器式的冷却剂非用重水不可，压力管式的冷却剂则不受限制，可以是重水、轻水（包括沸腾轻水）、气体或有机化合物。压力容器式重水堆的堆内结构材料比压力管式少，中子经济性更好，可达到很高的转换比。但压力容器式天然铀重水堆的最大功率受到厚壁容器制造能力的限制。压力管式重水堆的功率则不受此限制。虽然压力管带来伴生吸收中子的损失，但由于堆芯大，可使中子泄漏的损失减小。压力管式重水堆能实行不停堆换料和连续换料，需要常装在堆内的裂变燃料量小，为吸纳多余反应性的控制材料量也小，又能使用低温重水作为慢化剂以提高转换比，这些特点均有利于燃料的充分利用。重水价格昂贵，使用富集铀的重水堆是不经济的。在各种发电用重水堆型的竞争中，只有卧式压力管式天然铀重水慢化、重水冷却的坎杜（CANDU）堆型取得了相当的成功。

CANDU 是加拿大氘铀（Canada Deuterium Uranium）的英文缩写。经过 22 MW 的 NPD 实验堆（1962 年建成）和 206 MW 的 Douglas Point 原型堆（1967 年建成）阶段，坎杜型重水堆现已发展到 700～900 MW 的商用规模核电厂。图 5-32、图 5-33 和图 5-34 分别表示坎杜型重水堆本体纵剖面图、燃料管道剖面示意图和一回路流程示意图。

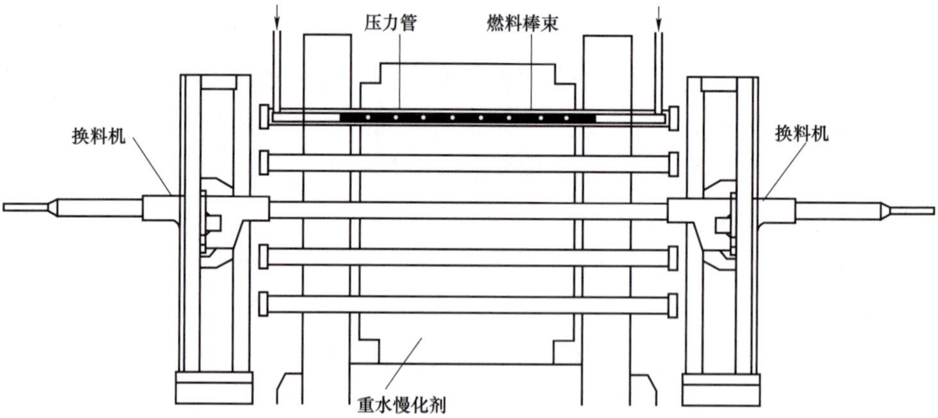

图 5-32　CANDU 重水堆本体剖面图

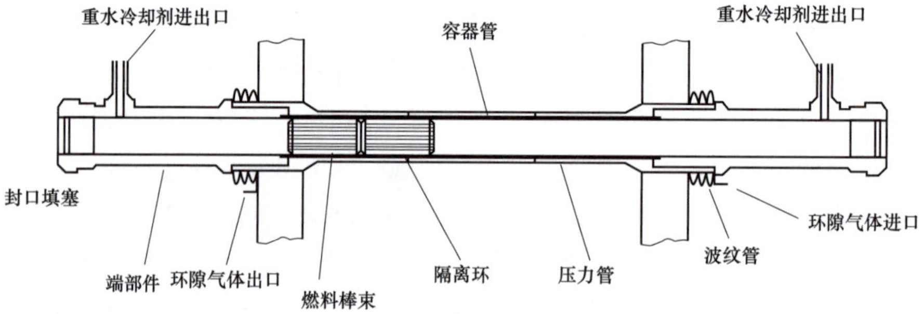

图 5-33　CANDU 重水堆燃料管道剖面示意图

坎杜型重水堆本体由一个卧式圆筒形排管容器和穿过容器两端管板的数百根压力管组成。排管容器直径约 7.6 m，长约 6 m，内盛放重水慢化剂，它处于常压下，温度保持在 70 ℃左右的较低水平。压力管内放有燃料棒束，高温高压的重水冷却剂流过燃料棒表面，带走裂变产生的热量。为了减少热量损失，在压力管外面同心地套装着容器管，并在两管之间的环状间隙（间距约 10 mm）中充入 CO_2 作为冷却剂与慢化剂之间的隔热层和探测管子泄漏的介质。排管容器用厚度约为 30 mm 的不锈钢制造，容器管和压力管均用锆合金制成。压力管须能耐受 2×10^{19} cm^{-2} 中子注量的照射而不明显降低其冲击韧性。在排管容器的两端各设置一台遥控操作的换料机，换料时用一台换料机将一束新燃料棒束由进水端推入压力管，同时将该压力管中的一束乏燃料棒束从出水端推出，由另一台换料机接受，两台换料机同步运作。坎杜型重水堆充分体现了不停堆换料带来的效益：（1）省去年度换料停运时间，可利用率高；（2）破损燃料可在满

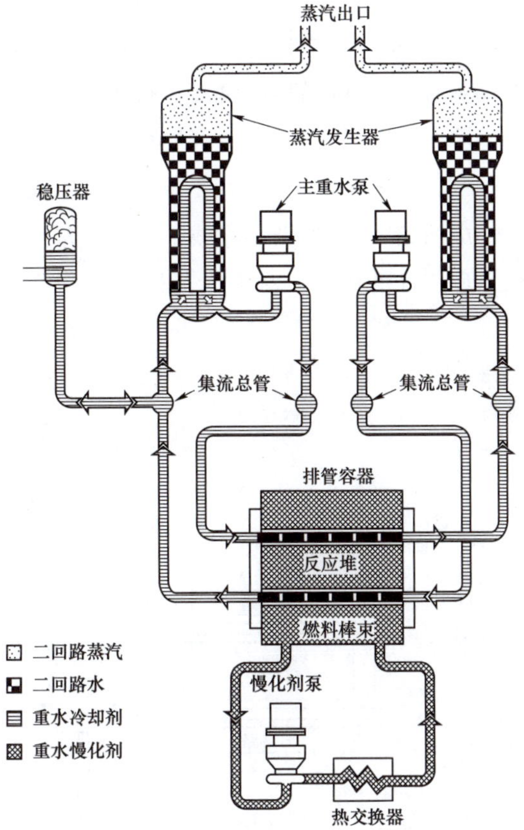

图 5-34　CANDU 重水堆一回路流程示意图

功率下卸出，保持一回路低于放射性水平；（3）双向连续装卸料可使轴向功率分布平坦，即堆芯中仅需要保持最小的后备反应性，使控制系统简化；（4）全堆燃料的位置倒换和装料模式的改变极为方便，可在功率运行时进行。但换料机须适应不断变化的温度循环，保证高压下操作的重水密封性，能遥控实现定位、装卸密封塞和装卸燃料棒束的一切操作，其结构相当复杂。换料机的维修需要在其邻近位置设置专门的放射性检修间，并需要准备好一台备用换料机，以防止换料机故障导致单管内燃料过热甚至小破口失水事故和燃料包壳破损的风险发生。

CANDU 的压力管式结构、简单而短的燃料棒束和不停堆换料方式使燃料循环的选择和堆内燃料管理方案具有很大灵活性，可通过改变换料速率来适应不同富集度的燃料。除了全堆芯装料模式外，又可采用组合式堆芯或组合式燃料棒束，堆芯或棒束中心和外围由不同丰度甚至不同种类的燃料组成，包括压水堆乏燃料经后处理回收的铀、钚＋次锕系元素，以及贫化铀、ThO_2、从核武器卸出的钚等。建议的 DUPIC（Direct Use of Spent PWR Fuel）燃料棒则是由压水堆卸出的燃料棒直接改制而成①。

① Boczar P.G.：CANDU Fuel-Cycle Vision2001，the 5th Meeting Report of IAEA TWG-HWR.Vienna：June 2001.

一回路的重水冷却剂将热量载带至蒸汽发生器，传给二回路的普通水以产生蒸汽。立式倒置 U 形管式蒸汽发生器及一回路稳压器的作用，与压水堆中的设备相同。重水堆另设有慢化剂冷却回路，按 2×100%容量设置，将传入重水慢化剂及由于中子和 γ 辐射产生的少量热量排出。一回路通常包含互相独立的 2 个环路（见图 5-35），各由 2 台主泵，2 台蒸汽发生器，2 条进口集流总管，2 条出口集流总管，半数的压力管及相应的连接支管所组成，构成所谓 8 字形循环路线。这种双环路布局可以限制失水事故的范围和减轻汽泡引起正反应性的作用，对安全有利。

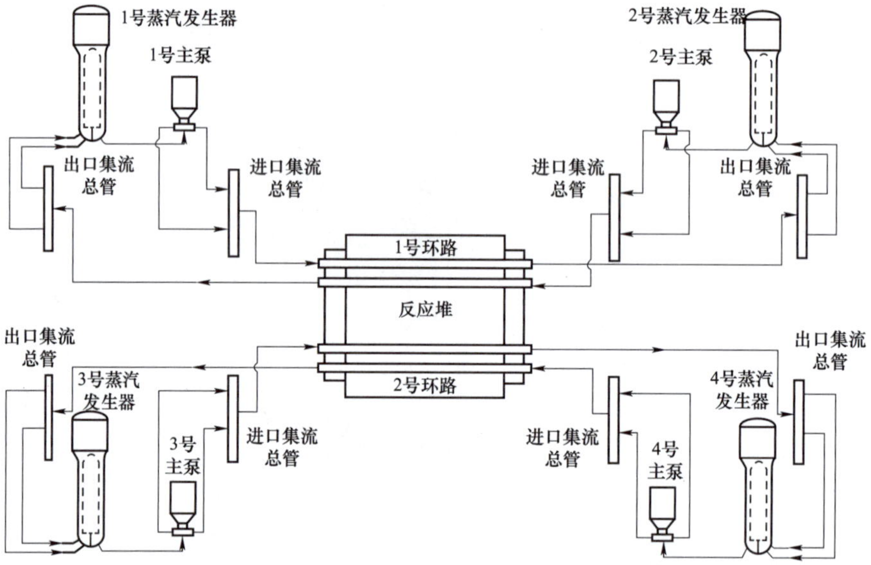

图 5-35　CANDU 重水堆一回路的环路布局

为压力管厚度所限制，CANDU 一回路的压力（约 10 MPa）和温度（约 310 ℃）较低，所产生蒸汽的参数（4.7 MPa，260 ℃）亦低于现行压水堆，使重水堆核电厂的热效率只有 28%～30%，对汽轮机的设计和制造也有不利影响（如需要采用耐侵蚀的特殊叶片）。若增加压力管厚度，则会使中子经济性受到损失。

标准的坎杜 6 型重水堆热功率为 2 158 MW，电功率为 665 MW，热效率为 30.8%。重水装载量 465 t，天然铀装载量 84 t，平均比功率为 25.7 kW/kg，平均功率密度为 11.2 kW/L，平均线功率为 162 W/cm，最大线功率为 420 W/cm，平均卸料燃耗为 7 500 MW•d/tU。压力管数目 380，材料为锆-2.5%铌合金，厚度 4.19 mm（比早期的压力管增厚 0.13 mm）。在每根压力管中装入 12 个燃料棒束，燃料棒束长 50 cm，各由 37 根燃料棒组成（见图 5-36）。燃料棒包壳管采用锆-4 合金，内装烧结的 UO_2 陶瓷芯块。燃料棒束借助于支承垫可在水平压力管内来回滑动，在连续换料过程中，所有的燃料棒束依次经过堆芯的不同位置，达到同样深度的燃耗。为了使堆内的中子注量率分布对称，将相邻管道中的燃料棒束按相反方向移动，相邻管道内的水流方向也是相反的（见图 5-34 和图 5-35）。

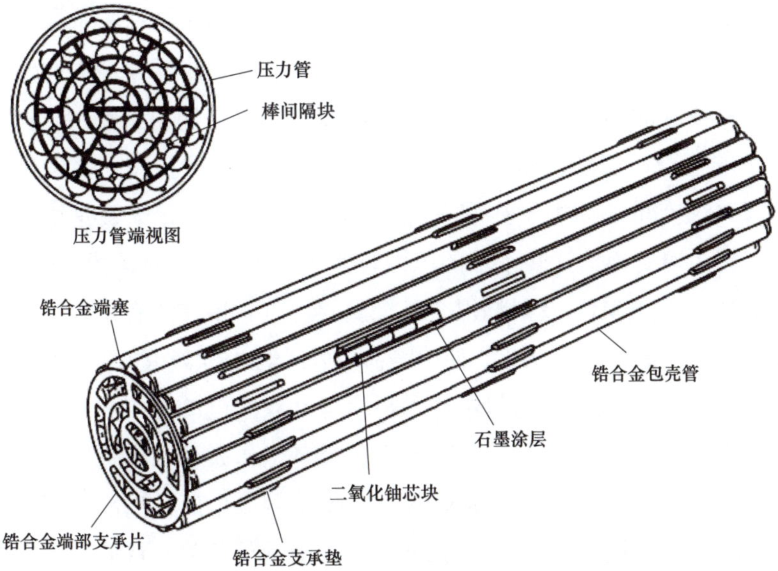

图 5-36　CANDU 重水堆的燃料棒束

重水经中子照射产生氚，其浓度随燃耗而增长。氚化水（DTO）和氚化蒸汽很容易随着重水或污染的大气进入人体，散布在体内各处水分中，使血液受到长期照射。氚主要存在于重水慢化剂中。重水慢化剂的氚含量为重水冷却剂的几十倍，压水堆冷却剂的 10 倍，沸水堆冷却剂的 1 000 倍。加拿大皮克灵核电厂维修人员所受辐射剂量中大约 1/3 来自氚。不论从节约重水的角度还是辐射防护的角度，都需要严防重水泄漏。例如，锆合金容器管与不锈钢排管容器端部管板的连接、锆合金压力管与不锈钢端部件的连接、端部件与排管容器两端的连接等，或用滚压胀接，或用特殊焊接，或用因科镍合金波纹管连接（为了保证自由胀缩），都要求通过氦气检漏试验以确保高度密封。蒸汽发生器、换料机、一回路主泵等设备也都要求不漏或少漏，特别是防止蒸汽发生器泄漏，更有重要的经济意义。对于有泄漏的房间要用闭合通风系统使空气通过干燥器，以回收漏出的重水蒸汽，回收的重水经过再富集后可送回系统复用。为降低重水中氚浓度以减少工作人员接受的辐射剂量而设置的氚回收装置，费用昂贵，一般为几座堆共同设置一座，所提取的氚（半衰期 12.3a）可作核武器装料，或留待他日核聚变装置之用。

跟其他堆型一样，早期的 CANDU 重水实验堆和原型堆在主要设备上遇到过不少问题，造成多次被迫停运和很低的可利用率。最大问题出在不停堆换料和重水泄漏。主要的重水损失是由于换料机泄漏，转动轴、阀门、法兰连接等处的泄漏，以及重水丰度下降。加拿大的NPD实验堆在1962年由于换料机发生故障，一次漏出重水约2 t，全部75 t重水的丰度急速从99.7%下降到99.1%。该堆平时的重水泄漏率也较高，曾达到50 kg/d。经采取多种防漏和回收措施，如大量减少阀门、用焊接代替法兰连接等，才使重水损失降低到经济上可接受的水平。1974—1975年在Pickering.3/4号堆锆-2合金压力管与端部件连接处发现泄漏，证明是不适当胀接工艺导致过大的残余应力和氢脆所致，经过按修改的工艺和结构更换了69根压力管，问题得到解决。在高放射性区域内进行管子的检查、切割、卸装、滚压胀接等，都是遥控操作。薄壁压力管作为一回路压力边界，又有堆芯高中子注量率引起的辐照脆化问题，无疑是坎杜堆的一个薄弱环节。好在它是可更换的（轻水堆的压力容器实际上不可更换），而且具有先漏后破（Leak Before Break，LBB）及泄漏很容易探测的特点。现在所有坎杜堆的压力管均采用具有更佳耐腐蚀性能与断裂韧性、使用寿命较长（约25年）的锆-2.5%铌合金材料制造。2002年韩国月城核电厂2号机组冷却材料辅助系统电动阀门的连接部位出现轻微重水泄漏，工作人员手动停止反应堆运转，10余名工作人员在检查维修泄漏部位的过程中受到重水所含放射性辐射。2018年韩国月城3号核电厂发生冷却剂泄漏，冷却剂泄漏量3 630 kg，占总量的1.7%，共有29名工人受到外照射。月城核电厂2号机组和3号机组均为70万千瓦加拿大CANDU重水堆。

在控制方面，CANDU重水堆的不停堆换料方式足以实现长期（包括燃耗、裂变产物积累）的反应性补偿，对于短期的反应性变化及其空间分布，主要采用轻水区域控制装置，通过改变分布在堆芯各处的14个可充水隔间的轻水水位，来调节总的功率水平和纠正局部中子注量率的畸变。另外设有用以展平中子注量率分布和补偿氙中毒的不锈钢调节棒和快速降功率的镉控制棒。运行初期的较大后备反应性则用慢化剂中加硼的方法吸纳。

按照多重性和多样化的原则，备有两套事故停堆系统，一套是利用弹簧加重力作用的镉停堆棒，另一套是利用高压氦气将硝酸钆重水溶液快速注入慢化剂，使反应堆停止运行。重水堆的应急堆芯冷却系统、预应力混凝土安全壳及其喷淋系统、应急电源和应急水源，与压水堆相似。不同处在于，重水堆的应急冷却是把安全壳顶部喷淋水槽中贮备的轻水注入一回路重水系统进行冷却。排管容器中大量低温慢化剂的存在，起了有力的排出衰变热的作用。依靠慢化剂冷却系统，即使发生大破口失水事故和应急堆芯冷却系统失效，也不会导致大规模的燃料熔化，而只会有相当数量的气态裂变产物因燃料包壳破损进入安全壳。因此，估计由于大破口失水加上应急堆芯冷却系统和慢化剂冷却系统同时失效所引起燃料严重损坏的事故概率$<10^{-7}$/（堆•年）。两套独立的事故停堆系统的同时失效率极低（$<10^{-6}$）。图5-37表示CANDU重水堆的排管容器腔室。可以看到，在排管容器与其混凝土腔室壁之间的轻水屏蔽层，它是又一个具有很大热容量的热阱和后备的应急水源。图5-38表示CANDU重水堆的安全壳。

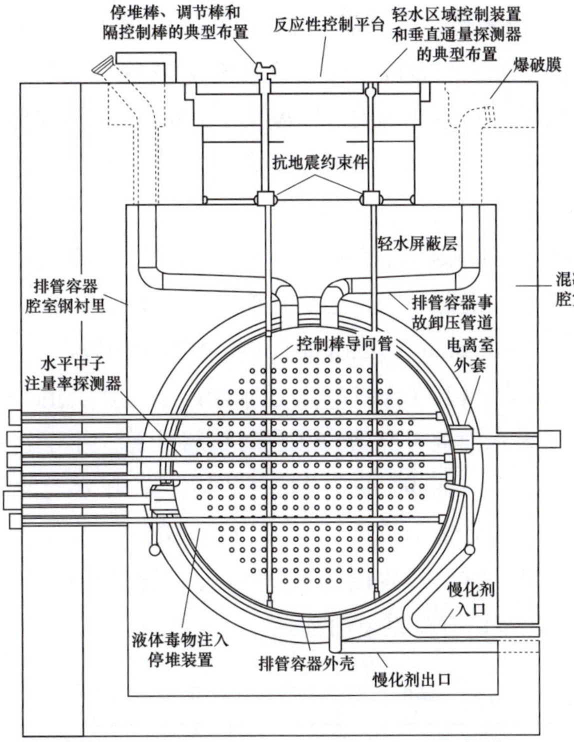

图 5-37　CANDU 重水堆的排管容器腔室剖面图

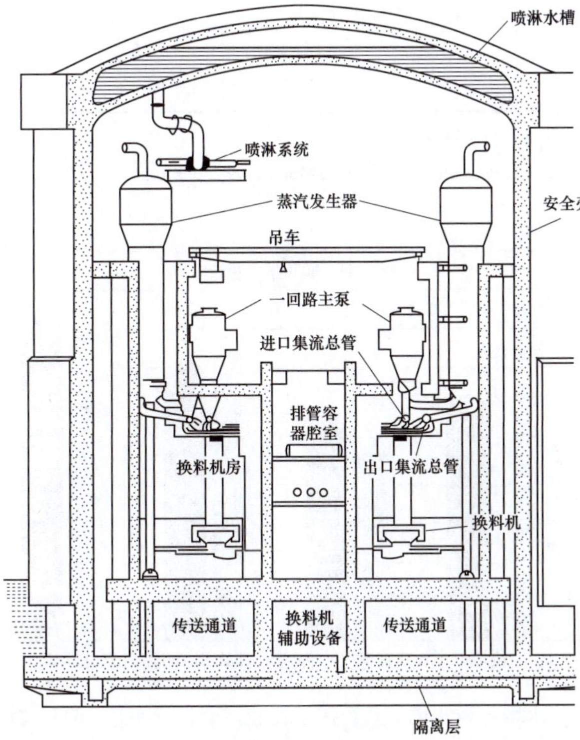

图 5-38　CANDU 重水堆的安全壳剖面图

加拿大的 CANDU 重水堆由于不需要富集铀，不需要大型压力容器，即设备制造比较适合发展中国家的工业水平，除了在加拿大建成25座装置外，已出口到印度、巴基斯坦、阿根廷、韩国、罗马尼亚等国。印度从 20 世纪 60 年代后期起自主设计建造标准化 235 MW 的 CANDU 重水堆。我国秦山第三核电厂两台 700 MW 机组，采用了加拿大改进的 CANDU-6 型重水堆。

CANDU 的高负荷因子和低燃料费用，同昂贵重水投资和较低热效率相抵，使其具有可与轻水堆一争高下的经济竞争力，但这里面的影响因素很多。1982 年的一份经济分析报告（L. G. McConnell，et al. Economics of CANDU-PHW，Ontario Hydro，1982）中显示，在下列假设基础上：（1）CANDU 与压水堆的干投资费用（即不含重水）相等；（2）重水装载摊提费加重水消耗补充费，按当时价格计算，小于富集铀与天然铀的差值；（3）根据当时的资料，CANDU 的负荷因子为 79%，压水堆的负荷因子为 68%，算出压水堆发电成本比坎杜堆高出 22%。鉴于自那时以来，压水堆运行实绩有了长足的进步，坎杜堆运行实绩不佳，压水堆的年度负荷因子已经与坎杜堆相当或更优（见表 5-11 和图 5-39），上述结论有待重新商榷。

表 5-11　轻水堆与重水堆的负荷因子比较（全世界平均 1985—1997 年）

年份	年度负荷因子/%			累计负荷因子/%		
	重水堆	压水堆*	沸水堆	重水堆	压水堆*	沸水堆
1985	69.3	68.6	64.1	71.5	61.8	58.3
1990	63.6	69.3	67.4	70.6	64.8	61.0
1997	64.4	75.3	76.7	69.2	69.1	65.7

* 本表中的压水堆不包括俄罗斯的 VVER。

资料来源：ELECNUC—Les centrales nucleaires dans le Monde.1998，CEA。

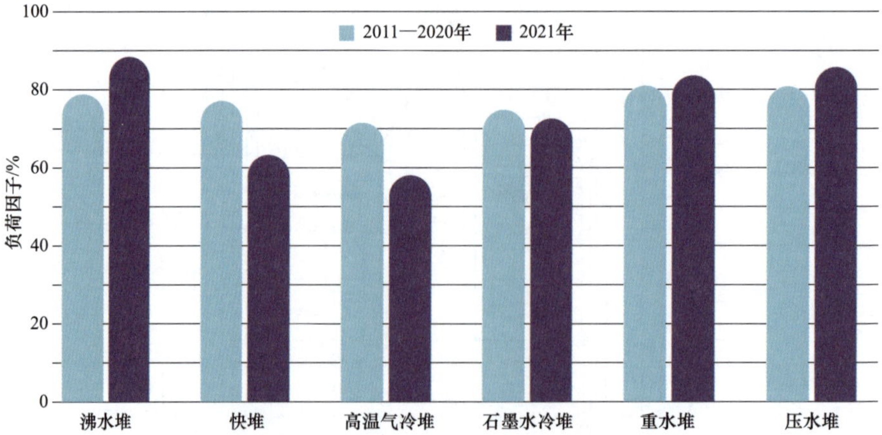

图 5-39　压水堆与重水堆的负荷因子比较（全世界平均 2011—2021 年）

资料来源：IAEA 动力堆信息系统（PRIS），2022。

为了减少重水用量和提高热效率，不少国家曾尝试采用重水以外的其他冷却剂。加拿大就在 20 世纪 60 年代建造过一座沸腾轻水冷却的重水原型堆（CANDU-BLW）和一座有机液体冷却的重水实验堆（CANDU-OCR）。表 5-11 列举世界上曾建造的各种型式重水堆。

表 5-11　各种型式的重水堆

名称	国别	容量/MW	结构形式	燃料	冷却剂	工作压力/MPa	工作温度/℃	建成年份	目前状态
CANDU-6	加拿大	700	水平压力管	天然铀	D_2O	11	310		推广建设
CANDU-OCR	加拿大	60（热功率）	垂直压力管	天然铀	有机液体	2	400	1965	1985 关闭
CANDU-BLW	加拿大	266	垂直压力管	天然铀	沸腾 H_2O	6	270	1971	1977 关闭
SGHWR	英国	100	垂直压力管	3.9%	沸腾 H_2O	6.7	282	1967	1990 关闭
Fugen ATR	日本	165	垂直压力管	天然铀 + 钚	沸腾 H_2O	6.8	284	1978	2003 关闭**
Bohunice Al	斯洛伐克	143	垂直压力管	天然铀	CO_2	6.5	426	1972	1977 关闭
Lucens	瑞士	9	垂直压力管	0.96%	CO_2	6	382	1968	1969 关闭
Monts d'Arree	法国	75	水平压力管	1.34%	CO_2	6	500	1967	1985 关闭
KKN	德国	106	垂直压力管	1.15%	CO_2	6	550	1973	1974 关闭
MZFR	德国	58	压力容器	0.85%	D_2O	9	280	1966	1984 关闭
Atucha 1	阿根廷	357	压力容器*	天然铀	D_2O	11.5	296	1974	运行
Atucha 2	阿根廷	745	压力容器*	天然铀	D_2O	11.7	312		运行
Agesta	瑞典	12	压力容器	天然铀	D_2O	3.6	220	1964	1974 关闭
Marviken	瑞典	132	压力容器	天然铀	沸腾 D_2O				1968 中止建设

* Atucha 1 的压力容器内径 5.36 m，壁厚 220 mm；Atucha 2 的压力容器内径 7.36 m，壁厚 280 mm，均远大于同样功率压水堆压力容器的尺寸；

** 另一座 600 MW 的 Ohma ATR 先进热中子堆的建造计划于 1993 年被取消。

沸腾轻水冷却的重水堆是 CANDU 同沸水堆的结合。由于冷却剂的热工水力特性，反应堆改为立式。仍采用不停堆换料，但换料机只有一台，位于堆本体的顶部或底下。燃料为长棒束型，由 UO_2 芯块和锆合金包壳管构成。沸腾轻水冷却的重水堆（包括加拿大的 CANDU-BLW，英国的 SGHWR 和日本的 ATR）的共同优点是：（1）除了省去冷却剂的重水量以外，由于轻水冷却剂的附加慢化作用，或再加上采用富集燃料，使堆芯尺寸缩小，需要的重水量大大减少，降低了基建费用；（2）一回路中无重水，使泄漏损失几乎等于零，降低了运行费用，又省去复杂的重水回收装置，并减轻氚对人身的危害；（3）换料操作比较简易；（4）直接蒸汽循环可省去蒸汽发生器和提高热效率。但轻水吸收中子较多，降低了燃料利用率。在使用天然铀燃料的情况下，还存在着反应性正空泡系数所引起的控制与安全问题，故现在倾向于使用低富集铀或掺钚的燃料。无论如何，这些新堆型迄今未能在经济上取得突破。

日本曾把烧钚的沸腾轻水冷却重水堆（称先进热中子堆，advanced thermal reactor，ATR）作为长期核能发展的重要组成部分。在快中子增殖堆充分发挥作用（其发展进度存在着很大不确定性）以前，靠一批使用 MOX 燃料的 ATR 可以达到 4 点：（1）减少天然铀和分离功的需要量，减轻对外来能源供应的依赖性；（2）避免钚的积压，省去钚贮存和安全管理的昂贵开支，并减少贮存期间钚-241 的衰变损失；（3）使轻水堆＋快堆燃料循环具有灵活性；（4）在引入快堆以前就开发和掌握钚的操作、利用工艺。日本于 1978 年建成的普贤（Fugen）ATR 原型堆使用 2%富集 UO_2＋MOX 燃料，原定在 1992 年开始建造的 600 MW Ohma ATR 示范堆拟全部使用 MOX（钚＋从轻水堆乏燃料回收的铀或其他来源的贫化铀）燃料，每年消耗约 20 t MOX。Ohma ATR 于 1993 年被取消，普贤堆则在运行 20 多年后于 2003 年关闭。

5.9 高温气冷堆核电厂

高温气冷堆是一种石墨气冷堆，具有优良慢化性能的耐高温石墨同具有优良热工性能的惰性氦气相结合，使这种堆型能实现较高的运行温度和较高的热效率。由于它的发展潜力，英国、德国、美国等国从 20 世纪 60 年代开始就进行大量的开发建造工作，先后建成 4 座实验堆和 2 座原型堆。美国在 20 世纪 70 年代初期在 330 MW Fort St. Vrain 原型堆的基础上完成 770 MW、1 160 MW 和 1 500 MW 三种商用高温气冷堆核电厂的标准设计，已有 8 座订单，后因电力需求锐减而全部撤销。

高温气冷堆采用全陶瓷的耐高温堆芯结构，其基础乃是全陶瓷的包覆颗粒燃料元件。现行包覆燃料颗粒是在直径 200～600 μm 的氧化铀（钍）或碳化铀（钍）芯粒外面，包覆 2～4 层热解碳和碳化硅（SiC）。最内层是一层疏松热解碳层，用来为气态裂变产物提供贮存空间，并缓冲温度应力、吸收芯粒的辐照及防止裂变反冲核对外层造成损伤；第 2 层高密度热解碳层，用来防止金属裂变产物对 SiC 层的腐蚀，及承受部分内压；第 3 层 SiC 层是承受内压及阻挡裂变产物外逸的关键层；第 4 层高密度热解碳层，主要用来保护 SiC 层免受外来机械损伤。包覆总厚度 100～200 μm，燃料颗粒的直径＜1 mm（见图 5-40）。这种燃料颗粒的包覆层犹如微型压力壳，它作为保持裂变产物的屏障是极其有效的，在 1 200～1 300 ℃下运行时，泄漏出去的裂变产物（包括碘-131 和金属铯、锶、钡等）不到生成量的十万分之一，且能耐受多次热循环而不失效。

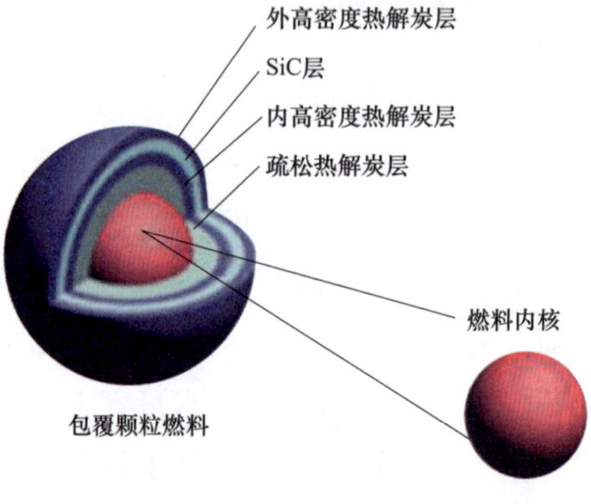

图 5-40　高温气冷堆的包覆燃料颗粒

可将包覆燃料颗粒弥散在石墨基体中，压制成球形燃料元件，或将包覆颗粒燃料棒插入石墨棱柱块，制成棱柱形燃料元件。这样把石墨慢化剂做成燃料元件的组成部分。相应的堆芯结构有球床和柱床两种形式（见图 5-41 和图 5-42）。

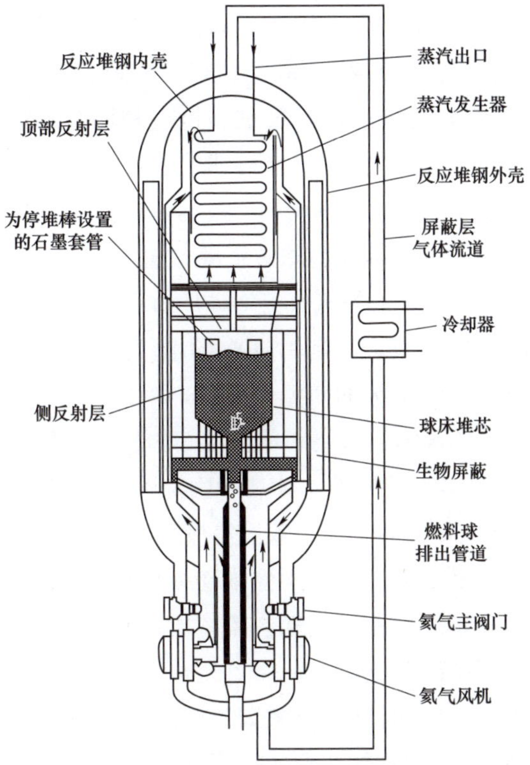

图 5-41　球床型高温气冷堆（AVR 实验堆）示意图

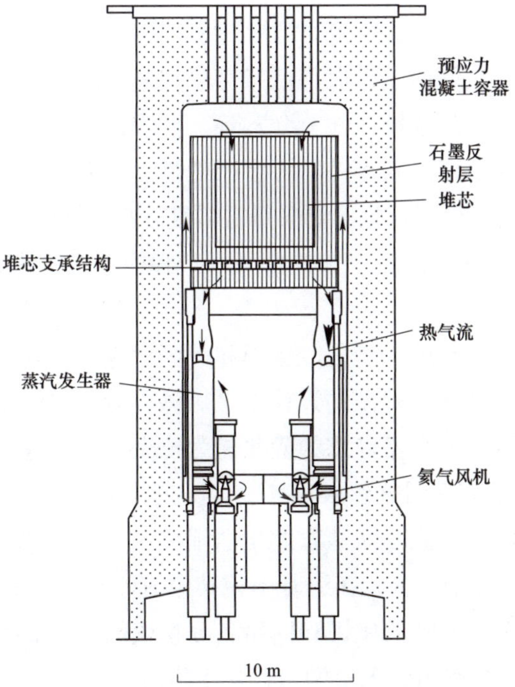

图 5-42　柱床型高温气冷堆（Fort St.Vrain 原型堆）示意图

德国采用球形燃料元件和球床型堆芯。以固定石墨反射层形成一个盛放燃料球的堆芯容器，用气动方法把直径为 60 mm 的球形新燃料元件由堆顶部连续送入堆芯，同时从底部把乏燃料元件连续排出，经过破损检查和燃耗测量，再将尚未达到预定燃耗值的燃料球送回堆内复用，使每个燃料球的燃耗深度基本一致。堆芯内装有几十万个燃料球，平均经过 6～15 次循环使用，在堆内停留时间长达 1 000 天，平均燃耗＞100 000 MW•d/t（U＋Th），实际燃料球破损率＜10^{-4}，而且几乎没有燃料颗粒损坏。氦气压力为 1～4 MPa。用自上而下的氦气流对球床进行冷却，出口氦气温度高达 750 ℃以上，可产生 540 ℃的过热蒸汽，得到约 40%的电厂热效率。氦气风机用变速电动机或汽轮机驱动。由于堆芯具有很大的负温度系数，单靠改变氦气流量就能在广泛范围内调节反应堆功率。另有插入侧反射层和球床堆芯的控制棒和靠重力落下的 B_4C 小球停堆装置。15 MW AVR 实验堆的堆本体和一回路设备装在双层钢容器内，300 MW THTR 原型堆改用预应力混凝土容器，用双层盖板严密封闭所有孔口。球床型堆芯的优点有：球形燃料元件较容易制造；实行不停堆连续换料使功率分布和燃耗深度比较均匀；电厂的可利用率较高。缺点有：装卸料系统比较复杂；反射层更换困难，须采用耐辐照寿命长达 40 年的高品质石墨。

美国采用棱柱形燃料元件和柱床型堆芯。堆芯由燃料元件棱柱块和反射层石墨棱柱块堆砌而成。1 000 MW 的堆芯包含约 450 根立柱，每根立柱由 8 块宽 359 mm、高 793 mm 的六角形燃料元件棱柱块叠置而成，棱柱块中开有冷却剂孔道、控制棒和 B_4C 小球停堆装置孔道及为装卸操作用的起吊孔。燃料按径向和轴向分区装载。年度换料时须停堆和拆去容器顶部的控制棒驱动机构，每年更换 1/4 的燃料。柱床型堆芯的优点有：堆芯布置可以改变，例如，做成环状堆芯以提高平均功率密度；反射层可更换，因而可用耐辐照性能较差、寿命较短（约 3 年）的石墨；堆芯内有固定的冷却剂流道，可降低流动阻力和风机功率。缺点是：为了降低堆芯轴向功率不均匀因子，须沿轴向装载不同含铀量的燃料元件，为此需要采用富集度较高（例如 19.9%）的铀加钍（球床型 UO_2 堆芯的铀富集度约为 8%）。图 5-43 表示一种模块式（柱床型）高温气冷堆流程示意图。

为了开发商用高温气冷堆，英国、德国和美国对包覆颗粒燃料、各种材料和设备做过大量的研制、试验工作。现在的设计都采用预应力混凝土容器，开孔很多，在高温、高导热氦气的作用下，容器内壁的隔热成为一个重要问题。堆芯石墨的表面温度高达 500～1 000 ℃，很容易同氧和水蒸气发生反应，生成会破坏金属氧化膜的 CO 和 H_2，所以一定要尽量防止水蒸气从蒸汽发生器泄漏出来。需要设置有效的氦气净化系统，在启动时清除掉其中水蒸气，在运行中使其中 H_2、CO、CO_2 及水蒸气和石墨粉尘含量不超过限值，以限制堆芯的腐蚀和回路各处粉尘的沉积。氦气净化系统还起到清除裂变气体、氮和甲烷的作用。无论如何，鉴于防止空气或水蒸气侵入回路的重要性，特别要求氦气风机连续不停地运转。

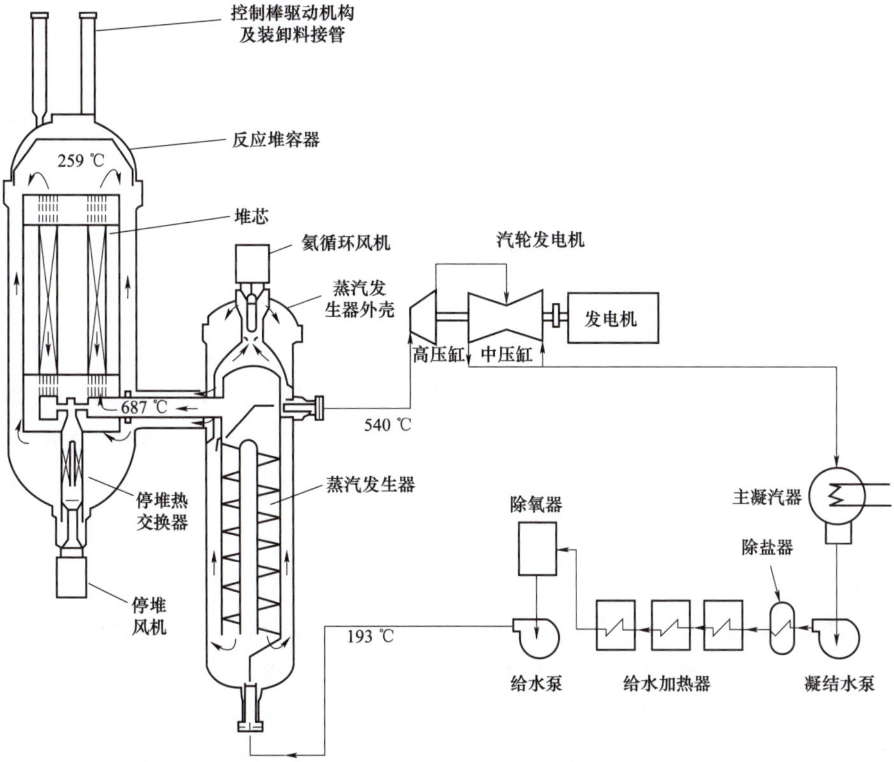

图 5-43　一种模块式（柱床型）高温气冷堆流程示意图

高温气冷堆的主要优点有 6 个：（1）具有高度的内在安全性，堆芯具有相当大的负反应性温度系数，在任何事故情况下都能自行停堆。由于堆芯功率密度低（5～10 kW/L），热容量大，加上全陶瓷燃料的耐高温特性，即使在氦气冷却剂全部流失的情况下，余热仍可依靠热传导、热辐射和自然对流作用排出，使燃料元件的最高温度不超过 1 600 ℃限值，就是说不会发生燃料熔化、放射性裂变产物大量向周围环境释放的严重事故。因此，高温气冷堆无须设置应急堆芯冷却系统和通常意义（能承受最大事故下的全压力，严密不漏）的安全壳。高温气冷堆的内在安全性在总功率不太大、功率密度不太高的模块堆中特别明显，以致可放到需要电力和工艺用热的工厂附近。（2）氦气不吸收中子，无感生放射性，无腐蚀产物的活化，纵有极少量裂变产物由破损的燃料颗粒扩散出来，进入一回路，但其放射性水平是很低的，各国几座实验堆和原型堆的多年运行经验已经证明了这一点。清洁的一回路使运行和维修人员接受的辐射剂量极低，反应堆十分便于运行、维修和更换部件。（3）全陶瓷堆芯的燃料转换比高，燃耗深，燃料利用的经济性好。能使用不同的燃料和多种燃料循环，在采用低富集铀－钚（$^{235}U-^{238}U-^{239}Pu$）燃料循环的情况下，可比压水堆更有效地为快中子增殖堆积累钚燃料；在采用高富集铀－钍（$^{235}U-^{232}Th-^{233}U$）燃料循环的情况下，以接近 1 的高转换比，可在快堆推广以前，利用现有蕴藏量很大的钍资源，进一步节省铀资源，并降低燃料费用；也可采用尽量烧尽、不作后处理的防扩散装料方式。（4）使用常规的汽轮发电机组已能获得高达 40%的热效率，可大大减少所需的冷却水量；排出热量的温度高（>200 ℃），不仅适于干旱地区采用干冷却塔作为最终热阱，也便于发展热电联供，减轻热污染，保护环境；在氦气轮机直接循环情况下，既可省去二回路的蒸汽发生器，又可把热效率进一步提高到约 50%。（5）高温气冷堆能提供 950 ℃左右的高温气体，为炼钢、煤的气化、生产氢和合成燃料及多种化工工艺所用。（6）由于热效率高，相对地减少了需要处理和处置的高放废物量，就同样发电量而言，乏燃料中锕系核素仅为轻水堆的 60%～80%。

然而，国际上对于高温气冷堆商用核电厂的建造推进十分缓慢，德国的 THTR 原型堆和美国的 Fort St.Vrain 原型堆已先后于 1988 年和 1989 年关闭。大型高温气冷堆核电厂在工业发达国家的发展目前处于停滞状态。三哩岛核事故后趋向于开发模块式小型堆。日本的一座热功率为 30 MW 柱床型高温气冷试验堆 HTTR，已于 1998 年 11 月达到临界状态，用以进行各种高温工艺试验，例如，是由甲烷的重整生产氢。南非进行了一种容量 114 MW、采用氦气轮机直接循环的模块式（球床型）高温气冷堆 PBMR（Pebble-Bed Modular Reactor）的开发设计工作，目前暂时没有建造原型核电厂的计划。

中国的 10 MW 球床型高温气冷实验堆 HTR-10（见 3.10 节），用于试验煤的液化或气化。HTR-10 的良好运行为中国高温气冷堆技术发展奠定了坚实的基础，2012 年底，全球首个球床式模块化高温气冷堆商用核电厂于中国山东石岛湾正式开建；2021 年底，石岛湾高温气冷堆示范工程 1 号反应堆首次并网成功；2022 年 12 月，示范工程达到初始满功率，实现了“双堆带一机”模式下的稳定运行；2023 年 12 月，示范工程圆满完成 168 小时连续运行考验，成为了首个并网发电的第四代高温气冷堆核电项目，走在了世界前列。

5.10 快中子增殖堆核电厂

前文已阐明发展增殖堆核电厂的必要性（见 2.7.3 节）。可用的增殖堆型有熔盐热中子增殖堆、液态金属冷却（钠冷及铅冷）和气体冷却的快中子增殖堆等。到目前为止，各国都在钠冷快堆上投入大量资金和科研，俄罗斯已经成功基于钠冷快堆技术路线建造了商用示范堆。任何一种堆型的发展都要经过以下三个阶段。

第一是研究和开发阶段，包括燃料和材料的研制、控制仪表的研究、物理与传热数据的取得、设备设计所需基本工程数据的获得等，需要建造和运行若干试验台架和零功率堆以提供设计资料。

第二是设计和试制阶段，这期间要投入较多的工业力量以试制和试验燃料元（组）件、堆芯部件和回路设备，试制和试验可靠的仪表和自动控制装置，并制定出规范和标准。这阶段以建成实验堆或原型堆告终。

第三是实验堆、原型堆的运行阶段，同时进行商用示范性核电厂的设计、建造和运行。

也有把建成实验堆、原型堆和商用示范堆分别作为三个阶段的标志。

钠冷快堆已进入第三阶段，铅冷快堆主要处于第二个阶段（俄罗斯已进入第三阶段），而其他增殖堆型尚处在第一阶段。钠冷快堆的发展，迄今已有近 70 年的历史。20 世纪 50 年代中期，英国、法国、苏联、德国、日本、美国等国曾把这种堆型放在最优先发展的地位，重点是增殖核燃料。20 世纪 60 年代开始关注快堆的经济性，用耐受深燃耗的氧化物燃料代替金属燃料，以求早日获得商业应用。20 世纪 70 年代建成的原型快堆，如英国的 PFR、法国的 Phenix（凤凰）、苏联的 BN-350、德国拟建的 SNR-300，以及美国拟建的 Clinch River CRBR，都是采用 UO_2 或 PuO_2 燃料，不锈钢结构材料和钠冷却剂，堆芯设计十分相似。到了 20 世纪 80 年代，苏联和法国相继建成 BN-600 和 Super Phenix（超凤凰）示范快堆，日本继常阳（Joyo）实验快堆之后，于 1994 年建成文殊（Monju）原型快堆。但随着世界主要是北美和西欧的核电进入滞缓发展时期，美国、英国、德国、法国等国相继停止建设商用快堆核电厂的计划，快堆的发展遂由高潮转为低潮。此后俄罗斯、中国、印度、日本、韩国等国始终坚持发展核电及依靠快中子增殖堆来解决大规模发展核电的裂变燃料资源问题。进入 21 世纪以来，快中子增殖堆作为第四代反应堆的重要组成部分重新获得世界各国的关注。例如，2010 年法国启动了先进钠冷快堆工业示范项目，计划建造 600 MW 的原型堆；2016 年俄罗斯建造的商业示范堆 BN800 投入商业运行，目前大型商业快堆 BN1200 已完成设计和验证工作，并计划在近期开始建造；2020 年美国能源部启动了先进堆示范计划，对美国泰拉能源与日立核能公司合作开发的钠冷快堆进行了资助。我国实验快堆 CEFR 于 2011 年实现并网发电。

为了保持高的平均中子能量（一般约为 0.25 MeV，相当于热中子堆的一百万倍），在快中子堆的堆芯中没有慢化剂，尽量少用结构材料和冷却剂。快中子堆的堆芯要比热中子堆小得多，一座 1 000 MW 快堆堆芯的直径约 2 m，高约 1 m。为了把在如此小体积中产生的大量热量传输出去，冷却剂必须具有良好的传热性能而不慢化中子。水当然不能用，因此选用了液态金属钠，并且它还具有不过度腐蚀结构材料及高温下保持液态的优点（常压下的沸点为 882 ℃），因而无须制备厚重压力容器。综合比较的结果，液态金属钠胜过高压气体如氦气。

堆芯中各种材料的裂变和俘获截面随中子能量而变化的情况，造成了在快中子条件下的中子平衡特别有利于增殖。裂变释放的多余中子被堆芯中的转换原料所吸收，生成新的易裂变核素；从堆芯漏出的中子被堆芯外围再生区中的转换原料所吸收，也生成新的易裂变核素；钠冷快堆的增殖比，对于氧化物燃料，可达到 1.2 以上。

但在快中子条件下，不仅各种材料及裂变产物的俘获截面小，易裂变核素的裂变截面也是很小的，因此需要装载大量的裂变燃料才能达到临界。为了减少裂变燃料的积压和缩短倍增时间，必须尽量提高比功率。快中子堆的堆芯平均比功率（kW/kg 核燃料）约为压水堆的 3 倍，沸水堆的 4.5 倍。相应地，快中子堆中的中子注量率约为热中子堆的 100 倍，如此高的快中子注量要求结构材料须能耐受辐照引起的肿胀、蠕变、脆化等效应。

快中子堆的功率密度很高，超过 300 kW/L（压水堆为 100 kW/L，沸水堆为 50 kW/L），所以传热问题特别突出。为了提供足够大的传热面积，燃料棒必须做得很细，随之而来的是制造上的困难和燃料制造费用高昂，一般折中地取 6 mm 左右的棒径。快堆除了燃料价格高昂以外，后处理费用也很高，而且堆外滞留既带来燃料积压的损失，又延长了燃料的倍增时间。为了减少后处理及相关中间过程的时间和费用，提高快堆的经济性，需要尽量提高燃耗深度。早期金属燃料的燃耗深度受到辐照肿胀的限制，不能超过约 1%原子数，而（U，Pu）O_2 混合氧化物（MOX）燃料可达到约 10%原子数即 100 000 MW•d/tHM 的燃耗，并且比金属燃料更能工作于较高温度，得到普遍的应用。氧化物燃料的主要缺点是氧原子起部分慢化作用，使增殖比有所降低。将来经过充分的研究和论证后，可能转向更有利于增殖的碳化物燃料（U，Pu）C 或金属燃料（U、Pu、Zr）。

5.10.1 钠冷快堆

现行钠冷快堆的堆芯均由棒束型燃料组件构成。用 PuO_2 和天然 UO_2 的混合物（钚约占 15%～30%）粉末，做成烧结陶瓷芯块，装入不锈钢包壳管，制成燃料细棒。将 200～300 根细棒按三角形点阵排列，组成一个棒束，装入不锈钢六边形外套管，成为一个可搬运装卸的单元——燃料组件。整个堆芯可包含 200～300 个燃料组件。堆芯外区所含钚的比例高于内区，以补偿向外降低的中子注量率和使功率分布比较均匀。B_4C 控制棒和停堆棒占用燃料组件位置，用驱动机构从上面抽出和插入。外围再生区组件采用同样的外形和尺寸，不过棒径较粗，棒数较少，内装天然或贫化的 UO_2 作为转换原料。在堆芯组件的燃料棒两端，也装有转换原料，形成轴向再生段。燃料棒内并留有大段空腔以便容纳裂变气体。在径向再生区的外面，有不锈钢反射层组件。反射层外面还有中子屏蔽层组件。图 5-44 为一座典型快中子堆的堆芯横剖面图。所有组件靠不同层面上的支承构件固定其位置，底部的栅板联箱起分配冷却剂流量的作用。

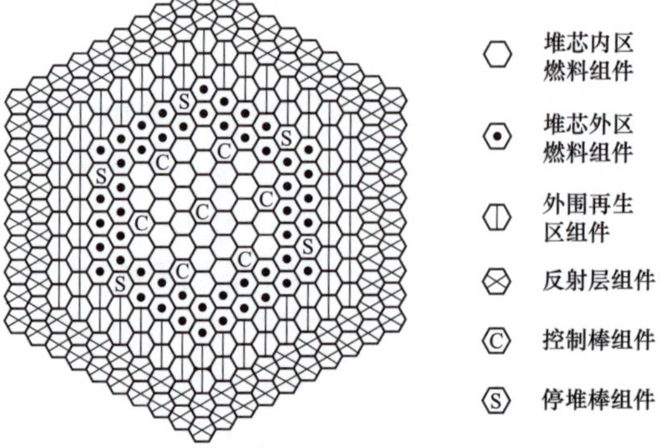

图 5-44　典型快中子堆的堆芯横剖面图

实际增殖比随堆芯的燃料配置和钚的同位素组成而异。例如，增加外围再生区组件的数目可进一步提高增殖比；反之，通过缩小再生区或软化中子能谱（降低平均中子能量以减小 η 值，见 2.7.3 节），也有可能降低增殖比至 1 或小于 1，此时快中子堆就不再是增殖堆，而变成一座净消耗裂变燃料的钚燃烧堆了。

冷却剂钠流过堆芯和外围再生区，带出裂变产生的能量。用钠作为冷却剂的最大问题在于它强烈地活化和会同水起剧烈的化学反应。^{23}Na 俘获中子成为半衰期为 14.7 h 的强放射性 ^{24}Na，给运行和维修带来许多困难。钠水反应是一种放热的化学反应，炽热的反应产物（Na_2O、NaOH、H_2）具有强腐蚀性，在剧烈的加热、升压作用下，蒸汽发生器中一处管子泄漏很快就会损坏邻近的管束，在没有放射性的情况下，可迅速采取隔离措施，并把钠、水和反应产物排往废液罐，再把氢气排入大气。但在反应产物带有很强放射性的情况下，不能这样做。承受高热应力的钠水蒸汽发生器无论怎样构造，泄漏总是不可避免的。因此，所有的钠冷快堆装置都用一个中间回路将放射性钠同水隔开（见图 5-45）以确保无放射性外逸的风险。由一回路的放射性钠把热量传给中间回路的非放射性钠，后者再把热量传给二回路的水使它变成蒸汽，驱动汽轮发电机组。钠回路完全是一种新工艺，为了解决钠的大量生产、纯度控制及钠回路设备的设计、制造问题，需要开展许多新的科研、试制工作。由于燃料棒的不锈钢包壳的最高温度为蠕变性能所限，不得超过 700 ℃，所以堆芯出口处钠的温度不能超过大约 560 ℃，但这已能产生 520 ℃左右的高温蒸汽，使电厂的热效率达到 42%左右。

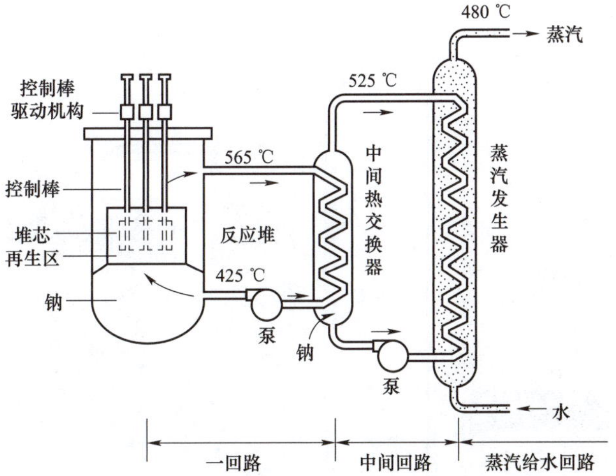

图 5-45　钠冷快堆（回路式）装置流程示意图

快中子堆的控制和热中子堆一样，要靠缓发中子的作用。由于钚-239 的缓发中子份额较小，以及快堆中的瞬发中子寿命较短，控制系统的设计须格外小心。但快中子堆的后备反应性较小，是一个有利因素。在快中子堆中，新的裂变燃料的生成率很高，裂变产物的吸收截面小，同时反应性温度系数很低，因此，最大后备反应性无须超过 5%，而在热中子堆中常大于 20%。虽然快中子堆的反应性控制，原则上可通过移动燃料组件或反射层组件来实现，对于大型快堆来说，仍然是抽插含快中子吸收材料（钽或硼-10）的控制棒比较简便。与热中子堆不同，快中子堆的控制棒数目极少，只有十几根。

钠冷快堆的一回路布置有两种形式：池式和回路式。在回路式布置中，将一回路设备如堆本体、中间热交换器和一回路钠泵，各安置在单独容器和单独的屏蔽并充氮气的隔间内，用回路管道互相连接。这种布置比较灵活，设备容易维护、检修，容器较小而容易制造，反应堆容器的顶盖也比较简单；但容器的一部分接触热钠，一部分接触冷钠，存在热应力和应力集中问题，而且一回路管道处处都需要设置屏蔽。池式布置是将一回路设备均安置于一个充钠的大池内，可省去堆出口至中间热交换器的管道及中间热交换器至主泵的管道；池壁接触的钠液温度较低，相当于堆芯进口温度；池壁没有管道连接和接管处的应力集中问题；池壁也没有穿孔，对外连接都从顶盖出去，这样可以保证一旦发生一回路设备、管道破裂或泄漏问题，漏出的钠全在池中，不会流失，堆芯不会裸露。但钠池的尺寸很大，除了包含堆本体及中间热交换器和钠泵至少各 3 台以外，还有防止中间回路钠被中子活化的、由钢和 B_4C 制成的 1 m 厚中子屏蔽层、余热排出热交换器、钠净化系统等设备，所有这些设备及钠池本身都悬挂在钠池的顶盖底下。为了防止钠与空气接触燃烧，钠液面要用高纯氩气覆盖，钠池与顶盖焊接处须保持气密。顶盖中央设置有为装卸料用的大、小旋转屏蔽塞，顶盖上面安置有装卸料机和控制棒驱动机构。因此，这直径 12～18 m、厚约 2 m 的起着支承、屏蔽、密封、隔热、引导装卸料机等多项作用的大顶盖是相当复杂的部件。图 5-46 和图 5-47

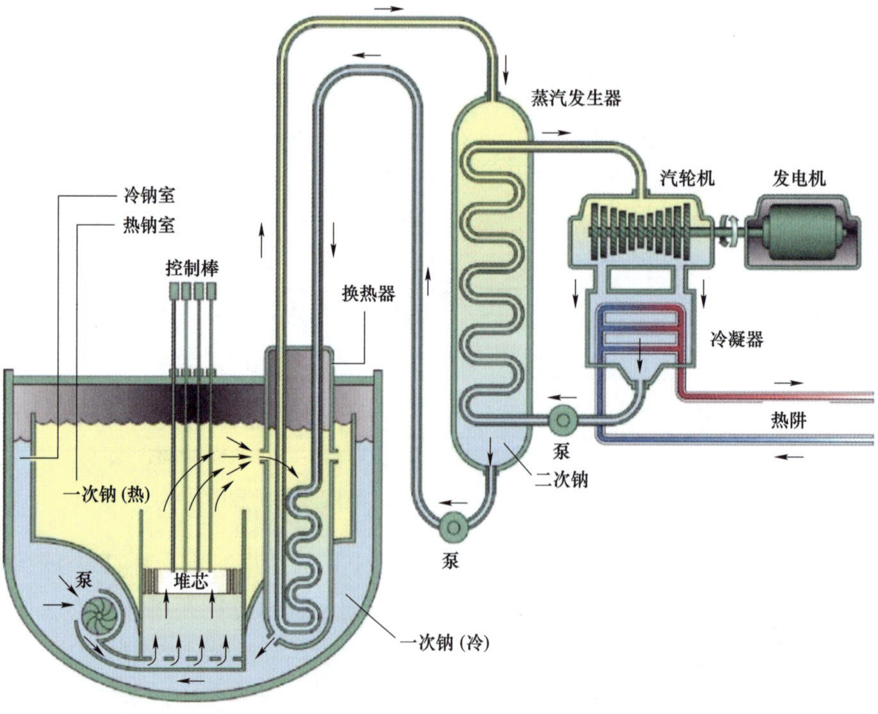

图 5-46　池式布置的钠冷快堆示意图

所示为钠冷快堆两种一回路布置形式的示意图。在两种布置形式中，由于上述防止放射性钠–水反应风险的考虑，中间回路均属必不可少，这增加了系统布置的复杂性，而使快中子堆核电厂造价提高。

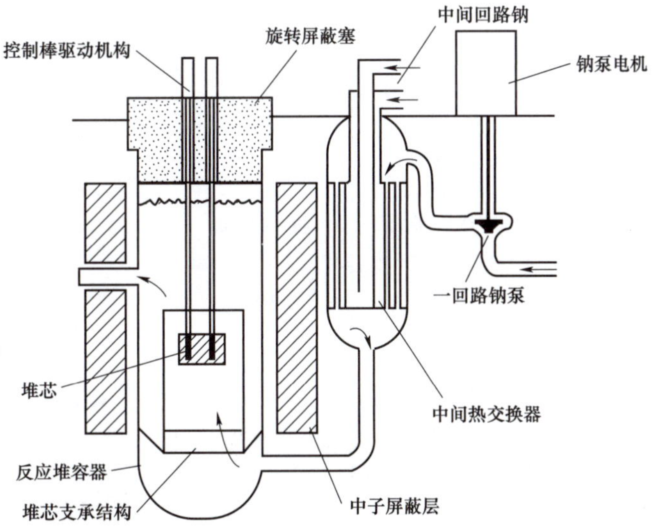

图 5-47　回路式布置的钠冷快堆示意图

不管哪一种布置形式，钠的循环均依靠悬挂在垂直长轴底部的单级离心泵，在泵轴穿出钠池顶盖处设有防止钠蒸气外逸的密封装置。钠水蒸汽发生器可采用多种结构形式，如 U 形管、直管和螺旋管，设计中要充分考虑到管子与外壳间的差别热膨胀。由于钠的传热性能好，钠水蒸汽发生器的传热面积远小于常规锅炉，然而单位面积的热负荷也就高得多，同时热惯性也小得多，要求控制系统响应迅速。一回路的各项设备和管道固然无须承受高压，但由于钠的高导热系数，却受到很大的热应力，当钠的温度上下变动时，材料中产生的热冲击应力容易导致疲劳损伤，并使存在的裂纹扩展。钠又会引起碳从铁素体钢向奥氏体钢的迁移，而使得前者的强度下降，后者的韧性减小。钠对不锈钢的腐蚀性与氧含量有很大关系，一般必须靠钠净化系统将氧含量保持在 10 ppm 以下。为了防止腐蚀和泄漏，钠容器（包括钠池）通常都用不锈钢制造，并且做成双层，在其间隙中设置泄漏探测仪。钠冷快堆一般均依靠顶盖上面的装卸料机，通过旋转屏蔽塞中的孔道进行装卸料操作。由于单个燃料组件的反应性、放射性、释热率均相当大及钠的化学性质很活泼，所有的装卸料操作须在停堆状态下，在稀有气体（氩气）保护的钠液面以下进行，高温钠环境和钠的不透明性更增加了操作的复杂性。卸料时先将控制棒与驱动机构脱开，让控制棒组件留在堆芯内，然后借助于偏心布置的大、小旋塞的旋转，使装卸料机的抓头对准任何一个待更换的燃料组件位置，抓住并提出组件，转移到指定的堆内暂时贮存位置。装料的操作与此类似。

表 5-13 给出了几座钠冷快堆的主要参数。

表 5-13　几座钠冷快堆核电厂的主要参数

参数	俄罗斯 BN-600	法国 Phenix	法国 Super Phenix	日本文殊
设计年份	1968	1966	1972	1984
热功率/MW	1 470	563	3 000	714
电功率/MW	600	250	1 200	280
堆芯尺寸，高 × 直径/（m × m）	0.75 × 2.05	0.85 × 1.39	1.0 × 3.66	0.93 × 1.8
平均比功率/［kW/kg（U + Pu）］	173	131	88.5	121
平均功率密度/（kW/L）	550	406	280	307
最大线功率/（W/cm）	530	450	480	457
平均燃耗深度/（MW•d/tHM）	100 000	100 000	50 000	80 000
燃料	$UO_2 + PuO_2$	$UO_2 + PuO_2$	$UO_2 + PuO_2$	$UO_2 + PuO_2$
换料钚占份额/%	33	27.1	20	16（内）/21（外）
初始堆芯钚装载量/kg	1 785	830	5 424	1 030
最大包壳温度/ ℃	710	700	690	700
一回路布置形式	池式	池式	池式	回路式
一回路压力/MPa	0.88	0.1	0.11	0.8
一回路钠温度，进口/出口/ ℃	377/550	400/560	395/545	397/529
二回路压力/MPa	14.5	16.8	18.5	13
蒸汽发生器蒸汽出口温度/ ℃	505	520	490	487

资料来源：Nuclear Engineering International，*1998 World Nuclear Industry Handbook*，1998。

钠冷快堆具有一些优于压水堆的安全特性，具体如下。

（1）一回路的压力很低（约 0.1～0.8 MPa），容器、设备和管道不易损坏；即使一回路边界破裂，冷却剂也不会像水冷堆或气冷堆那样迅速地流失；如果把反应堆容器埋入地下，还可布置成使得堆芯和中间热交换器在其双层外壳都有泄漏的情况下也保持浸没于钠液中，以保证安全地排出余热。

（2）特别是在池式快堆中，一回路上千吨的钠意味着很大的热惯性，即使在应急冷却系统失效、无法排出堆芯余热的情况下，单靠钠自然循环，也要经过大约 10 h 之久，燃料包壳温度才会上升到烧毁值（800～1 000 ℃），这样就有充裕的时间采取其他应急措施。

（3）燃料温度系数（多普勒效应，见 2.4.4 节）所提供的快速负反馈，在意外投入正反应性的情况下，会随着燃料温度的升高而使反应性减小，把反应堆稳定在安全状态。

然而，快堆的堆芯并非处于最大反应性状态，可设想由于燃料密集或钠量减少（空泡效应）引入很大正反应性，而导致功率猝升的万一情况。另外，快堆的运行温度高，热流密度和温度梯度大，燃料棒布置紧密，冷却剂流道狭窄容易堵塞。为了防止各种始料未及的事故引起燃料熔化和放射性物质大量外逸，设置有多项安全设施，具体如下。

（1）两套独立的停堆系统。

（2）两套独立的应急余热排出系统，由余热热交换器和空气冷却器组成，在事故情况下，靠自然循环和自然对流把余热排到大气中；

（3）多道阻止放射性外逸的实体屏障（类似于轻水堆），其中最后一道屏障是钢筋混凝土和钢制的双层安全壳；

（4）对中子注量率、冷却剂温度、流量、燃料棒包壳完整性、钠液位、钠泄漏的灵敏而可靠的监测手段。

由于采用了严格的安全准则，快中子堆保持了良好的安全记录。在各国原型堆和示范堆的运行过程中，未发生过严重的燃料破损事故。但不时出现迫使反应堆停止运行的事件，其中最多的是蒸汽发生器泄漏和钠水反应。随着蒸汽发生器制造质量的提高，高灵敏的泄漏监测技术（如钠中氢监测仪、声探测仪）的发展，钠水反应和钠火之类事故已基本得到控制。

目前快中子堆核电厂的经济性仍低于热中子堆。快中子堆虽有有效利用天然铀甚至贫化铀的优越性，但由于钠设备的技术复杂、多一道中间钠回路、大量使用不锈钢等因素，原型堆和示范堆的比投资相当于压水堆的 1.6～2.5 倍，估计商用堆的比投资也会比压水堆高出约 25%～30%，其经济竞争力要靠降低燃料循环费用来获得。因此，快堆的发展应着重下列方面。

（1）进一步提高卸料燃耗至 15%～20%的核燃料原子数。

（2）采用闭合的铀－钚燃料循环，并大力减少燃料循环堆外环节（乏燃料后处理、燃料组件制造）的费用和时间。

（3）改进和优化工艺回路，简化系统，紧凑布置，提高设备的可靠性，特别是蒸汽发生器和中间热交换器的可靠性。

（4）降低冷却剂的腐蚀性，延长反应堆寿期。

20 世纪 80 年代以来，西欧、北美核电发展滞缓，由于低价铀的供应充裕，核燃料的增殖退居次要地位。随着快堆商用计划的大大推迟，工业钚特别是经后处理分离的钚日益增加和积压，成为一种负担。在 2.9.3 节中已介绍在现行轻水堆中使用 MOX 燃料的状况。对于随着美国、俄罗斯两国核裁军而出现的大量军用钚，把它作为快堆燃料烧掉，不失为一种简便、有效的处理办法。快堆可设计成烧钚而不增殖钚的燃烧堆。

利用快中子堆将核电厂乏燃料中的高放射性长寿命锕系核素烧掉，即裂变成为较短寿命的裂变产物，是快堆的另一用途。每吨轻水堆乏燃料含有约 10 kg 超铀核素，其中 Pu 占 85%～90%，次锕系核素 Np、Am、Cm 占 10%～15%，它们的半衰期长达几千年以上，成为核电发展中难以解决的重大问题之一。这些锕系核素都能吸收能量高于 0.1～1.0 MeV 阈值的快中子而裂变，将它们以适当比例掺入 MOX 燃料，装入快堆中烧掉，可能成为处置这类核素的最佳方案（关于分离和嬗变技术，见 16.9 节）。理论上可把需要与世隔离数万年的放射性危害转变为仅需隔离几百年的放射性危害。现在法国、英国、俄罗斯、日本、德国各国都着力开展这种锕系核素燃烧堆方面的实验研究。

5.10.2 铅冷快堆

铅冷快堆的技术路线按照冷却剂种类可分为纯铅冷却和铅铋合金冷却两种。铅铋合金熔点 125 ℃，运行温度较低，但会产生放射性钋（^{210}Po）；纯铅熔点 325 ℃，需要的运行温度较高，但基本无放射性钋产生，对结构材料的腐蚀相对较弱。

按照反应堆结构可分为池式结构和回路式结构。相较于回路式结构，池式结构的一回路设备和管道均布置在压力容器中，在双层容器的保护下，消除了一回路冷却剂泄漏的风险。此外，池式结构中冷却剂装量大，在反应堆发生异常瞬变的过程中，热惯性大，温度上升速度慢，能够减弱其他各部件的瞬态热效应。而且池式结构系统简单、布局紧凑，有利于自然循环和余热导出，因此目前典型方案中大多采用池式结构。

目前，国际上关于铅冷快堆的研究工作已开展较多，俄罗斯、美国、欧盟、日本和韩国都针对铅冷快堆的研究投入了大量人力、物力。其中，俄罗斯是研究铅冷快堆最早也是技术最为领先的国家，积累了 80 多年的运行经验。

1963 年俄罗斯就已经设计了第一艘铅铋核潜艇，后续又改进设计了 K64 核潜艇，并陆续建造运行了 7 艘核潜艇，具有 100 堆•年以上的运行经验。近几年来开发的创新型铅冷快堆 BREST-OD-300，2021 年已启动建设，计划 2026 年投运；另外，还开发了小型模块化液态铅铋冷却快堆 SVBR-100，目前正在建造，计划 2031 年开始运行。

上述两个铅冷快堆的基本情况如表 5-14 所示。

表 5-14　俄罗斯铅冷快堆主要堆型相关参数

参数	BREST-OD-300	SVBR-100
热功率/MW	700	280
电功率/MW	300	101.5
燃料类型	PuN-UN	UO_2
富集度/%	13.5	16.5
组件排列方式	六角形	六角形
堆芯进口温度/ ℃	420	320
堆芯出口温度/ ℃	540	482
主冷却剂	铅	铅铋
循环方式	强迫循环	强迫循环
动力循环工质	超临界蒸汽朗肯循环	饱和蒸汽朗肯循环
动力循环涡轮机进口温度/ ℃	350	307
发电效率/%	43	36
进展	计划 2026 年建成	已获得建造许可证

中国的铅冷快堆研究始于“863”计划的“铅基聚变–裂变堆”项目，开展了一系列铅基冷却剂基础技术的研究。2011 年，中国科学院设立战略性先导科技专项“未来先进核裂变能嬗变系统”研究项目，进行铅冷快堆技术的系统研究，并将以铅铋冷却的中国铅基反应堆（CLEAR）列为候选堆型，在国家发改委的支持下设立了“十二五”国家重大科技基础设施建设 CiADS 项目，由中国科学院核能安全技术研究所主导。此外，国内各核电集团、高校也在铅冷快堆领域展开了相应研究，取得了诸多研究成果，设计建造了多个试验装置、试验回路和台架等。

5.11　动力反应堆的研究与开发

功率密度很高的动力反应堆作为一种高新技术产品，其安全与经济方面的风险很大，涉及多学科的综合效应往往难以用理论方法准确计算，因此在确立任何一种新堆型的选材和结构形式以前，必须建造一座小规模的实验堆，进行科学技术研究和验证。实验堆可装载不同设计概念的燃料元（组）件和堆芯，以及用来进行燃料组件辐照试验。对于已确定的堆型，为了优化设计参数和系统布置，解决若干工程技术问题，在商业应用以前先建造一座中等规模的原型堆，也是必不可少的。在上述研究开发过程中，各门学科互相交错和影响，设计与试验需多次反复，均属不可避免，无论如何，设计与试验研究的密切结合，至为重要。相关的试验研究工作有以下几点。

（1）与反应堆物理设计相结合的实验项目

① 取得设计所需物理数据（如各种核反应截面、中子能谱、裂变的中子产额和各种核素产额等）；

② 测定临界尺寸和临界质量（见 2.3.3 节）；

③ 测定各种栅格特性；

④ 测量控制棒价值；

⑤ 测量反应性温度系数、中毒效应（见 2.4.4 节）等；

⑥ 测量反应堆周期，进行反应堆动态学研究；

⑦ 各种屏蔽材料和屏蔽布置方案的屏蔽效应研究；

⑧ 校准核仪表。

（2）与反应堆热工水力设计相结合的实验项目

① 取得设计所需热工数据（如传热系数、不同温度下的热导率等）；

② 研究偏离泡核沸腾和干涸现象及其影响因素（见 2.6.3 节）；

③ 测定堆芯流动压降（即流动阻力）；

④ 研究两相流特性（含汽率、汽泡分布、流速和压降）；

⑤ 研究自然循环流动特性；

⑥ 研究流动稳定性及其影响因素（见 2.6.4 节）；

⑦ 研究冷却剂横向交混；

⑧ 测量整个反应堆内部的流场、漏流、交混、流阻和流量分配；

⑨ 燃料组件和控制棒驱动线冷态和热态水力冲刷试验。

（3）与燃料元（组）件设计相结合的实验研究项目（见13.5节及其后各节）

① 燃料与包壳材料的物理、化学与力学性能、相互及与冷却剂的相容性研究；

② 燃料辐照性能实验（辐照生长、肿胀、蠕变、烧结、裂变气体释放、裂变产物迁移等）（见13.3.1节）；

③ 包壳材料性能实验（腐蚀、氢脆、织构、应力腐蚀开裂、辐照生长、辐照蠕变、辐照硬化和脆化等）（见13.4.2节）；

④ 燃料元件辐照试验（芯块密实化、芯块–包壳相互作用、芯块开裂、包壳结垢、包壳破损等）（见13.3.3节）；

⑤ 燃料组件辐照试验（冷却剂作用下的结构稳定性、燃料棒或导向管弯曲、流致振动、燃料棒磨蚀和磨损、燃料棒破损直至烧毁）；

⑥ 不同制造工艺的燃料元（组）件辐照性能试验研究；

⑦ 变功率和功率剧增的瞬态实验；

⑧ 燃耗试验。

（4）与反应堆结构设计相结合的实验研究项目

① 各种结构材料的物理、化学与力学性能；

② 材料的耐高温腐蚀、耐侵蚀、抗晶间腐蚀、抗应力腐蚀性能；

③ 耐压结构材料的抗中子辐照脆化性能；

④ 结构断裂力学的研究，温度和辐照对结构材料力学性能的影响——无延性转变温度的变化、腐蚀介质的影响（如腐蚀疲劳）、蠕变和辐照蠕变、水锤现象等；

⑤ 设备抗震试验；

⑥ 流体流动诱发的结构振动（流致振动）和材料微振磨蚀；

⑦ 无损检验（涡流、超声、声发射、γ射线照相）和在役检查技术。

（5）与仪表控制设计相结合的实验研究项目

① 核功率测量仪表的刻度及其与热工仪表的相互校准；

② 堆芯内中子注量率分布测量（见2.3.3节和2.6.1节）；

③ 堆芯内温度测量；

④ 控制棒位置、反应性与反应堆周期测量；

⑤ 反应堆水位测量；

⑥ 反应堆流量测量；

⑦ 压力边界泄漏探测和燃料棒破损探测技术；

⑧ 功率分布和展平的控制方案的研究和验证（见2.4.2节）；

⑨ 控制棒驱动机构试验（如抗地震鉴定）及冷态、热态下的落棒试验等。

（6）其他还有大量的如关键设备的开发和鉴定、设备寿命、各种事故的模拟、安全实验（如钠水反应和钠火反应）等研究工作。

为进行上述工作，需要建立一个相对集中的反应堆实验研究基地，它至少应包含一座可进行辐照试验的研究试验堆（见 13.5.2 节和 13.5.3 节），一座零功率堆，若干热工水力实验台架，燃料样品研制车间，燃料、材料实验设备（包括腐蚀实验室、辐照后检验热室等），计算中心，以及力学、化学、电子仪器实验室等。中国原子能科学研究院、清华大学核能与新能源技术研究院、中国核动力研究设计院等基地都具有研究开发新反应堆的能力。

5.12　未来核电厂的技术发展趋势

核电技术发展已经经历了两个阶段，即早期的原型核电厂阶段，以及随后大量建设并延续至今的商用核电厂阶段。从 21 世纪开始，核电技术进入了第三个阶段，即先进核电厂阶段。大部分的堆型均经历了前两个阶段，而比较有发展前途的压水堆、沸水堆、重水堆则正在过渡到第三代核电技术。此外，第四代核电技术、小堆技术、核能多用途利用及核电数字化、智能化逐步受到越来越多的国家关注，多个国家正在开展四代堆和小堆的技术研发，并探索向核能多用途利用领域拓展应用。

5.12.1　先进压水堆

压水堆的后续发展取决于两方面的因素，分别是公众接受度和市场竞争力。公众接受度受安全性和环境友好性的影响，市场竞争力则受电厂经济性和运行灵活性的影响。

（1）安全性

第三代核电技术是目前世界各国核电发展的主流方向，其安全性较第二代有所提高。未来，压水堆还将在提高固有安全性的理念指引下，发展先进燃料技术，如 ATF 燃料、MOX 燃料等；对堆芯熔融机理研究，优化完善事故预防与缓解的工程技术措施；在保持能动与非能动相结合的安全设计理念的基础上，进一步优化方案，应对设计扩展工况；采用新技术增强反应堆在维持实体屏障和确保基本安全功能方面的固有安全性。

（2）经济性

先进核电厂除了提升安全性具备完善的严重事故预防和缓解措施，在提高核电厂的经济性方面也采取了一系列措施，包括：采用固有安全性的理念，简化核电厂的设计；依托数字化、智能化技术，提高电厂设计、建造和运维效率；提高单堆容量，降低单位造价；合理范围内提高燃耗，延长换料周期，缩短停堆换料时间，提高核电厂的可利用率；延长核电厂的寿命；采用模块化设计，缩短建造周期；拓展核能非电利用，提升能源综合利用率；充分利用厂址条件，一厂多堆建设。

美国《先进轻水反应堆用户要求文件》提出的经济性目标是：先进轻水堆核电厂与其他基础发电技术相比具有足够的成本优势，能够抵消与核电利用相关的更高的资本投资风险。

《中国先进压水堆用户要求文件》提出先进压水堆应具有更低的工程造价、更高的运行寿命、更短的建造工期和更优的可利用率，以促进核电产业健康持续发展。

（3）运行灵活性

随着工业技术的快速发展，以及满足不同地区对能源提出的调节需求，核电厂的运行灵活性越来越受到重视。现代核电机组均设计有日负荷跟踪能力，在理论和实践上均具备参与日调峰的可行性，但目前核电机组下调功率有限，除欧洲先进压水堆 EPR 外，核电机组日负荷循环时功率不低于满功率的 50%，难以满足负荷峰谷差持续增大的调峰压力。

我国先进核电技术不断优化，将通过研究不调硼负荷跟踪技术、全功率范围自动控制技术、智能化运维调度等技术，逐步提升核电厂的运行灵活性，满足更多工业用户要求和新型能源电力系统的复杂调峰要求。核电厂持续稳定满功率基荷运行整体对电厂的安全性、经济性、环境友好性有利。

（4）环境友好性

环境友好是一种理念、关系和过程，需要企业采用有利于环保的生产方式，与周边环境良性互动，不断改进与创新，以实现自然和社会的和谐相处。经过多年的技术发展、经验反馈和设计优化，压水堆核电厂的环保性能已经得到了极大的提升，各项排放、生态和环境影响的指标均能满足国家的法规、标准的要求。环境友好性的发展需要在安全性、经济性之间寻求合适的平衡点。未来还将通过废物最小化、降低职业照射、提高厂址适应性等一系列技术措施提升压水堆的环境友好性。

5.12.2 四代堆

2000 年，美国、法国、日本、英国等核电发达国家组建了“第四代核能系统国际论坛”（Generation IV International Forum，GIF），共同合作研究开发第四代核能系统。GIF 从 130 多种概念设计中遴选出钠冷快堆（SFR）、超高温气冷堆（VHTR）、气冷快堆（GFR）、铅冷快堆（LFR）、熔盐反应堆（MSR）和超临界水冷堆（SCWR）六种核能系统作为最有开发前景的第四代核能技术。

第四代核能系统从堆型概念设计开始，从根本上解决目前核电发展过程中遇到的安全性、经济性、可持续发展性、防核扩散、实物保护等方面的问题。未来四代堆将依靠其在核燃料闭式循环、核能多用途利用、安全性、经济性、可持续性等方面的优势，发挥更大作用。在技术层面，世界核电大国都在对第四代先进核能系统积极开展研发活动，未来还将针对关键技术进行研发。主要堆型的研发方向包括以下几点。

（1）钠冷快堆

钠冷快堆将继续提升安全性，增强反应堆的固有安全性，开展非能动安全技术研究，增强反应堆抵御严重事故风险能力；重视钠火与钠水反应的防护，提高涉钠设备与系统的安全可靠性；对池式钠冷快堆，探索采用与水无化学反应的液态金属或熔盐技术；开发耐辐照、耐高温、高经济性的先进材料；开发增殖能力强、钠化学相容性好、耐辐照的先进燃料；嬗变长寿命裂变产物，减少核废料；建立反应堆、燃料制造和后处理同址建设的一体化快堆系统；等等。

（2）超高温气冷堆/高温气冷堆

高温气冷堆目前还达不到应有的高温特性，后续发展方向包括：堆芯出口温度提高到 950 ℃以上；高燃耗燃料的开发和验证；提升出口蒸汽温度，进一步提高发电效率；采用多模块设计，降低比投资；进一步微型化，实现车载式或移动式，拓展应用场景；高温制氢和供汽技术研发。

（3）气冷快堆

气冷快堆由于安全性固有弱点，截止到目前，国际上还没有建造过真正的气冷快堆。气冷快堆未来将主要研发耐高温燃料材料；开发先进堆芯，减小堆芯压降；开发安全系统，维持系统环境压力，时刻保持堆芯的对流换热能力；小型化设计提升安全性；等等。

（4）铅（铅/铋）冷快堆

铅冷快堆也面临一些技术难题，其中较为突出的是材料腐蚀问题和 ^{210}Po 问题。铅基材料与钢材料长期接触时，会在钢材料表面产生严重的腐蚀效应。铅冷快堆将开发先进材料技术，如高熵合金材料；开发结构材料腐蚀抑制技术，增强结构材料抗腐蚀性能；开发冷却剂防凝固技术，在各种运行状态下保持液态；开发冷却剂监测和净化技术；等等。

（5）熔盐反应堆

熔盐堆有液态燃料熔盐热堆、熔盐冷却高温堆、液态燃料熔盐快堆等多种技术路线，还将研究液态盐的物化特性及生产技术，特别是腐蚀性和安全技术；从冷却剂中有效提取裂变气体的技术；熔融盐的回收技术；离线燃料干法批处理技术研发与验证；等等。

（6）超临界水冷堆

超临界水堆运行压力及运行温度较高，在实现工程化应用前，仍面临堆芯设计、安全系统设置、材料及热工水力等方面的挑战。超临界水堆将重点开发先进堆芯设计；研究安全系统，保证事故下堆芯冷却有效性；开发反应堆材料，耐受高温高辐照条件；加强热工水力分析技术；研究事故工况下的跨临界安全控制技术；等等。

在经济性上，GIF 在 2014 年对《第四代核能系统技术路线图》进行了修订，报告给出了第四代反应堆的经济性目标——比其他能源具有全生命周期的成本优势，同时财务风险水平与其他能源项目相当。

5.12.3 小堆

小堆是小型模块化反应堆（Small Modular Reactor，SMR）的简称，按照 IAEA 的定义，是指电功率在 300 MW 以下，其部件和系统可以按模块制造和运输到厂址的新型反应堆。

小堆研发动力最初来自军事需求，随着小堆技术不断发展，最近十几年国际上逐渐推广应用于民用领域。小堆能够以很高的安全水平来提供多样化、全方位的能源解决方案，包括陆上和海上供电、非电应用（如供暖、工业工艺供热、海水淡化、制氢等）、热电联产等，能够满足多种用途需求，有广阔的应用市场。

小堆通常有 6 个技术特点：（1）一体化设计；（2）固有安全性；（3）环境影响小；（4）标准化设计；（5）模块化和工厂制造；（6）更好的灵活性。

通过上述技术特点，小堆可缩小与大型反应堆的 LOCE 的差距，而与大堆相比，小堆有 3 个优势：①初始投资与投资风险低；②建设周期短；③部署灵活性。

小堆的商业化应用还需要进一步完善小堆的法规标准与监管体系，完成技术与经济性的验证，加强与公众的沟通，提高公众接受度。未来小堆在设计上还将考虑进一步简化设计、提高标准化与模块化水平，从而降低成本，提高小堆竞争力；在应用场景上发挥小堆的技术特点和灵活性部署优势，通过多种应用方式为化工等行业的低碳转型提供助力。

5.12.4 核能多用途利用和与其他能源形式匹配

全球气候日趋变暖，为了实现《巴黎协定》的目标，全世界都在积极探索利用低碳能源。核能作为全生命周期碳排放量最少的发电技术之一，能够提供大量稳定连续可靠的电力供应。在“双碳”目标下，核能将通过与其他能源形式合理匹配，在新型电力系统中发挥的更大作用。此外，核能还可以通过非电多用途应用，为更多工业部门提供绿色低碳解决方案，如为高耗能、高排放的工业用户提供蒸汽，为区域居民供暖，为水资源缺乏地区提供海水淡化，或实现清洁制氢等。

1. 核能多用途利用

核能的发电效率只占反应堆提供总能量的一半以下，对其大量热能的利用，可以有效发挥核能作为清洁能源的巨大优势。近年来，世界范围内正在加强对核能多用途利用的重视程度。在 2019 年和 2023 年由 IAEA 组织召开的两次“气候变化与核能作用”大会上，来自世界十余个成员国的代表团发表了主题演讲，表达了未来各国核能应对气候变化发挥重要作用的决心和愿景。实际上很多国家已经或正在积极探索核能的多用途利用。根据 IAEA 统计，截至 2022 年年底，全球已有 70 台机组实现了区域供暖、工业供热、海水淡化等核能综合利用。其中区域供暖、工业供汽、海水淡化分别等效折合发电量达到 1 418 GW•h、1 341 GW•h 和 41 GW•h。我国在核能综合利用方面也取得了一定成果。在核能供暖方面，山东海阳、浙江秦山、辽宁红沿河压水堆核能供暖项目均已成功建成投产，国内还在开发专门用于供暖的供热堆技术。核能海水淡化方面，哈萨克斯坦、印度、日本等国经过多年的发展，已经积累了 150 余堆•年的核能海水淡化经验。我国的福建宁德核电厂、辽宁红沿河核电厂等压水堆核电厂海水淡化设施也已经建成投运，其他在建的压水堆核电厂，如海南昌江小堆核电厂也已经将海水淡化设施纳入设计建设中。在核能制氢领域，中国、美国、英国、法国、俄罗斯、日本等世界多个核能强国都在加速布局核能电解制氢或高温热化学制氢，2023 年美国九英哩峰压水堆核电厂实现了首座核能电解制氢示范建设，我国也正在积极研究高温气冷堆耦合生物质制氢技术和热化学循环制氢技术。工业供汽方面，早在 20 世纪 50 年代，英国、德国、瑞士、加拿大等国家就实现了用轻水堆或重水堆给周边工厂供汽，但实践不多。在“碳达峰”和“碳中和”战略指引下，核能为高耗能、高排放工业用户提供清洁工业蒸汽逐渐发挥重要作用，我国田湾压水堆核电机组蒸汽供能项目已经于 2022 年开始建设，计划每年能够提供 480 万吨工业蒸汽，相当于减少燃烧标准煤 40 万吨，等效减排二氧化碳 107 万吨、二氧化硫 184 万吨、氮氧化物 263 万吨，新增植树造林面积 2 900 km^2。

未来我国还将有更多核电机组参与到核能多用途利用应用中，对促进生态环境良性循环发展发挥更大作用。

2. 核能与其他能源形式的匹配

我国核电发电量持续增长，2022 年全年核能发电量 4 177.8 亿千瓦时。根据《中国核能发展报告》统计，我国 2022 年全年发电量占全国总发电量的 4.7%，相当于减少燃煤标准煤 11 812.5 万吨，减少排放二氧化碳 30 948.7 万吨、二氧化硫 100.4 万吨、氮氧化物 87.4 万吨。面向未来，核能一方面要坚持积极安全高效发展，提高装机容量和装机占比，承担基荷电源角色；另一方面要与其他能源形式（包括煤电和以风电、光伏为代表的清洁能源）协同发展。

随着我国新型能源体系的建立，新型能源体系对核电未来提升灵活运行能力提出了更高要求。提升核电厂运行灵活性，是核电从补充性能源转变为基础性、主力能源，加快构建以清洁能源为主体的新型电力系统，加快规划构建新型能源体系的关键环节。未来，还需要加快推进核能与其他能源形式匹配的技术推广应用，加强相关产业链的配套支持；通过数字化智能化转型赋能，加快核电数字化基础能力建设，融入新型电力系统智能调度体系，布局探索虚拟电厂、共享储能等新业态、新模式，提升核能与其他能源形式协同利用效率。

5.12.5　数字化与智能化

核电数字化转型本质是业务转型，是新一代信息技术驱动下的生产业务和管理模式的变革重构，是一项系统工程。数字化打破了传统企业的边界，行业已不只是某类产品属性的归集，行业之间、企业之间、企业和客户之间已形成以数据为载体的相互依赖，行业发展的维度不仅取决于自身，而且还取决于其所在的“生态体系”，整个体系建设必须依赖云计算、区块链、网络安全等技术实现系统工程体系。随着信息技术的发展进步，核电企业在数字化转型方面具备较好的基础条件，但是当前产业链整体数字化水平与新一轮科技革命和产业变革背景下的数字化转型展望目标还存在较大差距。

未来，核电在数字化智能化领域，还将加强数字化建设，增加业务发展融合深度，推进数字化研发设计平台、数字化三维建模/结构设计/装配仿真等全过程设计制造工作、智慧工地平台、数字化工程管理、数字化运维技术；加强全产业链数字化协作，打破数据孤岛，实现数据共享利用；在安全的前提下，进一步探索大数据、人工智能、数据挖掘等前沿技术应用。核安全、工业安全与数据安全、信息安全之间也会有新的问题需要妥善处理及实践探索。

参考文献

[1] WNA. World Nuclear Performance Report 2023 [R]. 2023.
[2] 邢继. 三次严重核事故始末 [M]. 北京：科学出版社，2019.

第 6 章　核电厂的建设和运行

6.1　建设项目实施前需要解决的问题

核电厂对安全和环境影响要求特别高，而且核电厂建设的投资大、周期长，伴随着的财务风险也很大。按照我国政府规定，凡是新建的核电厂，不论规模大小，业主（核电厂营运单位）都必须进行可行性研究，包括安全性分析、环境影响评价、经济性分析等内容。在可行性研究报告报送政府部门审查批准后，方可开始建设。

在一座核电厂建设项目实施前，需要解决的主要问题如下。

（1）根据国家和地区的电力发展需要及核电规划，确定核电厂的规模和堆型。

（2）选定厂址。

（3）制定资金筹集与还贷的方案。项目资金的来源有出口国政府支持的出口信贷、国内外商业银行贷款、股东集资等。

（4）明确核燃料供应的来源和放射性废物处置的去向。

（5）取得本国核安全监管机构的许可证，并得到公众的支持。

（6）确定项目合同方式和主要的承包商。可选择的合同方式有：① 总承包方式；② 切块分包方式；③ 多合同方式。

（7）签订主合同，确定总预算和总进度。

6.2　核电厂厂址选择

核电厂厂址选择是为建设核电厂综合评价推荐的具有确定边界、受核电厂运行单位有效控制的适宜场地，并评定有关厂址特征的设计基准的过程。从核安全的角度考虑，核电厂厂址选择的主要目的是对核电厂正常的放射性释放加以控制，并保护公众和环境免受放射性事故释放所引起的过量辐射影响。

6.2.1　核电厂厂址选择基本原则

我国现有核安全法规及导则中对核电选址要求持续增高，目前已发布的相关法规、标准的规定也以主流建设的压水堆堆型为主，故本节内容以国内第三代核电机组选址原则和比较方法为代表进行论述。但随着国内外各领域核能利用市场需求的增长和小型堆、四代堆等新堆型的研发推广，相关标准在修订中也提出了对小堆等新型堆的相应规定，尤其是结合国内核电机组运行经验和堆型安全性提升特征，在核动力厂规划限制区设置和厂外应急要求方面，经合理论证后进行了适当修订。

（1）核电选址的安全可靠性是保证核安全的最基本前提，福岛核事故的经验教训表明，如核电厂的厂址本身存在严重的不安全因素时，将难以通过后续设计和建造过程消除安全隐患，达到安全目标。故在核电选址过程中，应确保安全相关因素具有特殊的重要性。

与厂址安全可靠性有关的厂址特征包括以下几点。

① 能动断层：区域分析时应优先选择远离区域性活动构造的地区，选址时要避开断层并保持足够的安全距离。

② 地震活动：应优先选择地震活动低的地区，选址时应优先选用地震影响较小的候选厂址，应选择在地震基本烈度不大于Ⅶ度，SL-2 高值小于 0.30g 的区域。

③ 地基条件：应优先选择工程地质条件良好的地区，选址时宜选在地基均匀、稳定、无不良地质体分布或可采取工程措施处理的区域。

④ 边坡稳定性：如厂址存在可能影响核安全的高边坡，并且采取工程措施处理后仍不能保证其安全性，则认为该厂址不可接受。

⑤ 火山活动：应优先选择不受火山活动影响或受影响可能性小的厂址。

⑥ 洪水：应优先选择受洪水影响较小、防洪条件好、防洪措施易实施的厂址。

⑦ 极端气象：应优先选择气象灾害影响小、发生频率低的区域。应重点关注极端气象现象（如热带气象、龙卷风）及其引发的风暴潮、降雨和飞射物等。

⑧ 外部人为事件：区域分析时应选择外部人为事件危险小的区域。选址时应避开可能产生爆炸、火灾、毒气等危害的石油化工设施、危险品贮存设施、大型民用或军用机场、训练区等，并与上述危险设施保持足够的安全距离，应优先选择外部人为事件影响小、易采取工程措施解决的厂址。

（2）核电选址的环境相容性是项目实施的重要保障，核电选址环境可分为自然环境和社会环境，自然环境指项目建设相关的土地、海域、大气环境利用、自然保护区、生态敏感区等；社会环境指厂址区域人口分布、应急计划、公众参与及社会稳定风险等。

与厂址环境适宜性有关的厂址特征如下。

① 人口分布：区域分析时应优先选择人员密度较低的地区，远离人口中心。厂址规划限制区范围内不应有 1 万以上人口中心，半径 10 km 范围内不应有 10 万人以上人口中心。

② 水体功能：选址时应优先选择远离水源保护区和生态保护红线，符合水体和海洋功能区管控要求的区域。

③ 水体和大气弥散：区域分析时应充分考虑水体和大气弥散条件，选址时应优先选择液态、气态流出物弥散条件好，对公众影响小的厂址。

④ 土地利用：选址时应考虑区域内土地利用情况，并考虑与地方国土空间规划相

协调，避开可能存在压覆矿及文物地区，尽量不占或少占用基本农田。

⑤ 自然保护区：选址时应避开自然保护区、生态红线区、风景旅游区等环境敏感区。

⑥ 应急计划：选址时应综合考虑地理位置、人口分布、交通条件等实施应急计划的可行性，应与规模以上人口、工业中心保持一定距离，优先选择易于实施应急计划的厂址。

⑦ 公众参与和社会稳定风险：应充分考虑社会公众对拟选厂址的认可程度、可能造成的社会影响及可能涉及的社会稳定风险。

（3）核电选址的技术可行性是建设项目的关键组成，核电项目应优先选择经验证且安全成熟的工程技术方案。核电选址时需要结合拟选电厂的实际厂址技术条件，经多方案比选提出安全、环保、可行、经济的技术方案，如存在场地软土回填、高边坡设计、远距离输水等难点问题时，应提出拟采取的工程措施及解决方案，并进行充分论证。

与技术可行性有关的厂址特征如下。

① 用地条件：核电厂建设用地条件需要满足规划容量的建设用地需求，包括生产区、厂前区、厂外设施及施工场地等，并优先选择地形起伏小，土石方工程量小且挖、填方基本平衡的厂址。

② 取排水条件：选址时应考虑核电厂冷却水取、排水的技术可行性，以及运行期、施工期用水和淡水水源的供应方案及保障率。另外，由于近年来国内外多个核电厂发生多起堵塞物入侵事件，造成核电厂冷源系统堵塞，引起核电机组自动停堆、降功率运行等事件，故需要在选址时优先选择易堵生物影响小的海域，厂址评价阶段应开展专题研究，调查冷源堵塞物的种类组成和数量分布特点，分析冷源堵塞物的发生发展规律，提出冷源堵塞物应对措施，为后续冷源风险性堵塞物预警、应急处置、冷源小组决策等提供可靠依据。

③ 电网条件：选址时应充分考虑核电厂电力系统与送出的技术条件，保证与接入电网的安全性和相容性，并具有足够的输电廊道空间。

④ 大件运输：选址时应考虑具备运输超重及超限（长、宽、高）设备的条件，具备建设大件码头，具备通过中转、转驳等方式实现大件设备运输的条件。

（4）核电选址的经济合理性是评价项目效益和投资风险的量化指标，核电项目的经济性评价包括投资估算和财务分析。投资估算的范围为项目建设所涵盖的全部内容，财务分析旨在保证成本回收、履行还贷合约、合法纳税和满足股东方投资回报要求的前提下测算发电成本和上网电价，计算各项财务评价指标，并进行盈亏平衡分析、敏感性分析及风险分析，以此反映项目总体投资水平、控制项目总投资费用，提出项目收益率，评估投资风险，为项目建设单位的投资决策提供科学、可靠的依据，指导并改进项目管理，提高投资效益，规避投资风险。与经济合理性有关的厂址特征，应包括实现核电选址安全可靠性、环境相容性和技术可行性所需要采取的工程措施对应的工程投资，如以下厂址特征。

① 选址时应优先考虑厂区征地、征海、移民搬迁、种植和养殖赔偿等费用较低、影响较小的区域。

② 应优先考虑地基处理、边坡工程、海工工程费用较低的区域。

③ 应优先考虑土石方工程挖、填方总量较小，弃土场距离较近，以及建设主要、次要进厂道路工程费用较低的区域。

6.2.2 核电厂址比选方法

核电厂址经过前期厂址普选后，通常需要针对至少两个候选厂址，进一步搜集核电厂址相关资料，开展初步可行性研究阶段地形测量、地震安评、岩土勘查、人口环境及外部人为事件调查、工程水文分析、大件运输方案等与厂址相关的专题研究。结合评价因素的特点，对候选厂址的各项厂址条件，进行定量或定性的技术经济比较，综合提出推荐的优先候选厂址。待取得地方及各相关管理部门对项目建设的支持性意向意见，并通过国家主管部门认可的咨询机构的技术审查后，进一步开展核电项目可行性研究阶段选址安全和环境影响评价工作。根据我国核电厂选址相关法规标准要求，我国核电厂址的最终确定，须取得国家核安全局和生态环境部对核电项目《选址安全分析报告》和《环境影响报告书（选址阶段）》的同意批复意见。

候选厂址主要技术条件比较见表 6-1。

表 6-1　候选厂址主要技术条件比较表

序号	建厂条件		厂址 A	厂址 B	厂址…
1	可用地条件	规划容量（建设机组数）			
		土石方量			
		挖、填方最高边坡			
		移民搬迁量			
2	交通运输条件	厂外运输方案			
		距最近干线距离			
		车站、码头建设条件			
3	冷却水供水条件	冷却方式、水量保证			
		取水深度、岸滩稳定性			
		输水干线长度			
4	淡水供应条件	水源条件			
		输水干线距离			
5	排水条件	受纳水体类型、特征			
		最枯流量、延续天数			
		平均流量、延续天数			

续表

序号	建厂条件		厂址 A	厂址 B	厂址…
6	防洪条件	DBF 水位			
		防洪措施建设条件			
		陆域径流洪水影响			
7	输变电条件	输电距离、出线条件			
		距拟接入变电站距离			
8	气象现象	常规气象、大气弥散条件			
		龙卷风、热带气旋等极端气象			
9	地表断裂及火山	5 km 范围有无断裂、能动断层距离			
		有无火山活动、距最近已知火山距离			
10	地震条件	距厂址最近的最大历史地震震级			
		最大历史地震距厂址距离			
		地震基本烈度			
		SL-2 值			
11	地基条件	地基土类别			
		地基稳定性条件			
12	外部人为事件	最近的军事设施及特征			
		最近的机场、航线及特征			
		最近的铁路、公路及航线			
		最近的涉及危化品、易燃易爆物贮存及使用企业距离			
13	人口分布条件	距百万人口城市距离、距十万人口城市距离、距万人以上城镇距离			
14	与厂址特征有关的工程投资	场地准备费、交通运输设施建造费、地基处理费、取排水设施建造费、输配电设施建造费、排洪、护坡、防波堤等防护费用等			
15	地方支持性	地方人民政府或发改委的意见、公众接收度、社会稳定风险			

6.3　项目管理

核电厂与常规火电厂的最大不同在于核电厂潜在的放射性物质释放风险。为了确保包容放射性物质的实体屏障的完整性，采取比常规工业更严格的安全措施，这造成核电厂物项材料复杂繁多（见表 6-2）。同时，对核电厂的安全相关系统和设备提出了非常高而严格的标准、规范和质量要求。核电厂的设计、设备和施工的质量，在任何情况下都不得留有缺陷，这主要靠质量保证（Quality Assurance，QA）制度来确保。质量问题不仅关乎安全性，而且会影响今后运行的可靠性，如果核电厂的负荷因子低，经济效益便不佳。

表 6-2　一座典型的 1 000 MW 三代压水堆核电厂的核岛大宗材料的数量（双机组）

项目名称	单位	数量
混凝土	m^3	约 500 000
钢筋	t	约 200 000
工艺管道	m	约 200 000
工艺管道支吊架	t	约 1 700
阀门	个	约 17 000
电缆	m	约 4 700 000
电缆桥架	m	约 200 000
电缆桥架支撑架	t	约 3 000
通风管道	m^2	约 60 000
通风管道支架	t	约 400
通风阀门	个	约 4 500

核电厂的投资大（关于典型核电厂的工程费用组成见表 6-3），建设周期长（见图 6-1），进度的任何拖延（如推迟发电）都会造成可观的费用超支，使发电成本升高。进度控制是核电厂建设项目管理的核心。然而在长达十多年的建设期间，有许多意外因素会影响原定进度的实现，包括政治的、社会的、经济的、财务的、技术的和自然条件的变化等。在这个过程中，进度与质量的矛盾是不断发生的，需要项目管理者及时妥善地解决。

表 6-3　一座典型的 1 000 MW 三代压水堆核电厂的工程费用组成　　单位：%

项目名称	建筑工程费	设备购置费	安装工程费	合计
核岛工程	16	40	13	69
常规岛工程	2	13	3	19
BOP 工程	5	5	3	12
工程费用	23	58	19	100

图 6-1 是一座压水堆核电厂的项目里程碑及建设阶段示例。

周期长使得利率变化、汇率变化、通货膨胀、物价波动所引起的财务风险大大增加。就项目本身而言，合同漏项、接口纠纷、设计变更、技术难关、重大不符合项、承包商不按时交货交工、资金或劳动力短缺等因素，均对项目费用产生不利的影响。

核电厂建设项目的质量、进度与费用三方面的目标需要均衡地实现，这三大控制又是互相依存、互相制约的。项目管理的总任务就是要通过正确的计划和组织，及时而最佳的决策、监督、协调和控制，按预定的工期和预算，建成质量合格、满足安全要求、能长期满功率稳定运行的核电厂。

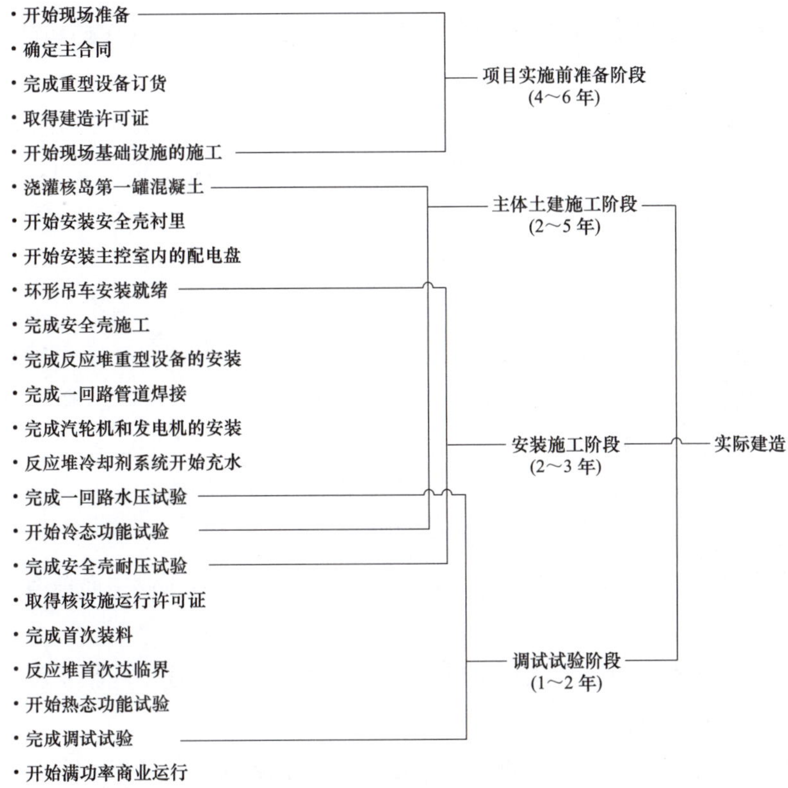

图 6-1　一座典型的 1 000 MW 三代压水堆核电厂建设项目里程碑及建设阶段示例

核电厂建设涉及众多的部门和单位，包括以下单位。

（1）政府管理部门和地方当局；

（2）政府监管机构（如核安全、环境保护、公共卫生、公安、消防等）；

（3）业主（营运单位及各投资单位）；

（4）总承包商或几个主承包商；

（5）各分包商（如设备供货、土建、安装、燃料供应、运输等）；

（6）工程服务公司（工程监理公司）；

（7）咨询公司（如地质、地震、水文、气象、安全分析、应力分析、在役检查等）；

（8）独立的检查机构。

由于核电厂建设项目是一个非常复杂、庞大的工程系统，为了工作、承包或管理上的方便，通常要把项目按不同工艺或专业划分为许多子系统、部分或单元，委托给若干适当的分包单位承担，这样在它们彼此之间就会产生时间、空间和技术参数上大量的相互衔接的问题——接口问题，特别是核电厂内许多子系统在空间上并非截然分界（如一些公用系统），土建、安装和调试阶段的工作有许多在时间上又相互交错，更使接口问题变得复杂。

核电厂建设具有一次性的特点，它与生产运行的恒稳性截然不同。由于技术的快速发展，厂址条件的差异、需求的差异，以及承包商的不同，任何两个项目都不一样，项目管理中出现的问题也不一样，其处理无成规可循，需要运用过去的经验并按照当时、当地的具体情况妥善解决。一次性特点使核电厂业主临时组建的队伍难以继承和积累项目管理的经验。当然，针对多堆建设，尤其是有相同堆型的项目，业主单位逐步积累了项目管理经验，并在专业化公司的统一管理下设立经验反馈机制，能够有效传递项目间的良好经验。

项目管理涉及新的科学技术、法律、商务、财会、公共关系等多方面的专门知识，是一门综合性管理科学；同时又要求项目管理者善于沟通和协调，具有能在复杂、多变的形势下迅速作出正确判断与决策的能力，这样，它又是一门“艺术”。项目管理者在类似工作中积累的经验起重要作用。核电厂建设项目的复杂性、投资之大和周期之长，决定了它不是一个人或少数人所能完全掌握、指挥和控制的，而需要有一个由多种专业（主要是工程专业）人员组成的项目管理部门。

项目管理模式同项目合同方式有密切关系。一般来说，在业主面前有以下三种合同方式可供选择。

（1）交钥匙方式是委托一家总承包商承担项目的全部责任，包括工程设计、设备供货、施工、调试启动和项目管理。

（2）切块分包方式（或称合同方式）是由几家主承包商各分担一大块（如核岛、常规岛、配套设施等）供货和服务的责任，包括切块范围内的项目管理，而由其中一家负责各块之间的接口，由业主或所委托的一家工程服务公司负责它们之间的协调。

（3）多合同方式是由业主自行承担项目的全部责任，将所有供货和服务分成多达上百个合同包，一一委托出去。业主可能委托一家工程服务公司承担总体的工程设计和项目管理。

核电厂运行的安全性、可靠性和经济性，首先决定于它的设计与建造质量、建造周期和建设投资。因此可以说项目管理是核电厂建设成败的关键。不论采用何种分工合作的方式建设核电厂，业主（一般即营运单位）总是对项目的成功负有最终责任；在项目交付使用后，业主（也只有业主）还要对核电厂整个寿期内的安全稳定运行负责。在拟建项目不多的情况下，业主不易做到或不值得为核电厂建设组建起一支具有足够实力的项目管理队伍。这时就应当充分利用专业化工程服务公司提供的服务。美国从事核电厂建设的工程服务公司（Architect Engineer，AE）一般都把工程设计和项目管理结合起来，既能担任项目总承包商，也能按业主的需要提供阶段性服务或可行性研究、申请许可证、招标设计、采购、施工管理、调试启动、人员培训等方面的任何软性服务，有的公司还能承包施工或提供筹资服务。我国积累了几十年的工程总承包核电建设经验，在工程项目进度、接口协调、工程质量、工期、投资等工程管理方面都具有良好的实践经验，探索出了独特的工程项目管理道路。

项目管理部门的有效运作要靠现代化的科学管理，即以“法治”代替“人治”，以求做到：“凡事有人负责，凡事有章可循，凡事有人监督，凡事有据可查”。这样可以尽量地：（1）消除个人行为的随意性和不确定性；（2）减少差错，避免决策失误；（3）使众多单位和部门在复杂形势下协调一致，提高工作效率；（4）明确责任，有利于发挥各方面的积极性；（5）使高层领导人员免于陷入琐碎事务。

核电厂建设项目管理中的“法”如下几种。

（1）国家核安全法。

（2）国家核安全监管机构颁布的核安全法规。

（3）供需双方签订的商务合同，作为“法”，合同必须详尽、严谨，划清责任。

（4）业主报经国家核安全监管机构批准后颁发的质量保证总大纲。

（5）根据法规、合同和质量保证总大纲制定的管理程序，工作程序和质量保证程序。

业主所编制的涉及承包商的程序是合同的细化规定，须符合相应的法规和合同条款，并经过合同双方认可；承包商所编制的程序须符合相应的法规、合同条款和业主颁发的程序，并须在执行前报送业主审查认可；质量保证程序均须经过国家核安全监管机构批准。程序发布后具有法规性质，允许而且应当不断地按一定步骤进行修订完善或更新以适应变化了的条件，但不允许不执行。

程序乃是前人实践经验的总结，严格按照符合事物客观规律的、优化了的程序办事，可以大大提高管理效率和工作效率。

及时了解必要的信息是做好项目管理工作的一个重要因素。为了避免误传、误解、歧义或不必要的纠纷，应强调书面形式的信息，例如，会议必须有文字记录，电话应补送备忘录等。由于文件量很大，应当利用数字化手段或工具，来进行质量、进度和投资控制、图纸管理、设备材料采购催交、施工管理、仓库管理等各方面信息的采集、整理、处理、存储、检索、传递和利用，使项目管理人员能及时而高效地获得准确、合用的信息，避免决策错误。

6.4　质量保证制度

原子能工业的质量保证制度是在 20 世纪 70 年代随着核电厂的建设而发展起来的。1978 年国际原子能机构颁布了核安全标准《核电厂安全规范-质量保证》（50-C-QA），推荐各国政府采用。按照我国《核安全法》以及《核电厂质量保证安全规定》[HAF003（1991）]，核设施营运单位和为其提供设备、工程以及服务等的单位应当建立并实施质量保证体系，有效保证设备、工程和服务等的质量，确保设备的性能满足核安全标准的要求，工程和服务等满足核安全相关要求。营运单位必须制定整个核电厂的质量保证总大纲，报送国务院核安全监督管理部门审核，质量保证总大纲是监督管理部门审批“核电厂建造许可证”“核电厂运行许可证”的必要前提之一。营运单位还必须对质量保证总大纲实施的有效性负责，实施过程要接受监督管理部门的监督。之所以规定将核电厂的质量置于政府部门的监督之下，是因为核电厂具有潜在的核事故风险，可能危害公众和从业人员的安全与健康及污染生态环境。而质量保证制度是确保核电厂的安全性，以及可利用率的根本措施。

质量保证大纲要对所有可能影响质量的活动提出具有约束性的要求和措施。按照公认的定义，质量保证是“为使物项或服务与规定的质量要求相符合并提供足够的置信度所必需的一系列有计划的系统的活动”。与过去的质量管理实践相比较，它是以预先防范和及时纠正代替事后检验，以全员参加的质量管理代替仅生产过程的质量控制，以联系到全系统的各相关单位代替局限于一个单位内部，以充分满足用户要求（对于核电厂，包括未来运行的安全性和可利用率）代替只考虑产品本身的质量。因此，为了实施质量保证大纲，需要建立一个管理与协调各单位、各部门和各项工作（管理性的和技术性的）的体系——质量保证体系。

业主（营运单位）应负责建立整个项目的质量保证体系和实施质量保证总大纲。但对某一项任务达到质量要求的具体责任者仍是该项任务的承担者。因此，合同规定，凡提供安全相关或可用率相关物项或服务的承包商，均须建立各自的质量保证分大纲，以控制其责任范围内的活动。质量保证分大纲须报送业主审核批准，主要承包商的质量保证分大纲须报送国务院核安全监督管理部门复核。

承包商应建立职责权限和联络渠道明确的组织机构，包括独立于实际作业部门的质量保证（QA）部门和质量控制（QC）[①]部门，制定质量保证分大纲和程序，建立控制各项作业的程序（包括管理程序和工作程序），使用经过培训的合格人员，验证规定的质量要求是否满足，控制所有的技术偏差（不符合项），采取必要的纠正措施，定期检查大纲实施的有效性。承包商质量保证部门的活动主要是观察、监督、监查，验证工作中的不足、缺陷或不符合项是否得到及时的纠正，验证质量保证大纲和各种程序的有效性与适用性。质量控制部门的活动主要是编制分项作业的质量控制计划（包括设置关键环节的见证点和停工待检点）、实地检查、测量、试验、无损检验、不符合项管理、计量管理等。承包商及其分包商（包括分包商对其分包商）的质量保证和质量控制活动，合起来构成一个完整的质量保证系统。

业主应通过其质量保证部门对所有承包商工作的质量进行监督、监查和验证检查等质量保证和质量控制活动。

质量保证体系的运转必须依据有效的书面文件，包括法规、导则、标准、大纲、程序、技术规格书、图纸、技术说明书、质量控制计划、工作指令等，做到凡事有章

---

① 此处的质量控制（Quality Control，QC）是指控制各项作业的质量的具体检查活动。

可循。所有关于质量的客观证据，包括对物项或服务作业完成情况的检查、测量、试验、监督、监查、审查的结果，不符合项及其纠正措施，以及人员资格证明、程序批准证明、仪表标定证书等，必须按程序的规定做成真实完整的记录，并完好地保存，做到凡事有据可查。完善的文件管理系统和记录制度是质量保证体系不可缺少的要素。

质量保证制度对核电厂经济性的最大贡献在于提高负荷因子（或可利用率）。核电厂的系统、设备都具有符合要求的可靠性，就会减少其失效率。其次，设备的缺陷发现和纠正得越早，付出的代价就越小，尽早发现问题可以产生明显的经济效益。

必须指出，一切质量保证活动的有效实施的关键在于人。各参建单位需要建立和不断完善“质量文化”，它指的是单位和员工对产品质量的态度、作风、工作方法和工作习惯。就个人而言，要求每个人对质量问题具有高度的责任感和积极性、严谨的工作方法、互助合作、相互交流的工作习惯和不断、主动地为提高质量而奋斗的精神。质量文化建设的重点应放在优化人的质量文化素质上，为此必须重视总结过去质量保证活动实践中的经验教训（如有章不循等），加强学习和培训。

6.5　核电厂建设的自主化

核电厂建设的自主化，主要表现为设计自主化和设备国产化。我国和其他一些核电国家的早期建设的核电厂，多采用交钥匙合同方式，将工程设计和项目管理交与外国通常是发达国家的总承包商负责，设备从外国成套进口，国内承担部分占总投资的份额甚低。例如，大亚湾核电厂设备国产化率仅为 1%，岭澳一期核电厂仅有 30%。经过我国三十余年的核电研发建设经验和成熟装备制造体系逐步完善，通过实施自主创新，成功研发了具有我国完全自主的、满足国内外最新安全标准的先进三代压水堆核电技术，实现电厂可利用率达到 90%以上，设备国产化率超过 88%，批量化建设后，国产化率超过 90%。

以往采用成套进口外国设备建设核电厂，受到国外技术制约，极大限制我国核电技术发展和核电技术出口。

核电厂建设的自主化包含：（1）工程设计和项目管理的自主化；（2）设备的国产化；（3）土建、安装和调试的自主化。

6.5.1　工程设计和项目管理的自主化

工程设计和项目管理影响着建造过程中的一切活动，包括工程文件的产生，设备的采购和制造，现场施工直至调试完成、交付运行。工程设计和项目管理费用占总投资 14%～18%。工程设计和项目管理的自主化是核电厂自主化的先行官。

没有工程设计的自主化，业主的项目管理就不会完整。在这里，工程设计应理解为包含系统的基本设计和详细设计，电厂总体设计（总平面布置、总体技术规格、各专业的协调统一），采购（招标、评标、订合同、催交、检查、验收），对施工的技术支持（提供施工图纸和说明书、施工计划、施工合同纲要、向施工单位作技术交底），质量保证和质量控制，现场技术工作（现场设计、现场采购、协助调试），以及技术转让和相应的自主化工作等多项工程服务的内容，而不限于狭义的设计（仅含制作图纸和技术规格书）。

工程设计自主化是项目管理自主化的基础，也是设备国产化的前提。因为本国的工程设计人员既了解国内工厂的制造水平和潜力，又关心国产化率的提高。工程设计人员通过创新设计和技术研发，指导制造厂采取必要措施使其产品适应核技术要求。

早些年，大亚湾核电厂的核岛和常规岛设备是由外国厂商成套供货，可争取的国内供货只有电厂配套设施。而这部分的采购管理，按照合同，是委托法国电力公司作为工程服务来承担。当时尚缺乏一个自主化和国产化的通盘规划。

我国先进三代压水堆技术自主化，成功实现了多项工程设计自主化和项目管理自主化，包括 177 堆芯、燃料组件、能动加非能动的安全设计特征、创新的核岛与安全壳设计、高度信息化技术支撑下的工程总承包管理体系、数字核电、创新的施工安装技术、自主化核电专用设计软件包、完整自主的核电标准体系等，从而有效缩短了核电建造周期，将设备国产化率提高到 88%，全面带动了包括设备国产化在内的核电厂自主化和产业链升级。

6.5.2 设备国产化

我国自主化先进三代压水堆核电技术成功将核电建造成本大幅降低于其他国外引进的三代技术，极大提高了核电的经济性。其中，设备供货占工程费用的 50%以上。设备国产化是核电厂自主化的重点。

先进三代压水堆的设备国产化包括主设备和辅助配套设备的国产化。全面实现了核心关键设备自主可控，带动高端装备制造转型升级。突破新材料、新设备技术瓶颈，创新研制反应堆压力容器、蒸汽发生器、燃料转运装置、装卸料机等 411 项设备。

一回路主设备、汽轮发电机组、装卸料机及核级机电设备是对核安全、电力生产起重要作用的核心装备，其国产化是实现型号全面自主可控的关键。一方面，要突破蒸汽发生器、大型锻件等关键设备或部件的核心技术；另一方面，先进三代压水堆核电高可靠性、高抗震、长寿命，以及严酷的事故耐受要求给设备研发带来了更大的挑战。

我国自主化研制的大容积反应堆压力容器，突破了整体锻造技术瓶颈，取消堆芯活性段筒体环焊缝，攻克材料辐照脆化元素控制等技术难题，将设计寿命提高 20 年；研制的蒸汽发生器，解决了小直径传热管、三角型布管等技术难题，将传热面积增大 20%；自主设计的控制棒驱动机构，通过了热态寿命试验和 0.3g 抗震试验。

自主化采用的双层安全壳燃料转运装置接力驱动技术，攻克了燃料组件长距离水下运输的技术难题，16 000 余次的水下运行环境模拟试验验证了设备的安全性和可靠性，运输效率达到每小时 5～6 组燃料组件；全数字化控制装卸料机采用了创新的结构设计和制造工艺，克服了起升高度显著增加情况下需要确保定位精度的困难，通过系列试验证明了燃料组件抓取操作的安全性、准确性和可靠性，采用的双 PLC 控制技术，实现了运行功能与安全功能的有效隔离。

非能动安全壳热量导出系统热交换器、应急堆芯冷却系统过滤装置等新型设备全面掌握了试验验证方法和分析技术；针对高温、高压、高辐照的事故环境条件及高抗震能力要求，研发了中压安注泵、应急硼酸注入泵、大流量双吸式设备冷却水泵、主蒸汽隔离阀等关键核级泵阀；主蒸汽高能管道的微裂纹声发射监测系统，可以在事故前预防管道发生快速断裂，加强主动安全管理；新型核级空气处理机组满足三代机型主控室事故后可居留性的要求，具有低噪声、低振动、低泄漏、高抗震能力；双层安全壳的机械贯穿件能够适应大位移。

我国先进三代压水堆核电设备国产化涉及 5 300 多家制造企业、6 万多台套设备，是举全国之力实现的全产业链升级的重要举措。

设备国产化不但成功带动我国高新技术发展，提高了本国制造工业的水平与国际市场竞争力，还包括发展核电本身带来的巨大经济效益和环境效益（见 1.1 节和 5.5 节），培养出大批高水平的技术人员和管理人员，增加国内就业率。因此，设备国产化对引领我国整体国力发展具有重要而深远的意义。

6.5.3　土建、安装和调试的自主化

近年来，随着我国核电项目不断建设发展，土建、安装和调试工作都逐渐积累了大量经验，形成了具有自主化能力的核电土建、安装和调试队伍，掌握了先进的技术工艺。其中，国内先进压水堆核电采用了创新的施工安装技术，如核岛开顶法施工、钢衬里模块化施工、不锈钢先贴法、倒 U 预应力等施工技术，在安装过程中进一步拓展了自动焊机技术的应用，显著提升了施工安装过程的安全性与便捷性，同时节约了项目工期，确保了工程按期交付。土建、安装施工过程由于技术难度大、系统复杂、协调接口多，需要严格控制质量，设立质量监督点，重要工序设立见证点。施工过程由监理单位进行监督检查。在调试方面，对问题的发现、处理、接口关系、快速解决等多个方面形成了有效的方式方法，对重大试验一次成功，对调试工期进行良好控制，多次实现机组调试后首循环无非计划停机或非计划停堆。

6.6　燃料管理

核电厂的燃料管理包括：（1）堆内燃料管理——装料和控制方案的制订和实施，及

对燃料工作条件和燃料完整性的监测；（2）堆外燃料管理——新燃料组件的采购、运输和贮存，及乏燃料组件的检查、贮存和运输。

在核电厂运行过程中，由于裂变燃料的消耗和裂变产物的积累，堆芯的后备反应性逐渐降低。当后备反应性等于0（实际上为补偿从冷态零功率到热态满功率的温度效应和平衡氙中毒效应，尚需留有6%～8%的后备反应性）时，反应堆不再能运行，就需要换料，即以新燃料替换乏燃料。不停堆换料方式适用于压力管式反应堆（重水堆、石墨堆和球床高温气冷堆），压力容器式反应堆（压水堆和沸水堆）只能采用停堆换料方式。两次换料停运之间的时间间隔称为运行周期（或换料周期）。运行周期短允许减少燃料装载量或降低燃料富集度，相应地减少控制棒数目（或控制毒物数量），但频繁换料会影响核电厂的可用率和经济性。

6.6.1 压水堆燃料管理

目前压水堆核电厂的运行周期一般为18个月，每次更换约2/5堆芯的燃料；堆内燃料管理的发展趋势是进一步延长换料周期至24个月，每次更换1/2堆芯的燃料。为保证全周期运行所需的后备反应性，堆芯在运行周期初所具有的初始后备反应性（即冷、净堆芯的最大后备反应性），要用控制棒、化学毒物和可燃毒物予以吸纳（见2.4.2节）。通常用化学毒物补偿燃耗和裂变产物积累引起的长期反应性变化，用控制棒提供反应堆启动停闭、负荷跟踪和微小反应性瞬变所需的短期反应性变化及展平中子注量率分布。新堆首次装料后的初始后备反应性特别大，全靠化学毒物吸纳会使循环初的临界硼浓度过高而使慢化剂温度系数出现正值，因此要用引入可燃毒物的办法解决这个问题。例如，典型压水堆首次装料后的初始后备反应性为$0.26\Delta k/k$，加上保证足够停堆深度所需的$0.1\Delta k/k$，就用化学毒物吸纳$0.20\Delta k/k$，可燃毒物吸纳$0.08\Delta k/k$和控制棒吸纳$0.08\Delta k/k$。

为了展平堆内中子注量率的分布，现行压水堆首次装料都采用分区装入不同富集度燃料的办法：把富集度最高的燃料组件装入堆芯外区，把富集度较低的三种燃料组件按棋盘格式装入堆芯内区，如图6-2所示。换料时采用低中子泄漏换料方案，将富集度已降至最低的燃料组件卸出，堆芯外区布置上一运行周期烧过的燃料组件，把新燃料组件装入内区。这样，外区燃料组件的富集度较低，堆芯边缘的中子注量率也较低，中子泄漏损失就少。低中

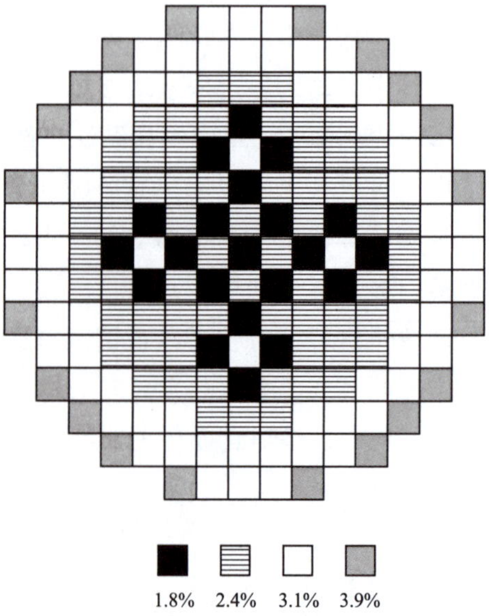

图6-2 典型压水堆的首次装料方案

子泄漏使得燃料的利用更经济和运行周期延长。缺点是中子注量率分布不均匀系数增大，须依靠可燃毒物的合理布置，来控制内区的功率峰值。燃料组件经过 2～3 个运行周期卸出。表 6-4 表示各区燃料在第一运行周期内的富集度变化情况。

表 6-4　堆芯中各区燃料在第一运行周期内的富集度变化示例

核素	燃料富集度/质量%							
	运行周期初				运行周期末			
	内区 1	内区 2	内区 3	外区	内区 1	内区 2	内区 3	外区
^{235}U	1.8	2.4	3.1	3.9	0.7	1.0	1.6	2.7
^{238}U	98.2	97.6	96.9	96.1	98.6	98.3	97.7	96.8
Pu	0	0	0	0	0.7	0.7	0.7	0.5

在制订堆芯换料和控制方案时，除了满足安全要求的各项热工裕量（见 2.7 节）外，应优化燃料的利用以尽量提高经济性。由于堆内中子注量率的不均匀分布，易裂变核素 ^{235}U 的消耗率和 ^{239}Pu 的生成率（^{241}Pu 的形成暂时忽略不计）以及各种裂变产物的积累率，在径向和轴向各点都不一样，而且随时间而变。中子注量率分布情况也是随时间而变化的。为制订换料方案和控制方案（包括可燃毒物的应用）提供依据的燃耗计算（堆芯寿期计算）就非常复杂，且须按不同方案重复计算多次，要耗费大量的计算机时间。为弥补事先计算的不准确，许多现代核电厂采用在线计算机根据实际测得的数据进行连续不断的分析，将其结果用来修订原方案。

6.6.2　沸水堆燃料管理

沸水堆的装、换料方案与压水堆相似，一般分成四区装料，每次换料更换 1/4 堆芯的燃料。运行中与燃料管理相关的监测有以下几点。

（1）中子注量率的空间分布——用固定式或移动式的堆芯中子探测器进行测量，可根据测量结果得出中子注量率的径向和轴向分布，算出热通道因子和热管因子，并进行燃耗计算。

（2）冷却剂温度和压力——监测的目的主要是防止热点附近的冷却剂温度过高或压力过低，引起燃料棒包壳表面的偏离泡核沸腾和烧毁。

（3）燃料棒完整性——对燃料棒包壳破损的监测，是通过对冷却剂中裂变产物浓度的测量，来判断有无包壳破损及其破损的程度。常用的监测方法有：① 测定由 ^{87}Br 和 ^{137}I 放射出缓发中子的数目；② 测定冷却剂的总 γ 放射性活度；③ 测定冷却剂中裂变气体 Kr、Xe 及其衰变产物的浓度。一般，当一回路冷却剂放射性水平达到规定限值时，就应停堆检查和找出有破损的燃料组件，予以更换。

关于可能达到的燃耗深度，参见 2.7.1 节。

6.7 核电厂事故的防止

6.7.1 纵深防御

为了防止放射性物质过量逸散到环境和保护厂内人员免受过量的辐射剂量影响，核电厂的设计应采取纵深防御概念，使得单一的人因失误或设备故障不会造成防止放射性释放实体屏障的丧失。纵深防御的概念贯彻于核安全有关的全部活动，涉及核动力厂各种工况下的组织、人员行为或设计，以保证这些活动均置于各种独立的、不同层次措施的防御之下。

6.7.1.1 第一层次防御——防止偏离正常运行及防止安全重要物项的故障

应按照恰当的质量水平和经验证的工程实践，正确并保守地选址、设计、制造、建造、运行和维修核电厂。为此，应十分注意选择恰当的设计规范和材料，并对部件的制造、核电厂的建造和调试进行质量控制。在这一层次，降低内部危险可能性的设计措施有助于事故的预防。还应重视涉及设计、制造、建造、在役检查、维修和试验的过程和规程，以及进行这些活动时良好的可达性、核电厂的运行方式和运行经验的利用等方面。整个过程以确定核动力厂运行和维修要求及其质量管理要求的详细分析为基础。实现该层次防御目标的主要措施包括但不限于以下几点。

（1）正确并保守地进行核电厂选址，对可能的内外部危险进行有效识别和充分评估。

（2）采用经充分验证的技术和保守设计。

（3）构筑物、系统和部件须根据其安全功能及安全重要性进行安全分级，以对其设计、制造、建造、安装、运行和维修质量进行有效控制。

（4）设置反应堆控制系统，实现对核电厂参数和运行状态的有效监测，以保证对正常运行期间的过程参数进行有效控制，防止偏离正常运行。

（5）充分考虑安全重要物项的冗余性、独立性、多样性等可靠性设计。

（6）结构和设备的设计充分考虑所承受的载荷，包括机械载荷、腐蚀和辐照效应，通过采用适当的构型（如有利于减小应力集中）、材料（如具有优良韧性的细晶粒结构钢）和工艺（如为减轻腐蚀的不锈钢衬里），来防止其失效。

（7）严格执行质量保证制度，使得安全重要的构筑物、系统和部件，特别是安全壳的建造，承压设备的制造和安装，均具有所要求的高质量。

（8）按照经过实践考验的运行规程进行核电厂的在役检查、维修和试验，设计中须充分考虑进行这些活动的可达性和必要的装备和工具。同时，须充分利用运行经验反馈，定期或不定期地对运行规程进行改进或优化。

（9）运行人员，特别是主控制室操纵员，必须具备一定的学历和身体条件，良好的品性和技能，经过培训和考核，并取得执照。运行人员需养成严格遵守规程的良好习惯。

6.7.1.2　第二层次防御——检测和控制偏离正常运行状态

第二层次防御的目的是检测和控制偏离正常运行状态，以防止预计运行事件升级为事故工况。尽管注意预防，核电厂在其寿期内仍然可能发生某些假设始发事件。这一层次要求在设计中设置特定的系统和设施，通过安全分析确认其有效性，并制定运行规程以防止这些始发事件的发生，或尽量减小其造成的后果，使核电厂回到安全状态。实现该层次防御目标的主要措施包括但不限于以下几点。

（1）设置反应堆保护系统，利用连续监测安全重要工艺参数得到的保护信号，产生保护动作来维持各道屏障的完整性，当安全相关的重要参数的偏离达到设定的阈值时停闭反应堆，使电厂处于安全状态。

（2）保证核电厂固有安全特性（如堆芯稳定性、热惯性和负反应性系数等）。

（3）通过控制棒的棒位监测，限制控制棒提升速率和防止硼浓度误稀释等措施，防止功率波动瞬态。

（4）反应堆冷却剂压力边界的破前漏监测技术的应用。

（5）制定有效的报警规程和故障（异常）处理规程，及时处理可能影响核电厂安全的异常工况，使核电厂状态得到控制，防止假想始发事件发生或演变为事故。

6.7.1.3　第三层次防御——控制事故进程

尽管极不可能，某些预计运行事件或假设始发事件的升级仍有可能未被前一层次防御所制止，而演变成事故。在核电厂的设计中，假定这些事故会发生。这就要求必须通过固有安全特性和（或）专设安全设施、安全系统和规程，防止造成反应堆堆芯损伤或需要采取场外干预措施的放射性释放，并能使核电厂回到安全状态。实现该层次防御目标的主要措施包括但不限于以下几点。

（1）设置各种专设安全设施及其支持系统，在事故工况时自动投入运行以控制事故后果，例如：

① 应急堆芯冷却系统——在主回路管道破裂的失水事故下，向主回路注入大量含硼水以补偿冷却剂的漏失和维持堆芯的冷却；在主蒸汽管道破裂的事故下，向堆芯快速注入含硼水以抵消快速冷却引起的正反应性；

② 安全壳喷淋系统——在失水事故和主蒸汽管道（安全壳内部分）破裂事故后从安全壳顶部喷洒冷水，以冷却壳内大气和限制壳内峰值压力，防止安全壳超压破坏，必要时在喷淋水中添加 NaOH 以除去大气中的悬浮碘和气溶胶；

③ 应急给水系统（或称辅助给水系统）——当蒸汽发生器的主给水系统失效时，用以供水到蒸汽发生器以防止蒸汽发生器烧干和维持蒸汽发生器的热阱作用，该系统

应具有足够的冗余度，并兼有多样水源，并且能够连续运行至一回路温度下降至余热排出系统能投入工作的温度；

④ 安全壳隔离——穿过安全壳的人员（应急）闸门、设备闸门和燃料转运通道平时都是密封的，人员闸门设有互相连锁的两道门，正常运行期间，两道门不能同时开启，电缆和管道的贯穿件均带有密封装置，为了防止事故工况下放射性物质通过贯穿件的泄漏，在所有管道穿过安全壳的区段上设置安全壳隔离阀，可根据需要予以自动关闭；

⑤ 主蒸汽和给水隔离——在主蒸汽或给水管道破裂事故下，用以限制事故的影响范围；

⑥ 重要厂用水系统——包括相应的取、排水构筑物，用于停堆后将各安全相关系统和设备的热负荷传输至最终热阱，应配备应急水源，其容量或自然冷却能力须保证长期冷却及保持安全停堆状态之需；

⑦ 应急电源——在失去外电源和装置切换到厂用电运行方式失败的情况下，应急柴油发电机组会自动投入向专设安全设施母线供电。应急柴油发电机组须满足功率、快速启动、燃料油贮备、防火等多方面要求。由于电动泵的启动电流大，专设安全设施的各项设备须按一定的时间顺序加载，应急柴油发电机组须具有相应的阶跃带负荷性能。核电厂的仪表、控制、信号、开关操作、应急照明用的直流电源是由专门的充变电装置和蓄电池组提供的。

所有这些安全相关系统均满足单一故障准则，并通过实体隔离和多样性等措施来防止共因失效，并且能抵御地震、洪水、台风、龙卷风等自然灾害的侵袭。

（2）设置安全系统用于缓解未造成堆芯熔化的设计扩展工况后果，控制其发展和防止堆芯熔化，例如：

① 多样化驱动系统——提供自动控制和手动控制功能，以降低由于共因故障引起的保护系统失效；

② 应急硼注入系统——在未能紧急停堆的预期瞬态工况，向反应堆提供快速的硼酸注入，以保证其次临界状态；

③ 反应堆压力容器高位排气——在事故期间，将积聚在反应堆压力容器顶部的不可凝气体排放至稳压器卸压箱，并从卸压箱排放到安全壳的大气中，从而防止不可凝气体影响反应堆堆芯传热，保证反应堆冷却剂系统中只有唯一的汽/水界面；

④ 二次侧非能动余热排出系统——在发生全厂断电的设计扩展工况下，系统投入运行，在不超过冷却剂压力边界设计条件下，通过蒸汽发生器导出堆芯余热以及反应堆冷却剂系统各设备的储热，在 72 h 内将反应堆维持在安全状态。

（3）制定事故运行规程为运行人员提供事故处理的操作指令，通过适当的人员干预，使核电厂趋于安全或使核电厂状态得到控制。

6.7.1.4　第四层次防御——缓解严重事故后果

这一层次防御的目的是减轻第三层次防御失效所导致的事故后果。通过控制事故进展和减轻严重事故的后果来实现第四层次的防御。安全目标是，在严重事故下仅需要在区域和时间上采取有限的防护行动，且避免场外放射性污染或将其减至最小。这要求可能导致早期放射性释放或者大量放射性释放的事件序列被实际消除。设置了用于严重事故工况的安全设施来实现这一层次的防御目标。

（1）一回路快速卸压系统——在严重事故情况下对反应堆冷却剂系统进行快速卸压，从而避免可能导致安全壳直接加热的高压熔堆现象发生。

（2）堆腔注水冷却系统——在发生堆芯熔化的严重事故后，通过压力容器外冷却带走堆芯熔融物热量，降低反应堆压力容器外壁面的温度，维持压力容器的完整性，实现压力容器内堆芯熔融物的滞留。

（3）非能动安全壳热量导出系统——在电厂发生设计扩展工况（包括严重事故）时，将安全壳压力和温度降低至可接受的水平，保持安全壳的完整性。

（4）安全壳过滤排放系统——通过主动卸压使安全壳内大气压力不超过其承载限值，从而确保事故工况下的安全壳完整性；通过系统中的过滤装置对排放气体中的放射性物质进行过滤，以减少释放到环境中的放射性物质。

（5）氢气复合系统——锆水反应、金属腐蚀和水的辐照分解都产生氢，使安全壳大气中的氢浓度增加，氢气复合系统将安全壳内氢气浓度维持在一个足够低的水平，保证严重事故下平均体积浓度低于爆炸限值 10%。

除此之外，还应制定严重事故管理导则（SAMG）用于指导应急人员及时响应并缓解严重事故，将电厂带回到可控稳定状态，使场内和场外的放射性后果降到最低。

6.7.1.5　第五层次防御——减轻事故工况的潜在放射性后果

第五层次防御（即最后层次防御）的目的是减轻可能由事故工况引起的潜在放射性释放造成的后果。该层次要求配备恰当的应急设施，制定用于场内、场外应急响应的应急计划和应急程序。实现该层次防御目标的主要措施包括但不限于以下几点。

（1）通过有效的辐射防护措施和通风系统，保证严重事故工况下应急控制中心和主控室的可居留性，并提供可靠的通信设备和电源供应。

（2）制定有效的场内、场外应急计划和程序，并定期演练。

（3）提供有效的厂区辐射监测手段（如移动式监测设备），以获取事故后果评估的充足的信息。

（4）提供充足的应急响应物资，包括食物和水的供应、医疗急救设施等。

（5）制定大范围损伤管理导则（EDMG），在发生大范围损伤事故的情况下协助应急人员做出及时有效的响应，充分调动电厂资源，使电厂重新回到可控稳定的状态，将场内和场外的放射性后果降到最低。

图 6-3 表示纵深防御层级的划分。

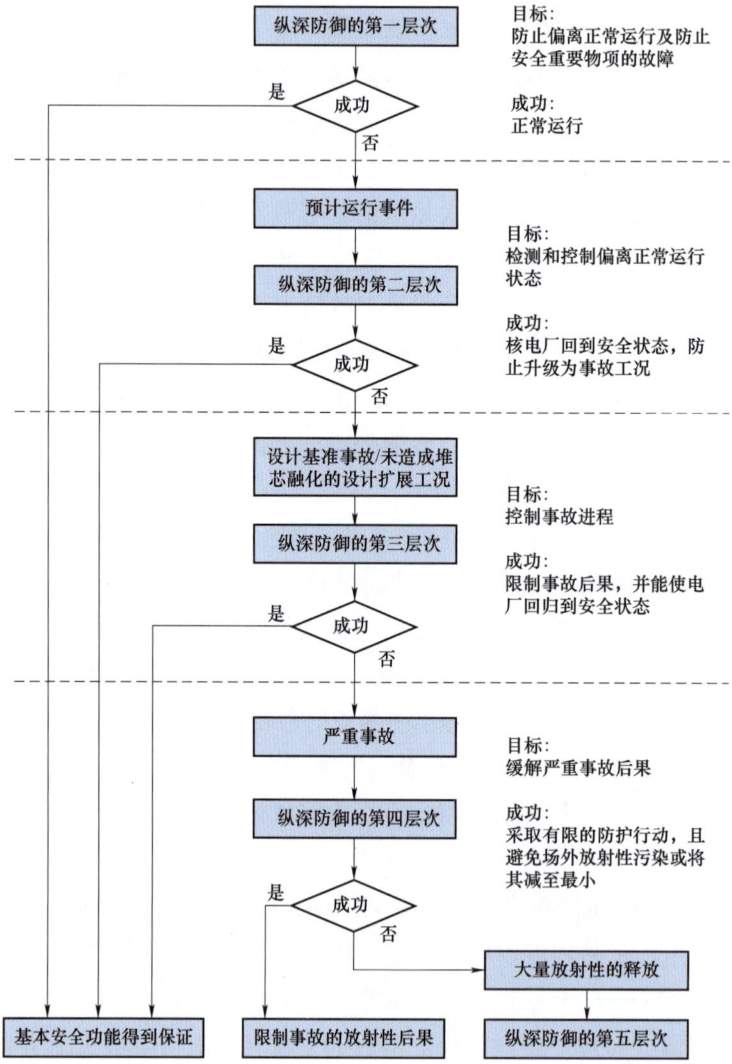

图 6-3　纵深防御层级划分

6.7.1.6　纵深防御的应用

纵深防御设计原则的应用包括多道实体屏障的建立，以限制放射性物质向环境的释放。这些实体屏障包括燃料芯块、燃料包壳、反应堆冷却剂系统压力边界和安全壳。设计需保证每一道屏障的有效性，并为之提供保护措施。

6.7.2　国际核事件分级

为了统一划分各国核电厂事故的级别，便于互相通报和与公众进行交流，国际原子能机构（IAEA）和经济合作与发展组织（OECD）于 1990 年发表了国际核事件分级表（见表 6-5），已被普遍采用。8 个等级中的较低级别（1～3 级）称为事件，较高级别（4～7 级）称为事故，0 级表示无核安全意义的事件。

表 6-5　国际核事件分级表

级别	说明	准则	实例
7 级	特大事故	● 堆芯的放射性裂变产物大量逸出至厂区外（其量相当于 10^{16} Bq 碘-131）； ● 可能有急性健康效应，在广大地区（可能涉及一个以上国家）有慢性健康效应； ● 有长期的环境后果	1986 年苏联切尔诺贝利核事故； 2011 年日本福岛核事故
6 级	严重事故	● 明显向厂区外逸出裂变产物（其量相当于 10^{15}～10^{16} Bq 碘-131）； ● 很可能需要全面实施当地应急计划	
5 级	有厂区外危险的事故	● 有限地向厂区外逸出裂变产物（其量相当于 10^{14}～10^{15} Bq 碘-131）； ● 需要部分地实施当地应急计划（如就地隐蔽或撤离）； ● 由于机械效应或熔化，堆芯严重损坏	1979 年美国三哩岛核事故
4 级	主要在设施内的事故	● 少量放射性向厂区外逸出； ● 除了当地食品要控制外，一般不需要厂区外防护措施； ● 堆芯有某些损坏； ● 工作人员所受剂量（1 Sv 量级）可能导致急性健康效应	
3 级	重大事件	● 极少量放射性（超过规定限值）向厂区外逸出； ● 无须厂区外防护措施； ● 厂区内严重污染； ● 工作人员受过量照射； ● 接近事故状况——丧失纵深防御措施	
2 级	事件	● 不直接或立即影响安全，但有潜在安全影响	
1 级	异常	● 没有危险，但偏离正常的功能范围，这可能由于设备故障、人因失误或程序不适当所造成	
0 级	核安全上无重要意义		

6.8　核安全文化

自人类发展核能与核技术利用事业以来，历史上发生了几起重大核事故和一些引起全球核行业警惕的重要事件，究其深层次的原因，核安全文化缺失和弱化是重要因素之一。1986 年，切尔诺贝利核电厂发生核事故，堆芯严重损毁、大量放射性物质向环境释放。国际原子能机构（IAEA）通过对事故的分析和讨论，确认事故源于一系列人因失误——有意识违反操作规程：为完成汽轮机试验不顾反应堆将进入不稳定状态，眼看要发生事故还想着把试验做完，最终酿成了一场人为的核灾难。可以说，核安全文化的缺失是导致切尔诺贝利事故的根本原因。2002 年 3 月 6 日，美国 Davis-Besse 核电厂 1 号机组压力容器顶盖因一回路含硼冷却水泄漏发生腐蚀，在 3 号控制棒驱动机构指套管附近位置产生一个约 156 cm^2的凹坑，腐蚀最深处仅离压力容器内表面约 6.3 mm，潜在后果非常严重。核电界将发生这次事件的根本原因归结为以下几点：（1）电厂仅满足于符合最低标准要求，而不是追求高标准要求；（2）长期的良好运行业绩（假象），使电厂管理层产生自满情绪；（3）随着时间推移，失去了对核安全的敏感性和警惕性；（4）对异常状态和指标总是试图自圆其说；（5）故步自封，沾沾自喜；

（6）未能有效使用核电界和设备厂家的经验反馈。归其根本原因，是核电厂的组织（管理）层核安全文化意识出了问题，是良好运行业绩假象下的核安全文化弱化导致的。2011年3月11日发生的日本福岛核事故，尽管引发事故的主要原因是极端外部条件——海啸和地震，但是日本国会“福岛核事故调查委员会”发布的福岛核事故最终调查报告中指出，人为因素也是导致福岛核事故的重要原因之一。东京电力公司的一些行为，比如运行期间存在篡改监测数据、无视研究人员早先提出的防海啸警告、机组海水冷却行动迟缓、应急体系职责不明、高层想放弃核事故缓解等，无不显示了核安全文化建设在福岛第一核电厂存在严重问题。福岛核事故从4级发展到7级，东京电力公司核安全文化的缺失或弱化有着不可推卸的责任。

“安全文化”是国际原子能机构（IAEA）在总结苏联切尔诺贝利事故经验教训的基础上，基于“核安全是核能与核技术利用的进步基础与世界和平与发展所必需”的这一国际共识，提出的超越国家、组织和员工传统的保证核安全的共同价值观和行为方式。核安全文化的提出使不同社会制度的国家、不同层次的组织和不同文化背景的员工有了一个为核安全作贡献的统一行为准则。

我国十分重视核安全文化建设工作。国家核安全局、国家能源局和国家国防科技工业局联合发布《核安全文化政策声明》（以下简称《政策声明》），倡导培育和发展核安全文化。《政策声明》旨在阐明国家对核安全文化的基本态度，培育和实践核安全文化的原则要求。

《政策声明》强调：

（1）核安全监管部门和政府相关部门要加强政策引导、制定鼓励核安全文化培育的相关政策，加大贯彻实施力度；继续秉持“独立、公开、法治、理性、有效”的监管理念和严慎细实的工作作风；坚持科学立法、依法行政，确保政府监管的独立、权威和有效；

（2）核能与核技术利用单位要做出承诺，构建企业自身的核安全保障机构，将良好核安全文化融入生产和管理的各个环节，做到凡事有章可循，凡事有据可查，凡事有人负责，凡事有人监督；加大培育核安全文化的资源投入力度，定期对本单位的核安全文化培育状况、工作进展及安全绩效进行自评估，保证核安全文化建设在本单位得到有效落实；

（3）从业人员要对自身严格要求，养成一丝不苟的良好工作习惯和质疑的工作态度，避免任何自满情绪，树立知责任、负责任的责任意识，形成学法、知法、守法的法治观念，持续提升个人的核安全文化素养。

2017年9月，我国发布了《中华人民共和国核安全法》，对核设施的安全、核材料和放射性废物安全、核事故应急、信息公开和公众参与、监督检查以及法律责任等核安全领域提出了法律要求，从国家层面为预防与应对核事故，安全利用核能，保护公众和从业人员的安全与健康，保护生态环境，促进社会持续发展提供了法律保障。

第7章　海洋和空间核能装置

7.1　潜艇核动力装置

常规潜艇已发展成为打击水面船舰的有效武器，可破坏敌方海上运输。但常规潜艇仅仅是一种可潜水的水面艇，它在攻击敌人或躲避敌人而潜水航行时，是用蓄电池作为能源来推进的，不但航速低，而且以全速航行一小时左右，就需浮出水面或浮至通气管深度利用柴油发电机组进行充电（因为燃烧柴油需要空气中的氧气）。常规潜艇大部分游弋时间是在水面或在通气管深度采用柴油机推进前行，极易暴露目标。核动力推进把过去的“可潜水艇”变为能自由遨游于海洋深处名副其实的潜水艇。常规潜艇受到柴油机功率的限制，艇长最长不超 60 m，排水量不超 1 000 t，而核潜艇已达到艇长 170 m，排水量（水下）＞18 000 t，已经达到水面军舰的水平。作为一种新型战舰，它在海军中的作用也同原始的潜水艇迥然不同了。

核潜艇的优越性主要表现在下列几点。

（1）隐蔽性好——核潜艇长期在深水中活动，加上采用降低噪声技术，不易被敌方发现和摧毁。

（2）续航力大、潜航时间长——续航力是指舰艇装一次燃料后所能持续航行的距离。目前常规潜艇以 10 kn 的航速［1 kn（节）=1 n mile/h（海里/时）］只能航行约 10 000 n mile（约相当于 18 500 km）。它在水下以 10 kn 的航速最多只能航行 6～10 h 即 60～100 n mile；若以 2～3 kn 的低速可航行约 400 n mile，一般潜航距离只占总航程的 3%。

核潜艇的续航力不受所装燃料的限制，而仅受限于艇内人员耐力和其他给养。对核潜艇续航力的决定因素是舱室空气调节的技术水平和食品、武器等储备情况。目前核潜艇的续航力从燃料方面讲，长寿命堆芯可使用 10 年以上，续航力超过 40 万 n mile，它可以游弋在各大洋，围绕地球航行十几圈而无须装换核燃料；从其他因素讲，持续时间以 2 500 h 计，全部水下全速（约 30 kn）航行，续航力可达到 75 000 n mile。核潜艇的潜航距离占总航程的 95%以上，并适合在北极冰下航行。美国和苏联的核潜艇均有过一次连续潜航 20 000 km 以上的记录。

（3）航速高——常规潜艇的水下最大航速为 15～25 kn。核潜艇的动力装置不需要氧气，它的船体设计无须考虑水面航行性能。现代核潜艇采用的水滴状线型，充分利用全浸没物体的流体动力特性，它在水下的适航性和航速均优于水面。结合核动力装置的高功率，水下航速可以达到 30 kn 以上，超过水面舰艇（后者耗费了大量能量以产生波浪），将来还可能提高。常规潜艇的水下航速受蓄电池组有限容量的限制，在一般情况下都不以最大航速航行，而核潜艇则经常用最大航速航行。

随着核潜艇的大型化，为了保持或提高航速，美国核潜艇的轴功率从 20 世纪 60 年代的 15 000 hp①增加到 70 年代的 30 000 hp 和 80 年代的 60 000 hp，相应的反应堆热功率达到 250 MW。苏联核潜艇呈现同样的发展趋势。

核潜艇的高航速大大提高了它的攻击与防卫的能力。由于停留港内时间及往返母港与巡逻海域之间时间的缩短，为保持一定战斗力所需的潜艇数目可大大减少。

核潜艇由于上述优点，并与导弹核武器、先进的观察通信设备、导航设备等相结合，成为现代海军中的主力战舰。因此，核潜艇及其反应堆装置发展异常迅速。据报道，世界上已建造的（包括已退役）核潜艇约 500 艘（集中在美国和苏/俄），反应堆数目约 700 座，超过了已建造的核电厂反应堆总数。

弹道导弹核潜艇（排水量最大的如俄罗斯“台风”级达到约 26 500 t，轴功率 80 000 hp，水下航速 30 kn）作为一种在水下潜航数月、无须浮出水面而能发射远程核导弹对敌方工业中心、政治中心、交通枢纽和军事基地进行袭击的重要战略武器，它不像陆上导弹基地那样易被摧毁，生存力极强，在敌方的突然袭击下，只要留有一艘弹道导弹核潜艇，就足以给敌方毁灭性的回击。

攻击型核潜艇（排水量约 10 000 t，轴功率 60 000 hp，水下航速 35 kn）作为搜索和破坏敌方核潜艇的主要手段，以自导鱼雷、反舰、反潜战术导弹和飞航导弹为武器，具有优良的机动性能、较高的航速和较大的潜水深度，除反潜、反舰海战任务和用远程飞航导弹袭击陆上目标的部分战略任务外，还可用于护航、布雷、突击、参加海上封锁、破坏海上运输、送入秘密登陆等近海作战任务，在现代海军中，它的地位优于水面的战斗巡洋舰。

目前世界上核潜艇所采用的核动力装置绝大多数是压水堆蒸汽动力装置（俄罗斯极少数核潜艇采用液态金属 Pb-Bi 冷却堆），它所有的设备均布置在反应堆舱和机舱中。图 7-1 表示一艘美国早期由攻击型核潜艇改建的弹道导弹核潜艇（排水量约 6 000 t，轴功率 15 000 hp，水下航速 25 kn）。核潜艇与陆上的压水堆核电厂不同的地方，在于二回路蒸汽通过汽轮机齿轮组驱动螺旋桨（见图 7-2）。为了避免齿轮噪声（减速齿轮是主要噪声源之一），也可改用汽轮发电机组通过电动机驱动螺旋桨。电气传动的主要缺点是重量增加很大，效率很低，结构复杂。对齿轮传动和电气传动的选择，需作综合权衡。

压水堆结构简单、紧凑、体积小、操作灵活，是经过多年实践证明最适用于核潜艇的堆型。从一回路布置形式看，有三种形式[33]可供选择。

① 1 hp（英制马力）=0.746 kW。

（1）分散布置压水堆——一回路系统同陆上发电用压水堆相似（见图 7-2）。设计比较简单、可靠，设备维修方便。采用蒸汽发生器高于堆芯的布置，及增大管道尺寸等措施，可提高自然循环能力，做到低速航行时不开主泵。缺点是和重量较大。特别是大功率自然循环要求更大直径的艇壳，须结合艇体设计综合地权衡。

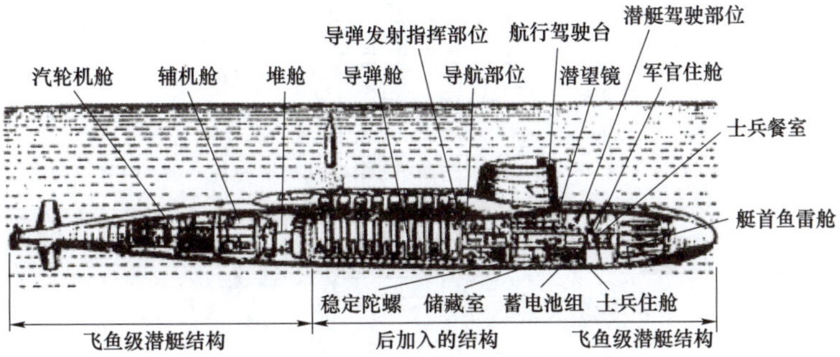

图 7-1　核潜艇纵剖面示意图（美国“乔治·华盛顿”导弹潜艇）

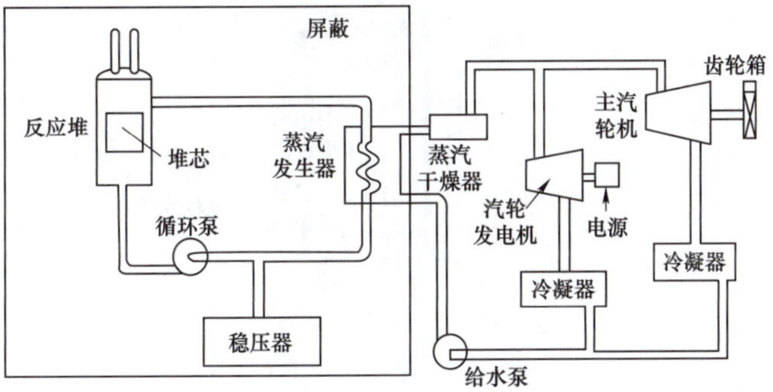

图 7-2　核潜艇用压水堆动力装置示意图

（2）一体化压水堆——将整个一回路，包括堆芯、蒸汽发生器和稳压器，全放在压力容器内，将蒸汽发生器直接置于压力容器顶盖上面，或以顶盖作为蒸汽发生器管板，使压水堆的优点（闭合的一回路）同沸水堆的优点（紧凑的布置）结合起来。由于取消了一回路管道，主泵接管又与压力容器采用同一种材料，无异种钢材焊接问题，不易发生主管道破裂的严重失水事故；同时减小了流动阻力，提高了自然循环能力，在发生小管道破裂或主泵断电事故时能维持堆芯的冷却，具有较高的内在安全性。靠自然循环可保证核潜艇的低功率低噪声航行。紧凑的布置使屏蔽重量大大减轻，堆舱体积大大减小。缺点是压力容器内结构复杂，设备维修比较困难，要求各项设备高度可靠，对管材质量、焊接质量和二回路水质等严格控制。法国核潜艇乃至核航空母舰采用了一体化压水堆［见图 7-3（a）和 7-3（b）］。

（3）紧凑布置压水堆——采用双层短粗套管代替长管道来连接反应堆压力容器同蒸汽发生器和主泵，使这些一回路设备贴近反应堆，间距只有 0.5 m，呈紧凑布置，又称堆外一体化。图 7-4 和图 7-5 分别表示这种反应堆结构和反应堆舱布置。反应堆、蒸汽发生器、主泵、稳压器、离子交换净化器和净化冷却器都放在一个一次屏蔽水箱内，支承在水箱顶盖上。利用铁水屏蔽层和堆舱内的设备作为屏蔽，将结构和布置加以优化，既减轻了重量，又方便了安装、运行和维修，现广泛用于俄罗斯核破冰船和核潜艇上。

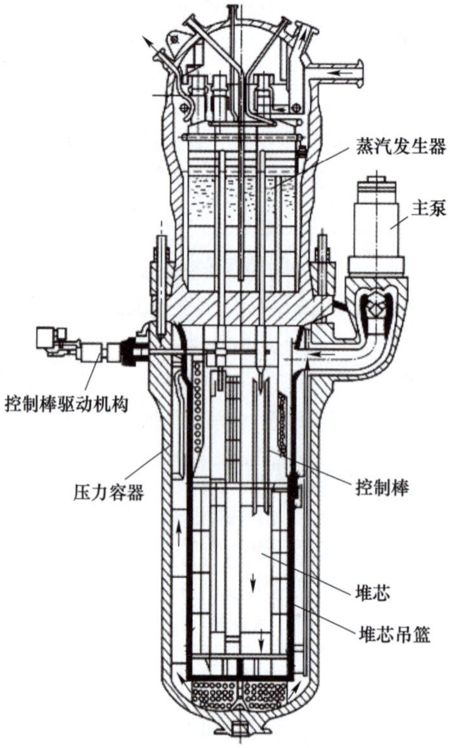

（a）陆上模式堆 CAP 结构

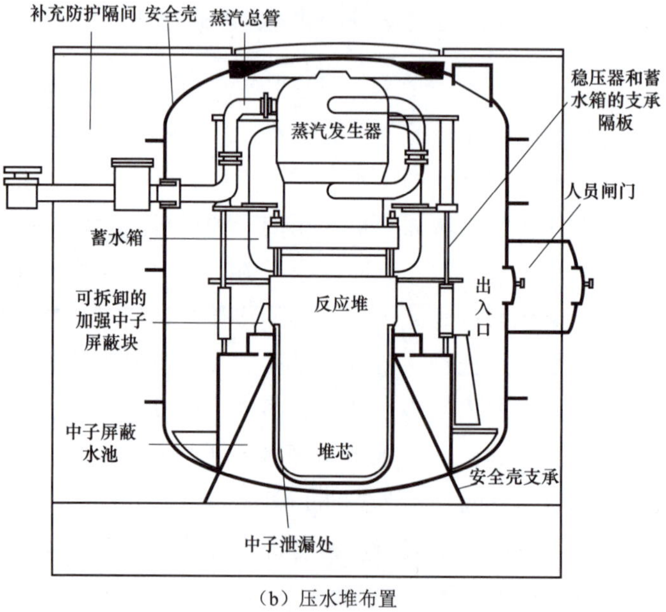

（b）压水堆布置

图 7-3 法国一体化压水堆示意图

在燃料元件方面，也有以下两种选择。

（1）高富集度片组型燃料元件——片组型元件的放热面积大，堆芯布置非常紧凑，功率密度高，可使反应堆容器尺寸减小，回路布置比较紧凑，适用于潜艇的有限空间。燃料元件的运行温度低，有利于提高燃耗深度。但铀-235 富集度高（20%～90%），费用高昂。

（2）低富集度棒束型燃料组件——低富集度（3%～7%）UO_2 棒束型燃料组件，采用陆上核电厂压水堆的技术，燃料棒按正方形或三角形排列，工艺成熟，安全可靠。

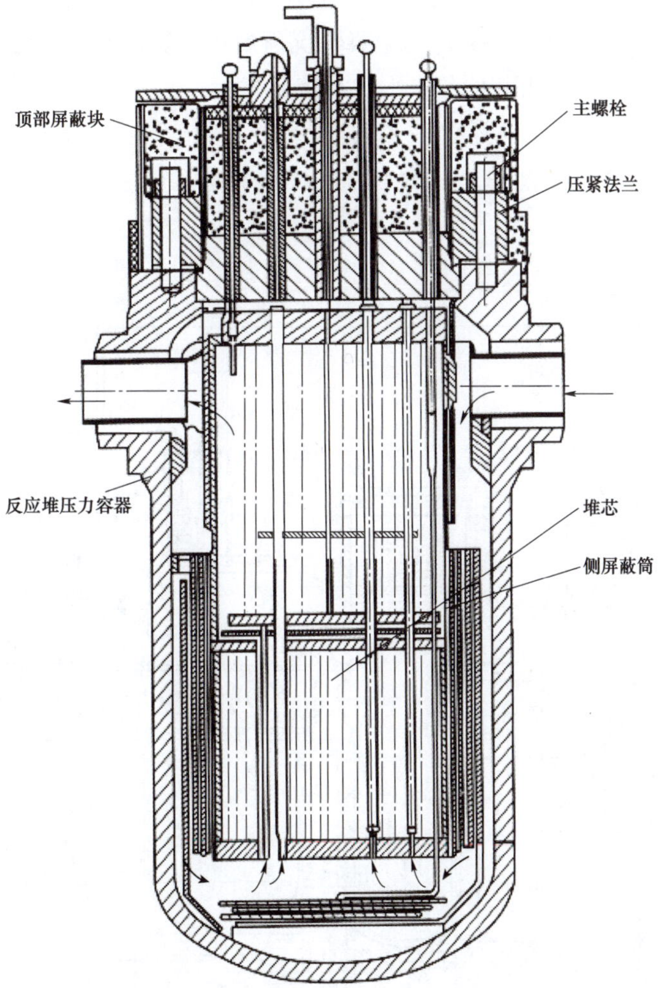

图 7-4　俄罗斯 KL-T40 型紧凑布置压水堆结构示意图

由于潜艇核动力装置必须布置在窄小的舱室内，又须满足海上航行与战斗的需要，对潜艇核动力装置有不同于核电厂的若干特殊要求[34]。

（1）体积小，重量轻——核动力装置的体积和重量，直接影响到核潜艇的性能和战斗力。目前核潜艇的动力装置的体积和重量，都比常规柴油机–蓄电池动力装置大得多。虽然核潜艇的尺寸和排水量远超过常规潜艇，核动力装置的体积仍占其总容积的约1/2，重量也占其总重量的约1/3。因此有必要简化回路系统，改进设备的性能和堆舱、机舱的布置，以缩小体积，减轻重量。如取消陆上核电厂的硼溶液调节系统，全靠控制棒和可燃毒物来控制堆芯的后备反应性。

（2）高度的机动性——为了适应航海与战斗的需要，反应堆动力装置应能随时启动、停闭和在短时间内大幅度地改变功率，例如，在30 s内将功率从10%提升到100%，在2 s内从100%下降到10%。事故停堆一般应在0.8～1.2 s内实现。核动力装置的控制系统应尽可能简单、灵活和自动化。反应堆和各项设备必须能适应频繁、急剧的功率变化，反应堆须能在任何裂变产物中毒情况下启动，燃料元件、压力容器和回路管道须能经受由于温度变化引起的热冲击、热疲劳等。

（3）耐冲击、耐振动、抗摇摆——潜艇各项设备须耐冲击、耐振动、抗摇摆，并能在潜艇横倾、纵倾最高可达40°～50°的条件下平稳地工作，以便应对航行或战斗中可能发生的各种情况。

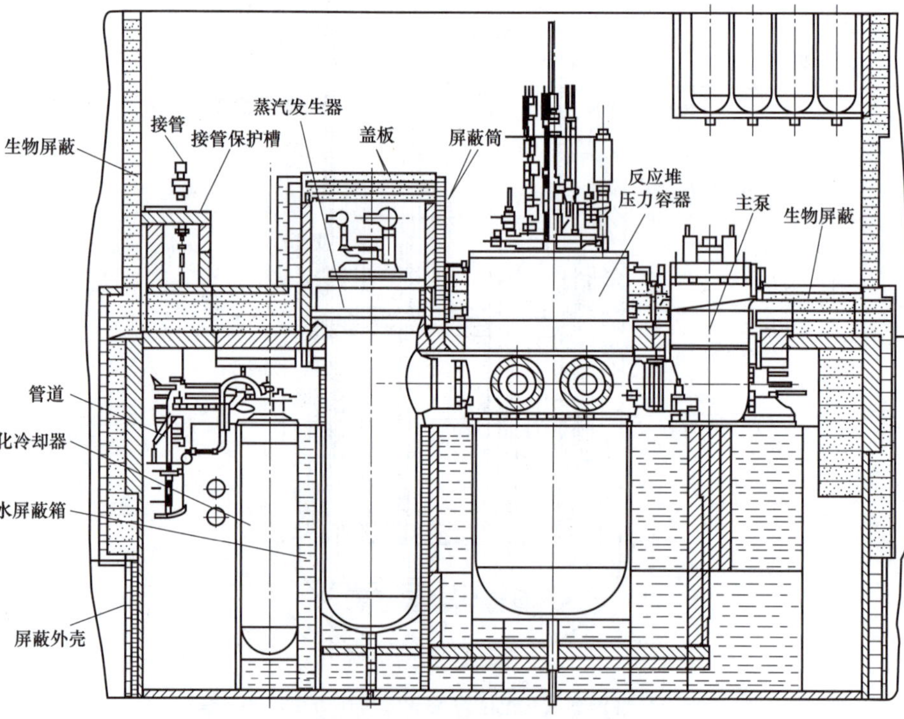

图7-5　俄罗斯KLT-40型紧凑布置压水堆堆舱布置示意图

（4）保证安全、可靠——核潜艇长期远离基地单独活动，如果核动力装置发生重大事故，其后果是十分严重的。除威胁到潜艇本身的安全外，并有污染海洋的可能。应考虑到碰撞、触礁、着火、爆炸等意外事件或遭到鱼雷、导弹袭击时，可将反应堆永久关闭在坚固的屏蔽容器以内。艇上进行设备检修的局限性很大，采取临时辐射防护措施也很困难，然而仍须在一切情况下保证推进能力。因此，对各项设备的安全性和可靠性，提出极其严格的要求。重要设备如循环泵等均配备双套，以便任何一套发生故障时不致被迫停运。艇上一般设置双汽轮机，并设有备用的柴油发电机组，作为应急电源。为了使核动力装置更加可靠，苏/俄核潜艇普遍装备双反应堆、双汽轮机和双推进轴，将两套完全独立的系统分别安置在各自的耐压壳内，互为备用，当一座反应堆不能提供动力时，另一座反应堆仍能保证潜艇以一定速度安全回航，提高了安全可靠性，并且省掉了应急动力装置。但美国仍采用单堆—双机单推进轴方案。

核动力装置的辐射防护措施必须保证全体艇员的安全与健康。由于艇上活动范围有限，防护要求比陆上核电厂更为严格。反应堆舱应确保密封，不允许放射性气体泄漏。

（5）隐蔽性——现代潜艇探测技术主要是由声呐发现敌舰。为了避免被敌方发现，提高潜艇的生命力和战斗力，必须尽可能减小转动机械的噪声，特别是减速齿轮、一回路主循环泵和螺旋桨的噪声。降低噪声的有效措施是：① 改用电气传动，消除减速齿轮这个大噪声源，为此需研制功率大、尺寸小、重量轻的主推进电动机；② 尽量提高回路自然循环能力，以求在停用主泵的低噪声情况下达到较高航速（目前这种战术机动航速可达到 20 kn）；③ 改进螺旋桨设计，采用泵喷射推进器，以减小螺旋桨的噪声；④ 在结构上使机械装置与艇体分离，采用弹性减振机座和其他减振、消音措施；⑤ 此外，耐压艇壳采用高强度材料，加大下潜深度（现在达到 600 m 以上），也有明显好处。如将潜艇的噪声降到低于海洋本底噪声（90～100 dB），敌方声呐便难以探测到。

（6）长寿命堆芯——早期的堆芯寿命较短，只有 3～4 年，现在延长到 10 年，甚至 20～25 年，做到核潜艇全寿期不换料。减少停堆换料次数，可以提高核潜艇的在航率，相当于增加实际服役的核潜艇数目，同时减少燃料元件的后处理量，减少换料时排出的放射性废物量，有利于人员和环境的安全。延长堆芯寿命的主要措施是采用高富集铀片组型燃料元件，加大初装载量，采用可燃毒物，提高中子经济性和燃料转换比，采用稠密栅格，精心设计燃料元件的结构和完善其制造质量。

由上可见，对潜艇核动力装置的质量要求极高。核动力装置的可靠性，主要取决于制造工艺和可维修性。焊接质量非常重要。重要焊缝均须经过 100%探伤检查。由于舱室内空间窄小，设备和管道布置得非常紧凑，使安装和焊接特别困难。在这样的施工条件下要充分保证管道焊接的质量，尽量减小焊接应力，需要经验十分丰富的熟练焊工。设备的结构和布置应兼顾紧凑性要求并便于安装、运行、维修。

为了检验设计的正确性、设备的可靠性及运行性能，以及制定正确的安装程序和规范，一般在建造潜艇核动力装置以前，都要建造一座全尺寸陆上模式堆进行试验并培训人员。陆上模式堆包括潜艇的整个堆舱和机舱，完全按照艇上实际情况安装反应堆、回路系统、控制盘、操纵台等。有时将模拟的艇壳淹没在一个大海水槽中，以模拟反应堆运行的实际环境。陆上模式堆可从外电网供电，从外部水源供给冷却水。苏联的核潜艇压水堆是以核破冰船压水堆为模式堆发展起来的。经过破冰船核动力装置实际运行的经验，作了较大的设计修改，简化了系统，改进了设备，提高了核动力装置的安全性、可安装性、可运行性和可维修性。

现代的陆上模式堆，如法国正在建造的 RES（Reacteur d'Essai），兼作为原型堆和研究堆，可在尽可能接近实际情况下验证新型燃料、新型堆芯和新型部件（如蒸汽发生器、主泵等）的性能，检验和验证计算机软件，研究运行中可能出现的各种事件及其解决途径，进行深入的堆芯物理和热工水力学研究，特别是燃料元（组）件行为，为此设置完善的测量手段，这在实际舰艇上是不能做到的。

我国完全依靠本国的力量，全国科研院所和制造厂在极其困难的条件下，艰苦奋斗，大力协同，进行设计和各项试验、研制工作，于 1970 年 7 月建成第一座潜艇核动力陆上模式堆，开始满功率试验。1971 年 9 月建成第一艘核潜艇，开始试验和试航，我国成为继美、苏、英、法之后，世界上第五个拥有核潜艇的国家。1988 年 9 月我国成功地完成了导弹核潜艇从水下发射弹道导弹的飞行试验，并掌握了该项技术。

7.2　水面船舰核动力装置

核推进的水面战舰同样具有高航速下续航力大的优点。例如，核动力航空母舰能长期保持 30 kn 以上的高航速而无须担心燃料的消耗。现代常规动力高速战舰的燃料消耗量非常大，为补给燃料需要保持一支庞大的后勤舰队。核动力航空母舰不但不需要从外面供给燃料，它比同吨级的常规动力航空母舰除了能多携带一倍的航空燃料和武器以外，还有多余空间为它的常规动力护航舰携带燃料。因此可以大大减少辅助舰船的数目和提高整个舰队的航速和续航力。核动力航空母舰已成为美国海军远程进攻的主力。俄罗斯和法国的海军也拥有核动力航空母舰。

最适用于水面战舰的核动力堆型仍是压水堆。水面战舰的核动力装置通常均由核潜艇动力装置演变而来。美国第一艘核航空母舰安装了 8 座 A2W 型压水堆，第二艘核航空母舰安装了 2 座 A4W 型压水堆。两舰的尺寸（舰长约 340 m）、排水量（约 90 000 t）、载机数（90 架）、轴功率（260 000～280 000 hp）及航速（＞30 kn）不相上下，唯单堆功率有很大增长。

虽然很多国家都有过建造核动力商船的设想，实际建成并投入使用的只有德国的“奥托•哈恩（Otto Hahn）”号和美国的“萨凡纳（Savannah）”号两艘干货船。它们均属实验性质，经济上是不合算的，所以不能长期维持商业航行。日本的远洋科学实验船“陆奥”号在提升功率过程中发生放射性泄漏，引起公众反对，未能投入使用。核动力装置的投资费用太高，一般认为，只有需要长时间以高功率航行的远程快速商船，如大型运油船和集装箱船，或有商业应用的前景。除了经济竞争力以外，获取安全当局的批准和停靠港口的许可，也是核商船必须克服的困难。

对商船核动力装置的反应堆型，曾有过多种建议：如沸水堆、改进型石墨气冷堆、有机慢化堆等，但最现实的是压水堆。商船推进用压水堆动力装置同陆上发电用的基本上相同。另一种很有希望的堆型是直接循环高温气冷堆，用堆内产生的高温氦气直接推动燃气汽轮机，它具有体积小、重量轻、热效率高和设备简单，建造和运行费用低廉的优点。但目前还处于方案论证的阶段。

核动力破冰船具有远胜于常规动力柴油机破冰船的优点。① 由于无须储备大量燃料，船的载重量（吨位）不会因燃料的消耗而减小，因而其破冰能力始终保持不变，不必为了等待冰情而浪费时间。② 功率大，破冰能力强。据估计，建造轴功率大于 45 000 马力的柴油机破冰船在经济上已不合算。常规动力破冰船的轴功率在 25 000 hp 左右，一般只能在冰厚为 70～90 cm 的情况下引领船队航行。核破冰船的轴功率可做到 75 000 hp，能在冰厚为 2～2.5 m 的北极区以 3 kn 速度航行，不怕冰封。③ 续航力不受限制，航行的地区不受限制，不依赖燃料基地。④ 机动性强，动力装置能长期保持满功率运行，能根据航道的冰情和深浅选择吃水，能经常保证船的最佳稳定性。

俄罗斯的核破冰船长度约 150 m，排水量约 24 000 t，纯水中最大航速约 21 kn，装有 2 套压水堆——汽轮发电机组，每套的功率为 37 500 hp。俄罗斯核破冰船队的应用大大延长了北极带的航行期，并开辟了通过北冰洋短航线快速运输物资的美好前景。

7.3　空间核能装置

航天器（包括卫星、空间站、探测器、宇宙飞船等）的运行和机动离不开能源，人类的航天能力直接取决于所能够驾驭的能量强弱。目前使用的主要能源包括化学能、太阳能与核能。太阳能和化学能是目前航天动力的主要能源，其技术已经趋于完美，但也接近了其理论极限。空间核能能够突破传统空间能源的限制，有其独特的优点，其应用主要有两个方面，即空间核电源与核推进。

7.3.1　空间核电源

目前世界上已实现空间应用的电源主要有化学电源、太阳能电池阵—蓄电池组联合电源（简称太阳能电源）与核电源。其中，空间核电源是利用核能为航天器提供电力的装置。核能包括衰变能、裂变能与聚变能等，现在可资利用是衰变能与裂变能，相应地，空间核电源分为放射性同位素电池和空间核反应堆电源（以下简称空间堆电源）两种。

在近地空间，各种空间电源的适用范围如图 7-6 所示[1]。放射性同位素电池功率适用范围为千瓦级及以下；随着功率的增大，空间堆电源的优势逐渐凸显，当功率需求达到兆瓦级时，空间核反应堆电源具有明显的优势。而对于深空探测或月球基地而言，由于存在太阳光强度减弱或月球长夜问题，当功率需求达到十千瓦或以上时，空间核反应堆电源便具有明显的优势[2]。

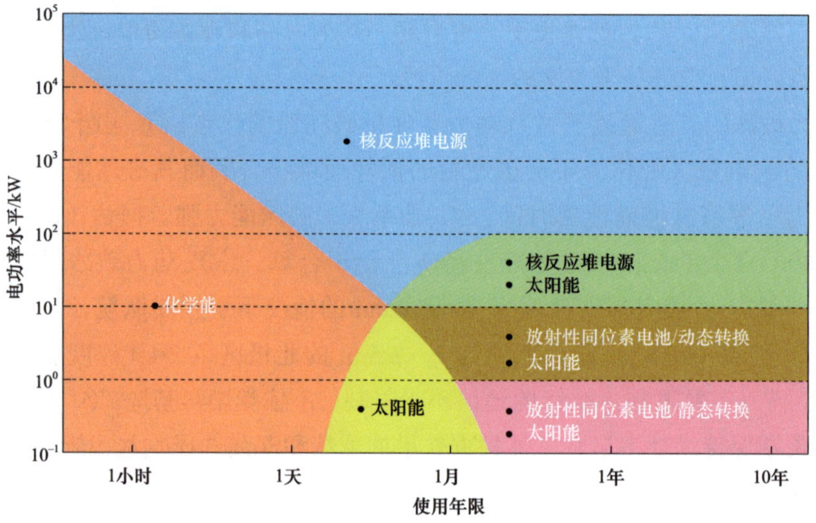

图 7-6　各种空间电源的适用范围

（1）放射性同位素电源

放射性同位素电源一般采用温差发电方式，也称放射性同位素温差发电器（Radioisotope Thermoelectric Generator, RTG），它是一种利用温差电材料的塞贝克效应直接将放射性同位素衰变所释放的热能转换成电能的装置[3]。

放射性同位素衰变时会有质量损失，根据爱因斯坦质能方程 $E=mc^2$，减少的质量转化成能量，这些能量由衰变产物以动能的形式载带，这些衰变产物与其他原子发生碰撞而把动能转化成热能，这些热能通过温差电偶对或其他能量转换器进一步转化为电能。

如 $^{238}PuO_2$ 放射性同位素电源中 ^{238}Pu 的主要衰变方式为 α 衰变，其半衰期为 87.7 年，释放的 α 粒子能量为 5.586 MeV（72%）或 5.492 MeV（28%）。

温差电转换的基本原理如图 7-7 所示。当 N 型半导体一端加热时，自由电子的能量会随温度升高而增加，热端电子将比冷端电子获得更高的能量，结果会形成由热端向冷端扩散的一股电子流，这种电荷迁移会建立起一定的电势差，此电势差会产生反向电子漂移流；当电荷积累到一定程度，反向电子漂移流与正向电子扩散流相等，达到了稳定状态。当 P 型半导体被加热时，类似地“空穴”也会从热端扩散到冷端而使冷端带正电。

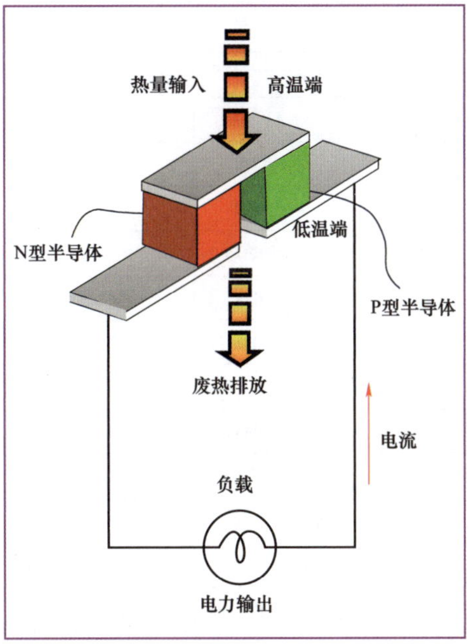

图 7-7　温差电转换工作原理示意图

同位素电源尺寸小，重量轻，可靠性高，寿命（40 年以上）比蓄电池组和燃料电池组长得多，已广泛应用于地球轨道通信卫星、侦察卫星、气象卫星和宇宙飞船等。但其功率较小，一般不超过千瓦级，长寿命同位素的供应比较困难，价格昂贵。

空间探测用 RTG 的研究工作始于 20 世纪 50 年代后期，当时美国启动了 SNAP 计划（核辅助电源系统），其后几十年中 RTG 数十次被成功地用于月球和行星际探测。表 7-1 为美国成功实施的带有 RTG 的航天任务汇总[3]。

表 7-1　美国成功实施的带有 RTG 的航天任务

序号	发射日期	航天器/任务	电源型号	初始功率/W	数量	热源材料
1	1961-6-29	子午仪 4A（导航）	SNAP-3B7	2.7	1	^{238}Pu 金属
2	1961-11-15	子午仪 4B（导航）	SNAP-3B8	2.7	1	^{238}Pu 金属
3	1963-9-28	子午仪 5BN-1（导航）	SNAP-9A	25.2	1	^{238}Pu 金属
4	1963-12-5	子午仪 5BN-2（导航）	SNAP-9A	26.8	1	^{238}Pu 金属
5	1969-4-14	云雨 3（气象）	SNAP-19B3	28.2	2	$^{238}PuO_2$ 微球
6	1969-11-4	阿波罗 12（月球）	SNAP-27	73.6	1	$^{238}PuO_2$ 微球
7	1971-1-31	阿波罗 14（月球）	SNAP-27	72.5	1	$^{238}PuO_2$ 微球
8	1971-7-26	阿波罗 15（月球）	SNAP-27	74.7	1	$^{238}PuO_2$ 微球
9	1972-3-2	先驱者 10（行星际）	SNAP-19	40.7	4	$^{238}PuO_2$ –Mo 金属陶瓷
10	1972-9-2	子午仪（TRIAD-01-1X）	Transit-RTG	35.6	1	$^{238}PuO_2$ –Mo 金属陶瓷
11	1972-4-16	阿波罗 16（月球）	SNAP-27	70.9	1	$^{238}PuO_2$ 微球
12	1972-12-7	阿波罗 17（月球）	SNAP-27	75.4	1	$^{238}PuO_2$ 微球

续表

序号	发射日期	航天器/任务	电源型号	初始功率/W	数量	热源材料
13	1973-4-5	先驱者 11（行星际）	SNAP-19	39.9	4	$^{238}PuO_2$ –Mo 金属陶瓷
14	1975-8-20	海盗 1（火星着陆器）	SNAP-19	42.3	2	$^{238}PuO_2$ –Mo 金属陶瓷
15	1975-9-9	海盗 2（火星着陆器）	SNAP-19	43.1	2	$^{238}PuO_2$ –Mo 金属陶瓷
16	1976-3-14	林肯 8（通信）	MHW-RTG	153.7	2	$^{238}PuO_2$ 燃料球/微球
17	1976-3-14	林肯 9（通信）	MHW-RTG	154.2	2	$^{238}PuO_2$ 燃料球/微球
18	1977-8-20	旅行者 2（行星际）	MHW-RTG	159.2	3	$^{238}PuO_2$ 燃料球/微球
19	1977-9-5	旅行者 1（行星际）	MHW-RTG	156.7	3	$^{238}PuO_2$ 燃料球/微球
20	1989-10-8	伽利略（木星轨道）	GPHS-RTG	287.1	2	$^{238}PuO_2$ 陶瓷片
21	1990-10-6	尤利西斯（太阳轨道）	GPHS-RTG	282	1	$^{238}PuO_2$ 陶瓷片
22	1997-10-15	卡西尼（土星轨道）	GPHS-RTG	300	3	$^{238}PuO_2$ 陶瓷片
23	2006-1-19	新地平线（冥王星）	GPHS-RTG	249	1	$^{238}PuO_2$ 陶瓷片
24	2011-11-26	好奇号（火星）	MMRTGs	125	1	$^{238}PuO_2$ 陶瓷片
25	2020-7-30	毅力号（火星）	MMRTGs	110	1	$^{238}PuO_2$ 陶瓷片

要实现核技术在航天中的应用，要求放射性同位素热源有很高的安全性，而热电转换装置的可靠性也要求很高。对热源，要求在发生火箭爆炸等意外情况（高温烧蚀加高温高速撞击、或热冲击和高压）时仍然保持放射性物质不泄漏；对热电转换装置，要求在经历了振动、冲击、加速度荷载后仍能正常工作，且转换效率衰减不大。

（2）核反应堆电源

空间堆电源是将核反应堆裂变产生的热能转换成电能为航天器提供电力的装置。与太阳能电源等传统空间电源相比，空间堆电源具有以下特点和优势：① 能量自主产生，不依赖阳光照射，无须对日定向；② 可全天时工作，且环境适应性好；③ 结构紧凑、体积/面积小、具有较强的抗空间碎片撞击能力，生存能力强，机动灵活；④ 核燃料能量密度极高，空间堆电源功率越大优势越明显。此外，空间堆电源还可与电推力器组成核电推进系统，比冲可达数千秒，是空间推进的重要发展方向。

空间堆电源主要由核反应堆、热电转换系统、阴影屏蔽（又称影子屏蔽）、热排放系统和自动控制系统等构成，如图 7-8 所示[4]。反应堆的功能是可控地维持链式核裂变反应，以要求的功率持续释放裂变能，并以热能形式传递给冷却剂。阴影屏蔽处于反应堆与航天器之间，其作用是通过吸收或散射中子和 γ 射线，确保航天器及相关设备免受过量的辐照剂量。热电转换系统的作用是将热能转换为电能供航天器使用。热排放系统的作用是从热电转换系统的冷端接受热量并将热量以热辐射方式排放至宇宙空间，从而确保热电转换系统的冷端保持在较低的温度水平上。自动控制系统的作用是监测并控制反应堆及相关设备按规定的方式和工况运行，并保证反应堆的安全。其中，反应堆与热电转换系统是空间堆电源的关键分系统，两者紧密配合决定了空间堆电源的基本技术方案。

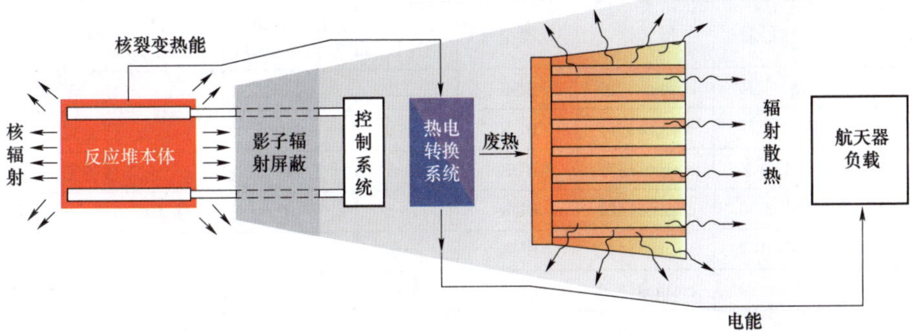

图 7-8　空间堆电源原理示意图

表征空间堆电源性能指标的主要参数包括功率、重量与寿命。功率与重量之比称为比功率；功率和寿命的乘积与重量之比称为比能量。比功率或比能量的值越大，则空间堆电源性能指标越高。为了获得较高的性能指标，空间堆一般采用高温反应堆，采用液态金属（钠钾合金、锂等）或氦氙混合气体等作为其冷却剂。

自 20 世纪 50 年代以来，美、俄（苏联）在空间堆电源方面投入了大量的人力物力，探索了多条技术路线，开展了多个型号的研发，并获得多次应用。迄今为止，美苏共成功发射空间堆电源 34 次，其中，美国 1 次，苏联 33 次，详见表 7-2[1,4-6]。

表 7-2　世界空间堆电源应用情况

序号	国别	发射日期	航天器	电源型号	寿命	最终轨道平均高度/km	备注
1	美	1965-4-3	Snapshot	SNAP-10A	43 d	1 300	航天器故障进入废弃轨道
2	苏	1970-10-3	cosmos367	BUK	110 min	970	堆芯熔化进入废弃轨道
3	苏	1971-4-1	cosmos402	BUK	＜3 h	990	任务完成
4	苏	1971-12-25	cosmos469	BUK	9 d	980	任务完成
5	苏	1972-8-21	cosmos516	BUK	32 d	975	任务完成
6	苏	1973-12-27	cosmos626	BUK	45 d	945	停堆模块压力下降
7	苏	1974-5-15	cosmos651	BUK	71 d	920	压力传感器故障
8	苏	1974-5-17	cosmos654	BUK	74 d	965	任务完成
9	苏	1975-4-2	cosmos723	BUK	43 d	930	任务完成
10	苏	1975-4-7	cosmos724	BUK	65 d	900	停堆模块压力下降
11	苏	1975-12-12	cosmos785	BUK	＜3 h	955	任务完成
12	苏	1976-10-17	cosmos860	BUK	24 d	960	压力传感器故障
13	苏	1976-10-21	cosmos861	BUK	60 d	960	任务完成
14	苏	1977-9-16	cosmos952	BUK	21 d	950	任务完成
15	苏	1977-9-18	cosmos954	BUK	43 d	0	再入大气层，掉落加拿大
16	苏	1980-4-29	cosmos1176	BUK	134 d	920	任务完成
17	苏	1981-3-5	cosmos1249	BUK	105 d	940	任务完成
18	苏	1981-4-21	cosmos1266	BUK	8 d	930	任务完成

续表

序号	国别	发射日期	航天器	电源型号	寿命	最终轨道平均高度/km	备注
19	苏	1981-8-24	cosmos1299	BUK	12 d	945	任务完成
20	苏	1982-5-14	cosmos1365	BUK	135 d	930	任务完成
21	苏	1982-6-1	cosmos1372	BUK	70 d	945	任务完成
22	苏	1982-8-30	cosmos1402	BUK	120 d	0	航天器故障，再入大气层
23	苏	1982-10-2	cosmos1412	BUK	39 d	945	任务完成
24	苏	1984-6-29	cosmos1579	BUK	90 d	945	任务完成
25	苏	1984-10-31	cosmos1607	BUK	93 d	950	任务完成
26	苏	1985-8-1	cosmos1670	BUK	83 d	950	堆自动系统故障
27	苏	1985-8-23	cosmos1677	BUK	60 d	940	堆自动系统故障
28	苏	1986-3-21	cosmos1736	BUK	92 d	950	任务完成
29	苏	1986-8-20	cosmos1771	BUK	56 d	950	任务完成
30	苏	1987-2-1	cosmos1818	TOPAZ-I	142 d	800	任务完成
31	苏	1987-6-18	cosmos1860	BUK	40 d	945	任务完成
32	苏	1987-7-10	cosmos1867	TOPAZ-I	342 d	800	任务完成
33	苏	1987-12-12	cosmos1900	BUK	124 d	720	堆通信系统故障进入废弃轨道
34	苏	1988-3-14	cosmos1932	BUK	66 d	965	任务完成

美国在空间堆电源研发方面主要执行了 SNAP、SP-100、普罗米修斯、太空技术路线图等多个计划[1,4-15]，对液态金属堆、超高温气冷堆、热离子堆、热管堆等堆型，以及温差、热离子、斯特林、布雷顿等转换方式进行了深入的研究。

在 20 世纪 50—70 年代，为了给侦察卫星、通信卫星和深空探测器提供电能，美国空军和 NASA 联合实施了 SNAP 计划[7]，开展了电功率 0.5～60 kW、寿期 1 年的空间堆电源的研发，采用钠钾冷却反应堆匹配温差转换的技术方案。其开发的 SNAP-10A 空间堆电源于 1965 年 4 月 3 日 13:24 发射升空，该电源于当日 23:15 实现临界，次日凌晨 1:45 达到满功率。这是世界上第一个实现空间试用的空间堆电源，也是美国唯一一个发射升空的空间堆电源。SNAP-10A 在轨道上连续运行了 43 天，各项性能指标达到或超过设计指标，并与地面测试数据符合良好。5 月 16 日，航天器与地面失去联系。虽然相关数据不够完整，但对这些数据的审查表明，系统过早关闭是由航天器平台上电子设备故障造成的。虽然 SNAP-10A 在轨道上只连续运行了 43 天，但其孪生空间堆电源 FS-3 在地面上满功率运行了 10 000 h，验证了 SNAP-10A 具备自主运行 1 年的能力。SNAP-10A 空间堆电源系统由反应堆、屏蔽体、电磁泵及回路系统、温差转换器、热辐射器、自动控制系统等组成，其系统构型如图 7-9 所示，电源系统原理图见图 7-10，主要设计参数见表 7-3。

今天看来，SNAP-10A 空间堆电源性能并不先进，尤其与太阳能电池相比。但在当时看来，SNAP-10A 结构紧凑且具有几乎无限的能量，不依赖阳光且无须对日定向，在千瓦级及更大的功率范围内具有优势。

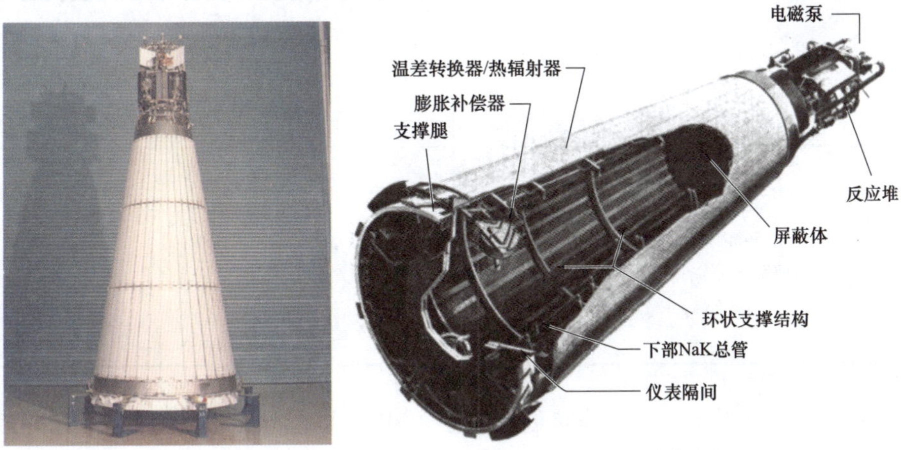

(a) 实物照片　　(b) 系统构型图

图 7-9　SNAP-10A 电源

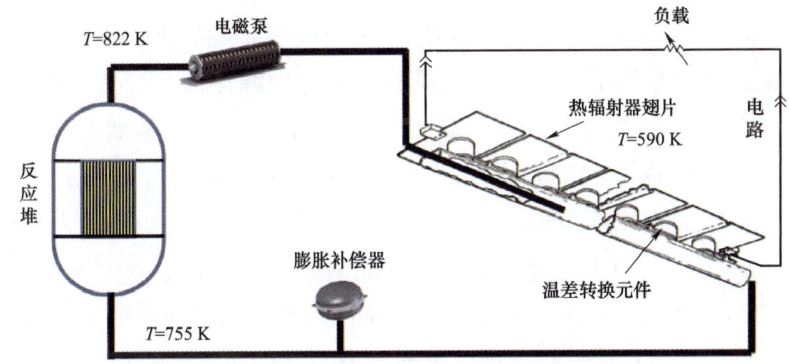

图 7-10　SNAP-10A 电源系统原理图

表 7-3　SNAP-10A 空间堆电源主要设计参数

参数名称	参数值
反应堆热功率/kW	40
输出电功率/W	500
^{235}U 装量/kg	4.7
冷却剂	NaK 合金
反应堆出口温度/K	822
热辐射器平均温度/K	590
热电转换类型	SiGe 温差转换
热电转换效率： 温差转换器效率/% 系统总效率/%	 7.65 1.82

续表

参数名称	参数值
电源尺寸：	
最大直径/m	1.32
长度/m	3.48
热辐射器面积/m^2	5.81
系统质量：	
反应堆/kg	124.3
屏蔽/kg	98.4
热电转换系统（含热辐射器）/kg	69.8
其他/kg	142.5
总质量/kg	435

1983 年，美国提出了战略国防倡议计划（SDI，即星球大战计划），以此为背景实施了 SP-100 计划[8,9]，研发电功率 100 kW，寿期 7 年的空间堆电源。采用锂冷快堆匹配温差发电作为 SP-100 的主技术路线。1994 年因冷战结束及需求变化，SP-100 计划被终止。

20 世纪 90 年代初，美国实施了“热离子系统评估计划”（后改称“TOPAZ 国际计划”）[10,11]，从俄罗斯租用了 6 个 TOPAZ-2 核反应堆电源样机，以及“贝加尔”电加热试验台架，完成了 TOPAZ-2 电源的电加热非核集成试验。在此基础上，与俄罗斯联合设计了电功率 40 kW 的 SPACE-R 电源。1997 年，TOPAZ 国际计划结束。

2002 年美国宣布太空核能新计划，后更名为普罗米修斯计划[12]。为了给木星冰敷卫星轨道器（JIMO）的电推进器和有效载荷提供电力，开展了电功率 200 kW、寿期 15 年的空间堆电源的研发，采用氦氙冷却快堆匹配布雷顿循环发电作为主技术路线。完成了电源设计、运行特性模拟、堆芯材料开发与试验等工作。由于空间任务优先级调整和技术难度大等原因，该计划于 2006 年终止。

2010 年后，根据美国太空技术路线图[13]，为了满足月球、火星等星体表面科研站对能源的需求，以及深空探测的需求，实施了经济可承受星体表面裂变电源系统计划（AFSPS）[14]和千瓦级空间堆电源计划（Kilopower）[15]。在 AFSPS 计划中，开展了电功率 40 kW、寿期 8 年的空间堆电源研发。该方案强调低风险和低成本，采用了技术相对成熟的钠钾冷快堆匹配斯特林循环发电作为技术方案。2016 年美国完成了 AFSPS 电源的非核集成测试。在 Kilopower 计划中，针对深空探测任务，为弥补钚-238 材料短缺造成的同位素电池供应能力不足，并填补千瓦级空间电源的功率空当，美国于 2011 年提出了 Kilopower 电源概念。Kilopower 电源功率范围 0.5～10 kW，采用钠热管冷却反应堆，可匹配斯特林循环发电或温差转换。2018 年 3 月完成了 Kilopower 电源原型堆（KRUSTY）28 h 满功率试验（见图 7-11）。

图 7-11 美 Kilopower 电源项目 KRUSTY 试验装置

俄罗斯（苏联）从 20 世纪 50 年代开始，持续开展多种空间堆电源技术的研发，并实现了两种型号的空间应用。1970—1988 年，共有 31 个 BUK 型空间堆电源和 2 个 TOPAZ 型空间堆电源成功发射并应用，在监视美国舰艇等方面发挥了重要作用[1,4-6,16]。

1961 年苏联政府决定研发一种小型空间堆电源，即 ROMASHKA 空间堆电源[1,4-6,16]。该电源采用固态快堆堆芯、石墨直接导热匹配温差发电的技术方案，电功率 500 W。ROMASHKA 空间堆电源性能与美国 SNAP-10A 空间堆电源基本相当。苏联汲取了美国 SNAP-10A 空间堆电源的经验教训，没有急于发射，而是开展了较为充分的地面试验。1964 年 8 月开始，ROMASHKA 空间堆电源在专门装置上完成了 2 年的功率试验。

苏联在研发 ROMASHKA 空间堆电源期间，也在同时研发 BUK 型空间堆电源，并取得了重大成功。该电源采用钠钾冷却的快堆匹配温差发电的技术方案。核燃料为棒状的铀钼合金，^{235}U 富集度为 90%。其热功率 100 kW，电功率为 3 kW，反应堆出口温度为 973 K，电源重量 930 kg，其中 ^{235}U 装载量约为 30 kg。

从 20 世纪 60 年代开始，苏联还积极开展了热离子空间堆电源（TOPAZ）的研发[1,4-6,16]。TOPAZ-1 电源功率 5 kW，采用钠钾冷却热堆匹配多节热离子发电的方案，1987 年共有两个 TOPAZ-1 电源在宇宙号卫星上完成了飞行试验。TOPAZ-2 电源功率同样为 5 kW，所不同的是，采用了单节热离子发电元件。苏联前后共研制了 30 个 TOPAZ-2 全尺寸样机，完成了所有地面试验与考验，整机考验最长时间 14 000 h，TOPAZ-2 电源如图 7-12 所示。进入 90 年代以后，俄罗斯相继提出了 TOPAZ-3 电源方案和 TOAPZ-STAR 热离子堆电源方案，电源功率达到 40 kW 以上。

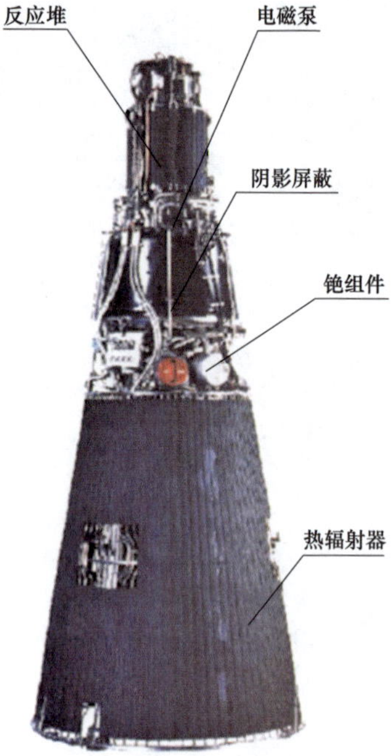

图 7-12 TOPAZ-2 空间堆电源

热离子发电的基本原理如图 7-13 所示。在真空环境中，将发射极加热到很高的温度（如 1 600 ℃），发射极表面的电子便会克服金属表面势垒的束缚，从电极表面逸出，形成电子发射，并穿过电极间隙到达温度较低（如 600 ℃）的接收极。如果通过外电路将发射极与接收极连接起来，那么在接触电势差的作用下，电子会沿外电路通过负载做功后重回发射极。保持发射极与接收极之间的温差不变，便会形成源源不断的电流，从而实现发电功能。实际上，在这种真空条件下，能够获得的电流密度和转换效率很小，不具备工程应用价值，向电极间隙中注入铯蒸气，具备消除空间电子势垒，降低电子逸出功，减小发射极材料蒸发损耗等多重作用，可大幅提高热离子发电器件的输出功率、热电转换效率，又可延长热离子发电器件的寿命，满足工程应用要求。

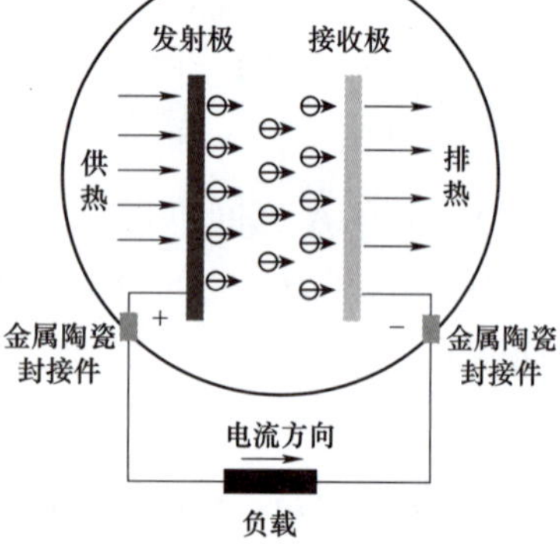

图 7-13 热离子发电原理图

热离子燃料元件是电源的核心部件，它既是堆芯释热元件，又是发电元件，如图 7-14 所示。它由发射极（内套管）、接收极（外套管）、陶瓷金属封接件、核燃料、电流输出线和其他辅助部件组成。带中心孔的燃料芯块处于元件的中心，即发射极的内侧。发射极和接收极之间电极间隙约为 0.5 mm，采用陶瓷定位架来限定电极间隙的变形，两端用金属陶瓷封接件绝缘密封，右端留有铯蒸气供应通道。发射极和接收极左右两端均设有电线接头，电流由元件电极两端同时引出，这样可减小电极上的欧姆损失。

TOPAZ-2 空间堆电源电功率为 5 kW，重量 1 t，设计寿命 3 年。堆芯由 37 根热离子燃料元件组成，堆芯布置见图 7-15，堆本体结构示意图见图 7-16。为了展平功率，中心组 7 根元件芯块中心孔直径为 8 mm，而其余芯块中心孔直径为 4.5 mm。热离子燃料元件分为两组，34 根串联在一起为航天器供电，其余 3 根并联为电磁泵供电。慢化剂为 5 块带有 37 个排孔的 $ZrH_{1.85}$ 圆盘。上下两端各有 1 块铍反射层。反应堆容器外是铍反射层，内嵌 12 个控制转鼓，其中 9 个为调节转鼓，3 个为安全转鼓。屏蔽为阴影屏蔽，重屏蔽材料为不锈钢，轻屏蔽材料为 LiH。空间堆电源发电后的废热由钠钾合金从堆芯带出，在电磁泵的驱动下，将热量传至热辐射器以热辐射方式排向太空。为强化辐射散热，热辐射器翅片上涂有黑色搪瓷涂层。TOPAZ-2 空间堆电源的主要技术参数见表 7-4。

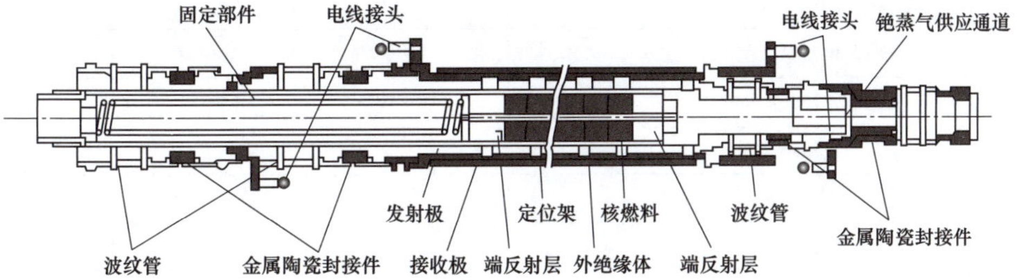

图 7-14　热离子燃料元件结构示意图

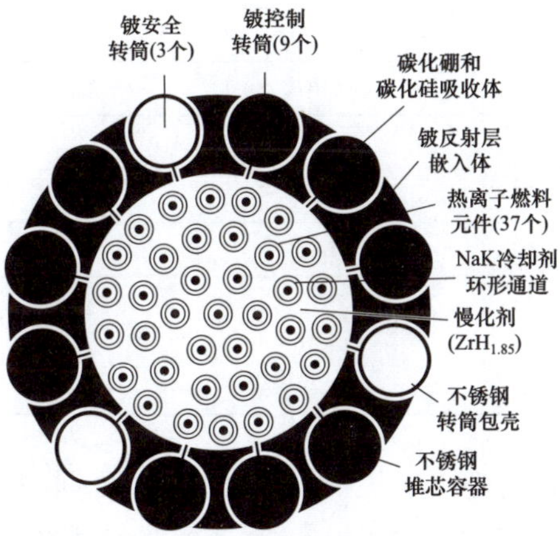

图 7-15　TOPAZ-2 空间堆堆芯剖面图

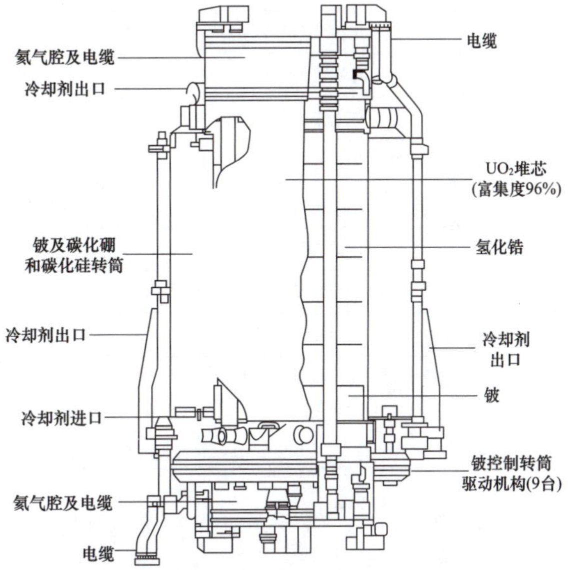

图 7-16　TOPAZ-2 堆本体结构示意图

表 7-4　TOPAZ-2 空间堆电源主要技术参数

参数名称	数值
寿命/a	3
电功率/kW	4.5～5.5
热功率 BOL/MAX/kW	115/135
电压/V	27
电源系统重量（不包括控制系统）/kg	1 061
系统长度/m	3.9
热离子燃料元件根数	37（其中 3 根为电磁泵供电）
冷却剂介质	NaK（78/22）
反应堆进口温度（BOL/MAX）/K	743/773
反应堆出口温度（BOL/MAX）/K	843/873

续表

参数名称	数值
电磁泵类型	直流传导电磁泵
冷却剂流量/（kg/s）	1.3
反应堆类型	超热堆
燃料	UO_2 芯块
燃料富集度/%	96
活性区直径/mm	260
活性区高度/mm	375
慢化剂材料	$ZrH_{1.85}$
调节转鼓数量	9
安全转鼓数量	3
初始冷态后备反应性/%	0.53～0.65
功率监测	2 个电离室
中子屏蔽材料	LiH
γ 屏蔽材料	不锈钢
有效辐射器面积/m^2	7.2
剂量平面剂量（距堆芯 18.5 m 处） 中子/cm^{-2} γ/（R/min）	 1×10^{11} 5×10^4

2009 年 10 月，俄罗斯宣布实施兆瓦级核动力飞船计划[1,4-5,17]。空间堆电源采用超高温气冷快堆匹配布雷顿循环发电的技术方案，电功率为 1 MW，重 6.8 t，设计寿期 12 a 以上。其主要用途是为大功率空间载荷供电，或为电推进器供电，开展地月运输或清除轨道垃圾。

空间核电源在研制、地面试验阶段、发射、在轨运行以及停闭等各个阶段，必须满足相应的核与辐射安全要求。长寿命、高可靠性、较高的比功率和可承受的研发成本是目前空间堆电源的发展方向。

7.3.2 空间核推进

空间核推进可分为核电推进与核热推进。

（1）核电推进

核电推进的实质是空间堆电源与电推进器的结合。电推进器的工作原理是利用电能将推进剂（如氙、汞等）电离、加速，然后从喷管高速喷出，从而产生反向推力。电推进具有高比冲、小推力、高精度、长寿命、高可靠性的特点，适用于航天器的位置保持、姿态控制、轨道修正的辅助动力，以及深空探测及轨道转移的主动力。

电推进器推力、功率及比冲的关系如下：

$$F = \frac{2P}{Ig}$$

式中：F 是推进器推力，N；P 是推进器功率，W；I 是比冲，s；g 是重力加速度，m/s^2。

（2）核热推进

目前，空间飞行任务主要采用化学推进作为动力，其推力、比冲、工作寿命等性能指标，难以满足未来空间作业、深空探测等任务需求。核热推进是解决空间推进推力和比冲瓶颈的理想选择。核热推进的工作原理是，利用核反应堆裂变产生的热能，将增压后的氢气等工质加热到高温后喷出，为相关装备提供推力，具有推力大、比冲高的特点，核热推进的比冲可达到 900 s，推力可达上百吨。核热推进装置的工作原理如图 7-17 所示[1,18]。核热推进装置又称为核热火箭发动机。

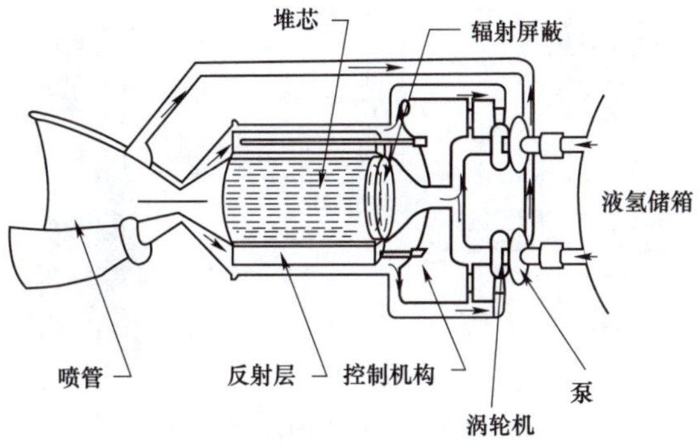

图 7-17　核热推进装置工作原理图

20 世纪 50 年代以来，在洲际战略弹道导弹等强烈军事需求驱动下，美国高度重视核热推进技术的发展，先后实施了 ROVER/NERVA、GE710、Timberwind/SNTP、SEI 等计划[1,18-31]，对核热火箭发动机技术开展了大量的研究工作，突破了多项关键技术，建成了地面试验设施，开展了反应堆和发动机整机地面试验，但未开展飞行试验，与实际应用还有一定距离。随着冷战结束和化学火箭技术的发展，核热推进的军事需求逐渐减弱，核热火箭发动机技术研究的目标转向载人火星探测和小行星探测任务。

美国 ROVER 计划[1,18-21]最初以大型洲际弹道核导弹推进系统为研制目标，但到了 20 世纪 60 年代初，化学火箭发动机技术已经趋于完善，而且核弹头也实现了小型化，化学火箭完全可以胜任发射洲际导弹，使得 ROVER 计划因为任务需求变化而终止。随后在美国载人探月等深空探测工程背景下，核热推进找到了新的应用领域，于是 NASA 取代美国空军，成立 NASA/AEC 联合办公室，充分利用 ROVER 计划取得的科技成果，继续开展核热推进技术研发，这便是 NERVA 计划。美国在 ROVER/NERVA 计划期间，成功研发了复合碳化物（U,Zr）C 燃料颗粒弥散于石墨基体的六棱柱形燃料元件，为防止石墨与氢在高温下发生化学反应，在燃料元件的外表面设置了碳化锆保护层。早期的 NERVA 堆芯只装有燃料元件，由于石墨的慢化能力较差，堆芯的体积和质量都比较大。后来在堆芯中增加了支撑元件，支撑元件外形尺寸与燃料元件的完全相同，内部装有氢化锆。支撑元件一方面起到结构支撑的作用，另一方面增加了中子慢化能力，这有助于减小堆芯体积和质量。氢气在进入燃料元件前，首先流经支撑元件并被预热，这一方面可冷却支撑元件并使其保持在较低的温度，另一方面受热膨胀的氢气可为涡轮泵提供驱动力。共建造并测试了 20 余座地面反应堆/试验样机，进行了不同系列的核热推进反应堆部件和发动机的带核试验，验证了核热火箭发动机的持续运行能力和再启动能力，最大试验推力 930 kN，比冲 845 s。

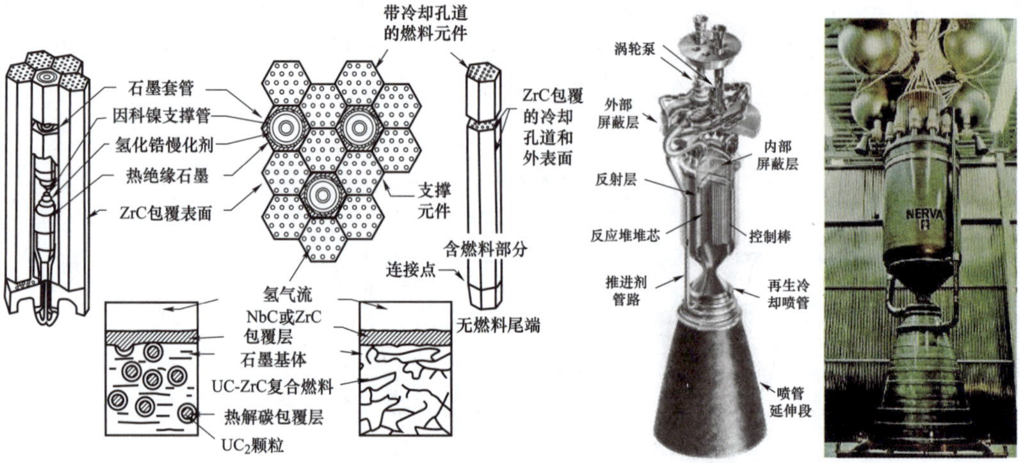

图 7-18　ROVER/NERVA 计划中研发的燃料元件与发动机

表 7-4　ROVER/NERVA 计划期间完成的试验

序号	日期	装置	最大功率/MW	运行时间/s	备注
1	1959-07-01	Kiwi-A	70	300	ROVER
2	1960-07-08	Kiwi-A	88	307	ROVER
3	1960-10-19	Kiwi-A3	112.5	259	ROVER
4	1961-12-07	Kiwi-B1A	225	36	ROVER
5	1962-09-01	Kiwi-B1B	880	数秒	ROVER，数秒后堆芯熔化
6	1962-11-30	Kiwi-B4A	450	数秒	ROVER，数秒后堆芯熔化
7	1964-05-13	Kiwi-B4D	990	64	ROVER
8	1964-08-28	Kiwi-B4E	937	480	ROVER
9	1964-09-10	Kiwi-B4E	882	150	ROVER
10	1964-09-24	NRX-A2	1 096	40	NERVA
11	1965-01-12	Kiwi-TNT	—	—	ROVER，瞬发超临界测试
12	1965-04-23	NRX-A3	1 093	210	NERVA
13	1965-05-20	NRX-A3	1 072	792	NERVA
14	1965-06-25	Phoebus-1A	1 090	630	ROVER
15	1966-03-03	NRX-A4	1 055	1 740	NERVA

续表

序号	日期	装置	最大功率/MW	运行时间/s	备注
16	1966-06-08	NRX-A5	1 120	1 776	NERVA
17	1967-02-23	Phoebus-1B	1 450	1 800	ROVER
18	1967-12-15	NRX-A6	1 120	3 720	NERVA
19	1968-06-25	Phoebus-2A	4 082	750	ROVER
20	1968-12-04	Pewee-1	514	2 400	ROVER
21	1969-06-11	XE-prime	1 140	210	NERVA
22	1972-06-29	Nuclear Furnace-1	44	6 528	ROVER

表 7-5 ROVER/NERVA 计划中试验获得的最佳性能参数

性能参数	数值	装置名称
功率/MW	4 082	Phoebus-2A
推力/kN	930	Phoebus-2A
氢流量/（kg/s）	120	Phoebus-2A
等效比冲/s	845	Pewee-1
反应堆最小比质量/（kg/MW）	2.3	Phoebus-2A
工质平均出口温度/K	2 550	Pewee-1
燃料最高温度/K	2 750	Pewee-1
堆芯平均功率密度/（MW/m^3）	2 340	Pewee-1
燃料最大功率密度/（MW/m^3）	5 200	Pewee-1
满功率累计运行时间/min	109	Nuclear Furnace-1
启动次数	28	XE-Prime

美国在 GE710 计划中[1,18-20,21]，成功开发了金属陶瓷燃料元件（CERMET）。这种燃料是将 UO_2 弥散于难熔金属（钨、钼等）中，并制成带氢气流通孔道的六棱柱形状。元件表面和氢气孔道壁面涂覆钨或钨铼合金，以提高抗热氢腐蚀能力。CERMET 燃料在性能测试中展现了良好的耐高温性能、结构稳定性、滞留裂变产物能力和高温氢气相容性，成为核热火箭反应堆的重要候选燃料元件之一。

1987 年美国国防部制定 Timberwind 计划，设想使用核火箭发动机作为拦截导弹和空间轨道转移动力。后由于冷战结束，1992 年该计划改名为 SNTP（空间核热推进），并持续到 1994 年[1,18-20,23]。在 Timberwind/SNTP 计划期间对颗粒床反应堆（PBR）进行了深入研究，燃料测试温度达 3 000 K；进行了单个燃料元件的核加热试验；对 1 000 MW 的原型堆进行了临界试验。

1989 年，美国发布太空探索倡议（SEI）计划[1,18,24]，评估认为核热火箭是载人登陆火星最理想的推进动力选择，提出了发展模块式的核热火箭系统。模块式核热火箭系统即每个核热火箭发动机的大小、参数完全相同，使用不同数目发动机组合构成的核热火箭系统可以满足不同任务的推力需求。

2010 年美国政府发布新版《国家太空政策》，提出载人登陆火星的任务目标。针对这一任务需求，重启了核热火箭技术开发工作[25]，即核低温推进级项目（NCPS），主要包括核燃料工艺技术研究、经济可承受的技术方案研究以及可持续的发展战略研究。爱达荷国家实验室和马歇尔飞行中心开展了 W-UO_2 金属陶瓷燃料的制造工艺开发，并进行了模拟环境下的高温试验，氢气压力约 7 MPa，流量达 200 g/s 以上，试验最高温度接近 3 000 K。研究了 33 kN 和 111 kN 两种推力的核热火箭发动机方案，以及发动机测试排放物的地面处理和地下处理两种手段[26]。

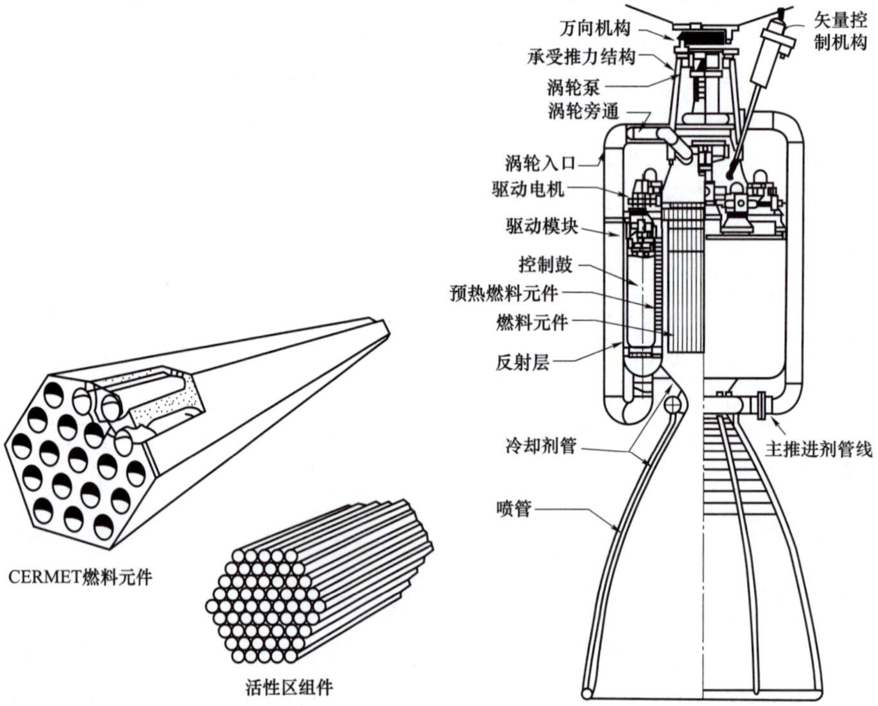

图 7-19　CERMET 燃料元件及发动机

美国 2015 年后启动了核热推进项目第二阶段的工作。为缩短开发周期，降低成本，目标设定为小推力的模块化发动机（33 kN 或 73 kN），采用通用燃料元件，反应堆出口温度≥2 700 K，比冲 900 s。通过增加燃料元件长度和数目的方式，可以放大发动机的推力（如 111 kN），以满足不同的任务需求。

近些年来，美国核热推进研究的重点逐渐转向采用低浓铀燃料（丰度小于 20%）。采用低浓铀燃料可消除高浓铀燃料带来的安保费用和进度影响，可允许私营工业部门参与到研发活动中，增强项目灵活性。美国目前正在开展低浓铀燃料核热推进发动机的可行性和可承受性评估，进行了多种低浓铀反应堆方案设计[28,29]，开展了小尺寸燃料元件制备工艺研究，燃料元件样件试制，以及堆外试验和堆内辐照试验工作。

2021 年初，美国能源部发布了《太空能源（计划）：能源部推进美国太空领导力的战略（2021—2031 财年）》[30]，报告提出在 2028 年之前建立核热推进相关的技术基础和能力，使核热推进系统方案满足 NASA 和国防部今后的任务要求。近期的任务主要有燃料开发、慢化剂开发、高温材料开发、反应堆设计和综合燃料系统的测试。美国国防部高级研究计划局（DARPA）启动了“敏捷地月空间行动验证火箭”（DRACO，简称“天龙座”）[31]任务，拟将核热推进技术用于地月空间的快速运输，主要参与单位或部门有 Lockheed Martin 公司、BWX Technologies（BWXT）和美国能源部等。

苏联从 1956 年正式开始核热火箭发动机研发[1,18-20,32]。开发了耐高温、抗氢蚀的三元碳化物燃料（UC-ZrC-NbC），这种燃料元件呈扭转条状（类似于钻头形状），并由多根元件构成燃料棒束，而 6～8 个棒束轴向排列构成一个燃料组件，如图 7-20 所示。这种燃料组件具有如下优点，一是这种三元碳化物燃料熔点高、导热系数大、与高温氢气相容性好，许可工作温度高；二是这种扭转条状的元件构型具有较高的表面积/体积比，且对工质流动具有搅混作用，改善了传热和温度分布；三是可沿燃料组件轴向根据需要调整燃料的富集度，以获得更好的轴向功率分布。在进行的燃料元件/燃料组件试验中，功率密度最高达到 35 MW/L，最高运行温度达到 3 200 K，在工质温度 3 100 K 条件下持续了 1 h，在工质温度 2 000 K 下持续了 4 000 h。俄罗斯在 21 世纪初期还开发了碳氮化物核燃料，并成功进行了温度 2 800 K 条件下 100 h 的试验，这也成为俄罗斯核热推进反应堆的备选燃料之一。

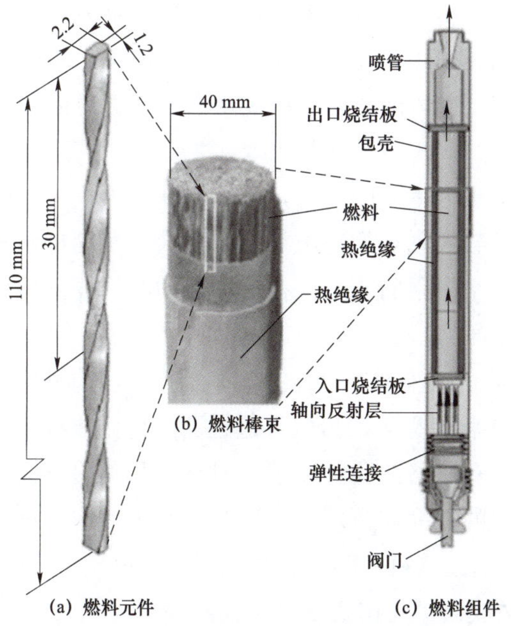

图 7-20　扭转条状的三元碳化物燃料元件及组件

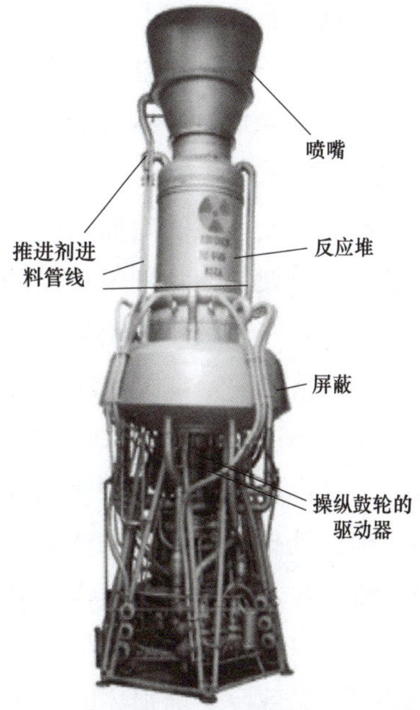

图 7-21　RD0410 发动机

为了核火箭发动机的研发，苏联建造了三座专用试验堆。高通量脉冲堆（IGR）于 1961 年开始运行，完成了核热推进燃料和材料辐照试验；试验反应堆（IVG-1）于 1975

年开始运行，开展了燃料元件的动态试验，氢气最高试验温度为 3 100 K，比冲为 925 s。IRGIT 是专门为 RD-0410 样机设计的原型反应堆，开展了物理启动、喷气（氢气）试验及试验后检验等研究工作，RD-0410 的主要性能参数见表 7-6。后期，俄罗斯主要针对载人火星探测任务设计了模块化的标准型核火箭发动机，其推力为 68 kN。并以此为基础，开展了兼顾推进和发电的双功能模式核火箭发动机研究。

表 7-6　RD0410 核火箭发动机的主要性能参数

性能参数	数值
功率/MW	196
推力/kN	35
氢流量/（kg/s）	4
等效比冲/s	900
堆芯出口温度/K	3 000
腔室压力/MPa	7
重量/kg	2 340
运行时间/min	60
启动次数	10

核热火箭发动机的发展趋势是：发展中等推力的核热火箭发动机，通过“捆绑”构成大推力系统；开发通用型燃料元件，采用模块化堆芯方案，使发动机推力水平可缩放；持续开发耐高温、耐氢蚀的燃料来提高核热火箭发动机的性能；注重采用非核试验方式来降低试验难度和费用；发展多模式空间核动力系统满足飞行任务对能源动力的全面需求。

核火箭发动机的地面试验是研发过程中极为重要的一环，它对于获得太空应用资质是至关重要的，特别是在发动机用于推进载人飞船的情况下。化学火箭发动机通常要经过数月甚至数年的鉴定试验才能获得太空应用的资质。核火箭发动机同样需要完成类似严格的鉴定试验才能获得太空应用资质。

美国在 ROVER/NERVA 试验期间，发动机试验都将火箭排气不经任何过滤直接排放至大气当中，如图 7-22 所示。苏联曾设想将核火箭的排气经过过滤后再排放到大气中，但因代价过于高昂未能实施，且当时没有严格的监管要求，最终也与美国一样采用了直接排放方式。随着人类环境保护意识的提高，在现在的监管环境下，这种排放方式是难以接受的，尽管在当时所有的核火箭发动机试验都将排气直接排放至大气中，包括那些导致反应堆损坏的试验，均没有造成人员受伤或受过量辐照。

在开展核火箭发动机试验时，为避免将未经过滤的排气释放至大气当中，一种可能的方法是将发动机的排气排放到核武器试验使用的竖井中。利用竖井周围的冲积土吸收和过滤火箭发动机排气中潜在的有害物质，如图 7-23 所示。

图 7-22　内华达 Jackass Flats 的核火箭发动机地面试验

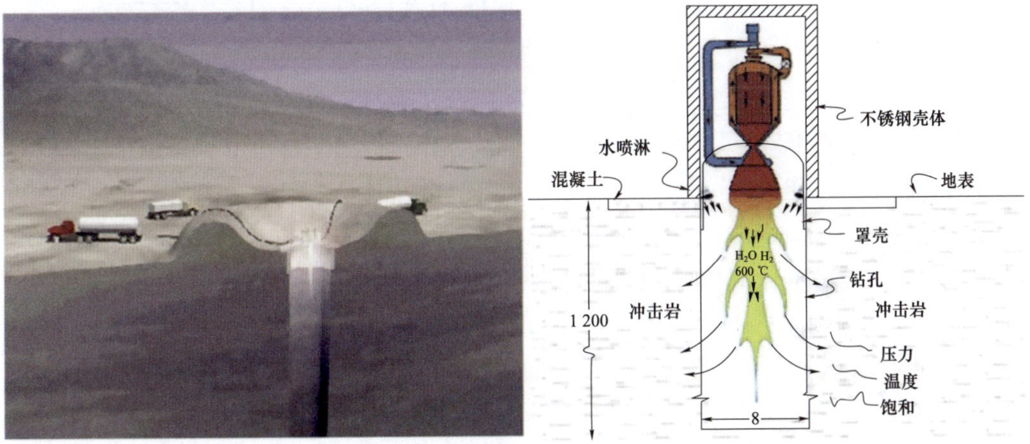

图 7-23　采用竖井过滤方式的核火箭发动机试验

另一种方法是，首先将火箭发动机排气引入至一个水冷扩压器，形成亚声速氢气流，然后将其与过量液氧混合并在高温下燃烧，生成水蒸气与剩余的氧气的混合气体。然后采用蒸汽冷凝器将富含氧气的水蒸气连带排气中的任何放射性污染物一起冷却，冷凝产生的污水之后送入排水储箱进行过滤和净化，再排放至外界环境的储水池中。部分未凝结的水蒸气和气态氧气的混合物导入到干燥过滤器中，水蒸气在其中被分离凝结成水并排放至储水箱。受污染的氧气引入到氧气冷凝装置并液化和净化。最终，净化后的氧气被排放至大气，图 7-24 给出了核火箭发动机试验排气收集设施的示意图。

空间核推进包括核电推进与核热推进。两者相比，核电推进具有高比冲、小推力、长寿命的特点；核热推进具有大推力的特点，但比冲相对较低，工作寿命（高功率运行时间）较短。核电推进适用于航天器的位置保持、姿态控制、轨道修正的辅助动力，以及无人深空探测及轨道转移的主动力，而核热推进则适用于对飞行时间有较高要求的载人深空探测等任务。

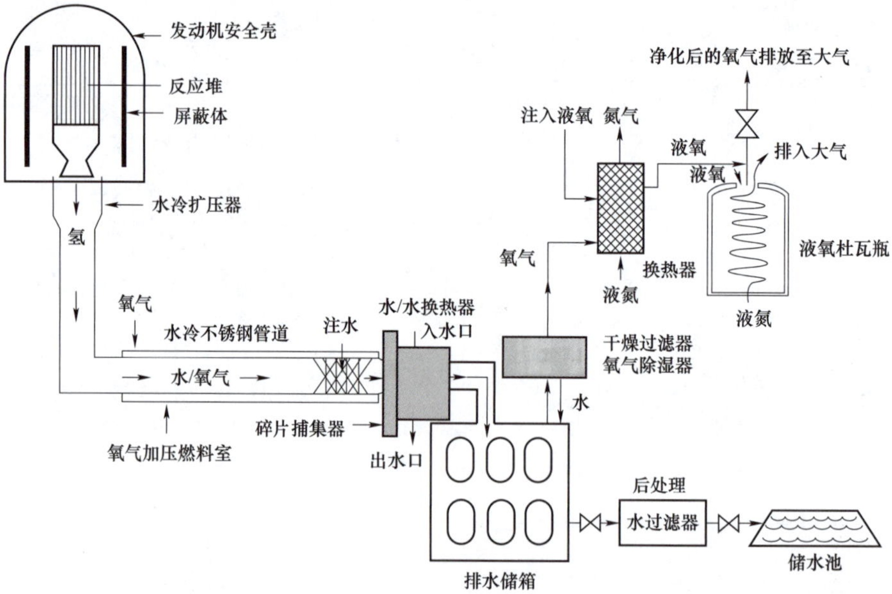

图 7-24　核火箭发动机试验排气收集设施示意图

参考文献

［1］苏著亭，杨继材，柯国土. 空间核动力［M］. 上海：上海交通大学出版社，2016.

［2］姚成志，胡古，解家春，等. 月球表面核反应堆电源方案［J］. 科技导报，2015，33（12）：19-23.

［3］吴伟仁，王倩，任保国，等. 放射性同位素热源/电源在航天任务中的应用［J］. 航天器工程，2013（2）：1-6.

［4］胡古，赵守智. 空间核反应堆电源技术概览［J］. 深空探测学报，2017，4（5）：430-443.

［5］IAEA. The role of nuclear power and nuclear propulsion in the peaceful exploration of space［R］. Vienna：IAEA，2005.

［6］Voss S S. SNAP reactor overview［R］. USA：Air Force Weapons Laboratory，1984.

［7］Araújo E F，Guimarães L N F. American space nuclear electric systems［J］. Journal of Aerospace Technology and Management，2018，10：e4418.

［8］Pluta P R，Smith M A，Matteo D N. SP-100，A Flexible Technology for Space Power from 10s to 100s of kWe［C］//Proceedings of the 24th Intersociety Energy Conversion Engineering Conference. IEEE，1989：1215-1223.

［9］Bowron E B. TOPAZ II space nuclear power program-management，funding，and contraction problems［R］. Washington：General Accounting Office，1997.

［10］ Rhee H S，Wetch J R，Gunther N，et al. Space - R thermionic space nuclear power system with single cell incore thermionic fuel elements ［C］//AIP Conference Proceedings. American Institute of Physics，1992，246（1）：120-129.
［11］ Ashcroft J，Eshelman C. Summary of NR program Prometheus efforts ［C］//AIP conference proceedings. American Institute of Physics，2007，880（1）：497-521.
［12］ National Research Council，Division on Engineering，Physical Sciences，et al. NASA space technology roadmaps and priorities：restoring NASA's technological edge and paving the way for a new era in space［M］. USA：National Academies Press，2012.
［13］ Mason L，Poston D，Qualls L. System concepts for affordable fission surface power ［C］//Space Technology and Applications International Forum（STAIF 2008）. USA：NASA，2008.
［14］ Gibson M A，Poston D I，McClure P，et al. The Kilopower Reactor Using Stirling TechnologY（KRUSTY）nuclear ground test results and lessons learned ［C］//2018 International Energy Conversion Engineering Conference. Cincinnati：AIAA，2018：134-138.
［15］ 波诺马廖夫－斯捷普诺依 N M. 空间核动力（热电转换和热离子转换的空间核反应堆电源“ROMASHKA”和“ENISEY”）［M］. 刘舒，译. 北京：原子能出版社，2015.
［16］ Koroteev A S. New stage in the use of atomic energy in space ［J］. Atomic energy，2010，108（3）：170-173.
［17］ 解家春，霍红磊，苏著亭，等. 核热推进技术发展综述［J］. 深空探测学报，2017（5）：417-429.
［18］ ［美］小威廉·埃姆里希（Willium Emrich，Jr）. 核火箭推进原理［M］. 安伟健，霍红磊，孙晓博等译. 杭州：浙江大学出版社，2021.
［19］ ［俄］A. C 科罗捷耶夫. 核火箭发动机［M］. 郑官庆，王江，黄丽华，等，译. 上海：上海交通大学出版社，2020.
［20］ Finseth J L. ROVER nuclear rocket engine program：overview of ROVER engine tests final report ［R］. Huntsville，USA：Marshall SpaceFlight Center，1991.
［21］ Nuclear technology department，Nuclear energy division. 710 high temperature gas reactor program summary report：Volume 1 summary ［R］. Ohio，USA：General Electric，September 1973.
［22］ R. A. haslett. Space nuclear thermal propulsion program final report［R］. Bethpage，USA：Grumman Aerospace Corporation，May 1995.
［23］ John S. Clark，Stanly K. Borowski，Melvin C. Mcllwain. Nuclear thermal propulsion transportation system for Lunar/Mars exploration ［C］. Nuclear power

engineering in space-nuclear rocket engines，Semipalatinsk，Kazakhstan，September 22-26，1992.
［24］Houts M. G. ，Borowski S. K. ，George J. A. ，et al. Nuclear cryogenic propulsion stage［C］. Nuclear and Emerging Technologies for Space 2012，The Woodlands，USA，March 2012.
［25］Gerrish H. P. Current ground test options for nuclear thermal propulsion［C］. Nuclear and Emerging Technologies for Space 2014，Slidell，USA，February 24-26，2014.
［26］Houts M. G. ，Mitchell D. P. ，Kim T，et al. NASA's nuclear thermal propulsion project［C］. SPACE Conference & amp，Pasadena，USA：Aug 31 –Sep 2，2015.
［27］赵润喆，霍红磊，赵爱虎，等. 低浓铀核热火箭堆芯研究设计进展［J］. 东北电力大学学报，2021，41（03）：78-84.
［28］Poston D. Design comparison of nuclear thermal rocket concepts［C］//Nuclear and emerging Technologies for Space 2018. Las Vegas，USA：ANS，2018.
［29］U. S. Department of Energy. Energy For Space Department of Energy's Strategy to Advance American Space Leadership（FY 2021–FY 2031）［R］. Washington D C，U. S. Department of Energy（DOE），2021.
［30］Rosaire C G，Guckes A L，Zeiler C P. Nuclear Thermal Propulsion Borehole Ground Testing Validation［R］. North Las Vegas，USA：Nevada National Security Site/Mission Support and Test Services LLC（NNSS/MSTS），2023.
［31］VadimZakirov，Vladimir Pavshook. Russian Nuclear Rocket Engine Design for Mars Exploration［J］. Tsinghua Science and Technology，2007，12（3）：256-260.
［32］于俊崇，等. 船用核动力［M］. 上海：上海交通大学出版社，2016.
［33］卢川，王仲辉，于俊崇. 船用核动力的发展特点与启示［J］. 核动力工程，2022，43（1）：1-6.

第 8 章　核武器

8.1　核武器的类型和构造原理

核武器是利用原子核裂变或聚变反应在瞬间释放巨大能量，从而产生大规模毁伤破坏效果的武器。按构造原理划分为原子弹（包括助爆型原子弹）和氢弹两大类。

8.1.1　原子弹

原子弹是利用铀-235 或钚-239 等易裂变原子核发生裂变链式反应瞬时释放出巨大能量的核武器，一般称为裂变武器或裂变弹。为了使链式反应加速进行，要求核反应性尽可能大，每代中子寿命越短越好（见 2.4.3 节）。因此，原子弹必须采用快中子裂变系统，装料量应大大超过临界质量，使中子增殖系数 k 远大于 1。在有良好反射层（如金属铀-238 或铍）的情况下，铀-235 和钚-239 球体的临界质量分别为 16～25 kg 和 5～8 kg（见 2.3.1 节）。

为确保这个系统在不使用时处于次临界状态，以免核装料中自发裂变产生的中子或环境中漫游的中子会引起链式反应而造成核事故，需要控制原子弹的临界状态。如何控制临界状态呢？原子弹的引发机制就是使处于次临界状态的裂变装料瞬间达到超临界状态，并适时地提供若干中子来触发裂变核链式反应。按照结构原理的不同，有枪法和内爆法两种不同类型的原子弹。

（1）枪法原子弹——利用“枪筒”结构，将两块小于临界质量的裂变装料在化学炸药爆炸产生的高压力下迅速合拢达到超临界状态，从而引发核爆炸（见图 8-1）。为了延迟裂变装料的飞散，维持链式反应较长时间，以提高原子弹的效率，要把原子弹装在坚固的外壳内。反射层铀-238 的密度大，可起到约束作用。1945 年 8 月 6 日美国投落在日本广岛的第一颗原子弹属于这种枪法结构，代号叫“小男孩（Little Boy）”，弹重约 4 100 kg，核装料是用昂贵的电磁分离法生产的 64 kg 丰度 80%以上的浓缩铀，爆炸威力实际上只有 14 000 t TNT 当量，核装料的利用率很低，只有 1.2%。一颗原子弹的核装料一般需要 16～25 kg 铀-235 或 5～8 kg 钚-239。

枪法原子弹的结构简单，较易制造，性能可靠。但它有三个缺点：① 被“推射”的铀需要一段加速距离，使武器必须做得很长；② 核材料未经压缩，需要用大量裂变材料，也就是说这种武器很重，而且效率很低；③ 很难利用钚-239 作核装料，因为钚-239 中不可避免地含有一些钚-240，后者的自发裂变概率特别大，约为钚-239 的 4 万多倍。

在枪法结构中，虽然两块裂变装料合拢的速度很高，合拢过程中所经历超临界状态的时间仍然较长（几毫秒），以至于在两块裂变装料未充分合并以前，有相当大的概率由自发裂变所释放的中子引起爆炸。这种“过早点火”造成的低效率爆炸，是不能实现预期威力的。

（2）内爆法原子弹——它的原理是利用普通烈性炸药制成一个球形装置，将小于临界质量的核装料（铀-235 或钚-239）制成小球，置于炸药球中心，通过电雷管同步点火，使炸药球各点同时起爆，产生向心聚焦的压缩波（又称内爆波），将次临界质量的核装料小球瞬间猛烈压紧，增加其密度，使其超临界，实现自持链式反应而导致核爆炸（见图 8-2）。

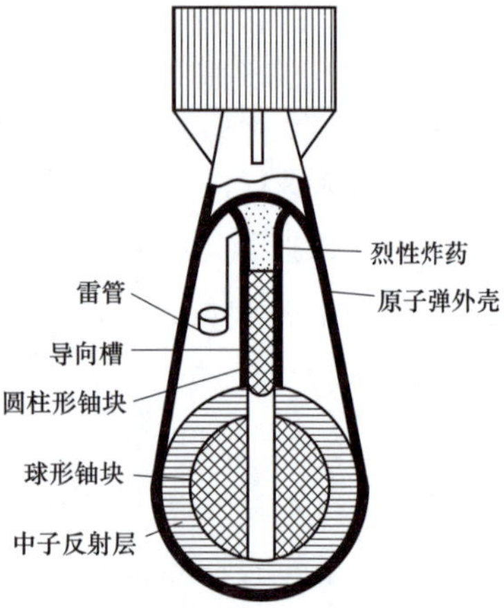

图 8-1 “枪”型原子弹结构原理图

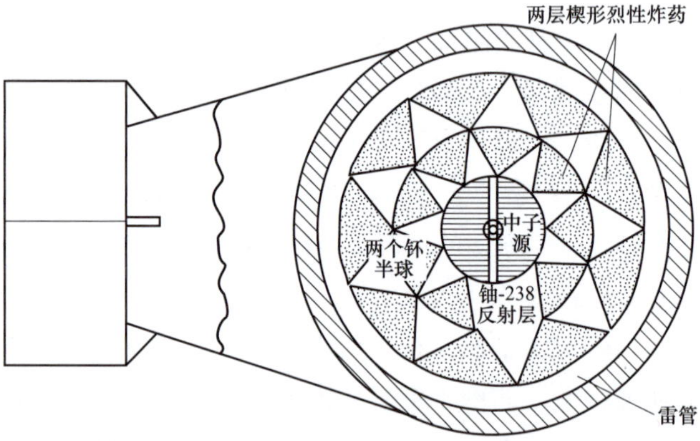

图 8-2 内爆型原子弹结构原理图

内爆法原子弹结构复杂，体积较大。它优于枪法结构的地方是，核装料量可比枪法原子弹少，而利用率却高得多，又由于压缩波效应所需时间较枪法结构合拢的时间少（小于几微秒），因而由游散中子引发“过早点火”的概率会大为减小。一般用一个可控制的中子源，等到压缩波效应达到最大值时才放出“点火”中子而触发核爆炸。为了尽量避免“过早点火”，内爆法原子弹所用钚装料中钚-240 的含量不得超过 10%。含钚-240 达 20%～30%的工业钚，最多只能用来制造低威力或威力范围不要求严格控制的粗劣原子弹。

美国于 1945 年 8 月 9 日投落在日本长崎的原子弹属于内爆法结构，代号“胖子（Fat Man）”，弹重约 4 500 kg，用 3 座石墨水冷反应堆所生产的 6.2 kg 武器级钚作核装料，外用化学炸药约 2 500 kg，爆炸威力达到了 21 000 t TNT 当量，核装料的利用率为 21%。它由三个同心球构成，外球壳是用天然铀做反射层，内球是两个次临界质量的钚半球，内球中心是一个乒乓球大小的钋铍球作为点火中子源。同心球体外面是由两层楔形烈性炸药组成的炸药球，每层 36 块，为可靠起见，每块炸药上安装了两个电雷管。图 8-3

为“胖子”的外观图。

图 8-3　内爆型原子弹“胖子”外观图

中国的第一颗原子弹是采用高富集度铀-235 装料的内爆法原子弹，于 1964 年 10 月 16 日在新疆罗布泊沙漠戈壁的高度为 102 m 的铁塔上成功进行了核试验，爆炸威力达到 22 000 t TNT 当量。

（3）助爆型原子弹——在以铀-235 或钚-239 为核装料的原子弹中，引入少量氘、氚混合物。裂变装料爆炸时，由于裂变反应和内爆效应，在中心部位产生极高的压力和温度（$>10^7$ K），足以引发氘、氚的聚变反应，聚变反应产生的 14.1 MeV 的高能中子与易裂变核碰撞产生更多的中子，这些中子引起更剧烈的裂变反应，其增长速率比没有聚变反应时快得多，由于温度急剧升高，从而促使发生更多的聚变反应，又进一步引发更多的裂变反应，这样在系统解体之前将有更多的核发生裂变，使爆炸威力大大增加（2～10 倍）。加强型原子弹不仅可以提高威力，而且可以提高裂变装料的利用率。

助爆型原子弹可以提高裂变材料的利用率，增大爆炸威力，有利于装置的小型化。其威力可达十几万吨 TNT 当量，并且可以很容易地通过改变热核材料的装填量或氘氚的含量来调节爆炸威力。助爆型原子弹常用作氢弹的“初级”[1]。

8.1.2　氢弹

核武器的进一步发展就是氢弹，或称为热核武器。由于没有临界质量的限制，氢弹可以做得很大或很小；聚变反应不产生放射性裂变产物，无相应的放射性污染问题；通过设计又能增强或减弱其某些毁伤破坏因素。

热核反应的先决条件是高温（10^7～10^8 K）。氢弹中自持聚变反应所必需的高温、高密度条件，目前只能由原子弹爆炸来提供。因此氢弹里都装有一个专门设计的起引爆作用的原子弹爆炸装置，通常称为“扳机”。为了达到高威力，热核装料在点燃前的高度压缩（使密度增加15～30倍）是成功的关键。为此需要巧妙地设计裂变“扳机”。

氢弹的热核装料可采用含氘、氚的物质。氘和氚是氢的同位素，原子核间的静电斥力最小，在10^7 K温度下即可激发明显的聚变反应，而且反应释放的能量很大。涉及的反应有氘氘反应和氘氚反应：

$$^{2}H+^{2}H \longrightarrow ^{3}H+^{1}p+4.036\ MeV$$
$$^{2}H+^{2}H \longrightarrow ^{3}He+^{1}n+3.27\ MeV$$
$$^{2}H+^{3}H \longrightarrow ^{4}He+^{1}n+17.6\ MeV$$

当热核装料的温度为几百万至几亿 K 时，氘氚反应的速率要比氘氘反应快约 100 倍，因此氘氚混合物比纯氘更容易发生聚变反应。但在氢弹中大量使用氘、氚气体，或用极低温度或极高压力加以液化，会给设计和使用带来困难。现在都采用能就地生成氚的固态陶瓷体氘化锂-6 作为氢弹的主要装料。氘化锂-6 的成本较低，且不像氚那样具有放射性衰变的特性，又便于长期贮存，而且无须低温冷冻装置，便于实战使用。中子同锂-6 发生核反应，产生氘氚聚变反应所需的氚，而氘氚反应放出的中子又与锂-6 反应产生氚，如此循环作用：

$$^{1}n+^{6}Li \longrightarrow ^{4}He+^{3}H+4.8\ MeV$$
$$^{2}H+^{3}H \longrightarrow ^{4}He+^{1}n+17.6\ MeV$$

每一次循环消耗一个氘核和一个锂-6 核。氚无须外加。氢弹中消耗 1 kg 氘化锂-6 释放的能量约为 64 000 t TNT 当量（1 kg 氘氚混合物全部聚变将释放出大约 81 000 t TNT 当量的能量），相当于同样质量的铀-235 或钚-239 释放能量的 3.6 倍。氢弹的爆炸威力一般为几百万吨 TNT 当量，大到几千万吨 TNT 当量也是不难做到的。与陆基洲际弹道导弹、海基潜射弹道导弹和战略轰炸机等远程投射工具相结合的小型化氢弹及特殊性能氢弹构成现代核威慑力量的主体。

氢弹有 4 个特点：一是成本较低，氢弹以聚变材料氘、锂-6 为主，同样质量的聚变材料不但放能是裂变材料的 3 倍以上，主要材料生产成本也比裂变材料低。二是产生的废物较少，裂变产物中许多放射性核素的寿命很长，不易处理，而聚变产物中氦-4 是稳定核，氚也所剩不多，所以尽量减少氢弹次级中裂变能量的份额，就能制成比较“干净”的武器。三是威力不受临界质量限制，氢弹的威力原则上没有限制，世界上爆炸过的氢弹威力最大的达到了 5 800 万 t TNT 当量。四是可制成特殊性能的核武器，通过改变氢弹次级的设计就可以增强或削弱其某种毁伤破坏因素，使核武器满足各种作战需要[2]。

中国于 1966 年 12 月 28 日用塔爆方式进行了氢弹原理试验，爆炸威力为 12.2 万 t TNT 当量，1967 年 6 月 17 日成功地进行了首次氢弹全当量空爆试验，爆炸威力为 330 万 t TNT 当量。

（1）三相弹——最早用作核武器的氢弹构型，其能量释放过程经历裂变—聚变—裂变三个阶段，其结构特点是使用天然铀或高浓铀外壳。三相弹爆炸的过程是：裂变扳机（它本身可能由聚变加强）点燃后放出的γ和 X 射线立即轰击一些特殊材料，使之气化成为等离子体，而使热核装料、铀外壳和尚处于次临界状态的中央点火用武器级铀（或钚）受到预先压缩，等到扳机放出的中子抵达中央部位，该处的裂变燃料便被点着，裂变爆炸产生的高温和锂-6 反应产生的氚随即引发主要的聚变爆炸，后者放出大量 14.1 MeV 高能中子，轰击外壳的铀-238 又引起裂变爆炸。压缩过的热核装料被包围在两个裂变爆炸中间，聚变和裂变反应相互作用的结果是增大所有粒子碰撞、聚合的速率和概率，提高了爆炸的总威力和比威力。这种聚变层和裂变层相间的结构可设计成多级的，裂变能量所占份额也是可调节的，从 5%到 80%不等。据估计，天然铀外壳的裂变可使总威力增加 30%～50%，如采用高浓铀外壳，可再增加 50%。裂变能量占的份额越大，裂变产物的放射性污染也就越严重。美国把裂变能量份额为 5%的氢弹称为“干净”的氢弹，可用于反导核武器和战术核武器。

（2）中子弹——这是以高能中子辐射为主要毁伤因素、相对减弱冲击波和光辐射效应的一种特殊的小型氢弹，又称为增强辐射弹。中子与γ射线在空气中衰减迅速，其毁伤破坏半径随爆炸能量增长的程度要比冲击波和光辐射小很多，当威力达到一定数值时，强核辐射的特性便不再能保持，因此，中子弹的威力是有限制的，一般为 1 000 t 左右 TNT 当量。

裂变反应产生的能量中，瞬发核辐射只占 6.8%，而氘氚聚变反应产生的能量中，80%由高能中子携带。而且裂变中子的平均能量只有 2 MeV，氘氚聚变中子的平均能量高达 14.1 MeV。因此，中子弹必需尽量利用氘氚聚变反应。但由于裂变扳机绝不可少，中子弹的爆炸能量不可能全部来自聚变反应。一颗裂变与聚变能量各占 50%的 1 000 t TNT 当量中子弹爆炸时，大约瞬发核辐射能量占 30%，剩余核辐射能量占 5%，冲击波能量占 40%，光辐射能量占 25%。中子弹的冲击波与光辐射能量份额均小于同等威力的裂变弹，加上中子弹的总威力比裂变弹小很多，所以中子弹的冲击波与光辐射的毁伤破坏半径要比裂变弹小得多。但中子弹的核辐射毁伤半径约为同威力裂变弹的 2 倍，一颗 1 000 t TNT 当量中子弹在 150 m 上空爆炸时，其核辐射毁伤半径约等于 10 000 t TNT 当量的裂变弹。

中子弹适宜用来对付集群装甲目标。但因爆炸能量不高，毁伤半径有限，只适用于具体战场上。美国等国生产的中子弹一般用作短程核导弹或核炮弹的弹头。

（3）冲击波弹——这是以冲击波为主要毁伤破坏因素的一种特殊性能氢弹，又称弱剩余放射性（reduced residual radioactivity，RRR）弹。与三相弹相比，其显著特点是降低了剩余放射性的生成量，相同威力的纯裂变弹的放射性沾染大约是冲击波弹的十倍。通常核爆炸产生的剩余放射性主要来自裂变产物、残留的氚，以及裂变中子在弹体和周围环境中引起的感生放射性。其中氚是气态物质，很少沉降至地面；感生放射性可通过选取适当弹体材料和采取屏蔽措施来减小；因此，冲击波弹的关键问题是降低裂变份额。

冲击波弹主要用来摧毁敌方坚固的军事目标，破坏敌方飞机跑道、地下指挥所或摧毁山口通道阻滞敌军行进等。由于产生的放射性沉降较少，爆后不久，人员便可进入爆区，因此适合在战场上使用，也比较适合于核爆炸的和平利用。

（4）增强 X 射线弹——这是一种以增强 X 射线破坏效应为特征性能的特殊性能氢弹。它在海拔 100 km 以上空气稀薄的高空爆炸时，在 0.1 μs 内放出的 X 射线能量所占份额可达到总威力的 70%～80%。其较软（能量较低部分）的 X 射线在来袭导弹壳体上产生强烈的热击波，会造成材料碎裂破坏或断裂，使导弹解体；能谱足够硬的射线能穿透导弹壳体，破坏其内部电子器件和电路，以达到防御敌方弹道导弹的目的。这种核武器的设计原则是尽量增大 X 射线所占爆炸能量份额，并通过改变 X 射线频谱来调节破坏机制。

8.1.3 核爆炸驱动定向能武器

核武器威力虽大，但能量向四面八方均匀发散。定向能武器是借助于某种转换器使爆炸能量高度集中在一个小的立体角内，以大大增加能量强度和破坏距离。如核爆炸驱动高功率微波武器（核电磁脉冲弹）要求比普通氢弹高空爆炸产生的振幅更大、频率更高（波长在厘米至毫米的微波段）且定向发射（以减少对己方的损伤）的电磁脉冲，作为用于第一次核打击的进攻性武器，它可使几千千米外敌方的武器系统和电力基础设施失效，而不造成人员伤亡。又如核爆炸驱动 X 射线激光武器，将核爆炸产生的各方向发散的射线能量，转变成方向性好、摧毁距离达几千千米、又能同时瞄准多个目标的 X 射线激光，作为突防手段可破坏敌方的天基监测系统、卫星系统和扫除轻质诱饵，作为防御手段可同时摧毁多个来袭导弹。

这种定向能武器又称为第三代核武器，它是核武器同高功率微波发生器、高功率激光器相结合的产物，技术难度很大。

8.1.4 战略核武器和战术核武器

战略核武器系统由大当量的核弹头和远程运载工具组成，用于攻击敌方战略目标。其爆炸威力可从几十万吨到几百万吨 TNT 当量，作用范围可远至上万千米，运载工具有陆基洲际弹道导弹、海基潜射弹道导弹和携带核炸弹或核巡航导弹的战略轰炸机。

20 世纪 50 年代美国和苏联在氢弹试验成功之后，开始大力发展战略核武器系统。60 年代两国除了完善大威力战略核弹头以外，还开发了可多弹头搭载的小型化陆基和潜地战略导弹核弹头。70 年代两国普遍实施战略导弹核武器的小型化和多弹头化，强调提高命中精度和打击坚固目标的能力。80 年代两国着力提高战略核武器的生存能力、突防能力和摧毁硬目标能力。现在美国、俄罗斯、英国、法国和中国均已掌握战略核武器，其中美、俄两国的战略核武器，尽管有所削减，仍各拥有约 5 000 枚以上的核弹头，占世界总数的 90%以上。为了在遏止其他国家发展核武器而采取的行动中摧毁地下深埋和加固军事目标的需要，美国不断地研制和部署具有强钻地能力（能钻入地下

3～6 m 引爆）的核炸弹。

冷战时期，美国军方将战术核武器定义为“由短程运载工具搭载的低当量核弹头武器系统，其主要军事用途在于攻击战场部队或各类设施，取得直接的军事效益”。1986 年版《苏联军事百科全书》将战术核武器定义为“摧毁敌军战术或战役纵深内目标的核武器系统……其作用距离与装药量显著低于战略核武器”。可见，战术核武器的特征一般是：威力低，通常为数千至数万吨 TNT 当量；射程短，几千米至几百千米；运载平台多样，包括炮弹、火箭、导弹、航弹等。战术核武器主要用于打击对敌方军事行动有直接影响的目标，如运输系统和供电网、集结的步兵群、装甲群、重要基地和弹药库、海上或港口的舰队、潜艇、空中飞行或地面停留的飞机、潜艇、机动导弹与火炮阵地、飞机场、道路、桥梁，以及一些较小的工业设施、铁路调车场、海港设施等。冷战结束以来，核武器能力和任务之间的关系逐渐融合，而且随着导弹精度的提高，低当量核武器也能达到冷战时期较大当量核武器的作战效果。2002 年《莫斯科条约》和 2010 年新《削减战略武器条约》签订后，美逐渐将战略核武器军控条约未涵盖的核武器统称为非战略核武器。

8.2　核武器发展水平

核武器发展水平的高低可用下述指标来衡量。

8.2.1　比威力

为便于运载和尽可能发挥较大威力，核武器要求体积小、重量轻，一般把比威力作为衡量其技术水平的重要标志。核武器的比威力是指爆炸的总当量与核武器重量之比。从这个指标可看出核武器小型化的水平。美国在第二次世界大战中投于日本的“小男孩”和“胖子”的比威力分别为每千克弹重 3.7 t 和 4.4 t TNT 当量。氢弹研制成功后，核武器比威力大幅提升，每千克弹重可达数千吨 TNT 当量。但核武器的毁伤破坏效应不单纯决定于爆炸时释放的能量，还与能量分配、目标的性质和爆炸方式（高空、空中、地面、地下或水下）等有关。地面爆炸的冲击波破坏效应大约只与 TNT 当量的 2/3 次方成正比，而 20 世纪 60 年代以来加速发展的多弹头导弹核武器，比威力降低而破坏效应大大提高，所以比威力已不是衡量核武器技术水平的唯一指标。用比等效百万吨数①代替比威力更能真实反映核武器的设计水平。

① 比等效百万吨数（equivalent megatonage-to-weight ratio）是按核武器威力与百万吨 TNT 当量之比的 2/3 次方计算其破坏能力，例如，重量为 200 kg，比威力为每千克 2 000 t TNT 当量的核弹头，威力为 200×2 000=40 万吨 TNT 当量，其比等效百万吨数即为（40/100）$^{2/3}$/200=0.002 7/kg。

8.2.2 核装料利用率

核装料利用率反映核武器的工艺水平。美国投于日本的“小男孩”原子弹的核装料利用率仅 1.2%，其余装料都被炸散了。20 世纪 60 年代的核装料利用率达到 25%，之后又有所提高。但核武器工艺无论如何改进，利用率不可能达到 100%。

8.2.3 干净化程度

干净化程度指的是核武器爆炸总能量中裂变能量与聚变能量的比例。目前尚无法取消引爆热核装料的裂变弹，即不可能做到完全干净化。大威力氢弹中的裂变能量份额已降到仅占总当量的 5%左右。

8.2.4 突防能力

由于反导弹核武器利用 X 射线、中子、γ 射线、β 粒子、电磁脉冲等各种核效应作为破坏来袭核武器的手段，核辐射和电磁脉冲会在半导体器件和集成电路内产生位移效应、电离效应、严重干扰和永久损坏，所以进攻性核武器必须具有抵抗这些核效应的能力。为提高核武器在核拦截条件下的生存能力和突防能力，必须对其进行抗核加固。主要途径有以下几点：（1）削弱核爆炸破坏因素的作用，如采用屏蔽、减振等措施；（2）增强自身的抗电磁干扰能力；（3）采用回避技术，使易损的电路或子系统非必要时不加电工作。

8.2.5 可靠性

核武器的可靠性一般用可发射率和发射成功率来表征。前者是指核武器在临发射前能适时发射的效率；后者是指核武器在发射后按规定要求实现核爆炸的概率。核武器的可靠性越高，为摧毁一定目标达到预期毁伤破坏程度所需的核武器数量就越少。提高可靠性的措施有：装备多种不同机理的引信，在薄弱环节使用多个互为冗余的部件，加强生产中的质量控制，在贮存期内进行定期检测和维修，包括易损部件、短寿命部件的更换等。

8.2.6 安全性

核武器在装配、贮运和操作使用中必须防止意外核爆炸。为此在设计时应全面分析核武器的各个有关环节，采取周密的安全保障措施，如使裂变材料部件经常处于深度次临界状态，在事故情况下也不会达到超临界；电路中任何单一信号不会使系统解除保险和引爆核装置；设置指令自毁系统，在事故情况下可根据指令自毁引爆控制系统中的关键部件，使核武器失效；采用钝感高能炸药，使核武器在遇火烧、撞击、枪击、飞机失事或从空中掉落时难以爆炸等。为了提高安全性，核武器通常分解贮存。

贮存中要对各个部件定期维护检测以保证其处于良好状态。

8.2.7　生存能力

生存能力指核武器在敌方的各种攻击下能保持完好的概率。为提高己方核武器系统的生存能力，不能单靠拦截手段和工程加固，还应使核武器具有良好的机动性，例如把整装的战略核导弹装载在核潜艇或机动车辆上，经常变易其位置使敌方难以发现，或隐蔽在山洞中等。为了提高其机动性，核武器的小型化和对恶劣环境的适应性十分重要，一般要求在各种条件下，都能发射。同时应简化作战准备中的总装和检测程序，使核武器能快速发射，不致贻误战机。

8.3　核武器的毁伤破坏因素

核武器在空中爆炸时，首先发出极耀眼的闪光，足以照亮 100 km 以内的天空，同时发出巨响，远在几十千米的地方也能听见。在爆炸中心很快地形成一团火球，其表面温度比太阳表面温度（6 000 ℃）还要高，火球迅速上升，体积不断增大，数秒钟后火球逐渐冷却，同时和地面升起的尘柱一起形成蘑菇状的褐色烟云。烟云迅速升至几十千米的高空，逐渐被风吹散消失。烟云中的放射性物质则向大气和地面沉降，造成不同程度的放射性污染。

原子弹和氢弹的毁伤破坏因素基本上是一样的。现将核武器的五种毁伤破坏因素分述如下。

8.3.1　冲击波

核武器爆炸时，释放出巨大能量，爆炸中心的温度可升到上千万度以上，压力达到几十亿至几百亿大气压，在这样的高温高压条件下，爆炸产物强烈压缩周围的空气层，由压缩区和稀疏区构成强冲击波。这种冲击波以超声速向各个方向传播，对人员、装备、建筑等具有巨大的破坏力和毁伤力。在 1 km 半径范围内的钢筋混凝土建筑，或者 2 km 范围内的砖瓦建筑都能被破坏。距离爆炸中心 750 m 以内的人将会受到冲击波的致命伤害。冲击波能够推倒汽车、大炮和坦克，破坏桥梁。被冲击波所激起的石块、建筑物碎片等也都能造成毁伤。地形、地物对冲击波的传播会产生很大的影响，在地势起伏大的地方，冲击波的作用会大大减弱。冲击波是核武器的主要毁伤破坏因素，其破坏威力占核武器全部爆炸能量的 55%左右。

8.3.2　光辐射

由于核武器爆炸时在爆炸中心产生上千万度以上的高温，放出的辐射光线极为强烈。这种辐射光线包括普通可见光线、紫外线和红外线，它能使干燥松软的易燃材料起火燃烧，在自然风和冲击波形成的阵风作用下迅速蔓延而形成大面积火灾，在爆炸中心区域能使钢铁熔化；在离爆心较近的地区能严重灼伤人体的裸露部分，身体的遮蔽部分被烧伤的程度则随衣服的性质、颜色、厚薄而有所不同。一般说来，如离爆炸中心较近，眼睛对着核弹的爆心，会导致永久失明，70 km 以内会造成眼底烧伤，70 km 以外直至 200 km 会暂时失明，但不经治疗可以恢复。光辐射破坏威力占全部爆炸能量的 30%左右。

8.3.3 早期核辐射

核武器爆炸时立即放出的很强烈、肉眼看不见的、能穿过厚实物体的射线，又叫做贯穿辐射，它是普通炸弹所没有的。主要包括瞬发 γ 射线和瞬发中子、裂变产物早期释放的缓发 γ 射线和缓发中子以及中子与空气作用产生的 γ 射线。它的作用时间一般只有 10～15 s，一分钟后就大部分消失了。早期核辐射对人和动物的器官具有很大破坏作用，大照射量会引起放射病。较轻的症状有体温增高、恶心、肠胃消化不良、食欲不振；较重的有皮肤和黏膜出血、毛发脱落、白细胞数目减少；严重的会使人因骨髓型、肠型、脑型放射病而死亡。患轻度放射病的人在两个星期内会自行好转。小照射量可能使受照人员在数月、数年甚至数十年后发生远期的致癌效应（包括白血病和各种恶性肿瘤）和非致癌效应（如降低机体免疫功能、白内障等）。辐射遗传效应的不确定性更大，当前认为其危险远不如 50 年前想象的那样严重。

高照射量率或大照射量的早期核辐射作用于电子器件时会引起瞬时干扰和永久损坏。中子会使半导体中的原子产生永久性位移，而造成器件失效；γ 射线主要产生瞬态电离效应，从而在半导体器件中引起光电流，给电子系统带来扰动，甚至造成逻辑错误、失效或烧毁。因此，采用对早期核辐射敏感的半导体器件和集成电路的导弹核武器，容易被拦截核武器爆炸时放出的中子和 γ 射线所破坏。高空核爆炸的高中子注量率和高 γ 照射量率是破坏空间飞行器中电子系统的重要因素。

核爆炸产生的各种辐射还会直接或间接地引起大气电离，造成无线电通信信号的减弱或中断，其影响的范围可从几百到几千千米，持续的时间从几分钟到几小时，随爆炸的威力和高度而异。1962 年 7 月 9 日美国在 400 km 高空爆炸了一枚 145 万吨 TNT 当量的氢弹，在 160～16 000 km 的高空中造成一个广泛的辐射带和电离区，曾使短波电讯中断 20 min。

一般低威力的裂变弹，早期核辐射破坏威力占核武器全部爆炸能量的 5%左右，对于一般的氢弹，约占总能量的 10%，中子弹中这一份额可高达 30%左右[2]。

8.3.4 核电磁脉冲

核爆炸产生的瞬发 γ 射线和 X 射线与周围介质相互作用而形成的康普顿电流和光电流，以及由于电导率变化产生的回电流的增长和消失等，都将激励核电磁脉冲，其中康普顿电流起主要作用。核电磁脉冲的持续时间短（10^{-3}～10^{-1} s），频率范围宽（从极低频到超高频），脉冲上升快，以光速向远区传播。高空爆炸时的影响面积比地面爆炸时更大，地面受高空（30 km 以上）核电磁脉冲的影响可达数千千米范围。高强度、宽频带的核电磁脉冲耦合进入电力、电子系统后，会产生很大电流和很高电压，在诸如供电设备，指挥、控制、通信系统以及电子计算机中造成瞬时干扰及元器件击穿或烧毁等永久性破坏，致使供电或通信中断，线路损坏。避免或减轻核电磁脉冲对电磁系统的干扰、破坏效应的防护措施有：电磁屏蔽、电路合理布局（减少电磁场的耦合）、良好的接地、采用有效的防护装置等。

8.3.5　放射性沾染

核弹爆炸时，铀或钚的放射性裂变产物向外抛散，附着于尘埃上落下来，使附近和下风向的广大地区沾染上放射性；同时，爆炸放出的大量中子，将附近很多物质活化成带放射性的物质。这两种放射性物质像早期核辐射一样能引起放射病，特别是放射性物质进入人体气管或食道后造成的危害更大。

放射性沾染与各种瞬时的毁伤破坏效应不同，它的作用时间长、危害范围广、作用途径多。放射性沾染的范围和程度受爆炸能量中的裂变份额、爆炸方式、地表性质和气象条件等因素的影响很大。地面核爆炸的爆区沾染主要来自爆心向四周抛掷的放射性物质和早期烟云中落下的放射性颗粒，沾染程度在爆心附近非常严重，而随距爆心的距离增大而急剧下降；云迹区地面和近地面空气沾染更严重，并存在一条向下风方向延伸的“热线”。空中核爆炸的爆区沾染主要由感生放射性引起，在相同威力下沾染程度只有地面核爆炸的几千分之一；由于放射性颗粒小，云迹区地面沾染轻微，但颗粒会在空气中漂移很长距离，而形成全球范围的沾染。关于各国大气层核试验所造成的全球居民受照剂量见表 19-4。放射性沾染破坏威力占核武器爆炸总能量的 10% 左右。

8.4　核武器试验

核武器的发展离不开核试验。任何一种核武器只有经过核爆炸试验以后，才能确切判明它的性能、威力大小、设计是否可能实现等。核试验的主要目的有以下几点：（1）研究核武器的原理、改进核武器的设计。核装置爆炸包含化学爆炸、裂变反应、聚变反应等许多物理过程，通过核试验中各种测量可以诊断核爆炸各个物理过程的参数，为改进核武器设计提供依据。通过核试验鉴定核装置的性能，测定其威力和其他性能，为核武器定型提供依据；（2）研究核爆炸效应。通过核试验研究核爆炸的宏观景象，研究核爆炸各种毁伤因素及其变化规律，研究各种毁伤效应及其防护方法，为核战争中使用核武器和防护核爆炸提供依据；（3）检验库存核武器的安全性和可靠性；

（4）研究核爆炸的和平利用；（5）研究核爆炸的探测技术，为核爆炸的侦察和核军备控制的核查提供依据[1]。

核试验有空中核试验、地面核试验、地下核试验、水面及水下核试验、高空核试验等几种方式。

8.4.1 空中核试验

空中核试验是指爆炸高度在 30 km 以下的核试验，用飞机、导弹或气球把核爆炸装置运载到预定的高度爆炸，并在爆炸场地的四周设置各种建筑物、防御工事、仪表等观察和测量各种爆炸后效应。空中核试验的优点在于能直接观察到核爆炸的军事效果，有足够的空间去布置各种仪器，因而能对核武器的性能作详尽的定量研究。特别是它的爆炸后效应的传播是球形对称的，因而较易对试验结果进行理论的探讨和分析。此外，还有一个优点，就是它能适应各种不同当量的核武器，既可以试验大型核武器，也可以试验小型核武器。在一定时间内在空中及地面会遗留放射性污染，又不利于保守核武器设计的秘密。适当增加爆炸高度和严格控制气象条件，可使试验场区人员不受辐射危害。空中核试验是各种核试验中最基本的一种，也是技术上较易掌握、经济上较为合算的一种。有关核武器的基本数据和基本参数的测定都是从这里作出的。在美国进行这种空中核试验时，有时把核爆炸装置放在高塔上，这在测量上有不少方便的地方（因为核装置是不动的）。但是由于试验要求爆炸后形成的火球不触及地面，以保持球形对称和避免地面过度污染，塔高必须大于火球的半径，因此这种高塔装置多半限于用来进行小型核武器的试验。

8.4.2 地面核试验

地面核试验是指在地面或浅层地表下进行的核爆炸试验，主要用来观察核爆炸对地面防御工事和地下掩体的破坏作用。核弹在地面爆炸时，冲击波受到地表的反射，会加强它的破坏力。同时地面形成相当大的弹坑，并有大量的泥土、石块卷入空中，飞散到数几千米的地方。一般说来，弹头钻入地下越深，造成的弹坑就越大；越接近地表爆炸，大气层中的冲击波就越强。地面核试验的放射性污染是各种核试验中最严重的。在进行这种试验时，除了测量冲击波的强度等以外，重要的是测定弹坑的大小，弹坑四侧土层或岩石受到的破坏，掀起的岩石、泥土的分布规律等，因为这些知识将有助于了解核武器对地下掩体特别是地下导弹基地的破坏作用。例如，一枚 1 000 万 t 级的核弹头在地面爆炸时，可造成 75 m 深、400 m 半径的深坑，塑性变形的破坏范围约为 1 000 m 半径。

8.4.3 地下核试验

在地下深处进行的核试验。深层地下核试验的核装置埋设深度应使火球不露出地面，核爆炸产物封闭于地下，通常取埋深 h（m）≥120（t TNT 当量）$^{1/3}$。对于万 t 级的核试验，井深须达到 300 m 以上。为实现安全封闭，并须保证竖井的回填堵塞质量，掌握试验场区的地质水文情况，爆区附近不可存在节理或断层等地质结构或会产生大量 CO、CO_2 等有害气体的方解石、白云石之类岩石介质。地下水的流向不得危及居民的健康。为防止核辐射和电磁干扰的影响，须采取周密而有效的防护措施。地下核试验的优点是只有少量放射性物质通过岩石裂隙、断层逸出，基本上不污染环境；便于在近距离测量核反应参数和诊断核反应过程；有利于安全和保密。其主要缺点是技术困难较多，开凿竖井的工程量大，周期长，经济耗费较大，低于地下水位部分须解决核测量设备的防水问题；不便进行核武器的毁伤破坏效应试验；不能试验当量较大的核弹。因此，这种核试验多半用来改进小型核武器，特别是战术核武器。但战略核武器的设计中所用的许多参数，也能从地下核试验外推得到。

除了竖井式地下核试验以外，也可在山体中开掘水平坑道来进行平洞式地下核试验。利用多个坑道布置测量点，有利于安排更多的测量项目，便于进行各种强辐射效应的研究。但为了防止放射性物质大量逸出，对山体的形状和相对高度有特殊要求，如果所试验核弹的当量较大，就不易找到合适的场地。

为了提高核试验的安全性及避免污染环境，有核国家都先后从大气层核试验转入地下核试验。我国政府于 1986 年 3 月宣布不再进行大气层核试验。1996 年 7 月宣布暂停一切核试验。此前我国所进行的 46 次核试验中有半数是地下核试验。从 1945 年到 1998 年世界上共进行了 2 075 次核试验，其中美、苏、英、法、中的大气层/地下核试验次数分别为 167/839、209/496、21/24、46/164、23/23。

8.4.4 水面及水下核试验

水面及水下核试验是为了研究核爆炸对舰艇、海港、大型水利设施和建筑物的破坏效应以及放射性沾染情况等。

8.4.5 高空核试验

高空核试验是指高度在 30 km 以上，在近似真空条件下进行的核试验，其目的有两点：一是观察核爆炸产生的高空电磁脉冲对空间飞行器或其中的电子系统的摧毁效应；二是观察核爆炸后的能量输运情况。

8.4.6 全面禁止核试验

1996 年 9 月联合国大会通过了《全面禁止核试验条约》（Comprehensive Test Ban Treaty，CTBT），截至 2024 年 2 月，包括美国、俄罗斯、英国、法国、中国五个有核武器国家在内的 187 个国家都已签署，其中 177 个国家已批准（美国未批准，俄罗斯于 2023 年 11 月 2 日撤销批准）。条约将在 44 个具有核能力的国家都批准后第 180 天生效。该条约的达成是迈向全面禁止和彻底销毁核武器的重要一步。但值得注意的是，20世纪90年代以来，一些核大国大力发展超级计算机核试验模拟技术、激光聚变核爆炸模拟技术、核爆炸效应模拟技术等，并进行一系列次临界实验，以保持研究和发展核武器的能力。它们一直致力于无须进行真实的核试验就能继续改进核武器。尚未签署CTBT的印度和巴基斯坦在1998年5月先后进行了一系列地下核试验，朝鲜于2006年10月至2017年9月进行了六次核试验，成为实际拥有核武器的国家。

中国支持《全面禁止核试验条约》的宗旨和目标，认为条约有助于防止核武器扩散、推动核裁军进程，并于1996年9月24日首批签署了条约。中国已成立了负责履约筹备工作的国家机构，并积极参加了条约筹委会的工作和历届促进条约生效大会。

8.5 国际核不扩散机制

8.5.1 不扩散核武器条约

原子能作为一种能量密度高、输出易控、清洁、低碳的能源，在确保能源安全、缓解环境压力从而实现经济和社会可持续发展方面肩负着重要使命。但与此同时，原子能也可转为威胁人类生存的大规模杀伤武器。这种两重性在其早期发展中已显现出来。为防止核武器及其技术扩散、促进和平利用核能合作和推动核裁军进程，国际社会于1968年达成《不扩散核武器条约》(NPT)。该条约1970年3月正式生效，1995年得到无限期延长，迄今已有191国签署，被誉为国际核不扩散制度的基石（印度、巴基斯坦、以色列未签约，朝鲜签约后退约)。《不扩散核武器条约》实际上把世界分成两部分：它容许但限于美国、苏联/俄罗斯、英国、法国、中国拥有核武器，而要求所有无核武器国家宣告不企图制造或获得核武器，并接受国际原子能机构（IAEA）的保障监督（Safeguards)；要求有核武器国家不向任何国家转让核武器，不帮助无核武器国家制造或获得核武器；同时，所有缔约国承诺不向不接受国际原子能机构保障监督的国家出口核材料与相关技术。《不扩散核武器条约》缔约国每五年举行一次审议大会，审查缔约国履约情况。

8.5.2 IAEA保障监督体系

IAEA是联合国下属国际组织，它的使命就是要在全世界促进原子能的和平利用，同时防止原子能技术转用于任何军事目的。《不扩散核武器条约》生效以后，IAEA便成为执行防止核武器扩散任务的主要机构。《不扩散核武器条约》规定各无核武器缔约国必须申报其境内所有的核材料与核设施，并与IAEA签订《全面保障监督协定》(Comprehensive Safeguards Agreement)，以便IAEA对该国是否确实履行《不扩散核武器条约》义务进行监督与核实。IAEA监督的重点在于一切核设施（动力和研究试验堆特别是快中子增殖堆、临界装置、铀转化厂、铀浓缩厂、燃料组件制造厂、乏燃料贮存池、乏燃料后处理厂、钚储存设施等）中核材料的存量和去向，及时探知是否有显著量的核材料被转用于制造核武器。显著量（Significant Quantities，SQ）规定为：高浓铀 25 kg、钚 8 kg。保障监督的实施办法是：一方面由签约国就其核设施中的核材料实际存量及其变动情况，定期向 IAEA 提交报告，并建立起核材料衡算账目；另一方面由 IAEA 派出视察员到现场作物料记录检查、独立的检测和取样分析，以核实受保障核材料的地点、标记、数量和组成。作为辅助手段，IAEA 视察员要在核设施的关键地点设置封隔物和自动监视照相机、摄像机等。IAEA 根据国家报告和视察员检查结果，并参考各国提供的核工业专用设备和材料的进出口情况、各地媒体揭露的核活动信息等资料，作出核材料是否被转移的结论。

自 20 世纪 70 年代以来，IAEA 的保障监督体系在防止核武器扩散方面起了有效的监督和一定的遏制作用，未发现有任何显著量的受保障核材料转为军用。为保证已申报的核材料不转用于制造核武器，且需要保证在《不扩散核武器条约》缔约国内没有任何隐匿的核设施与核活动，经过几年的探讨，IAEA 于 1997 年提出《全面保障监督协定附加议定书》，它具有下列重要补充。

（1）签约国申报的范围和 IAEA 视察员检查的范围扩大到核燃料循环的所有环节，从铀矿到核废物，包括相关的研究发展工作，以及一切有核材料的地点，包括非核用途的核材料。

（2）签约国应尽早提供关于新建核设施或改建现有核设施的初步设计资料，并在项目实施过程中及时提供修改和更新的资料。

（3）视察员有权索取核设施所在地点的所有建筑物的资料和前往现场各处进行检查，而不限于已申报的项目和地点。

（4）加强环境监测、环境样品的采集与分析工作，并把范围扩大到已申报地点以外、IAEA 认为有必要的任何地点，这对于探知隐匿的核活动，很有帮助。

（5）所有《不扩散核武器条约》缔约国均有义务（以前是在自愿基础上）提供关于核材料、核敏感技术与相关设备的制造和出口的情报；IAEA 在制造和进口地点设置检查。

（6）进行不预先通知和不限地点的视察活动。

我国为加强核材料管制，防止被盗、破坏、丢失、非法转让和非法使用，于 1987 年颁布了《核材料管制条例》，规定一切核材料许可证持有单位（即持有超过限额数量核材料的单位）必须建立核材料的管制机构、衡算制度和分析测量系统。管制范围包括所有含铀-235、铀-233、钚-239、氚和锂-6 的材料和制品，但不包括铀矿石及其初级产品。

8.5.3 中国在核不扩散问题上的立场主张

中国在 1964 年 10 月 16 日成功进行第一次核试验后即发表声明郑重宣布，中国始终奉行在任何时候和任何情况下都不首先使用核武器、无条件不对无核武器国家和无核武器区使用或威胁使用核武器的核政策，主张最终全面禁止和彻底销毁核武器，不会与任何国家进行核军备竞赛，始终把自身核力量维护在国家安全需要的最低水平。中国坚持自卫防御核战略，目的是遏制他国对中国使用或威胁使用核武器，确保国家战略安全。

中国于1992年正式加入《不扩散核武器条约》，开始全面参与国际核不扩散机制，履行核不扩散义务。中国一贯支持条约的宗旨和目标，主张坚持多边主义，全面、平衡推进条约确定的核不扩散、核裁军及和平利用核能三大目标，通过广泛磋商寻求切实可行措施，不断维护和加强条约的权威性、普遍性和有效性，从而更好应对军控和防扩散领域的新形势。

参考文献

[1] 钱绍钧. 核武器装备 [M]. 北京：原子能出版社，2003.
[2] 春雷. 核武器概论 [M]. 北京：原子能出版社，2000.

第 9 章　富集铀的生产（重同位素分离）

9.1　生产富集铀的必要性和重要性

铀-235 是三种易裂变核素（^{235}U，^{239}Pu，^{233}U）中唯一天然存在的一种，它在天然铀中的丰度为 0.71%，富集铀就是指铀-235 的丰度大于天然丰度的铀。轻水反应堆需使用低富集铀（富集度质量比）燃料，其中铀-235 的丰度为 2%～5%。一些研究试验堆和快中子堆，要求丰度较高的燃料。例如，游泳池式反应堆需要采用铀-235 丰度为 10%以上的铀，快中子堆在缺乏钚的情况下要求丰度达到 25%以上。高通量的材料试验堆最高要求丰度达到 90%以上。钍铀循环的初始装料需用高丰度铀。高丰度铀又是核武器的重要装料。

因此，铀同位素分离技术，即生产富集铀的技术，对和平利用原子能及研制核武器，均具有十分重要的意义。铀富集技术复杂，涉及国防机密，国际上技术资料封锁很严密。拥有核电厂而不能生产富集铀的国家，必须向有这种能力的国家购买富集铀。

生产 1 t 丰度为 3%的低丰度铀，大约需要 5.5 t 天然铀原料。富集过程中剩下 4.5 t 贫化铀，其铀-235 丰度下降到 0.2%左右，一般无工业应用价值，作为尾料储存。把一定量的铀富集到一定的铀-235 丰度所需要的能力用分离功表示，单位为千克分离功单位（kg Separation Work Unit，kgSWU）、吨分离功单位（tSWU），注意此处的千克或吨并不表示产品的质量。使用天然铀原料生产 1 t 3%的富集铀，大约需要 4.3 tSWU。令 P、F、W 分别代表产品、供料、尾料的质量，S 代表分离功，则供料比 F/P 和生产单位产品所需分离功 S/P 都是产品、供料和尾料的铀-235 丰度 x_P、x_F 和 x_W 的函数，如下式及表 9-1 和图 9-1、图 9-2 所示：

$$\frac{F}{P}=\frac{x_P-x_W}{x_F-x_W}$$

$$\frac{S}{P}=(2x_P-1)\ln\frac{x_P}{1-x_P}+\left(\frac{F}{P}-1\right)(2x_W-1)\ln\frac{x_W}{1-x_W}-\frac{F}{P}(2x_F-1)\ln\frac{x_F}{1-x_F}$$

表 9-1　供料比 F/P 和生产单位产品所需分离功 S/P 与产品、供料和尾料的铀-235 丰度 x_P、x_F 和 x_W 的关系

x_P/%	x_F/%	x_W/%	F/P	S/P
1	0.71	0.2	1.57	0.38
3	0.71	0.2	5.48	4.31
10	0.71	0.2	19.2	20.9
20	0.71	0.2	38.7	45.8
90	0.71	0.2	176	227
93.5	0.71	0.2	183	237
3	0.6	0.2	7.0	5.05
3	0.71	0.2	5.48	4.31
3	1	0.2	3.5	2.98
3	0.71	0.2	5.48	4.31
3	0.71	0.25	6.0	3.81
3	0.71	0.3	6.57	3.43

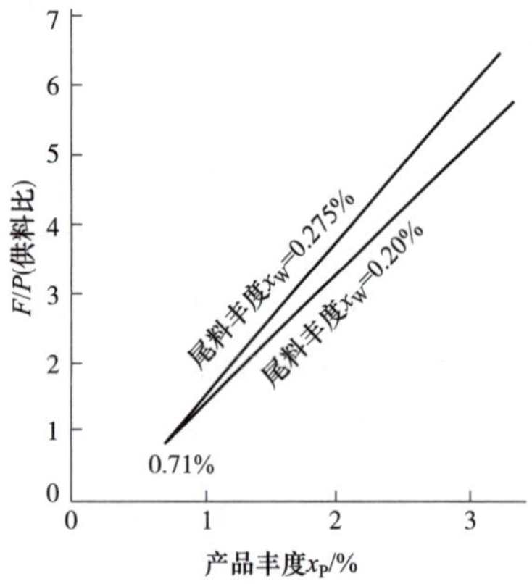

图 9-1　生产富集铀的供料比

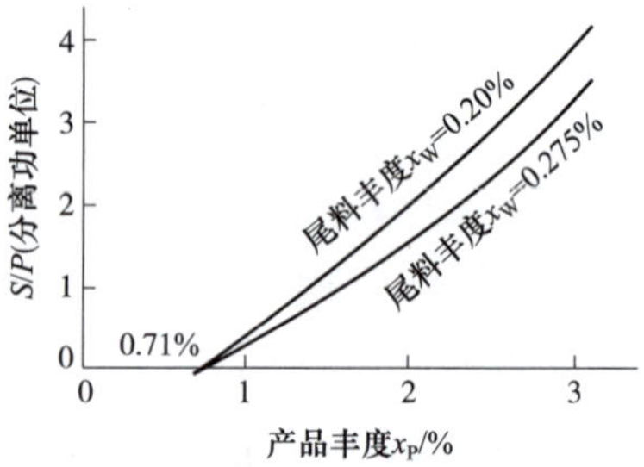

图 9-2　生产富集铀的单位产品所需分离功

在实际生产过程中，由于气体在管路中的损失，供料比将大于计算值。由于不可避免不同丰度气流的混合，造成分离功损失，单位产品所需分离功也将超过按上式计算和图、表中给出的数值。

铀同位素分离工厂的生产能力，通常用年产若干吨分离功单位（tSWU/a）来表示。工厂的基本建设投资、运行费用、电能消耗均大致同这个数值成正比（规模太小的工厂例外）。

现行的核电厂，一般使用低富集铀燃料。在 20 世纪六七十年代，人们不但忧虑天然铀会供不应求，而且对分离功的持续供应也很不放心。当时美国庞大的富集铀生产能力（约 17 000 tSWU/a）垄断了世界市场，分离功价格完全由美国单方面确定，而且附带许多苛刻条件；苏联也拥有 7 000～10 000 tSWU/a 的生产能力，在这个市场占有一席之地。为了摆脱受美、苏两大国控制的局面，法国联合了意大利、西班牙、比利时和伊朗等国开始建造一座规模为 10 800 tSWU/a 的大型气体扩散厂；英、德、荷三国合作研究和开发气体离心机分离技术；日本等国也着手建立自己的铀同位素分离工厂。到 20 世纪八九十年代，世界面临核电滞缓发展的形势，分离功转为供过于求，国际市场上各供应商竞争激烈。21 世纪初期分离功的供需关系变得复杂而不明确，美国仍然试图控制和操纵浓缩铀供应市场，其采用拆卸核武器得到的高富集铀同低富集铀混合成 4.4%丰度的核电厂燃料，同时与俄罗斯于 1991 年达成《削减战略武器条约》，并于 1993 年敲定运送浓缩铀的细节。按照协议，俄罗斯从 2 万个核弹头中提取浓缩铀，运往美国稀释后用于发电。从 2 万个核弹头提取的 500 t 高富集铀相当于 95 000 tSWU，成为了美国控制和操纵这个市场的一种资本。美国在 2013 年关闭了其全部扩散厂，并引进了西欧的气体离心机建成了一定规模的分离工厂。表 9-2 是截止到 2020 年世界上主要的分离功供应能力。

表 9-2　世界上主要的分离功供应能力

国别	运营单位	同位素分离方法	2020 年能力/（tSWU/a）
中国	中国原子能工业有限公司 CNEIC	气体离心机法	6 300
法国	欧洲扩散厂 Eurodif	气体离心机法	7 500
英、德、荷	铀富集公司 Urenco	气体离心机法	18 000
俄罗斯	原子能公司 Rosatom	气体离心机法	27 700
美国	能源部 DOE	气体离心机法	4 900
合计			64 400

资料来源：IBR2020 年度报告；WNA；IAEA。

9.2　生产富集铀的几种主要方法及其比较

铀同位素分离就是把铀-235 与铀-238 分开。由于它们的化学性质相同，仅在质量上有微小的差别，在技术上给同位素分离带来很大的困难。只能利用因质量不同而引起的一些效应，如速度效应、电磁效应和离心力效应等使同位素分离。美国第一颗铀原子弹装料是用电磁法、热扩散法和气体扩散法联合生产出来的。图 9-3 表示电磁分离法的原理。它基于具有不同电荷/质量比的离子在磁场中运动的不同半径来实现其空间分离和方向聚焦。电磁法的分离效果高，但产量很低而耗电量大，成本高昂。在已知的多种分离方法中，迄今只有三种具有工业应用的价值：（1）气体扩散法（见图 9-4）；（2）气体离心机法；（3）喷嘴法。法、日、美、俄、南非等国正在加紧研究的激光分离技术，理论上可在单级实现完全分离，提高分离效率，但在工业化应用中仍存在许多技术难关，截至 2022 年尚未实现大规模商业应用。图 9-5 表示上述三种实用的分离方法的不同原理。各国采用的具体工艺都是高度保密的。

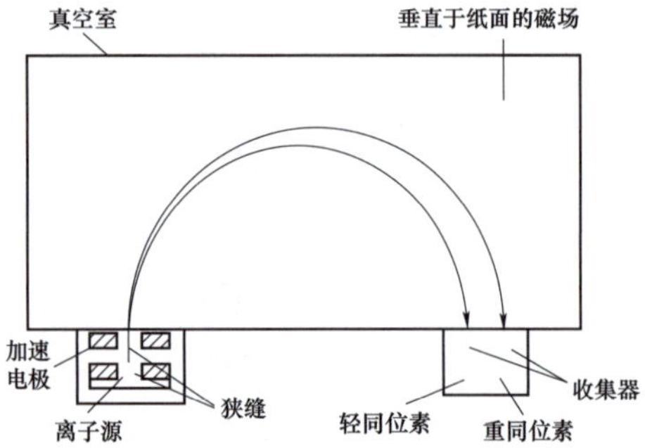

图 9-3　电磁分离法原理图

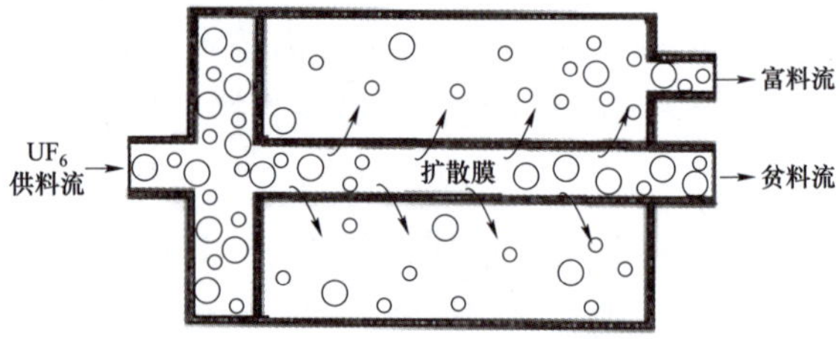

图 9-4　气体扩散法原理图

这些方法的共同点在于：（1）单个单元的分离效果很小，为了达到所需的同位素丰度，必须把许多分离单元（分离级）串联起来，成为“级联”；（2）被分离的介质须呈气体状态，可用的铀化合物只有六氟化铀（UF_6），由于它的毒性和腐蚀性，在大量使用时出现许多特殊的工艺问题，须在设计中解决和在运行中加以防范；（3）耗电量和基建投资非常大，使分离功价格高昂。

9.2.1　气体扩散法

气体扩散法是最早实现工业应用的大规模生产方法。它的原理是基于两种不同分子量的气体混合物在热运动平衡时，两种分子具有相同的平均动能，而速度不同。较轻分子的平均速度大，较重分子的平均速度小，两种分子的平均速度与质量的关系如下式：

$$\frac{V'}{V''}=\sqrt{\frac{m''}{m'}}$$

式中：V 是平均速率，m 是分子质量。这样，较轻分子同容器壁和隔膜（见图 9-4）碰撞的次数，要比较重分子多些。隔膜含有容许分子通过的无数微孔。因此，两种组分（含铀-235 和铀-238 的六氟化铀气体分子）就以不同的速率通过多孔膜（又称为扩散膜或分离膜）而扩散。但为了实现分离，还要求气体流过微孔时，减少发生分子间的相互碰撞。为此，扩散膜中的微孔直径须小于气体分子运动的平均自由程（即分子运动中每两次碰撞之间的平均距离）。气体的密度越低，平均自由程就越长。用扩散法分离同位素的条件是，气体压力必须足够低，扩散膜的孔径必须足够小，且不会由于腐蚀而扩大。实际采用粉末冶金法制成的烧结镍膜、烧结氧化铝膜或聚四氟乙烯膜，每平方厘米有几亿个微孔，孔径约为 0.01 μm。扩散膜是气体扩散厂的最核心部件，其设计和制造工艺是高度保密的。当六氟化铀气体流过扩散分离级时［见图 9-5（a）］，一部分气体从分离器的高压腔 1 通过扩散膜 2 进入低压腔 3，在低压侧铀-235 有微小的富集，在高压侧由于铀-235 的贫化，铀-238 被略微富集了，这样实现两种同位素的分离。

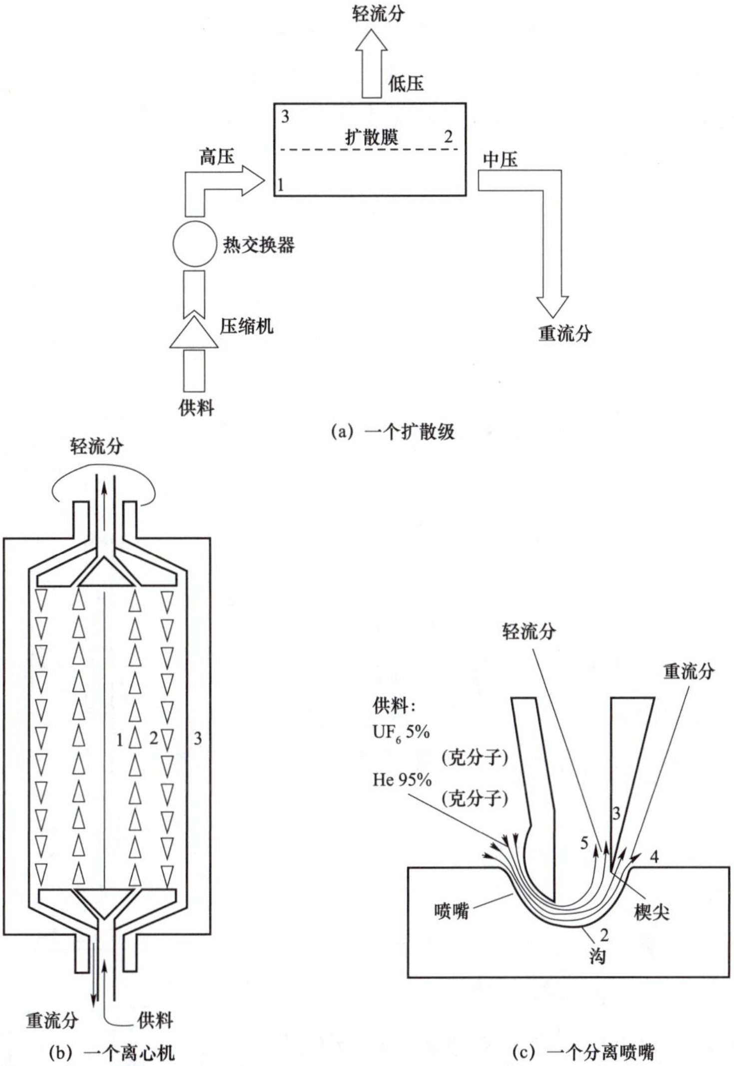

图 9-5　三种工业应用的铀同位素分离方法的示意图

扩散分离级的主要组成包括以下几部分。

（1）分离器：一般做成圆筒形。往往每一个分离级配备一个分离器而不采用多个并联的办法，所以在供料口附近，它的尺寸很大。分离器内安装着扩散膜，扩散膜常制成管状，直径几厘米，长 1～1.5 m。每一个分离器内可装有几千支膜管，膜管有单层与双层结构之分。现普遍采用双层膜管：以带微孔的薄膜管（厚度 10～100 μm）作为起分离效应的工作层；以具有一定机械强度，但仍有较高的孔隙度和渗透率的粗膜管作为支撑层；以薄膜面向高压侧；膜管两侧的压差按 1 标准大气压考虑，整个膜管应能承受一定的压力变化和机械振动，对六氟化铀及可能含有的氟化氢有较强的耐腐蚀性。扩散膜成本占工厂投资的相当大部分。

（2）压缩机：用它往分离器连续供料并提供为维持扩散膜两侧压差所需的压头。

这个压头应比较稳定，如有波动，会产生不同丰度料流的混合，造成分离功损失。一般每个分离级需要装备两台压缩机：一台输进六氟化铀气体原料起循环泵的作用；另一台抽出富料流并加以压缩。后者的流量为前者的一半。或合并为一台两级压缩机。一个扩散厂有几千个分离级，就有几千台压缩机。它们的大小在级联的首尾可有很大的差别。压缩机均在真空下运行，要求无泄漏、耐腐蚀和尽可能小的体积。一般需采用特殊的密封结构。全密封式压缩机在电动机的转子与定子之间设置隔套（薄膜）以保证绝对的气密性。由于工作气体六氟化铀的分子量大，压缩机具有高压缩比、超声速气流等特点。为了减少能量消耗，提高压缩机的效率也是十分重要的。压缩机可用往复式、离心式或轴流式，后者适用于前端的大流量级。不管哪一种形式，都需要特别注意把六氟化铀同轴承润滑油严格隔开，有用高压氮气作为隔离介质的。高质量压缩机的制造，是建立气体扩散厂的另一关键技术。

（3）热交换器：UF_6 气体被压缩后，温度会升高，要用热交换器把热量带走，使气体温度保持恒定。同扩散厂其他设备一样，要求高度的密封性。为避免对六氟化铀的有害作用，可用氟利昂代替水作为冷却介质。

（4）调节器：一般装在贫料流管道上，用来调节分离级的流量。

（5）管道及测量仪表：用来连接分离级的各部分及测量流量、压力、温度等参数。

扩散分离级可做成卧式或立式布置。图 9-6 表示法国扩散厂所用的一种立式一体化扩散机，把分离器、热交换器、压缩机和电动机装在同一轴线上，可大大缩短级间管道长度，使布局更加紧凑，减小厂房平面面积。

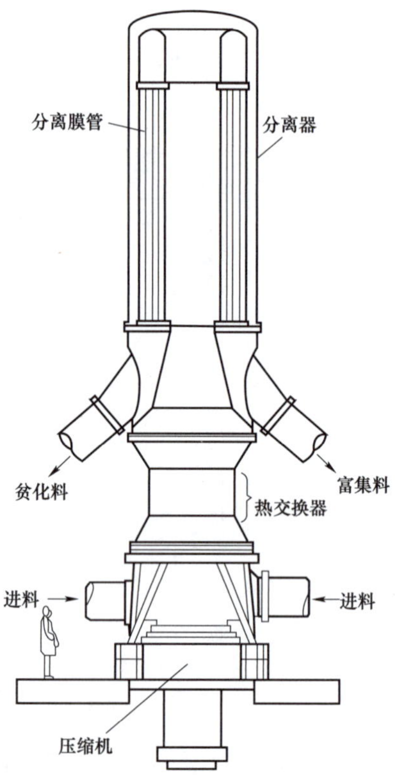

图 9-6　一种大型立式扩散机

通常用分离系数表示分离效果。分离系数就是在单个扩散分离级前后，同位素（在这里是铀-235）的相对丰度比。理论上，分离系数最大值等于两种组分的分子量比的平方根：

$$理论分离系数\alpha_0=\sqrt{\frac{^{238}UF_6的分子量}{^{235}UF_6的分子量}}=\sqrt{\frac{352}{349}}=1.004\ 3$$

实际分离系数 α 远低于此值（一般不超过 1.002），具体数值决定于机器的结构、扩散膜的特性、流量的大小、气流状况、运行条件等因素。由于单级的分离效果极小，为了达到 3%的丰度，便需要把一千多个分离级串联起来。生产 90%以上的高富集铀，需要串联数千个分离级。

由于须把气体不断地重新压缩，使它通过扩散膜，扩散厂要消耗大量的电能。大型扩散厂每 kgSWU 约需消耗 2 300～2 500 kW•h 电能。一座年产 9 000 tSWU 的扩散厂需要附设 2 400 MW 的发电厂。压缩气体的功最后全部变成废热。需要排出的热量约相当于附设电厂排热量的一半。因此在选择扩散厂址时，必须考虑大量冷却水的要求。

尽管设备的尺寸很大（见图 9-6），数目很多（如一座年产 9 000 tSWU 的大型厂，需用 3 000 kW、1 500 kW 和 750 kW 的压缩机各约 500 台），扩散机的本身却比较简单。设备是可靠的，长期运行的维修工作量较小。气体扩散法的缺点是分离系数太小，需要串联太多的分离级和消耗太多的电能，因而缺乏经济竞争力。法国在 2012 年 6 月关闭乔治贝斯气体扩散铀浓缩厂（运行 33 年），美国在 2013 年关闭了其最后一座扩散厂——帕杜卡铀浓缩厂，至此世界上铀浓缩气体扩散厂全部停止生产。

9.2.2　气体离心法

在高速旋转的离心机中，由于很强的离心力场的作用，可以实现轻、重同位素的分离。在离心机中，较重的分子靠近外周富集，较轻的分子靠近轴线富集。从外周和中心分别引出气体流，就可以得到略为贫化与略为富集的两股流分，如图 9-5（b）所示。用温差或机械方法使两股气体在离心机中呈轴向的逆向流动，可加强分离效果。

离心机的生产能力决定于转筒的转速和长度。理论上，单位时间的分离功（分离功率），同转筒外周速度的四次方成正比，同转筒的长度成正比。因此，离心机必须高速旋转，一般要求达到 600 m/s 以上的圆周速度，对于直径 10 cm 的转筒，这相当于每分钟旋转 11 万转以上。高速转筒承受极大的周向拉伸应力，材料强度限制了离心机的转速。通过发展高比强度（抗拉强度对于密度之比）的材料，如特殊铝合金、马氏体时效钢、钛合金和纤维复合材料等，以提高离心机转速，可使生产能力增大到经济上合算的程度（见表 9-3）。

表 9-3　几种转子材料 1 m 长的理论最大生产能力

转子材料	铝合金	马氏体钢	玻璃纤维	碳纤维
最大允许线速度/（m/s）	400	498	522	800
理论最大生产能力/（kgSWU/a）	6.78	16.28	19.65	108.48

转子是离心机的关键部件。为了提高离心机的分离性能，要采用细而长的转子。这种运转于多阶临界转速以上的超临界转子，容易在各种因素（转子的失衡、电源的波动、气流的波动等）的干扰下偏离平衡态而发生失稳，若不能得到有效的抑制，可能导致转子破坏。处理的办法：一是精确的转子平衡；二是采用可靠的轴承，例如，上轴承用非接触式的磁性轴承，对转子的对中和稳定运转皆有利，下轴承用针尖式的枢轴承等，耗能低而寿命长，加上用适当的阻尼装置吸收转子的振动能量，起缓解作

用；三是把转子分成若干节短转筒，用挠性波纹管连接起来，则虽然整个转子是超临界的，各节转筒却都是亚临界的，这样降低了整体转子的临界频率，转子便能平稳地通过临界转速，并减轻由于转子弯曲振动而加给轴承的载荷。

离心机的同位素一次分离效果远超过扩散机，因为离心机的分离系数不是取决于质量比的平方根，而取决于两种同位素的质量数差，特别适合重同位素的分离。对于质量数差等于 3 的铀同位素，使用外周线速度 300 m/s 的离心机，分离系数可达到 1.058。因此，为获得一定丰度所需串联的分离级数要比扩散法少得多。为了把铀-235 富集到 3%，只需要不到 100 个分离级。由于单个离心机的流量和生产能力太小（约为几到几十 kgSWU/a），为了实现相当的产量，在各分离级中必须并联许多台机器。图 9-7 是一座大型离心机厂的例子，假定 200 万台离心机的平均寿命为 5 年，则每天需要更换 1 200 台，对运行的干扰和对经济性的影响都是很大的。因此，离心机实际应用的关键在于大量制造高性能机器的能力。要求离心机制造成本低、寿命长（至少 10 年）和故障率低，以减省基建、维修和更换的费用。

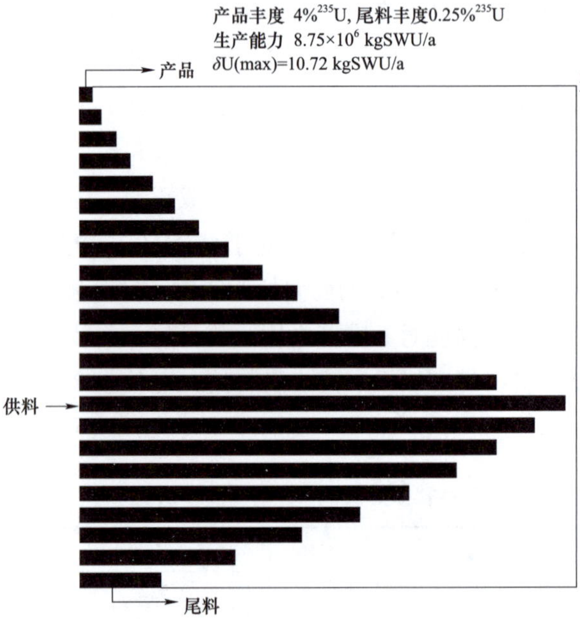

机群序列	离心机台数
1	5 100
2	10 700
3	17 100
4	24 300
5	32 400
6	41 400
7	51 700
8	63 200
9	76 300
10	91 000
11	107 600
12	126 300
13	147 500
14	171 400
15	198 400
16	185 400
17	170 700
18	154 200
19	135 600
20	114 600
21	91 000
22	64 200
23	34 000
总数	2 114 100

图 9-7　一座年产 8 750 tSWU 的大型离心机厂的机器配备

离心分离法的优点有以下两点：（1）电能消耗少，约为气体扩散法的 1/20；（2）小规模厂也相当经济，气体扩散厂的经济规模约为 10 000 tSWU/a，而离心机厂的经济规模为 1 000～2 000 tSWU/a，故便于配合需求，由小到大地逐步发展。到 20 世纪 80 年代，离心法的工艺趋于成熟，经济上已优于气体扩散法，成为一种工业规模生产富集铀的方法。俄罗斯发展的单机能力 kgSWU/a 级的亚临界机，可运行 30 余年无须检修，机器故障率降低至 0.02%/a，分离功成本可望达到 40 美元/kgSWU 以下；西欧三国发展的单机能力为 40～100 kgSWU/a 的超临界机，可运行 10 多年，机器故障率降低至 0.2%/a，比能耗降至 30（kW•h）/kgSWU，分离功成本可望达 50 美元/kgSWU 以下。美国则发展了单机能力超过 200 kgSWU/a 的大型超临界机，但由于技术、经济等方面的原因，一直未能实现工业规模应用。

9.2.3　喷嘴法

喷嘴法分离的原理是：用大量（约 95%）氦气或氮气同六氟化铀气体混合成为工作气流，使之通过狭缝喷嘴［见图 9-5（c）］而膨胀，在膨胀过程中加速到超声速的气流顺着喷嘴沟 2 的曲面壁弯转。像在离心机中一样，轻、重分子受到不同的离心力，使同位素部分地分离，较重分子靠近壁面富集，较轻分子远离壁面富集。利用喷嘴出口处的分离楔尖 3 把气流分成含铀-235 较少的重流分 4 和含铀-235 较多的轻流分 5，分别用泵抽出。掺混较轻的氦气是为了带动较重的六氟化铀分子以高速流动，来大大提高分离效果，氦气最后从混合气体中分离出来重复使用。最佳工作压力与狭缝的尺寸成反比。为了减小管道和压缩机的尺寸以降低设备投资，压力越高越好。因此采用了细小的喷嘴和沟槽（小于 0.1 mm）。

喷嘴法的单元分离效果不大，介于扩散法与离心机法之间，分离系数约为 1.015，同样须将大量的分离喷嘴串联起来成为级联。

喷嘴法的优点是级数较少，又避免了使用昂贵的扩散膜，因而投资可能较低。但是为了在各分离级之间压送气体，压缩机消耗的电能甚至超过扩散法，严重地影响其经济性。所以虽然在 20 世纪 70 年代已在德国和巴西建立起实验装置和中间试验工厂，却迄今未能进入商用。

南非曾在 20 世纪 70 年代在分离喷嘴法的基础上开发出一种 UCOR 法，其细节未公开发表。大致是把氦气或氮气同六氟化铀的混合气体，压缩至 600 kPa，使之旋转通过一个分离元件，后者实际上是一个高效能的固定壁离心机。它的分离系数大于喷嘴法，为 1.025～1.030；比能耗约为 3 300 kW•h/kgSWU。曾先后建成 60 tSWU/a 的中间试验厂和 300 tSWU/a 的原型厂，终因缺乏经济竞争力而放弃。三种方法的经济性比较如表 9-4 所示。

表 9-4　扩散法、离心法和喷嘴法的经济性比较

指标	扩散法（美国）	离心法（西欧）	喷嘴法（德国）
分离系数	约 1.001 8	约 1.03	约 1.011
分离级数	约 1 500	约 90	约 250
最小经济规模/（tSWU/a）	8 750	1 000	2 500
建造时间/a	6	3	5
电功率/MW	2 400	30	1 200
比能耗/［（kW•h）/kgSWU］	2 400	200	4 000
比投资（相对值）/%	100	90～150	200
单位成本	视电费而异		

9.3 级联装置

前已阐述，单个分离单元的分离效果很小，要把天然铀中仅占 0.71%的铀-235 富集到 2%～90%的各种丰度，必须把许多分离单元（分离级）互相联接起来，形成级联装置。最简单的级联是同一种型号机器串联的级联。串联的方式，可以把从单个分离级排出的贫料不再处理而丢弃，这样耗费原料量极大而不可行。通常把每一级的贫料返回前面的分离级中再加以处理，形成与不断富集的主料流反向流动的贫料流，称为逆流循环级联，如图 9-8 所示。用压缩机不断地把扩散膜后（在气体扩散法的情况下）的低压提高为膜前的高压，高压气体经过热交换器冷却后，进入相应的分离级。每个分离级具有两个出料口和一个进料口，同前、后分离级连通。本级向后一级和前一级分别送出富集料和贫料，同时接受前一级富集料和后一级贫料的混合进料。为了尽量节省供料，应把供料口处首级排出的贫料逆向送入工作于比供料丰度低的若干分离级中再行加工，这些分离级构成贫化段。工作于比供料丰度高的分离级则称为富集段。整个级联形成一个内部闭合的工艺回路，它至少有三个外通的管道——供料口，产品出口和尾料出口。

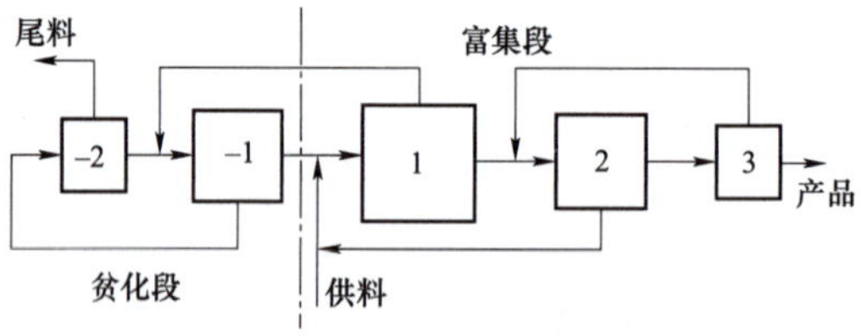

图 9-8　带贫化段的逆流循环级联示意图

注：左上供料应为尾料。

将同一种型号分离级串联构成的级联装置，远不是高效率的。理论上，消耗能量最小而得到产品最多的理想级联，应避免不同丰度料流混合所引起的分离功损失，即做到进入各混料点的各股料流的丰度无差异。这种理想级联的各级流量是连续变化的，在供料点处最大，向产品端和尾料端逐渐减小，形成锥形级联，如图 9-9 中的虚线所示。这样，各分离级的尺寸和结构都不一样，有 3 000 个级就要有 3 000 种不同尺寸的机器，成本非常昂贵，维护管理也极不方便，实际上是不可能实现的。实际的级联既要节约设备投资，又要尽可能接近理想级联。通常采用有限几种标准型号（如四五种）的机器，按流量大小排列成接近于理想级联的阶梯矩形级联，如图 9-9 中的实线所示。在供料口附近安排若干台最大型号的分离级，到一定地点以后，改为小一号的。富集段由三四种不同流量的分离级组成，越接近产品出口，所用的机器越小；贫化段由较少数型号的分离级组成。阶梯矩形级联消耗的能量必然大于理想级联，但只要任何一点的流量偏差（同理想级联相比较）不超过 20%，能量消耗仅增加约 4%。

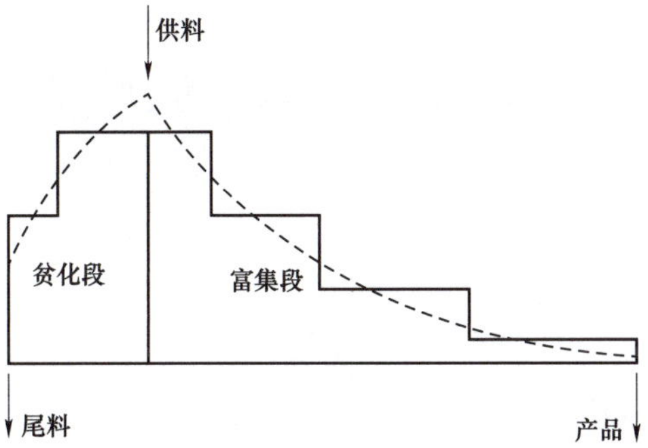

图 9-9　理想级联和实际级联的流量分布

在级联中，还可以采用并联的方法，把两组同样流量的分离级并联起来，等于增加一种双倍流量的机器型号。一座大型铀同位素分离厂究竟应该使用多少种型号的机器最为经济合理，是一个复杂的问题，须按具体情况进行分析而决定。一般地说，要提高产品丰度，须增加级联中串联的分离级数；要增加产品的产量，需使用更大流量的分离级。

扩散级联装置初次启动时，需要经过一段时间（可长达 50～100 天）才能达到平衡状态并开始提供合格产品。各种分离法所需平衡时间不同①。此后进入稳态的连续运行，从供料口不断地输进原料，从产品出口不断地取出富集的产品，从尾料出口不断地取出贫化的尾料。

如前所述，单位产品的分离功 S/P 决定于产品的丰度 x_P（假设供料和尾料的丰度 x_F 和 x_W 不变）。

级联的最少分离级数可近似地表达为：

$$N=\frac{1}{\ln\alpha-1}\ln\frac{x_P(1-x_W)}{x_W(1-x_P)}-1$$

式中：α 是全分离系数的平方根。假设 $\alpha=1.002$，用这个公式计算 $x_P=1\%$，3%，30%，90%，99%所需的最少分离级数分别约为 700、1 300、2 600、4 000、5 300。

在实际扩散厂的庞大级联中，机器数目很多，为了生产上的方便，通常把分离级分为若干级群，各级群之间的连接除了常用管道外，还有旁通管道。当某一分离级发生故障时，就把这个分离级所属的级群全部停下来检修，而利用旁通管道将它前后的分离级连接起来照常生产。如果每个级群内的分离级数目多一些，可以减少管道、阀门的数量，节省厂房面积，但检修时停车的机器数目增多了，影响生产较大。因此，每个级群内分离级数目的多少，要根据实际情况权衡利弊而定。

① 南非 UCOR 法的滞留料量小，^{235}U 丰度为 3%产品的平衡时间只有 16 h。平衡时间短允许大幅度改变产量或暂时停止生产而不招致过大的经济损失，因此具有较大的运行灵活性。

9.4 铀同位素分离厂的基本特点

9.4.1 工作介质六氟化铀

目前实用的几种铀同位素分离法均使用六氟化铀作为工作介质。它在室温和常压下是固体，当温度稍高或压力降低时，很容易升华成为气体（在 1 个标准大气压下，56 ℃升华为气体；0.13 个标准大气压下，25 ℃即升华为气体）；而且天然氟只有一种同位素 ^{19}F，这对分离过程极为有利，使得分离功完全用在铀同位素的分离上。六氟化铀的缺点是：化学性质十分活泼，能与水发生剧烈反应。

$$UF_6+2H_2O \longrightarrow UO_2F_2+4HF$$

HF 与大多数有机化合物均可发生化学反应；化学腐蚀性强，大多数金属被它腐蚀；毒性强。六氟化铀同水分及其他含氢物质接触时很容易生成氢氟酸和固体氧化铀，这不仅使贵重的六氟化铀（往往是富集了的）受到损失，并且会使设备因腐蚀而损坏和使扩散膜孔堵塞。

铀富集厂的原料是六氟化铀，产品是六氟化铀（其中铀-235 被富集了），尾料也是六氟化铀（其中铀-235 被贫化了）。六氟化铀通常以固体状态装在特别的金属罐内。供料时用感应加热器把它升华成气体，输进工艺系统；取出产品和尾料时，用冷凝器把它凝固为固体，封装起来。

六氟化铀的热稳定性很好。在较高压力下能熔化为密度很大的无色透明液体。它同氧、氮、干燥空气、氯、溴和二氧化碳不起作用。耐六氟化铀腐蚀较好的金属材料有铜、铝、不锈钢、镍及镍基合金（蒙乃尔、因科镍等）。氟化合物是特别稳定的，尤其是聚四氟乙烯，可用作扩散膜和各种衬垫的材料。某些型号的碳钢经过预先氟化处理后，也可以用作六氟化铀的容器和管道。

9.4.2 高度的密封性、耐腐蚀性和清洁度要求

各种分离法的分离级一般均在远低于大气压力的真空下工作。具有以下好处：（1）对于气体扩散厂，低压下气体分子的平均自由程较长，改善了分离系数；（2）可以避免六氟化铀在系统较冷部分的冷凝；（3）可以防止贵重而剧毒的六氟化铀向环境泄漏。但空气漏入系统也是不允许的。空气中的水分会使六氟化铀分解，除上节已谈到的堵塞膜孔和腐蚀设备等问题以外，分解的气体产物和空气本身，由于比较轻，会使工作气体稀释，从而影响产品的质量。所以，工艺系统必须保持严格的真空密封。而由于整个级联装置的管道很长，阀门和接头很多，内外压差大，工作气体具有腐蚀性等原因，就对焊接技术、密封法兰、各种耐腐蚀密封材料、探漏技术等方面，都提出了很高的要求。设备基础也要特别牢固，以免因基础沉陷而引起管道、配件的损伤和泄漏。

设备的耐腐蚀性是铀同位素分离厂的主要问题之一。所有设备必须采用耐六氟化铀腐蚀的材料制造，密封材料须与工作气体不发生化学作用，润滑油须采用不含氢的特种润滑油，冷却剂应采用特殊的惰性物质。此外，在设备投入使用前，还要采取一系列复杂的防腐蚀措施，如进行真空干燥，往系统内通入氟气以“烧掉”积存的污垢，并在设备内壁形成一层氟化保护膜。

所有工艺设备要求有极高的清洁度，不允许沾有油质、水分和其他有机物质等。这对于防止扩散膜孔堵塞是特别重要的。

9.4.3　运行的安全性与可靠性

铀主要具有 α 放射性，它没有明显的外照射危害，不需要特殊的屏蔽防护。但由于铀和氟的毒性，必须严格防止六氟化铀蒸气被吸入人体而造成严重的内照射危害。

由于铀同位素分离厂可能生产含铀-235 达 90%以上的高富集产品，在产品的收集、封装、贮存、运输方面，必须注意临界安全问题，对容器的几何尺寸要有严格的限制。此外须防止在高富集段由于工作气体凝固或空气漏入系统而造成的固体铀化合物的沉积，如持续足够长的时间，这可能导致达到临界质量。由于这个原因，有必要经常核实级联各点的铀存量。

级联装置一旦启动，就应连续运行，不宜随意停车。因为机器停转，会破坏以前用昂贵代价换得的分离效果，造成很大损失。此外，也会发生工作气体凝固等问题。因此，铀同位素分离厂要求可靠的供电。必须配置有后备电源，以便在一个电源发生故障时立即投入另一电源。冷却水的供应也不允许中断。设备特别是转动机器的轴承，须具有高质量和高精度，除使用特殊的耐腐蚀润滑油外，需保持高度的清洁。

其他运行条件也需保持稳定。如厂房内温度必须恒定，温度过低会使工作气体凝固，温度过高又会使设备内部压力增大和易于腐蚀。因此，厂房需要设置良好的散热通风设备。

9.5　六氟化铀的生产和还原

六氟化铀是铀同位素分离的原料。最常用的制备方法是在高温下用氟气直接氟化四氟化铀，其反应式为：

$$UF_4 + F_2 \longrightarrow UF_6$$

从铀同位素分离厂取出的产品和尾料也都是六氟化铀，通常用氢气还原为四氟化铀：

$$UF_6 + H_2 \longrightarrow UF_4 + 2HF$$

再进一步还原为金属铀或水解为二氧化铀。

六氟化铀的生产和还原这两种过程，都叫做转化。转化厂一般设置在铀同位素分离工厂近旁，以利于运输。

9.5.1 六氟化铀的生产

以从铀水冶厂（见 12.3 节和 12.4 节）获得的铀化学浓缩物 U_3O_8 为原料生产 UF_6，现今采用两种类似的方法，均包含下列三个阶段：

（1）用氢气把 U_3O_8 中六价的铀还原为四价的 UO_2；

（2）把 UO_2 氢氟化为 UF_4；

（3）用氟气把 UF_4 氟化为 UF_6。

所谓湿法，是把磨碎的 U_3O_8 溶解于硝酸中，送进逆流萃取塔，用煤油稀释的磷酸三丁酯 $(C_4H_9)_3PO_4$ 把硝酸铀酰 $UO_2(NO_3)_2$ 萃取到有机溶液中而与杂质分离。再用水把铀盐反萃取到水溶液中，成为纯化了的 $UO_2(NO_3)_2$。经过脱硝塔加热除水脱硝，得到三氧化铀 UO_3。然后经过上述三个阶段制成 UF_6。

干法是把磨碎的 U_3O_8 在高温的流化床反应炉中用氢气直接还原为 UO_2，再经过上述（2）和（3）阶段制成不纯的 UF_6，最后用分级蒸馏法加以纯化。

用后处理厂来的硝酸铀酰溶液或三碳酸铀酰铵为原料生产 UF_6，也须经过 UO_2、UF_4 等中间产物阶段，不过由于原料已足够纯净而无须纯化。

图 9-10 表示生产六氟化铀的流程图。

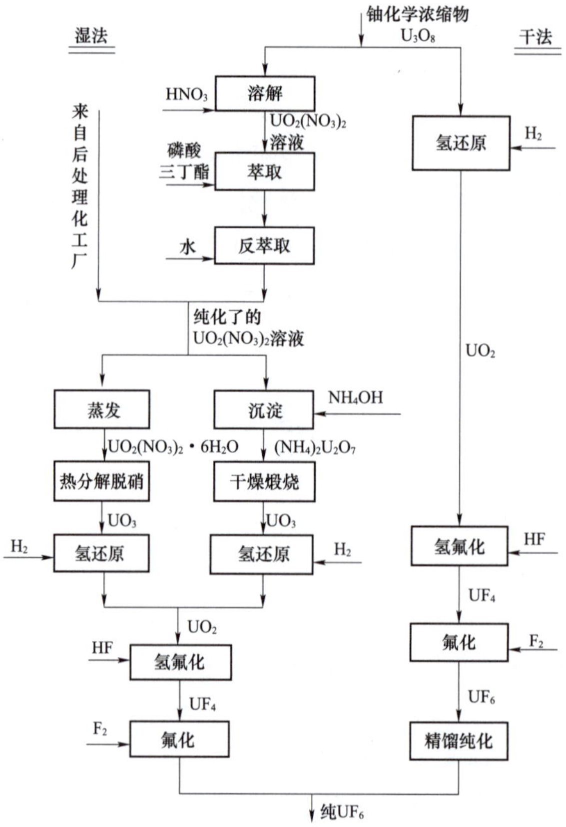

图 9-10 生产六氟化铀的流程图

从浓缩的硝酸铀酰溶液 $UO_2(NO_3)_2 \cdot 6H_2O$ 转化为四氟化铀可利用三级相接的流化床反应炉。流化床的好处是反应气体与产品之间有极好的接触，温度均匀而易于控制，固体产品便于传送。在第一级流化床内进行脱硝，把硝酸铀酰喷射到预热至 300 ℃的空气气流中，硝酸铀酰即分解为三氧化铀：

$$UO_2(NO_3)_2 \cdot 6H_2O \longrightarrow 6H_2O + UO_3 + NO_3 \cdot NO_2$$

用气体把三氧化铀颗粒吹送到第二级流化床内，在 600 ℃的氢气气氛中，三氧化铀被还原为二氧化铀：

$$UO_3 + H_2 \longrightarrow UO_2 + H_2O$$

这个过程在反应开始前需要加热，反应一旦开始又必须冷却以免温度过高。第三级流化床以氟化氢为搅动气体，将二氧化铀氢氟化为四氟化铀：

$$UO_2 + 4HF \longrightarrow UF_4 + 2H_2O$$

这个过程过剩的氟化氢和反应中产生的水蒸气被冷凝下来，氢氟酸经蒸馏浓缩后可以重复使用。

四氟化铀在高于 250 ℃的温度下与氟气相互作用，就可以变成六氟化铀。这道工序可在固定床、移动床、流化床、火焰反应炉、逆流火焰反应炉中进行。由于氟气和六氟化铀气体的剧毒性和放射性，以及它们被空气中的水分分解会生成强腐蚀性的氢氟酸，反应炉须保证密封，同氟化物接触的设备要用镍或镍基合金（如蒙乃尔）制造。

六氟化铀的挥发性很大，一经生成就立即蒸发，一般用冷凝法收集。炉气中含有六氟化铀、氟气、氟化氢、氧气、氮气等，它们的挥发温度各不相同，将炉气冷却到一定温度，可使六氟化铀凝固而与其他组分分离。所用设备为间歇操作的冷阱，内装有挡板和散热片，用来增加气体的流速和六氟化铀的冷凝速度。冷阱中收集到的六氟化铀可以通过加热蒸发或加热熔化的方法，以气态或液态转送到成品容器内。

冷凝尾气中总含有一定量的六氟化铀，另外还有氟气和氟化氢，在排放以前必须净化，以免污染环境，并可回收贵重的成品和原料。回收的方法有固体吸收和溶液淋洗。前者利用四氟化铀、木炭等在反应器中与六氟化铀、氟气发生反应，净化的效率较高；后者是把六氟化铀和氟气水解转入溶液，由于水解产生的氢氟酸具有强腐蚀性，实际上不用水，而采用 5%～10%的苛性碱或纯碱溶液淋洗尾气，把酸中和。

作为铀同位素分离厂原料的六氟化铀要求尽量不含有不挥发性的固体粉末、挥发性的金属氟化物杂质和氟化氢，以免影响分离效果和腐蚀设备。严格控制反应炉出口炉气的除尘过程和防止湿气进入系统，可把不挥发性的固体粉末含量降到要求的限值以下。金属杂质是在纯化过程中清除的。最后的六氟化铀成品在出厂前必须经过清除氟化氢工序，其方法有凝析法、释压法、真空蒸馏法等。释压法是在低压下蒸发一部分六氟化铀，由于氟化氢的挥发性较高，所以排放的蒸气大部分是氟化氢，蒸发掉的一部分六氟化铀可以重新冷凝回收。

9.5.2 六氟化铀的还原

铀同位素分离厂的产品和尾料六氟化铀，可用氢气还原为四氟化铀。反应炉可从外面加热，或利用氢气与氧气的化学反应热（内部加热法）。在后一种情况下，先把氢气和氧气通入六氟化铀气体。得到的四氟化铀，可用水蒸气水解为二氧化铀：

$$UF_4 + 2H_2O \longrightarrow UO_2 + 4HF$$

另一种方法是把六氟化铀先水解为氟化铀酰 UO_2F_2 溶液，用氨水沉淀出重铀酸铵 $(NH_4)2U_2O_7$，经过过滤、干燥后，再用氢气还原为二氧化铀（或先干燥煅烧为三氧化铀，再用氢气还原为二氧化铀）。

图 9-11 表示六氟化铀还原的流程图。

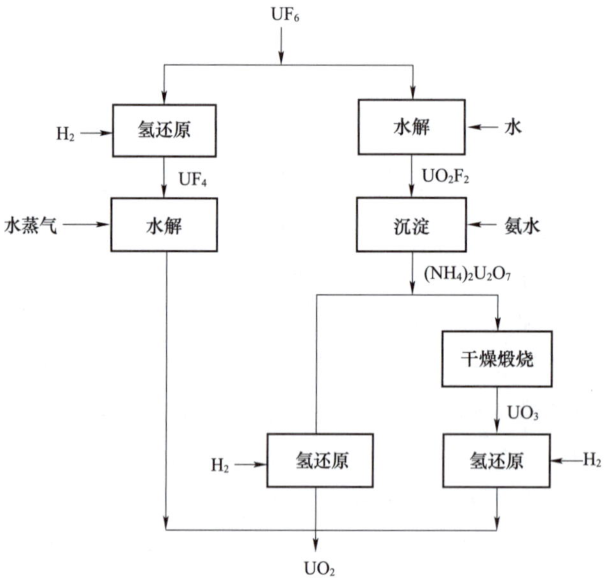

图 9-11 六氯化铀还原的工艺流程图

从四氟化铀还原为金属铀可用钙法或镁法见 13.7.1 节。

9.6 铀同位素分离的激光法

自从 20 世纪 60 年代波长可调谐的染料激光器问世以来，人们就开始研究利用单色性好、光强度高的激光作为光源来分离各种同位素，已在实验室中实现了氢、硼、碳、氮、氧、硫、氯、钠、溴、钙、铀、钚等元素的同位素分离。由于经济性的原因，多数尚未投入工业生产。对于铀同位素来说，激光法已被认为是继扩散法和离心法之后最有发展前途的一种分离技术。它的分离系数很大，经一次分离即可将天然铀富集到核电厂轻水堆所需的燃料丰度，因而可望实现投资省、耗电少、成本低、生产规模灵活等目的。

与扩散法、离心法利用同位素的质量差进行分离不同，激光法是利用同位素质量数差所引起的激发能差别，根据不同同位素原子（或由其组成的分子）在吸收光谱上的微小差别（称为同位素位移），用线宽极窄即单色性极好的激光，选择性地将某一种原子（或分子）激发到特定的激发态，再用物理或化学方法使之与未激发的原子（或分子）相分离。目前对于铀同位素最具有实用价值的是原子蒸气激光分离法（atomic vapor laser isotope separation，AVLIS）和分子激光分离法（molecule laser isotope separation，MLIS）。

激光法的基础是 ^{235}U 与 ^{238}U 同位素原子（或分子）在吸收光谱上存在着同位素位移。对于铀原子来说，它主要是由于不同同位素的中子数不同造成核体积差别而引起核电荷分布的不同，以致核外电子轨道存在微小差别，所对应的吸收波长也有微小差别；对于铀化合物分子来说，它主要是由于不同分子的折合质量不同所引起的振动能差别。这些差别都很微小，所以在吸收光谱上的同位素位移也很小，一般来说，$\Delta\lambda/\lambda=10^{-4}\sim10^{-5}$，这里 λ 是波长，$\Delta\lambda$ 是两种同位素的波长差即同位素位移。例如，铀同位素在 591.5 nm 谱线处其 ^{235}U 与 ^{238}U 的同位素位移只有 0.01 nm。

激光线宽必须小于吸收光谱上的同位素位移，以保证激发与电离的高选择性，这就是对激光单色性的要求，高单色性的激光能将同位素混合物中的某一种同位素原子（或分子）激发而不激发另一种。

所采用的物理或化学分离方法，须根据激发态粒子与非激发态粒子在物理或化学性能上的差别，能将激发的同位素粒子从混合物中分离出来。例如，激发态的铀原子比基态的铀原子所需电离能小得多，就可用激光使之电离，再用电磁场使生成的离子偏转而实现分离。又如激发态的铀化合物分子在参与化学反应时需要较少的活化能，其化学反应速率比未激发的分子的反应速率快得多（激光诱导光化学反应），就可用合适的反应物质使不同的同位素存在于不同的化合物中，然后予以分离。

激光分离铀同位素方法中最成熟的原子激光法的基本过程（见图 9-12）如下：将染料激光器输出的激光束波长精确调谐到所选择的 ^{235}U 原子的共振吸收波长，以三色或四色合成的激光束照射低压高温的铀原子蒸气束，使其中的 ^{235}U 原子共振吸收光子而激发和电离。由于铀原子的电离电位为 6.2 eV，而有效的可调谐染料激光器只能提供 2 eV 光子，因此必须三步走，即 ^{235}U 原子吸收三个光子，从基态经过第一激发态、第二激发态才能达到电离态。未被激发的 ^{238}U 原子则始终处于中性基态。此时加一电磁场，使 $^{235}U^{+}$发生偏转与中性的 ^{238}U 原子束分开，分别予以收集。

原子激光法分离系统由激光器系统和分离器系统以及所需的辅助系统组成。

（1）用以提供激发和电离铀原子所需的激光束的激光器系统，包含波长可调节的染料激光器，作为其泵浦光源的铜蒸气激光器（或半导体激光器）和激光传输合成系统。其中铜蒸气激光器是由多路振荡—放大链组成，用来提供激光能量并分别泵浦组成染料激光器的多台染料激光振荡器和放大器。铜蒸气激光器中的铜蒸气原子受到脉冲高压放电的电子碰撞而激发，发出激光。染料激光器输出的多路激光束，经调谐其波长使之适合于激发和电离 ^{235}U 原子，并经光束整形、合成后，传输至分离器系统。

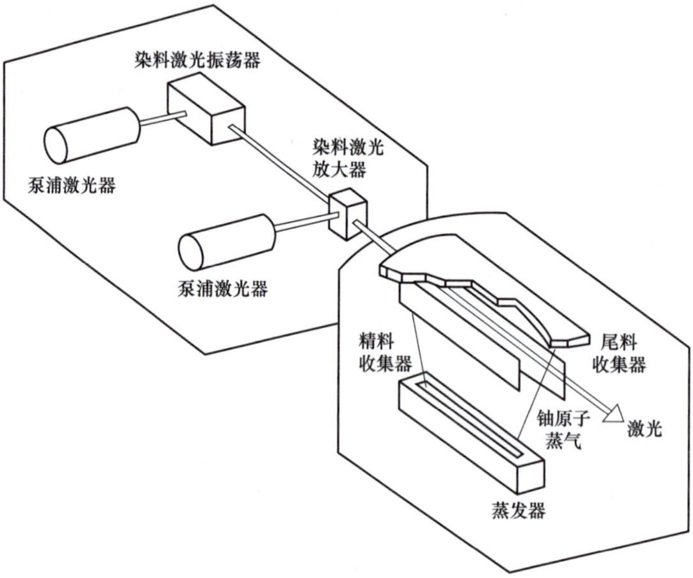

图 9-12　原子蒸气激光分离铀同位素（AVLIS 法）的示意图

（2）分离器系统为高真空容器，包含电子枪蒸发器、回流供料系统，及精料、尾料收集器。不断地送入供料系统坩埚内的金属铀块，受到电子枪发射的高能电子束的轰击而局部熔化，蒸发而形成向上飞行的原子蒸气流。蒸气流受到脉冲激光束的辐照，其中的 ^{235}U 原子被光电离成离子，并被电场收集形成精料产品，未被电离的 ^{238}U 原子与剩余的 ^{235}U 原子继续上行至尾料收集板，被收集成尾料。尾料收集可根据生产需要采用固态或液态收集方式。未被利用的铀原子还可流回坩埚继续蒸发，形成物料循环。

激光分离工厂需将铜蒸气激光器和染料激光器的振荡—放大链均组成串、并联的模块式结构，以保证在任何一个器件发生故障的情况下仍能维持不间断运行。将多个激光器单元和多个分离器单元组成分离模块，使分离工厂可根据市场需要，通过分离模块的叠加或削减，灵活调整其生产能力。例如，一个生产能力为 1.4～1.5 MkgSWU/a 的分离模块由 14 个分离器单元组成，其中泵浦激光器的总功率为 9 kW，染料激光器的总功率为 2.5 kW，单台电子枪蒸发器的功率为 500 kW。

分子激光分离法采用 UF_6 分子为分离对象，这是目前所知常温下呈气态的唯一铀化合物。在最初的分子激光法研究中，对激光选择激发和离解的研究占据主要地位，其反应式为：

$$^{235}UF_6 + nh\nu \longrightarrow {}^{235}UF_5 + F$$

该反应可藉由 $^{235}UF_6$ 对 16 μm 光子的强烈共振吸收实现，称为多光子离解

（multi-photon dissociation，MPD），反应产物 $^{235}UF_5$ 为固态，因此可以很方便地实现 $^{235}UF_5$ 和 $^{238}UF_6$ 的分离。利用该方法进行铀同位素分离一度成为国际上的研究热点，但随着研究工作的深入，人们发现以 CRISLA 或 SILEX 为代表的分子法分离铀同位素技术具有更高的实用价值。与原子激光法相比，分子激光法的分离对象为气体，无须输入相变能，亦无须进行高温加热，不仅能耗小，而且分离装置大为简化。美国对分子法分离铀同位素技术的研究早在 20 世纪 80 年代末期就开始了，澳大利亚对 SILEX 技术的研究则始于 90 年代初。由于看到了 SILEX 方法的巨大优势，美国铀浓缩公司（United States enrichment corporation，USEC）和澳大利亚于 1999 年缔结了合作协议，共同开发 SILEX 技术。美国和澳大利亚已经掌握了分子激光法铀同位素生产技术，具备工业化生产能力。2005 年美国在测试工厂已实现了 12 W 的目标激光输出，2022 年 SILEX 的首个全尺寸激光系统模块在美国测试循环设施部署，专用的全尺寸分离器系统正在陆续研制。

同时，分子激光法在氢、硼、碳、氮、氧、硫等轻元素的同位素分离方面是比较合适的，可用 CO_2 激光选择性地激发含上述同位素的化合物分子以实现多光子离解，应用前景广阔。

第 10 章　重水、氚、锂-6、硼-10 的生产（轻同位素分离）

10.1　生产重水的几种主要方法及其比较

重水 D_2O（D 是重氢即氘的符号，等同于 ^2H）由于中子吸收截面特别小，是最好的反应堆慢化剂，它的主要缺点是制备困难和价格昂贵。作为反应堆慢化剂，需要供应以百吨计①的大量高纯重水（同位素丰度在 99.8%以上）。前已阐述，氘氘或氘氚聚变反应都能释放出巨大的能量，氘和氘化锂-6 既是重要的核武器装料，也是未来核聚变动力装置所不可缺少的燃料。

重水的原料是天然水。所有天然水都含有约 1/6 500 的重水［准确数字为氘占 0.014 8%±（0.000 1%～0.000 2%）（原子）］。在自然界，较大部分氘以水的形式存在，而且是以 HDO 形式而很少以 D_2O 形式存在，气态氘则以 HD 形式存在。生产重水 D_2O 就是分离氢同位素的过程。氢同位素氘比氕（读 pie，即 ^1H）多一个中子，它们的化合物在许多性质上表现出较大的差异（见表 10-1）。基于这些差异的同位素分离方法的分离系数②可能大大超过 1（达到 2～4 以上）。尽管分离系数很大，但由于天然氢中的氘

表 10-1　重水的物理性质

	水	重水
分子量	18	20
最大密度/（g/cm^3）	1.000	1.106
最大密度的对应温度/℃	3.98	11.23
冰点/℃	0.00	3.82
沸点/℃	100.00	101.42
90 ℃时的蒸气压/mmHg	525.72	495.5
35 ℃时的黏度/［Pa•s）］	0.721	0.864

① 大型核电反应堆的重水初装载量约需 0.8 t/MW：其中慢化剂系统占用 55%，冷却剂及换料系统占用 45%。年补充量为初装载量的 1%～2%。

② 关于分离系数的定义见 9.2.1 节。

含量极低，氘的分离即重水的生产仍然非常昂贵。生产重水需要处理巨量的天然水，由于回流的需要，各分离级之间的流量要比净供料量大许多倍。最初几级处理的天然水（或其他作为氘源的天然氢）量非常大，重水工厂的基建和运行费用均与这个水量成正比，重水生产的经济性主要取决于最初几级的成本。重水丰度达到约 1%以后的各级，流量大大减小，所用分离方法对总成本的影响便不大了。

生产重水的主要方法有精馏法、电解法和化学交换法。

10.1.1 精馏法

（1）水精馏法

精馏法基于氢或含氢化合物的两种组分（如 ^1H_2O 和 D_2O）的不同挥发性。同位素分离发生在气、液两相共存期间。在较低的工作温度下（蒸气压很低，即在真空下）分离系数较大，可减少分离级数，并减少富料的泄漏损失。精馏过程一般在装有若干塔板的精馏塔内进行，每一块塔板形成一个微分离单元（分离级），每一座精馏塔形成一个逆流循环的矩形级联，液相和气相在塔内逆流流动，蒸汽在上升过程中逐渐富集了挥发性较高的组分（如 ^1H_2O），液体在逐级溢流到塔底的过程中富集了挥发性较低的组分（如 HDO 和 D_2O）。塔内可充装填料（如拉西环）使气、液两相连续地互相接触。塔顶有冷凝器使蒸汽凝结后能流入前一座塔的底部；塔底有精馏釜（称为再沸腾器），将一部分液体蒸发，以提供上升气流。

由于水的两种组分的挥发性差别很小，水精馏法的分离系数①很小（为 1.03～1.06，随温度而异），需要串联很多分离级。又由于水的汽化潜热很大，生产过程需要精馏巨量的水和消耗大量热能，很不经济。美国在 20 世纪 40 年代曾采用此法生产重水，因为它不需要特殊材料（如耐腐蚀的不锈钢）和试制新设备，不需要化学试剂，生产工艺简单、成熟，在当时能早日拿到产品。图 10-1 和表 10-2 所示为美国早期的一座 3 t/a 重水生产厂的流程和参数，它把天然水富集到丰度 89%（分子）的半成品，送去电解装置作最终富集。可以看到，第一级是由五座精馏塔并联而成，以避免过大的直径；同时，第一级和第二级又各由两座串联的 A 塔和 B 塔组成，以避免过大的高度，其中 A 塔的直径大于 B 塔，因为 A 塔的平均压力低于 B 塔。

现在，水精馏法主要用于重水丰度从 15%～99.8%的中间富集阶段和 90%以上的最终富集阶段，以及重水反应堆中降质重水的再富集等。

---

① 水精馏法的理想分离系数 $\alpha_0 = \sqrt{水的饱和蒸气压/重水的饱和蒸气压}$ 。

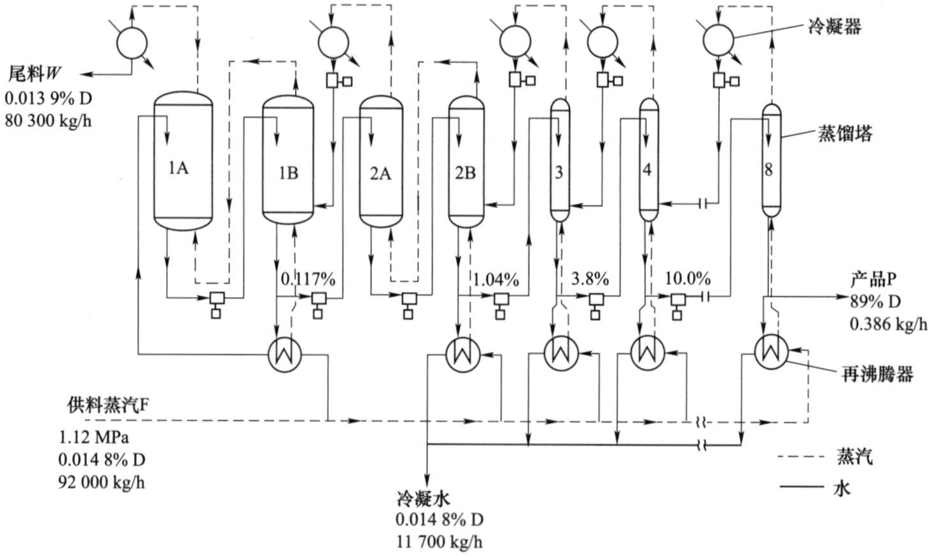

图 10-1　水精馏法重水生产厂工艺流程示意图

表 10-2　水精馏法重水生产厂的参数示例*

级别	并联塔数	直径/cm	塔板数	塔容积/m^3	供蒸汽量/（kg/h）	压力/mmHg		塔底氘丰度/%
						塔顶	塔底	
1A	5	458	80	2 000	80 000	67	238	
1B	5	366	90	1 440	80 000	238	536	0.117
2A	1	320	72	175	9 600	129	340	
2B	1	244	83	118	9 600	340	645	1.04
3	1	101	72	17.3	1 380	124	343	3.8
4	1	46	72	3.6	330	127	440	10.0
5	1	25	72		86	127	340	11.5
6	1	25	72		84	124	328	21.2
7	1	25	72	4.4	90	124	333	56.4
8	1	25	72		90	127	308	89
合计	18		757	3 760	91 630			

* 作为比较，加拿大 Pickering A 重水堆附设降质重水再富集蒸馏装置的相应参数如下：塔数 1，直径 100 cm，供料量 45 kg/h，供料丰度 30%，尾料丰度 2%，产品丰度 99.0%，产量 13 kg/h。

（2）液氢精馏法

液态氢的两种组分氘和氕的挥发性有较大差别。液氢精馏法的分离系数较大（大于 1.40），蒸发潜热小，能耗低，氢资源丰富（可利用电解氢或氨合成气，也可从石油加工厂的产品中提取），是一种很好的生产重水的方法。它的缺点是生产过程需在极低温度（液氢的沸点是 −253 ℃）下进行，绝热要求极高，技术难度较大；原料须清除氢气以外的其他杂质气体，以免造成凝固堵塞的故障，要求氧杂质含量小于 10^{-9}（体积），其他杂质总和小于 10^{-8}～10^{-7}（体积），即使以昂贵的电解氢为原料，也须经过严格的净化过程；由于工作物质是液态，储留量较大，需用大量的原料氢气。生产过程大致分为五步：（1）初步富集得到 5%～10%的 HD；（2）中间富集得到 90%以上的 HD；（3）分解 HD 以得到 H_2+HD+D_2 的混合物；（4）最终富集得到纯 D_2；（5）将 D_2 和 O_2 化合成重水。图 10-2 表示液氢精馏法重水生产厂的流程示意图。它包含两座串联的精馏塔。含 HD 为 0.028%的天然氢原料经几次冷却液化后送入初级塔。该塔上部为贫化段，下部为富集段，从塔顶抽出含 HD 的贫化低压氢气，从塔底得到丰度为 5%～10%的 HD，送入二级塔顶部。二级塔分上半塔和下半塔，起着两个塔的作用，称作 Linde 双塔。从上半塔顶部出来的贫化气体回流到初级塔的贫化段；从上半塔底部得到丰度约为 90%的 HD，经热交换器加热至室温后，在装有铂、钯或镍催化剂的反应器中进行 2HD→H_2+D_2 交换反应，得到 HD、H_2 和 D_2 的平衡混合物，后者在热交换器中被冷却到液氢温度，送入下半塔进行再精馏。下半塔的贫化气体 HD+H_2 从顶部进入上半塔以回收 HD；底部产出的纯 D_2，复经热交换器加热至室温，然后与 O_2 合成为所需的纯重水。从初级塔出来的含 HD 的贫化低压氢气，经压缩机压送入两座塔的底部，在其再沸腾器的盘管中冷凝下来，经膨胀阀送入初级塔顶部作为该塔的回流液态氢；高压氢气冷凝放出的热量，为两座塔提供再沸腾气态氢；二级塔上半塔底部的液态氢则通过塔中间装置直接回流入下半塔。

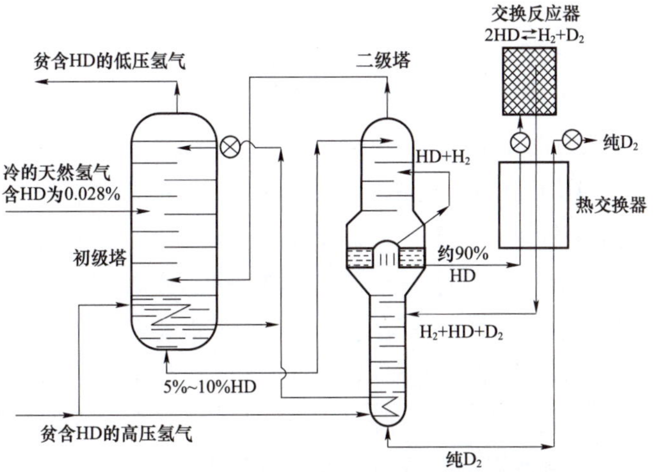

图 10-2　液氢精馏法重水生产厂工艺流程示意图

液氢精馏法生产重水工艺曾广泛应用于苏联、法国、德国、瑞士和印度，20 世纪 60 年代以后被经济上更有竞争力的硫化氢—水双温交换法所取代，现在该方法多同其他方法相结合应用于重水生产的最终富集阶段。

（3）液氨精馏法

液氨精馏法相比水精馏法有一定的优越性，但生产规模受氨源的限制，现仅用于化肥厂作为副产品来制取重水。

10.1.2　电解法

电解法的原理是：当水被电解时，阴极上放出的氢气含有较多的氕，因此留在电解槽中的水含有较多的氘。纯水不导电，为了进行电解，须加入电解质（氢氧化钠或氢氧化钾），后者随着水量的减少而变浓。因此，连续的生产过程须分成若干级，在各级之间通过精馏使水同电解质分离，然后送到后一级去。由于后面各级中放出氢气的含氘量高于天然水，为了减少氘的损失，需将这种氢气转化为水，送回前面相应的级中复用。通常使氢气在氧气中燃烧，再把生成的水蒸气冷凝下来，但这样利用电解的氢气是不合理的，浪费很大。因此，虽然电解法的分离系数很大（为3～10），但由于电解大量天然水需要消耗大量的电能（130 000 kW•h/kg D_2O），单用这种方法生产重水的成本十分昂贵。电解法仅在能综合利用氢气（预先分离出氘，作为副产品）的情况下才合算。

电解法目前一般用于把重水丰度从 90%提高到 99%以上的最终富集阶段。在这种小规模生产中，操作和控制都很简易而且可靠。电解法易与任何其他方法相结合，可采用连续操作、半连续操作或间歇操作的方式，设备体积小，电解槽的数目可根据需要灵活增减，适应性较强。

10.1.3　化学交换法

（1）水–氢交换法

化学交换法是大量生产重水的最经济方法，它基于不同同位素化合物的化学反应率的微小差别，例如，在水和氢气之间的同位素交换反应中：H_2O（液）+HD（气）$\rightleftharpoons$ HDO（液）+H_2（气）正反应的速率应等于 H_2O 浓度、HD 浓度同反应常数 $K_{正}$的连乘积，逆反应的速率应等于 HDO 浓度、H_2 浓度同反应常数 $K_{逆}$的连乘积。由于 $K_{正}$略大于 $K_{逆}$，当两方向的反应速率相等时（平衡状态），氘以 HDO 分子在液相中的丰度要高于以 HD 分子在气相中的丰度。利用这个反应来富集重水，分离系数很大（0 ℃时为 4.69，125 ℃时为 2.47），并且水和氢气均无毒性，对环境没有污染。严重的缺点是不用催化剂时反应率极低，而一般催化剂在同液态水接触时就失去活性。为避免这种情况发生，需要使用加热器使液态水全部汽化后再进入装有亲水性催化剂的反应器（见图 10-3），催化剂可用活性炭镀铂或氧化铬–氧化镍，氢气同干燥蒸汽之间的同位素交换反应如下式：

$$H_2O（汽）+HD（气）\rightleftharpoons HDO（汽）+H_2（气）$$

氘由氢气 HD 转入水蒸气 HDO 中，反应后的气体混合物穿过塔板与塔板上的液态水相接触，氘就从气态 HDO 转入液态 HDO 中，如下式：

$$HDO（汽）+H_2O（液）\rightleftharpoons HDO（液）+H_2O（汽）$$

水蒸气和氢气继续向上流，液态 HDO 则往下流，最后在交换塔底得到富集了氘的液体。图 10-3 显示每一交换级有两块塔板，为的是使氘由气相全部转入液相。把上面两反应式相加，得出：

$$H_2O（液）+HD（气）\rightleftharpoons HDO（液）+H_2（气）$$

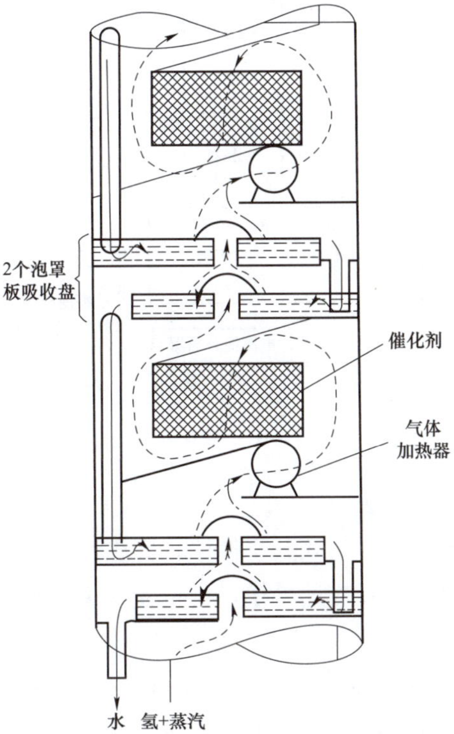

图 10-3　水 – 氢交换塔的一个交换级示意图

总的结果是 HD（气）中的氘转入 HDO（液）中。除液态水外，氢气中的 CO、H_2S、NO 等杂质也会使催化剂中毒，靠电解供给高纯氢可免此害，只是去湿器消耗能量较高。

若采用疏水性催化剂，例如，在活性炭镀铂的外表面涂覆了聚四氟乙烯薄膜，液态水不能透过薄膜使催化剂中毒，而水蒸气和氢气仍可透过薄膜到达铂表面进行同位素交换反应，或直接采用疏水的 Pt-SDB 疏水催化剂，该催化剂以 SDB（苯乙烯 – 二乙烯基苯聚合物）为载体负载贵金属铂。这样不需要把水加热汽化便能直接进行液 – 气反应，使塔的结构大大简化。采用疏水性催化剂的联合电解催化交换法（Combined Electrolysis Catalytic Exchange Process，CECE）很有发展前途，该方法同时结合了水 – 氢交换法和电解法富集氘的特性，该方法设备简单、运行温度和压力低（65 ℃，0.06 MPa），安全性和经济性高，是生产重水的新趋势，将来可能取代硫化氢 – 水双温交换法（见图 10-4）。

水 – 氢交换法需用大量氢气，使它同合成氨生产过程相结合，将去除了氘的氢气用作合成氨的原料，可获得很大的节约，同时，在氢气作为能源介质使用的前提下，可以结合具体的氢能应用场景，提高该方法的经济性。

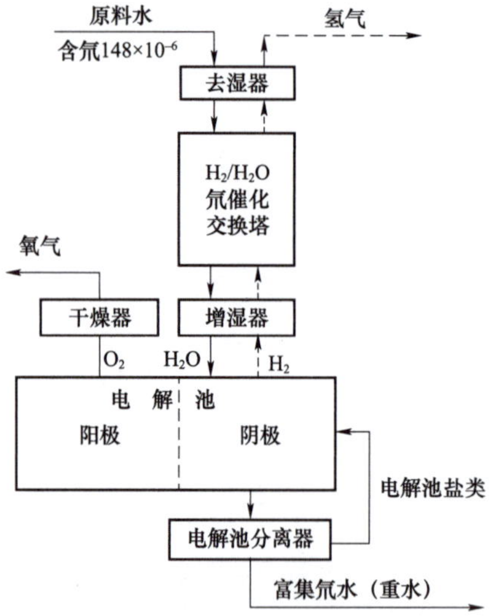

图 10-4 生产重水的联合电解催化交换法（CECE）原理图

（2）硫化氢－水双温交换法

工业上大规模应用硫化氢－水双温交换法。其生产厂址容易选择，用天然水作原料便宜易得，不需要催化剂且反应速度快，同位素交换在液态水和硫化氢之间相当迅速地进行：

$$H_2O（液）+HDS（气）\rightleftharpoons HDO（液）+H_2S（气）$$

分离系数随温度有较大差别，在常温（30 ℃）下为 2.22，在 130 ℃的高温下为 1.76。利用这种差别造成中间产品的回流来富集重水，叫作双温交换法，这时，硫化氢作为氘的传递介质在闭合回路中循环，原则上并不消耗①。但从原料水中提取氘的回收率低，为生产 1 t 重水，需处理约 36 000 t 天然水，因此需要有大量的天然水作为原料。每一分离单元由一对交换塔组成：冷塔和热塔。塔中水自上而下，硫化氢气体由下往上进行两相逆流交换。在冷塔中氘从气相转移到液相，在热塔中氘从液相转移到气相，在冷塔底的水流和热塔顶的气流中，氘丰度达到最大值。从这里将水、气流的各一部分送往后一级进行进一步的富集。

图 10-5 为一组五级的双温交换级联示例，其产品丰度约为 15%，以后的富集可采用水精馏法或 CECE 法。

硫化氢－水双温交换法可不依附其他工厂而以低廉的成本大量生产重水。它的主要缺点是硫化氢的毒性大，空气中 H_2S 浓度达到 0.06%时会使人瘫痪，丧失知觉而后死亡；即使浓度低于 0.01%，也会使人失去知觉。H_2S 和空气混合，其体积份额达到 4.3%～4.6%时会爆炸。H_2S 对碳钢的腐蚀性又很强。在设计上和运行中要采取防止泄漏和加强监测等安全措施。

① 实际上由于腐蚀和漏损，仍有很大的消耗量。每生产 1 kg D_2O，需补充 1.5～2 kg H_2S 或更多。

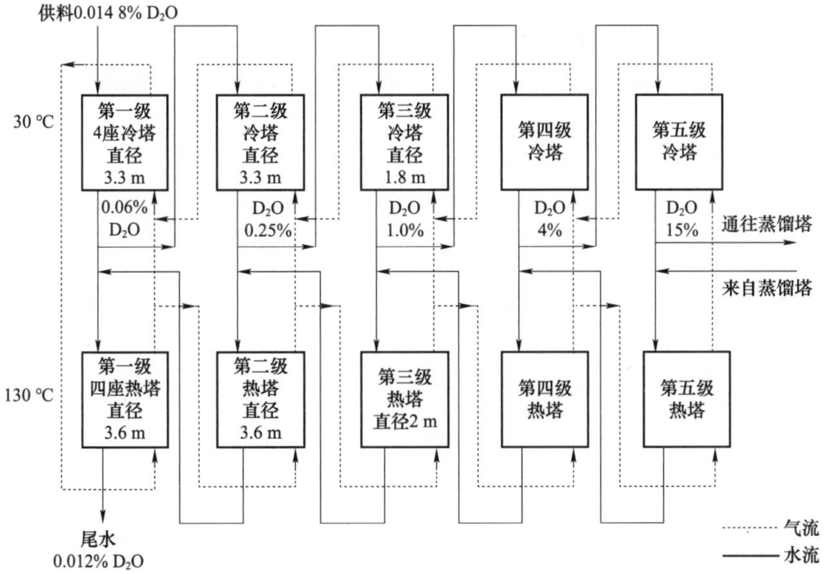

图 10-5　硫化氢－水双温交换级联示意图

（3）氨－氢交换法

氨－氢交换法在同合成氨生产相结合的条件下，经济性可与硫化氢－水双温交换法相比。这种方法发展较快，它是在液氨与氢气之间进行同位素交换，把氘从氢气富集到氨中：

$$NH_3（液）+HD（气）\rightleftharpoons NH_2D（液）+H_2（气）$$

它的分离系数比硫化氢－水交换法大得多（在－40 ℃时为 5.79，60 ℃时为 2.95），每千克 D_2O 消耗的能量少得多，并且腐蚀问题不大。但工作压力很高（20～35 MPa），设备昂贵，并需要用氨基钾（NH_2K）作为催化剂。氨基钾价格昂贵，同水和氧均起作用，故要求工作气体高度净化，其含水量和含氧量不得超过 10^{-6}。用氨－氢交换法生产重水的规模受到氢气来源的限制，如与合成氨生产相结合，年产 30 万 t 合成氨所提供的氢气量相当于 60～70 t/a D_2O 的规模。

利用两种不同温度下分离系数差别的氨－氢双温交换法，比单温法可省去不少设备，使系统简化，但所需塔板数要多得多，交换塔体积要大得多，所以工厂总投资没有减少。不过由于无须把氨加热到高温，可节省不少热能，就重水生产成本而言，还是有利的。双温法仍需使用溶解于液氨中的氨基钾作为催化剂。

10.1.4　几种生产重水方法的比较

生产重水的各种方法都存在优、缺点和技术困难，目前大规模生产重水的方法是硫化氢－水双温交换法，特别是在初步富集阶段多采用该方法。在中间富集阶段和最终富集阶段，则采用水精馏法、液氢精馏法或液氨精馏法，在避免已富集中间产品的损失上比较安全可靠。电解法的应用取决于廉价电力和氢气的综合利用，但在小规模生产中，例如，丰度90%以上的最终富集阶段或降质重水的再富集，比精馏法更为适宜。联合电解催化交换法因其分离系数高，越来越受到重视。表10-3为目前广泛应用的几种重水生产方法的比较。

表10-3　几种重水生产方法的比较

	水精馏法	液氢精馏法	硫化氢－水双温交换法	联合电解催化交换法
分离系数	1.04	1.5	冷塔2.22/热塔1.76	3.3
蒸汽消耗/（t/kg D_2O）	80	不详	6～8	无
电消耗/［（kW·h）/kg D_2O］	100	5 000～5 500	700～800	不详
氘回收率/%	30	90	20	63
主要材料	碳钢	多种材料	含钼不锈钢	多种材料
工作温度/℃	70	−253	30/130	65
工作压力/MPa	0.03	0.2	2.1	0.06
介质腐蚀性	不成问题	不成问题	严重	无
介质毒性	无	无	很大	无
系统复杂性	不复杂	很复杂	复杂	简单
活动部件	很少	很多	多	很少
运行管理	简单	很复杂	复杂	简单
安全性	安全	有危险	有危险	安全

10.2　重水厂的基本特点

当今世界上产量在100 t/a以上的大型重水厂都采用硫化氢－水双温交换法。这种类型的重水厂曾遇到的主要困难有三个方面。

（1）腐蚀控制

H_2S溶液腐蚀碳钢后，在其表面生成一层保护膜，它在强烈湍流或液滴溅射下会被破坏而加剧腐蚀，因此一些部件（如塔板、换热管及其他气流速度过高的场合）要用奥氏体不锈钢制造。H_2S与钢反应产生的氢气会引起钢的脆化损伤，解决的办法是，所有钢材须经仔细的超声探伤，以证明其中无裂隙存在，此外应限制所承受的应力。其他防备腐蚀的措施是加强运行中的经常检查。

（2）最佳气液流量比的控制

气液流量比对产量的影响很大。它偏离最佳值±15%就会使产量降至零。因此要求运行时保持气液流量比的波动不超过±1%。解决的办法是测量冷塔和热塔中间点的氘丰度。理论计算表明，在最佳气液流量比时，两塔中间的氘丰度几乎相等。分析两塔中间的氘丰度就可知道气液流量比是否处于最佳值。若冷塔中点丰度高于热塔中点丰度，则表示气液流量比偏高；反之，则表示气液流量比偏低。可通过改变进料流量的办法来加以调整，使两塔中点的氘丰度相等。分析的方法是采用高灵敏度的在线质谱分析仪，可在现场用电子计算机迅速、准确地进行控制，使重水回收率稳定在高值。由于装置的流量限制于热塔气体的流量，实际操作办法是保持热塔气体流量在给定压力、温度条件下的最大容许值，改变液体流量并根据两塔中点氘丰度分析找出最佳液体流量，予以调整限定，以保证最大产量。运行时压力、温度的变化会使溶解度、湿度、相对挥发度发生变化，并通过它们使气液流量比发生变化，影响生产率。所以运行中压力和温度的控制十分重要。

（3）防止泄漏

前已述及，H_2S 气体的毒性很大。大型重水厂的 H_2S 存量约有 800 t 之多，由于发生事故或管道破裂以致 H_2S 逸出是非常危险的。厂内设置有遥控快速隔离系统和排气阀，以免发生事故时 H_2S 大量泄漏。在事故情况下，应认定泄漏区段，打开相应的排气阀，将气体排入专设的贮留罐，并在其顶部点燃烧掉。其他安全措施有：连续取样分析监测装置附近空气中及废水中的 H_2S 浓度（空气中容许浓度为 10 mg/m^3）；为撤离计划检查风向和风速；人员普遍接受应急培训；操作时总是两人一起以便互相保护；在装置近处操作须佩戴带有新鲜空气管的呼吸面罩；在较远处也要佩戴含吸收滤纸的防毒面具。

10.3　降质重水的再富集

在重水反应堆的运行中，重水被稀释是不可避免的。由于重水价格昂贵，降质重水的再富集复用具有很大的经济意义。

降质重水的再富集可采用 CECE 法。图 10-6 表示采用这种方法的日本一座实验装置的流程示意图。三个氢同位素交换塔的直径为 140 mm，塔高依次为 7 m（20 级）、12 m（35 级）和 12 m（35 级），每一级由一个 H_2O（汽）/HD（气）疏水性铂催化剂交换床和一个 HDO（汽）/H_2O（液）亲水性填料床组成（相应的同位素交换反应式见 10.1.3 节），塔内水蒸气和氢气向上流，液态水往下流，后者不接触疏水性催化床，而是沿床中的管段短路通过。采用 KOH 为电解液。运行中氘丰度由 30%提高至 99.8%，产量为 10 m^3（30%）/a，氢消耗量为 4（N•m^3）/h，废水中的氘丰度为 0.016%，连续运行多年而所用疏水性催化剂仍保持原有的活性。

现在中国原子能科学研究院重水堆对降质重水的再富集，采用了水精馏结合电解法。采用间歇操作的三管真空精馏塔，工作压力约 20 kPa，分离系数约 1.045，将丰度不足 90%的稀释重水，富集为丰度 90%以上的半成品重水。电解系统用丰度超过 90%的稀释重水为原料，经电解槽电解出氢（其中氘丰度降低）和氧的混合气，用钯催化剂加速合成为稀释重水，送往稀水罐贮存；槽内富集的重水，则经二级精馏除碱净化后，送入产品罐贮存。电解分离系数为 8～10，产品重水的丰度达到 99.80%以上。同时，也开展了 CECE 法用于降质重水再富集的技术研究工作。

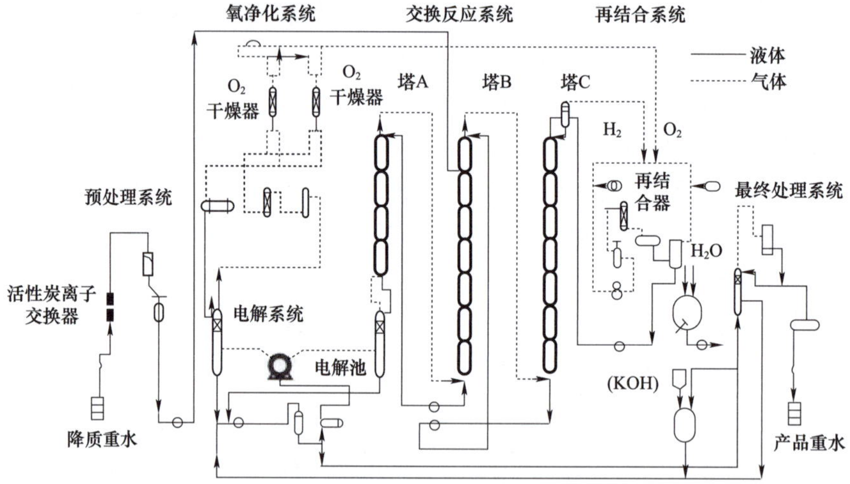

图 10-6　日本一座降质重水再富集实验装置的工艺流程示意图

由于反应堆中使用过的重水含有 ^{3}H、^{60}Co、^{137}Cs 等放射性同位素，故需采取必要的防护措施，以保证工作人员的安全。

10.4　氚的生产

10.4.1　氚的来源

氚和氚都是氢的同位素，其符号为 ^{3}H 或 T。氚是 β 放射性同位素，半衰期是 12.3 a，所发射 β 粒子的最大能量为 18.6 keV，平均能量为 5.69 keV，氚衰变后生成 ^{3}He。尽管氚的半衰期较短，但是由于宇宙射线中的快中子、质子和氘核与各种分子碰撞不断地产生氚，氚在自然界中仍有极少量存在，在高空大气中的丰度约 1.6×10^{-14}，在河水、雨水、海水中的丰度为（0.5～67）$\times10^{-18}$。

氚是重要的热核材料。人类掌握聚变能将从最容易实现的氘氚热核反应开始。开发中的受控聚变实验装置都需要投入大量的氚，如美国的托卡马克聚变实验装置（TFTR）须装入 36 g 的氚，大型聚变实验装置的氚装载量有的多达 100 g 以上。未来的 1 000 MW 级聚变－裂变混合动力装置每天净消耗氚 75～300 g，连续不断消耗掉的氚需连续不断地补给，聚变反应生成 ^{3}He、^{4}He 和 ^{1}H 杂质，也需从氚中不断地清除。在辐射应用方面，氚可制成各种标记化合物作为示踪剂应用于各领域，也可制成氚灯作为放射性同位素光源。在军用方面，热核武器、中子弹和小型化大威力的加强原子弹都离不开氚装料。由于氚的不断衰变，每年自行减少 5.5%，它需要定期补充。

由于天然氢中的氚含量极少，因此氚须用人工方法生产。生产氚可利用的主要核反应有下列几种：

（1）$^{6}_{3}Li + ^{1}_{0}n \longrightarrow ^{4}_{2}He + ^{3}_{1}H$

（2）$^{2}_{1}H + ^{1}_{0}n \longrightarrow ^{3}_{1}H + \gamma$

（3）$^{2}_{1}H + ^{2}_{1}H \longrightarrow ^{1}_{1}H + ^{3}_{1}H$

（4）$^{9}_{4}Be + ^{2}_{1}H \longrightarrow 2^{4}_{2}He + ^{3}_{1}H$

采用高能粒子加速器通过 $^{2}_{1}H + ^{2}_{1}H \longrightarrow ^{1}_{1}H + ^{3}_{1}H$、$^{9}_{4}Be + ^{2}_{1}H \longrightarrow 2^{4}_{2}He + ^{3}_{1}H$ 生产氚，在技术上是可能的，且有放射性废物较少、安全与环境保护问题较少的优点，但耗费能量过大，因而不经济。

10.4.2　氚的生产工艺

现今世界上主要采用的氚生产方法，是利用反应堆中的热中子辐照锂-6 靶件产氚，即利用 $^{6}_{3}Li + ^{1}_{0}n \longrightarrow ^{4}_{2}He + ^{3}_{1}H$ 核反应。原则上任何反应堆，只要有多余的后备反应性，都可用来生产氚。其中富集铀重水堆具有中子经济性最好、产氚率最高的优点。美、俄（苏联）、英、法等国都曾利用天然铀石墨生产堆、天然铀重水生产堆生产氚。20 世纪 80 年代末期，随着原有生产堆的关闭，美国为未来氚的补充和贮备，研究过多种产氚方案，包括修复和改建已关闭的生产堆、新建高温气冷堆或重水堆、新建质子直线加速器（通过质子与 Pb 靶作用产生散裂中子）、利用现有的高通量研究试验堆（例如估计过热功率为 400 MW 的 FFTF 的最大产氚量约为 1.8 kg/a；热功率为 175 MW 的 ETR 的最大产氚量约为 0.6 kg/a）和利用现有的动力堆等，最后决定利用现有的一座核电轻水堆来生产氚。

在 ^{6}Li（n，α）^{3}H 反应中，由于氚分子含有双原子，生成氦的体积为氚体积的 2 倍。生成氚的一部分会衰变为 ^{3}He，如下式：

$$^{3}_{1}H \longrightarrow ^{3}_{2}He + ^{0}_{-1}\beta$$

^{3}He 吸收一个中子再产生氚和氕：

$$^{3}_{2}He + ^{1}_{0}n \longrightarrow ^{1}_{1}H + ^{3}_{1}H$$

这两个副反应说明，为什么由中子轰击锂靶所生成的氚中，除了氢气、氦气，往往混有氕气、氚气。此外，在靶件制造和存放过程中，表面不可避免地还会吸附一些杂质气体，如氧、氮和水蒸气等。因此，纯氚的生产要经过靶件制造、堆内辐照、熔融提取、清除杂质气体，以及氕、氚同位素分离等步骤。

用中子辐照方法生产氚的工艺过程如下。

（1）靶件制造。生产氚的锂靶件可采用富集 ^{6}Li 的化合物或合金，要求靶件本身不含氢、辐照后性能稳定和容易把氚分离出来。金属锂不适用，因为生成的氚会与锂结合成稳定化合物，极难分离。在铝锂合金、镁锂合金和氟化锂中，虽然后者的锂原子密度较高，但辐照后易破裂，致使处理困难。铝锂合金具有良好的辐照稳定性，可在较高的中子通量下辐照较长的时间，以获得较高的产额和较纯的氚，故在低温水冷堆中被广泛采用。

为了减少铝锂合金中的氢含量，保证最终产品的纯度，需要把合金中的锂含量限制在4%以下。因为如果锂含量过高，就会在合金相以外，析出单独的金属锂相，后者具有吸湿性，会使合金中的氢含量增高。由于同样原因，最好用真空浇铸法将合金直接铸到铝包壳内，随即密封起来。

由于在核电轻水堆工作温度下，锂铝合金靶件会出现明显的辐照肿胀和氚的渗透释放，不能使用，$LiAlO_2$陶瓷靶件成为轻水堆产氚的选择。$LiAlO_2$陶瓷靶件由核心部件“pencil”、不锈钢包壳、端座和顶盖等组成，“pencil”整体封装在不锈钢包壳内，为多层环形组合结构，由内向外依次为纯锆内衬套管、$LiAlO_2$陶瓷芯块、Zr-4合金外套管。

（2）堆内辐照。利用堆内多余的中子来产氚，一般要求每克锂受到的中子照射至少为1×10^{10} s^{-1}。生产氚需要消耗大量的中子（生产1 g ^{3}H所消耗的中子相当于生产约80 g ^{239}Pu[①]），也就是消耗大量的能量和^{235}U（或^{239}Pu）。氚的成本比氘还要贵几百倍。核电轻水堆产氚量大，且难于生产武器级钚，更利于军控核查和核不扩散，因而受到青睐。

（3）熔融提取。从反应堆内卸出的铝锂合金靶件经放置一段时间进行“冷却”，待短寿命放射性杂质衰减到一定水平后，才进行提取。将靶件脱去包壳，放入耐热钢坩埚，在真空状态下先加热到较低温度（430～440 ℃）以去除吸附于合金表面的杂质气体；然后加热到熔点，使富含氚的气体释放出来，放出的气体中仍含有少量的氧、氮和大量的氢、氦杂质。在熔融的最后阶段应延长过热以利于氚的完全回收。气体经取样后转移至粗制气体中间贮存槽存放。靶件冷却后切取样片，用气流吹送到实验室，测出消耗的^{6}Li占原始^{6}Li的比率，它是为确定生产效率和精确计算靶件接受的中子注量所不可缺少的数据。

辐照后$LiAlO_2$陶瓷靶件中氚主要以两种形式存在，一部分保留在$LiAlO_2$陶瓷芯块中，提取时以HTO的形式释放；大部分以金属氢化物形式存在于Zr-4合金外套管中，当提取温度达到氚在锆合金中的解吸温度时，其中的氚可充分释放。

（4）清除杂质气体。为清除氮和氧，可使气体混合物通过800 ℃的铀屑，氮、氧与铀发生化学反应，生成固态化合物，而氢、氦与铀不起反应，这样可以去除氮和氧。高温铀床还有裂解水为氧和氢同位素的作用。

为清除氦，目前主要利用只有氢能够渗透穿过钯膜的特性，使氢与氦分离。所用气体扩散器中的钯银合金（77%Pd，23%Ag）膜厚为0.076 mm，最佳工作温度约350 ℃。为提高分离效率，进料气体须先用活性炭吸附法除去杂质气体氧和氮，进料气体应循环流动；穿过钯膜的氢气应随时转移出去到纯化气体中间贮存槽，同时进

---

① ^{3}H的质量数约等于^{239}Pu的1/80，因此1 g ^{3}H所包含的原子核数目为1 g ^{239}Pu的80倍。

行计量和分析；以 $^3He+^4He$ 为主体的尾气在通过烟囱排放前，应经由催化洗提器回收其中的氚。

清除氦的另一种方法是将氢、氦混合气体通过冷却到 −100～−70 ℃的金属钯，使氢与钯发生化学反应，生成金属化合物。将不起反应的氦气抽走。再将金属化合物加热到 200～350 ℃，氢气就分解出来了。

（5）氕、氚同位素分离。清除了杂质气体的氕氚混合气体的氚丰度通常约只有 85%，需经氢同位素分离才能获得丰度大于 99%的高纯氚。氢同位素分离的方法很多，如热扩散法、低温蒸馏法、电解法、气体色层法、赫兹（Hertz）泵法等。

热扩散法用得最多。它是利用热扩散塔进行同位素分离，塔由中央的热丝或热管与外周的冷壁组成。采用热丝的叫热丝型，采用热管的叫同心管型（见图 10-7）。热丝的温度一般保持在 1 000 ℃左右，冷壁保持在室温，这样在热扩散塔内形成温度梯度，引起热扩散效应：较轻的分子向热丝扩散，被上升气流带到塔顶；较重的分子向冷壁扩散，被下降气流带到塔底。径向扩散的丰度差虽然不大，对流环流大大增加了分离效果。若供料是氕、氚混合物，则在塔底得到富氚气体，在塔顶得到富氕气体。塔两端丰度差随高度的增加而加大。热扩散塔构造简单，单塔分离系数大，一个 5 m 高的塔可由 5%～10%富集到 99%以上的丰度，易于实现自动化和连续生产，操作方便，塔内储留量少，平衡时间短。缺点是耗电量大，只适合于中、小规模的氚处理。用热扩散法可得到 99.8%的高纯氚，处理能力为 10 L/d 时还是经济的。

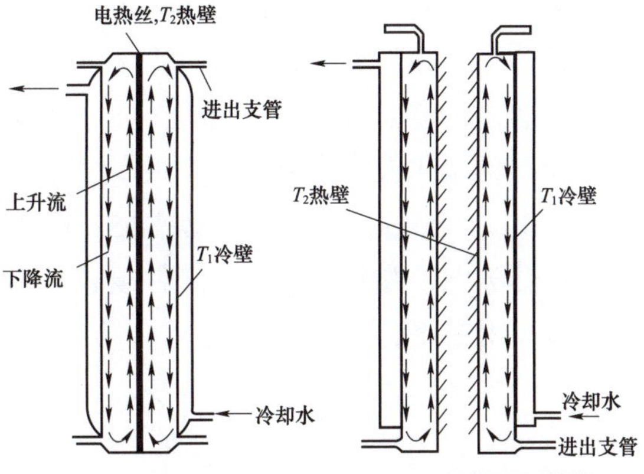

图 10-7　热扩散塔原理图

低温精馏法（见 10.1.1 节）是利用氕、氚的不同挥发性进行同位素分离。它的分离系数大，可以处理出纯度很高的氚，能耗较低，日处理量可达千克量级。缺点是处理过程须在极低温度下进行，技术复杂，储留量大，不适于小量生产。各国结合聚变能的开发，建立了低温精馏法氚处理系统，其中最大的如美国 Los Alamos 国家研究所氚试验装置（Tritium Systems Test Assembly，TSTA）的同位素分离系统（ISS），可得出丰度高于 99.95%的高纯氚。

电解法（见10.1.2节）是先将氢气（HT）通过氧化铜表面，氧化成水（$H_2O + T_2O$），然后电解水。这时，氚在液相中富集，气则在从电解槽出来的气相中富集。电解法适于大量分离氕、氚用。

气体色层法分离氕、氚同位素，是利用它们与铀生成化合物的离解压的不同而分离；或利用它们在活性炭上吸附、解吸程度的不同而分离；或通过分子筛分离。钯热置换法是利用氕、氚在钯中的溶解度随着原子量的增加而减小，当加热已吸附氢的钯柱时，气体按氚→氕的顺序先后释放出来，若进料含氚较丰（>35%），经一次分离即可取得丰度高达99.8%的氚产品。气体色层法比较复杂，但几乎可以回收全部氚，特别适用于实验室规模的分离。

赫兹泵即汞扩散泵，适用于制备少量高纯氚，其丰度可达99.9%，但处理量很小。

经过上述纯化分离过程，可以获得所需化学纯度和同位素纯度的氚产品。但总有一部分生成的氚不能回收，通常的氚回收率可达到75%～95%。

$$\text{氚回收率} = \text{氚的实际产量}/\text{相当于所消耗}\ ^{6}\text{Li}\ \text{的理论产量}$$

主要损失途径有：（1）溶解于锂中的氚，部分地残留在熔融提取后的靶件内；（2）氦气带出的氚，其含量与分离技术有关，应做到氦中氚含量≤10^{-4}；（3）氚穿过设备中热的部件的渗透泄漏；（4）氚的衰变损失；（5）检修时的放空损失。

氚的放射性危害主要在于内照射，氚水蒸气（HTO）极易经由呼吸道和皮肤进入体内。我国《辐射防护规定》对氚的年摄入量限值、空气和饮用水源中最大允许浓度均有严格规定。在靶件的辐照、贮存、运输等过程中须防止因靶件包壳破损或氚水蒸气和氚气（HT）自身渗透逸出而造成超标污染环境的情况。在氚的纯化、贮存、分离、输送过程中，为确保设备、管道的密封性与操作的安全性，减少氚的逸散以满足日益严格的环保要求，尽量避免氚的损失及提高氚的生产效率等方面，均须十分注意。此外，由于铝锂合金靶中的杂质在辐照过程中会生成像锌-65、钪-46和钴-60那样的放射性核素，为防止γ射线对工作人员的伤害，辐照后靶件须装在铸铁罐中运输，一切操作须在热室的厚重屏蔽墙后面用遥控机械手来进行。

10.4.3 重水产氚工艺

重水堆中的慢化剂在中子照射下，按${}_{1}^{2}H + {}_{0}^{1}n \longrightarrow {}_{1}^{3}H + \gamma$不断生成氚，虽然重水中氘的中子反应截面很小，只有0.57 mb，但长期运行后氚浓度日益增加所带来环境污染的危害，也是不容忽视的。美国萨凡纳河重水生产堆关闭的原因之一就是热交换器泄漏的含氚重水排入萨凡纳河。因此，重水型动力堆和研究试验堆建立重水除氚装置，从中提取氚具有双重效益。

从反应堆重水中除去氚主要采用催化交换结合低温精馏的技术。该工艺流程主要包括了两个分离过程：一个是氢同位素的催化交换过程，即把含氚重水中的液态氚（DTO）转化为气态氚（DT）；另一个是氢同位素的浓缩过程，即把气态氚（DT）分离并浓缩纯化为高比活度的氚（T_2）。其中氢同位素的催化交换过程又可分为气相催化交换（VPCE）、液相催化交换（LPCE）和联合电解的催化交换（CECE）三种方式。

1972 年法国在 Grenoble 核研究中心 Laue Langevin 研究所，建立了世界上第一套基于气相催化交换结合低温精馏（CD）技术的重水除氚装置。该装置处理含氚重水能力为 18.4 kg/h，生产氚能力为 24 g/a，主要用于将一座高通量反应堆的重水慢化剂中的氚除去，使该反应堆重水中的氚浓度保持在较低的水平。1988 年加拿大安大略水电公司（Ontario Hydro）在参照法国 Grenoble VPCE+CD 工艺流程的基础上，在达林顿（Darlington）建造了世界上最大的重水除氚工厂，主要为加拿大重水反应堆服务。该除氚工厂规模约为法国的 20 倍，处理含氚重水能力 350 kg/h，年产氚能力 2.5 kg。2005 年韩国在加拿大的帮助下，建成了世界上首个基于液相催化交换结合低温精馏技术的重水除氚装置，用于韩国月城四座重水核电厂重水慢化剂中氚的除去。韩国月城除氚装置处理含氚重水能力 100 kg/h，年产氚能力 900 g。

联合电解的催化交换工艺能对含氚重水中的氚进行初步浓集，并通过电解槽以氢同位素气体的形式提取出来，具有分离系数大、浓缩倍数高（VPCE 和 LPCE 都不具备氚的浓缩功能，反而对原料中的氚进行了一定的贫化）的特点，可有效降低低温精馏的负荷（液氢温度下的低温精馏能耗较高）。因此，联合电解催化交换结合低温精馏被认为是最先进的重水除氚工艺。

轻水堆的一回路冷却剂中也产生少量的氚，不过由于目前的含量尚低（$<10^{-12}$），对环境的危害不像重水堆那样引起注意，如果核电厂址选在内陆，机组较多时可能会对氚的排放有一定影响。

10.5　锂-6 的生产

锂元素在自然界分布极广，在地壳中含量约为三万分之一。天然锂含有两种同位素——^{6}Li 和 ^{7}Li，其中 ^{6}Li 占 7.5%（原子），^{7}Li 占 92.5%（原子）。^{6}Li 的热中子吸收截面较大，为 940 b，而 ^{7}Li 的热中子吸收截面很小，仅为 0.037 b，两者各有其重要用途。^{6}Li 是生产氚的主要原料，所利用的核反应为：

$$^{6}_{3}\mathrm{Li}+{}^{1}_{0}\mathrm{n}\longrightarrow{}^{4}_{2}\mathrm{He}+{}^{3}_{1}\mathrm{H}$$

^{7}Li 在中子照射下也生成氚，而且不损失中子：

$$^{7}_{3}\mathrm{Li}+{}^{1}_{0}\mathrm{n}\longrightarrow{}^{4}_{2}\mathrm{He}+{}^{3}_{1}\mathrm{H}+{}^{1}_{0}\mathrm{n}$$

但因吸收截面太小以至于产生的氚量极其有限。含 ^{6}Li 的化合物如 $LiAlO_2$、Li_2O、Li_2SiO_3、LiOH 及锂合金等，可作为聚变装置的氚再生原料，据估计一旦聚变核电厂建成，每 1 000 MW 每年便需要 ^{6}Li 约 6 t。对于核武器，常把 ^{6}Li 与氘、氚制成固态化合物使用，氘化锂-6、氘氚化锂-6 是热核武器的重要装料。由于 ^{7}Li 的中子吸收截面小，可利用 ^{7}LiOH 调节压水堆主回路水的 pH 以防止腐蚀，这时 ^{7}Li 中的 ^{6}Li 含量必须小于

0.01%，否则废水中的氚含量过高，为环境保护所不允许。^{7}Li 还可用作高温反应堆的冷却剂。氟化锂-7 是熔盐堆液体燃料的重要组成部分。

在 20 世纪以前，锂的需用量不大。自从锂电池大量应用于汽车领域以来，锂的需用量急剧增长。

10.5.1 锂的冶炼

主要的含锂矿石有锂辉石和锂云母等，这些矿石中含有 3%～6%的氧化锂（Li_2O）。

从矿石中提炼锂有两种方法。第一种方法是将锂矿石与石灰熔合，制成氢氧化锂（LiOH）。第二种方法是首先制成碳酸锂（Li_2CO_3）作为制备金属锂及其他锂化合物的原料。下面讲述第二种方法。

将锂矿石破碎，送入直径 3.3 m × 长 76 m 的转窑，在 1 100 ℃的高温下烘焙，使它转变为易于磨碎的另一种形态，送入球磨机磨成细粉。然后用浓硫酸浸泡，并重新加热至 250 ℃，把矿石中的氧化锂变成硫酸锂，用水溶解。将硫酸锂溶液经过净化处理以除去各种杂质，再经过蒸浓后，送入不锈钢制的大罐，用蒸汽加热到 90 ℃，同时加入碳酸钠溶液进行搅拌，即沉淀出不溶于水的碳酸锂。可用离心机把碳酸锂晶体脱水分离出来。

还有其他制备碳酸锂的方法。为了获得金属锂，须先将碳酸锂转变成氯化锂（LiCl）以便电解。将碳酸锂放在反应器中用盐酸处理，经过几小时的搅拌，变成氯化锂溶液，过滤后存放在贮槽内（见图 10-8）。氯化锂溶液再经过热气流的蒸浓和干燥，结晶成为锂盐（LiCl），可供给电解槽使用。由于氯化锂溶液的腐蚀性很强，反应器、搅拌叶轮和贮槽均须用橡胶覆盖，蒸浓塔和干燥器须具有陶瓷衬里，输液管道要用橡胶制造。

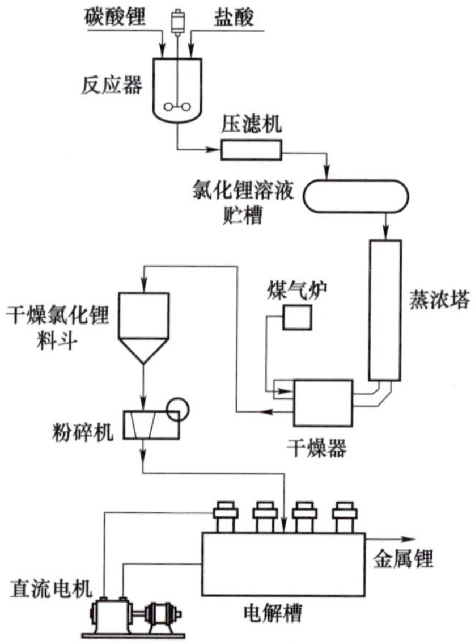

图 10-8 用碳酸锂制备金属锂的流程

随着新能源汽车的快速发展，锂的需求量不断增加。我国盐湖锂资源丰富，主要分布在青海和西藏地区，从盐湖中提锂是当前获取锂的另一条重要途径。盐湖提锂就是把锂离子从卤水中分离出来，主要有吸附法、沉淀法和膜法等。

10.5.2 锂同位素分离

从天然锂中分离 ^{6}Li 和 ^{7}Li 的方法很多，属于化学分离的有化学交换法、离子交换法、萃取法、沉淀法、结晶法等；属于物理分离的有电磁法、电解法、电迁移法、电渗析法、分子蒸馏法、激光法等，但在工业上实际应用的目前只有化学交换法。

化学交换法是利用在一些化学体系中，^{6}Li 在一相中富集，而 ^{7}Li 却在另一相中富集的特性，来达到分离同位素的目的。常用的体系有两种：锂汞齐与锂化合物水溶液之间的交换；锂汞齐与锂化合物有机溶液之间的交换。可用下列通式表示：

$$^{7}\mathrm{Li}\,(\mathrm{Hg}) + {}^{6}\mathrm{LiX}\,(\mathrm{S}) \rightleftharpoons {}^{6}\mathrm{Li}\,(\mathrm{Hg}) + {}^{7}\mathrm{LiX}\,(\mathrm{S})$$

式中：X 为 Li 化合物阴离子，可以是 OH、卤离子等；S 代表溶剂，包括水或各种有机溶剂。交换反应达到平衡后，^{6}Li 在汞齐中富集，^{7}Li 在溶液中富集。用水作溶剂具有分离系数大、交换速度快，以及其他溶剂无法相比的廉价性。研究过的一些有机溶剂也都具有很好的稳定性和较大的分离系数，以及比水溶液体系的实际分离效率高等优点，终因工艺复杂和经济性较差而未能实用。

Li（Hg）–LiOH（H_2O）交换体系是目前工业生产锂同位素的主要手段。美国、俄罗斯（苏联）和中国都采用这种体系大量生产 ^{6}Li。室温下其分离系数平均约为 1.051。此方法能形成两相逆流，容易实现转相和连续操作，便于构成级联，且平衡时间短，适合于大规模生产。但由于要用汞齐，转相时耗电量较大，还必须解决对汞毒的安全防护和防止环境污染问题。

Li（Hg）–LiOH（H_2O）交换体系的工艺简单，容易实现。图 10-9 表示其流程原理。全部工艺由逆流交换塔、电解槽和汞齐分解器三部分组成。在交换塔中分散的 Li（Hg）齐液滴由上往下运动，而 LiOH 水溶液由下向上运动，形成逆流接触，完成 Li 和 Li^{+}之间的多级同位素交换。电解槽一般安装在交换塔上面，称为上回流器，它将自塔顶流出的 LiOH 水溶液电解为金属锂，并使之进入汞齐，新生成的 Li（Hg）齐流回塔顶，分散成液滴，再沿塔往下运动。交换塔底下的汞齐分解器称为下回流器，其作用是将自塔底流出的 Li(Hg) 齐分解，形成新的 LiOH，返回塔底，再向上流动。如此形成连续的逆流循环，使塔中形成一定梯度的 ^{6}Li 同位素分布。当 ^{6}Li 达到所需丰度时，便由塔下部取出；贫料由塔上部取出；新鲜的原料由塔中间适当部位送入，形成连续生产。

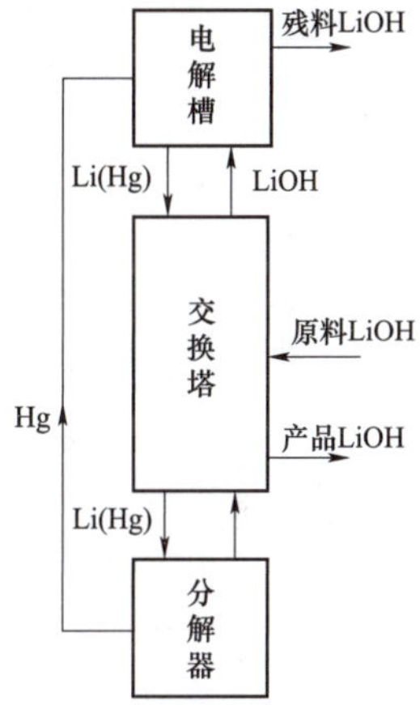

图 10-9 Li(Hg)-LiOH(H_2O) 交换工艺流程原理图

上述工艺过程的特点如下所述。

（1）分离系数受温度影响较大，温度每升高 10 ℃，分离系数大约下降 0.003。但汞齐的浓度和溶液的浓度等对分离系数没有明显影响。

（2）减小汞齐液滴的半径可以有效地提高交换反应的速度，从而提高交换塔的效率。为了减小汞齐液滴半径，常采用喷雾法使汞齐分散于水相中。此外，温度越高，交换速度就越快。

（3）为提高 Li（Hg）齐的分解速度，可使用催化剂。常用的催化剂有石墨和铁等。

（4）须防止 Li（Hg）齐在交换塔中自行分解，因为这会降低电解效率，增加能耗，降低交换塔的分离能力，使投资加大，造成生产过程的不稳定。为了降低 Li（Hg）齐在塔中的分解速度，必须提高物料纯度，清除其中杂质。

现行化学交换法之锂汞齐法的致命弱点在于汞对环境的污染和面临汞禁用的风险问题。其他处在实验论证阶段的离子交换法和激光分离法等，很有发展前途。

近年来，针对锂汞齐法的汞毒性问题，国内采用冠醚体系、杂氮菲体系等其他萃取剂来代替汞齐体系的化学交换法，也取得了较大进展。在此以冠醚体系为例，简要介绍一下其工艺技术。冠醚体系分离锂同位素的工艺流程原理图见图 10-10。

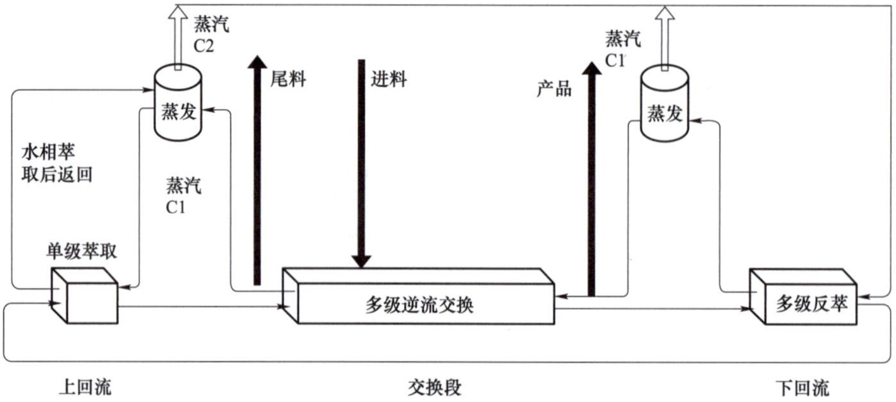

图 10-10　冠醚体系分离锂同位素工艺流程原理图

冠醚体系分离锂同位素工艺流程主要包括交换段、上回流段（富集 ^{7}Li）和下回流段（富集 ^{6}Li）。在交换段，两相交换一次，可将 ^{6}Li 丰度提高 0.03 左右，要达到 90% 的丰度，故需要多次反复逆流交换。多次反复逆流交换，是通过上回流段和下回流段的倒相技术实现的。

（1）交换段

交换段为多级逆流交换系统，从贫化端到富集端逐渐形成同位素丰度梯度，直至富集端丰度达到设计值。

（2）上回流段

上回流段的作用是将交换段贫化端流出水相中的被萃物质先进行蒸发浓缩后，与富集段的再生有机相进行萃取，将被萃物质萃取到有机相中，此有机相再次返回交换段，实现有机相的回流倒相。

（3）下回流段

下回流段的作用是将交换段富集端流出的有机相用水将被萃物质反萃出来，蒸发浓缩到合适的浓度后，再次返回到交换段中，实现水相的回流倒相。

上述工艺过程的特点是：① 体系绿色环保、安全稳定；② 工艺流程和操作单元简单、无三废；③ 有机相容量较大（≥0.5 mol/L）；④ 体系易于回流倒相，通过蒸发浓缩—萃取和反萃—蒸发浓缩即可实现。

10.5.3　金属 ^{6}Li 的制备

锂盐加热便熔化，将熔融锂盐加以电解，可得到金属锂。钢制的电解槽外面砌有耐火砖，里面用碳砖覆面，把石墨正电极和铁或钢制的负电极从上面插入槽内。为了使电解质熔化，通常采用电加热的熔化罐事先完成电解质的融化，然后再转入电解槽内，也有采用短路棒连接阴阳极直接熔融电解质，但耗时很长。因锂盐熔点较高，所以通常在锂盐中加入等量的氯化钾，以降低其熔点和减少能量消耗及热损失，但在电解过程中要控制好电压，否则有可能使钾析出，造成产品不纯。电解时，正电极析出氯气，负电极析出金属锂。每电解 1 kg 锂要产生 5 kg 氯气。用抽风机保持槽内略有负压以便排除氯气。电解出来的锂比电解质轻，浮在熔盐面上，可用勺子舀出，注入模子。每千克锂的耗电量约 40 kW·h。

将铸锭放在电炉中重熔精炼，以达到除去氧化物、氮化物、电解质以及除气的目的。用真空挥发法可得到极纯净的锂。为了防止锂的氧化和与空气中的氮气或水分起作用，精炼炉内需保持保护气氛（如氩气）；制得的纯锂需抹油保护，使之与水和空气隔绝。制备锂的工厂须特别注意防火，锂着火时只能用干燥的氯化钾或石棉布覆盖灭火。

金属 ^{7}Li 和 ^{6}Li 是用同样的方法制备的。

10.5.4　氘化 ^{6}Li 的制备

各种氢同位素（H、D、T）和各种锂同位素（^{6}Li、^{7}Li）合成的氢化锂，是重要的核材料。氢化锂的中子吸收截面大、质量轻，能在空间核能装置中屏蔽中子，在屏蔽快中子方面比水更为有效。氢化锂的氢密度同水的氢密度相近，锂-7 的中子吸收截面又小，所以氢化锂-7 和氘化锂-7 可用作高温反应堆的慢化剂。

气态的氢同位素不适于用作热核燃料，因为它的密度太小，难以发生聚变反应。将氘和氚转化并保持在液态又相当复杂。氢化锂是固态化合物，因此，氘化锂-6 成为重要的热核燃料和热核武器装料。

制备氘化锂-6 最简单而有效的方法是由元素直接合成，其反应式如下：

$$D_2 + 2\,^{6}Li \longrightarrow 2\,^{6}LiD$$

一般将金属锂-6 置于阿姆克铁[①]坩埚中，放到不锈钢反应器内，通入氘气，加热到 700～750 ℃，待吸氘反应停止后，冷却并取出氘化锂-6（见图 10-11）。为了制备纯度达到 99%以上的氘化锂-6，必须使用极纯的、经过蒸馏的金属锂-6 和高纯的氘气。所用的坩埚也须经过特殊处理，以除去能溶于金属锂的杂质。坩埚转移时应避免与空气接触，放入反应器以后先抽真空（至 10^{-5} mmHg），加热至 200 ℃以除去钠、钾，然后

① 阿姆克纯铁含碳 0.013%、锰 0.045%、镍 0.039%、铬 0.039%、氧 0.106%、硫 0.007%、磷 0.008%、硅＜0.003%。

通入纯氘进行化合反应。

氢化锂的制备方法同氘化锂-6 相似，只是反应温度应控制在 650～700 ℃。

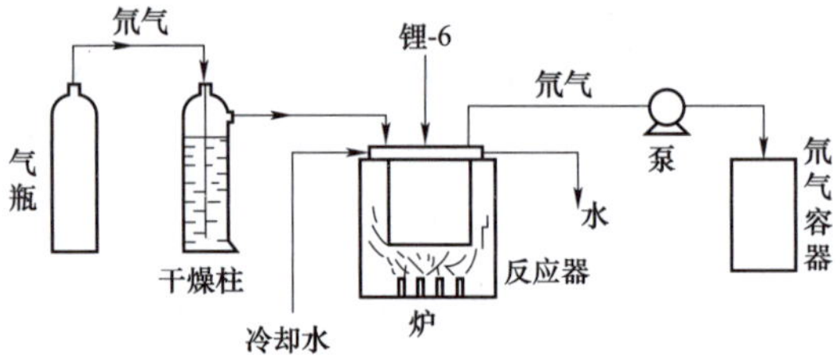

图 10-11　制备氘化锂-6 的设备

10.6　硼-10 的生产

硼是自然界里资源丰富的元素，它的特点是中子吸收截面大，在俘获中子后不会放出穿透力强的 γ 射线。天然硼的热中子吸收截面为 759 b，它含有两种同位素：热中子吸收截面为 3 837 b 的 ^{10}B 占 19.8%(原子)，热中子吸收截面为 5.5 mb 的 ^{11}B 占 80.2%（原子），所以主要吸收中子的是 ^{10}B。它不同于其他物质之处在于，在宽广的中子能量范围内均能有效地吸收中子，直至快中子。在某些情况下，使用经过同位素分离的富集 ^{10}B，可以更充分发挥它的作用，如用于快中子堆的碳化硼控制棒，AP1000 燃料芯块表面涂敷硼化锆涂层燃料棒就含有可燃吸收体。用于高温堆的硼不锈钢（含硼量＜0.85%）控制棒，测量慢中子的硼计数器和硼电离室等。

生产 ^{10}B 当前主要是化学交换精馏法和低温精馏法。化学交换精馏法的主流有三氟化硼－乙醚络合物化学交换精馏法（100 ℃时分离系数为 1.016，75 ℃时分离系数为 1.026），三氟化硼－甲醚络合物化学交换精馏法（100 ℃时分离系数为 1.016），以及三氟化硼－苯甲醚络合物化学交换精馏法（25 ℃时分离系数为 1.029，20 ℃时分离系数为 1.033）。络合物气化后生成 BF_3，再同液体进行同位素交换，^{10}B 便富集于液相的硼络合物中如下式：

$$^{11}BF_3\cdot X（液）+{}^{10}BF_3（气）\rightleftharpoons {}^{10}BF_3\cdot X（液）+{}^{11}BF_3（气）$$

精馏加化学交换的总分离系数可达到 1.016，但为了减少络合物的不可逆分解，交换过程需在真空下进行。低温精馏就是在低温下，利用同位素分子蒸气压的微小差异分离同位素。用 BF_3 低温精馏法生产 ^{10}B，则不存在分解问题，只是分离系数小（分离系数为 1.008 2），而且回流冷凝须在低温下（BF_3 沸点为－101 ℃）进行。BF_3 精馏法的同位素交换反应式如下：

$$^{11}BF_3（液）+{}^{10}BF_3（气）\rightleftharpoons {}^{10}BF_3（液）+{}^{11}BF_3（气）$$

^{11}B 在精馏塔的底部富集，^{10}B 在精馏塔的顶部富集。

第 11 章　典型核设备、仪器和特殊材料

核设施的许多关键设备、仪器和材料，须在辐射环境中长期可靠地工作。

核电厂和其他反应堆装置涉及核安全问题，为保障工作人员和公众不致受到超过国家规定限值的辐射照射，对其安全相关的设备、仪器和材料（尤其是包含放射性物质的承压设备），提出了不同于常规工业的特殊要求。在国际原子能机构（IAEA）的核安全标准 50-SG-D1 和我国国家核安全局颁布的核安全导则 HAD 102/03 中，规定了核电厂系统的 20 项安全功能，将承担安全功能的设备，按其安全上的重要性进行分级。对于不同核安全等级设备的设计、制造、检验、安装和试验，有不同的质量标准。对核安全 1 级的设备要求最高，2 级次之，3 级更次之；但即使是非核安全等级的设备，也须符合常规电厂中的最高规范和标准，必要时还要加上核安全方面的补充要求。与保持主回路压力边界完整性有关的设备，如压力容器、主回路管道、主冷却剂泵压力边界、控制棒驱动机构壳体、稳压器、蒸汽发生器一次侧等，均属于核安全 1 级；在事故情况下承担供电功能的电气设备，如关系到紧急停堆、应急堆芯冷却、余热排出、安全壳排热、安全壳隔离、防止放射性物质大量向环境释放等的设备，均属于 1E 级（安全级）。设备的抗震类别、设计制造等级和质量保证等级，都是根据核安全等级划定的。例如，核安全 1、2、3 级机械设备和 1E 级电气设备均列为抗震 1 类，须能承受极限安全地震动（SL-2）引起的各种载荷而不失效。

核安全相关的设备必须按特定的规范、标准来设计和制造。例如，核承压设备在美国须满足美国机械工程师学会（ASME）《锅炉和压力容器规范》第Ⅲ卷《核设施部件建造规则》中的规定，在法国须满足法国电力公司和法马通公司《压水堆核电厂设计建造规则——核岛机械设备》（RCC-M）中的规定。

鉴于核设施专用设备、仪器、材料种类繁多，在这里就具有代表性的设备加以叙述。

11.1　反应堆压力容器

反应堆压力容器是主冷却剂回路的一部分而又具有其自身的特殊性。反应堆压力容器作为压力边界和冷却剂流道的重要组成部分，维持主回路的可靠运行，保证着燃料组件的冷却和完整。在正常情况下，在主回路中流动的冷却剂由于中子的活化作用而具有放射性，如遇个别燃料元件破损，则还含有强放射性的裂变产物。在事故情况

下，主回路是防止裂变产物外逸的主要屏障之一（见 2.5 节）。因此，对主回路的完整性和密封性有特别严格的要求，绝对不允许出现破裂或超出限值的泄漏。反应堆压力容器由于受到中子的照射，会产生两种效应：① 材料的力学性能恶化（辐照脆化）；② 材料活化（钴活化后的半衰期为 5.27 a），因此停堆后即使卸出所有燃料，接近反应堆压力容器进行检查和维修也会受到限制。在设计和制造时须考虑反应堆压力容器整个使用寿期内的安全性与可靠性。

对承受高压的反应堆压力容器的要求，比低压容器（如压力管式重水堆、钠冷快堆、研究试验堆或生产堆的容器）的要求更为严格。轻水堆和压力容器式重水堆的反应堆压力容器是反应堆最关键的设备之一。

反应堆压力容器主要用来装载反应堆堆芯，密封高温高压的冷却剂，为反应堆提供安全运行所必需的堆芯控制和参数测量。反应堆压力容器的特点如下。

（1）受中子照射的影响。

（2）不可更换，在整个寿期（三代核电普遍是 60 a，将来期望达到 80～100 a）内，绝对不允许破裂，对脆性破裂的可能性须给予特别的注意。

（3）为了防止高温水腐蚀，需要采用不锈钢衬里。

（4）存在不同金属间的焊接问题。

（5）大尺寸可靠密封。

（6）反应堆启动后对反应堆压力容器较难进行充分的检查。

现代轻水动力堆的工作压力很大。压水堆反应堆压力容器的设计压力达到 17.23 MPa（设计温度达到 343 ℃）。高压力结合着大直径（由于大功率），大大增加了反应堆压力容器的厚度，使制造工艺（特别是焊接工艺）复杂化。表 11-1 所示为我国新建成水冷堆反应堆压力容器的尺寸。

表 11-1　新建成水冷堆反应堆压力容器的尺寸

堆型	名称	设计压力/MPa	内径/m	高度/m	厚度/mm	重量/t
压水堆	“华龙一号”	17.23	4.34	12.6	220	418
	AP1000	17.23	4.04	12.2	213	352
	VVER	17.64	4.25	13.5	197.5	431

由于反应堆压力容器具有许多控制棒驱动机构接管、中子注量率测量接管和冷却剂出入口接管，应力情况十分复杂。反应堆压力容器除了承受稳态运行的载荷外，还要能承受各种变动工况的载荷，例如，快速停堆、温度、压力骤变时的热冲击，温度循环几百次到几万次引起的热疲劳等。

为了确保安全，对反应堆压力容器材料的要求十分严格。反应堆压力容器钢应具有良好的力学性能（强度、塑性、冲击韧性、断裂韧性等，各项数据必须是可信的），辐照脆化在容许限度以内，以及良好的加工性能，特别是可焊性。普通低碳钢的强度太低，而过厚的容器壁在制造工艺和保证质量上都有困难。一般采用高强度低合金钢。用得最多的是锰钼镍钢（例如，法国的 16MND5 型钢，含碳小于 0.22%，锰 1.15%～1.60%，钼 0.43%～0.57%，镍 0.50%～0.80%，硅 0.10%～0.30%，杂质铜、磷、硫的含量分别限制于 0.20%、0.008%和 0.008%，强辐照区材料会有更严格的要求），可用来制造厚达 300 mm 的反应堆压力容器。新发展的镍铬钼钢具有较多的抗拉强度和屈服强度，采用它比用锰钼镍钢可减小厚度和重量约 25%，但带来焊接的困难。小直径反应堆压力容器在特殊情况下有采用不锈钢的，其成本约为碳钢的三四倍，除了耐腐蚀以外，它的主要优点是在 10^{20} cm^{-2} 量级的快中子注量辐照下几乎不发生脆化，因此可减少屏蔽而大大缩小反应堆压力容器以及整个反应堆的体积和重量。碳钢反应堆压力容器所有接触冷却剂水的表面均覆盖有厚度为 6～8 mm 的不锈钢衬里，通常用带极堆焊方法多层堆焊上去，以减少腐蚀和腐蚀产物。活化的腐蚀产物沉积在主回路管道和设备中，会给维修造成很大困难。

对反应堆压力容器来说，中子辐照脆化是一个特别需要警惕的问题。普通低碳钢和低合金钢都具有低温变脆的特性，存在一个延性–脆性转变温度（或称无延性转变温度，nil-ductility transition temperature），低于该温度时，钢材仿佛失去延伸性成为类似铸铁的脆性金属，只要存在微细的缺口（例如，钢材中的缺陷、未焊透的焊缝、偶然发生的裂纹、结构中的锐角等），在相当低的应力下就会迅速断裂。工程上通常用参考无延性转变温度（T_{NDT}）来表征，必须经常注意使受有载荷的反应堆压力容器不处在低于 T_{NDT} 的温度下（一般要求不低于 $T_{NDT}+30$ ℃），也不要在低温下给反应堆压力容器加载（例如水压试验）。然而，中子辐照会使 T_{NDT} 升高。对于 5×10^{19} cm^{-2} 的快中子注量，T_{NDT} 可能升高 70～100 ℃，这就给反应堆压力容器带来工作时发生脆性破裂的危险，例如，由运行中偶然注入冷水所引起。由于钢材的结构很复杂，它的辐照脆化程度（用 T_{NDT} 的升高即 ΔT_{NDT} 表示）除了与快中子注量有关外，还是钢的化学成分（尤其是镍、铜、磷的含量）、辐照温度、辐照中子注量率等因素的函数。为了搞清楚钢材辐照脆化的程度和安全运行的温度，除利用材料试验堆进行系统性研究以外，必须在运行的反应堆内放入足够数量具有代表性的监督样品（包括该容器实际使用的母材、焊缝和焊接热影响区材料），随堆辐照，在反应堆压力容器工作期间定期取样实测其 T_{NDT} 的改变，并与预先估计的 ΔT_{NDT} 值相比较，作出发展趋势的判断。新造反应堆压力容器缓解辐照脆化的主要措施有：严格控制钢材中的杂质铜、磷、硫的含量（分别小于 0.08%、0.008%、0.008%并尽可能低）；反应堆压力容器不用厚板热压卷制，而用环形锻件焊接而成，以避免活性区部位的纵焊缝，同时应使环焊缝远离峰值中子注量率的位置；加大容器内壁与堆芯之间的水间隙，以及减少径向中子泄漏，从而降低容器接受的快中子注量（见 5.12 节）。

反应堆压力容器总是做成圆筒形厚壁容器，它的半球形或半椭球形底封头与筒体焊接成一体，顶盖是可拆卸的，以便于初始的安装和以后的换料，如图 11-1 所示。半球形顶盖较平顶盖的制造复杂，安装控制棒驱动机构也较困难，但厚度和重量可减小。顶盖与筒体通过法兰相连接，用双头螺栓和螺母紧固。以精心控制的预紧过程来保证正确的螺栓预紧力和密封面的紧密接触。法兰连接靠精密加工的两道C型或O型密封环保证密封，并对两道密封环之间的空隙进行连续的泄漏监测。C型密封环用镍基合金弹簧包覆银层制成，O型密封环用镍基合金管镀银制成。容器通过接管底下的支承垫支持在堆坑顶部的反应堆压力容器支承面上，支承结构容许反应堆压力容器和接管的自由径向热膨胀，并在发生水平载荷时仍保持支承能力。筒体下部内表面焊有径向支承块，与吊篮的槽口相配合以防止吊篮的扭转和振动。

法马通公司设计的二代核电堆型反应堆压力容器，除了堆内中子注量率测量接管装在底封头上以外（沸水堆还有液压式控制棒驱动机构接管），其他接管都装在堆芯的上方，这是考虑到万一管道破裂，仍可保持堆芯淹没。但仍然存在底封头几十个小口径接管的焊接、焊缝质量控制与在役检查的困难。因此，在“华龙一号”、AP1000、EPR等三代核电堆型设计中取消底封头上的贯穿件，降低了底部泄漏风险。至于装在顶盖上的测量接管，即使有泄漏也容易检查出来。

反应堆压力容器是由几部分拼装焊接起来的。以“华龙一号”的反应堆压力容器（见图11-1）为例，它包括上封头、顶盖法兰、法兰接管段筒体、堆芯筒体、过渡段和底封头。处在活性区受最大辐照部位的筒体采用环状锻件。早期核电机组受限于工业制造能力不足，需将堆芯筒体分成两段，导致在活性区边缘增加了一道环焊缝，使其成为辐照脆化的一个薄弱环节。锻件分段数目越多，焊缝相应增长，花费于焊接的时间、制造和在役检查的费用均大大增加。随着锻件制造能力的提升，现代反应堆压力容器的本体设计趋向于仅分成三大段：一体化的法兰接管段、堆芯筒体和底封头。制造反应堆压力容器的主要设备有重型水压机（万吨以上）、滚压机或旋压机、卷板机、重型立式车床（16 m及以上）、镗床、定位焊接台架、热处理炉及250～600 t吊车等。容器制造的每一道工序要求完全的控制，每一步骤都要有质量检验和详细记录。焊接是至关重要的工序。主焊缝通常采用多层埋弧焊，要求所有主焊缝均焊透金属的全厚度，并具有与母体同等或较高的强度。焊接前和焊接过程中须预热以免熔敷金属同母材的温差过大和冷却太快，而造成焊缝、热影响区的裂纹或过度硬化；焊接后须作消除应力热处理以消除残余应力和改善韧性。所有焊缝要做100%的射线照相和超声探伤检验，并取具有充分代表性的样品做力学性能检验。大型反应堆压力容器的制造周期很长，需要2～4年。

为了保证质量，要求整个反应堆压力容器在制造厂内制成和检验。反应堆压力容器工艺过程受到严格的控制，每一个步骤包括材料的化学分析和破坏性试验，直到最后装运，都需有证明文件。反应堆压力容器的运输条件是必须考虑的。如果缺乏水运条件而采用公路或铁路运输，由于受到桥梁、隧洞及铁路和公路设施的限制，需要提前规划运输路线。

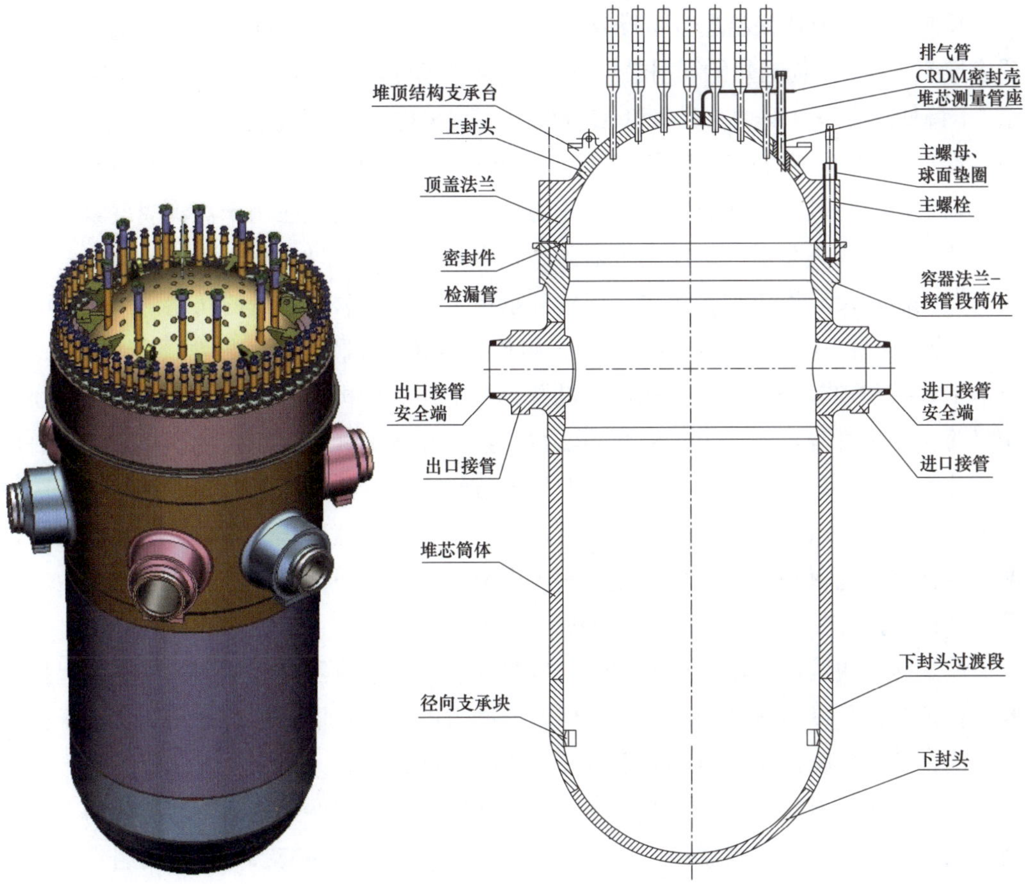

图 11-1　“华龙一号”反应堆压力容器结构示意图

国内各大主设备制造企业多选择在沿海地区建设厂区，便于采用水运。大型反应堆压力容器的运输即使利用水路，也不简单。通常需要为特大反应堆压力容器设计专门的驳船，其内部隔舱可以迅速充排压舱水以调节吃水，并便于在装货时调节船的纵倾。设计时应考虑到当一间隔舱淹水时仍能保持全船平衡。反应堆压力容器的装船和卸船，都属于重大操作，须作周密的部署且需特别谨慎。

核电厂设计规范规定，在役前及每隔 10 年要对反应堆压力容器做一次全面检验，包括从容器内部用超声检验（UT）、通过摄像机目视检查内表面情况（VT）、焊缝部位用专用射线探伤装置进行检验（RT）。

我国已实现反应堆压力容器的自主设计制造。“华龙一号”首堆福清 5 号机组反应堆压力容器由中国核动力研究设计院设计，反应堆压力容器所有锻件材料、密封环、辐照监督管及反应堆压力容器保温层等，都已实现国产化。

辐照监督管设置在反应堆内，辐照监督管内装有辐照监督试样、温度探测器和剂量探测器随堆运行，根据辐照监督计划，定期抽取辐照监督管，可对反应堆压力容器母材和焊缝材料的性能在运行过程中的变化情况进行监督，以确保反应堆压力容器的安全。

反应堆压力容器保温层包覆反应堆压力容器，在反应堆正常运行时，能有效地减少反应堆的热损失，提高热能利用率，改善堆腔环境条件，并且减小反应堆压力容器的壁面温差，降低热应力。“华龙一号”和AP1000等三代核电堆型的保温层还承担了与反应堆压力容器外壁面共同形成环形流道的功能，在堆芯熔融的严重事故条件下缓解事故后果。

以“玲龙一号”为代表，反应堆压力容器中还有一类是应用于高集成度紧凑布置的一体化堆。该类型反应堆压力容器除了包容堆芯部件和堆内构件外，还装载有直流蒸汽发生器，反应堆压力容器也相应额外承担了部分主蒸汽管道的功能。

“玲龙一号”反应堆压力容器由顶盖组件、容器组件和紧固密封件组成。顶盖由球冠形上封头和顶盖法兰焊接而成，并设置有控制棒驱动机构密封壳、堆芯测量管座、排气管座和吊耳等。容器组件由容器法兰、蒸汽腔接管、支承段筒体、主泵接管、堆芯筒体和下封头焊接而成。直流蒸汽发生器就位于容器法兰上的凸台，并与蒸汽腔接管连接，同时蒸汽腔接管与主蒸汽管道连接，用于引出蒸汽。主泵接管与主泵连接，并在内部设有隔板和套管以形成冷却剂进出反应堆的流道。顶盖法兰和容器法兰之间采用螺栓连接，并采用内外两道C型密封环密封。

池式钠冷快堆容器由主容器和保护容器双层壳及堆容器支承组成，外层为保护容器，保护容器外部覆盖有相应厚度的保温层；内层为主容器，主容器和支承属于核安全1级、抗震1类，保护容器属于核安全2级、抗震1类。

主容器实际上是一个大钠池，凡与一回路钠接触的部件都置于主容器内。主容器内装有堆内结构件、栅板联箱、压力管、主循环泵、中间热交换器、堆芯组件、独立热交换器、装卸料提升机等。上部通过旋塞密闭，并通过堆顶固定屏蔽进行屏蔽。主容器是一次冷却剂和覆盖气体的承压边界，用于包容装载冷却剂钠和堆内设备并形成反应堆一回路系统，其直径约8 m，壁厚25 mm，属于大尺寸薄壁容器。主容器由几个大的零部件运至现场并组装焊接而成，加工制造要求高、难度大。在焊接完成后需进行压力、泄漏、稳定性等功能性试验，以对其制造和安装质量进行最后检验。

主容器支承环以上的部分，包括堆容器颈部、整个盖、主容器筒体上部的材料都采用316不锈钢；其余部分，包括主容器筒体下部、主容器底封头、整个保护容器和堆容器支承的材料都采用304不锈钢。采用上述牌号不锈钢主要基于高温性能及与钠冷却剂的相容性。

11.2 反应堆冷却剂泵

反应堆冷却剂泵又称主循环泵，简称主泵，是反应堆冷却剂系统的重要设备之一，对系统的可靠性非常关键，其主要功能[2]如下。

（1）驱动反应堆冷却剂在反应堆冷却剂系统内循环，将反应堆堆芯产生的热量通过蒸汽发生器传递给二回路。

（2）作为反应堆冷却剂压力边界的组成部分，防止放射性物质向外泄漏。

（3）主泵应满足反应堆停堆和断电事故后反应堆冷却剂的惰转要求。

水冷堆（包括轻水堆和重水堆）选用的主泵有全密封主泵和轴密封型主泵两种类型。常用的全密封泵为屏蔽泵，早期研发和使用的屏蔽泵出现了较多的故障，主要表现为电动机绝缘电阻下降，定、转子屏蔽套鼓包、破损，冷却盘管泄漏，主密封泄漏，叶轮口环磨损，推力轴承磨损、破裂，转子变形等。随着科学技术的发展，这些故障都得到了解决。屏蔽泵的特点是把泵和电动机整体包含在耐压壳内（见图 11-2），在电动机的转子与定子之间，设置有转子屏蔽套、定子屏蔽套两个屏蔽套，材料为耐腐蚀、非磁性的 Hastelloy C276（哈氏合金 C276），厚度为 0.35～0.5 mm，定子屏蔽套与转子屏蔽套之间的间隙约为 5 mm，定子屏蔽套的设置防止了放射性水介质进入定子绕组。由于没有转动部件穿过承压部件，所有的转动部件都在承压壳体内部，不需要设置转动的密封装置，确保水介质不向外泄漏。轴承浸在水介质中，不使用润滑油，而采用内部循环流动的水介质来润滑和冷却轴承。因此，须采用特殊的轴承材料（如特种石墨或耐磨合金），并降低轴承载荷，使与介质的润滑性能相适应。定子是全封闭式的，外面设有冷却水盘管，绕组须按耐较高温度（约 200 ℃）进行设计。整个泵机组采用不锈钢制成，一般是立式、单级离心泵，主叶轮固定在轴下端，内部润滑冷却水系统的辅助叶轮装在轴顶端。这种屏蔽泵由于电动机转子组件在液体内转动和屏蔽套中的涡流损失，效率较低（一般在 50%～70%），同时成本较高，维修不方便，但屏蔽泵结构简单、需要的辅助支持系统较少，在化学工业、液态金属行业、核工业领域也获得广泛应用。另一种全密封泵为湿定子泵，在电动机的转子与定子之间，仅设置有转子屏蔽套、不设定子屏蔽套，湿绕组通过提高绕组铜芯自身绝缘防护能力来抵御反应堆冷却剂的侵蚀，绕组绝缘系统使电动机绕组能够直接浸泡在循环液体的介质中，减少了泵发生事故的可能性。同时由于没有定子屏蔽套，内部磁损较少，机组的效率较高，一般比屏蔽泵高 8%～10%。目前，湿定子泵在核电厂中早期主要应用在沸水堆中。

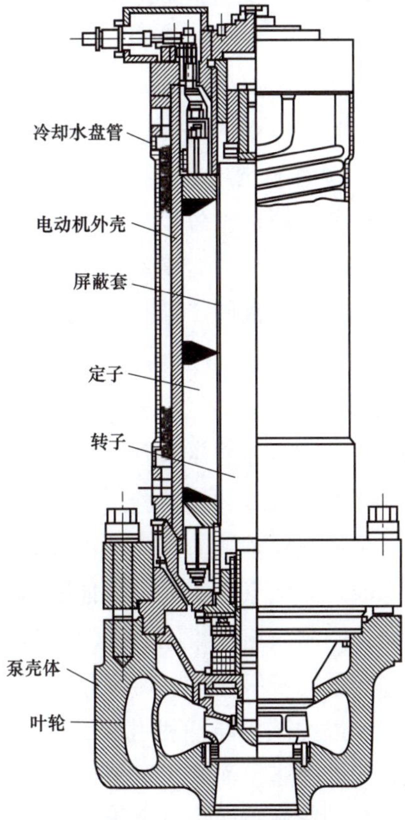

图 11-2　屏蔽泵结构图

屏蔽泵在核电厂中的首次应用是20世纪50年代的美国希平港核电厂，此后随着核工业的发展，核电厂的容量增大，屏蔽泵的容量受限，大型商用压水堆核电厂中所采用的主泵大多为轴密封型主泵，国内二代M310机型及其改进型核电厂、三代核电“华龙一号”及EPR核电厂都选用轴密封型主泵，轴密封型主泵在国内外具有长期的运行经验，机组效率高，技术成熟，运行维护方便，但需要的外部支持系统较多。随着全密封泵技术的发展，三代核电AP1000以及AP1400核电厂也选用屏蔽主泵和湿定子主泵，由于AP1000投入运行的时间较短，大功率、高惯量的屏蔽主泵和湿定子主泵的运行经验反馈较少，总的来说运行维护不方便，机组效率较低，但需要的外部支持系统较少。

大型商用核电厂轴密封型主泵主要供货商包括美国西屋公司、法国AREVA公司、德国KSB公司、奥地利ANDRITZ公司、日本三菱重工、俄罗斯中央设计制造局，以及我国的哈尔滨电气集团、上海电气集团及东方电气集团等。根据主泵轴密封形式的不同，分为流体静压式轴密封主泵和流体动压式轴密封主泵，两种类型的轴封分别通过流体动压效应和流体静压效应使密封动、静环接触面处于非接触状态，形成可控泄漏，从而保证轴封的长寿期可靠运行。美国西屋公司、法国AREVA公司、日本三菱重工及东方电气集团提供流体静压型轴密封主泵。奥地利ANDRITZ公司、德国KSB公司、哈尔滨电气集团及上海电气集团提供流体动压型轴密封主泵。动压型轴密封由串联布置的三级流体动压密封和停机密封组成。这三级密封结构相同，密封面的耐磨材料一般为碳化硅，利用密封端面产生的流体动压效应使密封端面分离并获得一层微米量级的液膜从而大大降低密封端面的磨损，延长密封的使用寿命。在正常运行工况下，每一级密封各自承受系统压力的三分之一（或第一级和第二级密封分别承受系统压力的40%，第三级密封承受系统压力的20%），设计上每级密封都能承受全部的系统压力。在第三级密封的后面设置有停机密封，停机密封是由来自核电厂氮气供应系统的氮气来驱动。通过控制氮气供应管线上的电动阀和电磁阀的状态来关闭或打开停车密封。关闭停车密封需要压力为0.6 MPa左右的氮气。该停机密封仅在反应堆冷却剂泵停机后才能关闭而起密封作用，反应堆冷却剂泵正常运行时停机密封处于开启状态。静压式轴密封一般由三级密封整体组装而成，三级密封将一回路系统压力降到安全壳环境压力，其中第一级密封为流体静压型非接触式密封，第二和第三级密封为端面摩擦接触式密封。第一级密封承担整个一回路系统压降，是整个流体静压型轴封最重要的部分，为流体静压型非接触式可控泄漏液膜密封，液膜结构由密封的楔形密封面保持，液膜的产生不依赖泵轴旋转，仅通过密封前后的压降产生，运行时通过动、静环之间的压紧力与张开力的平衡，保持动、静环不接触，液膜间隙始终处于合适范围，并能适应一定程度的轴向位移。第二级密封为端面摩擦接触式密封，通过弹簧力使静环压在动环表面，正常情况下，由于第一级密封承担整个一回路系统压降，所以第二级密封只承受较小压力，压降约为0.2 MPa，在第一级密封失效的情况下，第二级密封从端面密封转化成为流体静压型密封，大约运行 30 分钟，以便设备停运。第三级密封也是端面摩擦接触式密封，与第二级密封的结构及材料选择类似。由于第二级密封的降压，第三级密封承受的压差较第二级的密封还要小，为了保证第三级密封的冷却润滑，往往需要增加强制冷却润滑，如第三级密封立管注入。主泵正常运行期间，来自 RCV（化学和容积控制）系统的密封注入水要略高于一回路系统的压力（一般高于系统压力 0.3～0.4 MPa），注入水温度低于 65 ℃，注入水进入泵腔后主要分为两部分：一部分向下流动，进入主回路，阻止高温、高压的一回路冷却剂向上流动，为泵的轴承和密封建立低温的工作环境；另一部分流体向上流动，绝大部分通过轴密封装置后进入 RCV 系统，很少一部分通过轴封装置后进入疏排水系统。为了避免轴封注入水中断而导致高温冷却剂直接流入轴密封装置，在泵机组上设置有热屏热交换器，以便使进入轴密封装置区域及泵轴承区域的流体低于 65 ℃，为泵的轴承和密封建立低温的工作环境。

主泵的水力部件主要由泵壳、叶轮、导叶等部件组成。泵壳一般为整体铸件或整体锻件，铸件一般采用奥氏体不锈钢，锻件一般采用 SA 508M 合金钢锻件，内表面堆焊采用 309L、308L 不锈钢，泵壳进、出口接管与安全端采用焊接结构，泵壳与支耳也采用焊接结构。叶轮、导叶一般采用整体铸件或整体锻件，随着科学技术的发展，目前大多采用不锈钢锻件。

主泵电动机是立式、鼠笼型、单速三相感应式电动机。电动机由空气冷却，而空气由两台热交换器采用 WCC（设备冷却水系统）的水冷却。电动机中装有防反转装置，该装置在一台主泵停运而其他泵正常运转时能防止停运的泵反向旋转。飞轮安装在电动机的内部，位于电动机定子和电动机下部径向轴承之间（或位于电动机的上部）。飞轮用于增加主泵转子的转动惯量，使主泵机组在丧失电源时有足够的惰转流量，保证驱动主泵向堆芯提供冷却剂。

在主泵正常运行时，反应堆冷却剂系统的压力（约 15.5 MPa）使转轴受到很大的向上轴向推力，这便是轴封式主泵（相对于屏蔽主泵而言）的特点之一，此轴向推力远远大于向下的转子重量及叶轮水推力之和，使转子总的轴向力向上（大约 50 t），该轴向推力是随反应堆冷却剂系统压力变化而变化的，在系统压力较低时转子重量和叶轮水推力之和大于系统的轴向推力，转子总的轴向力可能向下（大约 20 t）。为平衡巨大的轴向推力，主泵机组内设有双向推力轴承，这种轴承主要在推力瓦上堆焊巴氏合金，向上的轴向推力作用在上推力瓦上，向下轴向推力作用在下推力瓦上。双向的推力轴承及径向轴承设置于轴承的油箱中，在泵轴上设有辅助油叶轮，当主泵转子旋转，辅叶轮就推动润滑油循环。在轴承的油润滑系统中设置有顶油泵，在主泵启动时投入运行，用于最低限度降低主泵启动阻力矩，以保护推力瓦。在停机过程中顶油泵也投入运行，但这不是必须的，因为在选择轴承载荷时就考虑了允许在系统压力下无顶油泵时主泵仍可停运下来。

主泵机组试验主要包括水压试验、水力模型试验、电动机试验、轴密封试验、轴承试验、主泵全流量试验（主要包括冷、热态性能试验，启停试验，密封水及设备冷却水断失试验，主泵惰转试验，振动测试及汽蚀试验等）。另外，对每台主泵电动机的飞轮均将进行转速为 1 875 r/min（125%同步转速）的超速试验，对转动部件均将进行动平衡试验。飞轮超速试验后将进行 100%UT 探伤。为了保证主泵正常稳定运行，对主泵机组的轴承温度、电动机定子绕组的温度，泵机组的振动、轴位移，润滑油的压力、液位、流量和温度，轴密封系统的流量、压力和温度，泵转速等主要参数进行监测。

AP1000 及 AP1400 核电厂采用的屏蔽泵和湿定子泵由于来自相同的设计输入，两种泵在结构上大致相似，即为立式、单级、全密封（无轴封）、高转动惯量混流泵设计结构，主要部件由泵壳、叶轮、导叶、飞轮、热屏、水导轴承、泵轴、主螺栓、电动机定子、电动机转子、电动机壳、推力轴承、推力轴承室、外置式高压冷却器组成。主泵叶轮位于电动机顶部，电动机内部和泵壳腔室连通，充满反应堆冷却剂，轴承组件浸润在主冷却剂中，通过主冷却剂进行润滑和冷却。整个泵组外壳（泵壳、定子壳体、定子端盖等）组成一回路压力边界的一部分，将电动机和所有的转动部件包含在壳体内，有效地防止了反应堆冷却剂及其他放射性材料泄漏到安全壳大气中。主泵飞轮具有安全功能，当核电厂失去电源和反应堆信号触发后，通过主泵转子惰转来保证一段时间内主泵仍能循环主冷却剂，为堆芯提供充分的冷却。屏蔽主泵采用双飞轮结构，在转子上、下部各设置一个飞轮。每个飞轮包含多个扇形高密度钨合金质量块。通过外侧热装的不锈钢卡环将钨合金质量块固定在不锈钢轮毂上，并通过弹簧销与轮毂锁紧。湿绕组泵为单飞轮结构，飞轮位于转子上部。飞轮基础采用整体锻件不锈钢，在圆柱体外边缘加工出两排轴向通孔，插入高密度的钨合金棒，提高飞轮惰转惯量。飞轮中心无通孔的结构保证了飞轮整体强度和径向力分布均匀。为了使钨合金棒与冷却剂不接触，在飞轮端面两侧采用不锈钢板封闭。屏蔽泵和湿定子泵都带变频器运行和启动，由于主泵的额定频率采用了 60 Hz 的电网频率，我国电网频率为 50 Hz，主泵变频启动后，连续运行还需要变频器投入运行，才能保证主泵正常运行。因此，在主泵运行期间，变频器需要一直处于运行状态，这样，降低了主泵运行的安全性和可靠性。如果将主泵的频率改为 50 Hz，主泵变频启动后，即可切换到厂用电 50 Hz 运行，不再需要变频器投入运行，这样安全性、可靠性、稳定性将得到提高。

目前的压水堆轴密封型主泵（见图 11-3），流量达到约 25 000 t/h，扬程达到约 100 m，其电动机功率达到约 8 000 kW。目前的压水堆全密封主泵，流量达到约 22 000 t/h，扬程达到约 110 m，其电动机功率达到约 7 600 kW。图 11-4 为主泵的轴密封装置简图。图 11-5 为湿定子主泵简图。

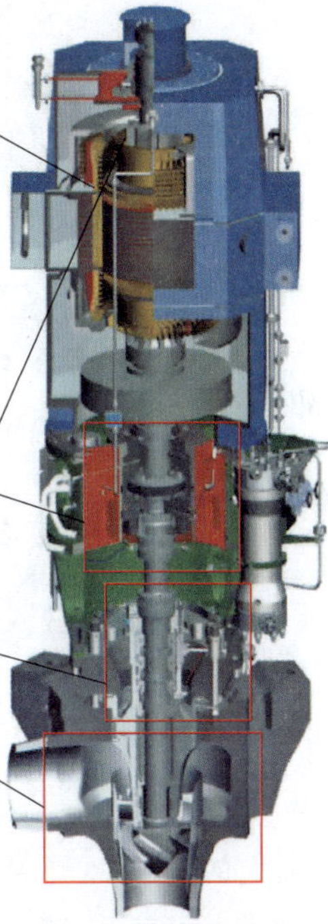

图 11-3　轴密封型主泵简图

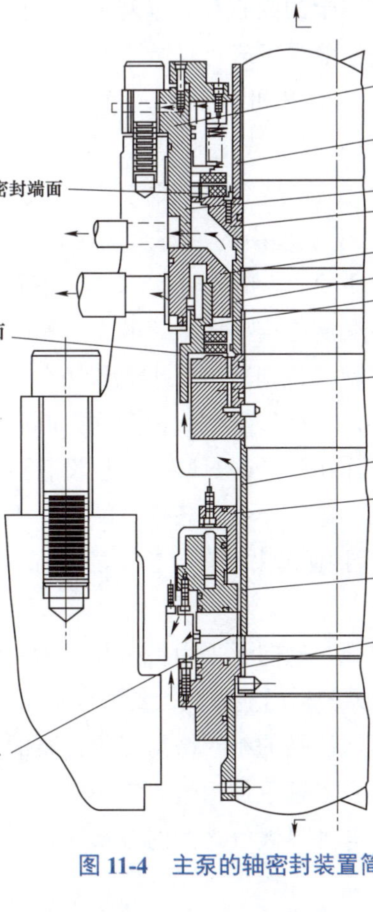

图 11-4　主泵的轴密封装置简图

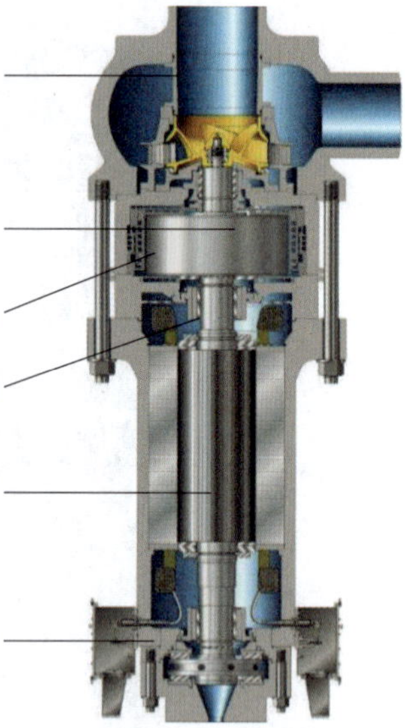

图 11-5　湿定子主泵简图

重水泵和轻水泵没有原则上的不同。重水一旦接触空气便迅速吸收其中的轻水而降质（同位素丰度降低），因此，对密封性要求更高。在采用轴封泵时，需设置收集不同纯度重水的几个系统，并保证完全的回收和尽量避免重水接触空气。为了减少堆外重水量，在不严重影响水力特征的前提下应尽量减小重水泵容积。

快中子堆用的钠泵可分为电磁泵和机械泵两大类。后者又分全密封泵和轴密封泵，类似上述水泵的情况。钠与水或空气接触即发生剧烈化学反应，因此对钠设备的密封性有非常严格的要求，不允许钠接触水或空气。电磁泵的原理是基于液态金属的良好导电性。当电流通过位于磁场中的液态金属时，像在普通电动机中一样，会产生驱使导体（液态金属）运动的力，造成流动。现有四种构造型式：直流导电式；交流导电式；交流直线感应式；交流螺旋感应式。其中，第一种最为简单，虽然效率很低，但运行可靠，流量容易控制，特别适用于小流量场合。直线感应式电磁泵的效率可达到 45%，尺寸和重量较小，可能发展到大流量（7 000 m^3/h 以上）。

电磁泵的优点：没有活动部件和无需密封装置，也没有泄漏；结构简单，需要的维修少；没有轴承，不用润滑剂，适用于高温条件。缺点：不容易发展到大型泵；效率低（仅为机械泵的一半）；应用于池式快堆有安装上的实际困难；断电时保持惰转流量的时间短。

大功率的原型快堆和商用快堆，倾向于采用机械泵。轴密封泵有尺寸小、效率高的优点。利用水泵的制造和运行经验，已能做到大约 17 000 m^3/h 流量的大型钠泵，型式为立式、单级、离心式。为了保证钠的绝对密封，要在泵的外壳内保持一个自由钠液面，其上部空间充以惰性气体。上轴承伸出气体空间以上，用油润滑；下轴承靠近叶轮，用钠润滑。在覆盖气体区与外界大气之间的轴密封含有滑动密封环，用加压润滑油起密封和冷却的作用。钠泵均用不锈钢制造，结构须考虑高温和温度瞬变引起的变形及维护检修的方便。

气冷堆的气体循环泵（风机）消耗能量大，风机功率一般占反应堆净电功率的 7%～12%，因此，减少流阻损失以提高效率十分重要，通常采用气体动力学线型的轴流式或离心式风机。轴密封装置有石墨环接触式、气润滑式和油润滑式三种。大功率风机普遍采用后者。为了防止油雾进入主回路和放射性物质进入润滑油，采用迷宫式密封装置，从中间注入干净的隔离气体。漏出的少量润滑油和气体经过分离后，回收复用。

11.3　蒸汽发生器

压水堆的蒸汽发生器同压力容器类似，均为大型机械设备，被誉为核电之肺。蒸汽发生器是连接一、二回路系统的关键设备，其主要功能如下。

（1）在运行工况下，将反应堆冷却剂从反应堆堆芯带出的热量传递给蒸汽发生器二次侧的水，产生合格的饱和蒸汽。

（2）在正常停堆或事故停堆工况下，参与反应堆的余热和设备显热的导出。

（3）作为一回路压力边界的组成部分，防止一回路放射性物质向二回路系统泄漏，保证核动力装置安全运行。

蒸汽发生器传热管是一回路面积最大的承压边界，同时也是最薄弱的压力边界，传热管破损泄漏是压水堆核电厂中出现较多的事故和主要问题之一。当蒸汽发生器传热管发生泄漏时须停堆堵管，直接影响核电厂的可用率，因此提高传热管的可靠性是蒸汽发生器设计中最需要关注的问题。

传热管堵管后，传热面积减少，因此蒸汽发生器在设计时需考虑一定的堵管裕量，保证蒸汽发生器在全寿期内都能满功率运行。为了防止传热管的腐蚀破裂，需采用耐腐蚀的管材，从设计之初就增强传热管的抗腐蚀能力，并在运行中严格控制二回路水质，如氯离子、氧含量、pH 等，且在制造质量方面要比常规热交换器有更严格的要求。

蒸汽发生器的一次侧和二次侧均处在高压下，并且压差很大（一次侧压力约为 15 MPa，二次侧压力约为 7 MPa），管板等承压边界承受较大的应力。目前大型蒸汽发生器的管板厚度最大接近 1 m，在管板上需要加工上万个管孔并焊接同样数目的薄壁（壁厚约 1 mm）传热管，因此，对孔间的节距和孔的尺寸、垂直度、圆度和光洁度都有非常严格的要求，目前多采用多头 BTA 钻头进行深孔钻，管子、管板焊缝需要采用专门的焊机来进行，以保证管子同管板连接的可靠性。为避免管子与管板连接缝隙中的泥渣沉积、水质恶化和应力腐蚀，制造厂家不断改善连接工艺，采用全深度胀接的办法以尽量消除缝隙，并在施工程序上注意控制工艺参数和加强无损检验。传热管穿管、管子管板连接须在清洁车间里进行，以保证蒸汽发生器最终的清洁度。

压水堆核电厂蒸汽发生器的类型有很多种，按照工作原理可以分为直流式和自然循环式。自然循环蒸汽发生器有立式和卧式等。

目前普遍采用立式自然循环的倒U形管式蒸汽发生器，由两部分构成。上半部是汽水分离装置，包括外部壳体，里面装有汽水分离器干燥器及蒸汽出口处的流量限制器；下半部是传热部件，包括壳体、下封头、管板、管束套筒、管子支承板、U形传热管束、防振条等。这种蒸汽发生器的优点是可通过排污来降低二回路水中的杂质浓度和减轻结垢现象，U形管可自由膨胀；二次侧蓄水容积大，在事故工况下可一定程度上缓解事故进程；立式结构，占地面积小，可充分利用安全壳的内部空间。缺点是汽水分离装置使内部结构复杂、占据较大的上部空间；随着功率越来越大，大型核电厂蒸汽发生器已不便于陆路整体运输，只能采用水路运输；只能产生饱和蒸汽，因而在汽轮机的高压缸与低压缸之间必须设置中间除湿装置，使系统复杂化；在一次侧低流量或自然循环工况下传热管束存在倒流问题，影响一次侧的阻力和自然循环流量。立式自然循环蒸汽发生器的工作流程如下。

在一次侧，被反应堆堆芯加热的高温高压反应堆冷却剂经一回路热段管道进入蒸汽发生器的热侧水室，随后流入U形传热管，在流经传热管的过程中不断将热量传递给二次侧水，一次侧冷却剂的温度逐渐下降，然后冷却剂从传热管流入冷侧水室，最后经一回路冷段管道由主泵送回反应堆被重新加热。

在二次侧，二回路给水进入蒸汽发生器后与汽水分离器的分离水混合，沿着套筒和壳体之间的环状空间——下降通道向下流动，在套筒下端作90°转弯，横向流入管束间，然后在管束间向上流动，被一次侧冷却剂加热，产生汽水混合物。汽水混合物进入汽水分离器，大部分水被分离，被分离出来的水经疏水通道进入下降通道，在二次侧形成水循环。经汽水分离器粗分离的蒸汽从汽水分离器顶部流出，进入干燥器进一步除湿，干燥器分离的水从干燥器疏水管进入下降通道参与水循环，分离出的满足设计品质要求的干蒸汽从蒸汽发生器蒸汽出口流出，供汽轮机做功。

我国秦山核电厂、大亚湾核电厂等二代及二代改进型核电厂均采用立式倒置U形管式蒸汽发生器。二代及二代改进型核电蒸汽发生器均为国外公司型号，U形传热管、密封垫片等材料需要进口，早期整机制造也只能在国外进行。随着国内制造水平提高，目前国内已经完成主承压壳体、传热管、密封垫片、汽水分离装置等零部件的国产化研发，蒸汽发生器的整机也全部转为国内制造。自主三代核电“华龙一号”采用我国完全自主知识产权的ZH-65型蒸汽发生器（见图11-6），该型蒸汽发生器也是典型的立式倒置U形管式蒸汽发生器。目前蒸汽发生器的制造及所有材料已实现完全国产化。

苏联（俄罗斯）核电厂迄今普遍采用卧式自然循环的U形管束蒸汽发生器。其主要特点是不用水平管板，而是用直立的厚壁进、出口集流管。U形传热管束水平放置，浸没于水面下。管束的管子嵌装在集流管的管壁里，用氩弧焊从集流管内侧进行端面焊接后，再用液压胀管方法紧密连接。蒸汽发生器由以下主要部件组成：外壳，一回路水进、出口集流管，U 形传热管束，蒸汽总管，主给水、事故给水管及给水分配装置，汽水分离装置，蒸汽负荷均衡装置，内部支承结构等（见图 11-7）。蒸汽发生器外壳和一回路水集流管用高强度低合金钢（铬钼钢）制造，集流管内表面堆焊了不锈钢覆盖层，传热管材用奥氏体不锈钢。一回路水在 U 形管内流动，二回路水在 U 形管间的外壳内流动，加热成为汽水混合物上升，经过蒸汽负荷均衡装置和汽水分离装置除掉水分后，从蒸汽总管流出，送往汽轮机。

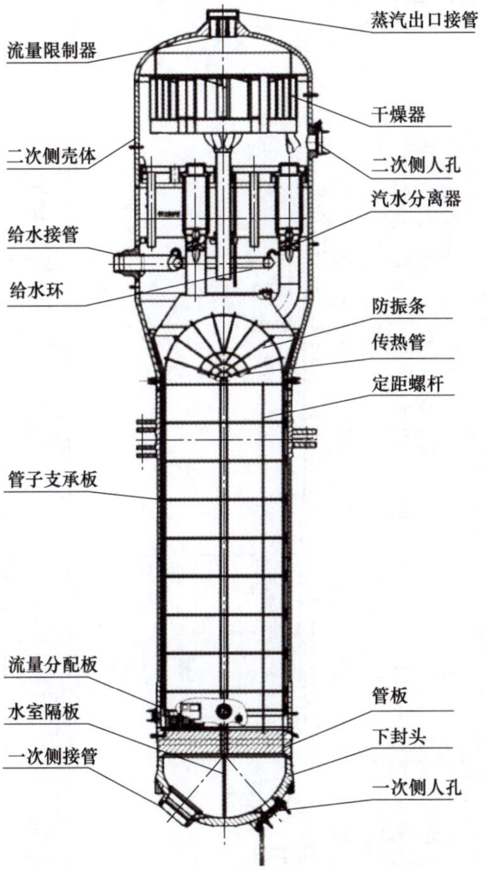

图 11-6　“华龙一号”ZH-65 型蒸汽发生器结构图

卧式蒸汽发生器的突出优点是安全可靠性好，没有容易堆积淤渣的水平管板，水平 U 形传热管束根部处汽水流动通畅，不会形成滞流区而导致淤渣沉积和腐蚀介质的浓缩，因而可避免管子根部靠近集流管处的腐蚀破裂。传热管材料要求比立式 U 形管自然循环蒸汽发生器稍低，主要缺点是蒸汽发生器体积庞大，同样需要复杂的汽水分离装置，由于是卧式结构，占地面积较大。

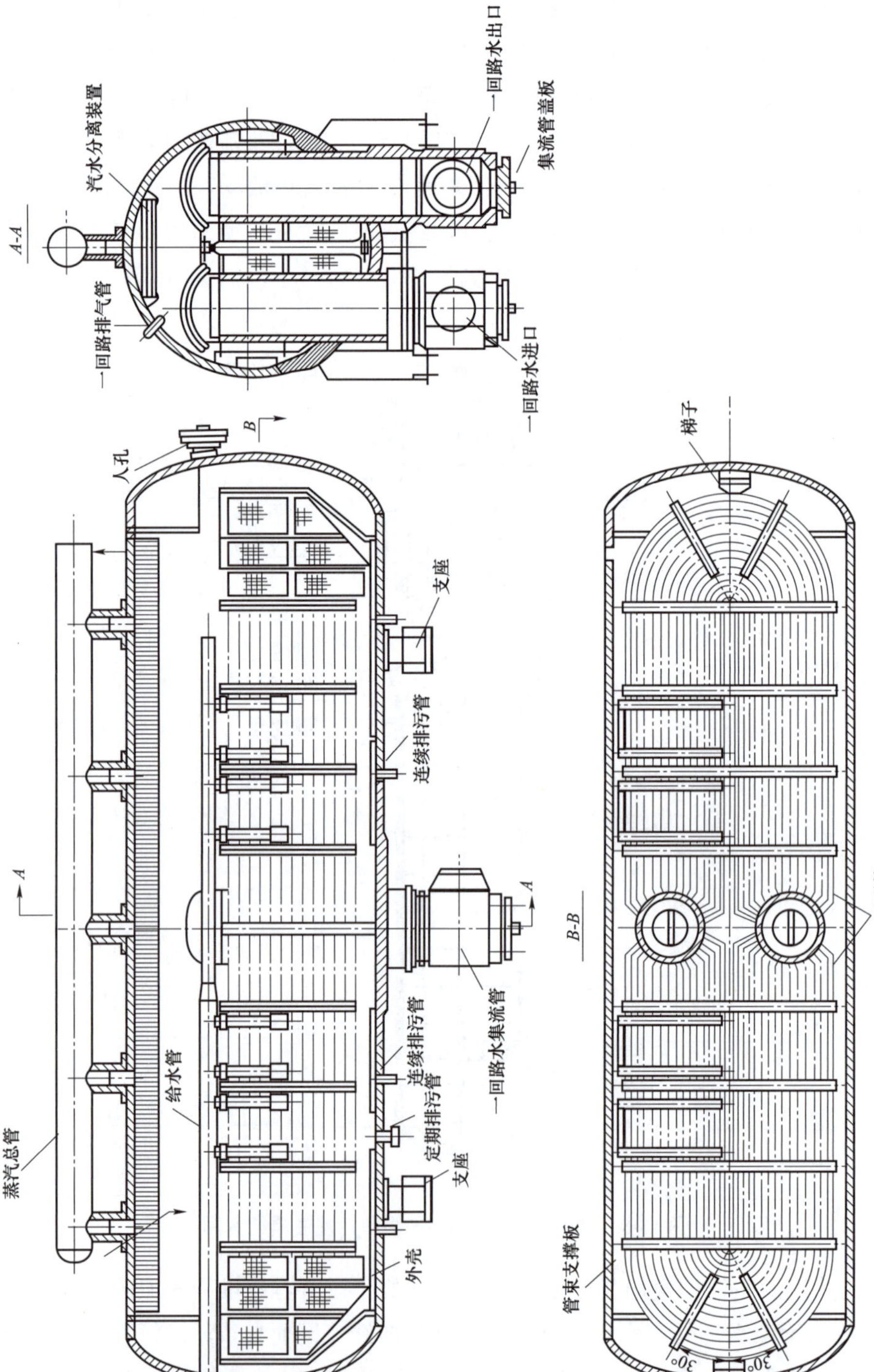

图 11-7　卧式 U 形管束蒸汽发生器结构图[3]

重水堆的立式蒸汽发生器的主要问题也是防止泄漏。由于一回路的重水昂贵，要求更加严格。常在最易泄漏重水的管子、管板连接处设置双重管板，中间隔着气体空间，以便及时探测泄漏及回收漏出的重水。为了减少堆外重水量，在设计蒸汽发生器底封头时要尽量压缩重水所占体积；并采用较小的传热管径，虽然这样会使流速增大，压降增加，还可能引起振动，需经过试验予以解决。加拿大坎杜型核电厂所用的蒸汽发生器总体构成基本上与立式倒 U 形管式自然循环蒸汽发生器相同，但在具体结构上，与管束支承、汽水分离装置等技术路线不太一致。

强制循环的直流型蒸汽发生器也有很多类型，直管式蒸汽发生器的优点是：一回路水和二回路介质逆向流动，由于产生过热蒸汽，因此不需要使用汽水分离装置，设备比较紧凑，在负荷改变时蒸汽参数的变化比较平缓，且机动性好。缺点是：需解决好传热管束与蒸汽发生器筒体间不同热膨胀的补偿问题；由于无法作排污处理，对二回路水的水质要求特别苛刻，以免产生沉积物和有害杂质的浓集，需进行凝结水的全流量净化及设备的周期性化学清洗；有最低稳定运行功率的要求；启停过程中由于无法憋压，需要设置额外的系统接收启停过程中的汽水混合物；要求采用耐腐蚀性能更佳的传热管材；因蓄水容积和蓄热能力小，要求自动控制（给水和蒸汽流量的控制）更加灵敏可靠。

直流型蒸汽发生器有直流式（见图 11-8），还有螺旋管式和套管式，已用于石墨气冷堆、高温气冷堆和部分模块化小型堆。堆外的螺旋管式直流蒸汽发生器由壳程、进出口接管、顶盖、给水联箱、蒸汽联箱及螺旋管束组成。堆内的螺旋管式直流蒸汽发生器借用压力容器的筒体作为壳体，放置于反应堆压力容器与吊篮筒体之间的环形区域内（见图 11-9）。

我国自主研发的“玲龙一号”模块化小堆采用套管式直流蒸汽发生器。该蒸汽发生器传热管采用双层结构，一次侧走内管内和外管外，二次侧走内管和外管的环隙空间，因为其二次侧流体被双面加热，因此传热效率较高。该类型的蒸汽发生器通过结构设计，可以应用到反应堆内部，实现一体化布置，也可以用在反应堆外部，实现紧凑化布置。

用于快中子堆的钠－水蒸气发生器的主要特点是：由于工作温度高，各部分温差大及温度变化大而带来热膨胀、热应力、热疲劳和蠕变等问题。一次侧的钠温度高达 530 ℃，在二次侧产生约 14 MPa/500 ℃的过热蒸汽。由于钠的优良传热性能（热导率为水的 10～100 倍），一次侧温度稍有变化，就在设备中产生很大的热应力。当快速停堆时，温度瞬变能造成严重的热冲击。在结构上需采用膨胀节、螺旋管、盘管或浮动管板等温度补偿措施予以缓解，在自动控制系统方面需特别灵敏地应对负荷波动等运行条件的变化。由于钠水反应产生氢气会引起爆炸，为了防止钠的泄漏，曾采用双层传热管，在两层间填充传热的中间介质，它能确实防止钠与水的接触，哪怕只有极少量的水进入液态钠中，也能及时发现，但制造困难、传热效率较低和造价高昂。因此，采用双层管或单层管结构，需根据钠与水接触的实际风险而定。评价时应考虑下列因素：反应堆装置的回路数目；最大可能数量的钠与水发生反应时，压力的增长率及其终值；所设置的温度补偿器对缓解热冲击的有效性；安全阀和切断介质来源的快速性与有效性等。由高灵敏度的微量氢监测系统、爆破膜系统、供水和供钠切断系统、钠水反应产物收集系统等子系统组成的钠－水蒸汽发生器事故保护系统，运行后表明，尽管小漏不能绝对避免，却能做到早期发现、及时隔离、限制事故后果和不危及反应堆安全。在采用模块式结构蒸汽发生器的情况下，只要及时将破损的蒸汽发生器模块隔离，可不影响核电厂继续运行。无论如何，对于蒸汽发生器设计和制造的质量，须给予极大的重视，要特别注意管子与管板间的焊接，因为该处存在很大热应力。

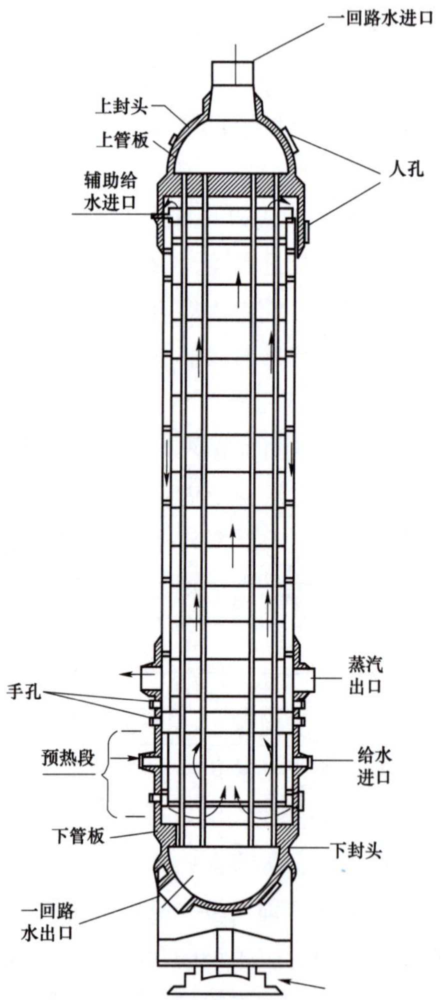

图 11-8　立式直管式直流蒸汽发生器（B&W 公司）

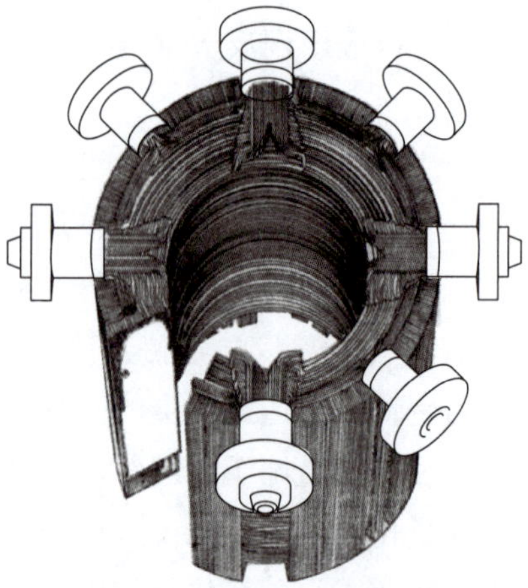

图 11-9　堆内盘管式直流蒸汽发生器

钠－水蒸汽发生器可采用 U 形管、直管、蛇形管、螺旋管等多种结构形式（见图 11-10），高压的水和蒸汽通常在管内流动，钠在管外。蒸汽发生器一般可分成蒸发段、过热段和蒸汽再热段。在蒸发段里不把水蒸干，从那里出来的湿蒸汽，经汽包分离后，干蒸汽通往过热段，水又回到蒸发段，这样使蒸发段管子全长保持湿润，不至于在蒸干点浓集腐蚀性杂质，同时也避免在该处由于管壁温度骤变引起热应力。过热段和蒸汽再热段不接触可能含有杂质的液态水，这两段就可用奥氏体不锈钢制造。蒸发段则需采用耐应力腐蚀性能较好的铁素体钢为管材。

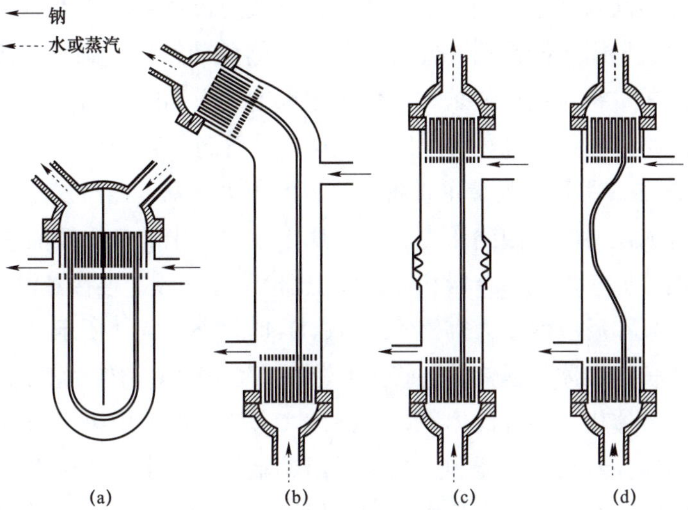

图 11-10　钠－水蒸汽发生器示意图

11.4　反应堆冷却剂回路管道和阀门

反应堆冷却剂回路管道和阀门工作于高温、高压下，它所包含的放射性水不允许向外泄漏[3]。常规电厂的阀门稍微漏点水或蒸汽没有太大关系，在核电厂中就会污染整个房间，危害操作人员。核电厂由于放射性水平过高使人不能进入，以致只需拧紧几只螺母就可消除的故障得不到及时的处理。有时一点小泄漏甚至造成全厂停产，因此，阀门的对外密封性非常重要，而对外密封的关键是阀杆与阀盖之间的动密封。50 mm 以下的小阀门大多采用波纹管式的全密封结构。大阀门则采用两段填料密封，其间设置集水腔，将经过第一段填料漏出的放射性水从集水腔抽出，送往废水系统，使其不漏到外面。阀杆填料采用耐辐照的石墨浸渍石棉和耐高温的金属填料，要完全避免使用油脂，因为油脂受到辐照会变质，生成焦油和树脂。

反应堆冷却剂系统是防止放射性物质外逸的一道重要屏障，其管道与阀门的设计、制造、安装和检验须满足核安全 1 级规范和标准的要求。反应堆冷却剂回路管道是根据核电厂所有预期的运行方式和预先考虑系统相互作用下达到的系统压力和温度进行设计和制造的。为了尽量减少腐蚀和腐蚀产物，同放射性水接触的表面均采用奥氏体不锈钢材料。从均匀腐蚀的观点来看，反应堆冷却剂系统部件的内表面使用不锈钢与使用碳钢相比较，由于介质的性质和浸入的时间不同，不锈钢的均匀腐蚀水平要下降10～50 倍。如果从腐蚀产物的释放速率考虑，不锈钢与碳钢比较，其优点是非常明显的，释放速率可降低两个数量级。为了便于接近检修，所用的不锈钢应尽量减少钴含量，以免吸收中子后生成长寿命的放射性钴-60。冶炼这种不锈钢要用含钴量低于 0.10%的高纯镍。

反应堆冷却剂回路管道都使用奥氏体不锈钢或奥氏体－铁素体不锈钢。反应堆冷却剂回路管道一般采用无缝钢管（热轧或冷拔）、铸件或锻件等制造工艺，通过无损检测等确保管道的质量符合设计要求。现代压水堆的管道和阀门已发展到很大的尺寸，反应堆冷却剂回路管道最大直径和壁厚的管道是主管道，直径达到 950 mm 左右，厚度达到 80 mm 左右。主管道连接主设备（反应堆压力容器、蒸汽发生器和主泵）和形成封闭回路，构成重要的一回路压力边界，属于核电厂中非常重要的关键设备。主管道分为热段（连接反应堆压力容器和蒸汽发生器）、过渡段（连接蒸汽发生器和主泵）和冷段（连接主泵和反应堆压力容器），如图 11-11 和图 11-12 所示。二代加压水堆主管道采用奥氏体—铁素体不锈钢铸造管（直管为离心铸造，弯管为静态铸造），三代压水堆主管道采用一体化锻造奥氏体不锈钢锻件（弯管一般采用模压冷弯或热弯成型）。主设备（压力容器、蒸汽发生器和主泵）采用铁素体低合金钢或碳钢材料，在其与反应堆冷却剂接触的表面均覆盖有耐腐蚀的堆焊层，其接管与锻造不锈钢材料安全端连接后，再与主管道进行焊接。所有的焊缝须用两种无损探伤方法检验：用射线检验或超声波检验内部缺陷；用液体渗透法检验表面缺陷。

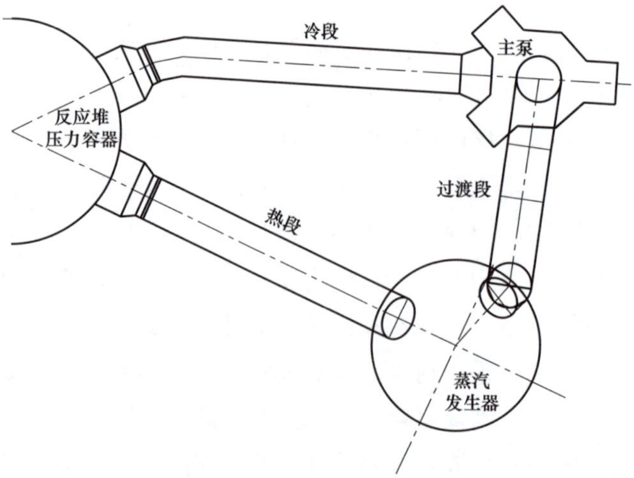

图 11-11　主管道示意图

图 11-12　主管道三维示意图

沸水堆的压力较低，管壁较薄，使用不锈钢无缝管或焊接管比较经济。沸水堆的蒸汽管道和阀门可以采用碳钢。阀门采用奥氏体不锈钢锻造或铸造，具体情况随阀门的尺寸而定。阀座的密封面常堆焊了硬质合金，以抗侵蚀、磨损和保持所要求的内部密封性。

冷却剂回路阀门由于需要快速启闭和不能接近，须配备电力、气压或液压的传动机构。例如，为了在管道破裂时防止蒸汽大量逸出，要求沸水堆蒸汽管道的切断阀在几秒钟内关闭，由于阀门的直径很大，压差也很大，就需要一百多吨的外力；又如事故系统中的小阀门，多要求能在几毫秒内开启。这些都对传动机构提出了特殊的要求。

冷却剂回路阀门主要包括安全阀、闸阀、截止阀、爆破阀等。

安全阀主要有两种类型：先导式安全阀和弹簧式安全阀。先导式安全阀由主阀、先导阀和电磁阀构成，如图 11-13 所示。其中主阀为高压介质提供过流通道；先导阀由液压控制，当系统超压时，先导阀可自动动作，进而开启主阀；电磁阀由电信号控制，可通过远程手动或自动操作为电磁阀通电，从而强制开启主阀。弹簧式安全阀的结构相对简单，主要由阀体、阀盖、阀瓣、阀座、阀杆、弹簧等组成，如图 11-14 所示。当系统超压时，高压介质克服弹簧压紧力，使得阀门开启；当压力下降时，弹簧带动阀杆向下运动，从而关闭阀门。

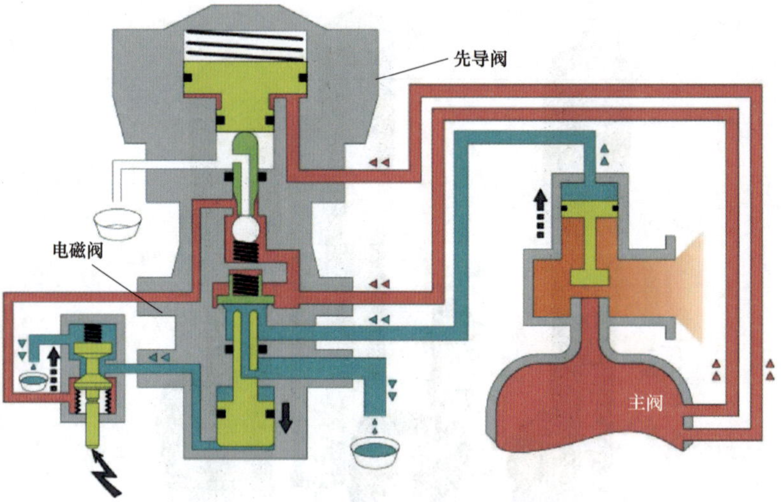

图 11-13 先导式安全阀结构示意图

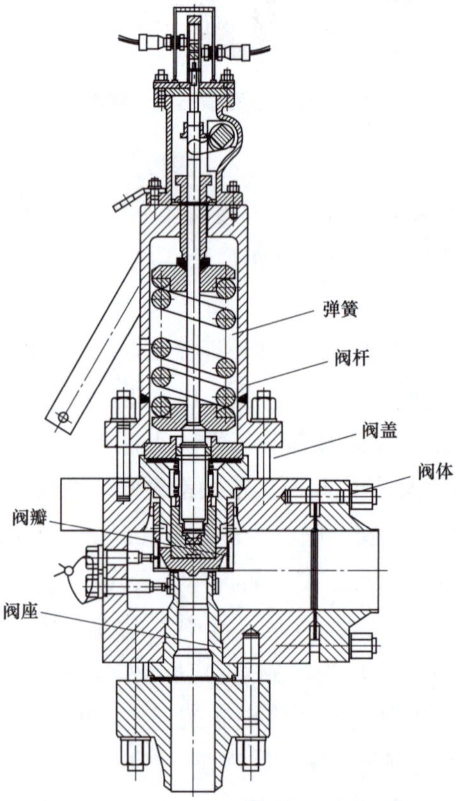

图 11-14 弹簧式安全阀结构示意图

闸阀与截止阀结构类似，主要由阀体、阀盖、阀瓣、阀杆以及执行机构等组成，执行机构带动阀杆与闸板上下运动，从而实现阀门的开关动作。执行机构可配备电动、气动、气液联动等类型，电动闸阀结构示意图如图 11-15 所示，气动截止阀结构示意图如图 11-16 所示。

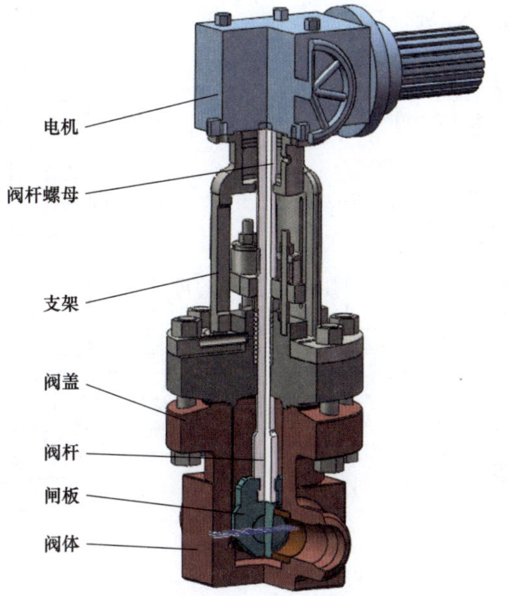

图 11-15　电动闸阀结构示意图

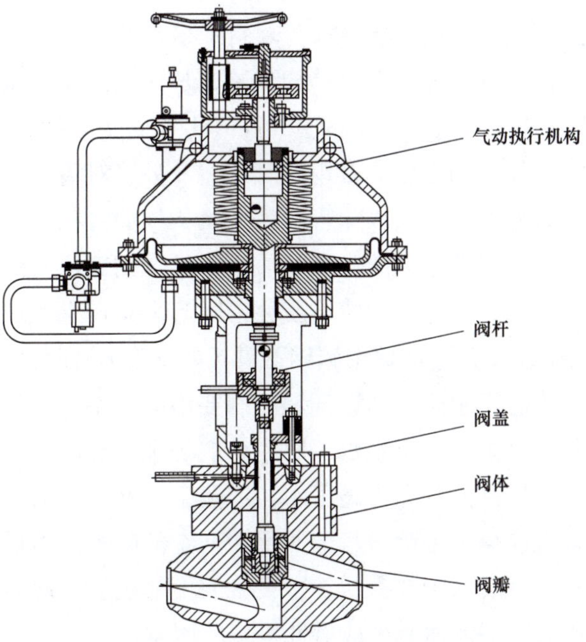

图 11-16　气动截止阀结构示意图

爆破阀由阀体、阀盖、活塞、剪切盖、爆破单元、预紧螺栓、阀位传感器等主要部件组成。正常工况下阀门保持关闭状态，当要求阀门打开时，安装在阀盖中的药筒驱动装置产生推进力，首先拉断预紧螺栓，活塞在推力的作用下快速向下运动，同时剪断剪切盖，阀门开启。爆破阀结构示意图如图 11-17 所示。

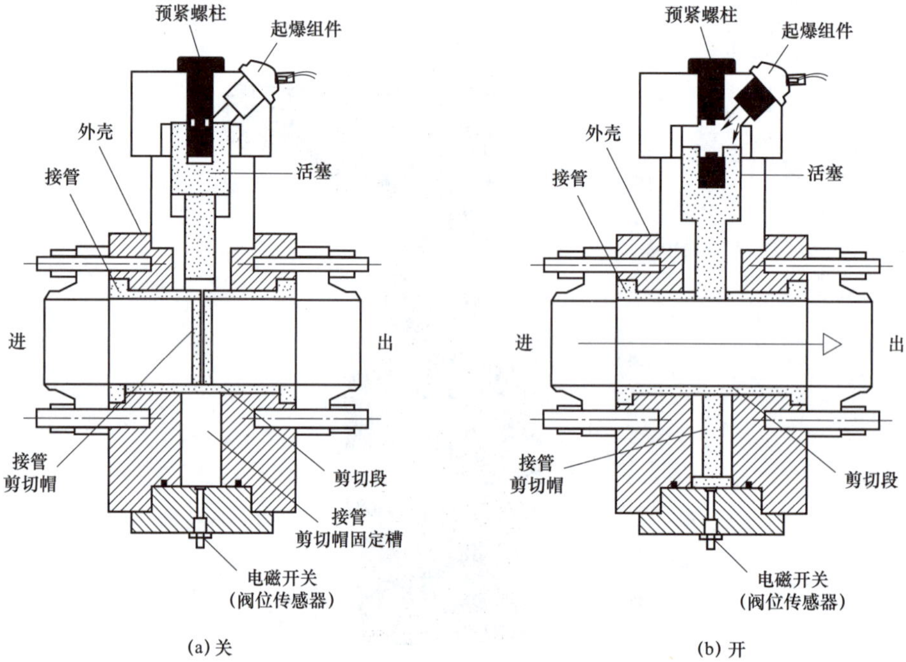

图 11-17 爆破阀结构示意图

现代高温、高压管道和阀门的质量检验项目很多，要求很严格。对材料和焊缝要取具有代表性的试样做力学性能和金相结构试验、加速晶间腐蚀试验、冲击试验等；对成品要做 100%无损探伤检验、水压试验（同时进行应变测量）和氦气检漏试验等。这些试验比较复杂，需投入相当多的费用和时间。此外，对清洁度有很高要求。冷却剂回路系统内不允许有异物或杂质以免影响精密机构（如控制棒）的动作、促进腐蚀和增加回路的放射性。虽然整个系统在起动前尚需经过彻底的清洗，一般要求交付安装的所有管道和设备均已达到规定的清洁度并密封起来。在生产过程中，不锈钢表面绝不允许与铁器接触，例如，不能使用碳钢刀具（如车刀），在仓库存放要采取隔离措施，磨过碳钢的砂轮不能再用于不锈钢，钢丝刷要用新的不锈钢丝刷，喷砂材料不能含铁等。机加工冷却液、水压试验用水、脱脂溶剂等须不含硫、卤化物或重金属。装配和检验完毕的设备要用清洗剂和去离子水（或蒸馏水）做最后的清洗，将油污、锈蚀、焊渣、金属屑末、尘埃等去除干净，并用清洁空气吹干，然后立即封装，以免进入灰尘、水分。小阀门可装入塑料密封袋。设备表面加工的表现粗糙度也很重要，以避免颗粒附着和便于去除沾污而减少放射性检修的困难。

钠冷快堆回路的管道和阀门承受压力很低（1.5 MPa 以下），壁厚很薄（6～14 mm），其主要问题在于高温力学性能、热应力和热冲击。设计时应尽量减轻载荷，留出约三分之二的应力余量来承担热载荷。管道材料采用高温（约 560 ℃）力学性能好的奥氏体不锈钢。阀门为了严防钠的泄漏，在波纹管外面加上填料函，并设有波纹管探漏装置；大阀门采用覆盖气体密封。对钠阀门的试验须包括温度循环试验、温度瞬变试验和高温持久试验等。

11.5 反应堆控制棒驱动机构

大多数反应堆的控制棒是从上面插入堆芯的。有三种控制棒，即安全棒、补偿棒和调节棒，均由吸收中子的材料做成。对控制棒驱动机构的要求如下。

（1）控制棒须缓慢提升和快速落下，但最大和最小速度比不应超过约 100:1，否则会使驱动机构过于复杂，可靠性降低。

（2）控制棒在任何故障情况下应朝着使反应堆更加安全的方向动作（故障安全准则），例如，在钢丝绳折断时靠重力作用自行插入堆芯。

（3）控制棒驱动机构须在反应堆环境的温度、压力条件下可靠地工作。在压水堆中，驱动机构的一部分或全部在耐压密封壳内直接受到高温水和强辐照的作用；在气冷堆中，高温气体和 γ 辐射排除了润滑的可能。

（4）须有后备能量储存，以便在事故断电时仍能把控制棒完全插入堆芯，能量储存的形式有重力、弹簧、高压气瓶、水力储能器、蓄电池或飞轮等。

（5）为了减小快速落棒时反应堆结构和控制棒驱动机构所受到的机械冲击力和避免发生损坏，在控制棒落下的终端须设置某种制动和缓冲。

（6）控制棒驱动机构必须响应快，能使控制棒平滑动作和准确停止在需要位置上，并给出位置指示。

控制棒驱动机构的动力形式有电力、水力和气动三种，各有一定的优缺点。广泛应用的是电力驱动，下面列举磁力提升式、直线电机式和电动机式驱动机构，作简略阐述。

11.5.1 磁力提升式驱动机构

磁力提升式驱动机构[4]如图 11-18 所示，它的主要作用部件是三个电磁铁，其中一个电磁铁起提升和放落的作用，两个夹持电磁铁各带动一组钩爪与驱动杆上的环形沟槽交替地啮合和脱开。三个电磁铁装在充满反应堆冷却剂的耐压密封壳内，相应的三个工作线圈套在密封壳外面，用强迫空气流冷却。当三个工作线圈按设计的程序接通直流电时，两组夹持钩爪和提升电磁铁使驱动杆向上或向下一步一步地移动，不同制造厂商的步距取 10～20 mm，最大提升速度为 75～175 步/min，提升力为 70～350 kg，带动控制棒组件上升或下降。控制棒的轴向位置由套装在耐压壳外面的棒位指示器显示。当三个工作线圈都断电时，控制棒靠重力快速落入堆芯。落棒时间应不大于 1.4～2 s。

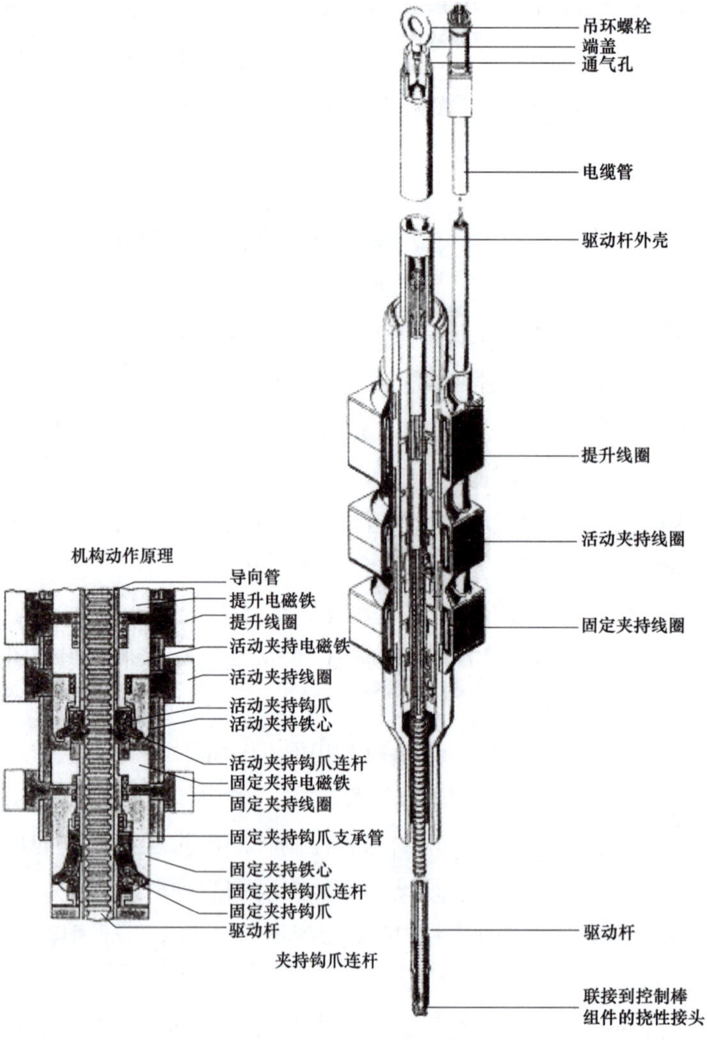

图 11-18　磁力提升式驱动机构结构示意图

驱动机构与反应堆冷却剂接触的部件须用耐腐蚀的金属制造，如不锈钢、镍铬铁合金等。电气绝缘材料须能耐高温、耐辐照、耐冲击。驱动机构耐压壳部件是冷却剂压力边界，属核安全 1 级。

磁力提升式驱动机构的提升力大，寿命长，结构简单，安全可靠，不易损坏，加工、装拆、维修方便，为压水堆核电厂所普遍采用，主要缺点是它属于步进式运动，不适用于需要对控制棒精细调节的场合。

11.5.2　直线电机式驱动机构

直线电机式驱动机构[5]主要包括由绕组线圈、永磁体组成的定子及由磁性材料环齿状动子，如图 11-19 所示。相比其他类型的控制棒驱动机构，直线电机式驱动机构没有机械传动结构，因此结构上比较简单，运行噪声小，主要缺点是提升力较小。

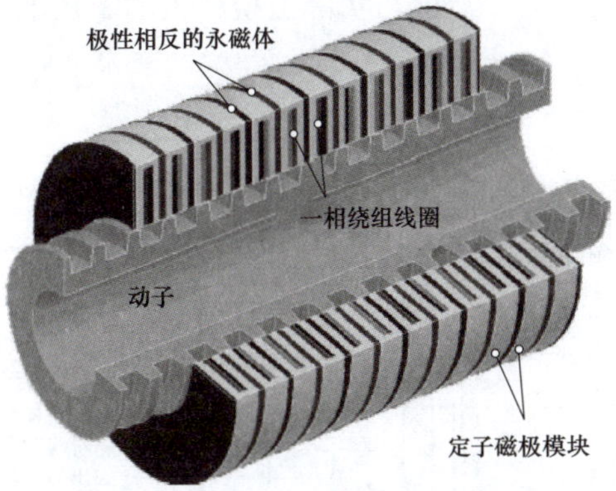

图 11-19　直线电机式驱动机构结构示意图

11.5.3　电动机式驱动机构

最简单的驱动方式是以电动机通过减速齿轮箱驱动某种与控制棒相连接的联动机构，例如，钢丝绳和绞车、齿条和小齿轮、螺杆和螺母等。为了保证快速停堆的需要，在减速齿轮箱后面设置电磁离合器，使控制棒在离合器断电时同齿轮分离而自由落下。电动机可采用交流或直流供电。交流感应电动机的优点是在任何情况下，速度不可能超过同步转速。但三相感应电动机存在着当有一相断电时便不能改变控制棒运动方向的问题，单相感应电动机没有这个问题。

低频电源与低速同步电动机相结合，可简化减速机构和省去电磁离合器，但低频电源的电气设备比较复杂，过去曾采用多个电动发电机组，现在多改用大功率可控硅变频器。

11.6　反应堆装卸燃料设备

最简单的燃料装卸操作可借助反应堆大厅吊车和专用抓手来进行，这限于停堆情况下和堆内工作介质处于无压状态时。图 11-20 所示为水下卸料的示例。压力容器式反应堆只能在停堆状态下装卸燃料，压力管式反应堆既可在停堆状态下，也可在运行状态下连续地装卸燃料。定期停堆换料只能进行分批换料，不能实现连续换料。连续换料与分批换料相比，可以降低中子注量率分布不均匀系数，增加平均燃耗深度；同时，不停堆装卸燃料又可减少停堆时间，提高反应堆的可用率，在经济上有很大好处，特别是对于装卸燃料工作量大的天然铀反应堆。但为此需要设计和制造复杂而昂贵的不停堆换料机。

11.6.1　不停堆换料机

不停堆换料机需满足下列要求。

（1）在装卸燃料时，换料机同运行中的反应堆冷却剂回路相连接，需接触冷却剂并承受同运行参数一样的压力和温度，实际上换料机的本体就是一个压力容器。

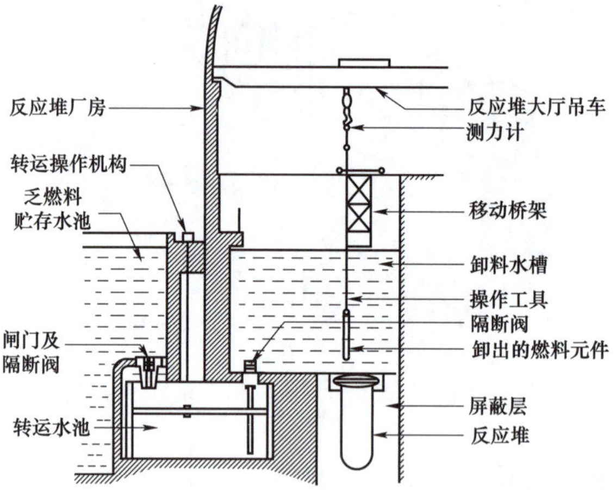

图 11-20　水下卸料的例子

（2）须便于对准和连接到任何一个待换料的燃料孔道（或管道）并保证密封，以避免放射性气体、液体或蒸汽的外逸和工作介质的漏损或变质。

（3）须保证在装卸料的全过程中燃料元件隔断阀元件的有效冷却，以防止包壳烧毁和裂变产物的逸出。

（4）不允许有害物质进入系统以致污染反应堆主回路。

（5）为了保证操作人员的安全，需设置足够的屏蔽，特别要注意换料机同反应堆连接处的屏蔽。

（6）要求工作高度可靠，关键设备和动力设备应放在压力容器和屏蔽的外面以便检修，各项自动化操作应均可改为手动以防断电事故，润滑剂须耐高温和辐照，在设计上应采取措施防止发生燃料元（组）件掉落等事故。

（7）设备要求坚固、简单和便于检修。在任何情况下均有可能卸除强放射性的燃料元（组）件和控制棒组件等物，以便接近机器进行检修。石墨气冷堆的经验表明，故障往往发生在进入堆内的部件，如装卸料斜槽、燃料抓手、吊重钢缆等，因它们的工作条件特别恶劣，须在干燥 CO_2 气氛中承受 100～400 ℃的反复循环而又不能采用常规润滑。

不停堆换料机的主要操作包括拆除待换料孔道的密封塞和屏蔽塞，把它们存放在换料机里面，卸出辐照过燃料元（组）件并存放在换料机料仓里面，把预先存放在料仓中的新燃料元（组）件装入堆芯，重新装上屏蔽塞和密封塞，把辐照过燃料元（组）件卸到贮存水池或其他存放设施。

由于厚重的铸铁或重混凝土屏蔽，不停堆换料机的重量一般都在四五百吨以上。不停堆换料机一方面异常笨重，另一方面又需精确定位。例如，英国一座改进气冷堆的换料机连同移动桥架共重 1 000 t，而定位精度要求达到 0.25 mm。桥架和换料机的移动速度最高为 6 m/min，最低为 100 mm/min。抓手提升速度为 300 mm/min。不停堆换料机每天只能进行三个孔道的换料。

坎杜型水平压力管式重水堆的换料机是两台同时工作的，分别安装在反应堆两侧的移动桥架下面，如图 11-21 所示。每台重约 30 t，不设屏蔽，用电子计算机遥控操作，用重水作为液压传动的工作介质。换料操作时两台换料机对准同一根燃料管道，当一台机头把两个新燃料棒束推入燃料管道时，另一台机头便接收卸出的两个乏燃料棒束，两台换料机的装载新燃料和接取乏燃料的功能可互换执行。换料机头与重水接触的部件均用不锈钢制造，承受压力的部件采用马氏体不锈钢锻件，确保换料机同压力管连接的高度密封性。换料机按照承受设计基准地震来设计。由于高温、高压的工作条件，对换料机制造质量有较高的要求。

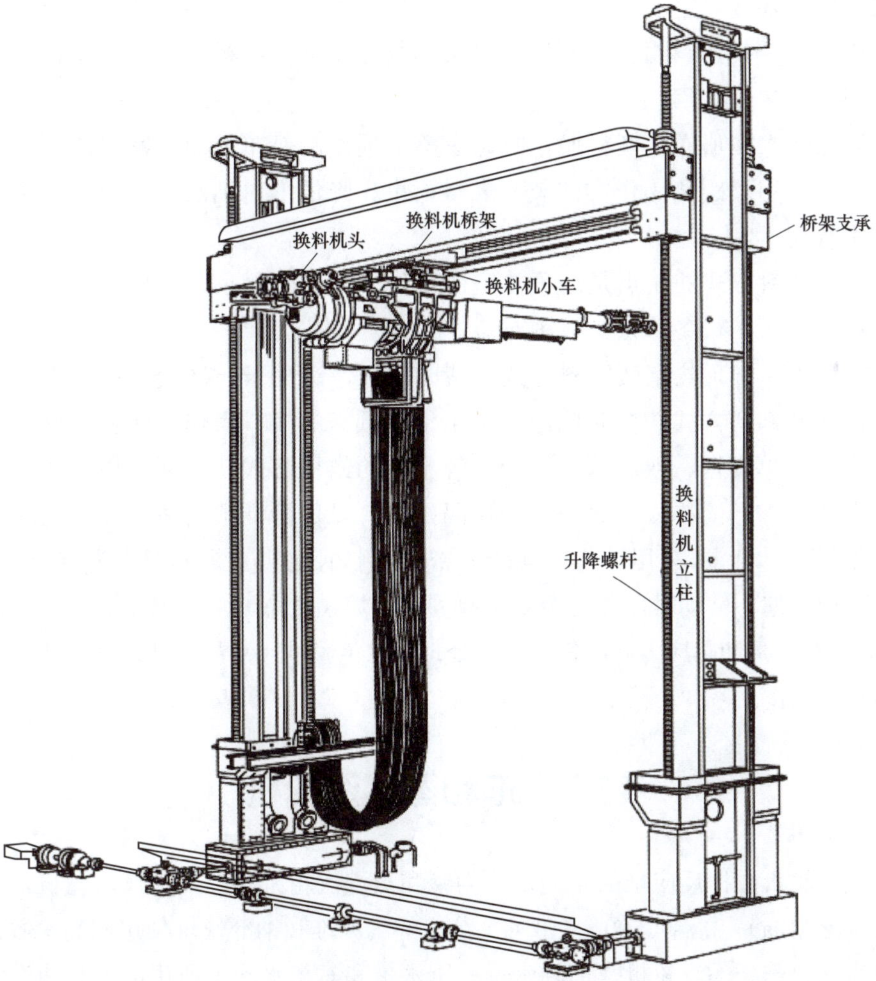

图 11-21　坎杜型水平压力管式重水堆的换料机外观图

11.6.2 钠冷快堆装卸燃料设备

钠是不允许接触空气和水分的，所有钠液面须用稀有气体覆盖。钠冷快堆燃料的装卸，除了通常的放射性操作问题以外，由于燃耗深，还有衰变余热和放射性特别强的问题。又由于栅距小，要求抓手定位更加精确。现代钠冷快堆的装卸料均在停堆状态下进行。燃料组件从堆芯卸出后须停留几个月才能离开钠池，一般在转运过程中仍须浸没在钠液中，通过钠液向外散热。

钠冷快堆的装卸料大体上有三种方式。

（1）利用堆顶旋转屏蔽塞的开孔，以直接达到每一个燃料组件位置。例如，借助偏心的双旋塞系统，通过内旋塞的一个孔道，可用简单抓手和提升机构卸出任何一个燃料组件。这种装卸料方式的旋塞结构比较复杂，钠液面以下的操作完全看不见。

（2）屏蔽塞是固定的，利用三个带伸缩机构的抓手进行装卸料，每个抓手能达到堆芯中约 1/3 的燃料组件位置。这种装卸料方式的伸缩机构和抓手工作于高温钠液中，问题较多。

（3）像轻水堆那样，换料操作时卸去整个顶盖，而在堆顶的密封热室中保持稀有气体气氛，用远距离操作方法装卸燃料，事先降低堆内钠液位，通过光学或电视系统可进行观察。

这种装卸料方式的缺点是堆顶热室的操作机构比较复杂，室内充满放射性钠蒸气，污染较严重，设备检修比较困难。

一般说来，堆顶热室装卸料方式花费时间长，适用于一次换料量较大的情况。旋转屏蔽塞装卸料方式花费时间短，适用于较频繁的换料操作。实验快堆多采用旋转屏蔽塞，有单旋塞、双旋塞、三旋塞等不同的结构形式。屏蔽塞由交替迭置的若干层含硼的钢和石墨构成，另外有一层隔热层，以保持堆顶的适当环境温度。为了避免放射性气体泄漏，采用液态金属凝固密封，例如，铋锡合金的熔点为100～150 ℃，开堆时及屏蔽塞不转动时，使合金处于凝固或半熔融状态。屏蔽塞上、下面的温差达500 ℃，对热变形和热应力问题需要妥善处理，以免影响尺寸精度要求很高的控制棒动作和装卸料操作。

11.7 饱和蒸汽汽轮机

核电汽轮机根据反应堆的不同，分为饱和蒸汽汽轮机和过热蒸汽汽轮机。产生高压（14～18 MPa）、高温（500～550 ℃）蒸汽的气冷堆和钠冷快堆使用同高参数常规火力发电汽轮机一样的汽轮机。而轻水堆、重水堆和石墨水冷堆所用的饱和蒸汽汽轮机则与常规的过热蒸汽汽轮机的技术特点、结构形式有很大的不同。此外，由于核电厂比投资受机组功率的影响很大，烧煤电厂的单元功率提高一倍（从 600 MW 提高到

1 200 MW），比投资仅减少 8%，而轻水堆核电厂的机组功率提高一倍，比投资可减少 30%，因此核电厂向提高机组功率的发展要比火电厂快得多。下述饱和蒸汽汽轮机与常规汽轮机的差别主要是就高功率机组而言的。

（1）初蒸汽参数低且为饱和蒸汽，焓降小。饱和蒸汽汽轮机的新蒸汽通常为 5～7 MPa 的饱和蒸汽，属于次高压范畴，进汽温度为 260～290 ℃，湿度为 0.4%～0.5%，在汽轮机中的可用焓降仅为高参数常规汽轮机的 60%左右。因此，它具有下列特点：① 膨胀级数少，一般不设中压缸，只有高压缸和低压缸；② 低压缸发出的功率占 50%～60%，其效率对整个机组的相对内效率有较大影响；③ 排汽余速损失对机组效率影响大，为提高经济性，应尽量降低排汽速度、增大凝汽器排汽面积，降低设计背压（3.1～6.7 kPa）；④ 蒸汽流过进汽口、连接管道和汽水分离器的压降（节流损失）的影响大，因此要对高压主汽阀和调节阀、再热主汽阀和调节阀等部件的气流动力学性能的改进给予特别关注（例如，采用组合式高压主汽阀—调节阀），尽量缩短高、低压缸之间的连接管道长度，把汽水分离器和中间再热器做成一个紧凑的联合结构。

（2）蒸汽流量大、汽轮机焓降小。因汽轮机蒸汽、给水回路同反应堆回路换热参数的限制，蒸汽与给水焓差较小，饱和蒸汽汽轮机进口处的蒸汽体积流量相当于高参数常规汽轮机的 2.5～4 倍，出口处为 1.6～1.8 倍。因此，机组的体积大、重量重；进汽端部件的尺寸大为增加，要求做得紧凑，有时需采用双阀座结构；高压缸第一级叶片高度大，难以采用喷管配汽调节，往往不得不采用节流配汽调节；低压缸均采用双流式，600 MW 以上的高压缸也要采用双流式；为加大低压缸的通流面积，需增加流道数目（即低压缸数目，但缸数多会增加轴系设计的困难），改用半速汽轮机以增加末级叶片高度（全速汽轮机的末级叶片高度为 900～1 200 mm，半速汽轮机为 1 300～1 800 mm）；提前使用扭转叶片。

（3）大多数级工作于湿蒸汽中，使效率降低，为了提高汽轮机的相对内效率和经济性，除了在级和叶栅的设计中充分考虑湿蒸汽的流动特性外，必须降低蒸汽湿度，汽轮机采用中间去湿再热设计，其措施是：① 采用布置在本体外部的中间汽水分离再热器（moisture separator reheater，MSR）进行蒸汽的去湿再热；② 采取各种内部除湿措施，如在空心的固定叶片表面开出抽除水分的缝隙；③ 采用带齿形沟槽的转动叶片以甩出水分；④ 在气缸内壁设置除湿腔室，利用水滴的离心力收集水分，予以抽除并与给水回热抽汽相连接。

（4）工作于湿蒸汽区域的转动叶片在水滴撞击和汽泡空蚀的作用下侵蚀严重，影响汽轮机的可靠性。为了防止低压缸末几级叶片的侵蚀，除采取上述外置和内部的除湿和中间再热措施外，还要采用以下措施：① 通过增大末几级的焓降和安排好回热抽汽以减小级前蒸汽湿度；② 增大固定叶片与转动叶片之间的轴向间隙；③ 采用耐侵蚀的叶片材料（钎焊司太立硬质合金、激光硬化、激光熔覆司太立合金），将转动叶片用司太立合金贴边或利用高能激光束将司太立合金粉和叶片基体同时熔化、在叶片进汽边表面形成熔覆层；④ 通过降低汽轮机转速或减小末级叶片高度来降低叶片外缘的圆周速度，半速汽轮机叶片的抗侵蚀性能会大大提高。

（5）为减小湿蒸汽对汽轮机组其他部件（机壳、隔板、曲径汽封、接合缝隙、连接管道等）的侵蚀，需做到以下几点：① 减少结构中的滞留区，使疏水通畅；② 减少接缝，改用焊接接合、紧密贴合和用合金薄焊层覆盖缝隙；③ 更多地采用高铬钢、不锈钢等耐侵蚀材料制造这些静止部件，或在其表面堆焊或等离子喷涂上耐侵蚀材料加以保护。

（6）甩负荷时由于庞大的中间容积（高、低压缸之间管道，汽水分离－再热器，给水回热抽汽管道）内的蒸汽膨胀，及其壁面和转子表面水膜的蒸发，会使汽轮机超速达到不允许的高值（20%～30%），除缩短连接管道和妥善安排疏水外，甩负荷后再热蒸汽使汽轮机超速的危险更大，需采取特殊保护措施，即在低压缸和低压给水加热器前的蒸汽管道上设置快关蝶阀，其关闭时间应不超过 0.5 s，以限制超速为5%～6%。

（7）由于饱和蒸汽汽轮机的蒸汽质量流量为高参数常规火电汽轮机的 170%～190%，使凝汽器的传热面积、结构尺寸和循环水系统相应增大。为防止凝汽器传热管泄漏，损害给水水质，海水冷却的核电厂采用钛管作为传热管；并为监测泄漏设置双层管板。当汽轮机跳闸时，必须使主蒸汽旁排至凝汽器，后者的设计应考虑到能够接受初参数蒸汽，承受汽流冲击。大口径旁路排汽管也是饱和蒸汽汽轮机组的一个特点。

（8）与热利用装置（如区域集中供热）和/或海水淡化装置连接的核动力厂的设计，必须能够防止在运行状态和事故工况下，放射性核素从核动力厂迁移到海水淡化装置或区域集中供热装置。

（9）沸水堆核电厂的蒸汽带放射性，须采取辐射防护措施，有的将整个汽轮机组放在一个密封罩内。为了防止放射性蒸汽逸出，须加强所有法兰连接等处的密封，例如在气缸的水平中分面法兰连接处焊上薄钢带，尽量用焊接代替管道的法兰连接，将非放射性蒸汽通入阀门和端部的汽封装置，凝汽器中广泛采用焊接等。

对于核电汽轮机来说，其进汽量是同容量燃煤电站汽轮机的 1.5 倍以上，饱和蒸汽汽轮机功率的增大和末级叶片的增高，受到材料许用应力的限制，若采用全转速，汽轮机末几级叶片将因强度的限制难以设计。因此 1 000 MW 以上的核电汽轮机多采用半转速设计。尽管核电汽轮机整机焓降较小，但受汽轮机末级叶片、转子及气缸的结构和强度振动的限制，通常采用多气缸设计。图 11-22 和图 11-23 所示为某种大功率饱和蒸汽汽轮机组和“华龙一号”大功率饱和蒸汽半速汽轮机组的剖面图。

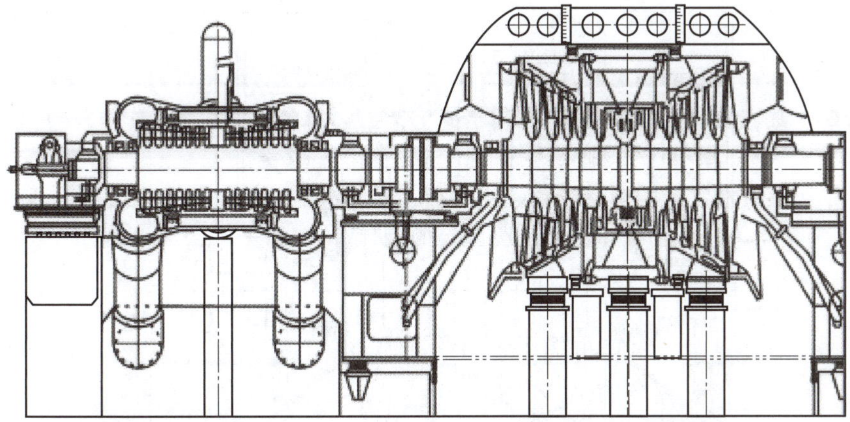

(a)

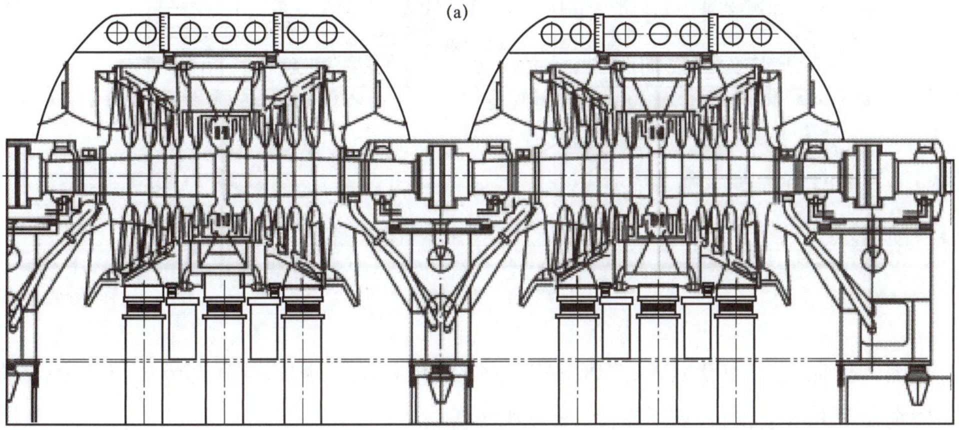

(b)

图 11-22　某大功率饱和蒸汽汽轮机组剖面图（英国 GEC 公司）

注：P＝1 200 MW，p_0＝6.26 MPa，t_0=278 ℃，n=1 800 r/min，高压缸含有 2×7 级，3 个低压缸各含有 2×6 级，末级叶片高度＝1 170 mm，外缘圆周速度＝420 m/s，机组总长＝45 m

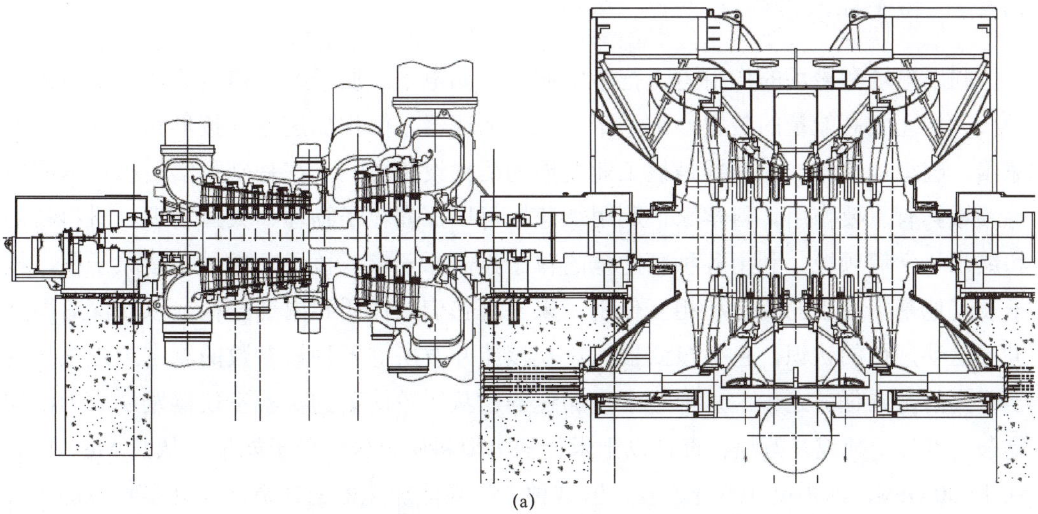

(a)

图 11-23　“华龙一号”大功率饱和蒸汽半速汽轮机组剖面图（东方电气 DEC）

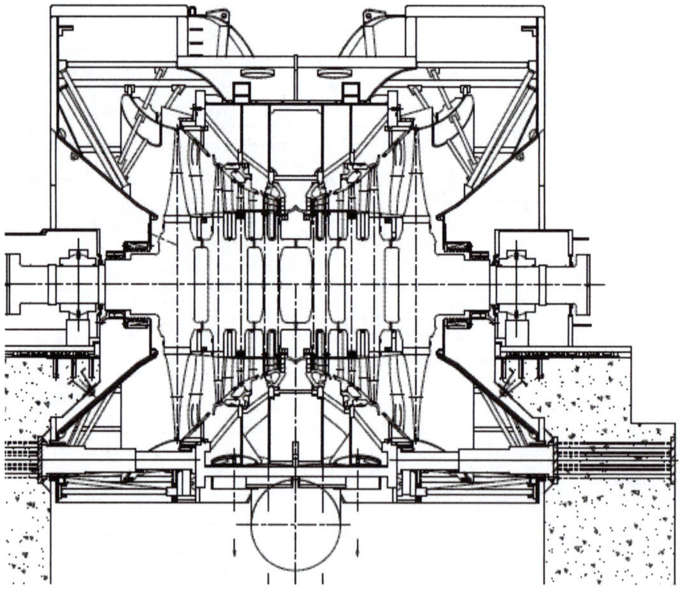

(b)

图 11-23 “华龙一号”大功率饱和蒸汽半速汽轮机组剖面图（东方电气 DEC）（续）

注：P=1 200 MW，P_0=6.45 MPa、t_0=280.35 ℃、n=1 500 r/min：高压级数 HP9 级，中压级数 IP4 级 低压级数 2×2×5 级，末级叶片高度=1 828 mm，外缘圆周速度=542 m/s，机组总长=47 m。

我国国内制造的 300 MW、600 MW 和 1 000 MW 汽轮机组有部分零部件还需要进口，特别是高压主汽阀和调节阀、快关蝶阀等。

11.8　粒子加速器

11.8.1　粒子加速器特点

利用电场和磁场的作用力，把带电粒子（如电子、质子、氘核、氦核及更重的原子核）加速到高能量的装置，称为带电粒子加速器，简称加速器，按形状分为直线加速器、圆型加速器。加速器是核工业发展的两大设施之一，在基础科学、核技术应用等领域具有重要作用。科学家们利用加速器可以探究粒子物理、天体物理、材料科学和纳米科学等领域。利用各种高能量的粒子轰击原子核或核子，通过观察原子核、核子及其他基本粒子的变化和相互作用，来了解它们的性质和内部结构，以加深对微观世界运动规律的认识，包括核武器设计及核能开发所需各种核参数的测定，是核物理学研究的主要任务之一。几十年来，加速器已从比较简单的实验室仪器发展成为结构复杂、重几千吨或几万吨、直径以千米计的大型科研设施，粒子能量也从几 MeV 提高到 1 000 GeV，即提高 10^6 倍之多。但这种大型高能加速器的建造涉及许多特殊的工程技术问题，建造时间很长，投资很大。

11.8.2 粒子加速器工业应用

IAEA 统计数据显示，目前全世界有超过三万台加速器，其中数百台加速器专门用于科学研究，超过 97%的加速器则广泛应用于商业领域。除了供核物理实验用的高、中能加速器以外，粒子能量低于 50 MeV 的低能加速器作为辐射源获得日益广泛的应用。它比放射性同位素辐射源（例如钴-60）优越的地方是能量高、聚焦好，停止运行后即无放射性，是人工射线，不产生放射性废物，是绿色环保技术。加速器可以产生能量很高、强度很大的电子束、离子束、中子和 X 射线。0.2～10 MeV 能量的电子束已广泛应用于辐射化工（辐射交联、辐射聚合、辐射接枝共聚、辐射降解、辐射固化、橡胶的辐射硫化），进行电线电缆绝缘层、热收缩管膜、电力半导体器件、宝石改色等方面的辐照改性；以及辐照加工的医疗用品消毒，食品保藏，烟道废气去除污染物，污水、污泥处理等方面。电子、质子、重离子等加速器用于癌症放射性治疗。6～150 MeV 的离子束（质子、氘核、氦核等）可用来生产缺中子的放射性同位素、医疗诊断与治疗用的短寿命放射性同位素；进行极灵敏的痕量（$<10^{-12}$）分析，用于硅片生产、材料研制、环境污染研究、生物医学、地质水文学（地下水资源）、考古定年学等研究中。离子掺杂器是一种特殊的加速器，用离子束以高精度来合成和改良金属、半导体、陶瓷等材料的性能，如提高钛、铝、钒合金的耐磨性可以制成适用的人体关节；用于计算机芯片的生产，全世界已有 7 000 多台。

由加速器的高速电子轰击重金属靶核而产生的韧致辐射——X 射线，应用的能量已达到 50 MeV，广泛用于射线治疗和工业无损检测，以及港口的集装箱货物在线检查等，效益显著。

加速器产生中子是通过核反应，选择适当的核反应，可以得到从热能一直到很高能量的中子，这对于核物理和中子物理研究很有用。通常为活化分析和中子照相用的中子，由下列核反应产生：

$^{2}H + ^{2}H \longrightarrow ^{3}He + ^{1}n$ 氘氘反应，产生 3 MeV 的单能中子；

$^{2}H + ^{3}H \longrightarrow ^{4}He + ^{1}n$ 氘氚反应，产生 14 MeV 的单能中子；

$^{2}H + ^{9}Be \longrightarrow ^{10}B + ^{1}n$ 氘铍反应，产生 1～6 MeV 的中子谱。

有一种小型的中子发生器，叫做中子管。它的原理是利用电压为 200～400 kV 的倍压加速器来加速氘核，使它轰击氚钯（例如溶有氚气的金属钛），以得到能量为 14 MeV 的快中子。在勘探石油、铀矿的中子测井和 γ 能谱测井、爆炸物（如地雷）和毒品的探查等工作中应用广泛。

通过 0.8～2.0 GeV 质子束轰击适当重金属靶核（铅、钨）的散裂反应，可以产生能量为 15～45 MeV 的散裂中子，将此散裂中子源与高通量次临界装置（快中子或热中子系统）相耦合以维持其链式反应的加速器驱动次临界系统（accelerator driven sub-critical reactor system，ADS，又称混合系统 hybrid system），成为 20 世纪 80 年代末期以来受到学术界广泛关注的一个热点。加速器驱动次临界系统（见图 11-24）可进行长寿命锕系核素及裂变产物的嬗变处理；将铀-238 或钍-232 转换为裂变燃料，并实现增殖；开发无反应性事故，故特别安全、长寿命放射性废物的积累水平又很低的洁净核能装置。该系统还处于概念设计阶段（西欧、俄、日、美），其技术关键之一是束流损失小、运行高度可靠的中能强流（10～20 mA）质子直线加速器。

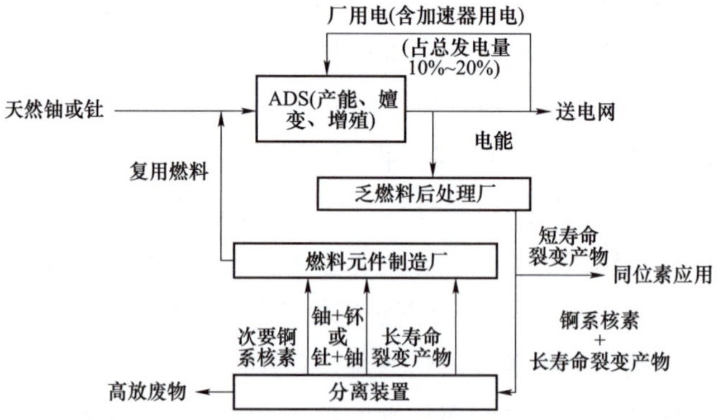

图 11-24　加速器驱动次临界系统（ADS）示意图

现在以工业规模成批生产的低能加速器类型有静电加速器、倍压加速器、电子感应加速器、电子直线加速器等。表 11-2 所示为各种成批生产的低能加速器的能量范围及产生的射线种类。

表 11-2　成批生产的低能加速器的能量范围及产生的射线种类

加速器型式	能量范围/MeV	电子	X 射线	离子	中子
变压器					
低压加速器	0.1～0.2	√	√	√	√
绝缘磁心变压器	0.3～2.5	√	√	√	√
共振变压器	1～2	√	√		
倍压加速器	0.3～4	√	√	√	√
静电加速器	0.4～7	√	√	√	√
串列式静电加速器	3～20			√	√
回旋加速器	15～22			√	√
电子感应加速器	5～35	√	√		
电子直线加速器	4～50	√	√		√

11.9　热室设备

对放射性物质（如放射性同位素、辐照过燃料元件等）进行处理和研究，需要采取辐射防护措施。对于弱放射性液体，只需要用通风柜。对于 α 放射性或低能 β 放射性的固体或粉末，可在保持负压的气密手套箱中操作。对于强 γ 放射性物质，必须使用封闭的屏蔽小室，称为热实验室或热室。常用的屏蔽兼结构材料有普通混凝土、重混凝土、钢和铅。采用重晶石（硫酸钡）混凝土比普通混凝土可减少墙壁厚度约 1/3。为了便于酸洗去污，墙壁内表面要衬以磨光的不锈钢覆面板，各种设备也要用不锈钢制造。在工作人员进入热室进行必要的检修或更换设备以前，必须将热室内表面及室内设备充分去污，使放射性强度降低到人可以短时间停留的水平。穿过热室墙壁的较大孔洞均须做成阶梯式，以防止射线直穿过微小缝隙。出入口应设置以不锈钢板或普通钢板覆面的铁门或铅门。

现将介绍热室的某些通用设备，其中，为特殊工作所需的专用设备从略。

11.9.1 屏蔽观察窗

普通玻璃对 γ 射线十分敏感，极易变色。选择屏蔽观察窗所用的透明屏蔽材料时，主要考虑的因素有：耐辐照的能力，即接受一定的照射量后变暗的程度；光学性质，如颜色、透光率、表面反射损失、折光率等；屏蔽能力；可靠性和成本等。凡玻璃受到 γ 射线照射，都会变暗。铅玻璃在不继续受照射时能有一定程序的恢复，故应避免长时间连续的照射。在铅玻璃中加入少量（0.5%～2.5%）的氧化铈（CeO_2）可以大大减轻辐照损伤，这种玻璃称为不变色玻璃。铅玻璃的颜色随氧化铈含量的增加而变深，从浅黄到深黄，同时耐辐照的能力也相应地增大。铅玻璃的密度一般为 3.3 g/cm^3，同重混凝土相近，两者适于配合使用。铅玻璃表面易损伤、易腐蚀，不可暴露于高湿度气氛中。含铅特多的重铅玻璃，密度可达到 6.2 g/cm^3，其屏蔽能力已接近铁，但颜色呈深黄色或橘红色，而且在 γ 辐照下易变暗，通常放在远离射线的一侧同较轻的材料结合使用，也可达到减少总厚度的目的。重铅玻璃表面很容易划伤或印上指纹，在使用时要用普通玻璃盖板加以保护。重铅玻璃的化学性质很活泼，须用铂模浇铸，加上原料昂贵，使用成本很高。

铅玻璃通常做成不同尺寸的铸块，最大尺寸约 2 m，最大厚度约 300 mm。铅玻璃观察窗须用几层铅玻璃叠置组成，其间间隙充填以具有同等折光率的矿物油或溴化锌溶液，用合成橡胶作密封垫，外侧（观察者一侧）用不碎玻璃（夹有塑料芯的双层玻璃）盖板、内侧（接受强辐射的一侧）用不变色玻璃盖板保护，以免腐蚀或损伤。观察窗前面应设置可启闭的钢屏蔽挡板，以便在不工作时保护铅玻璃和密封材料，使少受照射。为了改善透光性，各层铅玻璃采用不同的氧化铈含量，从外向内随照射强度而逐级增加。同时，各层大小也不相同，应做成阶梯式结构，避免直通的缝隙。对气体密封可启闭挡板于放射性强度特别高的场合，里面几层铅玻璃不充油、不设密封垫。图 11-25 所

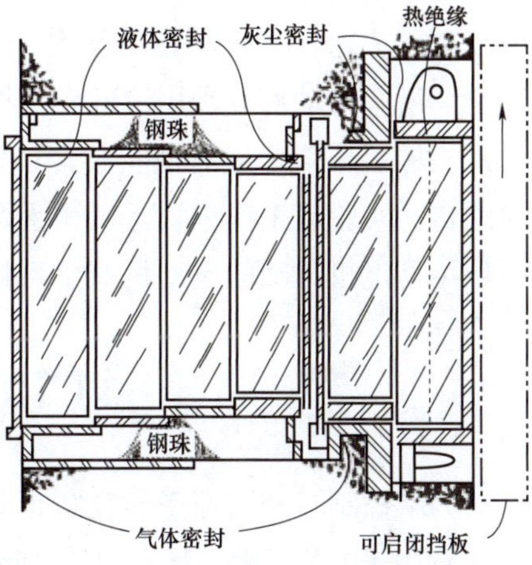

图 11-25 铅玻璃观察窗结构示例

示为铅玻璃观察窗结构示例。整个观察窗分为内外两段：外段包含四块铅玻璃，其间充油；内段的两块铅玻璃分别装在两个框架内，不充油。在两段之间设置玻璃挡板，用来阻止气体泄漏和污染的扩散。挡板周围的气体密封垫远离热室壁面约 0.5 m，这里的照射强度已降低到约原强度的 1/1 000。热绝缘层可使铅玻璃温度比较均匀，以免由于 γ 辐照发热而破裂。

水是很好的透明屏蔽材料。在辐照过燃料组件的卸出、运输和贮存过程中，常用水作为屏蔽，并加硼以防止临界事故。水（或油）同铅玻璃的组合常用于高强度中子－γ 热室（如超钚元素热室）的屏蔽观察窗中，但水的密度太小。在高密度液体中，最适用的是含 80%溴化锌（$ZnBr_2$）的水溶液，它的密度达到 2.5 g/cm^3，同普通混凝土密度相当，但透光性好，又没有玻璃所具有的光学缺陷，如气泡、夹杂物、分层等。对于 1 m 左右的壁厚，溴化锌液体观察窗同普通混凝土墙相结合，要比用铅玻璃结合重混凝土便宜得多。溴化锌溶液呈淡黄色，会因辐射分解或接触空气使所含杂质铁氧化而变色，加入少量还原剂可减轻这种现象。溴化锌液体观察窗通常做成可拆卸的液槽，安装在铸入混凝土屏蔽墙的阶梯式框架内，两侧的玻璃盖板各以双层钡玻璃叠置组成以增加强度。溴化锌液体观察窗的主要缺点是，万一玻璃盖板破碎就会造成辐照事故。在照射强度较高的场合，宜采用组合式观察窗，在溴化锌液槽的内侧装上一层加入氧化铈的铅玻璃或钡玻璃以屏蔽高于 10^5 R/h（伦琴/时）的强辐照，外侧装上一层重铅玻璃以减小总厚度。有时把溴化锌液槽分为两段以防万一。

11.9.2 机械手

机械手是一种远距离操作设备。它能跟随操作人员手的动作对热室里面的物体作抓住、移动位置和转动角度的操作。为了顺利完成各种操作，操作人员除通过观察窗看到热室内一切情况以外，还必须能感觉到机械手加给物体的载荷或力的大小，否则就有压碎或损坏对象物体或机械手本身的危险。采用机械联动，能把作用力返传回来。为了便于去污，须用不锈钢丝绳、不锈钢带和不锈钢滑轮来连接机械手的主动侧和从动侧。所有活动部分须用滚珠轴承以减小摩擦，滚珠轴承也须是不锈钢的。

机械手一般都成对地安装，以便操作人员两手同时操作。这种操作很容易掌握。对通常的实验室工作来说，机械手是最简单而灵巧的工具，缺点是作用力限于几千克。采用微型电机传动的电动机械手可把作用力增大到几十或几百千克。

11.10 辐射探测仪器

为了控制与利用原子能及防止核辐射对人的危害，需要有各种各样探测辐射（α、β、γ和中子）的仪器。最常用的探测方法是基于辐射对气体的电离作用、辐射在闪烁体中产生荧光的作用、辐射对照相乳胶的作用、辐射对半导体的电离作用。

带电粒子（例如 α 或 β 粒子）在使气体原子电离的过程中逐渐耗损其能量。不带电的 γ 射线首先把能量传给电子，后者再使气体电离。中子则通过核反应或碰撞原子核使之运动而产生电离作用。根据气体电离原理制成的探测器最常见的有电离室、正比计数管和盖革－弥勒（Geiger-Müeller）计数管。

最简单的电离室就是一个充气的容器，内装有互相绝缘的两个电级，分别接到外电路的适当接点。在两电极之间保持一定的电位差（100～300 V）以造成电场，使气体容积中由射线的电离作用产生的正负离子分别向两电极移动。汇集到两电极上的电荷在外电路中中和，按照所用的电子线路，或产生相应于入射粒子电离能力的单个电压脉冲（脉冲电离室），或产生代表辐射强度（单位时间内的入射粒子或 γ 光子数目）的平均电流（电流电离室），或抵消线路中预先充载的电荷（剂量电离室）。这些参量经过放大，可在计数设备上读出和记录下来。图 11-26 所示为某种脉冲电离室连同放大线路的示意图。图中电离室由负电极 K、正电极 A 和处于零电位、防止泄漏电流的保护环 S 组成。射线经过接地外壳的第一个窗口 F_1 和第二个窗口 F_2 进入电离室。在电场的作用下，由电离产生的电子在不到 1 μs 的极短时间内就汇集到正电极 A，而在电阻 R_1 上产生一个电压脉冲，经过电容 C 传到前置放大器输入电子管的栅极，再传到主放大器。放大几十万倍后的脉冲的数目用计数设备 M 记录下来。

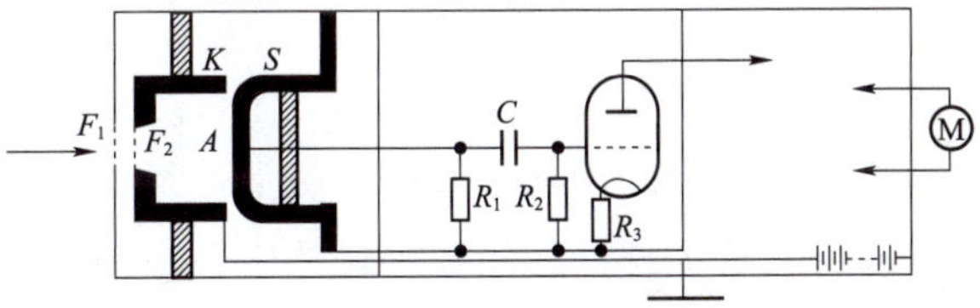

图 11-26　脉冲电离室连同放大器示意图

把探测器做成金属圆筒（作为负电极）和中心金属丝（作为正电极）的形式，可以不用太高的电位差而获得相当强的电场。由于靠近中心细丝的电场强度非常大，使原始的电离电子获得足够高的速度，而能在气体中引起二次、三次……的电离。这种“气体放大”作用能把到达两电极的电荷增大 10^2～10^4 倍，而在外电路中产生一个大得多的电压脉冲，它的大小仍同原始的电离量成正比。因此，这种探测器叫做正比计数管，它可用来辨别入射粒子的种类或能量。例如，一个 α 粒子通常产生 10^5 对原始离子（相当于几十毫伏），而 β 粒子和 γ 射线只分别产生 10^3 对和 10^2 对原始离子（相当于几十至几百微伏）。正比计数管特别适用于在强 β 和 γ 辐射本底下探测 α 粒子或质子（须采用甄别器）。

盖革－弥勒计数管的结构同正比计数管相似。通常在封闭的管子内使充入的稀有气体保持负压，并进一步提高两电极之间的电位差（至 1 kV 以上），使任何粒子的电离作用都变成扩展到中心丝全长和气体全容积的放电现象。气体放大系数达到 10^8，输出的电压脉冲达到几伏至几十伏，只需简单的一级放大或不需要放大，就能记录下来。盖革–弥勒计数管的灵敏度高，构造及电子线路简单，成本低廉，可做成各种结构形式和尺寸，以适合不同的用途，因而获得广泛的应用。缺点是不能辨别不同种类的粒子，对γ辐射的探测效率较低（约 1%），及在一个脉冲后需要相当长的恢复时间（100～200 μs），故不适宜用在计数率高（例如大于 5 000 次/s）的场合。为了遏止计数管内的连续放电现象，需要准确控制充气的组成。一般在氩气中加入少量酒精蒸气或卤素气体作为遏止剂。

中子不能直接引起电离。为了探测中子，必须设法产生能够引起气体电离的带电粒子，具体产生方法如下。

（1）利用硼-10 吸收热中子的（n，α）核反应，$^{10}B+{}^{1}n \rightarrow {}^{4}He+{}^{7}Li$ 产生α粒子和锂-7 离子（如涂硼电离室、BF_3 正比计数管）。

（2）利用铀-235 与热中子或铀-238、钍-232 与快中子的核裂变反应，产生裂变碎片（如裂变电离室）。

（3）利用钒-51、锰-55、钴-59、铑-103、镉-114、镝-164 等吸收热中子及铟-115 吸收超热中子活化后的放射性衰变反应，产生β粒子和γ射线。

（4）利用氢核散射快中子的反应，产生反冲质子。

（5）利用氦-3 吸收各种能量中子的（n，p）核反应产生高能质子（如 ^{3}He 正比计数管）等。

辐射在固体和液体中使电子激发，在一些闪烁体中，这过剩能量以光的形式再发射出来，穿过透明的闪烁体，落到光电倍增管的阴极上。经过光电倍增管的放大，产生一个相当大的电压脉冲，它的大小同粒子在闪烁体中耗损的能量成正比。因此，将由闪烁体和光电倍增管组成的闪烁计数器同多道脉冲分析器相结合，可测定入射粒子（或γ光子）的能量分布（即能谱）。闪烁计数器的探测灵敏度很高，对辐射的探测效率高。另一胜过盖革–弥勒计数管的优点是分辨时间极短（10^{-3}～10^{-2} μs），可用在计数率很高（10^{8}～10^{9} 次/s）的场合。缺点是构造复杂及需要复杂的电子设备，成本较高。在γ辐射测量和γ能谱分析中用得最多的闪烁体是铊激活碘化钠 NaI（T1）晶体。

核辐射同光一样会使照相乳胶的银盐感光。利用这个特性，可用普通照相底片，特别是 X 光底片来测量辐照强度、辐射剂量、放射性物质的空间分布（射线自照相方法）和辐射被物体吸收的程度（射线照相方法），后者用于 X 和γ射线探伤技术中。

特制的核乳胶还能记录粒子的径迹。这种乳胶的特点是溴化银颗粒特别细和乳胶层特别厚，对粒子具有很高的灵敏度和分辨能力。带电粒子穿过核乳胶时，由于电离作用，在它经过的路程上会造成一串较大的潜影银斑，经过显影、定影还原成为银粒，就显出一条黑色的径迹。在显微镜下观测径迹的粗细、弯曲程度和长度，可以判别粒子的种类和能量，从径迹的数目可以得到粒子的数量即粒子注量。用核乳胶可以探测α、β、中子（通过核反应）、质子、裂变碎片等。核乳胶在核物理实验、宇宙线和高能物理研究、射线自照相、剂量测量中应用广泛。

利用带电粒子和重离子在许多绝缘固体（如云母、玻璃、塑料）中，在其穿过路程上造成材料辐照损伤而形成细微潜迹的特性，可制成固体径迹探测器。把带有足够严重的辐照损伤潜迹的材料放入强酸或强碱中进行蚀刻，由于辐照损伤物质的化学活动性强，可使潜迹扩大上百倍而达到光学显微镜下可见的程度。但辐照损伤较轻的潜迹蚀刻不出来。因此，这种探测器具有阈特性，它能克服轻带电粒子的强本底干扰，能分辨粒子的种类和能量。例如，硝酸纤维能记录质子和比质子重的粒子；聚碳酸酯就不能记录质子，只能记录 α 粒子和更重的粒子；云母只能记录比氖重的离子；所有固体径迹探测器都不能记录 β、γ 和 X 射线。固体径迹探测器可用来监测 α 污染和氡气的浓度，它与裂变燃料镀层相结合可以测量中子注量、中子能谱、中子剂量等，用于铀矿地质勘探、剂量测量等方面。

半导体探测器也是利用辐射对物质的电离作用，但在半导体中不是产生正负离子对，而是产生电子空穴对，其数目同带电粒子耗损的能量成正比。半导体探测器的工作原理和脉冲电离室相似，它的突出优点是分辨率高。高纯锗探测器具有探测效率高、能量分辨率高等优点，尤其是以其优异的能量分辨本领成为伽马射线测量的“黄金”标准。高纯锗探测器能够对伽马射线进行指纹式的识别，进而精准确定核素种类与强度，形成了同轴（P 型、N 型）结构、宽能区、超低能、井形等多种结构类型的高纯锗探测器。常用的 P 型同轴高纯锗探测器能量测量范围为 40 keV～10 MeV，相对探测效率可达 175%，同时可以保持很好的能量分辨率，而超低能高纯锗探测器探测下限可低到几百 eV。例如，100 mm^2 的超低能锗探测器在 5.9 keV 的分辨率小于 150 eV（FWHM）。

硅的禁带宽度为 1.12 eV 比锗的（0.66 eV）大，室温下漏电流小，使用时可以不用降温冷却，在单晶生长技术方面可以根据不同的要求拉制出满足核辐射探测器要求的不同电阻率的高纯、高完整性、高少子寿命的硅单晶，所以它是用来构成核辐射探测器种类最多和应用十分广泛的一种半导体材料，可制备面垒探测器、P-N 结型探测器、平面工艺钝化保护离子注入型探测器等。以上所述各种辐射探测方法，除了照相乳胶和固体径迹探测器外，都需要与适当的电子设备结合使用。电子设备的作用是供给探测器所需的稳定电压，把探测器输出的微弱信号放大，显示、记录和分析来自探测器的信号。一套完整的辐射探测仪器就是由探测器（又称探头）和一台以上的电子设备组成的。图 11-27 所示为脉冲计数器的方块图，图中定标器和计数率表都是计数设备，只用其一便可。有些探测器只需要简单的电子设备，例如，产生大脉冲的探测器便不需要放大器，输出单一大小的脉冲探测器便不需要甄别器。

各项电子设备的特点如下。

（1）高压电源。气体电离探测器及闪烁计数器的光电倍增管均需要十分稳定的直流电压，其值从几百伏到几千伏，视探测器的特性而定。例如，以有机蒸气遏止的盖革－弥勒计数管需要 800～1 500 V，以卤素遏止的盖革－弥勒计数管需要 350～400 V，电压的稳定度均要求优于 1%。正比计数管和闪烁计数器需要 800～3 000 V，电压的稳定度要求接近 0.1%。

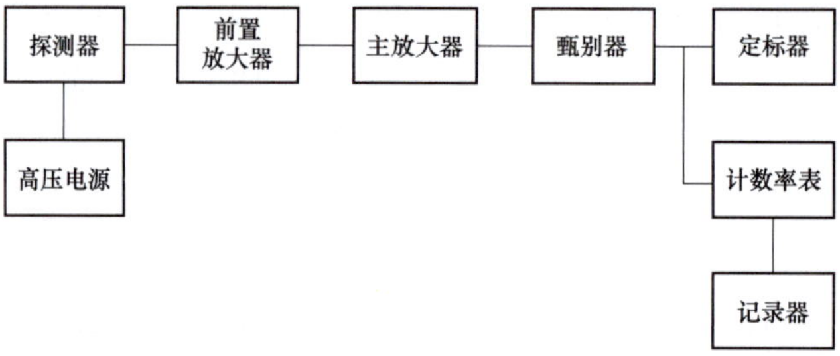

图 11-27　脉冲计数器的方块图

（2）主放大器和前置放大器。脉冲电离室和正比计数管的输出脉冲约为 1 V，记录和分析均有困难，需放大到 1～100 V，才能使别的电子设备工作。因此，要求放大器的放大倍数为 10^3～10^5。当探测器的脉冲很小或联接电缆很长时，通常让靠近探测器的前置放大器和靠近其他电子设备的主放大器分担放大的任务。

注：放大微弱电流的电子设备，叫做直流放大器，以区别于上述的脉冲放大器。

（3）甄别器。甄别器装在放大器的输出端或定标器（或计数率表）的输入端，用来调整定标器（或计数率表）的灵敏度阈，以排除低于阈值的脉冲。这样可以除去某些干扰，而与适当的探测器相结合时，又可以有选择地测量某种辐射。例如，与硼脉冲电离室相结合时，可以在强 β 和 γ 辐射场中测量中子密度。

（4）定标器。计数率低时（每秒几次），脉冲可以直接用一个机电记录器来计数。计数率较高时，必须接入某种电子定标线路。例如，由两个十进位电路组成的定标器，每输入一百个脉冲才输出一个脉冲，使得后接的机电记录器来得及动作。

（5）计数率表。定标器记录下一定时间内的脉冲数目，计数率表则给出瞬时的计数率值，即瞬时的辐射强度。两者都是计数设备，但计数率表的精确度要差些，特别在计数率很低时。

（6）多道脉冲分析器。利用简单的甄别器可以记录能量超过某一阈值的粒子数，利用多道脉冲分析器则可以同时记录许多不同能量区域的粒子数，从而给出辐射的能谱。最常用的是数字化多道脉冲幅度分析器，使用模拟到数字转换器（ADC）将模拟信号转换为数字信号，并使用数字处理技术进行能谱分析。目前配合碘化钠（铊）晶体闪烁计数器的多道分析器，道数多为 1 024 道；配合高纯锗半导体探测器的，常用到 8 192 道，乃至 16 384 道。多道分析器使测量时间大为缩短。

下面按用途对地质探矿、反应堆控制和防护监测三方面的辐射探测仪器加以介绍。

11.10.1　地质探矿仪器

寻找铀矿的主要方法是利用铀的放射性。放射性探矿的主要仪器是 γ 辐射仪——盖革－弥勒计数管和闪烁计数器。

由于在野外使用，对探矿用 γ 辐射仪要求灵敏度高、测量范围大、轻便、坚固、防潮、抗振，能在各种恶劣气候条件下使用，装在汽车、飞机上的仪器并要求响应快。γ 辐射仪由探测器、高压电源、脉冲放大器、显示或记录仪器组成。徒步探矿用的携带式 γ 辐射仪，包括探头、指示仪表、耳机等在内的全套重量应不超过 3 kg，所用的蓄电池电源应能保证持续几天的工作，测量范围为 0.05～50 μGy/h。有的仪器探头配备了防水护罩，可放入水中测量。用闪烁计数器比盖革－弥勒计数管灵敏度高，响应快，但电路比较复杂，受环境温度的影响较大。

寻找地表深处的铀矿，使用探测铀-238 衰变子代氡气的方法。从地表插管抽取浮土中的空气，使空气经过活性炭吸收剂，然后用 β 盖革－弥勒计数管测量其 β 计数，可测出扩散到浮土中氡-222 的浓度。

利用碘化钠晶体闪烁计数器或半导体锗（锂）探测器，后接多道脉冲分析器，作能谱测井，可以分辨铀、镭、钍、钾等放射性元素并直接测定它们的含量。

11.10.2　反应堆控制仪器

对于反应堆的控制和安全来说，裂变功率是最重要的参量。在热中子反应堆中，任何一点的功率密度或裂变率密度，都与该点的热中子注量率成正比。探测热中子通常采用硼电离室，包括内充三氟化硼（BF_3）气体的 α 正比计数管，及内充其他气体（氢、氩等）、管壁或电极上涂有薄层硼的正比计数管或电离室（注：采用富集的硼-10 同位素可以提高探测的灵敏度）；还可采用裂变电离室或裂变计数管，在电流电离室或脉冲计数管的电极上镀覆了铀-235 薄层或涂覆了富集铀的化合物。由于裂变碎片的能量很高，给出的脉冲很强，故不用气体放大。图 11-28 所示为某种具有多层同心套管电极的裂变计数管。

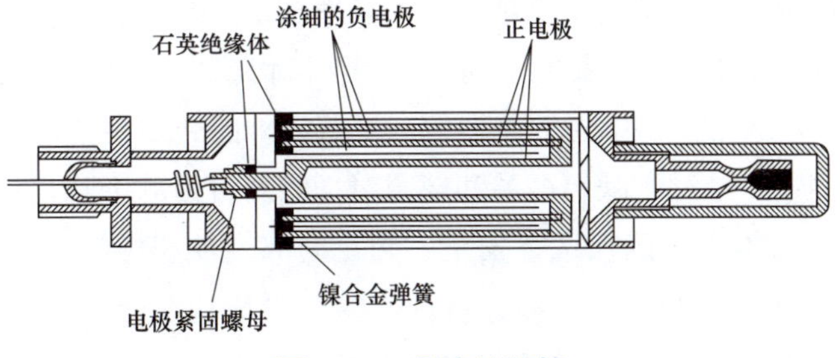

图 11-28　裂变计数管

上述任何一种中子探测器同适当的电子设备相连接，在显示或记录仪器上给出的计数率或电流，就表示探头所在处的热中子注量率。一般要求中子探测器对中子有很高的灵敏度而对 γ 射线不灵敏，还要响应快、量程大，能在辐照和高温条件下工作，不易活化。

在正比计数管中，由中子产生的脉冲高度大约为由 γ 射线产生的脉冲高度的 100 倍，所以经过脉冲高度甄别以后，就能大大地减少 γ 计数。但一般的三氟化硼正比计数管在超过约 2 Gy/h 的强 γ 辐射场中不能很好地工作。裂变计数管由中子产生的脉冲要比由 γ 射线产生的脉冲大得多，因此在很强的 γ 辐射场（约达到 10^3Gy/h）中仍能很好地测量中子注量率。硼电离室对 γ 射线的灵敏性会引起相当的误差，特别是在低注量率时，常用一种 γ 补偿电离室。γ 补偿电离室它由两部分容积组成，一部分的电极不涂硼，只对 γ 射线敏感；另一部分对中子和 γ 射线都敏感。在线路连接上使后者的电流减去前者的电流，就能正确测量中子注量率。

由于反应堆从起动到满功率，中子注量率变化的范围很大（10^{10} 倍以上），没有一种探测仪器能测量全范围的中子注量率，故在不同的中子注量率（即功率）区域需要采用不同的探测仪器。为了保证安全运行，除中子注量率外，测定和控制反应堆周期也是很重要的。在电子线路中引进对数电路和微分电路，就可把探测器输出的信号（计数率或电流）转变为代表中子注量率的增加率，即反应堆周期。表 11-3 所示为反应堆控制中常用的中子测量仪器。

表 11-3　反应堆控制中常用的中子测量仪器

探测器	指示仪表	用途	探头所在处的热中子注量率/（$cm^{-2}\cdot s^{-1}$）
三氟化硼正比计数管或裂变计数管	计数率表（对数标尺*）	功率指示	10^{-1}～10^4
裂变计数管或补偿电离室	对数计数率表或对数电流表	功率指示	10^4～10^8
补偿电离室	周期表	周期指示	
补偿电离室	检流计或微安表	功率指示	10^8～10^{10}
硼电离室	（通往伺服机构）	自动控制	10^{10}（满功率）

* 对数标尺的仪表测量范围大，不用转换量程就能显示 6～7 个数量级的数值。

在反应堆中最经常要测量的是全堆的平均功率密度。由于中子注量率的空间分布随控制棒移动等因素而发生变化，要使个别仪器测得值代表平均中子注量率而不是某一点的局部中子注量率，通常需将中子探测器放在堆芯以外的一定距离，例如，径向反射层内沿高度的中间位置。这对于减轻高温和辐照对探测器寿命的影响，也是有利的。

现代大功率动力堆为了确保运行安全、防止局部过热和燃料烧毁，并尽量挖掘堆芯潜力、提高反应堆运行的可靠性和经济性，除了平均功率密度以外，需要掌握各点的局部中子注量率和堆芯中子注量率分布。由于堆芯内环境条件苛刻，热中子注量率和 γ 辐射场均比堆芯外大 10^3 倍，还有高温、高压及由冷却剂流动或沸腾引起的振动等，要求堆芯中子探测器体积足够小，耐辐照并保持测量的灵敏度，能承受高温、高压和相应的机械应力并保持结构的密封性。联接电缆也要求能在高温和强辐射条件下保持良好绝缘性能。固定式中子探测器应能随时向运行人员提供为报警、控制和保护所需的中子注量率分布的数据，但探测器需要量大，长时间暴露于堆芯内环境中，燃耗大和辐照损伤严重，须定期更换。移动式堆芯中子探测器可以采用裂变计数管或裂变电离室、涂硼计数管或涂硼电离室、自给能中子探测器。自给能中子探测器是利用中子活化材料的放射性衰变直接产生信号电流，不需要通过其他粒子的电离作用，没有发生电离的充气区域，也不需要外加收集电压。图 11-29 所示为某种自给能中子探测器的结构，把ϕ0.5 mm 的铑线发射极固定在因科镍导线上，用氧化镁（MgO）绝缘体紧密包围起来，外面套上因科镍外套，整个组件被挤压成 ϕ1.57 mm 的光滑圆柱，形成一根体积小而结实的同轴电缆。这种探测器的简单结构和工作原理使之具有价格低廉、电子线路简单、燃耗率低和寿命长的优点。缺点是响应较慢、灵敏度较低并且随中子能谱和发射极燃耗而变。发射极材料要求热中子活化截面大、活化后发射高能 β 粒子、半衰期短。适用的发射极材料有铑（^{103}Rh）和钒（^{51}V）。

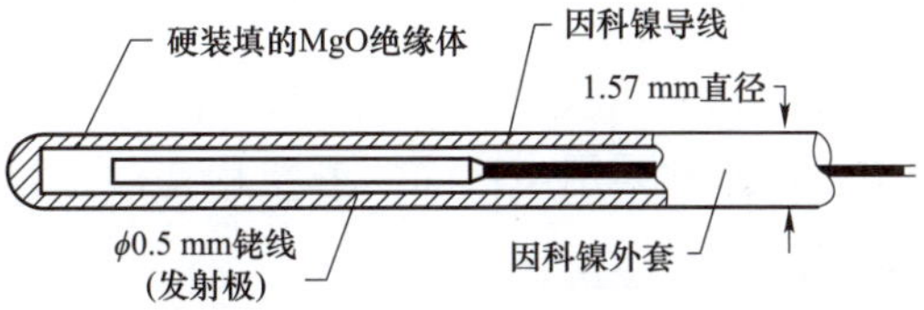

图 11-29　自给能中子探测器的结构

堆芯中子注量率测量系统由移动式中子探测器及其驱动机构、探测器选择器、信号处理设备等部件组成。操作员选择好测量管道后，用驱动机构将探测器从堆底送入预定管道，并沿堆芯做上下运动，同时测出电流信号，经联接电缆传送到信号处理设备。大亚湾核电厂 900 MW 压水堆的压力容器底部开有 50 个孔道与堆芯内 50 个中子注量率测量管道相连接，有 5 套探测器，各依序穿过 10 个管道进行插抽和测量，这样完成一次中子注量率分布图约需 2 h。

另一种利用钒-51 活化产生的 γ 放射性在堆芯外进行测量的气动球中子注量率测量系统，在德国压水堆中得到广泛应用。它是将含 ^{51}V 的一串直径 1.6 mm 的钒钢小球，用压缩空气从堆顶吹入预先选定的测量管道，在堆芯内经 3 min 照射后，再反向吹出堆芯送去测量。小球柱的高度与堆芯高度相同，其活化强度与轴向中子注量率分布成正比。设有 24 个气动球测量管道，24 个小球柱可分为 4 组进行每次 6 个小球柱的同时测量，按每个小球柱 30 个测点需时 30 s，4 组共需 2 min。气动球中子注量率测量系统还能给出临界热流密度比、最大线功率、轴向功率偏差因子等参数。

11.10.3　防护监测仪器

为了防止工作人员受到过量的辐射剂量，必须对环境中辐照强度和工作人员接受的辐射剂量进行连续或定期的监测。

监测室内辐照强度的仪器有以下几种。

（1）固定式 γ 剂量率表，通常采用简单的电离室连接到就地安装的放大器及中央控制室，在放大器底架上和中央控制室内装有剂量率表及灯光和音响报警装置，测量范围一般为 10 μGy/h～1 Gy/h。采用对数标尺可在容许剂量率附近测得比较准确，而在高辐照水平下又不至于使指针越出标尺以外。

（2）放射性气体监测仪器，以抽空气取样经过大容积电离室的方法进行监测。

（3）放射性微尘监测仪器，以抽空气经过过滤器，然后用闪烁计数器或盖革－弥勒计数管测量收集在滤纸上的固体物质的放射性的方法进行监测。

检查房间、设备和工作人员表面沾污的携带式仪器可分为以下 4 种。

（1）α 探测器，通常采用具有薄窗的脉冲电离室，虽然 β 和 γ 射线也进入电离室，但可以调节计数设备的灵敏度，使仪器只记录 α 粒子的脉冲数目。

（2）β-γ 剂量率表，对于低水平的 β 和 γ 射线（小于 50 μGy/h），通常采用盖革－弥勒计数管附带屏蔽片，不加屏蔽片时能探测能量大于 0.2 MeV 的 β 粒子及各种能量的 γ 射线，加上屏蔽片后只能探测能量大于 0.1 MeV 的 γ 射线，最大计数率为 10 万次/min；对于大于 50 μGy/h 的场合，通常采用电离室，其量程宽，一般测量范围为 50 mGy/h 以下，特殊者可测到 5 Gy/h。

（3）慢中子探测器，可以采用硼电离室或三氟化硼正比计数管，只要管壁厚度足以排除 α 粒子，计数电路又调整到对 β 和 γ 射线不灵敏，就能单一地探测能量小于 0.3 eV 的慢中子。

（4）快中子探测器，可采用不充三氟化硼、而在管壁内表面衬有石蜡层的正比计数管，使快中子同石蜡中的氢核碰撞产生反冲质子，能探测能量大于 0.2 MeV 的快中子；或用石蜡或聚乙烯包围慢中子探测器，使快中子慢化以后进入探测器，也是探测快中子的便利方法。

上述监测仪器一般不要求很高的精确度，而要求响应快、坚固、可靠和容易去污。携带式仪器还要求重量轻和便于使用。

工作人员佩带的剂量测量仪器有以下几种。

（1）剂量笔，即小型的电离室，外形和大小像一支自来水笔，同充电与读出装置一道使用。使用前由充电装置加给两电极以一定的电位差（约 150 V）。如果未受辐照，电极上的电荷保持不变（或仅略有漏失）；如有射线进入电离室，电位就会下降，下降值同所接受的照射量成正比。用读出装置（即静电计）可以测出电位变化。大多数剂量笔对 X 和 γ 射线及能穿透外壳（能量大于约 1 MeV）的 β 粒子敏感。带硼涂层的剂量笔还能监测慢中子，测量范围通常为 2 mGy。

（2）自读式剂量笔，里面包含镀了石英丝的验电器，通过剂量笔一端的透镜可从石英丝在刻度标尺上偏移的程度直接读出照射量，测量范围通常为 2 mGy。

（3）胶片盒（胶片剂量计）是利用胶片变黑的程度来测量所接收的照射量，适用于较长时间（例如几星期）佩带，但需经过显影由黑度计读出数值。胶片盒一般做成 4 cm × 8 cm 的金属或塑料盒，内装两三块具有不同灵敏度的 β 和 γ 敏感胶片，以扩大测量范围。胶片的量程通常为 300 μGy～200 mGy，特殊者达到 5 Gy 以上。采用适当的屏蔽片（铅、镉、银、铜、铝、锡）可以辨别射线的种类和能量。例如，利用镉片吸收热中子后放出 γ 射线的特点，可以记录慢中子剂量。也可在胶片盒内装入中子径迹胶片以监测中子。快中子同乳胶中的氢核碰撞产生反冲质子，慢中子同乳胶中的氮核发生（n，p）反应产生质子，或同载硼乳胶中的硼-10 核发生（n，α）反应产生 α 粒子，均在胶片上留下径迹，显影后可用显微镜观察和计数，以确定中子剂量。用镉屏蔽片可区分出快中子和热中子。

11.11　石　墨

石墨广泛用作反应堆的慢化剂、反射层和结构材料。石墨的优点包括热中子吸收截面小，散射截面大，具有较大的慢化比；密度可以通过生产工艺加以控制（1.6～1.9 g/cm^3），以满足设计要求；热物理、力学性能良好（热导率高，热膨胀系数小，强度高，弹性模量低，有良好的抗热冲击性，不会单因热应力而引起破坏）；一般地说，化学稳定性好，在非氧化气氛中有较好的高温特性；加工性能好，容易加工成精确形状；原料充足，生产工艺成熟，能大量生产，成本低。缺点包括吸收中子的杂质含量较高，不易得到高纯产品；多孔不气密，易吸附杂质；在高温下易与氧气、二氧化碳、水蒸气及一些金属起化学反应；受快中子辐照后有潜能积累、热导率下降、蠕变加速、易受介质侵蚀及尺寸变化引起的扭曲、膨胀等问题；各向异性（特别是热膨胀和热传导），严重地影响辐照变形和辐照寿命。

天然石墨是很不纯的。用于反应堆的核纯石墨一般要求其总热中子吸收截面小于 4 mb，须用人工方法从炼油过程中产生的石油焦炭制成，并经过高温提纯。首先将石油焦炭加热煅烧，驱出其中残余的挥发性碳氢化合物，然后粉碎、筛分；再将不同大小的颗粒按比例加入熔化的煤沥青黏结剂中进行混捏，并在热态下挤压或模压成各种不同形状的生坯；将生坯放在煤气炉中焙烧（温度为 600～1 300 ℃）10～15 天，排除挥发成分，使黏结剂焦化，从而得到体积充分收缩、几何形状稳定、质硬、多孔的结构，密度在 1.6 g/cm^3 左右，整个生产工艺流程如图 11-30 所示。为了提高产品的密度以改善其力学、热物理和核物理性能，将半成品在真空下用沥青浸渍后再行焙烧。浸渍和焙烧可以反复多次。接着借助于电阻加热来进行高温石墨化（即晶体的重新排列），温度为 2 700～3 000 ℃，时间为 3～4 天，然后让它在 3～4 星期内逐渐冷却。整个生产周期经二十几道工序，最后制成近各向同性（热膨胀系数的各向异性因子$<$1.3）的石墨。石墨产品的性质同生产工艺有很大关系。石墨化的温度越高，产品的石墨化程度越好，晶体也更加完善，各向异性因子更接近 1，热导率更高，抗辐照的尺寸稳定性也更好。石墨的中子吸收截面因含有微量的硼、稀土及其他杂质元素而增大，须对原料进行精选，并在石墨化过程中利用含氟、氯等的物质对产品作提纯处理，通过形

成杂质的挥发性卤化物，以去除大部分有害杂质。为了检验最终产品的核物理性质，对每一批产品要用反应堆或核物理实验装置来测定其热中子吸收截面。

经过石墨化的石墨块，表面粗糙，尺寸和形状均不整齐，必须进行精加工以获得满足设计要求的最后成品。加工过程须在备有良好通风系统的清洁车间中进行，车间内保持正压，空气经过过滤，操作人员彻底更衣，不使用加工润滑剂，并严格控制同石墨接触的一切物品，以免损害石墨的核物理或化学性质。由于数量大，石墨块和其他石墨构件均采用流水作业方式生产。

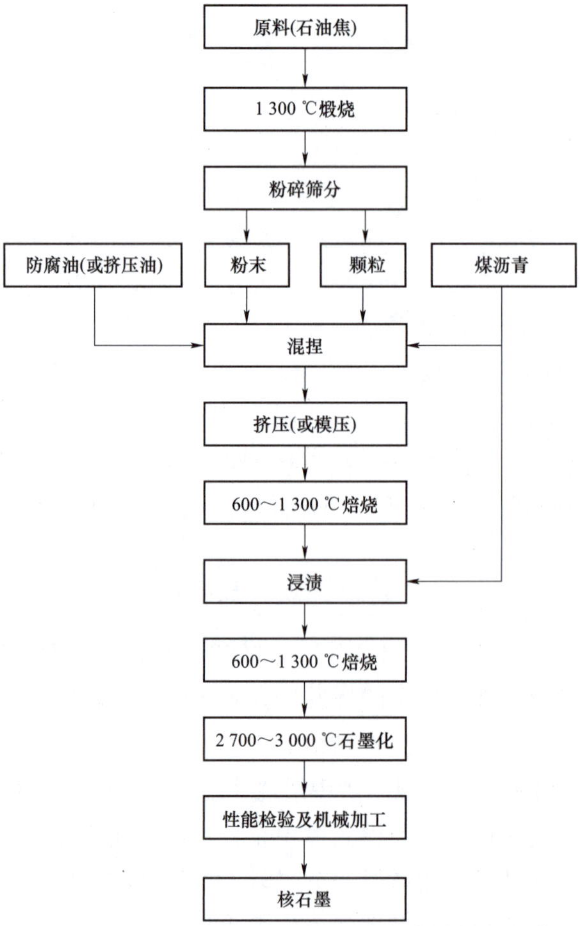

图 11-30　核纯石墨的生产工艺流程

作为熔盐堆的慢化剂或高温气冷堆的堆芯构件，需要采用特制的不透气性石墨。将石墨用糠醇浸渍后加热到 1 000 ℃左右，使糠醇碳化；或将石墨在真空下加热到 1 000 ℃左右，再通入丙烷，后者热解出来的碳质，堆积在石墨表面，形成致密的涂层。用这两种方法均可得到透气率极低的石墨，用于熔盐堆中可减轻氙气中毒，又不会被氟盐所濡润。

用于高温气冷堆燃料包覆层的热解碳，是由碳氢化合物气体（如甲烷、丙烷、乙炔等）在加热表面上热分解沉积生成。分解温度为 1 400～2 500 ℃。热解碳产品的结构与密度取决于表面温度、碳氢化合物气体的性质及其流率。改变上述条件，可以获得各向同性或各向异性的结构，也可以获得多孔性或不透气性的结构。例如，燃料芯粒的内包覆层用的是低温下沉积的多孔性各向异性热解碳，以便贮存裂变气体；外包覆层用的是高温下沉积的不透气性高密度热解碳，构成承受内压的密封外壳（见第 5.9 节）。

11.12　锆合金管

锆容易加工，又具有良好的核性能（热中子吸收截面为 0.18 b）、力学性能和耐高温水腐蚀性能。锆合金（热中子吸收截面为 0.22～0.24 b）作为燃料包壳材料和堆芯结构材料，已广泛应用于水冷动力堆中（见第 2.8.3 节）。但所有的锆矿砂均含有 0.5%～3%的铪，后者具有很高的热中子吸收截面（105 b）。为了应用于热中子堆中，须将铪从锆中分离出来，使锆的含铪量约低于 1/10 000。由于两者的化学性质相似，这种分离十分复杂，致使纯锆成本昂贵。副产品铪是一种很好的控制棒材料。

锆中的氮、碳、氧、铝等微量杂质元素（特别是氮），会显著增大其在高温水中的腐蚀率。通常用作燃料包壳材料的锆锡合金（锆-2 或锆-4 合金），具有远优于纯锆的力学性能和耐腐蚀性能（见表 11-4）。锆-4 与锆-2 的主要差别在于锆-4 含镍极少而含铁略多（见表 11-5），抗吸氢脆化和耐高温水腐蚀的性能更好。含 2.5%～3%铌、1%锡的锆铌合金具有比锆-2 和锆-4 合金更好的高温力学性能，只是加工比较困难。

表 11-4　锆锡合金的力学性能（室温下）

	锆-2/锆-4	纯锆
抗拉强度/MPa	490	105
屈服强度/MPa	350	150
延伸率/%	22	38
断面积收缩率/%	50	60

表 11-5　锆-2 和锆-4 的合金元素含量

	Sn	Fe	Cr	Ni
锆-2 合金	1.2%～1.7%	0.07%～0.2%	0.05%～0.15%	0.03%～0.08%
锆-4 合金	1.2%～1.7%	0.18%～0.24%	0.07%～0.13%	≤0.007%

中子辐照除了加速锆合金的高温蠕变外，会使锆合金的屈服强度和极限强度增加，延伸率大大下降。这种辐照硬化导致脆化效应是影响燃料元件寿命的重要因素。辐照脆化除了取决于中子能谱、中子注量和温度外，还取决于材料的微观结构（“织构”），由于锆及锆合金的各向异性结构，不同的加工工艺可以得出不同织构的产品。因此，

锆合金的辐照脆化特性与其加工过程密切相关。现在制造水冷堆燃料元件的锆合金包壳管的方法是，先将配好的合金熔化和煅压成块，经化学分析认为合金元素和杂质含量符合规定，并检查表面质量合格后，再进一步挤压穿孔，成为管状毛坯。毛坯经过多次的冷加工，最后达到所要求的尺寸。冷加工可以采用冷轧或冷拉工艺。加工时使外径与壁厚两种缩减保持一定的比例（最后一道冷轧使壁厚缩减为外径缩减的 2～2.5 倍），可以造成一种加工织构，使在蒸汽腐蚀试验和反应堆运行中所产生的氢化物沉淀基本上按管壁周向析出。由于包壳管的最大应力发生在圆周方向，故希望氢化物尽量多地呈周向而不是径向排列。其他重要的力学性能可借助于热处理来达到。热处理的温度和持续时间应低于再结晶条件，使最后一道冷加工所造成的变形结构基本上保留下来。由于锆同氧、氮、氢在不太高的温度下便起化学反应，所有的熔化、冷热加工包括热处理和焊接，均须在真空或稀有气体（纯氦或纯氩）的保护气氛中进行。

制成的锆包壳管须经严格的质量检验，其内容如下。

（1）尺寸检验——管子全长度的外径、内径、壁厚、正圆度、平直度等，用超声波（测壁厚）及气压变化（测内径）等方法检查。

（2）力学性能试验——抗拉强度、屈服强度、硬度等及 400～500 ℃高温下的性能变化情况。

（3）金相检验——金相结构、晶粒度等。

（4）化学分析——合金成分及杂质含量，氢、氧、氮含量。

（5）表面质量——内、外表面粗糙度及缺陷检查。

（6）内部缺陷——用超声波及涡流法检查。

（7）非破坏性水压试验。

（8）腐蚀试验——用 400 ℃蒸汽在高压釜中检验其耐腐蚀性能，持续时间为 72 h。

（9）氢化物沉淀试验——用金相方法检查锆管断面在水中腐蚀后产生氢化物沉淀的痕迹数、长度及其取向。氢化物取向因子 f_N 是与应力轴呈 50°～90° 的氢化物数量与氢化物总量之比，其值越小越好。

压水堆和坎杜型重水堆的燃料元件包壳管多采用锆-4 合金，沸水堆采用锆-2 合金，俄罗斯 VVER 压水堆采用锆-1%铌合金。各种包壳管的外径为 9～15 mm，壁厚为 0.4～0.9 mm。

正因为锆合金的热中子吸收截面小，且具有较高的高温强度和耐腐蚀性能等许多优点，所以目前不限于用作燃料包壳材料，已用作堆芯其他构件的结构材料，如坎杜型重水堆的压力管、某些轻水堆的燃料组件盒、定位格架、控制棒导向管、支承板等。重水堆的容器管采用锆-2 合金，压力管采用锆-2.5 铌合金（见 5.8 节）。压力管是重水堆的关键部件之一，它须承受 10 MPa 内压力和 300 ℃重水的作用，作为冷却剂压力边界的一部分，相当于轻水堆的压力容器；又处于堆芯内最高中子注量率区域，须承受 25～30 年的中子辐照（不像燃料包壳在堆内仅停留 2～4 年），压力管在预定寿期内应不发生过度的尺寸变化（蠕变引起的轴向伸长和径向胀大）或显著地降低冲击韧性。采用高强度锆铌合金可以大大减薄壁厚（比锆-2 合金减薄 20%），减少伴生中子损失，提高整个反应堆的中子经济性。现行 CANDU-6 压力管的内径约为 100 mm，壁厚约 4 mm，长度 5～6 m，运行时最大拉应力可达到 120～140 MPa（锆铌合金在 300 ℃下的屈服强度和计及辐照蠕变的设计许用应力为 324 MPa 和 145 MPa，锆-2 合金的相应数值为 269 MPa 和 110 MPa）。压力管的设计、制造、安装和检验均须满足核容器 1 级安全规范的要求，做到产品尺寸精确，壁厚均匀（以免因热膨胀的差别而弯曲），非常直而圆，无任何缺陷（如裂纹），氢含量尽量低。加工过程应保持很高的清洁度以免渗入会加速辐照脆化的杂质氧、氮和氢。为了使制造过程具有重复性，要求严格控制工艺参数。现行的制造方法是，首先以掺了合金元素的海绵锆为自耗电极，在真空电弧炉内熔化。将铸锭热煅成圆柱形，钻孔后在全表面做机械加工，用肉眼和超声波检查表面及内部缺陷。然后把已加工的毛坯包上钢和铜覆盖层，在 800～850 ℃下挤压成形。铜覆盖层用来防止氧化和减小工件与模具之间的摩擦；钢中间隔离层用来防止在高温下形成锆铜共熔合金。挤压后用硝酸溶去覆盖层。经过淬火、冷加工（使断面积缩小 5%～15%）和 500 ℃下热处理，以消除残余应力，获得所需要的力学性能。最后进行磨光、喷砂和质量检验。尺寸和缺陷检查广泛使用超声波技术，辅以空气量具。从成品截取试样以测定其高温力学性能、腐蚀性能和化学组成。每根管子都要作水压试验。早期的重水堆发生过压力管端部过应力破裂泄漏的事故，经查明是管子与端部件的胀接工艺不当和管壁残余应力过高所致。后来通过改进胀接工艺和消除残余应力的热处理予以解决。

参考文献

[1] 邱天，罗英，马姝丽. 基于辐照脆化的反应堆压力容器 60 年设计寿命改进分析[J]. 核动力工程，2013，34（S1）：103-115.

[2] 广东核电培训中心. 900 MW 压水堆核电站系统与设备［M］. 北京：原子能出版社，2004.

[3]《蒸汽发生器》编写组. 蒸汽发生器［M］. 北京：原子能出版社，1982.

[4] 唐向东，杨博，陈西南. 磁力提升型控制棒驱动机构提升磁极螺纹疲劳研究［J］. 核动力工程，2013，34（S1）：112-115.

[5] 邓强，于天达，杨博. 直线电机型控制棒驱动机构设计与试验研究［J］. 机械设计与制造工程，2021，50（4）：117-120.

第 12 章　铀矿勘查、开采和加工

12.1　铀矿勘查

12.1.1　铀矿地质

铀是发展核工业最基本的原料。铀矿地质研究的任务是研究铀矿床形成的地质条件，阐明铀矿床时间、空间分布规律，建立铀成矿模式，用以指导普查勘探铀矿资源。

地球由地壳、地幔和地核三部分构成。地壳厚度极不均匀，最薄的海洋地壳厚仅 5 km，最厚的大陆地壳（我国的青藏高原）厚度在 65 km 以上，大陆地壳主要由硅和铝组成、大洋地壳主要由硅和镁组成。地幔在地壳以下直到 2 900 km 的深度，成分以硅、镁、铁为主。地核位于地幔下面，其半径约为 3 500 km，主要成分是铁和镍。铀集中分布于地壳中，往深部显著减少，如图 12-1 所示。铀并不稀少，它在地壳中的平均含量为 2.5×10^{-6}，即每吨岩石中含有 2.5 g 铀，比砷、钨、钼、锑、汞、银、碘、铋、金等元素的平均含量都高，但其分布极为分散，这是铀资源分布的一个显著特点。铀在各种岩石中的含量也很不均匀，岩浆岩富含 SiO_2、K_2O、Na_2O 成分，岩石中含铀量较高，

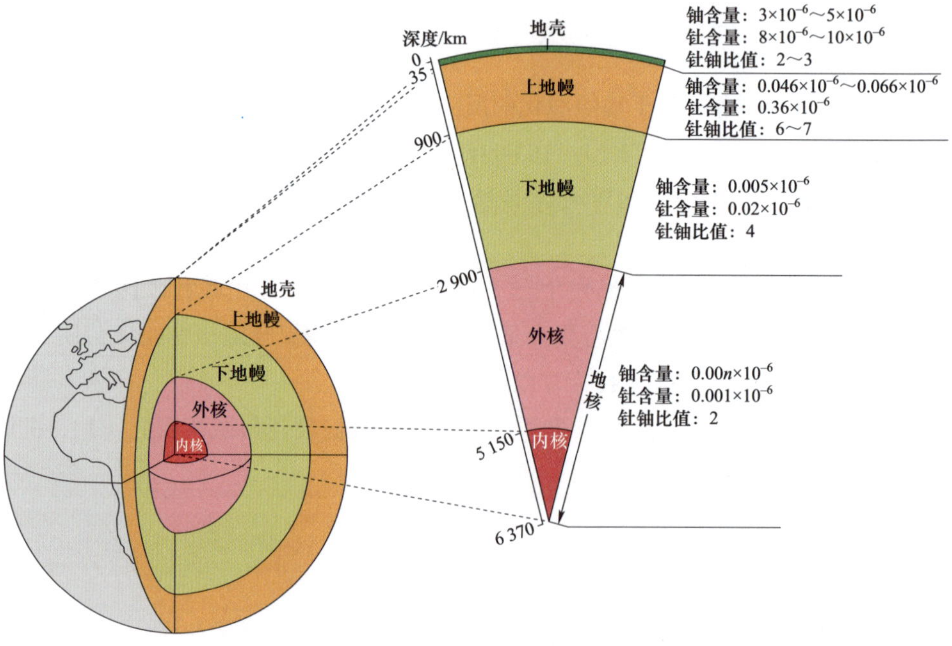

图 12-1　地球不同层圈中的铀、钍含量分布图

如每吨花岗岩平均含有 3.5 g 铀，沉积岩一般颗粒越细、有机质含量越高则铀含量越高，高者可达每吨近 100 g。铀不仅分布于岩石中，在海水、河水、湖水中也有不少，但其浓度很低，每吨海水只含有 3.3 mg 铀。由于提取困难和成本昂贵，暂时还不能利用。

地壳中的铀，以铀矿物、类质同象（形成含铀矿物）和吸附状态的形式存在。由于铀的化学性质活泼，容易与其他元素化合。地壳中的铀元素特别容易与氧结合，大部分铀矿物是铀的简单氧化物或复杂氧化物，至今尚未发现铀的硫化物。铀在自然界中以四价和六价两种价态化合物的形式存在，在强还原的深部环境中，可形成零价态原子铀。四价铀的离子特征与钍和稀土元素相似，故常与这些元素共生；六价铀多以铀酰离子（UO_2）$^{2+}$形式存在，可与多种络阴离子形成铀酰络合物或被层状构造矿物所吸附。目前世界上已发现的铀矿物有 300 多种，其中只有 25～30 种铀矿物具有实际的开采价值。中国已发现的 60 余种铀矿物中，工业上重要者有四价铀为主的晶质铀矿（含沥青铀矿）、铀石、钛铀矿及六价铀为主的硅钙铀矿、钒钙铀矿、钙铀云母、铜铀云母、钾钒铀矿等，如图 12-2～图 12-9 所示。

图 12-2　晶质铀矿

图 12-3　葡萄状沥青铀矿

图 12-4　致密块状钛铀矿

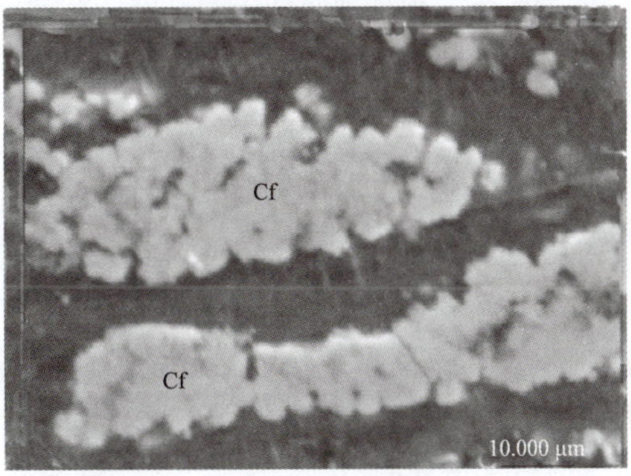

图 12-5　铀石

图 12-6　硅钙铀矿

图 12-7　铜铀云母

图 12-8　钙铀云母

图 12-9　钒钙铀矿

铀矿床是分散在地壳中的铀元素在各种地质作用下富集形成的。查明铀矿床的形成过程，对有效地指导勘查具有十分重要的意义，然而认识这个过程相当困难。地质学家只能看到地质作用和成矿过程的现今产物，以及这些产物所表现的各种地质现象，却看不到它的形成过程。因此，只能根据所能观察到的地质现象，遵循它的发展顺序和规律，探索地质作用和成矿的过程。

一般认为，在岩浆作用、沉积作用、变质作用和表生作用下，铀聚集形成各种类型的铀矿床。根据地质作用的不同，将铀矿床分为内生、外生和变质三大类。

（1）与地球内部岩浆活动有关而形成的铀矿床，称为内生铀矿床，包括伟晶岩型铀矿床、碱性岩型铀矿床、花岗岩型铀矿床和火山岩型铀矿床等。其中以花岗岩型和火山岩型铀矿床的工业价值较大，其特点是品位高、易于选冶，储量一般几百至几千吨，少数上万吨。

（2）由于地球表面的岩石风化和破坏，铀被搬运到湖泊、河流、海洋或其他洼地而沉积和堆积起来，再经地质作用改造而形成的铀矿床，称为外生铀矿床，包括砂岩型铀矿床、泥岩型铀矿床、煤岩型铀矿床、碳硅泥岩型铀矿床和磷块岩型铀矿床，另外也有淋积型铀矿床、风化壳型铀矿床等。其中砂岩型铀矿床是重要的铀资源类型之一，其特点是分布面积广、储量规模大，多为几千吨至几万吨，甚至数十万吨，但品位较低。

（3）已经形成的富铀岩石或矿床，受到地球内部高温、高压和热水溶液的影响或改造，使铀重新发生聚集而形成的铀矿床，称为变质型铀矿床，如沉积变质型铀矿床等。沉积变质型铀矿床的特点是品位低、储量特别大，多为几十万吨，但目前只在世界上几个地区发现。

铀矿床形成的过程是漫长的，往往经历几千万年甚至几亿年。在这漫长的历史时间里，一部分铀矿床是在单一的地质作用下形成的，而更多的铀矿床是经历多种地质作用叠加和改造而形成的，例如，有的铀矿先由沉积地质作用提供铀的来源，然后在热液地质作用下形成铀矿床；有的先在热液地质作用下形成铀矿床，再经过表生地质作用的改造使铀矿聚集或贫化。我国在实际工作中，根据铀矿床形成的地质作用和成因进行分类，把主要工业铀矿床归纳为热液型，又可分为花岗岩型和火山岩型；陆相沉积型，又可分为砂岩型、泥岩型和含铀煤型；海相沉积型，又可分为碳硅泥岩型（国际上也称黑色页岩型）和含铀磷块岩型；岩浆岩型，又可分为白岗岩型、伟晶岩型和碱交代岩型等，以指导普查勘探工作。

铀元素虽然分布很广，但铀矿床的分布却很有限。因为形成铀矿床的可能性，不仅取决于铀元素在地壳中的平均含量和分布范围，还决定于聚集它的环境和条件。铀矿床形成的环境条件可概括为“源”“移”“聚”“保”四个字。“源”即形成铀矿床必须具备足够的铀源。自然界富集铀的岩石，如花岗质岩石、富有机质沉积碎屑岩等，可为铀矿床形成提供重要铀源。“移”即分散的铀元素在有利的地质条件和物理化学环境下，形成溶解可迁移的化学形式，在地质流体中进行迁移。“聚”即迁移的铀在有利的地质条件和物理化学环境下沉积聚集起来。“保”即铀矿床形成后需要有一个良好保存的地质条件，使已经集中起来的铀不重新转入分散状态，使铀矿床不因后期地质作用而被破坏。

铀矿床的分布还受到时间和空间的制约。时间是指成矿地质年代，空间是指成矿地区。地质学根据年代学和生物化石，确定地层的地质年代，把地质历史分为太古宙、元古宙和显生宙，显生宙又分为以下各纪：寒武纪、奥陶纪、志留纪、泥盆纪、石炭纪、二叠纪、三叠纪、侏罗纪、白垩纪、古近纪、新近纪和第四纪。铀矿床在地质各个时代均有分布。不过用这种分纪方法所确定的地质年代是相对的。由于铀和钍的放射性衰变具有一定的半衰期，既不受温度和压力的影响，也不受地壳内化学作用的影响，所以含铀矿物可以作为特殊的地质时钟，通过测定铀及其衰变子体同位素的含量就可以正确地计算出地质年代。事实证明，不同类型铀矿床的成矿地质年代是不同的，如沉积变质铀矿床多形成于 20 亿～25 亿年前，沉积铀矿床几乎可以形成于所有地质年代中，热液铀矿床只形成于几个地质年代中。同一类型铀矿床形成的地质年代也不一致，如花岗岩型铀矿床在西欧以海西期（2.4 亿～4.0 亿年）花岗岩为主，在我国以燕山期（0.65 亿～2.05 亿年）花岗岩为主。这说明，在一定地区成矿年代内是以某一个或几个地质年代为特征的，或是与该地区的地质构造演化特征有关。在地壳发展的漫长时间中，地壳分出了活动地段和稳定地段。在这些地段上的地层发育程度和种类、构造活动强度和类型各不相同，因而铀矿床的形成方式、产生的铀矿类型也各不相同，如燕山期花岗岩中，有的地区存在铀矿床，有的地区就没有铀矿床。从找矿的角度出发，需要确定铀矿形成的地质年代和成矿地区，这样才能够取得找矿的良好效果。

我国已发现的铀矿床共有 9 类，包括砂岩型、花岗岩型、火山岩型、碳硅泥岩型、伟晶岩型、碱性岩型、泥岩型、煤岩型和磷块岩型，其中，以砂岩型、花岗岩型、火山岩型、碳硅泥岩型为主。砂岩型铀矿由于可用地浸方法开采，具有资源储量大、经济成本低和环境效益好的特点，已成为当前主要找矿类型。在 21 世纪，由于理论技术创新，砂岩铀矿找矿取得重大突破，其查明的资源量在我国诸多铀矿类型中位居第一位。

12.1.2 铀矿勘查

铀矿找矿工作的程序，包括区域地质调查和预测、普查、详查和勘探等相互衔接的阶段。同时还伴随一系列的基础地质工作，如地形测量、地质填图、岩（矿）心编录[①]、岩石矿物鉴定、样品的化学和物理分析、矿石工艺试验、资料综合整理、成矿规律研究和模式构建等。

12.1.2.1 区域地质调查和预测

区域地质调查和预测是铀矿找矿非常重要的一个环节，其主要任务是大致查明所调查区域内的主要地质情况，预测铀矿成矿远景地区，落实铀矿产地，为铀矿普查提供地质依据，以解决好到什么地方去找矿的问题。铀矿地质的区域调查有三个途径：① 在综合地质工作的基础上，进行搜集、综合和分析研究区域地质的有关资料；② 对与铀矿生成有关的岩体、有利构造和含矿层位等，进行重点调查，修改和补充区域地质资料；③ 对一些矿区和远景地区，进行必要的地质测量、物化探测量和放射性测量及工程揭露评价，以便对找矿区域取得比较全面、系统的认识，查明有利的成矿地段。以上三个途径可根据具体情况和需要，有选择地或相结合地进行。在此基础上，选择出开展普查找矿工作的地区。目前对地区的选择和工作程序已制定了一系列技术标准，但地质技术人员丰富的地质知识和实践经验在调查工作中非常重要。在实际工作中成矿预测大致可分为三级：① 铀成矿带（由若干铀矿田组成）的预测，面积在几百到几千平方千米；② 铀矿田（由若干铀矿床组成）的预测，面积在几十到几百平方千米；③ 铀矿床（由若干铀矿体组成）的预测，面积在几到几十平方千米。

在铀矿找矿中常使用放射性物探找矿方法。放射性物探方法是基于铀具有天然放射性和在地表条件下容易迁移的特点，在铀矿体附近常常出现以下几种晕圈，晕圈可指导找到附近可能存在的矿体：① 铀、钍及其一系列衰变子体都放出α、β 和 γ 射线，形成放射性晕圈；② 铀－镭系中镭的衰变子体氡是放射性气体，它可以在土壤和空气

---

① 编录是把地质勘探工作中观察、测量和分析的结果用文字和图表编成正确记录，作为综合研究的原始资料。

中聚集而形成射气晕圈；③ 铀被地下水带入土壤层中形成铀的晕圈；④ 铀矿体附近的地下水溶解铀，形成含铀的水晕圈；⑤ 一些植物具有吸收和聚集铀的能力，因此在铀矿床上面的植物会形成含铀的生物晕圈。测量这些晕圈中铀的存在，通常采用伽马和伽马能谱测量、射气测量、氡及其子体测量、放射性水化学测量、生物地球化学测量等方法，是铀矿找矿的重要手段。

（1）伽马射线和伽马能谱测量

伽马射线具有穿透物质的能力，利用辐射仪（见 11.10.1 节）在地面和近地面的空气中测量伽马射线强度，可以确定出现伽马异常的地区，达到找到地下铀矿的目的。常用航空伽马测量、汽车伽马测量、地面伽马测量、地下坑道伽马测量、钻孔伽马测井等方法。航空伽马测量是将高灵敏度的辐射仪装在飞机上，在距地表 100 m 左右的低空飞行，同时记录空中的伽马强度，航空伽马测量具有速度快、成本低等特点，适合大面积测量。汽车伽马测量原则上与航空伽马测量类似，其应用受限于汽车通行的条件。地面伽马测量是由找矿人员携带辐射仪按一定的线路测量地表岩石露头的放射性强度，这是目前应用最广的、主要的地面放射性调查方法，具有方法简单、便于操作的特点，缺点是探测深度只有 1～2 m。钻孔 γ 测井是铀矿勘查中重要的方法，能测定岩（矿）石和地层的 γ 照射量率，确定铀矿层深度、品位和厚度，要求铀矿勘查每个钻孔均应进行 γ 测井。

（2）氡及其子体测量

地壳中的放射性元素在衰变过程中不断产生镭、钍、锕的射气流，其中只有镭的射气即衰变产物氡的半衰期较长（3.82 d），钍和锕的射气均为短寿命的放射性同位素。氡由于扩散和对流的结果，从深部铀矿体逸出到地面，在土壤或空气中聚集而成特殊的射气晕圈。通常采用土壤氡测量、土壤热释光测量、α 能谱法、钋-210 法、活性炭吸附法、径迹法等方法，通过搜集土壤中的气体、土壤等样品，利用射气仪测量其中氡的含量，可以确定异常地段，达到找矿目的。这种方法对于覆土层较厚的区域，是一种有效的深部找矿方法。

（3）化探测量

这是根据铀矿的原生晕和分散流来寻找铀矿。工作方法是大量采集基岩和松散沉积物中铀的样品，在室内分析铀及相关元素的含量，以确定区域内岩石中铀及相关元素的平均含量，研究其分布规律，分出异常地段来进行找矿。

（4）放射性水化学测量

这是一种比较有效的找矿方法。采集地表水、井水、泉水等地下水的水样，分析水中的铀及其衰变产物的含量，确定其正常值和异常值，以及铀、镭、氡含量显著增高的水点，可以追索出铀矿体存在的地区，从而达到找矿目的。

（5）生物地球化学测量

这种找矿方法较少使用，它是通过大量分析植物群的根、干、茎、叶中的铀含量，或根据特征植物进行找矿。

在铀矿找矿中也常常采用一些普通物探方法，如电法、磁法、重力、地震等方法，主要是测量岩石、地层和构造的物理性质及其差异，以查明铀成矿的地质构造、地层结构等条件，达到间接找矿的目的。

随着铀矿找矿工作的大规模开展和出露地表易被发现的铀矿床日益减少，找矿的难度逐渐增大。为加强寻找埋藏于地下深部的铀矿床，要求改进和发展找矿方法。在找矿工作中，一方面应本着因地制宜的原则，根据不同的地质条件，不同的工作程度，采用不同的找矿方法；另一方面，充分发挥放射性物探的作用，提高数据处理和推断解释的水平。应重视各种找矿方法的综合运用。例如找矿效果较好的航空和地面伽马测量及放射性水化学方法，多用于圈定远景地区；一些间接找矿方法如电法、磁法和地震法等，多用于追索构造和区别层位；氡及其子体测量多用于寻找深部矿体。对综合方法取得的资料，要综合分析、解释，开展大数据和智能分析，以提高找矿的效果。

12.1.2.2 普查阶段

普查阶段是在区域地质调查和预测工作的基础上，对矿产地开展的更高程度、更小范围的勘查工作阶段。该阶段将通过各有效勘查手段（如放射性面积测量、大比例尺地质填图等）的使用，寻找、检查、验证、追索矿化线索，发现矿（化）体，并通过稀疏有限的取样工程（如槽探、钻探等）控制、测试、试验研究，初步查明矿体（床）地质特征及矿石加工选冶技术性能，了解矿床开采技术条件。该阶段要对查明矿体（床）进行技术经济评价的概略研究，估算推断资源量，并作出是否有必要转入进一步详查的明确评价，提出可供详查的范围。

12.1.2.3 详查阶段

详查阶段是普查工作的继续，其目的任务是扩大普查成果，提高控制程度。主要针对已发现的铀矿体（床），进一步通过有效勘查手段，开展系统探矿工程（钻探等）施工、取样和测试研究，基本查明矿床地质特征、矿石加工选冶技术性能及开采技术条件，为矿区规划、勘探区确定等提供地质依据。详查阶段至少要开展矿床开发的技术经济评价概略研究，估算推断资源量和具有更高地质可靠程度的控制资源量，该阶段要明确作出是否有必要转入勘探的评价，并提出可供勘探的范围；该阶段内也可开展技术经济评价的预可行性研究或可行性研究，估算可信储量，作出是否具有经济价值的评价。

12.1.2.4 勘探阶段

勘探阶段是对铀矿床进行全面工业评价的决定性阶段。勘探阶段主要是通过有效勘查手段、加密取样工程和深入试验研究，详细查明矿床地质特征、矿石加工选冶性能及开采技术条件，开展概略研究，估算推断资源量、控制资源量和探明资源量，为矿山建设设计提供依据；也可开展预可行性研究或可行性研究，估算储量，详细评价项目的经济意义，做出矿产资源开发是否可行的评价，为矿山设计提供依据。

铀矿床按产出的地质条件和矿体形态，可划分为层状、网状、脉状、透镜状和不规则状等勘探类型。对于不同勘探类型的铀矿床，需采用不同的勘探手段、勘探系统和勘探网度。

影响铀矿床工业评价的因素很多，有矿石品位、矿床储量、矿石技术加工性能、矿床开采条件、有用元素综合利用的可能性和交通运输条件等。矿石品位、矿床储量和矿石技术加工性能是评价铀矿床的主要指标。

铀矿床单独开采时，对铀矿石品位的要求有两种标准：一种是回收成本标准，即按回收成本确定铀矿石的可采品位。目前国际上低成本是按金属铀价≤40 $/kg（即 U_3O_8 价≤15 $/1 b）和 40～80 $/kg（即 U_3O_8 价 15～30 $/1 b）计算的，相当的矿石品位一般在 0.1%以上；中等成本为金属铀价 80～130 $/kg（即 U_3O_8 价 30～50 $/1 b）；高成本为金属铀价 130～260 $/kg（即 U_3O_8 价 50～100 $/1 b）。另一种是工业要求标准，规定热液型铀矿最低工业品位为 0.05%金属铀，边界品位为 0.03%金属铀，砂岩型铀矿边界品位为 0.01%金属铀和每平方米具有 1 kg 平米铀量的边界铀含量。若铀矿石中含有其他有用元素可在工业上综合利用时，其可采品位可以降低。有的国家将铀矿石按品位分为下列几级：一级矿石含铀量大于 3%；二级矿石含铀量 1%～3%；三级矿石含铀量 0.1%～1%；四级矿石含铀量 0.05%～0.1%；五级矿石含铀量小于 0.05%。一般将含铀量 0.3%以上的矿石称为富矿石，0.1%～0.3%的矿石称为中等矿石，0.05%～0.1%的矿石称为贫矿石。矿石的品位是由 γ 测井和地质取样分析结果决定的。我国现已普遍采用 γ 测井解释结果确定矿体品位，大大提高了工作效率。

铀矿床资源储量是用金属铀或 U_3O_8 的数量表示的，其规模可分为若干等级，各国的规定很不一致，我国估算铀矿床储量用金属铀，见表 12-1。资源量估算是勘查阶段的极其重要的工作，也是矿床工业评价的基础。目前估算资源储量主要采用几何法（常用有地质块段法、断面法等）和地质统计学法。几何法是将形态复杂的矿体分割成若干个较简单的几何体（块段），估算其平均品位、平均厚度、面积，从而得到矿体资源量的方法。地质统计学法是以区域化变量理论为基础，以变异函数为主要工具，为既有随机性又有相关性的空间变量实现最优线性无偏估计，通过块体约束计算资源量的方法（通常也叫克里格法）。地质统计学法在砂岩型铀矿资源储量估算中得到了广泛应用，大大提高了资源量计算效率和图件制作。通常根据矿床的研究程度和勘探程度，将资源量分为若干等级，以表明其勘查程度和可靠性。国际上通常把铀资源划分为三个等级：推断资源量、控制资源量和探明资源量。我国规定的工业资源量已与国际接轨。勘探控制的资源量并经技术经济评价转化的储量是矿山设计和矿床开采的主要依据。

表 12-1 我国铀矿床规模划分表

规模	资源储量（基础储量 + 资源量，仅限探明的、控制的、推断的）/t	
	地浸砂岩型	非地浸型
超大型	≥50 000	≥30 000
大型	20 000～50 000	10 000～30 000
大型	10 000～20 000	3 000～10 000
中型	3 000～10 000	1 000～3 000
小型	1 000～3 000	100～1 000

对于热液型铀矿资源，影响铀矿床工业评价的另一重要指标是铀矿石的技术加工性能。根据铀矿石的特性，可区分原生矿石（含有多量的难溶四价铀）、氧化矿石和混合矿石，氧化矿石越少越有利于选矿，但增加了水冶的难度。铀矿床近地表部位氧化矿石多，深部原生矿石多。所以一个铀矿床的水冶条件是变化的，深部矿体的水冶难度较大。根据铀矿物和含铀矿物颗粒的大小，可区分粗粒（>3 mm）、中粒（0.1～3 mm）、细粒（0.07～0.1 mm）和细分散（0.005～0.07 mm）四种矿石，它决定水冶时矿物磨细的程度和机械富集的可能性。根据元素共生组合，可区分单铀、铀–多金属、铜–铀、铁铀、铀钒、铀–钼等型矿石，它影响铀矿的评价和技术加工的流程。根据组成铀矿物的非矿组分的化学成分，可区分硅酸盐、碳酸盐、氧化铁、硫化物、有机物和磷酸盐等型铀矿石。矿石的化学组分对选择水冶方法有决定性作用，如硅酸盐矿石宜用酸法浸出，碳酸盐矿石宜用碱法浸出等。在铀矿勘探过程中需要取工艺试验样品，对矿石的技术加工性能作出评价。

影响铀矿床工业评价的因素还有矿床开采条件、综合利用有用元素的可能性和交通运输条件等。对于铀矿床进行工业评价时，必须综合考虑各种因素。一般情况下，以矿石品位富、矿床距交通线近、矿床埋藏浅、矿石技术加工容易，即通常所说的富、近、浅、易的铀矿床，再加上储量规模大，最有利于工业利用。

在勘查过程中，为获得足够全面的地质资料和探明可靠的铀矿工业储量，必须投入大量的钻硐探工作量。钻探的主要任务是圈定矿体，硐探的主要任务是验证钻孔的资料，确定工业矿体的界线，获得矿石在化学、矿物成分及技术加工性能等方面的资料。一般探明一个千吨左右的铀矿床需要投入十数万米的钻硐探工作量，平均探明 1 tU 储量需要花费 50～100 m 的钻硐探工作量。在勘查过程中，还必须详细、全面地研究区域地质构造和矿床地质，查明矿体产出的构造和层位、矿体的形态和产状，确定矿石的成分、围岩的性质等。勘探层状铀矿床时，应着重研究地层、岩性、岩相的特征。勘查脉状铀矿床时，应着重研究断裂构造，查明控矿和含矿裂隙的特点、成因及其相互关系。在勘探过程中应填制 1:1 000～1:5 000 比例尺的矿床地质图，

1:200～1:100 比例尺的坑道平面地质图和勘探线剖面图；详细研究矿石的化学和矿物成分、结构和构造，脉石和矿石矿物的数量关系；详细研究水文地质条件，查明主要含水层和相关的构造带，岩石渗透率和地表水可能渗透的区域，地下水的水质，开采时的供水水源等。

为了适应大规模发展核电的需要，在铀矿勘查工作方面应开展以下几方面的工作。

（1）应加强铀矿地质科学研究，创新铀成矿理论。加大对热液型、砂岩型铀矿的形成机理、时空定位机制研究，构建成矿新模式，探索成矿规律和进行成矿预测，为铀矿找矿工作的部署提供科学根据。铀矿地质研究总的是向辩证综合的方向发展。为了正确认识铀矿成矿规律，必须研究与成矿有关的各种地质特征，诸如大地构造、岩相古地理、构造、岩石、矿物、元素、同位素等，以确定形成铀矿的地质背景。为了有效地进行成矿预测，必须研究铀矿床显示的各种特征，诸如放射性地球物理、地球化学、数学地质等，以确定铀矿床存在的概率。因此，综合研究既包含地质学范围内的综合，也包括地质学与物探、化探、数学地质及其他新技术、新方法的综合。

例如，澳大利亚 1949 年在澳北区发现铀矿床后，长期没有新的发现，直至 1970 年在全国集中研究前寒武纪的成矿规律的基础上，从大地构造、岩层、变质作用、断裂构造等方面进行了系统研究，编制了成矿规律图，查明了铀矿床形成的区域地质背景，进行了铀矿成矿带的预测，重新部署了普查勘探工作，终于在澳北区发现了一系列品位高、埋藏浅的大型铀矿床。使全国铀储量从 6 200 t 猛增到 31 万 t 以上，跃居当时世界各国铀储量的第二位，由于奥林匹克坝铀铜金等多金属矿的发现，澳大利亚铀资源量已位居世界第一。

（2）应积极采用新技术，发展“天–空–地–深”勘查技术与三维可视化、数字化、智能化预测技术，提高找矿的深度和探矿的效率。① 进一步发展高精度航空放射性测量、航空电磁测量、高光谱成像等航空测量方法，加强航放测量和其他航空物探方法及遥感技术的有效结合和综合信息分析利用；加强小型化、高度集成、大探测效率航空伽马能谱仪及配套数据处理解释技术研发，完善无人值守系统和无人机航放测量系统功能，实现高原高山及复杂地形及地质环境的有效探测。② 大力开展三维浅层地震、三维电磁探测、综合测井等地面和井中物探技术的开发，进一步提高探测深度和探测精度；发展 γ 能谱、土壤氡气、α 径迹蚀刻等传统放射性勘查技术方法，加强放射性异常机理研究，提升方法有效性。③ 加强钻探新工艺、新方法和新装备研发，大力发展机械化、数字化、智能化钻探工艺技术，提升钻探装备自动化水平，形成安全、高效、绿色钻探工艺技术和装备。④ 进一步运用同位素分析、微区原位分析、微束分析、痕量分析、流体包裹体分析等分析方法研究成矿年代、物质来源，测定成矿过程的温度、压力等物理化学条件等，为研究铀矿成矿规律提供科学依据。⑤ 基于铀矿勘查与评价理论和计算机技术，综合地质、地球物理、地球化学、遥感等多源信息，大力开展多源数据集成与三维可视化建模技术研究，进一步提升深部铀矿三维空间的定位、定量预测的精度。⑥ 加强铀矿地质数字勘查与信息化建设，提升铀矿勘查软、硬件平台及管理体系，推动铀矿勘查数据采集、传输、处理等流程向自动化、智能化方向发展，实现铀矿勘查与大数据、人工智能、云计算等信息技术深度融合，提高找矿效率以及管理效能。

数十年来，铀市场价格波动剧烈，从1978年的113 $/kgU降到1997年的32 $/kgU（其间1994年曾低至18 $/kgU），矿冶企业亏损严重，纷纷限产关停，世界铀年产量减少 50%以上，各国的矿勘探投资随之大大削减，并集中在铀产品成本较低的高品位矿床和适宜于地浸的砂岩型矿床方面。近些年，随着核能的发展，对铀资源的需求加大，铀资源价格有较大的幅度的上涨，2023年底价格超过100 $/kgU，如图12-10所示。

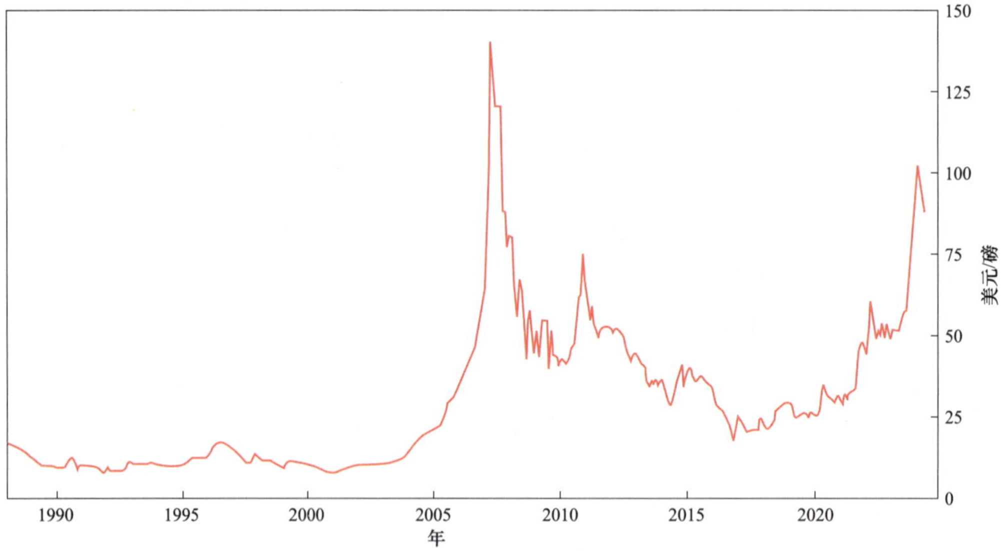

图 12-10 自1989年始，天然铀价格波动历史图

据IAEA发布的《红皮书》(2022）中公布的数据显示，截至2021年1月1日，全球已查明经济可采常规铀资源（即可回收铀资源）量共计 7.92×10^6 tU，与2012年相比，增长了近一倍。世界已查明铀资源显著增加，但品位高、开采成本低的铀资源较少，以中高成本铀资源为主。从铀资源分布情况看，全球已查明铀资源分布在55个国家，其中排名前十的国家累计铀资源量 4.56×10^6 tU，全球中占比82%，分别是澳大利亚、哈萨克斯坦、加拿大、俄罗斯、纳米比亚、南非、尼日尔、巴西、中国和印度。铀资源分布不均，具有高度集中的特点。

从资源经济性的角度来看，不同回收成本的铀资源分布于不同的国家，见表12-2。回收成本＜40 $/kgU的铀资源量全球累计 7.8×10^5 tU，占全球铀资源量的9.8%，主要分布在哈萨克斯坦、巴西、中国、乌兹别克斯坦、阿根廷和西班牙等国家。回收成本＜80 $/kgU的铀资源量全球累计 1.99×10^6 tU，占全球铀资源量的25%，主要分布于哈萨克斯坦、加拿大、南非、巴西、中国、乌克兰、乌兹别克斯坦和坦桑尼亚等国家。

回收成本＜130 \$/kgU 的铀资源量全球累计 6.08×10^6 tU，占全球铀资源量的 77%，主要分布在澳大利亚、哈萨克斯坦、加拿大、俄罗斯、纳米比亚、南非和尼日尔等国家（见图 12-11）。回收成本＜260 \$/kgU 的铀资源量全球累计 7.92×10^6 tU，主要分布在澳大利亚、哈萨克斯坦、加拿大、俄罗斯、纳米比亚和尼日尔等国家。随着我国核电快速发展，必须大力加强铀矿的普查勘探工作，特别要集中力量寻找大矿、富矿和工业价值高的可地浸砂岩型铀矿床，以保障国家对铀资源的需求。

图 12-11　全球主要铀资源量国家分布图

注：回收成本＜130 \$/kgU，截至 2021 年 1 月。据《红皮书》（2022）修改。

表 12-2　2021 年全球铀资源国家已可回收资源量经济性及其占比

序号	国家	＜40 \$/kgU		＜80 \$/kgU		＜130 \$/kgU		＜260 \$/kgU	
		资源量/kgU	占比/%	资源量/kgU	占比/%	资源量/kgU	占比/%	资源量/kgU	占比/%
1	澳大利亚	NA	NA	NA	NA	1 684 100	27.7	1 959 800	24.8
2	哈萨克斯坦	502 000	64.7	732 100	36.8	815 200	13.4	874 700	11.0
3	加拿大	0	0	292 400	14.7	588 500	9.7	865 400	10.9
4	俄罗斯	0	0	35 000	1.8	480 900	7.9	656 900	8.3
5	纳米比亚	0	0	19 700	1.0	470 100	7.7	509 500	6.4
7	尼日尔	0	0	14 600	0.7	311 100	5.1	468 000	5.9
6	南非	0	0	228 000	11.5	320 900	5.3	444 700	5.6
8	巴西	138 100	17.8	229 400	11.5	276 800	4.6	276 800	3.5
9	中国	73 200	9.4	132 500	6.7	223 900	3.7	244 700	3.1
10	印度	NA	NA	NA	NA	NA	NA	220 900	2.8
11	乌克兰	0	0	71 800	3.6	107 200	1.8	185 400	2.3
12	蒙古	0	0	16 900	0.8	144 600	2.4	144 600	1.8
13	乌兹别克斯坦	52 100	6.7	52 100	2.6	131 300	2.2	131 300	1.7

续表

序号	国家	<40 $/kgU		<80 $/kgU		<130 $/kgU		<260 $/kgU	
		资源量/kgU	占比/%	资源量/kgU	占比/%	资源量/kgU	占比/%	资源量/kgU	占比/%
14	捷克	0	0	0	0	800	0	119 100	1.5
15	格陵兰	0	0	0	0	0	0	114 000	1.4
16	美国	0	0	9 000	0.5	59 400	1.0	112 200	1.4
17	博茨瓦纳	0	0	0	0.0	87 200	1.4	87 200	1.1
18	坦桑尼亚	0	0	46 800	2.4	58 200	1.0	58 200	0.7
19	约旦	0	0	0	0	52 500	0.9	52 500	0.7
20	阿根廷	2 400	0.3	19 300	1.0	34 300	0.6	35 300	0.4
	其他	8 100	1.0	91 200	4.6	231 500	3.8	356 300	4.5
总计		775 900	100	1 990 800	100	6 078 500	100	7 917 500	100

资料来源：IAEA《红皮书》(2022)。

12.2 铀矿的开采

铀矿开采是生产铀的第一步。它的任务是把工业品位的铀矿石从地下矿床中开采出来。铀矿的常规开采与其他有色金属的开采方法基本相同，一般情况下铀矿常规开采是在地质报告提供的参数基础上经过技术经济评价后确定矿床开采的边界品位，可浸砂岩铀矿在含铀万分之一以上可能有开采价值。由于铀矿有放射性，能释放出放射性气体（氡气及其子体），所以铀矿开采又有一些特殊的地方，主要的特点是开采时要采取一系列辐射防护措施，用放射性物探方法在现场测定铀矿石的品位，确定矿体边界。

铀矿开采方法主要有地下开采（含原地爆破浸出采矿法）、地浸开采、露天开采等。

12.2.1 地下开采

地下开采亦称井下开采，是通过掘进联系地表与矿体的一系列井巷通道（如平硐、竖井、斜井、斜坡道等），形成采掘、运输、通风、排水、安全避险等开采工艺系统，实现从矿体中采出矿石的过程。地下开采的工艺过程比较复杂，需要采取个体防护和加强通风等措施满足辐射防护的要求，通常采用充填法采矿。

地下开采主要分为开拓、采准和回采三个阶段。相对应的三级矿量是指在矿床开采过程中，根据巷道掘进的程度和采矿准备工作的完成情况，将可采储量划分为开拓矿量、采准矿量和备采矿量三个级别。这种划分有助于对矿山的生产进行科学的计划和管理，确保矿山的持续稳定生产。

矿床开拓阶段是根据铀矿床的地质条件和矿体的赋存状态，选择合适的开拓方式，建立起从地表到矿体的运输、充填、通风、排水和行人等系统的一系列活动。开拓方式的选择直接影响到矿山的安全生产和经济效益，因此必须慎重考虑。

采准（采矿前的准备）是在矿床开拓的基础上进行的，根据矿体和围岩的特点选择适宜的采矿方法（铀矿地下开采主要采用充填采矿法），然后根据选定的采矿方法的要求和具体情况，沿矿体和在矿体内开掘一系列的运输、通风、人行井巷和为回采工作服务的辅助巷道，把矿体划成采场，为矿块的切割和回采工作创造必要的条件。

回采阶段是在已做好采准的采区内，从矿床中大量采出矿石的所有生产过程，包括切割工作和回采工作。切割工作是在矿块采准的基础上进行的。它的主要任务是在矿块内开辟出自由面和落矿空间，为矿块的回采工作创造必要的工作条件。切割工作通常包括拉底、辟漏、掏槽等步骤，这些步骤的具体实施方法取决于矿体的赋存条件和所采用的采矿方法。回采工作是地下矿山开采的核心环节。它的主要任务是从矿块中采出矿石，并将其运送到地表或指定的地点。回采工作通常包括落矿、出矿和地压管理三个基本步骤。落矿是将矿石从矿体上分离下来的过程；出矿是将落下来的矿石运送到运输巷道的过程；地压管理则是为了确保回采工作的安全进行而采取的一系列措施，如支护、充填等。

原地爆破浸出采矿法是在切割工作基础上针对一些条件合适的低品位硬岩铀矿床，通过爆破将矿石破碎到一定块度后，在地下采场内浸出铀的一种采矿方法。这种开采方法应用受限，需要矿石浸出性和可爆性好。

12.2.2 地浸开采

地浸采矿法（in-situ leaching，又称原地浸出采矿法，或化学采矿法）是把化学溶剂（浸出剂）通过注液孔直接注入地下含矿含水层中浸出矿体中的铀，再经抽液孔将含铀浸出液提升到地面进行回收处理的过程，如图 12-12 所示。地浸采铀是一种集采选冶于一体的新型矿产开采（流态化）方法，包括矿床地质和水文地质评价、井型与井距的确定、钻孔结构、浸出剂配制、溶浸范围控制等方面的内容。同地下开采相比，地浸采矿工艺简单，工作环境好，工效高，成本较低。但是这种方法的应用限于具有可地浸（或改造后可地浸）的地质和水文地质条件的砂岩型铀矿床。

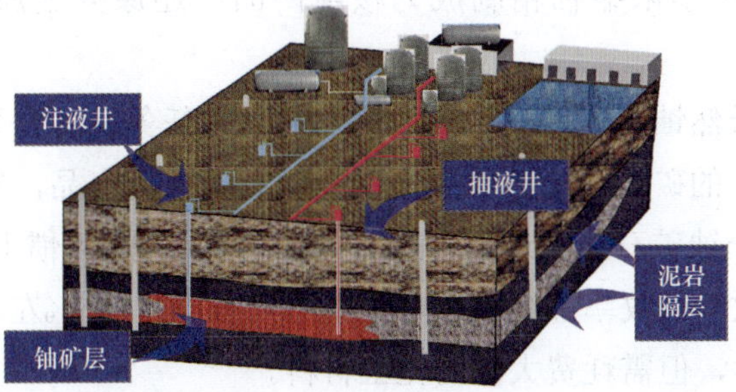

图 12-12　地浸工艺原理示意图

地浸采铀主要分为井场开拓、溶浸开采两个阶段；相对应的二级矿量是指在矿床开采过程中将可采储量划分为开拓矿量、备浸矿量两个级别。这种划分有别于常规矿山，是根据地浸矿山的生产特点进行的，有助于对地浸矿山的生产进行科学计划和管理，确保矿山持续稳定生产。

井场开拓是依据地质勘查对矿体的控制程度进行生产补充勘探，根据矿体的平面形态、井型（行列式、五点型、七点型）及结构特点，布置形成由抽注液生产钻孔、监测孔、集配液总管线组成的抽注生产系统。

溶浸开采是在井场开拓基础上划分成若干浸采单元，各浸采单元通过集控室将配制好的浸出剂由注液钻孔注入矿体中，再从抽液钻孔抽出含铀浸出液的一系列活动。溶浸开采包括注液系统（集中控制室、浸出剂添加系统、注液支管）和抽液系统（集液支管、提升管、潜水泵、井口装置）两部分。

地浸采铀一般采用硫酸或者“CO_2+O_2”作为浸出剂。目前，我国“CO_2+O_2”地浸采铀技术处于国际领先水平。

12.2.3 露天开采

露天开采也是铀矿山开采的一种采矿方式，与其他矿山一样是按一定程序先剥离表土和覆盖岩石，使矿体出露，然后进行采矿。这种方法仅适用于埋藏较浅的矿床。露天开采的主要生产工艺包括矿岩松碎、采装、运输以及排卸工作。

此外，海水中含有丰富的铀资源，目前正在开展海水提铀这一前瞻性技术的探索研究工作。

12.3 铀矿的加工

由于铀矿石的品位低（约为0.1%），而对最终产品的纯度要求高（金属铀的含铀量须在99.9%以上），因此铀的冶炼不能像普通金属（如炼铁）那样，经过一步过程就从矿石得到金属。天然铀的冶炼一般分为三个阶段：把铀矿石加工成为铀化学浓缩物；把铀化学浓缩物精制成为核纯产品；还原为金属铀（或转化为六氟化铀）。

铀矿石加工是天然铀冶炼的第一阶段。它的基本任务是将开采出来的、具有工业品位或经过物理选矿的矿石加工浓集成含铀量较高的中间产品，通常称为铀化学浓缩物（又称黄饼）。由于铀矿石加工过程多采用湿法化学处理，习惯上常称之为铀的水冶。水冶过程的浓集系数和回收率都很高，可分别达到600和95%左右。这是物理或机械处理方法所不能及的，但需耗费大量的化工材料。

12.3.1 矿石准备

矿石准备包括矿石的存放、运送、配矿、破碎、磨细等工序。矿石准备的目的是，将矿山开采出来的矿石经过破碎、磨细等工序的处理，使铀矿物充分暴露，以便于浸出。一般对来自不同矿山的矿石要先进行配矿，使矿石的含铀量和物理化学性质均匀。首先用颚式破碎机把矿石破碎到 100 mm 左右，叫作粗碎。然后进一步破碎到适于磨矿的粒度，通常需经一次或两次的再破碎，叫作中碎和细碎。后面的操作常在圆锥式破碎机、锤式破碎机、对辊式破碎机等上面进行。矿石粒度达到 20～50 mm 后，就可以送往磨矿分级工序。磨矿的目的是使矿石的粒度满足浸出的要求。酸法浸出要求矿石粒度为 0.15～0.5 mm，碱法浸出要求 0.075～0.15 mm。满足一定粒度要求的矿石（湿磨时对矿浆的液固比也有要求）便是矿石准备步骤的最终产品。

如果开采出来的铀矿石中包含较多废石，若直接进行化学加工处理则矿石运输量和处理量皆较大，试剂消耗量和生产成本也会随之增高。因此只要铀矿石选别在技术上可实现，在经济上又合理，一般宜经过物理选矿，再进行冶金处理。物理选矿不仅可以筛选掉相当一部分的废石，提高铀矿石品位；而且对于多金属矿，可以综合回收其他有用矿物或去除对冶金工艺有害的杂质。

目前采用的铀物理选矿方法有：放射性选矿、浮游选矿、重力选矿、选择性磨矿选矿、电磁选矿等。其中放射性选矿应用较多。

放射性选矿是根据矿块中铀放射性强度，将铀矿石和废石分开，见图 12-13 所示。放射性选矿设备主要包括：给矿系统，将矿石按大小分级后保证矿块逐块或逐份送入测量系统；测量系统，自动测量矿块铀含量，或同时测量矿块体积与重量，计算矿块铀品位，根据含铀量或铀品位给执行机构发出信号，测量方式可在矿块于运输带上移动时测量，也可在矿块自由落下时测量；执行机构，分为挡板式和吹气式，根据来自测量系统的信号将精矿和尾矿分别送往不同的储矿漏斗。放射性选矿的操作比较简便，但它适用于铀分布不均匀的矿石，而且只能选别大于 30 mm 的矿块。

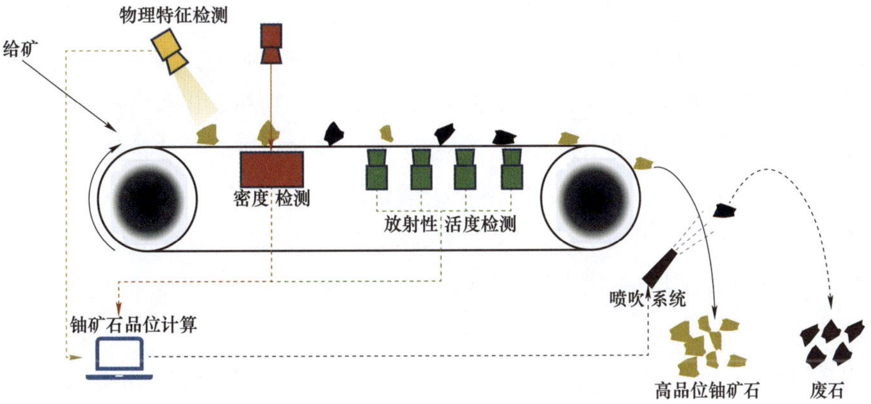

图 12-13　铀矿石放射性分选示意图

12.3.2　铀的浸出

在特定工艺条件下，借助于化学试剂从矿石中提取可溶有价组分的过程，称为浸出或浸取。根据铀矿石性质的不同，其浸出方法主要包括酸法浸出和碱法浸出。

酸法浸出常采用硫酸（H_2SO_4）作为浸出剂，因为六价铀在浸出过程中较易溶解，为了更有效地溶解铀矿物，浸出过程常加入氧化剂如氯酸钾、软锰矿等，把四价铀氧化成六价铀，以实现矿石中铀组分的高效溶出。

酸法浸出时，矿石中铀组分与硫酸的反应过程如下：

$$UO_3 + H_2SO_4 \longrightarrow UO_2SO_4 + H_2O$$

$$UO_2 + 4H^+ + MnO_2 \longrightarrow UO_2^{2+} + Mn^{2+} + 2H_2O$$

$$UO_2SO_4 + 2SO_4^{2-} \longrightarrow [UO_2(SO_4)_3]^{4-}$$

以上过程生成的硫酸铀酰离子能溶于溶液中。同时，矿石中一些常见的组分如铁、磷、钙等矿物也可能与硫酸发生反应而溶于溶液中，形成浸出液中的杂质组分。

含碳酸盐过多的铀矿石不宜用酸法浸出（因耗酸量过高），工业上多采用碱法浸出，常用碳酸钠（或碳酸铵）和碳酸氢钠（或碳酸氢铵）的混合液作浸出剂，有时也叫作碳酸盐法浸出。

碱法浸出时，铀矿物与碳酸盐起化学反应，生成能溶于浸出液中的碳酸铀酰盐。

$$UO_3 + Na_2CO_3 + 2NaHCO_3 \longrightarrow Na_4[UO_2(CO_3)_3] + H_2O$$

对于难浸出的铀矿石，为提高浸出效果，常用加温加压的方法处理矿石，叫作加压浸出。

不论酸法或碱法浸出，为了使铀溶解反应更加迅速、完全，都要控制一定的工艺参数，如温度、时间、酸碱度、物料固液比等。处理不同性质的矿石所用的工艺参数不同。酸法浸出通常在40～80 ℃浸出3～8 h，难浸出矿石的浸出时间可长达十几小时甚至更长，需要消耗大量的硫酸，铀的浸出率一般可达到85%～97%。酸法或碱法浸出流程的选择是个重要问题，需要综合考虑矿石性质、铀浸出率、化学溶剂消耗量、设备费用等诸多因素。酸法浸出在工业实践中使用较多，酸法浸出率一般比碱法高5%～10%，而且硫酸价格比碱性浸出剂便宜，但酸法浸出选择性差，对设备耐腐蚀性要求高。当矿石含有较多高耗酸组分（如氧化钙及碳酸盐）时，则宜采用碱法浸出工艺。浸出方法的选择也可根据矿石中碳酸盐组分含量的高低而定：碳酸盐含量低于8%时可采用酸法，高于12%时宜采用碱法；介于两者之间时视其他条件而定，但最后的选择还要根据试验结果。

浸出矿浆经过固液分离或分级得到含铀清液或稀矿浆，通常可加入石灰乳调整酸碱度后，送往铀的提取环节。浸出渣或尾砂，经洗涤后送往尾矿库按要求堆存。

如浸出不在专门的搅拌浸出设备中进行，而在预先为此构筑成的矿石堆中进行，常称为堆浸（堆置浸出，heap leaching）。两者的化学原理是一样的，只是堆浸属于不连续操作，开放作业，受气候的影响大，此外堆浸需更加注意防止污染环境，包括堆浸结束后的尾矿处置。图 12-14 为铀矿堆浸工艺示意图。

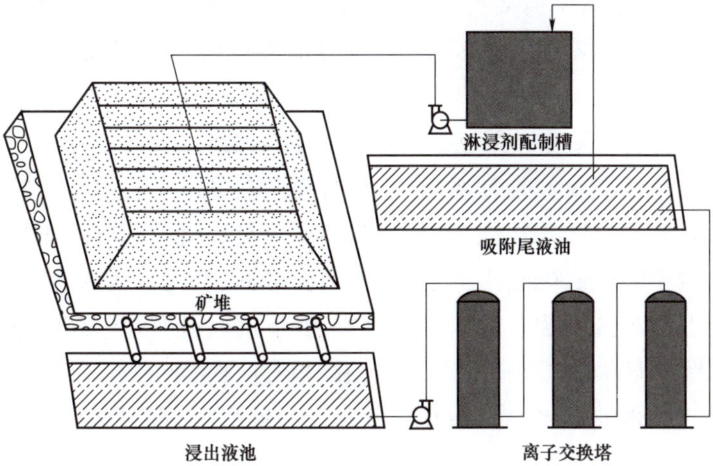

图 12-14　铀矿堆浸工艺示意图

生物冶金方法也可用于铀矿石的浸出，细菌浸出法是借助于氧化硫铁杆菌的作用将矿石中的硫化物转化为硫酸，从而可在不用或少用硫酸情况下，从一些低品位铀矿石中浸出铀。该法可用于堆浸或地浸，也可用于常规搅拌浸出以提高浸出率，特别适用于低品位铀矿石。

地浸采铀既可采用酸法，也可采用碱法。由于地浸采铀时要处理大量矿石，浸出剂的价格和消耗量对最终产品的成本影响很大，所以在选择浸出剂时，除考虑矿石的化学成份和矿物组成外，还应考虑浸出剂对铀的选择性溶解，不致大量消耗于无矿围岩。碳酸盐（方解石和白云石）与硫酸反应生成硫酸钙（石膏），如果矿石富含钙，生成的硫酸钙就可能超过其溶解度而产生硫酸钙沉淀，造成矿层的堵塞，降低矿层的渗透性，妨碍溶浸过程的进行。因此，对于碳酸钙含量过高（以 CO_2 计，超过 2%）的矿石，不宜采用酸法地浸。

矿石中的六价铀易溶于酸性或碱性液流，四价铀一般不易溶解。为了把矿石中难溶的四价铀氧化成易溶的六价铀，需要在地浸采铀过程中加入氧化剂。可用的地浸氧化剂有氧气（或空气）、过氧化氢和硝酸盐。此外，酸法地浸还可采用细菌氧化技术，即利用一种细菌对与铀矿物伴生的黄铁矿或地浸吸附尾液中的 Fe^{2+}进行快速氧化，使之转变成 Fe^{3+}，后者便起到可将四价铀氧化成六价铀的氧化剂的作用。妨碍细菌作为氧化剂应用的主要问题是在低气温下（如新疆的冬季）难以保持细菌的活性。

12.3.3　铀的提取

将浸出液中的铀与其他杂质分离，同时使铀得到部分浓集的工艺过程称为铀的提取。提取的主要方法有离子交换法、溶剂萃取法等。碱法浸出的选择性较好，一般无需再经过离子交换或溶剂萃取过程，只要对含铀的碳酸溶液加以过滤和固液分离，即可直接进行沉淀。但在堆浸的某些情况下，如果碱法浸出液中铀的浓度太低（低于 2～2.5 g/L），直接沉淀变得不经济时，则仍需使碳酸溶液经过树脂吸附和淋洗过程以得到铀浓度较高的淋洗富液，然后用碱沉淀出合格的铀产品。

（1）离子交换法（又称吸附法）是利用固体与液体之间的化学置换反应，将浸出液中的含铀离子，交换到某种固体物质（离子交换剂）上去。通常使用一些有机合成的、对铀具有一定选择性的高分子有机物，即离子交换树脂。离子交换法可用于清液或直接用于矿浆。当浸出清液或矿浆与树脂接触时，由于树脂上的可交换离子（活性基团）与溶液中的含铀离子之间有相互交换作用，能将铀选择性吸附到树脂上，而对其他杂质吸附较少，从而达到铀与杂质分离的目的。与此同时，树脂上被置换离子则进入溶液。例如，硝酸根型树脂与铀酰络合阴离子之间的化学反应式如下。

在酸性介质中：

$$[UO_2(SO_4)_3]^{4-} + 4RNO_3 \longrightarrow R_4UO_2(SO_4)_3 + 4NO_3^-$$

在碱性介质中：

$$[UO_2(CO_3)_3]^{4-} + 4RNO_3 \longrightarrow R_4UO_2(CO_3)_3 + 4NO_3^-$$

在吸附过程中，少量杂质如钼、硅、硫酸根、硫氰化物、钒等离子也会被吸附到树脂上，淋洗时不能或很少淋洗下来。它们占据了树脂的部分交换位置（基团），而使树脂吸附铀的容量降低，严重时甚至丧失吸附能力，影响生产的正常进行。这种现象称为树脂中毒。所以浸出液或矿浆中的上述杂质越少越好。

吸附饱和的树脂经洗涤后，用淋洗剂可将铀从树脂上淋洗至溶液中。淋洗后树脂经过洗涤再生可返回重复作吸附用。工业生产中一般用硫酸、硝酸或其盐类，以及氯化物、碳酸钠等的水溶液作淋洗剂。淋洗是吸附的逆过程，又称为解吸。淋洗时，由于淋洗剂作用使铀转入溶液中，但此时溶液中的铀浓度要比原始溶液高几倍至十几倍。通过吸附和淋洗工序，铀得到充分的富集和净化，将淋洗富液经过沉淀便得到铀化学浓缩物（黄饼）。

如上所述，树脂可用于处理清液或矿浆，用于清液的过程叫清液吸附；用于矿浆的过程叫矿浆吸附。吸附过程通常在吸附塔中进行。根据树脂和液体在设备中运动情况的不同，可分出“固定床”“移动床”“悬浮吸附”等几种类型。各种类型的吸附过程所用的设备各不相同。

（2）溶剂萃取法是指含有有价组分的水溶液与有机相接触后，通过物理和化学作用，使有价组分部分或几乎全部转入有机相中。有机相通常是某种萃取剂的有机溶液，如磷酸三丁酯（TBP）的煤油溶液等。在铀水冶上应用较多的萃取剂有两大类：有机胺类，如三辛胺、季胺、三脂肪胺等；有机膦类，如 TBP、三烷基氧膦（TRPO）等。

萃取的化学反应与离子交换吸附有类似之处，不同之处在于吸附时铀是从液相转移到固态的树脂上，而在萃取时铀是从一种液相（水溶液）转移到另一种液相（有机溶液）中。例如，应用三脂肪胺萃取铀的反应式如下：

$$2R_3N + H_2SO_4 \longrightarrow (R_3NH)_2SO_4$$

$$2(R_3NH)_2SO_4 + [UO_2(SO_4)_3]^{4-}(\text{水相}) \longrightarrow (R_3NH)_4UO_2(SO_4)_3(\text{有机相}) + 2[SO_4]^{2-}$$

将有机相中的铀重新转移到水溶液中的过程叫作反萃取。反萃取可用硝酸盐、氯化物、硫酸盐、碳酸钠等的水溶液作反萃取剂。所得含铀反萃取液是萃取－反萃取工序的最终产品。例如，用碳酸钠反萃取的反应式如下：

$$(R_3NH)_4UO_2(SO_4)_3(\text{有机相}) + 5Na_2CO_3$$
$$\longrightarrow 4R_3N + Na_4UO_2(CO_3)_3(\text{水相}) + 2CO_2 + 3Na_2SO_4 + 2H_2O$$

萃取和反萃取都是由两个基本过程构成的，即水溶液与有机相的混合和分离。根据萃取工艺的这一特点，发展了多种萃取设备。

综上所述，离子交换法和溶剂萃取法对铀都具有较高选择性。萃取法由于可实现两相逆向流动，在生产上成为连续过程，具有设备小、效率高、容易实现自动化的优点。与萃取法相比，离子交换法设备较大，工艺过程不连续，但可直接用于矿浆，绕过固液分离步骤。萃取剂为易燃的有机物，生产上须采取严格的安全措施。萃取工厂外排液体中夹带少量萃取剂，会对环境造成污染。采用地浸法采铀时，浸出液中的铀浓度很低（每升几十至几百毫克），这种情况下采用离子交换法较为合适，为目前各国地浸采铀所普遍使用。铀矿的堆浸生产也多采用离子交换法。

如果用硫酸作淋洗剂，得到的淋洗富液由于酸度高而不宜用碱沉淀时，可将淋洗液通过萃取工序进一步纯化和富集铀，这就是淋萃流程。

12.3.4　产品的沉淀

铀化学浓缩物沉淀过程是铀湿法冶金阶段最后的生产步骤，所采用的沉淀设备主要有搅拌槽或流态化沉淀塔。铀淋洗液或反萃取液加热到适当温度（50～60 ℃），加入氨水或苛性钠溶液作为沉淀剂，并控制反应介质的酸碱度（pH＝6.7～7.0），则铀按下列反应式以重铀酸铵或重铀酸钠形式沉淀。

$$2UO_2(NO_3)_2 + 6NH_4OH \longrightarrow (NH_4)2U_2O_7\downarrow + 4NH_4NO_3 + 3H_2O$$

$$2Na_4[UO_2(CO_3)_3] + 6NaOH \longrightarrow Na_2U_2O_7\downarrow + 6Na_2CO_3 + 3H_2O$$

随同铀一起参与沉淀过程的可能包括铁、铝、钼、钒等元素。铀化学浓缩物由于各工厂加工条件不同，含铀量为 40%～70%，此外还含有杂质，如铁、铝、硅、钼、磷酸根、硫酸根等。通常将沉淀物再加以洗涤，这一过程可用苛性钠作洗涤剂。在洗涤过程中铀以不溶性重铀酸钠的形式存在，部分杂质如铁、硅、磷等转入水相。沉淀物经洗涤、压滤、干燥后，即得到水冶产品铀化学浓缩物（黄饼）。

12.3.5　水冶工艺流程和污染防治

上面初步介绍了水冶阶段的主要生产步骤。各国都是根据不同矿石的特性进行试验研究，再结合其他具体情况，选用技术、经济上最佳的工艺流程和设备。尽管水冶工艺流程种类繁多，归纳起来基本上可分成四大类，即酸法离子交换萃取工艺流程、酸法溶剂萃取工艺流程、碱法工艺流程和淋萃工艺流程，如图 12-15 所示。

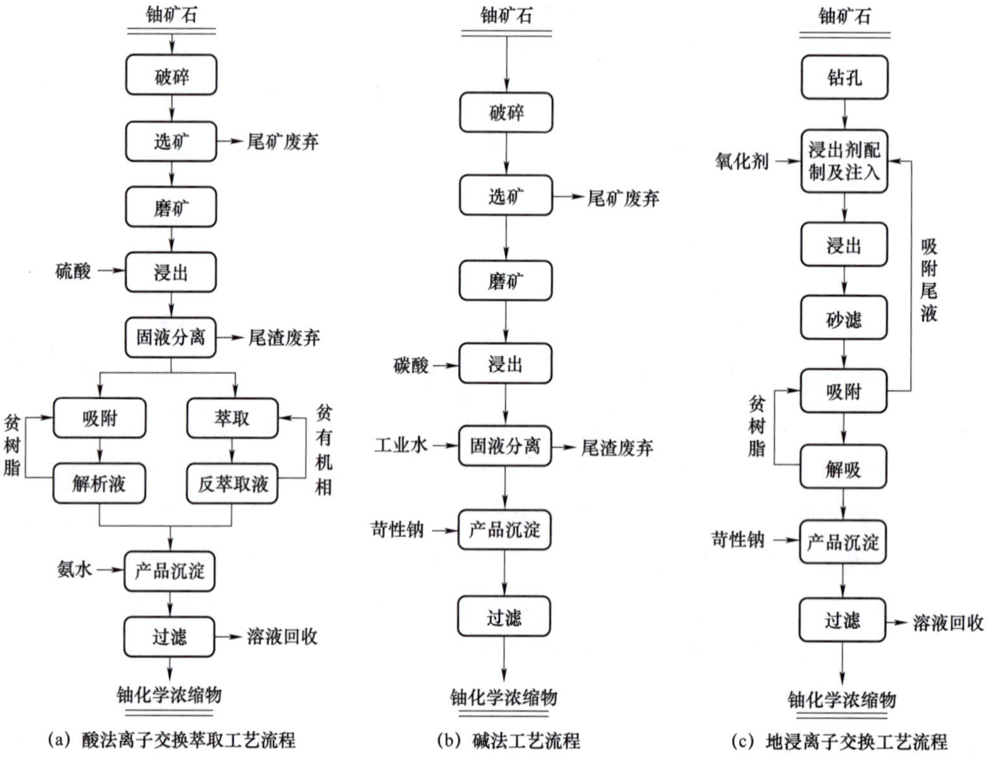

图 12-15　水冶工艺流程图

水冶生产过程产生大量的尾矿砂和放射性废液，需要妥善处理，以免污染环境。一般地，尾矿对环境的影响要大于原矿。一方面因镭未完全浸出而仍带有强放射性，另一方面矿石的分解和氡气释出比原矿严重。通常将废矿浆用石灰中和后，用泵输送到尾矿场。固体废物在尾矿场中沉积下来，一部分用来建尾矿坝，另一部分长期堆放在尾矿场中。澄清的废液通过自然蒸发、渗入土壤、排入江河等途径处置。尾矿场应经常监测其放射性水平、防止垮坝或污染地下水和地表水系。在选择水冶厂厂址时，需考虑建立尾矿场的问题。关于铀水冶尾矿的处置，详见 16.8.3 节。

地浸采铀无须建造和管理尾矿场，不破坏地表或很少破坏地表，在这方面有利于环境保护，但长期注入化学溶剂会造成地下水污染。使用 CO_2+O_2（适当加入一定量的碳酸钠）作为浸出剂，使地下水的治理比较简单，费用低，环境污染程度较轻。使用硫酸作为地浸浸出剂，使地下水污染严重，地下水的治理难度大。

地下水污染的防治包括污染范围的控制，污染区地下水水质的恢复和治理。两者皆需沿地下水水流方向设置监测井，经常取样分析，使溶浸范围和污染区域受到严格的监控。一般在地浸生产中应保持抽出量大于注入量 0.3%～1%，必要时在井场外围边界设置注清水井，以形成水幕；并使用计算机模型模拟溶浸范围、指导井网设计、缩小浸出液扩散范围及控制地下水污染范围。地下水污染治理的主要方法是抽出污染水，使周围的清洁水涌入污染区，或将经过净化处理的清水重新注入井场，以不断稀释并最终取代污染的地下水。

12.4　铀的纯化

经过铀水冶厂分离提取制备的铀化学浓缩物仍含一定量杂质，并且含有中子毒物，不满足核反应对杂质含量的要求，因而需要进一步提纯，以达到所要求核纯度，并转化为易于氢氟化的铀氧化物。通常将铀化学浓缩物提纯和铀氧化物制备的工艺阶段称为铀的精制。精制产品可以是硝酸铀酰 $UO_2(NO_3)_2$、重铀酸铵$(NH_4)_2U_2O_7$、三碳酸铀酰铵$(NH_4)_4[UO_2(CO_3)_3]$、八氧化三铀 U_3O_8、三氧化铀 UO_3、二氧化铀 UO_2、四氟化铀 UF_4 等，视与后面工厂衔接的需要而定。一般铀精制生产铀氧化物，低价态的铀氧化物(UO_2)更利于与后续铀的氢氟化过程衔接，而八氧化三铀在空气中稳定，便于长期贮存。

纯化的方法可采用萃取法、离子交换法、分步结晶法或者其中两种方法交替使用等，这要视原料和对产品纯度的要求等情况而定。

目前各国主要采取硝酸体系的 TBP 萃取工艺对铀进行精制。TBP 的中文名称为磷酸三丁酯，其优点为安全、稳定，在硝酸体系对铀的选择性好。TBP 比重与水相近，黏度高，一般需加入煤油等作为稀释剂。反萃取剂一般为稀硝酸或去离子水等，加热条件可以促进反萃取的进行。萃取设备有萃取柱、混合澄清槽和离心萃取器。反萃取后的硝酸溶液经过脱硝或者经 ADU、AUC 煅烧得到三氧化铀或二氧化铀。

几种典型的铀精制流程如图 12-16 所示。

关于将铀的氧化物还原为金属的工艺过程，见 13.7.1 节，将铀的氧化物转化为六氟化铀的工艺过程，见 9.5.1 节。

有一种简化的铀加工过程是从铀矿石直接制成核纯的四氟化铀，省去制成黄饼的阶段，如图 12-17 所示。

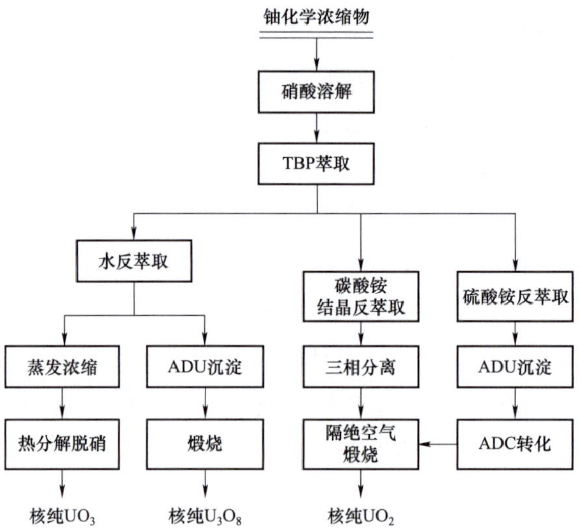

图 12-16　几种典型的铀精制流程

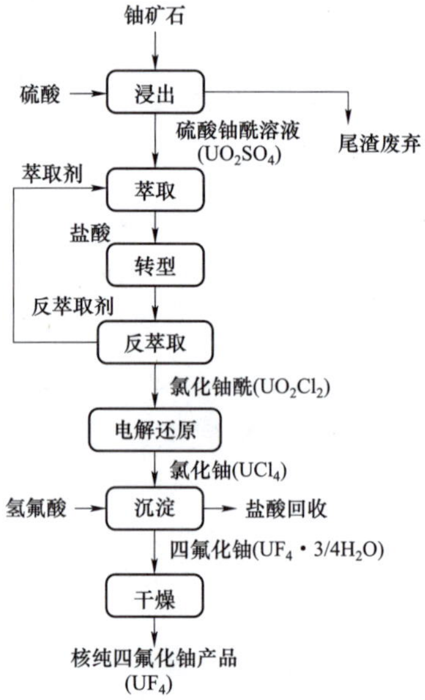

图 12-17　从铀矿石直接制取四氟化铀的工艺流程

12.5　钍矿石加工和金属钍的生产

在原子能工业中，钍是除铀以外的第二种天然核燃料资源。

钍与铀不同，它的矿石品种比铀少得多。独居石是一种价值较高的钍矿，这是一种稀土元素的混合磷酸盐（Ce, La…）PO_4，含二氧化钍量为 1%～15%，含八氧化三铀量为 0.01%～0.3%。工业上有价值的独居石砂矿床是伟晶岩风化后，矿床中的重矿物通过风和水的作用，经天然重力聚集而生成的，包括海滨、河床和冲积层的砂矿床。

含独居石的矿砂很容易用物理选矿方法富集，因此不必在矿区设立就地水冶厂。

选得的精矿可含有 5%～8%的钍，0.15%～0.25%的铀，50%左右的稀土元素，大部分呈磷酸盐形式，其他杂质有二氧化硅、铁、钛等。

钍的冶炼可分为三个阶段：矿石的分解和钍化学浓缩物的制备；钍的精制；金属钍的制备。钍矿石加工属于第一阶段，有时将钍的精制也纳入矿石加工阶段。

钍矿石（独居石）的分解方法有硫酸法和碱法。经过硫酸及氨水，或氢氧化钠及盐酸的溶解、沉淀作用，得到含钍 20%～40%的化学浓缩物，其中杂质主要是稀土元素，其他杂质有铁、钛、硅、铀等。钍的精制主要用萃取法，其流程与铀的精制相似。纯化的主要对象就是稀土元素。用多级的磷酸三丁酯溶剂萃取过程，可使钍与稀土元素分离，得到满足核纯要求的硝酸钍。将最后反萃回水相的硝酸钍和硝酸铀酰用草酸处理，使钍沉淀进而与铀分离。草酸钍经过分解、氟化、还原的过程，制成金属钍。钍冶炼的整个流程如图 12-18 所示。

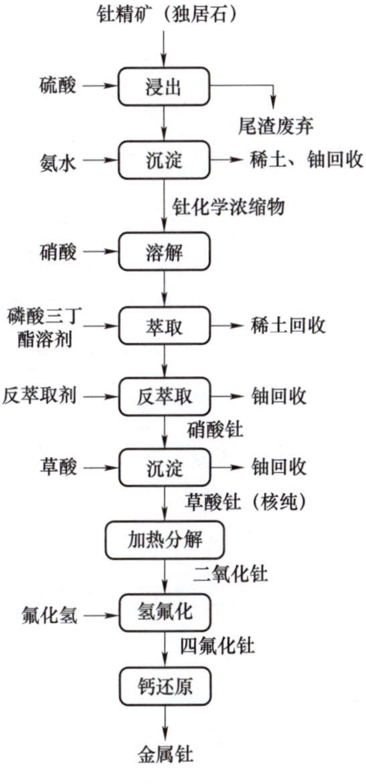

图 12-18　钍冶炼的整个流程

参考文献

[1] Uranium 2022: Resources, Production and Demand [R]. Nuclear Energy Agency Organization for Economic Co-operation and Development. OECD 2023, NEA NO.7634.

第 13 章　燃料元（组）件的设计和制造

13.1　对燃料元（组）件的要求

核燃料的“燃烧”过程，同化石燃料（如煤、石油或天然气）的氧化燃烧过程相似，是一个不断消耗燃料和产生废物的过程。不同之处在于，氧化燃烧的废物——废气或灰渣被不断地排入环境，而核“燃烧”的废物——裂变产物由于具有极强的放射性危害，除了极少量的泄漏物质经处理到规定限值以下才允许排放以外，绝不允许排入环境。因此，核燃料必须被可靠地包封起来。绝大多数反应堆（采用流体燃料的均匀反应堆例外）采用燃料元件的结构形式，将固体核燃料芯体装在密封的金属包壳内，做成燃料棒。通常把若干燃料棒组装成为便于装卸、搬运及更换的棒束组合体，称为燃料组件。它在往堆内装载及从堆内卸出的过程中是不拆开的整体，仅在特殊条件下允许拆开和抽换其中若干燃料棒重新组装。为了避免混淆，在本书中只把包含核燃料的最小独立（不可拆开）的结构单元（如燃料棒）称作燃料元件。

换料时，燃料组件内的燃料棒一般是不作逐根更换的。当某一个燃料组件内的燃料“耗尽”时，就是说，当其中的裂变燃料含量减少到低于某一限度以致不利于链式反应的持续进行时，即使该组件内的燃料棒均完好无损，但燃耗深浅不一，也要把整个组件从堆内卸出，并用新的组件替换它。此外，个别燃料棒的破损也会迫使我们卸出整个组件。因此我们更关心燃料组件的平均燃耗深度，以及燃料棒的统计破损率。同理，在全堆芯换料或分几批换料的情况下，全堆芯或每批燃料组件的平均燃耗深度是重要的经济性指标。

核燃料的特点是能量密度高。从 1 kg 低富集铀中可以得到相当于燃烧 100 t 优质煤的能量。为了充分利用这样巨大的能量，核燃料在堆内停留的时间很长，目前在压水堆核电厂中 3～5 年。堆内每次 ^{235}U 核裂变产生的能量，大部分表现为裂变碎片的动能（见 2.2.4 节），这些碎片以高速向四周飞散，只行经约 10 μm 的平均自由程距离便停止下来，同时把能量传给燃料芯体晶格，引起晶格强烈热振动造成其严重的损伤。燃料组件的各部件在堆内受到强烈的中子辐照，高流速、高温度冷却剂的冲刷和腐蚀作用，裂变产物的化学作用，导致振动及各种复杂的机械载荷，包括因温度、压力瞬变引起的应力和应变等，工作条件十分恶劣。堆内各点的燃耗和温度各不相同，而由于裂变产物的积累、晶格缺陷的重组、扩散和蠕变速率的改变，燃料元件芯体和包壳所处的物理、化学状态是随着时间（即燃耗）而不断变化的。因此，燃料元（组）件的设计和研制非常复杂，涉及核物理、反应堆物理、固体物理、传热学和质量转移理论、材料科学、化学、固体和流体力学等多门知识的综合运用。

燃料元（组）件制造是核燃料循环中一个极为重要的环节（见 2.9.1 节、2.9.2 节）。它与核电厂运行的安全性、可靠性及经济性密切关联。从反应堆安全性的角度出发，要求燃料元（组）件在正常或事故工况下保持几何形状和尺寸稳定不变，燃料棒保持密封，或即使有极少数破损，其泄漏量也在装置的净化系统处理能力以内，以确保厂内的辐射安全和放射性裂变产物的外逸受到控制。燃料元（组）件还应在极小概率发生的极限事故（例如冷却剂断流或功率失控剧增，导致包壳甚至燃料熔化）情况下保持最有利于安全的状态，以减轻事故后果。在这里，燃料棒包壳作为纵深防御的第一道实体屏障（见 2.5 节），其完整性至关重要。因此，核燃料和包壳材料须耐高温、耐辐照、耐腐蚀，并具有良好的力学性能和物理化学性能。然而，从核物理的角度考虑，为了有效地利用中子，必须尽量避免或减少强吸收中子的材料进入堆芯。因而热中子堆不宜使用热中子吸收截面大的结构材料（如不锈钢）并应尽量减少结构材料用量，例如，包壳越薄越好。无论核燃料或包壳材料，均须提炼纯净，除去吸收中子的有害杂质，例如，含硼量限制在 0.2×10^{-6} 以下等。这些意味着需要采用昂贵的特殊材料和复杂的冶炼及加工工艺，使燃料组件的成本大大提高。

为了保持核电厂运行的可靠性，要求燃料棒在预定的燃耗寿期内不发生破损，或纵有破损也不至于被迫停堆，因为停堆的经济损失很大，一座 1 000 MW 的反应堆停运一天的损失高达上千万元人民币。经验表明，燃料棒破损率随堆内使用时间或燃耗的变化情况如“浴盆曲线”，如图 13-1 所示。值得注意的是早期破损率增大的幅度（图中的 A），通常是由于质量保证不足，引起原材料加工缺陷和异物磨损所致。有用范围 B 的长短对燃料循环经济性有很大影响。设计限值 C 表征燃料元件设计的完善程度。燃料棒应能承受启动和停堆的功率循环，以及偶然的超功率运行而不增加破损概率。现代压水堆燃料棒已做到全寿期（整个在堆内使用时间）破损率低于万分之一（＜0.01%）。

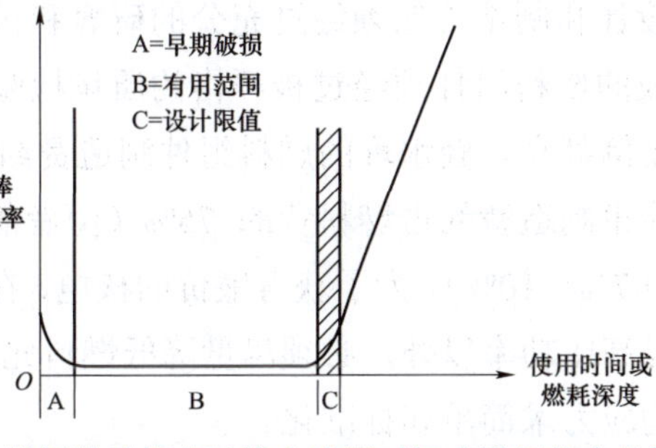

图 13-1　燃料棒破损率随堆内使用时间或燃耗的变化情况

就核电厂的经济性而言，不但要求燃料组件能以低廉成本大量生产出来，而且要求它具有均匀一致的良好燃耗性能。

核发电成本可用下式表示：

$$e=\frac{\phi I+O+F}{E}\text{元}/(\mathrm{kW\cdot h})$$

式中：ϕ为基建投资费年摊提率，即折旧率，a^{-1}；

I为核电厂基建投资费，元；

O为年度运行维修费，元/a；

F为年度燃料费，元/a；

E为年度发电量（净），kW•h/a。

而

$$E=8\,760LK=24\,000\,\eta BU$$

式中：L为负荷因子；

K为额定发电功率（净），kW；

B为平均卸料燃耗，MW•d/tU；

U为核燃料年消耗量，tU/a；

η为核电厂热效率。

并有

$$F=c_F U$$

式中：c_F为每 tU 的全部燃料循环费用，元/tU。

则核发电成本可写成：

$$e=\frac{1}{8\,760L}\left(\phi\frac{I}{K}+\frac{O}{K}\right)+\frac{c_F}{24\,000\eta B}$$

可见发电成本 e 同燃耗深度 B 成反比关系。现代压水堆的平均卸料燃耗深度已从 40 000 MW•d/tU 提高到 60 000 MW•d/tU 以上，近期的目标是 62 000 MW•d/tU（见 5.12 节）。其他堆型如高温气冷堆和快中子堆（见 5.9 节、5.10 节）可达到更深的燃耗。式中 c_F 包含铀矿石开采和加工，铀的精制、转化和富集，燃料组件制造，乏燃料的运输和后处理，废物的处理和最终处置等多项费用，并减去从乏燃料中回收铀和钚的收益。由于燃料组件的结构设计和制造工艺须经过充分的研究和试验，尤其堆内辐照试验很花费时间和资金，制成的燃料组件须经过极严格的质量检验，故燃料组件的制造费在核电厂燃料费中所占比例甚高。轻水堆的燃料组件制造费约占燃料费的 20%，坎杜型天然铀重水堆的燃料棒束制造费约占燃料费的 75%（两者的燃料费在发电成本中的比例分别为 25%～30%和 7%～10%）。为了获得廉价的核电，在保证安全可靠运行的前提下，除了加深燃耗、提高比功率以外，必须尽量降低燃料元（组）件制造成本。为此，燃料元（组）件的结构应力求简单和标准化。

13.2　燃料元（组）件的基本结构

各种堆型按其用途对燃料元（组）件有不同的性能要求，这导致需要不同结构形式的燃料和包壳材料。

13.2.1 生产堆的燃料元件

生产堆以天然铀或低丰度物料为核燃料，反应性裕量很小。为了减少附加的中子吸收，提高后备反应性和燃料转换比，初期多采用纯金属铀而不是铀合金或铀化合物作为燃料芯体，目前也采用铀化合物陶瓷体等燃料，并且要求其密度越高越好。由于同样的原因，特别严格要求选用热中子吸收截面小的包壳材料。石墨水冷堆和重水堆多采用铝合金，石墨气冷堆多采用镁合金。

细薄的燃料元件意味着裂变燃料的分散，会造成逃脱共振俘获概率（见 2.3.3 节）的下降和包壳材料吸收中子损失的增加，从而使反应性降低。故早期实心金属铀棒多较粗大，直径为 25～36 mm，目前燃料形式更加多样化。生产堆因须限制钚-240 的含量，一般燃耗很浅。其换料量很大，也正适宜采用这种简单而价廉的燃料元件。但这种元件的冷却和寿命均受到限制。

为了提高冷却效率以提高比功率，减少投料量和基建投资，在临界条件允许的范围内，特别是对于重水生产堆，也有采用厚管、厚板或粗棒束型的燃料元件。气冷堆则通常采用包壳管上加肋片的结构来增加传热面积，改善传热性能。

13.2.2 轻水堆的燃料组件

轻水动力堆普遍采用低富集度（铀-235 富集度＜5%）的二氧化铀为核燃料，用锆合金为包壳材料。为了尽量增大对应于每千克铀的传热面积，采用由细燃料棒组成的棒束型燃料组件，如图 13-2（a）所示。棒径越细，比功率和功率密度（见 2.6.1 节）就越高；但同时对应于每千克铀的包壳材料质量及伴生的中子吸收将增加，燃料组件的制造成本也将升高。燃料棒是把经过烧结、磨削的二氧化铀陶瓷芯块叠成柱体，装入包壳管。由于制造工艺的关系，燃料芯块的高度与直径之比限于 1～1.65。在芯块同包壳之间，为了避免前者变形对后者的影响，留有微小的间隙（冷态直径间隙在压水堆内为 0.15～0.20 mm，在沸水堆内为 0.28～0.31 mm），导致其热阻很大。芯块的温度高低影响到裂变气体释放量的多少，以及由 UO_2 晶界上的裂变气体气泡所引起的燃料肿胀，这些均与间隙的大小密切相关。为了改善传热，间隙须充氦气。在压水堆中，充填的氦气须具有一定的压力（一般在冷态下采用 2～3 MPa，则热态下初始可达到 4～7 MPa），使包壳管在承受很高的冷却剂外压力（达 15.5 MPa）的情况下，不产生过高的压应力和蠕变速率；预充氦气也减轻了释放出来的低导热裂变气体（氪、氙）使气隙传热恶化的有害效应。沸水堆包壳管充填的氦气压力较低，为 0.25～0.5 MPa。包壳管两端用锆合金端塞封住焊死以保持密封性。为了容纳燃耗过程中产生的裂变气体和补偿芯块轴向热膨胀，在棒的一端（或两端）留有气体空腔，其中装有不锈钢弹簧，使燃料芯块互相贴紧，并保持在一定的位置上。

除传统的轻水堆棒状燃料组件外，环形燃料组件是一种采用双层包壳和环形芯块内、外冷却的新型压水堆燃料组件，如图 13-2（b）所示。与传统棒状燃料组件相比，双包壳结构有效增加了燃料组件传热面积和减薄了燃料芯块厚度，使其在事故工况下具有更好的安全性能，允许堆芯有更高的功率密度。

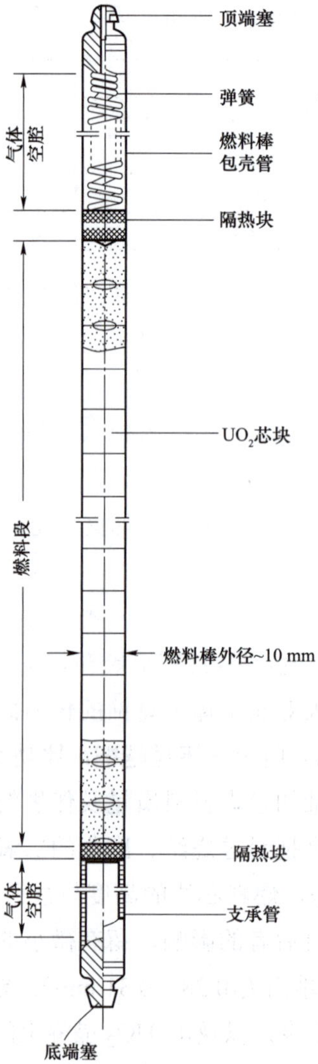

(a) 棒束型

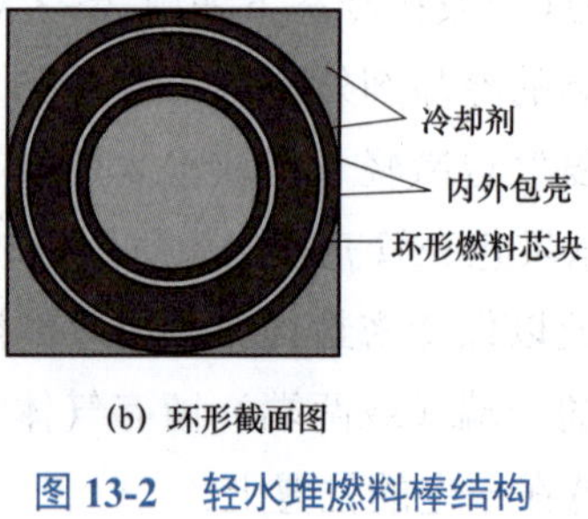

(b) 环形截面图

图 13-2　轻水堆燃料棒结构

棒束型燃料组件由若干根燃料棒按一定的排列方式组成，为了保持棒与棒之间的精确间距，沿长度方向每隔一定距离设有定位格架，如图 13-3 所示。格架的设计，须不妨碍冷却剂的流动和传热，可防止燃料棒的振动和磨蚀，并允许燃料棒自由膨胀而不弯曲，这是长燃料组件中的一种关键部件。定位格架过去都用因科镍制造，随着材料的发展，目前活性段所用格架由镍基合金单金属格架或镍基弹簧与锆合金条带组成的双金属格架发展为全锆格架，以提高中子经济性。如果弹簧的夹持力松弛，会引起振动和严重的磨蚀，严重时包壳管很快被磨穿，因此弹簧片的松弛特性很重要。

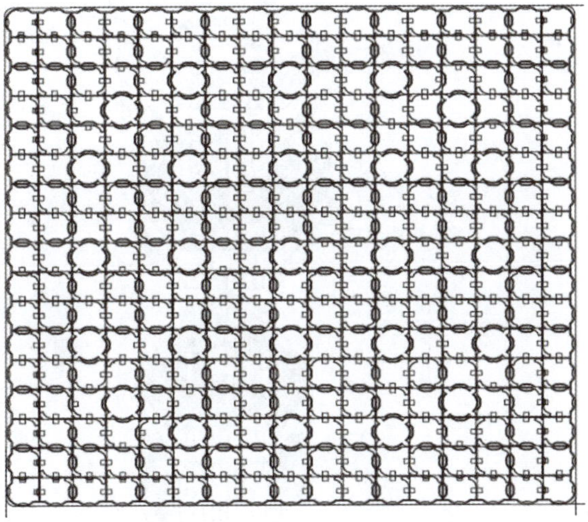

图 13-3　一种压水堆燃料组件的定位格架

现代压水堆燃料组件普遍采用 13×13～18×18 根棒束作正方形排列的无外盒结构（VVER 燃料组件目前为 312 根棒束作六角形排列，无外盒），燃料棒外径为 9～11 mm，长约 4 m。棒的间距决定于水铀比，后者又决定于若干物理和热工因素。燃料组件中有 16～24 个燃料棒位置为控制棒导向管所代替，另有 1 个位置为堆内中子测量管所占。每个燃料组件中的所有控制棒在顶部与星形连接柄连成一体，构成棒束型控制棒组件（见图 5-16）。燃料棒束外面没有组件盒，靠控制棒导向管，定位格架，上、下管座互相连接的骨架结构来支承和定位燃料棒（见图 5-15 及图 13-4）。

沸水堆采用 8×8 或 9×9 的正方形燃料棒束，外面罩有锆合金制的正方形组件盒，如图 13-5 所示。燃料棒外径为 10～12 mm，长约 4 m。每四个组件盒形成一个田字，十字形控制棒可在其间水隙中上下活动，如图 13-6 所示。有了组件盒，才有可能调节各个燃料组件中的汽/水比（即蒸汽品质）。有些新型设计将四个 5×5 燃料棒束放入一个较大组件盒，或将四个 10×10 燃料组件组成一个单元。不论压水堆或沸水堆的燃料组件，现已普遍改为全锆结构以提高中子利用的经济性。

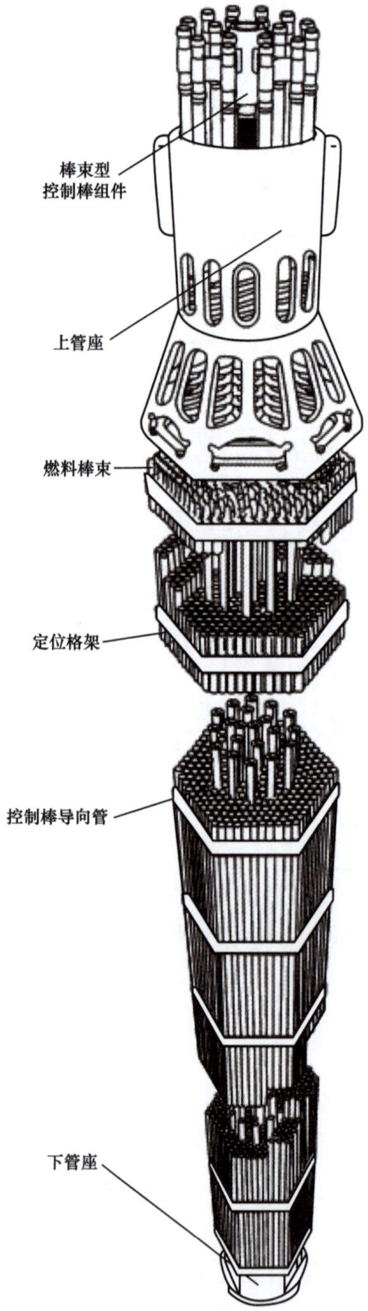

图 13-4　压水堆（VVER）的燃料组件

对燃料组件的主要限制因素如下。

（1）包壳的表面热流密度（W/cm^2）必须低于可能造成烧毁事故的极限值（临界热流密度或偏离泡核沸腾热流密度），且有足够的安全裕度（见 2.6.3 节）。

（2）芯块中心温度必须远低于燃料熔点，以免裂变气体大量释放造成内压力过高、芯块体积胀大和包壳管破裂。通常要对线功率（W/cm）加以限制（见 2.6.2 节）。

（3）包壳管在内、外压力的作用下不应发生破损或过度的蠕变变形。由于裂变气体释放而产生的内压力随燃耗而增长，一般不允许它超过冷却剂的压力。

（4）包壳温度应足够低以保证应有的机械强度和抗蠕变能力。包壳管的体积平均有效应力应低于材料的屈服强度。

（5）由于锆合金的辐照脆化和吸氢脆化，包壳管不能承受很大的应变；燃耗深度主要受到芯块肿胀和变形的限制，应尽可能减小芯块同包壳相接触而发生相互作用，或限制包壳管的应变小于 1%。

（6）防止过高流速引起的流致振动。表 13-1 所示过去发生过的燃料组件缺陷及采取的改进措施。

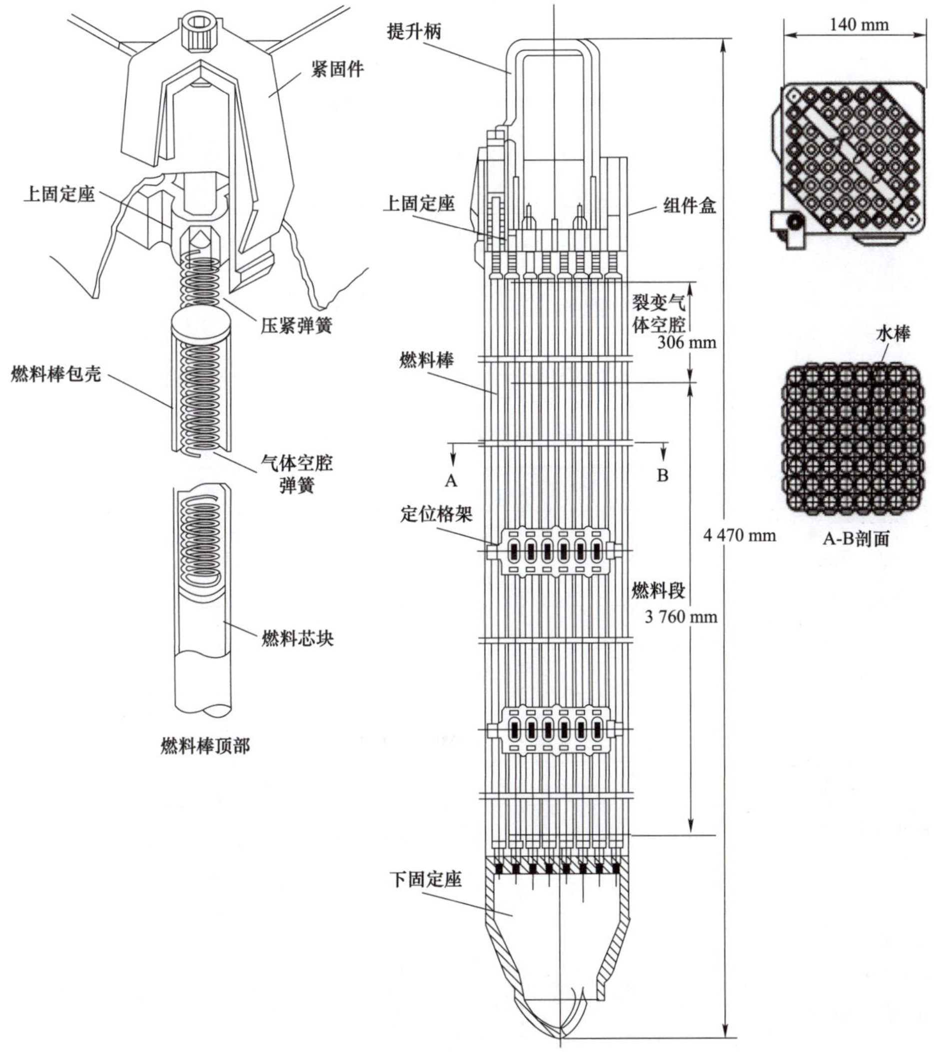

图 13-5　一种沸水堆的燃料组件（AEG 公司）

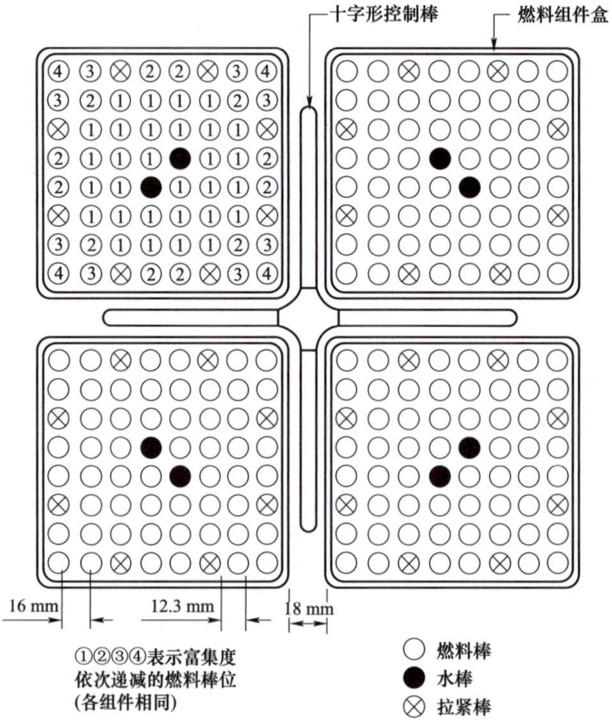

图 13-6　沸水堆的燃料组件——控制棒组合（美国通用电气公司）

表 13-1　轻水堆燃料组件的缺陷和改进

缺陷	压水堆	沸水堆	改进措施
锆吸氢变脆	√	√	控制燃料芯块总氢含量限值，如采用高密度芯块及燃料芯块和包壳烘干或热装除气、防止有机物沾污。某些沸水堆燃料棒还采用在内腔设置吸氢剂
结水垢		√	给水加热器禁用铜管
富集度错误	√	√	燃料棒作 100%芯块富集度扫描
包壳坍塌	√		采用合适密度（一般是 95%T.D.）和稳定的燃料芯块及燃料棒预充氦气等
芯块密实化	√	√	制造高密度芯块；提高烧结温度以稳定晶体结构
包壳腐蚀和磨蚀（由于流致振动）		√	控制包壳质量及清洗工艺；增加弹簧夹持力和压紧力
锆合金生长、包壳管伸长和燃料棒弯曲	√		包壳管公差；轴向间距裕量；格架设计
组件盒鼓胀		√	增加盒壁厚度；控制残余应力
功率快速提升引起的芯块包壳相互作用	√	√	① 功率缓慢上升（压水堆）； ② 局部功率分布的控制（沸水堆）； ③ 改进核电厂运行策略和改进燃料棒设计（如预充氦压、碟形加倒角芯块、环形芯块等）

二氧化铀芯块的密度对芯块的热导率、肿胀、裂变气体释放率等有重要影响。在设计中对芯块的密度要与温度、燃耗及芯块包壳间隙等参数作综合考虑，适当地予以确定。压水堆一般将芯块密度取为理论密度的 95%左右。

包壳管有两种不同的设计原则：一种是强包壳，又称自立型，这是轻水堆普遍采用的结构。它的厚度较大，能靠自身强度抵抗冷却剂的外压力而保持形状不变。上述应力和变形的限制，就是对自立型包壳而言的。另一种是弱包壳，又称塌倒型，它为坎杜型天然铀重水堆所采用。为了尽量减少中子损失，将包壳厚度减到很薄，靠芯块从内部支撑包壳。由于弱包壳将随着芯块的肿胀而变形，因此对芯块的尺寸和表面光洁度有更加严格的要求，同时燃料的燃耗深度受到限制。表 13-2 表示典型轻水堆以及重水堆燃料元（组）件的特性。

表 13-2 典型轻水堆和重水堆燃料元（组）件的特性

特性	轻水堆		重水堆
	压水堆（华龙一号）	沸水堆（ABWR）	坎杜型（CANDU-6）
燃料元件排列	17×17	8×8	三环 18+12+6+1
燃料组件总长度/mm	4 060	4 200	495
燃料组件总重量/kg	670	280	21.6
燃料组件内铀重量/kg	459	174	19.1
燃料组件内燃料棒数	264	62	36+1
燃料棒长度/mm	3 867	4 000	492
包壳管材料	M5 等	Zr-2	Zr-4
包壳管外径/mm	9.5	12.3	13.10/11.50
包壳管厚度/mm	0.57	0.86	0.40/0.38
初始充 He 压力/MPa	2.0	0.3	0.1
芯块密度/（g/cm^3）（理论密度）	10.42（95%）	10.42（95%）	10.6（96.6%）
芯块直径/mm	8.19	10.3	12.21/10.64
芯块高度/mm	13.5	10.3	16.5/14.4
芯块－包壳间直径间隙/mm	0.17	0.28	0.045
燃料	UO_2	UO_2	UO_2
组件设计燃耗/（MW•d/tU）	57 000	45 000	9 000
平均比功率/（kW/kgU）	40	25.8	25.4
初始富集度/%	1.8～3.9	2.2	天然铀
换料富集度/%	4.45～4.95	2～3	天然铀

13.2.3 重水堆的燃料棒束

重水堆的二氧化铀燃料棒间距较大。由于采用天然铀，必须尽量减少结构材料用量以减少有害的中子吸收损失。坎杜型重水堆的燃料棒径为 11.5～13.1 mm，包壳厚度只有 0.38 mm，在包壳内壁涂覆石墨（CANLUB 燃料棒）。石墨作为润滑剂可减小燃料与包壳之间的摩擦阻力，并阻止腐蚀性裂变产物碘等扩散到包壳内壁，从而在很大程度上消除因芯块－包壳相互作用及应力腐蚀开裂（PCI-SCC）导致的包壳破裂。密实芯块的密度达到理论密度的 95%～97%，芯块两端有碟形凹陷，以补偿芯块的轴向膨胀。将密封的燃料棒焊接到两侧端板上，形成燃料棒束。燃料棒束按同心圆形式排列以减少压力管材料，所有构件均采用锆合金制造（见图 5-31）。棒与棒间、棒束与压力管之间的间隙靠钎焊上去的隔离块和支承垫保持。为了适应水平方向移动、不停堆换料及便于大量生产和尽量减少破损卸料，对于 19、28 或 37 根燃料棒束，均采用长度约为 500 mm 的短棒束。燃料棒燃耗浅（＜9 000 MWd/tU），无须采用可燃毒物。设计中考虑的冷却剂压力为 11 MPa，温度为 300 ℃，用 LiOH 保持 pH 为 10，水的质量流速为 20 kg/s，燃料棒的最大线功率为 660 W/cm，燃料棒束的破损率目标小于 0.1%。

13.2.4　高温气冷堆的燃料元件

高温气冷堆采用化学惰性和热工性能好的氦气作为冷却剂，以全陶瓷包覆颗粒为燃料，以耐高温、高导热的石墨作为慢化剂和堆芯结构材料，堆芯出口氦气温度可达到 750～950 ℃。至今开发出的包覆燃料颗粒主要有三代。第一代是初期的包覆燃料颗粒，只有一层高致密度热解炭层，用于桃花谷堆的初装料，因使用中破裂很快被淘汰。第二代是 BISO 型包覆燃料颗粒，由两层热解炭包覆，第一层是低密度热解炭层，第二层是高致密度热解炭层，大量用于早期的高温气冷试验堆和原型堆。由于致密热解炭层不能有效地阻挡铯等金属裂变产物的释放，20 世纪 80 年代以后，各国设计的、建造的和计划建造的高温气冷堆均不使用 BISO 型包覆燃料颗粒，而是使用 TRISO 型包覆燃料颗粒，即第三代包覆燃料颗粒。其中心一般是低富集度的 UO_2 核芯（仅美国模块式高温气冷堆例外，其采用混合二氧化铀和碳化铀核芯，其中含 85%UO_2 相和 15%UC_2 相），目前都是通过溶胶—凝胶方法制备。UO_2 核芯的直径约为 0.5 mm，在 UO_2 核芯的表面有四层包覆层，这些包覆层都是通过化学气相沉积方法在流化床中沉积的。从里往外第一层是疏松热解炭层，第二层是高致密度各向同性热解炭层，第三层是 SiC 层，第四层是高致密度各向同性热解炭层。整个包覆燃料颗粒的直径约为 1 mm，如图 13-7 和图 13-8 所示，从中可以看到各组分的结构。

TRISO 型包覆燃料颗粒各层作用如下。

（1）UO_2 核芯。燃料核芯的主要功能是发生核裂变，提供核能，同时也能滞留一部分放射性裂变产物。UO_2 核芯也为疏松热解炭层提供沉积基面。

（2）疏松热解炭层（第一层）。疏松热解炭层多孔，为气态裂变产物、CO 和 CO_2（UO_2 裂变后放出的氧与热解炭反应产生）提供了存储空间，减小了包覆燃料颗粒的内部压力。

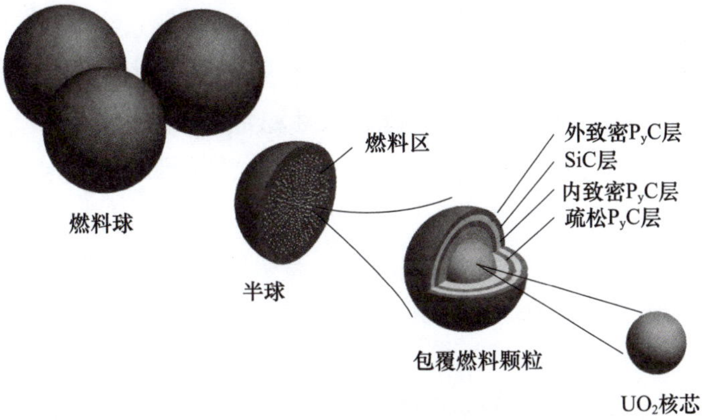

图 13-7　高温气冷堆的弥散体燃料

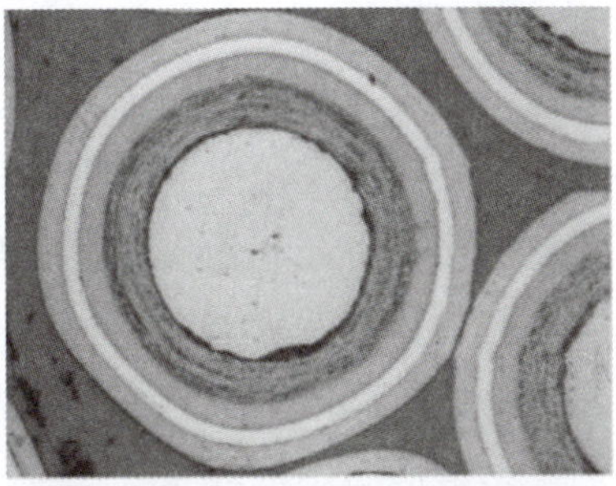

(a)

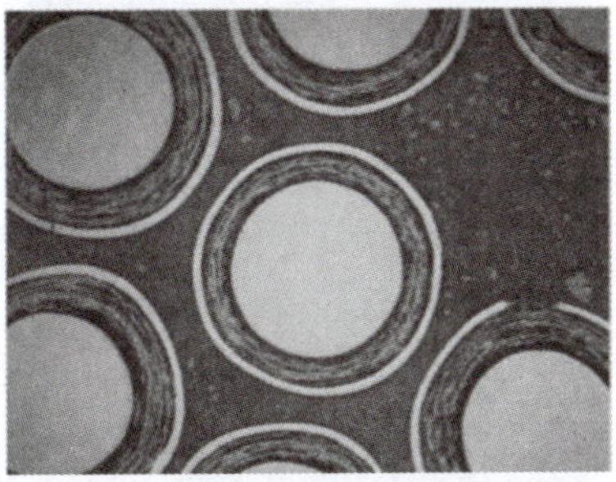

(b)

图 13-8　包覆燃料颗粒的两种包覆层结构

（a）UO_2-TRISO；（b）ThO_2-BISO

疏松热解炭的第二项功能是缓冲由核裂变产生并从燃料核心表面飞出的核裂变碎片，防止内致密热解炭层受到裂变碎片的损伤。疏松热解炭层的另一项功能是吸收因燃耗引起的燃料核芯肿胀。燃料核芯肿胀原因之一是滞留在其中的裂变产物。

（3）内致密各向同性热解炭层（第二层）。高致密度各向同性热解炭层能阻挡气态裂变产物的释放，这是由于多数气态裂变产物在高致密度各向同性热解炭层内的扩散系数小。固态裂变产物在致密热解炭中的扩散系数比气态裂变产物要高得多。内致密各向同性热解炭层的另一功能是防止有害的化学反应。

（4）SiC 层（第三层）。完整的 SiC 层能有效地阻挡所有气态和固态裂变产物的释放，在 1 600 ℃以下，气态和固态裂变产物在 SiC 层的扩散系数很低。SiC 层的机械强度高，是包覆燃料颗粒最主要的压力壳，是防止压力壳式破坏的关键层。另外 SiC 在辐照下尺寸变化小，起着保持包覆燃料颗粒尺寸稳定的作用。

（5）外致密各向同性热解炭层（第四层）。SiC 层比较脆，在燃料元件制造过程中，外致密热解炭层通过从外面保护，防止 SiC 层破损。

将上述燃料颗粒同含有树脂黏结剂的基体石墨粉混合，经过压制，可制成各种形状的燃料元件。由于石墨含有一定比例的孔隙，石墨基体和石墨外壳不是完全密封的。只有完整的包覆层能保持裂变气体不外逸。在堆内的高温下，总会有一些固体裂变产物从核芯颗粒通过热解碳涂层往外扩散，石墨外壳能保护燃料颗粒使其不受冷却剂冲刷。所以，高温气冷堆燃料元件的完整性既取决于包覆燃料颗粒的性能，又同基体石墨的性能相关。当燃料颗粒的包覆层有缺陷时，会严重地污染冷却剂回路，这同水冷堆燃料棒的金属包壳的作用相同。

高致密度各向同性高温热解炭外涂层是承受裂变气体内压力的主体，其应力情况复杂，犹如一个微型压力容器。涂层在辐照下的破损可分为机械破损和化学破损。机械破损是由于裂变气体压力、芯粒的肿胀及涂层在快中子照射下的结构、尺寸和性质的变化等因素造成。化学损伤则与芯粒同涂层的相互作用及燃料颗粒内部的温度梯度有关。温度、燃耗和快中子注量是造成破损的决定性因素。对材料、结构和制造工艺应做大量的辐照试验研究工作。为提高热解炭的耐辐照性能，对它的各向同性和高密度等质量要严格控制。为了减少裂变气体的释放，必须使芯粒中心温度远低于燃料熔点，目前限制在 1 350～1 400 ℃。需要注意的是，氧化物芯粒同热解碳发生化学反应产生的 CO 气体也会增加内压力。

目前成功地应用于大功率动力堆的包覆颗粒燃料元件有球形和棱柱形两种形式。球形燃料元件是直径约 6 cm 的石墨球，燃料颗粒均匀弥散在直径约 50 mm 的燃料区内，燃料区外是厚度约 5 mm 的基体石墨无燃料区，如图 13-9 所示。球形元件的突出优点是装卸料的流动化和可以连续换料，因此燃耗比较均匀，所需的后备反应性较小。但由于堆芯内几十万个燃料球堆得很高（约 5 m），底部的球受到很大压力，因此球形元件须具有相当高的强度，并须耐冲击、腐蚀和磨损。

图 13-9　高温气冷堆的球形燃料元件剖面图（球的直径为 6 cm）

棱柱形燃料元件是具有许多轴向孔道的六角形石墨柱块，宽约 40 cm，高约 1 m。将 8～10 块燃料元件叠置成的立柱作为堆芯的一个单元，如图 13-10 所示。这种燃料元件的内部结构形式可有不同的选择，有一种结构形式的孔道数目较少，孔径较大（例如 18 × ϕ60 mm），在孔道中装入带石墨套管的弥散体燃料棒，冷却剂在燃料棒周围的环状间隙中流过，进行直接冷却；另一种结构形式的孔道数目较多，孔径较小（例如约为 300 × ϕ10 mm），在一部分孔道中装入无外套的弥散体燃料细芯棒，用树脂同石墨柱块黏结，冷却剂在相邻孔道中流过，进行间接的冷却。

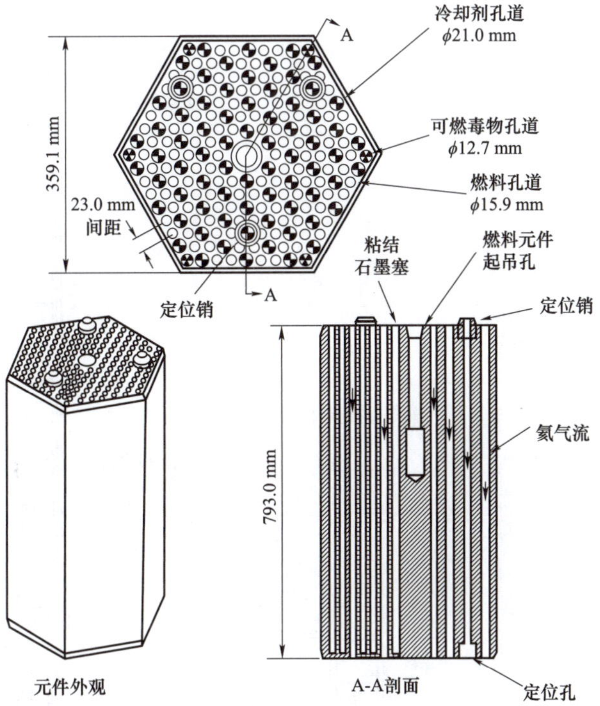

图 13-10　高温气冷堆的棱柱形燃料元件（GA 公司）

与球形或棱柱形燃料元件相适应的堆芯结构和换料系统大不一样，各有其优缺点，参见 5.9 节。

13.2.5　液态金属冷却快中子堆的燃料组件

液态金属冷却快中子堆的冷却剂主要有钠和铅铋合金。液态金属冷却快中子堆的燃料棒按正三角形栅元排布，相比于压水堆的正方形栅元排列而言，在相同的燃料棒直径和棒栅距下，更有利于减少冷却剂的慢化作用和提高功率密度。在线功率密度确定的情况下，压水堆燃料棒直径由棒热流密度限值决定，但液态金属冷却剂不存在临界热流密度的限制，因此其燃料棒直径由其他因素决定。对于钠冷快堆，棒径的主要考虑是燃料最高中心温度必须低于燃料熔点，因此棒径较细（5～8 mm）；对于铅铋快堆，主要考虑燃料棒包壳腐蚀问题对热流密度的限制，其棒径相对较大（9～15 mm）。

燃料棒包含燃料段和上部、下部再生段，燃料段装氧化钚－氧化铀（PuO_2+UO_2）混合物的烧结陶瓷芯块，再生段装贫化二氧化铀（UO_2）的烧结陶瓷芯块。在棒的一端（或两端）留有较长的容纳裂变气体的空腔（0.4～1 m），如图 13-11 所示。包壳管用特殊不锈钢制成，壁厚 0.4～0.5 mm。燃料棒用定位格架、管外缠丝或带肋管来保持很小的间距（0.6～2 mm）。燃料棒束装在不锈钢制的六角形组件盒内。每个燃料组件包含 100～300 根燃料细棒。外围的径向再生区的组件盒包含的棒数较少，棒径较粗。活性区组件盒的轴向再生段也有采用粗棒束的，与燃料棒束在结构上不同（见图 13-12）。

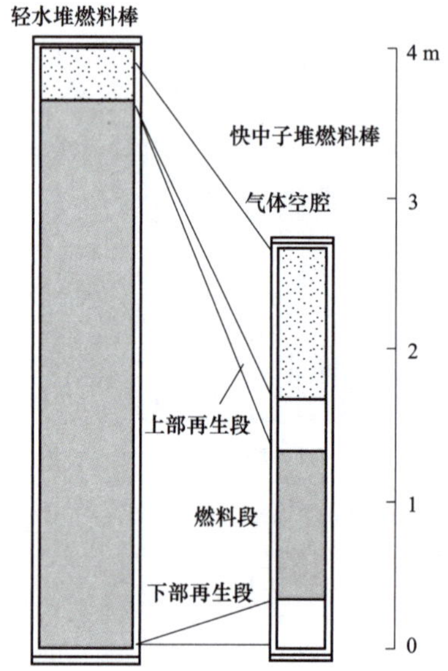

	轻水堆燃料棒	快中子堆燃料棒
燃料棒长度/m	3.8～4.4	2～3
燃料棒直径/mm	9～12	6～8
燃料段长度/m	3.6～4.2	0.8～1.0
再生段长度/m	0	上部和下部各0.3
气腔与燃料段之比	0.08	1～1.5
包壳材料	锆合金	不锈钢

(a) 快中子堆燃料棒设计参数同轻水堆燃料棒对比

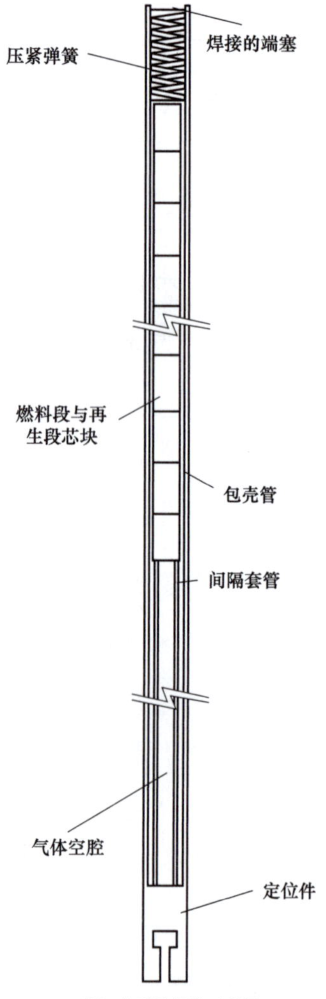

(b) 典型的结构示意图

图 13-11　快中子堆燃料棒示意图

液态金属冷却快中子堆燃料组件的特殊性在于其材料要承受远高于热中子堆的负荷，突出表现在快中子堆燃料组件比热中子堆燃料组件的快中子注量率高大约 30 倍、中子注量高大约 50 倍、燃耗深度高 2～3 倍、比功率高 3～5 倍、功率密度高 5 倍多，包壳温度也高很多。典型的数值如表 13-3 所示。

由于如此高的负荷会产生严重的强度、变形及化学腐蚀等问题，必须确保包壳的完整性，并保持尺寸变化在容许限度以内，才能实现预期的燃耗深度等指标。

为了减轻燃料在深燃耗下的辐照肿胀，倾向采用多孔隙、低密度（为理论密度的

85%～90%）的陶瓷芯块。再加上掺钚和燃耗加深等原因，使得热导率减小。同轻水堆相比，如均按芯块中心不发生熔化来考虑，由于热导率、表面温度和棒内径向中子注量分布的不同，快堆的最大线功率应低于轻水堆。

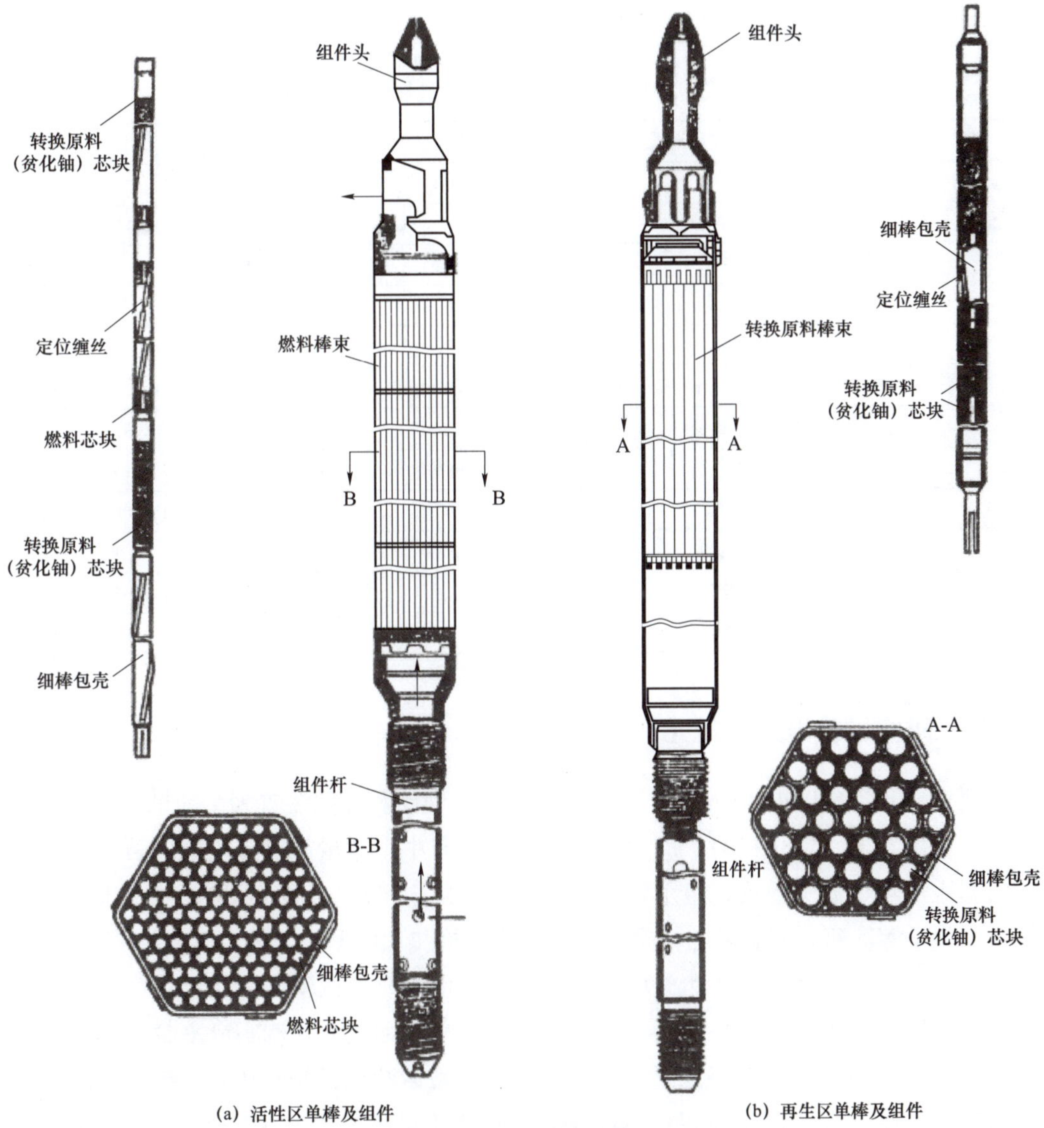

图 13-12　钠冷快堆的燃料组件

燃耗加深时，由于裂变气体的释放，会造成很高的内压力，这是一个严重问题。燃料棒的不锈钢包壳，是按强包壳原则设计的。它如同压力容器一样，受到内压力引起的机械应力和温差引起的热应力，两者之和不允许超过材料的屈服极限。而材料在高温下的蠕变强度显著降低。为了防止蠕变破坏或蠕变变形，现在采用加长气体空腔的办法，使燃耗末期的内压力不超过一定限度。其他解决途径有采用通气式包壳以代替密封式包壳，或研制高温下高强度的包壳材料如钒合金、铌合金等，均处于试验研究阶段，一时难以实现。深燃耗下裂变产物对包壳的化学腐蚀作用也需要特别考虑。

在含有 200～300 根燃料棒的组件盒内，由于中子注量和温度的不均匀分布，辐照肿胀和热膨胀会造成组件盒的弯曲和整个堆芯的变形，会在堆芯中产生很大的应力。在选择材料和结构设计时须仔细考虑这些问题。

表 13-3　快堆与轻水堆燃料组件的性能参数对比

	钠冷快堆	铅铋快堆	轻水堆
比功率/（kW/kg）	100～170	30～50	25～40
功率密度（平均）/（kW/L）	280～550	130～160	40～115
功率密度（最大）/（kW/L）	480～840	—	120～250
线功率（平均）/（W/cm）	240～360	200～300	160～220
线功率（最大）/（W/cm）	350～530	—	340～590
快中子（>0.1 MeV）注量率/（$cm^{-2}\cdot s^{-1}$）	约 5×10^{15}	约 5×10^{15}	（0.5～2）$\times10^{14}$
快中子（>0.1 MeV）注量/cm^{-2}	（2～3）$\times10^{23}$	（2～3）$\times10^{23}$	5×10^{21}
冷却剂出口温度/℃	530～650	400～500	285～330
燃料棒包壳最高温度/℃	650～700	550～650	300～430
气态裂变产物释放比例/%	80～100	—	1～4
燃料组件寿期（堆内运行时间）/a	1.5～2	5～8	3～5
平均燃耗/（MW•d/tU）	50 000～100 000	50 000～100 000	33 000～60 000

13.2.6　研究试验堆的燃料元件

研究试验堆是以提供中子源、γ放射源、辐照回路和辐照装置为主的试验装置，可按其反应堆容器、慢化材料、冷却剂、中子类型和中子通量等特点来分成若干类型，如石墨水冷堆、游泳池堆、重水堆、高通量堆、热中子堆、快中子堆、气冷堆、钠冷堆、微型堆等。研究试验堆燃料元件按不同的结构和几何形状分类，可分为棒状元件、同心套管状元件、板状元件和球形元件等几类。由于研究试验堆需要提供高中子注量率，而不需要产生高的冷却剂温度，对于高的比功率和表面热流密度来说，具有较大表面积/体积比的片状元件极为适宜。因此，大多数游泳池式和水罐式反应堆都采用片组型燃料元件，如图 13-13 和图 13-14 所示。由于水温不超过 100 ℃，通常采用铝作为包壳材料，中间的燃料薄层一般是铝铀合金，也可以是氧化铀或者硅化铀粉末同铝粉混合的弥散型芯体。除采用片组型和套管型结构外，还有其他类型的结构，例如，游泳池式试验堆采用的棒束燃料组件，重水试验堆早期曾采用的短管式燃料组件。棒状元件的芯体适应性较强，可以是金属、陶瓷或弥散体芯体。对于导热性好的金属芯体，元件的直径设计较粗。对于导热性能差的陶瓷或弥散体，元件设计为细棒状。棒状元件的包壳材料可以是铝、锆或不锈钢。

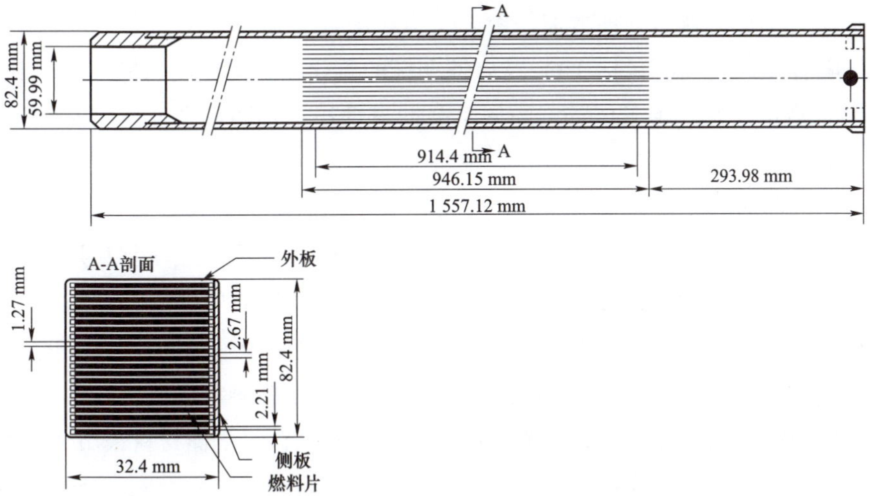

图 13-13　研究试验堆的片组型燃料元件（片厚约 1.5 mm）

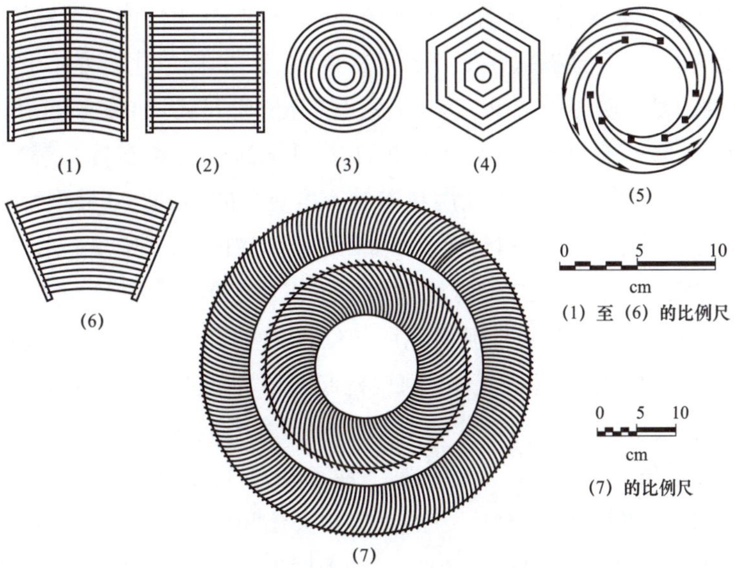

图 13-14　研究试验堆的各种片组型燃料元件及其变型

研究试验堆燃料元件在堆内受到高温和气态、固态裂变产物及高能粒子的作用和影响，随之引起热应力、晶格破坏、肿胀，以及产生内压和腐蚀等危害，从而使燃料比功率、燃耗及燃料芯体和包壳厚度受到限制。为了抵御这些危害，燃料元件的芯体应满足下列要求：① 具有足够的强度、抗辐照、耐腐蚀和包容裂变产物的能力强；② 具有良好的热稳定性，在深燃耗下能保持燃料芯体尺寸和形状稳定；③ 热导率好、热膨胀系数小、熔点高、组织稳定、耐受比功率和功率密度提高的能力强；④ 化学稳定性高、与包壳相容性好；⑤ 成本低、后处理方便。

研究试验堆燃料元件的芯体可分为金属型、陶瓷型、弥散体型。

（1）金属型燃料主要是铀金属和铀合金。金属燃料的主要优点是密度高，导热性好，易于加工，乏燃料后处理方便，用于转换和增殖易裂变核素的转换比高。

（2）陶瓷型燃料主要包括 UO_2 及含铀和钚的氧化物、碳化物和氮化物。其优点是熔点高、热稳定性好、中子俘获截面低、各向异性小、辐照稳定性好、对包壳和冷却剂有良好的相容性、燃耗深度比金属型燃料大；缺点是密度低、质硬而脆、不易加工、热导率小、辐照时芯块温差大、中心温度高，有辐照肿胀和芯块开裂倾向等。

（3）弥散型燃料由燃料相和基体相组成，是利用粉末冶金法压制和烧结或利用某些合金在高温固溶相中析出燃料相的方法，把含有裂变物质的燃料相颗粒均匀地弥散分布在性能优良的非裂变基体相中而得到的燃料。弥散型燃料根据燃料相的不同又可细分为金属型弥散燃料、合金型弥散燃料和陶瓷型弥散燃料，燃料相有铀铝的金属间化合物、铀的氧化物、铀硅合金、铀钼合金等易裂变材料，基体材料采用 Al、Mg、Zr 等。弥散型燃料具有辐照稳定性好、导热性能好、抗腐蚀、能承受应力、使用寿命长、燃耗深度可达 80%～90%的原子燃耗的优点。

历史上的研究试验堆燃料元件普遍采用 70%～93%富集度的高浓铀燃料，并且有一半为高富集度的 U-Al 合金板状元件。研究试验堆燃料的低浓化研究始于 20 世纪 80 年代，最具代表性的是由美国能源部（DOE）提出的降低研究试验堆铀密度计划（RERTR），后来得到了国际原子能机构（IAEA）和许多国家的认可和支持，燃料的类型也从 U_3O_8-Al 和 UAl_x-Al 两种弥散型板状燃料向铀密度更高的 U_3Si_2-Al 板型燃料和可与小型动力堆共用的 UO_2 陶瓷板型燃料过渡。在 RERTR 计划的推动下，丹麦、韩国、阿根廷、加拿大、哥伦比亚等国也积极推进低浓铀研究工作。苏联制造的 U_3SiAl-Al 管状元件的铀密度达到 5 g/cm^3。韩国先进能源研究所（KAERI）的 30 MW 多用途研究堆，使用的是低浓硅化铀–铝弥散型燃料元件。阿根廷起初研究低浓 U_3O_8-Al 元件，随后着手研究低浓硅化铀元件。加拿大乔克河实验室（CRNL）为了把 NRX 和 NRU 两个堆的 U-Al 合金棒状元件改成低浓铀燃料，成功研制了铀密度为 3.2 g/cm^3 的 U_3SiAl-Al 燃料棒，并在 NRU 堆辐照，燃耗高达 65%～80%。加拿大还利用 U_3Si 生产线生产 U_3Si_2 燃料，研制了 20%^{235}U 富集度、孔隙率为 2.8%、铀密度为 3.15 g/cm^3 的 U_3Si_2-Al 元件，并最终作为中子堆（CNF）的标准燃料。由于 U_3Si_2-Al 乏燃料后处理困难，美国、韩国、俄罗斯、法国、加拿大、日本、德国等先后开展了 U_3Si_2、U_2Mo、U-Mo、U-Mo-（Pt，Ru，Sn）、U-Nb-Zr、UN-Al 等一系列候选合金的研制和辐照考验，从国际研究试验堆用低浓铀燃料的研究状况和发展趋势看，（U-Mo）-Al 弥散燃料是最有前途的燃料，最近 10 年已取得突破性进展，发展空间很大。

对一些能生产高浓铀的国家，发展高铀密度燃料可以改进反应堆的性能和提高经济效益。例如，美国密苏里大学就提出了利用高铀密度、高丰度的新燃料来提高 MURR 堆的研究能力和降低燃料循环成本。我国发展高铀密度板型、管型、棒形燃料元件，既可以降低研究试验堆燃料丰度，减少高浓铀的消耗，又有利于发展与各国的技术交流和核燃料元件的贸易往来，同时也可以应用高铀密度燃料来提高研究堆的性能，或者延长燃料寿期，减少燃料循环费用，具有重要的现实意义。

由于在使用用途和反应堆堆型选择方面的差异，相应的燃料元（组）件的设计参数及结构形式也有所不同，表 13-4 为各种堆型的典型燃料元（组）件的主要设计数据结构特点。

表 13-4 各种堆型的典型燃料元（组）件的主要设计数据和结构特点

堆型		沸水堆	压水堆	重水堆	高温气冷堆	钠冷快堆	研究试验堆
设计数据	冷却剂	水	水	重水	氦气	钠	水
	燃料	UO_2	UO_2	UO_2	UO_2	UO_2+PuO_2	UAl_4-Al/U_3Si_2-Al
	平均比功率/（kW/kg）	26	40	26	109	173	2 140
	局部最大燃耗/（MW•d/tU）	70 000	70 000	10 500	120 000	110 000	320 000
	包壳表面最高温度/℃	390	430	330	1 150	710	64
	燃料中心最高温度/℃	1 850	2 260	1 900	1 250	2 300	65
	冷却剂压力/MPa	7.3	15.5	10.7	7	0.5	1.7
结构特点	燃料元（组）件形式	棒束	棒束	棒束	球	棒束	片组
	棒（球）直径/mm	12.3	9.5	13.1	60	6.9	厚 1.3
	棒（片）长度/m	4.1	3.85	0.5	—	2.5	0.6～1.1
	元（组）件内的棒（片）数	62	264	37	—	127	—
	棒（片）排列形式	方	方	圆	—	六角	平行

13.3 核燃料物态的选择

13.3.1 燃料芯体的物理化学状态和辐照性能

广义的核燃料包括裂变燃料和转换材料。核燃料必须含有三种裂变燃料 ^{235}U、^{239}Pu、^{233}U 之一，才能燃烧。^{238}U、^{232}Th 这些能在中子辐照下转换出 ^{239}Pu、^{233}U 核素的称为“可转换核素”，又称“再生燃料”“再生材料”“转换材料”。转换材料或与裂变燃料混合使用，或在堆芯外围的再生区中单独使用。

原则上对于核裂变或核燃料转换的反应来说，不管裂变燃料或转换材料是什么化学形式都是一样的，可以采用铀、钚或它们的任何化合物。但由于持续的辐照（粒子轰击），燃料物态的选择颇受限制，必须采用具有良好的辐照稳定性的核燃料。

迄今利用的最常见核燃料，呈纯元素或化合物形式的有金属铀及铀合金、氧化铀、碳化铀和氮化铀、铀–钚氧化物的混合物（mixed oxide，MOX）、铀–钚碳化物的混合物、铀–钍氧化物的混合物。形成弥散体的有燃料颗粒在石墨中的弥散体，UAl_2、UAl_3、UAl_4 或 UO_2、U_3O_8、U_3Si_2 在铝或不锈钢中的弥散体。

目前，铀-235 是最重要的裂变燃料。铀-233 的积存量很小，只有当基于钍燃料的反应堆广泛应用时，才能大量生产和应用。铀-233 作为单独的裂变燃料还不现实，钚已有大量积存。为防止核扩散和和平利用核能，钚亟须用掉，而近期只能以 MOX 形式主要用作轻水堆燃料。虽然 MOX 生产存在一些风险如辐射危害、运输安全和防止核扩散，但是这些问题均可解决，而且市场看好此类燃料的发展，现在比利时和法国已建成 MOX 燃料组件生产线，俄罗斯、英国、日本和最近美国均有建造新的 MOX 燃料组件生产线的计划。据 IAEA 统计，2018 年世界上 MOX 燃料产量为 744 tHM。

选择反应堆燃料的一个重要问题是辐照损伤。燃料的辐照损伤主要来自裂变反应产生的裂变产物，快中子造成的损伤是次要的。前已述及，高速飞散的高度离子化的裂变碎片在极短距离（7～10 μm）内把巨大能量传给一连串燃料晶格原子（由于次级效应，一个碎片可能使上百万个原子受到撞击），引起后者的强烈振动，相当于提升其局部温度至几千度的高温，形成离位峰和热峰。离位峰中的若干原子被撞离其正常晶格位置，形成了晶格空位和间隙原子，两者都是点缺陷。温度高时，空位与间隙原子可复合而消失；温度低时，这些点缺陷将长期存在而影响导热和导电过程；在中间温度下，它们可能积聚、崩塌而演变成为空位环、间隙环、空洞等二次缺陷。这些缺陷周围的应力场相当大，加上热峰温度的陡升急降，使晶格畸变，阻碍晶体的变形，导致材料的硬化和脆化。裂变气体原子在位错、晶界等处积聚成气泡和（n, α）反应生成氦气泡的长大，会造成材料的肿胀和脆化。这些辐照损伤对燃料的物理性能（密度、热导率、电导率、弹性模量等）、化学性能及力学性能（强度、韧性、持久强度、蠕变速率、疲劳强度等）都有重大影响。

为了使燃料元件在其整个使用寿期内受到裂变碎片和快中子的辐照损伤时，仍能保持其物理、力学和化学上的稳定性，燃料材料应具备下列特性。

（1）高热导率，以便在高的功率密度和比功率下不产生过高的温度梯度。就是说，在高的释热率下燃料中心温度不至于接近熔点。

（2）良好的辐照稳定性，不致因肿胀、开裂或蠕变而引起变形，同时其物理性能（如热导率）和力学性能（如强度和韧性）不会在辐照后发生很大变化。

（3）良好的化学稳定性，特别是与冷却剂不发生化学反应，如遇包壳破损，也不致产生明显的相互作用。

（4）高熔点，并在低于熔点时不发生会导致密度等变化的相变。

（5）易于加工和成本较低。

（6）低的热膨胀系数。

（7）含有高原子密度的易裂变（及可转换）核素，并且不含中子吸收截面大的其他原子。

燃料可能由于几种辐照效应而肿胀（体积增加）。一种原因是裂变气体气泡的积聚，在裂变产物原子中约有 15%为气体，主要是氪、氙和碘（高温下为气态）；另一种原因在于每次裂变便有一个重的易裂变核分裂成为两个较轻的裂变碎片核，裂变产物具有较低的固体密度。

在一定的温度条件下，一部分裂变气体将从燃料芯体逸出，进入芯体与包壳间的间隙和空腔，而对燃料包壳产生内压力。该内压力的大小既取决于裂变气体释放量，又取决于包壳内的自由空间。燃料肿胀程度和裂变气体释放率均随着燃耗加深而上升。

13.3.2　金属铀和铀合金

金属铀的密度高（>18.6 g/cm^3），这是一个很大的优点。在天然铀石墨堆中，只有金属铀具有足够高的密度以达到临界。但它在较深燃耗下的辐照稳定性和较高温度水中的耐腐蚀性很差，不能满足现代动力堆的使用要求。

金属铀有三种不同的同素异形体，称为α相铀、β相铀和γ相铀，各具有不同的结晶构造。这三个相的相互转变温度分别在 660 ℃和 770 ℃左右。由于在这些转变点，铀的若干性质，特别是密度，会发生急剧的变化，故在堆内不允许有相的转变。因此，660 ℃成为金属铀燃料使用温度的上限。α相和β相又是各向异性的，它们的力学和物理性质（如热膨胀系数等）与晶粒的取向有关，因此，即使温度低于 660 ℃，在中子辐照下仍会发生“生长”（指形状畸变而体积不变）的现象，在短时间内就使燃料元件变形、表面起皱、强度降低和破坏。但这种辐照生长，仅当加工变形造成金属晶粒的择优取向（称为织构）时才会发生。低温加工，例如，在α相轧制或挤压，特别容易造成金属晶粒的平行排列。通过采用粉末冶金技术，或加入微量合金元素并作适当的热处理如β相淬火以得到随机取向的细晶粒结构，或加入钼、钛、锆、铌等合金元素以稳定具有立方晶格的γ相铀，有助于提高铀的各向同性和消除织构。

金属铀的工作温度超过 400 ℃时，会产生过度的肿胀而使包壳破坏。肿胀的主要原因是裂变气体以气泡的形式积聚在金属晶格内。在铀中加入微量合金元素如铝、铁、硅、锡等，可以减轻这种辐照肿胀。英国早期的天然铀石墨气冷堆采用的调质铀掺有 0.05%～0.12%Al 和 0.02%～0.05%Fe，法国则采用铀–钼（1.1%）合金和在铀中加入微量元素（0.07%Al-0.03%Fe-0.01%Si-0.01%C）以细化晶粒，改善较高温度（640 ℃）和较深燃耗（5 000～6 500 MW·d/tU）下的辐照稳定性。低富集铀反应堆允许掺入较多量的合金元素。但即使采取这种措施，金属铀的辐照稳定性仍是很差的。这就是后来广泛采用陶瓷燃料，特别是烧结二氧化铀的主要原因之一。

高合金铀能在室温下保持各向同性的γ相，进一步提高了抗肿胀性能，只是合金材料吸收中子过多，须采用高富集铀。合金燃料的高铀原子密度及不含起慢化作用的原子（如 O、C），有利于实现快中子堆所要求的较硬中子能谱和较高增殖比。早期的快堆着重开发铀合金燃料，采用含钼约 10%（重量）的铀钼合金，它能达到 2%（原子）燃耗而不发生辐照肿胀，但距商用经济性所要求的燃耗深度尚远，而且熔点较低，又会同不锈钢包壳生成低熔点的共晶体，成为事故隐患。之后各国相继转向氧化物燃料。美国为便于实施可防止核扩散的燃料就地后处理—再富集—燃料组件再制造一体化燃料循环，坚持开发铀－钚－锆合金燃料（例如 U-15%Pu-10%Zr 合金，其重原子密度 14.4 g/cm^3 比铀钚混合氧化物或碳化物都高），它同不锈钢的相容性好（不会在高温下同铁、铬、镍生成低熔点的共晶体），通过加大充钠的芯体包壳间隙以容纳肿胀，可以达到 10%（原子）以上的深燃耗，但迄今尚未付诸使用。

铀的耐腐蚀性很差，在常温下也会同水起剧烈反应而产生氢气，加入合金元素可以改善其耐腐蚀性能。铀在空气中会氧化，粉末状态的铀易着火，但不含氧的钠对金属铀的腐蚀作用很小。

13.3.3 氧化铀

二氧化铀是目前最常用的核燃料，应用于所有的轻水堆和重水堆。现行快中子堆所用的铀－钚混合燃料也主要是氧化物。

二氧化铀（UO_2）是一种黑褐色陶瓷材料，理论密度为 10.96 g/cm^3（作为比较：铀为 19.07 g/cm^3，碳化铀 UC 为 13.61 g/cm^3），其氧铀比可为超化学计量值（O/U>2）或亚化学计量值（O/U<2）。二氧化铀具有良好的高温稳定性、辐照稳定性和耐腐蚀性能，与锆或不锈钢的化学相容性好，没有金属铀那些缺点。它没有同素异形体，在熔点（大约 2 865 ℃）以下的整个温度范围内，只有一种结晶形态，并且是各向同性的。金属铀的生长现象，在二氧化铀中不可能发生。与金属铀很低的使用温度上限相比较，二氧化铀的高熔点大大扩展了可使用的温度范围。

二氧化铀的热导率与密度、氧铀比和温度相关，随密度的增加或氧铀比的减少而增高。此外，热导率还随温度的升高而降低。热导率太低是它的严重缺点。这在高的功率密度下，导致芯块中的径向温度梯度很陡，高达 1 000～1 500 ℃/cm，辐照初期就会使芯块由于热应力破裂为几块。在辐照过的芯块中，大部分裂纹是径向的，只有少数裂纹垂直于半径（见图 13-15），故不至于影响从芯块到冷却剂的传热。芯块中央的空洞则是由于燃料晶粒包含的原始微气孔向高温方向徙动所致（同时导致晶粒的密实化）。中央空洞会使芯块胀大，破裂芯块的往外移动则使燃料包壳间的间隙减小。

随着燃耗加深而产生的大量裂变气体氪、氙、碘等，最初保持在晶界和位错、空位等晶格缺陷中。当温度高于 1 600 ℃时，二氧化铀发生结构重组，会使裂变气体通过晶界、裂纹释放出来。与在金属铀中的行为不同，裂变气体会离开陶瓷芯块而在包壳管中聚集起来，所以包壳须为容纳这些气体留有空间。裂变气体释放量与温度相关。由于裂变气体氪、氙的热导率比氦气的低很多，氪、氙进入芯块－包壳间隙会使传热恶化和芯块温度升高，这又会引起裂变气体更多地释放形成热反馈效应（thermal feedback effect）。此外，裂变气体释放会使包壳内压力升高，影响其力学性能。在设计时为了简化计算和留有余地，可假设在 1 650 ℃以下释放出 4%，超过 1 650 ℃时释放出 100%气体。

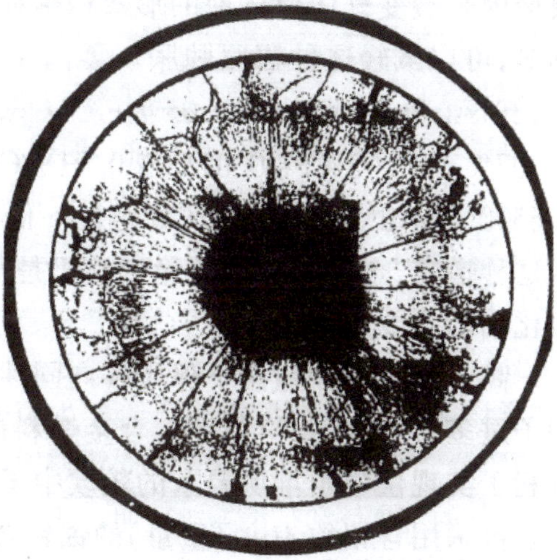

图 13-15 辐照后的 UO_2 燃料芯块剖面

资料来源：美国阿贡研究所 ANL。

在轻水堆的运行中，若功率聚增，会引起燃料温度急剧上升，导致芯块膨胀与碎裂程度加剧，裂变气体释放量大大增加，上述热反馈效应所导致的恶性循环往往促使芯块与包壳相互作用加剧。

二氧化铀的辐照肿胀，由于其晶体结构中存在气孔，能较好地保持裂变气体，使肿胀程度较金属铀小。燃耗加深时（大约超过 20 000 MW•d/tU），裂变气体小气泡积聚成为气孔容纳不了的较大气泡，会使陶瓷芯块开始加速肿胀。通过在制造时保存结构中一定比例的大气孔以增加容纳裂变气体的容积，可缓和气体肿胀。至于由固体裂变产物引起的肿胀，程度较轻（估计每 10 000 MW•d/tU 燃耗引起的体积增加不过 0.4%），现行烧结密度（约 95%）已为它留有充分裕量。一般地说，燃料密度越低，从低肿胀率转为高肿胀率的转移点燃耗就越深。因此，深燃耗的快中子堆要采用较低密度的燃料。

随着燃耗的加深（25 000～30 000 MW•d/tU），由于燃料和包壳的肿胀和热膨胀，使两者之间的间隙闭合，芯块端部边缘与包壳相接触，发生芯块–包壳的机械相互作用（pellet cladding mechanical interaction，PCMI），可能导致包壳的局部变形（如环脊）、应力集中甚至破损，这是在设计中需要注意的（例如，采用碟形端面芯块以防止端面凸起和挤压包壳）。同时，迁移和扩散到包壳内壁的腐蚀性裂变产物（如碘、铯、碲），会产生应力腐蚀（芯块与包壳的化学相互作用 pellet cladding chemical interaction，PCCI），当功率从较低水平猝增、芯块迅速升温而膨胀时，会在应力集中地点引起应力腐蚀开裂（stress corrosion cracking，SCC），而使包壳破裂。裂变产物常易浓集在包壳初始缺陷（裂纹）或内表面腐蚀蚀坑处。用严格控制粉末特性和烧结制度的特殊工艺制造大晶粒（25～45 μm）UO_2 芯块以减少裂变产物逸出，或在芯块–包壳间设置质地柔软的阻挡镀层或涂层（如纯锆、石墨）以减小接触应力，能有效地缓解芯块－包壳相互作用（PCI）。

20 世纪 70 年代初发生过在反应堆运行初期（燃耗为 1 000～3 000 MW•d/tU）二氧化铀芯块密实化导致燃料棒内的芯柱显著缩短、缩细，而使包壳坍塌和压扁的现象，这是由于晶粒包含的微小气孔（<1 μm）在辐照下迅速消失所致。后来改用高密度芯块，通过在制造过程中加入造孔剂以调整结构中的气孔，使其直径保持为 10～40 μm，并在包壳管内充高压氦气以顶住外压力，消除了此类事件。

与金属铀不同，二氧化铀具有良好的耐水腐蚀性能。在反应堆的高温条件下，它能暴露于水中而不发生化学作用。这对于水冷堆是一个很大的优点，能够避免包壳破损后带来的灾难性后果。因此，二氧化铀最适合用于水冷反应堆。

为提高燃料棒在堆内运行的可靠性和延长换料周期，从而提升压水堆核电厂的经济性，各国在改进燃料芯块性能方面做了大量的研究工作。其中通过在 UO_2 中掺杂以增大其晶粒尺寸的研究最多，此措施可提高燃料棒可靠性的效果已为实验所证实。目前用于掺杂的成分包括 Cr_2O_3、MgO、Al_2O_3、Nb_2O_5 和 TiO_2 等。UO_2 掺杂改性可以有效继承过去 50 年来一直使用的 UO_2 燃料基础，这样预计掺杂改性 UO_2 的大规模商业化应用更加容易获得监管部门批准。

13.3.4 碳化铀和氮化铀

在铀的三种碳化物 UC、UC_2 和 U_2C_3 中，前两种具有实用意义。UC 或（U，Pu）C 可用作快堆燃料，UC_2 或(U, Th)C_2 可用作高温气冷堆燃料。在采用石墨包壳材料的高温气冷堆中，其他铀化合物都会与石墨起化学反应而生成铀碳化物，因此碳化铀（钍）燃料在其发展的早期就被优先采用。碳化铀会同水或 CO_2 起反应，它只能用于氦气冷却、有机物冷却和液态金属冷却的反应堆中。

在快中子堆中，碳化铀 UC 比氧化铀 UO_2 的主要优点在于：高密度和高的铀原子密度（UC 为 12.96 g/cm^3，UC_2 为 11.68 g/cm^3，UO_2 为 9.65 g/cm^3）；高的热导率，例如 UC 在 964 ℃时的热导率为 21.7 W/（m•K），相当于 UO_2 的 8 倍。上述两点可分别获得有利的中子物理性能（造成较高的增殖比和较短的燃料倍增时间）和较平缓的温度梯度（容许较高的线功率，在同样功率密度下，可采用较大直径的芯块和燃料棒以降低制造成本）。

快堆中 UC 燃料的最高温度为 1 500 ℃，远低于 UO_2。由于热应力开裂较少发生，裂变气体不易释出，即使在 80 000 MW•d/tU 的燃耗下，裂变气体释放量只有 30%～50%，相当于 UO_2 燃料中的 1/2。裂变产物的碳化物不像氧化物那样会与包壳材料起化学反应，从而避免了由此引起的燃料包壳化学相互作用。但较高的铀密度和较多保存在燃料内的裂变气体会加剧燃料肿胀和裂开，由此引起燃料与包壳的机械相互作用可能导致包壳破损。为此，应将燃料密度限制为 80%理论密度，将线功率限制到 900 W/cm

以下，适当加大芯块与包壳的间隙，并用钠结合代替氦结合来增加辐照稳定性和提高传热效率。此外，UC 不同于 UO_2，其化学组成可在一定范围内变化，碳稍微少一些会在晶界生成对肿胀性能不利且会与不锈钢包壳发生反应的游离铀，碳稍微多一些会生成使不锈钢包壳加速渗碳的 UC_2 和 U_2C_3，为了保持同包壳和钠的相容性，必须严格控制燃料的化学计量值（即 C/U 比）。

氮化铀（UN）的物理性质和堆内运行性能同碳化铀很相似。用作快堆燃料，它较高的理论密度（～14.3 g/cm^3）和铀原子密度（～13.5 g/cm^3）意味着更佳的燃料增殖性能。氮化铀在 1 327 ℃时的热导率为 25.0 W/（m•K），相当于 UO_2 的 9 倍。与不锈钢的相容性也好。但存在若干问题：^{14}N 具有不利于增殖的很大的中子吸收截面；氮的（n, p）反应和（n, α）反应会产生较多气体；反应生成的 ^{14}C 又带来放射性污染；氮化铀在高温下可能分解等。

13.3.5 钚及其化合物

钚是由铀-238 俘获中子后转换生成的，其组分有钚的各种同位素如钚-238、钚-239、钚-240、钚-241、钚-242 及镅-241。在钚的回收过程中即使除净裂变产物，钚本身仍具有很强的 α 放射性和一定的 γ 放射性，比放射性可达到 10^{10} Bq/g。此外，钚的某些同位素特别是钚-240 具有自发裂变性，会放射出中子。钚放射出的 α 粒子也会同一些轻元素（铍、锂、氟、氧-17 和氧-18 等）发生反应放出高能中子。钚在化学上又属于剧毒物质，钚进入人体会在骨髓中积累，生物半衰期长达 20 年。由于以上这些原因，钚的加工和处理要比仅具有弱放射性的铀困难得多。

钚在 640 ℃ 熔点以下共有六种同素异形体，见表 13-5。由于相的转变所引起的体积变化大，辐照肿胀很严重。钚的力学性能差，质地脆而硬，采取热处理又会引起物理损伤。实际上很少采用纯钚或以钚为主的合金。含钚量低于 20%的铀钚合金和铝钚合金曾获得一定程度的应用。为快中子增殖堆而研制的合金燃料有铀钚锆合金和铀钚钛合金等。但目前在快堆中广泛应用的还是氧化铀与氧化钚（UO_2+PuO_2）混合物陶瓷燃料，即 MOX。其他有希望的陶瓷燃料有混合碳化物（UC+PuC）和混合氮化物（UN+PuN），在这些燃料中，钚化合物的重量百分比为 15%～30%。

表 13-5 最重要核燃料的特性

核燃料	室温下密度/（g/cm^3）	重金属原子密度/（g/cm^3）	熔点/℃	结晶形态的转变	结晶构造
金属铀	19.07	19.07	1 132	α-U＜668 ℃ β-U 668～774 ℃ γ-U 774～1 132 ℃	斜方晶 正方晶 体心立方晶
UO_2	10.96	9.65	2 865	无转变	面心立方晶（萤石 CaF_2 型）
UC	13.61	12.96	2 507±25	无转变	立方晶（食盐 NaCl 型）

续表

核燃料	室温下密度/（g/cm³）	重金属原子密度/（g/cm³）	熔点/℃	结晶形态的转变	结晶构造
UC_2	12.86	11.68	2 500	＜～1 800 ℃	正方晶
				＞～1 800 ℃	面心立方晶（萤石 CaF_2 型）
UN	14.32	13.52	2 762		立方晶（食盐 NaCl 型）
金属钚	19.86	19.86	640	α-Pu＜115 ℃	单斜晶
				β-Pu 115～185 ℃	体心单斜晶
				γ-Pu 185～310 ℃	面心斜方晶
				δ-Pu 310～452 ℃	面心立方晶
				δ-Pu 452～480 ℃	体心正方晶
				ε-Pu 480～640 ℃	体心立方晶
PuO_2	11.46	10.11	2 280	无转变	面心立方晶（萤石 CaF_2 型）
PuC	13.6	12.95	1 654	无转变	面心立方晶
金属钍	11.72	11.72	1 755	α-Th＜1 345 ℃	面心立方晶
				β-Th＞1 345 ℃	体心立方晶
ThO_2	10.00	8.79	3 390	无转变	面心立方晶（萤石 CaF_2 型）

注：金属铀、钚和钍在结晶形态转变时，会发生密度和体积的变化。

13.3.6 铀钚混合陶瓷燃料

铀钚混合氧化物 MOX 是 UO_2 和 PuO_2 的单相固溶体，其热物理性能和力学性能随 PuO_2 的含量和氧/金属比（O/M）而异，如热导率随 PuO_2 含量的增加而降低，也随氧/金属比的减小而降低。混合氧化物的强度低于 UO_2，蠕变速率随氧/金属比的减小而提高。现今快中子堆用的 MOX 燃料中 PuO_2 含量为 20%～25%，热中子堆用的 PuO_2 含量为 3.5%～10%。混合氧化物燃料的优点是：熔点高，同包壳和冷却剂的相容性好，燃耗在 100 000 MW•d/tU 以下时，辐照稳定性较好，能较好地保持裂变产物。缺点是：金属原子密度较低，存在氧的慢化作用，热导率低，深燃耗时肿胀严重。

铀钚混合碳化物燃料的优缺点如第 13.3.4 节中关于碳化铀所述。现在还缺少混合碳化物燃料在高温、深燃耗下的辐照数据。而且需要开发不同于氧化物燃料的制造和后处理工艺，困难较大。无论如何，由于它的优良增殖性能，(U, Pu)C 是一种很有希望取代(U, Pu)O_2 的快中子增殖堆燃料。

对铀钚混合氮化物燃料研究得更少。它的热导率、熔点、金属原子密度均高于混合碳化物和混合氧化物。辐照稳定性可能优于混合碳化物。问题在于缺乏制造经验和辐照数据。俄罗斯新近提出的铅冷快堆主张采用（U, Pu）N 燃料。与（U, Pu）O_2 相比，（U, Pu）C 和（U, Pu）N 的较高的重金属原子密度和较低的轻重原子比可大大缩短增殖堆的燃料倍增时间，估计可分别达到 10 a 和 13 a，而用混合氧化物燃料的燃料倍增时间超过 20 a。

13.3.7 钍铀混合陶瓷燃料

钍铀混合陶瓷燃料包括$(U, Th)O_2$、$(U, Th)C_2$ 等，其中铀化合物所占重量百分比约为 20%。其中使用最多的是混合氧化物$(U, Th)O_2$，它的晶体结构与 UO_2、PuO_2 或$(U, Pu)O_2$ 的相同，是面心立方的结构，但具有更高的熔点和热导率，因此在同样功率下，燃料温度较低，裂变气体释放量较少，化学稳定性也好。碳化物比氧化物熔点低，但热导率高，易裂变原子密度高。在高温气冷堆中，氧化物$(U, Th)O_2$ 和碳化物$(U, Th)C_2$ 的选择，决定于裂变产物与包覆层间的作用、金属裂变产物的释放、会使包覆层失效的阿米巴效应（温度梯度下碳迁移造成的涂层“腐蚀”）、核心颗粒与湿气的作用和制造难易程度等多种因素的综合考虑。

13.3.8 弥散体燃料

将陶瓷型燃料颗粒（如金属互化物 UAl_2、UAl_3、UAl_4 或陶瓷燃料氧化铀、碳化铀、U_3Si_2 等）均匀分布在非燃料物质（如石墨、铝、不锈钢等）结构材料的基体中，并使燃料颗粒尺寸缩至很小以保证基体的连续性，就形成所谓弥散体燃料。用粉末冶金法制备、以金属为基体的弥散体称作金属陶瓷。

弥散体燃料的优点如下。

（1）陶瓷燃料颗粒的尺寸及颗粒之间的间距均远大于裂变产物的射程（在铀中约 7 μm，在铝中约 14 μm），使裂变产物造成的损伤局限于燃料颗粒本身及贴近它的基体材料，整个燃料基体基本上不受到损伤，保持尺寸稳定和原有的强度，因此可达到很深的燃耗。

（2）燃料与冷却剂间的相互作用基本上被消除，大大减少了冷却剂回路被污染的可能性，而从燃料颗粒往冷却剂的热流是通过具有优良导热性能的介质传递的。

（3）弥散体的各种性质基本上与基体材料相同，它通常具有较高的强度和延性，良好的导热性能，耐辐照，耐冷却剂腐蚀，较能承受热应力。缺点是由于基体材料所占百分比甚大，吸收中子多，必须采用高富集铀。

弥散体燃料按照燃料颗粒和基体材料的类别，可分为三类：金属－金属（两相金属弥散体）、陶瓷－金属（即金属陶瓷弥散体）、陶瓷－陶瓷。

用于美国早期动力堆的锆铀合金（锆的质量分数为 75%～95%，用中等富集或高富集铀）在金相结构上是 δ-UZr_2 在α-Zr 基体中的两相金属弥散体。它在较高温度（约

600 ℃）和较深燃耗下变得不稳定，可能由于 UZr_2 的分解，使肿胀加剧。此后因无法提高锆铀合金的铀含量，动力堆转向采用 UO_2-Zr 金属陶瓷弥散体。但用于脉冲试验堆（见 3.8 节）的铀–氢化锆弥散体却很成功。把掺有微量铒的锆铀合金（锆的质量分数在 50%以上）在氢气流中加热退火，锆即氢化成为 $ZrH_{1.6}$，金属铀被排除出 δ-$ZrH_{1.6}$ 相，形成α-U 在 δ-$ZrH_{1.6}$ 基体中的弥散体，它在高温（约 1 150 ℃）下的性能很稳定。

铝基弥散体燃料普遍用于研究试验堆，其发展经历了三个阶段。早期采用铸造的铝铀合金，形成主要是金属互化物 UAl_3 和 UAl_4 颗粒沉淀在铝基体中的弥散体。当铀的质量分数小于 30%时，铀基本上全部形成 UAl_4；当铀的质量分数大于 30%时，大量出现 UAl_3，还有 UAl_2 和少量的游离铀，总称之为 UAl_x。铝铀合金的可加工性限制了燃料中铀含量的提高。20 世纪 60 年代转向采用 UAl_x-Al 和 U_3O_8-Al 的粉末冶金弥散体，这样可把铀的质量分数提高到 30%～50%，但铀富集度仍降不下来。到 20 世纪 80 年代，为解决制造上对燃料体积份额的限制，用含有一定量铀铝固溶体的 UAl_2 粉末代替 UAl_x，或改用 U_3O_8 或 U_3Si_2 陶瓷（这些材料的质量密度均远高于 UAl_3，UAl_4 或 UAl_x）来制造铝基弥散体，不仅可以提高铀原子密度，而且可将铀的富集度降低到防止核扩散所要求的 20%以下，而仍满足研究试验堆的极高中子注量率要求。

其他金属陶瓷有 UO_2-铝和 UO_2-不锈钢等。图 13-16 所示为某种典型的 UO_2-不锈钢金属陶瓷剖面。由于燃料颗粒很小及燃料始终运行于相当低的温度下，肿胀轻微，并受周围不锈钢基体约束，导致裂变气体的释放也受到限制，因此，燃料可能达到很深燃耗而无破损或变形。不锈钢吸收中子很多。实际上，这是用经济性代价来换取运行可靠性，因此用于民用堆是不合算的。

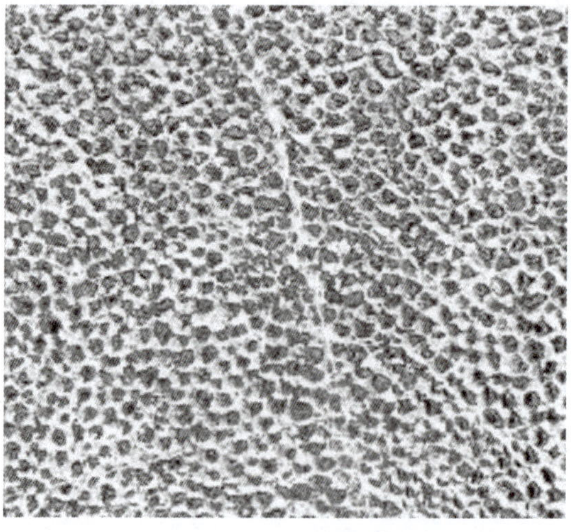

图 13-16　典型的 UO_2-不锈钢金属陶瓷剖面

UO_2 或(U, Th)C_2 与石墨基体构成的包覆颗粒燃料，属陶瓷–陶瓷类弥散体，已证明是一种成功的高温气冷堆燃料（见 13.2.4 节）。

13.4　包壳材料的选择

燃料元件的包壳须能保护燃料使其不受冷却剂的化学腐蚀与机械侵蚀，并防止裂变产物进入冷却剂回路。对包壳的要求主要是：具有小的中子吸收截面；具有良好的抗辐照损伤能力，并且在快中子辐照下不产生强的长寿命放射性核素；具有良好的抗腐蚀性能，与燃料及冷却剂相容性好；具有好的强度、塑性及蠕变性能；具有好的导热性能及低的线膨胀系数；易于加工，焊接性能好；材料容易获得，成本低。

为满足这些要求（见 2.8.3 节），在包壳材料的研制上常花费很长时间和很大力量。特别重要的是在高温、腐蚀和中子辐照的条件下，能够保证材料性能（如延性）不严重下降。为此需作大量的辐照试验和研究。

13.4.1　铝合金

铝是首先被考虑用作核燃料包壳的。它的中子吸收截面小，为 0.22 b，仅比铍、镁、锆的大一些，而比其他金属小得多。铝有成熟的工业基础，易于加工生产，且它还有一定的强度，好的导热性能和较好的抗腐蚀性能，因此能够成为性价比优秀的材料。铝的辐照感生放射能衰减快，高纯铝在停止辐照后一周内，放射能就急剧下降；反应堆壁溅蚀小，在 150 ℃以下耐辐照，辐照损失小，空穴率低。因此，很多生产堆和研究试验堆采用它。作为包壳材料，多使用含铝 99.5%～99.85%的纯铝。作为燃料元件的其他构件，则使用强度较高的铝合金，如铝镁硅系合金（含 0.3%～1.4%Mg，0.3%～0.7%Si）。加入少量的铁和镍，可以提高铝对热水的耐腐蚀性。当水温高于 150 ℃时，则采用特殊耐腐蚀的铝铁镍镁系合金（含铁、镍、镁各约 1%）作为包壳材料。

实践证明，选用耐点蚀的铝合金有利于反应堆运行安全。作为包壳材料的铝材，在加工、运输和组装过程中，其表面都不可避免地产生种种损伤，如划痕、碰伤、氧化膜缺陷等，它们加速阴极去极化反应，也易使电位比铝低的重金属在缺陷处沉积，从而加速铝阴极的离子溶解作用，加速腐蚀。但只要损伤深度不超过一定值（低温水堆用的铝材的容许安全值一般不超过 0.25 mm），不会引起异常的加速腐蚀，在低温水堆的特定条件下，可安全使用。

在中温水中，铝主要发生均匀腐蚀。因此，水中的离子对其腐蚀的影响不像低温时那样显著而敏感，而合金成分、晶粒大小与组织状态却起着较大的作用。在 6XXX 系铝合金中，最好不存在过剩的 Si 相。向合金中同时加入铁及铌（0.3%～0.4%），并使其质量比为 1，以形成氢超电压较低的 Al_9FeNi 相，可提高合金的抗腐蚀性。有 Al_9FeNi 相存在时，氢可以从其质点处逸出，铝基体不会发生阴极反应。在高于 130 ℃的动水中，阳极氧化膜易剥落，不耐腐蚀，但预生氧化膜（材料使用前，将其置于一定温度的高纯净水中一定时间内形成的氧化膜）可提高合金的抗中、高温动水腐蚀的能力。

对堆用铝材危害最大的是晶间腐蚀，是由晶界区和晶粒基体之间的电位差引起的。因此，凡能降低这种电位差的措施都能提高合金抗晶间腐蚀的能力。有效措施之一是向铝中添加一定量的铁和铌，使之形成氢超电压较低的阴极相 Al_3Fe、Al_3Ni 与 Al_9FeNi 等。这就是中、高温堆用铝材大都含有一定量的铁和铌的缘故。向 Al-Mg-Si 合金中添加一定量的铜也能提高合金的抗晶间腐蚀能力。铝合金的晶粒越细，组织越均匀，抗晶间腐蚀的能力也越高，所以往往向铝合金中添加微量的晶粒细化元素。但是对于反应堆铝合金来说，应考虑微量元素的热中子吸收截面，例如，天然硼的热中子吸收截面为 755 b，而 ^{10}B 的却高达 3 800 b，含硼的合金及纯硼虽是很好的屏蔽材料和控制材料，但对非屏蔽材料来说却是有害元素，应严加控制。锆（0.18 b）、钛（5.6 b）、铬（2.9 b）的中子吸收截面都很小，可以作为反应堆铝材的微量添加元素。

反应堆铝材可分为温度在 130 ℃以下的低温堆用元件包壳及结构材料铝材（主要是工业纯铝和 6XXX 系铝合金）和使用温度不超过 400 ℃的中温堆用铝材（如 Al-Ni-Fe 系、Al-Si-Ni 系合金，其中典型的是美国的 8001 合金）。在美国广泛采用的工业纯铝 1100，苏联及俄罗斯采用的 Al-Mg-Si 系合金 CAB-1 作为压水型反应堆 MP、BBP-M 等的结构材料及工艺管材料。但这些材料的最高工作温度为 130 ℃，如温度更高，则需使用其他铝材。工作温度在 130～400 ℃的铝合金有中国的 306 合金，它的热中子吸收截面小，对中、高温水有较高的抗腐蚀性，加工成形性能优秀；国外采用 Al-Si-Ni 合金作为元件的包壳材料，在高温水中有良好的抗腐蚀性，后一种合金在 260～300 ℃水中的抗腐蚀性比 8001 合金高。

13.4.2 锆合金

锆的热中子吸收截面小，耐水腐蚀性能好，在高温水中生成的保护性氧化膜质地致密、附着力强，在压水堆的温度、压力下有足够强度，现广泛用于各种水冷堆。但锆具有从冷却剂水中吸氢（实际上是水腐蚀产生的氢溶解于锆金属中，在其晶粒内或晶界上析出 ZrH_x）的倾向，这对其力学性能十分有害。特别是吸氢变脆，就是在吸氢过多时出现小片的氢化锆沉积，这种氢化物在 150 ℃以下是脆性的，如果在包壳管中呈径向排列（垂直于拉应力方向），就很容易造成包壳的破裂。所以要尽量减少吸氢量并控制氢化物的取向，使与径向成 45° 范围内析出的氢化物小片的份额 $f_N < 0.4$，以避免延性的下降。在晶界或晶面上析出的氢化物的取向，与金属晶粒的取向有很大关系，后者取决于包壳管制造工艺（见 11.12 节）。另外，在长运行周期和高燃耗下包壳水侧氧化膜超常增厚会使传热恶化和腐蚀速率增大，而加速腐蚀的恶性热反馈作用则使氧化膜过厚，容易局部剥落，导致包壳局部因吸氢加剧而脆裂。所以包壳水侧的加速腐蚀成为提高燃料元件燃耗的一个制约因素。

纯锆的耐腐蚀性受微量杂质如碳、氮、铝、钛等的影响很大，特别是氮。加入适当的合金元素可以提高锆的耐腐蚀性，降低各种杂质对腐蚀性能的影响。水冷堆包壳管普遍采用的锆锡系合金，具有很好的耐热水或蒸汽腐蚀的性能，同时其高温力学性能也优于纯锆，但热导率要比纯锆低大约 30%。常用的锆-2 合金大约含 1.5%Sn、0.12%Fe、0.10%Cr、0.05%Ni。加入 1.5%左右的锡可抵消约 0.1%氮的有害作用。微量的铁、铬、镍也均提高了锆合金的耐腐蚀性能，只是铬含量应控制在 0.1%左右以防止合金的硬度过高。对它吸氢变脆的缺点，取消所含的镍并相应地增加铁含量，可以大大减少吸氢量。这样形成的锆-4 合金大约含 1.5%Sn、0.20%Fe、0.10%Cr。锆-4 合金的吸氢量仅为锆-2 合金的 1/3～1/2，而在 300 ℃高温水和 400 ℃蒸汽中有更好的耐腐蚀性能。现在锆-4 合金广泛用作压水堆的燃料包壳、控制棒导向管和定位格架等构件的材料。但在沸水堆的水质条件下，锆-2 合金具有良好的耐腐蚀性，因此仍用作包壳材料。表 13-6 所示为锆锡系合金的元素组成和杂质限值。以后发展了含铌 2.5%的锆铌合金，其高温力学强度为锆-2 合金的 1.3～1.6 倍，辐照蠕变性能比锆-2 合金加倍优越，采用它可减小壁厚（从而少吸收中子），延长工作寿命。坎杜型重水堆已改用锆-2.5%铌合金代替锆-2 合金作为压力管材料。俄罗斯 VVER 压水堆则用锆-1%铌合金作为其燃料棒包壳管材料。锆-1%铌合金的耐水腐蚀性能略次于锆-2 和锆-4 合金，但在高于 400 ℃的蒸汽中却优于锆-2 和锆-4 合金，在高温水和蒸汽中锆-1%铌合金的吸氢量仅为锆-2 合金的 1/10～1/5。

表 13-6 锆锡系合金的元素组成和杂质限值

合金元素/%（重量）	Sn	Fe	Cr	Ni	Fe+Cr+Ni
锆-1	2.5	—	—	—	—
锆-2	1.5（1.2～1.7）	0.12（0.07～0.2）	0.1（0.05～0.15）	0.05（0.03～0.08）	0.18～0.38
无镍锆-2	1.5（1.2～1.7）	0.15（0.12～0.18）	0.1（0.05～0.15）	<0.007	—
锆-4	1.5（1.2～1.7）	0.2（0.18～0.24）	0.1（0.07～0.13）	<0.007	>0.28

注：杂质限值（10^{-6}）：B-0.5，Cd-0.5，Co-20，Cu-50，Hf-200，H-25，N-80，U-3.5。

来源：B.R.T.Frost：Nuclear Fuel Elements。

20 世纪 90 年代以来，各国竞相为高燃耗压水堆燃料元件开发研制耐腐蚀性能更好的改进型低锡锆合金和锆铌合金。例如，法国法马通公司采用再结晶退火工艺的 M4 合金（含 0.5%Sn，0.6%Fe，0.4%V）和采用低温加工工艺的 M5 合金（含 1%Nb，0.125%O，0.002%S，比锆-1%铌提高了氧含量，加入微量硫，又称为锆铌氧三元合金），均以严格控制的加工工艺保证得到所需的精细显微组织和优良的抗腐蚀、吸氢、蠕变和辐照生长性能。两者与锆-4 合金相比，则水侧氧化膜厚度分别减小至 1/2 和 1/3（在 55 000 MW·d/tU 的燃耗下）；吸氢量分别下降至 1/3 和 1/4；蠕变速率降低至 1/2，从而提高了抗芯块－包壳相互作用的能力；辐照生长减小至 1/2；在大破口失水事故情况下性能大大改善，能满足局部最大氧化量<17%壁厚的准则要求。M5 合金用作 AFA-3G

燃料组件包壳材料。美国西屋公司开发的锆锡铌系 ZIRLO 合金（含 1%Nb，1%Sn，0.1%Fe，锡和铁含量低于锆-4 合金，不含铬），其腐蚀速率为锆-4 合金的 30%～40%，辐照生长为锆-4 合金的 60%，蠕变也低 20%，已用作 Performance+燃料组件和 AP1000 燃料组件的包壳、导向管和定位格架材料。俄罗斯在锆-1%铌合金基础上开发的 E635 合金（含 1%Nb，1.3%Sn，0.35%Fe），其耐腐蚀、辐照生长和辐照蠕变性能均显著优于原来的锆-1%铌合金，将用作新的燃料组件结构材料。以上几种新型包壳材料均可保证组件卸料燃耗达到 55 000 MW•d/tU 以上。

现有的堆内运行经验表明，锆铌系合金相比锆锡铌合金展现出了更优异的耐腐蚀性能，但也暴露出堆内力学性能及抗辐照生长性能较差等问题。因此，法国在 M5 合金成分基础上添加了少量的锡及铁，在保持合金优良耐腐蚀性能基础上大幅改善了合金的力学性能，尤其是抗辐照蠕变性能，并在此基础上开发出 Q12 合金。同时，在役的锆锡铌合金诸如 ZIRLO、E635 等合金的锡含量（质量分数）普遍在 1.0%左右，较高的铌含量也制约了合金耐腐蚀性能的提高。因此，美国西屋公司针对 ZIRLO 合金的应用经验，研制出优化 ZIRLO 合金，将 ZIRLO 合金的锡水平从约 1%降至 0.6%～0.8%的范围。俄罗斯也将 VVER 堆用 E635 发展至 E635M，即 E635 合金中的锡、铌、铁元素的名义成分分别降低至 0.8%、0.8%、0.35%，形成了低锡的含铌锆合金的发展路线。但同时也要注意到，大部分国家在研制锆锡铌系合金的同时，锆铌系合金的发展也没有停滞，以日本为代表的国家仍在大力研发诸如 J 系列合金在内的高铌锆合金。表 13-7 所示为国际上主要在用和在研锆合金包壳。

表 13-7 国际上主要在用和在研锆合金包壳

国别	合金	wt/%				
		Sn	Nb	Fe	Cr	其他
美国	ZIRLO	1.0	1.0	0.1		
	优化 ZIRLO	0.8	1.0	0.1		
	X1	0.3	0.7-1.0	0.05		0.12Cu，0.02V
	X2		1.0	0.06		
	X4		1.0	0.06	0.25	0.08Cu
	X5	0.3	0.7	0.35	0.25	0.05V
	X5A	0.45	0.3	0.35	0.25	
俄罗斯	E110		1.0			
	E635	1.2	1.0	0.4		
法国	M5		1.0			0.16O
	M5 改-1		1.0	0.1		
	M5 改-2	0.3	1.0	0.1		
	M5 改-3	0.2	1.0	0.2		
	M5 改-4	0.5	1.0	0.1		
	M5 改-5	0.5	1.0	0.35		
	Q12	0.5	1.0	0.1		

续表

国别	合金	wt/%				
		Sn	Nb	Fe	Cr	其他
日本	NDA	1.0	1.0	0.4		
	MDA	0.8	0.5	0.2	0.2	
	M-MDA	0.5	0.5	0.3	0.4	
	J-1		1.8			
	J-2		1.6			0.1Cu
	J-3		2.5			
加拿大	Zr-2.5Nb		2.5			
德国	ELS	0.8		0.3		
韩国	HANA-3	0.4	1.5	0.1	/	0.1Cu
	HANA-4	0.4	1.5	0.2	0.1	
	HANA-5	0.8	0.4	0.35	0.15	0.1Cu
	HANA-6	/	1.1	/	/	0.05Cu
中国	CZ1	0.85	0.3	0.3	0.15	
	CZ2	/	1.0	0.17	/	
	SZA4	0.8	0.25	0.35	0.15	0.05Ge
	SZA6	0.5	0.5	0.3	/	0.015Si
	N36	1.0	1.0	0.3	/	

13.4.3　镁合金

天然铀石墨气冷堆的包壳温度超过 400 ℃。在这种温度下，金属铀同许多金属会发生反应，但同镁却无反应，而且镁的热中子吸收截面很小，为锆的 1/3，因此采用镁合金作包壳材料。

镁是易燃金属，它与空气作用生成氧化镁。在石墨气冷堆的二氧化碳气氛中，高温下也会发生化学反应，加入合金元素可以大大降低镁对氧化气体的敏感性，加入少许铍则特别有效。镁诺克斯（Magnox）合金（含 0.8%～1%Al，0.01%～0.05%Be，约 0.1%Ca）在空气中可加热到接近熔点而不燃烧。法国所用镁锆系合金含有 0.5%～0.7% 锆，以细化晶粒、提高强度和抗蠕变性能。

13.4.4　不锈钢和镍基合金

在 400～800 ℃时，奥氏体不锈钢（即铬镍钢）和镍基合金是最适用的包壳材料。它们对水、气体和液态金属都有很好的耐腐蚀性能。奥氏体不锈钢的热中子吸收截面大，镍基合金尤甚，不宜用于热中子堆，但在快中子堆中由于能谱硬，中子的损失却不大。

304 型和 316 型奥氏体不锈钢在 600 ℃以下强度高，延展性好，不易氧化，容易加工，价格便宜，但比铁素体不锈钢的热导率较低，热膨胀系数较大，因而会产生较高的热应力。

铁素体不锈钢不含镍，而含有约1%的锰和硅，适用于耐腐蚀性要求不高但要求热膨胀系数小和热导率高的场合。镍基合金的镍含量远高于奥氏体不锈钢，因而具有比后者更高的耐腐蚀性和高温强度。辐照肿胀随着镍含量的增加而明显减小。铁素体不锈钢和镍基合金在高温辐照下的肿胀均比奥氏体不锈钢低得多。虽然镍基合金的高温强度比奥氏体不锈钢好，但是它们的吸收截面较高。此外镍基合金正常杂质在钠中的抗腐蚀性能比奥氏体不锈钢差，所以采用镍基合金除了严格控制钠冷却剂的纯度外，还可能发生大量的杂质从一回路热端迁移至冷端。此外有些镍基合金有显著的高温脆化现象，镍基合金材料的缺点是镍中所含杂质钴的中子活化截面太大，而且价格高昂。

采用奥氏体不锈钢的主要问题是：快中子注量超过 1×10^{22}～5×10^{22} cm^{-2} 时的辐照肿胀，在450～600 ℃温度范围内最为严重；辐照引起的加速蠕变；随燃耗而积累的裂变产物的腐蚀作用，例如，碲的晶间腐蚀和氧化铯的腐蚀；采用碳化物燃料时，包壳渗碳会使力学性能恶化；在>600 ℃高温下的中子辐照脆化，使材料的强度降低。辐照肿胀引起的包壳尺寸变化，在快堆的密集堆芯中对冷却剂流道会有重大影响。因此，各国曾投入大量精力获取高中子注量下的辐照肿胀数据和研制辐照肿胀小的新材料。例如，对316型奥氏体不锈钢，通过添加少量合金元素硅和钛，可提高其抗肿胀性能。新型合金HT-9铁素体不锈钢的抗辐照肿胀能力较强，也可以根据在堆内服役环境、使用用途的不同，选用不同材料的不锈钢以满足实际需求。

表13-8列出了一些主要的不锈钢和镍基合金品种，其中因科镍600、因科洛依800和因科镍690是现行压水堆蒸汽发生器传热管最常用的管材。表13-9为几种燃料包壳材料的性能和用途。

表 13-8 主要的不锈钢和镍基合金品种

铁基合金						
合金元素%（重量）	Cr	Ni	Mn	Mo	Si	备注
304型奥氏体不锈钢	18～20	8-10.5	—	2	1	0.08%C
304L型奥氏体不锈钢	18～20	8～12	—	2	1	<0.03%C，超低碳防止晶间腐蚀
316型奥氏体不锈钢	16-18	10～14	2～3	2	1	0.08%C
316L型奥氏体不锈钢	16～18	10～14	2～3	2	1	<0.03%C，超低碳防止晶间腐蚀
410型铁素体不锈钢	11.5～13.5	—	—	1	1	0.15%C
HT-9型铁素体不锈钢	11.5	0.05	1	0.55	0.4	0.3%V，0.2%C
因科洛依（Incoloy）800	20～23	30～35	0.6～0.8	—	0.3～0.5	<0.03%C，0.15%～0.6%Ti，Ti/C≥12

续表

镍基合金					
合金元素%（重量）	Cr	Fe	Mo	Ti	备注
因科镍（Inconel）600	14～17	6～10	—	0.5	0.08%C，75%Ni
因科镍（Inconel）625	21.5	2.5	9	1.4	0.08%C，61%Ni
因科镍（Inconel）690	30	9.5	—	0.5	<0.03%C，60%Ni
哈斯特洛依（Hastelloy）N	6	4	15～30	—	0.05%C，0.2%～0.6%V，～70%Ni
尼莫尼克（Nimonic）PE-16	17	36	3	1	0.99%Al，42.3%Ni max.

表 13-9　几种燃料包壳材料的性能和用途

	铝合金	镁合金	锆合金	不锈钢
典型牌号	2S	Magnox	Zr-2，Zr-4	316
主要成分	Al，Si，Fe	Mg，Al，Be	Zr，Sn	Fe，Cr，Ni
密度/（g/cm³）	2.7	1.74	6.55	8
熔点/℃	660	650	1 700～1 800	～1 400
热中子吸收截面/b	0.27	0.059	0.24	2.9
耐腐蚀性能	<150 ℃耐水腐蚀，>250 ℃很差	耐水腐蚀性差	耐水腐蚀性优	耐水腐蚀性优
热导率/（W/cm•℃）	1.424	1.172	0.163	0.163
用途和特点	用于低温水冷堆，工作温度 100～150 ℃	用于气冷堆，工作温度≤550 ℃	用于压水堆、重水堆（Zr-4，Zr-Nb）和沸水堆（Zr-2）*，耐 455 ℃蒸汽和 360 ℃水，Zr-4 的吸氢率为 Zr-2 的 1/3～1/2	用于快中子堆

* 在饱含氧的沸水堆冷却剂中，Zr-2 合金包壳吸氢量较少。

13.4.5　高温气冷堆燃料元件的石墨基体材料

高温气冷堆燃料元件工作中的完整性既取决于包覆燃料颗粒的辐照性能，也与石墨基体辐照下的尺寸稳定性分不开。石墨在高温辐照下会收缩。石墨晶粒的各向异性导致其收缩也呈各向异性，因此制成的石墨块须使其晶粒取向随机化。像在金属中一样，辐照蠕变可抵消一部分辐照生长或收缩。总之，石墨是相当坚实的材料，高温气冷堆中很少发生石墨块失效的情况。只要不妨碍换料或引起燃料颗粒的破损（两者皆很少发生），石墨块的裂开并无太严重的后果。

13.4.6　新型包壳材料

耐事故燃料（ATF）是以改善核燃料在严重事故下保持结构完整性能力为目标的革新型燃料，不仅引领了整个核燃料体系的技术革命，也促进了产业的更新换代。通过采用新概念的包壳材料设计，ATF 将减少或避免事故工况下可燃气体的产生，减少裂变产物的释放，从而降低核电厂发生大量放射性物质泄漏的风险。其定义是，同传统 UO_2-Zr 燃料相比，在堆芯丧失有效的冷却措施的事故下，ATF 能在更长时间内一定程度上包容这类事故。ATF 候选包壳材料能够在失水事故工况下，大大降低包壳与水蒸气氧化速率，大幅减少或避免可燃气体（氢气）的产生，后续材料类型主要有 Cr 涂层包壳、FeCrAl 包壳和 SiC 包壳。

在锆合金包壳管表面制备铬涂层后，腐蚀动力学显著降低，可以有效缓解事故工况下的锆水反应，增加了安全裕量。涂层在制造方面的优势在于，制造基础设施不必更换或大幅修改，预计成本仅会略微增加，与其他一些 ATF 包壳概念相比具有经济优势。涂层的另一个显著优势是，包壳性能仅在表面进行改善，可以有效继承过去 50 年来一直使用的锆合金的基础，这样预计涂层的大规模商业化应用更加容易获得监管部门的批准。美国、法国、俄罗斯和我国均把涂层燃料棒作为第一阶段 ATF 技术方案，大力推进涂层包壳管商用化研发进程。目前，从全球研发来看，涂层已开展了大量的工艺研究、堆外试验研究和多次试验堆辐照，且涂层燃料棒已有多次入商用轻水堆辐照经验。

铁素体 FeCrAl 合金在高温蒸汽氧化过程中表面会生成致密稳定的氧化物，能够防止合金被进一步氧化，因此具有极强的抗氧化性，在正常运行工况下及事故工况下具有优良的力学性能，从而被列为耐事故燃料包壳的候选材料之一。FeCrAl 较高的中子吸收截面可能会导致发电量减少、循环长度降低和反应堆成本上升。此外，FeCrAl 还有辐照脆化严重及氚迁移排放量增多等技术问题。从全球研发来看，主要是美国、日本和我国开展了 FeCrAl 包壳管的研发，已经开展了多次材料级和燃料元件级辐照，但仅美国 GE 公司有 FeCrAl 燃料棒入商用沸水堆辐照经验，暂无入商用压水堆辐照经验。

SiC 的中子吸收截面小，低于锆合金；高温下的力学性能好，其断裂强度在室温到 1 500 ℃之间下降很少或者基本不变，基本保持在 300 MPa 左右；与水之间的反应性很低且不会产生氢，可以克服锆合金的固有缺点，这些优点可为包壳可靠性和安全性的提升提供保证。但 SiC 与其他陶瓷一样，是一种脆性材料，单质 SiC 材料难以承受轻水堆运行中的燃料包壳力学相互作用，并可能在热应力循环中发生疲劳断裂。为此，需要使用 SiC 纤维增韧，弥散在 SiC 基体中，制备成 SiC 复合包壳。SiC 纤维是增强复合包壳管韧性的关键，其生产工艺复杂，技术壁垒高，加工高精度薄壁管的难度大。此外，如何解决辐照环境下高温高压水中 SiC 腐蚀速率过快的问题也是全球范围 SiC 包壳研发亟待解决的技术难题。国际上，SiC 材料已经有多次研究堆辐照经验，但目前为止暂无入商用轻水堆辐照经验，西屋公司计划 2024 年将 SiC 燃料棒放入商用堆辐照。

除此之外，近年来以高熵合金为代表的新合金因其优异的抗辐照性能及成分的多主元设计引起了关注。高熵合金一般是由五种或五种以上的元素按相等或近似相当的比例混合而成。通常每种组分的浓度均大于 5%。多组分等摩尔合金位于多组分相图的中心，其混合构型熵最大，被称为高熵合金。高熵合金作为一种新型多主元合金材料，与传统合金不同，高熵合金中没有占比很大的元素，其成分较为复杂，虽然突破了传统合金设计枷锁，极大地丰富了金属材料的成分设计体系，但同时也因此使其成分难以聚焦，仍需要更为深入的研究。

13.5 燃料元（组）件的设计、研究和试验

一种新型燃料元（组）件的研制需要投入很大力量，花费很长时间（5～10 年）。图 13-17 所示为燃料组件研制的各个环节及其相互关系。研制初期要由反应堆物理、工程、材料、安全方面的专家互相配合，按照预定目标，综合考虑燃料元（组）件制造难度及成本、反应堆建设或运行、辐照安全及后处理等因素，经过多轮次的技术和方案迭代，择优选择，形成初步的产品设计方案，并组织完成相关理论论证和各方评审。然后开展一系列的计算和试验工作，试验包括堆外和堆内试验。堆外试验包括流致振动试验、临界热流密度试验、热工流体试验、力学试验等；堆内试验主要为辐照考验试验（多种小型试验的组合，如效应试验、瞬态试验等），用以验证包壳材料、燃料芯体、燃料元件和燃料组件的辐照性能及反应堆运行状态，目的是通过积累试验数据进一步完善设计方案。

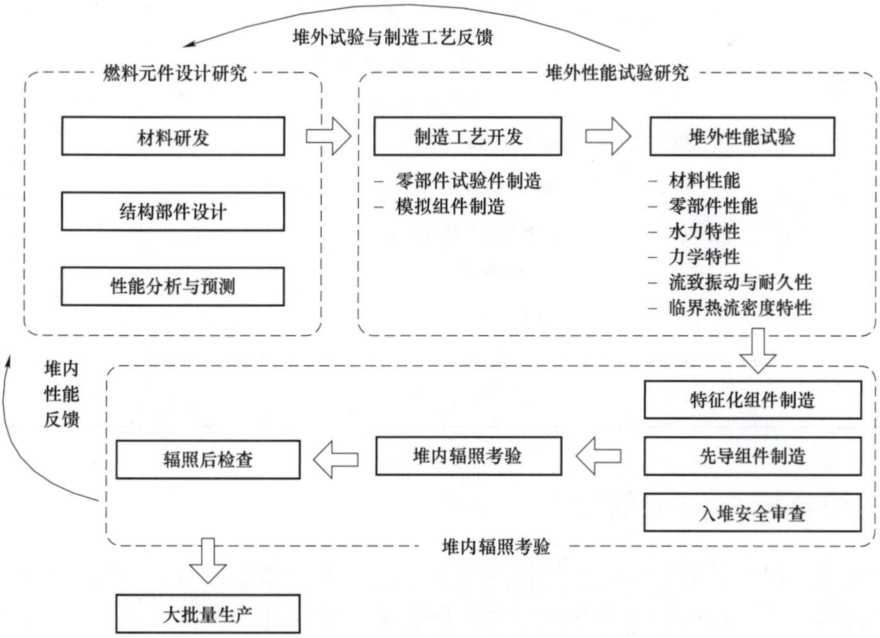

图 13-17 燃料组件研制的各环节示意图

设计修改和试验验证需要反复进行，以便更加符合客观实际和满足所提出的严苛

要求。对多方面相互矛盾的要求要合理安排，以制定最优设计。试验工作往往很复杂，特别是堆内回路试验，从小样品到全尺寸模拟，包括单一效应试验（如辐照肿胀与燃耗的关系）、综合效应试验（如燃料–包壳相互作用）和瞬态试验，连同相应的辐照后检验和分析，持续时间可长达 3～10 a。最终还要将试生产出来的燃料组件成批地装入正式反应堆中使用，以获取实际有效的统计数据。

研制过程涉及堆内、外试验台架和回路、小型制造厂（如需）、强放射性热室等设施和各种检验手段，以及耗资几百万元/年的试验堆运行。表 13-10 所示为燃料元（组）件研制过程各阶段的工作内容。

表 13-10　燃料元（组）件研制过程

1. 规定堆型：用途，热功率或中子注量率水平、冷却剂性能和其他要求

2. 初步计算燃料元件的尺寸、热流密度、设计特点、物理参数、临界条件

3. 考虑可供选择的燃料和包壳材料品种，从中确定最适用于本项目者

4. 研究燃料和包壳材料的性能——堆外测试

——堆内测试

5. 研究燃料——包壳相互作用（化学方面和机械方面）

6. 作出燃料元（组）件的设计方案

7. 编制燃料、包壳和燃料元（组）件的制造工艺规程

8. 编制燃料元（组）件的数学模型——提出所需输入数据

9. 进行燃料元（组）件试验——堆外热工流体力学试验

——逐渐放大规模的堆内试验

——瞬态试验

10. 试验后的分析——辐照后检验

——破损机制研究

——外推到包壳破损以后

——反馈至模型

——改进设计

11. 通过8、9、10三步的几次反复，进行设计的优化；制定最终设计和制造规范

12. 投入生产——实施质量保证

13.5.1　燃料元（组）件的设计

燃料元（组）件的设计研发目标应服务于反应堆总体设计需求，同时为确保反应堆和燃料元（组）件的安全可靠性运行，燃料元（组）件设计首先应满足核安全相关法律和法规的要求，并遵守燃料元（组）件设计相关标准和导则的要求。

针对核安全相关法律和法规，我国自 20 世纪 80 年代以来，已基本建立了一套较

为完善、与国际接轨的核安全法规体系。我国核安全法规体系具有明显的层次结构，包括国家法律、国务院行政法规、部门规章、指导性技术文件和技术标准五个层次。1986 年以来，我国参照 IAEA 核安全体系，先后发布、修订了一系列核安全有关的法规和导则。具体在核安全领域，主要由生态环境部（国家核安全局）批准和发布的核安全法规（HAF）与核安全导则（HAD）规定了核安全的管理规定和说明补充。核安全法规是规定核安全目标和基本安全要求的规章，由国务院批准，国家核安全局颁布具有法律约束力的文件；核安全导则由国家核安全局批准发布，是说明或补充核安全规定、推荐方法和程序的指导性文件，在不遵照导则而采用其他方法和程序时，必须向国家核安全局论证其安全性。其中通用系列和核动力厂系列中的法规和导则对燃料元（组）件的设计和制造提出了具体要求，应予以重点关注。具体到燃料元（组）件设计方面，有关标准和导则给出了明确的技术指导。对压水堆燃料组件及相关组件而言，涉及的国际标准主要是 ISO（国际标准化组织）和 IAEA 制定的标准，而涉及的国外标准较多，主要包括美国和法国的相关标准，如 ANSI（美国国家标准）、CFR（美国联邦法规）、R.G（美国核管理委员会的管理导则）、ASTM（美国材料与试验协会）、RCC-C（法国压水堆核电厂燃料组件设计和建造规则）等。

通常，燃料元（组）件的研发设计应满足以下目标与原则：高可靠性、高设计燃耗、优良的热工水力性能、优良的机械性能、几何相容性和水化学相容性。高可靠性是指燃料元（组）件发生破损的概率极小。对于压水堆燃料，URD（美国用户要求文件）、EUR（欧洲用户要求文件）和 CUR（中国用户要求文件）等用户要求文件均规定了由于制造缺陷造成的燃料棒破损率设计要求。高可靠性与燃料元（组）件材料、结构设计、制造工艺、电厂运行条件等紧密相关，是燃料性能和电厂运行水平的综合表现。高燃耗能有效地节省铀用量，满足长周期换料的要求，还减少了乏燃料组件数量。目前各国出于安全性考虑，批准的组件最大卸料燃耗通常在 52 000～55 000 MWd/tU。优良的热工水力性能、机械性能、几何相容性和水化学相容性等内容可从组件级别考虑。

燃料元（组）件的结构和燃料的特性同堆芯功能密切相关，燃料元（组）件的设计与堆芯的设计是密不可分的。表 13-10 中的第一步就是从新堆芯的需要出发，它可能属于一种动力、发电或研究试验用的新堆型，或现有反应堆的重大改进。在目标已经明确规定的前提下，应提出概略的规格要求。然后可做堆物理计算，以确定燃料富集度、燃料/包壳材料/慢化剂/冷却剂/控制材料的相互比例和空间分布的大致范围，算出（并用临界实验验证）相应的堆内各点的中子注量率、中子能谱和功率密度。通过热工－流体力学计算，可以得出适当的堆芯尺寸和几何形状，它们当然随堆型而异，例如，高中子注量研究试验堆需要相应的高功率密度，动力堆的功率密度会低得多；气冷堆需要高流速和大传热面积，钠冷堆则不需要。为确保燃料元（组）件整个使用寿期内的完整性，有多项热工限制条件影响燃料芯体和包壳尺寸的确定（见 13.2.2 节）。

燃料–包壳界面温度及包壳冷却剂界面温度应始终低于会发生显著化学反应或合金化的限值。设计中应为工程不确定性或参数局部偏差（考虑其叠加）留有足够的安全裕量（关于热通道因子见2.6.1节）。

根据燃料中心温度限值（氧化物燃料一般取为2 590 ℃）、燃料表面温度和热导率，可算出燃料芯体的直径。氧化物燃料的热导率很低，直径必然很细。碳化物和氮化物燃料的热导率远优于氧化物，可取粗得多的直径。包壳在棒型结构的燃料元件中，内面受到持续增长的燃料肿胀和裂变气体释放所引起的应力，外面受到恒定的冷却剂压力，还有随功率变化的热应力和芯块与芯块相接处的局部应力，因此包壳必须具有和保持足够的断裂强度、抗蠕变性能和延性。而为了尽量减少中子吸收损失和降低热应力，包壳厚度越薄越好。另外，应为燃料和冷却剂与包壳之间可能发生的缓慢腐蚀或耗蚀反应留有裕量，还应考虑到这些反应对材料力学性能的可能影响（如锆合金的吸氢脆化、不锈钢的渗碳、金属铀与不锈钢生成低熔点共晶体）。

由材料性质和传热要求，加上燃料和包壳在辐照下行为的考虑，所选定的燃料与包壳材料的最佳组合，以及所确定的燃料棒直径和包壳厚度的最佳折中值，尚有待于试验验证。至此仅完成表13-10中的前6步——得到初步的设计方案。

下一步工作除了编制制造工艺规程（表13-10中的第7步）外，还要编制预计燃料元件在正常和异常运行工况下复杂行为的数学模型。作为辅助设计手段，模型应综合地描述燃料元件随燃耗深度而变化的热工、力学、材料、化学和辐照损伤的特性，并编写成计算机程序，包括一系列子程序，用以预计：燃料和包壳内的温度分布，燃料和包壳的尺寸变化及物性变化，燃料的结构重组和开裂，释放到空腔中的裂变气体量，空腔内气体压力，燃料和包壳的应力及应变分布，燃料和包壳的肿胀变形，包壳的脆化、蠕变、腐蚀和耗蚀，燃料包壳相互作用，累计的辐照损伤量，包壳是否及何时会破损等。由于快中子堆燃料的燃耗更深，辐照损伤更值得注意。当然，预计结果的正确程度有赖于输入数据（燃料和包壳材料的基本特性、制造过程记录、反应堆运行史）和数学模型的可信度。因此要用辐照试验来检验模型，帮助改进模型（克服模型中的缺点和弱点）和编制更好的计算机程序。在这个过程中，会提出需要补充进行的试验和理论工作。这是一个多次反复、不断完善的过程。在有了可信的数学模型（计算机程序）以后，可以减少许多昂贵的堆内试验工作量，也才有可能根据少量试验数据进行有把握的内插和外推。

就可能达到的燃耗深度而言，有关裂变气体释放率、芯块包壳相互作用、包壳材料腐蚀和吸氢脆化等方面的数据库特别重要。

各种燃料的物理特性不一样，要用不同的计算机程序版本。不同的堆型要用不同的数学模型和计算机程序。例如，碳化物和氮化物燃料的热导率比氧化物高，中心温度较低，温度梯度较平坦，能存留较多的裂变气体，芯块开裂模式也不一样，就要用不同的燃料肿胀模型和开裂模型。金属铀燃料元件则又是另一种模型。

以压水堆燃料元件为例，燃料棒在堆内辐照期间经历复杂的物理化学变化，模拟燃料棒堆内热力学行为的分析程序对于燃料棒的性能评价和设计准则验证具有重要意义。代表性的燃料性能分析软件有 COPERNIC、CROV、EPICA、COCCINEL、FRAPCON、BISON、RELAP 等，结合数学模型和计算机程序，并基于分析所需中子学数据和热工水力数据，可模拟燃料棒在堆内辐照期间热力学行为（包壳蠕变、辐照生长、腐蚀和吸氢，芯块重定位、密实、肿胀和裂变气体释放等），计算热力学参数（温度、应力、应变、氧化膜厚度和内压等）随辐照历史（反应堆运行工况、中子学数据）的变化。表 13-11 为压水堆燃料性能分析程序及功能，以验证燃料棒在Ⅰ、Ⅱ类及事故运行工况下的性能是否满足设计准则要求。当证明每个燃料区的燃料性能在所有工况事件中均在各准则规定限值之内时，则燃料棒设计被视为满足准则。

燃料元件堆内行为的数学模型为设计提供了科学根据，也有助于安排适当的燃料元（组）件试验计划和进行试验后的分析（表 13-10 中的第 9 和第 10 步）。设计经过试验验证并修改完善（优化）后，予以最终确定（表 13-10 中的第 11 步）。

燃料组件的设计需根据反应堆总体设计的要求，综合考虑反应堆物理、热工、力学、机械结构、材料等诸方面的因素，使其满足设计准则并具有良好的性能。确定燃料组件设计目标后，开展零部件材料研究及选型、零部件结构设计，结合性能分析、程序/方法研究及零部件堆外性能试验，确定燃料组件总体结构，在此基础上开展全尺寸组件堆外性能试验，并根据试验结果开展设计改进。待设计定型后，开展先导组件辐照考验及辐照后池边检查、热室检查等堆内辐照考验及检查，根据检查修正相应计算模型/方法，逐步开展小规模辐照考验直至全堆运用。

表 13-11　压水堆燃料性能分析程序及功能

序号	名称	功能
1	COPERNIC/COCCINEL/FRAPCON/BISON	模拟燃料棒在堆内辐照期间热力学行为，计算热力学参数随辐照历史（反应堆运行工况、中子学数据）的变化。基于计算结果验证燃料棒在Ⅰ、Ⅱ类运行工况下的性能是否满足设计准则要求
2	CROV	计算燃料棒堆内辐照期间芯块间包壳椭圆度、应力和应变的变化，用于验证燃料棒在正常工况下是否会发生蠕变坍塌
3	CIGAL	计算反应堆正常工况下控制棒组件的最长落棒时间、反应堆安全停堆地震工况下控制棒组件的最长落棒时间及控制棒组件吸收棒进入燃料组件导向管缓冲段入口处的最大下落速度
4	SYSMA	计算板弹簧的压紧力和屈服力，分析燃料组件的轴向压紧功能和验证板弹簧压紧系统不产生新的屈服
5	COMPAC	计算相关组件棒包壳与芯体间隙尺寸、内压、温度分布及包壳应力状态等
6	SAM	计算棒束型燃料组件中的落棒缓冲过程冲击力
7	VIBUS	计算每个格架处由微动磨蚀引起的包壳磨蚀体积和磨蚀深度、获得保持弹簧/刚凸与燃料棒不脱开所需的最小初始夹持力等

13.5.2 燃料元（组）件的性能试验

在重新研制一种新燃料元（组）件的情况下，需要开发新的燃料和燃料元件制造工艺，相配合地对燃料和包壳材料的性能进行一系列堆外和堆内样品测试，然后进行规模逐渐放大的燃料元（组）件试验，从单个组件到部分堆芯，直至全堆芯装料。在此过程中，试验样品除了按专门目的特别制备的以外，应当采用具有代表性的制造工艺。为此，需从一定的批量产品中选取试样。应借助于严格的质量保证程序，保持材料组成和物质结构的连续一致性，使早期的样品测试结果可用于正式生产的燃料和包壳材料。试验工作贯穿表13-10中第7步以后的全过程，重点在第9步，包含下列主要内容。

（1）试制燃料样品。

（2）对样品进行化学分析、金相显微照相和热工分析，以表征其特性，包括燃料的组成、晶粒大小和显微结构。对陶瓷燃料，还要详细描述其孔隙度，测定其化学计量值即金属/非金属原子比。

（3）测定样品的物理性质，如从室温至高温范围的热导率、强度、延性、扩散性能。

（4）探讨燃料同待选包壳材料及冷却剂的相容性。必要时可修改燃料组成以相适配。

（5）在研究试验堆中辐照小样品，以测定肿胀和气体释放的特性。

（6）试制出燃料棒原型试件，在研究试验堆中辐照（用试验回路或试验装置）。

（7）进行辐照后检验，将检验实测的结果同数学模型预计的性能相比较，核定其偏差所在。

（8）试制出全尺寸的燃料组件或缩小比例的燃料棒束，在堆外的热工水力试验回路中（可不带燃料）测试其压降和传热特性，在堆外的力学试验装置上测试其力学性能，在研究试验堆的试验回路（或动力堆的堆芯）中测试其辐照下各项性能及变化情况；压水堆燃料组件堆外试验包括定位格架力学试验、定位格架勾挂试验、下管座过滤异物性能试验、下管座力学性能试验、压紧板弹簧机械试验、燃料组件力学性能试验、燃料组件水力特性试验、燃料组件流致振动试验、燃料组件耐久性试验、控制棒落棒试验、临界热流密度试验等。

（9）对燃料组件进行中间和最后的辐照后检验。保留若干试件为瞬态试验（如超功率、失流等瞬态，一般只做单个组件或缩小型试件的试验）之用。将性能检验结果反馈给设计、数学模型运作、制造和性能测试人员，以便调整和改进原设计；压水堆燃料组件中间检查通常在乏燃料水池边开展，主要包括燃料组件外观检查、氧化膜厚度检查、尺寸检查等，具体见表13-12；最后的辐照后检查通常在热室内开展，主要用于获取无法在池边检查实施，但安全分析模型验证（包括燃料棒包壳吸氢量和拉伸性能等）和燃料棒、燃料组件性能验证（包括燃料棒磨蚀、包壳与端塞焊缝位置氧化膜厚度、燃料棒氢化、定位格架弹簧夹持力等）所必需的数据。此外，也可通过热室检查获得相应的研究性数据或比池边检查精度更高的数据（如氧化膜厚度），以加深对新的锆合金材料的研究和理解，具体见表 13-13。

表 13-12　池边检查项目

序号	检查项目	检查目的	检查节点
1	外观形貌	用于检查燃料组件外观形貌，初步判断损伤情况	先导燃料棒和先导燃料组件考验后开展
2	啜吸检查	必要时，用于确认燃料棒完整性	先导燃料棒和先导燃料组件考验后开展
3	燃料棒外径	用于获取燃料棒外径变化量	先导燃料棒或先导燃料组件考验后开展
4	燃料棒长度	用于获取燃料棒长度变化量	先导燃料棒或先导燃料组件考验后开展
5	燃料棒氧化膜	用于获取燃料棒包壳氧化膜厚	先导燃料棒或先导燃料组件考验后开展
6	燃料棒弯曲	用于检查组件外围燃料棒间距	先导燃料组件考验后开展
7	定位格架氧化膜	用于获取锆合金定位格架条带氧化膜厚度	先导燃料组件考验后开展
8	燃料组件生长	用于获取燃料组件高度变化量	先导燃料组件考验后开展
9	燃料组件弯曲	用于获取燃料组件弯曲变化量	先导燃料组件考验后开展
10	压紧弹簧松弛	用于获取燃料组件上管座压紧弹簧高度变化量	先导燃料组件考验后开展
11	燃料组件扭转	用于获取燃料组件扭转变形量	先导燃料组件考验后开展

表 13-13　热室检查项目

序号	检查项目	检查目的	检查节点
1	外观形貌	用于检查燃料棒完整性，确定是否存在可视缺陷的必检项目	先导燃料棒和先导燃料组件考验后开展
2	包壳缺陷检查	用于确认燃料棒完整性	先导燃料棒和先导燃料组件考验后按需开展
3	燃料棒外径	用于获取燃料棒外径变化量	先导燃料棒或先导燃料组件考验后开展
4	燃料棒长度	用于获取燃料棒长度变化量	先导燃料棒或先导燃料组件考验后开展
5	燃料棒包壳氢化和氧化	用于获取燃料棒包壳吸氢量的必检项目。针对吸氢量检测的样品，应有对应的氧化膜检测数据	先导燃料棒考验或先导燃料组件考验后开展
6	裂变气体测定、内压测量、气体分析	用于验证芯块裂变气体行为的必检项目，获得裂变气体总量、组分和棒内压	先导燃料棒考验或先导燃料组件考验后开展
7	包壳强度和延性	用于验证包壳强度和延性准则限值的必检项目，可通过拉伸试验或内压屈服等试验获取	先导燃料棒或先导燃料组件考验后开展，也可使用其他有代表性的辐照样品开展
8	燃料棒包壳与端塞焊缝位置氧化膜	用于获取燃料棒包壳与端塞焊缝位置氧化膜厚度的必检项目	先导燃料棒或先导燃料组件考验后开展，也可使用其他有代表性的辐照样品开展
9	定位格架弹簧松弛量	用于获取定位格架弹簧辐照松弛后夹持力的必检项目	先导燃料组件考验后开展，也可使用其他有代表性的辐照样品开展
10	燃料棒磨蚀	用于获取燃料棒包壳磨痕数据的必检项目	先导燃料组件考验后开展
11	包壳疲劳试验	用于获取辐照后包壳疲劳性能的研究性检查项目	先导燃料棒或先导燃料组件考验后开展

续表

序号	检查项目	检查目的	检查节点
12	包壳蠕变试验	通过获取辐照后包壳热蠕变数据开展分离变量机理性研究的研究性检查项目	先导燃料棒或先导燃料组件考验后开展，也可使用其他有代表性的辐照样品开展
13	包壳显微硬度	用于研究辐照强化效应的辅助手段，为研究性检查项目。针对辐照强化效应，从审评角度关注强度和延性，相关数据通过包壳拉伸试验获取	先导燃料棒或先导燃料组件考验后开展
14	包壳应力松弛试验	用于研究包壳应力松弛性能的研究性检查项目	先导燃料棒或先导燃料组件考验后开展
15	沉积物分析	用于检查沉积物特性的研究性检查项目	先导燃料棒或先导燃料组件考验后开展
16	芯块状态 X 射线检查	用于确认芯块状态的研究性检查项目	先导燃料棒或先导燃料组件考验后开展
17	轴向燃耗相对分布γ扫描	用于确定辐照后检查样品轴向燃耗相对分布的中间过程量数据	先导燃料棒或先导燃料组件考验后开展
18	绝对燃耗测量	用于测量芯块的绝对燃耗的研究性检查项目，为中间过程量	先导燃料棒或先导燃料组件考验后开展
19	显微组织分析	用于获取包壳和芯块显微组织的研究性检查项目。可通过金相、扫描电镜、透射电镜、拉曼光谱分析、X 射线衍射分析等方法开展	先导燃料棒或先导燃料组件考验后开展

（10）开展中间规模的生产和试验，至少应达到部分堆芯或全堆芯装料的水平，这样才能收集到充分有效的性能统计资料，如燃料棒破损率随燃耗或中子注量而变化的数据；一般地，头几次装料仍处于反馈和改进的过程中。

（11）根据大量统计性试验和辐照后分析的结果，将设计修改完善。

（12）投入正式生产。

在影响燃料（元）组件的可靠性和使用性能的诸因素中，辐照稳定性最为重要，因此需要做大量的堆内辐照试验。同时，也需要通过堆内试验与堆外试验相结合，来研究燃料元（组）件在反应堆运行条件下的热工流体力学稳定性、机械变形、振动、磨蚀和腐蚀等项目。辐照试验从小到大，可分为小样品试验、单棒试验、棒束试验和燃料组件原型试验等，对燃料和包壳材料的辐照性能（如肿胀、蠕变、脆化等），要利用堆内辐照罐做大量的小样品辐照试验，以便进行基础研究和筛选材料的工作。单棒辐照试验尤其有价值。把包装好的短燃料棒或长燃料棒直接放在堆内，或为了模拟所要的温度、压力、流速和冷却剂化学等条件而放在研究试验堆的专门回路中进行辐照，可以取得有关燃料棒设计和制造的大量实验数据，如不同的材料组合、不同的结构设计、不同的制造工艺或不同的运行工况的影响，燃料棒破损的原因，提高比功率和燃耗深度的可能性等。对于某一种燃料元件形式，可能需要做几百根单棒辐照试验，以便对复杂的情况进行分析和取得统计性的结果。进一步研究燃料组件的性能，如棒束在辐照下的结构与尺寸稳定性、定位格架对热工流体力学和腐蚀的影响等，需要做棒束的辐照试验。利用堆内辐照回路或研究试验堆的元件位置，一般放不下动力堆燃料组件的原型棒束，只好采用缩小比例的模型（例如，对三角形栅格采用 7 根棒束，对方形栅格采用 3×3 或 4×4 根棒束，长度也缩短）来做。放在研究试验堆中的棒束和单棒需提高燃料的富集度，以便在研究试验堆的中子注量率和能谱下能达到所要求的线功率，或缩短试验的时间。燃料组件原型的辐照试验，需要利用能放得下全长组件的大堆芯试验堆，或在运行的动力堆中做随堆试验，两者都受到现实条件的很大限制。因此，原型辐照试验虽然重要，却不可能多做。

为了制订一个合理的辐照试验计划，有必要从给定的任务出发，根据过去工作经验和文献资料，明确研究的目的和范围，以免失之于漫无边际。同时也要结合现实条件作全盘规划，使各项工作互相配合与补充。以快中子增殖堆的燃料组件为例，在确定了堆型以后，就需要研究不同的线功率和燃耗深度（相应地有不同的快中子注量）对燃料和包壳材料辐照性能的影响。在这里，燃料密度的高低（孔隙度）待研究，包壳材料有各种不锈钢和镍基材料待筛选，要做的工作量很大。一般说来，快中子的辐照空间是有限的，但对于燃料性能，热中子辐照与快中子辐照的差别不太大，大部分燃料样品和单棒的辐照试验可在热中子堆中做。对于包壳材料，其力学性能受快中子的影响特别大，必须利用快中子堆或具有高的快中子注量率区的热中子堆进行辐照，以便在不太长的时间内达到较高的快中子注量。但包壳材料的高温蠕变和腐蚀性能等，可通过堆外试验测定，以减少筛选时的堆内工作量。然而，热中子堆中的燃料辐照试验，终究不能完全代替快中子堆中的辐照。如能谱的差异，比功率、温度、燃耗和裂变产物的不同分布，快中子特有的（n, α）和（n, p）反应产物氦气泡和氢气泡等。因此，快中子堆的发展要靠初期建成的实验快堆和原型快堆，为燃料（元）组件辐照试验提供不可缺少的条件。

由于燃料元（组）件试验的花费很大、时间很长，数学模型运算和模拟试验就显得越发重要。例如，用电流加热代替裂变加热、在堆外台架上做试验，可相当方便地模拟堆芯事故瞬变过程直至熔化，花钱少而省时间。

应当指出，对于燃料元（组）件设计和制造的最终检验在于实际的运行情况。只有运行中的动力堆能为燃料元（组）件设计和制造的质量提供统计性的验证。运行中动力堆所提供的燃料元（组）件正常运行、缺陷、事故及卸出后在热室中检验的记录，对燃料元（组）件的改进和新堆型的发展极为重要。

13.5.3　试验技术和设备

（1）堆外试验

在确定选择的燃料和包壳材料后，需通过堆外性能试验确定选择的燃料和包壳材料是否满足要求，并对成分和制造工艺等进行筛选。涉及的检测项目包括化学成分、微观组织、物理性能、力学性能、腐蚀性能等。为此，需配备相应的试验设备和技术，包括透射电子显微镜、扫描电子显微镜、背散射电子衍射仪、X 射线衍射仪、显微硬度测试仪、材料试验机、腐蚀试验装置、蠕变和爆破试验设备等。

燃料组件设计过程中，需开展部件及组件级堆外性能试验，设计并建立具有代表性的燃料组件堆外性能试验技术及试验台架，台架应尽可能模拟反应堆内除辐照环境外的真实运行环境。试验台架应包括热工水力试验台架，以便开展定位格架筛选、燃料组件搅混特性研究、燃料组件水力特性研究、组件流动传热特性研究、临界热流密度研究、高温高压热态冲刷试验等；组件力学性能试验台架，以开展组件刚度试验、流致振动试验、地震试验、控制棒落棒及耐久性试验等以及部件级别试验台架，以开展格架力学性能试验、格架勾挂试验、管座力学试验、下管座异物过滤试验等。

核燃料特别是高富集铀、钚和钍，具有强放射性和毒性。为了保护操作人员的健康，堆外的燃料性能测试工作也需要在气密的手套箱中进行，同时接受辐射防护体系的监测和控制。手套箱设有专用通风过滤系统，可保证箱内气体压力低于外界压力以防止向外的泄漏，并靠过滤器清除气体中的微粒。操作人员隔着气密的氯丁橡胶手套进行操作，有时加戴外科手套作为第二道防线，因为手套破裂带来的风险最大。在手套箱内测试燃料的性能要比在开放的实验室中花费多几倍的时间，而且事前须做周到细致的安排。

（2）堆内考验

辐照试验需在反应堆中进行。除在动力堆上进行材料、代表性燃料棒和原型组件辐照考验外，还可以在研究实验堆或工程试验堆上进行材料和代表性棒束辐照考验。通常的研究堆不是为辐照试验设计的。堆内中子注量率的水平和分布往往不能满足辐照试验的要求，空间有限制，温度也难以控制。一般要为特定目的（例如，燃料肿胀、辐照蠕变、裂变产物释放率等的测量）专门设计和制造出装有仪器的小型辐照罐，放入研究堆实验孔道中，不与反应堆冷却剂相接触，借助于电加热器或改变充气的热导率来调节样品的温度。这样可得到有限度的测试结果。

更有效也是更复杂的测试要在工程试验堆的试验回路中开展。试验件可扩大到单棒和有限数目棒束的试验件。试验回路（俗称小回路，见图 13-18）是独立于母堆冷却剂回路的自成系统，具有独立的循环泵、再生热交换器、压力平衡罐、流量与温度调节系统、冷却介质补给与净化系统、水质控制系统和试件破损监测系统等，其中最主要的部件是堆内辐照试验管道（见图 13-19）。对小回路部件材料和结构的要求类似目标动力堆主回路。所用冷却介质可与母堆的不同，或具有不同的热工参数（例如采用目标动力堆的高温度和高压力）。小回路中的试件可单独装卸。在小回路中可进行全寿期的燃耗试验直到包壳破损，也可进行其他高风险的瞬态试验，因为放射性碎屑完全包容在小回路内，只要小回路不泄漏，一般不会污染母堆。但在控制保护系统方面，小回路同母堆应互相联锁，当发生可能危及母堆安全的变化时，必须使母堆快速停止运行。放入试验回路的试验组件，由于需要安装大量专门测量仪器（用以测量温度的铠装热电偶、测量内压的压力传感器、测量中子注量率的自给能探测器、测量蠕变尺寸变化的差动变压器等），也是很复杂的。这种试验回路和试验组件的设计、制造、安装和运行往往要花费好几年时间，代价高昂，但仍比建造一座新堆或在整个堆芯中开展风险较高的验证试验要合算。

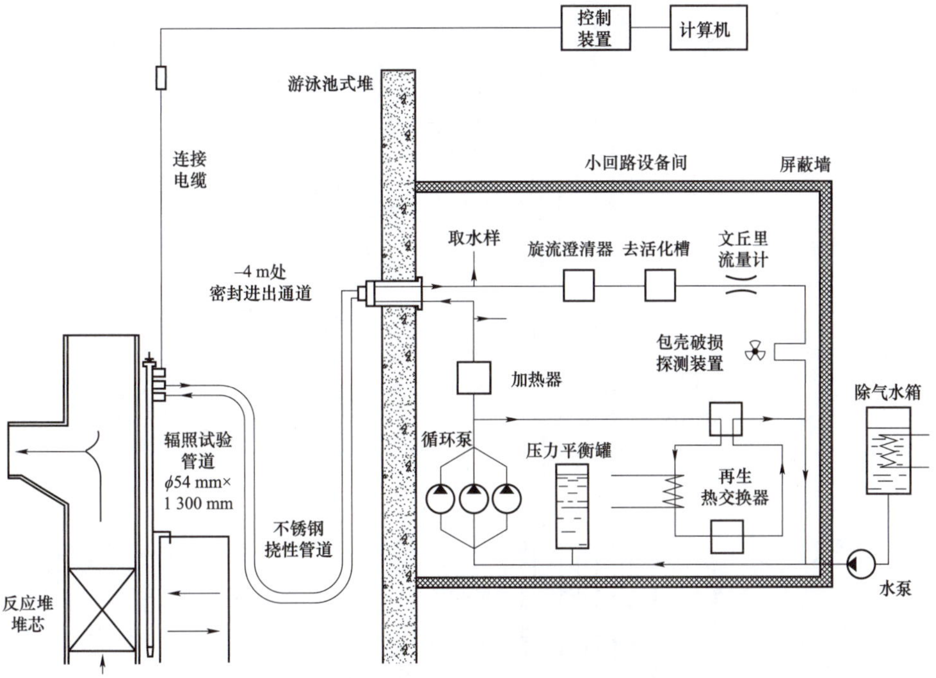

图 13-18　燃料辐照试验回路（小回路）示意图

小回路参数：热功率 140 kW，最大热流密度 250 W/cm^2，最大流速 5～6 m/s，工作压力 15.5 MPa，工作温度 280～300 ℃。

然而，在试验堆和试验回路中的试验，终究不能代替全尺寸燃料组件在动力堆中的使用情况。这是因为，第一，试验堆的堆芯尺寸小，试件较短，堆内环境如中子注量率分布、温度梯度、控制棒布置等随时间变化的情况均不同于动力堆，需要将测试结果外推，因此最好是在有代表性的动力堆中开展燃料组件乃至部分堆芯的试验；第二，个别试件不能给出统计性数据。

放入动力堆随堆考验的燃料组件，一般不装特殊仪器，仅标记清楚，以便卸出后在贮存水池中开展无损检验时加以区分。

（3）辐照后检查

辐照后的无损检验可包括外观检查（氧化膜、磨蚀坑、腐蚀斑、裂纹、结垢、变形等），外廓测量（包壳沿长度的直径变化、包壳的辐照生长、组件的辐照生长、组件的弯曲等），γ 射线扫描（例如探测 ^{137}Cs、^{95}Zr-^{95}Nb 等放射性同位素），平直度检查，包壳穿孔和裂纹检查，X 射线、γ 射线或中子照相。例如，在运行期间发现冷却剂放射性异常，可开展啜吸试验，分析有无裂变产物（如 ^{131}I、^{137}Cs、^{90}Sr 等）存在，以判断和识别破损的组件。

唯有破坏性检验能对辐照后燃料元（组）件提供详尽的性能数据。无损检验可在贮存水池或热室中开展；破坏性检验则由于有裂变产物和其他放射性物质散布开的危险，必须在热室中开展。热室是具有可靠的屏蔽（一般都用高密度混凝土墙，内有不

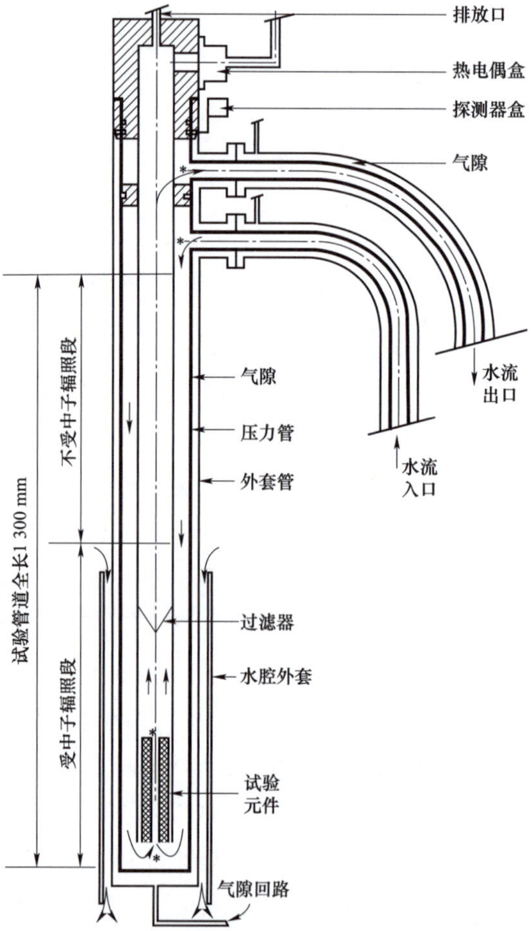

图 13-19　堆内辐照试验管道示意图

锈钢覆面层以便酸洗去污）、密封和通风过滤设施、专为操作强放射性物质之用的实验室。工作人员平常不能进入，只能隔墙通过很厚的铅玻璃（或屏蔽液体）窗进行观察，用专设的机械手进行远距离操作。靠通风过滤系统保持室内的负压和清除微粒。室内气氛可为空气、纯净的氮气或氩气。热室内的设备视用途而异。例如，燃料组件重组（抽换其中几根元件，准备再装入反应堆）和回路部件解体热室，需要配备加重载荷的吊车、机械手、检验手段和切割工具；破坏性检验热室，需要配备测量裂变气体释放量和溶解燃料作燃耗分析的设备、包壳力学性能测试设备、金相切片、磨片和金相显微镜设备、电子微探针、扫描和透射电子显微镜，俄歇（Auger）电子能谱仪等；无损检验热室需要配备 γ 射线扫描器、涡流探伤仪、射线照相设备、泄漏检查设备等；其他如力学性能测试、化学分析和燃料制备热室，对设备也各有不同的需要。热室检验设备均需由耐腐蚀材料制造，外表面抛光，易于去污，并适于远距离操作。这些仪器设备，通常布置在排成一列、互相间有气动传送装置的若干单间热室内（图 13-20 所示为其中的一种布置）。此外在热室附近可能设置高强度 ^{60}Co 辐射源，中子照相用脉冲堆和若干铅屏蔽手套箱等。

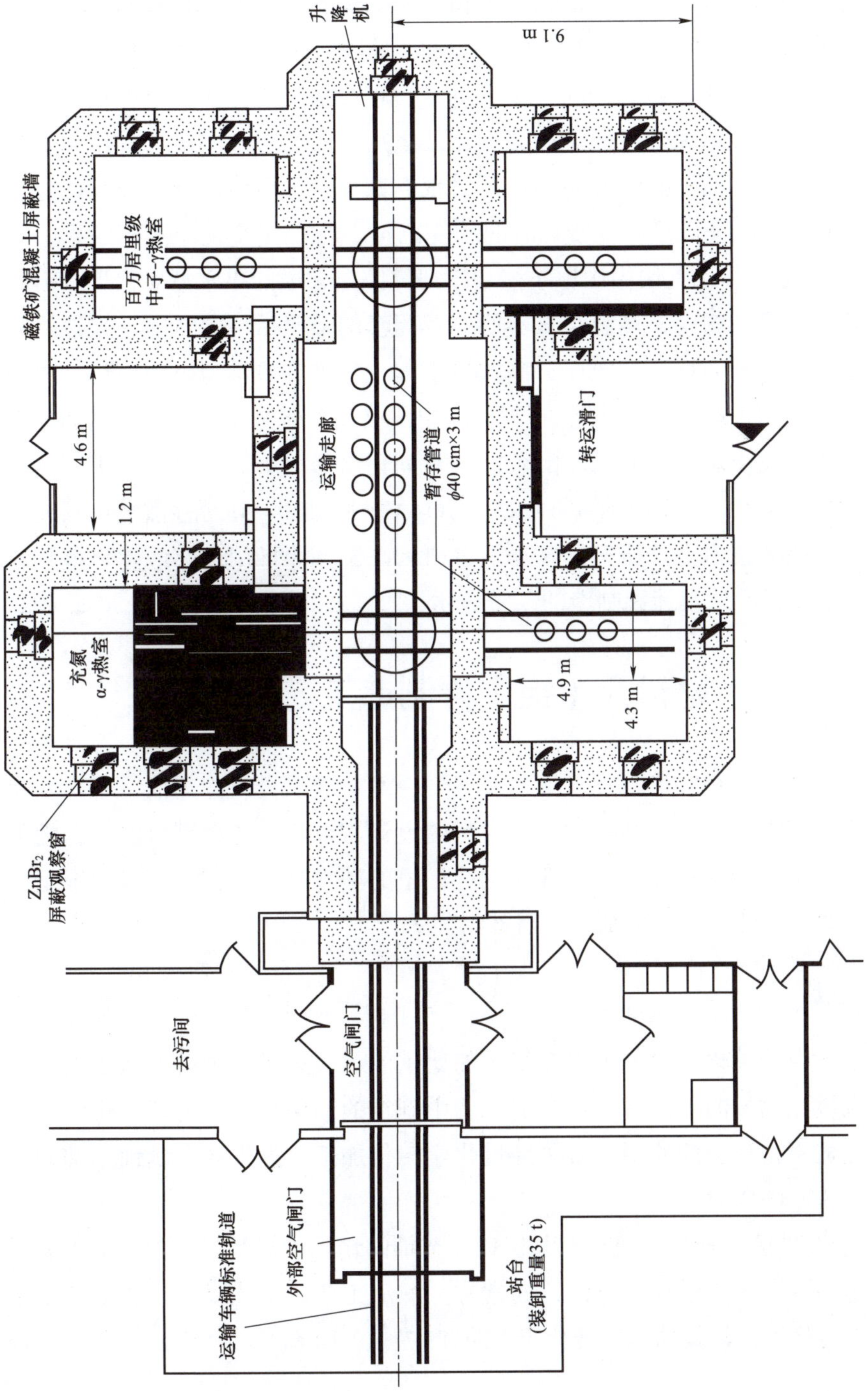

图 13-20　燃料辐照后检验热室布置示例

用于含钚燃料的α-γ热室，对气密性有特别严格的要求，构造更复杂，维修也比一般热室更加困难。

上述设备的价值昂贵自不待言。由设计人员提出的燃料元（组）件试验计划的实施，经过试制人员、试验人员、反应堆运行人员和热室操作人员的通力合作，可提供关于燃料、材料辐照前性能，试验期间在反应堆中受辐照情况及辐照后检验结果的大量数据。将它们同原定准则和数学模型预计相比较之后，设计人员多半会提出下一轮补充辐照试验计划，以搞清一些特殊问题；同时根据试验结果所作的一些设计改进，也需要再开展试验予以验证。这种花钱耗时的反复试验，当然应减少到最低程度。

我国20世纪六七十年代利用中国原子能科学研究院已建成的重水型研究堆和游泳池式试验堆，建立起堆内的中、高温水试验回路及配套的辐照后检验热室，来进行当时正在建设的生产堆、动力堆、核电厂、高通量工程试验堆等新堆型用的燃料、材料和燃料元（组）件的辐照试验。20世纪80年代在中国核动力研究设计院建成高通量工程试验堆、堆内高温高压水试验回路及配套的一系列辐照后检验热室以后，进行了多种材料的辐照后性能研究，已完成铀–氢化锆、UO_2-Mg和U_3Si_2-Al等弥散体燃料元件的研制。清华大学核能技术设计研究院多年从事研制高温气冷堆用的弥散型包覆颗粒燃料，已掌握球形燃料元件设计和制造的关键技术。

13.6 燃料元（组）件制造工艺概述

前文阐述了生产堆、轻水堆、重水堆、高温气冷堆、液态金属冷却快中子堆及研究试验堆等燃料元（组）件部件结构和主要材料的设计，介绍了各种燃料的材料性能参数。本节系统介绍各种燃料元（组）件在制造厂里的基本制造工艺，一般情况下由以下过程构成，即化工转化、芯体制备、组件组装等。

13.6.1 化工转化

在核燃料生产中，铀化合物加工占有很大的比重。一般来讲，铀矿石水法冶金和纯化精制是获取核纯物料的手段，但从上述过程中制得的铀化合物的物理、化学性质和核性能尚不能适于核裂变的应用，必须经过化学转化加工，为生产金属铀和铀同位素分离提供适宜的铀化合物。

在第12章涉及铀的初期加工流程，其中12.4节铀的精制中提到了一部分用于燃料元（组）件制造的铀产品化学加工方法，通常称为湿法工艺。除此以外，还应包括干法一步法等化工转化工艺，具体化工转化工艺见13.7～13.10节。

13.6.2 芯体制备

燃料芯体是反应堆中实现核裂变的重要材料，工况也最苛刻，其应具有足够的强度、抗辐照、耐腐蚀和包容裂变产物的能力，有良好的热稳定性，因此对芯体制备工艺提出了较高的要求。目前芯体制备方法主要有金属铀和研究试验燃料的熔炼法、陶瓷燃料粉末冶金法、高温气冷堆燃料粉末冶金或溶胶–凝胶法等，具体芯体制备工艺见13.7～13.10 节。

13.6.3　组装

组装是指用包壳材料把裂变燃料包起来。在多数情况下，就是把预制的燃料芯体装入一端已经密封的预制包壳管中，充氦或充钠后把开口端用焊接方法密封起来。

此外，可采用使包壳和芯体同时成形的制造方法，例如，材料试验堆的夹心饼干式燃料片和管，就是用共轧制或共挤压工艺制成全部密封的成品而无须焊接。

要把燃料芯体周围完全密封，使它与冷却剂隔绝，须把包壳两端焊接密封。焊接是燃料元件制造中最关键的工序之一。常用的焊接工艺有电弧焊（多用氩气、氦气保护）、压力电阻焊和真空电子束焊。电弧焊焊接设备成本较低，几乎可以适用所有的金属焊接，特别是一些难熔的金属、易氧化的金属；压力电阻焊是一种非熔化焊接方法，其通电时间短、焊接效率高；真空电子束焊接是在高真空下进行的，可焊的材料种类较多，焊缝性能相对较好。

焊接时，特别在焊接锆制品时，最重要的是防止熔化金属从周围吸收有害气体，而引起材料的脆化和降低耐腐蚀性。因此，一般均在充氦或充氩的小室中进行焊接。在用氦气时，由于氦气电离势较高，目前大多数焊接设备有高频引弧装置，可以满足连续起弧需求，由于氦气价格比较昂贵，除特殊需求外，一般采用高纯氩气作为焊接保护气体；而在用氩气时，可用高纯氩。目前使用的氦气、氩气纯度较高，可达 99.999%以上，可以直接使用。

钎焊在元件组装中很少应用，但有时用在组件的组装中，例如，坎杜型重水堆用真空中钎焊的方法使隔离块和支承垫与包壳管相结合。

13.6.4　结合层

前已阐明，包壳与燃料芯体间的间隙形成一个很大的热阻，在高的热流密度下会造成很大温差。因此，需要借助结合层消除这个间隙，或者提高其导热性以尽量地减小温差。

除了改善传热以外，燃料与包壳的金属结合层还能大大改善元件的腐蚀状况。例如，在采用金属铀的水冷堆中，如果存在间隙，一旦包壳破损，由铀水反应产生的氢气将扩散到包壳内各处，同铀发生次级反应：

$$U + 2H_2O \longrightarrow UO_2 + 2H_2\uparrow$$

$$2U + 3H_2 \longrightarrow 2UH_3$$

反应产物的密度低于金属的密度，因此造成包壳的鼓包和破裂。如果有金属结合层，就不会发生这种次级反应，各种结合的方法如下。

（1）机械结合——用机械方法把包壳压到燃料芯体上的结合。对于铝包壳且冷却剂温度又很低不会发生铀铝反应，同时燃料与包壳的热膨胀差别也很小的场合，可以采用这种结合。

（2）冶金结合——在燃料芯体同包壳之间形成金属扩散结合层。同样金属或不同金属的共轧制或共挤压，都可以得到这种结合层。在这些情况下，不需要第三种金属。但运行温度须远低于加工过程的温度，否则金属的扩散将继续不止。

（3）液态金属结合——工作于高温下的燃料元件不能采用冶金结合，因为铀与包壳的热膨胀差别太大，可用液态金属（钠或钠钾合金）充填间隙以实现金属结合。例如，钠冷快堆的燃料元件。

（4）氦气结合——陶瓷型燃料元件既不能用冶金结合，又不能充填液态金属。通常就采用充填氦气的方法来改善传热。氦气的导热性较好，它不会燃烧，并且用探漏仪来检查焊缝的密封性很方便。

需要指出，燃料芯块与包壳之间的间隙尺寸对芯块温度的影响很大，须严格控制。

13.6.5 增材制造

增材制造（additive manufacturing，AM）是一种以数字模型文件为基础，运用粉末状金属或塑料等可黏合材料，通过逐层打印的方式来构造物体的技术。该技术是制造业领域迅速发展的一项新兴技术，近25年来其应用范围已扩展到了航空航天、生物医学、汽车制造、家电生产等众多领域，被业界称为是“第三次工业革命”的重要标志。增材制造技术的核心是数字化、智能化制造，同时融合了机电控制技术、材料科学与化学等诸多方面的前沿技术知识，是一种具有很高科技含量的综合型应用技术。

近年来增材制造技术发展迅速，推动了多个领域在设计和加工制造方面的创新发展和进步（例如航空航天发动机、医疗等）。在核工业领域，目前国内已有部分压水堆零部件实现了增材制造，例如，压力容器、燃料组件下管座、格架等。

13.7 金属铀燃料元件的制造工艺

13.7.1 金属铀的制备

来自铀精制厂的氧化铀，需要经过以下三个工艺阶段，成为金属铀。

（1）用氢气把六价的铀（例如UO_3）还原为四价的铀，即二氧化铀（UO_2）。

（2）把二氧化铀氢氟化为四氟化铀（UF_4）。

（3）把四氟化铀还原为金属铀。

在这些过程中不允许掺入杂质，以保证产品所需要的高纯度。

第一阶段是把氧化铀原料经过氢还原炉，用氢气在 600～800 ℃的高温下还原成为二氧化铀。反应式为：

$$UO_3 + H_2 \longrightarrow UO_2 + H_2O$$

第二阶段有湿法和干法之分。湿法是在溶解槽中用盐酸和氢氟酸把二氧化铀络合溶解形成水溶液：

$$UO_2 + 4HCl + HF \longrightarrow H(UCl_4F) + 2H_2O$$

再在氟化槽中用氢氟酸氟化沉淀，得到四氟化铀浆液：

$$H(UCl_4F) + 3HF \longrightarrow UF_4\downarrow + 4HCl$$

经过过滤、洗涤，分离出含水 10%～20%的四氟化铀滤饼，然后经干燥煅烧得到四氟化铀。干燥煅烧的目的是去除滤饼中的大量水分。脱水分两步进行：第一步在空气中低温（～250 ℃）干燥，去除大量的水分；第二步在氢气氛中高温（～500 ℃）煅烧，脱去残余水分。

溶解槽、氟化槽和过滤机均为一般常用的化工设备。但由于介质具有强腐蚀性，须采用耐盐酸和氢氟酸腐蚀的橡胶衬里，滤布也要用耐盐酸和氢氟酸腐蚀的聚氯乙烯等材料制成。在干燥煅烧过程中产生大量的氟化氢气、氯化氢气、水蒸气和氧气等，会腐蚀设备而影响产品的纯度，所以干燥煅烧炉要用因科镍、蒙乃尔等镍基合金制造。

干法生产四氟化铀是在反应炉内用氟化氢气体把二氧化铀直接氟化为四氟化铀：

$$UO_2 + 4HF \longrightarrow UF_4 + 2H_2O$$

干法占用的厂房面积、设备、消耗的试剂和产生的废水都比湿法少。在各种形式的反应炉中，两级流态化床反应炉具有以下优点：由于固体物料和气流受到强烈搅动，气体与物料颗粒的全表面相接触，因此氟化过程进行得彻底、迅速，并可充分利用氟化剂。但设备须用耐高温、耐腐蚀的镍基合金制造，尾气中的固体粉尘需要有效地分离和回收。

也有把第一阶段和第二阶段合在一个移动床式反应炉内完成的，用氨气（它分解出氢气）作为还原剂，用氟化氢气体作为氟化剂。主要好处是二氧化铀完全不接触空气，还原过程在低温下进行，可以产生具有高活性的二氧化铀，后者氟化后的产品含有 98%以上的四氟化铀，这样的高纯度对下一步还原很有利，有时是必要的。

用湿法或干法生产出来的四氟化铀是一种高熔点固体，称为“绿盐”。

第三阶段是用高纯的钙或镁把四氟化铀还原为金属铀，反应式为：

$$UF_4 + 2Ca \longrightarrow U + 2CaF_2$$

$$UF_4 + 2Mg \longrightarrow U + 2MgF_2$$

不管用钙或用镁，反应中都释放出热量。用钙还原时，释放的热量很大，足以保持反应产物熔化及铀金属与熔渣的分离，无须从外部加热，操作简单，但消耗钙量大，钙价又贵，故多用于产量不大（几十至几百千克）的情况。对于产量特小的特殊场合，如高富集度四氟化铀的还原，为了临界安全总是小量生产，镁法不适用，必须用钙。对于成吨的大量生产，则常用镁还原。镁比较便宜，消耗量也少，但需要高纯度的四氟化铀原料，并需从外部加热，操作比较复杂。

还原反应器（称为反应弹）一般具有钢制的外壳，内部用高纯的耐火材料氟化钙或氟化镁作衬里。将四氟化铀绿色粉末与钙屑或镁屑均匀混合，装入反应弹。钙法只要在弹内加热或点火，即可引起反应。镁法须把反应弹放到电炉中加热约 3 h，使混合物温度达到 650～700 ℃。反应一旦开始，就迅速自发进行，几秒钟便完成。这时反应弹内的温度达到 1 600 ℃以上，超过铀的熔点 1 132 ℃，熔化的金属铀聚集在反应弹的底部，氟化钙或氟化镁则形成熔渣浮在金属表面。冷却后除去熔渣，用酸洗和喷砂清理表面，便得到粗铀锭。

粗铀锭可以直接加工应用。但通常把它放到真空感应炉中精炼，以进一步纯化（去除残余熔渣和挥发性杂质）和配入合金元素，并铸成便于加工的适当形状。精炼温度为 1 300～1 400 ℃，真空度为 10^{-3}～10^{-1} mmHg，坩埚装料量为 100 g～1 t。真空感应炉是比较复杂的设备（见图 13-21），它可将精炼和铸造合在一个工序内完成。在石墨坩埚内精炼好的金属，通过坩埚底部小孔流入石墨（或钢制）铸模。坩埚和铸模用高纯度和高致密度的石墨做成，对某些杂质如硼等应严加限制。为防止碳进入金属，可用高纯度的氧化镁、氧化锆或氧化钍衬里。这样得到的金属铀，纯度可达到 99.9%，密度约为 19 g/cm^3。

制备金属铀的工艺流程如图 13-21 所示。

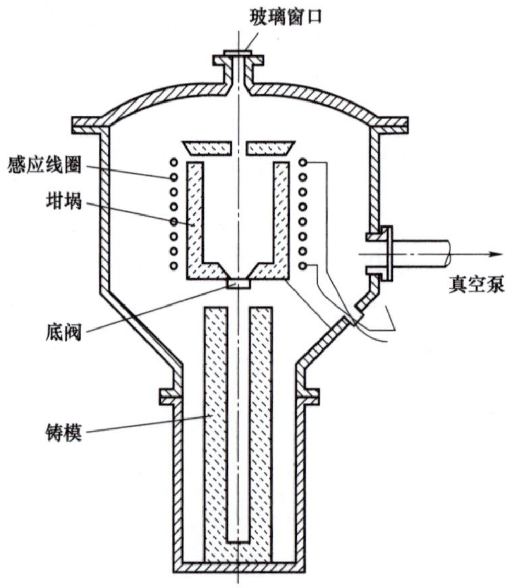

图 13-21　真空感应炉剖面图

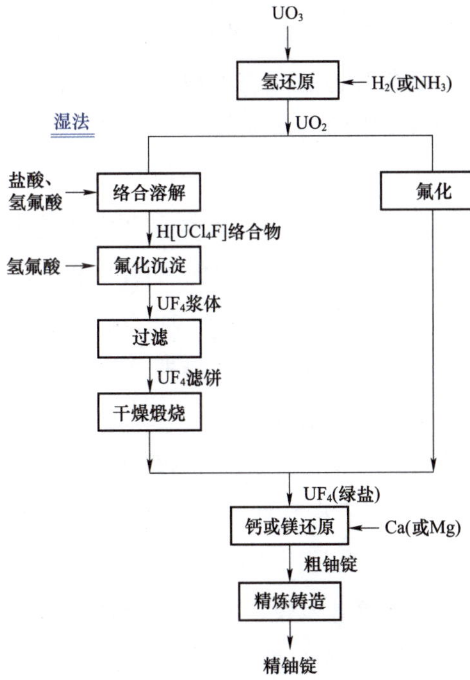

图 13-22　制备金属铀的工艺流程

13.7.2　金属铀的加工成形

金属铀可以在α相或γ相加工成形，或在液态下浇铸成形。β相硬而且脆，不能加工。各种加工成形的方法对铀的各向异性结构产生不同的影响，因而影响到燃料元件的辐照稳定性。金属的温度越高越容易变形，但也越容易氧化，须采取适当的保护措施，例如，在真空或保护气体中加工，或用适当的保护膜等。

直接铸成的铀棒，晶粒粗而取向不规则，不形成有害的织构，从β相或γ相淬火可使晶粒变细。英国和法国的天然铀石墨气冷堆采用铸造的金属铀棒作燃料元件。

如采用轧制方法制造金属铀棒，轧制可在α相或γ相进行。在 400～600 ℃轧制称为α相轧制，这会产生显著的织构（见 13.3.2 节）。在 900～1 000 ℃轧制称为γ相轧制，这时产生的织构要轻微得多，而且金属的延展性好，容易加工。对于不太严重的织构（即当加工变形量不大时），可用在β相或γ相淬火的方法消除之。轧制前的预热，一般采用盐浴炉。如果温度不太高，加工过程又快，可无须采取保护措施。如果温度太高，有时需要把铀用另一种金属（如铜）包起来，但同时应充分考虑到加工温度不能超过该金属与铀的共晶温度。

挤压的情况同轧制类似，也可在α相或γ相进行。γ相挤压的好处是产生的织构远较α相挤压时轻微，并且所需压力较低。α相挤压的好处是产品尺寸比较精确，甚至可省去以后的机械加工。对于管状和其他复杂形状的燃料元件来说，这一点可能成为一个重要因素。在γ相挤压时，为了防止金属过度氧化，需要采用保护气体或使挤压件直接进入水槽。较简便的方法是在挤压过程中在坯料表面涂刷高温玻璃润滑剂或特殊涂层以形成保护膜，这样可以使用通常的挤压设备。

共挤压是把成形和包装合为一道工序，常用这种方法制造夹心饼干式薄片或薄管状燃料元件。共挤压时必须选择适当的温度，使芯体和包壳在差不多同样大小的作用力下成形。对于锆合金和铀，这一温度约为600 ℃；对于铝合金和铀，这一温度约为500 ℃。

铀棒可用通常的校直机和车床进行校直和机械加工，以获得最终的尺寸。但无论校直或机械加工，都会改变金属结构，因此应尽量把这些过程放在热处理以前完成，以保证所需要的细晶粒、无织构的金属结构。

适当的β相淬火可将低温加工所造成的晶粒择优取向（织构）恢复为不规则取向，使多晶粒金属就其全体来说，减轻了各向异性，从而改善了辐照稳定性。由于金属铀含杂质很少，冷却时晶粒会变粗。通常用超声波方法检验铀棒的晶粒度，要求晶粒大小落在一定范围内（100～350 μm）。晶粒太大会使铀棒表面在辐照后过度粗糙（起皱）；晶粒太小意味着冷却速度过快，淬火过程中可能产生新的织构，铀棒仍有辐照生长的危险。

13.7.3　金属铀燃料元件的组装和检验

金属铀燃料元件的铝或镁包壳是冲压成形的。带有复杂形状肋片的包壳，用挤压或挤压后再扭转的方法成形，有的必须采用机械切削。

在采用冶金结合的情况下，铀棒芯体要在真空除气和表面酸洗后，电镀上一层镍（对其他金属也可不用电镀，而用真空镀膜的方法）。把铀芯装入包壳，靠轻度冷加工使两者贴紧，将开口端焊接密封，然后放入高压釜，在适当的压力和温度下造成金属原子的扩散结合。高压釜处理的压力和温度随所用镀层及包壳材料而异。

如果采用液态金属结合，则把该金属（固体状态）按需要的量装入一端封闭的包壳内，再装入铀芯，用加热方法使金属液化以濡润铀表面。

为了保证反应堆的安全运行，对燃料元件的质量要求极严。燃料元件在整个制造过程中须经多次检验。铀的纯度用化学分析法检查，为了补充它的不足，有时还要通过堆内试验以确定铀的总杂质含量。铀的密度也要抽查测量，借以发现夹杂物、气泡等内部缺陷。对铀锭或铀棒的内部缺陷要用超声波方法检验。对制成的铀芯要作外观检查、晶粒度检验和尺寸、重量的测量。对包壳管及其他构件，都要作化学分析、外观检查、金相检验和尺寸测量。

包壳应保证良好的密封性。通常对已组装密封的燃料元件要用 X 射线检查焊缝质量，用氦气探漏仪检查包壳和焊缝的密封性，有时补充以高压釜法、乙二醇法等。包壳不密封会使冷却剂回路受到放射性污染，引起铀与冷却剂的化学反应，使燃料元件尺寸急剧改变，甚至堵塞冷却剂流道，造成重大事故。因此，燃料元件的密封性检验具有特别重要的意义。

对于采用冶金结合的燃料元件，要用超声波方法检查铀芯与包壳的贴紧度。不贴紧或结合不好等缺陷，在堆内可能引起包壳的局部过热、变形和破损等事故。

在制造过程中，必须避免包壳外表面被铀所沾污。否则，在反应堆运行时，它会给出虚假的破损信号。表面清洗的方法，对于铝包壳可采用氢氧化钠碱洗，对于镁包壳可采用在柠檬酸溶液中刷净和其他方法。包壳表面的清洁度要求达到大约 10^{-6} gU/cm^2。

图 13-23 所示为某种天然金属铀燃料元件的组装和检验工艺流程。

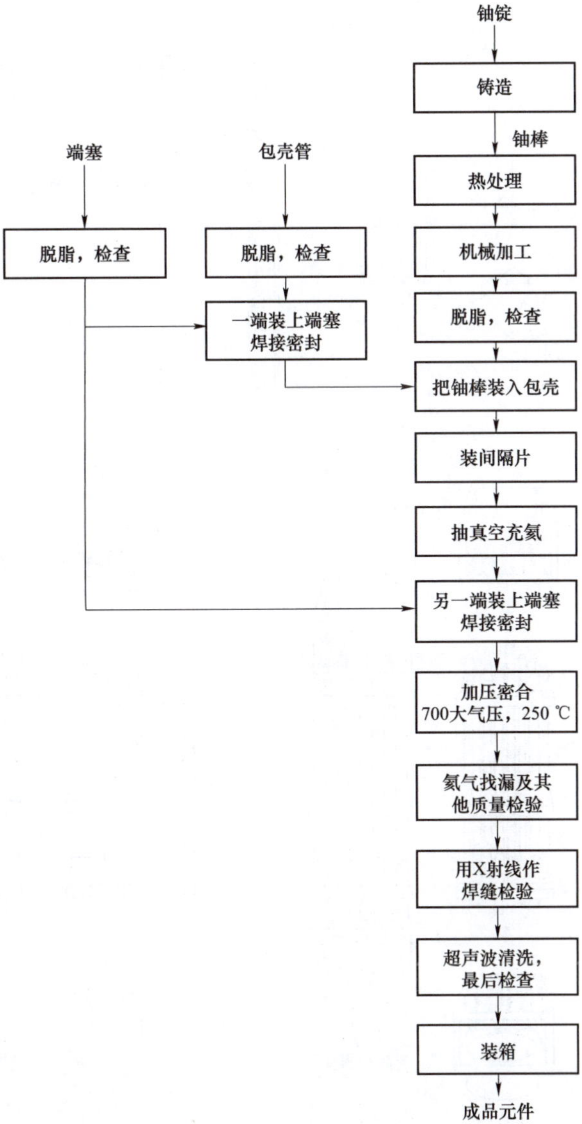

图 13-23　天然金属铀燃料元件的组装和检验工艺流程

13.8 陶瓷型燃料元（组）件的制造工艺

现代水冷动力堆普遍采用二氧化铀陶瓷燃料（见13.2.2节和13.2.3节），现介绍轻水堆用低富集度二氧化铀燃料元（组）件的制造工艺（见图13-24）。

13.8.1 燃料芯块的制备

富集铀燃料的制备多采用富集的六氟化铀 UF_6 为原料。另一种可能的原料是硝酸铀酰 $UO_2(NO_3)_2$ 溶液。

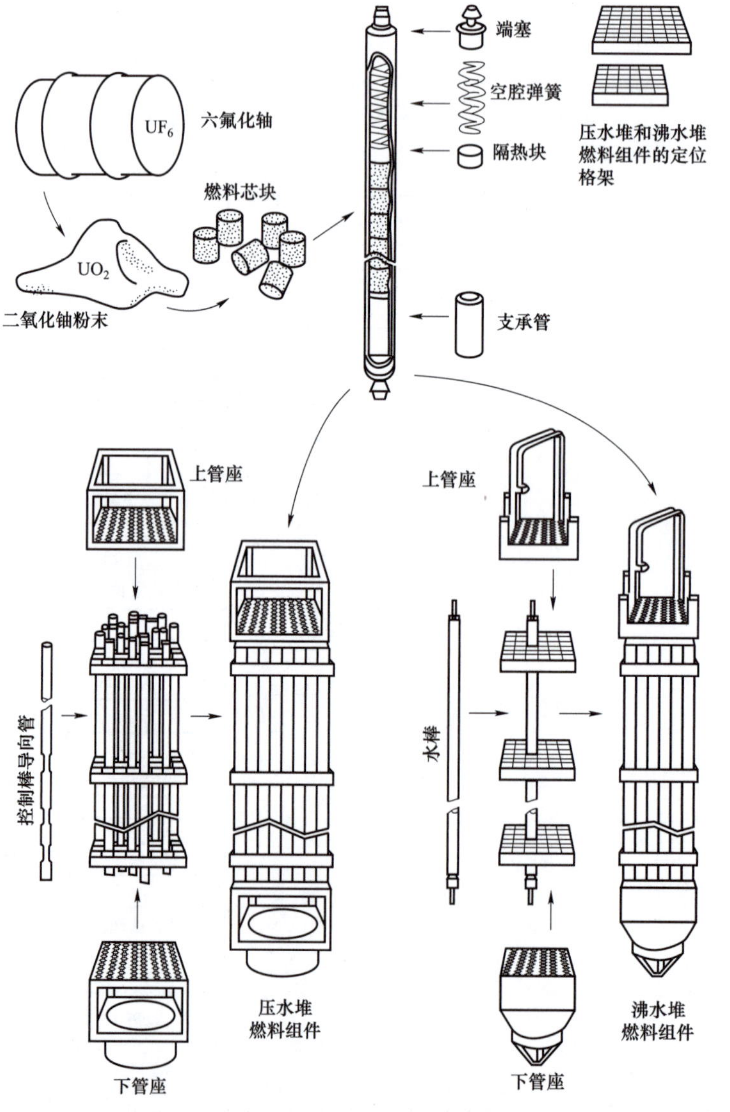

图 13-24 压水堆和沸水堆燃料组件的制造过程

从六氟化铀或硝酸铀酰溶液制备二氧化铀，可用湿法经过三碳酸铀酰铵 $(NH_4)_4[UO_2(CO_3)_3]$中间产物，煅烧、还原成 UO_2 粉末，UO_2 粉末经过压制烧结成 UO_2 芯块，如图 13-25 所示。先把六氟化铀 UF_6 用蒸汽加热到 100 ℃左右，变成气态。将升华的 UF_6 气体（或硝酸铀酰溶液）、氨气 NH_3 和二氧化碳 CO_2 送入水解沉淀反应器，同时将浆液不断搅动，以沉淀出$(NH_4)_4[UO_2(CO_3)_3]$。搅动会把沉淀物颗粒的边和角磨圆，这种形态接下来几乎不变。用真空过滤器把沉淀产物分离出来，经过饱和碳酸铵溶液的洗涤，再用压缩氢气把含水 2%～6%的沉淀物吹送到流态化床反应炉中，由于高温（550 ℃以上）下氢气的还原作用，而直接得到二氧化铀粉粒，无须预先干燥或煅烧。

$$(NH_4)_4[UO_2(CO_3)_3] + H_2 \longrightarrow UO_2 + 4NH_3\uparrow + 3CO_2\uparrow + 3H_2O$$

以上就是三碳酸铀酰铵（Ammonium Uranyl Carbonate，AUC）法。

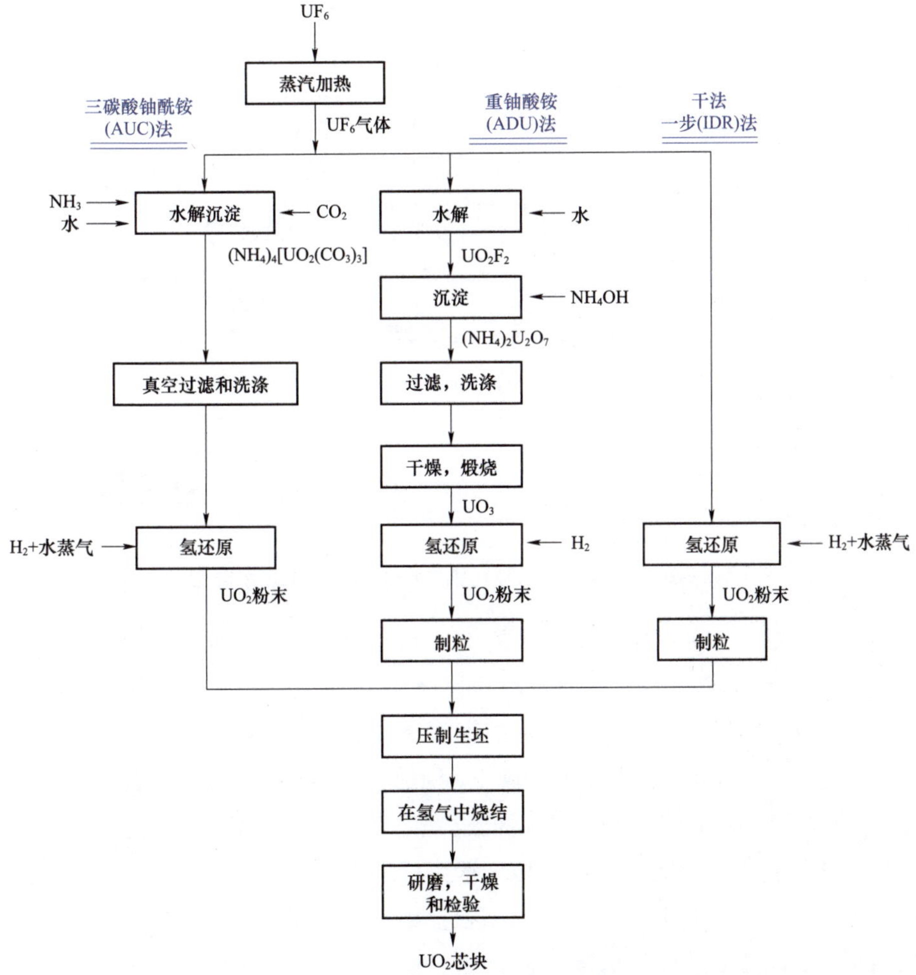

图 13-25　从六氟化铀制造二氧化铀烧结芯块的工艺流程图

另一种湿法重铀酸铵（Ammonium Diuranate，ADU）法是将 UF_6 气体溶解于水中，使它水解为氟化铀酰 UO_2F_2，再通氨水沉淀出重铀酸铵$(NH_4)_2U_2O_7$。经过过滤、用水洗涤和干燥煅烧，生成三氧化铀 UO_3：

$$(NH_4)_2U_2O_7 \longrightarrow 2UO_3 + 2NH_3\uparrow + H_2O$$

最后用氢气还原，得到二氧化铀粉末：

$$UO_3 + H_2 \longrightarrow UO_2 + H_2O$$

干法一步法（Integrated Dry Route，IDR）是用干法转炉不经中间产品，把 UF_6 气体直接转化为二氧化铀粉末，其反应式为：

$$UF_6 + H_2 + 2H_2O \longrightarrow UO_2 + 6HF\uparrow$$

UF_6 气体同水蒸气一道，进入作为流态化床反应器的倾斜回转炉，生成氟化铀酰粉末，在受到分段控制的适当温度下，与逆向流动的氢气和水蒸气起化学反应，生成陶瓷级二氧化铀粉末，由回转炉炉尾卸出，再经稳定化和均匀化工序，装入运输容器，如图 13-26 所示。

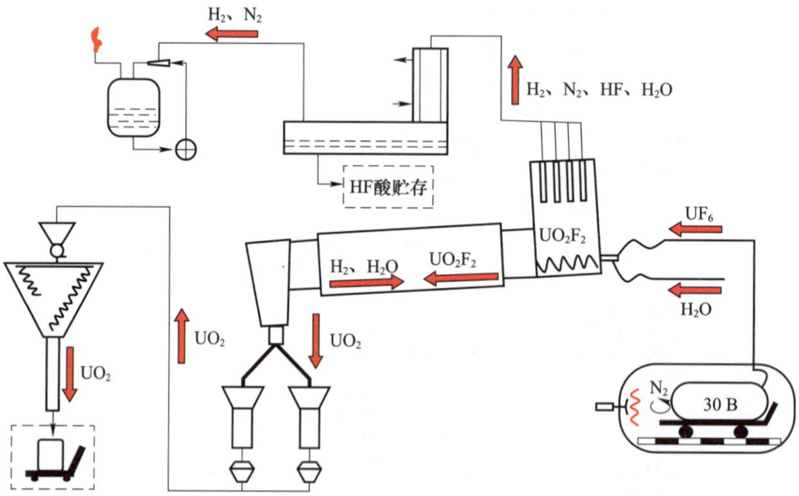

图 13-26　一步法从六氟化铀生产二氧化铀工艺示意图

上述三种方法的主要区别在于如何把 UF_6 或 $UO_2(NO_3)_2$ 转化为可烧结的二氧化铀粉末，随后的压坯和烧结工艺三者基本相同。AUC 流程与 ADU 流程都属于湿法流程，具有流程长、废水和废气处理量大、铀的直收率相对低的缺点；IDR 干法流程具有流程短、产量大、废水和废气产生和处理量小、铀的直收率高、尾气中的 HF 可回收利用、对环境污染轻等优点，因此 IDR 工艺现已成为化工转化的首选方法。

从二氧化铀粉末制造芯块采用类似一般陶瓷的制造工艺，通过烧结来提高产品的密度和强度，但须严格控制各道工序的工艺参数，以获得合乎质量标准的成品。主要工序包括制粒、压坯、烧结和磨削。

不是任何二氧化铀粉末均适用于烧结。对烧结工艺、成品质量和辐照稳定性关系影响最大的因素是下列一些粉末特性：颗粒大小和相应的比表面积、松装振实密度、氧铀比、杂质含量。这些特性在很大程度上同制备二氧化铀粉末所用的原料和方法有关，如沉淀、洗涤、干燥和煅烧的条件、还原的介质、温度和时间等。

氧铀比对裂变气体的释放量和热导率有很大影响，要求二氧化铀具有化学计量化，也就是说烧结芯块的氧铀比应控制在 2.00±0.02 范围内。还原后的二氧化铀放置在空气中存在被氧化的风险，可能使氧含量超过化学计量比，且粉末的粒度越细，氧化就越快（小于 0.1 μm 的粉末会在空气中因自燃燃烧成 U_3O_8）。通常使用氧铀比为 2.1±0.05 的二氧化铀粉末为原料制备芯块。

碳作为杂质元素应当被严格控制，因为碳在 1 400 ℃左右高温下会同二氧化铀发生反应生成碳化铀，从而使芯块的密度和耐水腐蚀性能大大降低。此外，对热中子吸收截面大的元素均需加以限制，例如，硼和镉的含量一般不允许超过 0.2×10^{-6}。

粉末的粒度越细，即比表面积越大，越容易烧结成高密度的芯块。在压制生坯前，还要加入少许（0.2%～1%）润滑剂以防止生坯同压模黏连从而减少对压模的磨损。粉末的流动性不够时，须将粉末预压成块，再粉碎、筛分，使粒度均匀，或按一定比例配合，以改善流动性。用 AUC 法制得的二氧化铀粉粒具有良好的流动性，保证总能填满压模，无须经过制粒和加入辅助物料就可直接压坯。

核燃料元件制造厂一般采用自动压机以冷压成型技术制备核燃料生坯芯块。压制时，二氧化铀粉末以自动填料方式装入硬质合金衬里的阴模中，为保证生坯密度的均匀性，一般采用双向压制方式进行成型。压制生坯芯块的过程主要由装料、压制、脱模和移开生坯芯块四个步骤组成，不论是重水堆、压水堆 UO_2 芯块或 MOX 燃料芯块，其芯块形状都是短圆柱体，压制这种形状的生坯芯块时，其生坯芯块的形状和直径尺寸均由模具来保证，生坯芯块的密度和高度靠等压或等容压制来控制。自动压机生产速度一般较快，以重水堆的芯块为例说明，采用旋转压机生产速度大于 100 块/min，压制压力 30～70 kN，压制的生坯密度＞5 g/cm^3。

二氧化铀生坯芯块的烧结炉可分为两类：间隙式和连续式，间隙式的烧结炉只能对生坯芯块进行分批烧结，操作较为繁琐，只适合于实验室或小批量作业。对于工业化生产来说，国内外核燃料厂都采用连续式烧结炉，其中又分为推舟式和动梁式的连续烧结炉。一台连续式烧结炉炉体分进料室、预热区、烧结区和出料室（冷却区）四大部分，预热区和烧结区分别采用不同功率加热，预热区加热温度一般在 400～800 ℃，并保持数小时以去除生坯中的造孔剂和润滑剂等物质；烧结区加热温度一般在 1 500～1 800 ℃，并保持数小时实现颗粒间传热传质及相互联结，从而成为致密的陶瓷体。烧结炉内一般通入微湿的氢气，将二氧化铀晶格中过剩的氧还原成水蒸气逸出，并与残存的润滑剂中的碳进一步反应生成甲烷逸出，从而保证二氧化铀芯块的各项质量指标。

烧结是芯块制备的关键工序。影响芯块烧结密度的因素有很多，包括粉末的粒度、氧铀比、比表面积、压坯时施加的压力、烧结的气体环境、温度和时间。为保证达到所要求的烧结密度，需严格控制生产工艺参数，并根据粉末物性的变化适当调整烧结工艺参数。生坯烧结时会发生显著的体积收缩（密度增高），收缩严重时会引起后续的磨削不完全以及排长尺寸短等问题，需要通过降低烧结温度等方式进行解决。

工业上 UO_2 生坯芯块采用的烧结气体环境有氢气、氢气+水蒸气和裂解氨等，目前一般采用氢气+水蒸气气体环境进行烧结，该气体环境相比干氢气体环境可降低烧结温度 100～400 ℃。烧结芯块的平均晶粒尺寸大于 5 μm，密度可达到 10.0～10.7 g/cm^3，即理论密度的 91%～98%，相当于含有 2%～9%的残留气孔。这些气孔直径可从 10 μm 到 0.1 μm 或形成更小的微气孔，多数封闭在晶体结构内，开口孔数量较少，其大小、分布情况和容积对燃料辐照性能的影响很大（见 13.3.3 节）。如果制成芯块的密度太高，可加入造孔剂以提高孔隙度，造孔剂是一些会在低温下分解为无害气体的化合物，从而在晶体结构中留下更多的热稳定气孔。烧结温度较低及烧结时间较短时，会导致芯块密实化程度较低而无法满足技术要求。图 13-27 所示为若干烧结的二氧化铀陶瓷芯块。

图 13-27　烧结的二氧化铀陶瓷芯块

芯块与包壳的间隙直接受芯块直径公差的影响，且间隙的微小差别（约为 25 μm）会引起芯块温度和裂变气体释放量的很大变化（见 13.3.3 节）。在精确控制工艺的条件下，制得芯块的直径公差只能达到±50 μm，大于现代反应堆所要求的±10～25 μm。此外，芯块表面粗糙度也会影响芯块-包壳接触时的热传导，因此为保证芯块尺寸及表面粗糙度，须对芯块进行磨削。核燃料元件厂一般采用高精度无心外圆磨床对芯块外径进行无心磨削，砂轮采用金刚石砂轮，磨削后经过水洗、干燥和检验，把有缺陷（掉边、掉角、裂纹和其他表面缺陷）的芯块挑出，同时抽样对芯块的尺寸、粗糙度等项目进行检验。不过，二氧化铀芯块的高质量不能单靠产品检验来保证，更重要的是日常连续的工艺控制。

掺混可燃毒物 Gd_2O_3 的 UO_2 芯块的制备工艺，与纯 UO_2 芯块有所不同。第一，两种粉末的均匀混合，由于 Gd_2O_3 粉末在空气中容易吸潮结团，及粉末混合过程中发热可能引起 UO_2 粉末氧化。需采用适当的机械混料器，增加对结团粉末的破碎功能，并通入保护气体，加以克服。第二，含钆芯块不能像 UO_2 芯块那样在干燥氢气中烧结，而必须在湿氢中烧结，否则将出现芯块开裂。为了防止钆对二氧化铀芯块生产线产生污染，含钆芯块的生产线需与 UO_2 芯块主生产线分开。Gd_2O_3-UO_2 芯块中的 Gd_2O_3 含量限于 12%，通常含量在 5%～10%。目前 Gd_2O_3-UO_2 芯块也已经在压水堆燃料组件中得到广泛应用。

铀钚混合氧化物（MOX）燃料芯块的制备工艺，包括制粒、压坯和烧结，基本上与 UO_2 芯块相同。从普雷克斯流程产出 $Pu(NO_3)_4$ 或 PuO_2 的过程见第 15.5.1 节。由钚合金转化为可烧结的 PuO_2 粉末的过程可用高温冶金法、干法或湿法。比较成熟的一种湿法是先将钚合金用硝酸和氢氟酸混合液溶解为 $Pu(NO_3)_4$ 溶液，以后的萃取、反萃和沉淀过程同普雷克斯流程。混合氧化物粉末可从硝酸铀钚混合溶液通过共沉淀过程制成，也可将铀和钚两条生产线上分别沉淀出来的陶瓷粉末经机械混合制成。混合物的均匀性很重要，它关系到产品的物理和热工性能，以及辐照过燃料后处理时的溶解度。

制备 MOX 芯块的主要特点在于物料的毒性大和辐射强度高，前已阐明（见 13.3.5 节）钚是剧毒物质。对于一切含钚的化合物和混合物，由于 α 粒子的反冲作用会把含钚分子从表面打出来，而形成含钚的微尘散布于周围大气中和散落在厂房各处（对于陶瓷材料和金属的腐蚀产物，尤其容易发生这种现象），存在着被吸入人体的危险。因此，不允许直接接触开放的钚，一切操作须在保持负压的气密生产线或手套箱中远距离地进行。为了防止氧化，生产线或手套箱充以惰性保护气体如氩、氦、氮。通常让生产区房间保持负压，作为防止放射性物质逸出的第二道屏障。钚还会放射出中子，当操作的钚量超过 1 kg 时，需附加中子屏蔽。钚-239 在干燥状态下的临界质量约为 5 kg，在水溶液中只有 480 g，操作中必须严防达到临界状态（见 2.3.1 节）。

以上这些限制给 MOX 芯块制造过程的各道工序，以及设备维修和部件更换都带来很大困难。采用溶胶凝胶法从溶液直接制备高密度微球粒，可大大减少含钚粉尘的危害。将硝酸铀酰［$UO_2(NO_3)_2$］溶液、硝酸钚［$Pu(NO_3)_4$］溶液或硝酸铀－钚混合溶液同适当黏度的胶液混合，通过细孔喷出大小合适、性质均匀的液滴，在氨水或草酸中沉淀出凝胶微球粒，经陈化、洗涤、烘干脱水和焙烧分解，释放出 NH_3、H_2O 和 CO_2，生成三氧化物微球粒，最后在含氢的氩气环境中（温度 900 ℃）还原为二氧化物，在氢气环境中高温（1 500 ℃）烧结成微球粒。溶胶－凝胶法的优点是：过程简单，无粉尘；适于远距离操作；制备的微球粒质量好，尺寸分布窄；能在较低温度下烧结成接近理论密度的 UO_2、PuO_2 或（U、Pu）O_2 微球粒。溶胶－凝胶法可用来制备快中子堆（或轻水堆）的振动压实燃料棒芯体微球粒（见 13.10 节），或高温气冷堆的钍铀混合氧化物（或碳化物）燃料核芯颗粒（见 13.9.2 节）。

13.8.2　包壳管的准备

锆合金包壳管的质量直接影响燃料棒的使用寿命，且燃料元（组）件制造厂对来自供货商已检验合格的包壳管，还要重新检查。其内容包括壁厚、内径、椭圆度、表面质量（用目视检测荧光法或着色法）、内部缺陷（用超声波或涡流法）等，并取样作化学分析、金相检验、力学性能试验、腐蚀试验和氢化物沉淀试验。

沸水堆燃料棒的包壳管更加容易因芯块–包壳相互作用（PCI）及其伴随的裂变产物应力腐蚀开裂（SCC）效应而被破坏，所以要充分消除包壳管应力，甚至完全退火。

锆合金的表面状态与生成氧化膜的品质及其耐腐蚀性能有很大关系，为了提高包壳管的使用寿命，需进行表面处理。普遍采用酸洗后在高压釜中氧化处理的方法，把锆包壳管放在300 ℃的水中或400 ℃的蒸汽中，经过12～24 h其表面会生成一层均匀的黑色闪光氧化膜。它除了能降低堆内腐蚀速率外，还提供了一种很好的检验手段：对氧化膜作100%外观检查，可从局部变色处（如白色条、点）发现由于材料表面沾污或焊接时吸收气体所造成的锆包壳管或焊缝耐腐蚀性差的部位。此外，氧化膜在搬运等操作过程中起保护作用，可以减少锆包壳管的划伤和沾污。但这种处理方法会花费大量时间，需要用相当数量的高压釜，大大增加了燃料元（组）件的制造成本，因此该方法存在很大争议。因此，现在对锆管的表面氧化处理，有三种不同做法：① 内、外表面同时进行氧化处理，端塞焊接处则不处理；② 仅外表面作氧化处理，内表面用碳化硅（SiC）作喷砂处理；③ 内、外表面均不作氧化处理，外表面作磨光和抛光处理以减少沾污和随后的腐蚀。内表面作喷砂处理，喷砂处理可在包壳管的内壁产生压应力，有利于防止内表面的破裂。多数厂家采用第③种做法，然而也有人认为，极光滑的内表面可减小发生接触后的热阻从而防止应力腐蚀开裂，应力求提高内表面粗糙度。

采用第①种做法时，先把包壳管按所需长度切去两端，经超声波清洗后，用氢氧化钠溶液脱脂并用水清洗，或在氢氟酸和硝酸混合溶液中浸泡几分钟作腐蚀处理，以获得洁净、光滑的表面。然后在高压釜中进行氧化处理，在一端焊上端塞。焊接端塞时要特别注意所用保护气体氩气或氦气的纯度，只要略含氧或氮，就会严重影响焊缝的耐腐蚀性能，因此需要用分析仪器连续地检查杂质气体的含量。

采用第②、③种做法时，为了减少组装时的划伤，可在包壳管表面涂上一层可溶解的膜，待组装完成后再将它溶解掉，或者采用在包壳管下端部进行局部氧化处理或组装前在包壳管表面涂上一层去离子水膜等方法。

13.8.3　燃料棒的组装

燃料棒的组装工序为：先将下端塞焊接在包壳管下端，然后依次往管内装入UO_2芯块、Al_2O_3隔热块（若有）、不锈钢压紧弹簧，最后安装上端塞。需将合格的芯块排列成一条条长柱，用调节芯块调整好总长度。装填工序比想象的要复杂，问题在于芯块同包壳之间的间隙很小。装填芯块可选择手工、半自动或自动方式，但都需保证芯块沿包壳管方向的水平度和直线度满足装填要求。芯块经过磨削，尺寸很精确，而锆包壳管内径的公差较大，为了顺利装填，锆包壳管内径的精确度和均匀度很重要，一般要用超声波测量。装填时要求尽量不使铀沾污包壳管的外表面。为此，芯块应预先仔细地清除掉表面磨屑，并保持组装现场清洁。为了防止锆包壳管吸氢脆化，包壳管须预先彻底干燥，芯块、隔热块（若有）和弹簧须经真空除气以去除湿气或有机物沾污。

锆合金端塞由滚轧棒材加工而成。棒材必须没有轴向缺陷，以免造成泄漏路径，并且要求对棒材进行 100%的超声波探伤检查。开口端的端塞（上端塞）要在充氦的手套箱内组装并焊接密封。手套箱能容纳大量燃料棒和焊接夹具，便于进行成批的生产。但为了节省氦气，也可采用只容纳一根管端的密封小室进行真空干燥、充氦和端塞的焊接。常用钨极稀有气体保护（TIG）保护管塞的焊接，但问题在于端塞与包壳管之间存在的间隙，可能影响焊缝的致密度和缝隙腐蚀。为了得到高质量的可靠焊缝，须严格控制包壳管和端塞的尺寸精度、表面处理状态和清洁度。通常采用备有ϕ0.5 mm 排气孔的端塞，以便焊接时排出受热膨胀的气体从而避免造成焊缝缺陷；同时端塞的焊接宜在氩气气体环境中进行，通过排气孔可在焊接后用加压氦气置换氩气。对排气孔进行了堵塞焊后，要用氦气探漏仪检查燃料棒的密封性，用 X 射线检查焊接质量，要从多方位对熔深、气孔、夹杂物进行鉴定；用γ射线扫描法检查燃料柱装填情况（有无间隙）、空腔长度和压紧弹簧的有效性。同时通过外观检查观察焊缝和包壳管的表面状态，测量燃料棒的长度、直径和弯曲度。最后用擦拭法确认燃料棒表面无放射性污染。

坎杜型重水堆和部分压水堆（如 AFA3G 和 VVER 等）的燃料棒端塞焊接采用的是电阻焊，由于它的焊接时间相对其他熔化焊接方式短，极大避免了空气中的有害元素对焊缝的污染，并可用在线检验技术来监督焊接条件及不存在扩大的热影响区。

燃料棒经尺寸检查和清洗后，其外表面或在氢氟酸－硝酸槽中腐蚀并作高压釜氧化处理和氧化膜外观检查（按 13.8.2 节第②种做法），或作表面抛光处理（按 13.8.2 节第③种做法，这时不用酸洗）。

13.8.4　燃料组件的组装和质量检验

燃料组件组装工序为：依次将各定位格架和下管座在组装平台上安放定位并用专用夹具固定，再将控制棒导向管插入各定位格架，与下管座固定，经调整尺寸后将导向管同格架点焊或胀接连接，再将燃料棒插入格架各栅元，最后将上、下管座与导向管紧固连接。下管座底部的紧固螺栓达到预紧力矩后进行焊接防松。组装过程中要在精确调整好各构件的相对间距和方位后，才能进行固定和焊接。棒束型燃料组件的燃料棒间距全靠定位格架保持。定位格架由冲压的锆合金（或因科镍）板材用氩弧焊、真空钎焊或电子束焊在专门胎具上焊接而成，经全面地仔细检查尺寸后，作脱脂清洗和表面处理。定位格架及其他构件的制造和棒束的组装，属于一般精密机械制造。燃料棒插入前宜涂敷润滑剂以免划伤，插入后应与上、下管座留有一定的补偿间隙。组装好的燃料组件须注意防止在运输过程中变形。

在整个制造过程中须保持高度清洁，对每一道工序要有严格的质量检验。检验项目很多，主要的已在前面各节中谈到，见表 13-14。燃料组件的质量直接关系到反应堆运行的安全性、可靠性和经济性，且燃料组件的制造质量最终反映在运行期间的燃料棒破损率上。以前造成破损的原因曾有：对包壳制造工艺的控制不够严格，焊接缺陷（特别是端塞焊接），包壳内氟杂质促使氧化膜破坏，包壳内表面吸氢脆化等。

表 13-14　水冷动力堆燃料组件的主要检验内容

检验项目		检验方法	备注
二氧化铀芯块	^{235}U 富集度	质谱分析	
	含铀量 氧铀比 杂质含量 外观	化学分析 目视检测	包括水分与挥发性杂质，须控制三十多种杂质元素的含量，检测表面沾污、表面光洁度、裂纹、缺损等缺陷
	外径 端面形状	几何测量	端面直角度、碟形凹面等
	密度	尺寸重量法、浸没法	
锆包壳管	Sn，Fe，Cr，Ni，O Fe+Cr+Ni 杂质含量	化学分析	须控制三十多种杂质元素的含量
	缺陷	超声波检测	裂纹、凹坑、划伤等
	内径 外径 厚度	空气量具、测微计 超声波	
	晶粒度 氢化物方向系数 f_N	金相显微镜	见 13.4.2 节
	拉伸试验（常温，高温）	材料试验机	拉伸强度、屈服强度、延伸率等
	耐腐蚀性能	高压釜	
	外观	目视检测	沾污、氧化异常、光洁度异常、内外表面裂纹、伤痕等
锆端塞	Sn，Fe，Cr，Ni，O	化学分析	
	拉伸试验	材料试验机	拉伸强度、屈服强度、延伸率等
燃料棒	芯块柱： 长度 重量	量规 秤量法	
	焊缝： 外观 射线检测 泄漏试验 内压爆破试验 耐腐蚀性能 断面试验	目视检测 X 射线照相 氦质谱检漏法 水压试验 高压釜 金相检测	为确定焊接方法所需
	表面沾污	擦拭法	
	外观	目视检测	缺陷、油污、氧化物等
	空腔长度 准直度 全长 外径	γ射线扫描 几何测量	

续表

检验项目		检验方法	备注
燃料组件	外观	目视检查	燃料棒的排列、根数、清洁度、裂纹、伤痕以及构件无缺陷，装配正确等
	尺寸	几何测量	燃料棒间距、格架位置、整体外廓尺寸、垂直度、扭转角、上下端面平行度等
	泄漏试验	氦质谱检漏法	
	控制棒组件摩擦阻力	抽插试验	

采用同样工艺过程的含钚燃料组件（即 MOX 燃料组件）的制造，由于钚操作的种种特殊要求（见 13.8.1 节）而复杂化，其制造成本远高于通常的富集铀燃料组件（可高达 4 倍），包含下列因素。

（1）制造厂投资大：需要配备带机械手（可能还有闭路电视观察装置）的气密手套箱，甚至屏蔽热室或全自动化生产线；通风系统需要保持全厂负压和在排风管道上设置绝对过滤器，以防止任何含钚微尘外逸至环境；辐射监测仪器需要大大增加。

（2）生产费用高：使用手套箱或热室使人的劳动生产率大大降低；管理费用和新人员培训费用增大；物料的输送附加特殊要求。

（3）服务费用上升：辐射监测要求大大增加；需要定期清理绝对过滤器；样品的操作和分析更加复杂和花费时间。

（4）维修费用大大增加：必须在全封闭隔间内操作钚；设备出了故障，须由穿着带通气管的笨重气衣的人员就地检修，或者经彻底去污后输送到专门车间修理；往往因不可能把设备去污干净而不得不用新设备更换，这时老设备就必须送往一座具有适当屏蔽的密封储存库永久保存起来。总之，一切都不像富集铀燃料厂那样简单。

（5）含钚的加工废品、废料的回收费用高：全密封生产线产生大量沾污钚的零星废物，如用过的手套、塑料袋、小工具、刷子、拖把等，为回收其中的钚并减容，必须使用特制的焚烧炉，然后用酸从炉灰中回收钚，这类操作均须在密封隔间中进行，费用高昂。

（6）必须保证 MOX 燃料组件的合适的（对应于所用钚的同位素组成）钚含量，这也需要一定的费用。

13.9　弥散型燃料元件的制造工艺

13.9.1　研究试验堆燃料元件的制造工艺

以金属为基体的弥散型燃料元件主要用于研究试验堆，常以铝铀合金或铝基金属陶瓷燃料做成片组型燃料元件（见 13.2.6 节）。

用于低温水冷式研究试验堆的铝铀合金，常用真空感应炉把富集铀和高纯铝（99.7%）一起在石墨坩埚中熔化，在 700～1 000 ℃温度下浇铸成锭。由于铀与铝的密度相差很大，熔化时的重力偏析现象严重，很难保证铀的均匀分布，必须采用特殊浇铸技术使合金的组成均匀。铝铀合金中铀的重量含量一般不能超过约 25%。用粉末冶金法可以实现任何铀铝比，没有限制。将 UAl_3 粉末和铝粉过筛，按一定比例混合拌匀，在低于各组分的熔点下热压成形，可以做出各种复杂形状及各种厚度的成品来，组成均匀，尺寸精确。但由于孔隙含气，如在覆盖包壳时除不尽气体，会发生芯体与包壳结合不良的现象，这一点不如熔铸法。

氧化铀或铀的化合物弥散于铝或其他金属（不锈钢、锆、镁等）中的金属陶瓷燃料，均用粉末冶金法制备。

将熔铸后经过轧制或用粉末冶金法制备的燃料片材切成所需的大小，嵌入铝制外框，并夹在两块铝制包壳片之间，在 450～600 ℃温度下热轧，即得到夹心饼干式的燃料片，其中包壳片与外框和燃料芯体都形成了冶金结合。

片型燃料元件的组装，可采用机械方法或焊接法。钎焊因钎料会引起腐蚀问题，今已不用。组装中最重要的问题是将燃料片之间的距离（即水隙）精准控制在设计要求范围内，并且要保证它在带负荷运行时也不会超出设计限值，以免发生局部过热现象。

夹心饼干式燃料套管或由三块圆弧形的燃料片焊接而成，或用共挤压方法制成无缝管。

13.9.2 高温气冷堆燃料元件的制造工艺

高温气冷堆采用以石墨为基体的弥散型燃料元件（见 13.2.4 节）。碳化物燃料核芯颗粒可用粉末冶金法或溶胶凝胶法制备。粉末冶金法是将二氧化铀、二氧化钍和石墨粉末按一定比例并加入黏结剂，均匀混合后制粒，通过在制粒过程中添加粉末使初始颗粒达到所要的大小，在真空下（或氩气气体环境中）加热至 2 000 ℃左右的高温，由于碳的还原作用，使二氧化铀和二氧化钍分别转化为二碳化铀 UC_2 和二碳化钍 ThC_2。然后再加热到 2 500 ℃使碳化物颗粒熔化，烧结成直径几百微米的密实球形核芯颗粒。溶胶凝胶法是将掺了碳的二氧化铀、二氧化钍溶胶液通过振动喷嘴喷出液滴，从高处落入适当的溶液中，后者与溶胶不互溶，因而形成凝胶微球粒。经洗涤、加热除去挥发性物质和干燥后，再高温碳化和烧结成碳化物核芯颗粒。采用同样的工艺过程，只是不掺碳，而在氢气气体环境中烧结，可制出氧化物核芯颗粒。另外，采用溶胶凝胶法可以得到高致密度的核芯颗粒。

在筛选过的核芯颗粒外面涂敷热解炭和碳化硅涂层是在流态化床中进行的。图 13-28 所示为某种立式管状反应炉，氦气或氩气由下往上流动，使燃料芯粒悬浮在气流中，反应区温度为 1 000～2 000 ℃。氦气或氩气中掺混了作为原料的碳氢气体，其分压力为 0.1～0.25 MPa。从碳氢气体热分解出来的碳质，沉积到核芯颗粒表面，就形成热解炭涂层。改变涂敷条件（碳氢气体的组成和分压力、涂敷温度、流态化状态、燃料核芯颗粒的表面积、沉积时间等），可以得到具有不同特性（密度、厚度、微观结构等）的涂层。例如，疏松的缓冲层用乙炔（C_2H_2）在 1 200～1 500 ℃下进行涂敷；密实的外涂层用甲烷（CH_4）在 1 800～2 100 ℃下进行涂敷；中间的热解炭密封层用丙烯（C_3H_6）在 1 250～1 370 ℃下进行涂敷；碳化硅涂层则由掺混在高温（1 500～1 700 ℃）氢气流中的三氯硅甲烷（CH_3SiCl_3）的分解物沉积而成。

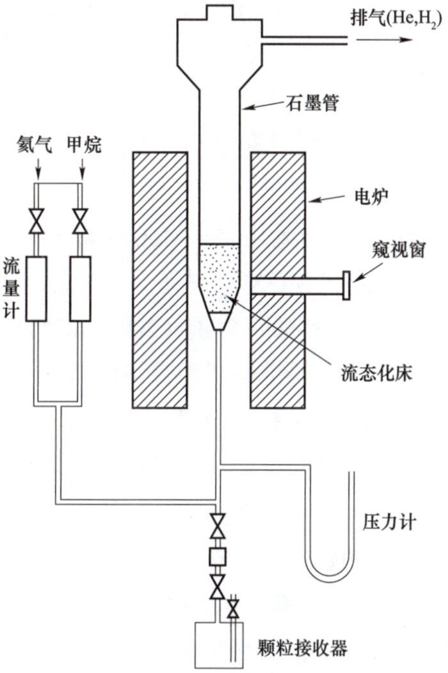

图 13-28　涂敷热解碳的流态化床反应炉示意图

包覆燃料颗粒在弥散体中只占 22%～28%的体积，其余为石墨基体。将包覆燃料颗粒同石墨粉末、树脂黏结剂和少许增塑剂相混合并搅拌均匀，在约 750 ℃温度下在石墨模中压出环状芯块生坯，经车削外形后再在真空中经 1 400～1 800 ℃的高温处理而成，无须再作机械加工。把环状芯块装入石墨套管，用石墨端塞密封起来，便构成棱柱形燃料元件的燃料棒。所有石墨构件要求尺寸精确，并经过涡流法或射线照相法检查，不允许有任何裂纹。为了降低透气率，石墨构件用糠醇浸渍后加温碳化，或用热解炭涂敷表面，以堵塞孔隙，可把透气率由 10^{-1} cm^3/s 下降到 10^{-6} cm^3/s。石墨构件之间均用树脂黏结。

球形燃料元件的制造将包覆燃料颗粒同含有树脂黏结剂的基体石墨粉相混合并搅拌均匀，在硅胶模中压出球形芯块生坯，放入初步压成的半球形石墨外壳内，合上上模后，再装填基体石墨粉，压紧成球，经 800 ℃温度下将树脂炭化、车削和 1 900 ℃温度下真空除氢而得到致密的球形燃料元件。

弥散型燃料元件的制造工艺须保证包覆燃料颗粒均匀分布在石墨基体内，成品的物理性能满足高的密度、机械强度和热导率，低的弹性模量和热膨胀系数，以及良好的耐辐照性等要求。

对燃料核芯颗粒和涂层的制备方法及工艺条件的研究，必须结合堆外高温试验和堆内辐照试验来进行。此外，对石墨也须进行大量的辐照试验，以保证所用的原料、制备方法和工艺条件能生产出各向同性、耐辐照和高强度的成品。

由于弥散型燃料元件多采用高富集铀为燃料，制造过程中须对临界安全、核材料衡算等问题给予特别的注意。

13.10 快中子堆燃料元（组）件的制造工艺

快中子堆无例外地采用铀钚混合氧化物（MOX）燃料（元）组件（见 13.2.5 节），它的制造工艺类似轻水堆用 UO_2 和 MOX 燃料元（组）件（见 13.8 节）。快堆用 MOX 燃料元（组）件的特点有：（1）燃料的钚含量（20%～25%）远高于轻水堆所用 MOX 燃料的钚含量（3.5%～10%），一个快堆燃料组件可能含有 15 kg 钚，因此在各道工序中均需要采取周密的临界安全措施；（2）由于燃耗深和多次循环回收复用，钚中 ^{240}Pu、^{241}Pu、^{242}Pu 占的比例大，以致超钚同位素的含量也显著增加，其中 ^{242}Cm 和 ^{244}Cm 具有强中子放射性［由于（α,n）反应和自发裂变］，^{241}Am 具有强 γ 放射性。如果说从轻水堆 UO_2 燃料燃烧一次后回收的钚，只需在负压下的气密手套箱中操作，则含有大量超钚同位素的复用燃料就必须在具有厚重 γ 和中子屏蔽的热室中进行远距离操作；（3）芯块的直径很细（钠冷堆 5～6 mm），重量很轻（约 1 g），数量很大（以百万计）；1 吨 MOX 燃料相当于 18 个快堆组件（比较：对于热中子堆，1 t MOX 只能制备约 2 个压水堆组件或 5 个沸水堆组件），其结构又比轻水堆组件复杂得多；（4）设计上要求芯块的烧结密度为理论密度的 85%～90%，气孔的孔隙形态和孔径大小都要适当；（5）为达到所要求的尺寸公差，芯块烧结后要进行磨削，须特别注意磨屑浆液的清除和处理所带来的临界安全问题，而且设备维修的环境也因钚粉尘污染而变得十分复杂；（6）烧结的芯块如较长时间放置空气中，由于 α 粒子的反冲作用，表面会产生含钚微尘，装管时就会引起管口沾污，在焊接开口端的端塞前必须去污，这是制造含钚燃料棒的一个特殊过程；芯块装管和开口端的端塞焊接（一般采用钨极稀有气体保护焊）须在气密隔间内进行，焊接密封的燃料棒经过检查无污染后，才允许从隔间中取出。以上这些特点使快堆燃料元（组）件的制造难度大大增加，成本高于轻水堆燃料元（组）件很多。这部分可从快堆燃料燃耗深得到补偿。

对于要求较低密度的快堆燃料芯体来说，可不做成精确尺寸的芯块，而把烧结的

MOX 微球粒直接装填入包壳管，通过机械振动使之密实（振动压实法），以降低成本。预计采用单一大小（500～1 000 μm）的微球粒可得到 74%TD（theoretical density，TD，理论密度）的最大压实密度，采用两种大小（800 μm 和 80 μm）或三种大小（1 000 μm、100 μm 和 10 μm）的微球粒可得到约 85%的理论密度。装粒、振动压实、上端塞焊接和缠装定位绕丝均在气密手套箱内进行。用这种方法制造的燃料芯体，虽然热导率于烧结芯块，但能免除过程中的粉尘危害。作为振动压实法的 MOX 供料，可由共沉淀或机械混合过程产出符合预定比例的 UO_2-PuO_2 粉末，经过加入黏结剂、粗压、烧结、粉碎、筛分，得出所要大小的微粒；或用溶胶–凝胶法直接制出干净、密实的微球粒（见 13.8.1 节）。

燃料的循环复用是增殖堆的基本特征。前已阐明（见 2.7.3 节），快中子增殖堆的经济性在很大程度上取决于堆外燃料周转量，必须尽量缩短卸出燃料的冷却、后处理和再制造时间。把燃料组件制造从手套箱的手工操作改为机械化和自动化是一个发展方向。在采用铀钚合金燃料的情况下，用远距离方法在热室中将高温冶金后处理工艺所不能完全净化的燃料，再制造成新燃料组件，是研究发展的另一课题。这种合金燃料经过高温冶金法后处理以后残留有少量的钼、锆、钌、铑、钯等金属裂变产物，使合金具有强放射性，不能用通常的粉末冶金法或轧制、模压等方法再制造燃料芯棒。由于挤压机的结构尺寸和操作方式不适于在热室中安装和操作，因此挤压工艺的使用也受到限制，可采用称之为“注射铸造”的一种精密铸造法来制造细燃料芯棒。它允许在充氩气热室中远距离完成全部熔化、压铸、清理、切割、检验等操作。铸件不带有害的织构，留在燃料中的金属裂变产物，作为合金元素能提高其辐照稳定性。燃料棒的焊接密封和燃料组件的组装也都在热室中借助于机械手进行。组装时须采用空气冷却以排除裂变产物的衰变热量。上述再制造燃料组件工艺上的困难，主要是在强放射性的远距离操作方面。

13.11　燃料元（组）件的质量保证和质量控制

1954 年 6 月苏联在奥布宁斯克建成了世界上第一座实验性核动力堆，经过半个多世纪的发展，核电厂的堆型已标准化、系列化。众所周知，美国三哩岛核电厂的核事故，特别是 1986 年苏联切尔诺贝利核电厂的核事故造成了极为惨重的后果。为此，除对核电厂设计、建造、运行与管理严格规范外，同时也对燃料元（组）件的设计与制造提出了更高的质量要求。燃料元（组）件是反应堆的核心部件，它既是释热元件又是放射性裂变产物的第一道安全屏障，它对核反应堆的安全运行有着至关重要的影响。燃料元（组）件结构复杂，零件的种类和数量多，精度要求高，制造难度大，生产厂必须建立完善的、运行可靠的质量保证体系，以生产出完全满足核反应堆要求的燃料元件。

我国政府通过立法程序颁布强制性的法规，对核燃料循环工业的安全和质量提出管制要求。与核燃料安全和质量有关的企业和组织都必须严格遵守这些法规，违反法规则要追究责任。

13.11.1 质量体系的建设与运行

质量体系的定义是：为实施质量管理所需的组织结构、程序、过程和资源，这里资源可包括人员、资金、设施、设备、技术和方法。

由定义可知：一个组织的质量体系包括软件和硬件两个部分，既要重视做好体系文件的编制和完善工作，又需要重视设备、仪器、工装和人员技术水平的提高，只有这样，才能使质量体系持久、正常、有效地运行，保证产品质量。

在具体建立或完善质量体系时，虽然在程序或方法上有所区别，但遵循的指导思想和原则是一致的。要搞好质量体系的建设应遵守以下主要原则。

（1）要在认真总结本组织前阶段质量管理工作经验、存在问题的基础上，从本组织的实际情况出发建设和完善质量体系。

（2）质量体系的建设要紧紧围绕产品实物质量的提高，经济上的合理性来进行。

（3）既要重视软件——体系文件的完善，又要重视硬件——研制、生产设备、检测手段、生产环境的改造和提高。

（4）要运用系统工程的思想来建设和完善质量体系。

（5）质量体系的建设要突出过程控制的思想。

（6）质量体系的建设应具有良好的操作性。

综合而言，质量体系建设与运行的基本指导思想是质量第一、用户至上、持续改进、不断完善。

13.11.2 质量管理体系的运转

实现燃料元（组）件制造过程中的质量保证，必须具备某些基础条件，即各级组织机构、法规与标准体系、质量教育、质量责任制、计量和质量信息反馈等，并建立和实施质量管理体系的方法。质量管理体系方法鼓励组织分析顾客要求、规定相关的过程，并使其持续受控，以实现顾客能接收的产品。建立和实施质量管理体系的方法包括以下步骤。

（1）确定顾客和其他相关方的需求和期望。

（2）建立组织的质量方针和质量目标。

（3）确定实现质量目标必需的过程和职责。

（4）确定和提供实现质量目标必需的资源。

（5）规定测量每个过程的有效性和效率的方法。

（6）应用这些测量方法确定每个过程的有效性和效率。

（7）确定防止不合格品并消除产生原因的措施。

（8）建立和应用持续改进质量管理体系的过程。

采用上述方法的组织能对其过程能力和产品质量树立信心，为持续改进提供基础，从而提高顾客和其他相关方的满意度，并推动组织进一步发展。

13.11.3　制造过程中的质量控制

对燃料元（组）件的高度可靠性要求，决定了严格控制材料的组成、性质和缺陷，尺寸精度和制造工艺过程的必要性。为此，必须制定和实施对所有重要材料、半成品、成品、工艺设备和工艺过程进行检查和试验（包括破坏性试验）的规程和程序。这些质量控制措施须明文写入质量控制计划。

质量控制计划和规程应与制造工艺同时进行开发、试验和鉴定。在产品研制过程中就提出会影响成品质量、需要加以控制的关键特点，规定其适当的控制限值。

燃料元（组）件的质量控制有以下特点。

（1）大量相似零部件（芯块、包壳管、燃料棒等）需要有一种生产工艺和检验方法，保证所有零部件的同一性（即工艺过程的高度重复性）。

（2）由于使用时间较短（3～5 年），并无长期性能要求（如长期蠕变、长期裂纹扩展、高周疲劳、长期腐蚀）。

（3）有可能和有必要对工艺过程和产品性能建立统计分析。为了对质量控制的大量检查、试验数据进行分析和长期保存，必须引入计算机数据处理系统。

燃料（元）组件及相关部件是由许多零部件制造和装配而成的，几乎每个零部件都要用一种或几种检测方法进行检查。对于一般的燃料元件，其检测项目可达到百余项。概括起来，可分为化学分析（如 ICP-AES、化学分光光度法、库仑滴定法、定氢仪热导法、质谱法等）、物理检验（如金相、图像分析、几何密度、热重法、力学性能测试、高压釜等）、无损检测（如超声探伤、渗透检查、氦检漏、X 射线透照、γ射线扫描等）、尺寸检测（如标准和专用量规检测、轮廓投影法、三坐标仪、专用检测装置等）和目视检查等。燃料元件制造厂家通过采用更加精确的检测方法，优化产品制造过程工艺和设备性能，以控制加工过程中所有工序的报废率，不断评估质量检验的可靠性。同时从堆内辐照结果获得反馈，找出发生缺陷的可能原因加以改进等措施，将燃料棒焊缝缺陷率和实际运行破损率分别降到 5×10^{-6} 和 2×10^{-5} 的水平。

参考文献

[1] 唐春和. 高温气冷堆燃料元件 [M]. 北京：化学工业出版社，2007.
[2] 李冠兴. 研究试验堆燃料元件制造技术 [M]. 北京：化学工业出版社，2007.
[3] 周邦新. 核反应堆材料 [M]. 上海：上海交通大学出版社，2021.

第 14 章　核燃料的运输

核燃料分为两种：一种是未辐照的核燃料，即新燃料；另一种是辐照过的核燃料，即乏燃料。根据《放射性物品运输安全管理条例》和《放射性物品分类和名录》，新燃料和乏燃料均属一类放射性物品。核燃料的运输属于放射性物品的运输，必须确保安全，严防污染环境。另外，核燃料的运输又是核燃料循环中不可缺少的一个环节。以乏燃料运输为例，随着多年来核电厂的稳定运营，在核电厂现场已经积累了一定数量的乏燃料，运输环节处理不当将造成乏燃料在核电厂现场的超额积压，因此提高运输效率，缩短运输时间，对核燃料循环的经济性具有重要意义。

新燃料组件属于易裂变材料，未被辐照，一般放射性水平较低，对运输容器的屏蔽要求相对简单，但需要关注核临界安全。从堆内卸出的乏燃料组件具有很强的放射性及较高的衰变热，如果“冷却”时间短，乏燃料运输容器装载量将会降低，从而增加运输频次，导致运输成本增高。综合考虑核燃料循环体系运输需求和运输本身经济性，我国商用核电厂的乏燃料组件，通常“冷却”5 年以上运往后处理厂。

14.1　放射性物品运输的一般问题

国际运输行业把放射性物品列为第七类危险物品，形成了一套成熟的国际规则体系。放射性物品运输活动应同时遵守危险货物运输安全管理的通用要求和放射性物品运输安全管理的专门要求。

2009 年，国务院颁布了《放射性物品运输安全管理条例》（以下简称《条例》），加强了我国放射性物品运输活动的安全管理。《条例》发布后，生态环境部（国家核安全局）作为国家核安全监督部门，发布了一系列部门规章及配套文件。2010 年发布了《放射性物品运输安全许可管理办法》（以下简称《办法》），对放射性物品运输容器设计的许可与备案、放射性物品运输容器制造的许可与备案、放射性物品运输的批准与备案作出了具体规定。在国家标准方面，《放射性物品安全运输规程》（GB 11806—2019）（以下简称《规程》）等同采用国际原子能机构（IAEA）《放射性物品安全运输条例》（2012 版），全面详细地规定了放射性物品运输的安全要求。

放射性物品运输风险除了包括普通货物运输涉及的运输危害之外，在正常运输和事故情况下还存在着潜在的核与辐射危害，主要包括以下 4 类：① 放射性物质的非受控释放造成的放射性污染；② 放射性物质的衰变而发出各种射线对人体造成的辐射损伤；③ 某些裂变材料在意外情况下发生大的非受控自持链式反应，即核临界事故；④ 放射性衰变过程中伴随大量热的释放所造成的损害。运输容器在设计时需要考虑防止上述危害发生，并开展验证性试验。《条例》规定根据放射性物品的特性及其对人体健康和环境的潜在危害程度，将放射性物品分为一类、二类和三类。对于一类放射性物品运输容器的设计和制造应遵循最严格的法规标准要求。

在国际规则体系中，根据放射性内容物的特性、活度水平、比活度和运输方式对货包（由运输容器及其内容物组成）进行分类。具体分为例外货包、工业货包、A 型货包、B 型货包、C 型货包[1]。为了与国际规则接轨，生态环境部（国家核安全局）制定了《放射性物品分类和名录》，将《条例》中的放射性物品分类与国际规则中货包分类进行对接。

对于新燃料组件的运输，通常有两种可选择的货包类型：A 型货包（易裂变）和工业Ⅱ型货包（易裂变）。A 型货包和工业Ⅱ型货包需经受《规程》要求的正常运输条件能力的试验，包括喷水试验、自由下落试验（根据货包质量下落距离 0.3～1.2 m）、堆积试验和贯穿试验，并在试验后能防止：① 放射性内容物的漏失或弥散；② 货包的任何外表面上的辐射水平提高 20%以上。装载易裂变材料的 A 型货包和工业 II 型货包，还需要经受部分事故条件能力试验，确保在《规程》要求的常规、正常和事故条件下均能保持次临界[2]。

对于制造新燃料组件过程中重要的中间物料六氟化铀的运输，有两种可选择的货包类型：六氟化铀货包和例外货包。六氟化铀货包用于装载等于或大于 0.1 kg 的六氟化铀，例外货包用于装载小于 0.1 kg 的六氟化铀（非易裂变或例外易裂变）[3]。六氟化铀货包需要经受《规程》要求的水压试验、自由下落试验、耐热试验（暴露在平均温度至少 800 ℃的热化环境 30 min），并在试验后仍能保证货包无泄漏或弥散，无不可接受的应力，包容系统无破损。例外货包需保证在常规运输条件下能够包容放射性内容物，且外表面任一点的辐射水平不得超过 5 μSv/h。

对于装载辐照后燃料组件的货包，采用 B 型货包（易裂变）。B 型货包除了需要进行《规程》要求的正常运输条件能力的试验外，还需经受运输事故条件能力的试验，包括力学试验（货包 9 m 自由下落、货包自由下落在距货包 1 m 的固定的棒等）、耐热试验（暴露在平均温度至少 800 ℃的热化环境 30 min）、强化水浸没试验（200 m 水深浸没 1 h），并在试验后仍能保持足够的屏蔽能力和包容能力。货包经受上述试验后，包容系统无破损，仍能满足运输要求。

根据《条例》和《办法》，托运一类放射性物品的，托运人应当委托有资质的辐射监测机构对其表面污染和辐射水平实施监测，辐射监测机构应当出具辐射监测报告。托运人应当编制放射性物品运输的核与辐射安全分析报告书，报国务院核安全监管机构审查批准。启运前，托运人应当将放射性物品运输的核与辐射安全分析报告书、辐射监测报告，报启运地的省、自治区、直辖市人民政府环境保护主管部门备案。通过道路运输反应堆乏燃料的，托运人应当报国务院公安部门批准。通过道路运输其他放射性物品的，托运人应当报启运地县级以上人民政府公安机关批准[4,5]。

14.2 未辐照核燃料的运输

常见未辐照的核燃料可分为以下三类。

（1）六氟化铀。六氟化铀具有放射性、毒性和强腐蚀性等多种危害特性，六氟化铀容器设计需满足《六氟化铀运输容器》（GB/T 42343—2023）及《规程》要求，容器每次运输前，需进行例行检查，确保容器处于安全、可用状态。容器吊装前要冷却一定时间，保证内容物固化，因为在一定压力下的液态六氟化铀可流动，易造成吊装装置翻转。

（2）二氧化铀芯块、燃料棒和燃料组件。这一类制品价值高、易碎，在运输过程中须妥善保护，例如，把制品小心地固定于容器内，并采取缓冲和防振措施等，以免因碰撞、振动而损坏。新燃料棒或组件中的燃料属于易裂变材料，因此运输时需要控制单个容器装载新燃料组件的数目和运输工具内装载货包的数目，采取货包隔离等措施，防止出现临界现象。在满足《规程》要求时可采用公路、铁路和海运多种运输方式。

（3）钚、MOX燃料组件。这一类制品具有很高的放射性和化学毒性，对运输的安全措施要求严格。作为制造燃料元（组）件原料的纯钚，一般以氧化钚粉末或硝酸钚溶液的状态运输。后者尤其复杂、昂贵。因为除了要考虑临界安全和毒性的问题以外，还需要特别关注容器内部由于辐射分解（水在射线作用下分解为氢和氧）而产生的压力。因此，在硝酸钚的容器内，需要配置压力壳，并安装压力监测和控制系统，以确保容器内部的压力在安全范围内。同时，应限制运输的时间，以减少辐射分解的可能性。盛放氧化钚的金属罐，除了采用塑料密封套和金属容器双层防护外，还需在木箱内部衬上镉皮，外部覆盖钢皮，以提供额外的辐射屏蔽和物理保护。新的钚燃料棒和钚燃料组件通常放置在专门设计的B型货包中，这些货包由金属材料制成，具有良好的密封性、防冲击性和辐射防护能力。

14.3 辐照过燃料组件的运输

未辐照的核燃料的放射性强度通常很低，仅含钚的放射性强度略高。而对于从堆内卸出的辐照过核燃料组件（乏燃料），情况全然不同。必须考虑很强的γ射线和中子射线，且冷却多年后乏燃料仍会释放较高的衰变热，典型的压水堆发电前后燃料成分变化如图14-1所示、乏燃料组件参数示例见表14-1、乏燃料放射性和发热衰变随时间的变化如图14-2所示。根据《规程》和IAEA相关标准，运输容器系统的固有安全性是乏燃料安全运输的根本保证。因此，世界各国在运输容器设计、制造、运行和管理上均采用了相对严格的审查制度和监管制度。乏燃料运输容器需进行14.1节提到的验证性试验，确保满足正常运输和事故条件下临界安全、辐射安全、包容和传热等要求，在可预见的最严重事故条件下不会对人和环境带来不可接受的危害。除此之外，还需综合考虑经济性、运输模式、装载能力、核电厂和燃料接收设施的接口等众多因素。

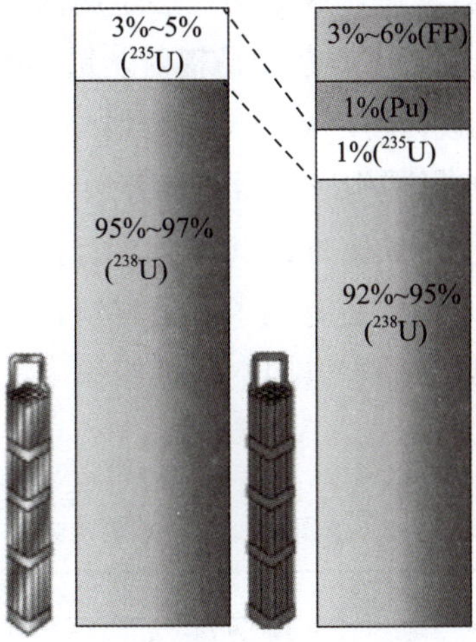

图 14-1　典型压水堆发电前后燃料成分变化

表 14-1　典型压水堆乏燃料组件参数示例

项目		压水堆
燃料类型		17×17
外形	最大宽度/mm	214
	总长/mm	4 100
质量/kg		680
最大初始富集度/%（质量分数）		5
组件最大平均燃耗/（MW·d/tU）		55 000
冷却时间/a		一般冷却 5～8 a 后开展运输
发热量/（kW/组件）		富集度 3.7%，燃耗 45 000 MW·d/tU，冷却 5 a 的组件为 1.1～1.2 kW

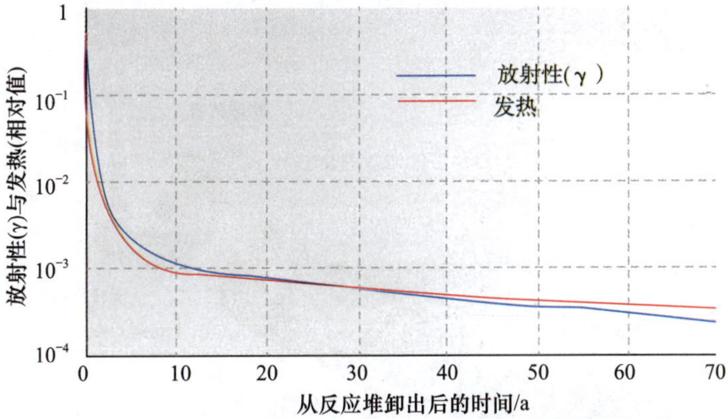

图 14-2　乏燃料放射性和发热衰变随时间的变化

按照所使用材质不同，目前国际上较为流行的乏燃料运输容器有 3 类，分别是不锈钢容器、锻钢容器和球墨铸铁容器。容器通常由本体、燃料吊篮、减震器和运输托架4部分组成。

不锈钢容器和锻钢容器通常设计成里面一层金属内壳（不锈钢或碳钢，碳钢需进行防腐处理），外面包上铅屏蔽层以屏蔽伽马辐射，铅屏蔽层外部为中间壳体（不锈钢或碳钢），在外部包上中子屏蔽材料，最外层为金属外壳（通常为不锈钢），容器内壳、上下法兰、底板、容器盖及密封圈构成容器的包容边界。

球墨铸铁容器本体为球墨铸铁铸件，其本身具有良好的伽马屏蔽功能，因此不再单独设置伽马屏蔽层，在筒体上安装有中子屏蔽材料，容器本体和容器盖及密封圈构成容器的包容边界。也有少数运输容器用钢代替铅作为屏蔽材料，常见屏蔽材料的屏蔽效果见表14-2。

表14-2　常见屏蔽材料的屏蔽效果

材料	把辐射强度减小到下列数值所需的材料厚度/cm	
	原始值的1/10	原始值的1/100
水	80	135
砖墙（1.9 g/cm³）	45	80
普通混凝土（2.3 g/cm³）	36	66
钢	11	18
铅	6	11

容器内的燃料吊篮一般由铝合金、不锈钢和中子吸收材料组成，用于乏燃料组件的定位，同时在发生运输事故时能够保证燃料的结构完整性，确保临界安全。减震器一般由金属外壳和减震材料组成。

辐照过的燃料组件在启运前，已在贮存水池中“冷却”数月至数年以待辐射强度和衰变热下降到便于操作和运输的水平。这时把运输容器（见图14-3）吊入燃料厂房，卸去顶盖，将燃料组件装入容器，再装上顶盖。然后对运输容器进行排水、真空干燥、密封、泄漏检测、去污，检测辐射和表面污染水平合格后，吊出燃料厂房，运输至燃料接收设施进行卸料操作。

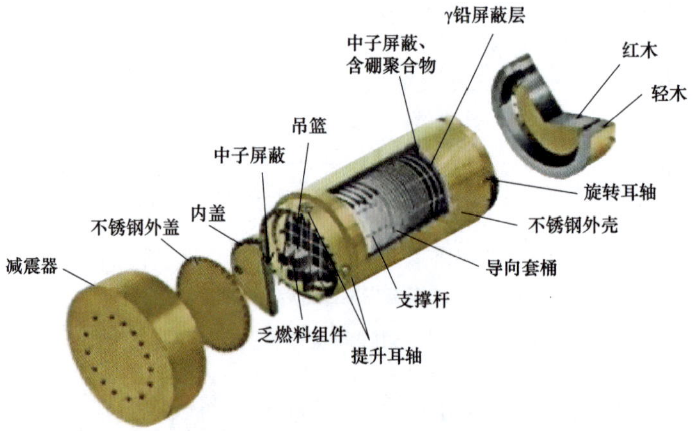

图14-3　典型不锈钢乏燃料运输容器

由于运输成本高昂，增大容器的装载量，可以减少运输次数，节约运输成本。设计运输容器时应对强度、屏蔽、散热、重量和外廓尺寸选取最佳值，以便在运输工具和起重设备的限度内，可以装运最大数量的燃料组件。现代大型乏燃料运输容器的重量大约为 100 t。运输容器重量对于所装运的铀重量之比，取决于装运量、燃料组件的几何形状和燃耗深度等因素，约等于 10:1。

我国目前已有成熟的乏燃料公路运输体系，也已经建成了乏燃料公海铁联运体系，具备单批次运输 10 个百吨级乏燃料货包的能力。

（1）乏燃料专用铁路运输车。乏燃料铁路运输选用 D15B 凹底平车，如图 14-4 所示。铁路运输乏燃料货包时，除需满足《铁路货物运输装载加固规则》外，还需要满足核安全法规标准对于栓系强度的要求。

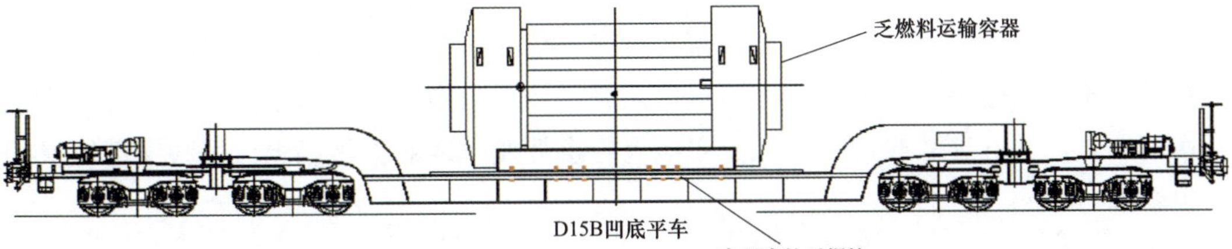

图 14-4　乏燃料专用铁路运输车

（2）乏燃料专用运输船。根据国际海事组织的规定，运输乏燃料的船只必须满足《国际乏燃料、钚和高放废物运输船安全规范》(INF Code）的要求[7]。船舶按装运的 INF 货物的总活度分为三类。INF Ⅰ：只能装运总活度少于 4 000 TBq 的放射性物质；INF Ⅱ：只能装运总活度少于 2×10^6 TBq 乏燃料或高放废物，或总活度少于 2×10^5 TBq 的钚；INF Ⅲ：装运的最大活度无限制。

我国按照上述同等规范要求建造运营的乏燃料专用运输船舶入级检验等级为 INF Ⅲ，适用于载运不限制总放射性活度的乏燃料、高放射性废物或钚。该船采用双底双壳船体结构，设有多道水密横向舱壁、舷侧防撞加强结构和首部防撞尖舱。货舱用活动舱口盖板封闭，舱口盖板为外壁钢板、内部充填混凝土的防护型结构，货舱壁布置有中子屏蔽材料，具有良好的辐射防护功能。每个货舱内设有固定式货包底座，可将货包与船体可靠连接。在生活舱与货舱之间设有防辐射屏蔽水舱。船舶消防安全系统完善。全船设置两套货舱空调冷却机组，保证货舱温度不高于 35 ℃。机舱结构采用左右双机舱水密分隔的结构形式，确保在一个机舱进水、失火或其他事故而失效的情况下，另一个机舱设备仍然保持有效可靠的工作状态，提升航行安全可靠性。主动力系统采用双机双桨双舵推进方式，配置可调桨和两台轴带发电机，艏部配置侧向推进器，提高船舶操纵机动性和灵活性。该船配有多种安保装置，包括船舶周边防入侵监视预警系统、视频监控系统、货舱货包状态数据实时监测报警系统等。船舶航行期间可以与托运人的运输指挥中心进行视频、通信、位置、监测数据等信息交互，实现在线监控。乏燃料专用运输船示意如图14-5所示。

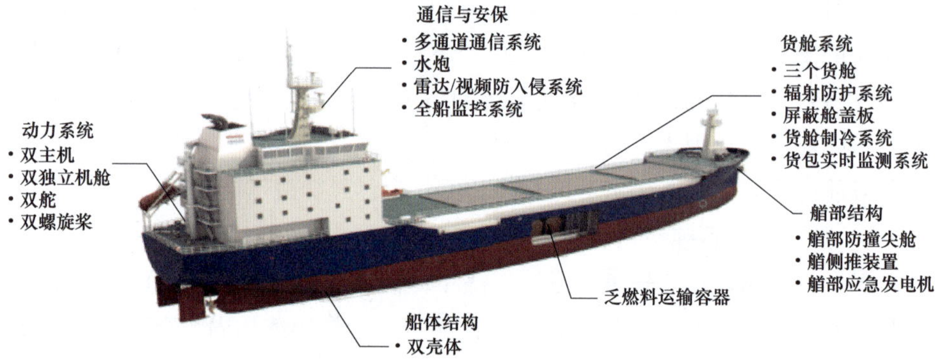

图14-5 乏燃料专用运输船

在乏燃料运输过程中，托运人需要检测货包的辐射和表面污染水平，并采取实物保护措施，发生核与辐射事故时，承运人、托运人应当按照核与辐射事故应急响应指南的要求，做好事故应急工作，并立即报告事故发生地的县级以上人民政府环境保护主管部门。

参考文献

[1] IAEA. Specific Safety Requirements No. SSR-6: Transport of Radioactive Material, Safety Standards Series No. SSR-6［S］. 维也纳：国际原子能机构（IAEA），2012.

[2] 生态环境部，国家市场监督管理总局. 放射性物品安全运输规程：GB 11806—2019［S］. 北京：中国环境出版集团，2019.

[3] 中华人民共和国生态环境部. 六氟化铀运输容器［S］. 北京：中国标准出版社，2023.

[4] 中华人民共和国国务院. 放射性物品运输安全管理条例［Z］. 国务院，2009：国务院令第562号.

[5] 中华人民共和国环境保护部. 放射性物品运输安全许可管理办法［Z］. 环境保护部，2010：中华人民共和国环境保护部令第11号.

[6] Saegusa T, Wataru M, Shirai K, et al. Transport and storage of spent nuclear fuel［M］// Safe and Secure Transport and Storage of Radioactive Materials. Cambridge: Woodhead Publishing, 2015: 199-229.

[7] 国际海事组织. 国际乏燃料、钚和高放废物运输船安全规范（INF Code）［S］. 伦敦：国际海事组织，2004.

第 15 章　乏燃料后处理

15.1　乏燃料处理的意义

对乏燃料管理，国际上主要有两种不同路线，即一次通过和后处理，还有一种态度即观望等待，暂时不明确是否后处理，先将乏燃料暂存起来，视发展情况再做决定。在采用一次通过方式（见 2.9.2 节）情况下，从轻水堆卸出的乏燃料（辐照过燃料组件）不作后处理，经中间贮存一段时间后，就将高放射性裂变产物（废物）连同所包含的铀和钚（裂变燃料）一并送去作永久性的最终处置。美国在有大量库存钚的情况下，于 20 世纪 70 年代就停止了后处理而采用一次通过方式，其他采用一次通过方式的国家有瑞典、芬兰等核电规模不大的国家。第二种方式是通过后处理回收乏燃料中的铀和钚并加以复用，只将裂变产物作最终处置。法国、俄罗斯、日本、印度等国坚持核燃料循环，并积极研发新的后处理技术。

对燃料循环方式（即乏燃料处理方式）的选择，影响的因素很多，涉及政治、经济、防止核扩散和环境保护多方面的问题。但从人类发展对能源资源的长远需求角度考虑，化石燃料资源有限，在它耗竭以前，价格就会大幅度上涨，聚变能的实际应用尚有待于进一步研究开发，裂变燃料资源目前的利用率很低。目前普遍采用的热堆核电厂，主要使用了天然铀中占比 0.7%的铀-235，99.7%的铀-238 尚未得到利用，将后处理得到的钚用于快堆，可以实现核燃料增殖，相当于将天然铀中占 99.7%的铀-238 充分利用起来了。对于核裂变能的发展，这可以消除对铀资源不足的担忧。对一个铀资源占有量不充足而又需要发展核能的国家，发展后处理和快堆是一个明智之举，我国于 20 世纪 80 年代在发展核电的同时就确定了相应发展后处理的技术路线。随着核能的发展，对不断积累的乏燃料进行后处理对于我国核能可持续发展具有重要意义。目前我国后处理技术已取得显著进展，商用后处理大厂科研积极推进，并启动了干法后处理前期研究。

在快中子增殖堆投入商用以前，将热中子堆乏燃料中的铀和钚回收复用于热中子堆，也是一种可取的选择。做这种回收或者不回收，在经济上要对回收情况下发生的后处理费用，加上裂变产物玻璃固化和储存费用，减去由于复用铀、钚而节省的天然铀和分离功开支，及不回收情况下发生的乏燃料封装和无限期安全储存（其体积为回收情况下的 3～7 倍，是否作最终处置留待将来决定）的费用，两者进行比较。据一项估计，在目前的技术经济条件下，后处理为合算。至于已分离的钚，则尽早制成 MOX

燃料组件代替一部分富集铀使用，既可节省天然铀和分离功消耗量，又可减少钚的积压及其相关费用（见 2.9.3 节），已是不争的现实。

由于乏燃料中包含了所有的放射性核素，其长期放射性毒性很高，要在处置过程中衰变到天然铀矿的放射性水平，将需要 10 万 a 以上，如此漫长的时间尺度带来诸多不可预见的不确定因素。所以，“一次通过”方式对环境安全的长期威胁极大。图 15-1 给出了乏燃料在不同处理方式下放射性毒性的衰减曲线。如果分离出的钚作为燃料再循环，而将次锕系元素（镎、镅、锔）和裂片元素作为废物进行最终处置，放射性毒性降低到天然铀矿的水平需要 10 000 a。如果分离出钚和次锕系元素，将其通过嬗变反应转换成中短寿命的低放射性核素（分离–嬗变），而将裂片元素作为废物进行最终处置，则只需几百年就可达到天然铀矿的水平。因此，通过乏燃料后处理能够提高铀钚的利用率、减少需地质处置的高放废物量和释热量，从而减少对地质处置库的需求、减少地质处置的长期风险和不确定性、提高公众对核能的接受程度。

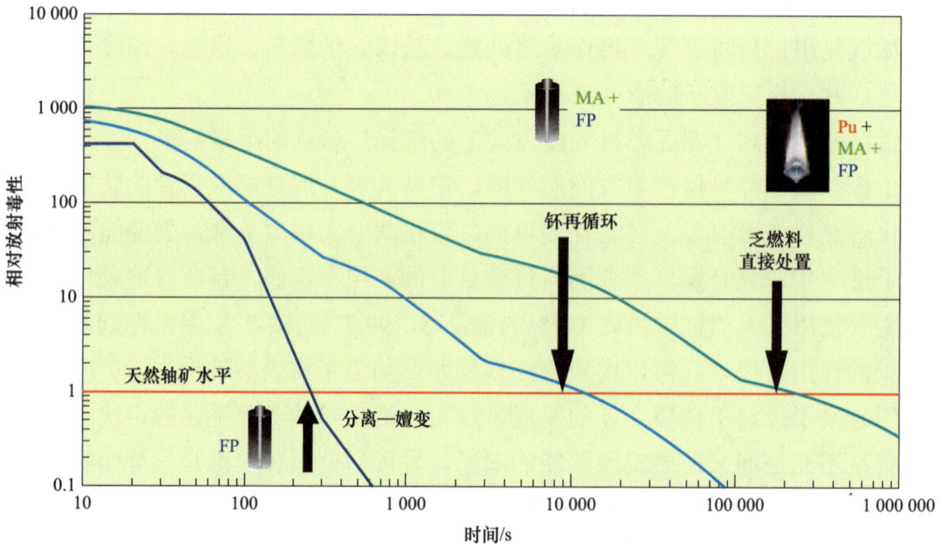

图 15-1　乏燃料在不同处理方式下放射性毒性的衰减曲线

相对核电厂，乏燃料后处理社会实践少，因此水法后处理厂投资费用仍然偏高。但后处理的经济性应该放在整个燃料循环中分析，通常只计算了节省的天然铀和分离功价格，还应该将高放废物减少带来的好处考虑进去，此外后处理还可以极大降低乏燃料长期潜在危害，这是公众关注的焦点。一个水法后处理大厂（800～1 000 tU/a）每年可以处理约 40 座压水堆核电厂产生的乏燃料，得到的工业钚可支持 4～5 座快堆年换料。快堆发展起来后，与之相适应的干法后处理技术，由于铀钚和次锕系分离系数不需很高，工艺简化、设备数少，预计成本会有极大降低，有助于提高整个快堆燃料循环的经济性。

从研究试验堆卸出的辐照过燃料元件，数量虽小，但种类很多，铀丰度、元件形式各异，随着反应堆使用寿期的延长，其处理方案日益引起人们的关注。采用扩大中间贮存容量、送去后处理或作永久处置的方案，各有利弊，需要研究安全和环境保护多方面的问题，作出最佳抉择。

15.2 后处理的重要性和对后处理的要求

乏燃料从堆内卸出时，无论是否达到设计的燃耗深度，总是含有一定量的裂变燃料，包括未分裂和新产生的（见表 15-1 和表 15-2）。回收这些宝贵的裂变燃料（^{235}U、^{233}U 和钚）以便再制造成新的燃料元（组）件或用作核武器装料，是后处理的主要目的。此外，大量剩余的可转换原料（^{238}U 或 ^{232}Th）需要回收；次锕系元素及可用作辐射源的某些放射性裂变产物（如 ^{137}Cs、^{90}Sr 等）的提取，也有很大的科学和经济意义。

表 15-1 几种堆型的乏燃料的特点

堆型	石墨气冷堆	轻水堆	快中子堆
初始燃料	天然金属铀 棒状元件 镁合金包壳	低富集度（<4%）UO_2 棒束型组件 锆合金包壳	UO_2+PuO_2 棒束型组件 不锈钢包壳
平均燃耗/（MW•d/tHM）	4 000	33 000	80 000（堆芯）
“冷却”150 天后的 β、γ 比放射性活度/（TBq/kg）	50	170	670
剩余功率/（W/kg）	6	20	75
1 GW 反应堆的年卸料量*/t	240	27	2
锕系元素含量/（g/t）	995 000	965 000	915 000
其中铀含量/（g/t）	992 000	955 000	718 000
钚含量/（g/t）	2 600	9 100	19 400
其他锕系元素镎/（g/t）	22	760	180
镅/（g/t）	—	150	2 300
锔/（g/t）	—	35	80
裂变产物含量/（g/t）	4 200	35 000	85 000

* 按年运行 7 000 h 计。

表 15-2 轻水堆乏燃料的组成

堆型	压水堆	压水堆	沸水堆
铀-235 投料量/（g/kgU）	45.0	33.0	25.6
燃耗/（MW•d/kg）	45.0	33.0	27.5
辐照过核燃料的组成/（g/kg）			
铀-235	11.3	8.4	6.2
铀-236	5.7	4.2	3.3

续表

堆型	压水堆	压水堆	沸水堆
铀-238	924.0	945.0	953.0
钚-239	6.6	5.3	4.6
钚-240	2.6	2.4	2.1
钚-241	1.38	1.2	0.9
钚-242	0.6	0.4	0.4
其他锕系元素（镎、镅、锔）*	1.0～1.3	0.5～0.9	0.4～0.7
裂变产物	～46.5	～32.5	～28.0

* 镎-237 的含量 0.4～0.8 g/kg，由它衰变生成的钚-238 的含量 0.03～0.05 g/kg。

图 15-2 表示后处理在热中子堆和快中子堆燃料循环中的位置。

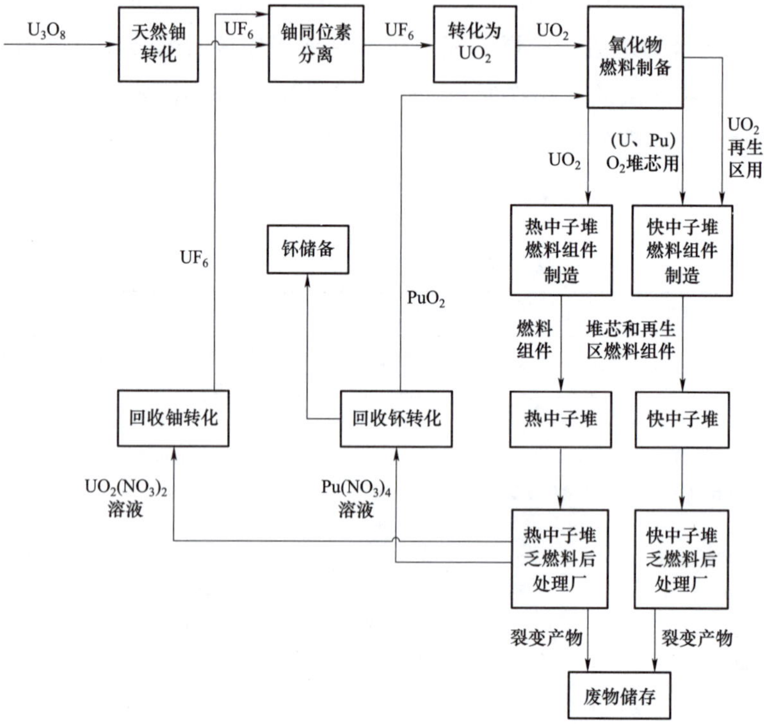

图 15-2　后处理在热中子堆和快中子堆燃料循环中的位置

辐照过的燃料具有极强放射性。现代轻水堆核电厂所用的燃料组件，在堆内停留 3～5 a，达到的燃耗深度为 28 000～55 000 MW•d/tU，即使经过长期“冷却”，每 kgU 仍有高达上百 TBq（数千 Ci）的 β、γ 放射性活度。乏燃料的强放射性主要来自属于裂变产物的二百多种放射性同位素。其中有些裂变产物有很高的 β、γ 放射性活度，有些裂变产物（如稀土类的 ^{149}Sm、^{151}Sm、^{155}Eu、^{155}Gd）的热中子吸收截面特别大，有些裂变产物具有不利的冶金性能。单就产品的核性能、冶金性能和化学性能而言，要求净化的程度不太高。但为了在再制造燃料元（组）件时能直接接触产品（对于钚，要能在手套箱中操作）和便于进行铀的再富集，需要把铀、钚产品中的放射性裂变产物清除干净①（见表 15-3）。一般要求回收铀的比放射性活度不高于天然铀的比放射性活度（β放射性，25 MBq/kgU 即 0.67 mCi/kgU；γ 放射性，5.9 MBq/kgU 即 0.16 mCi/kgU）的 2 倍，回收钚的 α 比放射性活度应低于 370 MBq/kgU（10 mCi/kgU）。在这种情况下，铀净化系数（或称去污因子）大约为 10^7：

$$\text{净化系数}=\frac{\text{处理前的比放射性活度}}{\text{处理后的比放射性活度}}=\frac{100\ \text{TBq/kgU}}{25\ \text{MBq/kgU}}=4\times10^{6}$$

钚净化系数要求达到 10^8 以上②。后处理产品除了放射性活度外，对其他杂质（如磷、硫、硅、钼、铁、镍、铬、钒等）的含量均有一定的要求。

表 15-3　乏燃料中需要清除的重要同位素

同位素	半衰期	冷却半年后的比放射性 TBq/kgU（Ci/kgU）（轻水堆燃料）	备注
氢 ^{3}H	12.3 a	0.01（0.28）	
氪 ^{85}Hr	10.7 a	0.4（11）	
锶 ^{89}Sr	50.4 d	5.2（140）	
^{90}Sr	28 a	3.6（96）	
钇 ^{91}Y	58 d	8.8（210）	
锆 ^{95}Zr	65 d	9.3（250）	
铌 ^{95}Nb	35 d	20.0（530）	
钌 ^{103}Ru	39.5 d	1.5（41）	
^{106}Ru	1 a	2.6（71）	
铑 ^{103}Rh	稳定	—	热中子吸收截面 σ_a=155 b
铯 ^{137}Cs	30 a	3.3（90）	
铈 ^{141}Ce	32 d	1.4（37）	
^{144}Ce	285 d	37（1 000）	衰变子代 ^{144}Pr 放射出硬γ射线
钕 ^{143}Nd	稳定	—	σ_a=330 b
钷 ^{147}Pm	2.6 a	8.5（230）	自然界中不存在的元素
钐 ^{149}Sm	稳定	—	σ_a=41 500 b
^{151}Sm	100 a	0.007（0.2）	σ_a=15 000 b
铕 ^{155}Eu	1.8 a	0.09（2.5）	σ_a=13 000 b
钆 ^{155}Gd	稳定	—	σ_a=58 000 b
短时间“冷却”后还有下列同位素			
碘 131I	8.05 d	—	
氙 133Xe	5.27 d	—	σ_a=190 b
135Xe	9.2 h	—	σ_a=2.7×10^6 b
钡 140Ba	12.8 d	—	衰变子代 ^{140}La 放射出硬γ射线
镨 ^{143}Pr	13.7 d		

① 有些裂变产物没有放射性或仅有很弱放射性，但是由于它们具有很大的中子吸收截面，也必须在后处理过程中去除，以免在复用于反应堆中或用作核武器装料时毒化链式反应。

② 浅燃耗的生产堆燃料元件的放射性水平比动力堆约低一个数量级，相应的净化系数也低至原来的十分之一。

为了尽量减少宝贵的易裂变物质的损失，防止铀、钚进入废液流造成环境危害和避免易裂变物质积聚达到临界状态的危险，后处理过程要求对铀和钚有很高的回收率，一般做到铀回收率大于 99.8%（可能达到 99.97%），钚回收率大于 99.5%（可能达到 99.9%）。后处理厂还应实施铀、钚物料衡算。

铀、钚产品的化学形态应易于运输、贮存和便于后续加工。通常做成氧化物或溶解于硝酸中的硝酸盐形式。从安全运输和贮存的角度考虑，以三氧化铀和氧化钚的形式较好。下一步的化学转化一般不在后处理厂进行，而属于燃料元（组）件制造的初始工序。

后处理厂要从大量结构材料、转换原料和裂变产物的复杂体系中提取少量的易裂变物质，对净化系数和金属回收率均有极高的要求。还需要考虑：能接受不同的供料；适合连续操作，而不是分批（间歇）操作；需要最小量的直接维修以达到高的可利用率等技术经济因素。因此必须仔细选择工艺流程。有多种化工处理方法（沉淀、萃取、升华等）能满足高纯产品的要求。从中归纳出几种实际有效的分离净化工艺流程，大体上可分为两类：湿法和干法。湿法是把核燃料溶解于酸中，再用沉淀、溶剂萃取、离子交换或吸附的方法使铀、钚与裂变产物互相分离。因各项工序均为水相操作，故称为水法或湿法。反之，如高温冶金法、氟化挥发法、熔盐电解等非水相操作的后处理工艺则称为干法（见 15.5.2 节）。高温冶金法、氟化挥发法和熔盐电解尚处在试验研究阶段，氟化挥发法不易回收钚，高温冶金法则因净化系数太低，以至于燃料元（组）件的再制造不得不采用远距离操作。美、俄熔盐电解已完成数吨快堆乏燃料后处理，是一种有前景的干法后处理技术。目前工业上广泛应用的溶剂萃取法能有效而经济地清除裂变产物，适用于处理各种类型的燃料元（组）件，包括天然金属铀燃料元件、低富集铀燃料元（组）件、高富集铀燃料元（组）件、高温气冷堆燃料元件和快中子堆燃料元（组）件。

辐照过燃料元（组）件的后处理工艺流程一般包括三个基本阶段："冷却"、首端处理、化学分离（见图 15-3）。分述于后。

15.3 辐照过燃料元（组）件的"冷却"

辐照过燃料元（组）件的比放射性活度很高，现代轻水堆燃料组件在停堆的瞬间（约 1 s 后）具有 10 000～15 000 TBq/kgU 的比放射性活度，1 d 后仍有 1 000～1 500 TBg/kgU 的比放射性活度。这样强的放射性很难处理，因为强射线会通过辐射分解，破坏湿法后处理过程中使用的有机试剂，使工艺过程不稳定；而且组件的操作、运输也有困难。因此要让卸出反应堆的燃料组件存放一段时间，以使短半衰期的放射性同位素（包括裂变产物和锕系重同位素）大部分衰变掉，燃料组件的总放射性活度降低到便于操作和处理的水平，这个过程称为辐照过燃料的"冷却"。这样，一则总的放射性减弱了，有机试剂的辐射分解不再成为很大问题；二则某些不能用化学方法分离的放射性重同位素已衰变到一定程度，以致其放射性不影响后续的加工[燃料元(组)件再制造或铀同位素分离]；三则新生成的裂变燃料已完成其中间衰变，可以充分回收。为了排除衰变热量，“冷却”是在特殊设计的贮存水池中进行的。整个“冷却”时间包括在反应堆侧的就地“冷却”和在后处理厂内的“冷却”。

在等待其衰变的短半衰期裂变产物中，起控制作用的是难处理和放射性毒性大的挥发性 ^{131}I，它的半衰期是 8.05 d，需要经 120 d“冷却”时间衰变干净（剩余 1/30 000）。如果“冷却”时间不够长，会在元件溶解过程中因释放出大量的放射性 ^{131}I 而造成溶剂质量下降和环境污染事故（碘事故）。

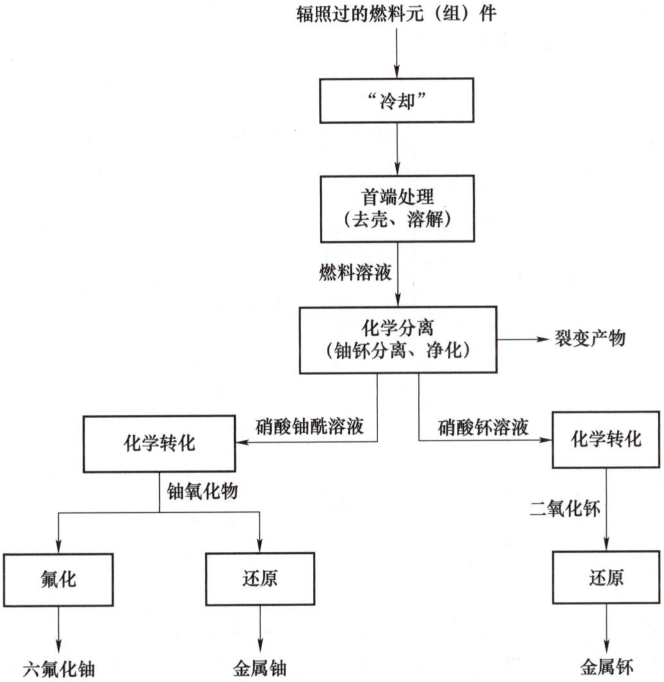

图 15-3 辐照过燃料元（组）件水法后处理工艺

关于强放射性中间产物的衰减，铀燃料辐照后产生的主要放射性重同位素是 ^{237}U，它从 ^{238}U 经快中子（n, 2n）反应或从 ^{235}U 经两次（n, γ）反应生成（见图 2-13）。^{237}U 的半衰期是 6.75 d，放射性很强，化学性质又与 ^{235}U 及 ^{238}U 相同，在后处理过程中不能分离，会使铀产品的放射性活度增高，造成后续加工的困难。使 ^{237}U 的放射性活度衰减到天然铀的水平，一般需要“冷却”100～120 d；为满足产品对 ^{237}U 含量的高要求，需要“冷却”160～180 d。在此期间，绝大部分 ^{237}U 衰变为 ^{237}Np，后者可在化学分离阶段去除。

关于新生成裂变燃料 ^{239}Pu 的回收，其中间产物是 ^{239}Np，如下式：

$$^{238}U \xrightarrow{(n,\gamma)} {}^{239}U \xrightarrow[23.5\ min]{\beta^-} {}^{239}Np \xrightarrow[2.35\ d]{\beta^-} {}^{239}Pu$$

^{239}Np 的半衰期是 2.35 d，辐照过燃料必须经过至少 30 d 的“冷却”时间，使 ^{239}Np 全部衰变成 ^{239}Pu，才能避免贵重的裂变燃料 ^{239}Pu 的损失。这是辐照过燃料的最短“冷却”时间。

钍燃料辐照后，需要“冷却”更长的时间（250～300 d）以待 ^{234}Th（半衰期为 24.1 d）和 ^{233}Pa（半衰期为 27.4 d）的衰变，如图 15-4 所示。

$$^{232}Th \xrightarrow{(n,\gamma)} {}^{233}Th \xrightarrow[22.4\ min]{\beta^-} {}^{233}Pa \xrightarrow[27.4\ d]{\beta^-} {}^{233}U$$

然而，在钍燃料中还有更长寿命的放射性重同位素 ^{228}Th（半衰期为 1.9 a），其生成的过程如下式（参见图 2-28、图 2-29）：

$$^{232}Th \xrightarrow{(n,2n)} {}^{231}Th \xrightarrow[25.5\ h]{\beta^-} {}^{231}Pa \xrightarrow{(n,\gamma)} {}^{232}Pa \xrightarrow[1.31\ d]{\beta^-} {}^{232}U \xrightarrow[172\ a]{\alpha} {}^{228}Th \xrightarrow[1.9\ a]{\alpha}$$

继续几次衰变，最后变为 ^{208}Pb。

因此，不可能等待 ^{232}U 和 ^{228}Th 的衰变。实际上由于核燃料中 ^{232}U 组分的衰变，^{228}Th 及其硬 γ 放射性子体将随着“冷却”时间而积累。从钍－铀循环中回收铀燃料的操作不可避免地要隔着屏蔽进行。图 15-4 表示钍燃料中重同位素生成的关系。

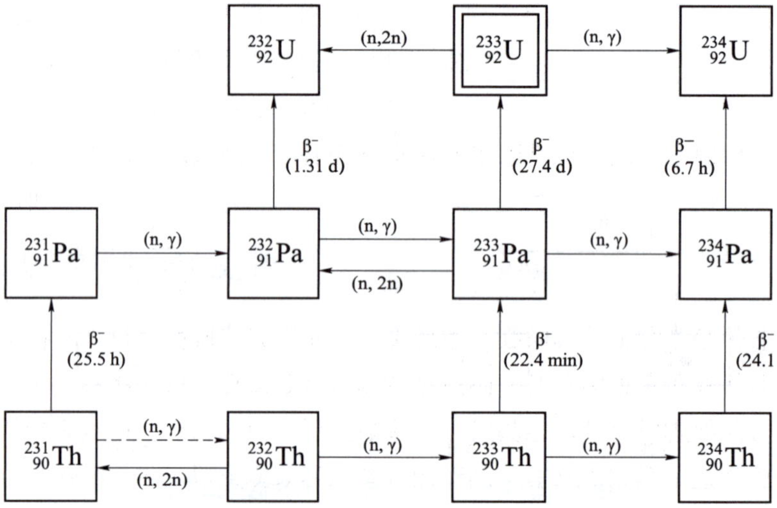

图 15-4　钍燃料中重同位素的积累（双线框为易裂变同位素）

从轻水堆卸出的燃料组件经过大约 180 d“冷却”后，作为放射性的主要来源，只剩下十几种较长寿命的裂片同位素，需要在后处理过程中清除。它们是 ^{137}Cs（半衰期 30 a）、^{89}Sr（50.4 d）、^{90}Sr（28 a）、^{90}Y（64.5 h）、^{91}Y（58 d）、^{141}Ce（32.5 d）、^{144}Ce（285 d）、^{144}Pr（17.3 min）、^{85}Kr（10.7 a）、^{95}Zr（65 d）、^{95}Nb（35 d）、^{103}Ru（39.5 d）、^{106}Rh（1 a）、^{106}Rh（30 s）和 $^{129}Te^{m}$（33.5 d）等。

干法后处理（见 15.5.2 节、15.5.3 节）避免了有机试剂。高温冶金法同远距离再制造燃料元（组）件相结合，更有可能大大缩短“冷却”时间甚至短到 15 d 左右，但干法工程上困难较大。

15.4 辐照过燃料元（组）件的首端处理

燃料组件的解体、包壳的脱除和燃料芯体的溶解，统称为首端处理。其目的是尽量去除燃料芯体以外的部分，即包壳材料及其他非燃料构件，使它们不参加到化学分离过程中去，以免影响化学反应，并且尽可能不进入高放射性废液，以减少废物处理量。此外，也便于用同一化工流程来处理各种不同型式的燃料元（组）件。

棒束型燃料组件和片组型燃料元件首先用机械切割方法（锯和铣切）分解，以卸除附属的非燃料构件，如两端构件、定位格架、节流装置、组件盒等。

脱除包壳主要有三种方法：化学脱壳法、机械脱壳法、机械化学结合法——切断浸取法（溶解燃料芯体而不溶解包壳）。

化学脱壳法是用化学试剂把金属包壳材料溶解掉而不溶解燃料芯体，因为芯体在这阶段溶解会造成不能允许的燃料损失。适当的溶剂是：对不锈钢可使用硫酸或王水；对锆合金可使用氟化物（$NH_4F+NH_4NO_3$）；对镁合金可使用硫酸；对铝合金可使用氢氧化钠或加硝酸钠以减少氢的产生。虽然用化学脱壳法很容易处理任何形状的燃料元（组）件，但它有下列缺点：为了减轻腐蚀，设备须用昂贵的特种合金钢制造；产生大量放射性废液（5～6 m^3/tU），不易处理到容许排放的水平而必须贮存起来，花费很大；随包壳而溶解或脱落的铀、钚损失较大。因此，动力堆燃料组件均不用化学脱壳法，而宁可采用比较复杂的机械脱壳法。现在化学脱壳法仅用于生产堆和研究试验堆的铝包壳燃料元件。

生产堆燃料元件可用氢氧化钠溶解铝包壳。溶解过程中产生大量氢气，容易引起爆炸。为了抑制氢气的生成以保证生产过程的安全，要在氢氧化钠溶液中加入适量的硝酸钠，成为混合溶液，叫作混合碱去壳剂。铝与去壳剂的反应式如下：

$$8Al + 5NaOH + 3NaNO_3 + 2H_2O \longrightarrow 8NaAlO_2 + 3NH_3 \uparrow$$

适当调整去壳剂中 NaOH 和 $NaNO_3$ 的浓度，可以做到溶解速度快，又不过分剧烈，溶壳废液不会析出 $Al(OH)_3$ 沉淀物堵塞管道和阀门，铀的损失也很小。溶壳完毕后须用去离子水洗去残留在铀芯体表面上的 $NaAlO_2$。

英、法两国的石墨气冷堆镁包壳元件，用机械方法在水下脱壳，用水作为屏蔽层，可避免细粒飞扬。先切除元件的两端，再将包壳管用对称布置的三个铣刀按纵向切成长条，像剥香蕉皮那样剥离。然后将长条切成碎块以减少贮存体积。将金属铀芯棒表面的包壳碎屑刷净后，送去溶解。这种方法要求水下工作的剥壳机能自动控制、耐水腐蚀和动作可靠，优点是高放射性废液量较少。

剥香蕉皮式的机械脱壳法不适用于锆合金或不锈钢包壳陶瓷体燃料元件。现代动力堆的棒束型组件，普遍采用切断浸取法。将单根燃料棒或整个燃料组件，在剪切机上切成 2～5 cm 的短段，装在不锈钢制的多孔盛料筐内送入硝酸浸取槽（溶解器）。燃料芯块溶解于沸腾的硝酸中，被浸取出来，而锆合金或不锈钢短管则不溶解，捞取出来经漂洗、监测后，送去埋存。切断浸取法具有同机械脱壳法一样的优点：金属构件和包壳材料作为固体废物，体积很小，并且可以无限期地埋藏起来，废物贮存费仅为化学脱壳法的5%。缺点是剪切机须远距离操作，设备复杂，维修困难，对收集燃料细粒、防止气溶胶扩散等问题须妥善解决。另外一点是，短段切口可能有较大变形，以致影响硝酸的通达和燃料的完全浸出，或需采取附加回收工序以减少未溶解燃料的损失。

结构较复杂的快中子堆燃料组件不作整体剪切，而在解体后将单棒逐根地切成短段，装在盛料筐内送去溶解，除了包壳以外的其他结构材料都不进入溶解器。浸取过程终了时将留在筐内的不锈钢短管作为固体废物埋存。

高温气冷堆燃料元件要求特殊的首端处理——燃烧浸取法。先将石墨元件压碎或磨碎，靠燃烧除去石墨外壳和基体，再用硝酸将燃料从残渣中浸取出来。

以金属为基体的弥散型燃料元件，很难或不可能进行单独的脱壳处理。例如，材料试验堆的铝铀合金元件，就采用燃料、包壳一起溶解的处理方法。溶剂使用硝酸，加汞盐（硝酸汞）作为促使铝溶解的催化剂。然后将含有硝酸铝－硝酸铀酰－裂变产物硝酸盐的溶液送去作化学分离。另一种方法是先用氢氧化钠将铝选择性地溶解掉，再用硝酸对铀进行溶解。

用湿法后处理时，燃料脱壳后一般均用硝酸溶解成为硝酸铀酰、硝酸钚和裂变产物的硝酸溶液，这些正是以后的溶剂萃取分离过程所要求的化学状态。溶解反应的例子如下式：

$$U + 4HNO_3 \longrightarrow UO_2(NO_3)_2 + 2NO\uparrow + 2H_2O$$

$$3UO_2 + 8HNO_3 \longrightarrow 3UO_2(NO_3)_2 + 2NO\uparrow + 4H_2O$$

溶解器是不锈钢制的。先放进燃料，再加浓硝酸，在沸腾温度下进行溶解，同时用空气（或氧气）搅拌，使产生的一氧化氮（NO）氧化为硝酸回收，以减少耗酸量。回收NO的反应式如下：

$$2NO + O_2(\text{空气}) \longrightarrow 2NO_2$$

$$3NO_2 + H_2O \longrightarrow 2HNO_3 + NO\uparrow$$

燃料溶解时产生的硝酸蒸气和水蒸气，用冷凝器冷凝下来，重新送回溶解器。从冷凝器逸出的NO尾气，用酸雾吸收器（一种水洗涤塔）加以回收。挥发性的碘要用吸附器去除。剩下的放射性稀有气体氪和氙，用大量空气稀释后由高烟囱（高度约100 m）排出，以免污染附近地区。有些工厂为了处理从燃料中释放出来的氚（以氚水的形态存在于水中），将过剩的水全部蒸发成气态排出。燃料溶液经过离心机或过滤器，滤去固体颗粒，然后加进化学试剂，调整到适于萃取的浓度和氧化状态（价态）。例如，钚应转化为易被萃取的四价，钌、铈及其他多价元素应保持在较低的不易被萃取的价态。调料后应作精确称量和取样分析，以获取可靠的进料数据。

随着动力堆燃料元件燃耗的加深，在燃料元件中积累了大量气体放射性产物，主要是氚、碘和氪，它们对生物有严重的危害。在燃料溶解过程中，这几种产物大部分逸出被气流带走。还有一部分留在溶液中，然后会散布到后处理的过程和产品中，其中氚的危害最甚。因此，在将乏燃料溶解之前，可以采用氧化挥发的燃料预处理工艺将大部分放射性气体分离出来，并将它们收集贮存起来。氧化挥发预处理工艺通常在 480～600 ℃的空气或氧气中进行。在此温度下，UO_2 与氧反应生成 U_3O_8。UO_2 的氧化导致晶格的膨胀，伴随着燃料颗粒的破碎形成细粉。燃料破碎又增加了反应的有效表面积，并使燃料从包壳短段中脱离。在此过程中，超过 99.9%的氚从燃料中释放出来，大约一半的 ^{14}C 和少量的其他裂变产物（包括约 5%的氪和氙，约 1%的碘和溴，不到 0.2%的钌、锑和铯）被挥发。在氧化挥发预处理工艺得到的 U_3O_8 粉末在随后的硝酸溶解时，由于铀的高氧化态而降低了硝酸的消耗量和氮氧化物的产生量。

15.5 化学分离

化学分离是后处理的主要工艺阶段，又称为净化或去污过程，其主要任务是把裂变产物从铀–钚燃料中清除出去，并使铀、钚（或铀、钍）互相分离。分离的方法很多。早期的沉淀法因流程复杂、废液量大，今已不用。现将广泛应用的水法后处理（溶剂萃取法）及研究发展中干法后处理，分述于后。

15.5.1 溶剂萃取法

溶剂萃取法的原理，是利用水溶液中的硝酸铀酰和硝酸钚很容易“溶解”①于某些同水不相溶合的有机溶剂中，而同时存在的裂变产物的硝酸盐却很不容易溶解，因而不进入有机相而留在水相。令有机溶剂同燃料溶液互相逆流并密切接触，可将水溶液中的硝酸铀酰和硝酸钚萃取到有机溶剂中，而实现与裂变产物的分离。图 15-5 所示为溶剂萃取法原理示意图。

对有机溶剂（萃取剂）的要求是：萃取待净化元素的选择性强；同水不互溶或互溶度很小；化学稳定性和辐照稳定性好，以经受净化过程中所用的化学试剂及强射线的作用；密度同水有较大差别，黏度较低；成本低廉，容易回收；毒性小，着火点低。可用的有机溶剂有醚、酮、醇和酯等类。其中最合适的是磷酸三丁酯［$(C_4H_9)_3PO_4$，英文缩写为 TBP］。由于它的密度接近于水而且黏度太高，需要加以稀释。适用的稀释剂有煤油（需要用优质的无臭煤油）、正十二烷等。以磷酸三丁酯为萃取剂的后处理工艺流程，叫作普雷克斯（Purex）流程。其他有以甲基异丁酮 $(CH_3)_2CH_2CH_2COCH_3$ 为萃取剂的雷道克斯（Redox）流程，以二丁氧基二乙醚 $(C_4H_9OC_2H_4)_2O$（英文缩写为

① 准确地说，是与溶剂形成络合物。

DBC）为萃取剂的布特克斯（Butex）流程等。处理含钍燃料的钍雷克斯（Thorex）流程也用磷酸三丁酯作为萃取剂。

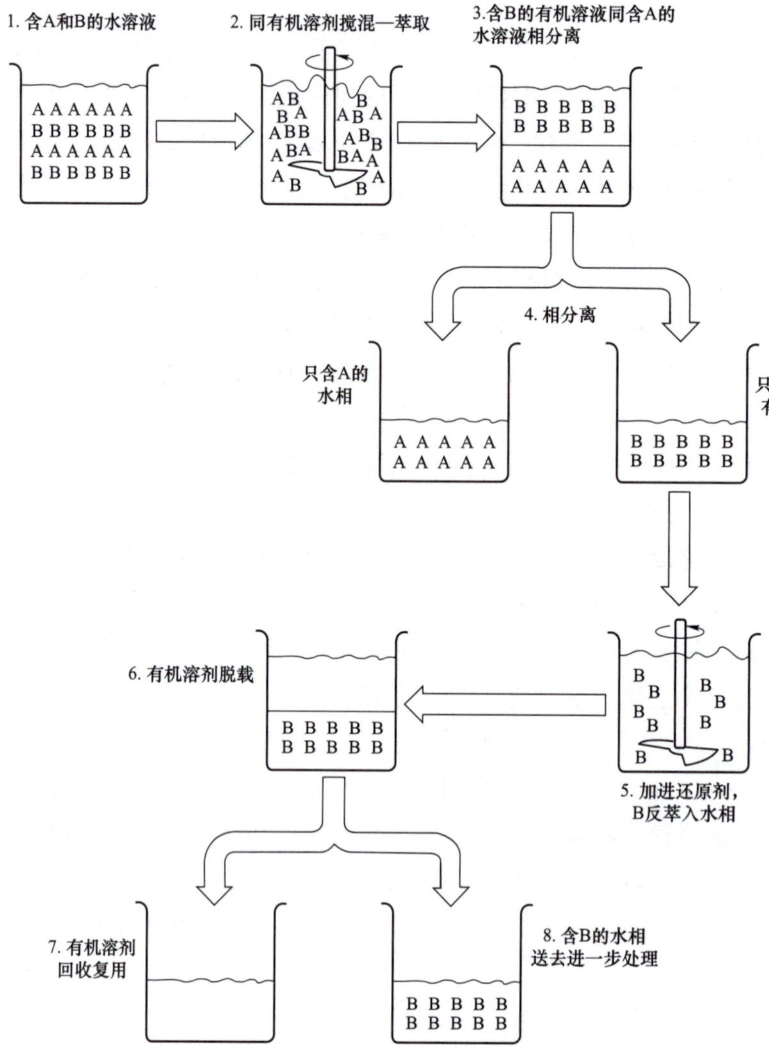

图 15-5　溶剂萃取法原理示意图

用煤油稀释的磷酸三丁酯有机溶剂对铀、钚的萃取能力，同溶剂浓度有很大关系。加入硝酸、硝酸盐类作为盐析剂，使水溶液中的硝酸根浓度增加，水的化学活性减弱，有利于生成硝酸铀酰、硝酸钚与磷酸三丁酯的络合物，而促进萃取。反过来，稀释的水溶液中的硝酸根浓度低，则会促使铀、钚从载带它们的有机溶液中反萃出来。

萃取能力又受到元素氧化状态（价态）的很大影响。六价铀和四价钚的硝酸盐很容易“溶解”于有机溶剂：

$$UO_2^{2+} + 2NO_3^- + 2TBP \longrightarrow UO_2(NO_3)_2 \cdot 2TBP$$

$$Pu^{4+} + 4NO_3^- + 2TBP \longrightarrow Pu(NO_3)_4 \cdot 2TBP$$

燃料溶液中的铀总是以硝酸铀酰 $UO_2(NO_3)_2$（六价）的形式存在。钚通常有两种形式：硝酸钚 $Pu(NO_3)_4$（四价）和硝酸钚酰 $PuO_2(NO_3)_2$（六价），后者不如前者容易“溶解”于有机溶剂，因此在调料时要用氧化氮通过溶液，把硝酸钚酰转化为四价硝酸钚。

三价钚 $Pu(NO_3)_3$ 基本上不“溶解”于 TBP/煤油。而钚比铀更容易还原到三价。因此，在反萃时，只要加进某种还原剂，如氨基磺酸亚铁 $Fe(NH_2SO_3)_2$ 或四价铀 $U(NO_3)_4$ 或其他小分子还原剂，使钚还原为三价而不使铀还原，就能把钚单独地反萃出来。这时六价铀留在有机相中，到下一道工序再反萃入水相。用这种方法可以实现铀、钚的分离。

只经过一次萃取和反萃的循环过程，不能达到所要求的净化程度，需要反复地进行萃取和反萃。现代后处理厂普遍采用的是普雷克斯（Purex）二循环工艺，如图 15-6 所示。第一萃取循环（称为铀、钚共去污循环）的净化系数可达到 10^4，第二萃取循环的净化系数可达到 10^2～10^3。乏燃料元件（组件）经过贮存后，机械剪切为元件短段，然后加入硝酸进行燃料溶解。溶解过程中产生的尾气需要处理，使用过的硝酸需要回收复用，元件溶解以后剩下的包壳、端头等材料作为高放废物进行处理。乏燃料硝酸溶解液进入到化学分离阶段，采用磷酸三丁酯（TBP）作为萃取剂，经过两个萃取分离循环，分别获得硝酸铀酰溶液和硝酸钚溶液，再经过转型转化为铀氧化物和钚氧化物固体产品。溶解液中的裂片产物不被 TBP 萃取而进入到高放废液（HLLW），溶剂萃取过程中产生的有机污溶剂经过净化后复用。

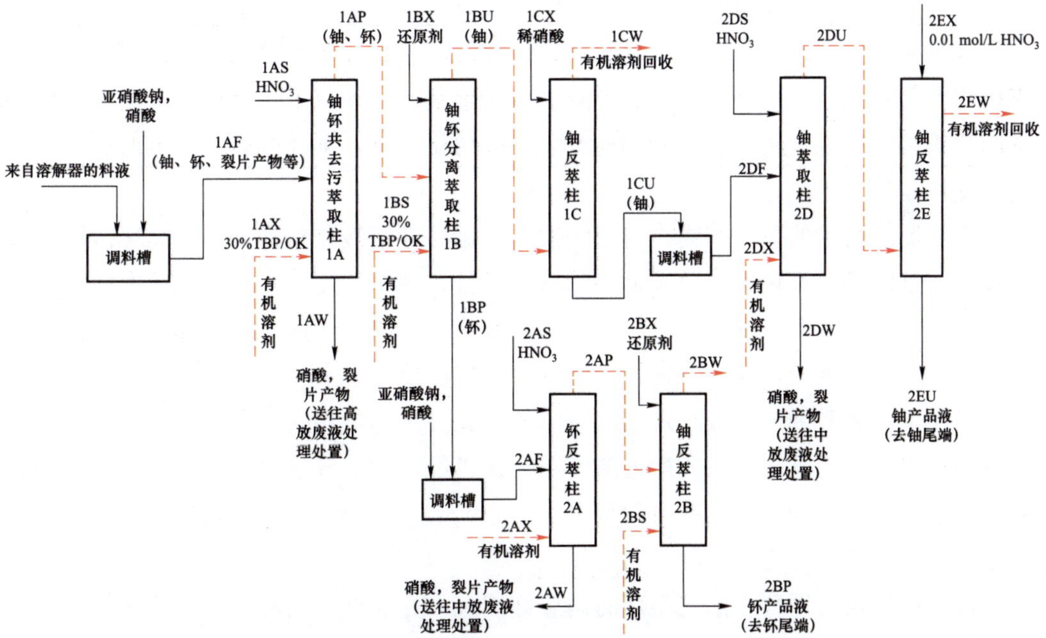

图 15-6　溶剂萃取分离——普雷克斯（Purex）二循环工艺

我国生产堆乏燃料后处理厂初期的铀线和钚线均采用三个溶剂萃取循环，在运行中发现操作困难、金属流失点多、试剂消耗量大等缺陷。改为二循环加尾端净化处理（“三改二”）后，既完全满足产品的质量要求，同时使操作简化，保证了连续稳定运行，提高了金属回收率，降低了原材料消耗量和生产成本。

图 15-6 中的萃取器采用的是萃取柱，如采用其他形式的萃取器（如混合澄清槽和离心萃取器），流程原理是一样的。对于硝酸钚溶液和富集铀的硝酸铀酰溶液，必须严防发生临界事故（见 15.7.3 节）。操作中要防止钚和富集铀的沉淀和积累。

燃料溶液在调料槽内用亚硝酸钠（$NaNO_2$）或二氧化氮将钚稳定在四价态，这是钚最有利于被磷酸三丁酯萃取的氧化状态。含有铀、钚和裂变产物的硝酸盐的料液；从第一柱（萃取柱）的中部引入。因为用煤油稀释的磷酸三丁酯有机溶剂比料液轻，故把它从柱底部引入往上流。当料液同有机溶剂接触时，磷酸三丁酯即同铀、钚盐结合成为易溶解于有机相的络合物，留下裂变产物在水相中。在柱的上半部，往上流的有机相受到硝酸洗涤，将可能进入有机溶液的裂变产物反萃入水相。从柱底流出的废液（萃残液）含有 99.95%以上的放射性裂变产物而不含铀、钚，作为高放射性废液送去长期贮存。废液中的硝酸，经过蒸馏净化，回收复用。从柱顶流出的溶解有铀、钚的有机溶液，仅含有极少量的裂变产物，随后进入第二柱（分离柱）。

有机相从中部进入分离柱后往上流，遇到含有还原剂和少量盐析剂（为了防止铀过多的反萃）的水溶液，将钚还原到三价，因而反萃入水相。含钚水相在往下流的过程中，受到从柱底新加进的磷酸三丁酯萃取，将可能进入水相的六价铀萃回到有机相中。含有几乎全部钚的水溶液从柱底流出，含有几乎全部铀的有机溶液从柱顶流出。

有机相从底部进入第三柱（反萃柱）后往上流，经过稀硝酸的反萃作用，把铀从有机相反萃到水相，从柱底流出。脱载的有机溶剂从柱顶流出。有机溶剂由于受到裂变产物的强放射性作用，会发生辐射分解，使质量下降，须经过碱洗、过滤、蒸馏或离子交换净化，才能回收复用。

为了清除残留的裂变产物，将硝酸铀酰和硝酸钚溶液分别送到第二循环做进一步的净化。铀线第二循环类似第一循环的后面两柱。调好浓度的料液进入萃取柱，遇到有机溶剂，将铀从水相萃取到有机相中。后者受到硝酸和还原剂的洗涤，使残余的钚和裂变产物留在水相。在反萃柱中，用稀硝酸把铀反萃出来。

净化了的硝酸铀酰溶液经过硅胶吸附的补充去污，将特别顽固的锆、铌、钌、铑离子清除出去，得到合格的硝酸铀酰产品。或再经过加热分解脱硝，成为三氧化铀。后者可进一步转化为二氧化铀或六氟化铀（见 9.5.1 节）。后处理厂所提供的铀的产品，同水冶精制厂一样，可有多种不同的形式（见 12.4 节）。

进入钚线第二循环和第三循环的硝酸钚溶液，先加进亚硝酸钠将三价钚氧化为四价钚，经过萃取和反萃，或再经过阴离子交换的最后净化，清除残余的裂变产物和铀，得到合格的硝酸钚溶液产品。或进一步用草酸沉淀，经过高温炉焙烧，成为便于贮存、运输的二氧化钚。

有机萃取剂和稀释剂都是有价值的化学试剂。在反萃除去铀和钚以后，要用氢氧化钠和碳酸钠溶液加以洗涤，再用硝酸洗涤，然后送回溶剂萃取主流程循环复用。洗涤工序是为了清除残留在有机相中的裂变产物、铀和钚，以及溶剂降解产物，后者是溶剂受到α、β 和 γ 射线的照射而分解生成的，数量虽小，却会妨碍正常的萃取过程。

图 15-7 表示工艺流程中水、硝酸和有机溶剂的回收复用系统。

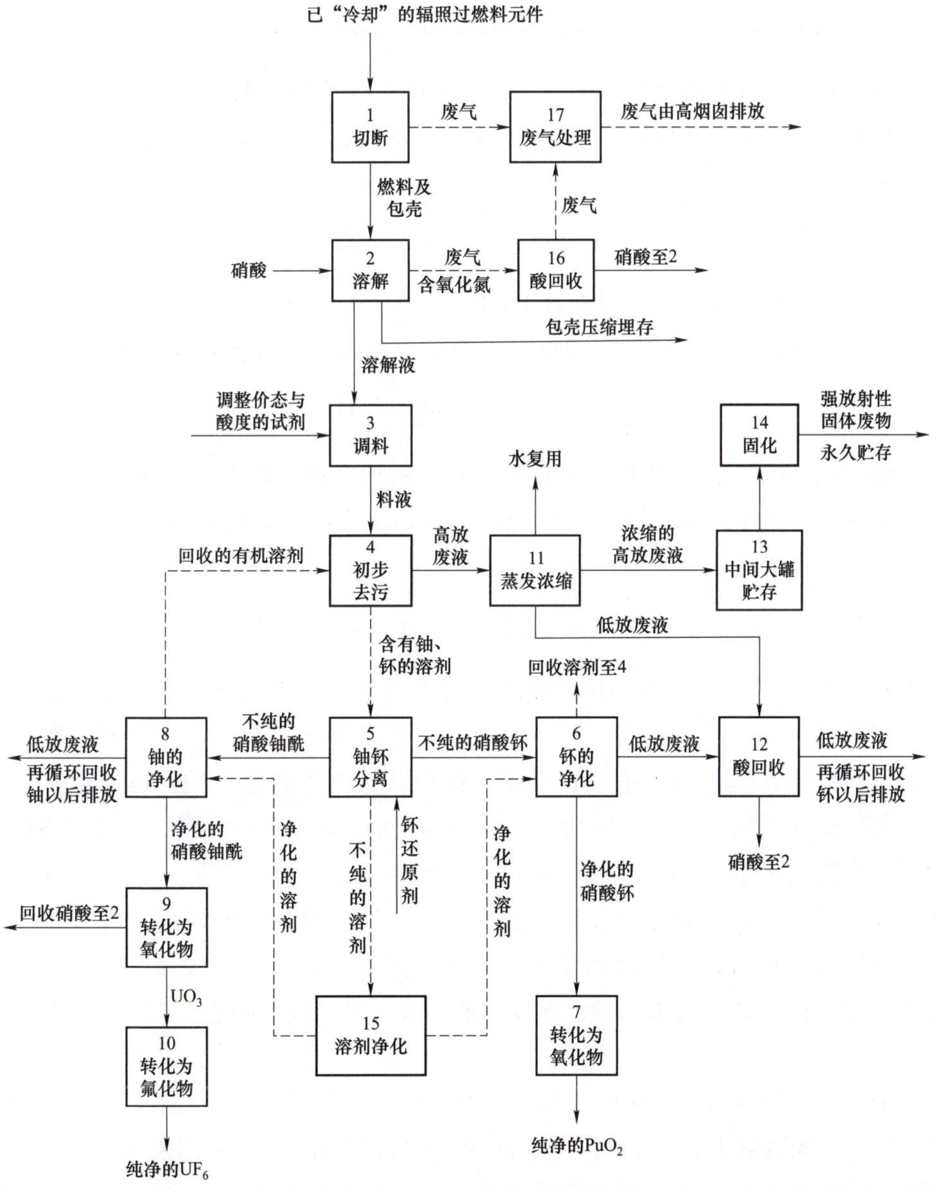

图 15-7　后处理厂的主要工序及物料回收系统

典型的普雷克斯流程的铀回收率可达到 99.2%～99.97%，钚回收率可达到 98.5%～

99.9%；先进后处理工艺对铀中裂变产物的净化系数可达到 1×10^7～5×10^7，对钚中裂变产物的净化系数可达到 2×10^8～3×10^8。产品纯度如表 15-4 所示。

表 15-4 普雷克斯（Purex）流程的产品纯度

产品	裂变产物比放射性活度	杂质
铀	＜3.7 MBq/kg（0.1 mCi/kg）	含钚＜10^{-8}
钚	＜37 MBq/kg（1 mCi/kg）	＜0.002

从溶剂萃取法废液中可提取多种十分有用的裂变产物和锕系元素。首先比较简单的是 ^{237}Np。在天然铀反应堆中，^{237}Np 主要由 ^{238}U 受能量高于 6.7 MeV 的快中子照射生成（见 15.3 节）：

$$^{238}U \xrightarrow[\sigma_c=0.69\ b]{(n,2n)} {}^{237}U \xrightarrow[6.75\ d]{\beta^-} {}^{237}Np$$

自生产堆卸出的核燃料一般含有 1～10 g ^{237}Np/tU，自天然铀动力堆卸出的可能含有几十克 ^{237}Np/tU。在富集铀反应堆中，^{237}Np 主要由 ^{235}U 受热中子照射生成：

$$^{235}U \xrightarrow[\sigma_c=101\ b]{(n,\gamma)} {}^{236}U \xrightarrow[\sigma_c=6\ b]{(n,\gamma)} {}^{237}U \xrightarrow[6.75\ d]{\beta^-} {}^{237}Np$$

^{237}Np 在低富集铀动力堆的辐照过核燃料中的浓度可达到 100～900 g/tU。^{237}Np 的主要用途是生产 ^{238}Pu。把 ^{237}Np 制成靶件，放到反应堆中受能量为 0.5～5 eV 的超热中子照射，可生成钚-238：

$$^{237}Np \xrightarrow[\sigma_c=169\ b]{(n,\gamma)} {}^{238}Np \xrightarrow[2.1\ d]{\beta^-} {}^{238}Pu$$

^{238}Pu 是极好的 α 放射性同位素能源，可以制造用于人造卫星和医疗心脏起搏器的同位素电池，具有比功率高（约 0.5 W/g）、半衰期长（88 a）、γ 辐射很弱而无需厚屏蔽层的优点，因此需求量与日俱增。镎可从溶剂萃取流程的强放射性萃残液中提取，这种做法的回收率高（约 95%），可同时回收萃残液中的钚，但放射性强，对试剂和安全防护的要求高；镎也可在第一循环中与铀、钚共萃取出来，而在以后的循环中加以分离，这种做法的设备增加量较少，防护要求较低，但须将原流程的第一、二循环略作修改，对控制和操作条件要求严格；镎回收率较低。无论如何，现代后处理工艺流程均综合考虑铀、钚及镎的回收，对已投产的后处理厂也多增加镎提取生产线。

图 15-8 所示为提取 ^{238}Pu 的流程示意图。将镎制备成镎靶件后放入反应堆中进行辐照，辐照后的镎靶中只有 10%～15%的镎转变为 ^{238}Pu。通常采用离子交换法或溶剂萃取法将辐照靶件中的 ^{238}Pu 分离提取出来。为了提高镎的利用率，溶液中的镎需要经过纯化后，重新制备成靶件复用。

关于后处理废液和尾气中其他锕系元素和裂变产物的提取，见 15.6 节。

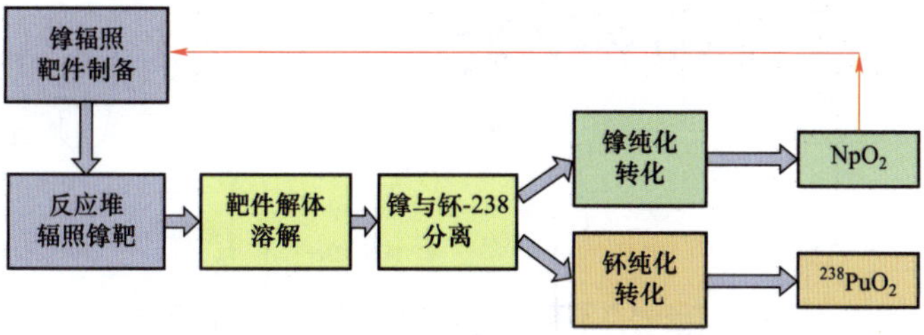

图 15-8　从辐照镎靶中提取钚-238 工艺示意图

15.5.2　氟化挥发法

用氟化挥发法可以避免溶剂萃取法的主要缺点——工序繁多和产生大量高放射性废液。它的原理是利用六氟化铀（UF_6）和六氟化钚（PuF_6）很容易挥发，而大多数裂变产物的氟化物在中、低温度下不易挥发，极少数易挥发的氟化物如 TcF_6、MoF_6、NbF_6、RuF_6 等又不难同六氟化铀相分离。

可以用氟气把脱去包壳的氧化物燃料（或金属燃料）直接氟化为六氟化铀和六氟化钚，这种方法的反应速度快，温度高，不易控制，腐蚀比较严重，铀、钚分离比较困难。因此，后来研究采用液态的氟化溴（BrF_3、BrF_5）或氟化氯（ClF_3）进行逐步氟化：六氟化铀是立即形成的，在挥发六氟化铀时，不挥发性的四氟化钚留在固体氟化物残渣内。清除了钚和裂变产物的六氟化铀，用精馏法或氟化钠吸收法净化，可达到相当高的总净化系数。钚的回收，原则上可进一步用氟气将四氟化钚转化为六氟化钚，然后加以挥发，使之与其他氟化物分离，但实际上有很大困难，因为六氟化钚太不稳定，极易分解。因此，氟化挥发法更适用于辐照后含钚极少的高富集铀燃料，如材料试验堆燃料元件。氟化挥发法的产品形式便于铀的再富集。由于没有萃取剂、离子交换树脂等有机试剂的辐射分解问题，氟化挥发法可以处理燃耗深、“冷却”时间短的燃料元（组）件，这对于快中子堆和高富集铀反应堆具有特别重要的意义。目前，这种方法还有不少工艺和工程问题未解决，特别是铀和钚的分离、钚的回收和净化、材料腐蚀和设备的远距离检修等，因此尚处在中间试验阶段，未能推广应用。

图 15-9 表示一种适用于轻水堆燃料元件的氟化挥发流程略图。使切断的燃料棒短段在氧化铝粉末流化床中，先同 400 ℃的 HCl 气体发生反应，将锆包壳变成 $ZrCl_4$ 挥发排除。再将 UO_2 芯体氧化为 U_3O_8 粉末，在一次氟化剂 BrF_5 的作用下，变成 UF_6，少数随同氟化的裂变产物用蒸馏法和吸附剂分离出来。然后用二次氟化剂 F_2 将留在流动床中的 PuF_4 氟化为 PuF_6，加以回收。大部分裂变产物则以固体氟化物的状态留在流动床中，随氧化铝粉末流出，这种方法基本上也适用于快中子堆燃料元件。

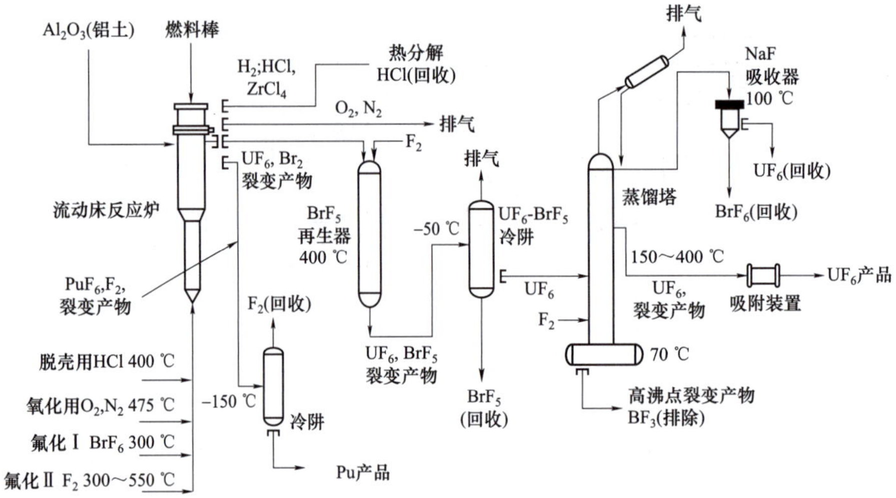

图 15-9　氟化挥发流程示例

15.5.3　高温冶金法

对于快中子堆，由于裂变燃料的装载量特别大，要求尽量缩短后处理时间，特别是“冷却”时间。在这种情况下，采用简单而便宜的分离方法以去除大部分（不是全部）裂变产物，并同燃料元（组）件的远距离再制造工艺相结合，很值得研究。

高温法是使燃料处于高温熔化状态下，通过挥发、溶解、结晶等反应，进行铀、钚与裂变产物的互相分离。高温法避免了对辐射敏感的有机试剂，适合于处理短期“冷却”的燃料组件。废物体积大大减小，而且都是固体，便于处置。但所有的高温法，净化系数都很低（约 10^2），因此不仅后处理过程，而且燃料元（组）件的再制造也必须采用远距离操作。后者困难很大，限制了高温法的工业应用。

前面介绍的湿法和氟化挥发法，着重考虑对回收的铀和钚再加工时须在无屏蔽的条件下进行直接操作，因而要求很高的净化系数。将来随着核燃料的多次循环复用，其中所含铀和钚的重同位素及超钚元素不断积累，无屏蔽的直接操作终将不可行。低净化系数的后处理方法将会伴随燃料元（组）件的远距离再制造工艺进入实际应用。

在各种高温法中，仅高温冶金法（又称熔化精炼法）做过工程试验。它的原理是：在 1 200～1 400 ℃的高温下（铀的熔点是 1 132 ℃），将熔化的金属燃料中的裂变产物一部分（Kr、Xe、Cs 等）挥发，另一部分（Ba、Sr、Te、稀土等）同氧化锆陶瓷坩埚起化学反应变成氧化物结渣，这样实现铀的部分净化。还有一部分金属裂变产物（Zr、Nb、Ru、Rh、Mo、Pd 等）不能清除，则掺入铀中成为合金元素一起复用。这种方法只能用于含有上述金属裂变产物的铀合金燃料，例如，美国 EBR-Ⅱ号实验快堆的燃料元件，其“冷却”时间约 15 d，回收的铀合金要用远距离铸造法再制成燃料元（组）

件（见 13.10 节）。

表 15-5 所示为三种后处理方法的比较。

表 15-5　三种后处理方法的比较

	溶剂萃取法	氟化挥发法	高温冶金法
1. 燃料周转	慢	中等	快
2. 系统	复杂	中等	简单
操作时间	长	中等	短
操作条件	通常	高温（350～550 ℃）	高温（800～1 000 ℃）
辐照损伤	严重	轻微	轻微
3. 回收率	高	高（钚回收有问题）	低
净化系数	高	高（钚净化有问题）	低
4. 废物处理	量多，容易	最少，容易	最少，困难
5. 燃料元（组）件再制造	直接操作	直接操作	远距离操作
6. 存在问题	（1）流程的简化 （2）废物处理 （3）有用同位素的分离回收 （4）临界安全 （5）溶剂的辐射分解	（1）氟化的条件 （2）钚的净化 （3）连续性生产 （4）材料腐蚀 （5）临界安全 （6）计量管理	（1）连续性生产 （2）高温材料 （3）元（组）件的远距离再制造 （4）回收率 （5）净化系数

15.5.4　熔盐电解精炼法

熔盐电解精炼技术是美国阿贡国家实验室（ANL）为处理实验增殖堆 EBR-Ⅱ金属乏燃料而开发的，其原理是利用铀钚等锕系元素与裂片元素在熔盐体系中的氧化还原电位差异，通过电位控制实现分离。熔盐电解精炼的原理见图 15-10。将切割后的乏燃料装在阳极吊篮中，以不锈钢作为固体阴极、液态 Cd 作为液体阴极，浸没到 450～500 ℃的 LiCl+KCl 混合物熔盐中进行电解。电解精炼过程中所发生的主要反应如下：阳极，U 乏燃料→$U^{3+}+3e^-$和 Pu 乏燃料→$Pu^{3+}+3e^-$；不锈钢阴极，$U^{3+}+3e^-\rightarrow U$；液 Cd 阴极，$U^{3+}+3e^-\rightarrow UCd$ 和 $Pu^{3+}+3e^-+6Cd\rightarrow PuCd_6$。通过阳极的金属乏燃料熔解及阴极的电沉积使得乏燃料中的铀、超铀元素、稀土元素、其他裂变产物等得以分离。

图 15-11 给出了部分锕系元素和镧系元素在不同阴极材料上的还原电势。由于快堆采用铀钚或铀与超铀混合燃料，因而后处理钚与铀及超铀的分离要求低。相较于水法后处理，干法后处理过程简单所需设备少。其缺点是氯化物对材料腐蚀严重，只能是批式操作，不便于检维修，工艺和装备可靠性要求高。

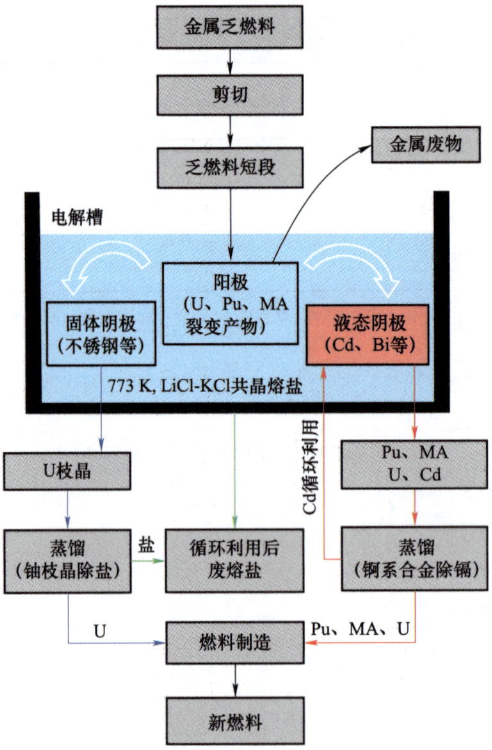

图 15-10　熔盐电解后处理工艺示意图

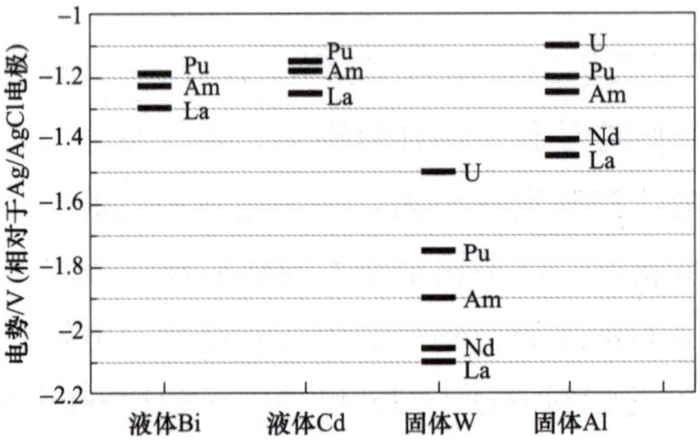

图 15-11　部分锕系元素和镧系元素在不同阴极材料上的还原电势

采用熔盐电解精炼技术已经成功处理了 3.4 t 来自美国 EBR-Ⅱ反应堆的乏燃料，其中 830 kg 为驱动燃料，其余为增殖层燃料。在电解精炼过程中，阳极的乏燃料能够完全熔解，其中铀钚的熔解率分别为 99.8%和大于 99%，电流效率最高达到 80%左右。但是熔解速度成为限制电解精炼速度的关键步骤。液体阴极得到的产品中 U 的含量在 25%～60%，基本满足将液体阴极的混合 TRU 产物进行快堆嬗变的需要。经过处理，液态阴极混合物中 99%的 Cd 可以分离，减少了阴极废物体积。

15.5.5　电化学氧化物沉积法

电化学氧化物沉积法是俄罗斯原子反应堆研究所（RIAR）开发的用于处理氧化物乏燃料的一种干法后处理技术，其工艺流程如图 15-12 所示。首先向 660 ℃的 NaCl+CsCl 熔盐体系中通入氯气。在氯气的作用下，铀以铀酰离子形式存在，钚和其他金属阳离子以金属离子形式存在，其中钚以 Pu^{4+}形式存在。Zr、Nb、Mo、Sb、Ru 和 Te 等裂片元素的氯化物由于其沸点低，氯化挥发后进入尾气处理系统。大部分易挥发裂片元素在该阶段被除去。

在体系中通入氯气、氧气和氮气时，熔融的铀钚可以（U，Pu）O_2 的形式共沉淀到阴极上。向熔盐中加入 Na_3PO_4，使 PO_4^{3-}与熔盐中的次锕系元素（镅、锔）和稀土元素反应生成沉淀以净化熔盐。电化学氧化物沉积法已经进行了半工业规模的实验，累计处理了来自俄罗斯 BOR-60、BN-350 等反应堆的多种乏燃料，U 的收率均大于 99%，Pu 在一次电沉积的收率约为 95.6%。如果将含 Pu 的废熔盐返回首端复用，有可能将 Pu 的收率提高到 99%以上。

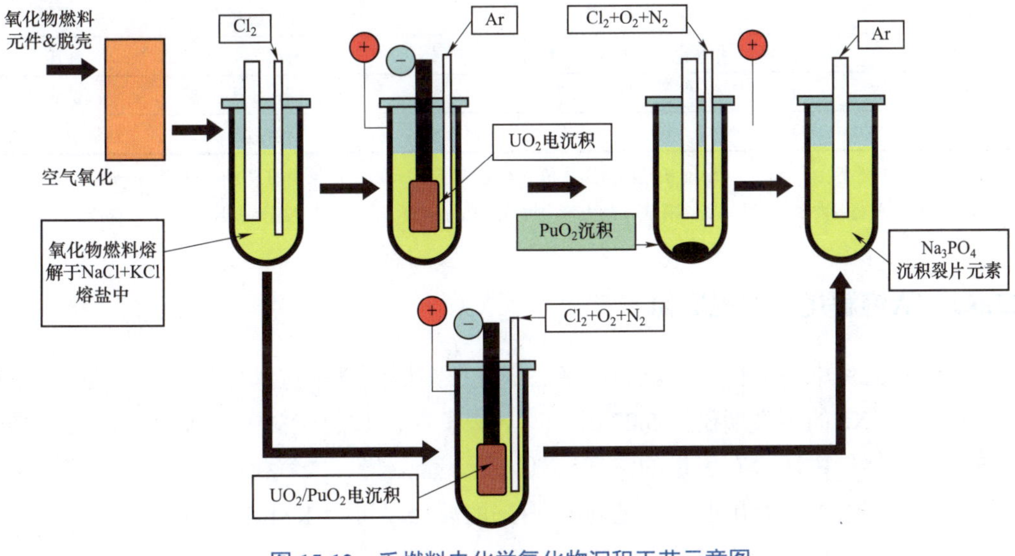

图 15-12　乏燃料电化学氧化物沉积工艺示意图

15.6　裂变产物和锕系元素的回收利用

经过后处理，除铀、钚（可能还有镎）以外的锕系元素和绝大多数的裂变产物都进到高放射性废液和溶解尾气中去了。如将其中的长寿命核素和 α 放射性核素除去后，再进行废液固化和尾气排放，可以大大提高废物贮存的安全性，有利于环境保护。同时，这些裂变产物和锕系元素对工农业、国防、医疗卫生和科学研究具有相当高的价值，应考虑其回收利用。表15-6所示为辐照过燃料中有回收价值的核素的性质和用途，注意其生成量随燃料的种类和燃耗深度有很大变化。

表15-6 辐照过燃料中有回收价值的核素的性质和用途

核素	裂变产额/%	半衰期/a	辐射类型	产品的化学形态	主要用途	来源
^{85}Kr	1.5	10.7	β、γ	气体	工业测厚，检漏原子灯	溶解器的废气
^{90}Sr	5.6	28	β	$SrTiO_3$	能源，β辐射源，荧光粉	高放废液
^{99}Tc	6.2	21万	β	金属	防腐剂，合金元素，超导材料	高放废液
^{106}Ru	0.5	1	β	金属	β辐射源，电子工业	高放废液
^{137}Cs	6.2	30	β、γ	含铯玻璃	γ辐射源，能源	高放废液
^{144}Ce	5.6	0.78	β、γ	CeO_2	γ辐射源，能源	高放废液
^{147}Pm	2.5	2.6	β	Pm_2O_3	β源，荧光粉，X射线源	高放废液
^{237}Np	*	220万	α、γ	NpO_2	生产 ^{238}Pu 能源的靶材	高放废液
^{241}Am		458	α、γ	AmO_2	α源，γ辐射源，靶材	［高放废液，长期存放的钚及钚冶金废料］
^{243}Am		7 950	α、γ	AmO_2	靶材	
^{242}Cm		0.45	α、γ		衰变为 ^{238}Pu	
^{244}Cm		17.6	α、γ		能源，α辐射源，靶材	
元素Rh	3.7	稳定	［微量杂质 ^{102}Rh 的β、γ］	金属	催化剂	高放废液
元素Pd	1.5	稳定	—	金属	催化剂，电子工业	高放废液
元素Xe	12	稳定	—	气体	特种灯	溶解器的废气

注：辐照过核燃料中 ^{237}Np 和 ^{241}Am 的产额随燃耗和中子能谱而异。一般生产堆中的 ^{237}Np 产额为几 g/tU，在天然铀石墨动力堆和重水动力堆中为几十 g/tU，在轻水动力堆中可达到几百 g/tU。^{241}Am 的产额为 ^{237}Np 的10%～20%。

15.6.1 从溶解尾气中提取氪

核燃料元件中的惰性气体氪和氙绝大部分在溶解过程中进入尾气。^{85}Kr 的半衰期为10.7 a，^{133}Xe 的半衰期仅为5.27 d，在“冷却”时间长的燃料中 ^{133}Xe 的含量已降至很低。溶解尾气中还含有大量的空气、氧化氮、水蒸气、二氧化碳等。为了使尾气中氧化氮含量降低到符合用低温工艺回收 ^{85}Kr 的要求，可用 $KMnO_4$-NaOH 混合液洗涤法清除残余的氧化氮。

氪的提取有两种方法。一种是活性炭吸附法。将溶解尾气经洗涤、干燥、预冷后，送入活性炭床，在液氮的冷却下使气体液化并一一被活性炭吸附。活性炭床可以完全吸附氪、氙而与空气组分（氧、氮）分离。接着对活性炭进行加热和解吸。升温时除氪以外的杂气先后被解吸出来，从烟囱排放掉。随着温度继续升高到100 ℃左右，氪也被解吸出来，转送到冷阱或气柜贮存。裂变气体氪含有大量的稳定同位素 ^{82}Kr、^{83}Kr、^{84}Kr 和 ^{86}Kr 等，所以产品中 ^{85}Kr 只占5%左右。

另一种方法是低温精馏法。将初步净化、干燥后的溶解尾气加压（2～2.46 MPa）冷冻（至−32 ℃），利用氟利昂 $CC1_2F_2$ 作溶剂吸收氪、氙及其他杂气。然后减压、升温进入精馏柱，去除氧和氮，最后利用氪、氙的沸点差（氪的沸点为 – 153.2 ℃，氙的沸点为 – 108.8 ℃，氧的沸点为 – 182.6 ℃，氮的沸点为 – 195.8 ℃）进行彼此之间的分离。

回收的氪可用以充填白炽灯泡、荧光灯、卤素灯、高压弧光灯等，也可用作同位素电池的能源，以及厚度计等放射性仪表的辐射源。

15.6.2　高放废液中裂变产物的提取

从普雷克斯（Purex）流程的高放废液中提取裂变产物的方法，有沉淀法、溶剂萃取法、离子交换法及这些方法的不同组合。

锶-90 的提取以溶剂萃取法为主。其产品回收率较高，净化效果较好。一般采用有机溶剂双 – 2 – 乙基己基磷酸 HDEHP 为萃取剂，先把锶和稀土元素共萃取入有机相，再用不同浓度的硝酸把它们分别反萃到水相，成为含锶液流和含稀土液流。含锶液流经再一次萃取和反萃，清除掉残余的稀土，经阳离子交换树脂的净化，清除掉钙、钡杂质后，可得到纯净的锶产品。产品中锶-89 的半衰期较短（50.4 d），随着时间的延长而逐渐消失。锶-90 是半衰期为 28 a 的纯 β 放射体，用以制成同位素电池在人造卫星、海岸照明浮标、无人气象站中，或制成β辐射源在医疗、核仪器仪表中，有广泛应用的价值。

锝-99 常用阴离子交换法提取。先用碱把高放废液中和成弱碱性清液，注入树脂交换柱，经两次吸附净化，除去铈、铯、钌、锆、铌等杂质，用浓硝酸洗提得到较纯净的硝酸锝，再经脱硝浓缩和过滤转化，成为高锝酸铵产品。锝-99 是 β 放射体，γ 射线很弱。它是性能优良的超导材料和抗腐剂。由于它的半衰期特别长（21 万 a），可制成为稳定的标准源。

铯-137 是环境保护中需要加以防范的一种中长半衰期（30 a）强放射性同位素。从普雷克斯（Purex）流程的高放废液中提取铯主要采用离子交换法。由于有机离子交换树脂的耐辐照性和耐热性不易解决，现多采用无机离子交换法。可用的材料有天然沸石和磷酸锆 $Zr_3(PO_4)_4$。将调好酸度的高放废液送入磷酸锆离子交换柱来选择性地吸附铯，饱和后用去离子水和稀硝酸反复洗涤，以去除钠、铁、镁、铷等杂质离子。最后在提高的温度（约 70 ℃）下用浓酸淋洗，可得到浓集的 $CsNO_3$ 或 CsC1 产品液。通常的产品形式是铯玻璃或固体氯化铯（由 CsC1 溶液加热烘干制成）。铯-137 的半衰期长，屏蔽要求比钴-60 低，是很好的 γ 辐射源，可用于医疗上的灭菌消毒，农业上的杀虫灭菌，化工上的辐射聚合和交联以制造新材料，或作为仪器工业上各种非接触式测量仪表的点源、线源等。

钷是唯一在自然界里不存在的稀土元素。由于稀土元素的化学性质相似，互相分离很困难，提纯尤其困难。从普雷克斯（Purex）流程的高放废液中提取钷，可以采用多次沉淀同离心分离相结合的方法，或级数很多的连续逆流溶剂萃取法。或者先用沉淀法或萃取法清除掉废液中的锶、铯、锆、铌等杂质，分离出所有的稀土元素，再用加入适当络合剂的离子交换法使钷与其他稀土元素分离。最后用草酸将钷沉淀下来，在空气中加热煅烧成为 Pm_2O_3 产品。^{147}Pm 是强 β 放射体，它的 γ 射线很微弱。

15.6.3 高放废液中次锕系元素镅锔的提取

关于从普雷克斯（Purex）流程中提取镎，已在前面叙述（见 15.5.1 节）。在动力堆乏燃料中积累较多的锕系镅、锔核素是 ^{241}Am、^{242}Am、^{243}Am 和 ^{242}Cm、^{243}Cm、^{244}Cm。^{241}Am 是 α 放射体，作为 α 辐射源，可用于测量胶片厚度和气体组成，或制造火灾报警器、静电消除器、避雷针等。利用其（α, n）反应，可制成镅–铍中子源。由于 ^{241}Am 的 γ 射线能量很低，它又可作为低能 γ 辐射源，用于测量轻质薄板厚度和金属覆盖层厚度。^{242}Am、^{243}Am 可做成靶材，生产更重的超钚元素。^{242}Cm 和 ^{244}Cm 是优良的α辐射源，适宜用作空间能源。

从流程的高放废液中提取镅、锔比较复杂，通常采用溶剂萃取同离子交换相结合的方法。即先用萃取法使锕系元素同稀土以外的其他裂变产物及杂质元素相分离；再用萃取法使锕系元素同稀土元素相分离；最后用离子交换法纯化和分离镅、锔。对于具体的工艺流程，各国实验室做过大量的研究，所用的试剂和工艺参数各不相同。

较有前景的次锕系元素（镅、锔）萃取分离流程如下。

（1）DIMAEX-SANEX 流程，利用二酰胺类萃取剂（如 DMDBTDMA、TODGA）从高放废液中共萃取分离锕系元素和镧系元素，然后利用双嗪联吡啶类萃取剂（如 BTBP、$CyMe_4$-BTBP 等）从镧系元素中分离锕系元素。该流程的主要优点是能与 PUREX 流程的萃余液相溶，选择性地分离次锕系元素。其中 DIMAEX 流程和 TODGA 流程已经用真实高放废液进行了热实验，结果令人鼓舞。缺点是吡啶类萃取剂的稳定性较差，萃取动力学较慢。

（2）TRPO 流程，采用三烷基氧膦为萃取剂从高放废液中分离出锕系元素（TRPO 流程），然后利用二硫代次磷酸从镧系元素中分离锕系元素（Cyanex301 流程）。其中 TRPO 流程已经采用真实废液进行了成功实验，其主要缺点是需要调整萃取酸度，Cyanex301 萃取过程中也需要严格控制 pH。

（3）TUREX 流程，以烷基氧化膦（CMPO）为萃取剂从高放废液中萃取锕系元素的 TRUEX 流程，也开展了很多研究，有一定应用前景。

15.7 后处理厂的特点和规模

后处理厂不同于一般的化工厂，其特点如下。

15.7.1 放射性强

前已阐述，辐照过的核燃料虽经长期“冷却”，仍具有极强的放射性，不能接近操作。因此，后处理厂的第一个特点就是：工艺设备被包在很厚的屏蔽墙里面，须借助于远距离和自动化方法进行操作、控制和监测，对工作人员要采取周密的辐射防护措施。因此往往一般化工厂中很简单的操作，在后处理厂中却变得异常复杂。去污和维修也特别困难。考虑到射线对物质的辐照效应，所用的试剂、材料、仪表等须具有耐辐照性能，然而，诸如有机溶剂的辐射降解、离子交换树脂的辐射损伤、储存废水的辐射分解等终究不可避免，需采取相应措施防止次级损害的发生。

后处理工艺流程中需要屏蔽的辐射主要是裂变产物的γ射线，设计时特别要考虑穿透力最强的硬γ射线。它的来源在短期“冷却”的燃料中是镧-140（钡-140 的衰变子体）；在长期“冷却”的燃料中是铈-144。必须用屏蔽墙保护操作人员和敏感的仪器设备免受辐射损伤。普通混凝土是最经济实用的屏蔽材料。为了把操作地点的辐射强度减弱到容许水平（0.01 mSv/h，即 1 mrem/h），需要用厚 0.5～1.8 m 的混凝土墙把设备同人隔开。采用加进重晶石、铁矿石或碎铁块作为骨料的重混凝土，可减小屏蔽厚度和体积，但造价高于普通混凝土。

为了便于设备的维修，通常把设备布置在互相隔开的屏蔽小室内，把小室排成一排或两排长列，外面是操作走廊。整个厂房的外貌是很长的高大混凝土建筑物。图 15-13 所示为一座后处理厂的厂房剖面图。

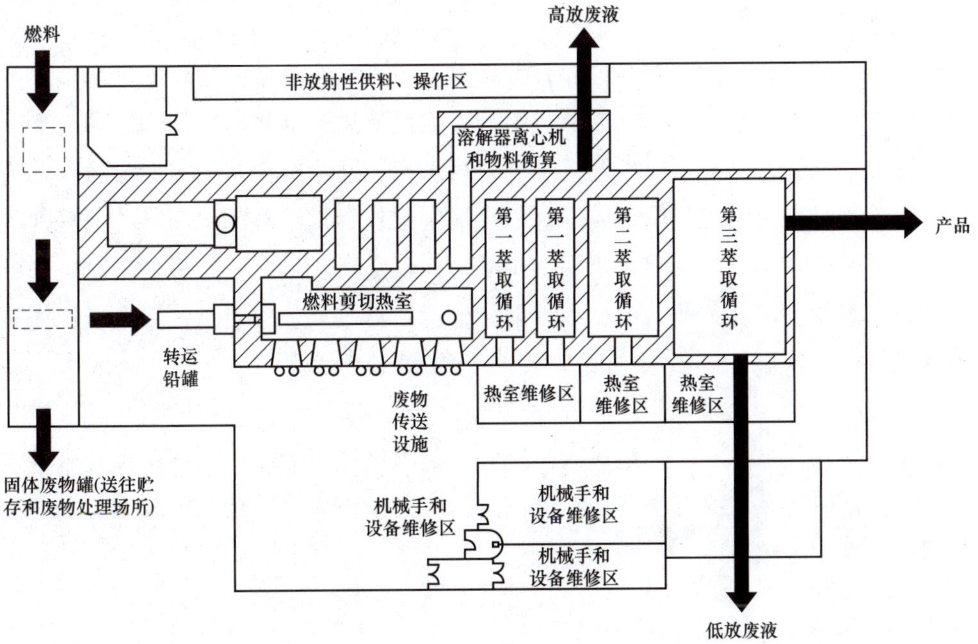

图 15-13 一座后处理的厂房布置图

远距离操作的工艺设备，如泵、阀门、反应器等，在结构上必须十分可靠、不漏和操作方便；所需的维修越少越好，在必要时又要便于快速维修或更换。例如，对于法兰之类的设备应尽量减少螺栓数目，并使其适于用快速扳手拆卸，以减少人员所受的辐射剂量。尽量少采用易磨损或需润滑的设备。应避免使用辐照稳定性差的材料如塑料、橡胶、润滑油，以及易碎材料如玻璃等。密封垫片、仪表套管可采用金属制品。由于在工艺过程中到处遇到硝酸溶液，不锈钢是广泛应用的材料，设备和管道要用焊接后仍保持良好耐腐蚀性的低碳不锈钢制造。设备与管道之间的连接宜采用焊接，以避免连接处液体漏出，造成设备外表面污染。焊接要求高质量，并须经过严格检验。在投入放射性物料以前，所有设备要用热硝酸清洗和浸泡，以进一步检查是否还存在任何焊接缺陷。

除非采用复杂的遥控维修设施，设备维修前须用酸碱清洗以去除沾污，使辐射强度下降到人可以接近的水平。工厂的可利用率在很大程度上取决于去污和维修所花费的时间。因此，所有设备要设计得便于去污。由于放射性物质易积存在凹凸不平和粗糙的表面上，影响去污工作的效率，对设备要求相当高的表面光洁度。安放设备的小室在发生泄漏时也需要去污，因此墙壁和地面须用不锈钢覆面。考虑到在设备室内工作时间限制到很短，为了节省安装临时脚手架或梯子的时间，应在难以接近的地点设置不锈钢制的永久性梯架。所有焊接结构、墙壁和地面的不锈钢覆面、永久性梯架等的焊接表面都应当是平滑的。为了便于设备内部去污，在工艺容器内应设置喷淋器，既可减少去污剂用量（不必充满整个容器），又提高去污效果。

对于磨损严重的重要设备（例如剥壳机、剪切机），有时装有靠机械手远距离操作的维修设施。

仪表监测特别重要。有关液位、密度、温度、压力、流量、酸碱度、化学浓度、裂变产物放射性活度的信息，均须从放射性区域准确无误地传送到操作区域而不带任何放射性。仪表必须绝对可靠。对置于强辐射场中的一次仪表，需考虑辐射引起的偏差、绝缘的破坏、材料变形的影响等。取样测定强放射性溶液的浓度是一项特别复杂的操作，样品的传送需要屏蔽，需要利用热室作远距离化学分析，或运用微量分析技术。现在已采用自动化的在线分析代替取样分析。对于大量的测点，用电子扫描装置代替大量的二次仪表。

为了辐射安全，通常把生产厂房划分为三个区域：热区（或污染区）是放置工艺设备的强放射性区域，平时不能进入；维修区是维修设备的区域，应控制人员进入，维修人员进入时须采取必要的防护措施；清洁区是操作人员停留的区域，那里的放射性水平应在规定限值以下。

15.7.2　毒性大

在13.3.5节已经阐述，钚是剧毒物质，绝不允许进入人体。在铀、钚分离以前，钚高度分散在其他强放射性物质中，因此既需要密封，又需要屏蔽。对于净化和浓集后的钚，虽不需要厚重的屏蔽，但所有沉淀、化学转化、金属还原等工序，均需在有特殊通风和保持负压的密封设备中进行，不允许有丝毫的泄漏。钚在空气中的最大容许浓度是 0.074 mBq/L（2×10^{-15} Ci/L），在人体内的最大容许含量是 0.6 μg。在一座日处理量 5 t 的大厂内，钚的流量可达到 45 kg/d，因此安全问题必须重视。

在有放射性气体、蒸汽、粉尘的场合，均须采取措施，防止放射性物质进入人体造成内照射伤害。通风系统应保证污染的空气不会倒流入操作区域。通风的气流应总是从污染程度低的地方流向高的地方，最后经过过滤器和高烟囱排入大气。

15.7.3　临界事故的危险

后处理厂除了防火、防爆（例如煤油易着火，氢氧混合物和有机溶剂硝酸盐混合物易爆炸等）问题外，还需注意防止核临界事故。含有富集铀-235、钚和铀-233 的溶液，在工艺过程的许多情况下可能聚集到临界质量（均匀溶解于水中的钚-239 的最小临界质量在全水反射层的条件下为 480 g，相应的铀-235 的最小临界质量为 760 g，见 2.3.1 节），临界事故的后果将是严重的射线辐照和放射性沾污，可能造成设备损坏、人员伤亡或工厂长期停产。必须采取防范措施，并设置一整套监测厂内各部位任何时刻的易裂变物质存留量的手段。下面列举防止发生临界事故的方法（见表 15-7），其中一些无须操作人员动作的方法对安全更有保证。

（1）质量限制——只要存留在某一容器或厂内某一区段内的易裂变物质的总量不超过规定限值（见表 2-4），则无论怎样调动这些物料，也不可能达到临界状态。后处理厂中易裂变物质的质量限制，有赖于完善的物料衡算制度和对操作程序的严格控制。

（2）浓度限制——这种方法特别适用于低浓度裂变燃料溶液的大规模连续处理，如热中子堆乏燃料后处理厂（钚的最后浓缩和贮存阶段除外）。浓度限制说起来很简单，综合的临界安全却需要在线监测和控制许多工艺过程参数，包括非裂变物料的流量，易裂变核素溶液的浓度，含易裂变核素的固体颗粒的积聚等。

（3）几何形状限制——要点在于限制设备的各项具体尺寸，使易裂变物质的浓度、化学形态或配置情况的任何改变，以及环境条件的任何改变，都不可能导致临界。常用的受限制尺寸是无限长圆柱体的直径或无限大平板的厚度，其表面积/体积比值高，促使中子大量泄漏出去。这种设计上的控制方法特别适用于小容积、高富集燃料的处理，例如，材料试验堆燃料元件的水下贮存容器等。

（4）中子毒物——在设备设计中引进中子毒物（如含硼、镉的结构材料或填料），或在处理对象溶液中加入中子毒物（如含硝酸镉、硝酸钆的化学试剂），可减轻对其他控制方法的要求，并容许使用较大尺寸的设备，但为了确保毒物始终保持所需的形态或浓度，不因腐蚀或其他化学反应而消散，需要增加中子监测或化学分析项目，增加管理控制和运行费用。因此，采用此法需要权衡其利弊。有时可在设备外部设置固定的中子吸收体，例如，用镉板同含氢材料（作为慢化剂，以提高吸收中子效率）组成的夹层板来隔开或屏蔽设备和部件，以防止它们之间的中子相互作用导致链式反应。

表 15-7　几种临界控制方法的比较

方法	优点	缺点	适用场合
质量限制	适用于少量的处理； 具有灵活性	要注意误差； 须定期清洗设备； 须考虑相互作用； 有时须控制慢化剂	实验室； 试验装置； 精制工段
浓度限制	设备可随意修改； 没有相互作用问题	管理困难（流速、酸碱度）； 须防止沉淀和生成高分子化合物的危险	第一循环； 废液罐
尺寸形状限制（几何安全形状）	不需要限制浓度、质量或慢化剂	须考虑相互作用； 设备容量受限制； 设备修改、泄漏时须加以注意	适用于溶液、悬浮液、粉末的处理； 适用于连续作业
中子毒物	经济、实用	须防止中子毒物不存在	贮存罐； 输送溶液时可能发生事故的场合； 溶解器（采用均匀的中子毒物）

后处理厂中常用的方法是限制物料的浓度并辅以中子计数监测。当不可能用限制浓度或质量的方法来保证临界安全时，必须把容器和设备做成几何安全形状（如扁平的盘或细长的管）。这个方法最保险，缺点是投资大，因为需要采用许多小直径容器，互相隔开一定的距离，而且这些容器全部要用厚混凝土墙包围起来。

为了确保临界安全，钚的萃取循环草酸盐沉淀及其煅烧等工序均须在几何安全的设备中进行。对于富集度超过一定值（如5%）的铀的操作，通常也要在几何安全的设备中进行。

在万一发生临界事故的情况下，准确地测定工作人员所受剂量，对于确定医疗原则和评估事故受害者的愈后状况是非常必要的。临界事故剂量的测定，一般采用各种金属活化箔组成的活化箔群，以确定中子能谱和强度，再换算成剂量当量。如未佩戴这种探测元件，可测量人员身上被中子激活的毛发、牙齿、血液、衣服扣子及其他物件的放射性活度并由此估算出剂量当量。在完全缺乏数据的情况下，就需用模拟实验来补充。

15.7.4　可靠性、密封性和维修条件要求高

后处理厂需要特别重视系统和设备的可靠性、密封性和维修条件，以确保安全连续生产。需要采用耐腐蚀和抗晶间腐蚀的不锈钢材料，长寿命的轴承和密封件，以提高维修质量。

后处理厂运行经验表明，放射性设备的维修是工厂停工时间长短和操作人员受辐射剂量大小的主要影响因素。设备维修有直接维修和间接维修两种方式。生产堆乏燃料后处理厂多采用接触维修，即直接维修；动力堆乏燃料后处理厂由于乏燃料的比放射性活度高，倾向于采用远距离维修，即间接维修。两者各有利弊。后来出现了远距离维修同直接维修相结合的维修方式——混合维修。

（1）直接维修——对于直接维修的设备，要求清洗去污后的表面剂量率，在20 cm

处≤1 mSv/h。在后处理厂中，日常维修和停运维修的工作量都不小，而且日常维修更为困难。有时设备或部件临时损坏，短时间内清洗去污达不到污染容许限值，这时抢着进行维修，就会使维修人员受到超常照射。裂变产物的 β 辐射剂量率常比 γ 辐射剂量率高 2～3 个数量级，许多核素的 β 射线能量又高于 γ 射线能量，所以在维修高、中放射性设备时，除了事前检测 γ 剂量率以外，一定要检测 β 剂量率，佩戴必要的防护用具或保持适当的维修距离，以免手部被 β 射线灼伤。在进入钚线设备室进行维修时，由于气溶胶中的 α 浓度超过限值，除了加大区域排风量以外，维修人员要佩戴高效防护口罩或穿上防护气衣。这些防护措施均使本来是比较简单的维修工作（如更换密封垫圈）变得很复杂。

停运维修的条件比日常维修好得多。因为在停运的情况下，设备、阀门、管道经过清洗去污，放射性污染水平都达到规定限值以下。只要制定好切实可行的维修方案和周密得当的工作程序，做好各项准备工作（如进行剂量普查，设置局部屏蔽，测定缺陷的性质和大小，加工制出合格的更换件，准备好工具和防护用具等），就能在维修人员受到最低辐射剂量的条件下，高质量地完成任务。

（2）远距离维修——这是指用吊车、机械手、机器人和专用拆装机具对设备或部件进行拆卸或更换，以及管道的切割、焊接等工作，维修人员在观察窗或电视机前遥控操作。它的优点是待修设备不需要清洗去污到放射性污染容许限值以下，废液量少；维修人员基本上不受到射线照射；放射性污染不易扩散；维修时间短，生产开工率高。

需要远距离维修的设备，在设计、制造、安装时就要创造便于远距离维修的条件，例如：① 为安装时准确定位，设置导轨、销钉、凹槽等，其加工精度应为 1～2 mm；② 设备之间、设备与墙壁之间应留有 30～60 cm 的间距，设备布置不能在垂直方向上互相重叠；③ 设备同管道的接头螺母、设备的底座螺母等能用电动扳手或机械手夹子松紧，松开螺母后就能拆卸，等等。

设备用运输容器吊出后，先在热室中清洗去污，再送到热维修间或温维修间进行检查修理。

远距离维修方式的缺点有：设备室内的设备和管道不能重叠布置，设备室庞大，费用高；维修用的机具复杂，加上复杂的遥控执行机构，造价昂贵。

（3）混合维修——对于放射性污染水平较高、维修比较频繁或清洗去污比较困难的设备，将设备做成组合式或模块式的，布置在专门设计的几个设备室内，用远距离方式进行维修。或者将拆除的设备装在可移动式容器内搬运到别处维修，或用带机械手的屏蔽小车驶近拆装。对于中、低放射性或不常维修的设备或部件，则采用直接维修方式。

15.7.5　加强废物管理，严格控制废气、废液的排放

后处理厂产生的废气、废液和固体废物，大多数带有放射性，或沾染了放射性。

为了保持周围区域的地面、地表水和空气中的放射性水平低于有关的限值，须对放射性废物进行处理，对向大气或水域排放经处理到规定限值以下的废气和废液严加控制。关于放射性废物的处理方法，及固体或固化废物的处置方法，将在后面第 16 章内专门论述。

后处理厂有很大一部分废物发生在首端处理阶段。那些燃料组件的非燃料构件，因在堆内受照射活化而带有 β、γ 放射性，必须暂时贮存以待其感生放射性衰减。如沾染有 α 放射性，则应在送去贮存前清除干净。其他固体废物，如通风过滤器可能含有放射性微粒，也须暂时贮存起来。

固体的去污必然产生液体废物。废液可用蒸发法缩减体积后送去贮存。蒸发过程中产生的清洁蒸馏水一般可安全地排入天然水域。中等放射性废液用絮凝沉淀法、蒸发法或离子交换法去污产生的净化废水，也可排入环境。通常将中、高放射性废液（如凝聚沉淀产生的污泥浆，蒸发产生的蒸残液，离子交换过程的再生废液等）经过一段时间贮存后，进行固化处理，以便以固体废物的形态处置于环境中。

有些气态放射性同位素的半衰期很短，如碘-131 和氙同位素已在“冷却”期间衰变殆尽。那些寿命较长的气体放射性同位素，如氚（12.3 a）、CO_2 中的碳-14（5 760 a）、氪-85（10.7 a）、碘-129（1.7×10^7 a）等，须通过高烟囱排入大气稀释扩散，以免污染附近地域。氪-85 可加以回收利用（见 15.6.1 节）。

总之，放射性废物的处理和贮存很花钱。后处理厂投资中用于废物处理设施的份额，及废物处理费用占后处理总成本的比例，均在 20%以上。故应尽量减少废物量，缩小废物的体积，还要减少废液的含盐量。

15.7.6 后处理厂的规模

后处理厂的基建费用很高。它大约与日处理重金属量的平方根成正比。工厂规模越大，比投资就越低。通常使一座后处理厂配合多个核电厂，虽然辐照过燃料组件的运输费用增大，仍然是合算的。如果后处理厂建成后得不到充分的订货，经济损失会很大。故须使后处理厂建设的规模和进度同核电厂发展规划或市场预测相适应，目前轻水堆乏燃料后处理厂的最小可接受的商用规模是日处理 1 tHM①，发展的趋势是日处理 4～5 tHM，后者的投资仅为前者的 2 倍左右，可使单位重量的后处理成本大幅度下降。

关于后处理厂的年开工天数，过去曾乐观地估计为 300 d，实际上不能达到。由于必须定期进行设备检查、维修和物料盘点，总的年运行天数常在 200 d 左右，甚至更少。这是影响后处理厂经济性的关键。

后处理厂的厂址选择，需考虑辐照过燃料组件的运输距离及放射性废气、废液排放条件等因素。缩短乏燃料运输距离（或改善运输方式）不仅可以降低成本，而且可降

---

① HM 为重金属（heavy metal），此处专指铀＋钚。

低发生事故的概率。为了便于大量低放射性废气和废液的稀释排放，大型后处理厂多设在海滨或大河旁边，同时应注意离城镇有一定距离、人口稀少、气象条件较好等。

开发一种具体的工艺流程及研制出适用的设备，是要花费很多精力和资金的。在开始建设工业规模的大厂以前，为了尽量减少开发研制费用，同时还应完成所有该做的试验研究，可利用微型或小规模的中间试验厂来检验工艺流程，选择工艺参数。在这里，所用固体、液体的化学组成和放射性内容（射线的种类、能量、半衰期、比活度）都跟工业规模厂的一样，只是体积和数量缩小很多倍。这样来进行放射性工厂设计和流程的实际验证，很有好处。应当指出，虽然大部分化学过程及其反应条件都能在这里得到验证，对大型设备的运行情况却提供不了多少资料；某些很受运行规模影响的化学问题，如有机溶剂的辐射降解问题，也不能在微型装置中得到解决。

对于有机溶剂的辐射分解和水解所产生的杂质，在何种条件下与铀、钚及裂变产物锆、铌形成络合物，以致妨碍萃取和反萃取过程的问题，需要单独进行研究。

有些设备（如混合澄清槽）的水力学和流体动力学问题，可在无放射性的全尺寸大型试验台架上，用不含裂变产物或钚的干净硝酸铀酰溶液来进行试验研究，以帮助确定设备的尺寸。设备腐蚀问题往往需要用无放射性但符合工艺条件的化学溶液，进行系统性研究，并用全放射性的溶液试验作补充。关键设备及仪表的研制是必须同工艺流程的开发同时进行的，例如，混合澄清槽与脉冲萃取柱之间的选择，涉及运行、维修和投资多方面的问题，在选定类型、完成设计、制出原型设备后，还要按模拟实际的操作、维修条件进行试验，并加以改进，以求尽量满足严苛的初始要求。

这些例子说明，从微型装置或小规模试验厂放大到工业规模厂，会遇到很多问题，存在一定的风险。因此，各国在建设工业规模后处理厂以前，往往还要先建造较小规模原型厂以取得实际运行和维修的经验。由于后处理工艺和设备属防扩散保障的敏感项目，国际间经验交流颇受限制。

15.8　后处理厂的主要设备

15.8.1　剪切机

剪切机是将乏燃料组件剪切成一定长度的短段，便于对短段进行燃料芯浸取，以实现燃料芯与包壳的分离，所以剪切机是动力堆核燃料后处理厂的关键设备（见图 15-14）。剪切机的工作环境为强放射性，为了便于远距离操作维修，对剪切机的结构和性能提出了很高的要求。剪切机可以进行模块化远距离拆装和维修，借助剪切热室内配备的遥控吊车–动力手、机械手和专用吊具，可以远距离更换剪切刀具或更换、检修其他易损部件。

剪切机根据乏燃料组件切断时的送料方式分为卧式和立式两种。卧式剪切机是指组件水平送料、垂直进刀或水平进刀的剪切机，如图15-14所示；而立式剪切机是指组件垂直送料、水平进刀的剪切机。立式剪切机的优点在于组件与它在水池的贮存状态相同，省去了转至水平的翻转装置，并减少了组件在热室中所需要的面积。卧式剪切机送料时乏燃料元件在料仓中处于水平状态，送料机构出现的任何可信事故都不会导致元件掉落、失控等恶性事故，因而其送料过程的固有安全性较高。

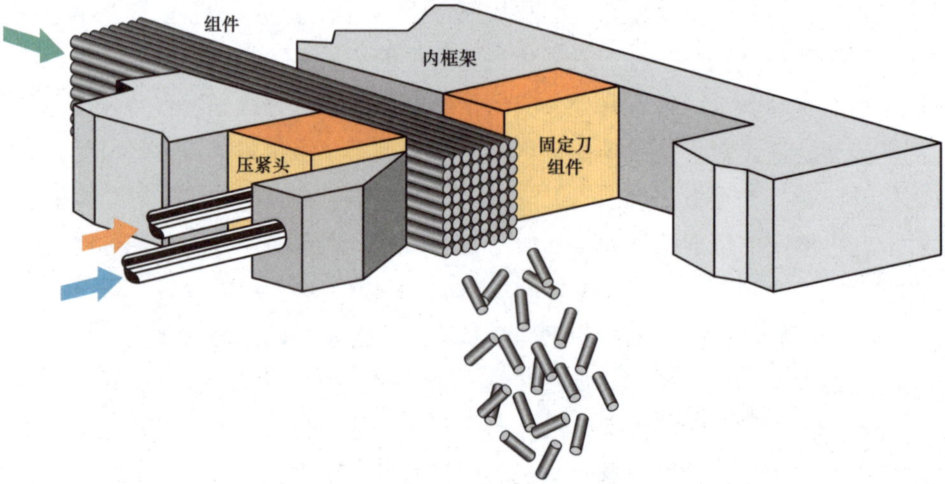

图15-14　卧式剪切机示意图

后处理厂的设备必须十分坚固耐用、可靠，易于操作、去污和维修，以降低维修的难度并减轻工作量（见15.7.4节）。

15.8.2　溶解器（浸取槽）和调料槽

轻水堆和快中子堆燃料组件的首端处理普遍采用切断浸取法（见15.4节），将切成短段的燃料芯体连同包壳短管一起送入溶解器，燃料和裂变产物被溶解成为硝酸盐。开发了连续和批式两种溶解技术。在批式溶解情况下，随硝酸抽出，锆合金或不锈钢短管则不溶解，必须适时地取出，以便溶解器接受下一批投料。图15-15所示为某种批式操作的罐式溶解器。溶解器必须是临界安全的。对用于材料试验堆高富集铀燃料的这种溶解器，还要对每批投料实施质量限制。对用于快中子堆高裂变燃料含量的溶解器，还需从设计上限制其形状和尺寸，使在任何情况下都不可能达到临界状态，如图15-16所示。几何形状控制的后果之一是溶解器容量很小（150～500 L），因此要同时设置几个溶解器才能满足后续工序的供料需要。对用于轻水堆低富集铀燃料的大容积溶解器，则要用可溶毒物（如硝酸钆等）来保证临界安全。

从溶解器卸出的料液，经离心机清除掉不溶解杂质（如钼、钌、铑、锝、钯等）后，尚需调整其酸度和钚的价态，以满足后续工序对料液的要求。调料槽也必须做成几何安全形状，如图15-17所示。上述溶解器、离心机和调料槽均用耐硝酸腐蚀的不锈钢或钛合金制造。

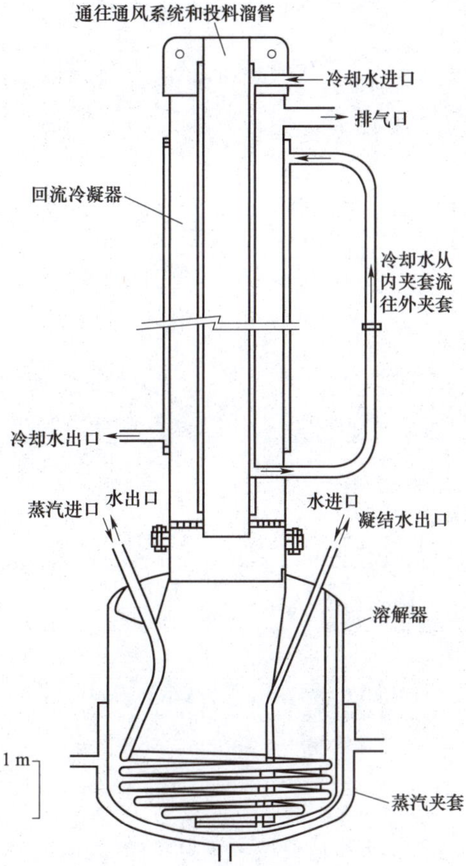

图 15-15 批式操作的罐式溶解器（质量限制）示意图

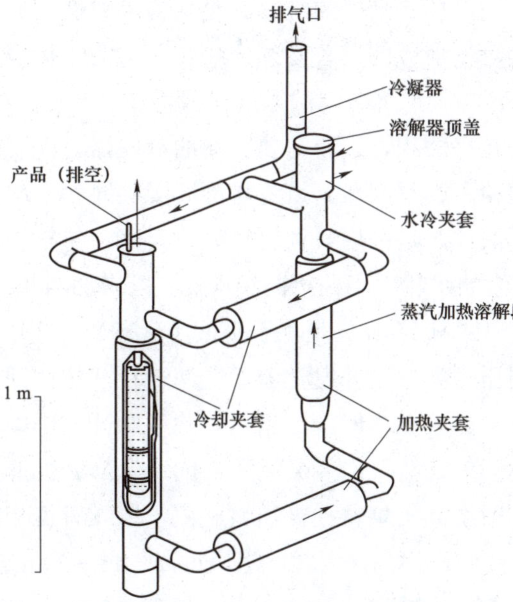

图 15-16 几何形状限制的溶解器

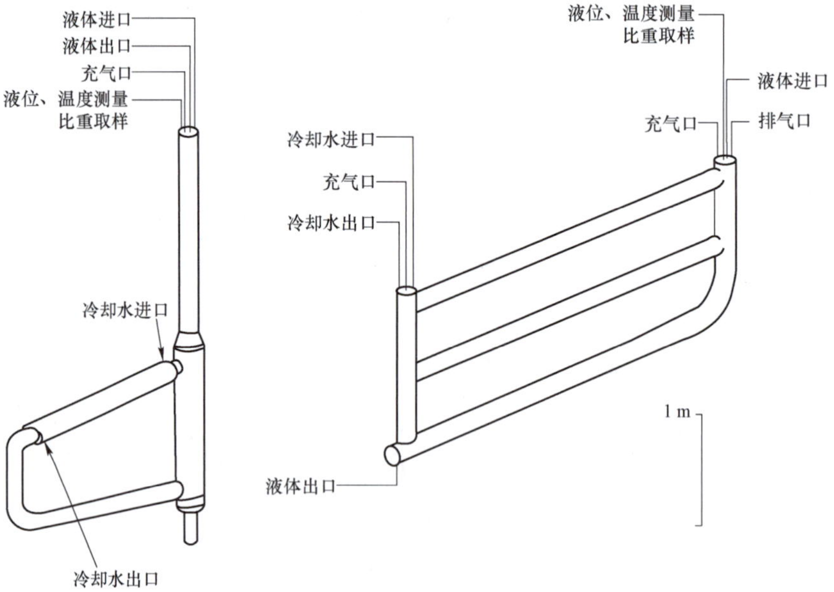

图 15-17　两种几何形状限制的调料槽

15.8.3　萃取器

湿法后处理厂的主要工艺设备是使两种互不相溶的液体密切接触的萃取器。它应满足：使两相间有最大的接触面积以加速萃取；在两相间密度差最小时能保证逆流；设备中滞留的液体量最小；需要最少的维修。设备的可靠性对后处理厂一切设备都是重要的，因为处理强放射性溶液的设备必须安装在厚实的防护屏蔽墙内，进行遥控操作，或许还要遥控维修。混凝土屏蔽墙的厚度一般需要 1～2 m。要降低这种大型屏蔽的投资费用，关键在于减小体积，这就需要紧凑的萃取器。现有三种可用的萃取器，即萃取柱、混合澄清槽和离心萃取器。设备与溶液接触的部分均需用不锈钢制造。

早先采用的填料萃取柱，是利用某种填料如拉西环，使有机液体破碎成为分散的小滴，并迫使小滴在连续的水相中沿曲折路径运动，以增加两相间的接触，如图 15-18（a）所示。脉冲萃取柱（见图 15-18）是利用机械（活塞）式或压缩空气式（通过立管向自由液面施加交变的压力）的脉冲发生器，迫使一种液体来回通过柱内多孔筛板的细孔，造成分散的小滴，如图 15-18（b）所示。除了脉冲式的来回运动以外，有较缓慢的轻相上升和重相下降的运动，造成分离所需的逆流。脉冲产生的扰动使两种液相有效地密切接触，生产效率高于填料柱。填料柱由于单靠有机相和水相的密度差来实现流动和澄清分相，需要做得很高，因此厂房也很高（45～50 m）；脉冲柱的高度减小至 1/5～1/4，可把厂房降低很多（15～30 m），而处理量增大。总的效果是使设备和混凝土小室的尺寸缩小，投资大大节省。

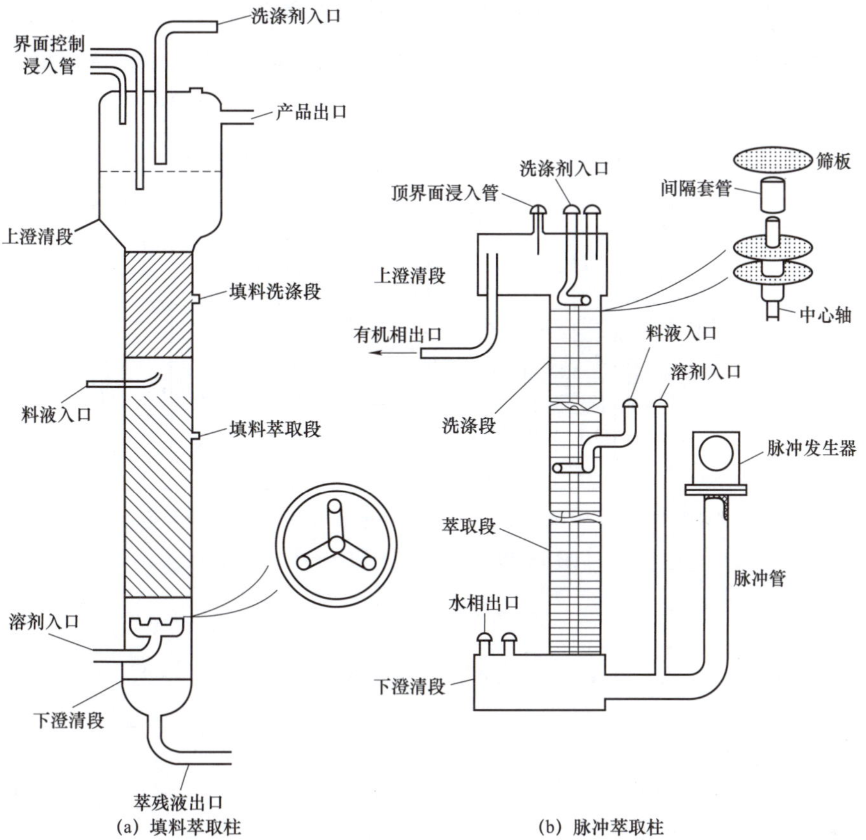

图 15-18　填料萃取柱和脉冲萃取柱原理图

脉冲萃取柱由于两相在柱内停留时间短，及两相界面位于下澄清段而使吸附了大量 γ 放射性物质的界面污物容易排出柱外，溶剂的辐射分解效应较轻，对深燃耗乏燃料的处理比较有利。目前常用萃取柱还有筛板柱、环形柱和折流板柱。

临界安全的考虑，特别是在处理高富集铀燃料时，要求把圆柱形萃取器的直径限制到不超过 13.7 cm。但对于低富集铀燃料，如果溶液中易裂变核素的含量不高、纯度不高，在加入中子毒物的条件下，可适当放大萃取柱的尺寸。近来在一些新建、改建的后处理厂中，多改用环形截面的萃取柱，就是在筛板中心装上含有中子吸收剂的套管，把圆形筛板改为环形筛板或环形折流板，既保证了临界安全，又提高了操作稳定性和萃取效率。

混合澄清槽由交互布置的混合室和澄清室组成若干级。在每一级的混合室中，两相在空气脉冲产生的抽压液柱或搅拌桨的作用下充分混合，获得密切接触，进行萃取；进入澄清室后，两相又由于比重的不同而分离成为两个澄清的连续液层，并分别向相反方向流入前一级与后一级，形成逆流，如图 15-19 所示。图 15-20 所示为某八级混合澄清槽内液流流向示意图。在第 1 级混合室中，新鲜萃取剂与从第 2 级澄清室来的水相在脉冲搅拌作用下，形成混合相，进入第 1 级澄清室；澄清分相后的水相萃残液，由靠近底部的水相出口流出。有机相从上部进入第 2 级混合室，与从第 3 级澄清室来的水相混合接触，然后进入第 2 级澄清室进行澄清分相；水相由下部出口进入第 1 级混合室，有机相从上部出口进入第 3 级混合室，依此类推。有机相逐级与水相逆流接触，实现萃取分离，最后的产品从第 8 级的有机相出口流出。

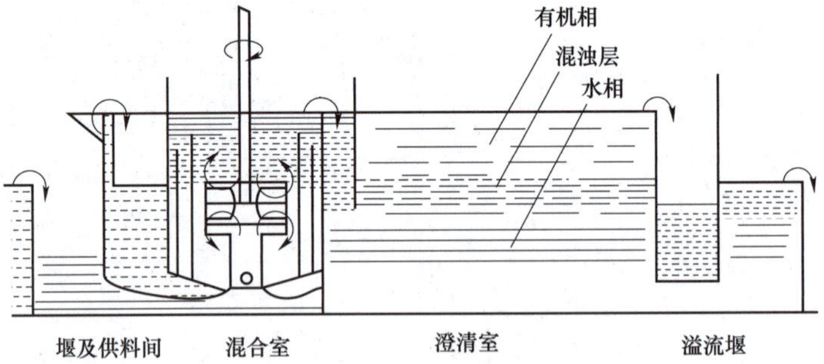

图 15-19　混合澄清槽的一级

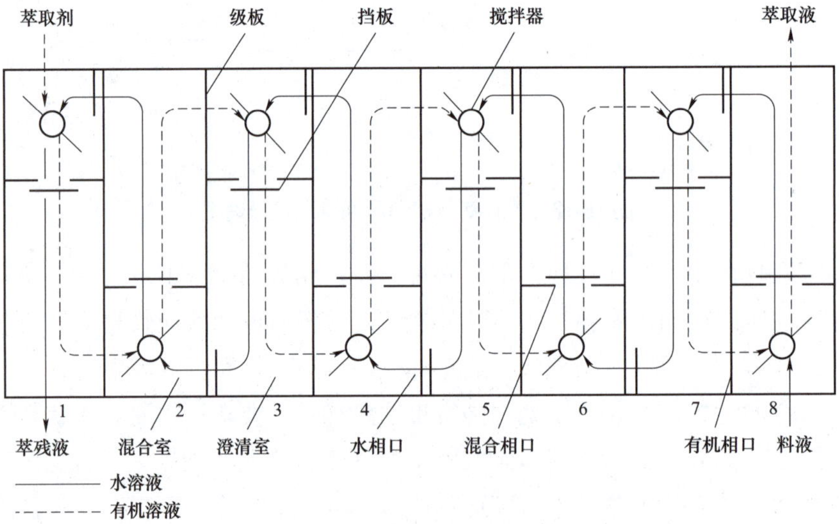

图 15-20　混合澄清槽内液流流向示意图

同脉冲萃取柱比较，混合澄清槽具有处理量大、运行较稳定、能适应很大的流量变化范围、需要的高度较低而使屏蔽节省和造价便宜等优点；缺点是物料滞留量大、占地面积较大、需更多地考虑临界安全问题。此外，由于溶液在槽内停留时间较长及可能有死区，辐射分解比较严重，容易在两相界面处生成和积累“乳垢”，而使净化效率下降，甚至影响正常生产。

现在广泛应用的脉冲萃取柱和混合澄清槽都是靠脉冲力或以机械方式实现两相

的混合，再借重力实现澄清分离。后来发展起来的离心萃取器，则是依靠高速转鼓产生 500～5 000 倍于重力的离心力来使两种液相密切接触又迅速分离，其工作原理如图 15-21 所示，即两相经空心轴进入转鼓后形成逆向流动，有机相由转鼓外侧向轴心流动，水相由轴心向转鼓外侧流动，在通过萃取圆筒上的细孔时，两相均匀分散成微细液滴，形成极大的接触界面，达到良好的萃取效率；而后水相在两层圆筒之间靠外层圆筒的内侧聚集，有机相靠内层圆筒的外侧聚集，这样完成一次混合（接触）和澄清（分离）。如此继续下去，直到最后有机相聚集于转鼓中心，水相聚集于转鼓外侧，经各自的出口流出机外。离心萃取器具有设备紧凑、占用空间小、物料滞留量小、效率高、两相接触时间特别短（为通常的 1/100～1/50）而使溶剂的辐射分解大大减轻、界面污物不断被水相带走等优点，适合于处理燃耗深、“冷却”时间短的燃料，如快中子堆燃料。缺点是结构复杂、易损部件多、对制造精度要求很严格、对工艺参数控制的要求也很严格、制造和维修费用高。此外，净化系数的稳定性和设备维修尚存在问题，有待进一步研究改进。

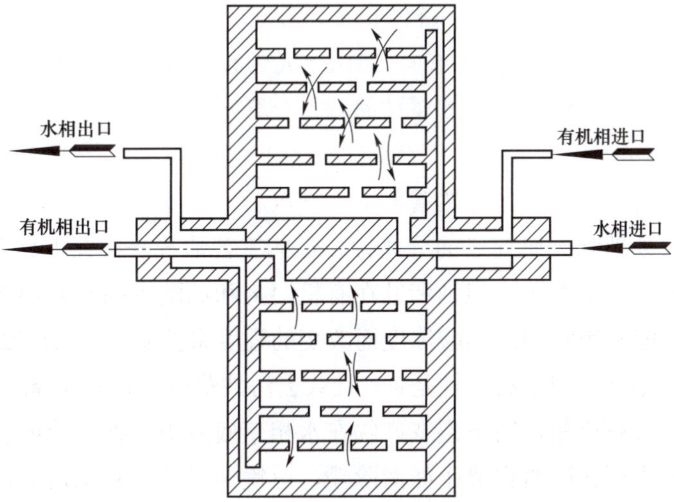

图 15-21　离心萃取器工作原理图

脉冲萃取柱、混合澄清槽和离心萃取器，各有优缺点。离心萃取器尽管结构复杂、制造费用较高，但随着燃耗的加深、燃料富集度（包括钚含量）的增加，原来力求设备简单、需要最少量维修的要求将退居次要，而含钚溶液存留量小、使起动、停车简化的好处将被优先考虑。因此，离心萃取器很有发展前途。当前的后处理厂多数混用脉冲萃取柱和混合澄清槽。一般铀、钚共萃取和钚的反萃、净化工序，由于放射性强，维修困难，溶剂的辐射分解及临界安全问题突出，多采用脉冲萃取柱；铀的反萃、净化和溶剂再生工序，多采用混合澄清槽。表 15-8 表示三种萃取器的相对比较。

表 15-8　三种萃取器的相对比较

萃取器类别	在临界安全设备中处理富集燃料的相对能力	单位能力所需的屏蔽量	灵活性	运行可靠性
萃取柱				
填料萃取柱	中等*	大	中等	好
脉冲萃取柱	大**	中等	好	优
混合澄清槽	中—小***	中等	好—优	优
离心萃取器*	大****	小	好	好

* 仍在研究发展中；

** 用含有中子毒物的不锈钢作填料和结构材料，容许较大的柱直径；

*** 混合澄清槽不能有效地使用中子毒物，高度限于 44 mm；

**** 用含毒物（钆或硼）的不锈钢制造，有助于临界控制。

15.9　钍基燃料的后处理

辐照过燃料元（组）件的首端解体和脱壳方法，只跟元（组）件的结构形式相关，不因燃料种类而有差异（见 15.4 节）。但由于元件很不容易溶解于硝酸，为了加速钍的溶解而引入氟化物催化剂带来的腐蚀问题，会影响到整个流程。为了降低不锈钢腐蚀率，需要加进硝酸铝（铝离子），而溶液中的铝含量又需控制在最低限度，因为它会随着裂变产物进入高放废液，陡然增大了废物量。

钍基燃料后处理唯一研究过的分离铀、钍的工艺流程——钍雷克斯（Thorex）流程，仍采用磷酸三丁酯溶剂，但铀和钍在有机溶剂和硝酸中的相对溶解度，不能利用价态的变化，只能利用它们随硝酸浓度而改变的程度来控制。图 15-22 表示钍雷克斯（Thorex）流程示意图。图中第 1 柱是铀、钍共去污共萃取柱，用稀释的有机溶剂把铀、钍的硝酸盐萃取入有机相，留下裂变产物在水相萃残液中。往上流的有机相受到硝酸的洗涤，洗涤剂中所含磷酸根离子能清除镤，亚铁离子能清除从溶解器不锈钢壁上腐蚀下来的痕量铬化合物，从柱顶流出的有机溶液经离心机过滤除去不溶解的固体颗粒后，从中部进入第 2 柱（铀、钍分离柱）。

有机溶液在分离柱中受到稀硝酸的反萃作用，把钍反萃到水相，留下铀在有机相中，继续进入第 3 柱（反萃柱），用更稀的硝酸洗涤，把含宝贵的 ^{233}U 的铀产品从有机相反萃到水相，从柱底流出。脱载的有机溶剂从柱顶流出，经过净化处理后回收复用。

最后，硝酸铀酰溶液经过硅胶吸附，除去残余的锆、铌等杂质，再经过阳离子交换柱，除去残余的钍和裂变产物，得到纯净的铀产品。

再看从第 1 柱底流出的萃残液，它含有绝大部分裂变产物和镤，后者（^{233}Pa）是 ^{233}U 的母核素，半衰期为 27.4 天，^{233}Pa 的相对数量决定于燃料受辐照与进行后处理之间的时间间距（“冷却”时间）。萃残液的处理方式如下。

（1）如果“冷却”时间很长，留下的 ^{233}Pa 量很小，就把萃残液直接送去作废物处理。

（2）如果“冷却”时间很短，^{233}Pa 含量相当高，应把萃残液经蒸发浓缩后，送去贮存以待 ^{233}Pa 衰变，然后对 ^{233}U 进行萃取。

（3）立即用二丁氧基二乙醚（DBC）把 ^{233}Pa 萃取出来，把含裂变产物废液送去作废物处理。

以上是假设把钍同裂变产物分离的情况。如果不打算分离钍，只要适当调整硝酸的浓度，让钍跟裂变产物一起进入萃残液，就可省去第 2 柱，使流程大为简化。回收的钍含有半衰期为 1.9 a 的 ^{228}Th，后者的衰变链含有一系列放射性 γ 射线的衰变子体（^{212}Bi、^{208}Tl），减小了复用回收钍的价值。而产品铀即使清除尽裂变产物，由于基本上不带 γ 放射性，所含微量 ^{232}U 不断地衰变成为 ^{228}Th，过不了几天就使燃料元件的再制造不得不考虑厚重屏蔽和远距离操作的条件。^{233}U 又是α放射体，同 ^{239}Pu 一样带有粉尘危害，需采取类似的防范措施。

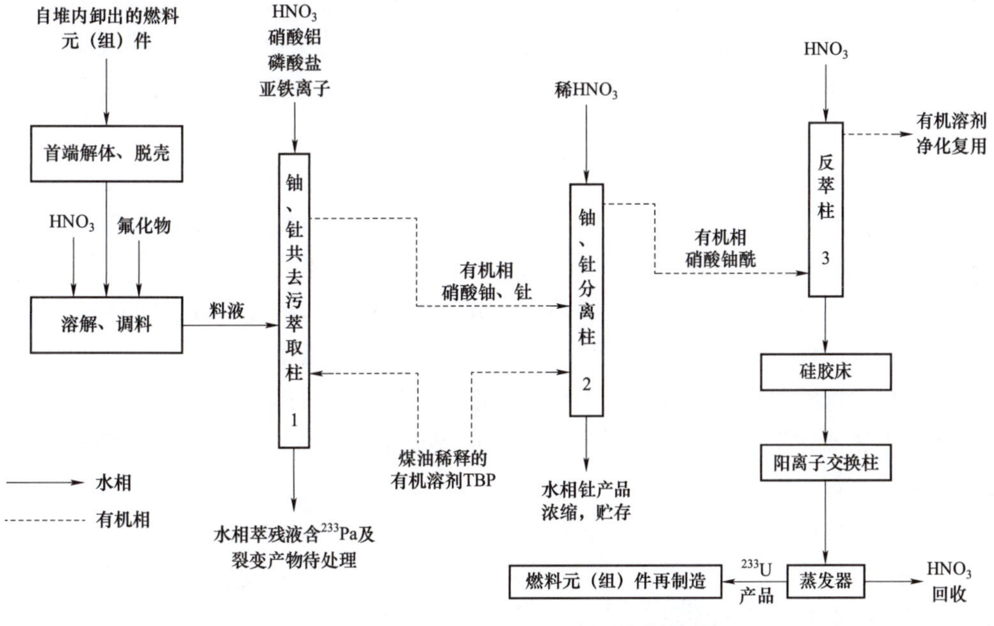

图 15-22 钍雷克斯（Thorex）流程示意图

总之，对钍基燃料的后处理和相应的燃料元（组）件再制造工艺仍处于研究阶段，尚缺乏实际运行经验。

第 16 章　放射性废物的处理和处置

16.1　放射性废物处理的必要性和重要性

16.1.1　放射性废物处理的必要性

放射性废物是指含有放射性核素或被放射性核素污染，其活度浓度大于国家规定的清洁解控水平，预期不再使用的废物。原子能工业从铀矿的开采、加工到反应堆运行和核燃料后处理等一系列生产过程中，都不可避免地产生放射性废物。放射性同位素生产和射线装置的应用，也产生少量放射性废物。放射性废物中的放射性核素可能会对环境和生物圈造成严重的潜在危害，需要严格控制其进入环境的可能性。放射性废物处理是严控放射性核素进入环境的最重要手段，也是保护环境和生物圈不受放射性危害的重要屏障，因此放射性废物处理是和原子能工业共同诞生、共同发展的，也是原子能工业必要的组成部分之一。

IAEA 提出了放射性废物管理的九项原则。

（1）保护人类健康。必须能够确保对人类健康的影响达到可接受的水平。

（2）保护环境。必须确保对环境影响达到可接受的水平。

（3）超越国界的保护。应该考虑超越国界的人类健康和环境的可能影响。

（4）保护后代。必须保证后代预期影响不会大于当今可接受的水平。

（5）对后代的负担。必须保证不给后代造成不适当的负担。

（6）国家法律框架。必须在适当的国家法律框架内进行，包括划分责任和规定独立的审查和监督职能。

（7）控制放射性废物的产生。放射性废物的产生必须尽可能最小化。

（8）放射性废物产生和管理间的相依性。必须适当考虑放射性废物产生和管理各阶段之间存在的相互依赖关系。

（9）设施安全。必须保证放射性废物管理设施在使用寿期内的安全。

放射性是放射性核素固有的核性质，所以放射性废物中的放射性核素不可能采用一般的物理、化学及生物学方法消灭或者破坏，只有通过它们自身的衰变（或者通过核转变，如快中子嬗变等）才能使放射性衰减到一定水平。有些锕系元素和裂变产物核素的半衰期长达几百万年，可以采用安全可靠的处理方法将它们转变成可供处置的稳定的固体形式，如中等深度处置或者深地质处置，将其与生物圈长期隔离而不对人类、环境构成威胁。

1989 年颁布 2014 年修订的《中华人民共和国环境保护法》、2003 年颁布的《中华人民共和国放射性污染防治法》和 2018 年颁布的《中华人民共和国核安全法》都以立法的形式明确了放射性废物处理的必要性。随着原子能工业的不断发展，放射性废物处理已成为决定原子能工业能否“可持续”发展的关键因素。

16.1.2　放射性废物处理的重要性

放射性废物处理是原子能工业产业链中不可或缺的一环，是原子能工业可持续发展的重要组成部分。

（1）放射性废物安全处理是核安全重要组成部分，核安全已纳入国家安全体系。原子能工业发展必然会产生各种放射性废物，其安全处理必将减少放射性废物中放射性核素对环境的排放，降低公众的辐射剂量。放射性废物安全处理在《中华人民共和国放射性污染防治法》《中华人民共和国核安全法》等中给予明确要求，放射性废物必须分类收集和存放，分别处理，防止交叉污染或者污染的扩散。党的十八大以后，以放射性废物处理为组成部分的核安全已纳入“总体国家安全观”的范畴之列，从法律层面、党中央的重视角度，都对放射性废物安全处理处置提出了更高的要求。

（2）放射性废物安全处理是实现放射性废物最小化的重要手段。放射性废物处理目的是减少放射性废物体积，转变放射性废物形态，降低放射性废物处置库容，降低处置费用的重要手段，也是减少放射性废物储存、运输和处置的费用的重要组成部分。

（3）放射性废物处理是实现放射性废物资源化的重要举措。放射性废物特别是高中放废液中含有大量的 ^{90}Sr、^{137}Cs 等具有核技术应用价值的放射性核素；大量金属废物也仅仅是表面具有放射性核素污染。因此，放射性废物处理过程，也是对有用放射性核素回收利用、放射性金属污染废物回收复用等的重要举措。

（4）放射性废物处理也是科技水平体现的重要方式。进入新时代，为实现我国“建设生态文明”和“双碳”目标，践行“五位一体”“三新一高”“打造核工业绿水青山”的发展要求，放射性废物处理技术必将以“安全”“高效”“绿色”“环保”“经济”为重要指标作为发展方向，升级换代原有处理技术、填补高放废液固化处理、含 ^{129}I 废物固化、α 污染废物处理等技术空白。放射性废物处理技术是一个国家总体技术水平重要体现。未来，在新要求、新需求和新技术三重推动下，放射性废物处理在原子能工业产业链中的重要性还将不断提升。[1]

16.2　放射性废物的来源和分类

16.2.1　放射性废物的来源

放射性废物来源主要有 7 个方面。

（1）核燃料循环前段产生的放射性废物。包括铀（钍）矿、水冶厂、精炼厂、铀浓缩厂、燃料元件加工厂等产生的放射性废物，主要以天然放射性核素为主的废物。这类废物总体为低放废物。

（2）各种类型反应堆运行产生的放射性废物。包括研究堆、核电厂、核动力船舰、核动力卫星等运行、检修过程产生的放射性废物，主要含有裂变产物以及中子活化产物为主的放射性废物。这类来源的废物主要为中低放废物。

（3）核燃料循环后处理厂产生的放射性废物。包括后处理厂、超铀元素生产和提取厂以及裂变产物提取厂等运行、检修产生的放射性废物，主要含有大量的裂变产物、次锕系元素为主的放射性废物。这类来源废物包括高放废物、α 污染废物、中放废物、低放废物以及极低放废物。

（4）放射性废物处理设施运行产生的放射性废物。包括放射性废物暂存、运输、整备处理、处置过程等产生的放射性废物。主要是废物处理过程产生的二次废物。废物的种类和核素与处理设施有关系。这类来源的放射性废物主要是低放废物。

（5）核技术应用和科研设施。包括放射性同位素的生产和应用过程、中高能加速器的运行，医院、研究所及大专院校的相关研究活动；这类放射性废物种类复杂，有人工放射性核素、天然放射性核素；半衰期有长达万年以上，也有短到小时以内，但比活度较低。

（6）核武器的生产、试验过程。主要含 ^{239}Pu、^{235}U 污染的各类放射性废物。这类来源废物主要是 α 污染的废物。

（7）核设施（设备）的退役过程。核设施退役产生的废物与核设施的用途有极大关系，产生的放射性废物包括设施拆除过程的产生的废物，也包括在退役前去污、清洗等过程产生的二次废物。这类来源废物包括少量的高放废物，大量的中低放废物。

不同来源的放射性废物，所含放射性核素种类，放射性比活度以及废物量是不同的。随着生产工艺的优化和放射性废物分类的细化，不同来源的废物总量在逐步降低或者减少。

16.2.2 放射性废物的分类

放射性废物的分类有许多种方法，按照废物的物理性状可分为气载废物、液态废物和固态废物；按照放射性水平（辐射强度、放射性活度和浓度）可分为免管废物、极低放废物、低放废物、中放废物和高放废物；按放射性废物来源可分为核燃料循环废物、反应堆运行废物、核技术应用废物、退役废物和伴生放射性矿废物等；按半衰期分类，可分为长寿命废物和短寿命废物；按照核辐射类型可分为 β/γ 放射性废物和

α 污染废物；按照毒性可分为低毒性废物（天然铀、氚等）、中毒性废物（^{137}Cs、^{14}C等）、高毒性废物（^{90}Sr、^{60}Co、^{106}Ru 等）、极毒性废物（^{210}Po、^{226}Ra、^{239}Pu 等）。此外，还有按照处置方式、按照释热性质、按照潜在危害程度等许多分类方法。

为确保废物最终安全处置，生态环境部、工业和信息化部、国家国防科技工业局 2017 年联合发布了《放射性废物分类》（公告 2017 年第 65 号），原《放射性废物分类》（HAD 401/04）废止。将放射性固体废物分为极短寿命放射性废物、极低水平放射性废物、低水平放射性废物、中水平放射性废物和高水平放射性废物，其中极短寿命放射性废物和极低水平放射性废物属于低水平放射性废物范畴，如图 16-1 所示[2]。

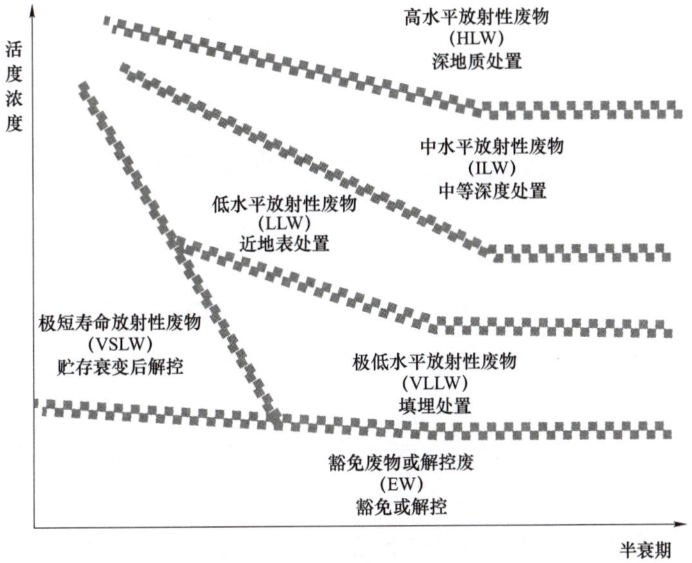

图 16-1 放射性废物分类框架

图 16-1 中，横坐标代表固体废物中所含放射性核素的半衰期，纵坐标为其活度浓度，放射性固体废物活度浓度越高，对固体废物包容和与生物圈隔离的要求就越高。原则上，极短寿命放射性废物、极低水平放射性废物、低水平放射性废物、中水平放射性废物和高水平放射性废物对应的处置方式分别为贮存衰变后解控、填埋处置、近地表处置、中等深度处置和深地质处置。

对于放射性固体废物，经过处理达到清洁解控水平的物料，可以实行有限制或者无限制的再循环或再利用，对于要进行处置的放射性固体废物，要做近地表处置或者地质处理，相应的处置流程如图 16-2 所示。

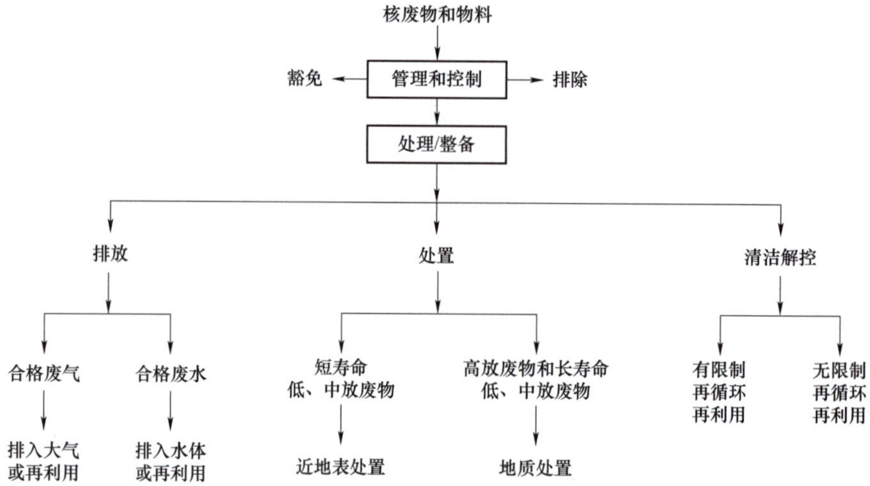

图 16-2　放射性废物管理流程

16.3　放射性废物的特点

放射性废物具有以下共同特征。

（1）含有放射性核素。它们的放射性不能用一般的物理、化学和生物等方法消除，只能依靠放射性核素自身的衰变而减少。放射性核素释放出的射线通过物质时发生电离和激发作用，对生物体会引起辐射损伤。

（2）热释放。放射性核素通过衰变放出能量，当废物中放射性核素含量较高时，这种能量的释放会导致废物的温度不断升高，在放射性液体废物中甚至可能导致废液沸腾。而高比活度的固体放射性废物存在熔化的可能。

（3）不能再利用。放射性核素污染浓度或者比活度大于国家审管部门规定的清洁解控水平，且去污或者处理成本远远大于处置成本。

除了上述的特征外，固体放射性废物，还具有放射性核素污染的不均匀性，不像气载、液体放射性废物中放射性核素分布相对均匀，可能只是局部或者表面污染；同时还具有容易控制和包装的特点，在固体放射性废物处理时，可根据放射性核素活度和毒性不同，采用不同的废物包。

16.3.1　放射性废物的核素组成

放射性废物中的放射性核素组成主要有两大类：

（1）天然放射性元素，包括铀、钍及其衰变子体核素。这类废物多产生于核燃料循环前段，放射性活度较小。

（2）人工放射性元素，主要是燃料元件经反应堆辐照后产生的裂变产物和中子活化产物。这类核素约占核废物中总放射性活度的 95%。二氧化铀燃料元件经热中子反应堆辐照后可产生近 40 种核素，300 多种裂变产物，需要特别关注的有三类，一类是产额较高、发热量大的中等寿命的裂变产物，尤其是 ^{137}Cs（半衰期 30 a）和 ^{90}Sr（半衰期 28 a），它们是高放废物在 300 年内的主要发热源；第二类是长寿命裂变产物，如 ^{129}I（半衰期为 1.6×10^7 a）和 ^{99}Tc（半衰期为 2.1×10^5 a），它们是高放废物处置中关键核素；第三类是次锕系元素，它们具有很长的半衰期，大多为 α 核素，具有很高的放射性毒性，容易随粉尘吸入人体形成内照射。因此，人工放射性元素是废物处理与处置中需要重点关注的核素。

在反应堆运行过程中，中子可以与反应堆结构材料、冷却剂、慢化剂等发生（n, γ）、（n, p）和（n, α）等中子活化反应，将非放核素（如 ^{59}Co、^{62}Ni、^{13}C、^{14}N）等转化放射性活化产物（如 ^{60}Co、^{63}Ni、^{14}C 等）。在燃料元件表面未发生沾污和元件破损的情况下，中子活化产物是反应堆废物中的主要放射性来源，如石墨层中的 ^{14}C 等。

16.3.2　放射性废物的核素衰变

放射性废物的放射性活度是随时间推移而减小的。图 16-3 表示乏燃料在出堆后 40 年内其放射性比活度的变化情况，乏燃料刚从核电厂中卸出时放射性比活度高达 10^6～10^7 Ci/tHM。离堆“冷却”5 年比活度降至原来的 1%，“冷却”40 年后比活度降至原来的 10^{-3}。此后，冷却贮存 500 年可再降低至原来的 10^{-6}。

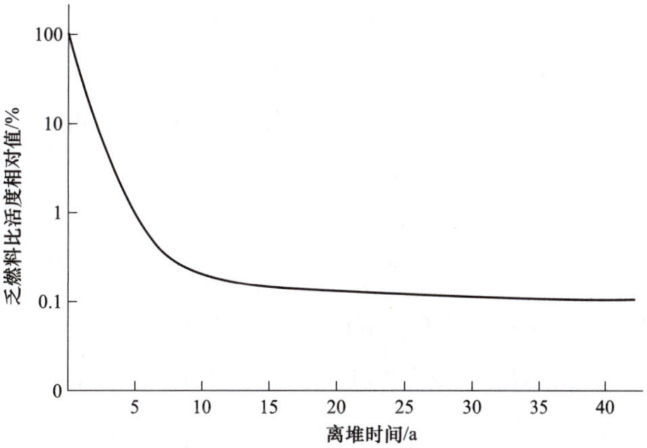

图 16-3　乏燃料比活度与冷却时间之间的关系

图 16-4 为乏燃料在长期存放过程中其放射性毒性随时间而变化的情形（见顶部实线）。乏燃料中等寿命的核素（如 ^{90}Sr、^{137}Cs 等）在存放约 300 年内即可衰变至天然铀的水平（见最下方虚线）。在 300～3 000 年内，主要放射性贡献者是裂变产物（如 ^{99}Tc、

^{93}Zr 等）；此后主要放射性贡献为锕系元素（如 Pu、Np、Cm、Am 等）及子体等。因此，乏燃料等高放废物衰变至天然水平以下需要上万年的时间。

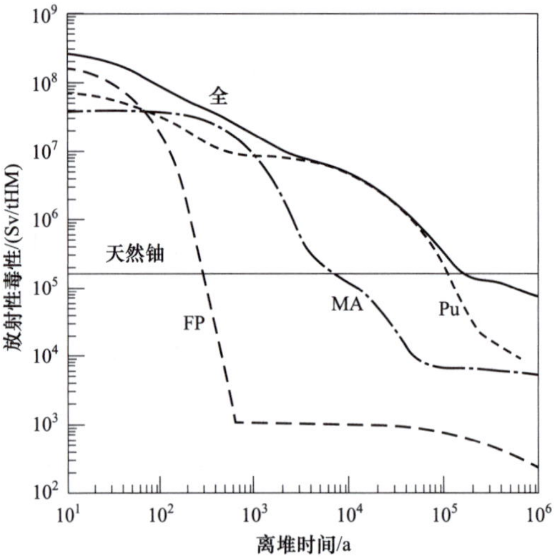

图 16-4　放射性毒性随时间变化曲线

16.3.3　放射性毒性

放射性物质进入人（或动物）体内，由于辐射的生物效应而产生的毒害特性，称为放射性毒性。根据对人体危害大小，《电离辐射防护与辐射源安全基本标准》（GB 18871—2002）对放射性核素的毒性分为 4 组[2]：

（1）极高放射性毒性核素，如 ^{210}Po、^{228}Th、^{226}Ra、^{231}Pa、^{232}U、^{233}U、^{238}Pu、^{239}Pu、^{240}Pu、^{241}Am、^{242}Am、^{242}Cm、^{244}Cm、^{252}Cf 等。

（2）高放射性毒性核素，如 ^{60}Co、^{90}Sr、^{106}Ru、^{144}Ce、^{210}Pb、^{210}Bi、^{237}Np、^{241}Pu、^{224}Ra、天然钍等。

（3）中等放射性毒性核素，如 ^{14}C、^{32}P、^{55}Fe、^{59}Fe、^{63}Ni、^{90}Y、^{95}Zr、^{99}Mo、^{125}I、^{131}I、^{137}Cs、^{140}Ba、^{220}Rn、^{222}Rn 等。

（4）低放射性毒性核素：如 ^{3}H、^{85}Kr、$^{99}Tc^{m}$、^{129}I、^{235}U、^{238}U、天然铀等。

核素的放射性毒性无法用现有的物理、化学方法消除，只能让其衰变至无害水平。大概经过 10 个半衰期后，其放射性毒性可降至原来的 10^{-3}；经过 20 个半衰期，降至原来的 10^{-6}。对于许多短寿命放射性核素，只需要经过几十天或者 1 a 贮存，即可衰减至安全水平。^{90}Sr 和 ^{137}Cs 隔离 300 a 左右即可达到安全水平。高放废物中那些长寿命核素 ^{239}Pu、^{99}Tc 等核素则需要隔离几十万年才能降至安全水平。因此，各类放射性废物的处理、处置方式很大程度上取决于其放射性毒性和半衰期。

16.3.4　放射性核素的释热

放射性废物中因放射性核素不断产生高能的 α、γ、β 射线而产生大量的热能。表 16-1 为乏燃料和高放废物衰变热随时间变化特征。高放废物和乏燃料在最初的 10 a 衰变热迅速减少。之后 100 a 热功率又降低至原来的十分之一，其热量的主要来源为裂变产物。锕系元素在很长的时间内持续释热，后期是释热的主要贡献者。因此，为了减少高放废物、乏燃料的释热量，需要在最终处置前暂存一段时间。同时，采取一定的方法将长时间释热的锕系或次锕系元素分离嬗变后进行处置。

表 16-1　含 1 tHM 的乏燃料及其后处理高放废物、包壳废物的热功率衰减特征

离堆时间/a	乏燃料热功率/W	高放废物热功率/W	包壳废物热功率/W
10	1 290	1 120	33.5
10^2	284	134	1.46
10^3	49.4	6.8	0.25
10^4	1.0	0.1	—
10^5	0.3	0.1	—

注：该数据为燃耗为 33 GWd/tHM 压水堆乏燃料离堆冷却 5 年后的数据。

16.4　放射性废物最小化原则

放射性废物最小化是指放射性废物体积和活度减少到可合理达到的尽可能小。最小化应贯穿从核设施设计开始到退役全生命周期，包括减少源项、再循环、再利用、对二次废物和一次废物的处理等。

放射性废物最小化目标是通过限制放射性污染的产生和扩散以及减少贮存和处理的放射性废物的体积，达到限制环境影响以及与污染物料管理相关的成本的目的，最终目标是体现环境影响最小化和管理成本最小化。

放射性废物最小化在 IAEA 相关文件都有描述。我国相关法律法规中，也明确了放射性废物最小化，如《中华人民共和国放射性污染防治法》《中华人民共和国核安全法》《放射性废物安全管理条例》、核安全导则《核设施放射性废物最小化》（HAD 401/08-2016）等。[4]

按照废物最小化目标来看，放射性废物最小化原则应遵循以下原则。

（1）设施工艺运行产生废物量小。从设施设计出发，选择的工艺，在运行过程产生的放射性废物量小，且具备分类收集和整备的条件。

（2）环境零排放。设施运行过程，气载放射性废物处理效果好，气载流出物含量满足法规要求，且尽可能低，从而将对环境影响降到最低程度。

（3）减少放射性源项。在放射性产生源头，考虑废物的分类解控，尽可能避免将非放物品与放射性物品混合，降低放射性废物源项量。

（4）有用放射性核素的回收利用。在高中放射性废液中，含有大量具有应用价值的放射性同位素，可用于核技术应用，造福公众安全、生命和健康，以及国民经济发展，降低放射性废物的活度。因此，在放射性废物处理之前，尽可能回收有用放射性同位素。

（5）放射性废物处理减容量大。对产生放射性废物进行安全处理时，处理技术的减容量尽可能大，以期降低放射性废物的体积，降低运行成本。

（6）放射性废物的复用及降级。在核设施运行、退役过程产生大量的放射性废物，但其中部分废物可以通过去污、处理、分级等实现放射性废物的重复使用、降级和解控要求。

（7）处理工艺产生的二次废物量小。在放射性废物处理过程，尽可能降低二次废物的种类和体积量。

16.5　放射性废气/气载废物的处理

放射性废气/气载废物处理是指放射性废气在受到监管条件下排入大气之前去除放射性成分或化学污染物的加工过程。常见放射性废气成分包括：稀有气体（如 ^{85}Kr、^{41}Ar、^{133}Xe、^{135}Xe 等）、活化气体（如 ^{13}N、^{16}N、^{17}N、^{14}C、^{19}O、^{18}F 等）、放射性碘（^{129}I、^{131}I、^{133}I 等）、固体微粒和氚等，以及含有粉尘、酸性气体、一氧化碳等成分的放射性废气、放射性气溶胶（固态分散相气溶胶和液态分散相气溶胶）。这些放射性废气若直接排放则会造成环境剂量升高，公众受照剂量增加，因此必须经过净化处理后再排放。

放射性废气来源于核燃料循环全过程（包括核电厂或者反应堆运行）。根据燃料循环各阶段可分为以下 4 种：① 反应堆堆芯核反应在燃料元件破损、装卸料、系统运行废气泄漏以及系统扫气等条件下产生的工艺废气，包括裂变气体 ^{131}I、^{125}I、^{133}Xe、^{135}Xe、^{85}Kr 和活化气体 ^{14}C 等。② 铀矿山和铀水冶厂产生的天然铀的衰变子体，如氡等以及它们的气溶胶。③ 铀转化、分离以及元件制造厂产生的含铀和铀的氟化物以及氟、氟化氢等。同时还含有少量的铀的衰变的气体产物。④ 核燃料后段相关生产厂产生含 ^{85}Kr、^{14}C、^{129}I、^{3}H 等工艺废气，以及含 ^{239}Pu、^{90}Sr 等放射性气溶胶。也可以按照废气来源不同，分为工艺废气和通风废气。

根据核设施的分级原则，核设施产生的废气一般通过一级净化处理＋排放、两级净化处理＋排放、三级净化处理＋排放，排放方式包括设施直接排放、高空排放两种方式。

16.5.1　放射性废气/气载废物净化排放方式

从核工业体系来看，铀矿山开采产生的粉尘、氡及其子体，一般采用通风稀释或吸附过滤法处理。消除铀冶炼厂排气中的大量放射性粉尘，有机械除尘、过滤除尘、洗涤除尘、静电除尘等方法。对铀精制厂氟化工序产生的废气，处理方法是经两次冷凝后再用氢氧化钾洗涤。气体扩散厂产生的废气，一般先经旋风分离器、金属丝网过滤器、玻璃丝填充过滤器或静电除尘器等除去废气中的铀微尘，然后对废气中铀的氟化物采用固体吸附剂吸附法或液体淋洗剂洗涤法除去。反应堆的废气，先经滞留衰变使碘、氪、氙短寿命的同位素衰变掉，再在室温或低温下经活性炭吸附后由高烟囱排入大气。

（1）一级净化处理＋排放

针对矿井、核设施、放化实验室等设施辐射工作场所监督区所产生的放射性废气，可采用一级过滤净化处理后高空稀释排放。放射性废气一级处理排放流程框图如图 16-5 所示。

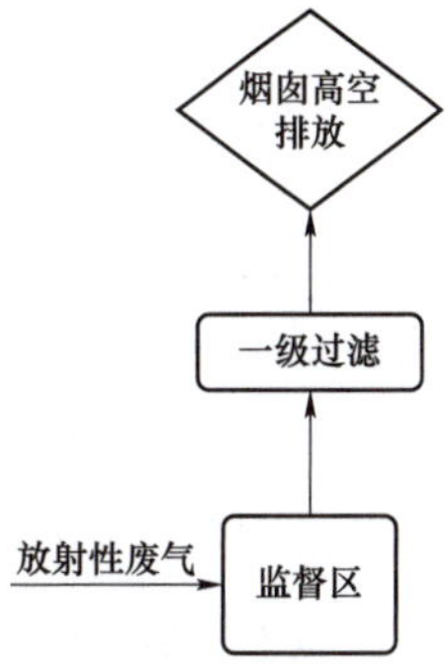

图 16-5　放射性废气一级处理＋排放

（2）二级净化处理＋排放

对于核设施、放化实验室、反应堆运行等设施辐射工作场所控制区所产生的放射性废气，含有固体颗粒、粉尘的放射性废气，一般会采取二级过滤组合模式，如图 16-6 所示。设施辐射工作场所控制区所产生的放射性废气可采用初效过滤器＋高效过滤器的组合方式，含有固体颗粒、粉尘的放射性废气的一级过滤（可采用旋风除尘器、电除尘器、初效过滤器）＋二级高效过滤器的组合方式。

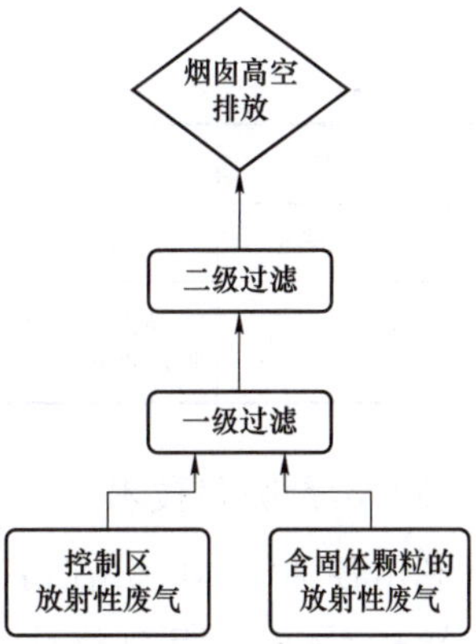

图 16-6　放射性废气二级处理＋排放

（3）三级净化处理＋排放

在核燃料循环后端、后处理厂、焚烧炉运行等过程产生的成分复杂、含有稀有气体种类较多的放射性废气，须采用不同净化技术与多级高效过滤器相结合的方式进行净化处理（如图 16-7 所示），才能达到放射性废气排放要求。

16.5.2　放射性废气/气载废物的净化处理技术

放射性废气的净化处理是在将废气有控制地排入环境之前，从中分离或去除放射性组分、化学污染物的过程。对于一些常见的 ^{133}Xe、^{222}Rn、^{85}Kr 等稀有气体核素，不能用过滤法去除，则需要采取过滤、吸附、溶剂吸收、贮存衰变等方法进行去除。

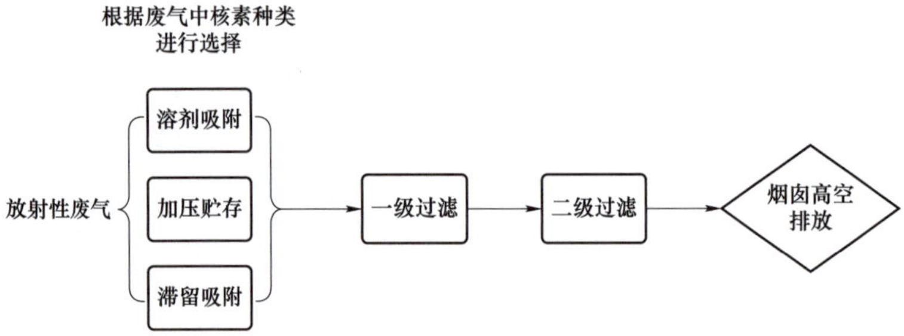

图 16-7　放射性废气三级处理排放

（1）吸附技术

对于含有难分离、低浓度的有害物质放射性废气，可用固体吸附法进行净化处理，常用的吸附剂有：三亚乙基二胺或碘化钾浸渍过的活性炭、附银硅胶、分子筛、活性氧化铝等。常用吸附剂的表面积与应用见表 16-2。吸附法处理放射性废气具有净化效率高、可回收有用组分、设备简单、易实现自动化控制等优点，但其也具有设备体积较大、吸附容量较小，频繁更换吸附剂会产生大量二次废物等缺点。

表 16-2　常用吸附剂

吸附剂名称	活性炭	硅胶	活性氧化铝	分子筛
比表面积/（m^2/g）	600～1 700	350	200～500	—
应用	耐高温，耐酸碱，易解吸，理论上可反复再生	亲水性极性吸附剂	机械强度高，可在移动床上用	极性吸附剂，对水等极性分子具有较高吸附性能

（2）溶剂吸附技术

利用各种气体成分在溶剂中的溶解度不同，使用氟利昂吸收溶解度较高的稀有气体 ^{133}Xe、^{85}Kr，再用洗涤法净化回收稀有气体。这一方法制冷成本低，溶剂价廉易得，稳定性好。

（3）活性炭滞留吸附技术

活性炭滞留床是利用活性炭的吸附特性，将放射性废气中的稀有气体在活性炭滞留床中滞留一定的时间，使稀有气体核素衰变到所要求的水平。活性炭对 ^{133}Xe、^{85}Kr 有良好的吸附性能，滞留床为常温操作，操作压力低，保持干燥状态的滞留床可长期使用，不需再生和更换活性炭。

AP1000 堆型的核电厂废气处理系统采用的是单流程常温活性炭滞留系统。废气首先经过气体冷却器冷却降温后经汽水分离器除去大量水分，再通过活性炭保护床避免异常的水汽夹带和化学污染对后续的活性炭滞留床产生影响。废气依次通过两级串联的活性炭滞留床，使放射性裂变产物吸附在活性炭上。该系统最大的特点是系统运行时处于非能动状态，即利用废弃源的压力来驱动废气通过此系统，省去了压缩机、引风机等设备，安全性更高，设备投资少。

（4）加压贮存技术

加压衰变贮存是通过加压使废气在贮罐或衰变室内滞留足够长的时间，使短寿命的放射性气体自然衰变，从而降低放射性水平。核电厂工艺废气中的短寿命的稀有气体可以采用加压贮存技术，如在 0.8 MPa 条件下，^{133}Xe 贮存 60 天左右可衰变掉 99.9% 以上。

加压贮存技术优点是工艺成熟、系统简单，缺点是设备庞大、容易出现泄漏等。M310 堆型核电厂放射性废气处理系统采用衰变箱压缩贮存技术，典型代表有大亚湾、秦山一期、秦山二期、岭澳一期、岭澳二期、红沿河以及宁德等核电厂。

16.6　放射性废液的处理

16.6.1　极低放废液的稀释排放

在铀矿开采、核电厂及后处理厂运行、同位素生产以及核医学治疗等过程中产生的大量低水平放射性废液，这些废液的净化处理后废液以及一些无需处理的极低放射性废液尽管含盐量符合环境排放标准，但活度略高于豁免废物水平，无法直接向环境排放，在国际上的通行处理方式是经稀释后再进行排放。

稀释排放是指在符合相关规定的基础上，通过有控制地、常规性地将极低放射性废液排入受纳水域（如海洋、湖泊、河流、地下水），借助于大量河水或海水与放射性废液的充分混合，使之高度地稀释扩散，达到安全排放的目的。

极低放废液的稀释排放的影响因素很多，除了需要遵守相关规定，还需要根据排水口的位置，排水流速，排放源项，以及受纳水体的水位、水温、流速、流向、含沙量、枯水期、潮汐、风场、地势等因素，并考虑避开集中式取水口及水生生物的产卵场、洄游路线、养殖场等环境敏感区，因地制宜地制定详细的稀释排放方案。在方案制定前，通常需要结合上述影响因素，对废液的稀释扩散建立水质模型，模拟计算放射性废液排放后其浓度场、流场以及温度场的分布状况，以初步探究并判断极低放废液的稀释排放方案的合理性和科学性。

在极低放废液稀释排放的过程中还要加强对于收纳水体的实时辐射监测，如液态放射性流出物排放前应对槽内液态放射性流出物取样监测，槽式排放口应明显标识，排放管线上应安装自动报警和排放控制装置。另外还需在周围环境定期开展取样检测，建立系统的辐射监测体系，以确保地区周围环境辐射质量良好。此外，极低放废液的稀释排放可能会导致放射性核素在收纳水体中的沉积物、土壤及动植物组织中的富集，因此还需加强对极低放废液稀释排放对环境影响评价工作的研究，这对我国在快速发展核能利用的同时，又可以保护好环境具有重要实际意义。

最后，针对中低放废液蒸发处理后的极低放废液排放问题，中国原子能科学研究院在借鉴韩国技术经验的基础上，建立了我国第一座净化后含氚废水空气载带排放站。载带排放站利用空气增湿原理，在自然对流条件作用下通过空气与水相界面之间发生热焓与质量传递，达到含氚废水以气态形式进行大气载带排放，载带排放站采用挂布喷洒蒸发技术。

16.6.2　低放废液的净化浓缩处理

在核燃料循环过程中，将产生大量的低水平放射性废液。尽管这些废液放射性活度低，但量大，贮存成本较高，需对其进行及时妥善处理。目前，针对低放废液的处理方法主要有：蒸发浓缩法、化学沉淀法、离子交换法、膜分离法以及连续电除盐法等。

（1）蒸发浓缩法

蒸发浓缩法是处理放射性废水的较为有效的方法。该方法的主要原理是利用废水中大多数放射性核素是不挥发溶质的特点，通过蒸汽或电热器对蒸发器内的废水进行加热，让废水中挥发性溶剂（主要为水分）逐渐汽化形成水蒸气，随后经冷却凝结成水（冷凝水），不挥发溶质形成蒸残液。在蒸发过程中，只有极少量易挥发的放射性核素随废水蒸汽进入冷凝水，因此大量的冷凝水中放射性水平远低于原来的废水，其他剩余大部分放射性核素留在蒸残液中，从而实现了废液中放射性核素的浓缩。

对于放射性核废水而言，除极少数元素如氚、碘等之外，废水中的大多数放射性元素都不具有挥发性，因此废水中的水分蒸发成蒸汽，而大多数不易挥发的放射性核素会留在残余液中浓缩。这种方法具有很高的去污系数，可达 10^4～10^6，技术成熟、安全可靠等特点；同时，可以处理高、中、低放废水，具有很高的灵活性。但是，它存在着运行成本高、设备腐蚀、结垢等潜在威胁，不适合处理容易起泡与含有较多挥发性核素的废液。

我国早期低放废水主要采用两种蒸发工艺：蒸汽加热蒸发工艺和天然蒸发池工艺。但蒸发浓缩由于能耗过高，造成应用成本增大。中国原子能科学研究院自 20 世纪 70 年代末至今，开展了蒸汽加热蒸发处理的替代方案，即热泵技术处理中低放废液的蒸发浓缩技术研究。热泵蒸发技术利用卡诺循环原理，能有效利用负压蒸发中二次蒸汽的热量，节能效果达到 90%，去污因子达到 10^5 以上。到目前为止，中国原子能科学研究院完成废液处理能力 1 t/h 和 6 t/h 的热泵蒸发工艺系统研发，并完成对重大项目的工程供货。热泵技术处理放射性废液工艺流程如图 16-8 所示。

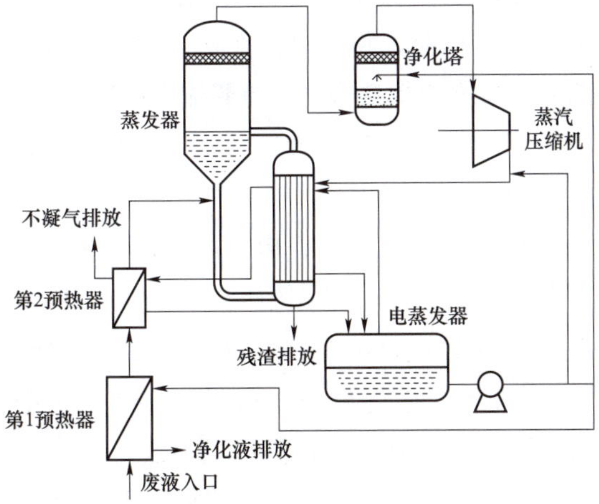

图 16-8　热泵技术处理放射性废液工艺流程图

（2）化学沉淀法

化学沉淀法是处理中低水平放射性废水的常用的成熟方法。化学沉淀法主要原理是利用废水中大多数放射性核素的氢氧化物、碳酸盐、磷酸盐等化合物溶解度较低的特点，加入化学絮凝剂，使其在水中发生水解反应产生溶胶，通过与载体共沉淀、颗粒吸附沉淀、凝絮吸附等机理，实现对放射性核素的全部或部分去除。

在化学沉淀处理过程中，净化效率跟废水自身特点（如含盐量、核素种类及浓度等）、化学凝絮剂的种类与用量以及废水 pH 与温度等因素有重要关系，因此在废水处理前，需进行源项分析，并根据需要对废水进行 pH 调节、化学氧化、化学还原等预处理。常见的化学沉淀法有：氢氧化物沉淀法、石灰–苏打软化法、磷酸盐沉淀法和锰盐絮凝沉淀法等。

化学沉淀法的主要优点是：应用范围宽，适用于大多数放射性核素的去除；方法灵活，能够处理非放射性成分及其浓度和流量变化较大的废水；方法成熟，使用的处理设备和技术都有相当成熟的经验；费用低廉，仅为蒸发浓缩法的 1/50～1/20。该方法的主要缺点是：去污因子较低，一般在 10～100，采用特殊方法才能达到 100～200；产生的放射性污泥较多，需妥善地处理与处置。

（3）离子交换法

随着一些新型离子交换剂的出现和离子交换技术的发展，离子交换法已广泛应用于核电厂一回路循环水的净化处理和放射性核素种类较少的放射性废水处理领域。离子交换法处理放射性废水的主要原理是：离子交换剂上的功能基团与废水中的放射性离子进行选择性交换，从而实现将某些离子分离，达到净化放射性废水的目的。

离子交换过程是一个特殊的吸附过程，按照结合力的不同，吸附可分为三类吸附方式：物理吸附，基于物质之间的分子间吸引力；化学吸附，涉及材料表面与溶质分子间的电子交换而形成化学键；离子交换吸附，基于离子与功能团之间的库伦引力。

采用的离子交换剂主要有离子交换树脂和无机离子交换剂，其中离子交换树脂又分为阳离子交换树脂和阴离子交换树脂，可分别用于去除废液中的阳离子和阴离子。常见的离子交换树脂有苯乙烯－二乙烯苯共聚物、酚醛缩聚树脂和丙烯酸树脂等；常见的无机离子交换剂有沸石、蛭石、钛酸盐和钛酸硅等水和氧化物、磷酸锆等多价金属酸性盐以及亚铁氰化物等。

在离子交换过程中，废水类型、成分、废水中核素基团形态、交换剂的类型、再生方法和操作程序等都会对废水处理效果产生较大的影响，因此，离子交换法有一定的适用范围，对待处理的放射性废液有如下要求：① 待处理废水的悬浮固体含量要低；② 废液中溶解的总固体含量应足够低；③ 废水中有机污染物的量必须低；④ 废水中以非电解质和胶体形式存在的放射性核素应当很低。

离子交换法的优点主要是：离子交换法工艺成熟；去污因子较高，平均可达 10^2～10^4；适于连续运行和自动化操作，既可间歇操作，也能连续式处理。

离子交换法的缺点主要是：离子交换过程中，受杂质离子干扰严重；有机离子交换剂存在不耐辐照和高温、再生和处置困难等问题；无机离子交换剂存在吸附容量低等问题。

（4）膜分离法

随着膜分离技术的不断成熟，它在处理放射性废水中的作用越来越广泛。膜分离法的原理是在介于两相（液－液或气－液）之间的透过膜在压力差、电位差、浓度差和温度差等推动力作用下选择性地让一些离子透过，从而实现分离的目的。

常见的膜分离法可以按照传质推动力的不同，分为五大类：压力差（ΔP），如微滤、纳滤、超滤和反渗透等；电位差（ΔE），如电渗析等；浓度差（ΔC），如透析、渗透蒸发等；温度差（ΔT），如膜蒸馏等；另外还有组合推动力。表 16-3 为不同类型膜的分离机理及用于范围。

表 16-3　不同类型膜的分离机理及用于范围

膜分离过程	膜类型	分离机理	应用范围
微滤	对称微孔膜	按孔径大小筛分	澄清微米级颗粒
超滤	不对称微孔膜	按孔径大小筛分	分离大分子
纳滤	不对称微孔膜	溶液扩散	分离溶液中二价离子
反渗透	不对称“皮”膜	溶液扩散	脱盐
透析	对称微孔膜	扩散	从大分子溶液脱盐
电渗析	离子交换膜	离子选择性渗透	从离子溶液脱盐
支撑液膜	吸附膜液的多孔支撑膜	载体促进传递	金属或生物质分离
膜蒸馏	微孔膜	蒸汽透过憎水膜	超纯水制备、浓缩
渗透蒸发	不对称膜	溶液扩散	有机物分离

在各种膜分离方法中，以压力差（ΔP）作为传质动力的膜分离方法已经在核工业中大规模应用，如纳滤膜主要用于核电厂含硼废液的放射性废水处理。微滤膜用于分离核电厂废水中的颗粒污染物，反渗透技术取代已有的蒸发/离子交换系统用于处理核电厂等设施产生的低放废水。对于其他膜分离方法，我国也开展了大量的研究工作，除电渗析外其他方法目前尚未有大规模的工业应用。

在放射性废水处理方面，与传统工艺相比，膜分离方法的主要优点是：能耗低，处理过程不发生相变，不需要加热；可分离粒度很小的颗粒物质；适用于特殊溶液的分离，如共沸物或近沸点物系等；装置简单，操作方便，出水水质好，净化系数高，系统运行稳定等。膜分离方法的缺点有：对进水水质要求较高，废水需进行预处理；各种膜过程膜污染控制有待进一步研究。

（5）连续电除盐法

连续电除盐（continuous electrodeionization，CEDI）是电渗析和离子交换的结合技术，即将离子交换树脂填充于离子交换膜之间，在外加电场的作用下，阴阳离子向浓相发生迁移的净化技术。20 世纪 90 年代起，连续电除盐在其他领域蓬勃发展，逐步替代离子交换技术，工业化应用日趋成熟，在核工业领域也取得了一定的研究和应用成果。如比利时的 Doel 压水堆核电厂建立了连续电除盐的中试装置，并连续运行了 2 年。该装置去污系数高达 2 500，浓缩比超过 1 600，净化效果优异，运行成本较低且二次废物量少。在国内，清华大学研制的成套膜工艺中，关键技术为精处理单元：连续电除盐，提出了新型选择性弱解离性聚合物替代 CEDI 膜堆的阴性填充材料，形成了对各类低放废液针对性的多种膜堆填充配方，整个膜堆对 Sr、Co 和 Cs 的去污系数分别达到了 1.5×10^3、2.0×10^5 和 4.0×10^3。其成套膜工艺已实现工程化应用。

连续电除盐有净化效果好、运行成本低等优点，其缺点是对原水的品质要求很高，应用范围受限，仅适合处理堆排水、二回路沾污水及经过预处理的放射性废水。

16.6.3　中放废液的固化技术

在低放射性废液处理过程中，经蒸发浓缩、絮凝沉淀、离子交换等处理后产生的放射性浓缩液、沉淀泥浆离子交换再生废液等无法直接处置，需要进行固化处理。目前用于固化中放废物的主要基质有水泥、沥青、聚合物及玻璃等 4 种。其主要特性如表 16-4 所示。

表 16-4　各类基材固定低中放废物的主要性能比较

固定化性能	水泥	沥青	聚合物	玻璃
工艺过程				
复杂性	低	高	高	高
灵活性	高	高	一般	高

续表

固定化性能	水泥	沥青	聚合物	玻璃
减容	增容	减容	增容	减容
成本	低	高	高	最高
废物形态				
与废物流相容性	一般	一般	好	好
废物包容量	一般	高	高	高
抗压强度	高	低	一般	最高
抗冲击性	高	一般	一般	一般
耐火性	高	低	一般	高
辐射稳定性	高	一般	一般	最高
放射性核素滞留能力				
锕系核素	高	低	低	最高
非锕系核素	低	高	高	最高

（1）水泥固化

水泥固化是核工业中常见的中、低放废物的处理处置方法，已被世界多国广泛应用，该法除用于放射性浓缩液/泥浆、有机溶剂及离子交换树脂的固化外，还可用于放射性废物的固定，如滤芯等。

水泥固化主要是将放射性废液、无水水泥、添加剂及水按一定比例混合，经水化、沉淀和结晶等过程，最终导致水泥硬化，形成水泥固化体，实现对放射性核素的固化。

通常将水泥固化体浇筑于金属容器或混凝土容器中，并可根据需要加装外屏蔽层或外构件。水泥固化体可以依据搅拌的方式和混合的位置，可大致分为桶内法和桶外法等两种。此外，水泥固化也可采取大体积浇筑法。下面简要介绍桶内法、桶外法和大体积浇筑法。

① 桶内法

桶内法是在废物桶内按比例一起加入放射性废液、水泥、添加剂和水，然后进行搅拌混合，混合均匀后凝固一段时间成为固化体，装有固化体的固化桶送处置场进行处置。搅拌装置主要由搅拌桨、电机等组成，搅拌桨的结构形式有多种，国内搅拌效果好技术较为成熟的搅拌装置为螺带式行星搅拌混合器。目前桶内搅拌已成功应用于秦山核电厂、田湾核电厂和大亚湾核电厂等。

桶内法优点是装置简单、造价低、产生的二次废物量较少，缺点是处理量小、固化桶填充系数低等。国内某中放废液水泥固化线桶内搅拌工艺设计流程如图16-9所示。

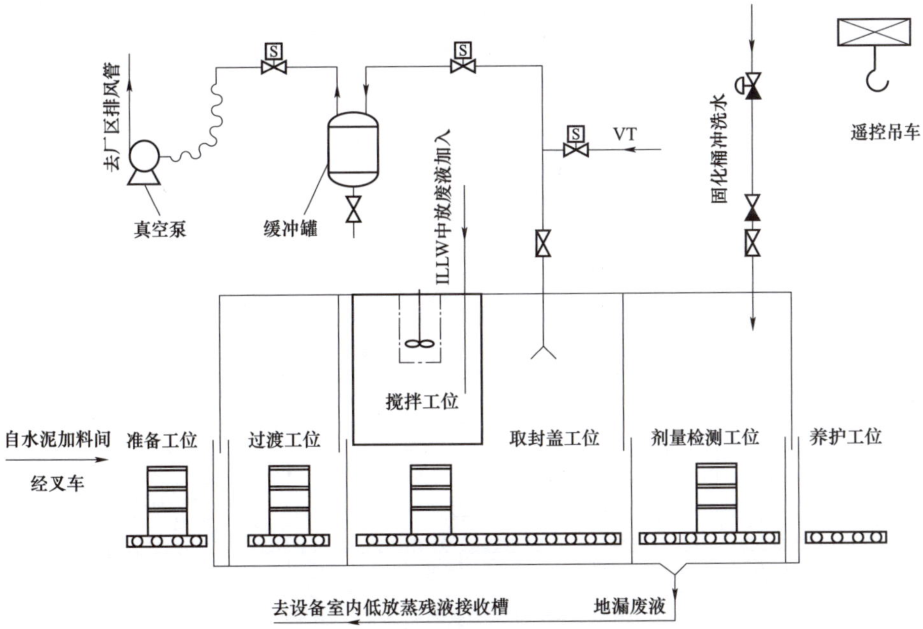

图 16-9　国内某中放废液水泥固化线桶内搅拌工艺设计流程

② 桶外法

桶外法是在废物桶外将放射性废液、水泥、添加剂和水按比例搅拌混合均匀后注入废物桶内，凝固一段时间成为固化体，装有固化体的废物桶送处置场进行处置。搅拌装置在国外有两种形式，一种是间歇式，另一种为连续式，间歇式与连续式相比，间歇式搅拌设备结构可靠，控制及配套设施简单，便于维护保养，更加适合于处理放射性废液，也是目前应用较为广泛的桶外搅拌形式。随着我国核电事业的蓬勃发展，核电产生的放射性废物越来越多，我国的一些工程项目也在考虑采用桶外搅拌方式的装置，如岭澳二期就采用了从国外引进的桶外搅拌水泥固化装置。

桶外法优点是处理能力大、填充系数大，适用于大批量地处理低、中放废液；缺点是装置复杂，造价高，运行中产生的二次废物量较大。国内某中放废液水泥固化线桶外搅拌工艺设计流程如图 16-10 所示。

③ 大体积浇筑法

中放废液大体积浇筑水泥固化法是首先将中放废液与水泥混合成水泥浆在近地表固化池浇筑形成固化体的处理方式，然后在浇注体上方覆盖一定厚度的辐射屏蔽层，并长期封存，且固化体不再转移或进行其他方式处置，该方法将放射性废物固化处理与处置合为一体。

浇筑池剖面如图 16-11 所示。

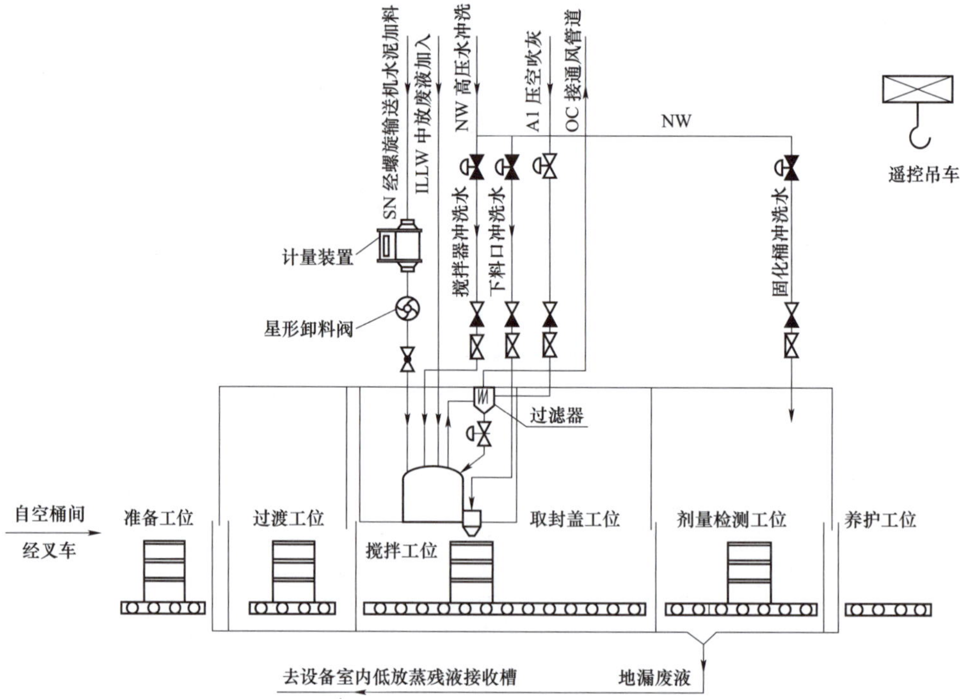

图 16-10　国内某中放废液水泥固化线桶外搅拌工艺设计流程

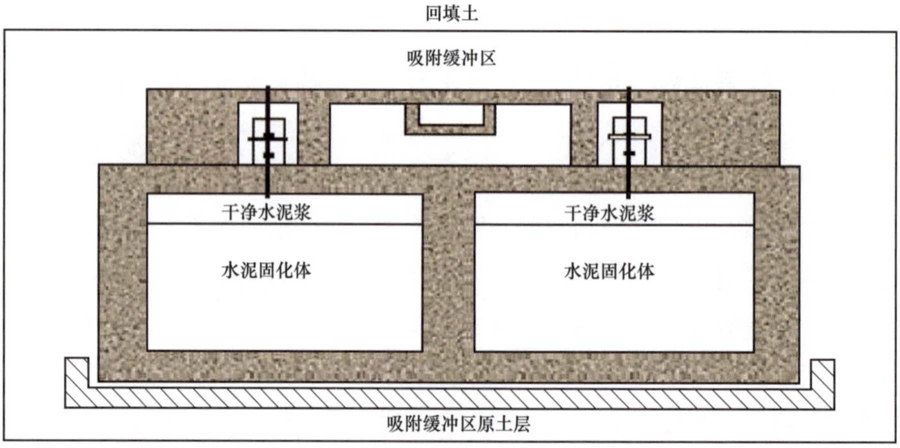

图 16-11　浇筑池剖面示意图

这种方法相较于普通的先水泥固化再地质处置法，具备处理量大，无需包装，工序简单，成本降低等优点。

（2）沥青固化

沥青固化则是以沥青为基质，将低中放废物加入沥青中，在一定碱度、配料比、温度、搅拌速度条件下产生皂化反应，使料液中的盐分或固体物质均匀地包容在沥青中的一种固化技术。

沥青固化是处理中放废液的一种良好方法，对盐分的包容能力较强，包容量范围为几至几百 g/L，适于处理放射性浓度低于 4×10^{11} Bq/L 的废液，也可用来固定废离子交换树脂等固体废物。

20 世纪六七十年代，沥青固化已经广泛应用于世界各国，如法国、德国、芬兰、苏联、捷克斯洛伐克等国。

沥青固化的优点有：浸出率较低，处理范围广，包容率高，最终废物体积小；固化工艺比较简单，费用较低。

沥青固化的缺点有：操作温度较高，与氧化剂的相互作用，操作温度范围受限，对部分组分敏感，遇水溶胀，存储温度受限。

由于沥青是可燃物，在氧化剂如硝酸钠存在条件下容易发生着火燃爆风险，目前不再采用。

（3）聚合物固化

聚合物固化法适用于固化废离子交换树脂、有机废液、浓缩废液、过滤泥浆、焚烧灰烬、重金属废液、混合废物等。

通常聚合物基材并没有与废物相互反应，而是通过自身结构将废物层层“包裹”于聚合物材料内部。聚合物通常分为两大类，即热塑性和热固性聚合物。前者主要具有链状的线型结构，受热软化，可反复塑制；后者成形后具有网状的体型结构，受热后不能软化，不能反复塑制。典型的热塑性聚合物有聚乙烯、聚丙烯、聚苯丙烯、聚苯乙烯、聚氯乙烯等，典型的热固性聚合物有环氧树脂、聚苯乙烯－二乙烯基苯、尿素－甲醛树脂、不饱和聚酯树脂、二丙烯基邻苯二甲酸酐树脂等。

聚合物固化技术在国际上已开展了许多研究，美、欧、日等国在核电厂、后处理厂和其他核设施产生的低中放废物处理中得以广泛应用。目前主要采用的固化基体为聚酯、环氧树脂和聚苯乙烯，在多数情况下，聚合物固化体均能满足现行的固化体性能要求。

总的来说，聚合物固化具备以下优点：固化体废物包容量高，可达 10%～70%（质量分数）；固化体的密度低，仅为 1～1.8 g/cm^3；较好的流动性及填充率高；固化体中核素浸出率低，比水泥固化体低 2～4 个数量级；固化体具有较好的机械强度和抗辐射性能，吸收剂量达 10^9 rad（1 rad = 0.01 Gy）时，性质仍稳定；聚合物有较好的耐酸、碱和有机物腐蚀的能力。

聚合物固化的缺点是：固化剂成本和固化工艺运行费用较高；在很多情况下，废水需要预先脱水后才能固化，工艺稍显繁琐；固化体对水分敏感，固化体中残留水分会显著影响固化体的物理完整性；固化体在处置条件下的长期环境行为不明；针对易挥发有机物效果欠佳。

（4）玻璃固化

玻璃固化体因工艺相对复杂、造价高昂，长期以来主要应用于高放废物的固化。

但是玻璃固化的减容比很高（>50），且玻璃固化体具有优异的性能，随着近年来玻璃固化技术的发展，其应用范围正从高放废物固化拓展到低中放废物固化。玻璃固化在部分中低放领域的处理已经投入工业应用，如核电废物的玻璃固化、美俄两国遗留军工废液的玻璃固化等，其主要特点与高放废液玻璃固化并无二致，将在 16.6.4 节进行详细描述，因此就不再赘述。

16.6.4 高放废液固化处理

16.6.4.1 高放废液的特性

高水平放射性废液（high level liquid waste，HLLW，简称高放废液）主要来源于乏燃料后处理工艺中铀钚共去污循环产生的萃余液，此外，还包括后续工序（铀纯化循环以及钚纯化循环）产生的一部分处理废液，其体积小但包含了 99%以上的全部裂变产物。通常每处理 1 t 乏燃料元件，将产生近 5 m^3 的高放废液，经蒸发浓缩后，体积减小到 0.4～1.2 m^3。另外，在后处理厂和高放废液贮罐退役过程，也可能产生一定的高放废液，这些高放废液组成与后处理厂产生的高放废液相近，但化学组成不完全一致。

由于高放废液具有放射性强、成分复杂、腐蚀性强、发热量大等特点，其处理处置备受业界人士的高度关注。目前国际上对高放废液的处理处置方法研究较多，主要为两类，一是直接将其固化处理后深地质处置，即将高放废液转化为化学稳定性、热稳定性、机械稳定性和辐照稳定性等优良的固化体，然后进行深地质处置。二是对高放废液进行分离—嬗变，再固化处理，最终地质处置，即将高放废液中 U、Pu、Np、Am、Cm 等锕系元素以及长寿命裂变产物（如 Tc）分离出来，制成靶件，在反应堆或加速器内嬗变成短寿命或稳定的同位素，嬗变次锕系元素时产生的裂变产物及分离后的废物可作为中低放废物处理处置。因此分离—嬗变—固化法可以降低高放废物的毒性和长期危害，减少需要深地质处置的废物体积，节省处置费用，可减少公众对高放废物的忧患，还可实现资源的再利用。

分离—嬗变可使产生的高放玻璃固化体所需的深地质处置库容降低，安全监管时间缩短至 1 000 年。有研究计算了先进行分离—嬗变这一处理对需进行深地质处置的玻璃固化体体积的影响，结果表明：以处理 1 t 乏燃料元件（重金属）为例，后处理后产生的近 5 m^3 的高放废液经蒸发浓缩后可减少到 0.4 m^3 左右，玻璃固化处理后，会产生约 0.1 m^3 的高放玻璃固化体需进行深层地质处置。若去除 HLLW 中的裂变产物 Sr、Cs 后，可大大降低深地质处置废物的体积。图 16-12 中清楚地显示了高放废物经不同的处理方式后放射性废物相对毒性指数随时间的变化情况，分离—嬗变可显著降低放射性废物安全监管的时间。

尽管“分离—嬗变”前景诱人，但技术难度大，且需耗费巨资，预计今后数十年内难以获得实际工程应用。目前认为，将高放废液转化为固化体，最终深地质层处置是安全且切实可行的方法之一。

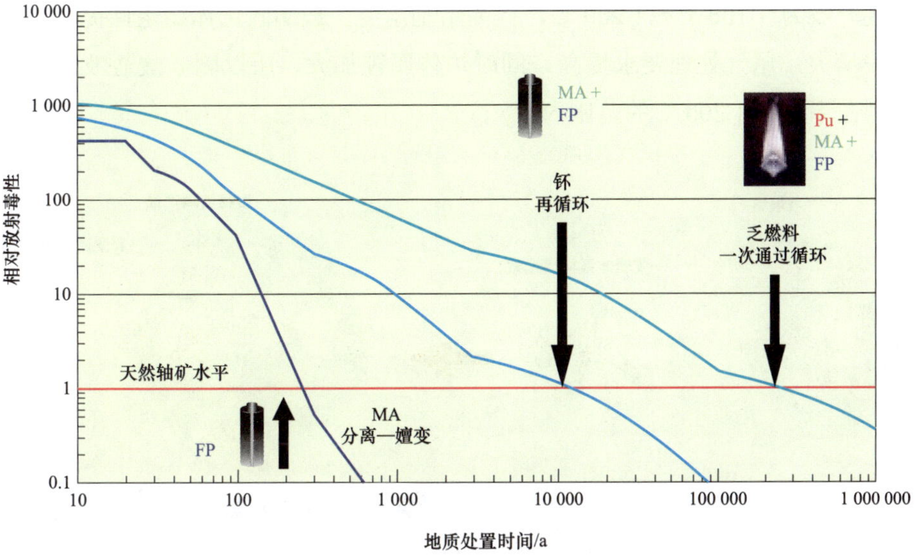

图 16-12　经不同处理的核废物相对毒性指数随时间的变化

高放废液的固化方法主要包括玻璃固化、玻璃陶瓷固化和陶瓷固化等。目前为止，只有玻璃固化实现了工业化，其他两种方法尚在研究过程中。本节重点介绍高放废液的玻璃固化。

16.6.4.2　高放废液玻璃固化

玻璃固化是将高放废液（或其煅烧物）与玻璃基料按一定配比在熔炉中高温熔融并包容高放废物，并通过出料，将熔融体转移到容器中，使其冷却凝固后成为玻璃固化体。玻璃固化技术于 20 世纪 50 年代开始研究，70 年代法国最早建立了玻璃固化高放废物处理体系，随后，美国、俄罗斯等国家相继建立相对完善的玻璃固化体系，中国紧随其后建立起了玻璃固化体系。

从化学和物理角度来看，高放废液的玻璃固化是一个溶解过程。其中，玻璃基材的熔融体构成溶剂以溶解高放废液转换成的氧化物。氧化物转化为玻璃结构的组成部分，如图 16-13 所示。

适于固化高放废液的玻璃主要有两类，硼硅酸盐玻璃和磷酸盐玻璃，以硼硅酸盐玻璃应用最为广泛。硼硅酸盐玻璃是以二氧化硅和氧化硼为主要成分的玻璃，它包容硫、钼、铬的量有限，会分离出第二相（黄相），所以处理铀–铝合金燃料元件产生的高放废液，宜选用磷酸盐玻璃固化。磷酸盐玻璃是以五氧化二磷为主要成分的玻璃，以正磷酸根四面体相互连接构成网络结构。磷酸盐玻璃熔制温度比硼硅酸盐玻璃低（约1 000 ℃），可接纳较多的硫、钼、铬，但高温磷酸盐玻璃有腐蚀性大，热稳定性差，析晶倾向大，核素浸出率高（比硅酸盐玻璃高1～2个量级）的缺点。硼硅酸盐玻璃的熔制温度一般为1 100 ℃～1 200 ℃，提高熔制温度，玻璃固化体稳定性提高，但挥发组分损失增大，尾气处理要求提高，同时炉体腐蚀加大，所以硼硅酸盐玻璃的熔制温度应控制在不超过1 200 ℃的范围内。

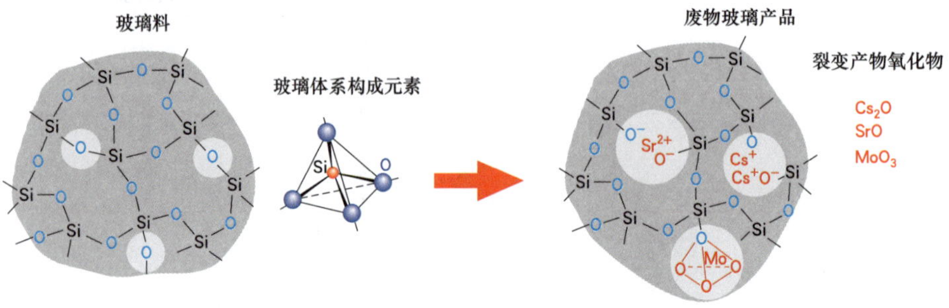

图16-13　硅酸盐玻璃体系包容放射性核素示意图

玻璃固化体的优点是固化性能良好，能够获得较多的减容。玻璃的无选择性包容对高放废物有较强的包容性，同时高放废物中的高价离子作为网络形成体进入到玻璃网络结构中增加了玻璃的化学稳定性，低价态的碱金属阳离子在玻璃网络中作为网络补偿体，非桥氧键增加，玻璃的熔融温度降低。

玻璃固化体虽然具有其独特的优点，但它也存在客观的缺点：玻璃是一种过冷过饱和的固溶体，属于介稳相，从热力学的角度来讲，很有可能会自发地发生析晶，影响其化学稳定性；在固化的过程中，放射性核素发生裂变，裂变产生的高温可能会导致玻璃的失透，以致降低了玻璃固化体的一些性能。

半个多世纪以来，玻璃固化是唯一一种实现工业化的高放废液处理技术，法、美、德、俄罗斯、日本、印度、中国等国家针对高放废液玻璃固化的固化工艺和设备等方面开展了大量研究。迄今为止，高放废液玻璃固化工艺有四种：感应加热金属熔炉一步法罐式工艺（罐式法）、回转煅烧炉+感应加热金属熔炉工艺（两步法）、焦耳加热陶瓷熔炉工艺（电熔炉法）、冷坩埚感应熔炉工艺（冷坩埚法）。目前除了工业化时间最早的罐式法由于熔炉寿命短、处理量低等原因已被淘汰外，其余三种工艺都在工程应用。下面详细介绍三种玻璃固化工艺。

（1）回转煅烧炉—感应加热金属熔炉工艺（两步法）

回转煅烧炉—感应加热金属熔炉两步法工艺的主要工艺流程是：第1步先将高放废液在回转煅烧炉中煅烧成固态煅烧物，第2步把煅烧物与玻璃形成剂分别加入中频感应加热金属熔炉中熔制成玻璃，最后注入不锈钢贮罐中。将高放废液提前在煅烧炉内煅烧处理，有效地提高了玻璃固化体的生产能力。

1976 年，法国建成了世界上第一个玻璃固化设施马库尔 AVM（回转煅烧炉＋感应加热金属熔炉）并投入运行，用它处理 UP1 后处理厂产生的高放废液，处理能力为 40 L/h，共处理了 2 074.5 m^3 的高放废液（16×10^6 TBq），1999 年进入退役阶段。

在 AVM 基础上，法国在拉阿格后处理厂建立了两座更大规模的玻璃固化工厂（AVH-R7 和 AVH-T7）。AVH-R7 是与 UP2-800 后处理厂相配套的玻璃固化设施，于 1989 年投入运行，三条生产线，一条备用；AVH-T7 是与 UP3 后处理厂相配套的玻璃固化设施，于 1992 年投入运行，也是三条生产线，一条备用。

20 世纪 80 年代初，英国从法国引进了回转煅烧炉－感应加热金属熔炉两步法玻璃固化技术，在塞拉菲尔德建造了温茨凯尔玻璃固化设施（WVP 或称 AVW，Windscale Vitrification Plant），采用硼硅酸盐玻璃固化工艺。WVP 于 1991 年正式投入热运行，备有 2 条生产线。其最大日生产能力为 3 个 175 L 的产品罐。后来 WVP 增建了第 3 条生产线，到 2005 年止共产生 3 179 罐玻璃固化体废物。

这种工艺的主要优点是连续生产，处理量大（如 AVH 处理能力 75 L/h）。缺点是工艺比较复杂，熔炉寿命短（感应熔炉寿命约 5 000 h）。流程示意图如图 16-14 所示。

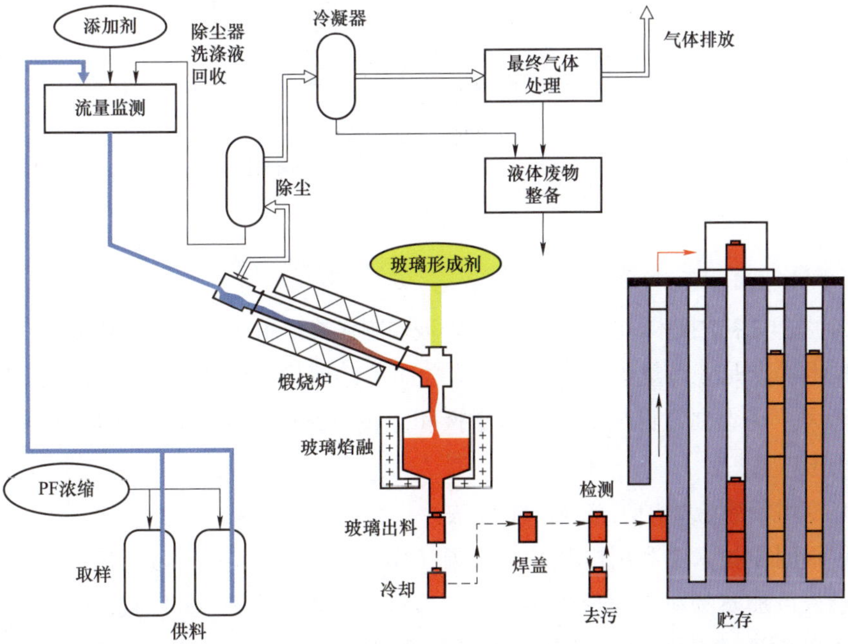

图 16-14　回转煅烧－感应加热熔炉两步法工艺流程示意图

（2）焦耳加热陶瓷熔炉工艺（电熔炉法）

焦耳加热陶瓷熔炉简称电熔炉，采用电极加热，炉中不同位置装若干电极材料，材料有用 Inconel 690，也有用钼的。炉体由耐火陶瓷材料组成，外层为不锈钢壳体，即耐火材料包封在一个气密的钢壳里，图 16-15 为电熔炉结构示意图。熔池温度达到 1 150～1 200 ℃。连续液体加料，高放废液与玻璃形成剂分别加入熔炉中，高放废液在熔炉中进行蒸发并与玻璃形成剂一起熔制成玻璃。熔池表面大部分为煅烧物所覆盖（俗称“冷帽”），以降低排气温度、减少夹带或蒸发损失。熔制好的玻璃由底部或溢流口以批式或连续方式卸料。电熔炉法是目前国际上最广泛使用的玻璃固化工艺，美国、俄罗斯、德国、日本等都采用这种工艺。

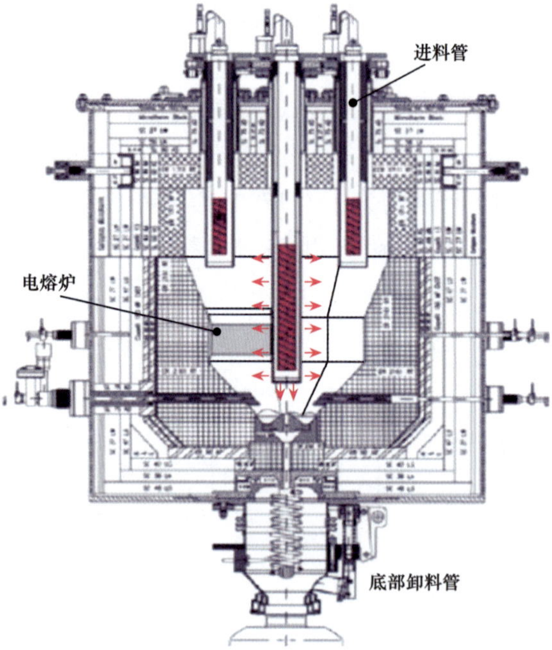

图 16-15　德国 VEK 电熔炉结构示意图

我国引进电熔炉技术，并建立了电熔炉玻璃固化线，用于处理高放废液。

该技术优点是处理量大，工艺相对比较简单，熔炉寿命可达 5 年左右，缺点是电熔炉体积大，几十到几百吨不等，给更换和退役带来较多麻烦，熔炉底部的贵金属沉积会影响出料。

（3）冷坩埚感应熔炉工艺（冷坩埚法）

冷坩埚固化技术是利用电源产生高频（10^5～10^6 Hz）电流，通过感应线圈转换成电磁流透入待加热物料内部形成涡流产生热量，实现待处理物料的直接加热熔融。冷坩埚炉体是由通冷却水的金属弧形块或管组成的容器（容器形状主要有圆形或椭圆形），工作时坩埚内熔融物的温度可高达 2 000 ℃以上，金属管内连续通冷却水，炉体近套管内低温度区域形成一层 1～3 cm 厚的固态玻璃壳（冷壁），使坩埚壁仍保持较低温度（一般小于 200 ℃），因此称为“冷”坩埚。冷坩埚不需耐火材料，不用电极加热，由于熔融的玻璃包容在冷壁之内，大大减少了对熔炉的腐蚀作用，使冷坩埚的使用寿命可大于 20 年。此外，冷坩埚体积小、重量轻、拆卸方便，退役容易，退役废物少。冷坩埚技术的不足之处在于热效率低，耗能比较大。

法国、俄罗斯、美国、韩国、印度等均对其进行了多年研究，其中俄罗斯和法国率先实现了该技术在处理放射性废液上的工程应用，见表 16-5。目前冷坩埚技术已成为最具有应用前景的高放废液玻璃固化技术。我国自 2000 年开始跟踪研究冷坩埚玻璃固化技术，先后建立了ϕ300、ϕ500 和ϕ650 冷坩埚玻璃固化装置，目前正在进行ϕ650 冷坩埚工程样机的研制与验证工作。

表 16-5　四代玻璃固化工艺对比

固化工艺	工艺优点	工艺缺点	研发、使用国家	工业化应用国家	固化设施	运行状况	处理能力（生产能力）	备注
感应加热金属熔炉批式工艺（罐式法）	设备简单容易控制	熔炉寿命短（熔制 25～30 批玻璃需更换熔炉）；处理能力低	加拿大、英国、法国、美国、意大利、印度	法国	PIVER 装置	1969—1972		硼硅酸盐玻璃，共处理高放废液 24 m^3（总活度 6×10^6 Ci），生产 164 罐玻璃固化体（总重 12 t）
				印度	塔拉普尔 WIP	1987—	2 罐/周	硼硅酸盐玻璃
					特朗贝	1996—	100 m^3/a	
两步法工艺（法国回转煅烧＋感应加热金属熔炉工艺）	连续生产处理量大	工艺比较复杂；熔炉寿命短（感应熔炉寿命约 5 000 h）	法国、美国、西德	法国	马库尔 AVM 装置	1978—1991	40 L/h	硼硅酸盐玻璃
					阿格 AVH-R7	1989—	100 L/h	硼硅酸盐玻璃，3 条生产线（2 用 1 备，其中 1 条生产线被冷坩埚替换）
					阿格 AVH-T7	1992—	100 L/h	硼硅酸盐玻璃，3 条生产线（2 用 1 备）
				英国	塞拉菲尔德 WVP	1991—	3 罐/d	采用硼硅酸盐玻璃
焦耳加热陶瓷熔炉工艺（电熔炉法）	处理量大工艺相对比较简单熔炉寿命可达 5 年左右	电熔炉体积大，影响更换和退役；贵金属易在熔炉底部沉积，影响出料	西德、美国、苏联、日本、丹麦、中国	德国（比利时）	PAMELA 装置	1985—1991	30 L/h	硼硅酸盐玻璃，处理高放废液 900 m^3，产生玻璃固化体 2 200 罐
				德国	VEK 装置	2009—2010	10 L/h	硼硅酸盐玻璃
				美国	萨凡纳河 DWPF	1996—	225 L/h	硼硅酸盐玻璃
					西谷 WVDP	1996—1999	150 L/h	硼硅酸盐玻璃，处理 HLW2 300 m^3
					汉福特 HWVP	2007—		4 个熔炉，两个处理高放，两个处理低放
				俄罗斯	马雅克 EP-500 系列	1986—	500 L/h	磷酸盐玻璃

续表

固化工艺	工艺优点	工艺缺点	研发使用国家	工业化应用国家	固化设施	运行状况	处理能力（生产能力）	备注
焦耳加热陶瓷熔炉工艺（电熔炉法）	处理量大工艺相对比较简单熔炉寿命可达5年左右	电熔炉体积大，影响更换和退役；贵金属易在熔炉底部沉积，影响出料	德国、美国、苏联、日本、丹麦、中国	日本	东海村 TVF 设施	1994—	7 kg/h	硼硅酸盐玻璃
					六个所 JVF 设施		44 kg/h	硼硅酸盐玻璃
				印度	卡尔帕卡姆	2010—	25 L/h	
				中国	四川 VPC	2021—	50 L/h	硼硅酸盐玻璃
冷坩埚感应熔炉工艺（冷坩埚法）	冷坩埚体积小、重量轻、拆卸方便；退役废物少；冷坩埚的使用寿命可大于20年	工艺比较复杂，能耗高	法国、美国、俄罗斯、韩国、中国、印度	法国	阿格 AVH-R7	2010—	25 kg/h	硼硅酸盐玻璃

16.6.4.3　其他固化

除了玻璃固化，世界各国也对陶瓷固化和玻璃陶瓷固化进行了大量的研究。

（1）陶瓷固化

陶瓷固化是将高放废液与陶瓷基料按照一定的比例混合，在高温/高压条件下发生固相反应，制得稳定性优良的陶瓷固化体。

按照陶瓷固化体中基体矿相结构的不同，可将陶瓷固化体分为磷酸盐、硅酸盐、锆酸盐、铝酸盐和钛酸盐陶瓷固化五大类。

陶瓷固化体具备以下优点：高放废物包容量较高，且固化体密度大，体积小；物理、化学、抗辐照稳定性优异，不易变形，不易分解；抗自然风化、抗侵蚀能力强，当固化体处于高温和潮湿环境时，它所受到的外界条件对其影响相对较小。因其具有上述优点有利于对超铀元素、长寿命核素裂变产物的包容固化，并永久性地进行地质处置。

陶瓷固化体有很多的优点，但同时本身也存在一些缺点，如固化体对放射性核素有很强的选择性，陶瓷只能容纳有限的、特殊的放射性核素，只能进入晶格特定的位置，因此选择性地固化高放废物限制了陶瓷固化的应用；陶瓷固化的研究尚不充分，工艺不够成熟，成本较高。

（2）玻璃陶瓷

玻璃陶瓷（微晶玻璃）固化是将原料经过煅烧、高温熔融制得玻璃后再通过一定的热处理工艺技术从玻璃体内析出稳定晶相的复合材料，它由玻璃相和结晶相共同组成，对高放废液成分波动的适应性较强。高放废物中部分锕系元素会根据类质同象原理进入晶体结构，而其他核废物组分及裂片元素将会被固化到玻璃网络结构体内，在陶瓷固化体和玻璃固化体的双重保护作用下实现结构和功能的优化利用。

玻璃陶瓷固化具有如下优点：可包容 5%～10%（质量分数）超铀核素；放射性核素（特别是锕系核素）进入晶格位置，使浸出率比一般玻璃固化体低 1～2 个量级；可利用现有的玻璃固化工艺和设备生产，不需要开展新的固化工艺和装备研究；玻璃陶瓷固化体有较高的密度，减少了最终废物的体积。因此，玻璃陶瓷被认为是新一代具有良好发展前景的高放废物固化基材，也被称为第三代高放废物固化体。

目前关于玻璃陶瓷固化方面的报道大多集中在硅酸盐和磷酸盐系统上，已经开发了玻璃–钙钛锆石、玻璃–榍石、玻璃–烧绿石、玻璃–独居石等，其中以玻璃–钙钛锆石研究最多。

（3）人造岩石

人造岩石（Synroc-C）固化尽管也属于陶瓷固化，但由于该技术在国际上研究得较多，且具有较好的应用前景。

人造岩石固化是受自然界中某些含长寿命放射性核素的天然矿物能够稳定存在上亿年的启发，依据矿物学上的“类质同象”替代原理，通过高温固相反应制得的一种热力学稳定的、多相钛酸盐陶瓷固化体。高放废物中的大部分元素进入矿相晶格位置或镶嵌于晶格孔隙中，形成一种稳定性好的固熔体。

人造岩石固化是由澳大利亚科学家 Ringwood 教授首先提出，并受到澳大利亚政府的重视和支持。1987 年澳大利亚 ANSTO 就建成了生产能力为 10 kg/h 的冷试中间工厂。由于人造岩石具有许多优于硼硅酸盐玻璃固化体的特性，如优良的地质稳定性、化学稳定性、热稳定性和辐照稳定性，因此受到各国广泛重视，被认为是继玻璃固化体之后的第二代高放废物固化体。日本、英国、俄罗斯、美国、法国、加拿大和中国都先后展开了人造岩石固化研究。

人造岩石的主要优点有耐辐照性好，可适用于固化高燃耗燃料所产生的高放废液；与钌、铑、钯和来自不锈钢包壳的铬、镍兼容性好，不会出现玻璃固化所产生的分相和黄相问题。人造岩石固化的缺点是生产工艺比较复杂，设备条件要求较高，需要高温高压操作；需要使用较贵的烷氧基金属化合物作为生产原料，使得生产成本较高。为此，研究人员不断研究改进与开发新工艺，如用冷压烧结、冷坩埚、自蔓延高温合成（SHS）等技术进行人造岩石和其他陶瓷固化。

从目前的研究进展来看，人造岩石固化和玻璃陶瓷固化在制备工艺、组成–结构–性能关系方面的研究已经取得了长足进步，但要实现这两类材料对高放废液的安全有效固化处理，除了需进行大量的应用基础研究之外，由于熔制温度相对玻璃固化来说都比较高，采用现有的电熔炉固化难以实现，还需对具有更高熔制温度的设备进行研制。

16.7 放射性有机废物的处理

16.7.1 放射性有机废物的来源

在核工业体系链中，放射性有机废物主要包括放射性废离子交换树脂、放射性废TBP/煤油、放射性污溶剂、其他有机废液等。

16.7.1.1 废树脂的来源

离子交换树脂，吸附容量高，操作方便，在核工业得到广泛的应用。离子交换树脂主要用于核素的分离纯化、铀的回收、放射性废液的净化处理等。因此，放射性废树脂的主要来源为以下两个方面。

（1）核电运行产生的放射性废树脂

在核电厂运行过程中，离子交换树脂主要用于压水堆一回路冷却剂、冷凝液和蒸汽发生器排污水、乏燃料元件贮存水池以及检维修产生废水的放射性核素去除。核电厂产生的废树脂中主要含有 ^{137}Cs、^{90}Sr 等裂变产物核素，^{60}Co、^{14}C、$^{110}Ag^{m}$ 等中子活化产物。核电站产生的废树脂一般都属于中低水平放射性废物，但是有些废树脂的比活度可能很高。

（2）核燃料循环后端产生的放射性废树脂

由于离子交换树脂具有良好化学特性和物理特性，在核燃料循环后端，放射性废水处理、关键核素提取等工艺中常常采用离子交换树脂用于放射性废水的净化、关键核素的提取和纯化。

除了上述两个主要来源之外，核燃料前段、核科研过程等也会产生少量的放射性废树脂。

16.7.1.2 放射性废 TBP 的来源

在核工业发展过程，磷酸三丁脂（TBP）作为 U（六价）、Pu（四价）的优良萃取剂，在核燃料循环体系中广泛用于 U 和 Pu 的分离和纯化。多次使用后，无法复用的 TBP 将作为放射性有机废物收集暂存。

（1）核燃料循环前段

核燃料循环前段，TBP 作为萃取剂常与煤油、正十二烷等稀释剂共同用于铀、钍矿浸出液中铀、钍的分离、铀的纯化等过程。铀萃取过程中产生有机废液主要被铀和钍污染。据估算，每提取 1 t 铀产生废 TBP/稀释剂 1～5 kg。

（2）核燃料循环后段

乏燃料后处理过程中产生的 TBP 及稀释剂，主要为铀钚共去污、铀钚反萃净化的

1CW、2EW 和 2BW 等有机溶剂。产生的有机废液，一般需要通过洗涤或精馏再生后复用，最后将无法复用的 TBP/稀释剂，最终作为中放有机废液暂存，主要放射性元素为 U、Pu 和裂片元素等。

16.7.1.3　放射性污溶剂的来源

放射性废油和污溶剂主要来源于核电机组运行。放射性废油、废溶剂含有的放射性核素主要成分和一回路水中的放射性核素成分相似，即含有微量的 ^{60}Co 和 ^{110m}Ag 等核素。废油的放射性活度浓度一般为 0.1×10^6～1.5×10^6 Bq/m^3，特殊情况下可达到 4.5×10^6 Bq/m^3，废溶剂放射性活度浓度一般为 0.1×10^6～0.4×10^6 Bq/m^3,特殊情况下可达到 3.0×10^6 Bq/L。

16.7.1.4　其他有机废液的来源

除了放射性废树脂、废 TBP、放射性污溶剂外，还有从科研实验、核设施退役过程产生的放射性有机废液。各种有机萃取剂，如镧锕分离试剂、荚醚等；各种有机溶剂，如乙醇、丙酮、三氯乙烷等，还有用于放射性测量的有机闪烁液等。在核设施退役过程，产生各种有机去污剂，如高氯乙烷和氟里昂等。

上述放射性有机废液种类比较多，应用情景不同，所含有的放射性核素也不尽相同，且绝大多数均收集后混合存放。因此，暂存有一定的安全隐患，后续处理难度较大。

16.7.2　放射性有机废物处理技术

目前，放射性有机废物处理技术主要有焚烧处理、湿法氧化等技术。

16.7.2.1　焚烧技术

焚烧技术包括过量空气直接焚烧、热裂解焚烧、蒸汽重整、等离子体焚烧、冷坩埚焚烧等处理技术。

（1）过量空气直接焚烧技术

过量空气直接焚烧技术的主要特点是一步完成，即将过量的空气（过量 50%～70%）与经过分类、破碎、掺杂等预处理后的放射性有机废液，在焚烧炉中完全充分燃烧。在多数情况下，放射性有机废液本身产生的热量足以维持燃烧反应，但在有些情况下需要补充燃料（油或天然气）。直接焚烧技术的主要优点是彻底破坏有机物，生成性能稳定的无机灰分，可获得很高的减容比，其产物主要是 CO_2、H_2O 及灰分（P、S 和金属的氧化物等），TBP 中的磷被转化为 P_2O_5。但是，在过量空气通入下，放射性焚烧灰飞扬、尾气夹带严重，必须配置良好的尾气处理系统。如果焚烧过程中控制不好，部分有机物如树脂若焚烧不完全会导致焦油、烟炱生成量大导致生产设备停转等问题。

焚烧 TBP 时，排气冷却液中夹带的 P_2O_5 与 H_2O 反应生成腐蚀性很强的磷酸，会给尾气净化系统带来严重的腐蚀。

（2）热裂解焚烧技术

热裂解焚烧处理有机物分两个阶段。第一阶段，有机物在几百摄氏度下发生热裂解反应，生成可燃气和灰渣等。该过程是可燃有机物在高温缺氧情况下，分解为短链有机气体、微量氢气，以及留在裂解炉（一次炉）中的固定碳和灰分。第二阶段，产生的可燃气体流入二次燃烧室内充分燃烧，生成二氧化碳、水等产物，最后对尾气、灰渣等二次废物进行处理。

废 TBP/稀释剂热裂解的一般工艺流程：废有机相在惰性环境（冲入氮气）下，在一次裂解炉中加热至 350～500 ℃，TBP 热解产生的 P_2O_5 与氢氧化钙中和生产焦磷酸钙，从而大大减少对燃烧及尾气处理设备的腐蚀。热解气体和汽化煤油与预热空气充分混合后进入二次燃烧炉中充分燃烧。尾气经冷却、过滤、淋洗等过程后排放。热解过程中产生的焦磷酸钙和过量的氢氧化钙所形成燃烧渣进行水泥固化处理。

相比直接焚烧技术，热裂解焚烧技术有如下优点：① 裂解产生的尾气量小，过滤设备小；② 由于热裂解的操作温度较低，易挥发核素大部分滞留在裂解反应器底部；③ 设备腐蚀小、寿命长，焦油、烟怠生成量少的特点。

（3）蒸汽重整技术

典型的蒸汽重整技术是石化工业中将有机碳氢化物与高温水蒸气反应分解为 CO、CO_2、H_2、H_2O、CH_4 及其他无机物的一种有效技术。当前，蒸汽重整技术在放射性废物处理领域已有应用。放射性有机物在 300～1 200 ℃下与水蒸气接触从而转化为 CO、CO_2、H_2、H_2O、CH_4 等气体。有机物中含有的卤素、磷酸及硫酸基团，碱金属元素如钠、钾、铯等，在分解过程中与无机添加剂发生反应形成新的矿化相，将放射性核素固化。

蒸汽重整技术很适合处理难以燃烧完全的有机废物，例如含有机质的淤泥、废树脂、废润滑脂等。该技术在中温下进行，设备运行环境不如焚烧设备恶劣，设备腐蚀性小于焚烧法；包容核素的矿渣多以方钠石、霞石为主，化学稳定性与玻璃固化体相当，可直接处置；废物减容比不低于 20。蒸汽重整是强吸热反应（需要添加碳棒及液化气产热），生产过热蒸汽（将过饱和蒸汽加热到 550 ℃再进入重整反应器）也需要加热，因此整个系统的耗能较大。与传统焚烧技术相比，该技术难度较大，热解工艺控制、矿化工艺控制等均有一定的要求。目前，国内中国原子能科学研究院、中国核动力研究设计院、中国广核集团有限公司等正在开展蒸汽重整处理废树脂、废有机相等相关研究。

（4）等离子体焚烧技术

等离子体焚烧技术是利用等离子体的高温和高能量密度，将有机废物快速分解成小分子气体进行燃烧，剩余残渣熔融后形成固化体。其优点是减容比大、产生废气少，几乎不产生二噁英，适用各种废物的处理、废物固化体一次成型无须后续处理等；缺点是高温操作、耗费电能、处理成本较高。

（5）冷坩埚焚烧固化技术

冷坩埚焚烧固化技术具有工作温度高、废物处理类型广、减容比高、埚体使用寿命长等优点，除了作为高放废液玻璃固化技术，也可作为中低放有机废物、可燃固体废物的焚烧固化技术，在国际上受到广泛关注。韩国、俄罗斯等在废树脂及其他固体可燃废物方面也进行了相应的研究，且在韩国实现了工程应用。

冷坩埚焚烧固化处理废树脂的原理为在 1 000 ℃左右的高温下，废树脂与熔融玻璃、空气接触混合，大部分发生高温氧化，形成二氧化碳和水蒸气。在氧气不足时，部分发生高温炭化、水蒸气分解及其他反应，形成少量 CO、H_2 等在二次燃烧炉内燃烧。树脂焚烧灰则直接与玻璃基料形成玻璃固化体，树脂中 S、N 等则形成 SO_2、NO_x 等进入尾气吸收系统。

16.7.2.2 湿法氧化技术

湿法氧化技术就是在溶液状态下，利用强氧化剂，或者电化学作用，或者在一定温度和压力下，将放射性有机物氧化分解为小分子气态产物，如 CO_2、SO_3 和水等，放射性核素留在溶液中，或固化残渣中的处理技术。目前，主要包括强酸氧化、芬顿氧化、电化学氧化、超临界水氧化等方法。

（1）强酸氧化技术

它是利用硫代硫酸根、强酸（硝酸、硫酸的混酸）及其他氧化混合物等强氧化剂，将有机物氧化分解成二氧化碳、水和无机残渣。利用硫代硫酸钠或硫代硫酸进行氧化，常温下反应比较缓慢，但在加热、紫外、催化剂存在的条件下可以快速反应氧化有机物。

强酸氧化通常在 120～250 ℃，一定压力下进行，处理有机废液的范围较广。但是由于强酸的腐蚀性，设备腐蚀严重。同时，氧化过程中多产生硫和氮的氧化物，需要进行尾气净化吸收。

（2）芬顿氧化技术

芬顿（Fenton）氧化技术主要是利用过氧化氢与二价铁离子的混合溶液具有强氧化性的特点，将有机物如羧酸、醇、酯类等氧化为无机物。芬顿试剂具有很强的氧化能力主要在于其反应生成的羟基自由基（•OH），其氧化电位高达 2.8 V，氧化能力仅次于氟。同时，羟基具有很高的电负性。

芬顿试剂利用催化分解 H_2O_2 产生的•OH 与有机物分子反应夺取氢，将大分子有机物逐步降解为小分子有机物或二氧化碳和水等无机物。芬顿氧化处理工业有机物如印染废水、炼油废水、制药废水等其 COD 的去除率可以达到 80%以上，配合脱色处理等手段已经实现了工业应用。该方法的主要缺点为：反应速率较慢，H_2O_2 的利用率低，有机物无机化不充分，处理后的水带有颜色。

（3）电化学氧化技术

电化学氧化与化学氧化类似，两种方法均是在较低的温度和压力下通过强氧化反应破坏有机物。不同之处在于，后者采用化学氧化剂如双氧水、强酸、芬顿试剂等直接作用；前者主要依赖于电化学过程中生产的强氧化的自由基（•OH、•Cl等）、金属离子（如 Ag、Co、Ce）等将有机物氧化分解为水、二氧化碳、无机盐及部分水溶性小分子。

目前，研究较多的是利用高氧化还原电极电位的金属离子对（如 Ag^{+}-Ag^{2+}、Ce^{3+}-Ce^{4+}等）的强氧化性和电化学的协同作用，将放射性有机废物氧化分解为水、二氧化碳和无机盐残渣，该技术也被称为媒介电化学氧化技术（mediated electrochemical oxidation）。被还原的低价金属离子在电极作用下再生为高价态金属离子，实现再生循环使用。电化学氧化破坏有机物的使用范围很宽，分解率可达 100%。

（4）超临界水氧化技术

当水达到其临界点（374 ℃，22.1 MPa）以上，形成超临界水（supercritical water）状态，其密度、黏度、电导率、介电常数等基本性能均与普通水有很大差异，表现出类似于非极性有机化合物的性质。因此，超临界水能与非极性物质（如烃类）和其他有机物完全互溶，而无机物盐在超临界水中的电离常数和溶解度却很低。因此，超临界水是有机物和氧气的良好溶剂，有机物与氧气的反应可以在均一相中进行，不存在相间转移的问题。在 400～600 ℃的高温下，反应速度非常快，几秒钟内有机可破坏 99%以上。超临界水氧化（SCWO）反应完全时：有机碳转化为 CO_2，氢转化为 H_2O，卤素原子与金属离子结合形成氯化物，硫和磷分别转化为硫酸盐和磷酸盐，氮转化为硝酸根和亚硝酸根或氮气，形成的无机盐几乎完全析出。在氧化过程中释放出大量的热量。

与湿法氧化和热解焚烧技术比，超临界水氧化处理反应彻底（99%以上有机溶剂得到分解），反应时间短，无明火、无二噁英产生等优点。

放射性有机废物处理技术对比见表 16-6。

表 16-6　放射性有机废物处理技术对比

处理技术	处理对象	操作条件	应用情况	优缺点
直接焚烧	有机溶剂、TBP、闪烁液等液体，及实验服、手套、抹布、棉织品、橡胶、塑料、废树脂等固体废物	温度：800～1 100 ℃；需要通入过量空气，必要时，需补充燃料；对焚烧对象剂量率、放射性及α活度有一定要求	法国、英国、俄罗斯、德国、美国、印度、西班牙、比利时等均实现工程应用	优点：技术成熟；减容比大。 缺点： ① 明火焚烧，受国家和地方环保政策制约； ② 产生二噁英； ③ 尾气处理系统复杂，存在飞灰、焦油、烟怠夹带，强酸腐蚀等问题

续表

处理技术	处理对象	操作条件	应用情况	优缺点
热解焚烧	TBP/溶剂、固体废物	热解温度：300～600 ℃，惰性气体保护，石灰水、乳化剂等同时进料；热解气与空气混合二次燃烧	已实现工程化，德国、法国有相应设施	优点：技术成熟；热解温度低、放射性核素大部分滞留在裂解室底部。设备腐蚀小，尾气处理系统较简单。减容比大。 缺点：明火焚烧，受国家和地方环保政策制约
蒸汽重整	废树脂、废机油、有机溶剂，尤其适合难以完全燃烧有机废物	温度：300℃以上；添加矿化剂	美国、捷克等已实现工程化	优点：成熟度高；设备腐蚀小；放射性核素直接矿化至矿渣中；减容比大。 缺点：有一定技术难度；能耗较大
等离子焚烧	固体、液体	高温等离子体焚烧，掺杂一定的固化体形成剂进料	处于中试阶段；国际上，美国、日本、韩国、俄罗斯、瑞典等开展相应研究	优点：减容比大；几乎不产生二噁英；可直接形成固化体。 缺点：技术难度大；操作温度高；耗电量大，处理成本较高
冷坩埚处理	废树脂、可燃固体废物	1 000 ℃左右，添加玻璃基料	实现工业化运行，法国、韩国、印度、俄罗斯、美国	优点：废物处理类型广、减容比大、直接形成玻璃固化体。 缺点：技术难度大；操作温度高、能耗高
强酸氧化	TBP、有机溶剂、树脂等	温度：80～200 ℃，强酸、催化剂等	处于研究阶段	优点：低温常压操作；无明火；技术较为简单。 缺点：处理对象较为单一；设备腐蚀严重；需要酸气处理系统，无机化不完全
芬顿氧化	废树脂、有机废液	常温、常压操作，芬顿试剂	日本、英国、加拿大等国实现工程化	优点：常温常压操作；无明火；技术成熟。 缺点：对象较为单一；废树脂分解不完全；设备腐蚀严重
电化学氧化	废树脂、有机废液	常温操作，金属催化离子对	处于研究阶段	优点：常温常压操作；尾气处理简单；利于小型化。 缺点：对象较为单一；耗电量大
超临界水氧化	废树脂、有机废液等	375～600 ℃，22～30 MPa	法国有工程实例，非核工业已实现工程化	优点：能够通过有机物自己燃烧供给热量，有机物完全氧化为无机产物。 缺点：高温、高压，技术难度大，设备要求高

针对有机废物，还可以采取固化技术，如水泥固化等，由于该技术属于废物整备技术，在 16.8 节会有详细介绍。

16.8　放射性固体废物的整备处理

16.8.1　中低放废性固体废物的压缩

（1）压缩减容技术

压缩减容技术是低中放固体废物减容的主要方法。可采用压缩减容的废物种类很多，包括可压缩废物（如污染的劳保用品、工作服、电缆以及废过滤器等）和可压实废物（如废管道、各种器皿等）。被压缩废物的减容效果取决于原始废物的孔隙度、密度，压缩机的强度和废物的回弹能力等。压缩减容技术作为最直接和简便的减容方法，具有投资少、运行费用低、技术难度较小、产生二次废物极少等优点，在国外已普遍应用于核电厂、核研发中心以及核燃料循环等各方面的中低放废物减容处理。

固体废物的压缩减容比与废物的物理特征和施加的压力有关，当压强为 50～100 kgf/cm^2 时，废物减容比为 3～6；当压强为几千 kgf/cm^2（超级压缩机）时，减容比可达到 10 甚至更高，金属和混凝土之类的废物可压实至接近其理论密度。

在实际应用中压缩通常先进行桶内预压，桶内废物压实后送入超级压缩，以进一步达到减容的目的。

（2）废物预压实技术

预压实一般压力小于 100 t，主要目的是将较为松散的废物进行压实，以提高废物装填量，通常在废物桶内进行，将废物放入废物桶，然后将压缩机的压盘伸入桶内进行压缩，通常需要多次投料，多次压缩。为防止气溶胶污染，需要设置尾气处理系统。桶内压缩的废物体积减小依赖于压缩机的压力以及废物性质，平均减容比为 3～5，压缩方式如图 16-16 所示。

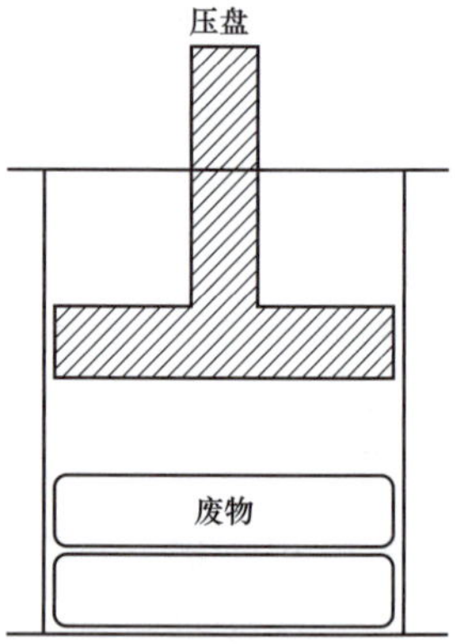

图 16-16　桶内压缩示意图

废物预压实广泛应用于废物产生场所，有时也应用于废物处理厂。废物预压实是为了在废物产生场所将可压缩固体废物压缩，以便于废物的包装、运输。低放压缩后的废物在运往废物处理厂后，需要进一步地压缩，或用其他方法处理，也可能运往废物暂存库，等待最终处置。

与桶内压缩略有差异的一种预压缩方式是将压缩与装桶分开，如图 16-17 所示，被称为 Ontario Hydro 压缩机。运行时，将袋装的废物用手工投入压缩机的压缩室内，再将压缩后的废物推入 200 L 桶内。压缩机的压盘受液压驱动，压强为 4.5 kgf/cm^2。为了防止污染扩散，压缩室被完全封闭并与一体化尾气过滤系统相通，尾气过滤系统包括预过滤器、高效过滤器和排风机。应当指出，废物在桶内直接压缩比将压缩与装桶分开的做法更为简单，污染也更易得到控制。所以桶内压缩的应用更为广泛。

预压实废物在压力撤销后会出现反弹，特别是一些塑料和橡胶制品，为了减少压缩后的反弹，可将少量弹性材料混杂在大量非弹性材料中一起压缩，为防止废物反弹，一般情况下，经预压实的废物桶还需进一步超级压缩。

（3）超级压缩技术

超级压缩机的压力为 1 500～2 000 t，甚至更高。在高压作用下，废物桶及其桶内的固体废物一起被压缩成稳定压饼，废物可被压缩至接近其理论密度。一种典型的超级压缩机结构如图 16-18 所示。

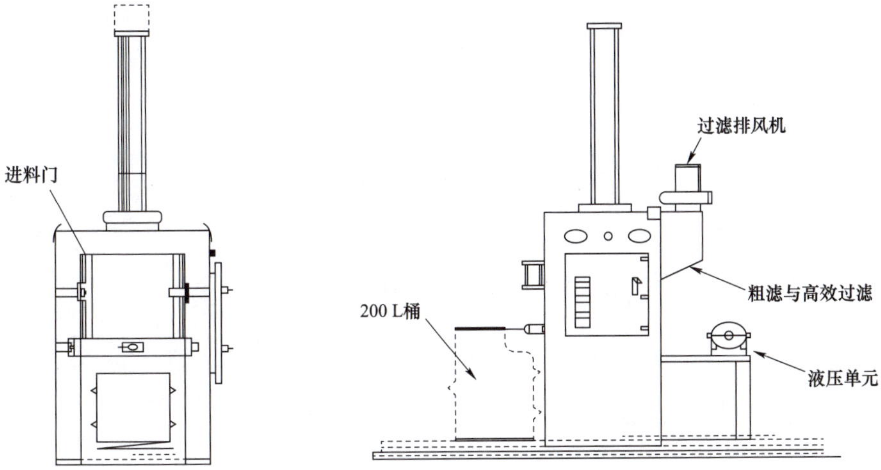

图 16-17　Ontario Hydro 压缩机示意图

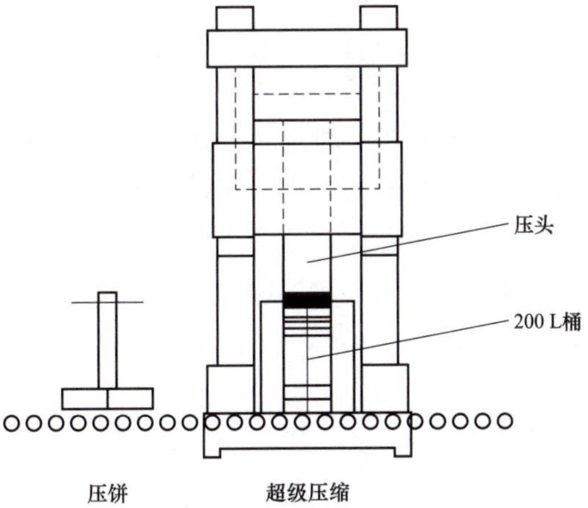

图 16-18　超级压缩结构示意图

适用于超级压缩的废物种类很多，包括金属管材与碎屑、建筑材料、纸张、木材、塑料、少量弹性材料（如橡胶）、焚烧灰渣、玻璃与滤材等混合废物，等等。对于可燃废物，分拣后送去进行焚烧处理，以提高减容比。

图 16-19 为中国原子能科学研究院的低放固体废物超级压缩系统示意图，超级压缩的操作过程如下：① 进桶与压缩准备用吊车将废物桶运至进桶系统的进桶盘上，对中装置将桶置于压缩室的正中位置，桶壁打孔，超压机主活塞处于起始位置。② 压缩定位气动液压系统，支持桶下降，在支持桶下降至底端之前，将桶盘撤回，将废物桶置于压缩机底盘上，被支持桶包住。③ 钟罩形支持桶和压缩门关闭，将废物桶封闭在内，导向杆加压，主活塞迅速下移，对废物桶进行压缩，压力进一步提升，桶与废物被压成压饼，压力维持一段时间，以保证足够减容。④ 去除压饼压力降低，钟罩形支持桶

上提至高位，压缩门开启，主活塞回到高位，进桶系统送入新的废物桶，压饼即被新桶推出压缩室。

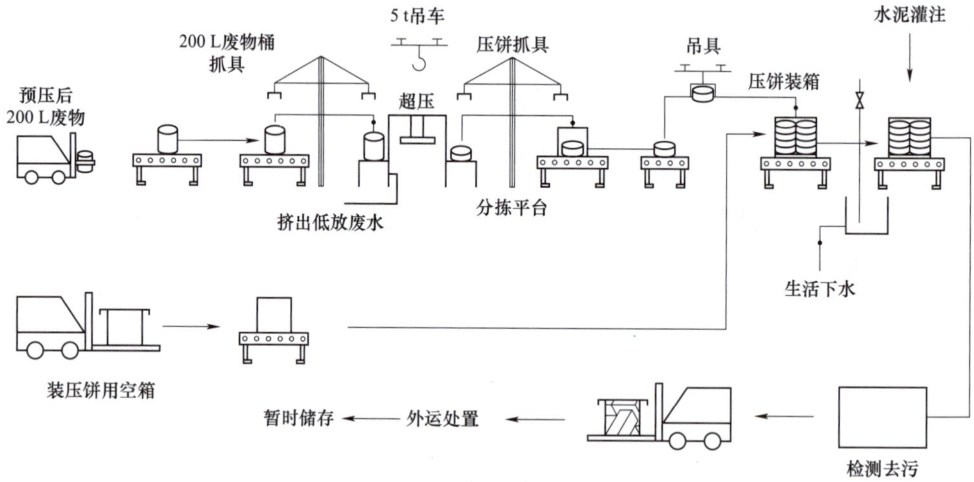

图 16-19 中国原子能科学研究院低放固体废物超级压缩系统示意图

超级压缩可以获得较高的减容比，所以得到了广泛的应用。另外，热等静压压缩可将某些特种废物热压成非常致密的废物体，也是一种较好的废物减容技术，该技术适用于废树脂等特种废物。真空压缩技术适用于医院、医药应用、同位素应用以及其他研究活动中产生的低放和有毒固体废物的密封和压缩，这种压缩减容设备可以直接应用于废物产生的现场。

16.8.2 中低放固体废物的焚烧

16.8.2.1 焚烧技术简介

中低放固体废物的种类很多，其中 40%左右是可燃废物，包括各种纤维类物质（如工作服等棉织物、木材、纸张等），橡胶塑料制品以及离子交换树脂等。可燃废物经焚烧处理后，转化成无机残渣（灰）和废气。焚烧就是将可以燃烧的废物送入焚烧炉进行焚烧以达到减容的目的。

焚烧技术的优点：

（1）可以获得很高的废物减容比，对于不同密度的可燃废物，其减容比可达 20～120，废树脂的减容比较低，为 15～20。

（2）焚烧过程产生的二次废物（灰渣）具有良好的热稳定性，适于后续的固定化处理和处置。

（3）焚烧法适于连续运行，处理能力大，一座大型焚烧炉每天可处理 10 t 以上的可燃废物。

焚烧技术的缺点：

（1）设备投资和运行费用都比较高，且焚烧炉需要连续运行，如果产生的需要焚烧的废物量不多，则经济性较差。

（2）公众对焚烧法的接受度较差。

（3）焚烧过程伴有大量的放射性尾气产生，有些尾气还含有腐蚀性气体，需要特殊的尾气处理系统。

（4）废物焚烧后的放射性核素留在灰渣中，其放射性水平将提高 1～2 个数量级，所以，必须高度重视辐射防护问题。

（5）焚烧后灰烬属于弥散型物质，不能直接处置，必须采用适当的稳定化（固定化）措施。

16.8.2.2　焚烧减容工艺过程

低中放废物焚烧处理过程包括焚烧和尾气净化等主要工艺过程，废物燃烧后只留下少量灰烬，废物中大部分放射性核素（95%～99%）留在焚烧灰烬中，但仍有少部分（1%～5%）进入烟气，因此必须对烟气进行严格的净化处理，使排放入大气的放射性控制在允许的限值以下。废物经过焚烧后产生的炉灰需要严格处理。排灰的方式有多种，有的是固定排灰，有的是用旋转炉排灰，还有的是采用真空抽吸方式将炉灰吸入储存桶。灰烬是一种弥散性物质，需要做进一步固定化处理后才能最终处置。

（1）废物预处理

为了满足焚烧过程的要求，必须对废物进行预处理，包括废物分拣、破碎和打包等过程。

分拣的作用是将少量不可燃物（金属、玻璃、砖头等）分拣出来，同时使废物组成尽量均化，以防止热值有太大的差别而对焚烧系统产生不良影响。分拣作业通常采用人工操作，但必须穿气衣或者在手套箱中进行。

破碎是将大块可燃废物进行适当解体，以满足焚烧炉投料和焚烧的要求。通常的破碎设备有切割机、锤磨机等。为满足放射性废物破碎的要求，应研制能同时破碎纸、布、木、塑料、橡胶等废物的慢速破碎机，尽量减少飞尘量。

为了便于投料，需要将废物打包成一定形状的包裹。根据炉型不同，投料方式不同，有间歇式投料和连续式投料之分，经过预处理的物料用螺杆机或者气动吹入炉中，或者人工把包装好的一盒盒废物投入炉中。为了防止炉子和操作区直接串通，投料口一般设有双重闸门，当第一道闸门开启时物料送入第一道门内，然后将第一道闸门关闭，打开第二道闸门，物料被送进燃烧室。

（2）废物焚烧过程

焚烧是整个工艺的核心部分，固体物质燃烧过程的机制主要有三种：表面燃烧（如石墨的燃烧）、气化燃烧（如石蜡的燃烧）和热解燃烧（如高分子物质的燃烧）。可燃固体物质大多属于天然纤维物质和合成材料，都属于高分子物质，因此，燃烧机制属于热解燃烧。其过程是，物料中大分子物质先受热分解，然后挥发性气体产物在空气中扩散燃烧。扩散燃烧的速率取决于分解产物让其扩散混合的速率。由于分解产物的释放速率远大于它与氧气的扩散混合速率，很难及时供应燃烧所需要的氧气，这就是在通常情况下很难实现完全燃烧的原因。

（3）尾气净化

烟气净化过程较少采用高温过滤方式，多数在较低温度下进行。因此，在烟气净化前必须将高温气体进行冷却。冷却的方式有冷空气稀释、喷气急冷和热交换等。冷却方式应根据具体情况来选择。

烟气净化的主要目的是除去烟气中的放射性，烟气中的放射性核素有些以气态方式存在，而绝大多数则附着在飞灰上，还有些放射性核素在高温升华为气态，在冷却过程中又凝结出来。

烟气净化的过程可分为干法和湿法两种。在干式除尘设备中，惯性除尘器和旋风除尘器只能除粒径较大的粉尘，起到初滤作用。高效除尘设备有微孔陶瓷过滤器、烧结金属过滤器、袋滤器和静电除尘器。它们对微米甚至亚微米级粒子都有很高的除尘效率。湿法除尘过程多用于烟气中含有酸性气体的情况，它可以同时完成除尘和气态污染物的吸收，但它需要配有洗涤废水的冷却、过滤和循环设备，并且要产生放射性废液。

16.8.3　中低放金属废物的熔炼

熔炼处理是将金属、各种焚烧灰、混凝土、水泥、保温材料等各种不燃性固体废物直接或间接加热熔融的一种减容处理技术。使用这种减容处理技术，不仅使得废物密度增大从而达到减容效果，而且可以将原来附在废物表面的放射性核素封闭到固化体内部，从而实现废物固定体和稳定化。

熔融处理的加热方法有等离子体弧、微波、电磁感应、高频感应、电渣再融等。对于金属、绝缘材料、混凝土等不燃性固体废物以及焚烧灰等，最常用的办法是等离子体弧和冷坩埚熔融技术。

16.8.4　中放固体废物的水泥固定

放射性固体废物的固定，可以获得稳定的废物形态，即消除废物的分散性和在废物包装桶内的自由移动，从而避免或减少在废物储存、转运和处置过程中的放射性核素迁移或弥散的可能性。相比沥青、玻璃等其他固定基材，水泥固定具有方法成熟，过程简单，操作方便、安全（常温操作）；水泥原料易得、价低，固化过程能耗小、成本低；操作过程中不产生工艺尾气等诸多优点，因此水泥是最常用的废物固定基材。水泥固定的中放固体废物处理对象包括：

（1）放射性湿固体废物，如废离子交换树脂等。

（2）粉状放射性固体废物，如焚烧灰烬等。

（3）不可压缩散件固体废物。

水泥固定化过程比较简单，原料易得，成本较低，固化体机械强度较高，与多数废物的相容性较好，加之水泥在土建工程方面有丰富经验，所以，水泥最适合于固定（包括固化）大多数低中放废物。其基本操作是将水泥、废物、水、添加剂按一定比例添加混合，在常温下硬化成废物固化体。在物料混合过程中，水泥中的组分与水发生一系列的水化反应，释放出热量。反应产物首先形成称作“溶胶”的胶状分散物质，该过程约需 1 h。接着，溶胶开始聚结成凝胶而逐步沉淀，该过程约需 6 h。随后凝胶开始生成结晶，并最终导致水泥硬化，该过程称为养护，约需 28 d。废物中的放射性核素随之被包容在硬化了的水泥块中。

对于特定废物水泥固化配方的选择，需要考虑的因素包括：废物种类与比放、pH、水泥类型、添加剂、水灰比、盐灰比、对固化体的要求，等等。水泥配方需要在掌握废物源项等数据的情况下进行研究，进行模拟实验和热试验，对形成的固定体的抗压强度、核素浸出率等进行测试，根据结果调整配方，以满足处置要求。

值得注意的是，各种有色金属部件会受到水泥灰浆中碱的腐蚀，例如，铝、锌和锆会与碱反应，生成氢气。而含铅、铁的金属会形成氧化膜，使混凝土膨胀、开裂或变质。在某些情况下，上述因素会导致包装桶的破损。解决办法是，在浇注水泥灰浆之前在金属表面涂上一层沥青或聚合物。另一种做法是，不用水泥灰浆浇注，而代之以熔融塑料（如聚乙烯）或沥青。

16.8.5　中低放固体废物的包装

为方便废物收储、整备和最终处置，放射性固体废物需要进行分类包装，分类应结合废物的放射性水平和废物类型进行，如可燃、可压、不可燃、不可压等不同处理要求进行分类。按放射性水平分为极低放、低放、中放、高放废物，分类好的废物应按其种类、放射性水平装入定型包装体内。

我国的放射性废物一般采用行业标准规定的包装容器包装，包括：200 L 废物桶、400 L 废物桶、FA 型钢箱等。对于外形尺寸较大的固体废物应进行切割或解体后装入相应包装容器。

包装后的废物体暂存在废物库内，处理时将废物包装体回取，采用分检、预压、超级压缩和焚烧等手段进行处理，处理完成后的包装体也需装入一定的定型包装体进行水泥固定等处理，以满足最终处置要求。

16.9 放射性废物的贮存或暂存

放射性废物的贮存或暂存是放射性废物管理的重要组成部分，是将放射性废物在贮存设施中暂时性存放，有计划、有期限进行回取处理、整备的管理手段。放射性废物贮存的主要目的是借助于物理隔离、屏障隔离，防止放射性物质释放到环境中，保证公众和职业人员受到的照射不超过相应剂量当量限值。放射性废物贮存包括放射性废液贮存和固体废物暂存。

16.9.1 放射性废液贮存

放射性废液贮存主要包括高放废液的贮存、中低放废液的贮存。安全性要求最高、技术难度最大的是高放废液贮存。

16.9.1.1 放射性废液贮存的基本要求

原子能工业对放射性废液贮存方法采用大罐贮存，从1945年开始，迄今已有八十多年的历史。放射性废液贮罐作为放射性废物的第一级屏障，其结构设计的重点在于设备的安全性、密闭性和可去污性。废液贮罐示意图如图16-20所示。

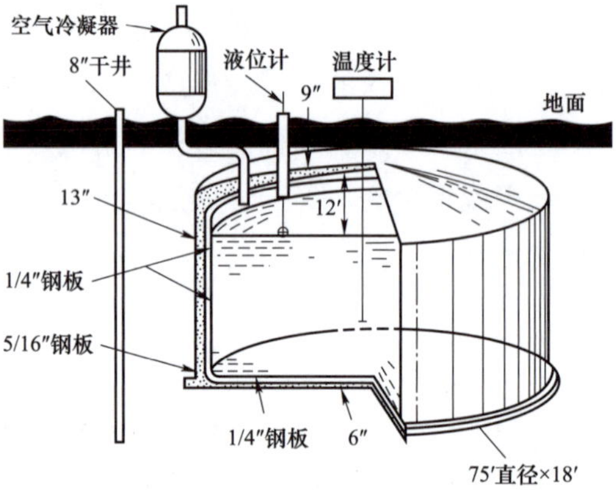

图16-20 废液贮罐示意图

注：图中尺寸为英制，1′=1 ft=12 in，1″=1 in≈2.54 cm。

（1）贮罐设计

放射性废液贮罐在设计中应尽量采取焊接的全封闭结构，在液面下一般不允许设置接管，所有设备的管子应尽量从设备顶部或液面以上的筒侧进出，其中高放废液贮罐的控制更加严格。直径小于1 000 mm 的槽罐应设置内径不小于200 mm 的手孔，直径大于或等于1 000 mm 时则设置人孔；手孔和人孔应设置在上封头上，并待设备调试完毕后焊死；高、中放射性废液贮罐的下封头则采用凸形封头或带局部凹坑的带折边平封头；若有几个管子都要求能插到设备最低位置时，则应首先保证让溶液出口管和废液出口管接近最低位置。

（2）废液输送设备

针对放射性废液输送设备通常选择没有运动件的静态设备，如蒸汽喷射器、空气提升器、真空泵、压缩空气喷射器和扬液器等。这些设备结构简单、操作方便，运行期间能够实现免维修保养，同时由于没有运动部件，不会产生泄漏问题，满足中低放甚至高放废液的输送要求。在实际使用条件下，应根据运行环境、介质特点和输送功率要求来选择输送设备。

蒸汽喷射器是应用较广的一种静态废液输送设备，多用于后处理设施中的大型废液贮罐的倒料以及设备室地坑内废液倒出。蒸汽喷射器几乎不需要维护保养，设备尺寸小，排出流量稳定且可调，且由于蒸汽被废液冷凝，因此不会增加废气产生量。但该装置也存在如下问题：如蒸汽冷凝后会增加废液量，由于吸入口与底部留有空隙，无法实现排空，以及可能因蒸汽冷凝后形成负压，发生虹吸导致放射性废液倒吸入蒸汽管线而污染蒸汽系统。

扬液器也是应用较多的静态输送设备之一，可以替代机械泵进行液体的计量输送。在某研究堆放射性废液贮存设施的设计中，将扬液器既作为废液收集和暂存的贮槽，又作为废液输送的设备。这样的设计简化了放射性废液输送流程，也减少了工艺设备，但是仍然存在一些问题。根据扬液器的工作原理，在工作时需要关闭除压缩空气管道阀门和出料阀以外的全部阀门，并且要求相关阀门和设备开孔处具备一定承压性能。扬液器运行过程中压力变化较大（从负压到 0.5 MPa），对阀门和开孔处的密封性要求较高，需要进行专门的设计。此外，设计中废液通过自流的方式收集到扬液器中，相关阀门是常开状态，且除该阀门外，扬液器本身需要很多穿地阀门，增加了检修工作量，且一旦出现操作失误或阀门内漏，料液会被压入吹气仪表管或其他管道中，造成放射性污染。

此外，在输送低放或弱放废液时，可以选用机械泵一类的带转动部件的设备，但应尽量实现远距离维修，或借助专用工具对泵芯等易损件实现快速间接检修和更换，同时必须能够实现无泄漏的密封要求，并满足一定的屏蔽层厚度要求。

（3）贮罐监测和连锁设置

为了保证放射性废液不会外漏至环境，废液贮存的液位需进行实时监测。目前应用较为广泛的中低放废液液位监测仪表主要有吹气液位计、静压液位变送器、雷达液位计、磁浮筒液位变送器等。在选择液位监测仪表时，要充分考虑现场使用条件、使用介质、放射性水平、维修检修的便捷性和设备寿命等因素。

吹气液位计无可动部件，除吹气管外，仪表其余部分无需与被测介质接触，使用寿命长；全机械结构，密封性能好，故障率低；依靠稳流控制器使吹气流量稳定，测量精度高。但该装置对压缩空气质量要求高，水、油等杂质含量超标后会造成气路堵塞，产生虚假信号。可通过将压缩空气管内灌酸液进行疏通。

上述液位仪表均可以设置高液位和低液位报警值，并将信号传至控制室，便于控制废液的倒料和出料操作。此外，除上述连续监测仪表及其液位报警功能外，为更进一步确保防止“冒槽事故”的发生，贮罐内一般还设有高液位报警功能，通过机械式或磁感应的方式进行液位检查和报警。

针对贮罐间的液体输送，需设置液位信号连锁功能：即当接收罐到达高液位时，连锁关闭转出罐出料动力供应气动阀或接收罐进料口气动阀；当转出罐达到低液位时，连锁关闭出料动力供应进气阀和出料口气动阀。在放射性废液输送环节，连锁功能的设置比较关键，是除液位监测和报警之外的又一道安全保证。

16.9.1.2 高放废液的贮存

高放废液大多贮存在地下贮罐中，同时为保证高放废液贮存安全，高放废液贮罐需要采取完整的防护措施，这些措施主要包括多重屏障、可靠冷却系统、防氢气爆炸系统、防超铀元素析出、完善的检测与监测系统、有效的搅拌和取样系统、厂房选址等一些防护措施。

（1）高放废液贮存库

高放废液贮存库主要包括以下几部分：高放废液贮罐（第一道屏障，带有冷却系统、排气系统、液位检测系统、倒料系统等设备）、重混凝土屏蔽的设备室（第二道屏障，设备室具有钢覆面，具备容纳高放废液贮罐内的全部废液，钢覆面应具有耐腐蚀、耐辐照、易去污等特点）、工艺管廊和阀门（满足转移和倒料的需要，并布置在带屏蔽的设备室内）、集水坑（钢覆面底部均做成一定坡度并设置集水坑，用于泄漏测量和废液收集）、安装检修厅（设备室、管廊、阀门室上部设置安全检修厅，以便吊装防护盖板、检修工具、防护容器及需更换的设备等）、工艺控制室及其他非放射性辅助房间。

（2）高放废液贮罐设备

① 贮罐设备

高放废液贮罐必须满足一定的结构强度、刚度和抗震要求，并留有足够的腐蚀裕量，原材料一般选用 00Cr18Ni10N 或其他耐腐蚀金属材料，必须有备用且备用与使用贮罐等容。

贮罐在加工制造过程中底板和侧壁的焊缝必须 100%进行 X 射线透视检查，必须制定质量保证大纲，对贮罐的材料、加工制造、安装、调试的质量和检验提出具体的要求。贮罐内需设置试样挂片，包括母材及焊缝试样，作为在役检查措施之一。

贮罐内应设有搅拌装置和取样装置，确保能取得具有代表性的样品；贮罐内应设置冷却装置（须 100%备用）使罐内高放废液温度低于 60 ℃。在役运行时需及时稀释和排出罐内的辐解氢气，使罐内空气中的氢气体积分数低于 4.1%，并保持负压状态。

② 设备室

贮罐设备室应全部或大部分埋设在地面以下，顶板上设置观察孔，室内需敷设不锈钢覆面，覆面高度应足以盛装贮罐全部漏出的溶液。设备室底部覆面应做成一定坡度并设集水坑，在集水坑内必须设液位信号计，贮罐底部设置导流板，以便及时发现贮罐的渗漏或泄漏；集水坑设置转送泄漏废液的设备。

设备室设计时应考虑防止地表水或地下水进入设备室，引起贮罐的漂浮，避免由此造成贮罐和管道系统的损坏。同时还需采取措施防止受放射性污染的空气进入设备室影响气溶胶监测的准确性。

（3）高放废液贮存要求

为了确保高放废液贮存安全需采取完善的防护措施。

① 可靠的冷却系统

高放废液在贮存过程中，由于其中的裂变产物衰变产生大量的热量，可导致废液温度不断上升，甚至会自沸，对贮存安全造成严重威胁，因此高放废液贮罐都需设计可靠的冷却水系统（100%备用），并设置独立的事故冷却水系统，当正常冷却水供应中断时，事故冷却水能确保罐内废液温度低于 60 ℃，以便使高放废液“自热”得到冷却而不产生升温问题，从而减轻废液由于高温而对罐体的腐蚀和热力冲击。

② 防氢气爆炸系统

由于高放废液强辐射作用，会使废液中的水分发生分解而释放氢气，因此高放废液贮罐需设置排风设备，不断排出罐内产生的氢气和补充新鲜空气，使之低于爆炸的下限值（氢气在空气中爆炸浓度为 4.1%，此为体积分数），消除爆炸的危险。

③ 防超铀元素析出

高放废液在贮存过程中，废液中的硝酸会在强辐照条件下分解成氮氧化物，从而使废液中的酸度下降。当废液酸度降至 1 mol/L 以下时，其中的超铀元素将会析出，有可能发生核临界事件。因此，必须定时对高放废液酸度进行监测，并及时补充硝酸，使其浓度保持在 3 mol/L 以上。

④ 完善的检测与监测系统

由于高放废液的强放射性、腐蚀性、释热自沸等特点，需设置完善有效的检测监测系统，使用精密仪器检测监测液位、过满信号及报警、废液温度、冷却水进出口温度、贮罐内压力、贮罐氢气浓度监测、废液酸度监测、冷却水放射性污染连续监测等项目，以保证高放废液不向环境中泄漏。

16.9.2　中低放固体废物的贮存

16.9.2.1　中低放固体废物贮存基本要求

按照《低、中水平放射性固体废物暂时贮存规定》（GB 11928—1989）中对于中低放固体废物管理目标和《放射性废物管理规定》（GB 14500—2002）中对废物贮存时规定，中低放固体废物贮存需满足以下基本要求[5]：

（1）废物应按其放射性活度和所含核素半衰期的不同分类贮存，低、中放固体废物的贮存期一般不宜超过 5 年，应适时对废物进行相应的处理、整备或处置。

（2）贮存库的设计和运行应便于废物包的监视、识别、回取和管理。

（3）应根据库址的自然条件（如温度、湿度、空气中腐蚀性成分的含量）和废物特性（如侵蚀性、释热、放射性活度等）采取必需的措施（如通风、除湿、防火、防水、防震、防雷击、防撞击、屏蔽、冷却、实物保护、剂量监测等），保证在规定的贮存期限内废物的安全和容器的完好。必要时，应对废物包进行探测，以便及早发现容器损坏、放射性泄漏或容器内有气体产生。

（4）贮存库的设计应考虑适当的冗余量，以满足检修和事故工况下废物量可能增加的需求。贮存库中废物的贮量（体积和放射性总活度）和贮存时间不得超过设计规定或审管部门的要求。对贮存含易裂变材料的废物库，应采取防核临界措施。

（5）经过贮存衰变，如果废物的放射性活度浓度达到免管或极低放的水平，经审管部门批准可分别按免管废物或极低放废物进行处理或处置。

（6）应为检修或退役中产生的大件废物设置贮存场所。贮存场所的设计应考虑废物安全和废物对场地的可能影响，以及废物回取和转运的可能性。拟送贮存场所的废物表面剂量率应达到运输规定要求。

（7）贮存库应建立废物档案和出入库登记制度，保证废物始终处于有效监控之下。

16.9.2.2　中低放固体废物贮存库

中低放固体废物贮存库设计时至少需设置废物贮存区、人员工作区、辅助设施区和吊车检修区。根据国标要求固体废物应分类分区贮存。按照废物容器表面剂量率水平高低，中放废物贮存区应布置在排风口的位置，然后是低放废物贮存区。也可以按照废物包装容器进行分区，分为金属桶贮存区、水泥桶贮存区、钢箱贮存区等。

中低放固体废物贮存库需具备 3 大功能分别是视讯功能、通排风功能、气溶胶和辐射监测功能。

16.9.2.3　固体废物包装容器

为了便于放射性固体废物的贮存、运输和处置，需对固体废物进行包装，同时要考虑包装体的重量、体积、形状和尺寸要与所包装的固体废物相适应。废物包主要包括废物及其外侧容器、废物容器外的二次包装容器等，对于中低放固体废物而言，大多数不需要再进行二次包装。

（1）包装材料

固体废物包容器材料常用的有 3 大类，分别是金属（不锈钢、低碳钢、铸铁等）、陶瓷和混凝土。

（2）包装容器形式

固体废物包装容器形式有多种，常用的是圆桶型和钢箱，一般根据处置场的要求和包装需求选用。中低放废物包装容器一般为单层，有时为了增强屏蔽效果和机械强度，可在容器内加衬其他材料，如钢桶中内衬混凝土，混凝土桶中内衬金属材料，或在废物容器内外表面加涂树脂等。根据《低、中水平放射性固体废物混凝土容器》（EJ 914—2000）、《低、中水平放射性固体废物包装容器钢桶》（EJ 1042—2014）、《低、中水平放射性固体废物包装容器钢箱》（EJ 1076—2014）等标准，规定了混凝土、钢桶、钢箱的规格、尺寸和技术要求。

① 混凝土容器

混凝土容器按外形分为桶型容器和箱型容器。外形尺寸见表 16-7。

表 16-7 混凝土容器外形尺寸

型号	标称容积/L	直径 D/mm	高度 H/mm	壁厚 δ/mm
CD1	950	1 400	1 300	150
CD2	350	1 400	1 300	300
CD3	140	1 400	1 300	400
CD4	500	1 100	1 300	150
CD5	350	1 100	1 300	200
CD6	700	1 300	1 500	200

② 钢桶

钢桶按公称容量和结构分为 LID-Ⅰ型、LID-Ⅱa 型、LID-Ⅱb 型、LID-Ⅲ型、LID-Ⅳ型、LID-Ⅴ型六种规格。钢桶为直开口式，由封闭箍式螺杆型封闭器和法兰连接螺栓紧固两种封盖方式，LID-Ⅱb 型、LID-Ⅲ型、LID-Ⅳ型、LID-Ⅴ型采用前一种封盖形式，LID-Ⅰ型、LID-Ⅱa 型采用后一种封盖形式。钢桶外形尺寸和桶壁厚度见表 16-8。

表 16-8 钢桶外形尺寸和桶壁厚度

<table>
<tr><th rowspan="2">型号</th><th rowspan="2">公称容量/L</th><th colspan="2">内径/mm</th><th colspan="2">桶高/mm</th><th colspan="2">环筋间距/mm</th><th colspan="3">桶壁厚度/mm</th></tr>
<tr><th>基本尺寸</th><th>极限偏差</th><th>基本尺寸</th><th>极限偏差</th><th>基本尺寸</th><th>极限偏差</th><th>加厚桶壁</th><th>标准桶壁</th><th>薄壁桶壁</th></tr>
<tr><td>LID-Ⅰ</td><td>400</td><td>700</td><td>±3</td><td>1132</td><td>±4</td><td>380</td><td rowspan="6">±3</td><td>≥2.0</td><td>1.5</td><td>—</td></tr>
<tr><td>LID-Ⅱa</td><td>200</td><td>560</td><td rowspan="5">±2</td><td>925</td><td rowspan="5">±3</td><td>280</td><td>≥2.0</td><td>1.5</td><td>—</td></tr>
<tr><td>LID-Ⅱb</td><td>200</td><td>560</td><td>900</td><td>280</td><td>≥1.5</td><td>1.2</td><td>0.8～1.0</td></tr>
<tr><td>LID-Ⅲ</td><td>100</td><td>430</td><td>720</td><td>280</td><td>≥1.2</td><td>1.0</td><td>0.6～0.8</td></tr>
<tr><td>LID-Ⅳ</td><td>80</td><td>415</td><td>615</td><td>210</td><td>≥1.2</td><td>1.0</td><td>0.6～0.8</td></tr>
<tr><td>LID-Ⅴ</td><td>50</td><td>385</td><td>450</td><td>—</td><td>≥1.0</td><td>0.8</td><td>0.5～0.6</td></tr>
</table>

③ 钢箱

根据钢箱的不同用途，可分为直接盛装废物容器（F 型）和运输外包装容器（Y 型）。F 型为直接包装废物钢箱，Y 型为运输外包装钢箱，各有 A、B 两种型式。FA 型钢箱可用于废物的直接包装、运输和处置，FB 型钢箱用于废物的直接包装和运输，YA 型钢箱为敞顶运输外包装钢箱，YB 型钢箱是有顶盖的运输外包装钢箱。

为满足废物装卸方式不同的要求，钢箱的开启可为顶盖式或敞顶式，也可有端门或侧门。用于废物处置使用的钢箱是顶部开启式箱。钢箱型号与规格详见表 16-9。

表 16-9　钢箱型号与规格表

型号		外部长度/mm		外部宽度/mm		外部高度/mm		*R*/t
		基本尺寸	允许误差	基本尺寸	允许误差	基本尺寸	允许误差	
F 型	FA-Ⅰ	6 058	0～－6	2 438	0～－5	1 331	0～－5	30
	FA-Ⅱ	3 070	0～－5	2 438	0～－5	1 331	0～－5	20
	FA-Ⅲ	1 968	0～－5	2 438	0～－5	1 331	0～－5	10
	FA-Ⅳ	1 573	0～－5	1 565	0～－5	1 331	0～－5	8
	FA-Ⅴ	1 573	0～－5	783	0～－5	1 331	0～－5	5
	FB-Ⅰ	6 058	0～－6	2 438	0～－5	1 331	0～－5	30
	FB-Ⅱ	3 070	0～－5	2 438	0～－5	1 331	0～－5	20
	FB-Ⅲ	1 968	0～－5	2 438	0～－5	1 331	0～－5	10
	FB-Ⅳ	1 573	0～－5	1 565	0～－5	1 331	0～－5	8
	FB-Ⅴ	1 573	0～－5	783	0～－5	1 331	0～－5	5
Y 型	YA-Ⅰ	12 192	0～－10	2 438	0～－5	2 438	0～－5	70
	YA-Ⅱ	6 058	0～－6	2 438	0～－5	2 438	0～－5	30
	YA-Ⅲ	3 070	0～－5	2 438	0～－5	2 438	0～－5	10
	YA-Ⅳ	1 968	0～－5	2 438	0～－5	2 438	0～－5	8
	YB-Ⅰ	12 192	0～－10	2 438	0～－5	1 331	0～－5	35
	YB-Ⅱ	6 058	0～－6	2 438	0～－5	1 331	0～－5	24
	YB-Ⅲ	3 070	0～－5	2 438	0～－5	1 331	0～－5	10
	YB-Ⅳ	1 968	0～－5	2 438	0～－5	1 331	0～－5	8

注：*R* 为钢箱额定质量，是钢箱质量和钢箱内部净载荷之和。

16.9.2.4　固体废物包装的放射性限值

（1）放射性限值

① 固体废物包装外表面上任意一点的辐射水平必须≤2.0 mSv/h；距离包装外表面 1 m 处任意一点的辐射水平必须≤0.1 mSv/h，超过上述限值时，必须加外包装进行屏蔽。

② 废物包装中易裂变物质量必须少于 15 g。

③ 废物包装中，废物含量不得超过国家规定的 α 废物标准。

（2）表面污染限值

废物包装表面的非固定性污染必须低于下列限值：

① 天然铀、贫化铀、天然钍 4 Bq/cm^2。

② β、γ 发射体、低毒性 α 发射体 4 Bq/cm^2。

③ 其他 α 发射体 0.4 Bq/cm^2。

16.9.3　α 污染废物的贮存

对于 α 污染废物处理，目前均以暂存为主。α 污染废物暂存库的设计原理与中低放废物暂存库基本相同。由于 α 污染废物自身特性，为了防止 α 污染废物的扩散和外溢，对暂存库的分区与封隔要求更高。

由于 α 污染废物是半衰期大于 30 a 的 α 发射体核素，其放射性比活度在单个包装中大于 4×10^6 Bq/kg 的废物，因此 α 污染废物包装要求比中低放废物包装要求更为严格，基本要求如下：

（1）α 污染废物包装容器应具有良好的气密性。容器的性状、尺寸要考虑单个和多个容器在贮存条件下的临界安全。

（2）包装应选用耐辐照、耐酸蚀、可长期存放的金属结构材料。

（3）桶体纵焊缝进行射线检测，依据《承压设备无损检测　第 2 部分：射线检测》（NB/T 47013.2—2015），射线检测 Ⅱ 级合格。剩余焊缝进行渗透探伤，依据《承压设备无损检测　第 5 部分：渗透检测》（NB/T 47013.5—2015），渗透检测 Ⅱ 级合格。

16.10　放射性废物的运输

放射性废物的处理及隔离过程中，运输是一个关键环节。为了保证放射性废物运输的监管和规范管理，我国在 1989 年发布了国家标准《放射性物质安全运输规定》（GB 11806—1989），并分别于 2004 年、2019 年完成了对该标准的修订，修订后的标准更名为《放射性物品安全运输规程》（GB 11806—2019）。根据放射性废物分类以及确定放射性废物货包类型和分类的法规标准，确定相应的运输等级和要求。[6]

放射性废物运输包括公路运输、铁路运输和海路运输 3 种方式，要重点考虑运输过程的安全措施、应急措施以及公众的关注度。下面重点介绍公路和公海铁联运方式。

16.10.1　放射性废物的公路运输

目前，在我国放射性废物最常用的运输方式为公路运输，在运输过程中放射性货包的外包装必须做到坚实密封，以防止其在运输或吊装过程中轻易发生损坏而导致放射性物质的泄漏，在启运前，需向运输公司提供所运货包的具体规格和性质，以确保运输过程中货物的安全。同时放射性货包外包装应设有放射性标识，以避免因不具备放射性物质运输的法规要求对运输通行的顺利程度造成影响。

在外运工作启动前，必须由运输公司对运输路线进行路线勘查和安全风险评估。依据路线勘查和安全风险评估结果制定运输方案，确保放射性物品运输安全。若项目执行过程中需要对放射性货包进行吊装、卸车、运输容器内部的绑扎加固等工作，这些都需要人工操作，货包表面的辐射剂量值应该达到公众承受的安全标准，客户应提供放射性货包的参数，如表面污染剂量读数、放射性物质活度、所属放射性类别等，以防止操作人员受到辐射伤害。

16.10.1.1 运输要求

为了保证废物公路运输的安全，依据下述原则选择公路运输路线：

（1）道路路面平整，路面宽而平坦，路基坚实，上下坡坡度小，转弯处的曲率半径大，高等级公路比例大。

（2）线路里程短，缩短行车时间。

（3）路上的车流量少。

（4）尽量避开人口密集区域。

（5）考虑运输道路的选择应减少可能发生泥石流、滑坡、塌方的险段，选择的运输线路上的桥梁、隧道应尽量少。

（6）有较适合的停车和食宿条件。

16.10.1.2 文件准备

运输前需完成放射性废物运输许可的所有手续资料；完成相关文件的编制，如核与辐射安全分析报告、运输说明书、核与辐射安全应急指南、装卸作业方法、安全防护指南等。以上文件获得审管部门审批后方可进行运输实施。

16.10.1.3 运输车辆

根据待运输货包的重量及尺寸，确定运输车辆，且运输车辆的技术要求应当符合《道路运输车辆技术管理规定》有关规定。运输车辆必须达到一级车辆技术等级标准，在投入运输前必须进行全面的检修维护和保养，出具二级保养维护的合格证明以保证满足运输要求。为了及时解决车辆在行驶过程中遇到的各种问题，运输车辆需配备日常维护和应急处理需要的备品备件。

16.10.1.4 人员要求

（1）根据《汽车运输危险货物规则》相关要求，运输危险货物的驾驶人员、押运人员和装卸管理人员应持证上岗。从业人员应了解所运货物的特性、防护要求和发生事故时的应急措施，熟练掌握消防器材的使用方法。

（2）每辆运输车运输过程中都需要配备 1 名具备放射性物品运输押运资质的押运员。押运人员应熟悉所运货物特性，并负责监管运输全过程。

（3）驾驶人员和押运人员在运输途中应经常检查货物装载情况，发现问题及时采取措施；驾驶人员不得擅自改变运输作业计划。

（4）随车配备必要的防护用品和依法经定期检定合格的监测仪器。

16.10.1.5　运输途中的辐射防护

放射性废物运输途中辐射防护工作严格按照有关程序进行，并做好以下工作：

（1）在运输途中，配备辐射防护人员，按照辐射防护监测程序的内容对货包进行监测，并做好记录。

（2）为满足放射性废物运输容器在正常运输及事故应急状况下对辐射防护监测的需要，配备剂量率监测仪、表面污染监测仪、个人剂量计及电子剂量计若干、擦拭表面污染用试纸。参与运输的所有人员，必须佩戴个人热释光剂量计。

（3）运输车辆离开装车现场后，随队辐射防护监测人员对容器表面所规定的各监测点的剂量率和容器表面污染水平进行监测，复核测量数据，并认真作好记录和交接。

16.10.1.6　运输事故应急处理

为了保证本项目运输过程中一旦发生运输事故（件）和辐射事故，能迅速采取有效的响应行动，保障参运人员、沿途的公众及环境安全，应当编制运输事故应急预案，对运输途中可能发生的交通事故（件）、辐射事故提出处理方案。运输事故应急预案需要获得相关审批后方可实施。

16.10.2　放射性废物公海铁联运

近年来，为了提高放射性废物运输效率、减少运输过程对群众正常生活的影响、保障核安全，采用多种运输模式相结合的方式是一种有效手段。根据现有公路运输经验，由大亚湾核电厂至西北某处置厂全程约 3 000 km，单程运输时间为 20 余天，而公路运输会给沿途地区的物流和公众出行带来较大影响。因此采用公海铁联运方式，可避免长距离、大规模的公路运输，减少对公众生产生活的影响。公海铁联运可行性分析如下：

（1）铁路运输适于陆上长距离、大批量的货物运输。使用公铁联运，可根据运输需求，沿路设立多个铁路始发站或沿线设置多个经停站点，并选择距离较近的待运废物库，可通过公路分别运往附近的铁路始发站，再通过铁路集中运往放射性废物处置厂。引入铁路运输，可缓解单一公路运输对公路网造成的巨大压力，但从长远看，单一公路运输或公铁联运其运输全程均在陆上，不可避免地通过我国人口密集、经济发达地区，对沿途的交通影响仍然很大。这就需要我们在发挥公路、铁路运输优势的基础上，引入新的运输方式，通过多式联运破解此难题。

（2）海路运输适于长距离、大批量的货物运输，还可解决不相连陆地之间的运输问题，具有陆运不可比拟的优势。在公铁联运的基础上引入海路运输，选择适合的港口作为海铁换装枢纽及铁路运输起点，附近距离较近的放射性废物可采用短途公路运输方式运至附近的出海码头，经由海路运输至距离处置厂较近的码头，改换铁路或公路运输处置厂。

采用公海铁联运方式，可避免大规模、长距离的公路运输，固定一条陆上铁路运输线，既可满足大批量乏燃料的运输需求，又不会对铁路网造成较大的压力。选择的公海铁联运，可为国内的放射性废物运输提供可靠的物流保障。

16.11　放射性废物处置

放射性废物处置是把放射性废物放置在一个经批准的专门设施中，不再回取，使之与人类生存环境永久隔离的行政和技术活动的总称，它是核燃料循环的最后一个环节。放射性废物处置是根据放射性废物活度以及污染核素的种类等进行分类处置，主要处置方式包括以下 4 种。

16.11.1　极低放废物填埋

极低放废物产生于核电厂、核燃料循环设施、核技术应用、核研究开发活动和某些非核工业。特别是核设施退役会产生大量极低放废物，统计数据表明，极低放废物量可占核设施退役废物总量的 50%～75%。根据极低放废物的产生量和废物特性，国际上采取多种处置途径就近或就地处置，如：① 专门建造极低放废物处置场，主要为附近核设施退役所产生的极低放废物服务；② 在核设施内建极低放废物处置场，主要为大型核设施自身服务；③ 对于核技术利用产生的极低放废物，宜用工业垃圾填埋场或危险废物填埋场处置；④ 对于少量含极低水平天然放射性核素的废矿渣，可利用适当的废矿井处置。由于极低放废物目前国际上尚无统一的限值，不仅不同国家的极低放废物限值有差别，就是在同一国家内，采用不同途径处置的极低放废物，限值也会有不同，如集中处置在极低放废物处置场与利用危险废物处置场处置的限值有所差别。我国对于极低放废物采用地表填埋方式处置。

极低放填埋场处置示意图如 16-21 所示，分成若干处置单位，根据临近处置设施构筑表面黏土层的特性进行封隔。为方便搬运和填埋操作，极低放废物宜包装在有一定强度的、柔韧性较好的软包装袋中，防止在搬运或运输过程中出现包装袋破裂或穿孔，而造成废物泄漏和散落。对于极低放废物的大型物件，可以免包装，但应采取措施保证在转运过程不会发生破碎与洒落。废物送入填埋单元，分层铺设和压实。压实前，在废物包之间可采用现场的沙土填充，平整压实。一个填埋单元填满后，立即用黏土、混凝土覆盖和封顶，并用聚氨酯涂层密封以防渗入雨水。填埋单元底部自下而上设置压实黏土层、人工防渗材料以及完善的集水、排水系统。处置场的排水渠应位于不透水层以上，将场内所有的地下水收集排出。

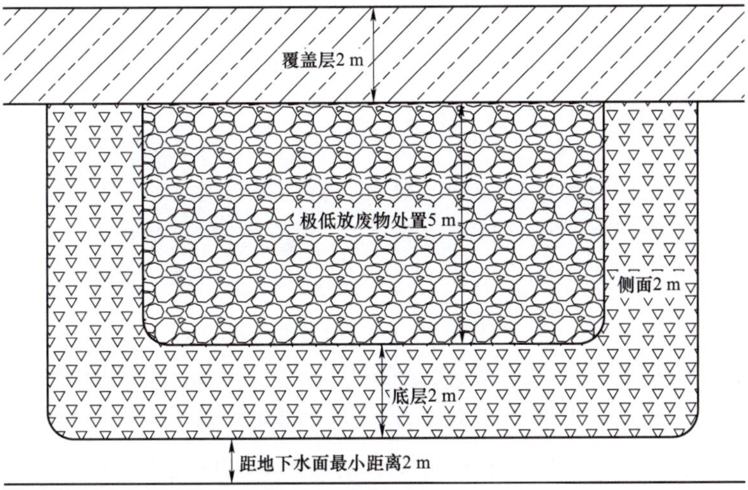

图 16-21　极低放填埋处置条件示意图

16.11.2　低放固体废物近地表处置

低放固体废物近地表处置是将废物容器堆置于地表面或者地表面以下几十米深的设施或者岩洞中，并设置工程屏障，如图 16-22 所示。废物处置设施分成若干处置隔间，采用混凝土建造，处置单元底板需要高出地下水位，以避免地下水进入处置单元。处

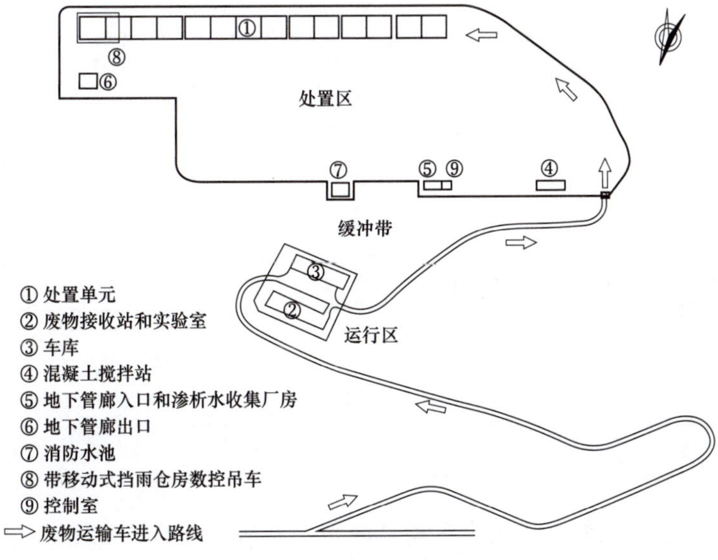

图 16-22　近地表处置场示意图

置单元外层需要用防水材料进行处理，以达到对外界环境的隔离效果。当每一个处置单元装满废物后，用水泥将其中废物包装体间的空隙填充并封盖，整个单元即可作为阻滞放射性核素向外迁移的一种工程设施。在处置单元用水泥填充后，还需设置钢筋混凝土顶盖及多层覆盖层，进行地表处理，以保证300～500年内尽量减少放射性核素向环境扩散而危及人类的健康。目前我国低放固体废物近地表处置场包括西北处置场、广东北龙处置场以及飞凤山处置场。

16.11.3 中放固体废物中等深度处置

中放废物中含有相当数量的长寿命核素，特别是发射α粒子的放射性核素，不能依靠监护措施控制废物衰变到近地表处置设施可接受的活度浓度，需要采取比近地表处置更高程度的包容和隔离。IAEA对中放废物建议采用中等深度处置。中等深度处置是指放射性废物处置深度介于近地表处置和地质处置之间的一种处置方式，据地表状况、地质特性和人类行为等因素，其处置深度为30～300 m。与近地表处置类似，中等深度处置通过工程屏障和天然屏障系统在一定时间和空间范围内对放射性核素的包容和隔离作用，达到保护人类健康和环境安全的目的。与低放废物近地表处置相比，中等深度处置的一个重要优点是可极大地降低人类闯入的概率，其长期安全不受有组织的监护期的影响，而且该处置方式可接受的废物类型非常广泛。

通常中等深度处置可选在现有核设施（包括处置场）附近，利用现有的废弃矿井，或人工挖掘的专门场址。中等深度处置主要有钻孔式、竖井式和水平巷道式三种类型。当前国际上开展放射性废物中等深度处置的国家主要有瑞典、日本、法国、美国、韩国、芬兰及南非等国家，各国处置设施的工程实施情况列于表16-10。

表16-10 中等深度处置设施

处置设施	工程概念	处置深度	处置围岩	进展
瑞典Forsmark	巷道+筒仓	海底60 m	片麻岩和花岗岩	运行阶段
日本中等深度处置设施	巷道式	50～100 m	岩石	选址阶段
法国中等深度处置设施	巷道式	200 m	黏土岩	选址阶段
韩国月城	竖井式	80～130 m	沉积岩	运行阶段
芬兰Lovisa处置库	巷道式	110 m	花岗岩	运行阶段
芬兰Olkiluoto处置库	竖井式	60～95 m	闪长岩	运行阶段
美国大孔径钻孔处置	钻孔式	36 m	凝灰岩	已关闭
南非小钻孔处置	钻孔式	45～100 m		概念设计阶段

我国需要中等深度处置的废物主要来源于核燃料循环的各个环节（燃料制造、反应堆运行、燃料贮存、后处理和反应堆退役），以及相关的科研活动。此类废物典型的

例子是被反应堆冷却剂污染或被中子注量率照射活化的材料，如控制棒、堆芯栅格、堆芯管和探测器，气冷堆受辐照的石墨，包含超铀核素和长寿命裂变产物的离子交换树脂和过滤器，核设施退役过程中被长寿命放射性核素污染的材料等。我国对于放射性废物中等深度处置的安全隔离时间在 1 000 年以上。

16.11.4　高放废物深地质处置

长寿命高放废物的最终处置备受世人关注，是最复杂的技术难题之一。已经研究过多种将高放废物处置的方案，包括深地质处置、太空处置、深海沟处置、冰盖处置及岩石熔融处置。经过多年的研究和实践，目前普遍接受且技术上可行的方案是深地质处置。

深地质处置库是构筑在地层深处（500～1 000 m）的人工岩洞，或利用废矿井改建而成，或以深钻孔（2 000～10 000 m，孔径 0.75～1 m 代替处置库），如图 16-23 所示。高放废物深地质处置的基础在于：根据历史记载，地球表面许多地区的地层长期以来（长达几亿年）极为稳定，设想在一个稳定的岩石构造中构筑一个最终处置库并加以封

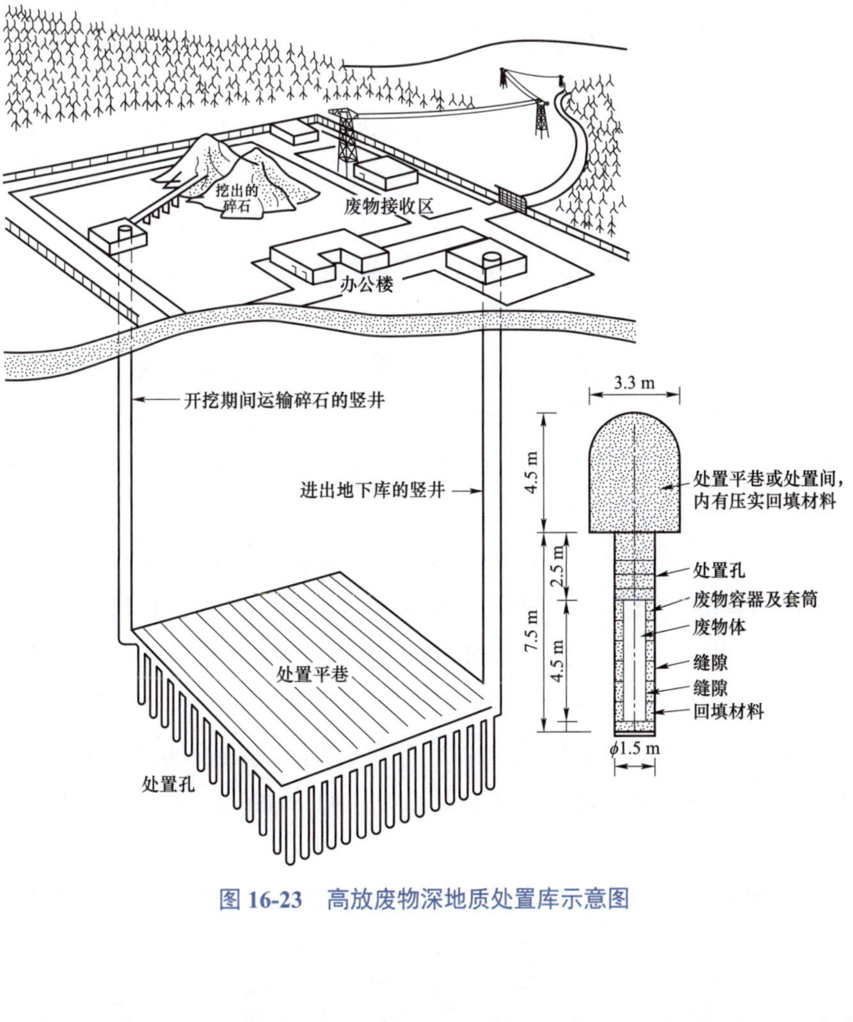

图 16-23　高放废物深地质处置库示意图

闭，除了通过岩石地下水的溶解和载带作用，放射性核素是不能返回地面的，故可以放心地贮存废物，实现与生物圈的长期隔离。适用于高放废物深地质处置的主岩有花岗岩、黏土岩、凝灰岩、岩盐等。各国根据地质条件的不同，选择不同岩性作为天然屏障，如瑞典、芬兰、加拿大、韩国、印度选择花岗岩作为处置库的天然屏障；法国、比利时选择黏土岩；德国原定选在岩盐之中，但后来决定重新启动选址程序，至今未确定处置库围岩类型。我国选定花岗岩为第一个处置库和第一个地下实验室的主岩，目前我国高放废物地质处置地下实验室已在甘肃开工建设。

深地质处置库的总体包括地面设施（办公楼、废物容器包装工厂、废物贮存库、车库、其他废物处理设施、竖井升降机操纵室、通风系统、污水处理系统、供水供电系统、监测中心等）和地下处置库。后者为多层结构，每一层包含若干处置隔间和处置平巷（一般宽 3～5 m，高 2～7.5 m，长 2.5～200 m），在它们的底板下面开有若干处置孔（孔径 0.4～1.5 m，深 5～300 m）。废物容器或堆置于处置隔间或处置平巷内，用黏土、混凝土填塞空隙；或堆置于处置孔中。废物容器放入处置孔前，要先在处置孔内放置一个抗侵蚀能力较强的套筒，并在套筒与孔壁之间回填黏土、膨润土等，予以压实，然后置入废物容器。在废物容器与套筒之间留有宽约 10 mm 的缝隙。这样，从处置孔中心往外就形成一个由废物体－废物容器－缝隙－套筒－回填材料－岩石组成的屏障系统。废物容器安置完毕后同回填材料封闭处置孔；地下处置库堆置满放射性废物后用混凝土、黏土、岩石碎块等填实所有残留空间和竖井，最后用混凝土封闭竖井口，以关闭整个处置库。全部地下处置工作均由地面操纵的机械完成。

16.12　高放废物的核嬗变处理

高放废物的核嬗变处理是利用核反应装置（反应堆、加速器）把废物中的长寿命放射性核素转变为短寿命或稳定核素，即把高毒性废物转变为低毒性或无毒性废物，以消除对后代人的长期辐射风险。按目前的技术水平，长寿命裂变产物的核嬗变难以实现，除了 ^{99}Tc 或有可能。锕系核素则理论上都能在裂变反应堆中烧掉，像用钚作为燃料一样，锕系核素就此分裂成为半衰期短得多的多种裂变产物。利用加速器产生的高能质子轰击锕系核素，也能实现核嬗变，而将锕系核素转变为氚和一些短寿命核素，但高能（1～2 GeV）强流（20～30 mA）加速器的研制殊非易事，而且需要从头建立核数据库和计算机程序。因此，最现实的嬗变途径还是利用反应堆，而以快中子堆更为适宜，因为快中子作用下的俘获/裂变比值（α值，见表 2-1）要小得多。另一途径是加速器驱动次临界系统（ADS 系统，见 11.8 节），尚处于初步研究阶段。

为进行核嬗变，首先须把锕系核素及某些长寿命裂变产物核素从后处理高放废液中分离出来，制成适用的燃料元件。因此，核嬗变处理通常称为分离和嬗变技术（partitioning and transmutation，P&T）。将乏燃料不作后处理而直接处置的方案自与它无关。尽管化学分离方法、特殊燃料元件制造技术和燃烧锕系核素涉及的反应堆物理问题等的解决途径，比较明确，分离和嬗变两者的工业应用，却都是有待开发的复杂新工艺，涉及强放射性远距离操作和新生低放废物的种种问题。

（1）锕系核素的分离

迄今后处理工艺未涉及锕系核素与裂变产物的分离。要把镎、镅、锔同其他废物分离并达到相当的纯度（例如须把难以在反应堆中烧掉的锔同镅相分离），难度很大。在分离锕系核素的具体指标（它与可实现的分离效率、容许残留在废物体中的长寿命核素、复用核素一次通过能达到的燃耗深度等因素有关）未确定以前，应优先考虑分离那些对辐射剂量贡献最大的核素，如各种钚同位素、^{237}Np（及其先驱核素 ^{241}Am、^{241}Pu）、^{129}I、^{99}Tc 等。为减少后代的辐射风险，需处理的废物不限于高放废液，后处理厂和燃料元（组）件制造厂的一些中放废物（如溶剂萃取净化过程萃残液，溶剂净化废液，废元件包壳等）也应包括进来。实际上通过分离钚、镎技术的改进，可以减少中放废物量。正在研究的分离技术可分为湿法和干法两类。

湿法分离是在高放废液贮存 4～5 年以待比活度和释热率适当衰减以后，用甲酸脱硝沉淀、溶剂萃取和反萃、活性炭吸附、离子交换等方法依次分离出 Zr、Mo、Tc、Pt 族元素、Cs、Sr、稀土元素以及锕系元素 Am、Cm，最后用草酸把 Np 和 Pu 反萃出来并加以分离。

干法分离是将高放废液玻璃固化体加热至 500～1 000 ℃，脱硝成为氧化物粉末，用氯气和石墨粉还原为氯化物，再将液态镉载体中的锕系和稀土氯化物熔盐，用锂还原为金属，然后通过电解精炼过程从阴极析出较纯净的锕系核素，从阳极析出裂变产物和镉，稀土熔盐则留在 KCl-LiCl 电解质内。

两种方法比较：干法给出金属产品，湿法给出氧化物产品；干法生产过程中处理的废物（氯化物）体积小，产生的二次废物量较少，设施紧凑，湿法处理的废物（硝酸溶液）体积大，产生大量放射性有机废液和废树脂，设施庞大；但干法属高温操作，产品中含有一定量的稀土杂质，难以除尽，湿法能产出高纯度的锕系核素；此外，湿法有现行后处理溶剂萃取工艺流程的经验可借鉴。

（2）锕系核素的嬗变

可用的反应堆型有 MOX 燃料快中子增殖堆，金属燃料快中子增殖堆，重水堆和专门设计的反应堆等。可能的燃料品种也是多样的，可以用铀钚氧化物作为基体，或惰性的镁或锆陶瓷体作为基体，也可采用铀－钚－锕系核素－锆合金。燃料的成分和组成最终决定于反应堆和供料的物理特性。鉴于锕系核素在堆内辐照须经多次循环才能显著地消除，相应燃料元件的设计和制造必须密切联系其后处理回收的工艺和易行性。

燃料元件的性能，包括嬗变效率、辐照下行为、辐照后的溶解和回收特点，须经辐照试验验证。仅在上述方面均经过研究改进和优化以后，才能最后确定嬗变方案，并对整个系统的效率、安全性、减少辐射剂量的总效果和经济性作出评价。

对锕系核素作分离和嬗变处理的价值，国际上存在分歧意见。有的认为它是当前受到环境和人口问题困扰的人类世界，为获得清洁、安全与经济能源的一项基本措施，因为只有它才能完美解决核能的高放废物安全处置问题。有的认为深地层最终处置对后代人的辐射风险已经极小，分离和嬗变处理能使这种风险进一步减小的程度很有限，不值得让当代人还要为此多受剂量，即使不计经济代价，单从安全角度看，也是得不偿失的。现在日、俄、法三国制订了积极研究开发分离和嬗变技术的计划。从事放射性废物处理的界内人士的普遍看法是分离和嬗变处理途径不能取代深地层最终处置的原因有三个：① 已经存在的大量高放废液玻璃固化体不适合实施锕系核素的分离。② 被锕系核素沾染的多种多样废物，其数量远大于乏燃料经后处理所产生的高放废物及未经后处理的乏燃料之和，要从这类中水平、长寿命废物中把所含的锕系核素分离出来，技术上和经济上的困难都很大，不如作深地层处置为适宜。③ 浓缩高放废物的分离和嬗变处理不可避免地会留下一些“尾巴”，同时产生大量的被锕系核素沾染的二次废物，仍需作深地层处置。然而，尽管当前的燃料循环后段方案（乏燃料贮存—后处理—将高放废液玻璃固化体作稳定地质构造中的深地层处置）已经对人类环境提供了足够的保护，这种风险能否进一步减小，以及相应的代价如何，仍是值得研究的课题。已制订或正在进行的分离和嬗变研究计划，都是 30～40 a 的长远项目，并不影响当前的燃料循环方案。看来，分离和嬗变处理的目的，主要在于减小埋存于深地层处置库中废物的长期的放射毒性，可把它看作深地层处置途径的一种补充，而不是取代的方案。

16.13 放射性废物处置场（库）址的选择和安全评价

放射性废物处置场（库）址选择对于保证废物处置的安全至关重要。低、中放废物处置场（陆地浅埋方案）由于技术较成熟，所需监护时间较短（300～500 a），选址要求远低于高放废物处置库，但仍有若干因素需要慎重考虑：

（1）区域地质构造的稳定性——处置场址应远离有破坏性地震及构造活动、危险的海啸及海浪、地应力高度集中、地面升降速率较快以及地面侵蚀速率较高的区域。

（2）地质条件——地质构造简单，主岩质地均一，渗透率较低，处置介质岩土具有较高的吸附和离子交换能力，应避开山洪、滑坡、泥石流、活动沙丘、冲沟、淤泥或矿山采空区。

（3）水文地质环境——场址应在最高地下水位以上一定距离，离开露天水源至少 500 m，无洪水淹没之虞，地下水长期稳定。

（4）社会经济因素——无可供开采的矿产资源，土地使用（包括旅游、考古等）价值不大，人口密度小，远离飞机场和危险品仓库，尽可能靠近废物来源地，交通和供水供电方便。

（5）气候条件——干旱少雨，不会受海平面上升等影响。

矿山水冶尾矿库址选择的原则与低、中放废物处置场类似，但地质构造稳定的时间需考虑今后 1 000～2 000 年，同时特别注意：

（1）尾矿库库底基岩宜为透水性较差的黏土岩、花岗岩、玄武岩等，最好基岩上覆盖有数米厚的黏土层。

（2）库址上游无水库、湖、河等水体，库址无河流、涧溪等流过。

（3）尾矿库标高略低于周围地区，以保持其相对封闭性，并可防止尾矿浆、渗出液及污水外流污染环境。

（4）周围岩土抗风化侵蚀能力强，不应有冲沟通向尾矿库。

高放废物深地层处置库的选址难度要大得多，须考虑长达 1 万年以上的安全处置期间区域地质构造的稳定性。深地层处置所依赖的多重屏障中的人工屏障，包括废物固化体、废物容器和回填材料，在长久时间后都将失去其屏障作用，最终阻滞放射性核素向生物圈迁移的将主要是岩石、土壤等天然屏障。因此，选择合适的处置库址并进行准确的安全评价，是保证高放废物长期安全处置的最重要措施之一。

处置库址的选择一般包括规划选址、区域调查、库址特性调查和库址确认等四个阶段。

选址应考虑的主要因素有：

（1）地质稳定历史长，远离活断层和强地震活动带。

（2）主岩有足够厚度和面积以便安置处置库；有足够大的延伸范围以提供可靠的天然屏障；距地面有足够的隔离深度（500～1 000 m），使处置库免受地表风化、侵蚀、地面抬升或沉降等影响，并保证地面的辐射剂量低于规定限值。

（3）水文地质条件简单而清楚，无温泉、地热带等，岩石的裂隙较少，地下水的流速和流量小，或近于静止，水的侵蚀性小。

（4）主岩孔隙度小，含水量少，水渗透率小，可阻滞放射性核素随水的渗透和扩散。

（5）主岩具有良好的导热性能，以利于衰变热的消散。

（6）主岩质地均一，具有较高的机械强度、良好的热稳定性和辐照稳定性，适于处置库的开挖、构筑和使用，及其以后的回填和封闭。

（7）主岩具有良好的化学性能、对放射性核素有较强吸附能力或离子交换能力。

（8）人烟稀少，远离居民点，无可供开采的地下资源（矿产、地热、地下水等）。

（9）未有过开矿、开挖活动。

为了取得诸如岩土特性、地质构造稳定性、水文地质条件、放射性物质迁移、气候条件及其今后（十万年期间）可能产生的变化等方面的资料，需要综合地进行大量的文献调研、野外踏勘、地球物理勘探测量、地质钻探测井、化学分析、岩土参数测定、放射性核素迁移特征研究、全球气温变化及其影响（海平面升降和冰川）的预测研究等项工作。为了能在与深地层处置库相似条件下进行模拟实验和方案验证，并取得实际建库与处置的技术和经验，在预定某种岩石深处建造地下实验室，已成为深地层处置库计划的重要组成部分。现在全世界已建成和在建的地下实验室共 17 个，有 8 个（分属美、德、瑞士、法、日、比利时）已投入运作，分别建于花岗岩、岩盐、黏土岩中，少数是利用废矿井改建成的。地下实验室的构造形式大致与深岩洞处置库相似，只是所占空间较小。所做的研究工作多种多样，主要有：

（1）用电加热模拟研究岩石、回填材料、地下水在废物衰变热影响下物理、力学性质的变化，岩石受热膨胀引起的裂隙、孔隙度、渗透率的变化，温度与地下水侵蚀作用的关系。

（2）地下水文地质实验研究，如岩石含水量、渗透率的测定，地下水流速、流向、涌出量的测定，深部地下水化学成分、pH 的分析测定，通风过程中空气湿度的变化，最后根据实验结果确定地下水运动模型。

（3）放射性核素迁移实验研究，用示踪元素方法测定核素在有裂隙岩石中的迁移速度，从而建立放射性核素迁移模型。

（4）玻璃固化体在地下深处条件下的溶解、容器材料的侵蚀、核素的浸出特性，从而建立放射性核素近场释放模型。

（5）地下处置库建造与封闭技术，包括掘进（放炮、打钻）对周围岩石的影响，回填材料吸水后物理、化学性质的变化，废物的运输、处置技术等。

世界上尚未建成一个高放废物处置库①。要证明其处置的安全性及对周围环境的影响，特别是预计数万年、数十万年后的安全性，确实存在很大困难。20 世纪 70 年代以来，人们发现可通过对与废物处置库及其多重屏障相似的天然反应堆（铀矿床）的研究，作出类比评价。非洲加蓬共和国 Oklo 天然反应堆实际上是一种特殊铀矿床，由于 20 亿年以前生成铀矿石中的 ^{235}U 含量高达 3%～4%，含水又较多（12%～15%），造成核裂变链式反应的条件；裂变热使岩石中的地下水产生热环流，又造成链式反应的多次起动和停止，以致天然反应堆群持续地反复运行了 10^5～10^6 a，产生了约 10 t 裂变产物和相当数量的钚（钚早已衰变为 ^{235}U）。经过对现存子体产物的研究，该反应堆群产

① 为处置高放废物，有核电厂的国家，特别是欧洲和北美各国，都为深地层处置库选址做了大量的普查、筛选工作。美国在对第一个高放废物处置库的 3 个候选库址进行了详细的特性评价（包括放射性核素迁移特征）和代价-效益分析工作后，所选定的尤卡山（Yucca Mountain）处置库已进入初步设计和许可证申请阶段。我国也开始进行对深地层处置方案的实验室研究和在甘肃北山地区的库址预选工作。

生的裂变产物和锕系核素大部分未迁移，小部分在 2 亿年期间向外迁移了不到 1 m，其中有些被黏土吸附，有些已衰变消失。查该反应堆群周围的砾岩、砂岩、黏土岩的孔隙度较大，渗透性较强，岩层中广泛发育褶皱、断裂，使整个环境处于弱氧化状态①。环境的温度（>400 ℃）、压力（100 MPa）对核素的迁移似无明显影响。由此可见，若在地质构造简单、孔隙度较小、渗透性较差的岩石和弱还原环境中处置高放废物，其长期处置的安全性当更有保证。

在废物处置场（库）确定地址、开始建造、投入使用和关闭以前，都需要由其营运单位负责进行安全评价，并取得安全监管机构的批准和发给相应的许可证。安全评价的基本内容包括：① 确定有哪些现象会导致放射性核素释放，或影响其进入环境的迁移速率。② 估算这些现象的发生概率。③ 估算核素释放的辐射后果，即个人剂量和集体剂量。在上述辐射后果的分析中，需根据已建立的数学模型、计算机程序和已取得的实验数据，计算放射性核素从废物体中释放的速率，从处置库释放和迁移的速率，向远场迁移的速率，向生物圈迁移的速率，进入人体的速率和对人体造成的辐射剂量。根据论证，深地层处置库只要选址适当和有足够的埋深，可想象到的灾难性事件（如特大陨石的撞击、极强烈地震、火山、冰川作用、核武器、或外人侵入）造成处置库破坏和废物暴露或返回地面的可能性几乎不存在。唯一需要防止的是在废物容器破裂和放射性核素从固化体中浸出的情况下，溶解或悬浮于流动地下水中的放射性核素随水重新进入生物圈。因此，在作安全评价的计算时需要引入各重屏障的作用机制和性能参数，如关于：

（1）库址选择——见前述，要点是不让水接近废物体，水流速度越慢越好，同地表水几乎不掺混；

（2）废物容器——材料和厚度的选择考虑到腐蚀速率。现代的材料能耐水腐蚀 500～1 000 年；

（3）玻璃固化体——硼硅酸玻璃即使在高压下，只要温度不超过 100 ℃，需数千年才完全溶解；

（4）回填材料——废物容器外面的回填材料能阻止地下水流向废物容器和吸附浸出的放射性核素，膨润土除具有很低的透水性和很高的离子交换能力外，且具有相当可塑性以缓冲岩石的微小移动；

（5）地下深处岩石的吸着作用——指的是能把溶解或悬浮于水中的放射性核素吸取出来的各种物理－化学过程；

---

① 与还原状态相比，氧化状态下放射性核素在地下水中的溶解度明显增高，释放速率明显增大（U 的释放速率增大 100 倍，Tc 的释放速率增大 100 倍），岩石阻滞核素的能力明显降低。

（6）地表水体对抵达地面的地下水的稀释作用。

安全评价有必要把未来水文地质环境受可能的气候变化的影响，计算在内。

瑞典核工业界的核燃料安全研究组织（Kaern Braensle Saekerhet，KBS）曾就拟建于结晶岩（花岗岩）中的高放废物玻璃固化体处置库作过一项安全分析：该地下处置库埋深500 m，面积1 km^2，假设废物容器的寿命为1 000 a，废物容器失效后放射性核素从玻璃固化体中浸出的时间为3万a，浸出后随主岩深部缓慢流动的地下水（在氧化环境中）向生物圈迁移，考虑了主岩发生构造运动的概率及其影响，战争破坏处置库的概率及其影响等。分析结果表明：该处置库附近的个人剂量和集体剂量均远小于规定限值，个人剂量增值小于天然本底剂量的波动值。其他类似的安全分析也给出：深地层处置的废物给人造成的辐射剂量非常小，仅相当于天然本底剂量的百分之几，而且大部分照射发生在很长时间以后。

国际上从事这方面研究的专家一致认为，只要掌握了深地层处置库址的地质、地震、水文、气候等方面足够的资料，完全能够从技术上证明，在该库址建立的废物处置多重屏障系统将确保当代和后代人类社会的辐射安全。

16.14　放射性废源的处理处置

采用放射性物质制成的辐射源统称为放射源。放射源的种类很多，按照密封方式可分为密封源和非密封源；按照放射线类型可分为α源、β源、γ源和中子源等；按照导致人体和环境危害的潜在风险可分为Ⅰ类源、Ⅱ类源、Ⅲ类源、Ⅳ类源和Ⅴ类源。

放射源广泛应用于工业、农业、医疗、科研和教育等领域，如探矿、探伤、材料改性、灭菌、育种、诊断、治疗、分析、测量等。对于一个放射源，可能由于以下原因之一而停用成为废放射源（简称废源）：

（1）因放射源自身衰变，使其强度（放射性活度）降低，不能满足原使用要求。

（2）因改造、停产和事故等原因，涉源装置停运报废。

（3）放射源破损，不适于继续使用。

（4）由于经济和技术等因素，放射源不再使用，如镭源。

作为废源，虽然已不再使用，但其仍含有相当数量的放射性物质，如果管理不当，仍会给人类和环境造成相当大的危害。历史上，曾发生过多起因遗弃、丢失、非法转移、违规处置等原因造成的事故事件，不仅对人类和环境造成了危害，而且还造成相当大的社会恐慌，如1987年巴西丢源、1998年西班牙废源熔化、2000年泰国丢源、1992年中国山西忻州丢源等事故/事件，造成不同程度的人员伤亡和财产损失。具体情况见表16-11。

表 16-11　一些典型废源事故

年代	地点	事故	人员伤亡	经济损失（当时）
1987	巴西戈雅尼亚	废弃的远程治疗机被偷盗，铯源被打开	4 人死亡，271 人被污染，污染面积 1 km^2	3 500 万美元
1992	中国山西忻州	退役辐照装置遗漏的钴源被人捡回家中	3 人死亡，142 人受超剂量照射	
1998	西班牙	不知来源的铯源在钢厂被熔化	无	2 600 万美元
2000	泰国沙没巴干	废弃远程治疗机的铯源被打开	3 人死亡，7 人急性放射病	
2000	埃及开罗	农民捡拾铱源	2 人死亡，7 人过度照射	
2005	中国哈尔滨	遗弃探伤机铱源误照居民数十天	1 人死亡，6 人急性放射病	70 万元人民币

目前世界上积存的废源高达数百万枚，大多处于暂存状态，其中主要集中于发达国家；发展中国家虽然数量较少，但这些国家管理水平相对落后，安全管理风险同样较大。

IAEA 在 2000 年 12 月发布了“放射源安全和保安行为准则”，对成员国的辐射源安全监管提出了明确要求。此后又陆续发布了一系列技术文件，如“废放射源问题的性质和严重程度”“识别和搜寻废放射源的方法”“集中废密封源设施的参考设计”“废镭源的整备和临时贮存”“废密封源的搬运、整备和贮存”“不用密封放射源事故防止管理”“高活度废放射源的管理”“不用长寿命密封源的管理”“不用密封放射源钻孔处置的安全考虑”等等，并组织召开国际会议进行技术交流和经验共享，还提供资金支持相关国家开展工作，如 2007 年由 IAEA 核安保基金支持南非研制移动式高活度废源整备装置等。

近年来，世界各国不断加强废源安全管理工作，包括法规标准制定、技术研究、装置研制、工程应用实践等。通用的废源管理流程如图 16-24 所示。

废源的处理处置方法主要有以下几种。

（1）贮存衰变。针对半衰期小于 100 d 的放射源，采用贮存衰变的方式使废源中的放射性核素衰变完全，达到解控要求。

（2）分离回收。针对特殊的放射源，如 ^{241}Am、^{137}Cs 等活度不能满足使用要求时，可以将废源收回，重新提取分离回收放射性核素，除去杂质，制成新的放射源或者用于他用；或者回收废源的衰变子体，用于他用，如 ^{252}Cf 废源中回收 ^{248}Cm。

（3）整备处理 – 近地表处置。对于半衰期大于 100 d 到小于 30 a 的废源，经过整备处理，转变成低放废物包，进行近地表处置。

（4）整备处理 – 中等深度处置。针对半衰期大于 30 a 的废源，若没有回收利用价值，则通过整备处理，转变成中放废物包，进行中等深度处置。

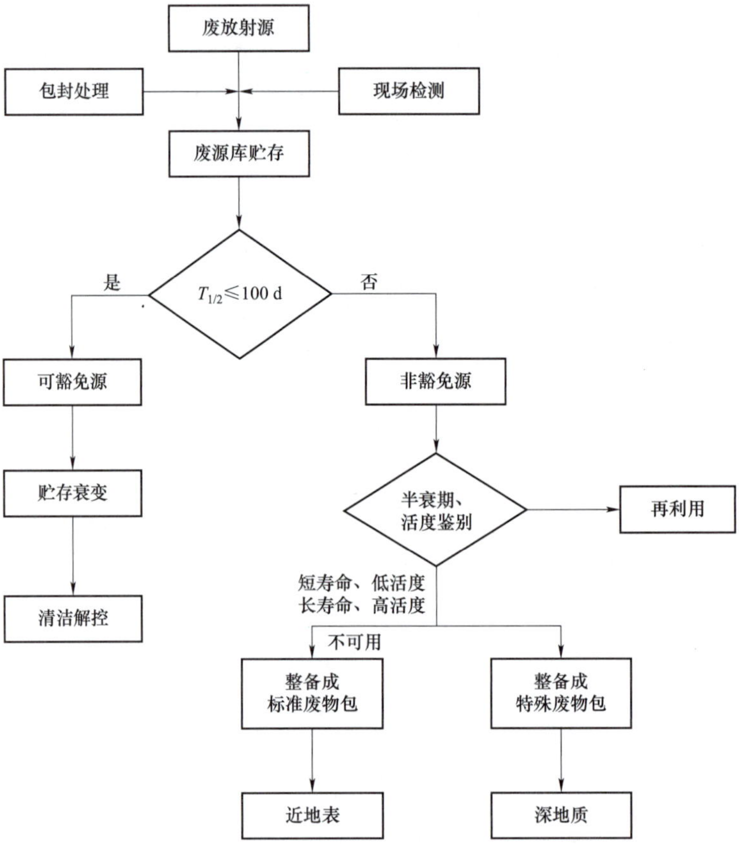

图 16-24　废源管理通用流程图

IAEA 在其相关技术文件（IAEA-TECDOC-1371，2003）中提出了可供选择的处理处置方案，如表 16-12 所示。

表 16-12　可供选择的废源处理处置方案

半衰期	活度/Bq	优先方案		可替代方案	
		方法	最终出路	方法	最终出路
$T_{1/2}$≤100 d	任意	贮存衰变	清洁解控	整备成标准废物包	近地表处置
100 d<$T_{1/2}$≤30 a	>10^6	整备处理成标准废物包	近地表处置	为运输做包装	返回供货方或其他出路
100 d<$T_{1/2}$≤30 a	>10^6	为运输做包装	回收利用	整备成特殊废物包	深地质处置
$T_{1/2}$>30 a	<10^3	整备处理成标准废物包	近地表处置	为运输做包装	返回供货方或其他出路
$T_{1/2}$>30 a	>10^3	为运输做包装	回收利用	整备成特殊废物包	深地质处置

参考文献

[1] 张生栋. 核设施退役与放射性废物治理关键技术［M］. 北京：中国原子能出版社，2021.

［2］中华人民共和国环境保护部、工业和信息化部、国家国防科技工业局：放射性废物分类［EB］（公告 2017 年第 65 号）.

［3］全国信息与文献标准化技术委员会. 信息与文献　电离辐射防护与辐射源安全基本标准：GB 18871—2002［S］. 北京：中国标准出版社，2010.

［4］国家核安全局. 核安全导则：核设施放射性废物最小化：HAD 401/08-2016［Z］. 北京，2016.

［5］全国信息与文献标准化技术委员会. 信息与文献　放射性废物管理规定：GB 14500—2002［S］. 北京：中国标准出版社，2002.

［6］全国信息与文献标准化技术委员会. 信息与文献　放射性物品安全运输规程：GB 11806—2019［S］. 北京：中国标准出版社，2019.

第 17 章　核设施退役

核设施退役是指核设施使用期满或因其他原因停止服役后，为了充分考虑工作人员和公众的健康与安全及环境保护而采取的行动。退役的最终目的是实现场址不受限制的开放或其他用途的状态。

IAEA 针对核设施退役给出的定义是为解除一座核设施的部分或者全部监管控制所采取的行政和技术活动。从这个定义看出，核设施退役既包括许可、批准、监管等行政活动，也包括源项调查、去污、解体、拆除等技术活动。核设施是有生命周期的。退役被认为是核设施生命周期的最后一个阶段，更是生命周期管理中的一个重要环节。核设施退役遵循废物最小化、辐射防护最优化、技术成熟可靠的原则。

通常对运行中的核设施总是要通过加强定期维修、改进日常操作，甚至实施重大修改（如更新设备）来延长其使用寿期。然而，这些措施的有效性均有限度。在核科学技术迅速发展的今天，当以先进的新设施替代过时的旧设施变得更为合理与合算时，就有必要实行后者的退役。常规工业设施的退役方法，无非是回收可用的物资（经过清理、修改和再加工）和废弃无用的器材。对于原子能工业，环境保护标准不仅要求清除残余的放射性，而且要求把厂址恢复到可作无限制其他用途的状态。[1]

近年来，核设施退役工作显得越来越重要。有大批核电厂、研究试验堆、核燃料循环设施和放射性实验室等待作或已进入退役处理。2019 年 7 月全球关闭核电厂反应堆共 181 座。预计未来 10 年内将有 207 座反应堆关闭，至 2059 年停闭反应堆还将增加 124 座。目前大型核设施退役的实际经验还有限，未来的退役项目需从在役核设施的运行维修及研究试验堆和少数原型发电堆的退役实践中汲取经验。

从技术观点看，核电厂退役所遇到的辐射防护问题与正常运行、维修情况下没有什么不同。在反应堆关闭、核燃料卸出以后，设备和结构中存在的感生放射性要比运行时的放射性总量下降 3 个数量级，即仍有约 10^5 TBq。核电厂中带放射性的设备、构件和器材约占 15%～20%，基本上均包容于安全壳以内。以现有的工艺、方法和技术，原则上完全能够开展退役活动，并达到同时保护环境、工作人员和公众的目的。只是大块、笨重、带放射性的钢铁和混凝土结构件的拆除、搬运和处置，会有困难；大量（10 000～17 000 m^3/GW）低、中放废物需要新建处置场（库）。为了减少不必要的工作量和节省投资，十分重要的是：① 将非放射性废物（包括豁免废物）同放射性废物区分开；② 将大量轻微污染、经去污或清理后可达到规定豁免水平的工具、设备、材料和建筑物同其他放射性废物区分开，以便尽量回收利用（或有限制地在核工业或核设施内复用）并减少废物处置量。

17.1　退役策略

核设施退役依据核设施的功能和用途、核设施的复杂程度、核设施使用寿命等不同，其退役策略也有很大的差异。早期的核设施退役分为三个级别：一级退役（封存）、二级退役（有限制开放）和三级退役（无限制开放）。但随着退役技术的发展和工程经验的积累，发现这种退役策略的分类是不科学的。现在 IAEA 将核设施退役分为三种策略：立即拆除（immediate dismantling）；延缓拆除（deferred dismantling）；就地埋葬（entombment）。[2]

（1）立即拆除。立即拆除是在核设施永久关闭后，尽可能快地除去和处理核设施内的放射性物质，原场址可以有限制或无限制利用。这是国际上较多核设施退役倾向的方案。立即拆除通常在核设施关停之后（一般在 5 年之内）开始去污、拆除。核燃料水冶厂、精制厂、富集厂、元件制造厂、乏燃料后处理厂以及相关科研设施等宜采用立即拆除策略。

（2）延缓拆除。延缓拆除是设施在保证安全的条件下进行安全贮存若干年，让放射性核素进行衰变，然后再进行拆除活动。一般延缓拆除都是在核设施关闭后先做部分和简易的去污、拆除工作，将主体设备（或关键设备）封闭隔离几十年。对于大型反应堆退役，延缓拆除往往是优选的策略。反应堆的堆芯中包容着 90%以上的放射性物质，并且大部分是短寿命核素，因此延缓拆除堆芯往往是优选策略。

（3）就地埋葬。就地埋葬是把整个核设施或核设施主要部分处置在其运行场地或场址的边界范围内，把放射性污染物和活化产物固定在原地，实际上是把核设施场址变成为近地表处置场。就地埋葬的主要优点是减少去污和切割解体的工作量，减少工作人员的受照剂量。就地埋葬策略虽然在一些国家已经实行，但尚未被 IAEA 成员国广泛使用，因为大部分核设施在选址和设计时，并未做退役考虑，大多数核设施满足建厂的选址条件，但不一定具备做处置场的条件，获得许可证和公众接受比较困难。

退役策略的选择取决于设施类型、地理位置、场地使用、对于环境的影响、与其他共处设施的关系等许多因素，另外还必须符合国家的退役政策和废物管理政策。立即拆除是一种优先策略，如果选择延缓拆除或就地埋葬的策略，必须提出正当性理由，运行机构必须验证设施在将来所有时间内保证安全并不给后代带来不适当的负担。

17.2　退役终态

退役策略确定后，需要确定退役的终态，根据 IAEA 安全标准《利用放射性物质的设施的安全要求》（IAEA WS-R-5）等相关技术资料，将核设施退役的终态分为两种类型，即无限制开放和有限制开放。

无限制开放是指公众成员可以随意进入经退役整治后的原核设施场址和保留的建筑物，并可不受限制地从事各种活动。在无限制开放的终态情况下，公众关键组成员受到的剂量必须低于经过辐射防护最优化的某一约束值，而这一约束值因诸多因素对不同核设施是不同的。IAEA 建议用 0.3 mSv/a 作为无限制利用场址的剂量约束值，在退役整治时，以此约束值导出场址土壤、建筑物表明的污染清除水平。

有限制开放是指经退役整治后原核设施场址和保留建筑上的放射性残留物不符合无限制开放标准，但在满足某一剂量约束值的情况下可考虑作为有限制开放使用。通常，这一剂量约束值为 1 mSv/a。场址有限制开放利用，应明确场址受控开放的限制范围、程度和时间，规定检测和监督方式，并要求采取行政措施，以实施必要的限制，如应明确规定原场址禁入场区的范围和工号、限制在厂区停留的时间、限制从事活动的类别。

在核设施退役结束，场址开放前，营运者必须为监管机构提供场址放射性核素残留水平以及辐射水平的实测数据文件，监管机构组织验收，根据前述剂量约束值判断终态场址是否可以无限制开放利用。

17.3　退役计划

退役计划取决于多种因素的综合考虑。如核电发展规划、废物处置政策、核电装置的地点、规模、堆型和运行史、厂址是否有其他反应堆、厂房和厂址腾出后的可能用途等。推迟拆除以待放射性衰减到可接受水平比立即拆除可降低辐射防护费用，但增加了此期间的监护封存费用。就辐射安全而言，需要对工作人员和公众的辐射风险进行分析。退役是否尽快并且不停顿地做到厂址安全清理干净，或做到某一程度为止不再继续做，或准备过一段时间再继续做，影响退役计划的制订。

IAEA 针对核电厂或者研究堆退役，规定了为国际社会所公认的退役三个阶段。

（1）第 1 阶段（监护封存期）：反应堆已关闭，核燃料被卸出，液体全部排空，控制系统被切断，设备敞开部分安全密封，第一道放射性屏障保持原封不动。将安全壳的穿墙孔永久性封死，使安全壳保持封闭，并处于严格控制之下。为保证核设施处于安全状态，实施连续的监护、监测和检查。这一阶段可能延续 5 a。

（2）第 2 阶段（局部拆除期——厂址有限制开放）：局部拆除而不触动放射性最强

或污染最严重区域（如堆芯）。通过移去易拆卸部件将需要继续实施监护、监测和检查的剩余部分缩减至最小体积（即限于第一道放射性屏障以内），并加强其密封和屏蔽。由于局部拆除基本上只涉及非放射性和无污染部分，如核电厂常规岛和配套设施的设备和结构（约占 85%），可用常规拆除技术。安全壳经去污后也可改建或拆除；其他非放射性建筑物可改作他用；拆下来的部件和器材（如有必要，经过去污），可复用或出售，因此净花费不多。这一阶段可能延续 3～50 a，但不宜超过 100 a。

（3）第 3 阶段（最后处置期——厂址无限制使用）：厂内所有带放射性的结构、设备、器材都被拆除移出，经去污（如有必要）后，厂址和厂房无需再进行监测或检查。可供其他项目无限制地使用。最后处置阶段要拆除和处理放射性最强或污染最严重的结构、设备和部件，难度和费用均远大于前两个阶段，时间约需 5 a。

图 17-1 表示压水堆关闭后的放射性衰减曲线。图示总放射性活度和 β 或 γ 能量水平（β 或 γ 活度 × 能量），后者与辐照风险密切相关，从图中可看出推迟进入第 3 阶段的好处。反应堆关闭后头 40～50 a 的总放射性以短寿命同位素（如不锈钢部件中 ^{55}Fe 的半衰期为 2.6 a，^{60}Co 的半衰期为 5.27 a）为主，显示衰减迅速。后面一个时期的总放射性以麻烦较少的 ^{63}Ni（半衰期 93 a）占主导地位，衰减缓慢得多。退役活动中的辐射防护问题几乎全部是由上述这些活化核素的 γ 放射性所引起，会随着头 40～50 a 的放射性衰减而大大减轻。因此，把第 3 阶段工作推迟到反应堆关闭后 50～100 a，可省去昂贵的屏蔽和遥控操作设备，有很大的实际利益。再往后推迟则好处不大，因为 100 a 以后的放射性水平下降很平缓。

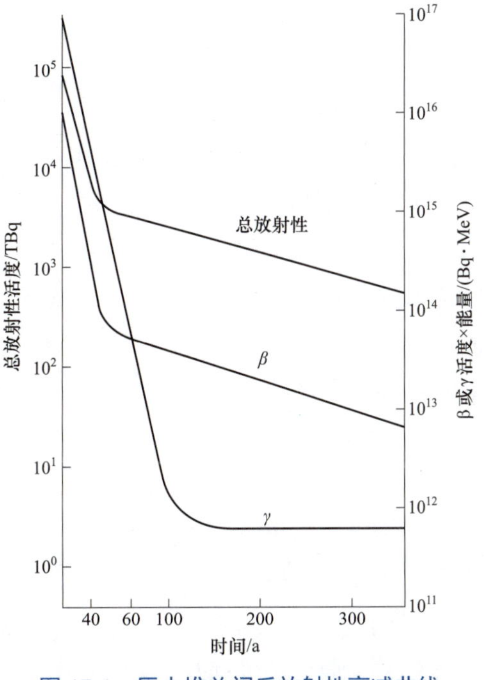

图 17-1　压水堆关闭后放射性衰减曲线

上述退役的三个阶段针对后处理厂或者三废设施等退役而言是不适应的，主要原因是这些设施的工艺或者功能结构材料没有被活化的产物，也没有短寿命核素的污染。

反应堆关闭后即行拆除（实际上必然已经过第1、2阶段至少约5 a的衰减），既属可行，又具有① 可利用最熟悉工厂特性的有经验技术人员，② 不用担心结构部件、生物屏蔽和包容构筑物的完整性会在几十年的漫长时间内失效，③ 厂址可用于其他目的等好处。但一些国家实际进展不尽如人意。英国在20世纪80年代初为建立一个石墨气冷堆的安全退役示范项目而筹划温斯凯尔改进气冷堆（WAGR）的退役时，曾预计需要10 a完成退役，包括卸出燃料（第1阶段）2～3 a，外围拆除（第2阶段）1～3 a，全部拆除（第3阶段）约5 a。但关键的带火焰切割和机械切割工具的远距离拆除机，花费 8 a（1986—1994 年）时间才制成和安装就位，切割方法也经过重新研究。2006年把堆芯构件和压力容器全部切割移出，暂存于厂区内。生物屏蔽层和安全壳的拆除，由于会产生大量的低、中放固体废物，等待有了足够的废物贮存场和深地层长期处置库以后才能行动。现在英国其他气冷反应堆的退役方案，倾向于关闭后“安全贮存”135 a，再作最后处置，到那时放射性水平将降低到大部分操作可用人工直接进行，比较简便且省钱。

在开始某项退役工作前，应编制详细的退役计划，以提供充分信息给各参加单位，包括负责审批的安全监管机构。退役计划至少包含下列内容：

（1）退役开始前该核设施所处状态的描述，为此，核设施内器材、设备和建筑物被放射性污染的历史记录很重要。

（2）退役活动各项主要作业的内容。

（3）所采用的方法和技术，所需要的专门培训和模拟演习。

（4）退役活动中产生的放射性废物的类型和估计数量，及其处置或贮存计划。

（5）安全分析和环境影响评价，包括退役活动期间反应堆厂房结构完整性分析。

（6）与退役活动结束时核设施应达到状态相应的安全分析和环境影响评价。

（7）参加退役活动的各单位介绍，及其各自的职责和作用。

（8）辐射防护措施描述。

（9）将实施的监护、监测和检查计划。

为编制出切实的退役计划，需要掌握核设施内的放射性总量、分布情况和衰减特性。对于一座后处理厂，可在初步去污后，对冲洗溶液样品进行分析，辅之以对可能积存于某处的固体残渣的仪表探测，来得到这些资料。对于一座反应堆，情况比较复杂，其放射性主要来自：① 固定结构材料中的中子活化产物。② 活动部件（如卸出核燃料后尚留在堆内的控制棒等）中的中子活化产物。③ 冷却剂回路中积存的腐蚀产物活化生成的污染物。第①、②两项放射性活度可根据材料的化学组成（从规格书及样品分析得知）、中子注量率水平、负荷因子、运行时间、材料所在位置和受到邻近部件的屏蔽等数据计算出来。第③项放射性活度只能根据样品分析进行估计。上述资料可用堆内取样的辐射测量予以核实和修正。

17.4　退役方案

核设施退役方案，我国《放射性污染防治法》明确规定，核设施营运单位应当制定核设施退役方案。IAEA 提出“退役方案”包括如下内容：

引言：设施描述（包括场址位置、构筑物和系统描述）；辐射状态（构筑物污染、系统和设备污染、表面土壤污染、地表水污染、地下水污染等）；设施的运行历史；运行事件/事故对退役的影响。

退役策略：可供选择的方案、选择策略的合理性。

项目管理：法律和审管要求、项目管理方案、项目管理组织机构等。

退役活动：包括源项调查、构筑物去污、拆除、过程辐射监测等。

监督和维护：要求监督和维护的设备、系统，需要监督维护的事件。

废物管理：废物分类，气、液、固废物的总量和类型，以及废物的去向。

经费预算：经费预算和资金来源。

安全保证：相关安全准则，运行限值和条件，正常退役活动危险分析，事故/事件危害分析，可能后果的评价，防止和减少危害的措施，风险评价等。

环境影响评价：环境保护大纲、流出物监测与控制大纲等。

健康与安全：辐射防护计划、核临界安全、工业健康核安全计划、监督和检查、记录保存计划等。

质量保证：质量保证大纲、文件控制、纠正行动、质量保证记录、监督检查、质量反馈。

应急计划：组织和职责、应急预案等。

核材料管理：组织和职责、核材料管理计划和措施。

最终辐射调查：调查计划和检验。

退役方案的关键是退役策略的选择，德国高温气冷堆 AVR 和美国高温气冷堆 Fort St.Vrain 的退役方案，仍倾向于不延迟地继续拆除干净。主要原因有：① 推迟 50 a 虽会使压力容器放射性和堆芯剂量率降至原有的 1‰左右，但人员仍不能接近而需要大量的去污、屏蔽和遥控操作；② 废物处置费用取决于放射性水平和废物体积，对于 70% 的低放废物来说，体积是主要因素，它在推迟方案中仅减小约 10%；③ 熟悉高温气冷堆的有经验技术人员行将散失而使退役和辐射防护工作增加不少困难；④ 未来的安全监管要求和废物处置费用存在着很大的不确定性，难以预测，估计总费用越往后会越高。美国的 Fort St.Vrain 高温气冷堆和 Shippinport-2 压水堆已完成第 3 阶段退役。

对退役方案的选择，视各国和各个项目的具体情况而定，差别是很大的。

我国大型核设施退役，通常要求业主单位先提出一个退役申请报告，说明退役原因、退役策略、具备的条件和预期达到的目标等。退役申请报告批准后，还需要做退役计划和编制可行性研究报告、安全分析报告、环境影响评价报告和质量保证大纲等。

17.5 退役的工艺

17.5.1 源项调查

源项调查是为核设施退役前，提供一个可靠的有关放射性核素种类、含量、分布及物理、化学形态的数据库进行的有效活动。退役前通过源项调查可以建立设施中相关放射性污染的信息数据，提供用于退役评估的信息。退役源项调查范围通常是指核设施内，设施外延伸另一个核设施之间的中界线或者本设施安保周界。除了场址的源项调查，一般不涉及受纳水体的调查。

核设施退役源项调查主要内容包括：放射性源项、废物源项、辐射源项等 3 个方面。调查方法包括文档资料调查、计算和现场调查。文档资料调查是指查阅核设施的档案资料、历史记载、与当事人进行交流等等，以期了解和掌握核设施运行过程的基本情况，包括运行周期、运行状况、大修或者改造情况以及发生的核事件（事故）以及处理情况等。计算包括物料衡算和通过适当计算软件进行的计算，对强辐射场中调查困难很大物件，可以通过有限次的外部测量之后，用计算机软件推算内部的放射性水平。现场调查包括在现场查验设施内部、工艺设备、管道等残留放射性废物的状态、种类以及含量，设施及工艺设备放射性核素污染程度以及气溶胶、剂量场分布，或者现场取样进行实验室分析等。

17.5.1.1 源项调查方法

源项调查对象是核设施，需要了解的内容有核设施运行历史、运行状况、重大历史节点和核设施放射性存留量。源项调查方法主要有 4 个：文档调查、咨询调查、现场源项调查和理论计算。

（1）文档调查

走进资料室和档案馆查阅资料，收集与核设施相关的资料，包括：

① 核设施建设图纸、重要构件的结构图、重大设备的工艺装备图纸、重要系统的工艺流程图。

② 核设施重要构件材料成分、重大设备的研制报告、重要系统的设计方案。

③ 大修改建相关图纸和技术报告。

④ 运行记录、事故/事件分析报告。

（2）咨询调查

对一些记录不全的、资料遗失的情况通过请教以前实际参与核设施运行的工作人员进行补充。

① 聘请以前参与实际核设施运行的工作人员作为专家参与指导退役工作；

② 针对具体问题请教以前实际参与相关工作的人员。

（3）现场源项调查

现场源项调查包括直接测量和间接测量，对设备、管道、阀门、建构筑物地面和墙面的污染核素、污染分布情况、放射性水平和存留量进行调查。

① 直接测量

直接测量是使用辐射探测器直接对待检测物件进行测量，主要包括空间γ剂量率测量、没有其他辐射干扰区域的表面污染测量和现场物体计数系统（in situ object counting system，ISOCS）测量。ISOCS 是一套包含探测器、准直屏蔽模块、无源效率刻度软件、多道分析仪及能谱分析软件等模块的γ谱仪系统，该系统通过准直屏蔽模块屏蔽掉外部辐射干扰而实现直接测量。

② 间接测量

针对核设施退役的源项调查大部分需要进行间接测量，即取样后送实验室测量获得数据，再对实验数据进行分析。通常有以下两种情况需用到间接测量：物件的特殊几何特征，如小口径容器内壁、凹凸不平的表面或拐角等；其他辐射干扰，如强辐射环境下测α、β污染。间接测量也给源项调查带来很多不确定性，也带来一些需要论证的工作，如取样代表性研究、取样擦拭效率的研究等。

（4）理论计算

理论计算主要用于反应堆内物项放射性存留活度的估算，反应堆内中子活化物项位于堆芯构件、堆内构件和生物屏蔽层内。

可以通过理论计算方法获得反应堆内物项的放射性存留量，堆内物项活化源项的计算框图如图 17-2 所示。

主要活化产物：^{3}H、^{14}C、^{36}Cl、^{41}Ca、^{54}Mn、^{55}Fe、^{59}Ni、^{63}Ni、^{60}Co、^{65}Zn、$^{108}Ag^{m}$、^{133}Ba、^{152}Eu、^{154}Eu 等。

理论计算方法主要是通过 MCNP 程序计算出相关位置的中子注量率，并根据运行期间一些实验孔道及热柱相关位置中子注量率的实际测量值来对计算值进行适当修正，保证通过计算获得的中子注量率数据的可靠性；获得中子注量率数据，分析堆内构件材料成分，查询反应堆运行历史后，用 ORIGEN 程序计算相应位置相关核素的比活度，计算获取源项数据后，与可达位置样品的测量数据进行比较，对计算结果进行修正。通过两步修正获得理论计算的源项数据。

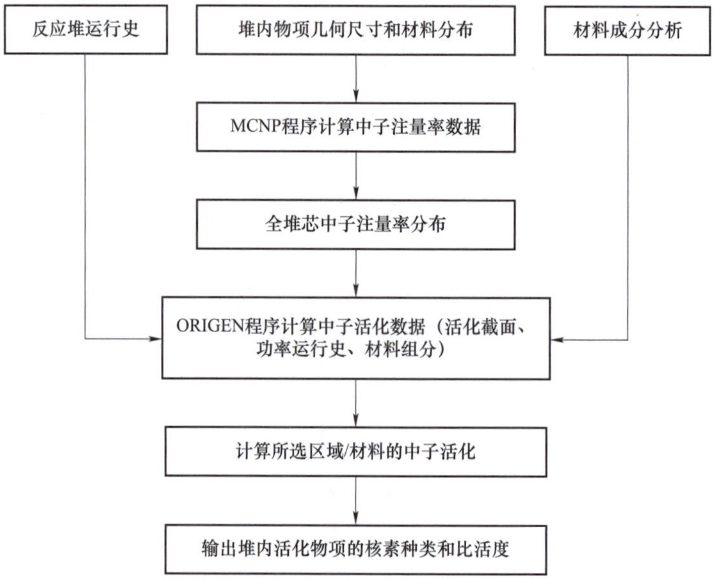

图 17-2　反应堆堆本体放射性残存量计算框图

17.5.1.2　源项调查技术

源项调查技术主要包括现场测量技术、取样技术和实验室测量分析技术。

（1）现场测量技术

① 现场空间γ剂量率测量

测量时应按照源项调查方案的要求和布点规则进行，对于设备、管道、墙面和地面，通常测量距离为 10 cm，测量高度为 100 cm。

② ISOCS 测量系统应用

ISOCS 示意图如图 17-3 所示，将 HPGe γ谱仪测量、屏蔽、准直等技术集于一身，在一个系统内实现多种功能，解决实际工作中一些复杂的测量问题。系统配备无源效率刻度软件，预置多种几何模型，有简单箱体、复杂箱体、简单圆柱、复杂圆柱、马林杯、管道、复杂管道、圆形平面和矩形平面等 22 种，是退役实施过程中不可或缺的测量工具。

③ 现场γ热点查找

γ相机对于不可达区域辐射热点的查找是非常好的选择。它也可配合 ISOCS 使用，γ相机照到热点后，应用 ISOCS 的准直和无源效率刻度功能，测量获得热点区域的关键核素及活度水平。

④ 现场表面污染测量

表面污染测量分为直接测量和间接测量。直接测量是将仪表探头放置在污染表面（探头与被测表面距离约 5 mm）进行测量；间接测量是通过擦拭采样纸擦拭取样后送实验室测量分析。擦拭面积一般为 200～300 cm^2，擦拭效率可根据污染类型取 10%～40%不等。

图 17-3　ISOCS 示意图

对退役设施进行表面污染测量时，通常在厂房房间地面每平方米测量 4 个点，墙面每平方米测量 1 个点，工艺设备表面测 4～5 个点，管道每米测 1～2 个点。厂房外环境表面污染取样点的位置由其到厂房的距离决定：厂房 10 m 范围内按 2 m×2 m 划分网格进行测量，每个网格测量 1 个点；厂房 10 m 范围外至退役区域边界按 5 m×5 m 划分网格进行测量，每个网格测量 1 个点。

（2）取样技术

目前尚无反应堆退役源项调查取样的标准方法，尽管在实施过程中确定了一些取样点位及取样数量，其代表性也没有进行严格的论证，只是应用了一些传统的普查方法的概念，如对角线法、梅花形法、棋盘形法和蛇形法，在实际工作的取样过程中，这些方法的应用直接决定了取样点的数量。

取样阶段的焦点问题是取样代表性。要求用局部有限的样品数量来代表整个被分析的对象。取样代表性是一个复杂的课题，还需要做大量的研究工作。

在反应堆退役过程，针对不同物项采用不同的取样技术和取样工具。

回路系统的大型罐体，则需要打开罐体的人孔盖板，使用专用工具取得罐内水样和沉积物样品，送实验室分析测量。

密闭在堆内的金属构件和石墨砌体等，需采用专用工具，在堆内孔道和构件指定位置取样，根据需求取表面刮擦样品和块状样品，取样量在 10 g 左右。

堆内工艺管、孔道、控制棒、电离室屏蔽套筒、套管等构件，可以使用专用吊具从堆内取出，沿着构件进行剂量巡测，按剂量水平从高到低将整根构件锯成小样品或切片；也可在指定位置刮擦获取粉末状样品。

碳钢或不锈钢覆面的地面和墙面，采用平面采样机，每次可采集 300 cm^2（10 g 左右）的粉状样，采样深度在 1 mm。

水泥砂浆地面、墙面采样面积 300 cm^2，采样深度 1～3 mm；塑料地面采样面积 300 cm^2，按划定面积割取塑料板块，制成粉末样品。

（3）实验室测量技术

实验室测量主要包括样品采集、样品运送、样品存储、样品制备、样品测量和数据分析等过程，通过样品分析获得数据，根据数据特点推算相关物项的存留放射性核素种类及放射性水平。

① 样品中总 α、总 β 的测量

总 α、总 β 的测量除了使用塑料闪烁体和半导体探测器以外，还可以使用流气式或充气式正比计数器作为测量装置。

② γ 能谱测量

γ 能谱测量能快速、准确、非破坏性地确定待测样品中各种具有 γ 辐射的放射性核素，主要包括 γ 谱的探测技术以及数据的获取和数据的分析技术。γ 能谱测量的应用十分广泛，γ 射线的探测、能量与强度的测定以及复杂 γ 谱的分辨等，都需要使用 γ 能谱测量技术。

γ 能谱测量主要采用 HPGe γ 探测器。

17.5.2 去污技术

17.5.2.1 放射性去污的基本概念

放射性去污（radioactive decontamination）指针对放射性污染物项，采用相适应的方法从物项上除去或者减少不希望其存在的放射性核素的活动。去污可以降低作业场所和作业对象的放射性水平、减少操作人员的受照剂量；降低屏蔽和远距离操作的要求，方便拆除活动；使有些物料达到可解控的水平，实现再循环利用；减少废物体积，降低废物储存、运输和处置的费用。[3]

在核设施退役、核设施运行在役检修、放射性废物分类解控、核事故或事件处理过程都涉及放射性去污。放射性去污方法的选择与放射性污染的类型、核活动要求等息息相关。

放射性污染根据其物理化学过程和去污的难易可分为两类，即非固定性污染和固定性污染，固定性污染又分为弱固定性污染和强固定性污染。

非固定性污染：也称附着性污染、松散污染，放射性核素与被污染物体表面之间以分子间作用力相结合，不发生化学反应。这种污染易于去除，一般采用简单物理方法（如清扫、吸尘、水冲洗等）或化学方法（如用普通去污剂去污）可去除。非固定性污染的主要特点是易于造成放射性污染物的扩散和转移，因此是去污过程中应重点关注的污染形式。

弱固定性污染：污染核素与物体表面之间以化学吸附或者离子交换形式结合，二者结合紧密、较难去污。通常可以采用化学去污方法，如强氧化剂溶剂去污、络合剂去污等。

强固定性污染：污染核素通过扩散渗入到基体材料内部或者基体材料内微量核素受辐照产生放射性核素，这种污染很难去除。可以采用激光或者等离子体剥离去污、金属熔炼去污等。

17.5.2.2　放射性去污的目的

核设施退役去污是核设施退役工程的一个重要组成部分，它贯穿于核设施退役的整个过程，涉及工艺系统、设备、建筑物构件等方面去污，是实现放射性废物最小化的重要手段，因此是核设施退役中不可缺少的技术之一。

核设施退役去污的主要目的是：

（1）减少核设施中残留放射性量和潜在的放射性物质的释放量。

（2）有利于系统、设备的拆除和设备、材料的回收利用。

（3）降低现场操作人员的受照剂量。

（4）减少送去处置的含放射性物质的体积。

（5）便于场址、设施恢复到有限制或无限制的开放使用。

需要指出的是，去污并不能从根本上消除放射性核素，只是将放射性核素存在的形式或位置发生改变，因此去污过程不可避免地会产生二次废物。

17.5.2.3　放射性去污方法选择遵循的原则

在选择去污方法时，应遵循以下基本原则：

（1）安全性高。去污过程要考虑去污技术操作过程的安全性，如选择的去污剂是否对人员健康有影响，去污过程是否会产生火灾，去污过程辐射剂量是否在受控范围等。

（2）去污效率高。针对不同对象，选择去污技术时要考虑去污技术的单次去污效果，避免造成多次去污。

（3）产生的二次废物最小化。去污成本的一项主要组成就是产生二次废物的处理费用，在选择去污技术时，要考虑二次废物量。

（4）去污成本尽可能低。核设施退役成本受各种因素的影响，去污直接成本和间接成本是退役成本的主要构成，既要考虑去污技术和装置的直接成本，也要考虑去污产生的二次废物的处理等间接成本。因此，尽可能选择去污成本较低的技术。

（5）去污过程对公众和环境无影响，或影响可接受。去污过程除了对操作人员有影响外，更主要的是不能对公众和环境有影响，如废液排放、噪音等方面的影响。

（6）便于操作。在实际操作时，尽可能要考虑操作简单，便于实现自动化操作的去污技术。

17.5.2.4 去污技术

去污技术分类多种多样，可以按照去污原理、去污对象、去污目标等来进行分类。

（1）按去污原理分类

根据去污原理，退役去污技术可分为化学去污、物理（机械）去污、电化学去污、金属熔炼去污、生物去污等。

化学去污按照去污剂的不同又可分为硝酸体系去污、磷酸体系去污、盐酸体系去污剂、酸碱去污、氧化还原去污等。

物理（机械）去污可分为高压喷淋去污、机械剥离去污、激光去污、等离子体剥离去污、干冰去污等。

电化学去污可分为脉冲供电电化学去污、直流恒电流供电电化学去污等。

（2）按去污对象分类

按去污对象可分为工艺系统去污、设备去污、箱室去污、槽罐去污、建筑物构件去污、污染土壤去污、防护用品去污等。

针对不同对象，采用的去污技术不同，可以是单一去污技术，也可以采用几种去污技术进行组合，以达到去污的目的。如箱室去污可以采用吸尘去污、可剥离膜去污相组合的方法，达到退役拆除前的去污目标。

（3）按去污目的分类

按去污目的进行分类，可以分为退役去污、检维修去污、应急去污、分类解控去污等。

退役去污是针对核设施退役过程所采取的去污，退役去污过程涉及工艺系统、设备、建筑物构件等方面去污。去污的主要目的是降低气溶胶生成量，降低辐照剂量，便于后续拆除过程。原则上要将非固定性污染、弱固定性污染的大部分放射性物质去除。

检维修去污是针对核设施运行过程需要检维修的设备、系统进行的去污，去污是为了降低检维修过程中人员的辐照剂量。原则上以非固定性污染去除为主。

应急去污是针对核事故或者核事件发生所采取的去污，去污目的是防止放射性污染进一步扩大，因此需要快速去污。主要针对核事故造成的设施、环境（大气、土壤、水源等）等的去污。如日本福岛核事故采取的对土壤的收集、水源的净化等。

分类解控去污是针对核设施退役、核设施检维修等过程产生的放射性污染物进一步去污，部分废物达到解控的目的或者降低固体废物的比活度来实现固体废物处理处置最小化。

（4）按去污方式分类

按去污的方式可以分为在线去污、离线去污。

在线去污也叫就地去污、现场去污。在核设施退役拆除前、核设施检维修等过程，经常需要在线去污，以满足后续工程的需要。

离线去污是专门设置去污车间，将核设施退役、检维修、运行期间产生的固体废物进一步去污，满足后续废物分类处理处置的需要。

17.5.3　切割

切割解体是核设施退役中关键的工艺环节，也是强污染核设施退役过程的瓶颈技术。主要涉及核设施中大型构件（如反应堆堆本体、后处理溶解器、大型萃取柱、废液储罐、大型箱室等)、工艺系统（反应堆回路、后处理萃取系统、废物处理系统等)、重混凝土（反应堆生物屏蔽体、热室屏蔽体、设施构筑物等）及各种管件（通风管道、废水输送系统、穿墙管等）的切割，针对不同的对象和放射性核素污染种类，所采用的切割技术和切割装备不尽相同。[4]

17.5.3.1　切割的概念

针对核设施退役而言，切割技术没有明确的定义。它与民用常规切割有相同之处，但也有不同之处。不同之处在于核设施退役中切割需要考虑强辐射场条件下的操作；操作过程存在放射性气溶胶的形成；切割的部件需满足物件的转移及后续处理的要求；切割场地比较有限。因此，核设施退役所采用的切割技术是在传统切割技术上进行优化，以期满足在强辐射场条件下对操作人员辐射剂量最优化的要求。

核设施退役中的切割技术的定义可概述为：将核设施内放射性污染的工艺系统、设备、各种管件以及配套系统等切开或者断开，并变为可移取、可转运、可收集的物件的手段或者方法。根据这个定义，核设施退役切割技术对象是设施内的放射性污染的工艺系统、设备、各种管件以及配套系统，不包括建筑物及其附属构筑物。

17.5.3.2　切割技术

在核设施退役中，切割对象按照材料类型可分为 3 类：① 金属材料类，包括碳钢、不锈钢、铜、铝等金属材料构成的大型箱室、容器、设备、工艺管件；② 钢筋混凝土类，包括反应堆生物屏蔽体、热室框架、屏蔽构筑物等；③ 非金属材料类，包括有机玻璃容器和手套箱、废石墨切块、套管、热柱等。由于上述对象有不同的形状、大小和厚度，且都不同程度受到放射性核素的污染，即使通过现场去污也不能够达到解控的要求，因此，需要有针对性地选择切割技术，以期达到最快的工作效率，减少工作人员的受照剂量。

核设施退役中切割技术按照物理状态可分为冷切割技术、热能切割技术两大类。

按照切割原理不同可分为机械切割技术、热能切割技术、化学腐蚀切割技术、射流切割技术等。

机械切割是通过机械力和/或机械运动将核设施退役中放射性污染大型构件切开或者断开，变成可供收集、转运、储存的小部件。常采用电力、气压、液压带动机械运动（往复的、圆周的）和产生力（剪切），从而达到切割的目的。该技术在核设施退役中应用较为广泛。

热能切割技术是利用高温将切割材料局部进行熔化，以达到分解的目的。常见的有等离子弧切割技术、激光切割技术、电弧切割技术、火焰切割技术、氧气切割技术和铝热剂反应喷枪技术等。

常用的化学腐蚀切割是铝热剂反应技术。铝热剂反应喷枪是一根装有钢、铝和镁金属丝组合物的铁管，氧气持续地流经此管。通过喷嘴处发生的铝热剂反应来实现喷枪切割，直至完全耗尽管内组合物。在空气中，使用诸如氧气割炬或电弧等高温源来点燃喷枪。

射流喷射切割技术是利用摩擦力来冲蚀材料以达到切割目的。常用的射流切割技术是水喷射摩擦切割技术，使用高压水（高达380 MPa）水和磨料的混合物通过具有小孔的耐磨喷嘴，使含磨料的喷射流集中射向待切部件。水喷射摩擦切割技术实际上可以切割所有材料。对于钢筋混凝土的切割已经得到验证是非常有效的方法。

17.5.3.3 核设施退役中对切割技术和装备的要求

核设施的退役需要对不同尺寸的工艺系统、设备、各种管件以及配套系统进行切割。切割对象可能由金属、混凝土、石材或塑性材料组成。如核电机组退役时，主要切割物项包括核电厂反应堆压力容器（其钢板壁厚可能达到几十厘米）、不同直径的回路系统及热交换器、钢筋混凝土构件（几米厚）等。

核设施退役中切割工装器具是关键，直接影响核设施退役的进度，进而影响到经费。因此，对切割工装器具性能有严格的要求。切割工装器具的主要性能包括：

（1）切割速度。反映切割工效。

（2）切割厚度。反映切割能力和工效。

（3）可靠性。反映切割工装器具的维修频次，切割成本。

（4）装备大小。包括体积、重量等，反映现场的实用性。

（5）智能化程度。反映是否具有远距离或者要操作的能力。

尽管现有的切割工具种类繁多，但每一种工具都有其自身的性能、使用条件及应用范围，需要根据需求和现场条件来选择一种最合适的工具。在选择切割工具及设备时应当考虑下列因素：

（1）切割对象的材质。根据切割对象的材质、尺寸、大小、厚度等选择切割技术和切割工装器具，不同的切割技术对应不同的材质。

（2）切割设备的技术成熟度和可靠性。尽可能选择具有工程应用或者经过工程验证的切割设备。

（3）切割速度快、具有安全性。由于在辐照条件下操作，尽可能选择切割速度比较快，缩短操作人员现场工作时间，降低辐照剂量；同时设备具有很高的安全性，防止对操作人员造成伤害。

（4）切割设备具有智能化功能。针对强辐射条件下切割，切割设备具有远距离操作的功能，或者要操作的功能。

（5）切割设备具有环境适应性。具备在强辐射场条件下长时间工作的能力，也要具备在各种气氛（空气、氮气等）、一定环境（如温度）条件下工作的能力。

切割工装器选购时，特别是具有机器人和机械臂等远程操控装置功能的系统时，既要考虑强辐射复杂环境中功能，也要考虑现场的条件，包括以下几个方面：

（1）施工现场条件和位置。

（2）设备是否具备安装条件。

（3）设备能否运送或者转出现场。

（4）可利用的服务和辅助系统是否满足。

（5）现场安全性是否有保障。

（6）现场是否具备检维修条件。

17.5.3.4　切割工装器具使用前注意事项

切割工装器具到现场后，需要对设备性能、操作条件等认真审阅，并对操作人员进行培训。设备要进行模拟状态条件下操作或者在低辐射场条件下工程验证，以保证机器人和机械臂的安全稳定性，然后才能在强辐射场条件下应用。应用前关注以下问题：

（1）制定现场操作的规范和作业指导书：① 制定详细的应急预案；② 制定检维修操作程序。

（2）现场辐射防护措施到位情况等。

17.5.3.5　实施切割需关注的问题

核设施退役中实施切割的操作条件取决于现场场地大小、对象的污染程度、切割装置可操作性等。

在核设施退役中，切割实践中要关注以下问题：

（1）放射性废液残留程度。切割操作时，要警惕弯管或 U 型管道中是否积存着放射性废液或较多放射性物质。

（2）放射性污染程度。螺栓和法兰等连接部件，可能由于泄漏存在着较高的放射性污染，要特别重视这些污染热点。

（3）通风系统完好性。由于切割过程有烟雾、气溶胶、粉尘等产生，通风系统确保完好，并要增设局部通风措施，每次作业后进行真空吸尘清污。

（4）具备粉尘或者气溶胶压制的条件。表面喷涂环氧树脂、黏结剂固定污染物，或者具有喷洒降尘物质的功能，可降低粉尘的扩散，减少放射性气溶胶的污染。

（5）构件的吊装或者转运条件。切割前要考虑在强辐射条件下，切割最大尺寸，满足现场吊装或者转运的能力，防止在切割后现场二次操作。

（6）操作的气帐搭建。特别在强辐射条件下切割时，需要搭建气帐，气帐内具有人流、物流通道，也具有临时局部排风系统，转运或者吊装共轭能。

（7）辐射防护条件。切割前，要考虑切割时人员、环境等辐射防护的最优化，并考虑切割时的辐射防护监测问题。

（8）二次废物收集转运能力。在切割操作前，要考虑切割过程产生二次废物状态及总量，配备其收集、转运的条件。

17.5.4 设施拆除

拆除也是核设施退役的关键环节。核设施的主工艺系统、设备等切割移取后，设施构筑物的放射性去污达到解控水平后，将建筑物破坏性拆毁，并将建筑垃圾移走，使设施夷为平地。由于通过去污，构筑物已达到解控水平，构筑物的放射性含量达到天然本底，因此，可以采用常规民用拆除技术即可。

17.5.5 核设施场址治理修复

核设施拆除后，根据退役终态对污染环境进行治理修复。《电离辐射防护与放射源安全基本标准》（GB 18871—2002）规定，核设施退役后场址开放场区土地重新开发利用，造成持续照射剂量约束值在 0.3 mSv/a 内。放射性污染场址包括核电厂、后处理厂、放射性废物处理设施、科研设施以及核试验场地等。按照污染核素可分天然放射性污染场址和人工放射性污染场址。天然放射性污染场址包括铀矿、铀水冶厂、铀转化厂、铀分离厂、元件制造厂等退役场址，人工放射性污染场址包括核电厂和研究堆、后处理厂、放射性废物处理厂、核试验场以及大型核科研基地等。这些场址进行环境治理修复后，有的场址不再继续使用，可进行无限制开放；有的还要在原场址上建造新的核设施，可以实行有限制开放使用。放射性污染场址的治理修复包括土壤污染治理修复和水污染治理修复两个方面。水污染治理修复主要包括污染水净化、污染核素载带吸附、污染水截留阻滞等技术。土壤污染环境治理修复主要包括物理治理修复、化学治理修复、生物修复等技术。针对核设施退役而言，主要是土壤污染治理修复。

17.6 退役过程的放射性废物管理

17.6.1 退役过程的放射性废物特点

核设施退役过程产生的废物非常复杂，既有放射性废物，又有非放射性废物，且非放射性废物占比较大[5]。核设施退役放射性废物主要来源于核设施运行期间遗留的废物，以及去污、拆除、污染场址的土壤清除等活动产生的废物。核设施退役产生的放射性废物与在役时产生的常规废物相比具有以下特点：

（1）产生废物量大。退役工程平均日产生的废物量比核设施正常运行时平均日产生的废物量大。

（2）放射性废物中大部分只有轻微沾污，如建渣、废钢铁、混凝土等。

（3）废物具有数量多、成分复杂、体积大等特点，例如被污染的设备、钢结构、土壤、管道、容器等。

（4）能产生超大体积和超大重量的大构件废物，如反应堆热交换器。

（5）部分污染核素与基材结合牢固，不易去污，其中一些活化产物很难处理。

（6）会产生有毒危险废物，如汞、铅、石棉以及废冷却剂钠–钾等。

核设施退役过程会产生各类放射性废物，以固体废物最多，其次为废液和废气。对于液体废物，主要来自池水和堆水，放射性水平较低；拆除过程产生的放射性固体废物，通过对其进行分类、包装，运至废物整备，然后进行处置；对于清洁解控废物或不带放射性的废物作为一般工业垃圾进行就地处置。

在核设施退役去污、拆除等过程中会产生气体放射性废物，所含核素的种类、数量和形态差别很大，并伴随着各种有害物质以气体、气溶胶和悬浮物等形式存在。气体放射性废物可通过通风法、过滤净化法等方式去除或降低放射性污染，保护工作人员、公众和环境。

因废物的放射性水平和主要核素都存在较大的差异，因此必须对退役废物进行分类，以便在此基础上制定对各类废物的管理原则和方法。退役废物管理的基本目标是实现对人类及其环境的危害降低到允许水平以下，以达到保护人类及环境的目的。

17.6.2 退役过程产生的废物量

根据 IAEA 对核废物类型的划分，核设施退役过程中产生的废物可分为高放射性废物、中放射性废物和低放射性废物。高放射性废物主要来自试验场地、防护钢墙、每次试验中收集的含贫铀的砂土样本及机加工车间产生的含贫铀污染物等。含贫铀的污染物中含有多种高放射性元素，具有毒性较大、穿透力强和半衰期长等特点，对人体和其他生物体危害极大。中放射性核废料大多来自存放放射性材料的库房，被污染的设备、土壤、下水道等；低放射性核废料危害较低，主要为试验室、运输车辆及操作过程中使用的劳保用品等。未经有效处理的气体粉尘、液体废物和固体废料，会对周围的空气、水源、土壤造成严重的污染和破坏。

表 17-1 给出国外反应堆退役产生的放射性废物量。

表 17-1　国外一些反应堆运行和退役过程产生的废物量对比

国家	加拿大	德国		瑞典		美国	
堆型	PHWR	PWR	BWR	PWR	BWR	PWR	BWR
电功率/MW	4×515	1 200	800	900	1 000	1 000	1 000
运行 27 年产生的废物/m^3	6 900～27 500	6 100～11 000	6 000～20 000	6 300	7 500	21 700	40 000
退役过程产生的废物/m^3	10 000	6 900	12 400	6 700	15 000	15 200	16 300
总废物/m^3	16 900～37 500	13 000～17 900	18 400～32 400	13 000	22 500	36 900	56 300
退役废物占总废物的份额	30%～60%	40%～50%	40%～70%	50%	70%	40%	30%

退役过程产生的废物量占总废物量的 30%～70%，且不同堆型产生的废物量也有较大差别。需要指出的是，随着技术水平的提高和放射性废物最小化措施的实施，表 17-1 中的数值有可能进一步降低。

17.6.3　退役过程废物处理处置

核设施退役废物的管理及处置应按照最小化的技术原则，对核设施进行检测和评估，尽可能回收利用退役设备、器具。对拆卸的墙体、路面等建筑材料根据需要循环应用到新建的核设施中。

退役过程产生的大量废物中，大部分是固体低放废物，甚至非放废物，没有必要作为放射性废物进行最终处置。退役废物有的可通过擦拭、超声等去污手段，降低放射性核素沾污水平，达到国家审管部门规定的 10 μSv/a 的标准，解除监管；有的可采用电解、氧化还原等化学方法去污，去污后的物件可在核设施内部及核工业相关领域循环利用，剩余放射性控制标准为 0.1 mSv/a。

（1）减少废物产生量。对于表面松散污染较多的放射性废物，在拆除前进行湿法擦拭去污处理或工业吸尘器除尘处理，以避免松散污染扩散而产生二次废物；对于仅表面受到污染的物项，如放射性场所的厂房墙体，采用将表层污染部分剥离的处理方法。

（2）减少废物体积。主要是压缩减少可压缩废物的体积；通过切割解体，减少槽、罐、箱等的空间体积。

（3）再循环和再利用。对于仅表面受到污染的材料，如聚乙烯等，采用将表层污染部分剥离的方法，对剩余的非放部分进行循环再利用；对于表面固定污染水平低于 4 Bq/cm^2 金属，进行循环再利用。

一般核设施退役产生放射性废物的处理处置方案可包括就地处置和送放射性废物处置场处置。关于送放射性废物处置场处置，可按照《低、中水平放射性固体废物的浅地表处置规定》（GB 9132—1988）、《极低水平放射性废物的填埋处置》（GB/T 28178—2011）、《低、中水平放射性废物近地表处置设施设计规定非岩洞型处置》（EJ/T 1109.1—2000）等标准执行。

17.7　退役过程的辐射防护

退役过程中的辐射防护是退役工程实施的重要组成部分，也是管理者关注的焦点。退役过程中，系统由封闭状态变为开放状态，在这个状态下，存在着外照射急剧增加及放射性物质外泄的风险，需要应用到相关的辐射防护技术，采取相应的辐射防护措施来确保退役过程的辐射安全。

退役活动对公众的辐射风险是很小的。平均来说，公众由于核设施退役所受到的辐射剂量，低于天然本底剂量的 0.1%。

17.7.1　退役过程辐射场特点

退役过程辐射场的状态水平是不断变化的，这个变化导致了区域放射性水平的不确定性，前期某一区域是控制区，但通过拆除及基本去污措施后，后期该区域变为监督区，所以需要根据退役实施的进展和实际需要，对已完成退役实施的区域进行隔离和保护，避免交叉污染。

17.7.2　退役场所辐射防护分区及管理

为便于辐射防护管理和职业照射控制，退役工作场所划分为监督区和控制区，再根据预期的辐射水平和放射性污染水平将控制区再细分为若干子区，分区应考虑该场所的空间 γ 剂量率水平、放射性污染水平及场所放射性气溶胶浓度等因素，结合退役活动的特点来确定。分区应考虑人流走向、物流走向和气流流向等要求，并且考虑跟其他系统的协调性。分区设计参考实例见表 17-2。

表 17-2　分区设计参考实例

辐射分区	辐射水平/（μSv/h）	表面污染水平	空气污染水平	居留特征
监督区	≤2.5	α：≤4 Bq/cm^2 β：≤40 Bq/cm^2	可忽略	每季工作少于 500 h

续表

辐射分区		辐射水平/（μSv/h）	表面污染水平	空气污染水平	居留特征
控制区	控制Ⅰ区（常规工作区）	≤7.5	α：>4 Bq/cm² β：>40 Bq/cm²	≤0.1 DAC	每周工作少于 40 h，全年工作少于 2 000 h
	控制Ⅱ区（间断工作区）	≤75		≤1 DAC	对进入进行管理，全年工作少于 200 h
	控制Ⅲ区（限制工作区）	>75		—	限制进入，进入需要特许

在控制区边界设置一个人员和物品进出的出入口，出口处设置针对人员和物品的监测和去污设施，只有当人员和物品的污染水平低于规定管理限值时才能离开控制区。退役过程中通风系统应使得辐射工作场所保持一定的负压条件，通风气流走向由低污染区域流向高污染区域。辐射工作场所入口应张贴分区图，在图中给出场所内的分区划分和人流、物流通道等内容。在每个辐射防护分区（包括控制区的各个子区）的入口设置醒目的警示标牌，应包含以下信息：电离辐射警告标志、分区名称、辐射水平、表面污染水平、空气污染水平和应采取的防护措施。

工作人员必须经过培训并取得辐射工作许可证后才能进入辐射工作场所进行工作，工作期间应按个人剂量管理规定佩戴个人剂量监测仪表。工作人员应经过卫生通道进入控制区，并在控制区的入口处领取并佩戴必要的防护用品。

工作人员应经过卫生通道离开控制区，并在出口处进行体表污染检测，必要时进行去污，表面污染低于规定的管理限值时才可以离开。工器具等物品携带出控制区时应进行污染检测，必要时进行去污，当污染低于规定的管理限值时才可以带出。

非放射性工作人员进入控制区必须要有了解控制区的防护与安全措施的工作人员陪同，在进入控制区之前工作人员应向其提供指导以确保他们在控制区内的辐射安全。

所有工作人员须按照辐射分区要求穿戴相应工作服及劳保用品、个人剂量和个人防护器具；进入现场执行拆除、去污等任务的操作人员，视现场情况穿戴铅防护服、呼吸面罩、密封性能好的口罩、连体工作服等防护用具。

17.7.3 退役过程的辐射防护措施

参加退役活动的工作人员则必须进入核设施辐射区，并且要操作沾染放射性或被活化的物料。在具体的去污、拆除与废物处置计划中，必须规定周密的辐射防护措施，制订详细规程。应进行全面的剂量分布调查和对所用设备、工具以及工作人员资格的鉴定。根据核设施内放射性分布情况的资料，可估算出结构、设备或部件的表面剂量率，再用携带式辐射测量仪核实，借以安排合理的拆除顺序，最大限度地利用设备之间的互屏蔽效应加上局部屏蔽以降低工作地点剂量水平。同时要求工作人员必须穿着防护衣，佩戴剂量计和呼吸装置。尽量利用电视摄像机及程序控制机器人进入控制区，读取数据和从事去污、拆卸等工作。遥控机械能进入反应堆容器切割堆内构件，工作人员站在防护屏后面进行控制和操纵。这样利用现代科学技术，贯彻辐射剂量“合理可行尽量低”的原则，可使工作人员接受的辐射剂量低于规定限值，而且减小至尽可能低的水平。

17.7.4 辐射防护管理目标值的建立

（1）退役过程的有效剂量控制

对于设置管理值，主要通过分析源项调查的数据，估算退役工程的有效剂量约束值。管理值不能当作一成不变的限值，需结合具体工程不同阶段的工作内容、需要退役的系统的复杂程度综合考虑，强调合理的尽可能低的剂量水平，剂量管理目标值是辐射防护技术和辐射防护程序优化的结果。

（2）退役过程辐射防护最优化

在退役过程，严格分区原则，防止放射性物质的扩散和交叉污染。具体实施过程，应根据污染热点或者强辐射区域的辐射强度、剂量确定采用的技术和装备、操作人员工作时间等，建立严格的管理措施，确保操作人员照射、公众照射控制在可合理达到的尽可能低的水平。

（3）流出物排放的管理目标值

采用多源模式，对退役场所的源项进行大气扩散能力及关键居民组个人所受剂量进行模拟计算优化，得出气态放射性流出物排放量管理值。

17.7.5 退役过程的辐射防护效果评价

效果评价是核设施退役过程辐射防护的重要环节，主要是评价退役实施期间，各退役工艺对职业照射和周围环境污染的影响。

（1）职业照射评价

根据退役实施过程中，针对辐射风险采取安全措施，实施过程中监测工作人员所受的辐射照射，由获得数据分析工作人员的平均剂量，最大剂量和年集体有效剂量，与工程规定的剂量限值进行比较后作出职业照射评价。

（2）公众照射剂量评价

根据退役实施过程中，烟囱流出物排放的实际测量数据，对公众照射作出评价。

参考文献

［1］徐乐瑾，沈慧怡，杨军. 核设施退役现状及技术研究展望［J］. 华中科技大学学报，

2022，50（10）：65-76.
［2］杨美健，黄金海，鲍芳，等. 大型核设施退役策略及技术进展［J］. 产业与科技论坛，2019，18（1）：33-35.
［3］陈艳，张力军，张兴旺，等. 核设施退役去污技术研究综述［J］. 清洗世界，2022，38（10）：99-105.
［4］管毅，段宇建，杨凯，等. 核设施退役期间切割和拆除过程中有害物质控制研究现状［J］. 工业卫生与职业病，2024，1（50）：78-82.
［5］岳维宏. 核设施运行及退役中的废物最小化技术［J］. 原子能科学技术，2011，45（3）：293-301.
［6］董毅漫，曲云欢，王晴，等. 乏燃料处置与核设施退役资金研究［J］. 环境污染与防治，2013，35（11）：99-103.

第 18 章　放射性同位素及其制品的生产

18.1　对放射性同位素的要求

放射性同位素在工农业生产、国防、医药卫生和科学研究中获得日益广泛的应用（见 1.7 节）。已经被利用的放射性同位素有二百多种。应用的形式，一是作为示踪原子，所用的量甚微，多数在微居里（相当于 10^5 Bq）和毫居里（10^2 MBq）之间，但品种繁多，目前得到应用的放射性同位素标记化合物超过 1 500 种，大部分用于临床诊断及生物化学研究等方面。应用形式之二是作为放射源，其放射性活度可从毫居里（10^2 MBq）到百万居里（10^5 TBq），应用范围包括辐照育种、γ 射线或中子射线照相（用于临床诊断和工业探伤）、射线治疗、射线测量、生产流程及质量控制、光源、空间及海底能源、农产品保藏、食品灭菌消毒、医疗用品消毒、辐射聚合等。应用形式之三是作为放射性药品用于疾病的诊断和治疗，单一病人用量从毫居里（10^2 MBq）到百毫居里（10^4 MBq），用于诊断心脑血管、肿瘤和神经退行性疾病，治疗肿瘤、内分泌和疤痕等。

需求量较多的放射性同位素有氢-3、碳-14、氟-18、磷-32、钴-60、镍-63、氪-85、钼-99（锝-99m①）、锶-90（钇-90）、碘-125、碘-131、铯-137、镥-177、铱-192、锕-225、钚-238、镅-241、锎-252 等。医用同位素虽然每年使用的居里数不大，其产值却占全部放射性同位素产值的一半以上，而且增长得特别快。另一方面，作为强放射源、能源所需的放射性同位素量，一般是以百万居里来计算，须大规模地生产。

不同用途的放射性同位素有不同的要求。半衰期长短往往是需考虑的首要因素。一般说来，半衰期太短，在远离放射性同位素生产中心的地点就不能应用；而半衰期太长，又不利于控制污染范围和废物管理；因此放射性同位素发生器被用来解决此难题。作为示踪原子，其半衰期应与实验时间的长短相适应。对于人体内的应用（放射性药物），半衰期应是越短越好。反之，作为能源（空间、海底或人体内），则希望有尽可能长的使用期限。对此，半衰期为 88 年的钚-238 具有明显的优越性。

示踪原子须便于探测。对 β 射线的探测效率高，屏蔽较容易，但如需隔着容器壁进行探测，则必须采用 γ 放射体。

为了获得可靠的使用效果，要求产品具有很高的同位素纯度。对于放射性药物，

---

① m 表示同质异能素。例如锝-99m 与锝-99 具有同样的质子数、中子数和质量数，只是锝-99m 处于激发态，它按一定的半衰期释放出多余的能量（以 γ 射线的形式）而衰变为较稳定的锝-99。

还严格要求去除化学毒性和生物毒性，达到医用标准。

同位素放射源为了防止污染环境，一般均做成密封的。要求包壳不破不漏，没有表面沾污，并且不过度吸收辐射。放射源源芯可以是金属、合金、化合物、陶瓷、金属陶瓷等形态，应尽量做到坚固、稳定、不溶解、不易破碎，以免在包壳破损时造成大的污染。金属的同位素密度最高，但一般不耐腐蚀，例如钴-60 通常要用表面镀镍的方法加以保护，以免表面氧化膜脱落和在热室操作时扩大污染。陶瓷材料特别稳定，例如通常把毒性强的锶-90 做成钛酸锶，使具有良好的耐腐蚀和耐辐照性能。

射线治疗机为了得到高度准直的射线束，需使用点源（如图 18-1 所示），也就是说，需要比放射性活度（指单位质量的放射性活度，以 Ci/g 计）尽量高的同位素。对于要求高功率密度的空间能源、心脏起搏器等，也是比活度越高越好。

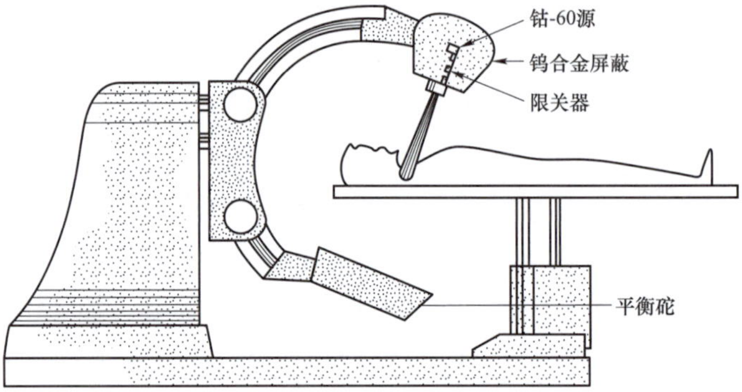

图 18-1　钴-60 治疗机

最后，对于放射性同位素的推广来说，成本是很重要的因素。目前在高活度（几万至几十万居里）放射源方面，只有钴-60 和铯-137 能大量廉价地生产出来。

18.2　放射性同位素的来源

放射性同位素的主要来源有 4 种：① 天然存在；② 用反应堆生产；③ 从辐照过的核燃料中提取；④ 用带电粒子加速器生产。后三项都是通过人为的核反应，产出人工放射性同位素。

（1）天然放射性同位素

地球上现存的天然放射性重同位素都是由三种原始的原子核衰变形成。每一种原始的核素和它的一系列衰变子代，组成一个放射系。三个天然放射系就是从铀-238 开始的铀－镭（U-Ra）系，从钍-232 开始的钍（Th）系和从铀-235 开始的锕（Ac）系。由于各系的原始核素具有很长的半衰期（铀-238、钍-232、铀-235 的半衰期分别为 45 亿 a、140 亿 a 和 7 亿 a），而衰变子代的半衰期均短得多，所以能达到长期稳定的放射平衡，各子代在母体中占有恒定的百分比。从铀、钍矿石中可提取镭（Ra）、镤（Pa）、钋（Po）等天然放射性同位素，但分离过程复杂，产量很小，成本很高。其中实用价值较大的是镭-226，它在铀中的含量约为 3×10^{-7}。在发现人工放射性以前，早已采用镭及其衰变产物氡用于治疗癌症、工业和科研，现在镭-226 被用于制备锕-225 的原料。

（2）反应堆生产的放射性同位素

中子最容易引起核反应。可利用来生产放射性同位素的中子反应有：

（n, α）反应，例如：

$$^{6}_{3}\mathrm{Li}+^{1}_{0}\mathrm{n}\longrightarrow ^{3}_{1}\mathrm{H}+^{4}_{2}\mathrm{He}$$

（n, p）反应，例如：

$$^{14}_{7}\mathrm{N}+^{1}_{0}\mathrm{n}\longrightarrow ^{14}_{6}\mathrm{C}+^{1}_{1}\mathrm{H}$$

$$^{32}_{16}\mathrm{S}+^{1}_{0}\mathrm{n}\text{（快中子）}\longrightarrow ^{32}_{15}\mathrm{P}+^{1}_{1}\mathrm{H}$$

（n, γ）反应，例如：

$$^{59}_{27}\mathrm{Co}+^{1}_{0}\mathrm{n}\longrightarrow ^{60}_{27}\mathrm{Co}+\gamma$$

$$^{23}_{11}\mathrm{Na}+^{1}_{0}\mathrm{n}\longrightarrow ^{24}_{11}\mathrm{Na}+\gamma$$

（n, f）反应，即裂变反应，产生裂变产物同位素。

前两类核反应生成的产物是不同于靶料的另一类元素，可以用化学方法分离。但慢中子所能引起的（n, α）或（n, p）反应，仅限于少数的轻核素（如以上核反应式所列）。能量在 1 MeV 以上的快中子虽然能同不少核素引起（n, α）或（n, p）反应，由于快中子反应的截面小，一般反应堆中的快中子注量率水平低，所以产额较低，应用的范围有限。

大多数核素都能俘获热中子发生（n, γ）反应。反应堆生产的放射性同位素，绝大多数是通过这种反应。由于反应产物是靶料的同位素，不易用化学方法分离，往往使比活度受到限制。

用从辐照过核燃料中提取的锕系元素镎、镅、锔等作靶，放到高通量反应堆中照射，经过一次或多次的（n, γ）反应和 β 衰变，可得到钚-238、锔-242、锔-244、锎-252 等贵重的锕系同位素。

裂变产物同位素一般均从辐照过的核燃料中提取，但在“冷却”过程中短半衰期的裂变产物同位素衰变殆尽，要制备短半衰期的裂变产物同位素如碘-131、氙-133、钼-99/锝-99m 同位素发生器等，可用富集铀作靶，在反应堆内经短期辐照后，经过化学处理取得。

（3）从辐照过核燃料中提取的放射性同位素

在大约三百多种裂变产物同位素中，大多数由于产额太低或半衰期太短，并无多大实用价值。表 15-6 列举了产额较高（>1%）、半衰期较长（>1 a）的十几种有用的裂变产物同位素，它们绝大部分集中在后处理厂的高放废液和废气中。关于从高放废液中提取同位素的方法，见第 15.6 节。表 15-6 中的锝（Tc）和钷（Pm）是自然界中不存在的元素，贵金属铑（Rh）、钌（Ru）、钯（Pd）和惰性气体氪（Kr）、氙（Xe）是自然界中稀少的元素。

辐照过核燃料除含有裂变产物同位素外，还含有很少量的锕系核素，其中主要的是镎-237。镅-241 是钚-241 的 β 衰变产物（半衰期 13.2 a），可从后处理废液以及长期存放的钚或钚冶金废料中提取。

（4）加速器生产的放射性同位素

带电粒子加速器生产放射性同位素常用的核反应有（p, n）、（d, n）、（d, 2n）、（d, α）、（α, n）等，反应产物为不同于靶料的另一种元素，例如：

$$^{85}_{37}\text{Rb} + ^{1}_{1}\text{H} \longrightarrow ^{85}_{38}\text{Sr} + ^{1}_{0}\text{n}$$

$$^{85}_{37}\text{Rb} + ^{2}_{1}\text{H} \longrightarrow ^{85}_{38}\text{Sr} + 2^{1}_{0}\text{n}$$

$$^{56}_{26}\text{Fe} + ^{2}_{1}\text{H} \longrightarrow ^{57}_{27}\text{Co} + ^{1}_{0}\text{n}$$

$$^{24}_{12}\text{Mg} + ^{2}_{1}\text{H} \longrightarrow ^{22}_{11}\text{Na} + ^{4}_{2}\text{He}$$

$$^{127}_{53}\text{I} + ^{4}_{2}\text{He} \longrightarrow ^{130}_{55}\text{Cs} + ^{1}_{0}\text{n}$$

注意，上列反应产物都是缺中子的放射性同位素，这是用加速器生产放射性同位素的特点，用反应堆一般不能获得这些品种。

通过（d, p）反应，可获得与堆内（n, γ）反应产物相同的放射性同位素。用加速器也可以产生中子，以引起（n, γ）反应：用氘核轰击铍或锂靶，可得到快中子；在靶区周围布置适当的慢化剂（如石蜡、石墨、水），便可把快中子慢化为热中子。

（5）其他来源

获得放射性同位素的其他途径有：地下核爆炸和用强流中子发生器作为中子源进行照射。

总之，反应堆是放射性同位素的最大来源。它不仅产量大，而且品种多，成本低廉。

18.3 用反应堆生产放射性同位素

将含有原料同位素的物质做成靶件，放到反应堆的中子场内进行照射，该同位素的一部分原子核就在中子的作用下转变为所需的放射性同位素核。经过适当的照射时间，将靶件从堆内取出，用化学方法使所需同位素同靶料分离、纯化，即得到同位素产品。

18.3.1　产品的质量

放射性同位素产品的质量主要包含 4 个内容：放射性比活度、放射性纯度、放射化学纯度和化学纯度（各种纯度的定义见 18.9.1 节）。

用堆内中子照射靶料，所生成放射性同位素在照射终了时的比活度 S[Ci/g 靶元素]可用下式表示：

$$S = \frac{k\phi\sigma B}{A}(1-f)$$

式中：ϕ为中子注量率，$cm^{-2}\cdot s^{-1}$；

σ 为相应的核反应截面，b；

B 为靶同位素的丰度；

A 为靶元素的原子量；

$k=0.6/3.7\times10^{10}$；

f 为相应于照射时间 t 的衰减因子，等于 $e^{-0.693t/T_{1/2}}$（$T_{1/2}$ 为半衰期，用与 t 一致的单位表示），其值可从图 18-2 求出。

如果 t 比 $T_{1/2}$ 大很多，衰减因子 f 接近于 0，比活度 S 便与照射时间 t 的长短无关，就是说，已达到饱和比活度 $S_s=k\phi\sigma B/A$。

$t=T_{1/2}$ 时，比活度 $S=$（1/2）S_s；$t=2T_{1/2}$ 时，比活度 $S=$（3/4）S_s；$t=3T_{1/2}$ 时，比活度 $S=$（7/8）S_s；依此类推。

离开反应堆中子场的放射性同位素样品，放置一段时间 t' 后，其放射性活度会因衰变而减低。令 S_0 为初始比活度，则衰减后的比活度 $S'=S_0f'$，式中 f' 为相应于衰减时间 t' 的衰减因子，$f'=e^{-0.693t'/T_{1/2}}$，其值同样可从图 18-2 求出。

现举两例说明图 18-2 的用法。例 A 表示半衰期为 300 d 的某放射性同位素，经过 190 d 的衰减后，其放射性活度减为初始值的 0.64。例 B 表示在堆内照射半衰期为 300 d 的某放射性同位素，期望达到 0.066 饱和比活度，即 $S=0.066S_s$，从图中可查出相应于 $1-f=0.066$ 的照射时间为 $t=30$ d。

当生成的放射性同位素与靶料属同一元素，不能用化学方法分离时，上列公式便给出最终比活度。这时要提高比活度，必须提高中子注量率ϕ，或延长照射时间 t。图 18-3 表示钴-60（半衰期为 5.27 a）的比活度与中子注量率及照射时间的关系。可以看到，为达到射线治疗机所需的高比活度（希望在 100 Ci/g 以上），需有 10^{14} $cm^{-2}\cdot s^{-1}$ 以上的高中子注量率。

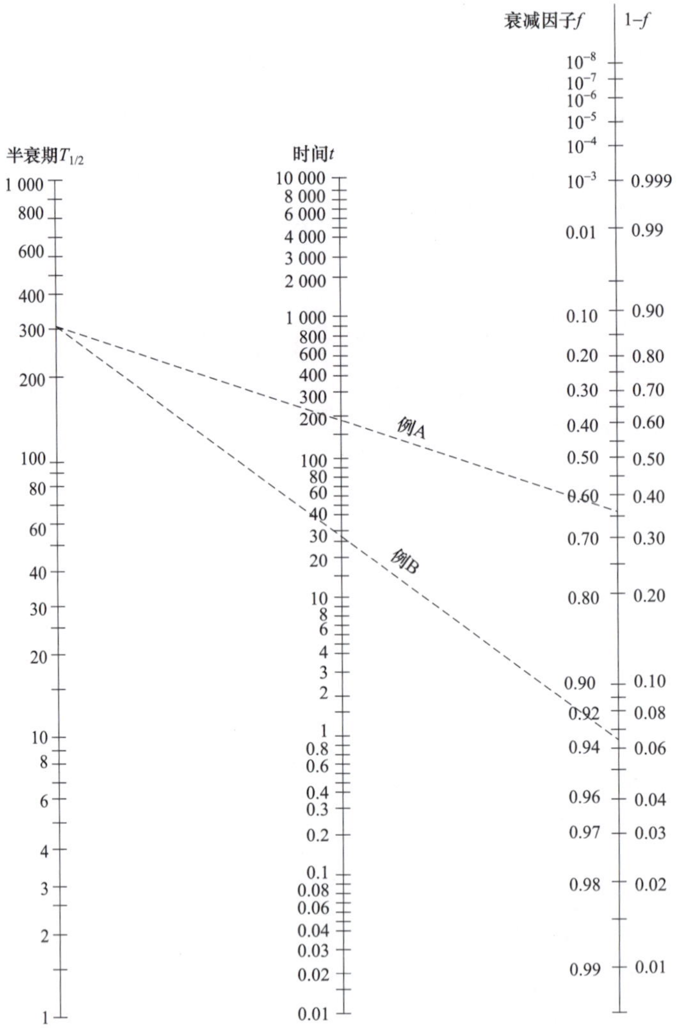

图 18-2　计算反应堆辐照感生放射性和放射性衰减的列线图

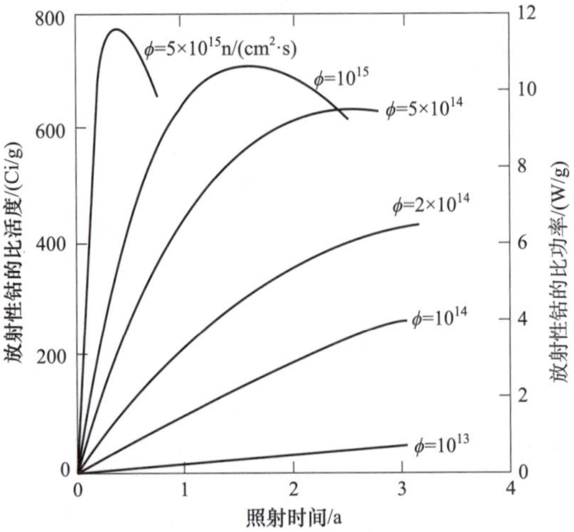

图 18-3　钴-60 的比活度与中子注量率及照射时间的关系

如果生成的放射性同位素可用化学方法从靶料中分离出来，以形成无载体的放射性同位素，则可得到极高的比活度。为此，应该选择引起元素转变的有关核反应，使反应产物变成不同于靶料的另一种化学元素。利用（n, γ）反应的下列情况，也能制得无载体的放射性同位素产品。

（1）反应产物具有 α 或 β 放射性，衰变子代属于另一种化学元素，例如：

$$^{130}Te(n,\gamma)^{131}Te \xrightarrow[25\,min]{\beta} {}^{131}I(8\,d)$$

$$^{209}Bi(n,\gamma)^{210}Bi \xrightarrow[5\,d]{\beta} {}^{210}Po(138\,d)$$

（2）靶核俘获中子而放出 γ 光子时，其反冲能量远大于化学结合能，使生成的放射性核脱离靶化合物（热原子效应），并由于伴随的化学反应转变为其他化学状态，这样，只要简单地分离两种化合物就能得到高比活度的放射性同位素。例如铬-51 的生产，可将天然丰度的铬酸钾 K_2CrO_4（其中铬-50 的丰度只有 4.3%）照射后溶解于稀碱中，由（n, γ）反应生成的铬-51 原子核，一部分反冲出来，与铬酸钾分子脱离关系，变成游离的三价的铬原子，这些原子同氢氧化钠发生化学反应，形成含有铬-51 的氢氧化铬 $Cr(OH)_3$；接着用沉淀法或氧化铝色层柱吸附法将三价的铬-51 氢氧化物同铬酸钾分离。这样，利用较低中子注量率（约 $10^{13}\ cm^{-2}\cdot s^{-1}$）的反应堆和天然铬，就能制出 20～200 Ci/g 的高比活度铬-51，避免了高通量反应堆和与铬-50 稳定同位素分离的问题。

谈到纯度，要获得 100%同位素纯或化学纯的放射性同位素，实际上是不可能的。靶料即使只含有微量的化学杂质，也可能由于杂质的活化截面很大而产生与产品的放射性相当甚至更高的放射性，而干扰探测或带来辐射防护的困难，例如某些稀土核素的活化截面高达几千靶。还有的产品具有很大的次级核反应截面，例如金-197 俘获中子生成金-198 的截面为 99 b, 而金-198 俘获中子生成金-199 的截面竟达 26 000 b, 因此在金-198 产品中不可避免地存在着金-199 杂质。此外，中子会与同一元素的其他同位素发生核反应，或与同一同位素发生不同的核反应，例如在把食盐（NaCl）放到堆内照射以获取钠-24 的过程中，会发生多种副反应，如表 18-1 所示。

表 18-1　用中子照射食盐而产生的各种放射性同位素

靶同位素	在元素中的丰度/%	生成的放射性同位素（半衰期）		
		由（n, γ）反应	由（n, p）反应	由（n, α）反应
^{23}Na	100	^{24}Na（15 h）	^{23}Ne（40 s）	^{20}F（11 s）
^{35}Cl	75	^{36}Cl（3×10^5 a）	^{35}S（87 d）	^{32}P（14 d）
^{37}Cl	25	^{38}Cl（37 min）	^{37}S（5 min）	^{34}P（12 s）

又如，在反应堆中照射镎-237 生产纯 α 放射性同位素钚-238 的过程，由于钚-238 会再俘获中子，不可避免地产生一系列更重的钚同位素。镎-237 的（γ, n）反应或（n, 2n）反应会通过镎-236 产生微量的钚-236，后者的衰变子代铊-208 是硬 γ 放射体。当钚-238 用作心脏起搏器的能源时，为了减轻屏蔽，必须限制钚-236 的含量（$<3\times10^{-7}$）。生产钚-238 的另一途径是照射镅-241 以生成锔-242，用化学方法把锔-242 分离出来，经过 α 衰变成为钚-238，在这个过程中不产生钚-236，而且可获得很高的同位素纯度（接近 100%钚-238），问题在于靶料镅-241 的成本很高。

对付有害副反应的可能措施有：

（1）改变中子能谱，以抑制不希望有的核反应。堆内各位置的快、热中子比例是不一样的，在燃料元件包围区内，快中子特别多，在慢化剂中央或热柱内，热中子占优势。将靶件置于后者位置可减少发生快中子反应的概率。反之，将靶件放在一个特制的中空铀筒内可显著地提高靶件中的快中子注量率，促进快中子反应。还可将靶件包上镉箔，以抑制热中子俘获反应。

（2）改变照射时间。例如，缩短照射时间可减弱次级核反应的影响。

（3）改变照射后的放置时间。由于各种放射性同位素具有不同的半衰期，放置时间越长，长寿命放射性同位素在产品中占的比重就越大。

（4）采用高纯度的靶料和在照射后用物理或化学方法提纯。

（5）对于示踪剂，可采用特殊探测技术以区别不同的放射性同位素的贡献。

最后，所有的放射性同位素都在不断衰变，衰变产物是产品中的化学杂质。有些衰变产物对产品起有害作用，例如 α 射线所产生的氦气。也有的没有影响，如钴-60 的衰变产物镍，则同钴有很好的相容性。

18.3.2 靶件的制备

所用靶料可以是金属、合金、粉末、液体、浆液、气体等形态，可以是元素或化合物。对靶料要求为：单位体积含有尽量多的靶同位素；不产生有害的放射性杂质或杂质是易于去除的；具有良好的热稳定性和辐照稳定性（例如不产生气体或蒸气）。金属或元素、氧化物和碳酸盐的状态一般比较稳定。当靶料的化学纯度不够时，要预先提纯，这比辐照后对放射性物质进行同样的操作要方便得多。提纯的方法有电解、升华、蒸馏、重结晶和离子交换等。

如果靶件的吸收截面很大（$\sigma_a>100$ b），尺寸也大（>2.5 mm），照射时由于外层优先吸收中子会使内部受到的中子注量率减低，叫作自屏效应（如图 18-4 所示）。自屏效应会使产品的比活度降低。为了提高比活度，靶件的尺寸越小越好。例如钴靶和铥靶，一般要将尺寸控制在 0.3～1 mm 范围内。对于来源有限的靶料如镎-237、镅-241 等，需要做得尽量分散，使尽量多的原子受到高中子注量率，以提高生产率。通常把靶料弥散在铝基体中。

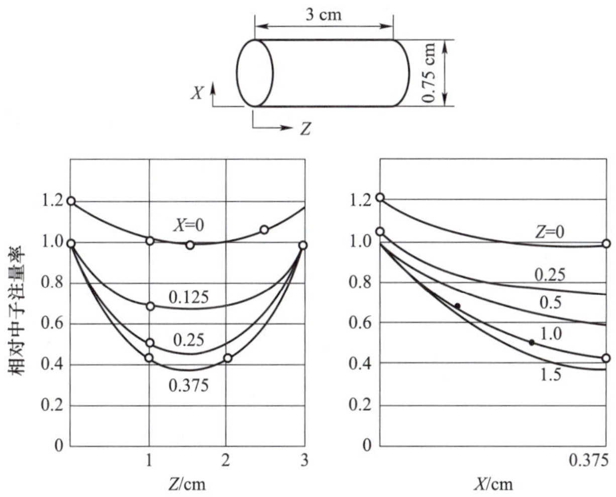

图 18-4 圆柱形钴靶中的中子注量率分布

注：取端部中心的注量率为 1。

为了获得高比活度产品或防止不希望有的副反应，有时需采用富集靶料。例如天然钙只含有 2%钙-44，在 10^{12} $cm^{-2}\cdot s^{-1}$ 的中子注量率下照射一年（按 2 400 h 计算），只能得到比活度为 0.18 mCi/g 的钙-45。如采用含 20%钙-44 的富集钙，可提高比活度十倍。又如天然铁只含有 0.3%铁-58，而有 5.8%铁-54，在为制备铁-59 而进行照射时，会生成不希望有的放射性铁-55。如采用含 80%铁-58 的富集铁可免去此弊，并使产品具有高同位素纯度（铁-59＞99%）①。通常用电磁分离器生产富集的稳定同位素靶料。

为了防止靶料受到外界污染和避免放射性物质的外逸，须将靶料用石英安瓿或纯铝箔包起来，再装在纯铝制的辐照罐内，用螺丝帽盖紧。辐照罐的容积为 3～50 cm^3。在需要封闭的场合（例如靶料在辐照过程中释放有害气体或蒸气），须先将靶料装入密封石英安瓿，包上铝箔，再装在焊接密封的铝制辐照罐内。在特殊情况下（例如对含汞靶料），须采用双层密封的辐照罐以确保安全。外层铝罐的直径为 20～40 mm，长度为 70～140 mm, 内层不锈钢罐能耐受 20 MPa 的内压力，均为焊接密封，经过气泡法或氦气法检漏。靶料的包装须在清洁的工作间内进行，以免引进杂质。

18.3.3 辐照用反应堆

反应堆是生产放射性同位素的主要工具。钚-239 也是一种放射性同位素。关于钚生产堆，参阅第 4 章，它实际上是以天然铀中的铀-238 作为靶料进行生产的。除此以外，单纯为生产放射性同位素而建造的反应堆很少。一般均在研究试验堆中兼进行放射性同位素的生产，参阅第 3 章。动力堆也能附带生产放射性同位素，在这种情况下，

① 由于铁-59 的半衰期比铁-55 短得多，所以只要经过适当时间的照射和长时间的衰减，就可得到含铁-59 很少的较纯的铁-55。

除了减少工业钚产量以外，还会引起堆功率的降低或运行周期的缩短。

由于对高比活度放射性同位素和高强度放射源，特别是超钚元素的日益增长的需要，对反应堆提出越来越高的中子注量率要求，从早期的 10^{11} 上升到 $10^{15}\ cm^{-2}\cdot s^{-1}$ 以上。我国的高通量工程试验堆具有这样的水平（见第 3.8 节）。关于比活度与中子注量率的关系，前已叙述。超钚同位素锎-252 的生产，需要经过连续多次的中子俘获。由于一些中间环节的反应率很低（俘获截面很小），另一些中间产物容易裂变（裂变截面很大）以及产品本身的衰变（锎-252 的半衰期为 2.65 a），必须在很高的中子注量率下，才能获得有意义的产额。以钚-242 为靶料生产锎-252 需连续加入 10 个中子，如下式所示：

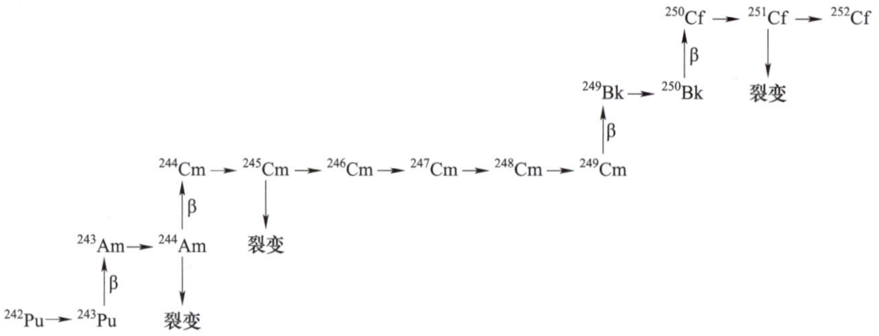

在中子注量达到 $2\times10^{23}\ cm^{-2}$（相当于在 $3\times10^{15}\ cm^{-2}\cdot s^{-1}$ 的高中子注量率中照射 2 年多）时，初始的钚-242 也只有 0.08%转化为锎-252。为进行有效的化工回收，热中子注量率越高越好，中子注量率加倍可使产额提高约 10 倍。

其他重同位素如钚-238、锔-244 的生产，由于靶料镎-237 和镅-243 的来源有限且价值昂贵，采用高中子注量率照射以加速靶料的周转和提高生产率也是有利的，甚至是必要的。

一般长半衰期的产品，当照射时间 t 比半衰期 $T_{1/2}$ 短很多时，18.3.1 节中的比活度计算式可近似地表达为：

$$S=\frac{k\phi\sigma B}{A}\times0.693\frac{t}{T_{1/2}}$$

因此，生产率 R 可写成：$R=1.13\times10^{11}\ \phi\sigma wB/(AT_{1/2})$［Ci/a］，式中：$w$ 为受照射的靶元素质量以 g 计，半衰期 $T_{1/2}$ 以年计。可见，如需大量生产长半衰期的放射性同位素如氚（12.3 a）和碳-14（5 760 a）等，在装入同量靶料的条件下，也是中子注量率 ϕ 越高越好。

堆内平均热中子注量率同功率成正比，同铀-235 的装载量成反比①。要提高中子注量率，必须增大功率或减小铀-235 装载量。由于反应堆造价和燃料消耗的限制，功率不能搞得太大。一般高通量反应堆都是尽量减小临界质量。为此，需采用高富集铀为

① 中子注量率 ϕ 约等于（2.4～2.7）$\times10^{10}P/M$，式中热功率 P 以 kW 计，铀-235 装载量 M 以 kg 计。

燃料以避免铀-238 的伴生吸收，采用吸收中子少的重水为慢化剂，尽量减少包壳和结构材料的数量，尽量提高功率密度。但在燃料装载量小的情况下，中子被慢化剂、结构材料、裂变产物等伴生吸收的比重相对增大，而且能放进堆内的靶料量受到限制。多放靶料则需增加燃料，又会导致中子注量率的降低。因此，高中子注量率与中子的有效利用有矛盾，与生产率也有矛盾。此外，频繁的换料会使反应堆利用率降低。一般地说，高通量反应堆生产同位素的经济性要用产品的价值来衡量。

在采用轻水作为高通量反应堆的慢化剂和冷却剂的情况下，为补偿较多的中子吸收损失，须增加铀-235 装载量。同时，对于同样的燃料消耗，同位素生产率也下降。但建造和运行费用可节省很多，换料操作比较方便，可使用长柄工具通过堆顶水池直接操作燃料元件和靶件，维护也比较简单。

不管怎样，高通量反应堆都是造价高昂、需要消耗大量高富集铀的设施。在大多数情况下，利用中子注量率低于 $10^{13}\ cm^{-2}\cdot s^{-1}$ 的研究试验堆，就可以低廉的代价生产大部分常用的中、短寿命放射性同位素。这对于满足地区的需要是特别有利的，因为短寿命放射性同位素无法从远处运来。在各种研究试验堆型中，以游泳池式反应堆最为适用，其主要优点是：便于将靶件放在堆芯里面或旁边进行较高注量率的照射，装卸靶件不需要停堆，又不需要特殊的屏蔽，可在水下装卸放射性样品。盛有靶件的辐照罐既可放进干管道，也可直接放进水池，在后一情况下，辐照罐的冷却较易解决。这种反应堆便于改装以适应辐照工作的变化，便于安装气压传送管以供短时间照射之用，灵活性较大。

18.4　用加速器生产放射性同位素

目前在医院用生产用于癌症诊断的粒子回旋加速器多为 10～20 MeV，大量生产供多家医院，通常需要更高能量。生产用于癌症治疗的 α 粒子同位素粒子能量需要在 50 MeV 或更高。高能加速器的基建和运行费用较高，而且在高能粒子轰击下，生成的同位素种类较多，需要用复杂的化学过程将它们分离。

用回旋加速器可以生产不能用反应堆生产的放射性同位素，但靶件的制备比较复杂，其优点是安全管理部门的审管流程相对简单一些。因此，加速器生产放射性同位素可在下列情况下应用：

（1）当用反应堆不能生产某种元素的放射性同位素品种时（如锰-52、钴-57）。

（2）当用反应堆生产的某种放射性同位素的比活度不够时，要用加速器以获得无载体同位素产品（锌-65 等属这种情况）。

（3）当所需的放射性同位素的半衰期很短（几小时），不能从远处的反应堆运来时，要用近处的加速器进行生产。

（4）当所需的长半衰期放射性同位素的量很小，用加速器生产比较便宜或方便时。

医用放射性同位素倾向于采用短寿命、低能量和单一类型射线的。短寿命放射性同位素的好处有：① 病人接受的剂量较小；② 允许服用或注入较大量的放射性药物，提高了测量的精确度；③ 病人不受过去曾接受放射性药物的限制，可以重复检查；④ 减轻废物处理工作量；⑤ 大大减少医务人员受到辐射伤害和环境污染的可能性。因此，为了医疗的方便，可在医院内或医院附近设置小型回旋加速器（直径2～3 m），提供所需的短寿命放射性同位素（半衰期可短到十几分钟）。

加速器中的带电粒子的能量很高，束流集中于很小面积，单位面积释热量很大，散热困难，为了避免熔化，靶料须采用导热性能好的金属或高熔点化合物，并在靶件上设置流水冷却装置。由于带电粒子在固体物质中的行程不超过几百微米，靶料宜做得很薄，通常将靶料镀覆或熔化（对于盐类）在铜或银质的托片上。为了降低靶件的热流密度，常使靶件表面与粒子束构成较小的角度，或将靶件做成振动式或旋转式，以增大受粒子束轰击的面积。粒子束流的强度约为几十到几百微安。1 μA 的单电荷粒子（质子 p 或氘核 d）的强度相当于 6.3×10^{12} 粒子/s。如果粒子的能量为 10 MeV, 则 500 μA 的束流所释放的热能就是 5 kW, 对于 0.5 cm^2 的面积造成的热流密度为 10 kW/cm^2。如不能解决散热问题，便须降低束流强度。

反应堆不能生产的超钚同位素品种，如超镄和缺中子同位素，只能用重离子加速器生产出来。

18.5 放射性同位素的化学处理

放射性同位素产品可以分为三类：

（1）无需处理的放射性物质——例如以碳酸钠（Na_2CO_3）作为靶料生成钠-24，照射后就可将原来的铝制辐照罐，加上适当的屏蔽，交付用户。

（2）放射化学制剂——医疗、生物学研究和工业示踪用的放射性同位素，通常都用化学方法制成标记化合物的水溶液（有时为气体状态，例如氪、氙、氚等），称为放射化学制剂。其中医用者称为放射性药物。

（3）密封放射源——放射源通常都是密封的。例外的情况有某些α放射源、加速器中的氚靶等，均限于弱源。

最简单的化学处理是将照射过的靶料溶解制成放射化学制剂。例如，将碳酸钠-24或碳酸钾-42溶解于稀盐酸中，得到标记的氯化钠-24或氯化钾-42溶液。但一些常用同位素产品的化学处理，要复杂得多。

18.5.1　化学分离

当照射产物是不同于靶料的另一种化学元素，或虽属同一种元素但处于不同的化学状态时，可用化学方法进行分离，产品的最终比活度决定于化学分离的情况。化学分离也是去除其他放射性同位素杂质的提纯过程。

这种化学分离的特点是：① 从大量靶料中提取微量的产品，② 操作带有放射性。常用离子交换、溶剂萃取、沉淀、蒸馏或升华、电解、浸析、吸附、色层等方法。

为了防止扩大污染，所有放射化学操作应在通风柜、密封负压手套箱、工作箱或热室内进行。对于低水平放射性的工作（微居里级），外照射的危险较小，主要是防止放射性物质进入体内或沾污身体表面，以使用通风柜最为方便。对于 α 放射体或低能 β 放射体如碳-14 和硫-35，可以使用手套箱。对于 γ 放射体，就不能用手（虽然隔着手套）直接操作，一般使用带简易机械手的密封工作箱。手套箱和工作箱的尺寸约 $1\ m^3$，材料为塑料、以环氧树脂涂覆的碳钢、不锈钢等，其正面、侧面和顶部可设置窗口以便观察和照明，箱内应经常保持低于室内 20～30 mm 水柱的压力。为防止 γ 射线和高能 β 射线引起的韧致辐射对人体的伤害，在工作箱周围设置铅砖、铸铁或混凝土屏蔽墙，观察窗也要采用铅玻璃。对于强放射性（几居里以上）的工作，须使用热室。良好的通风和废物处理系统是必要的。为防止断电，通风系统应备有事故应急电源。

超钚同位素绝大部分是 α 放射体，自发裂变的概率较大，在化学分离过程中，α 粒子遇到轻元素引起（α, n）反应也会放出中子（见 13.3.5 节及 13.10 节），其化学分离热室须具有防强 α 辐射、防裂变产物的 β 和 γ 射线、防中子的能力及相应的废物处理设施。

18.5.2　同位素发生器的制备

同位素发生器是由一对放射性同位素组成的系统，其中一个是另一个的衰变子体，它的半衰期比母体的短，因而处于放射平衡。母体同位素成为长期提供子体同位素的方便来源，把子体从母体分离出来后，母体又能重新产生子体，恢复放射平衡。整个装置的使用寿期决定于母体同位素的半衰期，恢复平衡的快慢和允许提取子体的频率决定于子体同位素的半衰期。

同位素发生器特别适合医用，因为它能给远离反应堆的地点提供短寿命放射性同位素，使病人无需接受大剂量而获得诊断或治疗，而且所提供的是无载体的高比活度同位素。

对同位素发生器的要求是：① 子体同位素适用于临床诊断，要求它寿命短，比活度高和只放出适当能量（100～200 kV）的 γ 射线而不放出 β 粒子，因为后者徒然增加剂量而无助于探测；② 母体同位素易于在反应堆中大量生产，其半衰期越长越好；③ 化学分离简便，需要的时间短而能给出高纯产品，而且回收率高。在现有的同位素发生器中，最广泛应用的是钼－锝同位素发生器，其衰变过程如下式：

$$^{99}\mathrm{Mo}\xrightarrow[67\ \mathrm{h}]{\beta,\gamma}{}^{99}\mathrm{Tc}^{\mathrm{m}}\xrightarrow[6\ \mathrm{h}]{\gamma(140\ \mathrm{keV})}{}^{99}\mathrm{Tc}(\text{半衰期}2\times10^{5}\ \mathrm{a})$$

和锡－铟同位素发生器，其衰变过程如下式：

$$^{113}\mathrm{Sn}\xrightarrow[118\ \mathrm{d}]{\text{核外电子俘获}}{}^{113}\mathrm{In}^{\mathrm{m}}\xrightarrow[1.7\ \mathrm{h}]{\gamma(392\ \mathrm{keV})}{}^{113}\mathrm{In}\ (\text{半衰期}>10^{14}\ \mathrm{a})$$

这两种同位素发生器的制备简易，成本低廉，核性能好。锝-99m 或铟-113m 能做成多种标记化合物，便于注射入人体以进行各种脏器（胸、心、肝、脾、肺、肾、骨等）的扫描，在临床诊断上获得广泛的应用。

将子体同位素从母体分离出来的最适用的方法是色层分离柱。通常将同位素发生器做成色层柱的形式（如图 18-5 所示），把母体固定于树脂型或矾土型吸附剂上。生成的子体一般不吸附，使用时很容易用适当的溶液如生理盐水或稀盐酸把它洗提出来。吸附剂放在直径为 30 mm 以下的小玻璃柱或塑料柱内，整个装置放在铅屏蔽中。有的色层柱可直接提供为注射用的无菌洗提液。为了便于医疗人员自行制备所需的标记化合物，同位素发生器常配备有包含各种化学试剂以及必要附件的体内诊断用冻干药盒。

钼－锝同位素发生器的制备，早期是用富集的钼-98 以 MoO_3 或其他化合物形式作为靶料放到堆内照射，然后用氨水溶解，得到钼酸铵$(NH_4)_2{}^{99}MoO_4$ 溶液；现在通常采用从铀裂变产物中提取的高比活度钼-99。使溶液通过装有 Al_2O_3 的色层柱，母体同位素钼-99 即吸附在柱上。现在钼－锝同位素发生器比锡－铟同位素发生器用得较多，因为铟-113m 的 γ 能量偏高。但后者具有母体寿命长的优点，可运往较远地区应用。

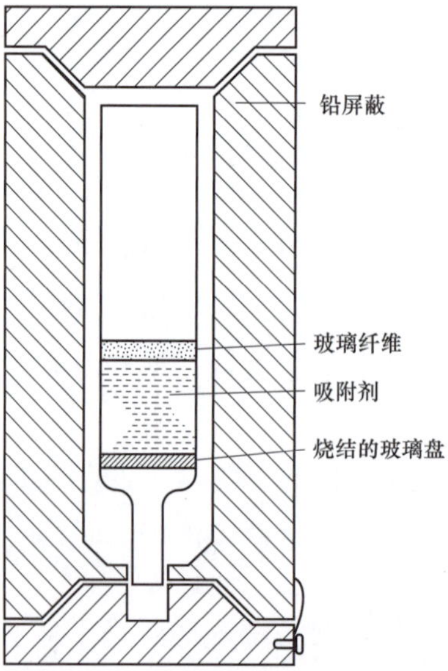

图 18-5　色层柱同位素发生器

18.6　放射性标记化合物的制备

放射性同位素在许多场合可以原来制备的形式或无载体状态直接用作示踪剂或放射源。但对于某些示踪用途，例如化学过程的研究和有机化合物的分析等，须将同位素结合到某种复杂化合物中，成为放射性标记化合物。现在用得最多的是氚、碳-14 和硫-35 标记化合物，主要用于生物学和医学研究，国家规定创新药物的代谢等必须使用标记化合物来研究。现代生物学没有一个分支的发展能够离开标记化合物这一重要工具。但这几种同位素由于半衰期长和不易在体内被探测，不便用于临床诊断。适合后一用途的作为标记的放射性同位素有：碘-131、碘-125、铬-51、硒-75、磷-32、锝-99m、铟-113m 等，特别是碘标记的有机化合物。

利用放射性碘或氚来标记某种抗原（如激素，它在健康的人体内常保持一定的量，对调节机体的新陈代谢起着重要的作用，例如胰岛素、甲种胎儿球蛋白等），通过免疫反应及抗原与抗体的结合，可在体外测定血液中该激素的含量是否正常，以便早期发现体内病变（例如糖尿病、原发性肝癌等）。这种方法叫作放射性免疫分析法。它具有很高的特异性和灵敏度，可分析到 10^{-19}～10^{-12} g/L 的水平，解决了多种疾病包括一些癌症的早期诊断问题，而且方法简便快速，病人不受剂量。现有多种放射免疫分析药盒用于疾病普查工作。由于碘-125 的半衰期（60 d）比碘-131 长，放出 γ 射线（能量为 35 keV）比氚容易探测，故多用碘-125 代替碘-131 或氚来标记抗原。

标记化合物可用① 同位素交换；② 化学合成；③ 生物合成；④ 辐射合成的方法制备。同位素交换的过程简单、迅速，有许多有机化合物可用该法标记（碘-125、碘-131、氚标记物）。化学合成法同常规的一样，只是为了获得高比活度产品，常在微量范围内操作。应选择中间步骤最少的流程，并尽可能靠近流程末端引进“标记”，以减少产品损失。该法常以碳-14 标记的简单化合物（乙酸钠、甲醇等）为原料，用来制备各种碳-14 标记有机化合物（如氨基酸、脂肪酸、葡萄糖等）。它具有产量高、产品比活度高、标记位置可控制等优点。

如果化合物的分子结构特别复杂，甚至不清楚，可用生物合成法。就是设法将纯净的放射性同位素（例如钴-57）引进活的有机体——动物、植物、微生物，通过植物的光合作用、霉菌的发酵作用等，生成所需的标记化合物（例如青霉素、维生素）。此种方法受到很多限制。产品限于在活的有机体中存在的物质；由于有机体不能接受较大剂量，产品的比活度很低；要用大量的原料同位素，其中有很大部分结合到不需要的产物中而损失掉了；此外，放射性不能随意标记到特定的位置上去。

有一种辐射合成是用中子激活法来得到所需的标记化合物，因受到辐射损伤的限制，一般产额很小，比活度很低。另一种是辐射催化交换法，对制备某些氚标记有机化合物很有用，将化合物暴露于居里量级的氚气中几天至几星期，在射线的作用下，一些化学键被激发，因而促进了氢与氚的交换。

标记化合物的纯化可用沉淀、溶剂萃取、离子交换、色层吸附和凝胶过滤等方法。放射性标记化合物在自身射线的作用下，会不断发生辐射分解。在比放射性活度高和贮存时间长的情况下，尤须考虑这一因素。对库存产品应定期检查其纯度和进行纯化处理。

18.7 同位素放射源的制备

放射性同位素作为放射源，其主要性能取决于辐射的种类和能量以及同位素的半衰期，而与化学元素无关。从射线机和加速器也能获得射线，在这些机器与放射性同位素之间的选择决定于具体用途的技术和经济因素。例如在工业探伤上，同位素放射源与 X 射线机或辐照加速器相比具有轻便、价廉的优点，并且可按照被检验对象选用具有适当能谱的放射性同位素（钴-60、铱-192、铯-137、铥-170）。但对于特别厚的制件则嫌穿透能力不足，需要过长的曝光时间，因此不如电子加速器（参见 11.8 节）。

放射源的应用大致分为两类：一类是利用入射到物体上的射线，有一部分又重新出现，从而提供有关该物体的定性或定量的信息，例如通过射线的吸收或散射可以测量并控制有关生产流程中的厚度、密度、液位、质量、含水量等参数（见图 18-6），以及进行射线测井、射线照相等。另一类是利用射线对介质的电离、激发等效应，使介质吸收射线后发生所需要的变化，例如治疗癌症（可将放射源植入体内或从体外照射）、杀虫灭菌、培育良种、辐射聚合、消除静电积累、防火报警等。把辐射能转变为光能、热能和电能的装置也属于这一类（见 18.7.5 节）。

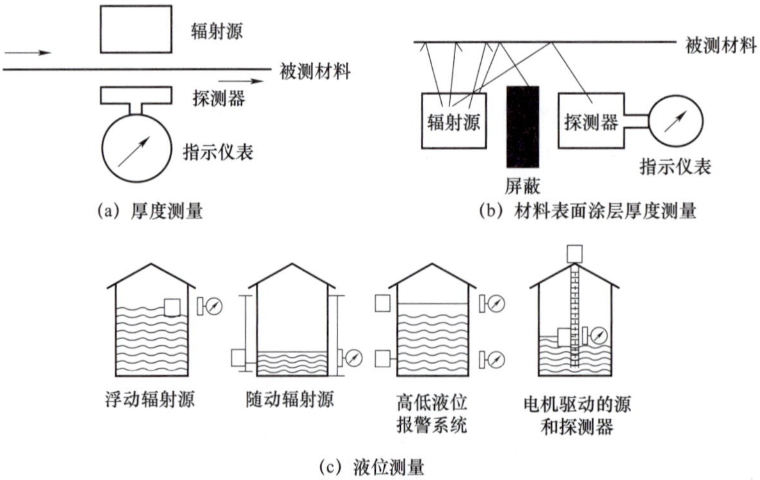

图 18-6　辐射测量技术举例

（a）厚度测量；（b）材料表面涂层厚度测量；（c）液位测量

放射源一般都做成长期使用的装置，所用的放射性同位素应具有长半衰期，它的制备需要长时间照射，因此总是用反应堆生产。

为了防止污染，放射源一般总是包在可靠的密封包壳或容器内，除非是很弱的放射源并且源材料本身异常稳定，例如放射性物质构成稳定的陶瓷化合物，或与金属基体牢固地结合在一起。放射源在不用时应装在屏蔽容器内，以免伤害人体。

18.7.1　α 放射源

α 放射源的特点是寿命长、射程短、毒性大。除能源外，一般放射性活度很低，可从微居里（10^5 Bq）到几十毫居里（10^9 Bq）。适用的放射性同位素有镅-241、镭-226、钚-238、钚-239、钋-210、钍-228 等。通常用电镀、真空镀膜的方法将放射性物质沉积于金属托片上，形成质纯、致密、均匀、牢固的薄膜。在要求严格的场合，须用薄金属箔、云母等覆盖密封，但这会使辐照效率降低。另一种方法是将含有 α 放射体的玻璃微粒或玻璃纤维熔合于玻璃基体，再将后者熔化在金属表面上，可耐高温、耐磨蚀，并能准确控制源的强度。

制备和组装 α 放射源时，要特别注意防止放射性物质的扩散，须在通风良好并具有高效过滤器的手套箱中进行。α 放射源的窗口很薄弱，特别是非密封源，使用时要格外小心，避免损坏（例如同其他物品擦碰或跌落地面等）。

α 放射源可用于消除静电积累、防火报警、生物的辐射效应研究、校准仪器等方面。关于 α 放射性同位素用作中子源和能源的制备，见后 18.7.4 节、18.7.5 节。

18.7.2　β 放射源

β 放射源的特点是粒子在物质中的射程有限，源内的自吸收效应限制了源的强度。一般 β 放射源的放射性活度可从微居里（10^5 Bq）到几百毫居里（10^{10} Bq），用于消除静电积累、医用敷贴治疗、体内射线治疗、射线测量、产生韧致辐射、荧光粉、校准仪器等。

在常用的长寿命 β 放射性同位素中，铊-204、钌-106 等很容易用任何反应堆照射生产。碳-14 通过 ^{14}N（n, p）^{14}C 反应生产，要求高中子注量率。氚生产的经济性在很大程度上取决于富集锂（^{6}Li）靶料的回收复用。钷-147、铈-144、锶-90、氪-85 须从含裂变产物的核燃料后处理废液、废气中提取。毒性大的源材料须做成陶瓷、搪瓷、玻璃等形态，装入焊接密封的金属（不锈钢、蒙乃尔合金、镍等）或陶瓷包壳，窗口用薄金属箔或云母覆盖。为了减少反散射、自吸收效应和有利于散热，可把放射性颗粒弥散在金属（铝、镁、锌等）或陶瓷基体中。

18.7.3 γ 放射源

γ 射线比 α 或 β 射线能穿透较深的物质，而对射程中通过的物质产生较小的电离作用。γ 辐射一般受自吸收效应的限制较小，可以做得很强。利用屏蔽包壳可筛去穿透能力差的 β 和较软 γ 射线。因此，γ 放射源的应用范围要比其他放射源大得多（包括射线照相、射线治疗、射线测量、γ 测井和强源的灭菌消毒、食物保藏、辐射化工等）。

用作中等强度和弱 γ 放射源（从毫居里到几十居里）的放射性同位素的种类很多，大部分用堆内照射的方法生产出来。在一定的条件下可以先密封包装，再入堆照射，以避免复杂的照射后处理。所要求的条件是：① 源的外形和尺寸容许装入堆内辐照装置；② 包壳材料耐辐照；③ 源材料是金属，或至少是固体；④ 包壳材料或源材料所含杂质的活化对使用无妨碍；⑤ 须准确掌握堆内中子注量率数据以便规定适当的照射时间，因为产品照射后，其放射性活度不易调整，即使允许重新入堆，也只能单方向增加活度。可在密封包装后进行照射的 γ 放射源有钴-60、铱-192、锑-124 等，常用的包壳材料有铝、钛、镍等，这些材料几乎不产生长寿命放射性。

高比活度钴-60 须在高注量率下照射好几年。在 10^{14} $cm^{-2}\cdot s^{-1}$ 的中子注量率下照射 7 a 可达到 350～400 Ci/g 的放射性比活度。一般照射 1～3 a。因此对包壳的完整性和材料的相容性有很高的要求。包壳材料除应具有良好的力学性能外，须耐腐蚀、耐辐照和少吸收中子。常用的材料有不锈钢和铝。

低能量 γ 放射源的穿透能力弱，一般使用低活度的（<1 Ci）为同位素 X 射线荧光分析仪（适用于野外找矿等的就地分析）所需的 γ 放射源，对其能谱有严格要求（须低于 110 keV），可用的源材料有纯净的镅-241、镉-109、钚-238、钆-153、铁-55 等，包壳可用不锈钢或黄铜，设有铝箔、铍片或塑料窗口。

关于高强度 γ 放射源，将在 18.7.6 节中阐述。

18.7.4 中子源

中子源多利用铍的（α, n）反应，将一种 α 放射体同铍充分混合制成。适用的 α 放射体有镅-241、钚-239、钋-210、镭-226、钍-228 等。为了减轻屏蔽，要求 α 放射体无 γ 放射性或仅有弱 γ 放射性。在这一点上，钋-210 是最可取的。但钋-210 的寿命很短（半衰期 138 d），而且它在反应堆中的生产率很低。而镅-241 仅有弱 γ 放射性，其半衰期长达 432 a。

由于 α 放射性同位素的毒性大以及在中子源中用量较大，必须采取措施防止 α 放射性物质的扩散。可把 α 放射体和铍制成细颗粒，均匀混合后压制成小圆柱体，密封在双层不锈钢包壳内。

此外，利用铍的（γ, n）反应，在 γ 能量高于 1.67 MeV 的条件下，也能产生中子。适用的 γ 放射体有钠-24、镓-72 和锑-124。γ 中子源不需要将放射性同位素同靶料铍紧密混合。例如，将锑-124 放入铍外套中就构成中子源，不用时分开贮存，这也便于锑的重新活化。缺点是半衰期太短和须对强 γ 射线实行屏蔽。

自发裂变中子源能从小体积发出强中子流，其中最值得注意的是锎-252，每克能发出 2.3×10^{12} s^{-1}，适于野外找矿等的就地活化分析和体内中子治疗等用途。但生产锎-252 需要很高的中子注量率（10^{15} $cm^{-2}\cdot s^{-1}$ 以上）和很长时间（见 18.3.3 节）。

18.7.5　放射性同位素能源

放射性同位素能源的优点是比较紧凑和没有活动部件。它虽有成本高昂和效率低的缺点，在空间、海底以及无人管理灯塔等难以进行维修的场合，却具有特殊的意义。适用的功率密度高的放射性同位素有锶-90、铯-137、钷-147、钋-210、钚-238、镅-241、锔-242、锔-244 等。除锶-90 和铯-137 伴随有 γ 射线外，钷-147 为软 β 放射体，钋-210、钚-238、镅-241、锔-242、锔-244 均为 α 放射体，不需要重屏蔽。但由于衰变能量微小，相当于 1 kW 热功率的放射性活度需要几万居里（对于 α 放射体）到几十万居里（对于锶-90 和铯-137），而且由于能量转换效率很低（因热源的温度低），实际得到的电功率不过几十瓦。因此，应用限于低功率范围（低于 1 kW）。

放射性同位素能源一般寿命很长，例如用作深海反潜监测仪或宇宙飞船的能源，寿命达到十年以上。大量放射性物质的安全封闭是一个严重问题。通常把放射性同位素做成高熔点、耐腐蚀的陶瓷或金属陶瓷体，例如钛酸锶（$SrTiO_3$）、铯玻璃、氧化钷（Pm_2O_3）、氧化钚（PuO_2）、钋化钆（GdPo）等，用通常的粉末冶金技术，经过制粒、压坯、烧结等工序，制成高密度（90%以上理论密度）产品。氧化钚可用等离子体熔化的方法制成高密度球形颗粒后，再做成金属陶瓷。包壳材料须具有同芯体和环境的相容性以及良好的屏蔽性能。空间能源须能耐受意外事故下重返大气层时的高温而保证包壳不泄漏。可用的包壳材料有高强度合金、难熔金属如镍基合金、铂、钽、钨等。包壳的密封焊接采用稀有气体保护钨极电弧焊或电子束焊，须经过严格的质量检验。整个制备过程须在清洁条件下进行。

心脏起搏器用的放射性同位素能源是一种特殊能源。它的功率极小（热功率 75 mW, 电功率 200 μW），需要的钚-238 不过 150 mg，但须严格控制其中钚-236 的含量（不得超过 0.3×10^{-6}）以及其他放射性同位素和可能引起（α, n）反应的轻元素的含量。现采用钚 – 钪（Pu-Sc）合金作为源材料，表面镀钽，外面包上钽和铂铱合金制的双层包壳及钽制耐压外壳（因钚-238的衰变产物氦气会积累至很高压力），每层焊接密封后都经过去污和检漏，然后同热电转换器一起包上热绝缘层，放在钛制外壳中。这种心脏起搏器须经过严格的质量检验和安全试验，要考虑到人在各种事故情况下死去时仍保证放射性物质不逸出。

18.7.6 强放射源

强放射源是指放射性活度达到几千、几万甚至几十万居里的 γ 放射源。可用作能源和强放射源的放射性同位素的性能见表18-2。

表18-2 可用作能源和强放射源的放射性同位素的性能

名称	半衰期/a	主要化学状态	密度/(g/cm³)	射线种类	所需屏蔽	Ci/W	主要用途	原料及主要生产方法
钴-60	5.3	金属	8.7	β,γ	重	65	γ放射源	^{59}Co（n,γ）
锶-90	28	$SrTiO_3$	3.7	β,X	重	150	长寿命能源	裂变产物
铯-137	30	CsCl 玻璃	3.6 3.2	β,γ	重	207	代替钴-60	裂变产物
钷-147	2.6	Pm_2O_3	6.6	β	轻	2 770	能源	裂变产物
钋-210	0.38	GdPo	10	α	轻	32	短寿命空间能源	^{209}Bi（n,γ）
钚-238	88	PuO_2	10	α	轻	30	长寿命空间能源、心脏起搏器	^{237}Np（n,γ）
镅-241	458	金属	11.7	α	轻	30	α源、能源、生产锔-242和钚-238的原料	辐照过核燃料和老钚
锔-242	0.45	Cm_2O_3	9	α,n	轻	28	代替钋-210和铥-170	^{241}Am（n,γ）
锔-244	18	Cm_2O_3	9	α,n	中等	29	补充钚-238	^{243}Am（n,γ）
铥-170	0.37	Tm_2O_3	7.7	β,γ	中等	445	代替钋-210，γ放射源	^{169}Tm（n,γ）
铱-192	0.20	金属	22.4	β,γ	重	—	γ放射源	^{191}Ir（n,γ）
铈-144	0.78	Ce_2O_3	6.6	β,γ	重	126	短寿命能源	裂变产物

射线治疗机采用高比活度的钴-60（比活度为100～200 Ci/g）源，总活度约为3 000～7 000 Ci。通常将1 mm大小的镀镍钴粒放在堆内长期照射后，装入双层不锈钢包壳，用氩弧焊或电子束焊密封。钴源的尺寸如图18-7所示。

用于辐射化工、杀虫灭菌、食物保藏等用途的强放射源，采用能大量廉价生产的低比活度钴-60和铯-137，一般钴-60的比活度为5～50 Ci/g, 铯-137的比活度最大值只有25 Ci/g氯化铯。为了在大面积产生均匀 γ 场，将源做成由细棒或薄片构成的棒束或片组，外面有双层氩弧焊密封的不锈钢包壳，形成直径为10～50 mm、长度为100～500 mm的圆棒形元件。改变元件内细棒或薄片的厚度或数目，可以得到不同的放射性活度，每根源元件1 000～30 000 Ci不等，也可用1 mm大小的芯粒充填在包壳内做成源元件。实际应用时，将若干根源元件排列成为线源或面源，供大面积流水作业辐照之用。

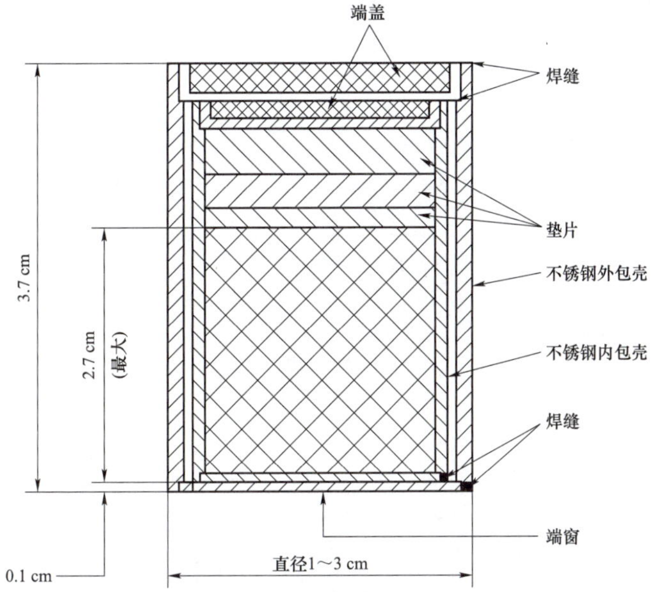

图 18-7　典型的钴治疗机用源

由于强放射源的危险性，需要对它进行复杂的完整性试验。需要对新设计的源，周期性验证试验的源和生产工艺、生产设施设备、生产人员等条件发生重大变更时的源在正式生产前，采用合适的样品（假密封源、模拟源、密封源等）进行复杂的完整性试验，包括焊接工艺评价（金相检查、拉伸、疲劳试验等）、机械冲击、热冲击、化学腐蚀和磨损等，同时，密封放射源作为密封放射性物质还要进行运输试验规定的试验项目，最后采用合适的泄漏检验方法进行泄漏检验判断样品是否通过试验。强源的放射性活度一般是用剂量仪表测出距离 1 m 处的照射量率（R/min），换算成相当的居里数。1 Ci 钴-60 在距离 1 m 处的照射量率为 1.3 R/h，相当于 1.57 g 镭当量。

图 18-8 表示各种放射性同位素制品的生产过程。

用于辐射加工的辐照装置，除了强 γ 放射源（或电子加速器），尚需包含传输系统、控制系统、辐照室、贮源室、屏蔽系统及辅助设备。辐照装置的设计应保证提高放射源的辐射利用率和受照物品剂量的均匀性。所设置的屏蔽系统和控制系统，包括防护墙、迷宫、连锁装置、报警设施等，须确保人员和环境的安全，免受辐射危害。

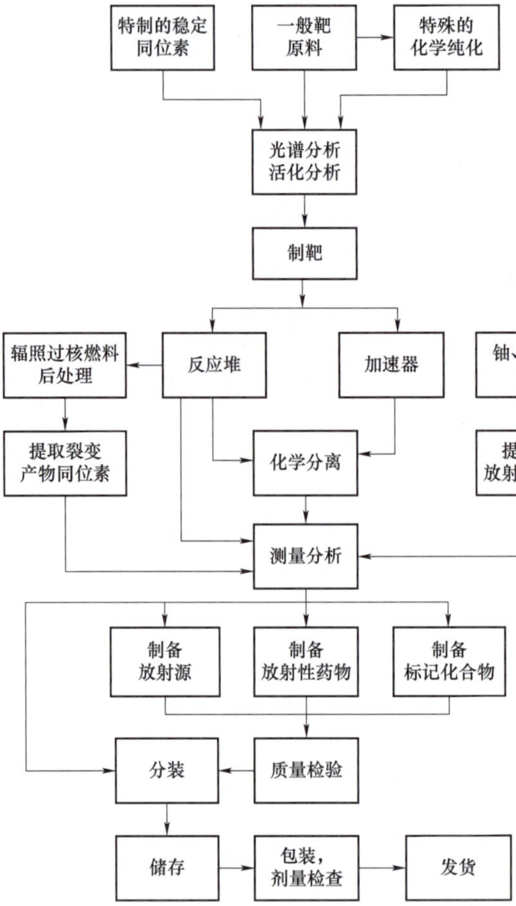

图 18-8　放射性同位素产品的生产过程

18.8　放射性药物的制备

放射性药物是指含有放射性同位素、用于人体医学诊断或疾病治疗的一类特殊药物。放射性药物包括含有放射性同位素或由其标记的无机、有机化合物和生物制剂。在中国，获得国家药品监督管理部门批准文号的放射性药物称为放射性药品。

放射性药物的分类方法多种多样，可按放射性同位素的物理半衰期、生产方式、辐射类型或按药物剂型、给药途径等进行分类。最为通用的分类方法是按临床用途分类，放射性药物可分为体内放射性药物和体外放射性药物，体内放射性药物又分为诊断用放射性药物和治疗用放射性药物。体外放射性药物主要指放射性同位素标记的诊断用免疫试剂盒。

18.8.1　放射性药物的特点及特殊要求

放射性药物作为一类特殊药物，其具有与普通药物显著不同的几大特点。

（1）具有放射性。放射性药物并不像大多数的普通药物，通过有目的地调节人体生理机能来发挥药理作用，它主要是利用放射性同位素发射的粒子或射线来达到诊断与治疗的目的。

（2）不恒定性。放射性药物中放射性同位素是不稳定的，在衰变过程中会转变成其他同位素或者呈现其他的状态，原子质量随时间减少，其射线能量也随之降低，最终衰化成稳定的同位素。

（3）引入量少。放射性药物的用量远少于普通药物，且大多数为一次使用，因此几乎不会在体内蓄积而引起化学危害性。

（4）辐射自分解。放射性同位素发出的粒子或者射线直接作用于放射性药物本身，引起其自身化学结构的变化或生物活性的丧失，从而导致放射性药物在体内生物学行为发生改变，影响最终的治疗效果。

基于放射性药物具有上述的显著特点，在放射性药品的研发、生产、质量控制及管理政策上，必须体现与普通药品管理不同的特殊性。根据临床使用目的，对放射性同位素的选择、被标记物（通常称配体）的理化性质、生物学行为、标记方法以及标记后药物的人体吸收、分布、代谢和清除有着不同要求。

根据临床核医学的用途，选择放射性同位素的基本原则：

① 诊断用放射性同位素：以发射同质异能跃迁（IT）或电子俘获（EC）衰变的同位素为宜，其发出的射线应是在体内引起电离辐射损伤小、穿透力较强、能在体外探测到的 γ 射线，能量在 100～511 keV, 物理半衰期适当，以便完成放射性药物的制备与显像，但又要足够短，以免给病人及医护人员较高的辐射剂量。

② 治疗用放射性同位素：发射 α、β^-粒子或内转换电子、俄歇电子。具有较长的有效半衰期，以增大对靶器官或组织的辐射。

对于被标记物总的要求是无毒副作用，无致敏性，化学纯度高，便于被放射性同位素标记，其标记物在靶器官或组织中应具有较好的选择性和特异性。

标记方法应简单、快速，标记后不需纯化。标记药物应尽可能具有良好的体内、体外稳定性。

18.8.2　放射性药物制备

放射性药物的制备一般包括 3 个步骤：生产放射性同位素、合成配体、放射性同位素与配体的标记。

制备放射性药物的放射性同位素有两个来源：基本来源与次级来源。基本来源是利用核反应堆（参见 18.3 节）或者加速器（参见 18.4 节）直接生产的放射性核素；次级来源是从放射性核素发生器装置间接获取的放射性核素（参见 18.5.2 节）。

配体的作用是携带放射性同位素并将其浓集在所希望的靶器官或组织，以达到诊断或治疗的目的。对配体的基本要求是：① 在毫克级使用剂量，无毒副反应；② 能提供相应官能基团，便于放射性核素标记；③ 放射性核素标记后的产品，体内外稳定性；④ 易于制成“药盒”。

放射性药物的标记方法包括化学合成法、同位素交换法、络合法（直接、间接络合）等。

（1）化学合成法是制备放射性药物最经典的方法，其原理与普通化学合成法相似，只是在合成中使用了放射性同位素作为原料。化学法又分为逐步合成法（以最简单的放射性化合物按预定合成路线分步合成复杂的有机标记化合物）、加成法（通过加成反应将不饱和有机分子制备成标记化合物）、取代法（有机分子中的原子或原子基团被放射性同位素或其基团所置换）等。

（2）同位素交换法是标记分子中一个或几个原子，被具有不同质量数的同种原子的放射性同位素所置换的标记方法。同位素交换反应是可逆反应，可通过调节反应条件（温度、pH 等）和加入催化剂控制反应的进行。

（3）络合法：大部分放射性药物是利用放射性同位素以共价键或配位键的形式络合到被标记的分子上，被标记分子不含标记的放射性核素的同位素，这种标记法称非同位素介入法。双功能螯合剂法也属这类标记法，不同的是，先把某种双功能螯合剂联接在被标记的分子上，再将放射性同位素标记到螯合剂上，形成“放射性同位素—螯合剂—被标记物”的复合物。此种方法大多用来标记多肽、单克隆抗体等。由于螯合剂的存在，被标记物有可能出现理化和生物学性质的改变，在临床应用前应予注意。

18.8.3 放射性药物的质量检验

放射性药物的质量检验一般分为物理、化学和生物学检验 3 个方面。物理检验包括药物性状（色泽、澄清度、粒子等）的观察、放射性同位素的鉴别、放射性核纯度、放射性活度等检验项目；化学检验包括溶液或注射液的 pH 测定、放射化学纯度、化学纯度等检验项目；生物学检验包括无菌、热原（细菌内毒素）、生物分布以及生物活性等检验项目。

18.9　放射性同位素产品的质量检验

18.9.1　放射化学制剂的质量检验

首先要弄清楚一些概念。

① 同位素纯度（或放射性核纯度）——指所要的同位素的放射性活度在产品总放射性活度中所占的份额。放射性杂质可能来自靶料中化学杂质的活化、一些非所要的副反应以及生产过程中的交叉污染。

② 放射化学纯度——指处于所要的化学状态的放射性同位素活度在产品总放射性活度中所占的份额。例如，在同位素纯的碘-131 碘化盐溶液中出现的碘-131 碘酸盐，就是一种放射化学杂质。放射化学杂质可能来自生产过程或贮存期间的辐射分解。

③ 化学纯度——指所要的化学种态在产品中所占的份额。化学杂质可能来自靶料、化学试剂或化学处理所用的设备。

④ 药物安全性——指对于放射性药物，还要求无菌、无毒和对人体不产生副作用。

一般的放射化学制剂须经过物理检验和化学检验。放射性药物还须经过生物检验。

（1）物理检验

① 放射性活度

由于 γ 射线在物质中减弱得不多（同 α、β、电子和 X 射线相比较），测量放射性尽量以 γ 射线为对象。好在重要的放射性同位素大多数是 γ 放射体。在日常生产中采用简易、快速的相对测量方法，以一个已知活度的该放射性同位素源作为标准，在同样的几何条件下进行测量和比较。电离室、晶体闪烁计数器、液体闪烁计数器、半导体探测器和各种计数管均可用于射线的相对测量。自行制备的标准源（固体、液体或气体）要用绝对测量方法标定，严格控制各种可能引起误差的条件（如探测阈、自吸收、散射、操作误差等）。在测出放射性活度以后，就能确定制剂的放射性浓度（mCi/mL）和放射性比活度（mCi/mg）。

② 放射性核纯度

测定放射性同位素杂质的最方便方法是用半导体探测器和多道脉冲分析器进行能谱分析。由于这种仪器具有优越的能量分辨能力，容易测出杂质，所以很快就代替了老式的电离室和碘化钠晶体探测器。现在测量射线用锂漂移锗探测器。当用 γ 谱仪难以测定杂质时（例如弱 γ 射线被放射体的韧致辐射连续谱所掩盖），可加入适当载体进行化学分离，然后测量分开部分的放射性，或与 γ 谱分析相结合，这是测定放射性杂质的最可靠方法。

医用放射性同位素制剂要求把放射性浓度测准到 5%，杂质应小于 0.1%，在短寿命放射性同位素中不允许掺有长寿命放射性同位素，并应确实给出比活度。

（2）化学检验

① 放射化学纯度

测定放射化学杂质可以采用任何能使不同化学状态分离的方法。由于杂质含量很少，须采用灵敏的分离方法，常用方法有纸上色层、纸上电泳、离子交换和薄层色层等。制剂的稳定性取决于比放射性活度（它会引起辐射分解），也同温度、溶剂、光和氧气等因素有关。抗菌剂也会产生放射化学杂质。

② 化学纯度

医用放射性同位素制剂必须排除有毒或有害的元素如砷、碲、硒（照射碲靶制成的碘-131 中可能含有这类杂质）、铅、汞和一些重金属。有些杂质虽无毒性，超过一定浓度时会妨碍放射性同位素的正常功能（如辐照罐的铝掺入磷-32）。通常用光谱分析来测定化学杂质。对重元素的杂质测定可用经典的硫化物沉淀法。

③ 载体含量

为了准确给出分离出来的放射性同位素的放射性比活度，必须测量该元素的总含量，包括放射性同位素和载体。常用的方法是比色法等。

此外，对制剂要做稳定性、酸碱度等的检查，对胶体要另做颗粒大小的检查。

医用放射性同位素制剂要求放射化学纯度高于 95%，重金属总含量用铅表示不超过 10^{-5}。注射用溶液必须呈中性，与血清有相等的渗透压。

（3）生物检验

医用放射性制剂必须符合药典的一般要求。放射性成分的量必须准确测定，纯度必须足够高。特别是注射用制剂必须无菌、无热原[①]、无毒性。应在制备时尽量减少产生热原的可能，如使用新配制的试剂，器皿用清洁水洗净，避免在消毒前存放过久等。

18.9.2 放射源的质量检验

放射源的质量检验项目主要有外观和外形尺寸、表面沾污、密封性、放射性输出。外观检验主要是目检放射源外观有无明显的缺陷；外形尺寸是用检定合格的测量设备（如游标卡尺、通规等）检测外形尺寸是否符合设计（或用户）的要求。

表面沾污检验主要采用擦拭法和浸泡法：擦拭法是用干或湿的软质材料（棉球纱布、滤纸等）擦拭源的整个表面，然后用合适的测量设备测量并计算软质材料的放射性活度，若测得放射性活度小于 200 Bq 则判定合格；浸泡法是将放射源浸没在一定条件下的不腐蚀源表面的液体中一段时间，再用合适的测量设备测量并计算溶液中的放射性活度，若测得放射性活度小于 200 Bq 则判定合格。

密封性检验分放射性方法和非放射性方法（采用非放射性方法源内的自由空间要大于 0.1 cm^3），放射性方法就是上面提到的擦拭法和浸泡法；非放射性方法主要有鼓泡

---

① 热原是药品中的杂质，注射于血液中会引起体温升高。

法和氦质谱法，鼓泡法又分为热液体鼓泡法和真空鼓泡法，热液体鼓泡法是将放射源置于 90～95 ℃的热水中，观察一段时间，若无连续气泡从源表面逸出则判为合格；真空鼓泡法是将放射源置于绝对压力 15～25 kPa 的乙二醇中观察一段时间，若无连续气泡从源表面逸出则判为合格；氦质谱法是源在制备过程中源内充入氦气再密封，然后用氦质谱仪测量有无氦气泄漏。

源的放射性输出测量分为绝对测量和相对测量，绝对测量有量热法、锰浴法（中子测量）、小立体角法、4πβ-γ 符合测量法等；相对测量是将待测源和用绝对测量法测量标定的标准源采用合适的测量设备比较测量并计算待测源的放射性输出，待测源和标准源的几何尺寸、放射性输出尽可能接近，测量条件尽可能一致。由于绝对测量非常麻烦，因此，一般情况下，放射源的放射性输出都采用相对测量。

对一些特殊用途的放射源（热原、反应堆启动源等）还要进行射线探伤等检验。

第 19 章　辐射防护

19.1　概　述

辐射的应用非常广泛，遍及医学、工业、农业、商贸、试验研究、教育培训等领域。其应用领域及其规模仍在持续延伸，应用形态、方式多种多样，因而在应用辐射时除了必须遵守一般工业的安全生产规程外，实施完善的辐射防护管理是很重要的。

辐射分为电离辐射和非电离辐射。本书中述及的辐射一般均指电离辐射。产生化学和生物效应的电离辐射主要有 α 和 β 粒子，γ 和 X 射线及中子。它们使所穿过的物质产生离子、受激原子或自由基，或破坏分子键。人类所受的电离辐射照射分为 3 类，见表 19-1。从事辐射作业的工作人员除了因工作而受照射外，还要受到天然辐射的照射。表 19-2 给出了成年人所受天然辐射源照射的年平均有效剂量。

表 19-1　辐射防护的对象

<table>
<tr><td rowspan="3">人类所受照射</td><td rowspan="2">辐射防护的对象</td><td>A. 可控制的辐射源
可控制的照射</td><td rowspan="2">职业照射
公众照射
医疗照射</td></tr>
<tr><td>B. 不可控制的辐射源
可控制的照射*</td></tr>
<tr><td>防护对象之外的照射**</td><td colspan="2">C. 不可控制的辐射源
不可控制的照射</td></tr>
</table>

*包括应急时的照射，以及人为活动引起的天然辐射源的照射；

**包括不可控制的天然辐射照射和事故照射。

辐射防护主要着眼于电离辐射的安全与防护问题，并以 A、B 两类为考虑的重点。因此，在制定措施和实施辐射防护时，框架是以电离辐射源为起点、对同环境途径和人（辐射源—环境—人）构成照射网络中的可控制的照射进行管理。

辐射作用于人体有两种方式：外照射和内照射。前者是指体外辐射源对人体的照射，后者是指放射性物质进入人体后在体内滞留期间所发出射线对人体的照射。

电离辐射和放射性物质的存在是物质世界的固有特性。对辐射照射伴有的危险，只可能加以限制，而不能够完全消除。因此，辐射防护的主要目标是按下述原则为人类提供一个适宜的防护标准并加以实施，以确保职工和公众的健康与安全，保护生态环境：

① 对能带来利益的、引起电离辐射照射的实践，不应加以不正当的限制；

② 使照射剂量保持在有关阈值以下，防止受照个人发生确定效应（deterministic effects）；

③ 保证采取一切合理的措施以减少随机效应（stochastic effects）的发生。

为了达到上述辐射防护的目标，应当遵守针对控制辐射源和控制照射的辐射防护体系。

表 19-2 成年人所受天然辐射源照射年平均有效剂量[1]

辐射源	年平均有效剂量/（mSv/a）	
	我国（21 世纪初）	世界
宇宙射线	0.36	0.38
陆地 γ 射线	0.54	0.48
氡及其短寿命子体	1.56	1.15
钍射气及其短寿命子体	0.185	0.10
^{40}K	0.17	0.17
其他核素	0.315	0.12
合计（舍入值）	约 3.1	2.4

19.2 原子能工业中的照射和防护问题

辐射之伤害程度，取决于人体受照射的量。宇宙射线与天然放射性物质的存在，对于人们的健康并无可觉察的损害，也未影响人类的发展。但是过量的照射会使人体遭受暂时或永久的伤害，甚至死亡。现代的辐射防护技术，完全可使人体只受到很微弱的照射，而免于辐射伤害的危险。总之，辐射是可以认识、可以预防的。关键是在工作中应采取有效的防护措施，严格遵守安全规程。

从对从事辐射工作的人员和公众的辐射防护观点来看，在利用辐射时，采取“预防为主”的理念对设施的安全管理是非常重要的。但是，涉及辐射操作的应用领域很广，有放射性同位素或加速器方面的研究，辐射在教育、工业、医疗方面的应用，以及核电能源利用等，其辐射防护问题因辐射的种类、性质，操作方式等的不同而多种多样。因此，在涉及辐射的设施中，要使用巡测仪或区域监测仪来测定作业环境的剂量率，使用与作业环境的辐射状况（辐射的种类和性质、照射的方式等）及监测的规模相适应的个人剂量计来测定辐射工作人员的受照剂量，作为辐射防护管理的依据。现将原子能工业中各应用领域的辐射照射的特点概述如下。

核燃料循环的各个环节包括：铀矿石的开采、加工和精制；铀转化；铀同位素富集；燃料元（组）件制造［轻水堆用的低浓铀燃料，钚–铀混合氧化物（MOX）燃料等］；反应堆的运行；辐照过燃料的后处理；燃料或废物的运输；放射性废物的处理和处置等。

（1）反应堆

以核电反应堆为例，工作人员接受的外照射主要来自堆芯及一回路冷却系统的直接辐射，以及从放射性废物或被放射性物质污染的物品放出的辐射。堆芯及一回路冷却系统产生由于 ^{60}Co、^{58}Co 或 ^{54}Mn 等腐蚀产物活化放出的 γ 射线，^{16}N 放出的高能 γ 射线（6.13 MeV）等。^{16}N（半衰期为 7.3 s）等半衰期短的核素在反应堆停堆后很快地衰减，而 ^{60}Co、^{58}Co 或 ^{54}Mn 等半衰期比较长的核素是在反应堆停堆检查中造成照射的主要原因。一般，从事反应堆运行的日常检查或废物处理的人员受到的照射较少，而在停堆时从事设备的维修、拆卸检查、改进的人员，受到的照射可能较大，因此对后者的辐射防护管理更为重要。反应堆工作人员进入的场所各种各样，包括运行中的作业环境。

为了查明反应堆运行是否正常，确认屏蔽层的完整性以及辐射工作人员的受照剂量，要用固定式连续监测仪或巡测仪等对管理区域内各个系统、场所的剂量率水平进行连续的监测。

（2）燃料元（组）件制造厂

在燃料元（组）件制造厂中，辐射工作人员接受的外照射主要来自铀同位素放出的 γ 射线，在检查燃料芯块的直接接触作业中（通常这种情况较少）还有 β 辐射对局部（如手部等）皮肤的照射。另外，在化工和粉末冶金过程中的气溶胶所造成的内照射也是防护的重点。需要用巡测仪或区域监测仪等来监测作业环境中的剂量率，用热释光剂量计或玻璃剂量计测定辐射工作人员所受的 γ 射线照射剂量，必要时对手部等进行剂量测定，并对工作场所的气溶胶进行监测。

近年来随着钚的开发利用，在快堆用混合氧化物（MOX）燃料元（组）件生产线中，主要的照射来自由 ^{241}Pu 衰变成 ^{241}Am 放出的低能 γ 射线，以及由 Pu 同位素的自发裂变和 Pu 与 ^{17}O、^{18}O 等的（α, n）反应产生的中子。需要用巡测仪或区域监测仪监测作业环境中的 γ 射线和中子的剂量率，用热释光剂量计等测定辐射工作人员所受的 γ 射线和中子的照射剂量；由于 MOX 燃料是在手套箱内操作的，必要时还要测定手部的受照剂量。钚处理工厂的气溶胶控制十分重要，对内照射的防护是关键。

（3）后处理厂

燃料后处理厂的各道工序都有大量的核燃料和裂变产物等放射性核素要处理，必须对工作人员进行照射管理。乏燃料的切割、溶解及分离、精制工序等是在混凝土屏蔽热室中操作的，照射量较小；而在试样分析及废物处理等操作中，有裂变产物 ^{137}Cs 等放出的 γ 射线的照射；在对热室内设备和装置进行检查、维修和改造时，不仅有 γ 射线，还有 ^{90}Sr 和 ^{106}Ru 等产生的 β 辐射，必须对其操作严加管理。此外，钚等超铀核素的内照射也不容忽视，需要加强管理。

联合国原子辐射影响科学委员会（the United Nations Scientific Committee on the Effects of Atomic Radiation，UNSCEAR）1982 年给出对全世界核燃料循环各个环节对

公众的辐射剂量估计，生产 1 GW•a 核电导致的集体有效剂量（局部地区和全球）见表 19-3，为了对比还列出了非核能源的相应值。各种天然和人为辐射源对人类造成的年平均有效剂量见表 19-4 及如图 19-1 所示。（关于有效剂量等术语的含义，见 19.3 节）。

表 19-3　世界核能生产导致公众的归一化集体有效剂量[2]

来源	生产单位电能导致的集体有效剂量/［人•Sv/（GW•a）］
	局部地区和区域
采矿、冶炼和尾矿	1.5
燃料元（组）件制造	0.003
反应堆运行	1.3
燃料后处理	0.25
燃料和废物的运输	0.1
合计（舍入值）	3
	全球累积值（包括固体废物处置）
铀矿冶尾砂（100 000 年的放射性释放量）	150
反应堆运行及其排放废物	5
全球弥散的放射性核素（主要由后处理和固体废物处置产生）	50
合计（舍入值）	200
	对比：非核能源
煤	20
石油	0.5
天然气	0.03
地热	2
褐煤	2

表 19-4　各种天然和人为辐射源对人类造成的年平均有效剂量

辐射源的种类	年平均有效剂量/（mSv/a）
天然本底照射*	2.42
坐飞机旅行受照射	0.001 1
磷肥和火电造成的照射	0.001 5
带有辐射的消费品（如老式显像管电视机等）	0.008 2
核电厂及核燃料循环正常生产**	0.000 2
切尔诺贝利核电厂事故	0.002
大气层核武器试验***	0.005
辐射医疗****	0.19
合计（舍入值）	2.627

* 人体本身也是一个辐射源，活度约为 12 000 Bq，其中约 50%来自 ^{40}K；

** 核电厂附近居民所受剂量一般小于 0.02 mSv/a；

*** 历次大气层核试验给全球居民造成的终身累积剂量平均为 3.8 mSv（北半球居民平均为 4.5 mSv）。地下核试验不释放任何放射性；

**** 发达国家居民由于辐射诊断而接受的剂量从 1960 年到 1980 年增长了 8 倍，达到 0.3～1 mSv/a（美国为 1 mSv/a）。各机构统计的世界平均值有较大出入。［附注：病人接受辐射治疗的剂量值通常为 40 000～80 000 mSv（但非全身照射）］。

原子能工业的实践表明，辐射工作人员实际所受剂量平均仅为规定的限值的10%～20%。

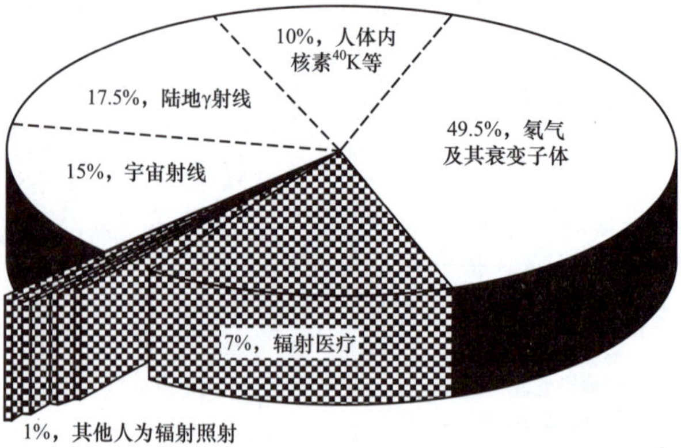

图19-1 全球居民接受的年平均剂量的构成

19.3 辐射防护中使用的量

辐射与介质相互作用时，将产生被激发和被电离了的原子和分子以及大量的次级电子。这些次级电子在其能量降低到激发该介质所需的阈值以下之前，还可以产生附加的电离和激发。初始的电子跃迁产生出化学活性物质，是在带电粒子穿越路径的局部区域内极短的时间（$\leqslant 10^{-15}$ s）里完成的。这些变化需要介质直接吸收入射辐射的能量，呈现初始的物理扰动，由它引起随后的化学效应和生物效应（见19.4.1节）。因此，通常把测量电离和能量吸收时用到的物理量视为辐射防护的基础。

19.3.1 辐射场的描述及基本剂量量

（1）注量（fluence）$\varPhi$

辐射场中的某一点的注量，是进入以该点为球心，截面积为da的小球内的粒子数dN除以da而得到的商，即：

$$\varPhi = \mathrm{d}N/\mathrm{d}a$$

式中：da为小球体的截面积$\varPhi$，单位为m^2；dN为进入小球体的粒子数；$\varPhi$为粒子注量，单位为m^{-2}。

（2）比释动能（kerma）K

比释动能K是间接电离粒子与物质相互作用时，在单位质量的物质中产生的带电粒子的初始动能的总和，即：

$$K = \mathrm{d}E_{\mathrm{tr}}/\mathrm{d}m$$

式中：dE_{tr}为间接带电粒子在特定物质的体积元内释放出来的所有带电粒子的初始动能

的总和；dm 为所考虑的体积元内物质的质量。K 的单位是焦耳每千克（J/kg），它的专用名称是戈瑞（Gy）。

（3）吸收剂量（absorbed dose）D

辐射防护中使用的基本剂量是吸收剂量。这种宏观量，从经验的观察来说，与辐射的生物效应有很好的相关性。其定义为 $D=\mathrm{d}E/\mathrm{d}m$，其中，d$E$ 是在质量元 dm 中吸收的能量。把它作为一种点函数来对待，在受照物体的各点处都有一个值。吸收剂量的单位是焦耳每千克（J/kg），专用名称是戈瑞（Gy）。

但是，要描写细胞尺度或分子尺度随机发生的辐射碰撞事件时可能就要采用微观量。目前国际放射防护委员会（International Commission on Radiological Protection，ICRP）建议把以组织及器官作为最小单位的平均吸收剂量作为剂量评价的基础。

器官吸收剂量和当量剂量是由器官或组织 T 中的平均剂量来表示的。

辐射 R 在器官或组织 T 中的平均吸收剂量（organ or tissue absorbed dose）$D_{\mathrm{T,R}}$ 定义为：

$$D_{\mathrm{T,R}}=\frac{\varepsilon_{\mathrm{T}}}{m_{\mathrm{T}}}=\frac{1}{m_{\mathrm{T}}}\int_{m_{\mathrm{T}}} D\,\mathrm{d}m$$

式中：m_{T} 为器官或组织 T 的质量；ε_{T} 为授予器官或组织 T 中的总能量。

辐射防护中用平均剂量来表示发生随机效应的概率（即概率与剂量呈线性关系）。对确定效应，剂量～效应关系不是线性关系，因此不能直接用平均剂量的概念，除非整个器官是均匀受照。

（4）当量剂量（equivalent dose）H_{T}

辐射 R 是由入射到人体上的，或滞留在人体内的放射性核素所发射的辐射的种类和能量来给定的。在一个器官或组织内的当量剂量 H_{T} 可定义如下：

$$H_{\mathrm{T}}=\sum_{\mathrm{R}} w_{\mathrm{R}} D_{\mathrm{T,R}}$$

式中：ω_{R} 是辐射 R 的辐射权重因数；要对所涉及的所有种类的辐射求和。当量剂量的单位是焦耳每千克（J/kg），专用名称是戈瑞（Gy）。

依照 1963 年 ICRP 和国际辐射单位与测量委员会（International Commission on Radiation Units and Measurements，ICRU）的相对生物效应（relative biological effectiveness，RBE）委员会报告的建议，RBE 应当限于在放射生物学和医学领域内使用，在辐射防护方面，应当使用由 Q～LET 关系式确定的品质因数。但是，品质因数是针对空间任意点而定义的。从辐射生物学的观点来考虑应用 Q～LET 关系是不合适的。1990 年建议书中为了适用于组织和器官的平均吸收剂量这一概念，重新认识了对吸收剂量加权的这个因子，并作了新的定义。于是把这个新的加权因子定义为辐射权重因数：它是根据不同种类和不同能量辐射引起的随机效应的程度之不同而采用的修正因子，中子辐射权重因数与中子能量的关系如图 19-2 所示。计算当量剂量 H_T 时所用的辐射权重因子是考虑到与随机效应有关的 RBE 作为器官或组织的平均值由 ICRP 选定的，它不同于原来使用的品质因数 Q，后者是基于 LET 作为器官和组织的特定点的值而求出来的（后者比前者更近似）。ICRP 2007 年建议书中推荐的辐射权重因数见表 19-5。

表 19-5　ICRP 2007 年建议书推荐的辐射权重因数[3-5]

种类和能量	辐射权重因数 ω_R
光子	1
电子和 μ 子	1
质子和带电 π 介子	2
α 粒子、裂变碎片、重离子	20
中子	中子能量函数的连续曲线如图 19-2 所示

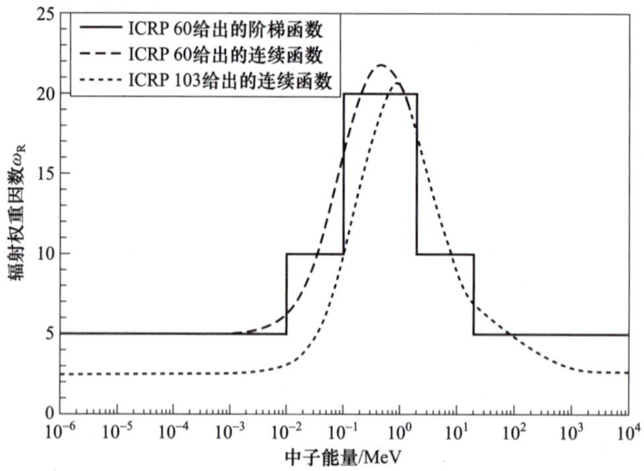

图 19-2　中子辐射权重因数与中子能量的关系[5]

注：ICRP 60 号出版物给出的阶梯函数和连续函数，以及 2007 年建议书给出的连续函数。

用当量剂量表示确定效应的程度（发生的概率和严重程度）是不适宜的。其原因是：辐射效应不仅与沉积在器官或组织中的能量有关，还与电离密度有关。受电离密度高的 α 粒子或中子之类高 LET 辐射的照射时，与受 X 射线或 γ 射线之类低 LET 辐射的照射时，即使吸收剂量相同，其效应的严重程度也是不同的。为了表示每单位吸收剂量产生的辐射效应在辐射类型上的差别，定义了相对生物效应（RBE）。RBE 的值因辐射的种类、剂量、剂量率、所研究的辐射效应等而异。即使是同一种辐射效应，通常是剂量越小、剂量率越低时的 RBE 值越大。这与低 LET 辐射的亚致死损伤得以恢复有关。于是，把随机效应和确定效应的 RBE 的最大值分别用 RBE_M 和 RBE_m 来表示。

当量剂量 H_T 是用辐射权重因数 ω_R 对吸收剂量 $D_{T,R}$ 进行加权而得的，而辐射权重因数是考虑了随机效应的 RBE_M 而决定的。与高 LET 辐射的确定效应有关的 RBE_m 比

与随机效应有关的 RBE_M 小，是它的 1/2 到 1/5。为了评价确定效应而采用当量剂量时将造成评价过大。所以，对于确定效应要用吸收剂量 D，不用当量剂量 H_T。但是，当照射有可能超过阈剂量、有可能出现确定效应时，若辐射仅为一种高 LET 的照射，就用吸收剂量进行剂量评价；如有低 LET 辐射与高 LET 辐射或多种高 LET 辐射同时照射时，为了预测辐射效应或判断辐射伤害的预后，需把两种辐射的剂量加起来用同一尺度来衡量，此时采用把吸收剂量用 RBE 加权后的剂量。

但是，在 ICRP 建议书中，对于皮肤及眼晶体（对职业照射还有手、足），为防止发生确定效应的剂量限值是以当量剂量 H_T 表示。在此种情况下，作为计算当量剂量时的辐射权重因数，采用了考虑随机效应的 RBE_M 而规定的值。这样评价是偏安全的。

（5）有效剂量（effective dose）E

有效剂量 E 被定义为人体各组织或器官的当量剂量乘以相应的组织权重因数后的和：

$$E=\sum_{T}\omega_{\mathrm{T}}\cdot H_{\mathrm{T}}$$

式中：ω_T 为组织或器官 T 的组织权重因数。

由当量剂量的定义，可以得到：

$$E=\sum_{T}\omega_{\mathrm{T}}\cdot\sum_{R}\omega_{\mathrm{R}}\cdot D_{\mathrm{T,R}}$$

有效剂量的 SI 单位是焦耳每千克（J/kg），专用名称是希沃特（Sv）。

无论照射是全身均匀的、还是不均匀的，有效剂量都可以与全身均匀照射时的随机效应概率相关联。

表 19-6 列出的组织权重因数是基于包括男、女两性的年龄构成很广的人群而计算出来的，对职业人员和一般公众都适用同一数值。

表 19-6　ICRP 历次建议书推荐的组织权重因数 ω_T

组织	1977 年第 26 号出版物	1991 年第 60 号出版物	2007 年第 103 号出版物
骨表面	0.03	0.01	0.01
膀胱		0.05	0.04
乳腺	0.15	0.05	0.12
结肠		0.12	0.12
性腺	0.25	0.20	0.08
肝		0.05	0.04
肺	0.12	0.12	0.12
食道		0.05	0.04
红骨髓	0.12	0.12	0.12

续表

组织	1977年第26号出版物	1991年第60号出版物	2007年第103号出版物
皮肤		0.01	0.01
胃		0.12	0.12
甲状腺	0.03	0.05	0.04
脑			0.01
唾液腺			0.01
其余组织	0.03*	0.05	0.12

* 5个受到最大照射的其他器官和组织包括在“其余组织”中，每个ω_T=0.06。

19.3.2 辅助剂量量

（1）待积当量剂量（committed equivalent dose）H_T（τ）

个人一次摄入放射性物质后，在一段时间内使体内器官或组织以变化着的速率受到当量剂量，当量剂量率对时间的积分称为待积当量剂量，即：

$$H_T(\tau)=\int_{t_0}^{t_0+\tau}\dot{H}_T(t)\mathrm{d}t$$

对内照射来说，放射性核素一旦被摄入体内，就开始照射身体，直到排出体外或者按物理半衰期衰减。待积当量剂量定义为：放射性核素从进入体内的那个时刻到从体内消失为止的一段时间内所造成的总照射剂量，即视为在摄入体内的那个时间点的待积当量剂量。如果照射的积分时间未指明，则对成年人取50年，对儿童取从摄入时的那个年龄到70岁。

当以有效剂量来评价时的待积剂量称为待积有效剂量（committed effective dose），即：

$$E(\tau)=\int_{t_0}^{t_0+\tau}\dot{E}(t)\mathrm{d}t$$

（2）集体当量剂量（collective equivalent dose）S_T

一个人群某指定器官或组织T所受的当量剂量的总和，称为集体当量剂量，即：

$$S_T=\int_0^{\infty}H_T\frac{\mathrm{d}N}{\mathrm{d}H_T}\mathrm{d}H_T=\sum_i\bar{H}_{T,i}N_i$$

式中：（$\mathrm{d}N/\mathrm{d}H_T$）$\mathrm{d}H_T$是接受当量剂量在$H_T$到$\mathrm{d}H_T$之间的人数；$H_T+N_i$是第$i$亚组人群的人数；$\bar{H}_{T,i}$是第$i$亚组人群每人平均接受的当量剂量。

以集体为对象的剂量评价中，要采用集体当量剂量。集体当量剂量是对作为评价对象的集体中每一个人的当量剂量求和所得的剂量，单位为人•Sv。天然辐射所产生的剂量多少加大了剂量的范围。集体当量剂量可以视为与施加给集体的辐射危害程度成正比。集体当量剂量在辐射防护中用于：① 正当性；② 最优化；③ 辐射源之间照射剂量的比较等。

当以有效剂量来评价时的集体剂量称为集体有效剂量（collective effective dose），即：

$$S=\int_0^\infty E\frac{\mathrm{d}N}{\mathrm{d}E}\mathrm{d}E=\sum_i \bar{E}_i N_i$$

式中：$\bar{E}_i$ 是第 i 亚组人群每人平均接受的有效剂量；N_i 是第 i 亚组人群的人数。

19.3.3　运行实用量

（1）外照射

在外照射（场所或个人监测）的辐射监测中，定义了特定的运行实用量。辐射防护中用的实用量应当具备下列条件：

① 可以通用于各种类型的辐射；

② 可以与 ICRP 的剂量限值联系起来、又不会造成过分低估；

③ 在多种辐射场叠加的场合具有可相加性；

④ 在辐射场中不是有限体积的量，在点处具有定值；

⑤ 可以与 ICRU 球或者适当的人体模型相联系；

⑥ 精度适当，测量简便。

剂量当量指数曾被用作实用量，后因剂量当量指数不具有可相加性而很快被废除。因此，ICRU 定义了用作监测的环境监测量和个人监测量，并对它们在辐射防护中的适用性进行了研究。

在外照射管理中，与有效剂量或皮肤剂量相联系的监测量，按辐射的贯穿性可以分为用于强贯穿辐射的量和用于弱贯穿辐射的量；从监测的目的可以分为环境监测量和个人监测量。

所谓强贯穿辐射，系指使皮肤的任意面积受到的剂量当量，为在均匀的单一方向的辐射场中，身体某一方向受到的有效剂量当量的 10 倍以下的辐射。与此相反，当皮肤剂量当量为有效剂量当量的 10 倍以上时，该辐射称为弱贯穿辐射。

外照射监测的运行实用量及其用途见表 19-7。

表 19-7　外照射监测运行实用量及其用途

任务	场所监测	个人监测
控制有效剂量	周围剂量当量 $H^*(10)$	个人剂量当量 $H_p(10)$
控制皮肤、手足及眼晶体剂量	定向剂量当量 $H'(0.07,\Omega)$	个人剂量当量 $H_p(0.07)$

（1）周围剂量当量（ambient dose equivalent）$H^*(d)$

对于强贯穿辐射，辐射场中任意点处的周围剂量当量 $H^*(d)$，是扩展齐向场在 ICRU 球的深度 d cm 处所产生的剂量当量。ICRU 建议在 1 cm 深处进行监测，符号为 $H^*(10)$。ICRU 球是直径为 30 cm 的球，由元素质量份额为 O：76.2%，C：11.1%，H：10.1%，和 N：2.6%的组织等效物质组成（密度 1 g/cm^3）。所谓扩展场（expanded field）是在所研究的体积内各点处的注量、注量角分布和能量角分布都取与评价点处相同值的一种假想的辐射场。扩展齐向场（expanded and aligned field）是注量以同一方向整齐排列的辐射场。$H^*(10)$大体上能反映处于该处的人体所受的有效剂量 E。对于 X 和 γ 射线，测定的 $H^*(10)$只用于安排、指导和控制工作人员的操作，而个人剂量仍以个人剂量计的读数为准。原则上，一个具有各向同性响应的探测器，若用 $H^*(10)$刻度过，则在任何一均匀辐射场中均可用来测定周围剂量当量。

（2）定向剂量当量（directional dose equivalent）$H'(d)$

对于弱贯穿辐射，辐射场中任意点处的定向剂量当量 $H'(d)$是扩展场在 ICRU 球内指定方向上的深度 d cm 处所产生的剂量当量。ICRU 建议在 0.07 mm 深处进行监测，符号为 $H'(0.07)$。定向剂量当量反映与皮肤垂直方向为指定方向时的皮肤可能受到的剂量当量。如果一个探测器能够确定一个与指定方向垂直并由组织等效物质做成的平板内深度 0.07 mm 处的剂量当量，该探测器就可以测量弱贯穿辐射的定向剂量当量 $H'(0.07)$。$H'(0.07)$是有方向性的，同一点不同方向的 $H'(0.07)$可能不同，所以测量结果应标明参考点的位置和方向。

（3）（深部）个人剂量当量 $H_p(d)$

对于强贯穿辐射，深部个人剂量当量是身体上指定点下面深度 d 处软组织（与 ICRU 球的组织等效物质相同）的剂量当量，亦称贯穿个人剂量当量，按 ICRU 建议应在深度 d 为 10 mm 处进行测量，写作 $H_p(10)$。$H_p(10)$可用挂在体表的个人剂量计测量，剂量计探测元件要用适当厚度的组织等效物质覆盖。

（4）（浅表）个人剂量当量 $H_s(d)$

对于弱贯穿辐射，浅表个人剂量当量是身体上指定点下面深度 d 处软组织的剂量当量，按 ICRU 建议应在深度 d 为 0.07 mm 处进行监测，写作 H_s（0.07）。它反映皮肤基底层受到的剂量。浅表个人剂量当量可用佩戴在胸部或腹部的胶片佩章等个人监测计测量。由于敏感性高的乳腺或性腺都在人体前面的位置，从前面照射时对应于单位照射剂量的有效剂量最大，因此，个人监测计的测定值与有效剂量的关系，还依赖于对人体的照射条件。

19.4 辐射防护体系

辐射防护的目的是为防止辐射照射对人和环境的有害效应提出一个适当的防护水

平，但不过分限制可能与照射相关的有益的人类活动。ICRP 防护体系的主要目的是保护人类健康；在环境方面，ICRP 的目的是阻止或减小有害辐射效应，使得对生物多样性的保持、物种保护、自然栖息地的健康和状态的影响可以忽略不计。

19.4.1　辐射的生物效应及其分类

人体组织细胞的原子和分子被辐射激发和电离后产生的化学变化会使细胞的功能、代谢活动和分裂繁殖能力受损，其后果有三：① 细胞自行修复或通过健康细胞的有丝分裂替换严重受损的细胞；② 细胞死亡；③ 细胞内 DNA 分子变化或染色体畸变，引起细胞突变。大量细胞的死亡产生辐射的早期效应，细胞基因突变是辐射晚期效应的基本原因，其中体细胞的基因突变会在受照者体内引发癌症，生殖细胞的基因突变会引致受照者后裔的遗传变异，如图 19-3 所示。

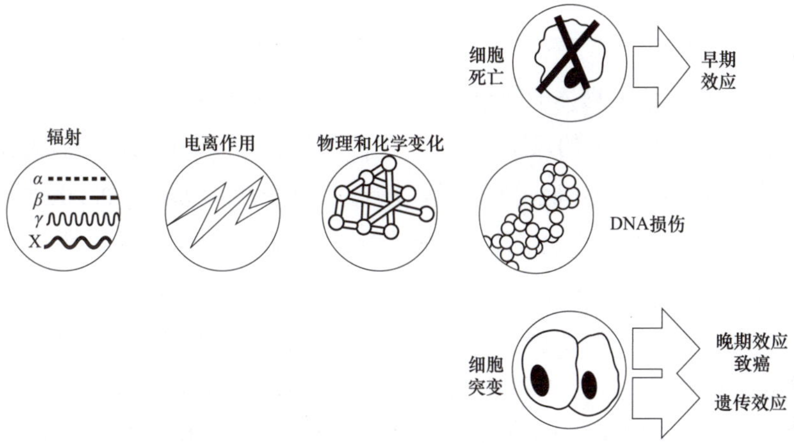

图 19-3　辐射的生物效应

与人体健康有关的效应，可以分类如下。

（1）客观的健康效应和主观的健康效应：客观的健康效应是以躯体效应和遗传效应或随机效应和确定效应为表征的效应，它表现或有可能表现在受照射的本人或子、孙的身体上。

主观的健康效应是对是否受到照射，并因而产生不安的心理上的效应。

随着剂量、辐射类型和所观测的终点不同，辐射的生物效应可有很大的差别，某些效应相当迅速地出现，而另外一些却可能要过几年才能确定。

（2）随机效应（stochastic effect）和确定效应（deterministic effect）[或组织反应（tissue reaction）]：随机效应是以统计形式出现、假定没有阈剂量的效应，效应的发生概率随照射剂量的增加而增加，但损害的严重程度与剂量无关。随机效应的例子有癌症和遗传效应。由于未受到特定辐射照射的人也有一定的癌症自然发生率，所以不能全然断定某一个给定的病例究竟是由于辐射诱发的，还是自然发生的。确定效应被认为是有阈剂量的效应，超过阈剂量时就清楚地显示出剂量与效应之间的因果关系，并且效应的程度（即严重程度）随剂量的增加而增加，例如皮肤伤害或性腺受照射导致不育等。随机效应和确定效应的特点见表 19-8。

表 19-8　随机效应和确定效应的特点

效应的类型	主要特点	举例	阈剂量	与剂量的关系	防护目标
随机效应	在一个生殖细胞上产生的突变	遗传效应	假定没有	发生率随剂量增加而增加，严重程度与剂量大小无关	减少发生
	在一个体细胞上产生的突变	癌症			
确定效应或组织反应	在许多细胞上产生的变化（细胞死亡、功能性损伤等）	不育、溃疡、畸形等	有阈值约为 500～1 000 mSv	发生率随机剂量增加而增加，严重程度随剂量增加而增加，并因剂量的分散化及时间分布而异	防止发生

辐射对人类和其他生物体的随机效应只在较大剂量下才显现出来。在较小辐射剂量下不能确定辐射对某个人的风险有多大。生活在海拔 2 000 m 高原的居民要比在海平面多接受约 1 mSv/a 的天然本底辐射剂量，并未引起任何可觉察的伤害。除胎儿外（对胎儿低至 10 mSv 的 X 射线剂量也可能引致癌症或智力障碍），没有证据表明任何<200 mSv 的辐射剂量会使癌症发病概率有所增加。由于人们对辐射引起人体损伤的详细机理尚不十分清楚，通常假定任何小剂量的照射都伴随有某些风险。然而，对于小剂量下风险随剂量而变化的关系，意见不一。ICRP 推荐的线性无阈值（linear no threshold，LNT）假设是一种相当保守的假设。俄罗斯学者对此提出了挑战，他们在评估切尔诺贝利事故远期后果时提出：无证据证明，剂量低于 100 mSv 的急性照射或低于 200～500 mSv 的慢性照射会使致死癌症或遗传损害的发生率有所增加，因此不同意再用 LNT 假设进行评估。按照 LNT 假设评估该事故远期由辐射诱发癌症死亡例数为 10 000～30 000，而俄罗斯学者将剂量低于 50 mSv 的人群除外后得出的评估数为 1 000～4 500。两者相差十倍。①

（3）早期效应（early effect）和晚期效应（late effect）：按照辐射效应潜伏期的长短，分为早期效应和晚期效应两种。早期效应仅出现于短时间内受到大剂量照射（超过 1 000 mSv，参见 19.9 节）的情况，潜伏期为几天或几周以内，如急性放射病、皮肤急性放射损伤等。晚期效应由长时间小剂量（一般累计达到约几百至几千 mSv）的照射引起，其潜伏期为几个月以上到若干年，如癌症、白内障、白血病、再生障碍性贫血等。

（4）躯体效应（somatic effect）和遗传效应（hereditary effect）：

躯体效应是表现在受照射个体（本人）身体上的那些效应，包括有代表性的癌

① 参见国际原子能机构通报，2000 年，第 42 卷，第 4 期：27～32 页。

症和确定效应。胎儿效应是指胎儿自身受照射后出现的结果，从这一点看属于躯体效应。

遗传效应是由生殖细胞的基因突变或染色体异常所产生、不出现在受照射本人而出现在其未受照射的第一代后裔或以后子孙身上的那些随机效应，包括与基因突变、染色体异常、多基因及环境因素有关的疾病。遗传效应仅发生于受照射后有可能生育儿童且其性腺受到照射的那些人。辐射的遗传效应并非发生以往没有的新的遗传疾病，而是表现为无辐照时也发生的遗传性疾病的发病率增加。尚未确认人类会发生辐射诱发的遗传效应。但根据动、植物实验的结果，提示这些效应有可能发生于人类。对遗传效应来说，不存在阈剂量。

（5）确定效应及阈剂量

阈剂量的具体数值随器官或组织而异，通常把导致受照人群中有 1%～5%出现某效应的剂量称为阈剂量。阈剂量的数值根据对人的经验而求得，当没有人类的数据时，可以参考动物实验的结果而求得。全身或身体的大部分受照射时，会出现急性放射病，特大剂量会造成死亡。辐射剂量与死亡的关系见表 19-9。ICRP 建议书提出某些单个器官出现的确定效应及其阈剂量见表 19-10，与皮肤的确定效应有关的阈剂量值见表 19-11。

表 19-9　全身均匀照射的死亡效应（低 LET 辐射，急性照射）

全身急性照射剂量/Gy	涉及的致死效应	从照射到死亡的时间/d
3～5	骨髓损害（$LD_{50/60}$）*	30～60
5～15	消化道及肺损害	10～20
＞15	神经系统损害	1～5

*$LD_{50/60}$：照射后 60 天以内有 50%的人死亡的剂量，称为 60 天半数致死剂量（lethal dose 50/60）。

只用有效剂量限值来控制是否能防止所有的器官发生确定效应，还需要加以证实。因此 ICRP 只建议，如果有效剂量限值能担保全部器官和组织的当量剂量不超过 500 mSv/a（职业人员），那就没有问题。假设单一器官受照射的情况，可由有效剂量限值（20 mSv/a）和组织权重因数求出器官和组织的年当量剂量上限值（职业人员），见表 19-12。这样，如果骨表面或其他器官（副肾、脑、大肠上部、小肠、肾脏、肌肉、胰脏、脾脏、胸腺和子宫）单独受照射，剂量有可能超过 500 mSv/a。然而，在外照射的情况下，不会使骨表面或其他器官单独受照射，因此可以认为各个器官不会受到 500 mSv/a 的照射。问题在于内照射。在内照射的情况下，如果只控制有效剂量限值，摄入典型的亲骨性强的核素就会使骨表面剂量超过 500 mSv/a（见表 19-13）。但成人骨发生确定效应的阈剂量为 40 Gy 以上（见表 19-14），即使剂量稍微超过 500 mSv/a，在医学及生物学上也没有问题，因此对于骨的剂量限值不需要特别规定。基于类似的考虑，对骨以外的其他器官和组织，也无需特别提出其组织剂量限值的建议。

表 19-10　某些器官和组织出现确定效应的阈剂量（低 LET 辐射照射）

器官/组织	效应	急性照射/Gy	慢性照射/（Gy/a）
睾丸	一时性不育 精子暂时性减少 永久不育	0.15 0.25 3.5～6	0.4 2.0
卵巢	永久不育	2.5～6	0.2
眼晶体	白内障，低 LET 高 LET 晶体混浊 影响视力的混浊	5（2～10） 0.6～5 0.5～2 ＞15	0.15 0.1
造血器官	机能低下 红骨髓（造血功能损伤）	0.5 ＞20	＞0.4 （动物实验）
胎儿	畸形 严重痴呆	0.1 0.12～0.2	
皮肤	美容上难以接受的变化	＞20	局部、数周或数月照射

表 19-11　皮肤出现确定效应的阈剂量（低 LET 辐射，急性照射）

症状	照射范围	照射剂量
红斑及干性脱屑	大范围	5 Gy
湿性脱屑、水疱	大范围	20 Gy
湿性脱屑	5 mm	70 Gy
湿性脱屑	22～40 mm	27 Gy
溃疡		50 Gy
		（0.4 Gy/h 以下者 100 Gy）

表 19-12　器官单独受照射的年剂量限值

组织权重因子	器官	器官与组织的上限值/（mSv/a）
0.2	性腺	100
0.12	骨髓、结肠、肺、胃	167
0.05	膀胱、乳腺、肝、食道、甲状腺	400
0.01	皮肤、骨表面	2 000
0.025	其他	800

表 19-13　按年摄入量限值、摄入亲骨性核素后的骨表面剂量

核素	吸入类型	经口食入	
^{90}Sr	D 类*310 mSv Y 类 —	f_1**＝0.3 $f_1=0.01$	310 mSv —
^{239}Pu	W 类 630 mSv Y 类 680 mSv	$f_1=10^{-3}$ $f_1=10^{-4}$	700 mSv 530 mSv

*按吸入的放射性物质从肺中廓清的快慢，将吸入物质分为 D（半排期为几天，＜10 d）、W（半排期为几周，10～100 d）、Y（半排期以年计，＞100 d）等三类；

**f_1 是放射性物质进入胃肠道后，由胃肠道进入血液的份额。

表 19-14　骨表面确定效应的阈剂量（ICRP 第 41 号出版物）[6]

骨成长缓慢（儿童）	1 Gy
骨骼变化（儿童、分次）	20 Gy
软骨坏死（成人、分次）	40 Gy
骨坏死（成人、分次）	60 Gy

外照射的辐射损伤，不仅取决于总剂量，还与剂量率、照射面积和部位及机体状况（年龄、健康等）有关。外照射急性全身照射的辐射效应见表 19-15。

表 19-15　外照射急性全身照射的辐射效应

剂量当量/Gy	人体的辐射效应
0～0.25	没有可察觉的临床效应
0.25～1	短暂地出现轻微的淋巴细胞和中性粒细胞减少。可从事一般性工作。未必有远期效应
1～2	恶心疲乏，接受 1.25 Sv 的人可出现呕吐。淋巴细胞和中性粒细胞减少，而且恢复缓慢。可能出现远期效应
2～3	第一天出现恶心呕吐。假愈期两周或更长些。假愈期末出现食欲减退、周身不适、咽喉炎、出血斑、腹泻和消瘦。除非外源感染，一般在 3 个月后恢复健康
3～6	最初几小时出现恶心呕吐和腹泻。假愈期仅一周左右。第二周出现脱毛、食欲减退、周身不适、发烧。第二周有出血、出血斑点、口腔和咽喉炎、腹泻和消瘦。某些人死于第 2～6 周。接受 4.5 Sv 剂量当量的死亡率约为 50%。存活者半年后恢复
6 以上	最初几小时出现恶心呕吐和腹泻。假愈期很短。约一周末出现腹泻。出血、紫癜、口腔和咽喉炎、高烧和消瘦。几乎 100%死亡

19.4.2　照射情况的类型

（1）ICRP 早期的防护体系

在 ICRP 第 60 号出版物中，将与辐射防护相关的人类活动可分为实践和干预两类。辐射防护体系是针对这两类人类活动由表 19-16 列出的三个或两个基本原则组成的。实践有拟议中的实践和继续进行的实践。会导致辐射照射的人类活动，如果不能给个人或社会带来利益，就不该进行。因此，只有正当化的实践才可以进行。对导致照射的实践采取防护措施时，既要考虑实际受到的照射，又要考虑潜在的照射。对于实践，应在引入和进行（或改善）该项实践之前就开始作辐射防护措施的研究；对于干预，以该辐射源为出发点的照射网络在研究辐射防护措施时早已存在。干预措施可以分为两类：一类类似于事故后采取的应急措施；另一类属非应急措施，如针对居室内的氡气，或针对造成含天然放射性物质的废物过度积累的一些实践。在引入干预措施时，应按照表 19-16 列出的原则判断其引入是否正当，并选择最佳的干预措施。

表 19-16　ICRP 60 号出版物的辐射防护体系[4]

实践的防护体系 （拟议中或继续进行的）	干预的防护体系
① 实践的正当化 ② 防护的最优化 ③ 个人剂量限值	① 干预之引入应当使得利多于弊 ② 干预的种类、规模和时间应当是最佳的

① 实践的正当化指的是：如果导致照射的实践不能带来足够的利益，就不可进行这种实践。

② 防护的最优化指的是：当实践被认为是正当化、成为拟议中或要继续进行的实践时，与该项实践相关联的特定辐射源所导致的个人剂量分布、受照人数以及受照可能性（潜在照射），在考虑了各种经济的、社会的因素后，应当保持在“合理可行尽量低”的程度。判断防护最优化的程序包括两步：一是应考虑与辐射防护直接有关的因素（见表 19-17）；二是应采用判断辐射防护最优化的定量的分析方法（见表 19-18）。

在判断实践的正当化和防护的最优化时，可分两个阶段：一是选择与辐射防护因素直接有关的方案设计阶段；二是考虑与社会的、政策的因素关系大的作结论阶段。辐射防护只处理前一阶段。

表 19-17　防护最优化应考虑的与辐射防护有关的主要因素

① 集体剂量
② 防护的代价
③ 个人剂量的分布
④ 防护手段产生的非辐射因素，例如不舒服感、安全性等

表 19-18　判断辐射防护最优化的方法

① 代价－效益分析
② 代价－利益分析
③ 多属性效用分析
④ 多判据的优选分析

③ 该体系中个人剂量限值的作用：个人剂量限值仅适用于实践受到控制的情况。个人剂量限值是一个设定的剂量（或危险）值的上界值，用以确保在正常状态下，个人受到的来自所有可能造成照射的辐射源的总照射剂量或危险（适用于潜在照射，即考虑到照射的可能性以及照射的影响）不会达到不可接受的程度。它代表不能被社会接受的水平与可耐受水平的分界值。它不适用来自各个辐射源的单独照射。为了限制个人受到的累积（总）剂量，它有时对一个项目的设计或运行起限制作用。总之，个人剂量限值是任何情况下不允许超过的辐射剂量的上界值。

在辐射防护的诸原则中以最优化为最重要，剂量限值是实践的辐射防护体系中三个原则之一。不应单独应用这些基本原则中的任何一部分，应当把它们视作互相联系的统一体系。

自 ICRP 第 1 号出版物提出个人剂量的上界值以来，在应用中曾出现许多误解。与产生这些误解有关的背景是，在各国的法规中采用了剂量限值，于是认为，假若超过了剂量限值就违反了法令。对此，ICRP 提出了如下意见：

（1）剂量限值视为“安全”与“危险”的分界线。

（2）是降低照射并强制改进的一种最简单而有效的方法。

（3）是严格遵守防护体系的唯一办法。

剂量限值具有如下的意义和特点：

（1）它是选择剂量约束值的限制条件。

（2）可对防护最优化中的失误进行补救。

（3）可对一个职业人员从事多个职业的情况进行管理（在公众照射的情况下，可对来自多个辐射源的照射情况进行管理）。

（4）它仅是辐射防护体系的一部分。

在该体系中，有照射的可能性、但不能肯定实际是否真会发生照射的情况，称为潜在照射。例如操作中发生的事件、设备的重大故障、或放射性废物处置后的环境变化等引起的照射等等。已发生的事故不是潜在照射，通过采取干预措施可使照射得到控制。对拟议中或要继续进行的实践的“正当化”“防护最优化”和“个人剂量限值”进行判断时，不能不考虑潜在照射。鉴于反应堆事故、放射性废物处置已成为现实问题，考虑到潜在照射带来的风险（照射可能性的大小），在制订辐射防护措施时应当把潜在照射也作为考虑对象。对潜在照射的评价存在很大的不确定性，主要问题是照射概率。照射概率不能用统计方法得出，而是用事件树分析（event tree analysis，ETA）、故障树分析（fault tree analysis，FTA）、过程决策程序图（process decision program chart，PDPC）等手段求出的主观概率（subjective probability）。这种主观概率因辐射源和实践的不同类型，其不确定度有很大的差别。在评价时受社会因素的影响很大。如果顾及尽可能多的有关人士的认识，实难以作出统一的结论。

（2）ICRP 当前的防护体系

2007 年，ICRP 第 103 号出版物不再沿用实践和干预的防护体系，而是将照射类型重新划分为计划照射情况、应急照射情况和现存照射情况。

计划照射情况是指慎重考虑而引入源并进行操作的情况。计划照射情况既可以引起预期会发生的照射（正常照射），也可以引起预期不会发生的照射（潜在照射）。

应急照射情况是指在一个计划照射情况的运行期间可能发生的，或来自于一个恶意行为的，或其他意外的情况，并需要采取紧急行动以避免或降低有害后果。

现存照射情况是指在不得不作出控制决策时照射就已经存在的照射情况，包括紧急事件发生后的持续照射。

与 ICRP 第 60 号出版物相比较，其过去称作“实践”的活动可能是计划照射情况、应急照射情况和现存照射情况的起因。患者的医疗照射也属于计划照射情况。计划照射情况的防护原则同样也适用于与现存照射情况和应急照射情况相关的职业照射。

19.4.3　照射的分类、原则和防护水平简介

（1）ICRP 早期建议书推荐的照射分类、辐射防护原则及防护水平简介

表 19-19 列出了 ICRP 历次建议书中对照射分类和基本限值的沿革。在 1928—1950 年的建议书中，辐射防护的对象仅仅是从事放射医疗的职业人员。1954 年除对职业人

员外，还对患者和一般公众提出了最初的建议。之后，随着辐射利用领域的扩大，ICRP 把所有的辐射利用领域都作为防护对象予以考虑。在 1958 年的建议书（第 1 号出版物）中，根据职业人员进入管理区的频率划分两类区域。1959 年提出了关于孕妇和育龄妇女所受照射的最初建议，在 1962 年建议书中对女性患者的医疗照射作了具体规定，1990 年又对孕妇、胎儿和育龄妇女所受照射作了具体规定。

在 1990 年建议书中还指出，只要个人剂量远在有害的确定效应阈值之下，来自单个源的个人剂量所贡献的效应与来自其他源的剂量效应无关。出于多种目的，每个源或每组源可以各自分别处理，然后需要考虑个人受到这个源或这组源的照射。这个方法称为“源相关的”方法。ICRP 当前仍强调源相关方法的重要性，因为对源采取措施可保证对受到该源照射的人群组的防护。

表 19-19　ICRP 早期建议书中的照射分类和主要防护标准

建议年份	职业照射	公众照射	医疗照射	备注
1928	X 射线操作人员的工作条件没有记述剂量	无建议	无建议	
1934	耐受剂量 0.2 R/d（1 R/w）	无建议	无建议	
1950	最大容许剂量 0.3 R/w	无建议	无建议	
1956	最大容许剂量 0.1 rem/w（5 rem/a）	最大容许剂量为职业人员的 1/10	低至不影响治疗	
1958（第 1 号出版物）	① 辐射工作人员最大容许累积剂量 $D=5(N-18)$ rem：最大容许剂量 3 rem/13 w ② 其他工作人员最大容许剂量 1.5 rem/a	最大容许剂量 0.5 rem/a	性腺剂量低至不影响治疗要求的最小值	首次提出孕妇及育龄妇女职业照射（1959 年声明）
1962（第 6 号出版物）				首次提出女性患者的照射（10 日规则）
1965（第 9 号出版物）	最大容许剂量 5 rem/a	剂量限值为职业人员的 1/10	限制在不影响治疗效果的最小剂量	
1977（第 26 号出版物）	剂量当量限值 50 mSv/a	剂量当量限值 5 mSv/a*	实践的正当化，防护的最优化	*主限值 1 mSv/a，附加限值 5 mSv/a（1958 年巴黎声明）
1990（第 60 号出版物）	见表 19-23	见表 19-23	见表 19-23	对孕妇、胎儿和育龄妇女所受照射作了具体规定

我国《电离辐射防护与辐射源安全基本标准》（GB 18871—2002）于 2002 年 10 月 8 日发布，2003 年 4 月 1 日实施，基本上采纳了 ICRP 1990 年建议书（第 60 号出版物）中的建议和要求。

（2）ICRP 2007 年建议书（第 103 号出版物）推荐的照射分类、辐射防护原则及防护水平简介

最新的，在 ICRP 第 103 号出版物（2007 年）中，仍然将照射类型分为职业照射、公众照射和患者的医疗照射三类。继续沿用了 1990 年建议书中实践和干预体系下的防护原则，即辐射防护三原则，其中：

两项原则是源相关的，适用于所有照射情况，即：

正当性原则：任何改变照射情况的决定都应当是利大于弊的。这意味着通过引入新的辐射源，减小现存照射，或减低潜在照射的危险，人们能够取得足够的个人或社会利益以弥补其引起的损害防护。

最优化原则：在考虑了经济和社会因素后，遭受照射的可能性、受照射人员数目以及个人所受剂量的大小均应保持在可合理达到的尽可能低的水平。这意味着在主要情况下防护水平应当是最佳的，取利弊之差的最大值。为了避免这种优化过程的严重不公平的结果，应当对个人受到特定源的剂量或危险需要加以限制(剂量约束或危险约束以及参考水平)。

还有一项原则是个人相关的，适用于计划照射情况，即：

剂量限值的应用原则：除了患者的医疗照射之外，任何个人受到来自监管源的计划照射的剂量之和不能超过剂量限值。

对于计划照射情况，个人可能遭受到的剂量的源相关限制是剂量约束。对于潜在照射情况，相应的概念为危险约束。对于应急照射和现存照射情况，源相关限制是参考水平。剂量约束以及参考水平概念用于防护最优化过程，以帮助确保在考虑到社会和经济因素后所有照射控制在可合理达到的尽量低的水平。因而剂量约束和参考水平视为是最优化过程的关键，最优化过程可确保在主要情况下选择适当的防护水平。在多个源存在的情况下，通常会有一个起主导作用的源，而且选择适宜的参考水平或约束可确保得到足够的防护。辐射防护体系中用到的剂量约束和参考水平见表 19-20。

表 19-20　辐射防护体系中用到的剂量约束和参考水平[5]

照射情况类型	职业照射	公众照射	医疗照射
计划照射	剂量限值 剂量约束	剂量限值 剂量约束	诊断参考水平 （剂量约束）
应急照射	参考水平	参考水平	不适用
现存照射	不适用	参考水平	不适用

在计划照射情况下，ICRP 推荐的剂量限值见表 19-21。

表 19-21　计划照射情况下推荐的剂量限值*[5]

限值类型	职业照射	公众照射
有效剂量	20 mSv/a**	1 mSv/a***
年当量剂量		
眼晶体	150 mSv****	15 mSv
皮肤	500 mSv	50 mSv
手足	500 mSv	—

*有效剂量限值是在指定时期内由外照射引起的相应有效剂量和在同一时期内放射性核素摄入量引起的待积有效剂量之和。对于成年人，待积有效剂量计算至摄入后 50 年，而对于儿童则计算到 70 岁。

**在规定的 5 年内平均，任意单个年份内有效剂量不超过 50 mSv；

***假如 5 年期间内平均不超过 1 mSv/a，则可以允许单独一年内的有效剂量稍大一些；

****ICRP 发布第 103 号出版物时指出，对眼晶体的剂量限值还在审议中；此后，做出新的规定：连续 5 年眼晶体接受的年平均当量剂量不超过 20 mSv，并且任何单一年份内当量剂量不超过 50 mSv。

19.4.4 辐射防护的社会判断或政策判断

在辐射防护体系中，对“正当性”和“最优化”加以判断，尤为重要。这不仅包括科学的判断，必然还要包括社会的、经济的以及伦理判断，以谋求尽可能多的人理解这些判断的根据。在对实践的正当化或防护措施作结论时，常受辐射防护因素以外的政策因素的影响，此时应把政策的判断作为与辐射防护无直接关系的因素分别考虑。与社会的判断特别有关系的是剂量限值。为了得到社会的认同，应当结合本国的实际情况建立明确判断根据的条理结构。为了避免个人剂量分布极端情况的出现，确保不同人群之间的相对公平，解决办法之一是采用适当的源相关剂量约束值。

因此，在 ICRP1990 年建议书中应用了比剂量限值更切合实际的剂量约束值。剂量限值是对剂量约束值的选择施加限制的，并在防护最优化有失误时起补救作用。

防护的最优化是使个人剂量的分布、受照射人数以及照射的可能性在考虑了社会的、经济的因素之后保持在可合理达到的最低水平，而把所设定的个人剂量的上界值称为剂量约束值。剂量约束值的特点如表 19-22 所示。

表 19-22 剂量约束值的特点

① 判断最优化时个人剂量的上界值；
② 设计中不得超过剂量约束值，在运行阶段出现超过剂量约束值的情况时，不能视为违反规定；
③ 职业照射的剂量约束值是按源，或职业类型，或操作设定的，是源相关的量；
④ 公众照射的剂量约束值是按源设定的，是源相关的量

19.4.5 ICRP 当前推荐的防护水平与以往比较

ICRP 当前（2007 年，第 103 号出版物）推荐的防护水平中剂量约束与剂量限值的水平与第 60 号出版物及其派生出版物中的建议推荐的水平有部分发生了变化，详见表 19-23。

总的来说，对于计划照射情况，现在的建议与以前的建议本质上是相同的。在现存和应急照射情况下，现在的建议通常包括了以前的数值，但它们的应用范围更宽。应当指出的是，在某些情况下所引用量的含义是不同的；例如，在应急照射情况下，第 60 号出版物中的准则是用干预水平进行规定，而在现在的建议中该准则用剩余剂量（参考水平）进行规定。

表 19-23　ICRP 推荐的防护水平[4][5]

照射的类别	1990 年建议书及后续出版物	现在的建议书
计划照射情况		
	个人剂量限值①	
职业照射（60、68、75），包括恢复作业（96）	规定 5 年期内年均 20 mSv③	规定 5 年期内年均 20 mSv③
眼晶体	150 mSv/a②	150 mSv/a②
皮肤	500 mSv/a②	500 mSv/a②
手和脚	500 mSv/a②	500 mSv/a②
孕妇，其他妊娠者	腹部表面处 2 mSv 或摄入核素 1 mSv	胚胎或胎儿 1 mSv
公众照射（60）	一年内 1 mSv	一年内 1 mSv
眼晶体	15 mSv/a②	15 mSv/a②
皮肤	50 mSv/a②	50 mSv/a②
	剂量约束①	
职业照射（60）	20 mSv/a	20 mSv/a
公众照射（77、81、82）		在低于 1 mSv/a 之下选择
一般情况	—	视情况
放射性废物处置	≤0.3 mSv/a	≤0.3 mSv/a
长寿命放射性废物处置	≤0.3 mSv/a	≤0.3 mSv/a
持续照射	＜约 1 和约 0.3 mSv/a⑤	＜约 1 和约 0.3 mSv/a⑤
长寿命核素的持续照射成分	≤0.1 mSv/a⑦	≤0.1 mSv/a⑦
医疗照射（62、94、98）		
生物医学研究志愿者，如果对社会的利益是：		
较小的	＜0.1 mSv	＜0.1 mSv
居中的	0.1～1 mSv	0.1～1 mSv
适中的	1～10 mSv	1～10 mSv
相当大的	＞10 mSv	＞10 mSv
抚育者和照顾者	每次急性发作，5 mSv	每次急性发作，5 mSv
应急照射情况		
职业照射（60、96）	干预水平①,④,⑥	参考水平①,⑪
抢救生命（知情的志愿者）	无剂量约束⑧	如果对其他人的利益超过了抢救者的危险，无剂量约束⑨
其他紧急抢救作业	约 500 mSv；约 5 Sv（皮肤）⑧	1 000 或 500 mSv⑨
其他抢救作业	…	≤100 mSv⑨

续表

照射的类别（出版物）	1990 年建议书及后续出版物	现在的建议书
公众照射（63、96）		
食品	10 mSv/a[⑩]	
稳定碘的分发	50～500 mSv（甲状腺）[②,⑩]	
隐蔽	2 天内 5～50 mSv[⑩]	
临时撤离	1 周内 50～500 mSv[⑩]	
永久迁居	第 1 年 100 mSv 或 1 000 mSv[⑩]	
总体防护策略中的所有防范措施	…	视情况，在计划过程中典型值在 20～100 mSv/a
现存照射情况		
氡（65）	行动水平[①]	参考水平[①,⑪]
住宅	3～10 mSv/a （200～600 Bq•m^{-3}）	＜10 mSv/a （＜600 Bq•m^{-3}）
工作场所	3～10 mSv/a （500～1 500 Bq•m^{-3}）	＜10 mSv/a （＜1 500 Bq•m^{-3}）
天然存在的放射性物质，天然本底辐射，人类栖息地放射性残留物（82）	一般参考水平	参考水平[③,⑪]
干预：		
不可能是正当的	＜约 10 mSv/a	
可能是正当的	＞约 10 mSv/a	视情况，在 1～20 mSv/a
几乎总是正当的	接近 100 mSv/a	

注：① 有效剂量，除非另外指明。

② 当量剂量。

③ 进一步的规定是在任意一年内有效剂量不应超过 50 mSv。附加的限制适用于孕妇的职业照射。当采用于核素的摄入量时，剂量量是待积有效剂量。

④ 可防止的剂量。

⑤ 剂量约束应小于 1 mSv，不超过约 0.3 mSv 的数值可能是适宜的。

⑥ 干预水平是指特定应对措施的可防止的剂量。当设计一个防护策略时，对于个人应对措施的最优化，为了评估防护策略作为参考水平的一个补充，干预水平仍然是有价值的；这些数值指的是剩余剂量。

⑦ 如果没有可以利用的确保适用于任何可以想象的剂量组合情况下的剂量评价方法时，考虑采用。

⑧ 第 60 号出版物（ICRP，1991b）。

⑨ 第 96 号出版物（ICRP，2005a）。有效剂量低于 1 000 mSv 可防止严重的确定效应；低于 500 mSv 应防止其他确定效应。

⑩ 第 63 号出版物（ICRP，1992）。

⑪ 参考水平是指剩余剂量并用于评估防护策略，与过去推荐的干预水平相反，干预水平是指个人防护行动的可防止的剂量。

19.5　外照射的监测

19.5.1　辐射监测的分类

辐射监测包括场所监测、个人监测、环境监测和流出物监测。按监测方式分为外照射监测和内照射监测。按监测方法分为物理探测、放射化学分析和生物检验。

监测根据其目的又可分为常规监测、与任务相关的监测和特殊监测。监测的目的在于证明工作状况是否宜于继续进行作业，以及是否发生了需要重新评价工作状况的任何变化。

常规监测之目的，通常是检查有无显著的照射，并通过特殊监测以确定显著照射，如果发生了显著的照射，就需要对有关辐射工作人员的剂量进行评价。

与任务相关的监测，是为了确定某项操作是否安全而实施的监测。

为了阐明特定的问题，或在异常情况引起或怀疑会引起体内污染或过量照射而实施的一种监测，称为特殊监测。

为了验证那些被认为不致有显著照射的工作状况是否令人满意而进行的监测，称为验证监测。

19.5.2　场所监测

原子能工业各环节现场的辐射危害有不同的特点。在采矿、矿石破碎作业的现场，含铀、镭的粉尘和氡及其子体是照射的主要原因；而在水冶、冶金和元件制造厂中，含铀粉尘和气溶胶是主要的辐射源，β 辐射对皮肤的照射也不容忽视；在反应堆和后处理厂中，外照射和裂变产物是主要的辐射防护问题。此外，凡是处理高富集铀和钚的生产过程，都要高度重视临界安全。

场所监测分为辐射场监测、空气污染监测和表面污染监测，其目的在于推算作业现场中的个人所受的最大当量剂量率；查清是否遵守法令规定限值；或为了解决管理、屏蔽、放射性物质运输等方面的问题。剂量率的测定一般使用巡测仪。X 射线及 γ 射线巡测仪主要有电离室型巡测仪、GM 计数管型巡测仪、闪烁计数器型巡测仪和半导体型巡测仪等。

在工作复杂、剂量率变动大的大型核设施中需设置区域监测仪，目的是要对反应堆设施、高活度的放射性物质处理设施、大型辐射源设施及加速器等的作业空间连续监测其 X 射线和 γ 射线剂量率及中子注量率等，以冀尽早发现异常情况，迅速采取防护措施和对策。应根据需要，选用不同类型的区域监测仪，如测X射线、γ射线或中子辐射的区域监测仪。如果管理对象是反应堆、加速器、中子辐射源等设施，由于其中子能量由热中子区到20 MeV左右的快中子区，要使用以数厘米厚的石蜡从外面把BF_3计数管包起来的探测器，它对从热中子直到10 MeV左右的快中子都具有一定的响应性能。BF_3计数管的响应随其内充气体的压力、计数管的有效体积等之不同而异，故这种监测仪的测定范围随相应BF_3计数管之选择而定。其他还有中子计数器、^3He计数管或Li I（Eu）闪烁体型热中子探测器等。

辐射场的监测，不仅要测量X射线、γ射线和中子，还要注意测量β辐射。

辐射场监测需作周密的部署，总体布局要全面，又要抓住重点。不仅有正常情况下的监测部署，还要有事故情况下的应急监测部署。对监测结果，必须作出分析评价。

表面污染监测的主要对象是α、β发射体，目的是防止放射性物质通过接触经口、皮肤和伤口进入体内，或被扬起而吸入体内。对于β发射体，还有控制外照射的目的。为了防止污染范围扩大，需在污染区与清洁区交界的地点设置卫生检查站和更衣淋浴室，并配备表面污染监测仪、手脚污染测量仪等，只有当污染水平在规定值以下时才允许进入清洁区。

表面放射性污染的控制水平如表19-24所示。放射性核素毒性分组及修正因子如表19-25所示。

表19-24　表面放射性污染的控制水平

污染表面的类型		放射性物质/（Bq/cm^2）		β放射性物质/（Bq/cm^2）
		极毒组	其他	
工作台、设备、墙壁、地面	控制区	4	40	40
	非控制区	0.4	4	4
工作服、手套、鞋	控制区、监督区 非限制区	0.4 0.04	0.4	4
手、皮肤	内衣、工作袜	0.04	0.04	0.4

表19-25　放射性核素毒性分组及修正因子

毒性组别	毒性修正因子	核素例子
极毒组（1）	10	^{210}Po、^{226}Ra、^{239}Pu、^{241}Am、^{233}U
高毒组（2）	1	^{60}Co、^{90}Sr、^{131}I、^{144}Ce、^{232}Th
中毒组（3）	0.1	^{24}Na、^{95}Zr、^{59}Fe、^{99}Tc、^{137}Cs
低毒组（4）	0.01	天然铀、^{99m}Tc、^{85}Kr、^{3}H、^{15}O

评价表面放射性污染剂量率时，先用表面污染检查巡测仪（用计数率表征）测定粒子注量率（$cm^{-2} \cdot s^{-1}$）]，然后采用吸收剂量率换算因子［(Gy/h) / (Bq/cm^2)］求得。GM 计数管型巡测仪的灵敏度，在污染活度高的场中会超过量程，这时要用 β、γ 射线两用的巡测仪。

污染监测只与内照射有关。

19.5.3　环境监测

周围环境辐射监测要为估算居民受照的剂量、评价环境的安全程度及采取完善的防护措施提供必要的依据。环境监测除了外照射水平的直接测量外，还包括环境介质和生物样品的放射性水平的测定。一般使用 NaI（Tl）闪烁式监测仪和高压电离室监测仪来监测环境中的辐射剂量率水平；用热释光剂量计来监测累积剂量。

19.5.4　外照射个人剂量监测

（1）监测目的

外照射个人监测的主要目的为：

① 对个人的长期和短期的外照射进行测定和评价，确认辐射工作人员所受照射是否超过限值，如果超过就应采取对策；

② 分析个人所受的照射，确认作业环境是否管理完善；

③ 查清正常情况下的照射值，防备有超过正常水平的照射发生，做好操作方法或设施的改进工作。

（2）监测类型

监测类型可分为常规监测、任务相关监测和特殊监测。常规监测的周期应综合考虑放射工作人员的工作性质、所受剂量的大小、剂量变化程度及剂量计的性能等诸多因素。常规监测周期一般为 1 个月，最长不应超过 3 月。任务相关监测和特殊监测应根据辐射监测实践的需要进行。

（3）剂量计及其佩戴方法

根据个人监测的实际情况，分别选择 $H_p(10)$、$H_p(3)$和 $H_p(0.07)$个人剂量计进行个人监测。

在仅有光子辐射，且光子能量＞15 keV 时，宜使用常规光子个人剂量计监测 $H_p(10)$。对于强贯穿辐射和弱贯穿辐射的混合辐射场，弱贯穿辐射的剂量贡献≤10%时，一般可只监测 $H_p(10)$；弱贯穿辐射的剂量贡献＞10%时，宜使用能识别两者的鉴别式个人剂量计，或用躯体剂量计和局部剂量计分别测量 $H_p(10)$和 $H_p(0.07)$。眼晶体当量剂量监测在国际上也建议采用深度 $d=3$ mm，即 $H_p(3)$，但当前使用较少。

对中子和γ射线混合辐射场，当中子剂量与γ剂量的比值不超过10%，可只用光子剂量计测定光子剂量，然后根据光子剂量监测结果和两者粗略比值计算总剂量；当中子剂量与γ剂量的比值超过 10%，原则上应使用能分别测量中子剂量和光子剂量的鉴别式个人剂量计［中子剂量测量可使用固体核径迹探测器、热释光探测器（TLD）反照率剂量计等］分别测定中子和光子的个人剂量当量，然后计算总剂量。

从事可能引起非均匀照射的操作时，在工作人员身体可能受到较大照射的部位宜佩戴局部剂量计（如头箍剂量计、腕部剂量计、指环剂量计等）。

在预期外照射剂量有可能超过剂量限值的情况下（例如从事有可能发生临界事故的操作或应急操作时），工作人员除应佩戴常规监测个人剂量计外，还应佩戴报警式个人剂量计或事故剂量计。

对于比较均匀的辐射场，当辐射主要来自前方时，剂量计应佩戴在人体躯干前方中部位置，一般在左胸前或锁骨对应的领口位置；当辐射主要来自人体背面时，剂量计应佩戴在背部中间。对于如介入放射学、核医学放射药物分装与注射等全身受照不均匀的工作情况，应在铅围裙外－锁骨对应的领口位置佩戴剂量计；此外，建议采用双剂量计监测方法（在铅围裙内躯干上再佩戴另一个剂量计），且宜在身体可能受到较大照射的部位佩戴局部剂量计（如头箍剂量计、腕部剂量计、指环剂量计等）。

19.6 外照射的防护

外照射按照受到的剂量水平及其时间分布，可划分两种类型：第一类是连续的或间断的低剂量率、小剂量水平下的持续照射；第二类是中等或高剂量率、大剂量水平下的短时间照射。一般来说，高剂量率的全身均匀照射（如在事故情况下）的危害最大（见表19-15），小剂量的持续性照射，不会立即影响健康，但可能诱生随机效应。在原子能工业正常生产中，更要注意防止过量的小剂量照射引起的慢性损伤和晚期效应。

19.6.1 距离、时间和屏蔽

减少或限制人体受外部辐射源照射剂量的基本方法有距离、时间和屏蔽。

从原理上讲，可以借助于增大离开源的距离、尽量减少照射时间和使用屏蔽等手段来减少人在辐射源附近受到的外照射剂量。距离防护既简单又有效，故经常使用之。例如，为了减少手部所受的剂量以及身体其余部分所受的剂量，常常用长柄钳抓取辐射源。限制照射时间往往不易做得到，因为要执行某一给定的任务，通常都需要一定的时间。有时可预先在无源情况下进行操作演习，以便在实际操作时减少照射时间。

在外照射防护中，除了可以有效使用距离因素和时间因素之外，屏蔽也可以减少人受照射的剂量率，是限制工作人员受照射的一种较可靠的方法。从原理上讲，只用屏蔽就可以把剂量率降低到所计划的水平。然而，在实践中，使用的屏蔽体厚度将取决于对一些实际必须考虑的问题的权衡，例如费用和预期的利益等。下面将介绍对一些最常见的外照射源，包括射线、诊断和治疗机发出的 X 射线，伴随有轫致辐射的 β 射线以及中子等，确定适宜屏蔽的方法。

19.6.2　对 γ 射线的屏蔽

γ 射线（γ 光子）在通过屏蔽体时主要通过光电效应、康普顿散射和电子对效应等过程把能量传递给屏蔽体而被减弱或吸收。光电效应是 γ 光子把全部能量传给轨道电子，使电子从原子中释放出来；康普顿散射是光子把部分能量传给电子，同时改变自己的方向和能量；电子对形成是 γ 光子与原子核的电场发生作用，γ 光子完全湮没，其能量转换为一对正、负电子的质量和动能以及反冲核的动能。γ 光子与物质这三种相互作用分别对低能、中能和高能 γ 光子的吸收或降低能量起主要作用。

在窄束几何条件下，单能 γ 光子束穿越厚度为 x 的屏蔽后，未与屏蔽层物质发生相互作用的束流强度 I 可由下式来表述，即：

$$I=I_0\exp(-\mu x)$$

式中：I_0 是原始的 γ 光子束强度；I 是未经碰撞的 γ 光子束强度；μ 是线性减弱系数。如果入射束是宽束，则测得的强度将大于上式描述的强度，这是由于探测器还将探测到散射光子。增大后的值可由下式描述：

$$I=BI_0\exp(-\mu x)$$

式中：B 称为累积因子（$B\geqslant 1$）。从原理上讲，计算不同量，例如剂量、照射量、比释动能和能量注量等时，需要有不同的累积因子表。然而，专门用于剂量的累积因子值与用于其他量的值无多大差别。对于既定的屏蔽材料、厚度、光子能量和源的几何条件，可以由测量或计算求得累积因子 B。B 值随 μx 而迅速增大，可从 1.1 达到 30 以上。例如以水为屏蔽材料时，对于单向入射的宽束 2 MeV-γ 射线，若 $\mu x=10$，则 B 近似地等于 10。可见在宽束 γ 射线屏蔽问题中，累积因子非常重要。

就屏蔽材料的选择而言，元素越重，对 γ 射线的吸收能力越强，剂量率的减弱效应越显著。为要减小屏蔽体的总尺寸，需采用原子序数较大的元素，即高密度的材料，如铅和铁等。在反应堆屏蔽中还需考虑对中子的屏蔽，这时常用的材料是混凝土和铁。

混凝土的累积因子可以根据 Al 和 Fe 的 B 值之算术平均求出：

$$B_{\text{混凝土}}=(B_{\text{Al}}+B_{\text{Fe}})/2$$

在窄束条件下光子束强度减弱到其初始值的 1/e 的屏蔽厚度称为张弛长度。因此，张弛长度在数值上等于 $1/\mu$，即平均自由程。

19.6.3 X射线装置的屏蔽

对于工作电压超过500 kV的治疗机，应使其漏束在1 m处的照射量率不超过1 R/h，或者不超过其有用束照射量率的0.1%，这两个漏束限制标准取其大者。对于非医用的X射线照相机，其密封外罩应当至少也满足对治疗装置的要求。

由X射线密封罩提供的屏蔽称为源屏蔽。在X射线装置中还用结构屏蔽作为附加防护。将主防护屏（如用铅衬里的墙壁）固定在有用束可以射向的任何方向的位置。这个屏蔽降低了沿初级射束方向的射线射束区后面的照射量率。不在该射束直射方向的一些地点受到漏束光子的照射，还有从受到射束照射的物体上散射的光子以及从墙壁、天花板和其他结构物上散射的光子的照射。因而需要有次级防护屏以减小由漏束或散射辐射产生的照射量率。有的时候，现有的结构（如混凝土墙）可提供充分的次级防护屏，在另外一些情况下必须增加附加的屏蔽，例如采用铅皮等。

一般来说，结构屏蔽的设计要求达到在控制区内、X射线机房外面个人的平均剂量当量在1 mSv/周以下，在非控制区限制在0.1 mSv/周以下。所谓控制区是其出入和占用都与该X射线装置的运行一起受到管制的区域。非控制区则是该射线装置的操纵员管辖之外的地方。设计时应保证其他地方的剂量率分别满足对职业照射和非职业照射的个人年剂量当量限值20 mSv和1 mSv的一般规定。

19.6.4 外照射防护屏的设计

（1）主防护屏的设计

在没有更专门的资料的情况下，表19-26中的占用因子可以作为屏蔽设计的参考。

铅是屏蔽射线最有效和最实用的材料。在重量上，铅屏蔽比混凝土屏蔽轻得多。

主防护屏可以在建造构筑物时就建好，或者在现有构筑物上附加一层屏蔽。许多普通常用建材每g/cm^2的减弱能力与混凝土近似。混凝土平均密度为2.35 g/cm^3。表19-27给出了一些普通常用的市售建材的平均密度和密度范围。在类似材料中的减弱可以从混凝土当量厚度算出（如果所用建材的原子序数比混凝土的明显高，则这个方法将造成高估了所需屏蔽材料的量）。铅块常和建材一起用来构成防护屏。

表19-26 占用因子（用于屏蔽设计）

全占用 $T=1$	工作区，例如办公室、实验室、商店、病房、护士值班岗、寓所、儿童娱乐场和在邻近建筑物中的占用空间
部分占用 $T=1/4$	回廊、休息室、有操纵员的电梯、自动停车场
偶尔占用	等候室、盥洗室、楼梯、无人电梯、门房外间、只供行人走路或汽车行驶用的室外区域

表 19-27 市售建材的密度

材料	密度范围/（g/cm^3）	平均密度/（g/cm^3）
重晶石混凝土	3.6～9.1	3.6
木材（软木）	1.4～1.9	1.65
木材（硬木）	1.8～2.3	2.05
泥（装包的）	—	15
花岗岩	2.6～2.7	2.65
铅	—	11.4
铅玻璃	—	6.22
砂灰	—	1.54
混凝土	2.25～2.4	2.35
钢材	—	7.8
砖	1.6～2.5	1.9

（2）次级防护屏的设计

次级防护屏是防止由泄漏辐射和散射辐射在不是有用束直射方向上的区域之照射。从物理上看，辐射场的这两种辐射成分可能具有相当不同的品质。因而，要对每种成分都单独计算所需的屏蔽厚度，而最终的屏障厚度最好选取其和。

19.6.5 对 β 发射体的防护

（包括正电子 β^+和 β^-）发射体的潜在外照射危害有两种，即 β 射线本身和 β 射线在源处及在邻近材料中产生的轫致辐射的危害。此外，用 β^+源时，常有湮没光子存在。如果源四周屏蔽的厚度大于 β 粒子的射程，则它可能被阻止在屏蔽材料中。为了尽量减少轫致辐射，应当采用低原子序数的屏蔽材料，并将它用另一种屏蔽材料（最好是高原子序数的）包覆，后者的厚度应足以把轫致辐射强度降低到所想要的水平。对于一个被屏蔽的 β 发射体，轫致辐射可能是唯一有外照射危害意义的辐射。

用下述方法可以近似地计算出屏蔽轫致辐射的厚度。令 $E=E_{max}$，E_{max} 是 β 粒子最大能量，可估算出轫致辐射产额。因为大多数光子的能量都远低于其上限值 E_{max}，为了粗略地补偿，可忽略屏蔽材料中的累积并用能量为 E_{max} 的光子线性减弱系数来估计轫致辐射的屏蔽厚度。由于轫致辐射谱在其穿越屏蔽层时逐渐变硬，所以可以用能量为 E_{max} 的光子的空气吸收系数来计算源周围的照射量率。常用于屏蔽轫致辐射的材料是铅。

19.6.6 对中子的屏蔽

光子截面随原子序数和能量平稳地变化，而中子截面却随元素不同而不规则地变化，而且作为能量的函数有着复杂的共振结构。因此，在设计光子屏蔽时有若干因素可以简化，这种简化却不能用于中子屏蔽计算方面。此外，一般来说，人们对光子截面比对中子截面知道得更清楚。为了计算中子在各种材料中的相互作用与输运，要用蒙特卡罗方法和其他技术编出复杂精巧的计算机程序代码。在某些情况下可用较简单的方法做一些有用的估计。本节仅概括地讨论对中子的屏蔽。

从机理上讲，屏蔽中子主要靠弹性散射。先把快中子慢化到热中子，然后吸收热中子。最有效的慢化材料是轻元素，特别是氢。许多含氢材料，如水和石蜡，可做成高效的中子屏蔽体。然而，水屏蔽体有着需要维护的缺点，而且水蒸发后可能导致失去屏蔽的潜在危险。石蜡可做成随意的形状。混凝土（普通混凝土或重混凝土）或土壤在许多场合下也可选为中子屏蔽材料。在反应堆或加速器周围的实验区内，常常必须设置临时性的中子屏蔽体。为此目的采用可拆卸的混凝土块是很方便的。人们必须仔细检查在这类屏蔽体中的缝隙、出入口和管道，以保证没有中子泄漏。应当错开垂直缝隙（在重力作用下混凝土块的自然下沉常可防止出现水平缝隙）。一般来说，在临时性中子屏蔽体正式使用前和使用期间，需要进行监测以检验其性能。

通过 $^{1}H(n,\gamma)^{2}H$ 反应，氢俘获热中子，其俘获截面为 0.33 b。像镉一类的材料，有着非常大的（n, γ）中子俘获截面（镉的俘获截面为 2 450 b），常被用作中子吸收体。氢和镉有发射高能（分别为 2.2 MeV 和 9.05 MeV）俘获 γ 射线的缺点，需要对这些 γ 射线进行屏蔽。其他原子核如 ^{10}B 和 ^{6}Li 是通过（n, α）反应俘获热中子，不发射需要考虑的 γ 辐射。除了由于俘获释放 γ 射线可能引起保健物理问题之外，这些屏蔽体可能通过中子俘获或其他反应而产生感生放射性。

从单能中子垂直入射组织块（含氢材料）的深度–剂量曲线，可看出 5 MeV 中子在 30 cm 处吸收剂量下降 1 个数量级。由原始 5 MeV 中子穿越组织块开始，随着穿越深度的增加，中子被不断地慢化，中子慢化谱也在不断变化。对于 $^{1}H(n,\gamma)^{2}H$ 热中子俘获反应，热中子密度大约在 10 cm 处累积达到最大值，之后随着中子被吸收而下降。在石蜡中，1 MeV 中子的半价层约为 3.2 cm，5 MeV 中子的半价层约为 6.9 cm。

有时可用简单的“单一速度”模型来估算中子的屏蔽厚度。该模型只用中子移出截面。这类屏蔽必须充分厚。中子源能量是这样分布的：只有窄能带中贯穿性最大的中子对屏蔽层外的剂量贡献才值得重视。于是，可用一个屏蔽厚度的指数函数来表示中子剂量。其使用条件必须满足：中子由最大贯穿能量降到 1 MeV 所需的慢化距离很短。此外，该屏蔽必须包含足够多的氢原子以保证中子由 1 MeV 降到热中子和到达吸收点的平均迁移距离很短。各种元素的宏观移出截面 Σ_r 大约是总截面的 3/4（氢除外，氢的移出截面大约是总截面的 0.9）。大多数移出截面的测量数据都是用裂变中子源和在上述厚度的屏蔽下做的：对剂量的主要贡献来自于能量在 6～8 MeV 间的源中子。

对于各种形状和其他特征的反应堆堆芯，已开发出以移出截面为基础的中子屏蔽近似计算公式。这里只介绍一个简单有用的公式，适用于放射性中子源的屏蔽计算。因为与裂变源相比，其强度很小，只需相对薄一些的屏蔽即可。但散射中子对屏蔽外的剂量不容忽视，其效应要用累积因子 B 予以考虑。在离源强为 S（s^{-1}）的点源 R（cm）处，厚度为 T（cm）的屏蔽层外面的剂量当量率 $\dot{H}$ 可由下式求出：

$$\dot{H} = B\,S\,k\exp(-\Sigma_r T)/4\pi R^2 \qquad (1)$$

式中：Σ_r是移出截面（cm^{-1}）；k是对于源能量的中子、与单位中子注量率对应的剂量当量率［($mSv \cdot h^{-1}$) / ($cm^{-2} \cdot s^{-1}$)］，由表可查到；对于带有至少 20 cm 厚的水或石蜡屏蔽层的钋－铍源和钋－硼源，$B \approx 5$。则在例如 $S=2.05\times10^6\ s^{-1}$，$R=160$ cm，$T=50$ cm 条件下，可算出：

$$\dot{H} = \{5\times2.05\times10^6\times0.001\,56/[4\pi(160)^2]\}\exp\left[-0.103\times50\right]$$
$$=2.9\times10^{-4}\ mSv/h$$

注意，当式（1）用于屏蔽厚度 T 大于 20 cm 时可取 $B=5$。一般来说，在有中子的地方，还要注意对 γ 射线的屏蔽，但在本例题中，^{210}Po 是个弱 γ 放射体（发射 γ 的概率为 0.001%），它衰变为稳态的 ^{206}Po。

19.6.7　反应堆装置的屏蔽

反应堆及其回路是强大的中子和 γ 辐射源，主要问题是中子与 γ 的联合屏蔽。

反应堆一般设有两重屏蔽。反应堆本体的屏蔽称为一次屏蔽，其作用是把从堆芯泄漏出来并穿过压力容器的中子和 γ 辐射的强度降低到允许水平。就是说，一次屏蔽后的辐射水平，在正常运行条件下，不应使二回路等设备受到严重活化，即在停堆一定时间后，运行人员可以接近。二次屏蔽的作用是对一次屏蔽泄漏出来的辐射以及一回路产生的辐射（如冷却剂及其腐蚀产物的活化等）进行屏蔽。设计中应考虑由（n, γ）反应产生的次级 γ 射线的屏蔽和屏蔽层因吸收辐射而产生的热量的排出问题（屏蔽冷却）。

反应堆屏蔽层中各种贯穿孔道、空洞或缝隙导致辐射的泄漏，是一个复杂问题。实际上总有一些管道或信号电缆要穿过屏蔽层，如果处理不当，往往会造成可观的辐射剂量。为了防止辐射直穿过孔道，应尽量将屏蔽层中的孔道做成弯曲的几何形状。这样就只有从孔道壁上散射的某些辐射会泄漏出来。

反应堆屏蔽的典型做法如下：

（1）对中能 γ 射线（0.5～5 MeV），因其与物质的作用主要是康普顿散射，故物质的屏蔽效果与电子密度成正比，即光子通量的减弱与屏蔽材料的总重量成正比。

（2）对高能和低能 γ 射线，须用重元素屏蔽。因为这些 γ 射线与物质的作用，主要是光电效应或电子对效应，其作用截面与介质原子序数的 n 次方成正比（$n>2$）。

（3）比重大的屏蔽材料，应尽量紧靠堆芯，以提高屏蔽效率和减少整个屏蔽体的重量。

（4）对各向同性裂变中子点源，各种屏蔽材料的（$1/\Sigma_r$）大致都具有 10 cm 的量级。但因非弹性散射的存在使较重物质的 Σ_r 较高，故对大于 1 MeV 的快中子的屏蔽，须适当采用重元素作为屏蔽材料。

（5）对于 1 MeV 以下的中子，宜采用含氢较多的物质作为屏蔽材料。

（6）把硼等物质加在屏蔽材料之中（如含硼混凝土），可提高吸收中子的能力而又不致产生较硬的俘获γ射线。

（7）混凝土含有大量的氢、氧、钙、硅等较轻元素，是同时屏蔽中子和γ射线的较好材料，而且价格便宜；重混凝土是用一部分重晶石、磁铁矿或废钢铁代替原来的砂石骨料，以增强对快中子的慢化能力（通过非弹性散射）和提高对γ射线的屏蔽效率，重混凝土的密度比普通混凝土高一倍左右。

（8）采用重、轻元素材料交替布置的多层组合屏蔽，是屏蔽中子和γ射线的最有效方法，因为它同时还可以屏蔽（n, γ）反应或光电效应所产生的次级γ射线。

典型的核电厂压水堆装置的屏蔽尺寸（一般为混凝土）是：

反应堆一次屏蔽≈200 cm

围绕一回路的二次屏蔽≈90 cm

混凝土安全壳墙≈100 cm

混凝土安全壳顶≈90 cm

19.6.8 船用动力堆屏蔽的特殊性

对于船用动力堆，特别是核潜艇压水堆的屏蔽，重量和体积问题突出。所以大都采用铁－铅－水或铁－铅－聚乙烯交替组合屏蔽，加上适量混凝土屏蔽。由于反应堆底部产生的辐射会通过海水散射而进入堆舱前后毗邻的舱室，同时使海水活化，堆底须设置专门的屏蔽。即除了堆芯下部的水层、上下底板和压力容器底部外，加设一定的铁水交替屏蔽。此外，为保证船上工作人员的安全，须把堆舱的前、后隔壁和侧壁做成铅－聚乙烯等多层组合屏蔽结构。

19.7 内照射的监测、评价与防护

放射性物质可以经由吸入、食入、皮肤或伤口（或几种不同途径同时存在）进入人体。进入人体的放射性核素将在体内转移，并不断地由于排出体外和放射性衰变而减少。内照射的危害与摄入放射性核素的途径、种类、物理化学状态、摄入量以及该种元素在体内的代谢规律等因素有关。需要特别注意防护那些半衰期长、排出体外的速率慢和毒性大的核素。与外照射不同，内照射的弱贯穿辐射的能量可全部沉积在体内。内照射在时间上是连续性的，因此量度内照射剂量要采用待积吸收剂量、待积当量剂量和待积有效剂量。

19.7.1 个人内照射监测的目的

个人内照射监测的目的为：

（1）对有可能受到内照射的辐射工作人员的内照射剂量作出评价。

（2）验证操作是否在充分妥善的条件和环境中进行，操作方法是否完善；对操作

方法、操作条件和工作环境不完备的情况，提出改进意见。

内照射剂量的评价有两种方法。第一种方法是先对作业环境进行监测，由工作场所空气中的放射性物质浓度推算出摄入量（吸入量），然后求出剂量当量。辐射工作人员因吸入污染的空气而受到内照射者居多，因此这种方法得到了广泛应用。第二种方法称为内照射监测方法。第一步是测定存在于辐射工作人员体内的放射性物质的数量。然后根据这个数值求出摄入量，再用标准模式（参考人模式）评价其剂量当量。但是，在不可能测定放射性核素在体内的数量的情况下，就需要测定排泄量再求出其体内含量。内照射监测所用的测量方法依放射性核素的种类而不同，对那些进入体内后会迅速消失的放射性物质，必须较频繁地进行监测。

19.7.2　个人内照射监测的必要条件

为了有效地反映辐射工作人员的工作条件和确保安全，直接对那些怀疑会受到内照射的辐射工作人员逐个地进行内照射个人剂量监测，是评价内照射剂量的基本方法，它具有很多优点。

但是，受到内照射的可能程度，随不同的辐射工作人员可有很大差别。有的辐射工作人员可能受到接近剂量限值的照射；而有的辐射工作人员在操作可能引起内照射的放射性物质时，可证明其受到的照射剂量非常小（由于其操作量和操作方式）。所以，切合实际的做法，应根据作业环境的空气污染监测或表面污染监测对内照射的程度进行估算，据此判断是否要进行个人内照射监测。

关于个人监测的范围和验证监测，ICRP 第 35 号出版物第（79）款建议：在甲种工作条件下工作的人员应接受个人监测。对于其他工作人员不要求进行个人监测，通常只要通过作业环境监测对其工作条件进行评估就足够了。或加上某些附加的个人监测。这个附加的个人监测或称为验证监测。例如，从被怀疑受内照射的辐射工作人员群体中选择有代表性的人进行定期的检查，如果从这个代表者检查不出污染，就确定为群体内没有污染（低于记录水平）。

经验表明，在下述操作中通常需要进行个人内照射监测：

① 操作大量气态及易挥发的放射性物质，例如，在大规模生产过程中操作以氧化物形态存在的发光材料钛，以及在重水反应堆中操作氚及其化合物等。

② 处理天然铀及其浓缩物和加工反应堆燃料等过程的工作场所频繁受到污染者。

③ 处理钚及其他超铀元素。

④ 铀的粉碎及精制。

⑤ 大量放射性核素的生产。

此外，在操作高危险度（毒性）的放射性物质时，即使摄入量很少也会造成大的照射剂量，也要进行内照射监测。

与工作场所的污染有关的体内污染情况，在ICRP第35号出版物中分为3类：

① 非常偶然的，通常是由于无规律发生的事情使工作场所受到污染。

② 在日常工作中，工作场所的污染虽然是变化的，但本质上是持续性的。

③ 由于出现小过错造成工作场所污染，这种情况也不能说是罕见的。

19.7.3 个人内照射监测的类型

受照射的可能程度是各种各样的，因此，与内照射有关的个人监测有如下4种：

（1）常规监测

监测时间与正在进行的操作的特定阶段没有关系，按预定的时间间隔进行的监测。常规监测之目的，通常是判断有无显著的污染，证明工作状况是否宜于继续进行作业，以及是否发生了需要重新评价工作状况的任何变化。当某个人的常规监测结果超过管理的标准值（导出调查水平就是这种标准值的代表性例子），说明有体内污染时，就把这个人作为特殊监测对象进行仔细地测定。在锕系元素的特殊情况下，体外测定法一般不适用，因为锕系元素从体内排泄的量很少，不可能测出相当于导出调查水平的量。对于这种情况，不可能根据个人常规监测来判断是否有显著的体内污染。应把目标放在检查放射性物质长期积累的状况方面，借助于作业环境的监测来判断体内有无显著的污染。

（2）与任务相关的监测

与某些任务/操作有特别关联的监测。这是对于那些缺少内照射管理经验的特定作业，旨在了解其内照射情况的一种监测。例如，对进行废旧的高放射性物质操作设备解体工作的辐射工作人员，在解体工作之前、工作中及解体工作完成后进行的体外测量或生物检验，就是操作监测的一个典型例子。为了确定某项操作是否需要实施常规监测，有时也进行操作监测。

（3）特殊监测

为了确定特定的问题或在异常情况下是否会引起体内显著污染，以及为验证辐射工作人员的工作条件必须满足不大可能造成其显著的内照射而实施的一种监测。如果发生显著的污染，就需要对该辐射工作人员的内照射剂量进行评价。具体适用情况有：

① 常规监测的结果超过了原定的管理的标准值（导出调查水平就是典型的标准值）；

② 工作场所的空气或工作场所产生污染等有可能造成辐射工作人员体内污染的情况；

③ 由于事故而发生或怀疑发生体内污染的情况。

此外，辐射工作人员个人的皮肤污染检查、鼻腔污染检查是判断有无体内污染的实用方法。根据这些检查的结果，若发现有污染就要进行特殊监测。

除了造成明显的体内污染的事故场合之外，要判断是否有必要进行特殊监测，辐射管理的经验起重要的作用。

19.7.4　个人内照射监测的方法

（1）体外直接测量

又称活体测量。该法的基础是从体外直接测量摄入体内的放射性物质所发射出的 X 射线或 γ 射线，由此进行放射性核素的定性及定量分析。体外测量所用的装置是以一般的简易型全身计数器作为主体。由于是在胸部测量体内 Pu 和 Am 的低能 X 射线及 γ 射线（100 keV 以下），因此测定 Pu 或 Am 在肺部沉积量的装置，称为肺部监测仪。

实施体外测量法测量时，不适于测量发射 α 射线或 β 射线的核素。还要注意防止体表沾污。

（2）间接测量

间接测量是测量从体内分离出来的生物物质（尿、粪便、呼气或血液）或取自工作环境的实物样品（诸如空气、表面污染样品）中的放射性浓度，可为验证摄入的放射性物质是否已进入人体的组织系统提供重要情报。

间接测量时，需考虑放射性物质的化学、物理和生物学诸特性的资料及摄入途径，并应选择适合该测量项目的样品种类和样品量。样品有尿、粪便、鼻涕、痰、唾液等，有时还有血液、毛发、鼻腔擦拭样品和呼出气等等。在评价摄入量或器官中沉积量时需要明确代谢模式。生物检验法可用来分析那些仅发射 α 射线和 β 射线的核素，这些核素用体外测量法是很难测到的。

（3）空气中放射性物质浓度测定法

该法是从空气监测仪测定的空气中放射性物质浓度（氡除外）推算摄入量，一般可以广泛应用。但与其相关的参量很多，故该法的准确度比生物检验法和体外测量法差。必须充分研究其适用的参量。

对于空气中放射性物质浓度测定法，要根据用于作业环境监测的方法定出其测定标准。

19.7.5　个人内照射监测的实施

内照射监测不能直接测定剂量当量。要用体外测量法测定放射性物质在体内的含量，用生物检验法测定放射性物质的排泄量。因此，较方便的办法是先由放射性物质的代谢数据计算出放射性物质的体内含量或排泄量与由其造成的剂量当量之关系，再将监测的测量值与之比较，求出剂量当量。考虑到个人监测方法的经济性和推算剂量当量的困难，对一切场合都实行详细的调查和评价是不切实际的。合理的办法是对内照射检查结果达到某一水平以上者进行周密检查（确定放射性物质在体内的负荷量并跟踪其随时间的变化）。为进行这种必要的周密检查而定的水平即为调查水平，它是对应于放射性物质摄入量限值的一个适用数值。为使各种监测的测量值可以与之比较，它与监测的频次也有关系。

（1）调查水平

① 常规监测和验证监测的调查水平

比剂量当量限值小得多的剂量当量是很不容易测定的，为了实施有效的监测，作为调查水平的基础，ICRP 提出将年剂量限值的 3/10 作为调查水平。以此作为在照射管理上有重要意义的剂量当量的下限。即，根据常规内照射监测结果怀疑其照射可能超过（年限值的 3/10 乘上某一分数，这个分数相当于一次个人监测周期在一年中所占的份额）这个水平时，就应实行详细的监测以求出其剂量当量。

设常规监测的调查水平为 ILR，年摄入量限值为 ALI，一年中监测的频次为 n，则：

$$\mathrm{ILR}=\frac{0.3}{n}(\mathrm{ALI})$$

上式就是推算调查水平值的基本公式。将具体的监测频次代入上式，常规监测的调查水平 ILR 见表 19-28。

表 19-28　常规监测的调查水平

监测频次（n 次/年）	调查水平（ILR）	
	与 ALI 之比	待积有效剂量当量/mSv
1	3/10	15
4	3/40	3.75
6	1/20	2.50

对于体内有效半减期长的放射性核素，还没有一种个人常规监测办法能够用来较早地发现工作场所的不合乎要求的情况。为了防止产生显著的内照射，进行作业环境监测是必要的。对于大部分核素，3 个月一次的监测频次是合适的。而对有效半减期显著短的核素，有必要增加监测的频次。在这种情况下，必须注意规定的放射性水平（导出调查水平）。对于有效半减期非常短的核素，不论是体外测量法还是生物检验法都很难适用，需从作业环境监测的结果作出评价。

② 特殊监测和操作监测的调查水平

由于难以预料的事故等原因而将放射性物质摄入体内的机会，一年中不会超过几次。因此，特殊监测和操作监测的调查水平 ILS 可取作：

$$\mathrm{ILS}=\frac{1}{10}(\mathrm{ALI})$$

（2）导出调查水平

由于个人监测得到的结果是器官内、或全身内滞留的放射性活度，或是一天内排泄的放射性活度，把基于调查水平导出的放射性物质在体内滞留量或由体内排出的排泄量称为导出调查水平，用放射性活度来表示，使各种监测的测量值可以与之比较。实用的做法是按摄入调查水平的活度时起，算出摄入后第 t 天的体内滞留量或一天内的排泄量，作为导出调查水平。由于这个摄入量比 ALI 小，在常规管理中，把测量结果与适当设定的导出调查水平作简单的比较就足够了。

当个人监测的测定结果超过导出调查水平时，要对摄入量的大小作详细的调查，包括下列调查项目和措施：

① 为了确认初期评价结果和提高评价的准确度而需继续进行测定。

② 为确定滞留量或排泄量需采用附加的监测方法。

③ 对粒子大小的影响等作修正，使用实际参数，重新估计剂量评价值。

④ 对操作条件和常规监测频次重新评价。

（3）记录水平

这种水平具有这样的重要性：超过这个水平时，监测活动的结果值得记录和保存。

保管好有关工作场所监测的常规记录，通常是为了验证作业环境是否维持在良好状态，而不是为了推算每个辐射工作人员所受的照射剂量。

内照射监测与其说是为了验证由测得的体内负荷量或排泄量而估算出的体内摄入量或内照射剂量，不如说是为了验证作业环境是否维持在良好状态，或验证内照射防护措施（呼吸防护用具的佩戴标准等）的有效性。因此，没有必要保存低于管理上有用水平（称为记录水平）的个人内照射监测结果。ICRP 建议取调查水平的 1/3 作为记录水平。对低于记录水平的结果，将其推算的年摄入量视为零。

（4）导出记录水平

为了使记录水平与放射性物质的摄入量限值相对应，将摄入与记录水平相当的放射性活度后第 t 天的体内滞留量或一天内的排泄量作为导出记录水平，把个人监测的结果与这个导出记录水平相比较，进而采取必要的措施。

19.7.6　体内放射性活度测量的评价

体内活度是推算摄入量的前提，推算摄入量的方法有：① 由体外测量推算摄入量；② 由生物检验推算摄入量；③ 由空气中放射性浓度推算摄入量。各种方法推算摄入量的程序如图 19-4 所示。各种推算方法的特点见表 19-29。

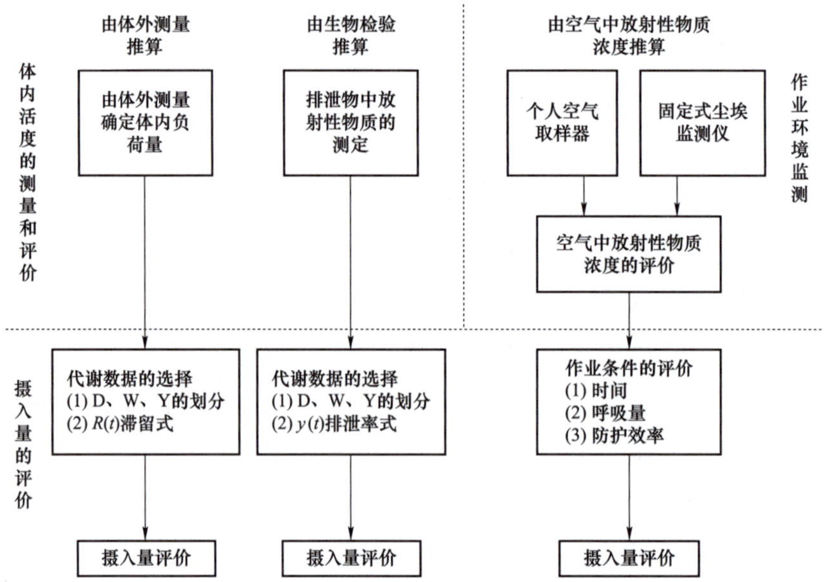

图 19-4 由内照射监测的各种方法推算摄入量的程序

表 19-29 内照射监测各种推算方法的特点

比较项目	推算方法		
	（1）体外测量	（2）生物检验	（3）空气中放射性物质浓度
待测定的核素	γ 辐射的核素（代表性例子有 ^{60}Co，^{137}Cs，^{131}I，^{54}Mn 等）	α，β，γ 辐射的核素（代表性例子有 ^{238}U，^{235}U，^{239}Pu，^{90}Sr，^{3}H 等）	如果准备好适用的辐射测量仪器，待测量的核素是不限的
测量装置等	全身计数器（包括肺部监测仪）	分析设备及器具 活度测量装置	空气取样装置 活度测量装置 尘埃监测仪
测量和评价	可直接测量放射性物质在体内的含量	除 ^{3}H 外，一般化学分析需要时间	比较容易评价，但估算个人摄入量时，不确定因素多
被检查者的合作情况	因测量时间短，容易得到被检查者的合作，但被检查者受约束	对排泄物取样时需要被检查者的合作	
性能	为了提高监测性能，要采用高灵敏度的探测器并充分屏蔽	可探测出微量的放射性物质	测量浓度时准确度较高，摄入量准确度低
剂量评价方面的特点	可跟踪调查放射性物质在体内的分布或随时间的变化	为摄入放射性物质而造成体内提供确实的信息	难以确定被测定空气中的放射性物质浓度与个人摄入的活度之间的换算关系
测量和评价所需的人员	中等数量	中等数量	少数
评价的准确度	高	中	低

通过内照射监测的各种方法求得摄入量后，计算待积有效剂量 $H_{50.E}$ 和待积组织剂量当量 $H_{50.T}$。

关于剂量当量评价的准确度，ICRP 第 35 号出版物有如下叙述：关于外照射，对于与年剂量当量限值同一水平的照射，则 95%置信水平下的不确定度不宜超过 1.5 倍；照射水平为年限值的 1/5 时，则 95%置信水平下的不确定度为 2 倍是可以接受的。由于辐射工作人员操作时可能同时受到外照射和内照射，因此希望内照射监测中的准确度与外照射监测中的准确度相同。但实际上，由于影响内照射的因素很多，不确定度较大。在向受内照射的本人告知其剂量当量的评价结果时，应当说明评价结果有较大的不确定度。

有效剂量的概念对于内照射和外照射都是适用的。当外照射和内照射两种监测结果所估算的有效剂量的评价值分别都在记录水平（2 mSv）以上时，原则上可以把它们加起来，作为内、外照射的总有效剂量。对于组织剂量当量也同样——超过记录水平就相加。

19.7.7　内照射的防护

在采矿、矿石加工、水冶、金属冶炼、元件加工等作业中，内照射的危害常常是主要的。除了采取湿式操作外，内照射防护的基本原则是包容和稀释。包容有两种类型：一是把放射性物质限制在密封设备内，使其不散布或泄漏到大气中去。如反应堆容器、工艺回路、安全壳、手套箱、工作箱、设备室和密封容器等；二是把人体全部或部分包容起来，如穿气衣、戴面具或过滤口罩等，主要用于产生气体和微尘的工作场所。稀释是降低放射性物质的浓度，如通风换气。反应堆和后处理厂中常用的热室、工作箱和设备室等则是将屏蔽和包容结合起来的防护措施。应当使用防护因子大的防护器具。表示呼吸防护器具之防护性能的防护因子，是透过份额的倒数，它与防护效率的关系如下：

$$防护因子=1/[1-防护效率(\%)/100]$$

防护器具的防护因子为已知的就使用该值，若未知则使用表 19-30 所列之值。

表 19-30　呼吸防护器具的防护因子

防护器具	防护因子	
	尘埃	碘
半面罩（尘埃过滤器）	10	1
全面罩（尘埃过滤器）	50	1
碘吸收罐	50	20

对过量体内污染的唯一治疗办法是采取各种措施加速排出体内的放射性核素。

19.8 辐射工作人员的健康管理和居民的辐射安全

原子能工业要求对辐射工作人员的健康状况十分注意和规定严格的体格检查制度：参加工作前要进行体检，以排除辐射工作的禁忌症患者；参加工作后要进行定期的体检，以便及早发现慢性辐射损伤。随着原子能工业的发展，防护方法逐渐完善，辐射监测手段日益健全，使辐射工作人员的健康和安全更加有保证。

目前，辐射工作人员的健康管理工作主要有以下几方面内容：

（1）辐射工作人员个人剂量管理。

（2）辐射工作人员健康检查，包括上岗前和就业后定期健康检查。

（3）辐射工作人员健康档案管理，记录历次健康检查和异常照射等情况，以便据以作出个人健康评价，包括是否适应辐射工作。

（4）对超过最大容许剂量的工作人员进行全面系统的医学随访观察，应用放射生物学研究中关于辐射损伤灵敏指标的成果，早期发现辐射损伤，做到及时而有效的治疗。

（5）与内照射监测密切配合，及时发现放射性核素过量摄入体内的情况，采取相应的阻止吸收和加速排出的医学措施，以尽量减少放射性核素的内照射剂量。

（6）对各种放射性核素的体外沾污进行及时正确的洗消（如钚伤口沾污的洗消去污等），预防和正确处理各种人体照射事故。

（7）对放射性疾病包括急性放射病、慢性放射病、皮肤和眼晶状体等的辐射损伤等进行管理。

（8）在有条件的单位开展放射性流行病学的调查和登记工作，考察辐射引起的晚期效应，逐步积累小剂量照射下辐射效应的资料，以便更全面和有效地对辐射工作人员的健康进行评价和管理。

现代核设施的安全措施足以保护周围居民免受过量的照射，保护生物系统及其他环境资源免受损害。除了大型反应堆发生灾难性事故（如堆芯熔化，堆内积累的放射性物质相当大的一部分突然散逸到环境中）的情况外，一般不会使居民受到急性辐射损伤。核电厂在正常运行情况下，向外排放的放射性废物很少，居民由此受到的辐照剂量远低于规定限值，一般不能直接测得。因此，为评价核设施对周围环境和居民产生的现有和潜在的辐射影响、确认其安全程度并采取改进的防护措施而进行的环境辐射监测，除外照射水平的直接测量外，必须包括重要环境介质和生物样品（例如空气及微粒和沉降物、水和沉积物、土壤、牧草、谷物、蔬菜、牛奶、陆生生物群、水生生物群等）中的放射性物质浓度的测定，以便较准确地估算居民受照剂量。

对周围环境辐射水平的监测包括开工前的本底调查，运行时的常规监测和事故时的应急监测。本底调查不仅要调查天然辐射源造成的本底照射水平（它随纬度和高度以及岩石的成分而变），而且要注意其变化情况，以便在以后的常规监测中准确地扣除本底值。常规监测要测定周围环境中各种介质的放射性含量，据以评价核设施的正常运行使周围居民受到的照射是否超过规定标准；此外还要控制排入环境的放射性总量，如在废水、废气的排出口设置连续监测仪，以及报警和自动切换装置，以确保居民的辐射安全。应急监测是当核设施发生向环境突然释放大量放射性的事故时的环境监测，其任务是尽快查明污染物质的去向，污染水平和范围，以便采取适当的应急防护措施（如隐蔽、服用稳定碘、撤离、避迁、进出通道控制、个人呼吸道和体表防护、人员去污、区域去污、食物和饮水控制以及医疗处理等）。应急监测部署的规模应根据核设施的最大设想事故来定。

人们广泛关注长期低剂量照射引起的随机性辐射致癌和辐射遗传效应。世界某些国家一些地区的天然辐射超过正常变化范围。在一些高辐射本底地区进行居民癌症和遗传变异调查，有助于评价天然辐射对人类自然发生的癌症等病变是否有贡献和有多大贡献，以及类似剂量水平的人为辐射，如职业性照射、核设施排放废物等的影响。目前只在几个高本底地区进行过辐射的远期效应和遗传效应的流行病学调查。由于判断这些效应的大小，只能借助于统计学方法，所需的群体达几十万人，而且影响的因素错综、复杂，所以这方面的资料很少，不确定性较大。例如研究得较多的印度 Kerala 邦海岸（天然辐射本底为对照地区的 3.4 倍）、巴西 Guarapari 镇（5.7 倍）、中国广东阳江地区（2.5 倍）等调查结果发现，高本底地区居民的癌症死亡率不但不高于、反而稍低于对照地区，但其差别无显著意义。2000 年 3 月的国际放射性废物管理会议注意到，里海滨伊朗 Ramsar 镇居民常年接受的天然辐射照射有效剂量高达 260 mSv/a，而在癌症死亡率、寿命、染色体畸变、免疫功能等方面同附近正常辐射本底地区居民相比较，并无明显差别。最有趣的结果是采集一些高本底地区（HBRA）及其附近的正常本底地区（NBRA）人群的血液样本，使其在体外暴露于 1.5 Gy 的 γ 辐射的“挑战”中；发现 HBRA 居民与 NBRA 居民的血液样本相比，诱发染色体异常平均数仅为后者的 56%，一些研究人员认为 HBRA 居民对辐射剂量产生了一定的适应性反应，即意味着暴露于低剂量的细胞通常对随后更高剂量的有害影响变得不那么敏感。当前也有学者认为适应性反应也会产生“兴奋”，即低剂量暴露会诱导有益效果（如减少癌症频率、延长寿命）。①

19.9 我国现行电离辐射防护与辐射源安全基本标准简介

我国现行的电离辐射防护与辐射源安全基本标准为《电离辐射防护与辐射源安全基本标准》（GB 18871—2002）。该标准于2002年10月8日发布，2003年4月1日实施。当时，国际上首个电离辐射防护与辐射源安全基本标准是由联合国粮农组织（FAO）、IAEA、国际劳工组织（ILO）经济合作与发展组织核能机构（OECDNEA）泛美卫生组织（PAHO）和世界卫生组织（WHO）联合倡议并分别批准的，以115号国际原子能机构安全丛书形式于1996年发布的《国际电离辐射防护和辐射源安全基本安全标准》，该标准基本上采纳了ICRP 1990年建议书（第60号出版物）中的建议和要求。我国按照与该国际基本安全标准技术内容等效的原则，并考虑了过去十多年来实施辐射防护基本标准的经验，制定了该国家标准。

《电离辐射防护与辐射源安全基本标准》（GB 18871—2002）是我国电离辐射防护与辐射源安全领域的顶层标准。该标准以保护人的健康与安全为宗旨，以促进我国核事业的可持续发展为目的，规定了对电离辐射防护和辐射源安全的基本要求。其适用范围覆盖了涉及电离辐射照射的所有生产活动、生活环境和事故应急中人员所受电离辐射照射的防护和（或）辐射源的安全。在核工业领域，以及放射性同位素和辐射技术在医学、工业、农业、教学和科研中的应用，以及对于铀、钍伴生矿的开采与选冶等涉及天然源照射的领域，都是基础性的防护与安全标准。

该标准采用了实践和干预的防护体系，内容涵盖：一般要求；对实践（参见实践与干预）的主要要求；对干预（参见实践与干预）的主要要求；职业照射的控制；医疗照射的控制；公众照射的控制；潜在照射的控制——源的安全；应急照射情况的干预；持续照射情况（参见现存照射情况）的干预。并在附录给出了：职业照射与公众照射的剂量限值；表面污染控制水平；应急照射情况的干预水平与行动水平；持续照射情况的行动水平；豁免准则和可豁免的源与豁免水平；放射诊断和核医学诊断的医疗照射指导水平，放射性核素的毒性分组；非密封源工作场所的分级；电离辐射的标志和警告标志。

在计划照射情况下职业照射对眼晶体的限值方面，该标准沿用了150 mSv/a的剂量限值；当前，ICRP已修订为5 年眼晶体接受的年平均当量剂量不超过 20 mSv，并且

① 参见 Low Dose Radiation and its Regulation，Nuclear Engineering International，Vol.46，No.568，November, 2001.

任何单一年份内当量剂量不超过 50 mSv。

在辐射权重因数和组织权重因数方面，该标准所采纳的数据见表 19-31。

表 19-31　GB 18871—2002 列出的辐射权重因数[1]

辐射的类型及能量范围	辐射权重因数
光子，所有能量	1
电子及介子，所有能量*	1
中子，能量＜10 keV 10 keV～100 keV ＞100 keV～2 MeV ＞2 MeV～20 MeV ＞20 MeV	5 10 20 10 5
质子（不包括反冲质子），能量＞2 MeV	5
α 粒子、裂变碎片、重核	20

*不包括由原子核向 DNA 发射的俄歇电子，此种情况下需进行专门的微剂量测定考虑。

该标准还指出，如果需要使用连续函数计算中子的辐射权重因数，则可使用下列近似公式：

$$\omega_{R} = 5 + 17e^{-(\ln(2E))^2/6}$$

式中：E 为中子的能量（以 MeV 为单位）。对于未包括在表 19-31 中的辐射类型和能量，可以取 ω_R 等于 ICRU 球中 10 mm 深处的 $\overline{Q}$ 值，并可由下式求得：

$$\overline{Q} = \frac{1}{D}\int_0^\infty Q(L)D_L\mathrm{d}L$$

式中：D_L 为 D 随 L 的分布；$Q(L)$为 ICRP-60 号出版物中规定的水中非定限传能线密度为 L 时的辐射品质因数。Q—L 关系式如表 19-32 所示。

表 19-32　GB 18871—2002 中列出的 Q 与 L 关系[7]

水中的非定限传能线密度 L/（$keV \cdot \mu m^{-1}$）	Q（L）*
≤10	1
10～100	$0.32L-2.2$
≥100	$300/\sqrt{L}$

*L 的单位是 $keV \cdot \mu m^{-1}$。

为辐射防护的目的，器官或组织的当量剂量所乘以的因数见表 19-33，乘以该因数是为了考虑不同器官或组织对发生辐射随机效应的不同敏感性。

表 19-33　GB 18871—2002 中给出的组织权重因数[7]

组织或器官	组织权重因数 ω_T	组织或器官	组织权重因数 ω_T
性腺	0.20	肝	0.05
（红）骨髓	0.12	食道	0.05
结肠*	0.12	甲状腺	0.05
肺	0.12	皮肤	0.01
胃	0.12	骨表面	0.01
膀胱	0.05	其余组织或器官**	0.05
乳腺	0.05		

*结肠的权重因数适用于在大肠上部和下部肠壁中当量剂量的质量平均。

**为进行计算用，表中其余组织或器官包括肾上腺、脑、外胸区域、小肠、肾、肌肉、胰、脾、胸腺和子宫。在上述其余组织或器官中有一单个组织或器官受到超过 12 个规定了权重因数的器官的最高当量剂量的例外情况下，该组织或器官应取权重因数 0.025，而余下的上列其余组织或器官所受的平均当量剂量亦应取权重因数 0.025。

特别的，为便于辐射防护管理和职业照射控制，在辐射工作场所分区管理方面，规定应把辐射工作场所分为控制区和监督区。

（1）控制区

注册者和许可证持有者应把需要和可能需要专门防护手段或安全措施的区域定为控制区，以便控制正常工作条件下的正常照射或防止污染扩散，并预防潜在照射或限制潜在照射的范围。

确定控制区的边界时，应考虑预计的正常照射的水平、潜在照射的可能性和大小，以及所需要的防护手段与安全措施的性质和范围。

对于范围比较大的控制区，如果其中的照射或污染水平在不同的局部变化较大，需要实施不同的专门防护手段或安全措施，则可根据需要再划分出不同的子区，以方便管理。

（2）监督区

注册者和许可证持有者应将下述区域定为监督区：这种区域未被定为控制区，在其中通常不需要专门的防护手段或安全措施，但需要经常对职业照射条件进行监督和评价。

参考文献

[1] 潘自强，刘森林等. 中国辐射水平［M］. 北京：原子能出版社，2010.

[2] United Nations Scientific Dommittee on the Effects of Atomic Radiation. Ionizing Radiation: Sources and Biological Effects-United Nations Scientific Committee on the Effects of Atomic Radiation 1982 Report to the General Assembly, with annexes［R］. New York: United Nations, 1982.

［3］International Commission on Radiological Protection. ICRP Publication 26: Recommendations of the International Commission on Radiological Protection［R］. Pergamon Press: ICRP, 1977.

［4］International Commission on Radiological Protection. ICRP Publication 60: 1990 Recommendations of the International Commission on Radiological Protection［R］. Pergamon Press: ICRP, 1991.

［5］International Commission on Radiological Protection. ICRP Publication 103: The 2007 Recommendations of the International Commission on Radiological Protection［R］. Elsevier: ICRP, 2007.

［6］International Commission on Radiological Protection. ICRP Publication 41: Nonstochastic Effects of Ionizing Radiation［R］. Pergamon Press: ICRP, 1984.

［7］国家质量监督检验检疫总局. 电离辐射防护与辐射源安全基本标准：GB 18871-2002［S］. 中华人民共和国国家标准：2002.

第 20 章 核安全

20.1 概 述

人类比较早地就观察到，在伦琴射线被发现后的大量使用中，以及一些长期接触放射性核素的科研活动中，电离辐射会对人体造成伤害，为此也成立了一些国家组织和国际组织，研究辐射的危害及防护措施，但此时的基本概念还是辐射防护的概念。

20 世纪 40 年代，随着铀元素中子裂变现象的发现，人们开始研究可通过“链式反应”维持持续裂变反应的“反应堆”。在此过程中，科研人员意识到，与地球上天然物质中存在的微量放射性核素不同，铀元素裂变后的裂变产物中会包含大量的放射性核素，这些放射性核素可能会导致对人员和环境的严重危害，因而高度关注如何防止这些大量“人工放射性核素”的危害，此时“核安全”的概念开始产生和发展。

1946 年，美国颁布了《原子能法》，提出原子能的利用要做到“保护公众与环境的健康和安全”。虽然表述上可能会有些差异，但这个提法被广泛地采纳，今天通常将其归纳为核安全目标，即“建立和维持对放射性危害的有效防御，以保护工作人员、公众和环境”。与此相对应，我们可以将核安全定义为：“在核设施中用于预防事故发生，或者在事故发生后减轻其后果，以保护人员和环境，使其免受不当放射性危害的一整套技术和管理措施。”

目前国内关于核安全概念的理解存在一些歧义，有些人顾名思义地将所有涉及核设施和核技术的安全事项都归结为核安全，实际上在核领域还有另外两个概念，即“核安保”和“核保障”。核安保是指用于防止对核设施和核材料攻击、破坏、盗窃、非法转移和利用的一整套技术和管理措施，而核保障是指防止核扩散的一整套机制安排。在核设施和核技术利用中，也存在工业安全、消防安全、特种设备安全、危化品安全等常规安全问题，这些问题只要不危及核安全，不会被纳入核安全范畴。

绝对安全是不存在的，安全是可接受的风险，或者换成美国核管理委员会的说法，安全是“没有不适当的风险”（no undue risk）。美国核管理委员会曾经说过，如果将美国原子能委员会和核管理委员会多年在核安全领域的工作总结为一句话，就是“在不断诠释什么是没有不适当的风险”。这句话凝聚了核安全的历史和现实，即核安全要求和核安全方法并不是一开始就完备的，而是在核能发展过程中，适应新的需求和新的认识而不断发展变化的，并且今后也会继续发展下去，不存在什么能够一劳永逸解决核安全问题的“兜底手段”。

核安全涉及的范围非常广泛，限于篇幅，本章内容只重点介绍核安全的一些基本概念和方法论。虽然在核工业的许多环节都存在核安全问题，但确实在核反应堆上，特别是在大型商用核电厂上核安全问题表现得最突出、最集中和最复杂，核安全的理念、方法和要求在核电领域也发展得最系统、最完整和最成熟，所以本章内容也主要围绕核电安全的方法论和要求展开。

目前核安全方法主要包括“确定论核安全方法”和“概率论核安全方法”，与之对应的是“确定论核安全要求”和“概率论核安全要求”，或者说“确定论核安全方法”和“概率论核安全方法”就是围绕满足“确定论核安全要求”和“概率论核安全要求”而建立的。“确定论核安全方法”和“概率论核安全方法”都主要是由美国在其核能发展过程中所逐步建立的，虽然用今天的眼光看也存在很多技术基础不完备、逻辑不自恰的地方，但由于美国拥有的经济实力、科技实力和国际政治影响力，仍然被国际广泛接受。

20.2　确定论核安全方法

确定论核安全方法（deterministic approach），可以概括为“以纵深防御概念为基础，以确保三项基本安全功能为目的，针对一套确定的设计基准工况，采用一套保守的假设和分析方法，以满足特定验收准则”的一套方法。

20.2.1　纵深防御概念

一般认为，核安全领域的纵深防御概念起源于美国汉福特基地的核材料生产堆汉福特 B 的设计和建设过程中。此前，核物理学家们通过芝加哥 1 号的建设和试验，积累了高度的信心，认为已经很好地掌握了反应堆的知识，但建设汉福特 B 的杜邦公司的化学工程师们根据自己的工程经验，坚持在设计上留有裕度。汉福特 B 的建设和运行过程证实了化学工程师们的判断，后续在核设施的设计和建设中留有裕度的方式被普遍接受，这被认为是核安全领域纵深防御概念的起源。

纵深防御概念的表述也是不断发展变化的，今天 IAEA 将纵深防御概念表述为五个层次：

（1）第一层次是通过保守的设计、高质量的建造和严格的运行来防止偏离正常运行和防止系统失效。

（2）第二层次是通过设置监测和保护系统来探测和纠正偏离正常运行状态，防止预计运行事件升级为事故工况。

（3）第三层次是通过固有安全特性、故障安全设计、工程安全设施和事故处理规程来控制设计基准事故的后果。

（4）第四层次是通过补充的措施和规程对付选定的超设计基准事故。

（5）第五层次是通过应急计划减轻放射性物质释放所造成的后果。

作为核安全领域纵深防御概念的创立者，美国一直没有法律层面的纵深防御概念的定义和表述，也没有如何满足纵深防御概念的准则。2015 年，美国核管理委员会曾试图建立纵深防御概念的官方定义，并建立一套如何满足纵深防御概念的准则，但在工作过程中产生了极大的争论。争论表明，纵深防御概念的技术基础不足，逻辑上也不完备，因而美国核管理委员会放弃了最初的企图，而是将纵深防御概念定位为在建立核安全要求过程中一个给予恰当考虑的因素，而其本身并不是核安全要求。

一些国家和国际组织对此缺乏深刻的理解，有时将其作为核安全要求来看待，使用“纵深防御原则”或“纵深防御要求”等不恰当的表述。

20.2.2 三项基本安全功能

所谓三项基本安全功能指的是反应堆停堆、堆芯余热排出和放射性物质包容。

（1）在芝加哥 1 号的设计和建设过程中，核物理学家们高度关注的事情是：“一旦链式反应被触发，是否能够被控制”。所以芝加哥 1 号设置了多套自动和手动停堆装置，此外还设置了一个“安全控制棒斧头人”，手持利斧时刻准备砍断吊挂着一个安全控制棒的绳索，在反应堆旁边还放置了几桶镉溶液。随着反应堆功率的不断增大，在异常和事故情况下，如果不能及时停闭反应堆，巨大的堆芯热量将可能快速导致堆芯熔毁，“反应堆停堆”成为一项基本安全功能。

（2）在 20 世纪 40 年代到 50 年代初期，美国保证公众安全的方式是依赖于“禁区”的设置，就是通过建立禁区在反应堆和公众之间保持足够的距离，以在反应堆发生事故时保证公众所受到的辐射照射可接受。这一时期的核安全管理政策又被称为“远距离厂址”政策。

反应堆和公众之间的距离是这样考虑的，即假设反应堆发生“最坏的可想象事故”，实际上就是全堆芯熔化，不考虑任何包容作用，算出一个可接受的距离。

1952 年，美国要在离纽约州圣莱克迪镇 19 英里（1 英里 = 1.609 km）的克诺斯原子能实验室建设一座潜艇用原型钠冷反应堆。评估表明，反应堆所处的位置不能满足远距离厂址政策，但核能军事应用的紧迫性又占有压倒性的地位，此时所想到的方法是采用一个钢制球形壳（Containment，安全壳），将放射性物质“包容”起来。

当美国开始考虑发展核电时，核电巨大的功率，以及为送配电需要而设置在负荷中心，放射性物质包容成为不可或缺的措施，也成为基本安全功能之一。

（3）20 世纪 60 年代中期，为了改善核电厂的经济性，核电厂的功率开始急剧增加。此时，美国的核安全咨询委员会（Advisory Committee of reactor safeguard，ACRS）开始关注一个问题，即所谓“中国综合症”的问题。

“中国综合症”是美国布鲁克海文试验室在核安全研究中提到的一个现象，就是在反应堆堆芯功率较大时，即使已经停闭反应堆，其衰变热仍可能熔穿反应堆压力容器，继而熔穿安全壳底板，放射性物质可能通过安全壳下方的地质结构进入环境，如通过泥土进入大气或地下水。“中国综合症”是一个开玩笑的说法，说最坏结果就是熔穿地球，从中国一侧熔出来。

由于当时工程上没有更好的措施可以解决“中国综合症”问题，所以防止“中国综合症”的办法就是不让反应堆堆芯熔毁，此时的关注集中到“应急堆芯冷却系统”上。应急堆芯冷却系统的作用就是在反应堆发生事故，如丧失堆芯冷却剂时，向堆芯紧急注入冷却剂，排出堆芯的衰变热，以防止堆芯的熔化。为了在不同的事故情景下都能向堆芯注入足够的冷却剂，在压水堆核电厂中通常设有高压安全注入、中压安全注入和低压安全注入系统。由于反应堆衰变热的积累可能导致多道放射性包容屏障的破坏，所以排出堆芯余热（余热是衰变热和堆芯结构、燃料组件、冷却剂和慢化剂等所含显热之和）也成为基本安全功能之一。

在确定论核安全方法中，核安全集中关注的问题是三项基本安全功能的实现，核电厂的安全构筑物、系统和设备主要是围绕实现三项基本功能设计的。出于对核电厂安全构筑物和设备可靠性的高度重视，对其提出了一系列严格甚至苛刻的要求，如特殊的质量保证措施、特殊的抗震要求，以及能够承受事故工况下环境条件的“环境鉴定”要求等。安全系统的设计也要满足多重性、多样性和独立性等要求。

但是三项基本安全功能的设立并不平衡，可以用这样的话来概括，即反应堆停堆是手段，放射性包容是目的，而余热排出是关键。可以说余热排出是核电厂最关键的安全功能，实际上目前轻水堆核电厂的大部分安全系统都是围绕排出余热设计的，余热排出的可靠性也在很大程度上决定了核电厂的安全水平。如果不存在大量的衰变热，以至于需要采用高度可靠的特殊冷却手段，就不存在系统的核安全问题，而只是辐射安全、临界安全等问题。

20.2.3　设计基准工况

前面提到，在 20 世纪 40 年代到 50 年代初美国的远距离厂址政策要考虑“最坏的可想象事故”。20 世纪 50 年代初，美国开始考虑核电的发展，美国原子能委员会发现，即使考虑“安全壳”的作用，使用“最坏的可想象事故”评估，“除了离人口中心几百英里的地方，否则无法选到核电厂厂址”。

美国原子能委员会认为要在现实和极端的考虑之间取得适当平衡，应该考虑的是“可信事故”而不是“最坏的可想象事故”。美国原子能委员会认为“可信事故”是由单个设备的失效，如某个管道的破裂、某个泵的卡轴、某个阀门的误动等导致。对于当时一些人质疑的“为什么不是两台、三台或更多设备失效的组合？”美国原子能委员会简单回答：“我们认为那不可信”。实际上，核电厂拥有众多的系统和设备，如果考虑两个、三个或更多设备故障的组合，拥有的组合数量是非常巨大的，以至于工程上无法处理，这也是确定论核安全方法的局限之一，即无法处理多重设备故障所导致的问题。在众多的“可信事故”中，要找出一个后果最严重的事故，称为“最大可信事故”。安全评价主要集中在“最大可信事故”后果的评价上，认为“最大可信事故”的后果可接受，则核电厂的安全就是可接受的。

20世纪60年代中期，英国核安全专家法墨提出了风险控制的概念。法墨认为，从风险控制的角度，不能认为“最大可信事故”的后果可接受，核电厂的安全就可接受，因为“最大可信事故”发生的概率可能很低，因而允许的后果可以更严重一些；而某些“可信事故”发生的概率可能较高，则允许的后果也应该比较小。于是“可信事故”的概念很快被“设计基准事故”的概念所取代。所谓“设计基准事故”就是将“可信事故”按照可能发生的频率进行分类，并规定不同的可接受放射性后果（验收准则）。“设计基准事故”再加上核电厂的正常运行工况和异常运行工况（又称为“预计运行事件”或“预期运行瞬态”）则构成了核电厂的“设计基准工况”。

目前核电厂设计基准工况多划分为四种工况，其工况划分和对应的可能发生频率如下：

（1）正常运行：发生频率在 10^{0}～10^{-1}/（堆•年）；

（2）预计运行事件（预期运行瞬态）：发生频率在 10^{-1}～10^{-2}/（堆•年）；

（3）稀有事故（Ⅲ类事故）：发生频率在 10^{-2}～10^{-4}/（堆•年）；

（4）极限事故（Ⅳ类事故）：发生频率在 10^{-4}～10^{-6}/（堆•年）。

对压水堆核电厂而言，正常运行包括了功率运行、正常的功率升降和停堆换料等工况；预计运行事件的定性描述是一个核电厂寿期内可能发生一次到数次的工况，它包括了发电机甩负荷、汽轮机故障、丧失对蒸汽发生器的供水（主给水）、一束控制棒的意外提升或跌落和安全注入系统的误启动等；稀有事故的定性描述是在一个核电厂的寿期内预计不会发生，但在众多的运行核电厂内某一核电厂可能会发生的事故，它包括了反应堆冷却剂系统的小破口、主蒸汽管道或主给水管道的小破口、反应堆冷却剂系统稳压器释放阀的误开启等；极限事故则包括反应堆冷却剂系统的大破口、主蒸汽或主给水管道的大破口、反应堆冷却剂泵卡轴、蒸汽发生器传热管破裂和一束控制棒的意外弹出等。极限事故的定性描述是预计在核电厂内不会发生，但为了核电厂的安全要假想其会发生的事故，所以极限事故又经常被称为“假想事故”，但有些文献将稀有事故也称为假想事故。

上述设计基准工况都是考虑的核电厂内部设备的失效，通常被称为“内部事件”。20世纪60年代中期，开始关注自然灾害或外部人为原因对核电厂安全的影响，这些事件又被称为“外部事件”，其后建立了一系列针对“外部事件”的设计要求。

对外部人为事件而言，如果不能证明其对核电厂安全构筑物、系统和设备可能发生影响（这是一个简单做法，实际上IAEA的标准是导致大规模放射性物质释放）的概率小于 10^{-7}/（堆•年），则在这些构筑物、系统和设备的设计中就要考虑对这些事件的防护。

针对自然灾害而言，为安全构筑物、系统和设备确定了设防要求，如“安全停堆地震”（最大假想地震）、“可能最大洪水”“可能最大降水”等，所考虑的这些自然灾害的可能发生频率大约都在 10^{-4}/（堆•年）（万年一遇）。用一句定性的话描述，所考虑设防的自然灾害应该是以人类现有科学技术基础和认知水平所能认识到的最大灾害。

设计中所考虑的“外部事件”通常又称为“设计基准”，设计基准与设计基准工况一起为核电厂的安全构筑物、系统和设备提供设计输入。

20.2.4 保守假设和分析方法

由于在实际的核电厂中无法通过试验等手段来验证核电厂在事故工况下的真实表现，所以核电厂在事故工况下的安全性是否可接受是通过“事故分析”确定的。事故分析主要针对预计运行事件和设计基准事故，预计运行事件和设计基准事故在事故分析过程中又被称为“始发事件”或“假设始发事件”。由于“事故分析”的巨大计算量，目前这种分析大都由计算机程序（事故分析程序）完成。

鉴于事故分析程序对确认核电厂安全的重要性，程序分析结果的有效性和计算偏差被格外关注，核电发达国家数十年投入了大量的资源来开发并通过试验验证事故分析程序的有效性，许多国家的核安全监管当局还会对事故分析程序进行批准或确认。事实上，事故分析程序已成为核电知识产权的重点领域之一。

除了有效的事故分析程序和在分析结果中充分考虑偏差外，核电厂在开展设计基准事故的分析时还需要作出一系列保守的假设，以确保分析结果的保守性。主要的保守假设如下：

（1）应假设在发生事故时，核电厂的状态和各项参数处在对后果最不利情况，同时测量仪表也要考虑对后果不利的偏差。

（2）应假设反应性价值最大的一束控制棒不能插入堆芯。

（3）仅考虑厂外交流电源或厂内交流电源（应急电交流源）中的一种能发挥作用。

（4）仅考虑安全系统或设备对事故的缓解作用，同时在安全系统或设备中还要假设发生了单一随机故障（单一故障准则）。

应该注意的是这套保守假设适用于大部分的事故分析，但不能绝对化，具体要求是由法规和标准确定的，有时会有变化或差异。

20.2.5 验收准则

验收准则是判断各类设计基准工况下核电厂是否满足安全要求的判据，它通常由可接受的放射性后果来表示。如美国联邦法规规定，在轻水堆核电厂最大可信事故下（反应堆冷却剂系统管道双端断裂），在放射性物质开始释放后的两小时内，厂址边界处个人的全身剂量不能超过 250 mSv，在整个放射性释放期内低人口区边界处个人的全身剂量不能超过 250 mSv。

根据风险控制的原则，对于发生频率高的工况，验收准则允许的放射性后果应该很小，如正常运行工况下核电厂向环境排放的放射性物质对公众的辐射照射剂量通常要求和天然本地照射的水平相当或更低，约 1 mSv。而对发生频率低到 10^{-6}～10^{-4}/（堆·年）的极限事故，则允许的放射性后果可以比较严重一些。

20.2.6 关于确定论核安全方法的评述

（1）确定论核安全方法主要是由美国在对其反应堆和核电厂实施安全监管的过程中逐步建立起来，并为国际上所广泛接受的方法。后期的评估表明，确定论核安全方法的保守要求保证了核电厂很高的安全水平。

（2）按照确定论核安全方法的主要建立者，美国核管理委员会（前期是美国原子能委员会，由于原子能委员会承担核能发展和核安全监管的双重角色，经常面临两难境地，1974 年美国国会通过了“能源重组法”，将美国原子能委员会一分为二，包括美国能源部的前身美国能源研究和发展署及美国核管理委员会，这也被认为是核安全独立监管概念的起源）的说法，确定论核安全方法是一个“打补丁”的工作（patch work）。由于当时的技术水平和方法论的限制，美国人在处理反应堆和核电厂安全问题时，并没有采取简单的从公理和原理出发，通过严格的科学和逻辑推演来建立核安全体系的道路，而是对一个个具体问题的处理。这样导致确定论核安全方法中存在很多逻辑不自恰之处，安全要求也不够平衡。所以将“deterministic approach”翻译为“确定论核安全方法”有些误导，更准确的翻译应该是“已确定的核安全方法”。特别要注意的是，一定要将核安全领域的确定论与哲学概念上的确定论区分开来。

（3）按照美国核管理委员会的另一个说法，确定论核安全方法是“处方式”（prescription）的，许多确定论安全要求与特定堆型和特定系统设计密切相关，并且是当时的技术认识、经济性、可操作性等多种因素的一个妥协。目前确定论核安全方法主要针对轻水堆，并不具备普适性。

（4）确定论核安全方法企图通过简单的“保守假设”将复杂的核电厂事故工况简单化，换个角度说，这实际上也反映了确定论安全方法在处理复杂情况方面的无能为力。实际上，确定论安全方法无法处理多重故障所导致的核电厂事故，因为对于高度复杂的核电厂来说，如果考虑多重故障，则故障的组合方式可能是数量极其多的，需要分析的“事故序列”也会极其多。后期的概率风险评价表明，并且被美国三哩岛核电厂事故所证实，许多小的，单个并不对核电厂安全产生重大影响的常见故障，当同时发生时，其安全后果可能是严重的。

（5）确定论核安全方法也是控制核电厂的风险，但这种控制通常是粗略的、定性的。

（6）确定论核安全方法存在不确定性。例如将应急堆芯冷却系统交给两个不同的设计单位设计，两家提供的方案都可以满足“单一故障准则”，但两家设计的系统流程，选用的设备可能有很大差异，从而导致两家方案的可靠性可能会有很大不同。

（7）确定论核安全方法的根本缺陷在于不能回答核安全，包括一切安全的根本问题，即“多安全是足够的？”（How safe is safe enough？），或者什么是“没有不适当的风险”。这个问题的解决势必需要新的安全方法，如“概率论核安全方法”。

20.3　概率论核安全方法

概率论核安全方法，在美国通常被称为“概率风险评价”或“概率风险分析”，在国际原子能机构被称为“概率安全评价”或“概率安全分析”，它是一套系统化、定量化的核电厂安全评价方法。概率论核安全方法也是主要由美国人所建立，今天在核安全监管中发挥着越来越重要作用的方法。

20.3.1　概率论核安全方法概述

（1）从核能发展之初，美国人就认识到，核能，像世界上所有事物一样，不可能实现绝对安全。在美国准备发展核电时，美国原子能委员会就委托布鲁克海文国家实验室开展了一个研究，以评估核电的风险以及美国能否承受这个风险。1957 年，研究结果以 WASH-740《大型核电厂重大事故的理论可能性和后果》报告（又称“布鲁克海文报告”）发表。按照 WASH-740 报告的估计，在美国一次大型核电厂的“最大可信事故”将导致 3 400 人死亡、43 000 人受伤、财产损失 70 亿美元（按当时币值），发生的可能性是每十万到一百万堆・年一次。

WASH-740 报告采用了非常保守的假设，如没有安全壳的包容作用和最坏的气象条件等。由于当时相关资料、数据和分析工具的缺乏，很多假设和分析结果得不到有力支持。

WASH-740 报告考虑了事故后果和事故发生的可能性，是一份典型的“风险”分析报告，但当时完成合理的“风险”分析的方法论并不完全具备。此后，美国原子能委员会将方向转到对一个个具体核安全问题的处理，而和一个个具体核安全问题相关的“处方式”核安全要求和方法的总和就构成了所谓“确定论核安全要求”和“确定论核安全方法”。

（2）20 世纪 60 年代到 70 年代，核电厂在安全方面有许多从航空航天业的借鉴，如提高系统可靠性的“冗余”设计手段（单一故障准则）。此阶段，可靠性理论和方法在航空航天业得到了很好的发展，这提供了进行核电厂“风险”评价的方法论和工具。

1972 年，美国参议员约翰・帕斯托（John Pastore）再次要求美国原子能委员会对反应堆安全给出完整评价，美国原子能委员会将研究任务委托给了美国麻省理工学院的拉斯穆森教授所领导的一个团队。1974 年，研究团队完成了相关的研究工作，工作成果以 WASH-1400《反应堆安全研究》报告发表。

WASH-1400 报告选取了美国比较有代表性的压水堆和沸水堆核电厂，使用事件树模型来模拟核事故的进程，使用故障树来建立安全系统可靠性模型。虽然也可采用其他方法，但 WASH-1400 报告所采用的事件树和故障树方法目前已成为开展概率风险分析所采用最多的方法。

对于概率风险分析方法来说，与确定论核安全方法不同，内、外部事件均可以作为“假设始发事件”进行评价。WASH-1400 比较全面地评价了各种内、外部事件对核电厂的安全影响以及对公众的风险，并与其他因素对公众造成的风险进行了比较，已成为核电厂概率风险分析领域的经典性报告。根据评价结果，WASH-1400 报告认为现代核电厂具有高度的安全水平，但 WASH-1400 报告受到了广泛的批评。批评的原因可以总体归结为两个方面，第一主要是由于当时的核能工作者和核安全工作者都主要是在“确定论核安全方法”的培养和熏陶下成长起来的，对于概率论核安全方法既不熟悉也不了解；第二是由于当时所掌握的知识，WASH-1400 在模型的适当性（对事故机理和事故进程的准确把握和模化）和输入数据（如事故发生的频率、设备可靠性数据、人因数据和共因失效数据等）的不确定性方面存在很多问题。

1974 年，美国核管理委员会成立后的首批行动之一就是宣布收回 WASH-1400 报告。

（3）1979 年，美国发生了三哩岛核电厂事故。三哩岛核电厂事故对公众和环境所造成对实际后果是极其轻微的，厂外放射性监测装置没有测到明显的辐射变化，而理论估算表明公众受到的最大辐射照射不超过到医院照一次 X 射线，美国核管理委员会的结论是“没有可察觉的厂外影响”，但三哩岛核电厂事故的社会影响却远远超过了其实际影响。

在三哩岛核电厂事故之前不久，以 20 世纪 60 年代核安全研究中的“中国综合症”为背景，美国刚好放映了一部灾难电影，名字也叫“中国综合症”，三哩岛核电厂事故让公众将其与“中国综合症”联系了起来。更为要命的是，此前核电界灌输给公众的印象是不可能发生堆芯熔毁事故，因而三哩岛核电厂事故极大地打击了公众的信心和对核电界的信任。

三哩岛核电厂事故不可避免地引起了新一轮的核安全研究高潮。在三哩岛核电厂事故之前，高度关注反应堆冷却剂系统主管道双端断裂（大破口）事故的研究，现在将重点转到了反应堆冷却剂系统的一些小管道断裂（小破口）事故和核电厂瞬态事件的研究。其他研究包括改进人机接口和操纵员培训、改进核电厂规程（包括维修、试验、检查和运行、事故处理规程等）、改进应急响应等。当然，研究的重点之一放在包括反应堆堆芯熔毁事故（又被称为“严重事故”）的超设计基准事故机理、进程及预防和缓解措施等方面。

当人们研究三哩岛核电厂的事故序列（事故进程）时，惊讶地发现该事故序列已经在 WASH-1400 报告中被预见到，这重新引起了人们对概率风险分析技术的重视。另一方面，要改进核电厂对严重事故的预防和缓解能力，就要找到可能导致核电厂严重事故的事故序列，并对其中重要的、风险贡献较大的（严重事故主导序列）采取预防和缓解措施，而概率风险分析是确定严重事故主导序列不可或缺的技术。

三哩岛核电厂事故带来的另一个攸关重要的问题是对核安全的重新诠释，这个诠释必须解决两个问题。对核电的营运者和开发商，必须确定一个安全的可接受阈值，作为核电厂设计和运行所应达到的安全尺度；对公众而言，必须能够以公众可以理解的方式明确告知公众核电厂的安全水平究竟是怎样，使公众能够对核电厂的安全和可接受性给予判断。美国核管理委员会解决这个问题的方式是制定“安全目标”（后面给予介绍）。

上述需求促进了概率风险分析技术在美国的蓬勃发展，并且对今天的核安全监管理念和监管方式产生了重大影响。

（4）1979 年三哩岛核电厂事故后，美国核管理委员会启动了“安全目标”的制定工作。

理解美国的“安全目标”，必须对安全问题的本质有基本的认识。

《现代汉语词典》对安全的解释是“没有危险”，《牛津大词典》对安全的解释是“没有危险”或者“对危险的防护”，而《劳动安全大词典》对安全的解释是“可接受的风险”，不同的解释反映了对安全问题认识的差异。

我们考察安全问题，有几个基本的特征：

① 没有一件事情是绝对安全的，而安全也是人类必须永恒面对的问题。

② 从第一条可以推出，安全一定是一个相对的概念，绝对安全是不存在的。安全的相对性还体现在另一个方面，即你把一件事情孤立出来谈论其是否安全是无意义的，一件事情是否安全一定是与其他事物相互比较的结果。换句话说，当你讨论一件事情是否安全时，一定要找到一个坐标，我们可以将其称为“风险参照系”。

③ 安全是一个变化的概念。一段时间人们认为某件事情是安全的，但随着时间和环境的变化，人们的认识也可能改变。

既然安全是不同事件相互比较的结果，为了能够进行这种比较，就必须为安全找到一个度量。

要找到合理的安全度量，又必须理解两个概念，即“灾害”和“风险”。灾害是一件事情已经产生的不利后果。当一件事情的不利后果还没有产生时，我们只能考察这件事情可能发生哪些灾害，这些灾害的后果有多大，以及发生这些灾害的可能性有多大。同时考察不利后果和发生的可能性，我们称之为“风险”，或者说风险是不利后果和可能性的乘积（这里的乘积是集合而不是简单数学运算的概念）。科学界主流观点认为“风险”是对安全的比较合理的度量。

在安全目标的制定过程中，美国核管理委员会研究和讨论的问题是深入和广泛的，并就这些问题征求了社会组织和公众的意见。例如：

① 设立单一目标还是复合目标，能否实现不同层级目标的有机结合？

② 设立定量目标还是定性目标，定量目标如何验证，定性目标如何表达清晰和确定的含义？

③ 目标是结果导向还是过程导向？

④ 绝对目标还是相对目标？

⑤ 目标是个人导向还是社会导向？

⑥ 目标是厂址相关还是非厂址相关？

⑦ 目标是否是时间相关的？

⑧ 定量目标是考虑个人死亡风险，还是事故发生频率和后果，或者在总的风险框架中考虑核电及其替代能源的风险？

⑨ 如何处理不确定性？

⑩ 如何考虑价值的平衡？如个人风险中考虑工作人员、周围居民还是总人口？社会风险中是否考虑风险和利益的平衡、向后代的风险传递、立即死亡和延迟死亡以及财产损失等？是否在安全决策中考虑经济影响？多大的资源应该用于满足特定安全目标？等等。

经过广泛的讨论和争论，1986 年，美国核管理委员会正式发布了政策声明 51FR30028：“Safety Goals for the Operations of Nuclear Power Plants；Policy Statement”。在这个文件中，美国核管理委员会确定了定性安全目标、定量安全目标和通用性能指导值。

两个定性安全目标是：

① 应该为公众的个体成员提供保护，以致其不因为核电厂的运行而对生命和健康承担明显的附加风险。

② 与可行的竞争发电技术相比，核电厂运行对生命和健康的社会风险应该可比较或更少，并且没有明显的社会附加风险。

作为对“没有明显的附加风险”的解释，确定了两个定量安全目标：

① 对紧邻核电厂的正常个体成员来说，由于反应堆事故所导致立即死亡的风险不应该超过美国社会成员所面对的其他事故所导致的立即死亡风险总和的千分之一。

② 对核电厂邻近区域的人口来说，由于核电厂运行所导致的癌症死亡风险不应该超过其他原因所导致癌症死亡风险总和的千分之一。

这两个定量安全目标通常被称为“两个千分之一”目标。“两个千分之一”目标针对的是辐射照射对人类的两种主要效应，即确定性效应和随机性效应。

由于评价一个具体核电厂是否满足“两个千分之一”目标是一个非常复杂的工作，每个核电厂都去进行也无必要，为了实际上和监管意义上的可用性，文件还推荐了通用性能指导值作为美国核管理委员会成员检验安全目标是否得到满足的指导。经过评估，立即死亡风险是控制因素，而这仅需考虑可能导致立即死亡的大规模放射性物质释放，所以通用指导值针对大规模放射性物质释放给出以下观点：与传统的纵深防御概念和事故缓解理念一致，要求安全壳系统具有可靠的性能，向环境的大规模放射性物质释放的总平均频率应该小于 10^{-6}/堆•年。

美国核管理委员会有关安全目标的政策声明发布后，在国际上产生了很大影响。但与美国不同，许多其他国家和国际组织没有从风险角度确定自己的定量安全目标，而仅仅采用了美国大规模放射性物质释放的频率值，并且把这个频率值称为概率安全目标。由于大量评估表明在堆芯熔化条件下安全壳的条件失效概率大约在 10^{-1}，所以又演化出另外一个目标，即反应堆堆芯熔化的频率小于 10^{-5}/堆•年。

不管评价是否满足“两个千分之一”目标，还是评价大规模放射性物质释放的频率，都离不开概率风险分析技术。

美国的安全目标开启了核电厂定量化风险管理的先河，也在国际上产生了巨大的影响，但是对美国安全目标的争论一直没有停止，后面我们还要讨论。

（5）概率风险分析技术在美国的蓬勃发展和技术进步不断增强了美国核管理委员会应用概率风险分析技术的信心。1995 年，美国核管理委员会颁布了 60FR42622：“Use of Probabilistic Risk Assessment Methods in Nuclear Regulatory Activities；Final Policy Statement”，鼓励在核安全监管中更多地使用概率风险分析技术；1998 年，美国核管理委员会发布了管理导则 RG1.174～1.178，为核电厂定量风险管理应用中的风险准则、在役试验、质量保证、运行技术规范、管道在役检查等提供指导；20 世纪 90 年代末开始，美国核管理委员会开始着手对联邦法规进行“风险指引和基于性能”（risk-informed and performance-based）的改进；2004 年，新的联邦法规 10CFR50.69：“Risk-informed categorization and treatment of structures，systems and components for nuclear power reactors”颁布，同年还发布了管理导则 RG1.200：“An Approach for Determining the Technical Adequacy of Probabilistic Risk Assessment Results for Risk-Informed Activities”；2006 年，美国核管理委员会发布了管理导则 RG1.201：“Guidelines for Categorizing Structures，Systems，and Components in Nuclear Power Plants According to Their Safety Significance”；2009 年，美国核管理委员会发布了管理导则 RG1.205：“Risk-Informed，Performance-Based Fire Protection for Existing Light-Water Nuclear Power Plants”。目前美国核管理委员会已完成了与大破口失水事故有关的风险指引法规 10CFR50.46：“Acceptance criteria for emergency core cooling systems for light-water nuclear power reactors”以及风险指引的单一故障准则法规等草案。可以说美国在向着定量风险监管方面已取得了巨大的进展，而世界上其他主要国家，由于技术基础和思想认识等方面的原因，已大大落后于美国。

20.3.2 关于概率论核安全方法的评述

（1）区别于确定论核安全方法的“处方”式方式，概率论核安全方法是一个系统的安全评价方法，并且在极大地改变着人们对核电厂安全问题的认识深度和认知方式。由于核电厂的巨大复杂性，确定论核安全方法在局部改变时，无法确定对整个核电厂安全水平的影响，甚至无法确定局部的改进对整个核电厂的安全水平是正面的还是负面的影响，而概率论核安全方法是一个系统的方法，可以把核电厂作为一个整体来考察，因而概率论核安全方法有助于核电厂设计的平衡，将有限资源用在对保证安全和改进安全最有利的地方，从而促进核电厂安全水平和经济性的共同提高。

（2）概率论核安全方法可以处理确定论核安全方法无法处理的一些复杂安全问题，例如多重故障所导致的安全问题，所以它对核电厂安全问题的考察更全面。

1979 年美国三哩岛核电厂事故后，美国核管理委员会要求核电厂开展了“电厂安全检查”（Individual Plant Examination，IPE）和“针对外部事件的电厂安全检查”（Individual Plant Examination for External Events，IPEEE），以评估核电厂的安全水平并查找薄弱环节。美国核管理委员会没有限定评估所使用的方法，但几乎所有核电厂都选用了概率风险评价方法。这说明，要能够清晰地表达核电厂的安全水平，回答“多安全是足够的？”或“没有不适当的风险”问题，除了概率论核安全方法，很难找到另外一个更好的方法。

（3）必须承认，概率论核安全方法也存在一些问题，例如不能处理美国“9•11”事件之后所关注的大型商用飞机对核电厂的恶意撞击问题，因为无法确定发生这样撞击的可能性大小。当然，人们对概率论核安全方法关注最多的还是“不确定性”问题。

概率论核安全方法存在不确定性，这是方法论所决定的。实际上不确定性来自于三个方面，即模型的完整性（是否能够将全部事件序列模化）、模型的适当性（是否能够正确地描述事故进程中的物理、化学、材料、热工水力学等现象）以及输入数据（包括假设始发事件频率、设备可靠性数据、共因故障模型和人因模型）。但是也不能孤立地讨论概率论核安全方法的不确定性，而必须结合确定论核安全方法来看待。前面提到，确定论核安全方法也有不确定性，总而言之，概率论核安全方法在模型完整性、输入数据方面比确定论核安全方法处理的更精细，在模型适当性方面是基于与确定论核安全方法同样的知识基础。

但概率论核安全方法存在的不确定性是无法否认的，所以在应用时也必须抱着正确的态度和方式，在决策过程中要高度关注不确定性问题。美国核管理委员会将相关提法从 20 世纪 90 年代的“基于风险”（risk-based）修改为今天的“风险指引”（risk-informed），正是反映了这种认识。

（4）使用风险概念在公众中也遇到一些问题，如“风险厌恶症”。科学家们以自身的思考方式对安全水平选择了“风险”表达，但与科学家理性、逻辑的思维方式不同，相当多的公众在思考问题时使用的是“直觉”和“经验”，而日常生活中总与“大概率”事件打交道的经验导致了许多公众对风险概念的不理解甚至抵触，从而形成风险厌恶。

（5）在安全目标方面，美国 1986 年发布的 51FR30028：“Safety Goals for the Operations of Nuclear Power Plants；Policy Statement”提供了一个很好的范例，但对其的争论一直就没有停止。在 51FR30028 发布之初，美国核管理委员会的核安全咨询委员会就提出批评，认为该安全目标的执行结果将导致“对于周围有大量人口的核电厂，允许大的社会风险……，这导致不鼓励远距离厂址”。

我们还可以看到其他方面的问题，例如我们将风险定义为不利后果和可能性的乘积，但核电事故的不利后果可能是多种形式的。美国的安全目标考虑的是反应堆事故所导致的立即死亡和核电厂运行所导致的癌症死亡，但其他形式的后果还有许多。威斯康星大学和爱达荷国家实验室的 Vicki Bier 等指出，事故的影响包括清洁、去污和再安置的费用，传统家园和社群的丧失，种植和生产土地的丧失，无法销售污染的食物，清洁水源的丧失，以及需要替代电源等。所以 Vicki Bier 等批评，美国的安全目标绝没有包括真正的社会风险，而实质上还是个人风险。这个问题在日本福岛第一核电厂事故后表现的更突出。福岛第一核电厂事故没有导致任何公众受到过量的辐射照射，但公众和社会仍不能接受它的后果。所以在福岛第一核电厂事故后，美国核管理委员会成立的特殊工作组（Near Term Task Force，NTTF）在其报告“Recommendations for Enhancing Reactor Safety in the 21st Century”中总结：“即使对公众提供了充分的保护，向环境的大规模放射性释放也是内在不可接受的”。

实际上这些问题在美国制定安全目标时都有涉及和讨论，但困难在于，从技术方面，除了死亡和癌症外，其他方面很难找到一个合适的风险参照系，从而无法给出一个合理的可度量风险指标，即无法满足美国核管理委员会强调的“在实际上和监管意义上都是可用的”的目标。

迫于这种无奈，美国核管理委员会在制定安全目标时有时甚至采取了一种近乎“耍赖”的方式。例如当有人质疑为什么不考虑放射性污染的长期影响时，美国核管理委员会回答，有长期影响的不仅仅限于放射性污染，其他一些污染物，例如重金属和某些化学物质也有长期性影响，仅仅要求考虑放射性污染的长期影响不公平。

但无论如何，不对这些问题给出合理回答，对于公众和社会而言，仍不能解决“多安全是足够的”问题。

20.4 后期核安全理念的发展

20.4.1 后期美国核安全理念的主要发展

（1）1971年美国联邦法规10CFR50附录A的发布意味着确定论核安全要求的基本完备，美国所建立的确定论核安全要求被国际上所广泛借鉴，至今仍是大多数国家为颁发核电厂许可证所进行的“安全审评”的主要依据。

但是随着核电的发展，特别是美国三哩岛核电厂事故、苏联切尔诺贝利核电厂事故、日本福岛第一核电厂事故的陆续发生，核安全理念及与其相联系的核安全要求也在发生变化。

由于经济竞争力的原因，1974年美国的核电订单量就开始下降，1978年以后就没有任何新的核电订单，而三哩岛核电厂事故后，许多原有的订单也被取消。美国核电面临着提高经济性和提高安全水平的双重压力，而以往的历史表明提高安全水平总是要付出经济代价。

核安全监管当局也不得不应对这种局面，作为对这两个方面的回应。三哩岛核电厂事故后，美国核管理委员会开展了庞大的三哩岛行动计划，并根据行动计划所获得的成果，制定了10CFR50.34（f）：“补充的三哩岛相关要求”；1985年，美国核管理委员会发布了政策声明50FE32138：“Severe Reactor Accidents Regarding Future Designs and Existing Plants”，对运行核电厂和未来核电厂在应对严重事故方面提出了要求，以进一步提高核电厂的安全水平；1986年，美国核管理委员会发布了政策声明51FR24643：“Policy Statement on the Regulation of Advanced Reactors”，鼓励核电供货商开发在安全性和经济性上都有提高的“先进核电厂”。美国核管理委员会为先进核电厂确定了9个目标：

① 高可靠和较少复杂性的停堆和余热排出系统。鼓励使用固有的和非能动的方式（负温度系数、自然循环）达到这个目标。

② 较长的时间系数和充足的仪表，允许在挑战安全系统和/或重要设备暴露在恶劣工况前更多的诊断和处置。

③ 尽可能简单化的系统，以减少所要求的操纵员动作、面对恶劣环境条件的设备

和维持安全停堆工况所需的部件。简单化的系统应该有利于操纵员的理解、有利于可靠的系统功能以及有利于更直接的工程分析；

④ 设计上通过提供安全系统充分的固有安全、可靠性、冗余、多样性和独立性，使严重事故的可能性和后果最小；

⑤ 设计上提供可靠的 BOP（balance of plant，指的是主蒸汽系统、冷凝器、主给水系统、发电机等）设备（或使安全系统独立于 BOP），以减少对安全系统的挑战；

⑥ 设计上提供容易维护的设备和部件；

⑦ 设计上减少电厂人员可能的辐射照射；

⑧ 设计上通过维持多道放射性屏障，以及降低严重事故的可能性和后果体现纵深防御原理；

⑨ 通过现存的技术或者可以满意建立的适当技术发展大纲能够证明设计特性。

在该政策声明中，提出了一些改进核电厂安全的新理念。如以往的核电厂设计过于复杂，增加了工程分析和安全分析的困难，因而政策声明提出简单化的系统；例如原有的确定论安全要求主要关注承担三项基本安全功能的构筑物、系统和设备，核电厂的安全设计和核安全监管当局的监管也主要针对这些构筑物、系统和设备，但是概率风险分析表明，非安全系统和设备，例如汽轮机、发电机的故障导致的电厂瞬态也可能对核电厂的风险有显著贡献，所以政策声明中提出提供可靠的 BOP 设备，以减少对安全系统的挑战；最重要的，对于美国核管理委员会而言，沿着传统的核电设计思路走下去，只能通过增加安全系统和设备的方式来改进安全水平，这又增加了核电的复杂性和成本，所以美国核管理委员会希望探索新的模式，就是通过非能动技术的应用来改进核电厂的安全水平。

（2）20 世纪 90 年代中期开始，美国核管理委员会大力推动风险指引和基于性能的核安全监管。20 世纪 90 年代，核能界开始探索所谓“第四代先进核能”系统以及小型模块式核电厂概念。第四代先进核能系统的开发目标在“先进核电厂”或“第三代核电厂”的基础上主要是增加了防止核扩散、可持续发展等内容，目前初步筛选了超高温气冷反应堆、超临界水堆、熔盐反应堆、气冷快中子反应堆、钠冷快中子反应堆和铅冷快中子反应堆等六种堆型。由于确定论安全要求是与具体堆型、具体系统密切相关的，目前主要是针对传统的压水堆核电厂和沸水堆核电厂，而此前所完成的风险指引和基于性能的法规修订工作也主要针对这些传统的确定论安全要求，所以针对第四代先进核能系统和小型模块式核电厂的安全要求非常不完备。为此从 21 世纪初开始，美国核管理委员会在风险管理的框架内，启动了“技术中立执照框架”（technology-neutral licensing framework）的发展。所谓技术中立，就是适应于不同堆型的一种普适性要求，而这种要求只能建立在共同的风险准则上。

（3）2001 年，美国发生了“9•11”事件，由于后期调查表明恐怖分子最初选择的攻击目标中包括核电厂，所以核电厂防止类似恐怖袭击的问题受到普遍关注。

在原有法规的要求中，并不是不考虑飞机撞击问题，但考虑的飞机撞击是由于飞机故障所导致的随机撞击。考虑的方式首先是距离筛选，如核电厂离航线大于一定距离，则不需考虑飞机撞击；当不能采用距离筛选时，则评价飞机坠毁在核电厂安全重要构筑物上的概率，当年概率小于 10^{-7} 时，则不必考虑飞机撞击；当距离筛选和概率筛选都不能排除飞机撞击时，则核电厂的设计必须考虑对飞机撞击的防护，如美国三哩岛核电厂就考虑了对波音 727 飞机的撞击防护。但这种对飞机故障导致随机撞击的考虑方式并不适用于恐怖袭击。

2009 年，美国核管理委员会颁布了联邦法规 10CFR50.150：“Aircraft impact assessment”，规定新的核电厂必须对商用大型飞机的撞击作出评价，以表明在这种撞击下堆芯能够维持冷却或安全壳完整以及乏燃料池完整或乏燃料能够维持冷却。商用大型飞机的恶意撞击作为超设计基准事件进行评价（即可以采用现实模型和假设）。

（4）日本福岛第一核电厂事故后，美国核管理委员会做出了迅速的响应。一方面向公众表示，福岛事故的情景不能简单照搬到美国核电厂，对美国核电厂的安全有充分信心；另一方面成立了特殊工作组，研究福岛第一核电厂事故的经验教训，并完成了报告：“Recommendations for Enhancing Reactor Safety in the 21st Century”，提出了美国核电厂的安全改进建议。

根据报告的建议，美国核管理委员会以政府令的方式提出了三项安全改进要求，即全面检查 B5b 计划的有效性，改进乏燃料水池的液位和温度监测，为压水堆的冰冷凝器型安全壳和沸水堆的 MARK I 型和 MARK II 型安全壳提供加强的卸压装置。B5b 计划是美国在“9•11”事件后在运行核电厂实施的一项计划，实际上就是增设移动电源和移动泵等，以在核电厂发生大面积损坏（extensive damage）时为堆芯和乏燃料水池提供冷却，又称缓解策略（mitigation strategy）。而加强的安全壳卸压装置是在原有严重事故管理策略考虑的安全壳卸压装置的基础上对其进一步强化，使其管道、阀门等能够承受预计的严重事故条件。美国核管理委员会的改进要求仍然引起了很大的争议，认为其所要求改进的技术基础不充分。道理很简单，既然福岛第一核电厂事故的情景不能简单照搬到其他核电厂，其他核电厂应该考虑什么样的情景呢？如果情景都不能确定，又如何判断改进措施的必要性和有效性呢？

20.4.2 后期欧洲核安全理念的主要发展

（1）世界上第一座商用核电厂是英国的考德尔霍尔核电厂，于 1956 年建成。这个核电厂是一座石墨气冷堆，既用于军用核材料生产，又用于商业发电。由于气冷堆核电厂的建设，20 世纪 50 年代英国成为世界上最大的核电国家。20 世纪 60 年代末到 70

年代初，英国发现了北海油田，从而丧失了对大规模发展核电的兴趣，其核安全理念也无大的世界影响。

20 世纪 60 年代末到 70 年代初，法国、德国等国家决定大规模发展核电，由于当时轻水堆核电厂已显示出了在安全性和经济性方面的优势，法国、德国都决定从美国引进轻水堆核电技术，在这个过程中也接受了美国的核安全理念。

法国先后引进了美国 90 万 kW 电功率压水堆核电技术和 130 万 kW 电功率压水堆核电技术，随后在 20 世纪 90 年代自己开发了 140 万 kW 电功率压水堆技术（N4 核电厂）。在这个过程中，法国的核安全理念没有产生大的变化。

德国在引进美国的压水堆和沸水堆核电技术后，很快开始了自主开发，在开发过程中核安全理念有所变化，如增加了安全系统的冗余度，采用了双层安全壳，大破口失水事故不考虑一回路主管道的双端完全错开的断裂，仅考虑 10%主管道截面积的断裂等。同时，德国也属于最早发展“破前漏”技术的国家之一。

（2）20 世纪 90 年代初，法国和德国决定联合开发新一代核电厂，这个核电厂被命名为“欧洲压水堆”（European pressurized water reactor，EPR）。为了指导 EPR 的开发，法国和德国的核安全当局合作提出了“Technical guidelines for the design and construction of the next generation of nuclear power plants with pressurized water reactors”。实际上，EPR 的概念受德国设计，特别是德国 20 世纪 70 年代开发的 KONVOI 核电厂设计影响很大，如采用了双层安全壳（法国在 N4 核电厂上也采用了双层安全壳，但在内层安全壳设计上没有采用钢内衬）、四个安全系列等。最重要的，是在 EPR 的开发中首次提出了“导致大量早期释放的事故工况必须‘实际上被消除’”的概念。

实质上 EPR 的“导致大量早期释放的事故工况必须‘实际上被消除’”概念还是一个“确定论”的外延，即针对几种压水堆核电厂典型的“严重事故主导序列”提出“确定的”设计要求。如针对安全壳设计压力，要求考虑大破口失水事故的质量能量输入，同时考虑堆芯 100%的锆发生锆－水反应所产生氢气的燃烧的能量输入；针对核电厂的高压熔堆工况，提出设置一个“与防一回路超压同等可靠的卸压装置”；针对安全壳底板熔穿，提出设置一个“堆芯捕集器”等。

在该技术指南中，还提出“总的目标是加强纵深防御”。这个思想在日本福岛第一核电厂事故后被西欧核监管者协会（West European Nuclear Regulators Association，WENRA）所接受，在其 2013 年发表的报告：“Report：Safety of new NPP designs”中提出，在新核电厂：“应该在全部相关的原则方面加强纵深防御概念，包括纵深防御概念每个层次的加强和层次之间独立性的改进”。

在 EPR 核电厂出口到芬兰后，芬兰提出了“设计扩展工况”的概念。后期“实际消除大规模放射性释放”和“设计扩展工况”的概念被国际原子能机构所接受，并在最新的安全标准中确定。但 IAEA 的这两个概念与法国、德国和芬兰的概念又有所区别，将在后面讨论。

欧洲的情况与我国有些类似，即从美国引进了核安全理念，但本身并没有深入地参与这些安全理念的建立过程，因而对这些安全理念建立的技术背景以及可能存在的问题并不完全了解。在这种背景下，核安全理念的“发展”往往是一种“外延”式的，而难于做到“变革”式的，而这种外延式的变化经常会使本来就不平衡的确定论安全要求变得更加不平衡。

20.4.3 后期国际原子能机构核安全理念的发展

在20世纪90年代之前，IAEA的标准主要参照美国的法规和标准制定，但鉴于美国长期对IAEA的“核安全”领域工作不重视，而主要将重点放在“核安保”和“核保障”领域，导致20世纪90年代以后欧洲对IAEA的标准制定产生越来越大的影响，如IAEA的标准委员会主席就长期由法国人担任，此后国际原子能机构安全标准的“欧洲痕迹”越来越明显。

在2000年版的国际原子能机构标准NS-R-1：“Safety of Nuclear Power Plants: Design”中，IAEA提出：“一个基本目标是，尽管监管当局仍然可以要求，厂外干预措施从技术上是有限的甚至可以消除的”，这明显是接受了法、德核安全当局为EPR提出的目标：“事故产生的最大可能（假想）释放只需要无论在地域上，还是在时间上都是有限的保护措施”。

在2000年版的国际原子能机构标准NS-R-2：“Safety of Nuclear Power Plants: Operation”中，IAEA还提出了定期安全审查的要求，这也是一种类似法国的实践。

实际上，“实际地消除大规模放射性释放”和“厂外干预措施是有限的”是两个相互联系的概念，“厂外干预措施是有限的”既是“实际地消除大规模放射性释放”的目的，也是衡量是否做到“实际地消除大规模放射性释放”的尺度，所以IAEA在2012年发布的SSR2/1：“Safety of Nuclear Power Plants: Design”中更加明确地提出了“实际地消除大规模放射性释放”的观点。

2016年，IAEA发布了SSR2/1（Revision 1)：“Safety of Nuclear Power Plants: Design”，此标准提出了所谓针对日本福岛第一核电厂事故经验教训的改进要求。不出所料，因为无法确定合理的“事故情景”，改进要求与我国、美国和其他一些国家在福岛第一核电厂事故后的改进类似，无非是增加移动泵、移动电源等移动设备的设置。

IAEA的安全标准对于成员国是推荐性的，事实上只有少数发展中国家，例如中国、巴基斯坦等采用基本照搬的方式。但福岛第一核电厂事故后，当一些欧洲国家，例如瑞士建议把“实际地消除大规模放射性释放”的观点写入对缔约国有约束力的“核安全公约”时，矛盾就充分暴露出来。

在多年的核电发展和有关核安全问题的争论过程中，美国的核电界、监管当局和社会公众已普遍接受了安全的“风险”和“风险控制”的观点，而“实际地消除大规模放射性释放”这样的概念既缺乏明确的判据，又经不起逻辑诘问，这样，当美国接受将“实际地消除大规模放射性释放”写入“核安全公约”后，势必要对国内法进行修改，而美国核管理委员会很难说服国内接受这个概念。在 IAEA 争论的最后结果是将“实际地消除大规模放射性释放”写入不具约束力的“维也纳核安全宣言”。

IAEA 面临的这种困境必然导致其安全标准经常是模糊的、模棱两可的，且难于操作的。例如当 IAEA 将“实际地消除大规模放射性释放”写入其安全标准后，对“实际地消除”给出解释是“实质上不可能”（physical impossible）或者“极高的置信度其发生概率极低”，这样 IAEA 实际上又回到了概率的概念。

但是 IAEA 的这种解释仍然与美国的核安全理念是不完全相符的。例如福岛第一核电厂事故后美国核管理委员会进行了一项工作，就是将美国的核安全法规与日本的核安全法规进行比较，发现日本在将某些工况排除在考虑之外时所使用的依据是发生概率很低，美国核管理委员会正确地指出：“似乎日本人对风险的理解存在问题”，因为风险不仅仅考虑其发生概率，还要考虑其后果。

附　录

附录1　希腊字母表

字母	英文读音	中文读音
α	Alpha	阿尔法
β	Beta	贝塔
γ	Gamma	伽马
δ	Delta	德耳塔
ε	Epsilon	艾普西隆
ζ	Zeta	截塔
η	Eta	艾塔
θ	Theta	西塔
ι	Iota	约塔
χ	Kappa	卡帕
λ	Lambda	兰布达
μ	Mu	米尤
ν	Nu	纽
ξ	X	克西
ο	Omicron	奥密克戎
π	Pi	派
ρ	Rho	洛
σ	Sigma	西格马
τ	Tau	陶
υ	Upsilon	宇普西隆
φ	Phi	斐
χ	Chi	喜
ψ	Psi	普西
ω	Omega	奥美伽

附录 2 单位制及换算因子

表 1 国际单位制词冠（倍数和分数单位的词头）

因数	词冠	代号	
		中文	国际
10^{12}	tera	太［拉］	T
10^{9}	giga	吉［咖］	G
10^{6}	mega	兆	M
10^{3}	kilo	千	k
10^{2}	hecto	百	h
10^{1}	deca	十	da
10^{-1}	deci	分	d
10^{-2}	centi	厘	c
10^{-3}	milli	毫	m
10^{-6}	micro	微	μ
10^{-9}	nano	纳［诺］	n
10^{-12}	pico	皮［可］	p

表 2 原子能工业常用的计量单位

量	国际制（SI）单位		与国际制并用的单位		与 SI 单位的关系
	名称	代号	名称	代号	
长度	米	m	海里 埃	nmile Å	1 nmile = 1 852 m 1 Å = 0.1 nm = 10^{-10} m
质量	千克,（公斤）	kg	吨 原子质量单位	t u	1 t=1 000 kg 1 u=1.660 54 × 10^{-27} kg
时间	秒	s,（sec）	分 ［小］时 日，（天） 年	min h d a	1 min = 60 s 1 h = 60 min = 3 600 s 1 d = 24 h = 86 400 s 1 a = 365.24 d = 5 766 h = 3.156 × 10^{7} s
热力学温度	开［尔文］	K	摄氏度	℃	1 ℃ = 1 K 摄氏温度 t（℃）= 热力学温度 T − 273.15 K
面积，截面	平方米	m^2	靶恩	b[am]	1 b = 10^{-28} m^2

续表

量	国际制（SI）单位		与国际制并用的单位		与 SI 单位的关系
	名称	代号	名称	代号	
体积	立方米	m^3	升	L	1 L = 1 dm^3 = 0.001 m^3
速度	米每秒	m/s	节	kn	1 kn = 1 nmile/h = （1 852/3 600）m/s
力，重量	牛［顿］	N	达因 千克力	dyn kgf	1 N = 1 kg·m/s^2 1 dyn = 10^{-5} N 1 kgf = 9.807 N
压力，应力	帕［斯卡］	Pa	巴 大气压 标准大气压	bar at atm	1 Pa = 1 N/m^2 1 bar = 10^5 Pa 1 at = 1 kgf/cm^2 = 98 066 Pa 1 atm = 1.033 2 at = 101 325 Pa
能量，功	焦［耳］	J	尔格 千瓦小时 电子伏特	erg kW·h eV	1 J = 1 N·m = 1 W·s 1 erg = 1 dyn·cm = 10^{-7} J 1 kW·h = 3.6×10^6 J 1 eV = $1.602\ 177 \times 10^{-19}$ J
热量	焦［耳］	J	卡［路里］	cal	1 cal = 4.187 J
电荷，电量	库仑	C			1 C = 1 A.s
功率	瓦［特］	W	马力	hp	1 W = 1 J/s 1 hp = 746 W
功率密度	瓦每立方米	W/m^3	卡每立方厘米秒	cal/(cm^3·s)	1 cal/(cm^3·s) = 4.187×10^{-6} W/m^3
热流密度	瓦每平方米	W/m^2	卡每平方厘米秒	cal/(cm^2·s)	1 cal/(cm^2·s) = 4.187×10^{-4} W/m^2
燃料燃耗	焦/千克	J/kg	兆瓦日/吨 已裂变原子数与初始易裂变原子数之比 已裂变原子数与初始金属原子数之比	MW·d/t fifa% fima%	1 MW·d/t = 8.64×10^7 J/kg
放射性活度	贝可［勒尔］	Bq	居里	Ci	1 Bq = 1/s 1 Ci = 3.7×10^{10} Bq
吸收剂量	戈［瑞］	Gy	拉德	rad	1 Gy = 1 J/kg 1 rad = 0.01 Gy
当量剂量	希［沃特］	Sv	雷姆	rem	1 Sv = 1 J/kg 1 rem = 0.01 Sv
照射量	库仑/千克	C/kg	伦琴	R	1 R = 2.58×10^{-4} C/kg

表 3　单位换算表

长度

m	km	cm	mm	μm
1	0.001	100	1 000	10^6
0.01	10^{-5}	1	10	10^4
0.001	10^{-6}	0.1	1	1 000

力，重量

N	kN	dyn	kgf	tf
1	0.001	10^5	0.101 97	$1.019\ 7 \times 10^{-4}$
1 000	1	10^5	101.97	0.101 97
9.806 7	$9.806\ 7 \times 10^{-3}$	$9.806\ 7 \times 10^5$	1	0.001
$9.806\ 7 \times 10^3$	9.806 7	$9.806\ 7 \times 10^5$	1 000	1

压力

Pa	MPa	bar	at(kg/cm²)	atm
1	10^{-6}	10^{-5}	$1.019\ 7 \times 10^{-5}$	$9.869\ 2 \times 10^{-6}$
10^6	1	10	10.19 7	9.869 2
10^5	0.1	1	1.019 7	0.986 92
98 067	0.098 067	0.980 67	1	0.967 84
101 325	0.101 325	1.013 25	1.033 2	1

能量、功、热量

J	erg	kcal	MW•d	TW•h	MeV
1	10^7	2.39×10^{-4}	1.16×10^{-11}	2.778×10^{-16}	6.24×10^{12}
10^{-7}	1	2.39×10^{-11}	1.16×10^{-18}	2.778×10^{-23}	6.24×10^5
4 187	4.187×10^{10}	1	4.8×10^{-8}	1.163×10^{-12}	2.6×10^{16}
8.64×10^{10}	8.64×10^{17}	2.065×10^7	1	2.4×10^{-5}	5.39×10^{23}
3.6×10^{15}	3.6×10^{22}	8.60×10^{11}	41 700	1	2.25×10^{28}
1.602×10^{-13}	1.602×10^{-6}	3.826×10^{-17}	1.85×10^{-24}	4.45×10^{-29}	1

注：1 吨标准煤（1 tce）$= 7 \times 10^6$ kcal $= 2.93 \times 10^4$ J $= 0.65$ tpe；1 吨原煤（我国）$= 5 \times 10^6$ kcal $= 0.714$ tce；1 吨原油 $= 10^6 \times 10$ kcal $= 1.429$ tce；1 000 m³ 天然气 $= 9.31 \times 10^6$ kcal $= 1.33$ tce；1 吨当量油（tpe）$= 10.8 \times 10^6$ kcal $= 1.54$ tce。

功率

W	kW	MW	kcal/h	hp
1	0.001	10^{-6}	0.86	1.341×10^{-3}
1 000	1	0.001	860	1.341
10^6	1 000	1	8.6×10^5	1 341
746	0.746	7.46×10^{-4}	642	1

附录3　元素周期表

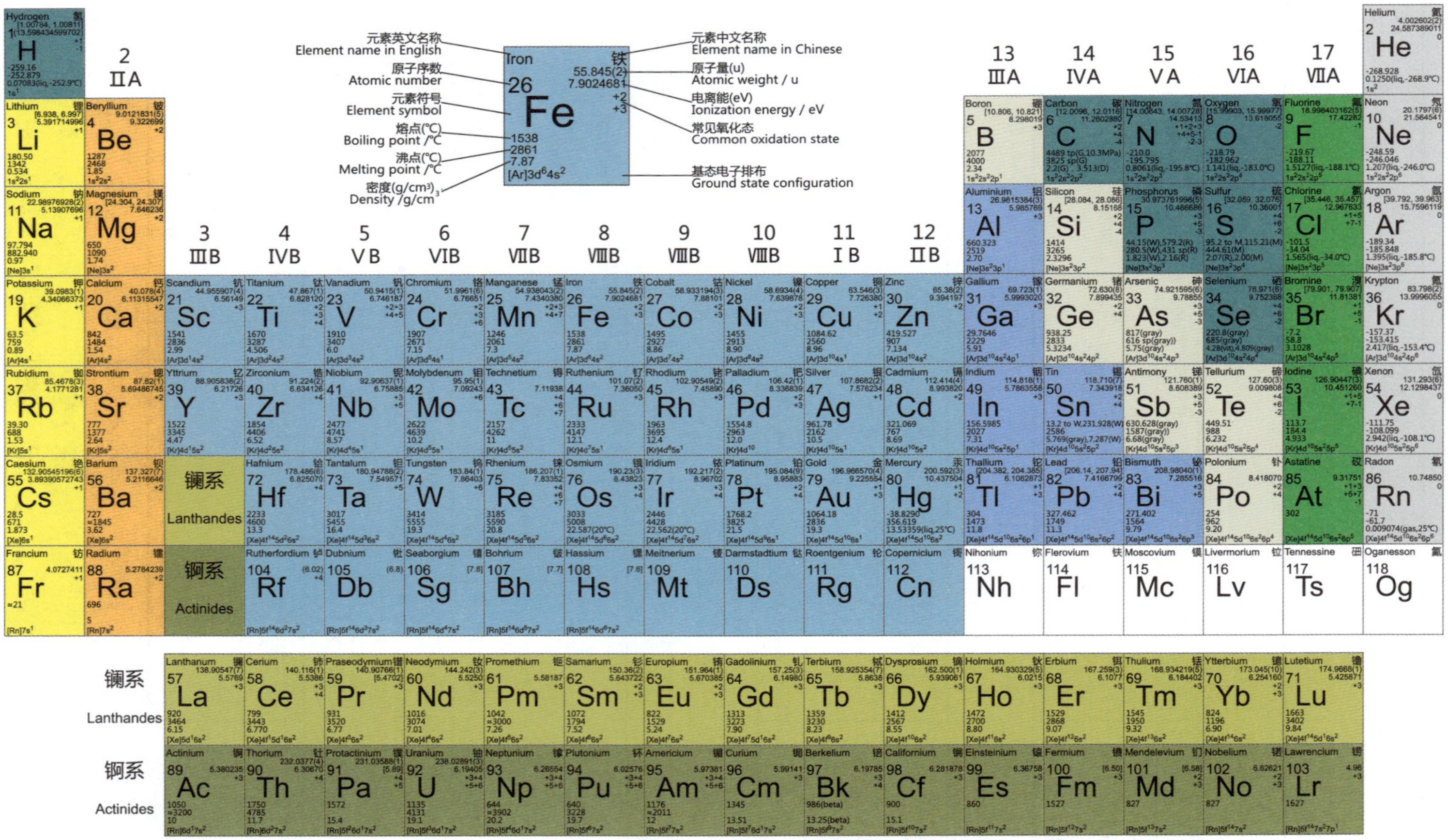

元素族的标识同时采用了新的IUPAC标识法和Chemical Abstracts Service(CAS)标识法。熔点(M.P)与沸点(B.P)温度的单位为摄氏度(℃)，数值后边的sp和tp分别表示该值为升华温度和三相点温度。若未另外注明，密度为在25℃、1个标准大气压条件下的值。

金属 Metals					类金属	非金属 Nonmetals			化学性质未知
碱金属 Alkali metals	碱土金属 Alkaline earth metals	镧系元素 Lanthanides / 锕系元素 Actinides	过渡金属 Transition elements	其它金属 Other metals	Metalloids	其它非金属 Other nonmetals	卤素 Halogens	惰性气体 Noble gases	Unknown chemical properties

参考文献/References

1. Kramida, A., Ralchenko, Yu., Reader, J., and NIST ASD Team (2022). NIST Atomic Spectra Database (ver. 5.10), https://physics.nist.gov/asd. National Institute of Standards and Technology, Gaithersburg, MD. DOI: https://doi.org/10.18434/T4W30F
2. Prohaska T, Irrgeher J, Benefield J, et al. Standard atomic weights of the elements 2021 (IUPAC Technical Report) [J]. Pure and Applied Chemistry, 2022, 94(5): 573-600.
3. Rumble J R. Melting, Boiling, Triple, and Critical Point Temperatures of the Elements[J]. CRC Handbook of Chemistry and Physics, 2022.

附录 4 常用基本物理常数

物理量	符号	数值	单位
真空中的光速	c, c_0	299 792 458	$m\ s^{-1}$
真空磁导率	μ_0	$1.256\ 637\ 062\ 12(19) \times 10^{-6}$	$N\ A^{-2}$
真空电容率	ε_0	$8.854\ 187\ 812\ 8(13) \times 10^{-12}$	$F\ m^{-1}$
万有引力常数	G	$6.674\ 30(15) \times 10^{-11}$	$m^3\ kg^{-1}\ s^{-2}$
普朗克常量	h	$6.626\ 070\ 15 \times 10^{-34}$	$J\ Hz^{-1}$
$h/2\pi$	$\hbar$	$1.054\ 571\ 817 \times 10^{-34}$	J s
基本电荷	e	$1.602\ 176\ 634 \times 10^{-19}$	C
电子电荷/质量比	$-e/m_e$	$-1.758\ 820\ 010\ 76(53) \times 10^{11}$	$C\ kg^{-1}$
磁通量量子	Φ_0	$2.067\ 833\ 848 \times 10^{-15}$	Wb
量子电导	G_0	$7.748\ 091\ 729 \times 10^{-5}$	S
约瑟夫逊常数	K_J	483 597.848 4 × 109	$Hz\ V^{-1}$
阿伏加德罗常量	N_A	6.022 140 76 × 1 023	mol^{-1}
原子质量单位	u, m_u	$1.660\ 539\ 066\ 60(50) \times 10^{-27}$	kg
精细结构常数	α	$7.297\ 352\ 569\ 3(11) \times 10^{-3}$	
精细结构常数倒数	α^{-1}	137.035 999 084(21)	
里德伯常量	R_∞	10 973 731.568 160(21)	m^{-1}
法拉第常量	F	96 485.332 12	$C\ mol^{-1}$
摩尔气体常量	R	8.314 462 618	$J\ mol^{-1}$ K^{-1}
玻尔兹曼常量	K	$1.380\ 649 \times 10^{-23}$	$J\ K^{-1}$
费米耦合常量	$G_F/(\hbar c)^3$	$1.166\ 378\ 7(6) \times 10^{-5}$	GeV^{-2}
电子质量	m_e	$9.109\ 383\ 701\ 5(28) \times 10^{-31}$	kg
		$5.485\ 799\ 090\ 65(16) \times 10^{-4}$	u
质能当量	$m_e c^2$	$8.187\ 105\ 776\ 9(25) \times 10^{-14}$	J
		0.510 998 950 00(15)	MeV
质子质量	m_p	$1.672\ 621\ 923\ 69(51) \times 10^{-27}$	kg
		1.007 276 466 621(53)	u

续表

物理量	符号	数值	单位
质能当量	$m_p c^2$	$1.503\ 277\ 615\ 98(46) \times 10^{-10}$	J
		938.272 088 16(29)	MeV
中子质量	m_n	$1.674\ 927\ 498\ 04(95) \times 10^{-27}$	kg
		1.008 664 915 95(49)	u
质能当量	$m_n c^2$	$1.505\ 349\ 762\ 87(86) \times 10^{-10}$	J
		939.565 420 52(54)	MeV
氘核质量	m_d	$3.343\ 583\ 772\ 4(10) \times 10^{-27}$	kg
		2.013 553 212 745(40)	u
质能当量	$m_d c^2$	$3.005\ 063\ 231\ 02(91) \times 10^{-10}$	J
		1 875.612 942 57(57)	MeV
玻尔半径	a_0	$5.291\ 772\ 109\ 03(80) \times 10^{-11}$	m
经典电子半径	r_e	$2.817\ 940\ 326\ 2(13) \times 10^{-15}$	m
电子康普顿波长	λ_C	$2.426\ 310\ 238\ 67(73) \times 10^{-12}$	m
质子康普顿波长中子	$\lambda_{C,p}$	$1.321\ 409\ 855\ 39(40) \times 10^{-15}$	m
康普顿波长	$\lambda_{C,n}$	$1.319\ 590\ 905\ 81(75) \times 10^{-15}$	m
玻尔磁子	μ_B	$9.274\ 010\ 078\ 3(28) \times 10^{-24}$	$J\ T^{-1}$
		$5.788\ 381\ 806\ 0(17) \times 10^{-5}$	$eV\ T^{-1}$
核磁子	μ_N	$5.050\ 783\ 746\ 1(15) \times 10^{-27}$	$J\ T^{-1}$
		$3.152\ 451\ 258\ 44(96) \times 10^{-8}$	$eV\ T^{-1}$
电子磁矩	μ_e	$-9.284\ 764\ 704\ 3(28) \times 10^{-24}$	$J\ T^{-1}$
电子磁矩/μ_B	μ_e/μ_B	$-1.001\ 159\ 652\ 181\ 28(18)$	
电子磁矩/μ_N	μ_e/μ_N	$-1\ 838.281\ 971\ 88(11)$	
质子磁矩	μ_p	$1.410\ 606\ 797\ 36(60) \times 10^{-26}$	$J\ T^{-1}$
质子磁矩/μ_B	μ_p/μ_B	$1.521\ 032\ 202\ 30(46) \times 10^{-3}$	
质子磁矩/μ_N	μ_p/μ_N	2.792 847 344 63(82)	
中子磁矩	μ_n	$-9.662\ 365\ 1(23) \times 10^{-27}$	$J\ T^{-1}$
中子磁矩/μ_B	μ_n/μ_B	$-1.041\ 875\ 63(25) \times 10^{-3}$	
中子磁矩/μ_N	μ_n/μ_N	$-1.913\ 042\ 73(45)$	
电子 g 因子	g_e	$-2.002\ 319\ 304\ 362\ 56(35)$	
电子旋磁比	γ_e	$1.760\ 859\ 630\ 23(53) \times 10^{11}$	$s^{-1}\ T^{-1}$
常用转换常数	1 eV	$1.602\ 176\ 634 \times 10^{-19}$	J
	1 eV/c^2	$1.782\ 661\ 921 \times 10^{-36}$	kg
	1 u c^2	931.494 102 42(28)	MeV
	$\hbar c$	197.326 980 4	MeV fm

参考文献：E. Tiesinga, P. J. Mohr, D. B. Newell, et al., CODATA Recommended Values of the Fundamental Physical Constants: 2018 J. Phys. Chem. Ref. Data 50, 033105 (2021); https://doi.org/10.1063/5.0064853

附录 5 有关的放射性同位素表

原子序数 Z	同位素	半衰期	射线形式（括号内是最硬的射线能量 MeV）	常用的制备方法或产生过程
1	^{3}H	12.26 a	β^-（0.018 6）	^{6}Li（n,α）^{3}H
4	^{7}Be	53.4 d	γ（0.48）	^{7}Li（p,n）^{7}Be
6	^{11}C	20.3 min	β^+（0.97），γ（0.51）	^{11}B（p,n）^{11}C
	^{14}C	5 760 a	β^-（0.156）	^{14}N（n,p）^{14}C
7	^{13}N	10 min	β^+（1.2），（0.51）	^{13}C（p,n）^{13}N
	^{16}N	7.3 s	β^-（10.4），（7.1）	^{16}O（n,p）^{16}N
8	^{15}O	123 s	β^+（1.74），γ（0.51）	^{12}C（α,n）^{15}O,^{14}N（d,n）^{15}O
	^{19}O	29 s	β^-（4.6），γ（1.37）	^{18}O（n,γ）^{19}O
9	^{18}F	110 min	β^+（0.64），γ（0.51）	^{18}O（p,n）^{18}F
11	^{22}Na	2.6 a	β^+（1.8），γ（1.28）	^{24}Mg（d,α）^{22}Na
	^{24}Na	15 h	β^-（1.4），γ（2.75）	^{23}Na（n,γ）^{24}Na
12	^{27}Mg	9.4 min	β^-（1.75），γ（1）	^{26}Mg（n,γ）^{27}Mg
13	^{28}Al	2.3 min	β^-（2.85），γ（1.8）	^{27}Al（n,γ）^{28}Al
14	^{31}Si	2.6 h	β^-（1.48），（1.26）	^{30}Si（n,γ）^{31}Si
15	^{32}P	14.3 d	β^-（1.71）	^{32}S（n,p）^{32}p
16	^{35}S	87 d	β^-（0.17）	^{35}Cl（n,p）^{35}S
17	^{38}Cl	37.3 min	β^-（4.9），γ（2.2）	^{37}Cl（n,γ）^{38}Cl
18	^{41}Ar	1.83 h	β^-（2.5），γ（1.3）	^{40}Ar（n,γ）^{41}Ar
19	^{40}K	12.6 亿 a	β^-（1.3），γ（1.5）	天然放射性同位素
	^{42}K	12.5 h	β^-（3.5），γ（1.5）	^{41}K（n,γ）^{42}K
	^{43}K	22.4 h	β^-（1.8），γ（1）	^{40}Ar（α,p）^{43}K
20	^{45}Ca	165 d	β^-（0.25）	^{44}Ca（n,γ）^{45}Ca
	^{47}Ca	4.5 d	β^-（2），γ（1.3）	^{46}Ca（n,γ）^{47}Ca
21	^{46}Sc	84 d	β^-（1.5），γ（1.1）	^{45}Sc（n,γ）^{46}Sc
	^{47}Sc	3.4 d	β^-（0.6），γ（0.16）	$^{47}Ca \xrightarrow{\beta} {}^{47}Sc$
23	^{48}V	16 d	β^+（0.7），γ（2.2）	Ti（p,xn）^{48}V
24	^{51}Cr	27.8 d	γ（0.3）	^{50}Cr（n,γ）^{51}Cr
25	^{52}Mn	5.7 d	β^+（0.6），γ（1.4）	^{52}Cr（d,2n）^{52}Mn
	^{54}Mn	278 d	γ（0.84）	^{53}Cr（d,n）^{54}Mn
	^{56}Mn	2.58 h	β^-（2.9），γ（2.1）	^{55}Mn（n,γ）^{56}Mn
26	^{52}Fe	8.2 h	β^+（0.8），γ（0.51）	^{50}Cr（α,2n）^{52}Fe
	^{55}Fe	2.6 a	γ（0.23 极弱）	^{54}Fe（n,γ）^{55}Fe
	^{59}Fe	45 d	β^-（1.57），γ（1.3）	^{58}Fe（n,γ）^{59}Fe
27	^{56}Co	77.3 d	β^+（1.5），γ（3.3）	^{56}Fe（p,n）^{56}Co
	^{57}Co	270 d	γ（0.7）	^{56}Fe（d,n）^{57}Co
	^{58}Co	71.3 d	β^+（0.5），（1.7）	^{58}Ni（n,p）^{58}Co
	^{60}Co	5.27 a	β^-（1.5），γ（1.3）	^{59}Co（n,γ）^{60}Co
28	^{63}Ni	92 a	β^-（0.07）	^{62}Ni（n,γ）^{63}Ni
	^{65}Ni	2.56 h	β^-（2.1），γ（1.5）	^{64}Ni（n,γ）^{65}Ni
29	^{64}Cu	12.8 h	β^-（0.51），β^+（0.66），γ（1.3）	^{63}Cu（n,γ）^{64}Cu
30	^{65}Zn	245 d	β^+（0.33），γ（1.1）	^{64}Zn（n,γ）^{65}Zn

续表

原子序数 Z	同位素	半衰期	射线形式（括号内是最硬的射线能量 MeV）	常用的制备方法或产生过程
	$^{69}Zn^{m}$	13.8 h	γ（0.44）	^{68}Zn（n,γ）$^{69}Zn^{m}$
	^{69}Zn	57 min	$β^-$（0.9）	$^{69}Z^{m}_{n}\rightarrow{}^{69}Zn$
31	^{67}Ga	78 h	γ（0.39）	^{68}Zn（p,2n）^{67}Ga
	^{72}Ga	14.1 h	$β^-$（3.2），（2.5）	^{71}Ga（n,γ）^{72}Ga
32	^{71}Ge	11.4 d	Ga 的 X 射线	^{70}Ge（n,γ）^{71}Ge
33	^{76}AS	26.5 h	$β^-$（3），γ（2.1）	^{75}As（n,γ）^{76}As
34	^{75}Se	120 d	γ（0.4）	^{74}Se（n,γ）^{75}Se
36	$^{85}Kr^{m}$	4.4 h	$β^-$（0.82），γ（0.31）	^{84}Kr（n,γ）$^{85}Kr^{m}$
	^{85}Kr	10.7 a	$β^-$（0.67），（0.52）	裂变产物
38	^{89}Sr	50.4 d	$β^-$（1.46）	裂变产物，^{88}Sr（n,γ）^{89}Sr
	^{90}Sr	28 a	$β^-$（0.55）	裂变产物
39	^{90}Y	64.5 h	$β^-$（2.27）	$^{90}Sr\xrightarrow{β^-}{}^{90}Y$
	^{91}Y	58 d	$β^-$（1.55），γ（1.21）	裂变产物
40	^{95}Zr	65 d	$β^-$（0.89），γ（0.76）	裂变产物，^{94}Zr（n,γ）^{95}Zr
	^{97}Zr	17 h	$β^-$（1.9），γ（0.75）	^{96}Zr（n,γ）^{97}Zr
41	^{94}Nb	2 万 a	$β^-$（0.49），γ（0.87）	^{93}Nb（n,γ）^{94}Nb
	^{95}Nb	35 d	$β^-$（0.16），γ（0.77）	$^{95}Zr\xrightarrow{β^-}{}^{95}Nb$
	^{97}Nb	72 min	$β^-$（1.3），γ（0.67）	$^{97}Zr\xrightarrow{β^-}{}^{97}Nb$
42	^{99}Mo	67 h	$β^-$（1.2），γ（0.78）	^{98}Mo（n,γ）^{99}Mo
43	$^{99}Tc^{m}$	6 h	γ（0.14）	$^{99}Mo\xrightarrow{β^-}{}^{99}Tc^{m}$
	^{99}Tc	21 万 a	$β^-$（0.29）	$^{99}Tc^{m}\rightarrow{}^{99}Tc$ 裂变产物
44	^{103}Ru	39.5 d	$β^-$（0.7），γ（0.61）	^{102}Ru（n,γ）^{103}Ru
	^{106}Rh	368 d	$β^-$（0.04）	裂变产物
45	^{106}Rh	30 s	$β^-$（3.5），γ（1.6）	$^{106}Ru\rightarrow{}^{106}Rh$
46	^{103}Pd	17 d	γ（0.5 很弱）	^{102}Pd（n,γ）^{103}pd
47	$^{110}Ag^{m}$	253 d	$β^-$（1.5），γ（1.5）	^{109}Ag（n,γ）$^{110}Ag^{m}$
	^{110}Ag	24 s	$β^-$（2.9），γ（0.66）	$^{110}Ag^{m}\rightarrow{}^{110}Ag$
48	^{109}Cd	453 d	γ（0.09）	$^{109}Ag(d,2n)^{109}Cd$
	$^{115}Cd^{m}$	43 d	$β^-$（1.6），γ（1.3）	$^{114}Cd(n,γ)^{115}Cd^{m}$
	^{115}Cd	2.3 d	$β^-$（1.1），γ（0.53）	$^{114}Cd(n,γ)^{115}Cd$
49	$^{113}In^{m}$	1.7 h	γ（0.39）	$^{113}Sn\xrightarrow{轨道电子俘获}{}^{113}In^{m}$
	^{116}In	14 s	$β^-$（3.3），γ（1.3）	$^{115}In(n,γ)^{116}In$
50	^{113}Sn	118 d	γ（0.26）	$^{112}Sn(n,γ)^{113}Sn$
51	^{124}Sb	60 d	（2.3），γ（2.1）	$^{123}Sb(n,γ)^{124}Sb$
52	^{127}Te	9.4 h	$β^-$（0.7），γ（0.4）	裂变产物
53	^{123}I	13.3 h	γ（0.16）	$^{121}Sb(α,2n)^{123}I$
	^{125}I	60 h	γ（0.035）	$^{123}Sb(α,2n)^{125}I$
	^{129}I	1 700 万 a	$β^-$（0.15），γ（0.04）	裂变产物
	^{131}I	8.05 d	$β^-$（0.8），γ（0.7）	裂变产物
	^{132}I	2.26 h	$β^-$（2.1）,γ（2）	裂变产物 $^{132}Te\xrightarrow{β^-}{}^{132}I$
54	^{133}Xe	5.27 d	$β^-$（0.35），γ（0.08）	裂变产物
	^{135}Xe	9.2 h	$β^-$（0.92），γ（0.61）	裂变产物

续表

原子序数 Z	同位素	半衰期	射线形式（括号内是最硬的射线能量 MeV）	常用的制备方法或产生过程
55	^{134}Cs	2.1 a	β^-（0.66），γ（1.37）	$^{133}Cs(n,\gamma)^{134}Cs$
	^{137}Cs	30 a	β^-（1.18），γ（0.66）	裂变产物
56	^{140}Ba	12.8 d	β^-（1），γ（0.54）	裂变产物
57	^{140}La	40.2 h	β^-（2.2），γ（2.5）	$^{140}Ba \xrightarrow{\beta^-} {}^{140}La, {}^{139}La(n,\gamma)^{140}La$
58	^{141}Ce	32.5 d	β^-（0.58），γ（0.15）	$^{140}Ce(n,\gamma)^{141}Ce$
	^{144}Ce	285 d	β^-（0.31），γ（0.13）	裂变产物
59	^{144}Pr	17.3 min	β^-（3），γ（2.2）	$^{144}Ce \xrightarrow{\beta^-} {}^{144}Pr$
60	^{147}Nd	11.1 d	β^-（0.81），γ（0.53）	裂变产物
61	^{147}Pm	2.65 a	β^-（0.22）	$^{147}Nd \xrightarrow{\beta^-} {}^{147}Pm$
63	^{152}Eu	12.5 a	β^-（1.5），β^+（0.7），γ（1.4）	$^{151}Eu(n,\gamma)^{152}Eu$
	^{154}Eu	16 a	β^-（1.9），γ（1.3）	$^{153}Eu(n,\gamma)^{154}Eu$
	^{155}Eu	1.81 a	β^-（0.25），γ（0.11）	$^{154}Sm(n,\gamma)^{155}Sm \xrightarrow{\beta^-} {}^{155}Eu$
64	^{153}Gd	242 d	γ（0.1）	$^{152}Gd(n,\gamma)^{153}Gd$
66	^{165}Dy	139 min	β^-（1.3），γ（1.1）	$^{164}Dy(n,\gamma)^{165}Dy$
69	^{170}Tm	134 d	β^-（0.97），γ（0.08）	$^{169}Tm(n,\gamma)^{170}Tm$
73	^{182}Ta	115 d	β^-（0.52），γ（1.2）	$^{181}Ta(n,\gamma)^{182}Ta$
75	^{186}Re	90 h	β^-（1.1），γ（0.14）	$^{185}Re(n,\gamma)^{186}Re$
77	^{192}Ir	74 d	β^-（0.67），γ（0.61）	$^{191}Ir(n,\gamma)^{192}Ir$
79	^{198}Au	2.7 d	β^-（0.96），γ（1.1）	$^{197}Au(n,\gamma)^{198}Au$
	^{199}Au	3.15 d	β^-（0.46），γ（0.21）	$^{198}Pt(n,\gamma)^{199}Pt \xrightarrow{\beta^-} {}^{199}Au$
80	^{197}Hg	65 h	γ（0.27）	$^{196}Hg(n,\gamma)^{197}Hg^m \rightarrow {}^{197}Hg$
	^{203}Hg	47 d	β^-（0.21），γ（0.28）	$^{202}Hg(n,\gamma)^{203}Hg$
81	^{204}Tl	3.9 a	β^-（0.77）	$^{203}Tl(n,\gamma)^{204}Tl$
	^{208}Tl	3.1 min	β^-（1.8），γ（2.6）	天然放射性同位素（^{232}Th 的衰变产物），^{228}Th 的衰变产物
82	^{210}Pb	20.4 a	β^-（0.06），γ（0.05）	天然放射性同位素（^{226}Ra 的衰变产物）
83	^{210}Bi	5 d	β^-（1.16）	$^{209}Bi(n,\gamma)^{210}Bi$
84	^{210}Po	138.4 d	α（5.3）	天然放射性同位素（^{226}Ra 的衰变产物），$^{210}Bi \xrightarrow{\beta^-} {}^{210}Po$
86	^{220}Rn（钍射气 Tn）	53.3 s	α（6.29），γ（0.55 很弱）	天然放射性同位素（^{228}Th 的衰变产物）
	^{222}Rn（镭射气 Rn）	3.82 d	α（5.49），γ（0.5 很弱）	天然放射性同位素（$^{226}Ra \xrightarrow{\alpha} {}^{222}Rn$）
88	^{226}Ra	1 620 a	α（4.8），γ（0.2）	天然放射性同位素（^{238}U 的衰变产物）
89	^{227}Ac	22 a	β^-（0.05），γ（很弱），α（很弱）	$^{226}Ra(n,\gamma)^{227}Ra \xrightarrow{\beta^-} {}_{227}Ac$
90	^{228}Th	1.9 a	α（5.4），γ（0.2 很弱）	$^{232}U \xrightarrow{\alpha} {}^{228}Th$
	^{290}Th	8 万 a	α（4.7）	天然放射性同位素（^{238}U 的衰变产物）
	^{232}Th	141 亿 a	α（4）	天然放射性同位素
	^{232}Th	22.4 min	β^-（1.2），γ（0.9 很弱）	$^{232}Th(n,\gamma)^{233}Th$

续表

原子序数 Z	同位素	半衰期	射线形式 （括号内是最硬的射线能量 MeV）	常用的制备方法或产生过程
91	^{239}Pa	27.4 d	β^-（0.57），γ（0.31）	$^{233}\mathrm{Th}\xrightarrow{\beta^-}{}^{233}\mathrm{Pa}$
92	^{232}U	72 a	α（5.3）	$^{236}\mathrm{Pu}\xrightarrow{\alpha}{}^{232}\mathrm{U}$
	^{233}U	16 万 a	α（4.8），γ（0.32）	$^{233}\mathrm{Pa}\xrightarrow{\beta^-}{}^{233}\mathrm{U}$
	^{234}U	24.7 万 a	α（4.7）	天然放射性同位素（^{238}U 的衰变产物）
	^{235}U	7.1 亿 a	α（4.6），γ（0.2）	天然放射性同位素
	^{236}U	2 400 万 a	α（4.5）	$^{235}\mathrm{U}(\mathrm{n},\gamma)^{236}\mathrm{U}$
	^{237}U	6.75 d	β^-（0.25），γ（0.21）	$^{236}\mathrm{U}(\mathrm{n},\gamma)^{237}\mathrm{U}$，^{238}U（n，2n）^{237}U
	^{238}U	45 亿 a	α（4.2）	天然放射性同位素
	^{239}U	23.5 min	β^-（1.3），γ（0.08）	$^{238}\mathrm{U}(\mathrm{n},\gamma)^{239}\mathrm{U}$
93	^{237}Np	220 万 a	α（4.8），γ（0.15）	$^{237}\mathrm{U}\xrightarrow{\beta^-}{}^{237}\mathrm{Np}$
	^{238}NP	2.1 d	β^-（1.25）,γ（1）	$^{237}\mathrm{Np}(\mathrm{n},\gamma)^{238}\mathrm{Np}$
	^{239}Np	2.35 d	β^-（0.71），γ（0.28）	$^{239}\mathrm{U}\xrightarrow{\beta^-}{}^{239}\mathrm{Np}$
94	^{236}Pu	2.85 a	α（5.8），γ（0.05 很弱）	$^{237}\mathrm{Np}(\mathrm{n},2\mathrm{n})^{236}\mathrm{Np}\xrightarrow{\beta^-}{}^{236}\mathrm{Pu}$
	^{238}Pu	88 a	α（5.5）	$^{238}\mathrm{Np}\xrightarrow{\beta^-}{}^{238}\mathrm{Pu}$
				$^{242}\mathrm{Cm}\xrightarrow{\alpha}{}^{238}\mathrm{Pu}$
	^{239}Pu	2.4 万 a	α（5.2）	$^{239}\mathrm{Np}\xrightarrow{\beta^-}{}^{239}\mathrm{Pu}$
	^{240}Pu	6 600 a	α（5.2）	$^{239}\mathrm{Pu}(\mathrm{n},\gamma)^{240}\mathrm{Pu}$
	^{241}Pu	13.2 a	β^-（0.02）	$^{240}\mathrm{Pu}(\mathrm{n},\gamma)^{241}\mathrm{Pu}$
	^{242}Pu	37 万 a	α（4.9）	$^{241}\mathrm{Pu}(\mathrm{n},\gamma)^{242}\mathrm{Pu}$
				$^{242}\mathrm{Am}\xrightarrow{\text{轨道电子俘获}}{}^{242}\mathrm{Pu}$
95	^{241}Am	458 a	α（5.5），γ（0.06）	$^{241}\mathrm{Pu}\xrightarrow{\beta^-}{}^{241}\mathrm{Am}$
	^{243}Am	7 950 a	α（5.28），γ（0.07）	^{238}U、^{239}Pu 等的多次中子俘获
96	^{242}Cm	163 d	α（6.1）	$^{241}\mathrm{Am}(\mathrm{n},\gamma)^{242}\mathrm{Am}\xrightarrow{\beta^-}{}^{242}\mathrm{Cm}$
	^{244}Cm	17.6 d	α（5.8）	$^{243}\mathrm{Am}(\mathrm{n},\gamma)^{244}\mathrm{Am}\xrightarrow{\beta^-}{}^{244}\mathrm{Cm}$
98	^{252}Cf	2.65 a	α（6.1），自发裂变中子	^{239}Pu、^{244}Cm 等的多次中子俘获

附录 6 一些核素的热中子截面表（中子能量为 0.025 eV）

原子序数	核素	丰度/原子%	半衰期	σ_a/b	σ_f/b
0	^{1}n		12 min		
1	^{1}H	99.985		0.332	
	^{2}H	0.015		0.000 53	
	^{3}H		12.33 a		
3	^{6}Li	7.42		940	
	^{7}Li	92.58		0.037	
5	^{10}B	19.6		3 837	
	^{11}B	80.4		0.005 5	
6	^{12}C	98.89		0.003 4	
	^{13}C	1.11		0.000 9	
	^{14}C		5 730 a		
7	^{14}N	99.63		1.88	
	^{15}N	0.37		0.000 024	
8	^{16}O	99.759		0.000 178	
	^{17}O	0.037		0.235	
	^{18}O	0.204		0.000 16	
53	^{135}I		6.7 h		
54	^{135}Xe		9.17 h	2.65×10^{6}*	
61	^{149}Pm		53.1 h		
62	^{149}Sm	13.83		41 000*	
90	^{232}Th	100	1.41×10^{10} a	7.40	
	^{233}Th		22.4 min	1 515	15
91	^{233}Pa		27.4 d	41.5	<0.1
92	^{233}U		1.62×10^{5} a	578.7	531
	^{234}U	0.005 7	2.47×10^{5} a	100.2	
	^{235}U	0.72	7.13×10^{8} a	680.6	582
	^{236}U		2.34×10^{7} a	5.2	
	^{238}U	99.27	4.51×10^{9} a	2.70	
	^{239}U		23.5 min	36	14
93	^{239}Np		2.34 d	46	<1
94	^{239}Pu		24 390 a	1 012	743
	^{240}Pu		6 540 a	290	0.030
	^{241}Pu		13.2 a	1 377	1 009
	^{242}Pu		3.79×10^{5} a	19	<0.2

*为非 $1/v$ 吸收体。

附录7　中英文名词对照

（按汉语拼音字母顺序排列）

a

α-γ 热室 α-γ hot cell
α 废物 alpha waste
α 辐射源 alpha radiation source
α 粒子 alpha particle
α 衰变 alpha decay
α 探测器 a-particle detector
阿伏加德罗数 Avogadro number
锕系核素 actinide nuclide
锕系同位素 actinide isotope
锕系元素 actinide
安全棒 safety rod
安全参量显示系统 safety parameter display system, SPDS
安全等级设备 safety class equipment
安全壳 containment
安全壳超压保护 containment overpressure protection
安全壳隔离系统 containment isolation system
安全壳过滤排放系统 containment filtered discharge system
安全壳喷淋系统 containment spray system
安全壳失效 containment failure
安全壳通风净化系统 containment ventilation and purge system
安全设计准则 safe design criteria
安全停堆地震 safe shutdown earthquake, SSE
安全文化 safety culture
安全注入泵 safety injection pump
安全注入罐 safety injection tank

奥克洛现象 Oklo phenomenon
氨氢交换法 NH-H exchange process

b

β-γ 剂量率表 β-γ dose ratemeter
β 辐射源 beta radiation source
β 粒子 beta particle
β 衰变 beta decay
半导体探测器 semi-conductor detector
半衰期 half-life
半速汽轮机 half-speed steam turbine
棒束型控制棒组件 bundle type control-rod assembly
棒束型燃料组件 bundle type fuel assembly
包覆颗粒燃料 coated particle fuel
包覆燃料颗粒 coated fuel particle
包壳材料 cladding materials
包壳管 cladding tube
包壳破损探测 burst can detection, BCD
包壳烧毁 cladding burnout
饱和泡核沸腾 saturated nucleate boiling
饱和蒸汽轮机 saturated steam turbine
保安措施 security measures
保护联锁 protection interlock
保障视察员 safeguards inspector
贝塞尔函数 Bessel function
［燃料］倍增时间 doubling time
本底辐射 background radiation
本国化 localisation
泵轴密封 pump shaft seal
比等效百万吨级 equivalent megatonage-to-weight ratio
比功率 specific power
比活度 specific activity
比投资 specific capital cost
比威力 yield-to-weight ratio
变性铀 denatured uranium

标记化合物 labelled compound
标记元素 labelled element
表面热流密度 surface heat flux
表面沾污探测器 surface contamination detector
表面污染 surface contamination
玻璃固化 vitrification
不符合项 non-conformance item
不均匀系数 maximum-to-average ratio
不扩散核武器条约 Non-Proliferation Treaty, NPT
不停堆换料方式 on line refueling mode
不停堆换料机 on-line refueling machine
不泄漏概率 non-leakage probability
不锈钢 stainless steel
钚的利用 utilization of plutonium
钚的生成 formation of plutonium
钚当量 equivalent Pu
钚生产堆 plutonium producing reactor
布特克斯流程 Butex process

c

材料试验堆 materials test reactor, MTR
操纵员行为 operator behaviour
拆除 dismantling
长寿命堆芯 long-lived core
厂址无限制使用 unrestricted site use
厂址选择 site selection
厂址有限制开放 restricted site release
超钚元素 transplutonics
超级钚 super-grade plutonium
超临界事故 super-criticality accident
超铀元素 transuranide
池式钠冷快堆 pool-type LMFBR
冲击波 shock wave
冲击波弹 shock wave weapon
触发专设安全设施信号 ESF trip signals

氚 tritium
氚的处置 tritium disposal
氚的生产 tritium production
氚排放 tritium discharge
[辐射] 穿透能力 penetration ability of radiation
传能线密度 linear energy transfer, LET
啜吸试验 sipping test
次临界装置 sub-critical assembly
次要锕系核素 minor actinides, MA
萃取剂 extractant
萃取柱 extraction column

d

大气层核试验 atmospheric nuclear test
大量放射性逸出事故概率 probability of severe radioactivity release accident
带电粒子加速器 charged particle accelerator
带反射层的反应堆 reflected reactor
待积当量剂量 integrated equivalent dose
单棒最大燃耗 maximum fuel rod burn-up
单群扩散方程 one-group diffusion equation
单一故障准则 single failure criterion
氮化铀 uranium nitride
当量剂量 equivalent dose
当量剂量负担 equivalent dose commitment
氘化锂 lithium deutiride
导弹核潜艇 missile-firing nuclear submarine
等离子体 plasma
低放废物 low-level waste
低人口密度地区 low population density area
低温供热堆 low-temperature heat generating reactor
低温精馏法 cryogenic distillation
低 [中子] 泄漏换料方案 low leakage refueling scheme
低压安注泵 low pressure safety injectionpump
地 [下] 浸 [出] underground leaching
地坑再循环运行 sump recirculation phase

地面核试验 surface nuclear test
地面模式堆 land-based prototype reactor
地下处置库 underground repository
地下核试验 underground nuclear test
地下实验室 underground laboratory
地震条件 earthquake conditions
地质详查 geological detailed prospecting
地质勘探 geological exploration
碘坑 iodine pit
碘吸收器 iodine scavenger
电厂寿期 plant life
电磁泵 electro-magnetic pump
电磁分离法 electro-magnetic isotope separation
电火箭 ionic rocket
电解分离法 electrolytic isotope separation
电力公司要求文件 utility requirements document, URD
电力需求 electricity demand
电离 ionization
[致] 电离辐射 ionizing radiation
电离室 ionization chamber
电渗析法 electro-dialysis
电子 electron
电子对形成 electron pair formation
电子伏特 electron volt, eV
电子加速器 electron accelerator
定位格架 spacer grid
定向能武器 directed weapon
氡气剂量 radon dose
堆 [置] 浸 [出] pile-up leaching
堆内结构材料 reactor structural materials
堆内燃料管理 in-reactor fuel management
堆芯 reactor core
堆芯安全余量 core safety margin
堆芯吊篮 core barrel, core shroud
堆芯熔化概率 core melt probability

堆芯熔化事故 core meltdown accident
堆芯中子注量率测量系统 core neutron flux measuring system
对流传热 convective heat transfer
多道脉冲分析器 multi-channel pulse analyzer
多道屏障 multiple barriers
多合同方式 multiple contract strategy
多普勒效应 Doppler effect
多普勒展宽 Doppler broadening
多群计算 multigroup calculations
多样性准则 diversity criterion
多重屏障 multiple barriers
多重性准则 redundancy criterium

e

X 射线屏蔽 X-ray shielding
X 射线效应 X-ray effects
X 射线荧光分析 X-ray fluorescence Analysis
二回路 secondary circuit
二氧化铀 uvanium dioxide, UO_2
二氧化铀芯块 UO_2 pellet

f

发电成本 electricity costs
乏燃料 spent fuel
反萃剂 stripping agent
反萃柱 stripping column
反射层 reflector
反射层节省 reflector saving
反渗透法 reverse osmosis
反应堆 reactor
反应堆安全研究 reactor safety study
反应堆保护系统 reactor protection system
反应堆部件 reactor component
反应堆动态学 reactor kinetics
反应堆发展史 history of reactor development

反应堆分类 reactor categories
反应堆级钚 reactor grade plutonium
反应堆控制 reactor control
反应堆控制仪器 reactor control instrumentation
反应堆冷却剂系统 reactor coolant system
反应堆能量排出 reactor energy removal
反应堆燃料 reactor fuel
反应堆容器 reactor vessel
反应堆设计 reactor design
反应堆生产同位素 reactor-produced isotope
反应堆事故 reactor accident
反应堆运行 reactor operation
反应堆周期 reactor period
反应性 reactivity
反应性反馈 reactivity feedback
反应性功率系数 power coefficient of reactivity
反应性控制 reactivity control
反应性空泡效应 reactivity void effect
反应性温度效应 reactivity temperature effect
反应性增加 increase in reactivity
防扩散保障［non-proliferation］safeguards
防扩散保障体系 safeguards system
防扩散监督 safeguards supervision
防扩散视察 safeguards inspection
防止核武器扩散 prevention of proliferation of nuclear weapons
防止裂变产物外逸的实体屏障 physical barriers against FP escape
仿真机培训 simulator training
放射化学纯度 radio-chemical purity
放射毒性 radioactive poisonness
放射性 radioactivity
放射性测井 radioactive logging
放射性纯度 radioactive purity
放射性废物处理 radioactive waste treatment
放射性废物处置 waste disposal
放射性废物分类 radioactive waste categories

放射性废物量 radioactive waste quantities
放射性核素 radioactive nuclide
放射性核素迁移 radioactive nuclide migration
放射性核素嬗变处理 transmutation of radioactive nuclide
放射性活度 radioactivity
放射性免疫分析法 radioimmunoassay, RIA
放射性免疫分析药箱 radioimmunoassay kit
放射性排出流 radioactive effluent
放射性排放 radioactivity discharge
放射性气溶胶 radioactive aerosol
放射性同位素 radioactive isotope
放射性同位素能源 radioisotopic energysource
放射性衰变 radioactive decay
放射性污染 radioactive contamination
放射性物质运输容器 radioactive materials transport container
放射性选矿 radioactive dressing
非放射性钠 non-radioactive sodium
非均匀系统 non-homogeneous system
非能动安全特性 passive safety features
非能动型轻水堆 passive LWR
非破坏性检查加速器 accelerator for non-destructive inspection
沸水堆 boiling water reactor, BWR
沸腾传热 boiling heat transfer
废物包装 waste package
废物包装容器 waste container
废物处置场选址 siting of waste disposal area
废物处置方案 waste disposal options
废物焚烧 waste incineration
废物固定 waste immobilization
废物固化 waste solidification
废物核嬗变处置 waste disposal by nuclear transmutation
废物排放量 waste quantities discharged
废物深地层处置 deep geological disposal of wastes
废物压缩 waste compaction
废物贮存库 waste storage vault

废物贮存水池 waste storage pool
分离功 separative work
分离功单位 separative work unit, SWU
分离功需要量 saparative work requirement
分离和嬗变技术 Partitioning & Transmutation, P & T
分离级 separation stage
分离级联 separation cascade
分离膜 separative membrane
分离系数 separation factor
分散布置压水堆 loop type PWR
分子激光分离法 molecule laser isotope separation
粉末冶金法 powder metallurge
[同位素] 丰度 abundance
氟化挥发法 fluride volatility process
俘获 γ 射线 capture gamma rays
俘获中子 neutron capture
俘获截面 capture cross section
[核] 辐射 nuclear radiation
辐射的化学效应 chemical effects of radiation
辐射的生物效应 biological effects of radiation
辐射的遗传效应 genetic effects of radiation
辐射防护 radiation protection
辐射防护标准 radiation protection standards
辐射俘获 radiative capture
辐射工业 radiation industry
辐射剂量 radiation dose
辐射剂量限值 radiation dose limits
辐射屏蔽 radiation shielding
辐射权重因子 radiation weighting factor
辐射探测仪器 radiation detector
辐射源 radiation sources
辐照脆化 irradiation embrittlement
辐照罐 irradiation capsule
辐照管道 irradiation channel
辐照过燃料“冷却” irradiated fuel “cooling”

辐照过燃料运输 irradiated fuel shipping
辐照后检验 post-irradiation examination
辐照后检验热室 hot cell for post-irradiation examination
辐照加速器 irradiation accelerator
辐照监督管 irradiation monitoring tube
辐照回路 irradiation loop
辐照蠕变 irradiation creep
辐照生长 irradiation growth
辐照试验 irradiation test
辐照损伤 irradiation damage
辐照稳定性 irradiation stability
辐照用反应堆 irradiation reactor
辐照肿胀 irradiation swelling
负反应性 negative reactivity
负荷因子 load factor
负空泡系数 negative void coefficient
负温度系数 negative temperature coefficient
复合材料 composite material
复合核 compound nucleus
富集度 enrichment
富集铀 enriched uranium

g

γ 补偿电离室 γ-compensated ionization chamber
γ 辐射仪 γ-radiation detector
γ 辐射源 γ-radiation source
γ 剂量率表 γ-dose ratemeter
γ 能谱测井 γ-spectrum logging
γ 射线的减弱 gamma rays attenuation
γ 射线的屏蔽 gamma shielding
γ 射线的吸收 gamma rays absorption
γ 衰变 gamma decay
钆 gadolinium
改良型轻水堆 evolutionary LWR
盖革-弥勒测量仪 G-M（Geiger-Mueller）survey instrument

盖革-弥勒计数管 G-M counter
干涸（见“偏离泡核沸腾”）dry-out
干净程度 cleanness of weapon
干净武器 clean weapon
感生放射性 induced radioactivity
高放废物 high-level waste
高放废物处置 high-level waste disposal
高富集铀 highly enriched uranium
高通量试验堆 high flux test reactor
高温气冷堆 high-temperature gas-cooled reactor, HTGR
高温气冷堆燃料元件 HTGR fuel element
高温冶金法 pyro-metallurgical process
高效微粒过滤器 high efficiency particulate air (HEPA) filter
高压安注泵 high pressure safety injection pump
锆辐照脆化 irradiation embrittlement of zirconium
锆合金 zircaloy
锆合金包壳管 zircaloy cladding tube
锆合金管 zircaloy tube
锆氢脆 hydrogen embrittlement of zirconium
锆铀合金 Zr-U alloy
革新型轻水堆 revolutionary LWR
隔套泵 diaphragm pump
个人剂量当量 individual dose equivalent
个人剂量计 personal dosimeter
给水加热器 feed water heater
跟随负荷 load following
工程服务公司 engineering company
工程热点因子 engineering hot spot factor
工程热通道因子 engineering hot channelfactor
工程试验堆 engineering test reactor
工业钚 industrial plutonium
功率密度 power density
功率密度分布 power density distribution
功率密度分布不均匀系数 maximum to average power density ratio

功率展平 power flattening
攻击型核潜艇 attacking nuclear submarine
公众照射 population esposure
共振俘获 resonance capture
估增铀资源 Estimated Additional Resources, EAR
钴-60 辐射源 cobalt-60 radiation source
钴治疗法 cobalt radio-therapy
故障安全准则 fail-safe criterion
固化体 solidified waste body
固体废物 solid waste
固体废物贮存 solid waste storage
固体径迹探测器 solid state track detector
贯穿辐射 penetrating radiation
光电效应 photoelectric effect
光热辐射 light and thermal radiation
国际放射保护委员会 International Commission on Radiological Protectio, ICRP
国际辐射单位与测量委员会 International Commission on Radiation Units and Measurements, ICRU
国际能源机构 International Energy Agency, IEA
国际原子能机构 International Atomic EnergyAgency, IAEA
过滤净化法 filtration process
过早点火 premature ignition

h

海水提铀 uranium extraction from sea-water
氦冷却剂 herium coolant
合理可行尽量低 as low as reasonably achievable, ALARA
合同方式 contracting strategy
核爆炸的和平利用 peaceful utilization of nuclear explosives
核爆炸模拟技术 simulation technique for nuclear explosion
核材料管制 nuclear materials control
核材料衡算 nuclear material accountancy
核电厂 nuclear power plant, NPP
核电厂安全性 safety of NPP
核电厂环境影响 environmental impact of NPP

核电厂可靠性 reliability of NPP
核电厂可用率 availability of NPP
核电厂事故 accidents in NPP
核电磁脉冲 nuclear electro-magnetic pulse, NEMP
核动力破冰船 nuclear powered icebreaker
核动力商船 nuclear powered merchant ship
核毒物 nuclear poison
核反应截面 cross-section of nuclear reaction
核反应率 nuclear reaction rate
核航空母舰 nuclear airplane carrier
核火箭 unclear rocket
[经济合作发展组织] 核能机构 Nuclear Energy Agency, OECD\NEA
核潜艇 nuclear submarine
核燃料 nuclear fuel
核乳胶探测器 nuclear emulsion detector
核设施退役方案 decommissioning options of nuclear facility
核衰变 nuclear decay
核素 nuclide
核推进 nuclear propulsion
核武器 nuclear weapon
核武器安全性 nuclear weapon safety
核武器可靠性 reliability of nuclear weapon
核武器扩散 proliferation of nuclear weapons
核武器试验 nuclear weapon test
核蒸汽供应系统 nuclear steam supply system, NSSS
核装料 nuclear charge
核子 nucleon
核资源利用率 nuclear resource utilization
核钻地弹 nuclear earth penetrator
宏观截面 macroscopic cross section
洪水影响 flood effect
后备反应性 built-in or excess reactivity
后处理厂 reprocessing plant
化学补偿控制 chemical shim control
化学脱壳法 chemical decladding

环境辐射剂量 environmental radiation dose
环境监测 environmental monitoring
缓发 γ 射线 delayed γ-ray
缓发中子 delayed neutron
缓发中子份额 delayed neutron fraction
换料方案 refueling schemes
换料机 refueling machine
换料水箱 refueling water storage tank
换料停运 refueling outage
换料周期 refueling period
黄饼 yellow cake
回路式钠冷快堆 loop-type LMFBR
混合澄清槽 mixer settler
混合氧化物燃料 mixed-oxide fuel, MOX
活化 activation
活化分析 activation analysis
活性炭 active carbon

j

级联 cascade
机械手 manipulator
机械脱壳法 mechanical dejacketing
基建投资 capital investment
基态 ground state
激发态 excited state
激光分离法 laser isotope separation，
集体当量剂量 collective equivalent dose
几何安全 geometrically safe
记数率表 count ratemeter
剂量当量 dose equivalent
剂量计 dosimeter
剂量率 dose rate
加强型原子弹 boosted atomic bomb
加速器 accelerator
加速器驱动次临界系统 accelerator driven sub-critical system, ADS

加速器生产同位素 acclerator-produced isotope
间接维修 remote maintenance
间隙原子 interstitial atom
监护封存 storage under surveillance
碱法浸出 alkaline leaching
建造许可证 construction permit, CP
建造周期 construction period
降质重水再富集 reenrichment of degraded D_2O
交钥匙合同方式 turm-key contract strategy
胶片盒 film badge
结合能 binding energy
接口管理 interface management
[核] 截面 nuclear cross section
金属燃料 metallic fuel
金属陶瓷燃料 cermet fuel
紧凑布置压水堆 compact PWR
进度控制 progress control
晶格空位 lattice vacancy
径迹探测 track detection
净化系数 purification factor
居里 Curie
局部拆除 partial dismantling
局部沸腾腾 local boiling
聚变反应 fusion reaction
军用钚 military plutonium
均匀反应堆 homogeneous reactor
均匀系统 homogeneous system

k

坎杜型重水堆 CANDU type heavy water reactor
康普顿散射 Compton scattering
抗核加固 nuclear hardening
可持续发展 sustainable development
可回取的中间贮存 retrievable interim storage
可靠铀资源 Reasonably Assured Resources, RAR

可裂变核素 fissionable nuclide
可燃毒物 burnable poison
可燃毒物棒 burnable poison rod
可溶毒物 soluble poison
可用率 availability
可转换核素 fertile nuclide
空间核电源 space unclear electricity source
空间核推进装置 space nuclear propulsion device
空气污染 air contamination
控制棒 control rod
控制棒驱动机构 control rod drive mechanism, CRDM
控制棒弹出 ejecton of control rod
控制棒止动信号 control rod stop signals
控制材料 control materials
控制室 control room
快速停堆 reactor fast shutdown
快速停堆信号 reactor trip signals
快中子 fast neutron
快中子堆燃料组件 fast reactor fuel assembly
快中子反应堆 fast reactor
快中子裂变 fast fission
快中子裂变因数 fast fission factor
快中子实验堆 experimental fast reactor
快中子探测器 fast neutron detector
快中子增殖堆 fast breeder
扩散分离器 diffuser separator
扩散膜 diffusion membrane
［中子］扩散时间 diffusion time

l

雷道克斯流程 Redox（reduction oxidation）process
棱柱形包覆颗粒燃料元件 prismatic coated particle fuel element
冷却剂 coolant
冷却剂通道 coolant channel
冷却塔方式 cooling tower mode

冷水事故 cold water accident
离散型可燃毒物 segregated burnable poison
离心萃取器 centrifugal extractor
离心机分离法 centrifuge isotope separation
离子掺杂器 ion implanter
离子对 ion pairs
离子交换法 ion exchange process
离子交换树脂 ion exchange resin
锂-6 ^{6}Li
锂同位素分离 Li isotope separation
沥青固化 bituminization
链式反应 chain reacton
联合国原子辐射效应科学委员会 UN Scientific Commission on the Effects of Atomic Radiation（UNSCEAR）
裂变 fission
裂变扳机 fission trigger
裂变产物 fission products, FP
裂变产物放射性 radioactivity of fission products
裂变产物衰变 decay of fission products
裂变产物同位素 FP isotope
裂变产物中毒 FP poisoning
裂变电离室 fission ionization chamber
裂变反应 fission reaction
裂变 γ 射线 fission gamma rays
裂变计数管 fission counter
裂变截面 fission cross section
裂变链式反应 fission chain reaction
裂变气体释放 fission gas release
裂变燃料 fissile fuel
裂变释放的能量 energy released in fission
裂变碎片 fission fragments
裂变中子 fission neutron
裂变中子动能 kinetic energy of fission neutrons
临界安全 criticality safety
临界尺寸 critical dimensions

临界热流密度 critical heat flux, CHF
临界事故 criticality accident
临界实验 criticality experiment
临界条件 criticality conditions
临界质量 critical mass
临界状态 critical state
临界装置 critical assembly
零功率堆 zero power reactor
六氟化铀 uranium hexafluoride
流量分配 flow distribution
硫化氢-水双温交换法 H_2S-H_2O dual-tem perature exchange process
陆地浅埋壕沟 land burial trench at shallow depth
陆上模式堆 prototype reactor on land
裸堆 bare reactor
铝铀合金 Al-U alloy

m

脉冲萃取柱 pulse extraction column
脉冲反应堆 impulse reactor
脉冲计数器 impulse counter
慢化比 moderating ratio
慢化长度 moderation length
慢化剂 moderator
慢化剂温度系数 moderator temperature coefficient
慢中子探测器 slow neutron detector
每次裂变的中子产额 number of neutrons released per fission
每次吸收的中子产额 number of neutrons released per neutron absorbed by a fissile nucleus
美国机械工程师学会 American Society of Mechanical Engineers
弥散体燃料 dispersion fuel
模块式高温气冷堆 modular HTGR
膜态沸腾 film boiling
钼-锝同位素发生器（母牛）moly cow

n

钠泵 sodium pump

钠冷快堆 sodium cooled fast reactor, LMFBR
钠水反应 sodium water reaction
内爆型原子弹 implosion atomic bomb
［环境损害代价的］内部化 internalization of environmental costs
内在安全性 inherent safety
内照射 internal irradiation
内置泵 in-reactor pump
能量可用率 energy availability
能源需求 energy demand
年摄入量限值 annual limit of intake, ALI
镍基合金 nickel based alloy
凝汽器 condenser

p

排管容器 calandria
泡核沸腾 nucleate boiling
喷射泵 jet pump
喷嘴分离法 nozzle isotope separation
硼电离室 boron ionization chamber
硅酸盐玻璃 borosilicate-glass
硼计数管 boron counter
硼同位素分离 boron isotope separation
批平均燃耗 batch average burn-up
偏离泡核沸腾 departure from nucleate boiling, DNB
偏离泡核沸腾比 ratio of departure from nucleate boiling, DNBR
片组型燃料元件 plate type fuel element
品质因数 quality factor
屏蔽观察窗 shielding window
原子能工业平衡钐 equilibrium samalium
平衡氙 equilibrium xenon
平准化发电成本 levelized electricity costs
普雷克斯流程 Purex process

q

起动事故 start up accidency

气体废物 gaseous waste

气体循环泵 gas circulator

气体扩散分离法 gas diffusion isotope separation

气象条件 meteorological conditions

汽泡空蚀 void cavitation

汽泡系数 void coefficient

汽水分离再热器 moisture separator-reheater

器官吸收剂量 organ absorbed dose

铅玻璃 lead glass

欠热泡核沸腾 subcooled nucleate boiling

枪型原子弹 gun-type atomic bomb

切断浸取法 shear leach process

切尔诺贝利事故 Chernobyl accident

切块分包合同方式 split package contract strategy

轻水堆 light water reactor, LWR

轻水堆燃料组件 LWR fuel assembly

氢脆 hydrogen embrittlement

氢弹 hydrogen bomb

氢化物取向因子 hydride orientation factor

氢气复合系统 hydrogen recombiner system

氢-水交换法 H_2-H_2O exchange process

球床型高温气冷堆 pebble bed HTGR

球形包覆颗粒燃料元件 spherical coated particle fuel element

［辐射］躯体效应 somatic effects of radiation

去污 decontamination

去污因子 decontamination factor

全厂断电 plant blackout

全密封泵 totally sealed pump

全面防扩散保障协定 Comprehensive Safeguards Agreement

全面禁止核试验条约 Comprehensive Test Ban Treaty, CTBT

确定性辐射效应 deterministic effects ofradiation

群中子扩散法 group neutron diffusion method

r

燃耗［深度］fuel burn-up
燃料棒 fuel rod
燃料棒破损率 fuel rod damage rate
燃料棒束 fuel bundles
燃料包壳 fuel cladding
燃料倍增时间 fuel doubling time
燃料堆外周转占用量 out-of-pile fuelinventory
燃料费用 fuel costs
燃料辐照试验 fuel irradiation test
燃料格架 fuel grid
燃料管理 fuel management
燃料后处理 fuel reprocessing
燃料后处理厂 fuel reprocessing plant
燃料回收复用 recycling of recovered fuel
燃料级钚 fuel-grade plutonium
燃料密实化 fuel densification
燃料栅格 fuel lattice
燃料温度 fuel temperature
燃料温度系数 fuel temperature coefficient
燃料芯块 fuel pellet
燃料芯块材料 pellet materials
燃料性能 fuel performance
燃料需要量 fuel requirement
燃料循环 fuel cycle
燃料循环方式 fuel cycle options
燃料循环后段 back end of fuel cycle
燃料循环前段 front end of fuel cycle
燃料元件 fuel element
燃料运输容器 fuel shipping cask
燃料组件 fuel assembly
燃烧浸取法 burn-leach process
热导率 thermal conductivity
热点因子 hot spot factor

热核反应 thermo nuclear reaction
热解碳 pyrolytic carbon
热离子反应堆 thermionic reactor
热流密度分布 heat flux distribution
热排放 thermal discharge
热室设备 hot cell facility
热通道因子 hot channel factor
热中子 thermal neutron
热中子反应堆 thermal reactor
热中子利用因数 thermal utilization factor
热柱 thermal column
人工屏障 engineered barriers
人因失误 human error
人造岩石固化 solidification in synroc
韧致辐射 bremsstrahlung
溶剂萃取法 solvent extraction process
溶胶凝胶法 sol-gel process
溶解器 dissolver
熔盐增殖堆 molten-salt breeder reactor
冗余度 redundancy
弱剩余放射性弹 reduced residual radioactivity（RRR）weapon

S

三角形栅格 triangular lattice
三里岛事故 Three Mile Island accident
三碳酸铀酰铵法 ammonium uranyl carbon-ate, AUC process
三相弹 tri-phase bomb
散裂中子源 spallation neutron source
散射截面 scattering cross section
杀伤破坏因素 injurious and destructive effects
栅格 lattice
钐中毒 samarium poisoning
闪烁计数器 scintillation counter
商用示范堆 commercial demonstration reactor
烧毁比 burnout ratio

烧毁热流密度 burnout heat flux
设备国产化 nationalization of equipment supply
设计基准事故 design basis accident
设计自主化 autonomy of engineering efforts
射线治疗机 radiotherapeutic facility
射气测量 emanation prospecting
深地层处置库 deep geological repository
深地质构造 deep geological formation
[核燃料]生产堆 producton reactor
[核武器]生存能力 vitality
生物屏蔽 biological shielding
剩余功率 residual power
失流事故 loss-of-flow accident
失水事故 loss-of-coolant accident, LOCA
湿定子泵 wet stator pump
湿蒸汽侵蚀 wet steam erosion
十字形控制棒 cruciform control rod
石墨 graphite
石墨基体 graphite matrix
石墨砌体 graphite brick work
石墨慢化反应堆 graphite moderated reactor
时间可用率 time availability
实体分隔准则 physical separation criterion
实验堆 experimental reactor
食品保藏 preservation of food
使用寿期 useful life
示踪剂 tracer
示踪技术 tracer technique
示踪原子 tracer atom
世界核电营运单位协会 World Association of Nuclear Operators, WANO
世界能源理事会 World Energy Council, WEC
事故缓解措施 accident mitigation measures
事故停堆 trip
试验回路 test loop
释热率 rate of heat generation

手套箱 glove box
首端处理 head-end treatment
受控热核反应 controlled thermo-nuclear reaction
数字化仪表控制系统 digital instrumentation control system
衰变 decay
衰变产物 decay product
衰变链 decay chain
衰变模式 decay mode
衰变热 decay heat
衰变释热率 decay heat release rate
衰变贮存 decay storage
效层安全壳 double containment
双群扩散方程 two-group diffusion equation
水的辐射分解 radiation decomposition of water
水的慢化性能 moderating properties of water
水罐式反应堆 water tank reactor
水泥固化 cement immobilization
水水堆 water water energetic reactor, VVER
水文条件 hydrological conditions
水下核试验 underwater nuclear test
水蒸馏法 water distillation
瞬发 γ 射线 spontaneous γ-ray
瞬发临界状态 prompt critical state
瞬发临界事故 prompt criticality accident
瞬发中子 prompt neutron
四氟化铀 uranium tetrafluoride
四因子公式 four-factor formula
塑料固化 solidification with plastics
酸法浸出 acid leaching
随机性辐射效应 stochastic effects of radiation

t

碳化铀 uranium carbide
逃脱共振俘获概率 resonance escape probability
陶瓷固化 solidification with ceramics

陶瓷燃料 ceramic fuel
梯恩梯当量 TNT equivalent
天然存在放射性物质 naturally occurring radioactive materials, NORM
天然放射性 natural radioactivity
天然放射性同位素 natural radio-isotopes
天然辐射源 natural radiation sources
天然屏障 natural barriers
天然气 natural gas
天然钍 natural thorium
天然铀 natural uranium
天然铀反应堆 natural uranium reactor
天然铀需要量 natural uranium requirement
填料萃取柱 packed extraciton column
调料槽 feed adjustment tank
贴现率 discount rate
停堆保护系统 trip protection system
停堆后的释热 heat generation after shutdown
停堆后氙中毒（碘坑）xenon poisoning after shutdown
停堆换料方式 shutdown refueling mode
停堆冷却 shutdown cooling
通风柜 ventilation chamber
同位素 isotope
同位素纯度 isotopic purity
同位素地质年代学 isotope geochronology
同位素发生器 isotope generator
同位素分离 isotope separation
同位素辐射源 isotopic radiation source
同位素化学分离 chemical separation of isotopes
同位素母牛 isotope milker
同质异能素 isomer
投射工具 means of delivery
投资费用 capital costs
投资组成 capital composition
突变育种 mutation breeding
［核武器］突防能力 penetration ability

钍的利用 utilization of thorium
钍的冶炼 thorium metallurgy
钍雷克斯流程 Thorex process
钍-铀循环 thorium-uranium cycle
推迟拆除 deferred dismantling
退役 decommissioning
退役废物 decommissioning waste
退役费用 decommissioning costs

W

外部代价 external costs
外层空间核试验 outer space nuclear test
外围再生区 breeder blanket
外照射 external irradiation
晚期辐射效应 late effects of radiation
[核武器] 威力 yield
微型反应堆 miniature reactor
尾矿坝 tailings dam
尾矿库 tailings impoundment
尾矿砂 tailings
尾料丰度 tails assay
未能紧急停堆的预期瞬变 anticipated transients without scram, ATWS
温度系数 temperature coefficient
温室气体 greenhouse gases
稳定同位素 stable isotope
稳压器 pressurizer
无限长圆柱形堆 infinite cylindrical reactor
无限大均匀热中子堆 infinite homogeneous themal reactor
无限介质中子增殖因数 infinite multiplication factor
无损检验加速器 accelerator for non-destructive examination
无延性转变 nil-ductility transition, NDT
武器级钚 weapon-grade plutonium

X

吸附法 adsorption process

吸附塔 adsorption column
吸氢脆化 hydrogen embrittlement
吸收中子 neutron absorption
吸收剂量 absorbed dose
吸收截面 absorption cross section
细菌浸出 bacterial leaching
氙中毒 xenon poisoning
氙中毒引起的空间振荡 spatial oscillations due to xenon poisoning
先进沸水堆 advanced boiling water reactor, ABWR
先进轻水堆 advanced light water reactor, ALWR
先进压水堆 advanced pressurized water reactor, APWR
先漏后破准则 leak-before-break（LBB）criterion
显著量 significant quantity, SQ
线功率［密度］分布 linear power distribution
线性无阈论 linear no threshold, LNT
相对生物效应 relative biological effectiveness, RBE
项目管理 project management
消压水池 pressure-suppression pool
卸料燃耗 discharge burnup
芯块-包壳相互作用 pellet-cladding interaction, PCI
许可证 licence
絮凝作用 flocclation
旋转屏蔽塞（旋塞）rotating shield plug
选矿 ore dressing

y

压力管 presure tube
压力管材料 pressure tube materials
压力容器 pressure vessel
压力容器材料 pressure vessel materials
压水堆 pressurized water reactor, PWR
严重事故 severe accident
研究［用］堆 research reactor
研究试验堆 research and testing reactor

研究试验堆燃料元件 research and testing reactor fuel element
遥控维修 remote maintenance
叶片侵蚀 blade erosion
液氨蒸馏法 liquid ammonium distillation
液氢蒸馏法 liquid hydrogen distillation
液态金属 liquid metal
液体废物 liquid waste
一步法生产二氧化铀 integrated dry route, IDR
一次冷却剂回路 primary coolant circuit
[燃料循环]一次通过方式 once-through fuel cycle
一回路 primary circuit
一回路管道 primary system piping
一体化可燃毒物 integrated burnable poison
一体化压水堆 integrated PWR
医用 X 射线加速器 accelerator for X-raytherapy
医用放射性同位素 medical radio-isotope
易裂变钚 fissile plutonium
易裂变核素 fissile nuclide
应急电源 emergency power supply
应急堆芯冷却系统 emergency core cooling system, ECCS
应急给水系统 emergency feed-water system
应力腐蚀开裂 stress corrosion cracking, SCC
由内向外换料方案 in-out refueling scheme
由外向内换料方案 out-in refueling scheme
铀钚复用方式 uranium and plutonium recycling option
铀钚混合氧化物 mixed U-Pu oxide, MOX
铀钚混合氧化物芯块 MOX pellet
铀-钚循环 uranium-plutonium cycle
铀储量等级 uranium reserve categories
铀的富集 uranium enrichment
铀的精制 uranium refinement
铀的熔点 melting point of uranium
铀的水冶 aqueous metallurgy of uranium

铀的提取 extraction of uranium
铀复用方式 uranium recycling option
铀化学浓缩物 uranium concentrate
铀矿床 uranium ore deposit
铀矿地质 uranium mining geology
铀矿地质调查 geological survey
铀矿地质勘探 geological exploration
铀矿开采 uranium mining
铀矿石 uranium ore
铀矿石加工 uranium ore milling
铀矿石品位 uranium ore grade
铀矿体 uranium ore body
铀普查找矿 uranium prospecting
铀-氢化锆反应堆 U-ZrH reactor
铀资源 uranium resources
铀资源利用率 uranium resources utilization
游泳池式反应堆 swimming pool reactor
有效剂量 effective dose
有效中子增殖因数 effective multiplication factor
余热排出 residual heat removal
预应力混凝土压力容器 prestressed concrete pressure vessel
阈剂量 threshold dose
原型堆 prototype reactor
原子弹 atomic bomb
原子核 nucleus
原子结构 atomic structure
原子能 atomic energy
原子序数 atomic number
原子蒸气激光分离法 atomic vapor laser isotope separation, AVLIS
原子质量 atomic mass
远距离操作 remote handling
运行规程 operation rules
运行基准地震 operational basis earthquake, OBE

运行维修费用 operation and maintenance costs
运行周期 operating period
［核电厂］运行性能指标 performance indicatiors

z

早期辐射效应 early effects of radiation
增强 X 射线弹 enhanced X-ray weapon
增强辐射弹 enhanced radiation weapon
［核燃料］增殖 breeding
增殖比 breeding ratio
增殖堆 breeder reactor
增殖增益 breeding gain
战略核武器 strategic nuclear weapon
战术核武器 tactical nuclear weapon
照射量 exposure
照相乳胶 photographic emulsion
振动压实法 vibratory compaction
蒸发浓缩法 concentration by evaporation process
蒸汽发生器 steam generator
蒸汽发生器传热管 steam generator tube
蒸汽发生器传热管破裂事故 steam generator tube rupture, SGTR
蒸汽发生器排污 steam generator blowdown
蒸汽给水回路 steam-feedwater circuit
蒸汽管道破裂 steam pipe break
整体沸腾 bulk boiling
正比计数管 proportional counter
正反应性 positive reactivity
正方形栅格 square lattice
正汽泡系数 positive void coefficient
正温度系数 positive temperature coefficient
织构 texture
直接维修 direct maintenance
直流冷却方式 once through cooling

职业照射 professional exposure
质量保证 quality assurance, QA
质量保证大纲 quality assurance program, QAP
质量保证体系 quality assurance system
质量亏损 mass defect
质量数 mass number
质子 proton
中毒效应 poisoning effect
中放废物 intermediate-level waste
中间钠回路 intermediate sodium loop
中间热交换器 intermediate heat exchanger
中间试验厂 prototype test facility
中能中子反应堆 intermediate reactor
中微子 nutrino
中子 neutron
中子不泄漏概率 neutron non-leakage probability
中子的结合能 binding energy of neutron
中子弹 neutron bomb
中子动能 kinetic energy of neutron
中子毒物 neutron poison
中子发生器 neutron generator
中子辐照脆化 neutron irradiation embrittlement
中子俘获 neutron capture
中子-γ 测井 neutron-gamma logging
中子-γ 热室 neutron-y hot cell
中子管 neutron generator tube
中子活化产物 neutron activation product
中子活化分析 neutron activation analysis
中子激活 neutron activation
中子扩散方程 neutron diffusion equation
中子裂变率 neutron fission rate
中子慢化 neutron moderation
中子密度 neutron density
中子能谱硬化 neutron spectrum hardening
中子屏蔽 neutron shielding

中子平衡 neutron equilibrium
中子平均寿命 neutron mean life
中子散射 neutron scattering
中子寿命 neutron lifetime
中子束流管道 neutron beam tube
中子探测 neutron detection
中子探测器 neutron detector
中子注量率测量 neutron flux instrumentation
中子注量率分布不均匀系数 maximum-to-average neutron flux ratio
中子注量率 neutron flux density
中子注量率分布 neutron flux density disribution
中子通量展平 neutron flux flattening
中子吸收 neutron absorption
中子吸收剂 neutron absorber
中子泄漏 neutron leakage
中子泄漏率 rate of neutron leakage
中子源 neutron source
中子源反应堆 neutron source reactor
中子增殖因数 neutron multiplication factor
中子照相 neutron radiography
中子注量 neutron fluence
中子注量率 neutron fluence rate
重混凝土 heavy concrete
重氢 heavy hydrogen
重水 heavy water
重水泵 heavy water pump
重水厂 heavy water plant
重水除氚 tritium removal from heavy water
重水堆 heavy water reactor, HWR
重水生产 heavy water production
重水再富集 heavy water reenrichment
重要厂用水系统 essential service water system
重铀酸铵法 ammonium diuranate, ADU process
轴封泵 shaft sealed pump
周期计 period meter

主［冷却剂］泵 primary coolant pump
主泵惰转 primary pump idling
主泵轴密封装置 primary pump seal
主［冷却剂］回路（即一回路）primary circuit
主回路阀门 primary system valves
柱床型高温气冷堆 prism bed HTGR
注射铸造法 injection casting
专设安全设施 engineered safety features, ESF
［核燃料］转换 conversion
转换比 conversion ratio
转换原料 fertile material
装料量 fuel charge, fuel inventory
装卸燃料设备 fuel handling equipment
装置可用率 unit availability
子体同位素 daughter isotope
自读式剂量计 self-reading dosimeter
自发裂变 spontaneous fission
自发裂变概率 probability of spontaneous fission
自给能探测器 self-powered detector
自屏效应 self-shielding effect
自稳定性 self stability
自吸收效应 self-absorption effect
纵深防御概念 defense-in-depth concept
组件最大燃耗 maximum assembly burn-up
组织权重因子 organism weighting factor
最大功率密度 maximum powr density
最大后备反应性 maximum excess reactivity
最大燃耗深度 maximum fuel burn-up
最大热流密度 maximum heat flux
最大容许剂量 maximum allowable dose
最大中子注量率 maximum flux
最小临界热流密度比 minimum critical heat flux ratio, MCHFR
最小偏离泡核沸腾比 minimum departure from nucleate boiling ratio, MDNBR
最终热阱 ultimate heat sink